FORTSCHRITTE DER BOTANIK

BAND XXI

FORTSCHRITTE DER BOTANIK

BEGRÜNDET VON FRITZ VON WETTSTEIN

UNTER ZUSAMMENARBEIT
MIT MEHREREN FACHGENOSSEN
UND MIT DER
DEUTSCHEN BOTANISCHEN GESELLSCHAFT

HERAUSGEGEBEN VON

ERWIN BÜNNING
TÜBINGEN

ERNST GÄUMANN
ZÜRICH

EINUNDZWANZIGSTER BAND
BERICHT ÜBER DAS JAHR 1958

MIT 29 ABBILDUNGEN

SPRINGER-VERLAG

BERLIN · GÖTTINGEN · HEIDELBERG

1959

ISBN-13: 978-3-642-94747-6   e-ISBN-13: 978-3-642-94746-9
DOI: 10.1007/978-3-642-94746-9

BRÜHLSCHE UNIVERSITÄTSDRUCKEREI GIESSEN

Inhaltsverzeichnis.

Seite

---

[1] Der Beitrag folgt in Band XXII.

---

[1] Der Beitrag folgt in Band XXII.

---

[1] Der Beitrag folgt in Band XXII.

Die Abschnitte A und B sind von E. GÄUMANN und die Abschnitte C und D von E. BÜNNING und der Abschnitt E von E. BÜNNING und E. GÄUMANN redigiert.

A. Anatomie und Morphologie.

1. Morphologie und Entwicklungsgeschichte der Zelle.

Von Lothar Geitler, Wien.

Im folgenden sind oft nicht Publikationen als solche, sondern nur ihre Abschnitte, die sich auf das behandelte Thema beziehen, referiert.

Bakterien und Cyanophyceen. Die Annahme des Vorhandenseins eines Zellkerns bei Bakterien wurde, vor allem durch Robinow, gründlich widerlegt und Robinow erneuerte auch die klare Begriffsbestimmung dessen, was man mit Recht als Zellkern bezeichnen kann (Fortschr. Bot. **19**, 2). Eine andere, schwierigere Frage ist die nach Bau und Verhalten der Kernäquivalente der Bakterienzelle, der Nucleoide. Mit sorgfältiger, verschiedenartiger Methodik angestellte kritische Untersuchungen an *Bacterium megatherium* ergaben, daß die Nucleoide vacuolenartig-leer erscheinen und in ihnen Chromosomen-artige Strukturen nachweisbar sind (Giesbrecht, Giesbrecht u. Piekarski). Die Nucleoide besitzen einen ganz bestimmten morphologischen Bau und können von den mit ihnen oft verwechselten Polyphosphat-hältigen Körpern eindeutig unterschieden werden. Doch läßt sich Gestalt und Bau der Nucleoide durch ungeeignete Präparationsmethoden und auch vital stark verändern, woraus sich die verschiedenen Fehldeutungen ergeben; auch die angeblichen Mitochondrien der Bakterien lassen sich als Fehldeutungen erkennen (Giesbrecht). Gegenüber der Angabe, daß bei *Bacterium megatherium* zwischen zwei „Kernteilungen" ein „Chromosom" mit zwei oder mehr spiralisierten „Chromonemen" vorhanden ist, wie gegenüber dem Vergleich des Inhalts der Nucleoide mit dem eines Dinoflagellatenkerns (Giesbrecht u. Piekarski), wäre das Bedenken zu äußern, daß zu wenige positive Befunde vorliegen, um diese extreme Auffassung zu stützen. Für die sich in ihr ausdrückende weitgefaßte Definition des Zellkerns gelten die schon von Robinow geäußerten Einwände (Fortschr. Bot. **19**, 2). Je mehr Merkmale aus einem Begriff ausgeschieden werden, desto inhaltsleerer wird er; der Fortschritt ist allgemein an eine differenziertere Begriffsbildung gebunden; wir wollen schließlich nicht nur wissen, welche sehr allgemeinen Gemeinsamkeiten zwischen Nucleoid und Kern bestehen, sondern was das Spezifisch-Wesentliche des Nucleoids und der Bakterien-Organisation überhaupt ausmacht. Bei genügend weitgehender Abstraktion bestehen auch zwischen Mensch und Seestern Gemeinsamkeiten: diese einmal verstanden, handelt es sich darum, das Unterscheidende richtig zu verstehen, was im Fall der Bakterien-Kernäquivalente — wie im Fall der Cyanophyceen — allerdings ungleich schwieriger ist.

Aus den gleichen Erwägungen heraus sollte man auch nicht *Beggiatoa* und *Thiothrix* als Cyanophyceen betrachten (BAHR u. SCHWARTZ). Die Übereinstimmung zwischen beiden besteht nach den Autoren darin, daß eine zentral lokalisierte, feulgenpositive, $\pm$ diffuse (!) Substanz vorhanden ist. Deren eigentümlicher Aufbau — etwa in der Art, wie sie FUHS bei Cyanophyceen festgestellt hat (Fortschr. Bot. **20**, 1) — wurde nicht analysiert, die eigentlichen Kernäquivalente und Einzelelemente des Chromatinapparats sind also unbekannt geblieben. Nicht mehr von ihnen zu wissen, als die Abbildungen der Autoren darstellen, ist zu wenig, um Vergleiche anstellen und Schlüsse ziehen zu können. — Die schon früher (Fortschr. Bot. **19**, 1) kurz erwähnte Lamellenstruktur des Chromatoplasmas von *Chroococcus*, die normalerweise submikroskopisch ist, aber unter bestimmten Umständen mikroskopisch sichtbar werden kann, reicht auch ins Centroplasma hinein; die Abgrenzung von Chromato- und Centroplasma ist in diesem Fall nicht so scharf wie bei vielen anderen Blaualgen [GEITLER 1958 (2)]. Die Vergröberung der submikroskopischen Struktur ist reversibel, also noch vital. Es zeigt sich, daß bestimmte Größenangaben für solche Strukturen nicht verbindlich sind, weil sich die Dimensionen unter verschiedenen physiologischen Bedingungen stark verändern können.

Protistenkerne. Über den Kernbau und die methodisch schwer zugängliche Mitose der Hefen, die Anlaß zu manchen extravaganten Vorstellungen gaben, liegen wieder zwei Untersuchungen vor, die ein grundsätzlich normales Verhalten ergeben (ECKSTEIN, YUASA; vgl. auch Fortschr. Bot. **18**, 1). Der Kern besitzt eine Membran, Karyoplasma, einen Nucleolus und „Chromatinkörnchen"; die — intranucleäre — Mitose durchläuft eine Prophase mit Auflösung des Nucleolus, eine Meta-, Ana- und Telophase. Die Knospe entsteht frühzeitig im Verlauf der Mitose. Die Einwanderung des einen Tochterkerns in die Knospe beschreiben die Autoren etwas verschieden, was an der Verschiedenheit des Untersuchungsmaterials liegen kann, und während Yuasa eine Metaphasespindel sah, konnte sie ECKSTEIN nicht sicher nachweisen. — Auch die habituell eigenartige Mitose der Dinoflagellaten läßt sich in das allgemeine Schema — Längsspaltung der Chromosomen, geregelte Verteilung der Chromatiden auf zwei Tochterkerne — einordnen (SKOCZYLAS). Im Vergleich zur kleinen, aber breiten und flachen Spindel — die zum erstenmal sicher nachgewiesen wurde —, ist die Chromosomenmasse sehr groß, die Chromosomen sind sehr lang und nur ihre Spindelansätze liegen in der Metaphase im Spindeläquator (distinkte Centromeren ließen sich nicht beobachten); außerdem erfolgt die Anheftung an der Spindel sehr frühzeitig und die sonst anaphasische Trennung der Chromatiden an den Spindelansätzen erfolgt schon in der Prophase (dazu gibt es Analogien: vgl. Fortschr. Bot. **14**, 2 und die Besprechung bei SKOCZYLAS). Im ganzen betrachtet ist die zeitliche Zuordnung der Einzelabläufe des Chromosomenformwechsels und der Spindelaktion anders als sonst; auch der Erhaltungszustand der Chromosomen im Ruhe- und Interphasekern ist anders; es finden sich also sehr charakteristische Eigentümlichkeiten. Doch konnten SAT-Chromosomen aufgefunden werden. Im übrigen sollen die Chromosomen bzw. Chromatiden eine stark entwickelte anucleale „Pellikula" (nicht zu verwechseln mit der Matrix) besitzen. — Ähnlich schwer verständlich war lange Zeit die Mitose der Eugleninen. Wie LEEDALE eingehend zeigt, handelt es sich auch hier um eine — intranucleär verlaufende — Mitose mit Längsspaltung der Chromosomen und, allerdings etwas ungleichzeitiger, Polwanderung der Chromatiden (was aber auch bei Blütenpflanzen mit hohen Chromosomenzahlen, z. B. bei *Sparmannia* vorkommt). Doch konnte LEEDALE, wie seine Vorgänger, keine Spindel beobachten, weshalb er autonome Chromosomenbewegung mit Abstoßung der Schwesterchromatiden annimmt (das letzte Wort hierüber dürfte, besonders auch im Hinblick auf den Nachweis der Spindel bei den Dinoflagellaten, noch nicht gesprochen sein). Die Nucleolen will LEEDALE nicht als solche gelten lassen, weil sie sich durchteilen und weil angeblich keine SAT-Chromosomen vorhanden sind; doch ist ihr Übersehen in der verworrenen Teilungsfigur der Eugleninen leicht möglich, und im übrigen teilen sich, wie lange, aber nicht dem Autor bekannt, auch die Nucleolen der Cladophoraceen, bei denen trotzdem SAT-Chromosomen vorhanden sind[1]. Im Ruhekern sind die Chromosomen deutlich fädig, bei manchen Arten auch schon verdoppelt, oder die Struktur erscheint „körnig".

Körnig strukturierte Ruhekerne lassen bekanntlich, auch bei den höheren Pflanzen, der Deutung weiten Spielraum: es ist oft nicht entscheidbar, ob es sich um optische Schnitte von Chromosomen oder um Chromomeren handelt. Eine musterhafte, durch ihre Ergebnisse allgemein wichtige Untersuchung wurde nunmehr über den feinkörnig-euchromatisch gebauten Makronucleus von *Paramaecium* angestellt (V. SCHWARTZ). Durch Behandlung unfixierter, freipräparierter Makronuclei mit Quellungsmitteln, pH-Veränderungen u. a. m. wurde erreicht, daß sich die Chromosomen des Kerns, die hier als G r a n u l a k e t t e n ausgebildet sind, distinkt erkennen lassen. Die Methodik erfordert äußerst kritische Handhabung (und Auswertung), kann aber offensichtlich durch keine andere ersetzt werden. Bemerkenswert ist, daß sich die Chromosomen von der Kerngrundsubstanz nicht völlig trennen lassen: denn vermutlich gehen beide „in ihrer Feinstruktur so enge Verflechtungen ein, daß bisher die alleinige Auflösung der Kerngrundsubstanz ohne erhebliche Schädigung der Chromosomen nicht gelang". Dies gilt wohl nicht nur für die untersuchten Kerne.

Bau und Teilung der Chromosomen. Im Zusammenhang mit der Tatsache, daß ionisierende Strahlung einen stärker schädigenden Effekt auf die Chromosomen einer Art mit größeren Chromosomen als auf eine nächst verwandte mit kleineren ausübt, läßt sich die Frage nach den Ursachen der verschiedenen Chromosomengröße, besonders auch unter

---

[1] Sogar bei den Gräsern gibt es Nucleolen, die in der Mitose persistieren (BROWN u. EMERY).

Berücksichtigung ihres möglicherweise polytänen Baus erörtern (ÖSTER-GREN, MORRIS u. WAKONIG). Dabei ist zu beachten, daß ein Chromosom, das aus mehrsträngigen Chromonemen spiralisiert ist, nicht nur dicker, sondern auch länger als ein wenigersträngiges sein kann und also eine größere Angriffsfläche bietet. Die Ergebnisse — gesteigerte Bruchhäufigkeit in größeren Chromosomen — widersprechen nicht der Annahme, daß größere Chromosomen mehrsträngiger als kleinere sind. Daß die Befunde für die Mehrsträngigkeit sprechen oder sie gar beweisen, wäre aber zuviel behauptet, da außer der Chromosomengröße viele andere unkontrollierbare Faktoren bei der Strahlenempfindlichkeit mitspielen (über die Polytäniehypothese vgl. Fortschr. Bot. **13**, 19; **18**, 5).

Aus genetischen und cytogenetischen Beobachtungen ist es lange Zeit bekannt, daß den Chromosomenenden besondere Eigenschaften zukommen: sie gehen nach Chromosomenbrüchen keine reunion mit anderen Bruchstellen ein; reunions erfolgen an abgetrennten Chromosomenenden nur an ihren durch Bruch frisch entstandenem „Ende", während intercalare Bruchstücke an beiden Enden sich neu verbinden können. Die Chromosomenenden erhielten daher einen eigenen Namen: Telomeren. Ein lebensfähiges Chromosom benötigt an jedem Ende ein Telomer (von Fällen echt terminaler Centromeren, also echt einarmiger Chromosomen abgesehen, wo das Centromer, das in diesem Fall wie das Telomer „monopolar" ist, an seine Stelle tritt; sonst ist das Centromer — in der Längsrichtung des Chromosoms — „bipolar" gebaut; Fortschr. Bot. **13**, 13). Der Wichtigkeit der Telomeren scheint das Auftreten von terminalen deficiencies an überlebenden Chromosomen zu widersprechen. Wie sich aber durch genaue Untersuchung der Enden von Pachytänchromosomen verschiedener Blütenpflanzen zeigen läßt, ist das Telomer, wie das Centromer, eine mehrfach zusammengesetzte Bildung (LIMA DE FARIA) und die nicht in das Konzept passenden Verluste umfassen nicht das gesamte Telomer. Nach LIMA DE FARIA besteht das Telomer aus einem genau terminalen stark färbbaren, 1—3 Chromomeren umfassenden Körper, dem „Protelomer", und anschließend einer längeren subterminalen schwach färbbaren, 1 oder 2 winzige Chromomeren umfassenden Zone, dem „Eutelomer", die oft unscharf abgegrenzt in den anschließenden Chromosomenabschnitt übergeht. Terminale Verluste betreffen Teile oder das ganze Protelomer. SAT-Chromosomen sind abweichend gebaut. Die Untersuchungen wurden vorerst an 6 Arten von Solanaceen, Labiaten, Liliaceen und Gramineen durchgeführt; ihrer Vervollständigung kann man mit Spannung entgegensehen. Die individuelle Variabilität des Baus der Pachytänchromosomen scheint doch beträchtlich zu sein: dies ergibt wieder die eingehende Untersuchung der heterochromatischen Region eines Chromosoms von *Solanum* durch GOTTSCHALK; allerdings ist die Variation nicht so groß, daß eine Identifizierung ausgeschlossen werden würde.

In somatischen Anaphasen gewisser *Trillium*-Arten treten Brücken zwischen Schwesterchromatiden auf, und zwar in den heterochromatischen Spezialsegmenten, die durch Kältebehandlung deutlich sichtbar gemacht werden können, da sie dann mit Substanz unterbeladen erscheinen (Fortschr. Bot. **16**, 7). Nach SHAW sind in den betreffenden Chromosomenabschnitten bestimmte "adhesion loci" von konstanter Lage vorhanden, an denen die Brückenbildung erfolgt. Nach SHAWs Deutung ereignen sich hier, und nur hier, Brüche von Subchromatiden und die neuen Enden vereinigen sich wieder, aber falsch.

Durch Markierung der neu synthetisierten DNS mit entsprechenden radioaktiven Isotopen läßt sich erschließen, daß das Chromosom schon vor seiner manifesten Teilung Doppelbau besitzt, d. h. aus zwei Chromatiden besteht: die Tochterchromosomen der Mitose, die auf die Behandlung folgt, sind beide radioaktiv; in der übernächsten ohne weitere Behandlung ablaufenden Mitose ist nur das eine Chromosom markiert, das andere aus neu synthetisierter DNS aufgebaute aber nicht, — nebenbei erwähnt ein Beweis, daß sich das Grundelement des Chromosoms nicht „teilt", was ja im molekularen Bereich nicht möglich ist, sondern sich identisch reproduziert [TAYLOR (1, 2), TAYLOR, WOODS u. HUGHES]. Früher erhobene Einwände gegen die Befunde erscheinen widerlegt (WOODS u. SCHAIRER). Die Ergebnisse bedeuten, daß die neue Chromatide bzw. die ihr zugrundeliegende Einheit als ganze, also als geschlossener Strang neu aufgebaut wird: denn geschieht die Reproduktion unter radioaktiver Markierung, so ist der ganze neue Strang radioaktiv. — Nach dem Verteilungsbild der markierten DNS in den Tochterchromosomen bei *Bellevalia* (nicht bei *Crepis*) wäre auf Stückaustausch in Schwesterchromatiden — in vegetativen Mitosen — zu schließen [TAYLOR 1958 (2)].

Das Auftreten von Chromosomen mit diffusem Spindelansatz, d. h. ohne lokalisiertes Centromer bei *Eleocharis* stellt in Fortsetzung seiner früheren Untersuchungen nunmehr mit Sicherheit HÅKANSSON (1958) fest. — Vergleichende Untersuchungen über das Heterochromatin bei Marchantialen führte TATUNO durch; bei einigen Arten tritt ein Chromosom auf, das sich in der vegetativen Metaphase negativ heterochromatisch verhält.

Meiose. Für mehrere *Lilium*-Arten und *Fritillaria meleagris* wird zum erstenmal klar nachgewiesen, daß die Frequenz und die Verteilung der Chiasmata in den Pollenmutterzellen und Embryosackmutterzellen verschieden ist und auch unter abgeänderten Bedingungen verschieden bleibt (FOCWILL). Die Frequenz ist im weiblichen Geschlecht immer höher. Als Ursachen kommen in Betracht: 1. die bedeutendere Größe des weiblichen Kerns (die Paarung kann in einem geräumigeren Milieu leichter durchgeführt werden), 2. der langsamere Ablauf im weiblichen Kern (die Meiose dürfte bis zweimal länger dauern), 3. im weiblichen Kern dürfte eine längerdauernde und weitergehende Spiralisierung stattfinden, was die Chiasmabildung via geeigneterer Torsion fördern kann. — Auf Grund der Beobachtung eines Zygotänbuketts bei *Eremurus himalaicus* nehmen OKSALA u. THERMAN als Arbeitshypothese an, daß ein Bukettstadium, also Polarisierung des meiotisch-prophasischen Kerns mit entsprechender Ausrichtung der Chromosomen bei allen Pflanzen vorkommt und ein typischer Bestandteil der Meiose ist, was bekanntlich vielfach und auf Grund sehr genauer Untersuchungen bestritten wurde (die wenigen Bildbelege sind nicht überzeugend, eine Auseinandersetzung mit kritischen Betrachtungen — z. B. BELARS — fehlt). — Bei dem Lebermoos *Sphaerocarpus donellii* beobachteten REITBERGER u. BUCHNER in der meiotischen Prophase Bivalente, denen vom Diplotän an Feulgennegative Körper anhingen, die aber bis zur I. Metaphase wieder verschwunden waren. Die Autoren vergleichen und identifizieren sie mit der in der I. meiotischen Meta- und Anaphase verschiedener Tiere auftretenden Eliminationssubstanz (doch bestehen sehr wesentliche Unterschiede; die „Eliminationskörper" bei *Sphaerocarpus* stammen wohl direkt vom Nucleolus, dem die Bivalente zunächst aufsitzen).

B-Chromosomen (= akzessorische Chromosomen). Die Zahl der Pflanzen — und Tiere —, die B-Chromosomen besitzen (Fortschr. Bot. zuletzt, **19**, 12) nimmt dauernd zu. BOSEMARK [1957 (1)] gibt an, daß im Jahre 1955 unter den Angiospermen 150 Arten aus 82 Gattungen und 29 Familien mit B-Chromosomen bekannt waren, darunter 30 Arten von Gramineen aus 18 Gattungen. Dazu kommen *Festuca arundinacea*, *Poa trivialis*, *Briza media*, *Holcus lanatus*, *Alopecurus pratensis* und *Phleum nodosum*. Die B-Chromosomen dieser Arten sind, wie gewöhnlich, kleiner als die des normalen Satzes und stark heterochromatisch. Außer bei *Poa trivialis* ist ihre Zahl in verschiedenen Teilen der Pflanze konstant. Bei allen Arten paaren sie sich in der Pollenmeiose ± ausgiebig untereinander, aber nicht mit den anderen Chromosomen. Die meiotische Elimination durch Univalentenbildung ist geringfügig. Bei vier Arten kommt in der 1. Pollenmitose das bekannte gerichtete non-disjunction vor (die B-Chromosomen gehen in den generativen Kern). Eine tabellarische Zusammenstellung zeigt, daß in den verschiedenen Triben der Gramineen im Verhalten wesentliche Übereinstimmung besteht [BOSEMARK 1957 (1)]. Höhere Zahlen von B-Chromosomen senken die Pollenfertilität und vermutlich den Samenansatz und hemmen das vegetative Wachstum. Bei *Secale*-Pflanzen mit höheren Zahlen treten schwere Störungen der 1. Pollenmitose auf, die bis zur Unterdrückung der Spindelbildung führen können (HAKANSSON 1957). In geringer Anzahl vorhanden besitzen B-Chromosomen möglicherweise Vorteile für die Pflanze [BOSEMARK 1957 (2)]. — Bei diploider sexueller *Poa alpina* werden bekanntlich in der Meiose vorhandene B-Chromosomen im sekundären Wurzelsystem eliminiert, während sie in der Primärwurzel erhalten bleiben; die nähere Untersuchung (MILINKOVIC) zeigt, daß sie schon in den Primordien der Adventivwurzeln fehlen, die Elimination muß also sehr frühzeitig erfolgen. Nur in der Meiose tritt ein Paar von B-Chromosomen auch bei der diploiden *Poa timoleontis* auf (NYGREN). — In drei Pflanzen von *Avena versicolor* wurden in Wurzelspitzenmitosen konstant 1 oder 2 B-Chromosomen beobachtet (SKALIŃSKA).

Bei *Centaurea scabiosa* fehlt im allgemeinen ein gerichtetes non-disjunction; es erfolgt nicht nur keine Zunahme von Generation zu Generation, sondern infolge gelegentlicher Elimination eine geringfügige Abnahme der Zahl (FRÖST 1957). Bei höheren Zahlen sinkt die Pollenfertilität, ebenso wird die vegetative Entwicklung ungünstig beeinflußt; auf die Keimungsgeschwindigkeit ist kein Einfluß bemerkbar (FRÖST

1958). — Bei drei *Anthurium*-Arten treten euchromatische B-Chromosomen in der Ein- oder Mehrzahl auf, die einen so charakteristischen Bau besitzen, daß sie, trotz verschiedener Länge, bei den drei Arten als homolog angesehen werden können [PFITZER 1957 (1) (2)]. In der Pollenmeiose erfolgt Paarung der B-Chromosomen untereinander, doch tritt frühzeitig Zerfall ein und die Partner werden in der I. Anaphase wie Univalente zufällig auf die Pole verteilt, ohne sich geteilt zu haben. Die B-Chromosomen werden sowohl durch den Pollen wie die Eizelle weitergegeben. Experimentell erzeugte triploide Bastarde zeigen, unabhängig vom Vorhandensein von B-Chromosomen, bemerkenswert starke Schwankungen der Chromosomenzahl in der Wurzel, wobei auch hypoploide Zellen mit weniger als n-Chromosomen (so mit 10 Chromosomen bei $n = 12$) Mitosen durchzuführen vermögen. — B-Chromosomen kommen auch bei *Lilium*-Arten vor (KAYANO, NODA, SAMEJIMA). In Populationen von *Lilium medeloides* (SAMEJIMA) treten drei verschieden gebaute euchromatische B-Chromosomen in verschiedener Kombination, Zahl und Häufigkeit auf, und zwar sowohl in der Wurzel wie auch in der Pollenmeiose. Meiotische Paarung erfolgt, wenn überhaupt, nur innerhalb des gleichen Bautypus, das Verhalten ist im übrigen sehr unregelmäßig. Bei *Lilium callosum* [KAYANO 1956 (2)], wird, wie bei *Trillium grandiflorum* (RUTISHAUSER), gerichtetes non-disjunction in der Makrosporogenese durchgeführt, und zwar derart, daß die B-Chromosomen dem Embryosack zugeteilt werden. — Bis zu vier, z. T. intraindividuell inkonstante B-Chromosomen kommen bei *Achillea asplenifolia* vor (EHRENDORFER, SCHNEIDER); sie paaren sich in der Pollenmeiose untereinander.

Mechanik der Mitose. Wie schon früher SCHRADER betonte, fehlen, um ein Verständnis der Mitosemechanik zu gewinnen, noch viele Beobachtungstatsachen. In diesem Sinn sind die kinematographischen Studien BAJERs [1958 (2)] wertvoll. So wurden, in Bestätigung früherer Beobachtungen ÖSTERGRENs, wieder transversale Bewegungen der Chromosomen bzw. ihrer Centromeren in der Spindel festgestellt, was gegen die Vorstellung einer starren Festheftung an der Spindel und erst recht gegen deren feste Beschaffenheit spricht. Die Bewegungen sind im übrigen so verschiedenartig, daß ein Verständnis noch nicht möglich ist [BAJER 1958 (3)]. Eine „helle Zone", die sich um den Kern während seiner prophasischen Kontraktion bildet, läßt sich — bei den Angiospermen — als cytoplasmatischer Anteil der Spindel auffassen [BAJER 1957, 1958 (1)]. — Die Größenveränderungen von Spindel und Phragmoplast im Endosperm von *Zea* verfolgen DUNCAN u. PERSIDSKY. — Über abgeänderte Mitosen in den Pollenmutterzellen von experimentell erzeugten autopolyploiden Pflanzen von *Lycopersicum esculentum*, die zu einer Herabregulierung der Chromosomenzahl führen, berichtet GOTTSCHALK [1958 (1) (2)]. — Unter Einwirkung verdünnter wäßriger Lösungen von aliphatischen einwertigen gesättigten Alkoholen lassen sich in *Allium*-Wurzeln multipolare Anaphasen auslösen, wodurch mehrkernige Zellen oder nach ihrer Fächerung durch Wandbildung hypoploide Zellen entstehen (BARTHELMESS); in dieser Weise könnten, nach der Meinung des Verfs., Polyploide ihre Chromosomenzahl herabregulieren.

Endomitose und verwandte Erscheinungen. Im Anschluß an die Feststellung einer differentiellen Teilung im Phloëm von *Vicia*, deren Ergebnis Siebröhrenglieder bzw. Geleitzellen sind (Fortschr. Bot. **17**, 3, 4), wurde nunmehr auch der Karyologie größere Aufmerksamkeit geschenkt (RESCH). Im primären Phloëm werden die Siebröhrenglieder offenbar tetraploid, die Endomitose läuft bald nach der inäqualen Teilung ab (schon früher vermutete WOLL Tetraploidie für die Siebröhrenglieder von *Acer*). Auch die Kerne von Geleitzellen werden tetraploid, wenn nicht statt dessen Teilung der primären Geleitzelle im diploiden Zustand erfolgt. Die endomitotische Polyploidisierung fehlt in den sekundären Siebröhren und ist wie auch ihr Ersatz durch Cytokinesen in den Geleitzellen zeigt, offensichtlich, nicht notwendig für die Differenzierung, also nicht ihre Ursache. — „Riesenchromosomen", d. h. dichte Bündel endomitotisch entstandener Tochterchromonemen oder -chromosomen, treten regelmäßig in den Kernen der Antipoden von *Ouratea*-Arten (Ochnaceae) auf; bei anderen Pflanzen besteht keine derartige Regelmäßigkeit (s. auch weiter unten). Die Kerne werden auf 32-ploid geschätzt. Genese und Bau der „Riesenchromosomen" wurden nicht näher untersucht (FARRON). — Die Samenanlagen von *Allium*-Arten sind in bestimmter Weise aus z. T. endopolyploiden Geweben aufgebaut (HASITSCHKA-JENSCHKE). Endopolyploid werden auch persistierende Synergiden oder Antipoden oder beide. Bei *Allium ammophilum* treten dabei manchmal „Riesenchromosomen" mit Andeutung eines Querscheibenbaus auf, in anderen Fällen findet sich lockere Bündelung oder Endochromozentrenstruktur oder ± unregelmäßige Verteilung der endomitotisch entstandenen Nachkommen-Chromosomen im Kernraum; die Strukturen sind bei der gleichen Art, wie schon früher für andere Fälle festgestellt, sehr variabel. Zwischen dem Vorhandensein von Heterochromatin und dem Auftreten von „Riesenchromosomen" besteht keine Beziehung. — Bei *Gentiana cruciata* wird das Antheren-Tapetum endomitotisch tetraploid [STEFFEN u. WALDMANN 1958 (1)].

Polarität; inäquale Teilungen. Die Synzoosporen von *Vaucheria* sind nach ihrem Austritt aus den Sporangien bipolar differenziert, wobei ihre Längsachse mit der Längsachse des Mutterfadens zusammenfällt. Nach dem Zur-Ruhe-Kommen erfolgt zwar eine morphologische Entpolarisierung, jedoch bleibt die Längsachsen-Richtung erhalten, was bei der Keimung offenbar wird. Verschiedene Außenfaktoren vermögen die Achsenlage nur beschränkt zu modifizieren. Auch durch Zerschneiden gewonnene Teilstücke der Zoospore behalten ihre prädisponierte Organisation bei. Für die Achsenlagen bestimmend ist, wie auch sonst, das Plasma bzw. seine Feinstruktur und aus ihr sich ergebende oder mit ihr in Zusammenhang stehende physiologische Gradienten, aber keineswegs der Kern bzw. die Kerne (WEBER). Im Unterschied zu *Vaucheria* ist die Polarität bei Fucaceen weitgehend außeninduziert (Zusammenfassung und Interpretation bei NAKAZAWA 1957; für die *Equisetum*-Spore, ein bekanntes Beispiel induzierter Polarität, fand aber NAKAZAWA eine autonome Komponente; Fortschr. Bot. **20**, 9). Die amöboiden Monosporen von *Porphyra* sind, wie sich durch Vitalfärbung zeigen läßt, schon vor dem Festheften bipolar organisiert: der Pol, mit dem sie sich später festsetzen und der zum Basalpol des Keimlings wird, ist schon frühzeitig als solcher erkennbar. Die Polarität ist offenbar autonom, wann sie aber entsteht, ist noch unbekannt (NAKAZAWA 1958).

In den dorsiventral gebauten Kopulationspartnern der pennaten Diatomee *Cocconeis* zeigen sich während der inäqualen, differentiellen meiotischen Cytokinese merkwürdige Polaritätsverhältnisse. Die Polarisierung drückt sich einerseits aus in der Lage von Kern und Chromatophor, die in fixer Beziehung zur Lage der konvexen bzw. konkaven Schale steht, andererseits in der Richtung, in der der meiotische I. Richtungskörper abgeschieden wird, wobei eine bestimmte Beziehung zu Epi- und Hypotheca besteht (Fortschr. Bot. **15**, 3, 4). Bei einer neubeschriebenen Varietät, bei der — entgegen der bisher immer bestätigten Regel — auch Zellen mit als Epitheca ausgebildeter (unterer) Rapheschale sexualisierbar sind, entsteht trotzdem der Richtungskörper immer an der Hypotheca, also auch dann, wenn sie die obere, raphelose Schale ist [GEITLER 1958 (1)]. Die Hypotheca-nahe Seite des Protoplasten ist bei der Cytokinese immer die gehemmte. Doch ist die Polaritätsachse dann gegenüber dem Normalfall um 180° gedreht, d. h. liegt nicht mehr, wie sonst, gleichsinnig mit der Polaritätsachse, welche die Lage von Kern und Chromatophor bestimmt[1]. Während man bisher annehmen konnte, daß die der inäqualen Teilung zugrunde liegende Polarität mit der des Protoplasten, die sich in der Lage von Kern und Chromatophor an gegenüberliegenden Polen ausdrückt, identisch wäre, ergibt sich nunmehr: maßgebend für den inäqualen Ablauf der Cytokinese ist nicht die gewöhnliche Polarität des Protoplasten, sondern eine ad hoc überlagerte, in ihrer Ausrichtung machmal entgegengesetzte; sie wird allein von dem polaren Gegensatz Hypotheca — Epitheca bestimmt.

Eigenartige inäquale Teilungen laufen in der endopolyploiden Epidermis von *Portulaca grandiflora* ab: sie liefern Gruppen kleiner, plasmareicher „Sekundärzellen". Bei entsprechender Lage der Teilungsspindel im plasmatischen Milieu der Mutterzelle können sie in äquale Teilungen übergehen (CZEIKA). — Die durch inäquale Teilungen in der Blattepidermis von *Allium cepa* apikalwärts abgegebenen Kurzzellen, die Spaltöffnungs-Mutterzellen, geben manchmal basalwärts eine zweite Kurzzelle ab, die sich dann aber nicht zu einer Spaltöffnung weiter entwickelt; doch können solche zweite Kurzzellen auch dadurch entstehen, daß die basalwärts unterhalb der ersten Kurzzelle liegende Epidermiszelle noch einmal eine Kurzzelle apikalwärts abgibt; diese entwickelt sich dann, wie die zuerst abgegebene, zu einer (zweiten) Spaltöffnung. Die Polarität, die sich in der ersten, normalen inäqualen Teilung ausdrückt, bleibt also wirksam (FRIDVALSZKY).

Verschiedenes. Einen interessanten Versuch, Aufschluß zu erhalten über die Morphologie und Verteilung von Mitochondrien, Sphärosomen

---

[1] Ein genaueres Verständnis setzt die Kenntnis des Zellbaus und des Ablaufs der Kopulation voraus, es muß daher auf die Originalbeschreibung verwiesen werden.

und Proplastiden im Zusammenhang mit den Teilungen, die zur Differenzierung von Pollenmutterzellen und Tapetum führen, sowie bei der 1. Pollenkornteilung machen STEFFEN u. LANDMANN [1958 (2)]. — Eine z. T. stark spekulativ belastete Übersicht über die Cytologie der Befruchtung bei den Angiospermen gibt GERASSIMOVA-NAVASHINA.

Die in manchen Einzelheiten ungeklärte Frage der Geschlechtschromosomen von *Humulus lupulus* und *japonicus* — z. T. handelt es sich offenbar um reale Rassenmerkmale — bearbeitete erneut und sehr genau JACOBSEN, dem es auch möglich war, in der mitotischen Prometaphase charakteristische Bauunterschiede der Chromosomen festzustellen. *H. lupulus* besitzt einen XY-, *japonicus* einen Y_1XY_2-Mechanismus. — Bei *Gingko* findet POLLOCK in Bestätigung der Beobachtungen LEEs, aber im Gegensatz zu NEWCOMERs Angaben (Fortschr. Bot. **17**, 14) ein heteromorphes SAT-Chromosomenpaar, das als XY-Paar deutbar ist.

Die Arten der marinen Chrysomonade *Chrysochromulina* besitzen außer zwei Geißeln ein geißelartiges, kontraktiles Befestigungsorgan (Haptonema). Wie die elektronenoptische Untersuchung zeigt, ist der Bau des Haptonemas völlig verschieden von dem der Geißeln, die im gesamten Tier- und Pflanzenreich (abgesehen von den Bakterien) gleich gebaut sind (PARKE, MANTON u. CLARKE 1958, 1959). Es handelt sich also nicht um eine homologe Bildung. *Chrysochromulina strobilus* besitzt ein einfaches, nicht vielteiliges Pyrenoid eingebettet im Chromatophor, wie bekanntlich auch viele andere Chrysophyceen, z. B. *Hydrurus* (elektronenoptisch untersucht von HOVASSE u. JOYON), während es bei *Chrysochromulina chiton* dem Chromatophor mittels eines Stieles innen aufsitzt, also nicht in ihm eingebettet liegt, was schon seinerzeit für *Ochrosphaera neapolitana* angegeben wurde; ähnlich verhalten sich vielleicht manche Diatomeen, bei denen das Pyrenoid völlig oberflächlich im Chromatophor liegt oder ihm anliegt (Fortschr. Bot. **15**, 2).

Literatur.

BAHR, H., u. W. SCHWARTZ: Biol. Zbl. **76**, 185 (1957). — BAJER, A.: Exp. Cell Res. **13**, 493 (1957). — (1) Exp. Cell Res. **14**, 245 (1958). — (2) Exp. Cell. Res. **15**, 370 (1958). — (3) Chromosoma **9**, 319 (1958). — BARTHELMESS, A.: Protoplasma **48**, 546 (1957). — BOSEMARK, N. O.: (1) Hereditas **43**, 211 (1957); (2) Hereditas **236** (1957). — BROWN, W. V., and W. H. P. EMERY: Amer. J. Bot. **44**, 585 (1957).

CZEIKA, G.: Planta **51**, 566 (1958).

DUNCAN, R. E., and D. PERSIDSKY: Amer. J. Bot. **45**, 719 (1958).

ECKSTEIN, BARBARA: Arch. Mikrobiol. **32**, 65 (1958). — EHRENDORFER, F.: Naturwiss. **44**, 405 (1957).

FARRON, C.: Arch. Julius Klaus-Stiftg. **32**, 570 (1957). — FOGWILL, MARY: Chromosoma **9**, 493 (1958). — FRIDVALSZKY, L.: Acta Biol. Ac. Sci. Hungar. **7**, 291 (1957). — FRÖST, S.: Hereditas **43**, 403 (1957). — Hereditas **44**, 112 (1958).

GEITLER, L.: (1) Planta **51**, 584 (1958). — (2) Arch. Mikrobiol. **29**, 179 (1958). — GERASSIMOVA-NAVASHINA, HELEN: Phytomorphology **7**, 150 (1957). — GIESBRECHT, P.: Zytologische Untersuchungen an Bakterien. Inaug.-Diss. Bonn 1957. — GIESBRECHT, P., u. G. PIEKARSKI: Arch. Mikrobiol. **31**, 68 (1958). — GOTTSCHALK, W.: (1) Z. ind. Abst. Vererbgsl. **89**, 52 (1958). — (2) Z. ind. Abst. Vererbgsl. **89**, 204 (1958). — (3) Ber. deutsch. Bot. Ges. **71**, 381 (1958).

HASITSCHKA-JENSCHKE, GERTRUDE: Österr. Bot. Z. **105**, 71 (1958). — HÅKANSSON, A.: Hereditas **43**, 603 (1957). — Hereditas **44**, 531 (1958). — HOVASSE, R., et L. JOYON: C. R. Acad. Sci. (Paris) **245**, 110 (1958).

JACOBSEN, P.: Hereditas **43**, 357 (1957).

KAYANO, H.: (1) Mem. Fac. Sci. Kyushu Univ. Ser. E (Biol.) **2**, 45 (1956). — (2) Mem. Fac. Sci. Kyushu Univ. Ser. E. (Biol.) **2**, 53 (1956).

LEEDALE, G. F.: Arch. Mikrobiol. **32**, 32 (1958). — LIMA DE FARIA, A., and PATRICIA SARVELLA: Hereditas **44**, 337 (1958).

MILINKOVIC, V.: Hereditas **43**, 583 (1957).

NAKAZAWA, S.: Sci. Rep. Tôhoku Univ., 4. Ser., Biol., **23**, 119 (1957). — Bot. Mag. Tokyo **71**, 144 (1958). — NODA, S.: Mem. Fac. Sci. Kyushu Univ., Ser. E (Biol.) **2**, 95 (1956). — NYGREN, A.: Kgl. Lantbrukshögsk. Ann. **23**, 489 (1957).

ÖSTERGREN, G., ROSALIND MORRIS and THERESIA WAKONIG: Hereditas **44**, 1 (1958). — OKSALA, T., u. EEVA THERMAN: Chromosoma **9**, 505 (1958).

PARKE, MARY, IRENE MANTON and B. CLARKE: J. marine biol. Assoc. United kingdom, Cambridge, **37**, 209 (1958); **38**, 169 (1959). — PFITZER, P.: (1) Chromosoma **8**, 436 (1957); (2) Chromosoma **8**, 545 (1957). — POLLOCK, E. G.: J. of Hered. **48**, 290 (1957).

REITBERGER, A., u. ERIKA BUCHNER: Chromosoma **9**, 258 (1958). — RESCH, A.: Planta **52**, 121 (1958). — RUTISHAUSER, A.: Heredity **10**, 195 (1956).

SAMEJIMA, J.: Cytologia **23**, 159 (1958). — SCHNEIDER, IRMGARD: Österr. Bot. Z. **105**, 111 (1958). — SCHWARTZ, V.: Biol. Zbl. **77**, 347 (1958). — SHAW, G. W.: Chromosoma **9**, 292 (1958). — SKALIŃSKA, MARIE: Acta Soc. Bot. Polon. **25**, 713 (1956). — SKOCZYLAS, O.: Arch. Protistk. **103**, 193 (1958). — STEFFEN, K., u. WALDTRAUT LANDMANN: (1) Planta **50**, 423 (1958). — (2) Planta **51**, 30 (1958).

TATUNO, S.: J. Sci. Hiroshima Univ. **7**, 119 (1956). — TAYLOR, J. H.: (1) Exp. Cell Res. **15**, 350 (1958). — (2) Genetics **43**, 515 (1958). — TAYLOR, J. H., P. S. WOODS and W. L. HUGHES: Proc. Nat. Ac. Sci. **43**, 122 (1957).

WEBER, W.: Z. f. Bot. **46**, 161 (1958). — WOODS, P. S., and MARIE U. SCHAIRER: Nature (London) **183**, 303 (1959).

YUASA, A.: Bot. Mag. Tokyo **71**, 275 (1958).

2. Morphologie einschließlich Anatomie.

Von Wilhelm Troll und Hans Weber, Mainz.

Mit 6 Abbildungen.

I. Sproßbildung und Sproßbau.

1. Bau und Wachstum des Sproßscheitels.

Nachdem zahlreiche Untersuchungen einen genaueren Einblick in den cytologischen Aufbau der Sproßvegetationspunkte ermöglicht haben, ist während der letzten Jahre mehr und mehr die Frage nach der Mitosenhäufigkeit in den einzelnen Gewebszonen in den Vordergrund gerückt. Kritik wurde vor allem an den Befunden der Plantefolschen Schule geübt, nach denen die äußersten Spitzenbereiche der vegetativen Sproßscheitel sich durch weitgehende Inaktivität auszeichnen sollen und gewissermaßen ein «méristème d'attente» darstellen. Erst beim Übergang zur Inflorescenz- bzw. Blütenbildung soll dieses in Tätigkeit treten (Plantefol, Bersillon, Codaccioni, Hadj-Moustapha, Phelouzat, Poux). Den schon in Fortschr. Bot. **20**, 11 mitgeteilten Einwänden gegen diese Auffassung sind inzwischen weitere gefolgt [Wardlaw (2), Denne, Savelkoul, Popham]. Namentlich Popham fand gerade im Spitzenbereich des Scheitelmeristems rein vegetativ wachsender Pflanzen (*Chrysanthemum morifolium*) eine auffallend hohe Zahl von Mitosen. Auch bei *Helodea densa* ist nach Savelkoul in der distalen Zone des Scheitels weder ein ruhendes Meristem noch ein darunter liegender, durch besondere Teilungsaktivität ausgezeichneter "anneau initial" nachzuweisen. Gleiches gilt für den Vegetationskegel von *Narcissus pseudonarcissus* (Denne). Es scheint doch wohl so zu sein, daß die mikroskopisch sichtbare cytologische Differenzierung des Scheitelgewebes keine unmittelbaren Schlüsse auf die Teilungsintensität in den einzelnen Zonen zuläßt. Im übrigen konnten weder Savelkoul noch Popham Anzeichen für einen bestimmten täglichen Rhythmus im Auftreten der Mitosen finden. Diese erfolgen sowohl am Tage als auch während der Nachtstunden.

Recht unfruchtbar erscheint die Fortführung der Diskussionen über die Berechtigung der Tunica-Corpus-Konzeption (Savelkoul, Popham). Daß solche Strukturen vorhanden sind, läßt sich ja nicht leugnen (vgl. Fortschr. Bot. **20**, 10). Ob man freilich der Zahl der Tunica-Schichten irgendeine systematische Bedeutung zusprechen kann, ist sehr fraglich. Für den Bereich der Gramineen möchten Brown, Heimsch u. Emery dies bejahen. Sie fanden z. B., daß die Mehrzahl der von ihnen untersuchten Festucoideen über eine zweischichtige, die meisten Panicoideen dagegen über eine nur einschichtige Tunica verfügen. Tunicalos trafen sie keine Graminee an, so daß der frühere Befund von THIELKE (Fortschr. Bot. **16**, 18), *Saccharum officinarum* zeichne sich durch einen allein aus Corpusgewebe bestehenden Vegetationspunkt aus, bis heute durch kein weiteres Beispiel gestützt werden kann.

Wie WARDLAW (1) zeigen konnte, weist die Sproßspitze von *Asplenium nidus* eine breite Scheitelebene auf. Im Gesamtaufbau des Vegetationspunktes liegen ganz ähnliche Verhältnisse vor, wie sie schon früher R. u. C. WETTER für verschiedene Farne beschrieben haben (Fortschr. Bot. **17**, 19). Über die Zellteilungen im Vegetationspunkt von *Isoetes*-Arten berichtet BHAMBIE. Daß der Sproßscheitel von Blütenpflanzen während der vegetativen und der reproduktiven Phase keine wesentlichen Strukturunterschiede aufweist, betont neuerdings wieder BERSILLON (4) für *Oenothera biennis*.

2. Embryo und Keimpflanze.

Recht interessant sind die Befunde von v. GUTTENBERG u. SCHRÖDER über die Entwicklung der Sproß- und Wurzelvegetationspunkte an den Embryonen von *Nuphar luteum*. Was bisher als Sproßscheitel gedeutet worden ist, stellt danach lediglich die Anlage des ersten Primärblattes

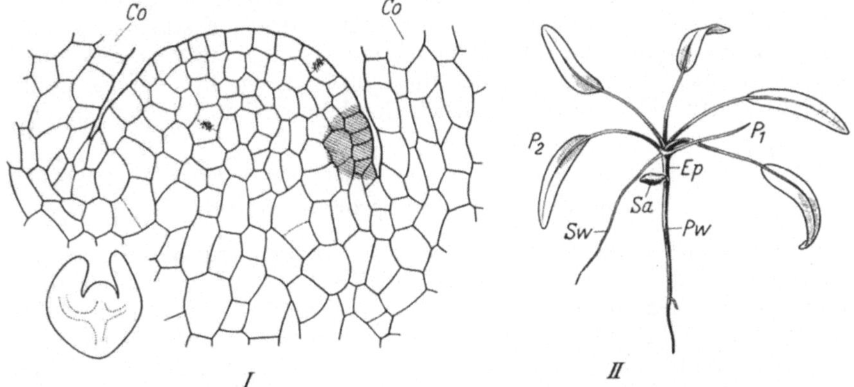

Abb. 1. I *Nuphar luteum*. Längsschnitt durch den Scheitel des Embryos. Aus der kuppenförmigen Vorwölbung geht das erste Primärblatt hervor. In dem durch Schraffur hervorgehobenen Bereich wird der Vegetationspunkt restauriert. Links unten zum Vergleich der gesamte Embryo. II *Nymphaea lotus*. Keimpflanze. *Co* Kotyledonen; *Ep* Epikotyl; *P₁*, *P₂* Primärblätter; *Pw* Primärwurzel; *Sa* Samen; *Sw* erste sproßbürtige Wurzel. I nach VON GUTTENBERG; II Original.

dar, zu deren Bildung das Scheitelmeristem völlig aufgebraucht wird (Abb. 1, I). An der Basis dieser Blattanlage wird der Sproßvegetationspunkt restauriert und kann danach zur Ausgliederung des zweiten Primärblattes schreiten. Ein kuppenförmig gewölbter Scheitel wird erst nach erfolgter Sproßerstarkung herausgebildet, wie dies für eine ganze Reihe von monokotylen Pflanzen bekannt ist, aber auch bei zahlreichen dikotylen Gewächsen vorkommt (Erstarkungsformwechsel des Vegetationspunktes; vgl. Fortschr. Bot. **14**, 18; **18**, 13; **20**, 13). Außer dieser Erscheinung zeigen sich in der Embryonalentwicklung von *Nuphar* noch weitere Züge, die sonst bei Monokotylen verbreitet sind, u. a. in der Differenzierung der Primärwurzel. Die Autoren möchten daraus schließen, daß die Nymphaeaceen systematisch zu den Einkeimblätterigen gehören. Der Kotyledo müßte dann das bisher als erstes Primärblatt gedeutete Organ sein, die seither als Keimblätter aufgefaßten Organe sollen lediglich Hypokotylwucherungen darstellen. Eine solche Deutung des Nymphaeaceen-Keimlings muß jedoch stärkster Kritik begegnen. Man denke nur an den Keimungsablauf, der ganz nach Dikotylen-Art erfolgt (Abb. 1, II)! Es kann auch kaum angenommen werden, daß die beiden Kotyledonen der Nymphaeaceen zu den Hypokotylauswüchsen von *Ruppia* oder *Zostera* in Beziehung stehen. Dagegen spricht u. a. ihre Innervierung.

Um Auswüchse des Hypokotyls handelt es sich bei den ringförmigen Anschwellungen im Bereich des Wurzelhalses, wie sie u. a. bei zahlreichen Myrtaceen auftreten. Das war schon IRMISCH (1876) bei *Eucalyptus globulus* aufgefallen. Besonders extrem ist diese Wucherung u. a. bei *Eucalyptus macrocarpa*. Doch sollte man auf solche Fälle nicht den Begriff „Coleorrhiza" anwenden, wie es BARANOV, wenn auch nur vorläufig, in seinen Myrtaceen-Studien vorschlägt.

Mehr als 300 verschiedene Gramineen hat REEDER auf den Bau der Embryonen hin untersucht. Dabei ergab sich, daß hinsichtlich der Größe des Embryos, der Ausbildung des Scutellums, des Vorhandenseins oder Fehlens des Epiblasten, des Nervenverlaufs u. a. deutlich zwei Typen existieren, die systematisch bedeutungsvoll sind, nämlich der panicoide und der festucoide Typ. Namentlich der letztere kann freilich in verschiedener Weise abgewandelt sein.

3. Knospenbildung und Sproßverzweigung.

Einen umfassenden Überblick über die Verzweigungsverhältnisse der Solanaceen hat DANERT vorgelegt. So mannigfaltig diese im einzelnen auch sind, so können sie doch in der überwiegenden Mehrzahl der Fälle auf Sympodienbildung zurückgeführt werden. Die verschiedenen Gattungen verhalten sich dabei im allgemeinen recht einheitlich, sei es, daß sie sich durch dichasiale oder durch monochasiale Ramifikation auszeichnen. Nicht selten geht die eine Verzweigungsform in die andere über. Rekauleszente und konkauleszente Verwachsungen können, wie schon in Fortschr. Bot. **20**, 18 für *Solanum tuberosum* berichtet, das Erscheinungsbild der Sproßsysteme wesentlich modifizieren. Als Beispiel für monochasiale Verzweigung sei aus der Vielzahl der mitgeteilten Beobachtungen die südamerikanische *Schwenkia tweediana* genannt (Abb. 2).

Ausläuferartige Seitentriebe schildert KUMAZAWA für einige Orchideen (*Perularia, Platanthera*). Durch ein stark verlängertes Mesopodium wird die Achselknospe mehr oder weniger weit von der Mutterpflanze entfernt.

Gleichzeitig entwickelt sich aus dem Knospenmeristem eine Wurzel, die horizontal in Richtung der Ausläuferachse auswächst (Abb. 3). Damit wird die Auffassung bestätigt, die in Fortschr. Bot. **17**, 21 im Hinblick auf derartige Phänomene bereits dargelegt wurde. Auch Studien über Areolen von Kakteen (*Toumeya papyracantha, Mamillaria lasiacantha*), die BOKE (1, 2) durchgeführt hat, schließen an Untersuchungen an, die in diesen Berichten schon referiert werden konnten (Fortschr. Bot. **16, 29; 20, 20**).

Vegetative Triebe von *Linaria*-Arten lassen häufig keinerlei Achselknospen erkennen. Wie aber CHAMPAGNAT zeigen konnte, befinden sich dennoch in den Blattachseln wenigzellige Meristemkomplexe, deren Weiterentwicklung gehemmt ist. Tatsächlich beobachtet man bei Angiospermen äußerst selten, daß Knospenanlagen in den Blattachseln völlig fehlen (vgl. TROLL, Vergl. Morphologie, S. 521). Umgekehrt kommt es aber häufiger vor, daß seitliche Organe, vor allem Blüten, der Tragblätter entbehren. In solchen Fällen scheint die allgemeine Regel der axillären Verzweigung durchbrochen zu sein. *Nymphaea* ist ein seit langem bekanntes Beispiel dafür. Da sich aber hier die Blüten stellungsmäßig der Blattspirale einordnen, muß wohl doch geschlossen werden, daß lediglich ein Ablast der Tragblätter vorliegt. Eine Homologie von Blättern und Blüten und weiterhin auch von Seitenknospen in solchen Fällen anzunehmen, wie CUTTER (1, 3) dies will, widerspricht jeder organischen Formbetrachtung. Im übrigen sollen nach CUTTER (2) auch die Blüten von *Nuphar* extraaxillär angelegt werden. Was am *Nuphar*-Rhizom als Braktee erscheint, soll in Wirklichkeit ein Organ sein, das dem Blütenmeristem entspringt, das aber infolge mangelnder Internodienentwicklung in unmittelbarer Nähe der Abstammungsachse verharrt. Echte extraaxilläre Verzweigung ist bei Pteridophyten verbreitet. So ist es schon seit HOFMEISTER

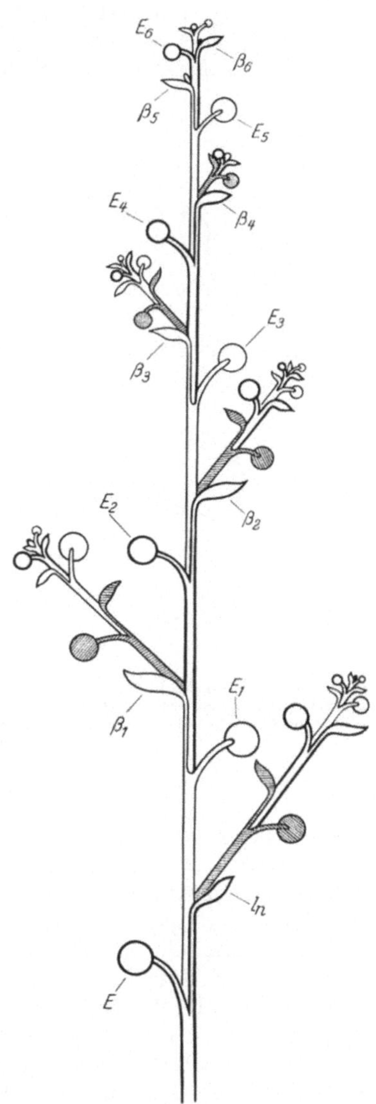

Abb. 2. *Schwenkia tweediana*. Verzweigungsschema (Monochasium). An jedem Sympodialglied wird ein Vorblatt (β) entwickelt, bevor die Endblüte (*E*) erscheint. Die seitenständigen Triebe gehen aus Beiknospen hervor. Nach DANERT.

bekannt, daß *Pteridium aquilinum* über blattlose Langtriebe verfügt, die seitliche Kurztriebe hervorbringen, an denen allein die Blätter sitzen. WEBSTER u. STEEVES haben dies jetzt bestätigt, ohne freilich die gesamte hierüber bereits vorliegende Literatur zu kennen (vgl. TROLL, Vergl. Morphologie, S. 502 ff.).

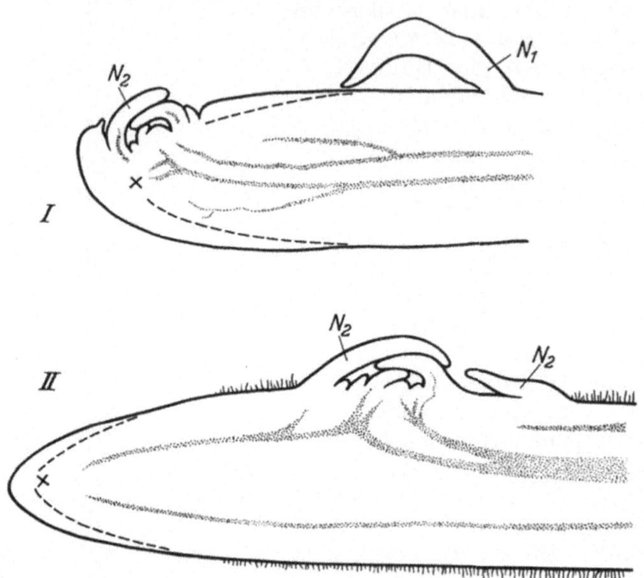

Abb. 3. *Perularia ussuriensis.* I Distales Ende eines jungen (plagiotrop wachsenden) Achseltriebes. Bei × differenziert sich die Anlage einer sproßbürtigen Wurzel. II Älteres Stadium. Die Wurzel hat sich bereits in Wachstumsrichtung des Achsenkörpers verlängert (Wurzelvegetationspunkt bei ×). N_1, N_2 Niederblätter. Nach KUMAZAWA.

4. Leitgewebe.

Ausgehend von Embryo und Keimpflanze hat BALFOUR den Leitbündelverlauf in der Sproßachse von *Macropiper excelsum* studiert. Während die zentral gelegenen Bündel sich streng akropetal entwickeln, sollen die Blattspurstränge, die sich jeweils über ein Internodium erstrecken, eine rein basipetale Differenzierung erfahren. Damit wäre ein neues Beispiel für diese Art des Blattbündelanschlusses gefunden (Fortschr. Bot. 13, 27; 18, 16). Rein akropetal erfolgt dieser bei *Boehmeria nivea* (KUNDU u. RAO). Aber wie dem auch sei, stets fügt sich die Entwicklung der Blattspuren der Gesamtentfaltung eines Sproßsystems harmonisch ein (KONDRATEVA-MELVIL). Mit mehr als 40 Leitbündeln (im Querschnitt) können die Halme von *Oryza sativa* ausgestattet sein; über deren Bau und Verlauf finden sich genauere Angaben bei MAJUMDAR u. SAHA. Leitbündelanatomische Untersuchungen liegen weiter für einige Steppengräser, wie *Cenchrus, Cynodon* u. a. vor (MULAY u. SALUJHA). MANI weist für *Cyperus rotundus* darauf hin, daß die Leitbündel, die im Rhizom konzentrischen Bau zeigen, in der Inflorescenzachse kollaterale Struktur annehmen.

In einem sorgfältigen Bericht über die Entwicklung des sekundären Phloems bei einigen Calycanthaceen (*Chimonanthus praecox, Calycanthus occidentalis* u. *C. floridus*) gehen CHEADLE u. ESAU u. a. auf die Frage der Geleitzellen ein. Deren Zahl pro Siebröhreneinheit schwankt zwischen 1 und 5, in den meisten Fällen sind es 1 oder 2. Doch konnten gelegentlich auch Siebröhrenglieder ohne Geleitzelle festgestellt werden. Da die Geleitzellen hier im allgemeinen kürzer als die zugehörigen Siebröhren

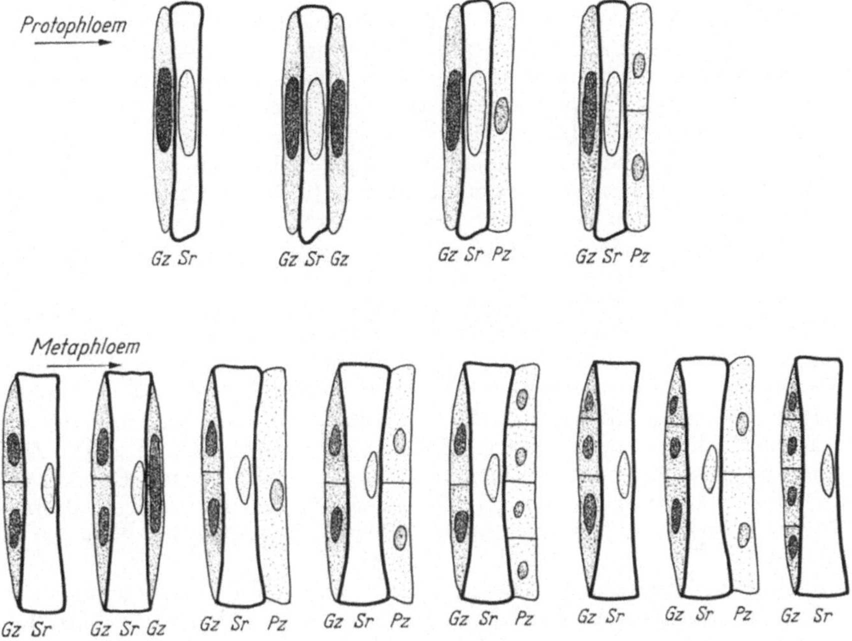

Abb. 4. Schema zur Veranschaulichung der Kombinationsmöglichkeiten von Siebröhrenelementen und Geleitzellen bei *Vicia faba. Sr* Siebröhrenglied, *Gz* Geleitzelle, *Pz* Sieb-Parenchymzelle. Nach RESCH.

sind, besteht keine Kontinuität unter ihnen. 2—4 Geleitzellen pro Siebröhrenelement fand auch RESCH im sekundären Phloem von *Vicia faba.* Die Siebprimanen dieser Pflanze weisen dagegen stets nur ungeteilte Geleitzellen auf, die über die ganze Länge der Röhrenglieder reichen und im übrigen polyploid sind (Abb. 4). Über die Phloementwicklung bei *Vanilla planifolia* hat DUNOYER DE SEGONZAC einen Bericht vorgelegt.

Einige Autoren beschäftigen sich mit den Elementen des Xylems, so u. a. LEMESLE, der, von phylogenetischen Gesichtspunkten ausgehend, holzanatomische Befunde für eine Reihe apokarper Familien zusammengestellt hat. JACOBS u. MORROW verfolgen die Differenzierung von Xylemelementen in den Sprossen von *Coleus blumei.* Am Beispiel von *Populus tremula* wurde bestätigt, daß die Längen von Gefäßeinheiten und Holzfasern in einer Korrelation zum Alter des Stammes stehen (HEJNOWICZ). Auch SÁRKÁNY, STIEBER u. FILLÓ betonen, daß in den

Stämmen verschiedener Pappelarten die Länge der neugebildeten Fasern während der ersten 15 Jahre von 500—600 μ auf 1200—1400 μ ansteigt. BIERHORST beschreibt den Bau der Tracheiden von *Equisetum* und hält im übrigen die schon früher geäußerte Vermutung für wahrscheinlich, daß die Carinalhöhlen Leitkanäle darstellen. Schließlich gibt EICKE einen Überblick über den Feinbau der Hoftüpfel von Gymnospermen.

5. Weitere Arbeiten zur Sproßanatomie.

Die Anatomie der in den südamerikanischen Anden kultivierten *Oxalis tuberosa* hat ALVAREZ beschrieben. Ähnliche Untersuchungen, die freilich über das bereits Bekannte kaum hinausgehen, liegen für einige Wasserpflanzen (*Myriophyllum, Eichhornia, Butomus*) vor (HASMAN u. INANC). JACQUETY schildert den Stengelbau von *Rumex obtusifolius*, LEMESLE (2) beschreibt verschiedenartige Sklereiden im Sproß der Umbellifere *Trachymene juncea* und MOURRÉ behandelt die Sklerenchymentwicklung in den Achsenorganen von *Cucurbita pepo*. Angaben zur Anatomie verschiedener in Japan verbreiteter Pteridophyten finden sich bei NOZU (1—3), so u. a. über die Rhizome einiger Ophioglossaceen (3). Auf Bildung und Form der Raphiden sowie auf die Struktur der Schleimzellen im Stamm von *Amorphophallus* geht WAKABAYASHI (1, 2) näher ein. BANNAN konnte das Auftreten antiklinaler Teilungen in Cambiumzellen von Coniferen genauer studieren. In der Sproßachse von *Beta trigyna* geht die Bildung des Kantenkollenchyms auf meristematische Tätigkeit der subepidermalen Zellschicht zurück [ROTH (2)]. Zur Anatomie der Hypokotylknollen von *Corydalis solida* bringt BERSILLON (5) einige Mitteilungen, die jedoch gegenüber den sorgfältigen älteren Darstellungen von IRMISCH und vor allem von JOST kaum Neues enthalten.

Chlorenchymatisches Gewebe in Sproßachsen ist naturgemäß vor allem für stammsucculente Pflanzen von hoher Bedeutung. F. J. MEYER konnte zeigen, daß im Verlauf des sekundären Dickenwachstums jene der äußeren Rinde angehörende Assimilationszonen sich im wesentlichen nur in tangentialer Richtung ausweiten. Zusätzliche radial gerichtete Verstärkung wurde nur bei kantigen bzw. geflügelten Stämmen beobachtet, so etwa bei *Rhipsalis trigona*.

Hingewiesen sei schließlich auf eine interessante Untersuchung von LICITIS-LINDBERGS, in der der Mechanismus geklärt wird, der zum Abwerfen von Zweigen (Selbstreinigung der Stämme) und von Zapfen von *Agathis australis* führt.

II. Blatt.

1. Blattentwicklung.

Im allgemeinen wird die Bildung von Blattprimordien bei Spermatophyten durch periklinale Teilungen in der subepidermalen Zellage eines Sproßscheitels eingeleitet. Dies bestätigen u. a. GRIFFITH für *Podocarpus macrophyllus* und SLADE für *Cercis siliquastrum, Prunus serrulata* und *Acer pseudoplatanus*. SLADE befaßt sich vor allem mit der Differenzierung der Blattnervatur bei den genannten Arten. Es zeigte sich, daß die Hauptnerven akropetal z. Z. maximaler meristematischer Tätigkeit der Primordien, d. h. während des Spitzen- und Randwachstums, angelegt werden, wogegen die kleineren Nerven gewöhnlich erst im Verlauf des intercalaren Blattwachstums auftreten. Es bestehen also enge Beziehungen zwischen der Wachstumsverteilung im Blatt und der Art der Nervenanlegung, wie dies schon GOEBEL feststellen konnte (vgl. auch TROLL, Vergl. Morphologie, S. 1044 ff.). Die Xylemdifferenzierung in den Primordien der *Welwitschia*-Blätter erfolgt nach RODIN (1) streng basipetal.

Daß zusätzliche, invers gebaute Leitbündel durch die Aktivität eines sekundären abaxialen Spreitenmeristems (Dorsalmeristem) gebildet werden können, hat CARLQUIST (2) neuerlich für die Blätter der auf Hawaii endemischen Compositen-Gattung *Argyroxiphium* gezeigt. Bei diesen finden sich zudem eigentümliche längs verlaufende Parenchymstränge, die durch große, mit pektinartigen Stoffen erfüllte Intercellularen ausgezeichnet sind. Vermutlich liegen hier die schon von KISSER sog. „Pektinwarzen" vor, wie sie CARLQUIST (1) u. a. auch im Blattstiel von *Fitschia speciosa* finden konnte.

In Fortschr. Bot. **20,** 22 wurde auf die verschiedenen Typen des Randwachstums von Blattorganen hingewiesen. Dem allgemeinen Verhalten von dikotylen Pflanzen, deren Blattspreitenentwicklung subepidermal erfolgt, fügen sich auch monokotyle Gewächse ein, so etwa *Philodendron* und *Maranta*. Dagegen soll nach PRAY das Randwachstum der Blätter von *Hosta* (Liliaceae) größtenteils auf epidermaler Teilungstätigkeit beruhen. Jedenfalls konnten hier keine regelmäßig vorkommenden subepidermalen Initialen festgestellt werden, wie diese auch bei einigen Dikotylen zu fehlen scheinen. Ob freilich die Vermutung PRAYs richtig ist, daß die Art des Randwachstums der Blattorgane in einer näheren Beziehung zum Teilungsgeschehen in den peripheren Zellschichten des Sproßscheitels steht, mag dahingestellt bleiben.

Wiederholt ist in der Literatur die Frage erörtert worden, wie es bei Palmenblättern zu der eigenartigen Faltenbildung und der Zerteilung der Spreite kommt. Für *Cocos nucifera* wird in einer neuen Untersuchung von VENKATANARYANA festgestellt, daß die Fiederung auf einer Aufspaltung des Laminargewebes beruht, die bereits einsetzt, bevor es zur Differenzierung der Leitbündel kommt. Man vergleiche hierzu unsere Ausführungen in Fortschr. Bot. **16,** 33.

Auf eine interessante Studie über die Blattentwicklung des foliosen Lebermooses *Trichocolea tomentella* kann nur hingewiesen werden (GRILL).

2. Blattgestaltung.

Am Beispiel von *Dicranopteris linearis* geht WAGNER auf die große Mannigfaltigkeit ein, die in der Blattgestalt der Gleicheniaceen herrscht. Im Gegensatz zu den adulten Folgeblättern, bei denen das Wachstum der Rhachis gehemmt ist zugunsten einer mächtigen Entwicklung des einzigen Seitenfiederpaares, zeigen die Jugendblätter noch eine verlängerte Blattspindel mit Endfieder. Schon mehrfach wurde im Schrifttum auf die eigentümliche Binsenform von Blattorganen hingewiesen, wie sie sich bei einer Reihe von Monokotylen (verschiedenen Juncaceen, Cyperaceen, Restionaceen, Xyridaceen u. a.) findet, aber auch bei einigen Umbelliferen (*Crantzia, Ottoa, Tiedmannia*) vorkommt. PEISL hat diese Fälle zusammengestellt und sie namentlich für Juncaceen und Cyperaceen näher charakterisiert.

In Fortschr. Bot. **20**, 24 wurde auf die Stipular-Studien WEBERLINGs eingegangen. Der Autor hat seine Ergebnisse inzwischen zu einem Überblick (3) vereinigt und zudem nachgewiesen, daß auch im Bereich der Lecythidaceae und der Sonneratiaceae rudimentäre Nebenblätter weit verbreitet sind (2). Diese Erscheinung fügt sich dem allgemeinen Verhalten der Myrtales ein. Bildungen des Blattgrundes liegen ferner in den reduzierten Organen vor, die an der Keimpflanze von *Castanea* den Laubblättern vorausgehen [CODACCIONI (2)]. Um Vorblätter ruhender Knospen handelt es sich bei den paarweise auftretenden Dornen an den Zweigen der baumförmigen Loganiacee *Anthocleista nobilis* (NOZERAN).

Aufbauend auf früheren Untersuchungen von W. ZIMMERMANN geht KRANICH auf Anomalien vor allem im Hochblattbereich sowie im Perigon von *Pulsatilla* ein. Schließlich sei noch auf einen in Rußland erschienenen Atlas der Laubblattformen hingewiesen (THEODOROV, KIRPICZNIKOV u. ARTJUSCHENKO).

3. Weitere Untersuchungen zur Blattanatomie.

Vor allem FOSTER (Fortschr. Bot. **13**, 31; **18**, 26) hatte auf Sklereiden aufmerksam gemacht, die sich in unmittelbarer Nähe freier Nervenendigungen in den Blättern verschiedener tropischer und subtropischer Gewächse vorfinden. Besonders zahlreich treten solche bei den Arten der Gattung *Memecylon* auf, und zwar in der mannigfachsten Gestalt (RAO). Zuweilen umgeben ganze Gruppen derartiger Idioblasten die Nervenenden, so daß RAO hier von Sklerocysten sprechen möchte. Neben „Terminalsklereiden" sind aber auch, z. B. bei *Memecylon scutellatum* und *M. cuneatum*, sklerenchymatische Elemente verbreitet, die wie Doppel-T-Träger die gesamte Lamina von Epidermis zu Epidermis durchsetzen. Große, verzweigte Sklereiden finden sich ferner nach RODIN (2) im Mesophyll der isolateral gebauten Blätter von *Welwitschia*. LOMMASSON berichtet über die Leitbündelscheiden in den Blättern von *Aristida*, die im Vergleich zu anderen Gramineen abweichend gestaltet sind. Nähere Angaben über die Innervierung der Blattorgane von *Muntingia calubra* (Elaeocarpaceae) bringt SENSARMA. Hingewiesen sei auch auf die interessanten Drüsenorgane, die Blätter verschiedener Compositen-Gattungen, wie *Hemizonia, Madia* u. a. besetzen. Ihre Bildung erfolgt nach Art der bekannten Etagendrüsen, vielfach aber kommt eine köpfchenförmige Ausweitung hinzu [CARLQUIST (2)].

III. Wurzel.
1. Wurzelvegetationspunkt.

Nach wie vor sind die Ergebnisse, die in neueren histogenetischen Untersuchungen über den Wurzelvegetationspunkt erzielt worden sind, uneinheitlich und nicht selten einander widersprechend. Die Frage nach der Anordnung und dem weiteren Schicksal der Initialen kann deshalb heute höchstens für Einzelfälle als gelöst gelten. VON GUTTENBERG und dessen Schüler, die während der letzten Jahre eine ganze Reihe von Mitteilungen zu diesem Problem veröffentlicht haben, betonen, daß das histologische Bild, das ein Wurzelvegetationspunkt zeigt, wesentlich vom Entwicklungsalter der Wurzel abhängt. Aus diesem Grunde haben sie sowohl für dikotyle als auch für monokotyle Gewächse die Wurzelanlegung schon am Embryo studiert und die weitere Entwicklung der Wurzelspitze verfolgt. Über ihre allgemeine Auffassung wurde schon wiederholt berichtet (vgl. Fortschr. Bot. **18**, 27). Neuerdings wird besonders hervorgehoben, daß die Vegetationspunkte von Primär-, Seiten- und von sproßbürtigen Wurzeln trotz recht verschiedener Genese schließlich dennoch zu gleichartiger Ausbildung und Aktivität gelangen. Die Faktoren, die dies im einzelnen bewirken, sind noch völlig unbekannt. Daß die histologische Zonierung des Wurzelscheitels mit zunehmendem Alter der Wurzel Veränderungen erfährt, betont auch SUN (2) für *Glycine max*. Indes vermag er sich ebensowenig wie verschiedene andere Autoren (MILLER, JENSEN u. KAVALJIAN; HAGEMANN u. a.) der von GUTTENBERGschen Zentralzellkonzeption anzuschließen. Ebenfalls teilt BALL (1, 2) für den Embryo von *Ginkgo biloba* mit, daß die Anlegung und Weiterentwicklung der Primärwurzel auf eine ganze Gruppe von Initialen zurückgeht. Zerteilt man diese durch einen Einschnitt, so resultieren zwei normal gebaute Wurzeln.

Was die Teilungsintensität im Bereich der Wurzelinitialen anlangt, so ist diese, wie früher schon berichtet (Fortschr. Bot. **16**, 43), verhältnismäßig klein. Unmittelbar über der Initialzone steigt sie aber wesentlich an. Dies wurde in neuen Arbeiten von CLOWES (*Zea mays*), HAGEMANN (*Hordeum vulgare*, 1) und von JENSEN u. KAVALJIAN (*Allium cepa*) bestätigt. Letztere fanden im übrigen Maxima der Teilungstätigkeit gegen Mittag und gegen Mitternacht. Auch HAGEMANN (1) stellte für Gerstenwurzeln einen Tagesrhythmus der Mitosenhäufigkeit fest, jedoch nur bei einem periodischen 12stündlichen Temperaturwechsel von 25 auf 5° C. Für *Phleum pratense* ergab die Auswertung photographischer Aufnahmen von lebenden Wurzelspitzen, daß die Rhizodermis (unter den gegebenen Bedingungen) ihre größte meristematische Aktivität in einem Abstand von 150—200 μ vom Scheitel aufweist (GOODWIN u. AVERS).

SUN (1), MILLER, JENSEN u. KAVALJIAN sowie HAGEMANN (2) bringen weiter Angaben über Differenzierungsvorgänge im Wurzelmeristem, letzterer vor allem unter entwicklungsphysiologischen Gesichtspunkten. Auf diese Untersuchungen kann nur hingewiesen werden. Wenn FAVARGER bei zahlreichen Saxifragaceen in der Wurzelhaube lokal eng begrenzte Anthocyan-Färbungen fand, so werden damit die früheren Mitteilungen von WEBER hierüber bestätigt (Fortschr. Bot. **17**, 33).

2. Radikation und Wurzelsysteme.

In einer interessanten Studie über die Vegetation einiger mitteldeutscher Porphyrkuppen geht MAHN u. a. auf die Wurzelausbreitung der Gewächse ein. Seine Ergebnisse fügen sich in das Bild ein, das in neuerer Zeit BIRAND, SCHALYT u. a. für Steppenpflanzen aufzeigen konnten (Fortschr. Bot. **17**, 34; **18**, 29). Die Abhängigkeit der Ausbildung der Wurzelsysteme von Art und Wassergehalt des Bodens beobachtete SCHEUERPFLUG für eine Reihe von *Medicago*-Arten. Trockene Sandböden begünstigen die Ausbildung einer ausgeprägten Pfahlwurzel, feuchte und lehmige Böden dagegen fördern eine stärkere Verzweigung. Wertvolle

Abb. 5. *Calathea macrosepala*. Sproßbasis einer blühenden Pflanze mit sproßbürtigen Speicherwurzeln. Nach WEBER.

Wurzelstudien in Kiefernbeständen liegen wieder aus Finnland vor. Die auf Reisermooren gewachsenen Bäume wurzeln zwar außerordentlich flach, entwickeln aber trotzdem eine beträchtliche Wurzelmasse [HEI-KURAINEN (1)]. Auf Sandböden fand KALELA, daß etwa 40% der Wurzelmasse der Kiefern sich in der aufliegenden, wenig mächtigen Humus-schicht befinden. Die dünnen Nährwurzeln scheinen eine Lebensdauer von 2—9 Jahren zu besitzen. Von *Pinus sibirica* berichtet KRASILNIKOV u. a., daß die Primärwurzel spätestens nach 15 Jahren ihr Wachstum einstellt. Nur eine Vegetationsperiode hindurch sind nach NELSON u. WILHELM die Seitenwurzeln 2. Ordnung bei der Erdbeere am Leben, alle anderen Teile des Wurzelsystems perennieren. Über die Ausbreitung der Wurzeln von Apfelbäumen in verschiedenen finnischen Bodentypen liegen Angaben von VUORINEN vor.

Verschiedene Zingiberaceen und Marantaceen zeigen eine knollenförmige Anschwellung des distalen Abschnittes ihrer sproßbürtigen Wurzeln. Unter ihnen ragt, was die Deutlichkeit des Phänomens anlangt, die mittelamerikanische *Calathea macrosepala* besonders hervor (Abb. 5). Interessant ist nach WEBER vor allem, daß sich hier, entgegen der Regel, die Verzweigung der Wurzel auch auf den verdickten Endabschnitt erstreckt und dort bis in die Spitzenregion hineinreicht, was damit zusammenhängt, daß das Mutterorgan mit der Erzeugung der Anschwellung sein Längenwachstum beendet. Im Gegensatz zu derartigen Distalknollen finden sich bei anderen Monokotylen proximal verdickte Speicherwurzeln, so etwa bei *Eremurus, Chlorophytum* und *Asphodelus*, worauf WEBER ebenfalls hinweist. Mit dem Bau der *Asphodelus*-Wurzeln hat sich gleichzeitig NARDUCCI befaßt, der die älteren Mitteilungen hierüber von ARBER und VON GUTTENBERG freilich unbekannt geblieben waren. Zahlreiche kleine kugelige Auswüchse finden sich an den Wurzeln mancher Zygophyllaceen. Sie ähneln äußerlich stark den Wurzelknöllchen der Leguminosen, und tatsächlich hat sie SABET (1946) für entsprechende Bildungen gehalten. Wie aber ALLEN u. ALLEN für *Tribulus cistoides* ausführen, zeigen sie keinerlei bakterielle Infektion und stellen vermutlich lediglich mit Stärke erfüllte Speicherorgane dar. Eine histologische Beschreibung der Wurzelknöllchen von *Cicer arietinum* hat ARORA vorgelegt.

3. Sproßbildung an Wurzeln.

Die Entstehung von Wurzelsprossen kann heute in den Grundzügen als geklärt gelten. Daß diese Erscheinung weit verbreitet ist, bezeugen zahlreiche Arbeiten, auch solche aus neuester Zeit. Unbekannt war es bisher, daß derartige Sprossungen ebenfalls bei Gymnospermen auftreten können, so nach MOAR bei *Dacrydium colensoi*. Eine eingehende Beschreibung der Histogenese solcher Bildungen liegt jetzt für eine Luzerne-Varietät vor (MURRAY). Für eine Reihe von Holzgewächsen aus den Gattungen *Prunus, Malus, Ailanthus* u. a. bringt VASSILEWSKAJA neue Angaben.

4. Anhang.

Verschiedene anatomische Wurzeluntersuchungen beziehen sich auf pharmakognostisch wichtige Pflanzen, insbesondere auf *Rauwolfia* (EISENBERG u. SCHULZE; COURT, EVANS u. TREASE; LEMLI) und *Valeriana* (SANYAL u. WALLIS; FRIDVALSZKY). YOUNGKEN behandelt die Wurzel von *Morinda citrifolia*. Auf die zahlreichen Details, die vielfach für die Identifizierung von Bedeutung sind, kann hier nicht näher eingegangen werden.

IV. Inflorescenzen.

Über eine neue Auffassung des Inflorescenzbegriffes, die TROLL entwickelt hat, wurde in Fortschr. Bot. **17**, 36 ausführlich berichtet. Die dort vorgetragenen Konzeptionen haben sich in der Folge als überaus fruchtbar erwiesen und das Verständnis bisher schwer übersehbarer Blütenstände ermöglicht. Auf zahlreiche derartige Fälle, deren Bearbeitung im einzelnen noch nicht veröffentlicht ist, hat TROLL (2) in einer

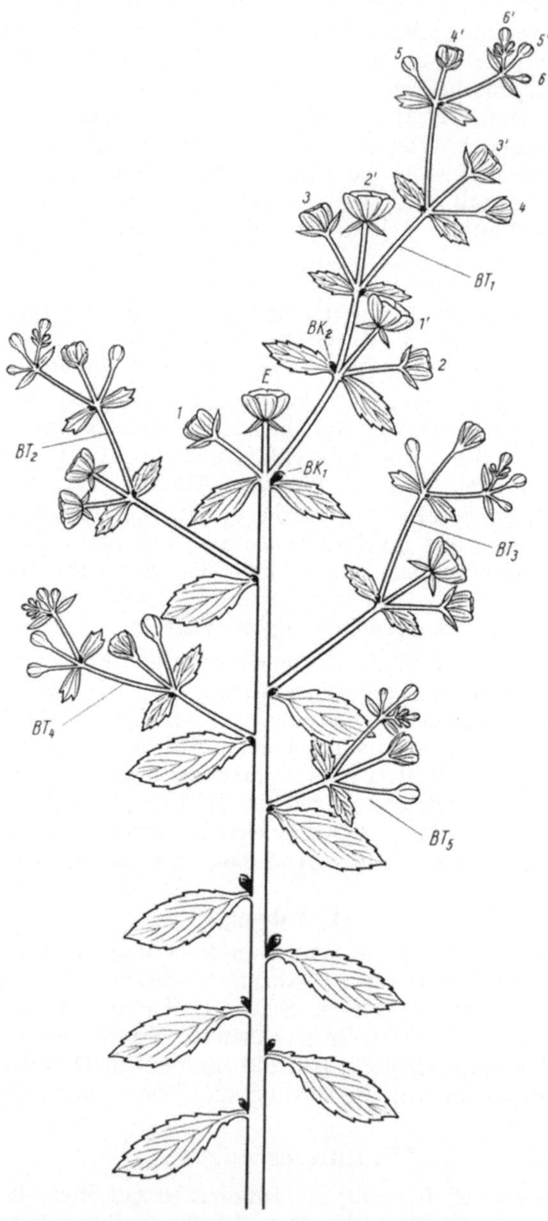

Abb. 6. *Bonplandia geminiflora.* Schema des Synflorescenzaufbaues. *E* Endblüte, *BT* Bereicherungstriebe, *BK* Beiknospen. Nach WEBERLING.

vorläufigen Mitteilung aufmerksam gemacht. Was z. B. die Polemoniaceen anlangt, so folgen auch die stärker abgeleiteten Inflorescenzen von *Bonplandia geminiflora* und *Polemonium micranthum* dem Typus der monotelen (geschlossenen) Synflorescenz. Doch sind sie dadurch abgewandelt, daß ihre Verzweigung einen ausgeprägten akrotonen Förderungssinn aufweist, was eine mehr oder weniger streng durchgeführte Monochasienbildung zur Folge hat, insbesondere bei *Bonplandia*, wo demgemäß der Eindruck entsteht, als setzte sich in dem der Endblüte benachbarten obersten Bereicherungstrieb die Hauptachse direkt fort (Abb. 6). Diese Tendenz zur Akrotonie findet sich in verschiedenen anderen Sippen dieser Verwandtschaft wieder [WEBERLING (1)]. Über recht einheitliche Inflorescenzverhältnisse verfügen ebenfalls bei aller Mannigfalt die Solanaceen, wovon schon auf S. 14 die Rede war (DANERT). Auf den Untersuchungen TROLLs fußt auch eine eingehende Arbeit von HAMANN über die Inflorescenzen von *Veronica*-Arten.

Dem allgemeinen Verhalten der Cruciferen entsprechend weisen die verschiedenen Rassen von *Arabidopsis* in den Achseln aller Stengelblätter Bereicherungstriebe auf. Allein die Pflanzen einer als *Zürich* bezeichneten Rasse zeigen nach NAPP-ZINN einen seitenastfreien Abschnitt, der sich zwischen eine untere und eine obere Bereicherungszone einfügt. Jedoch kann durch eine geeignete Vernalisationsbehandlung die Entwicklung einer solchen Hemmungsregion unterdrückt und somit das typische Verhalten wieder hervorgerufen werden.

Auf weitere, im einzelnen sehr heterogene Inflorescenzstudien kann nur hingewiesen werden, so etwa auf vergleichende Betrachtungen der Blütenstände von Vertretern der Hippocastanaceen-Gattungen *Billia* und *Aesculus* (HARDIN), von *Mercurialis* (DURAND) und von verschiedenen Urticaceen (RIVIÈRES). Die letztere Darstellung ist schon deshalb unbefriedigend, weil sie die Kenntnis der wichtigsten Literatur (BERNBECK, WEDDELL, GOEBEL) vermissen läßt. Genannt seien weiter Inflorescenzstudien von BERSILLON (*Ruta graveolens*, 3; *Reseda lutea*, 6), von FAVARD (*Drosera intermedia*) und von AUGIER u. RUBAT DU MÉRAC (*Trinia glauca*).

Auch über teratologische Erscheinungen liegen einige Mitteilungen vor, u. a. von HANF über wuchsstoffbedingte Anomalien bei Getreide-Inflorescenzen und über gelegentlich auftretende Verzweigungen von sonstigen ährigen Blütenständen (NEUBAUER). KÖNIGSMANN beobachtete u. a. Verlaubung von Deckspelzen bei *Phleum pratense*.

Die Inflorescenzen von *Alopecurus pratensis* zeichnen sich durch einen frühzeitigen Ährchenabfall aus. An der Bruchstelle wird schon präfloral ein Trennungsgewebe angelegt, das mit einsetzender Blüte in seinem proximalen Bereich eine zunehmende Verholzung erfährt (WÖHRMANN).

V. Blüte.

1. Allgemeines.

Die sog. klassische Blütentheorie, derzufolge die verschiedenen Organe den Charakter von Blättern besitzen, konnte in den vergangenen

Jahren durch zahlreiche histogenetische Untersuchungen äußerst eindrucksvoll bestätigt werden. Dennoch ist die Kritik an einer solchen Auffassung nie verstummt. So kommt zuletzt BARNARD für Gramineen (1, 2), Cyperaceen (3) und Juncaceen (4) zu dem gleichen Schluß, daß die Stamina auf Grund ihrer Histogenese Achsennatur aufweisen müßten, und zwar deshalb, weil bei ihrer Ausgliederung am Blütenvegetationspunkt im Gegensatz zu den übrigen Organen Corpusgewebe beteiligt sei und die äußere Tunica-Lage keinerlei periklinale Teilungen aufweise. Abgesehen davon, daß andere Autoren (zuletzt z. B. SCHULTZE-MOTEL für Cyperaceen) solche Unterschiede nicht feststellen konnten, reichen diese Beobachtungen keinesfalls für die Beurteilung einer derartigen Frage aus. Wir wissen von der Blattanlegung am Vegetationspunkt, daß die ersten Entwicklungsschritte in den einzelnen Fällen durchaus nicht immer einheitlich verlaufen.

Schwererwiegend aber ist die Folgerung BARNARDs, daß in all den von ihm angeführten Beispielen die Samenanlagen achsenbürtig seien. Mit diesem Problem hat sich in letzter Zeit ECKARDT (1) eingehend befaßt, und er hat in sehr sorgfältigen Studien festgestellt, daß auch in wenig übersichtlichen Fällen von einer Stachysporie keine Rede sein kann. Gerade bei Vertretern der Helobiae, Polycarpicae und Centrospermae, die für die Klärung dieser Fragen besonders aufschlußreich sind, wurde von ihm Phyllosporie, also Blattbürtigkeit der Samenanlagen, nachgewiesen.

Verschiedene Arbeiten befassen sich mit der Innervierung der Blüte und ihrer Organe. Dabei wurde u. a. für zahlreiche Leguminosen festgestellt, daß die Leitbündel, die den Diskus versorgen, von den Staminalnerven abzweigen (RAO, SIRDESHMUKH u. SARDAR). Eine Ausnahme scheint *Albizzia lebbeck* zu bilden, bei der ein Zusammenhang in der Innervierung von Diskus und Gynoeceum besteht (über den Diskus vgl. Fortschr. Bot. **19**, 18). Auf den Leitbündelverlauf in den Blüten normaler und cruciater Sippen von *Epilobium* und *Oenothera* geht KOWALEWICZ (1) ein, SCHAEPPI u. FRANK berücksichtigen ihn bei der Klärung des Blütenbaues von *Callianthemum rutifolium* (Ranunculaceae). Mit Hilfe des Nervaturstudiums sucht ferner BERSILLON (1) die morphologische Natur des Blütenbechers von *Eschscholtzia californica* zu deuten. Auch für das Verständnis des Blütenbaues von *Myristica malabarica* (NAIR u. BAHL) und *Carica papaya* (REBOULET) wird der Leitbündelverlauf herangezogen. Weitere derartige Untersuchungen beziehen sich auf die Blüten von *Samadera indica* (Simarubaceae; NAIR u. JOSEPH), *Leea sambucina* (Vitaceae; NAIR u. NAMBISAN), *Sedum*-Arten (SUBRAMANYAM), *Sandoricum indicum* (Meliaceae; NAIR), *Flaveria repanda* (Compositae; MISRA) und *Magnolia grandiflora* (SKVORTZOVA). FREY-WYSSLING erörtert die Versorgung von Nektarien mit Phloemsträngen. THIERY schließlich behandelt das intercalare Wachstum des Androgynophors von *Gynandropsis pentaphylla* sowie des Inflorescenzstieles von *Bellis perennis*.

Basierend auf seiner Telomtheorie hat ZIMMERMANN eine „Phylogenie der Blüte" vorgelegt. Einen umfangreichen, weithin spekulativen Deutungsversuch der Juglandaceen-Blüte hat LEROY veröffentlicht.

2. Teratologisches.

Die gelegentlich auftretende „Durchwachsung" von Blütenköpfen konnte HELM am Beispiel von *Chrysanthemum indicum* näher studieren. Danach werden alle Blüten einer Inflorescenz zunächst normal angelegt. Erst nach der Differenzierung der Blumenkrone wächst der Blütenvegetationspunkt aus und bildet ein sekundäres Köpfchen. Es wird vermutet, daß diese Erscheinung auf Langtageinfluß zurückzuführen ist.

3. Weitere Untersuchungen.

a) Perianth. Umstritten war bisher noch die Auffassung des Compositen-Pappus, insbesondere die Frage, ob dieser einheitlich als eine dem Kelch homologe Bildung zu betrachten sei oder ob es sich dabei um emergenz- bzw. trichomartige Auswüchse handele. In neuen vergleichenden Untersuchungen findet SCHEEFFER-POMPLITZ, daß manchen Compositen, wie z. B. *Ursinia*, zweifellos ein echter Kelch zukommt. Hier sind die einzelnen Pappusglieder Sepalen homolog. Bei der Mehrzahl der Formen jedoch entspricht dem Kelch lediglich ein einfacher Ringwall, der trichomatische, emergenzartige oder phyllomatische Effigurationen trägt. Diese sind demnach nur als Anhangsorgane zu werten.

Die Kronblätter der cruciaten Sippen von *Epilobium* und *Oenothera* ähneln im adulten Zustand viel mehr den Kelchblättern als den normalen Petalen. Wie KOWALEWICZ (1) im einzelnen ausführt, entspricht auch ihre Entwicklungsgeschichte weitgehend derjenigen der Sepala. Im übrigen weist KOWALEWICZ (2) u. a. auf die Bildung der Raphidenzellen hin, die sich bei den genannten Arten in allen Blütenteilen vorfinden und die durch besondere Länge ausgezeichnet sind. Diese Idioblasten sind zweikernig und differenzieren sich schon frühzeitig im embryonalen Gewebe.

Für die systematische Botanik ist der von HARTL (1) geführte Nachweis wichtig, daß der feste Zusammenschluß der Kronblätter von *Correa speciosa* (Rubiaceae) und von *Oxalis tubiflora* auf postgenitalen Verwachsungsprozessen beruht, wie dies für die erstere Art früher schon TROLL (Vergl. Morphologie, S. 29) angenommen hatte. Diese Pflanzen scheiden deshalb als vermittelnde Glieder zwischen Choripetalen und Sympetalen aus.

b) Androeceum. Zur Begründung der Auffassung, daß sämtlichen Angiospermen-Staubblättern dem Bauplan nach peltate Struktur zukäme, hat LEINFELLNER (1, 2, 4, 5) weitere Studien durchgeführt (vgl. Fortschr. Bot. 19, 24). Das Staubblatt wird als peltat-diplophylles Organ gedeutet, dessen Teilspreiten kongenital verwachsen und ihre Ränder zu Pollensäcken umbilden. Demgemäß müßte das Filament als unifacialer Blattstiel angesehen werden. LEINFELLNER (2) glaubt den Beweis dafür in der Tatsache zu erkennen, daß bei dikotylen Pflanzen häufig ein konzentrischer Leitstrang mit zentralem Xylem im Filament vorliegt. „Der konzentrische Strang, der, wie aus dem Vergleich hervorgeht, komplexer Natur ist, geht an der Filamentbasis in ein kollaterales Bündel über. Wenn auch in vereinfachter Weise, so entspricht dieser Formwechsel des Staubblattbündels also den Veränderungen, die die Bündelanordnung eines Laubblattes beim Übergang vom unifazialen Stiel in den bifazialen Blattgrund erfährt." Wenn im Filament, so vor allem bei den Monokotylen, nur ein kollaterales Bündel vorhanden ist, so soll es sich dabei um eine Hemmungsform des konzentrischen handeln. Besonders augenfällige Beweise für die Diplophyllie der Anthere findet LEINFELLNER (4) in der Verwandtschaft der Violaceen. MOSELEY, der den Bau der Stamina bei den Nymphaeaceen studiert hat, möchte die Frage nach der peltaten Natur dieser Blattorgane offen lassen, worin ihm sicher zuzustimmen ist.

Sehr eingehend beschreibt VENTAKESH (1—3) Bau und Dehiszenzweise der Antheren im Verwandtschaftsbereich der Gattung *Cassia*, ERNST-SCHWARZENBACH führt dies für die chasmogamen und kleistogamen Blüten von *Ottelia*-Arten, insbesondere für *O. ovalifolia*, durch. Auf die vielen Details, die diese Arbeiten enthalten, kann hier nicht näher eingegangen werden. Mehr blütenbiologischer Natur sind die Mitteilungen von WERTH über das Androeceum von *Salvia*, von STRAW über dasjenige von *Pentstemon* sowie von ROTH (3) über Staubblatt- und Griffelbewegungen bei *Bulbine semibarbata*. Bei der letzteren handelt es sich um Entfaltungskrümmungen, die in der noch geschlossenen Blütenknospe vonstatten gehen. Sie sind, wie ROTH (4) weiter bestätigen konnte und wie es zu vermuten war, geotropischer Natur.

Im Hinblick auf Fragen der Systematischen Botanik finden sich Mitteilungen über die Gestalt von Pollenkörnern u. a. bei MULLENDERS (*Viola*-Arten), NATARAJAM (über 80 Arten aus der Verwandtschaft der Tubiflorae) und CHADEFAUD (*Burmannia, Flagellaria, Pachira* u. a.). ERDTMANN hat als 2. Teil seines palynologischen Werkes einen Bildband vorgelegt, der die Pollenformen von Gymnospermen sowie die Sporen von Pteridophyten und Bryophyten berücksichtigt. Sporenmerkmale von in Rußland verbreiteten *Ophioglossum*-Arten schildert SLADKOV.

c) Gynoeceum. Verschiedene Untersuchungen, die neben anderem auch die Bauverhältnisse des Gynoeceums zum Gegenstand haben, wurden bereits in anderem Zusammenhang genannt (S. 26). Hier sei noch auf eine Arbeit LEINFELLNERs (3) hingewiesen, die sich mit dem Fruchtknoten von *Berberis* beschäftigt. Entgegen älteren Auffassungen wird die schon von ECKARDT geäußerte Meinung bestätigt, daß das Gynoeceum nicht etwa pseudomonomer ist, wie es verschiedene Merkmale anzudeuten scheinen, sondern echt monomer. Pseudomonomer ist dagegen nach ECKARDT (2) der Fruchtknoten von *Eucommia ulmoides*. Darin herrscht Übereinstimmung mit Vertretern der Urticales, doch unterscheidet sich *Eucommia* durch Stellung und feineren Bau der Samenanlagen so wesentlich von diesen, daß ihre Einreihung in diese Ordnung als zweifelhaft gelten muß.

LEINFELLNER (3) schildert im einzelnen noch die Gestaltung des *Berberis*-Karpells. Es ist extrem peltat und entspricht dem einiger anderer primitiver Polycarpicae, wie etwa dem der Winteraceen, oder auch demjenigen von Potamogetonaceen. Auf die schlauchförmige Struktur der Fruchtblätter von *Pulsatilla* geht VOELTER näher ein.

Was schließlich die Samenanlagen betrifft, so hat ROTH (1) am Beispiel von *Capsella* deren Histogenese verfolgt. Besondere Beachtung wird dabei der Entwicklung der Integumente geschenkt, die sich als epidermale Bildungen erweisen und teils intercalar, teils durch Zellteilungen im Bereich einer Scheitelkante wachsen.

Hingewiesen sei schließlich auf ein Sammelreferat, das den unterständigen Fruchtknoten zum Gegenstand hat (DOUGLAS).

VI. Frucht und Samen.

Die eingehende Darstellung einer Reihe von Fruchtformen in der „Praktischen Einführung in die Pflanzenmorphologie" von TROLL vermittelt mancherlei neue Beobachtungen. Hingewiesen sei u. a. auf die Analyse von Frucht und Samen von *Juglans regia*, die anhand instruktiver Abbildungen erstmals auch ein wirkliches Verständnis des Embryos dieser Pflanze ermöglicht. Zu teilweise anderen Ergebnissen als BACH gelangt POMPLITZ beim Studium der Heteromorphie der *Calendula*-Früchte. Trotz aller Verschiedenheiten im einzelnen lassen sich diese aus einer gemeinsamen Grundform herleiten.

STOPP (1—3) bringt einige weitere Mitteilungen zur Dehiszenzmorphologie (vgl. Fortschr. Bot. **13**, 61). Recht aberrante Dehiszenzformen finden sich an den Früchten einiger *Crassula*-Arten, vor allem bei der in Südafrika neu gefundenen *C. gulielmi trollii* (1). Zur Reifezeit brechen hier die einen Samen umschließenden Karpellteile ab, wodurch zugleich der im basalen Abschnitt jedes Fruchtfaches herangereifte Samen in Freiheit gesetzt wird. In einer schraubenförmigen Dehiszenzlinie öffnet sich die Frucht von *Genlisea hispidula* (3). Eigenartig verhalten sich auch die Früchte von *Aeolanthus*-Arten (2). Hier dehiszieren die persistierenden Kelche nach Art von Deckelkapseln in einer kreisförmigen oder geschwungenen Linie, wozu man Abb. 25 in Fortschr. Bot. **16** vergleiche.

Unter Hinweis auf eine Reihe neuer Beispiele aus der südafrikanischen Flora hat STOPP (4) weiterhin eine Übersicht über verbreitungshemmende (antitelechore) Einrichtungen bei der Dissemination vorgelegt und deren Bedeutung im einzelnen erörtert. Über einen sehr eigentümlichen Schleudermechanismus verfügen die Früchte von *Dorstenia*-Arten. Aufbauend auf älteren Untersuchungen von OVERBECK hat jetzt SCHLEUSS dieses Phänomen wieder studiert und die Fruchtentwicklung verschiedener Arten näher erläutert. Die Steinkerne von *Dorstenia erecta* werden bis zu 7 m weit abgeschleudert.

Eine größere Zahl von Arbeiten enthält Angaben zur Anatomie der Frucht- und Samenschale verschiedener Arten. Hervorgehoben sei die Feststellung HARTLs (3, 4), daß bei den Rutoideen und Toddalioideen (Rutaceae) die Bildung des Endokarps allgemein durch Zellteilungen in der inneren Karpellepidermis eingeleitet wird, wogegen bei den Aurantioideen dies nur in Einzelfällen zu beobachten ist. Die dem Endokarp von *Citrus aurantium* entspringenden Saftschläuche sind subepidermalen Ursprungs [HARTL (3)]. Zur Samenanatomie liegen u. a. Arbeiten vor von BERGER (verschiedene Zingiberaceen) und von VAUGHAN (verschiedene *Brassica*-Arten). Daß die äußeren Palisadenzellen (Malpighische Zellen) in der Testa von *Gleditschia*-Samen tatsächlich die Epidermis bilden, betonen STEINER u. JANCKE und korrigieren damit ältere Angaben von CAVAZZA. Auf den Wandbau der *Gleditschia*-Früchte gehen MITSUNO u. YOSHIZAKI ein. Im Rahmen systematischer Betrachtungen studierte HARTL (2) die Samenentwicklung von *Lindenbergia* (Scrophulariaceae). Schließlich sei auf eine Reihe indischer Arbeiten verwiesen, deren Hauptanliegen die Klärung der Embryonalentwicklung der behandelten Pflanzen ist, die aber auch mannigfache Details zur Anatomie von Perikarp und Testa enthalten, so u. a. von JOHRI u. KONAR (*Ficus religiosa*), JOHRI u. AHUJA (*Aegle marmelos*, Rutaceae), JOHRI, AGRAWAL u. GARG (*Helicanthus elastica*, Loranthaceae), KAPIL (*Crozophora*-Arten), MAHESHWARI (*Wolffia*; *Lemna*), RAJU (*Turnera ulmifolia* u. *Jonidium suffruticosum*) und von RAM (*Comandra umbellata*, Santalaceae).

Literatur.

ALLEN, E. K., and O. N. ALLEN: Soil Sci. Soc. Amer. Proc. **14**, 179—183 (1950). — ALVAREZ, G. O.: Inst. interamer. Cienc. agric. Turrialba, Costa Rica 1957. — ARORA, N.: Phytomorphology **6**, 367—378 (1956). — AUGIER, J., et M. L. RUBAT DU MÉRAC: Bull. Soc. Bot. France **104**, 125—131 (1957).

BACH, H.: Flora (Jena) **140**, 326—344 (1953). — BALFOUR, E.: Phytomorphology **7**, 354—364 (1957). — BALL, E.: (1) Amer. J. Bot. **43**, 488—495 (1956). — (2) Amer. J. Bot. **43**, 802—810 (1956). — BANNAN, M. W.: Canad. J. Bot. **35**, 875—884 (1957). — BARANOV, P. A.: Phytomorphology **7**, 237—243 (1957). — BARNARD, C.: (1) Aust. J. Bot. **3**, 1—20 (1955). — (2) Aust. J. Bot. **5**, 1—20 (1957). — (3) Aust. J. Bot. **5**, 115—128 (1957). — (4) Aust. J. Bot. **6**, 285—298 (1958). — BERGER, F.: Diss. Wien 1957. — BERSILLON, G.: (1) C. R. Acad. Sci. (Paris) **240**, 1131—1133 (1955). — (2) C. R. Acad. Sci. (Paris) **240**, 903—905 (1955). — (3) Rev. gén. Bot. **63**, 437—460 (1956). — (4) C. R. Acad. Sci. (Paris) **245**, 1455—1458 (1957). — (5) C. R. Acad. Sci. (Paris) **246**, 2644—2646 (1958). — (6) Rev. Cytol. Biol. végét. **19**, 185—197 (1958). — BHAMBIE, S.: J. Indian Bot. Soc. **36**, 491—502 (1957). — BIERHORST, D. W.: Amer. J. Bot. **45**, 534—537 (1958). — BOKE, N. H.: (1) Amer. J. Bot. **44**, 888—896 (1957). — (2) Amer. J. Bot. **45**, 473—479 (1958). — BROWN, W. V., C. H. HEIMSCH and W. H. D. EMERY: Amer. J. Bot. **44**, 590 bis 595 (1957).

CARLQUIST, SH.: (1) Amer. J. Bot. **43**, 425—429 (1956). — (2) Amer. J. Bot. **44**, 696—705 (1957). — (3) Amer. J. Bot. **45**, 675—682 (1958). — CHADEFAUD, M.: Rev. gén. Bot. **62**, 641—660 (1955). — CHAMPAGNAT, M.: C. R. Acad. Sci. (Paris) **246**, 153—156 (1958). — CHEADLE, V. J., and K. ESAU: Univ. Calif. Publ. Bot. **29**, 397—509 (1958). — CLOWES, F. A. L.: (1) J. exp. Bot. **7**, 307—312 (1956). — (2) New Phytologist **55**, 29—34 (1956). — CODACCIONI, M.: (1) C. R. Acad. Sci. (Paris) **245**, 2369—2371 (1957). — (2) C. R. Acad. Sci. (Paris) **246**, 826—828 (1958). — COURT, W. E., W. C. EVANS and G. E. TREASE: J. Pharmacy Pharmacol. **9**, 237—250 (1957). — CUTTER, E. G.: (1) Phytomorphology **7**, 45—56 (1957). — (2) Phytomorphologie **7**, 57—73 (1957). — (3) Phytomorphologie **8**, 74—95 (1958).

DANERT, S.: Abh. dtsch. Akad. Wiss. Berlin, Kl. Chemie, Geol. u. Biol. **1957**, 1—183. — DENNE, M. P.: Ann. of Bot., N. S. **23**, 121—129 (1959). — DOUGLAS, G.: Bot. Review **23**, 1—46 (1957). — DUNOYER DE SEGONZAC, G.: Rev. Cytol. Biol. végét. **19**, 153—184 (1958). — DURAND, B.: Naturalia Monspeliensia, Sér. Bot. **9**, 21—43 (1957).

ECKARDT, TH.: (1) Neue Hefte Morphol. **3**, 1—90, Weimar 1957. — (2) Ber. dtsch. bot. Ges. **69**, 487—498 (1957). — EICKE, R.: Z. Bot. **46**, 5—15 (1958). — EISENBERG, W. V., and A. E. SCHULZE: J. Ass. Agricult. Chemists **38**, 857—865 (1955). — ERDTMANN, G.: Pollen and Spore Morphology, Plant Taxonomy. Gymnospermae, Pteridophyta, Bryophyta. (An Introduction to Palynology II.) New York 1957. — ERNST-SCHWARZENBACH, M.: Phytomorphology **6**, 296—311 (1956).

FAVARD, A.: C. R. Acad. Sci. (Paris) 246, 2508—2511 (1958). — FAVARGER, C.: Rev. Cytol. Biol. végét. 18, 125—137 (1957). — FREY-WYSSLING, A.: Acta bot. neerl. 4, 358—369 (1955). — FRIDVALSZKY, L.: Acta biol. (Budapest) 8, 81—89 (1957). GOODWIN, R. H., and C. J. AVERS: Amer. J. Bot. 43, 479—487 (1956). — GRIFFITH, M. M.: Amer. J. Bot. 44, 705—715 (1957). — GRILL, R.: Planta 51, 673—693 (1958). — GUTTENBERG, H. VON: Naturwiss. Rdsch. 10, 385—388 (1955). — GUTTENBERG, H. VON, u. Mitarb.: Bot. Stud. (Jena), H. 7 (1957). — GUTTENBERG, H. VON, u. R. MÜLLER-SCHRÖDER: Planta 51, 481—510 (1958).

HADJ-MOUSTAPHA, M.: C. R. Acad. Sci. (Paris) 246, 2390—2393 (1958). — HAGEMANN, R.: (1) Kulturpflanze (Gatersleben) 4, 46—82 (1956). — (2) Kulturpflanze (Gatersleben) 5, 75—107 (1957). — HAMANN, U.: Bot. Jb. 78, 69—118 (1958). — HANF, M.: Beitr. Biol. Pflanz. 34, 19—33 (1958). — HARDIN, J. W.: Amer. J. Bot. 43, 418—424 (1956). — HARTL, D.: (1) Abh. Akad. Wiss. u. Lit. Mainz. Math.-naturw. Kl. 1957, 53—63. — (2) Beitr. Biol. Pflanz. 33, 265—277 (1957). — (3) Beitr. Biol. Pflanz. 34, 35—49 (1958). — (4) Beitr. Biol. Pflanz. 34, 453—455 (1958). — HASMAN, M., and N. INANÇ: Rev. Fac. Sci. Univ. Istanbul, Ser. B, 22, 137—153 (1957). — HEIKURAINEN, L.: (1—2) Acta forest. Fenn. 65, 1—85 (1957). — HEJNOWICZ, A., u. Z. HEJNOWICZ: Acta Soc. Bot. Poloniae 27, 131—159 (1958). — HELM, J.: Flora (Jena) 143, 486—491 (1956).

JACOBS, W. P., and J. B. MORROW: Amer. J. Bot. 44, 823—842 (1957). — JACQUETY, Y.: C. R. Acad. Sci. (Paris) 245, 2528—2531 (1957). — JENSEN, W. A., and L. G. KAVALJIAN: Amer. J. Bot. 45, 365—372 (1958). — JOHRI, B. M., J. S. AGRAWAL and S. GARG: Phytomorphology 7, 336—354 (1957). — JOHRI, B. M., and M. R. AHUJA: Phytomorphology 7, 10—24 (1957). — JOHRI, B. M., and R. N. KONAR: Phytomorphology 6, 97—111 (1956).

KALELA, E. K.: Acta forest. Fenn. 65, 1—42 (1957). — KAPIL, R. N.: Phytomorphology 6, 278—288 (1956). — KÖNIGSMANN, E.: Phytopath. Z. 23, 468—472 (1955). — KONDRATEVA-MELVIL, E. A.: Bot. Z. 41, 1273—1292 (1956). Russisch. — KOWALEWICZ, R.: (1) Planta 46, 569—603 (1956). — (2) Planta 47, 501—509 (1956). — KRANICH, E.-M.: Flora (Jena) 146, 254—301 (1958). — KRASILNIKOV, P. K.: Bot. Z. 41, 1194—1206 (1956). Russisch. — KUMAZAWA, M.: Phytomorphology 8, 137—145 (1958). — KUNDU, B. C., and N. S. RAO: Cellule 58, 217—228 (1957). — LANCE, A.: C. R. Acad. Sci. (Paris) 244, 927—930 (1957). — LANCE, A., et P. RONDET: C. R. Acad. Sci. (Paris) 245, 712—715 (1957). — LEINFELLNER, W.: (1) Öst. bot. Z. 103, 346—352 (1956). — (2) Öst. bot. Z. 103, 381—399 (1956). — (3) Öst. bot. Z. 103, 600—612 (1956). — (4) Öst. bot. Z. 104, 209—227 (1957). — (5) Beitr. Biol. Pflanz. 34, 83—87 (1957). — LEMESLE, R.: (1) Phytomorphology 5, 11—45 (1955). — (2) C. R. Acad. Sci. (Paris) 245, 1258—1259 (1957). — LEMLI, J.: Planta med. (Stuttgart) 5, 135—144 (1957). — LEROY, J. F.: Mém. Mus. Nat. d'Histoire natur. N. S. Sér. B. Bot. 6, Paris 1955. — LICITIS-LINDBERGS, R.: Phytomorphology 6, 151—167 (1956). — LOMMASSON, R. C.: Phytomorphology 7, 364—370 (1957).

MAHESHWARI, S. C.: (1) Nature (Lond.) 178, 925—926 (1956). — (2) Phytomorphology 6, 51—55 (1956). — MAHN, E.-G.: Wiss. Z. Univ. Halle, Math.-Nat. 6, 177—208 (1957). — MAJUMDAR, G. P., and B. SAHA: Proc. Nat. Inst. Sci. India, Part B, 22, 236—245 (1956). — MANI, A. P.: Sci. a. Culture 22, 579—581 (1957). — MEYER, F.-J.: Ber. dtsch. bot. Ges. 71, 282—292 (1958). — MILLER, R. H.: Amer. J. Bot. 45, 418—431 (1958). — MISRA, S.: J. Indian Bot. Soc. 36, 503—512 (1958). — MITSUNO, M., and M. YOSHIZAKI: J. Pharmaceut. Soc. Japan 77, 1204—1207 (1957). — MOAR, N. T.: New Zealand J. Sci. Technol., Sect. A, 37, 207—213 (1955). — MOSELEY, M. F. jr.: Phytomorphology 8, 1—29 (1958). — MOURRÉ, J.: Rev. Cytol. Biol. végét. 19, 99—149 (1958). — MULAY, B. N., and S. K. SALUJHA: J. Indian Bot. Soc. 36, 106—111 (1957). — MULLENDERS, W., et E.: Bull. Soc. Bot. Belg. 90, 5—12 (1957). — MURRAY, B. E.: Canad. J. Bot. 35, 463—475 (1957)

NAIR, N. C.: Phyton (Buenos Aires) 6, 145—151 (1958). — NAIR, N. C., and P. N. BAHL: Phytomorphology 6, 127—134 (1956). — NAIR, N. C., and T. C. Joseph: Bot. Gaz. 119, 104—115 (1957). — NAIR, N. C., and P. N. N. NAMBISAN: Bot. Not. (Lund) 110, 160—172 (1957). — NAPP-ZINN, K.: Beitr. Biol. Pflanz. 34, 113—128 (1958). — NARDUCCI, A.: Nuovo Giorn. Bot. Ital., N. S., 64, 319—346 (1957). — NATARAJAM, A. T.: Phyton (Buenos Aires) 8, 21—42 (1957) — NELSON, P. E., and

ST. WILHELM: Hilgardia (Berkeley, Calif.) 26, 631—642 (1957). — NEUBAUER, H. F.: Verh. zool.-bot. Ges. Wien 93, 150—156 (1953). — NOZERAN, R.: Naturalia Monspeliensia. Sér. Bot., Fasc. 8, 167—175 (1956). — NOZU, Y.: (1) Bot. Mag. (Tokyo) 68, 86—93 (1955). — (2) Jap. J. Bot. 15, 208—226 (1956). — (3) Bot. Mag. (Tokyo) 69, 476—480 (1956).

PEISL, P.: Ber. schweiz. bot. Ges. 67, 99—213 (1957). — PHELOUZAT, R.: (1) C. R. Acad. Sci. (Paris) 245, 2525—2528 (1957). — (2) C. R. Acad. Sci. (Paris) 246, 2393—2396 (1958). — PLANTEFOL, L.: C. R. Acad. Sci. (Paris) 245, 603—607 (1957). — POMPLITZ, R.: Beitr. Biol. Pflanz. 32, 331—369 (1956). — POPHAM, R. A.: Amer. J. Bot. 45, 198—206 (1958). — POUX, N.: C. R. Acad. Sci. (Paris) 245, 2522—2525 (1957). — PRAY, T. R.: Phytomorphology 7, 381—387 (1957).

RAJU, M. V. S.: (1) Bot. Not. (Lund) 109, 308—312 (1956). — (2) Phytomorphology 8, 218—224 (1958). — RAM, M.: Phytomorphology 7, 24—35 (1957). — RAO, T. A.: Phytomorphology 7, 306—330 (1957). — RAO, V. S., and K. B. SIRDESHMUKH: J. Bombay Univ. 25, 35—44 (1956). — RAO, V. S., K. SIRDESHMUKH and M. G. SARDAR: J. Bombay Univ. 26, 65—138 (1958). — REBOULET, M.: Naturalia Monslia Monspeliensia. Sér. Bot. Fasc. 9, 141—162 (1957). — REEDER, J. R.: Amer. J. Bot. 44, 756—768 (1957). — RESCH, A.: Planta 52, 121—143 (1958). — RIVIERES, R.: Naturalia Monspeliensia. Sér. Bot., Fasc. 9, 163—172 (1957). — RODIN, R. J.: (1) Amer. J. Bot. 45, 90—95 (1958). — (2) Amer. J. Bot. 45, 96—103 (1958). — ROTH, I.: (1) Flora (Jena) 145, 212—235 (1957). — (2) Öst. bot. Z. 105, 88—101 (1958). — (3) Phyton (Graz) 7, 261—274 (1958). — (4) Z. Bot. 46, 292—308 (1958).

SANYAL, P. K., and T. E. WALLIS: J. Pharmacy Pharmacol. 9, 162—175 (1957). — SARKANY, S., J. STIEBER, Z. FILLO: Ann. Univers. Sc. Budapestinensis. Sect. Biol., 1, 219—229 (1957). — SAVELKOUL, R. M. H.: Amer. J. Bot. 44, 311—317 (1957). — SCHAEPPI, H., u. K. FRANK: Phyton (Graz) 7, 228—240 (1957). — SCHEEFFER-POMPLITZ, M.-E.: Beitr. Biol. Pflanz. 33, 127—148 (1957). — SCHEUER-PFLUG, G.: Bay. Landw. Jb. 34, 458—484 (1957). — SCHLEUSS, G.: Planta 52, 276—319 (1958). — SCHULTZE-MOTEL, W.: Bot. Jb. 78, 129—170 (1959). — SENSARMA, P.: Bot. Gaz. 119, 116—119 (1957). — SKVORTZOVA, N. T.: Bot. Z. 43, 401—408 (1958). Russisch. — SLADE, B. F.: New Phytologist 56, 281—300 (1957). — SLADKOV, A. N.: Dokl. Akad. Nauk SSSR., N. S. 103, 329—332 (1955). Russisch. — STEINER, M., u. J. JANCKE: Öst. bot. Z. 102, 542—550 (1955). — STOPP, K.: (1) Beitr. Biol. Pflanz. 34, 165—175 (1958). — (2) Beitr. Biol. Pflanz. 34, 395—399 (1958). — (3) Beitr. Biol. Pflanz. 34, 401—403 (1958). — (4) Bot. Stud. (Jena). H. 8 (1958). — STRAW, R. M.: Phytomorphology 6, 112—119 (1956). — SUBRAMANYAM, K.: Amer. J. Bot. 42, 850—855 (1955). — SUN, C. N.: (1) Bull. Torrey bot. Club 82, 491—502 (1955). — (2) Bull. Torrey bot. Club 84, 69—78 (1957).

THEODOROV, AL., M. KIRPICZNIKOV u. Z. ARTJUSCHENKO: Organographia illustrata plantarum vascularium: Folium. Moskau-Leningrad 1956. — THIERY, J.: Bull. scient. Bourgogne 16, 81—114 (1955). — TROLL, W.: (1) Praktische Einführung in die Pflanzenmorphologie. 2. Teil: Die blühende Pflanze. Jena 1957. — (2) Akademie Wiss. u. Lit. Mainz. Jb. 1957, 39—48.

VASSILEVSKAJA, V. C.: Vestn. Leningrad. Univ. No. 3, Ser. Biol. H. 1, 5—21 (1957). — VAUGHAN, J. G.: (1) Phytomorphology 6, 363—367 (1956). — (2) Nature (Lond.) 181, 650 (1958). — VENKATANARAYANA, G.: Phytomorphology 7, 297—305 (1957). — VENKATESH, C. S.: (1) Phytomorphology 6, 168—176 (1956). — (2) Phytomorphology 6, 272—277 (1956). — (3) Phytomorphology 7, 253—273 (1957). — VOELTER, K.-H.: Diss. Tübingen 1956. — VUORINEN, J.: J. Sci. Agricult. Soc. Finnland 30, 41—57 (1958).

WAGNER, W. H.: Phytomorphology 7, 1—6 (1957). — WAKABAYASHI, SH.: (1) J. Jap. Bot. 32, 268—274 (1957). — (2) J. Jap. Bot. 32, 337—346 (1957). — WARDLAW, C. W.: (1) Ann. of Bot., N. S., 20, 363—374 (1956). — (2) Amer. J. Bot. 44, 176—185 (1957). — WEBER, H.: Beitr. Biol. Pflanz. 34, 177—193 (1958). — WEBERLING, F.: (1) Beitr. Biol. Pflanz. 34, 195—211 (1958). — (2) Flora (Jena) 145, 72—77 (1957). — (3) Bot. Jb. 77, 458—468 (1958). — WEBSTER, B. D., and T. A. STEEVES: Phytomorphology 8, 30—41 (1958). — WERTH, E.: Ber. dtsch. bot. Ges. 69, 381—386 (1956). — WÖHRMANN, K.: Angew. Bot. 32, 45—51 (1958).

YOUNGKEN, H.W. sen.: J.Amer. Pharmaceut.Ass.,Scient. Ed. 47,162—165 (1958).

ZIMMERMANN, W.: Phyton (Graz) 7, 162—182 (1957).

3. Entwicklungsgeschichte und Fortpflanzung.

Bericht über die Jahre 1957 und 1958.

Von Kurt Steffen, Braunschweig.

Mit 1 Abbildung.

Myxomycetes. Die noch immer offene Frage nach dem Eintritt der Syngamie und deren Beziehung zur Plasmodienbildung (vgl. Fortschr. Bot. **15**, 433 u. **17**, 752) wird von Ross an 20 verschiedenen Arten der *Myxogasteres* untersucht. Nach seinen Beobachtungen entstehen die Plasmodien nur aus diploiden Zellen, nämlich aus Zygoten. Es lassen sich drei entwicklungsgeschichtliche Typen unterscheiden, die 1. durch die fusionierenden Zellen (Flagellaten oder Amoeben) und 2. durch die Art der Plasmodienbildung (aus einer einzelnen Zygote oder durch Zusammenlagerung vieler Zygoten) charakterisiert sind.

Shaffer (1 u. 2) weist darauf hin, daß Modifikationen beim Aggregationsprozeß (vgl. dazu auch Fortschr. Bot. **15**, 433; **17**, 748 u. **18**, 39) von äußeren Faktoren bedingt sein können und demnach nicht art- und gattungsspezifisch sind, andererseits ist nach seinen Untersuchungen [Shaffer (3)] die Geschwindigkeit der Integration (Beginn der Acrasinbildung und Einsetzen der Reaktionsfähigkeit auf diesen Stoff) unterschiedlich. Bei *Dictyostelium discoideum* erfolgt die Integration und auch die Disintegration wesentlich schneller als bei *Polysphondylium violaceum*. Nach Ennis und Sussman wird die Aggregation bei *Dictyostelium* durch Initiatorzellen ausgelöst. Nach deren Entfernung unterbleibt die Aggregation.

Daß die Abnahme der Feuchtigkeit im Substrat für die Auslösung der Aggregation und Fruchtkörperbildung bei *Polysphondylium* und *Dictyostelium*-Arten entscheidend ist, konnten Bonner u. Shaw nachweisen. Den günstigen Einfluß verminderter rel. Luftfeuchtigkeit betonen auch Whittingham u. Raper. Sie verwendeten zur Kultur von *Dictyostelium polycephalum Escherichia coli* als Futterbakterien und zur Verminderung der Luftfeuchtigkeit in den Kulturgefäßen den Pilz, *Dematium nigrum*. Diese 3fach-Kultur hat außerdem den Vorteil, daß Stoffwechselprodukte der Bakterien durch den Pilz beseitigt und so Schwankungen in der Wasserstoffionen-Konzentration vermieden werden.

Von Raper wurde ein neuer Schleimpilz, *Acytostelium leptosomum*, entdeckt und als neue Gattung zu den *Acrasieae* gestellt. Er unterscheidet sich von allen anderen Gattungen durch die acellulären Stiele (Raper u. Quinlan). Problematisch ist, welche Kräfte in diesem Fall für die Streckung des Stieles verantwortlich zu machen sind.

Phaeophyceae. Die Behauptung von Moss u. Elliot, daß *Halidrys siliquosa* einen haploiden Thallus habe, konnte durch die cytologischen Untersuchungen von Naylor (1 u. 2) richtig gestellt werden. Nach ihren Untersuchungen findet die Meiose wie bei den übrigen bisher untersuchten *Fucales* vor der Gametenbildung statt.

Über das erstmalige Auftreten einer Chimaere bei Algen berichten Tokida, Ohmi u. Imashima. Die Chimaere, deren Stiel und Haftscheibe leider fehlen, dürfte durch seitliche Verwachsung von Keimpflanzen, deren Randpartien in der Meristemzone (Übergang vom Stiel zum Laub) zerstört waren, entstanden sein. Der Unterschied in der Thallusdicke der beiden Partner, *Alaria* und *Laminaria*, wird durch eine Übergangszone ausgeglichen.

Pelvetia caniculata unterscheidet sich von allen bisher untersuchten *Fucales* in der Conceptakelentwicklung. Die Initiale wird hier durch eine Längswand (bei *Himanthalia* u. *Fucus* durch eine Quer-, bei *Ascophyllum* durch eine Schrägwand, bei *Cystoseira, Sargassum* u. *Pycnophycus* durch eine gebogene Wand) geteilt. Auch die wiederholten periklinen Teilungen in den Tochterzellen vor Abscheidung der Basalzellen sind ungewöhnlich. Da bei *Pelvetia caniculata* im Zusammenhang mit der Conceptakelbildung keine Haare entstehen, läßt sich wahrscheinlich folgende Reihe aufstellen, *Himanthalia* mit trichothallischem Wachstum, *Fucus* mit der oberen Zelle als Überbleibsel einer unterdrückten Haarbildung und *Pelvetia caniculata* ohne Haarbildung (Subrahmanyan).

Aus der Vitalfärbung determinierter und undeterminierter Eier verschiedener Fucaceen (*Fucus, Coccophora, Sargassum*) schließt Nakazawa (1) auf eine Permeabilitätserhöhung am Rhizoidpol der determinierten Eier. Diese soll durch Lecithin-Anreicherung am Ort stärkster Oberflächenspannung bedingt sein. Diese Lecithinanreicherung soll zur lokalen Herabsetzung der Oberflächenspannung und damit zur Vorwölbung des Rhizoidpoles führen. Tritt nun die erste Zellteilung senkrecht zur Polaritätsachse ein, so wird eine stärker permeable Basalzelle von einer weniger permeablen Apikalzelle getrennt. Das in der Folge auftretende Stoffwechselgefälle ist also durch den Permeabilitätsgradienten bedingt. Beim Determinationsvorgang wäre also die lokale Änderung der Oberflächenspannung der Primäreffekt der Polaritätsinduktion.

Rhodophyceae. Über den Entwicklungsgang der Süßwasseralge *Hildenbrandtia rivularis* berichtet Palik. Interessant sind die Angaben über die vegetative Fortpflanzung, die durch abgerissene Thallusteile und sogar durch Einzelzellen erfolgen soll. — Die starke Variabilität im Habitus der britischen *Gelidium*- und *Pterocladia*-Arten ist nach Dixon auf den nicht streng lokalisierten Ursprung der Seitenachsen zurückzuführen, deren Scheitelzellen von Rindenzellen erwachsener oder noch meristematischer Achsen gebildet werden. — Bei *Porphyra*-Monosporen (vgl. Fortschr. Bot. **17**, 76), die aus *Conchocelis*-Thalli entleert wurden, konnte Nakazawa (2) eine prädeterminierte Polarität feststellen.

Über parasitierende Florideen (vgl. Fortschr. Bot. **17**, 79) berichten in einer sehr ausführlichen Arbeit Feldmann und Feldmann. Ausgehend von den beiden an europäischen Küsten zu beobachtenden Fällen (*Janczewskia verrucaeformis* auf *Laurencia obtusa* und *Asterocolax Erythroglossi* auf *Erythroglossum sandrianum*) kommen sie zu der Auffassung, daß eine nahe Verwandtschaft der Partner für das Zustandekommen des Parasitismus unerläßlich ist (vgl. dazu auch SPARLING). Nur wenn die Zellinhalte von Wirt und Schmarotzer einander sehr ähnlich sind, kann es zu Zellfusionen ohne Schädigung des Wirtsorganismus kommen. Da diese besondere Form des Parasitismus (von den Verff. Adelphoparasitismus genannt) nur bei den Rhodophyceen vorkommt, die Zellfusionen bilden, dürfte die Fähigkeit zur Zellfusion eine zweite unerläßliche Voraussetzung für die Entstehung dieses Parasitismus sein. — Bei *Laurencia* gelang eine künstliche Infektion mit den Karposporen von *Janczewskia*, deren Karposporen zwar zu keimen vermögen, aber sonst ohne Kontakt mit der Wirtspflanze im 3—4-Zellstadium zugrunde gehen. Leider konnte nur das erste Stadium der Infektion (Eindringen der Rhizoidzellen und Absterben der restlichen Zellen) beobachtet werden.

Lichenes. Über das biologisch und systematisch wichtige Verhältnis von Pilz zu Alge in homoeo- und heteromeren Cyanophyceenflechten berichtet SCHIMANN (vgl. auch Fortschr. Bot. **18**, 45 u. 75). Bei der Gattung *Collema* werden die Algen in den Zonen verminderter Teilungsfähigkeit nur zu gewissen Zeiten im Jahr von den Pilzhyphen befallen, bei einigen *Lempholemma*-Arten kommen dagegen Haustorien vor, die unter Umständen auch die Alge durchwachsen können. Dieser Befallsmodus spricht für die Primitivität dieser Gattung. Vergrößerte und unregelmäßige Algenzellen dürften durch Teilungshemmung und Polaritätsumkehr bedingt sein.

Eine Anzahl von Autoren beschäftigen sich mit den durch Umwelteinflüsse bedingten Modifikationen. Nach SEMDNER reagieren die einzelnen Arten der sehr wandlungsfähigen Gattung *Cladonia* auf Außeneinflüsse unterschiedlich und oft entgegengesetzt. Aus einer gleichsinnigen Standortmodifikation darf also nicht auf die gleiche Ursache geschlossen werden. Durch klimatische Faktoren (Feuchtigkeit und Belichtung) wird nach ULLRICH die Form der Lagerschuppen bei *Cladonia*-Arten modifiziert. Abnorme Veränderungen an den Zweigenden von *Cladonia*-Arten aus der *Cladina*-Gruppe beschreibt SCHADE (1 u. 2). Die Zopfbildungen sind als Regenerate nach Milbenbefall anzusehen, die Schopfbildungen auf Verwachsung der Podetien zurückzuführen. Die Apothecienbildung bei *Parmelia tiliacea* soll nach den Untersuchungen von SERNANDER-DU RIETZ vor allem durch hohe Sommertemperatur weniger durch Ernährungsfaktoren bedingt sein.

Über einen Fall von Überwachsung und Abtötung der Unterlage (*Cladonia chlorophaea* über *Peltigera rufescens*) berichtet ULLRICH. Interessant ist dabei, daß zeitweilig Hyphenverbindungen zwischen der befallenen Form und dem Epiphyten hergestellt werden. Bei parasitischen Flechten sind die Thalli gewöhnlich sehr klein (POELT). In einigen Fällen übernimmt der Parasit sogar die Algen der Wirtspflanze. Die Parasiten dringen meist durch Thallusrisse, selten durch die obere Rinde ein.

3*

Bryophyta. Bei vergleichenden Untersuchungen an den *Marchantiales* kommt MEHRA (1 u. 2) zu der Auffassung, daß drei Bautypen zu unterscheiden seien: 1. der *Marchantia*-Typ mit nur einer Lage von Assimilationskammern und darin befindlichen Assimilationsfäden, 2. der *Plagiochasma*-Typ mit mehreren Etagen von Kammern und schließlich 3. der an feuchten Standorten vorkommende *Stephensoniella*-Typ, der beiderseits einer Mittelrippe Kammern ohne Assimilatoren aufweist. Dieser 3. Typ soll der ursprüngliche sein. Verf. hält es unter Einbeziehung fossiler Funde für möglich, daß der Thallus aus einer foliosen Form durch Verwachsung der Seitenblätter entstanden ist.

Die Untersuchungen BOPPs (vgl. Fortschr. Bot. **17**, 53) über die Differenzierung des Protonemas werden von ALLSOPP u. MITRA im wesentlichen bestätigt, wenn auch Differenzen in der verwandten Nomenklatur bestehen. Es zeigt sich, daß der Ort der Knospenbildung mehr oder minder artkonstant ist, womit ein weiterer Beweis für die hohe morphologische Organisation des Protonemas gegeben ist. Die Knospenbildung (bei *Tortella caespitosa*) soll übrigens durch Adenin und Kinetin gefördert werden (GORTON u. EAKIN).

In Fortführung seiner Untersuchungen über den Einfluß der Laubmooscalyptra auf die Verdickung der Seta (vgl. Fortschr. Bot. **17**, 53) stellt BOPP fest, daß die Calyptra rein mechanisch das Dickenwachstum der Seta begrenzt. Ziehen sich die Sporogone vorzeitig aus der Calyptra heraus, wie bei einer Röntgenmutante von *Funaria hygrometrica*, so verdickt sich die Seta keulenförmig (OEHLKERS u. BOPP).

PROSKAUER beschreibt die Entstehung des Peristoms von *Funaria hygrometrica*, wobei drei Amphithecium-Schichten beteiligt sind. Interessant ist, daß die Papillen auf den Peristomzähnen erst nachträglich gebildet werden. Nach den Untersuchungen von LAZARENKO führen die doppelten Peristome nur bei Feuchtigkeitsschwankungen Bewegungen aus. Bei andauernder Trockenheit und Nässe bleiben sie geschlossen, so daß bei ungünstiger Witterung ein Ausstreuen verhindert wird. Dies ist besonders bei hängenden Kapseln wichtig.

Bei Regenerationsversuchen aus Blättern wurden die Bildung von Protonemata aus dem ganzen Blatt und aus einzelnen Zonen sowie die Zunahme der Regenerationsfähigkeit in akropetaler Richtung beobachtet (NAGUCHI u. MIYATA, von MALTZAHN u. MacNUTT). Da das Verhalten artspezifisch zu sein scheint, lassen sich allgemeingültige Aussagen nicht machen (vgl. auch NARAYANASWAMI u. LAL). Aus Sporogonstücken wird normalerweise Protonema regeneriert. Nimmt man jedoch sehr junge Sporogone von *Physcomitrium piriforme* und entfernt die Scheitelzelle und deren erste Segmente, so werden Adventivsporogone aus der Epidermis und der subepidermalen Zellage der anschließenden Kapselzone gebildet (BAUER).

Pteridophyta. Die bekannten Schwierigkeiten bei der Keimung der *Lycopodium*-Sporen werden durch FREEBERG u. WETMORE mittels einer sehr rohen Methode (Behandlung mit konzentrierter Schwefelsäure durch Verreiben mit Sand), die auf das Zerstören der schwer wasserdurchläßlichen Schichten zielt, behoben. Die Sporen lassen sich nach dieser

Behandlung steril zur Keimung bringen und lieferten ohne Zusatz des symbiontischen Pilzes ergrünende Prothallien. Die Sporophyten können sexuell oder bei Wassermangel apogam aus Prothallienspitzen entstehen (FREEBERG).

NAKAZAWA (3) übertrug die Methodik seiner Polaritätsuntersuchungen an Fucaceen-Eiern auf die Sporen von *Equisetum arvense*, an denen er einen mit basischen Farbstoffen anfärbbaren „Rhizoidpunkt" feststellt, der gewöhnlich der Anheftungsstelle der Elateren gegenüberliegt und morphologisch durch eine Intineverdickung charakterisiert ist. Diese linsenförmige Verdickung soll bei Wasseraufnahme die Sporenmembran sprengen.

Nach den Untersuchungen von BIERHORST sind die Gametophyten von *Botrychium virginianum* und *B. dissectum* als horizontale Achsen mit mehreren aufrechten Zweigen aufzufassen. Sporenkeimung und Prothalliumwachstum von *Pteridium aquilinum* werden durch Pilze (z. B. *Aspergillus niger, Penicillium notatum, Botrytis cinerea*) günstig beeinflußt, wie aus den Untersuchungen von HUTCHINSON u. FAHIM hervorgeht. Die Verteilung der Antheridien auf foliosen Farnprothallien vergleicht MOMOSE. Er unterscheidet drei Typen: 1. den axialen mit Antheridien im Bereich der Mittelachse, 2. den laminalen Typ mit flächenständigen Antheridien und 3. den nur bei *Ceratopteris* vorkommenden marginalen Typ mit randständigen Gametangien.

BROKAW (1 u. 2) kommt bei seinen Untersuchungen über die chemotaktische Anlockung der Farnspermatozoiden durch Äpfelsäure zu der Auffassung, daß auch durch den pH-Gradienten eine Beeinflussung erfolgt. Er vermutet, daß die Spermatozoiden am Vorderende Bimalate absorbieren.

Bei einer triploiden Art von *Isoetes coromandelina* (2 *n* = 33) werden unreduzierte Makrosporen gebildet, so daß der Verdacht auf Apogamie besteht (ABRAHAM u. NINAN). BONNET beschreibt in Fortsetzung seiner entwicklungsgeschichtlichen Untersuchungen an den *Hydropterides* (vgl. Fortschr. Bot. **19**, 33) die Mikroprothallienentwicklung bei *Azolla filiculoides*, die wie bei *Salvinia* außerhalb der Sporenmembran stattfindet. Die Mikrospore wird wie bei *Pilularia* und *Salvinia* in eine obere und eine basale Zelle geteilt. In der unteren Zelle wird durch eine uhrglasförmige Wand die Rhizoidzelle (rh) abgetrennt (vgl. dazu Abb. 7). Aus der oberen Zelle entsteht durch eine inäquale Teilung eine kleine Apikal-

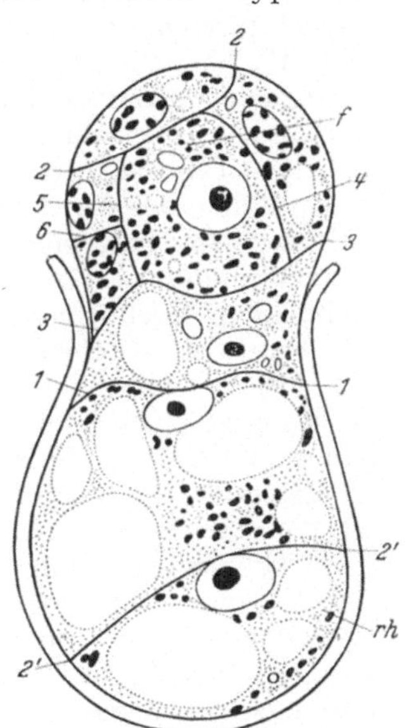

Abb. 7. *Azolla filiculoides*. Längsschnitt durch das Mikroprothallium. Die Zahlen bezeichnen die Reihenfolge der Teilungswände, *rh* die Rhizoidzelle und *f* die fertile Zelle des Antheridiums (nach BONNET verändert).

und eine größere Mittelzelle. Aus der mittleren Zelle werden durch erneute Teilung die gegen die basale Zelle gerichtete sterile Zelle und die

Antheridieninitiale gebildet. Diese eine Antheridieninitiale entspricht somit der unteren von den beiden bei *Pilularia* vorkommenden Initialen. Die weitere Teilung der antheridialen Zelle in 2 parietale Zellen und eine fertile (f) erfolgt wie bei *Pilularia*, jedoch mit einer kleinen Abweichung: die eine parietale Zelle wird nochmals durch eine Querwand (in der Abb. mit 6 bezeichnet) geteilt, so daß bei *Azolla* 3 statt 2 Wandzellen ausgebildet werden. Die fertile Zelle liefert 8 Spermatozoiden. Bei der Archegonentwicklung wird im Gegensatz zu den Polypodiaceen keine Basalzelle ausgebildet. In diesem Merkmal gleicht *Azolla* also *Salvinia* und den Marsileaceen.

Gymnospermae. BRYAN und EVANS beschreiben bei *Zamia umbrosa* ein Archegonium mit 4 Halszellen und einem Bauchkanalkern, der verschieden groß sein kann und eine unterschiedliche Lage einnimmt. Wichtig ist die Beobachtung, daß der Bauchkanalkern in seltenen Fällen morphologisch und funktionell dem Eikern gleich sein kann. — Nach FAVRE-DUCHARTRE soll sich bei *Cephalotaxus drupacea* der zweite Spermakern, der nicht an der Befruchtung beteiligt ist, synchron mit dem Zygotenkern mitotisch und darauf wahrscheinlich amitotisch teilen, so daß 4—8 später degenerierende, haploide Kerne entstehen. — Von TULECKE wurden die Versuche zur in vitro-Kultur des männlichen Gametophyten von *Gingko biloba* fortgesetzt (vgl. dazu auch Fortschr. Bot. **17**, 87). Die haploiden, chloroplastenfreien Zellmassen können in verschiedenen Entwicklungsstadien des Pollenschlauches aus den jeweils vorhandenen, verschieden wertigen Zellen entstehen (aus der vegetativen Zelle, der Prothalliumzelle, aus der generativen, Stiel- und der spermatogenen Zelle), besonders häufig allerdings aus der vegetativen Zelle. Dies ist der erste Fall einer geglückten Zellkultur aus dem männlichen Gametophyten. — Nach ORR-EWING (1) soll bei *Pseudotsuga* ausnahmsweise Adventivembryonie vorkommen. Bei Selbstbestäubung kommt es zu Störungen zwischen dem Prothallium- und dem Embryogewebe und zur Degeneration der Embryonen [ORR-EWING (2)]. — Eine entwicklungsgeschichtliche Nachuntersuchung des Mikro- und Makrogamatophyten von *Gnetum gnemon* und *G. ula* (DEGI u. LATA) ergab in Übereinstimmung mit FAGERLIND und WATERKEYN (vgl. Fortschr. Bot. **17**, 88) eine tetrasporische Entwicklung des Makroprothalliums. Dieser Entwicklungstyp kommt sonst bei Gymnospermen nicht vor. Frühere Fehldeutungen sind wahrscheinlich durch falsche Interpretation degenerierender Makrosporenmutterzellen entstanden. Auf Grund der entwicklungsgeschichtlichen Untersuchungen ist das reife 3kernige Pollenkorn entgegen der Auffassung von THOMPSON als aus einer Prothalliumzelle, einem Pollenschlauchkern und einer generativen Zelle bestehend aufzufassen. Die aus der generativen Zelle entstehenden zwei Spermazellen sind entgegen der Darstellung von PEARSON gleich groß.

Angiospermae. *Anthere und männlicher Gametophyt.* Eine zusammenfassende Darstellung über die Tapetumentwicklung bei den Angiospermen liegt von STEFFEN u. LANDMANN (1) vor. Zur Klassifizierung werden entwicklungsgeschichtliche, physiologische und cytologische Daten herangezogen. Entwicklungsgeschichtlich kann das Tapetum in einer Determinierungs- und Differenzierungsphase aus der parietalen oder aus der sporogenen Zelle sowie durch Somatisierung aus dem Archesporkomplex entstehen. Die weitere Entwicklung entscheidet darüber, ob das Tapetum stets zellig organisiert bleibt oder zu einem Periplasmodium verschmilzt. Die beim cellulären Tapetum gelegentlich während des Degenerationsstadiums auftretende Zellwandauflösung muß als falsches Periplasmodium von dem funktionsfähigen, echten Periplasmodium abgegrenzt werden. Das celluläre Sekretionstapetum scheint die Tendenz zu haben, durch freie Kernteilung vielkernig [z. B. *Impatiens* STEFFEN u. LANDMANN (1), *Hydrocera* VENKATESWARLU u. LAKSHMINARAYANA] oder durch Endomitose wie bei *Gentiana* polyploid (vgl. dazu auch Fortschr. Bot. **20**, 9) zu werden.

Die Antherenloculi können durch Horizontal- (Mimosaceen, Loranthaceen) oder durch Vertikalsepten [unilokuläre Theken bei *Najas palustris* u. *N. graminea* VENKATESH (1)] sekundär gekammert werden (vgl. auch BÜTOW). Eine Kammerung durch physiologisch aktive Tapetumzellen kommt in Form des Balkentapetums u. a. bei *Impatiens* und *Hydrocera* sowie bei *Gentiana cruciata* vor. Während VENKATESWARLU u. LAKSHMINARAYANA (für *Hydrocera*) der Meinung sind, daß dieses Balkentapetum durch Einwachsen von peripheren Tapetumlagen erfolgt, weisen STEFFEN u. LANDMANN (1 u. 2) für die beiden anderen Arten entwicklungsgeschichtlich und cytologisch nach, daß die Bildung durch nachträgliche Somatisierung von Archesporzellen erfolgt.

Bei *Bouchea fluminensis* soll nach SCHNACK u. FEHLEISEN in den Antheren während der ersten Meiosestadien eine Cytomixis der Pollenmutterzellen durch Kernwanderung oder seltener durch Wanderung von Chromosomenpaaren stattfinden. Mehrkernige Pollenmutterzellen beschreibt RIEGER bei *Antirrhinum majus*, 2 kernige sollen durch Störungen der prämeiotischen Mitose bedingt sein.

Das Problem der inäqualen Teilung bei der 1. Pollenkornmitose wird von STEFFEN u. LANDMANN (2) am Objekt von *Impatiens* (vgl. dazu auch die ergänzenden karyologischen Untersuchungen von J. VAZART) unter dem Gesichtspunkt der plasmatischen Vererbung erneut aufgegriffen. Die 1. Pollenkornmitose ist zwar in bezug auf die Zahl der Plasmaorganelle (Proplastiden, Chondriosomen, Sphaerosomen) inaequal, jedoch bleibt das Zahlenverhältnis Proplastiden zu Chondriosomen/Sphaerosomen bezogen auf die Plasmaeinheit in der vegetativen und generativen Zelle gleich. Da die Zahl der Zellorganelle in der haploiden generativen Zelle auf ein Zehntel herabgesetzt ist, ändern sich die Chancen für die Manifestierung eines mutierten Plasmakonstituenten (vgl. dazu MICHAELIS). Um diese beurteilen zu können, müßten die Partikelzahlen in der haploiden Eizelle bekannt sein.

Auf Grund seiner eingehenden Untersuchungen an den Antheren der Gattung *Cassia* kommt VENKATESH (1, 2 u. 3) zu der Auffassung, daß die poricide Öffnung beim Subgenus *Senna* (4) von dem ursprünglichen Öffnungsmodus durch Längsspalten abgeleitet sei. Die subepidermale Schicht wird nicht als Endothecium ausgebildet. Die Zellen um die späteren Poren sind einseitig verdickt. Durch ungleichmäßige Schrumpfung soll die Öffnung der Poren bewirkt werden. — Für die experimentelle Embryologie wie für die Züchtung (Verhinderung der Selbstbestäubung) dürfte die Verwendung selektiver Gametocide von großer Bedeutung werden (EATON).

Weiblicher Gametophyt. Bei der wahrscheinlich alloploiden Oleacee, *Phillyrea latifolia*, degeneriert die aus dem einzelligen Archespor sich bildende Makrosporentetrade und wird durch eine Tetrade ersetzt, die aus der Nucellarepidermis entsteht (ARMENISE). Erstaunlich ist, daß in diesem Fall die Epidermiszellen statt wie sonst üblich die subdermatogene Schicht die Potenz zur Embryosackbildung besitzen. Einen zweiten Fall beschreibt HJELMQUIST für *Malus Sieboldii*, wo die Nucellarepidermis bei der Bildung von hier allerdings aposporen Embryosäcken beteiligt sein kann. Einen neuen Typ der Embryosackentwicklung findet CORTINI bei *Malphighia fucata*. Neben dem in der Hauptsache vorkommenden tetrasporen *Penaea*-Typ mit tetrapolarer Anordnung wurde ein neuer, ebenfalls tetrasporer und 16kerniger, aber bipolarer Embryosack beobachtet, der als *Malphighia*-Typ bezeichnet wird. Gelegentlich vorkommende extraovulare Entwicklung des Embryosackes wird von EMERY u. BROWN (1) bei zwei afrikanischen Grasarten beschrieben. Bei *Digitaria valida* wächst der Embryosack über die Anheftungsstelle (bei Gräsern fehlt der Funiculus) in die Fruchtknotenwand ein, bei *Fingerhuthia africana* geht die Nucellusepidermis zugrunde und der Embryosack gelangt in das Fruchtfach.

Befruchtung. JOHRI u. BHATNAGAR beschreiben das Auftreten von Pollenkörnern innerhalb des Fruchtknotens von *Limnocharis, Butomus* und *Hydrocleis* und stellen die bisher in der Literatur beschriebenen Fälle zusammen. Bevor aus diesen Beobachtungen irgendwelche phylogenetischen Schlüsse gezogen werden dürfen, müßte sichergestellt sein, daß bei der Bearbeitung der Mikrotomschnitte keine Pollenkörner verschleppt wurden.

Über die Differenzierung der Gameten und die Befruchtung bei den Phanerogamen liegt ein auf eigener Kenntnis der Materie beruhender [B. VAZART (1, 2 u. 4)] Sammelbericht von B. VAZART (3) vor. Bei der Besprechung des Befruchtungsvorganges der Angiospermen kommt in z. T. vorzüglichen mikrophotographischen Abbildungen der unterschiedliche DNS-Gehalt der männlichen und weiblichen Kerne zum Ausdruck. Während dieser Sammelbericht eine gute Zusammenfassung darstellt (leider fehlen die Arbeiten von WERCKMEISTER u. GEROLA, sowie die meisten von GERASSIMOVA-NAVASHINA), versucht GERASSIMOVA-NAVASHINA (2) in ihrem Bericht wesentliche Probleme des Befruchtungsvorganges anhand ihrer eigenen Arbeiten und von ausgewerteten Literaturangaben zu deuten. Sie geht bei der Deutung von zwei Grundvorstellungen aus: 1. findet zwischen Tochterkernen, die gerade die Mitose beendet haben, eine vielleicht elektrostatisch bedingte Abstoßung statt und 2. ist eine Kernverschmelzung nicht im Ruhekernstadium, sondern nur während der Mitose möglich. Sie ist der Auffassung, daß im normalen 8kernigen Embryosack noch eine vierte Mitosewelle beginnt,

die unter Umständen im Bereich der Antipoden noch zu deren Ver-
doppelung (wie bei *Crepis*) führt, im Bereich der Eizelle und dem der
Polkerne aber so weit unterdrückt wird, daß zuweilen nur noch ein
Anlauf zur Teilung zu beobachten ist. Hierbei beruft sie sich auf die
Beobachtungen von STEFFEN (1). Diese eingeleitete, aber gestoppte
Mitose soll die Verschmelzung der Polkerne ermöglichen. Der Fusions-
kern gelangt in den oberen Teil des Embryosackes und soll hier ein
Mitose- (also Abstoßungs-) feld mit dem Eikern bilden. Dies wird aus
gelegentlich zu beobachtenden, spindelähnlichen Plasmafiguren zwischen
beiden Kernen geschlossen. Hierbei wird allerdings von der Verfn. übersehen, daß der Eikern ja in einer gesonderten Zelle eingeschlossen, also
gewissermaßen abgeschirmt ist. In den Zwischenraum zwischen Eizelle
und sekundärem Embryosackkern gelangen meist die beiden Spermazellen, die nun ihrerseits als Tochterkerne der Abstoßungskraft unterliegen sollen und zu den entgegengesetzt gelagerten weiblichen Kernen
wandern. Hier muß wieder der Einwand gemacht werden, daß es sich
nicht um Spermakerne, sondern um Zellen handelt und daß bei der
Beobachtung der Spermazellen im Pollenschlauch in vitro von dieser
Abstoßungskraft nichts zu bemerken ist. Wäre sie so gering, daß sie
im Pollenschlauch von anderen Kräften wie denen der Plasmaströmung
überdeckt wird, so würde sie auch im Embryosack gegenüber der Plasmaströmung keine Rolle spielen. Dem Referenten scheint es wahrschein-
licher, daß die Spermazellen vermöge ihrer amoeboiden Eigenbeweglich-
keit zufallsgemäß in differente Plasmaströme gelangen und so den
weiblichen Sexualzellen bzw. -kernen zugeführt werden [STEFFEN (1 u. 2)].

Für die Beurteilung der Karyogamie ist die Vorstellung von GERAS-
SIMOVA-NAVASHINA wichtig, daß die Spermakerne einen Mitosecyclus
beginnen und während dieses Cyclus mit den weiblichen Kernen
verschmelzen. Beim weit verbreiteten „prämitotischen Typ" (z. B.
Compositae, Gramineae) erfolgt die Verschmelzung sofort beim Kontakt
der Sexualkerne (der Eikern befindet sich im Stadium einer unvollstän-
digen Mitose). Beim „postmitotischen Befruchtungstyp" (*Liliaceae*) erfolgt die Fusion der Kerne erst, wenn in beiden Sexualkernen die Mitose
begonnen hat, die nach der Fusion dann als erste Zygotenmitose weiter
durchgeführt wird. GERASSIMOVA-NAVASHINA (1) und GERASSIMOVA-
NAVASHINA u. BATYGINA sind der Meinung, daß die männlichen Kerne
ihren Mitosecyclus nur beenden können, wenn sie zur Befruchtung
kommen. Für den prämitotischen Typ kann dies durch die neueren
Untersuchungen als gesichert gelten, nach denen der Spermakern innerhalb des Eikernes zunächst in ein Ruhekernstadium übergeht. Der
Eikern soll der Entwicklungsanregung durch das Pollenschlauchplasma
bedürfen, so ließen sich die Fälle von Pseudogamie erklären. Wichtig ist
die Bemerkung, daß apomiktische, parthenogenetische Eikerne einen
hohen DNS-Gehalt besitzen, während befruchtungsbereite Eikerne einen
nur geringen oder keinen DNS-Gehalt aufweisen. Dies wäre eine wichtige
Stütze für die Theorie, die zur Entwicklungsanregung die Zufuhr von
Spermakern-DNS für nötig erachtet [STEFFEN (1), VAZART (1—3)].
GERASSIMOVA-NAVASHINA u. BATYGINA kommen auf Grund ihrer Unter-

suchungen an *Scilla sibirica* zu der Auffassung, daß Polyspermie nur in den seltenen Fällen eintreten könne, wenn zwei Spermazellpaare zur gleichen Zeit (vom selben Pollenschlauch also) entleert werden. Nach Bestäubungsversuchen mit Pollengemischen tritt bei zwei genau untersuchten Lupinen-Arten (*L. angustifolius* und *L. luteus*) keine Polyspermie auf (ZACHOW).

Abschließend möge gesagt sein, daß es nötig wäre, durch in vitro Untersuchungen (z. B. PODDUBNAJA-ARNOLDI) die bisher übliche Methode der zeitlichen Aneinanderreihung von Mikrotomschnitten zu ergänzen. Über die Schwierigkeiten ist sich der Referent im klaren.

Embryo. Die Embryoentwicklung von *Paeonia* weicht nach den Untersuchungen von YAKOVLEV u. YOFFE (1 u. 2) von der sonst bei Angiospermen üblichen ab und nähert sich durch die freie Kernteilung in der Zygote und dem so entstehenden coenocytischen Stadium der Embryoentwicklung bei den Gymnospermen. Dieser Eindruck wird noch verstärkt durch die Bildung mehrerer, meristematischer Zentren an der Peripherie des zellig werdenden Syncytiums, die sich zu Embryonen entwickeln. Bei einem phylogenetisch so wichtigen Fall (YAKOVLEV) wäre eine Bestätigung durch eine Nachuntersuchung sehr erwünscht, zumal ähnliche Angaben für andere Objekte z. T. widerlegt, z. T. als anormal aufgefaßt wurden.

Endosperm. Über das Komplexendosperm bei den Loranthaceen liegen neue Untersuchungen vor (vgl. dazu auch Fortschr. Bot. **17**, 95). Da bei *Helicanthes elastica* mehrzelliges Archespor vorkommt, und außerdem noch alle Zellen der Makrosporentetrade zu Embryosäcken auswachsen können, kommt eine große Anzahl von Embryosäcken im Fruchtknoten vor (JOHRI, AGRAWAL u. GARG). Nach Auflösung der Trennwände zwischen den Embryosäcken wird wie bei *Lysiana exocarpi* (NARAYANA) ein Komplexendosperm gebildet. Die Literatur über die großen Cucurbitaceen-Haustorien referieren CHOPRA u. AGARWAL und erweitern sie durch eigene Untersuchungen. Es kommen zwei Typen von Haustorien vor, ein permanent coenocytischer (*Cucumis* und *Luffa*) und ein später zellig werdender (*Benincasa*).

SWAMY u. GANAPATHY beschreiben für die Icacinacee, *Nothapodytes foetida* eine neue, sehr aggressive Form des Endospermhaustoriums, das aus der letzten chalazalen Endospermzelle auswächst und die angrenzenden Chalazalzellen nach Auflösung deren Zellwände in sich aufnimmt. Die im Endospermplasma eingeschlossenen diploiden Kerne der Chalazalzellen gehen zugrunde. Der Haustoriumkern scheint unter Fragmentation zu degenerieren. Die an das Haustorium grenzenden Endospermzellen vergrößern sich wie bei *Pedicularis palustris* [STEFFEN (3)], *Luffa*, *Cucumis* und *Benincasa* (CHOPRA u. AGARWAL) und scheinen in diesem Fall sogar in das Haustorium vorzudringen (vgl. dazu auch die Angaben über Sekundärhaustorien bei RAM u. SEHGAL). Bei der Santalacee, *Comandra umbellata* kommen lange, schlauchförmige, einzellige Sekundärhaustorien vor (RAM). Sie werden von Endospermzellen gebildet, die in ein seitliches Embryosackhaustorium eingewachsen sind.

Apomixis. In Fortführung ihrer Untersuchungen an apomiktischen Gramineen [EMERY, BROWN u. EMERY (1)] fassen BROWN u. EMERY (3) ihre Ergebnisse zusammen. Bei der Unterfamilie *Panicoideae*, fanden sie in 28% aller untersuchten Fälle statt eines 8kernigen einen 4kernigen, sich apomiktisch entwickelnden Embryosack. Innerhalb der zu den *Panicoideae* gehörenden Tribus *Andropogoneae* wird jetzt auch für *Themedra triandra, Bothriochloa ischaemum* [BROWN u. EMERY (2)] und *Heteropogon contortus* [EMERY u. BROWN (2)] apospore Embryosackentwicklung beschrieben. Die beiden letztgenannten Arten dürften obligat apomiktisch sein, während bei *Themedra* auch sexuelle Fortpflanzung vorkommen kann. Die Entwicklungsanregung erfolgt durch den Pollenschlauch. Es liegt also Pseudogamie vor, wie auch aus den Untersuchungen von CELARIER u. HARLAN an weiteren *Bothriochloa*-Arten, *Dischanthium-* und *Capillipedium*-Arten hervorgeht.

Beim tetraploiden *Malus Sieboldii* (vgl. auch Fortschr. Bot. **17**, 99), bei dem häufig Meiosestörungen zu beobachten sind, tritt fakultative somatische Aposporie auf. Die aposporen Embryosäcke werden aus der Epidermis oder tieferen Schichten des Nucellus gebildet. Sexuelle und apospore Fortpflanzung kommen nebeneinander vor, normalerweise überwiegt jedoch die apospore. Das Verhältnis soll jedoch durch Umweltbedingungen beeinflußbar sein (HJELMQUIST). Während die skandinavischen *Potentilla argentea*-Rassen ($2\,n$, $4\,n$, $5\,n$ u. $6\,n$) sämtlich apomiktisch sind, wurde im botanischen Garten zu Basel eine sich sexuell fortpflanzende Varietät (*var. calabra*) aufgefunden. Aus Kreuzungsversuchen zwischen sexuellen und apomiktischen *Potentilla*-Rassen möchte MÜNTZING schließen, daß spezifische Gene, nicht allein das Verhältnis der Genome beider Partner für die Sexualität der Bastarde verantwortlich sind.

Parthenogenetische Entwicklung wird für *Sicyos angulata* beschrieben (CRÉTÉ). Die Embryobildung setzt vor der des Endosperms ein.

Einen interessanten und seltenen Fall von Polyembryonie beschreibt VEILLET-BARTOSZEWSKA bei *Primula auricula*. Durch anomale Teilungen, die nach dem Tetradenstadium einsetzen, sollen zwei bis drei übereinander gelegene Embryonen aus derselben Zygote entstehen. Normale Embryoentwicklung und die beschriebene Polyembryonie kommen im selben Fruchtknoten nebeneinander vor. Die Polyembryonie bei *Fragaria grandiflora* kommt jedoch durch Ausbildung und Befruchtung mehrerer Eizellen zustande (SOLNTSEVA). Bei der Rutacee, *Aegle marmelos* degenerieren 70—80% der Embryosäcke, und es tritt Nucellarembryonie auf. Von den vielen gebildeten Adventivembryonen entwickelt sich jedoch nur einer weiter (JOHRI u. AHUJA).

Literatur.

ABRAHAM, A., and C. A. NINAN: Current Sci. **27**, 60—61 (1958). — ALLSOPP, A., and G. C. MITRA: Ann. of Bot. N. S. **22**, 95—115 (1958). — ARMENISE, V.: Nuovo G. bot. ital. N. S. **64**, 297—318 (1957).

BAUER, L.: Ber. dtsch. bot. Ges. **70**, 424—432 (1957). — BIERHORST, D. W.: Amer. J. Bot. **45**, 1—9 (1958). — BONNER, J. T., and M. J. SHAW: J. cellul. comp. Physiol. **50**, 145—153 (1957). — BONNET, A. L. M.: Rev. Cytol. Biol. végét. **18**,

1—88 (1957). — Bopp, M.: Z. Vererbungslehre 88, 600—607 (1957). — Brokaw, C. J.: (1) J. exp. Biol. 35, 192—196 (1958). — (2) J. exp. Biol. 35, 197—212 (1958). — Brown, W. V., and W. H. P. Emery: (1) J. Sth Afr. Bot. 23, 123—125 (1957). — (2) Bot. Gaz. 118, 246—253 (1957). — (3) Amer. J. Bot. 45, 253—263 (1958). — Bryan, G. S., and R. I. Evans: Amer. J. Bot. 44, 404—415 (1957). — Bütow, R.: Z. Bot. 43, 423—449 (1955).

Celarier, R. P., and J. R. Harlan: Phytomorphology (Delhi) 7, 93—102 (1957). — Chopra, R. N., and S. Agarwal: Phytomorphology (Delhi) 8, 195—201 (1958). — Cortini, C.: Caryologia (Firenze) 11, 42—56 (1958). — Crété, P.: Bull. Soc. bot. France 105, 18—19 (1958).

Dixon, P. S.: Ann. of Bot. N. S. 22, 353—368 (1958).

Eaton, F. M.: Science 126, 1174—1175 (1957). — Emery, W. H. P.: Bull. Torrey bot. Club 84, 106—121 (1957). — Emery, W. H. P., and W. V. Brown: (1) Bull. Torrey bot. Club 84, 361—365 (1957). — (2) Madroño 14, 238—246 (1958). — Ennis, H. L., and M. Sussman: Proc. nat. Acad. Sci. (Wash.) 44, 401—411 (1958).

Fagerlind, F.: K. Svenska Vet. Akad. Handl. 19, 1—55 (1941). — Favre-Duchartre, M.: Rev. Cytol. Biol. végét. 18, 305—343 (1957). — Feldmann, J. et G.: Rev. gén. Bot. 65, 49—124 (1958). — Freeberg, J. A.: Phytomorphology (Delhi) 7, 217—229 (1957). — Freeberg, J. A., and R. H. Wetmore: Phytomorphology (Delhi) 7, 204—217 (1957).

Gerassimova-Navashina, H.: (1) Bot. Ž. 42, 1654—1673 (1957). — (2) Phytomorphology (Delhi) 7, 150—167 (1957). — Gerassimova-Navashina, H., and T. B. Batygina: Bot. Ž. 43, 959—988 (1958). — Gerola, F. M.: (1) Commentat. Pontif. Acad. Sci. 13, 1—76 (1949). — (2) Commentat. Pontif. Acad. Sci. 14, 1—96 (1950). — Gorton, B. S., and R. E. Eakin: Bot. Gaz. 119, 31—38 (1957).

Hjelmquist, H.: Bot. Notiger (Lund) 110, 455—467 (1958). — Hutchinson, S. A., and M. Fahim: Ann. of Bot. N. S. 22, 117—126 (1958).

Johri, B. M., J. S. Agrawal and S. Garg: Phytomorphology (Delhi) 7, 336 bis 354 (1957). — Johri, B. M., and M. R. Ahuja: Phytomorphology (Delhi) 7, 10—24 (1957). — Johri, B. M., and S. P. Bhatnagar: Phytomorphology (Delhi) 7, 292—296 (1957).

Lazarenko, A. S.: Bjull. Moskov. Obšč. Ispyt. Prir. Otdel Biol. 62, H. 3, 51—63 (1957).

Maltzahn, K. E. von, and M. M. MacNutt: Canad. J. Bot. 36, 33—38 (1958). — Mehra, P. N.: (1) Amer. J. Bot. 44, 505—513 (1957). — (2) Amer. J. Bot. 44, 573—581 (1957). — Michaelis, P.: Planta (Berl.) 50, 60—106 (1957). — Momose, S.: J. Jap. Bot. 33, 33—37 (1958). — Moss, B. L., and E. Elliot: Ann. of Bot. N. S. 21, 143—151 (1957). — Müntzing, A.: Hereditas (Lund) 44, 145—160 (1958).

Naguchi, A., and I. Miyata: Kumamoto J. Sci. Ser. B. Sect. 2, 3, 1—19 (1957). — Nakazawa, S.: (1) Bot. Mag. (Tokyo) 70, 1—3 (1957); 70, 58—61 (1957); 70, 81—85 (1957); Sci. Rep. Tohoku Univ. Ser. 4, 23, 21—25 (1957); Ser. 4, 23, 119—130 (1957); Phyton (Buenos Aires) 8, 53—58 (1957); Bot. Mag. Tokyo 71, 23—25 (1958). — (2) Bot. Mag. Tokyo 71, 144—150 (1958). — (3) Phyton (Buenos Aires) 10, 1—6 (1958). — Narayana, R.: Phytomorphology (Delhi) 8, 146—168 (1958). — Narayanaswami, S., and M. Lal: Phytomorphology (Delhi) 7, 244—252 (1957). — Naylor, M.: (1) Ann. of Bot. N. S. 22, 205—217 (1958). — (2) Nature (Lond.) 181, 853 (1958). — Negi, V., and M. Lata: Phytomorphology (Delhi) 7, 230—236 (1957).

Oehlkers, F., u. M. Bopp: Z. Vererbungslehre 88, 608—618 (1957). — Orr-Ewing, A. L.: (1) Forest Sci. 3, 243—248 (1957). — (2) Silvae genet. (Frankfurt/M.) 6, 179—185 (1957).

Palik, P.: Ann. Univ. sci. Budapestinensis sec. biol. 1, 205—218 (1957). — Pearson, H. H. W.: Ann. of Bot. 26, 603—620 (1912). — Poddubnaja-Arnoldi, V. A.: Bot. Ž. 43, 178—193 (1958). — Poelt, J.: Planta 51, 288—307 (1958). — Proskauer, J.: Amer. J. Bot. 45, 560—563 (1958).

Ram, M.: Phytomorphology (Delhi) 7, 24—35 (1957). — Ram, H. V. M., u. P. P. Sehgal: Phytomorphology (Delhi) 8, 124—136 (1958). — Raper, K. B.:

Mycologia **48**, 169 (1956). — RAPER, K. B., and M. S. QUINLAN: J. gen. Microbiol. **18**, 16—32 (1958). — RIEGER, R.: Biol. Zbl. **77**, 237—244 (1958). — Ross, I. K.: Amer. J. Bot. **44**, 843—850 (1957).

SCHADE, A.: (1) „Decheniana" Vortr. d. Naturhistor. Ver. d. Rheinlande u. Westfalen **110**, 351—367 (1957). — (2) Ber. dtsch. bot. Ges. **70**, 283—290 (1957). — SCHIMANN, H.: Österr. bot. Z. **104**, 409—453 (1958). — SCHNACK, B., y S. FEHLEISEN: Darwinia (San Isidro) **11**, 244—255 (1957). — SEMBDNER, G.: Flora (Jena) **145**, 589—610 (1958). — SERNANDER-DU RIETZ, G.: Sv. bot. Tidskr. **51**, 454—488 (1957). — SHAFFER, B. M.: (1) Quart. J. micr. Sci. **98**, 377—392 (1957). — (2) Quart. J. micr. Sci. **98**, 393—405 (1957). — (3) Quart. J. micr. Sci. **99**, 103—121 (1958). — SOLNTSEVA, M. P.: Dokl. Akad. Nauk SSSR **116**, 866—869 (1957). — SPARLING, S. R.: Univ. Calif. Publ. Bot. **59**, 319—396 (1957). — STEFFEN, K.: (1) Planta (Berl.) **39**, 175—244 (1951). — (2) Flora (Jena) **140**, 140—174 (1953). — (3) Planta (Berl.) **47**, 625—652 (1956). — STEFFEN, K., u. W. LANDMANN: (1) Planta **50**, 423—460 (1958). — (2) Planta **51**, 30—48 (1958). — SUBRAHMANYAN, R.: J. Indian bot. Soc. **36**, 12—34 (1957). — SWAMY, B. G. L., and P. M. GANAPATHY: Phytomorphology (Delhi) **7**, 331—336 (1957).

THOMPSON, W. P.: Amer. J. Bot. **3**, 135—184 (1916). — TOKIDA, J., H. OHMI and M. IMASHIMA: Nature (Lond.) **181**, 923—924 (1958). — TULECKE, W.: Amer. J. Bot. **44**, 602—608 (1957).

ULLRICH, J.: Ber. dtsch. bot. Ges. **70**, 477—483 (1958).

VAZART, B.: (1) Rev. Cytol. Biol. végét. **16**, 209—390 (1955). — (2) Rev. gén. Bot. **63**, 281—292 (1956). — (3) Différenciation des cellules sexuelles et fécondation chez les Phanérogames. Protoplasmatologia Bd. VII, 3a, Wien: Springer 1958. — (4) C. R. Acad. Sci. (Paris) **247**, 952—955 (1958). — VAZART, J.: Rev. Cytol.-Biol. végét. **18**, 197—233 (1957). — VEILLET-BARTOSZEWSKA, M.: Bull. Soc. bot. France **104**, 473—475 (1957). — VENKATESH, C. S.: (1) Diss. Delhi 1955. — (2) Phytomorphology (Delhi) **6**, 168—176 (1956). — (3) Phytomorphology (Delhi) **6**, 272—277 (1956). — (4) Phytomorphology (Delhi) **7**, 253—273 (1957). — VENKATESWARLU, J., and L. LAKSHMINARAYANA: Phytomorphology (Delhi) **7**, 194—203 (1957).

WATERKEYN, L.: Cellule **56**, 105—146 (1954). — WERCKMEISTER, P.: Gartenbauwiss. **10**, 500—519 (1936). — WHITTINGHAM, W. F., and K. B. RAPER: Amer. J. Bot. **44**, 619—627 (1957).

YAKOVLEV, M. S.: Proc. Bot. Inst. Acad. Sci. USSR **2**, 356—363 (1951). — YAKOVLEV, M. S., and M. D. YOFFE: (1) Phytomorphology (Delhi) **7**, 74—82 (1957). — (2) Bot. Ž. **42**, 1491—1502 (1957).

ZACHOW, F.: Züchter **28**, 241—252 (1958).

4. Submikroskopische Morphologie.

Von Kurt Mühlethaler, Zürich.

Mit 3 Abbildungen.

1. Proteinmoleküle.

Die verschiedenen Strukturordnungen in Makromolekülen wurden bereits im letzten Bericht der Fortschr. Bot. **20**, 29 eingehend dargelegt. Die neusten Untersuchungen über die Struktur der Proteinmoleküle sind in einer ausführlichen Arbeit von Tuppy zusammengestellt. Die primäre Struktur, also die durch Peptidbindung bewirkte lineare Verknüpfung der α-Aminosäuren zu Polypeptidketten, deren es in einem Eiweißmolekül eine einzige oder mehrere geben kann, ist bereits für zahlreiche Proteine bestimmt worden. Zu den wichtigsten gehören z. B. das Insulin, die Ribonuclease, die Enzyme Lysozym und Chymotrypsin, das adrenocorticotrope Hormon, das Glucagon, Hypertensin, Oxytocin und andere mehr. Als erste haben Sanger und Tuppy die Sequenz, also die Reihenfolge der Aminosäure-Reste, im Insulin bestimmt. Dieses weist ein Molekulargewicht von etwa 6000 auf und besteht aus 51 Aminosäure-Resten. Sie sind in 2 Polypeptidketten angeordnet, wobei die sog. A-Kette aus 21, die B-Kette aus 30 Bausteinen besteht. Beide Ketten werden durch zwei Di-sulfidbrücken miteinander verbunden, eine dritte Schwefelbrücke bindet ein Stück der A-Kette zu einer Schleife zusammen, wie das in Abb. 8 angedeutet ist. In der gleichen Abbildung ist auch die Sequenz der Ribonuclease, wie sie von Hirs sowie Moore und Stein gefunden wurde, wiedergegeben. Das Molekül dieses nucleinsäurespaltenden Enzyms besteht aus 124 Aminosäure-Resten, die miteinander zu einer einzigen Polypeptidkette verbunden sind. Diese Kette ist durch die Disulfidgruppierung von 4 Cystin-Resten intramolekular vernetzt. Trotzdem in den verschiedenen Proteinen die Anordnung der Aminosäure-Reste streng determiniert ist, fand man in der Sequenz nirgends eine Periodizität. Die Reihenfolge der Bausteine muß offenbar der besonderen physiologischen Funktion des betreffenden Proteins angepaßt sein. Zahlreiche neuere Untersuchungen (Lit. s. Tuppy) haben gezeigt, daß für die Funktion des Proteins nicht die gesamte Molekülstruktur maßgebend ist, sondern nur ein relativ kurzer Abschnitt der Aminosäure-Kette. Man bezeichnet diesen als den „wirksamen Bereich". Die an den Seitenketten mancher Aminosäure-Reste sitzenden funktionellen Gruppen können in einzelnen Proteinen substituiert werden, ohne daß ein Verlust der biologischen Aktivität eintritt. Andere funktionelle Gruppen sind dagegen außerordentlich wichtig, eine Substitution der Hydroxylgruppen der Tyrosin-Reste des Insulins führt zur Inaktivierung des Hormons. Teilweise lassen sich auch längere Aminosäure-Ketten vom ursprünglichen Molekül abtrennen, ohne daß sich dadurch seine Aktivität verändert. Anderseits ergab eine diesbezügliche Untersuchung von RICHARDS an Ribonuclease, daß durch Spaltung einer einzigen Peptidbindung im Ribonuclease-Molekül die biologische Aktivität vollständig verschwindet. Aus solchen Befunden ergab sich, daß

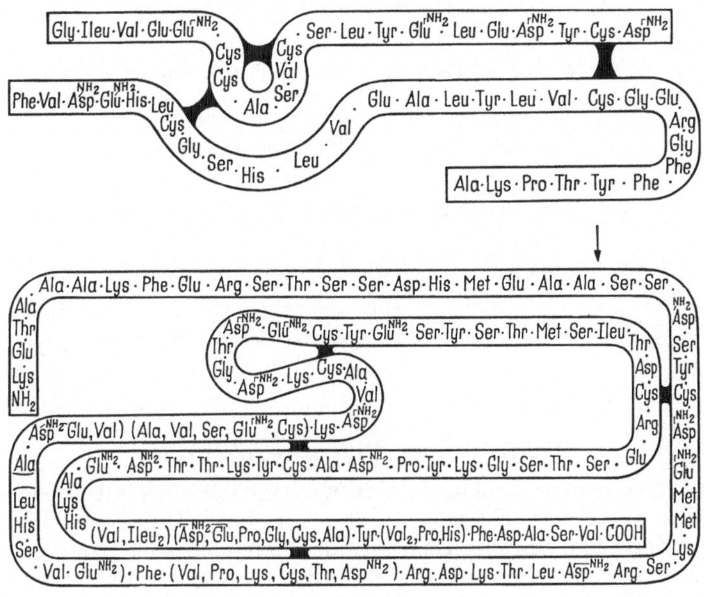

Abb. 8. Die Aminosäure-Sequenzen im Insulin des Rindes (oben) und im Ribonuclease-Molekül. (Nach TUPPY).

neben der primären Struktur auch die räumliche Architektur von ausschlaggebender Bedeutung ist. Durch eine entsprechende Faltung, wie sie z. B. von KENDREW und Mitarb. im Myoglobin-Molekül gefunden wurde (s. Fortschr. Bot. **20**, 30), können Polypeptid Bereiche, die im gestreckten Zustand weit voneinander entfernt wären, gemeinsam ein „aktives Zentrum" aufbauen.

Es wurde ferner untersucht (s. TUPPY), ob die Aminosäure-Sequenz gleicher Proteine in den verschiedenen Organismen identisch ist. Als besonders günstig erwies sich dafür das Hämoprotein, Cytochrom c. Die Bestimmung des „aktiven Bereiches" ergab, daß zwei hämgebundene und voneinander durch zwei Aminosäuren getrennte Cystein-Reste, sowie ein benachbarter Histidin-Rest ein charakteristisches Struktur-Merkmal des Cytochroms c darstellten. Wie aus Tab. 1 ersichtlich, findet man dieses Muster von Aminosäure-Resten in den verschiedensten Lebewesen. Übereinstimmend ist die stets gleiche gegenseitige Lage der beiden, für das „aktive Zentrum" typischen Reste Cystein und Histidin. Die meisten übrigen Aminosäure-Bausteine erweisen sich dagegen als veränderlich und deuten auf eine „Artspezifität" der primären Struktur hin. Es läßt sich vermuten, daß diese Artunterschiede der Eiweißstrukturen durch Gen-Mutationen entstehen. Wie Tab. 1 zeigt, ist der Austausch von Aminosäure-Resten um so größer, je weiter die sie produzierenden Organismen in der Evolution voneinander getrennt sind.

Tabelle 1. *Vergleich einer homologen Aminosäure-Sequenz in Cytochrom c verschiedener Herkunft.* (Nach Tuppy).

Rind
Pferd } . . . · Val · Glu · Lys · Cys · Ala · Glu · Cys · His · Thr · Val · Glu · Lys. . .·
Schwein

(mit $-NH_2$ über Glu (2.) und über Glu (6.))

Lachs   . . .· Val · Glu · Lys · Cys · Ala · Glu · Cys · His · Thr · Val · Glu ·. . .

Huhn   . . .· Val · Glu · Lys · Cys · Ser · Glu · Cys · His · Thr · Val · Glu ·. . .

Seiden-
spinner   . . .· Val · Glu · Arg · Cys · Ala · Glu · Cys · His · Thr · Val · Glu ·. . .

Hefe . . .·Phe· Lys · Thr · Arg · Cys · Glu · Leu · Cys · His · Thr · Val · Glu ·. . .

. . .· Cys · Leu · Ala · Cys · His · Thr · Phe · Asp · Glu ·

Rhodosp.
rubrum   Gly·Ala·Asp·Lys (mit $-NH_2$)

2. Pflanzliche Plasmastrukturen.

Eine ausführliche Arbeit von Sitte vermittelt einen ausgezeichneten Überblick der neuen elektronenmikroskopischen Ergebnisse über den Feinbau der Pflanzenzelle. Das Grundplasma soll nach Sitte aus zwei Komponenten, einer granulären und einer diese umschließende Matrix bestehen. Die von Strugger postulierte Cytonema-Theorie wird abgelehnt. Die Plasmagranula, die entweder gleichmäßig im Grundplasma verteilt oder am endoplasmatischen Reticulum fixiert sind, bezeichnet man heute allgemein als „Mikrosomen". Hoefler möchte dafür den Ausdruck „Meiosomen" vorschlagen und nur die eben noch sichtbaren kleinsten Teilchen im Lichtmikroskop als „Mikrosomen" benennen. Die neueren EM-Untersuchungen haben aber gezeigt, daß die im Lichtmikroskop sichtbaren Teilchen keine einheitliche Population bilden, sondern entsprechend ihrer Struktur entweder zu den Proplastiden, Mitochondrien, Stärkekörnern oder Lipoidtropfen gehören. Der von Hoefler neu geprägte Ausdruck „Meiosomen" würde daher nur zu neuen Mißverständnissen Anlaß geben.

Eine weitere Arbeit über die Struktur der Zellen in jungen Erbsen- und Haferpflanzen ist von Setterfield, Stern und Johnston erschienen. Wie die veröffentlichten Aufnahmen zeigen, sind die Zellstrukturen durch die Fixierung und Einbettung weitgehend zerstört.

Heitz hat an einigen Bryophyten und bei einem Farn das Vorkommen und die Struktur der Golgi-Apparate untersucht. Wie in den

höher entwickelten Pflanzen, bestehen sie aus 5—8 übereinanderge-
schichteten Doppellamellen, die an der Peripherie oft blasenförmig auf-
gequollen sind. Es besteht also auch hier eine auffallende strukturelle
Übereinstimmung der Zellorganelle auf ganz verschiedenen Organisa-
tionsstufen des Pflanzenreiches.

3. Kern und Chromosomen.

Bis heute hat das Elektronenmikroskop keinen wesentlichen Fortschritt in der Kern- und Chromosomenforschung ergeben. Die sehr labile,
lebende Struktur scheint sich bei der allgemein gebräuchlichen OsO_4-
Fixierung stark zu verändern. Nur vereinzelt weisen meiotische Chromosomen in der Matrix eine dem Chromonema entsprechende Struktur
auf. Die Mitose-Chromosomen erscheinen vollständig homogen und unterscheiden sich vom umgebenden Grundcytoplasma nur durch das stärkere
Streuvermögen. In *Amoeba proteus* hat PAPPAS zum erstenmal im
granulären Chromatin schraubenförmige Elemente entdeckt. Ihre Länge
beträgt 2500—3000 Å und der Durchmesser 70 Å. Im Makronucleus des
Ciliaten *Tocophrya infusionum* fand RUDZINSKA dagegen eine waben-
förmige Struktur. In allen übrigen Arbeiten über die Zellkerne ist im
Schnitt meist nur eine feingranuläre Substanz zu erkennen. In der
Hoffnung, einen besseren Einblick in die Chromonema- und Chromo-
merenstruktur zu erhalten, wurden in letzter Zeit fast ausschließlich
meiotische Kerne in der früheren Prophase untersucht. MARQUARDT,
LIESE und HASSENKAMP sowie BOPP-HASSENKAMP veröffentlichten
Arbeiten über das Pachytänstadium in *Gasteria trigona, Gasteria macu-
lata, Paeonia tenuifolia, Lilium candidum* und *Hosta lanceolata*. Wie im
Interphasenkern zeigen die Chromosomen auch hier eine feingranuläre
Struktur. Eine über mehrere Windungen erkennbare Schraube ist nie
beobachtet worden, jedoch interpretieren diese Autoren die „Körner"
als Ausschnitte durch Chromonema-Schrauben. Diese sollen aus sog.
Elementarfibrillen mit einem Fadendurchmesser von 120 Å zusammengesetzt sein. Als die eigentlichen Bauelemente betrachten sie die noch
kleineren, 20—30 Å dicken Subfibrillen, die, nach WATSON und CRICK,
dem Durchmesser eines DNS-Moleküls entsprechen. Nach MARQUARDT
und MITARBEITER würde ein Pachytän-Chromosom aus folgenden 5
Schraubenordnungen aufgebaut sein: Die Nucleinsäure (Schraube
1. Ordnung) ist zunächst zu einer Schraube 2. Ordnung, die als Subfibrille bezeichnet wurde, gewunden. Diese elektronenmikroskopisch eben
noch auflösbaren Fäden sind erneut geschraubt, wobei der Durchmesser
je nach dem Grad der Auflockerung zwischen 350—800 Å schwankt.
Mehrere solche Elementarfibrillen bilden dann eine Schraube 4. Ordnung
von 1000—1200 Å Durchmesser und würden dem im Lichtmikroskop
sichtbaren, gestreckten Leptotänfaden, also dem Chromonema, entsprechen. Durch Kontraktion im Pachytän wird auch dieser Strang
gewunden, was einer Schraube 5. Ordnung entspricht. Die Reihenfolge
der 5 überlagerten Schraubensysteme ist also zusammenfassend folgende:
Nucleinsäure — Subfibrille — Elementarfibrille — Chromonema — Chromosom. Einen ähnlichen Aufbau haben auch AMANO und Mitarb. für die

Kerne von *Monocyten* und *Lymphocyten* der Maus postuliert. Sie geben folgende Schraubenordnungen und Bezeichnungen an: Protochromonema (20—30 Å) — Subchromonema (130 Å) — Chromonema (300—600 Å). Betrachtet man die in diesen Arbeiten publizierten Aufnahmen, so erscheint eine so weitgehende Interpretation nicht gerechtfertigt. Das Fehlen von deutlich ausgebildeten Schraubenwindungen auf den Aufnahmen wird damit erklärt, daß die Schnittdicke ungefähr 200 Å betrage und daher gleich dem Schraubendurchmesser sei. Genaue Messungen von BACHMANN und SITTE haben aber ergeben, daß die meisten Autoren die Schnittdicke allgemein zu niedrig angeben. Dünnste Schnitte sind nach diesen Autoren zwischen 500—600 Å, Routineschnitte sogar 700 bis 1000 Å dick. In Anbetracht dieser Befunde müßte man erwarten, daß einmal nicht nur „Ausschnitte", sondern auch Windungen auf den Aufnahmen erscheinen sollten. Die Autoren dieser Chromosomentheorie geben auch keine Angaben, wie sich ein solches 5 fach geschraubtes Gebilde teilen könnte.

Sehr interessante und mit überzeugenden Aufnahmen belegte Untersuchungen über die Struktur der meiotischen Kerne in den primären Spermatocyten von Salamandern hat MOSES publiziert. Für die EM-Untersuchung stellte er extrem dicke Schnitte, in der Größenordnung von 1600 Å, her. Trotz der etwas schlechteren Auflösung sind solche Präparate viel günstiger, da sie im Falle einer Schraubenstruktur nicht nur „Ausschnitte", sondern mehrere geschlossene Windungen zeigen. In der Synapsis enthalten diese Chromosomen parallel geordnete Stränge, die bis zu einer maximalen Länge von 5—6 μ verfolgt werden konnten. Oft ist zwischen den beiden lateralen Strängen, die einen Durchmesser von 300 Å aufweisen, noch ein feiner zentraler Faden von 170 Å Durchmesser vorhanden. Diese drei Fibrillen liegen in einer Ebene und bilden ein Band von 1000 Å Breite, das leicht um seine Achse gedreht ist (Abb. 9). Dieses Fibrillenband liegt in einer Matrix, die sich nach außen mit dem Kernplasma vermischt. Letzteres zeigt auch hier eine fein-granuläre Struktur. Mit Hilfe cytochemischer Methoden konnte MOSES den Nachweis erbringen, daß der Fibrillenkomplex DNS enthält. Man darf daher annehmen, daß es sich hier um die beiden Chromonema-fibrillen handelt, die in der Synapsis parallel nebeneinander liegen. Eine Bestätigung dieser Untersuchungen brachte FAWCETT, der in der meiotischen Prophase von Tauben-, Katzen- und Menschen-Spermato-cyten die gleichen Stränge fand. Ihr Vorkommen ist aber, wie bei den Salamandern, nur auf die Synapsis beschränkt.

Aus den Aufnahmen von MOSES geht weiter hervor, daß von den beiden lateralen Strängen feinere Elemente nach außen verlaufen. Es ist nicht mit Sicherheit zu erkennen, ob diese Fäden von bestimmten Stellen ausgehen und frei in der Matrix enden, oder ob es sich um Schleifen handelt, die ähnlich verlaufen, wie in den Lampenbürsten-Chromosomen. Wie in Abb. 9 skizziert ist, könnte man die Strukturen vielleicht mit den Chromomeren in Beziehung bringen. Aus seinen Untersuchungen an Leptotän-Chromosomen von *Lilium longiflorum* hat RIS jedoch eine andere Ansicht über den Chromomeren-Bau postuliert. Die

im Lichtmikroskop erkennbaren Knötchen, entlang dem Chromonemafaden, sollen, im Gegensatz zu den gestreckten interchromomeren Abschnitten, geschraubte Bezirke darstellen. Für den Aufbau des Chromo-
nemas postuliert Ris folgende Strukturordnung: Zwei Elementar-

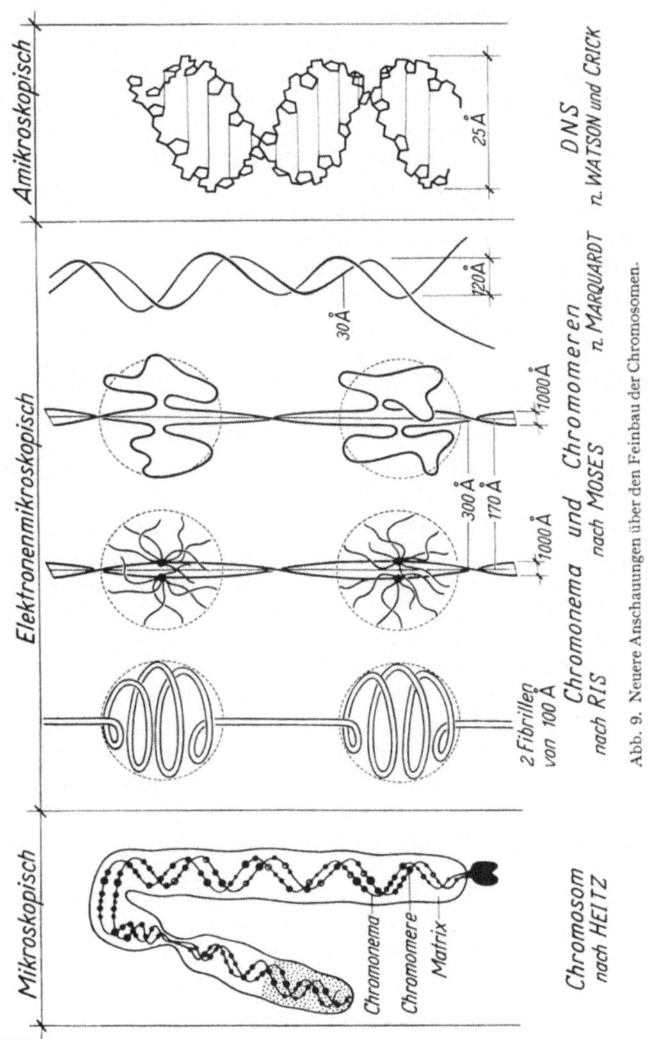

Abb. 9. Neuere Anschauungen über den Feinbau der Chromosomen.

fibrillen von je 40 Å, die aus Nucleinsäure und Protein bestehen, bilden
einen 100 Å dicken Faden. Zwei solche Stränge ordnen sich zu einem
nächst höheren Element zusammen, das sich wieder mit einem gleichen
Faden vereinigt, bis schließlich ein Chromonemafaden von 500 Å entsteht. Die besprochenen Arbeiten lassen deutlich erkennen, daß die

4*

bisherigen elektronen mikroskopischen Untersuchungen noch keine gesicherten Ergebnisse über den Aufbau der Chromosomen in den verschiedenen Kernphasen zu liefern vermochten.

4. Chloroplasten.

In eigenen Untersuchungen an Embryosackzellen von *Lilium martagon*, Blattstecklingen von *Begonia* und Vegetationskegeln von *Elodea canadensis* wurde gefunden, daß die Entwicklung der Lamellenstruktur in Proplastiden durch Einfaltung der Membran beginnt. Ein Prolamellarkörper („Primärgranum nach STRUGGER") ist in diesen frühen Stadien nie zu sehen. Das Einwachsen der Membran beginnt, wie das in Abb. 10a deutlich zu erkennen ist, gleichzeitig an verschiedenen Stellen. In der ersten Entwicklung besteht daher eine auffallende Übereinstimmung mit der Mitochondrienstruktur. Vom Ende dieser Einfaltungen schnüren sich später zahlreiche Bläschen ab, die bei normaler Belichtung zu Granen- und Stroma-Lamellen auswachsen, ohne daß ein Prolamellarkörper gebildet wurde. Bei etiolierten Pflanzen dagegen unterbleibt die Lamellenbildung und es erfolgt eine Anhäufung von bläschenförmigen Elementen im Stroma (Abb. 10b). In den Zellen von *Elodea*-Sprossen, die anfangs am Licht und dann mehrere Tage im Dunkeln gehalten wurden, erscheint zwischen den bereits normal ausgebildeten Lamellen ein Prolamellarkörper, der nach erneuter Belichtung der Pflanze wieder verschwindet. Die Befunde, daß die Proplastiden in Knospen oder an der Blattbasis der Monokotylen oft große Prolamellarkörper enthalten, muß daher auf den Lichtmangel zurückzuführen sein. Wie die Entwicklung der Stroma- und Granalamellen im einzelnen verläuft, ist nicht genau bekannt. Wie die Abb. 10b und c zeigen, verschmelzen die Bläschen zu größeren Einheiten, die anschließend zu Grana- oder Stromalamellen auswachsen. Die Struktur der Chloroplasten (Abb. 10d) erwies sich in allen bisher untersuchten Zellen der höheren Pflanzen gleich. Die Granen sind als individualisierte, flachgedrückte Bläschen zwischen den Stromalamellen eingeschoben. Sie sind daher nicht, wie das HODGE, McLEAN and MERCER postulierten, durch lokales Aufspalten der Stromalamellen entstanden. Über den Zustand des Chlorophylls in den Chloroplasten ist von MENKE eine Untersuchung erschienen. Er fand, daß das von den Chloroplasten in Profilstellung emittierte Fluorescenzlicht teilweise linear polarisiert ist. Daraus läßt sich schließen, daß in den Chloroplasten eine bevorzugte Orientierung der Porphinreste in der Lamellenebene vorliegt.

5. Mitochondrien.

Der Feinbau der Mitochondrien ist in allen bisher untersuchten Pflanzenzellen gleich. Die Membran erscheint nach der Fixierung in Osmiumsäure oder Kaliumpermanganat aus drei Schichten zu bestehen, wobei die innerste an zahlreichen Stellen ins Stroma eingestülpt ist (Abb. 10e). Die chemische Zusammensetzung ist nicht bekannt. Man darf vermuten, daß die beiden äußersten Membranlagen, die nach der

OsO$_4$-Fixierung schwarz erscheinen, aus Lipoiden bestehen, während die dazwischen liegende helle Schicht ein Proteinfilm darstellt. Die neueren Anschauungen über diese Membranstrukturen sind in der Arbeit von

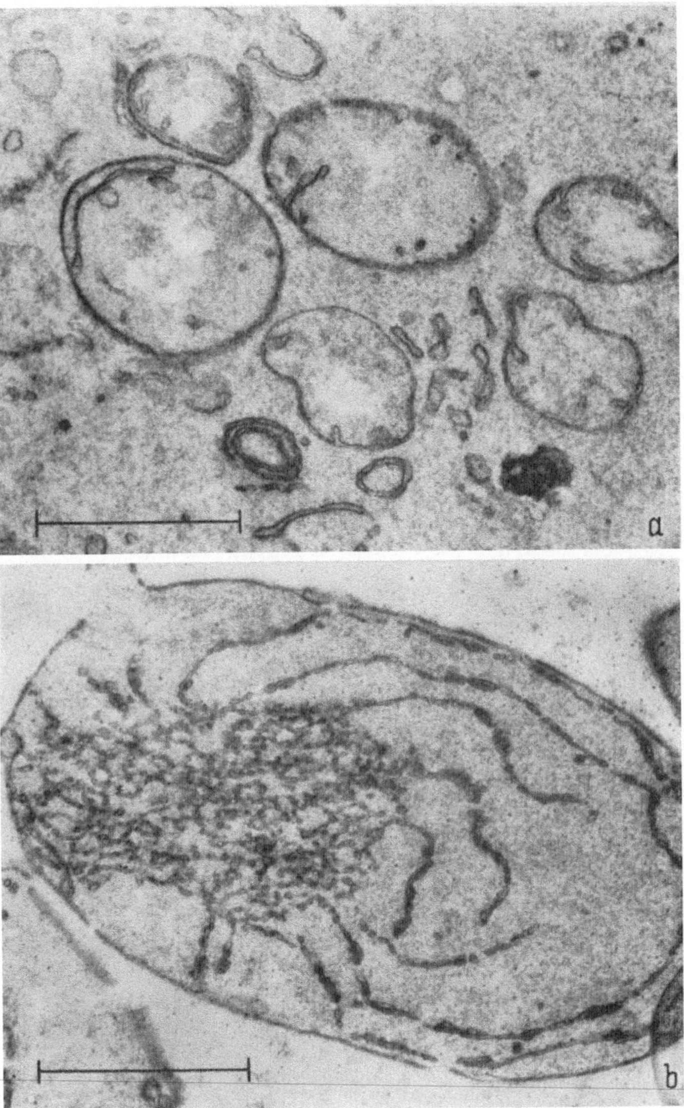

Abb. 10a u. b. a) Proplastiden. Beginn der Lamellenbildung durch Einfaltung der Membran. (*Begonia*). b) Proplastid mit Prolamellarkörper nach einer 10tägigen Etiolierung. (*Elodea*).

SITTE zusammengestellt. Die Einstülpungen bezeichnet man heute allgemein als *Cristae mitochondriales* oder bei pflanzlichen Objekten als

Tubuli. S ITTE möchte dafür den Ausdruck *Sacculi mitochondriales* vorschlagen. Über die Funktion dieser Gebilde ist noch nichts bekannt.

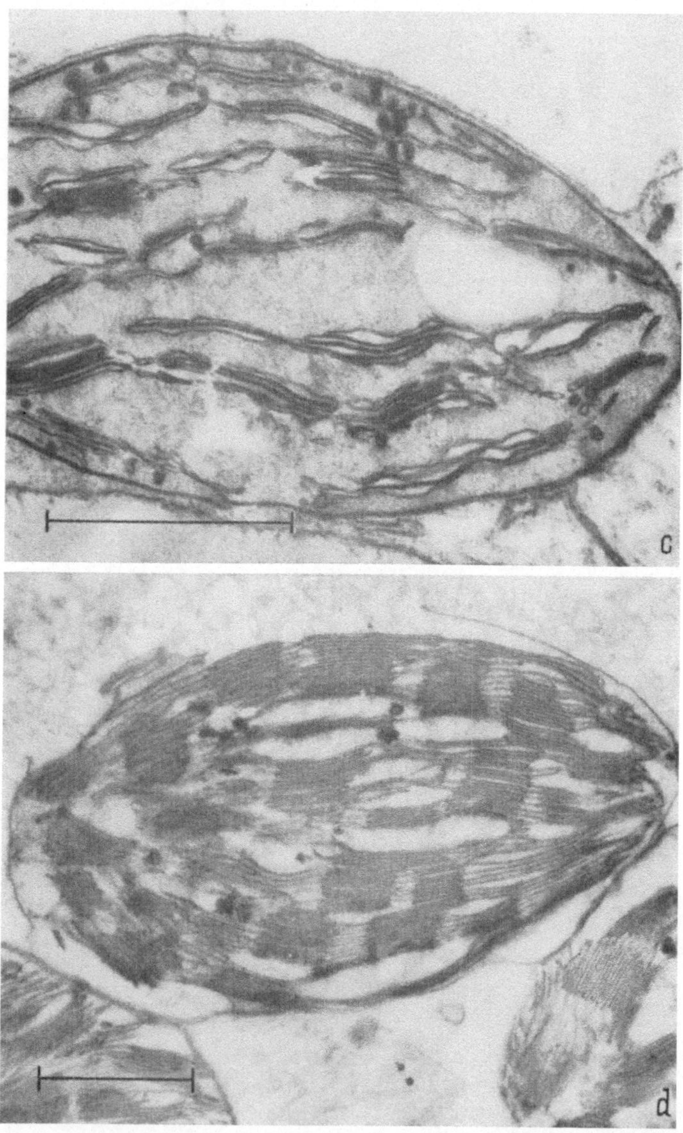

Abb. 10c u. d. c) Ausbildung der Grana- und Stromalamellen. (*Fritillaria*). d) Ausgewachsener Chloroplast. (*Elodea*).

Sie sind wohl nicht als Ausführgänge für Syntheseprodukte anzusehen, da eine äußere Membranschicht die Partikel gegen das Plasma abschließt.

Untersuchungen über die Teilung dieser Zellorganellen sind bisher nicht veröffentlicht worden. In jungen *Elodea*-Zellen haben wir beob-

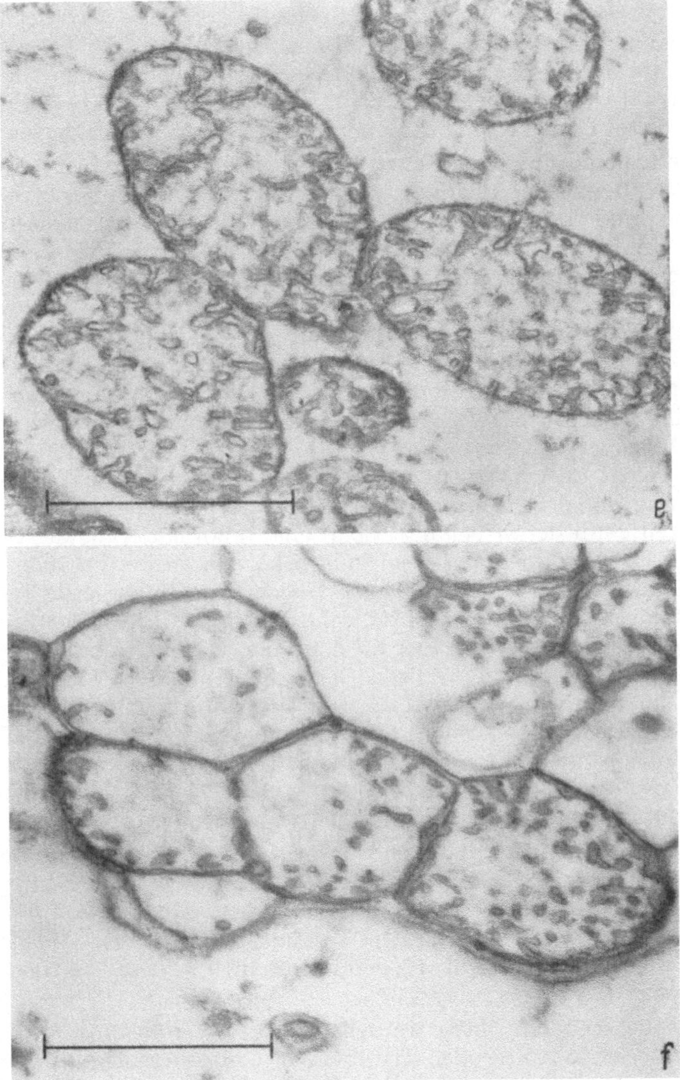

Abb. 10e u. f. e) Mitochondrien mit typischer Tubuli-Struktur. (*Elodea*). f) Teilungsstadium eines Mitochondriums. (*Elodea*).

achtet, daß die Mitochondrien zuerst in die Länge wachsen und anschließend durch Trennwände in mehrere Abschnitte unterteilt werden. Ein solches Teilungsstadium ist in Abb. 10f abgebildet. Ob diese Teilung die einzige Vermehrungsart darstellt, ist noch nicht bekannt.

6. Zellwände.

Ein umfassendes Werk, das einen vollständigen Überblick der heutigen Kenntnisse über die pflanzliche Zellwand vermittelt, ist von FREY-WYSSLING erschienen. In gewohnt meisterhafter Weise wird der Bau und Chemismus, ihre physikalischen Eigenschaften und die Entwicklungsgeschichte der Membranen, dargestellt. Da die wichtigsten chemischen und strukturellen Eigenschaften der Zellwände heute abgeklärt sind, dürfte dieses Buch für lange Zeit zum Standardwerk der Biologen werden.

Die neueren Originalarbeiten über die Zellwände zeigen, daß die in früheren Berichten ausführlich diskutierten Anschauungen über die Struktur und den Wachstumsmechanismus als gesichert anzusehen sind. Neue Untersuchungen über die Anordnung der Cellulosefibrillen in wachsenden Parenchymzellen haben SETTERFRIELD und BAYLEY (1, 2) veröffentlicht. Die gleichen Autoren haben ferner die Wirkung von Mannitol und Auxin auf das Wachstum der Zellwände in *Avena*- Koleoptilen untersucht (3). Sie fanden, daß nach Zugabe von Mannitol das Membranwachstum unterbunden wird, die Ablagerung von Wandmaterial jedoch weiter geht. Eine direkte Korrelation zwischen der Oberflächenvergrößerung und dem Aufbau von Membransubstanz scheint nicht zu existieren, denn auch GREEN zeigte, daß bei starker Streckung in den *Nitella*-Zellwänden eine Dickenabnahme eintritt. Gleichzeitig mit der Streckung erfolgt eine Umorientierung der Cellulosefibrillen, die sich im Polarisationsmikroskop durch die Veränderung der Doppelbrechung bemerkbar macht. Gleiche Ergebnisse erhielten WARDROP und CRONSHAW aus Untersuchungen an Hafer Koleoptilen. Die Cellulosefibrillen verlaufen hier an der Innenseite in paralleler Ordnung quer zur Achsenrichtung, während sie an der Außenseite eine Streuungstextur aufweisen. Wird das Wachstum durch Kälte (2° C) gehemmt, so zeigen die Membranen, sowohl auf der Innen- wie Außenseite, die gleiche Fibrillenanordnung. Die von uns früher bereits beschriebenen längsorientierten Cellulosestränge entlang von Zellkanten betrachten die Autoren als zur ursprünglichen Primärwand gehörend.

Eine weitere Untersuchung über die chemische Zusammensetzung der Primärwände in Avena-Coleoptilen haben BISHOP und Mitarb. veröffentlicht. Die Hemicellulosen, die Galaktose, Glucose, Arabinose und Xylose enthalten, machen 51% des Trockengewichtes aus, Cellulose 25%, Fett, Wachs und Pigment 4% und Protein 9%. Der Pektinanteil ist sehr gering und beträgt nur 0,3%.

In zunehmendem Maße werden radioaktive Substanzen, z. B. mit C^{14}-markierte Glucose, oder Tritium zur Untersuchung des Membranwachstums benützt. ORDIN und Mitarb. haben die Aufnahme von C^{14}-Glucose in *Avena*-Coleoptilen studiert und gefunden, daß der größte Teil der aufgenommenen Menge im Pektin fixiert ist. WARDROP sowie SETTERFIELD und BAYLEY (4), ferner GORHAM und COLVIN versuchten mit Hilfe von Radioautographien die Wachstumsbezirke in der Zelle zu lokalisieren. Die Aktivität ist über die ganze Membran gleich hoch, woraus die Autoren schließen, daß die Zelle die Wandsubstanzen gleichmäßig über die gesamte Oberfläche anlagert. Nach Untersuchungen von GREEN ist aber die Radioaktivität in *Nitella*-Zellwänden, nach Zugabe von Tritium-Wasser, an der Innenwand doppelt so hoch wie an der Außenwand. Dieses Ergebnis bestätigt die früheren Befunde über das Appositionswachstum.

Entgegen den als gesichert angesehenen Anschauungen, daß die älteren Zellwandlamellen nachträglich nicht mehr verstärkt werden, vertreten BAYLEY und Mitarb. sowie BEER und SETTERFIELD die Ansicht, daß ein solcher Prozeß in Collenchym- und Epidermiszellen doch stattfindet. Die Neubildung von Cellulosefibrillen soll nicht nur auf die Kontaktfläche des Plasmas mit der Membran beschränkt sein, sondern auch in den älteren Lamellen weitergehen. Nach ihrer Ansicht diffundieren die Vorstufen der Cellulose aus dem Plasma in die Membran hinein und polymerisieren dort zu langen Cellulose-Fibrillen. Diese Ansicht erscheint aber sehr unsicher und ist in keiner Weise überzeugend belegt worden.

Untersuchungen über das polarisationsoptische Verhalten der Zellwände von *Chara, Tolypella intracata* und *Tolypellopis stelligera* hat FRIDVALSZKY (1, 2, 3, 4) veröffentlicht.

Neue Befunde über die Membranen der Steinnüsse und des Dattelkerns hat MEIER publiziert. Die Endosperm-Zellen der Steinnuß enthalten 48% Mannan A, 24% Mannan B und 6% Cellulose. Mannan A zeigt im EM eine granuläre, Mannan B dagegen eine fibrilläre Struktur.

Literatur.

AMANO, S., S. DOHI, H. TANAKA, F. UCHINO and M. HANAOKA: Cytologia 21, 241—251 (1956).

BACHMANN, L., u. P. SITTE: Mikroskopie 13, 289—304 (1958). — BAYLEY, S. T., J. R. COLVIN, F. P. COOPER and C. A. MARTIN-SMITH: J. biophys. biochem. Cytol. 3, 171—182 (1957). — BEER, M., and G. SETTERFIELD: Amer. J. Bot. 45, 571—580 (1958). — BISHOP, C. T., S. T. BAYLEY and G. SETTERFIELD: Plant Physiol. 33, 283—289 (1958). — BOPP-HASSENKAMP, G.: Protoplasma 50, 243—268 (1958).

FAWCETT, D. W.: J. biophys. biochem. Cytol. 2, 403—406 (1956). — FREY-WYSSLING, A.: Die pflanzliche Zellwand. Berlin: Springer 1959. — FRIDVALSZKY, L.: (1) Acta bot. Acad. Sci. Hung. 4, 53—62 (1958). — (2) Acta bot. Acad. Sci. Hung. 8, 73—80 (1957). — (3) Acta bot. Acad. Sci. Hung. 8, 175—189 (1958). — (4) Nature (Lond.) 182, 736—737 (1958).

GREEN, P. B.: (1) J. biophys. biochem. Cytol. 4, 505—516 (1958). — (2) Amer. J. Bot. 45, 111—116 (1958). — GORHAM, P. R., and J. R. COLVIN: Exp. Cell Res. 13, 187—189 (1957).

HEITZ, E.: Z. Naturforsch. 13 b, 663—665 (1958). — HIRS, C. H. W.: Fed. Proc. 16, 196 (1957). — HODGE, A. J., J. D. McLEAN and F. V. MERCER: J. biophys. biochem. Cytol. 1, 605—614 (1955). — HOEFLER, K.: Protoplasma 48, 167—169 (1957).

KENDREW, J. C., G. BODO, H. M. DINTZIS, R. G. PARRISH, H. WYCKOFF and D. C. PHILLIPS: Nature (Lond.) 181, 662—666 (1958).

MARQUARDT, H., W. LIESE u. G. HASSENKAMP: Naturwissenschaften 43, 540 bis 541 (1956). — MEIER, H.: Biochem. biophys. Acta 28, 229—240 (1958). — MENKE, W.: Z. Bot. 46, 26—36 (1958). — MOORE, S., u. W. H. STEIN: Harvey Lect. 119 (1956/57). — MOSES, M. J.: (1) J. biophys. biochem. Cytol. 4, 633—639 (1959). — (2) J. biophys. biochem. Cytol. 2, 215—217 (1956).

ORDIN, L., R. CLELAND and J. BONNER: Proc. nat. Acad. Sci. (Wash.) **41**, 1023 (1955).

PAPPAS, G. D.: J. biophys. biochem. Cytol. **2**, 221—222 (1956).

RICHARDS, F. M.: Proc. nat. Acad. Sci. (Wash.) **44**, 162 (1958). — RIS, H.: Symp. on the chemical Basis of Heredity, p. 23—62. Baltimore: J. Hopkins 1957. — RUDZINSKA, M. A.: J. biophys. biochem. Cytol. **2**, 425—428 (1956).

SANGER, F., and H. TUPPY: Biochem. J. **49**, 463—481 (1951). — SETTERFIELD, G., and S. T. BAYLEY: (1) Canad. J. Bot. **35**, 435—448 (1957). — (2) J. biophys. biochem. Cytol. **4**, 377—382 (1958). — (3) Ann. of Bot. **21**, 633—643 (1957). — (4) Exp. Cell Res. **14**, 622—625 (1958). — SETTERFIELD, G. H. STERN and F. B. JOHNSTON: Canad. J. Bot. **37**, 65—82 (1959). — SITTE, P.: Protoplasma **49**, 447 bis 522 (1958). — STRUGGER, S.: Naturwissenschaften **43**, 451—452 (1956).

TUPPY, H.: Naturwissenschaften **46**, 35—43 (1959).

WARDROP, A. B.: Aust. J. Bot. **4**, 193—199 (1956). — WARDROP, A. B., and J. CRONSHAW: Aust. J. Bot. **6**, 89—95 (1958). — WATSON, J. D., and F. H. CRICK: Nature (Lond.) **171**, 964—967 (1953).

B. Systemlehre und Pflanzengeographie.

5a. Systematik und Phylogenie der Algen.

Von Bruno Schussnig, Jena.

Im Hinblick auf die weite Verbreitung des Lehrbuches der Botanik für Hochschulen verdient die Bearbeitung der Algen in der neuesten Auflage durch Harder eine entsprechende Würdigung. Die Grundgliederung der niederen Pflanzen nimmt Harder in die 4 Abteilungen der Bacteriophyta, Cyanophyta, Phycophyta und Mycophyta (mit dem Anhang Lichenes) vor, von denen uns hier vornehmlich die 2. und 3. interessieren. Von den Bakterien wird gesagt, daß verwandtschaftliche Beziehungen zu einfachsten Cyanophyceen wahrscheinlich seien, zu anderen Pflanzenklassen jedoch noch völlig unklar sind. „Die neueren Untersuchungen zeigen aber in zunehmendem Maße, daß der Bau der Bakterienzelle wohl nicht so grundlegend von dem der übrigen Organismen abweicht, wie man früher annahm." Die elektronenmikroskopischen Untersuchungen zeigen z. Z., daß in den räumlich scharf vom Cytoplasma abgegrenzten Nucleoiden Feinstrukturen sichtbar werden, die als chromosomale Äquivalente interpretiert werden können, so daß z. B. Giesbrecht zu dem Schluß kommt, daß „zwischen der Bakterienzelle und der Zelle höherer Organismen mehr graduelle als prinzipielle cytologische Unterschiede bestehen; eine Abtrennung eines ‚Bakterienreiches‘ vom Tier- und Pflanzenreich, wie es verschiedentlich postuliert worden ist, erscheint daher vom cytologischen Standpunkt aus kaum noch gerechtfertigt". Es läßt sich zwar nicht bestreiten, daß in den Nucleoiden feinste fibrilläre Strukturen nachweisbar sind, die wahrscheinlich die genischen Prozesse der Zelle steuern dürften und insofern in funktioneller Hinsicht einen Vergleich mit chromosomalen Elementen zulassen. Ein mitotischer Mechanismus steht jedoch, trotz gegenteiliger Angaben (s. DeLamater u. a.) noch aus. Zum Unterschiede von der Bakterienzelle konnte in den Zellen der Cyanophyceen kein distinktes Kernäquivalent wie bei den Bakterien nachgewiesen werden, so daß selbst die apochlorotischen Cyanophyceen nicht als Bindeglieder zu den Bakterien gelten können, weil sich die spezifische Cytologie der Cyanophyceenzelle, auch nach Verlust des Pigmentapparates, nicht ändert. Die Frage nach möglichen Beziehungen zwischen Bakterien und Cyanophyceen muß somit nach wie vor offen bleiben, was auch Harder in dem Satz: „Die verwandtschaftlichen Beziehungen der Cyanophyceen zu anderen Organismengruppen sind noch unklar" richtig zum Ausdruck bringt. Die Kernäquivalente der Bakterien- und Cyanophyceenzelle stellen zwar DNS-haltige Steuerungszentren, aber keine Zellkerne, mit geregeltem mitotischem Mechanismus, vor. Man wird somit HARDER zwar zustimmen können, daß die Bezeichnung „kernlose Pflanzen" („Anucleobionten") für die Cyanophyceen und Bakterien etwas zu prätentiös ist, aber als kernführende Organismen kann man sie bei dem heutigen Stand unserer Kenntnisse über ihre Cytologie auch nicht bezeichnen. Die Zelldifferenzierung der Cyanophyceen, die bis in das Präcambrium zurückreichen, ist sicher sehr alt, primitiv und noch primitiv geblieben.

Die dritte Abteilung der Phycophyta (= Algengewächse) umfaßt vorerst die „Organisationsstufe Flagellatae, Flagellaten", womit die pflanzlichen Flagellaten, die wenigstens primär mit einem photosynthetischen Assimilationsapparat versehen sind (Phytoflagellaten), gemeint sind. Davon werden die *Chrysomonadales* (angeschlossen die *Coccolithineae* und *Silicoflagellatae*), die *Heterochloridales*, *Cryptomonadales*, *Dinoflagellatae*, *Euglenales*, *Protochloridales* und die *Volvocales* angeführt bzw. kurz erwähnt. Als „von Flagellaten abgeleitete Algenreihen" sind die eigentlichen Algen zu verstehen, und zwar die 1. Unterabteilung der *Chlorophyta*, die in die zwei Klassen der *Chlorophyceae* und der *Charophyceae* gegliedert werden, als 2. Unterabteilung die *Chrysophyta*, mit den Klassen der *Heterokontae (Xanthophyceae)*, *Chrysophyceae* und *Diatomeae*, worauf die 3. und 4. Unterabteilung der *Pyrrophyta* und *Euglenophyta*, die 5. Unterabteilung der *Phaeophyta* und als 6. Unterabteilung die *Rhodophyta* folgen.

Zu der Aufzählung der Flagellatenordnungen ist zu bemerken, daß die allerdings kleine Gruppe der *Chloromonadina* nicht erwähnt wird. Daß hingegen die noch kleinere Gruppe der *Protochloridales* (= *Chlorochytridiales*) als selbständige Ordnung angeführt wird, erscheint im Hinblick auf die in der Einzahl vorhandene und nach hinten gerichtete unbeflimmerte Geißel (opisthokont) als gerechtfertigt. Ein solcher Begeißelungstypus findet sich bei pflanzlichen Flagellaten sonst nicht vor, ist jedoch von farblosen Flagellaten (wie z. B. einigen Myxomonadinen) her bekannt. Der Besitz eines muldenförmigen Chloroplasten (Chlorophyll a und b, Carotinoide), mit Pyrenoid und Stärke und rotem Augenfleck, klingt an die Zelldifferenzierung der Phytomonaden (*Volvocales*) an. Ob es sich dabei um eine Verwandtschaft oder bloß um eine konvergente Gestaltung handelt, muß zunächst dahingestellt bleiben. Für die letztere Alternative spricht das phylogenetisch wichtige Merkmal der opisthokonten Begeißelung. Beziehungen der Protochloridalen zu den opisthokonten Archimyceten zu vermuten, ist im Augenblick nicht überzeugend, zumal die Gruppe der opisthokonten Myxomonadinen geeigneter erscheint, um die Vorstellung von phylogenetischen Beziehungen zwischen diesen und den Archimyceten zu vermitteln. Dafür spricht nicht bloß die opisthokonte Begeißelung, sondern auch der radiäre Bau der eingeißeligen Myxomonadinen und der Archimycetenschwärmer und vor allem die Eigenschaft beider, auf lytischem Wege durch Algenmembranen in Wirtszellen einzudringen. Beide hier angeführten Protophytengruppen führen eine endoparasitäre Lebensweise. Schließlich sei noch darauf hiugewiesen, daß die synonyme Bezeichnung *Chlorochytridiales* irreführend ist, weil der Gattungsname *Chlorochytrium* bereits für eine endophytische Chlorococcale vergeben ist.

Was die *Polyblepharidaceae* anbelangt, die HARDER als „die wohl primitivste Familie" der *Volvocales* anspricht, sei auf diese Berichte (Bd. XVII, 1955) verwiesen.

Die Vorstellung, daß sich aus verschiedenen Flagellatengruppen die höher organisierten Algenreihen, über die Gestaltungsstufen der „Monadales", „Coccales", „Trichales" und „Siphonales", entwickelt haben, ist heute allgemein üblich. Die deutlichsten Beziehungen bestehen zwischen den Phytomonaden (Volvocalen) und den Chlorophyceen, und davon ging seinerzeit PASCHER aus, der erkannte, daß ähnliche, parallele Gestaltungsstufen auch bei andersfarbigen Algen festzustellen sind. Seitdem gilt die Paschersche Konzeption als Kriterium für die systematische Gliederung der Algenklassen, was von praktischem Wert ist. Trotzdem erschiene es zweckmäßiger und den gegebenen Tatsachen besser entsprechend, wenn man anstatt von einer „Ableitung" der einzelnen Algenreihen von bestimmten Flagellatengruppen, bloß sagen würde, daß es unter den rezenten Flagellaten solche Typen gibt, die uns eine mehr oder weniger gute Vorstellung vermitteln, wie die Ausgangstypen für die Algen ausgesehen haben können. Dies auch nur dort, wo zwischen den betreffenden freilebenden Flagellaten und den entsprechenden Algenschwärmern morphologische und cytologische Übereinstimmungen bestehen. Dies trifft aber selbst im Gestaltungsraum der Chlorophyten nicht durchgehend zu, da beispielsweise die Schwärmer der Chlorosiphonales zwar den gleichen Begeißelungstypus wie die Chlamydomonaden und die übrigen Chlorophyceen aufweisen, ihre cytologische Differenzierung (Geißelinsertion, Plastiden- und Pyrenoidbau u. dgl. m.) jedoch etwas abweichend ist.

Man wird weiters auch die Stellung der Diatomeen im System der Algen, solange die Frage nicht endgültig entschieden ist, ob die Schwärmer eine oder zwei Geißeln führen, als etwas unsicher empfinden müssen. Der Nachweis einer beflimmerten Geißel, nebst den biochemischen Eigenschaften dieser isoliert dastehenden Algengruppe, besagt im Augenblick nur so viel [z. B. die Identität des Leucosin bei Chrysomonaden und Diatomeen (v. STOSCH)], daß voraussichtlich die Vorfahren der Diatomeen im Typusbereich der Chrysomonadinen zu suchen sind. Mehr nicht, zumal der Gestaltungstypus der Diatomeen komplexer Natur ist, der nicht einfach als „coccal" interpretiert werden kann. Ähnliche Schwierigkeiten bestehen auch bei dem Versuch, zwischen den Phaeophyceen und den rezenten braunen, hetero- und pleurokonten Flagellaten phylogenetische Beziehungen zu ermitteln. Auch hier kann bloß gesagt werden, daß Begeißelung, Pigmente, Assimilationsprodukte und Reservestoffe (z. B. die von v. STOSCH ermittelte nahe chemische Verwandtschaft zwischen dem Leucosin der Chrysomonaden und Diatomeen und dem Laminarin der Phaeophyceen) im gesamten Gestaltungsbereich der braun gefärbten Proto- und Thallophyten ein ziemlich einheitliches Bild ergeben. Von welchem Flagellatentypus und auf welchem Wege aber die Abwandlung zu den heutigen Braunalgen vor sich gegangen ist, entzieht sich unseren objektiv ermittelbaren Kenntnissen.

Mit diesen Bemerkungen soll nicht etwa eine Kritik an der Darstellung HARDERs geübt werden. Bei der Abfassung eines Lehrbuches muß stets ein Kompromiß zwischen unseren Kenntnissen und den didaktischen Bedürfnissen geschlossen werden. Gerade vom didaktischen Standpunkt aber sollte vermieden werden, Vorstellungen in zu apodiktischer Form zu erwecken, wie z. B. die graphische Darstellung auf S. 613, aus der ein Lernender den Eindruck gewinnen kann, daß die phylogenetischen Beziehungen zwischen Chlorophyten und Bryophyten usw. geklärt seien. Gerade an dieser Stelle des Stammbaumes der Pflanzen klafft aber eine Kluft, die gegenwärtig nicht überbrückbar ist.

Von allgemeinem Interesse ist weiters eine Publikation von SILVA über die Nomenklatur von Algen mit pleomorphem Lebenscyclus, die hier nachträglich besprochen werden möge. Es handelt sich um die Frage, nach welchen Gesichtspunkten die generische Bezeichnung bei Algen erfolgen soll, in deren ontogenetischen Kreislauf heterologe und homologe Generationen inbegriffen sind. Bei Formen, bei denen sexuelle und asexuelle Stadien obligat miteinander alternieren, neigt man in nicht ganz gerechtfertigter Weise dazu, die Hauptbedeutung auf das Sexualstadium zu verlegen. Doch meint SILVA, daß die Sexualität mehr eine funktionelle als eine strukturelle Funktion hat und eine Reihe von wesentlichen Prozessen, wie Plasmogamie, Karyogamie und Meiose, umfaßt, die voneinander abhängig sind und sich wechselseitig ergänzen. Die Aufeinanderfolge dieser Teilprozesse ist einer Reihe von morphologischen Einheiten oder Phasen zugeordnet. Die Entstehung einer Phase durch eine vorhergehende Phase innerhalb des ontogenetischen Gesamtcyclus kann als die Folge eines sexuellen Vorganges angesehen werden, gleichgültig, ob eine Gametenfusion vorkommt oder nicht. Andererseits kann die Reproduktion einer morphologischen Phase, wie z. B. die Erzeugung homologer Generationen innerhalb des Sporophyten, als asexuell angesprochen werden. Die hier vorgeschlagene Anwendung der Bezeichnung „sexuell" weicht etwas vom üblichen Begriff der Gametenfusion, als dem Wesen des sexuellen Verhaltens reproduktiver Zellen, ab, doch steht sie nicht direkt in Widerspruch dazu. Daraus ergibt sich für die Systematik der Schluß, daß es nicht berechtigt ist, eine bestimmte morphologische Phase — und den ihr zugedachten Namen — für wichtiger als die andere Phase anzusehen. Die Erforschung des Entwicklungscyclus verschiedener Algen hat bemerkenswerte Verschiedenheiten zwischen den Kernphasen und der somatischen Gestaltung der ein- oder mehrzelligen Thalli ergeben. So kommt SILVA zu dem Schluß, daß mit der Anwendung des Prioritätsprinzips die Nomenklaturfrage bei pleomorphen Algen leichter zu lösen sei. Die Wahl der Gattungsnamen bereitet so geringere Schwierigkeiten. So hat *Cutleria* GREVILLE 1830 die Priorität vor *Aglaozonia* ZANARDINI 1843, *Derbesia* SOLIER 1847 vor *Halicystis* ARESCHOUG 1850, *Bonnemaisonia* C. AGARDH 1822 vor *Hymenoclonium* BATTERS 1895, *Trailliella* BATTERS 1896 und *Aspara-*

gopsis MONTAGNE 1840 vor *Falkenbergia* SCHMITZ 1897. Auch *Codiolum* BRAUN 1855 müßte die Priorität vor *Urospora* J. E. ARESCHOUG 1866 haben, doch gibt hier gewöhnlich der Konservativismus den Ausschlag zugunsten von *Urospora*, sei es, weil diese Generation auffälliger ist, sei es, weil die Alternanz zwischen *Urospora* und *Codiolum* viel später erkannt wurde. Unabhängig vom Prioritätsrecht würde man auch im Falle von *Derbesia* ⇌ *Halicystis* den Gattungsnamen *Derbesia* beibehalten haben.

Auf der Speciesebene ergeben sich bei der Zuordnung eines bestimmten Gattungsnamens zu einer besonderen morphologischen Phase innerhalb einer Alge mit pleomorphem Cyclus weitere Schwierigkeiten. Hier erinnert SILVA daran, daß die Art ein Begriff ist, der alle Stadien der ontogenetischen Entwicklung, wie Gameten, Zygoten, Sporen und eine oder mehrere ein- bzw. mehrzellige vegetative Phasen, erfassen muß. Der Name einer Species muß daher alle diese Phasen vorurteilsfrei kennzeichnen. Würde z. B. der Generationswechsel von *Urospora* ⇌ *Codiolum*, vor der Prägung besonderer Gattungsnamen ermittelt worden sein, so hätte man einfach von einer sporophytischen und einer gametophytischen Generation gesprochen, wie dies bei Algen mit isomorphen Generationen üblich ist. Im Falle eines heteromorphen Generationswechsels ist es im Grunde genommen nebensächlich und nur historisch bedingt, ob man den einen oder den anderen Namen als Gattungsnamen nimmt. In allen solchen Fällen wie z. B. bei *Cutleria* ⇌ *Aglaozonia*, wird man sich am besten an die Namenspriorität halten. Das Prinzip der Priorität wird auch in den folgenden Beispielen Anerkennung finden:

Derbesia marina (LYNGB.) SOL. (*Vaucheria marina* LYNGB. 1819). Gametophyt: *Halicystis ovalis* (LYNGB.) J. E. ARESCH. (*Gastridium ovale* LYNGB. 1819).

Derbesia tenuissima (MOR. et DE NOT.) CROUAN frat. (*Bryopsis tenuissima* MOR. et DE NOT. 1839). Gametophyt: *Halicystis parvula* SCHMITZ 1897.

Cutleria adspersa (ROTH) MENEGH. (*Ulva adspersa* ROTH 1806). Sporophyt: *Aglaozonia melanoidea* SAUV. 1899.

Cutleria multifida (J. E. SMITH) GREV. (*Ulva multifida* J. E. SMITH 1808). Sporophyt: *Aglaozonia parvula* (GREV.) ZANARD. (*Zonaria parvula* GREV. 1828).

Asparagopsis armata HARV. 1855. Sporophyt: *Falkenbergia rufolanosa* (HARV.) SCHMITZ (*Polysiphonia rufolanosa* HARV. 1855).

Asparagopsis taxiformis DELILE 1813). Sporophyt: *Falkenbergia hillebrandii* (BORN.) FALK. (*Polysiphonia hillebrandii* BORN. 1883).

Bonnemaisonia asparagoides (WOODW.) C. Ag. (*Fucus asparagoides* WOODW. 1794). Sporophyt: *Hymenocladia serpens* CROUAN frat. 1859).

In anderen Fällen wird man umgekehrt verfahren müssen, so z. B.: *Codiolum penicilliforme* (ROTH) comb. nov. *Codiolum gregarium* BRAUN 1855 = Sporophyt; *Urospora penicilliformis* (ROTH) J. E. ARESCH. (*Conferva penicilliformis* ROTH, Cat. Bot. 3: 271. 1806) = Gametophyt.

Cutleria chilosa (FALK.) comb. nov. *Cutleria monoica* OLLIVIER 1927 = Gametophyt; *Aglaozonia chilosa* FALK., Mitt. Zool. Stat. Neapel 1: 244. 1879 = Sporophyt.

Bonnemaisonia intricata (C. Ag.) comb. nov. *Bonnemaisonia hamifera* HARIOT 1891 = Gametophyt; *Traillliella intricata* (C. AGARDH). BATTERS (*Ceramium intricatum* C. AGARDH, Syst. Alg. 132. 1824) = Sporophyt.

FELDMANN setzt sich mit Fragen der modernen Algensystematik auseinander. Er weist darauf hin, daß bisher morphologische Merkmale, sei es des vegetativen, sei es des reproduktiven Anteils, wie auch die

Alternanz der Generationen für die Vorstellungen von den phylogenetischen Zusammenhängen ausgewertet wurden. Nun treten auch Kriterien der analytischen Cytologie und der vergleichenden Biochemie hinzu, die in manchen Fällen sichere Kennzeichen für die verwandtschaftlichen Beziehungen liefern. Dazu gehören die Architektur der Zelle, die morphologische und feinstrukturelle Beschaffenheit der Zellbestandteile und die Natur der Pigmente in den Plasten, die wiederum in Beziehung zu den Stoffwechselprodukten stehen.

Bei den Chlorophyceen sind die Pigmente in den Chloroplasten überall die gleichen und finden sich in den gleichen Mengenverhältnissen auch bei den Plastiden der höheren Pflanzen wieder.

In den Plastiden der Phaeophyceen wie auch der Xanthophyceen und Chrysophyceen überwiegen bestimmte Carotinoidpigmente, welche den Plasten eine braune, gelbe oder goldbraune Farbe verleihen. Stärke wird hier nirgends assimiliert, dafür tritt als Produkt der Photosynthese ein lösliches Polysaccharid, welches in Vacuolen kondensiert wird, auf: es ist dies das Laminarin bei den Phaeophyceen und das nahe verwandte Chrysolaminarin oder Leucosin der Chrysophyceen.

Die Rhodophyceen sind durch proteidische Pigmente mit prosthetischen Gruppen aus Phycobilinen, die den Chlorophyllen und den Carotinoiden beigemengt sind, ausgezeichnet. Sie erzeugen die Florideenstärke, deren chemische Konstitution von der der grünen Pflanzen verschieden ist und stets außerhalb der Plastiden kondensiert wird. Während alle anderen Pflanzen Glycerin in Form von Glyceriden, durch Verbindung mit Fettsäuren, speichern, die als Öltröpfchen erscheinen, bilden die Rhodophyceen ein wasserlösliches Heterosid, durch Verbindung mit Galaktose: es ist dies das Floridosid.

Die vergleichenden Untersuchungen von CHADEFAUD (1954) über den plastidialen Apparat haben für die Systematik neue Erkenntnisse ergeben. So hat die Auswertung solcher cytologischen und biochemischen Merkmale eine unerwartete Aufspaltung der bisher als einheitlich angenommenen Siphonalen zur Folge gehabt. So sind die Vaucheriaceen, dank ihren Plastidenpigmenten, der Abwesenheit von Stärke wie auch der heterokonten und heteromorphen Begeißelung der Spermien und der heterokonten aber isomorphen Begeißelung bei den Synzoosporen aus den Siphonalen ausgeschieden und den Xanthophyceen zugeordnet worden.

Die Valoniaceen und benachbarten Familien machen nun die Ordnung der *Siphonocladales* aus. Maßgebend dafür ist die Struktur der Plastiden, in denen die für die Siphonalen charakteristischen Carotinoide, das Siphonein und das Siphonoxanthin, fehlen. Außerdem zeichnen sich die Siphonocladalen durch eine besondere submikroskopische Struktur der Membranen, die durch das Elektronenmikroskop und durch Röntgendiagramme genau ermittelt wurde, aus.

Die Schaffung einer besonderen Ordnung der *Dasycladales* für die Dasycladaceen rechtfertigen die besonderen biochemischen Eigenschaften dieser Algen, welche anstelle von Stärke Inulin und nahe verwandte Fructosane kondensieren.

Der Rest der *Siphonales* muß in zwei Ordnungen aufgeteilt werden, und zwar in die der *Codiales*, mit den Familien der *Codiaceae* s. str. und der *Bryopsidaceae*, und in die der *Caulerpales*, mit den Familien der *Caulerpaceae* und *Udoteaceae*. Die erstere Ordnung zeichnet sich durch die gleichen Plastiden, die der Photosynthese und der Stärkespeicherung obliegen, während bei den Caulerpales eine physiologische Arbeitsteilung unter den Plastiden durchgeführt ist, derart, daß die einen das Chlorophyll enthalten und die Photosynthese bewirken, während die anderen farblos und für die Kondensierung der Stärke spezialisiert sind. Zu dieser Heteroplastidie tritt bei den Caulerpales noch die chemische Beschaffenheit der Membranen hinzu, welche der Cellulose entbehren, und die holokarpe Entstehungsweise der Gameten.

Was die Derbesiaceen anbelangt, die sich in ihren cytologischen Merkmalen den *Codiales* nähern, müssen sie von diesen wegen ihres heteromorphen Generationswechsels getrennt behandelt werden.

Man wird FELDMANN zustimmen, daß eine natürliche Systematik der Algen nicht bloß die morphologische, sondern auch die biochemische Evolution, nebst den Tatsachen einer vergleichenden Cytologie berücksichtigen muß. Es ist nützlich, dieses Postulat, das an sich nicht neu ist, in Erinnerung zu bringen.

Chrysomonadina. Eine eigenartige Chrysomonade, die VLK (1938) ohne Namensgebung kurz beschrieb, wurde von PRAUSER wieder gefunden und als *Diacronema vlkianum* genau beschrieben. Abgesehen vom abweichenden Bau der Zelle und einigen Besonderheiten derselben, interessiert uns hier vom systematischen Standpunkt die bisher innerhalb der Chrysomonaden unbekannte Art der Begeißelung. Zwei Geißeln entspringen an der Ventralseite der stark dorsoventral gebauten Zelle und schwingen nach verschiedenen Richtungen. Die pleurokonte und heterokonte Begeißelung würde im ersten Augenblick an die Ochromonadalen erinnern, doch der feinere Bau der Geißeln schließt einen Anschluß an diese Ordnung aus. Die Geißeln von *Diacronema* sind zwar verschieden lang und heterodynamisch, aber sie sind beide nach dem akronematischen Typus (Peitschentypus) gebaut. Zwei akronematische Geißeln sind bisher nur von der Gattung *Chrysochromulina* her bekannt, bei der aber die beiden Geißeln gleich lang sind. Außerdem ist der Körperbau von *Diacronema* von dem von *Chrysochromulina* stark verschieden. PRAUSER stellt daher mit Recht die Familie der *Diacronemataceae* auf, ohne sich auf einen bestimmten Platz innerhalb des Chrysomonadinen-Systems festzulegen.

Die hier angeführten Befunde liefern einen neuen Beitrag zur Frage nach der phylogenetischen Bedeutung der Chrysomonadinen. In ihrer Gesamtheit betrachtet, weisen diese Flagellaten im Aussehen des Cytoplasmas, in der Gestalt der Chromatophoren, in der Pigmentierung derselben, im Vorkommen von Leucosin als Reservestoff und, soweit bekannt, im charakteristischen Bau der verkieselten Stomatocysten, so weitgehend gemeinsame Züge auf, daß an die phylogenetische Einheitlichkeit dieser Flagellatengruppe bisher kaum gezweifelt wurde. Um so überraschender wirken die neueren Befunde über den Feinbau der

Geißeln, welche bisher, als ein verläßliches Organisationsmerkmal, in den Vordergrund phylogenetischer Betrachtungen gestellt werden konnte. Es sei nur an die Phytomonadinen mit ihren gleich langen, homodynamischen und akronematischen Geißeln (mit Ausnahme vielleicht von *Haematococcus*!) erinnert. Bei den Chrysomonadinen aber lassen sich im Augenblick vier verschiedene Begeißelungstypen unterscheiden: die eingeißeligen Chromulinalen mit einer apikalen Flimmergeißel; die zweigeißeligen Ochromonadalen mit zwei ungleich langen, pleurokonten, heteromorphen (einer beflimmerten Haupt- und einer akronematischen Nebengeißel) und heterodynamischen Geißeln; die Prymnesialen mit zwei gleich langen, weitgehend isodynamischen und akronematischen Geißeln; und jetzt auch noch die Diakronemalen mit zwei heterokonten, heterodynamischen aber ebenfalls akronematischen Geißeln.

Das ergibt eine für den Systematiker unerwartete Situation, denn während in cytologischer und biochemischer Hinsicht alle autotrophen Chrysomonadinen in weitem Maße einheitlich erscheinen, sind sie in bezug auf die Begeißelungsart heterogen. Die Bedeutung dieser Heterogeneität kann im gegenwärtigen Zeitpunkt um so weniger erkannt werden, als die Möglichkeit besteht, daß bei intensiverer Untersuchung der Geißelstruktur und der Begeißelungsart mit noch weiteren Überraschungen zu rechnen ist. Im Hinblick auf die hervorragende Bedeutung des Geißelbaues wird man im Augenblick sagen dürfen, daß die Chrysomonadinen phylogenetisch nicht einheitlich sind. Zwar lassen ihre biochemischen Eigenschaften die Annahme eines gemeinsamen Gestaltungsraumes zu, doch die verschiedenen Begeißelungstypen gestatten die Aussage, daß die rezenten Formen der Chrysomonadinen einen Komplex mehrerer, paralleler Entwicklungsreihen darstellen. Diese verschiedenen Entwicklungsreihen wird man auf Grund ihres spezifischen Geißelbaues und der in jedem Fall besonderen Geißelinsertion als phylogenetisch charakterisierbare Taxa höherer Ordnung sondern müssen.

Von der reichhaltigen und mit großer Sorgfalt verfaßten Monographie der Chrysophyceen von BOURRELLY greifen wir hier nur die Grundgedanken über die Systematik und Phylogenie heraus. Bemerkenswert ist es dabei, daß sich BOURRELLY von der formalistischen Gliederung des Pascherschen Systems loslöst und daß er, an die Vorstellung von CHADEFAUD anknüpfend, von den unbeweglichen, fadenförmigen und coccalen Formen ausgeht. So werden, dem Beispiel von HOLLANDE folgend, die *Chrysocapsales* von PASCHER in zwei neue Familien, die eingeißeligen *Chromulinocapsinae* und die zweigeißeligen *Ochromonadocapsinae* aufgelöst.

Die ersteren werden, als Familie der *Chrysocapsaceae* PASCHER 1912 emend. folgerichtig an die *Chromulinales*, die letzteren, als Familie der *Phaeocystaceae* LAGERHEIM 1896, an die *Ochromonadales* angeschlossen. Ähnliche notwendig gewordene „Amputationen" wurden außer bei den *Chrysocapsales* auch noch bei den *Rhizochrysidales*, *Chrysosphaerales* und *Chrysotrichales* alten Stiles vorgenommen, und zwar derart, daß aus ihnen alle Formen ausgeschieden wurden, welche „Zoosporen" erzeugen.

Die schwärmerbildenden Formen wurden, je nach Begeißelungsart, entweder den *Chromulinales* oder den *Ochromonadales* zugeordnet oder in eigene Ordnungen gestellt. So wird z. B. das autotrophe *Kybotion* mit Rhizoiden und die ebenfalls rhizopodiale aber farblose *Platytheca* zu den Lepcchromulinaceen (bzw. Chrysococcaceen), welche die gehäusebildenden Chromulineen umfassen, gezählt. Dieser neuen Gruppierung liegt der richtige Gedanke zugrunde, daß für die Aufstellung natürlicher Reihen innerhalb des Chrysophyceen-Systems der Begeißelungstypus maßgebend ist, während die kapsale oder die rhizopodiale Gestaltung eine Erscheinung darstellt, die sich innerhalb der natürlichen Gruppen parallel und unabhängig voneinander (wahrscheinlich physiologisch und ökologisch bedingt) ausgeprägt hat. So werden beispielsweise die *Rhizochrysidales* von PASCHER, die uneinheitlich waren, von BOURRELLY nur auf jene rhizopodialen Typen beschränkt, bei denen begeißelte Stadien unbekannt sind und daher ihre Einordnung in eine der schwärmerbildenden Ordnungen unmöglich ist.

Von den *Isochrysidales* stellt BOURRELLY fast alle in die Ordnung der *Ochromonadales*, ausgenommen einige wenige Gattungen mit gleich langen akronematischen und homodynamischen Geißeln. Dazu ist zu erwähnen, daß BOURRELLY das Manuskript zur vorliegenden Monographie zu einer Zeit abgeschlossen hatte, in der die elektronenmikroskopischen Befunde an den Geißeln von Chrysomonaden noch nicht bekannt waren. Diese Lücke füllt er in den Nachträgen aus, in denen er sich mit der Begeißelung von *Phaeocystis* und *Chrysochromulina* auseinandersetzt. Diese Formen besitzen, wie schon weiter oben gesagt wurde, zwei gleich lange (oder beinahe gleich lange) akronematische Geißeln, welche mehr oder weniger heterodynamisch sind. Die sog. dritte Geißel, das Haptonema, ist ein Organ für sich, welches im Elektronenmikroskop nicht die für Geißeln charakteristische Substruktur zeigt. Als *Isochrysidales* faßt BOURRELLY monadoide, solitäre oder coenobiale Formen mit gleichen, akronematischen und homodynamischen Geißeln auf. Dazu zählt er die Familien der *Isochrysidaceae* und *Derepyxidaceae*, mit 2, und die der *Prymnesiaceae* mit 3 Geißeln (= 2 Geißeln und 1 flagelliformen Appendix).

Dagegen wird man BOURRELLY gerne folgen, wenn er die farblosen Typen im Anschluß an die entsprechenden plastidialen Formen eingliedert, unter der Voraussetzung, daß verkieselte Stomatocysten, als Organisationsmerkmal der Chrysomonaden, nachweisbar sind.

Dagegen ist die von CHODAT aufgestellte Familie der *Chrysostomataceae* nach BOURRELLY unhaltbar, weil die Schaffung von Gattungen ausschließlich auf Grund der Cysten nicht anerkannt werden kann. Er weist z. B. darauf hin, daß die von CONRAD (1926) aufgestellte Gattung *Echinochrysis* nichts anderes als eine *Ochromonas* ist. Vielleicht gelingt es noch in anderen Fällen, die Zugehörigkeit der rezenten Chrysostomataceen-Cysten zu bestimmten Monadengattungen nachzuweisen. Bis dahin wird man aber die Chrysostomataceen, als künstliche Gruppe, die namentlich für den Mikropaläontologen von Bedeutung ist, wohl oder übel beibehalten müssen.

5*

Was die phylogenetischen Beziehungen der Chrysophyceen zu anderen Flagellaten- und Algengruppen anbelangt, stehen immer noch die von PASCHER begründeten und dann von FRITSCH erweiterten Vorstellungen von nahen Beziehungen zwischen Chrysophyceen, Xanthophyceen und Diatomeen im Vordergrund des Interesses. Als gemeinsame Merkmale, welche die Vereinigung dieser drei Gruppen in einen Stamm der *Chrysophyta* zu befürworten scheinen, können 1. die gleichen Pigmente, 2. die gleichen Reservestoffe, 3. die Cysten von gleicher oder analoger Entstehungsweise, Form und Natur, 4. die ähnliche Struktur der Membranen, 5. die ähnliche Feinstruktur der Geißeln und 6., nach CHADEFAUD, die Anwesenheit in allen drei Gruppen von Physoden und Gloeosomen (corps mucifères) geltend gemacht werden. Ein konstitutioneller Unterschied zwischen Chrysophyceen und Diatomeen besteht darin, daß erstere haploid (ob alle?), letztere diploid sind.

Dazu meint BOURRELLY, daß die Annahme näherer Beziehungen zwischen Chrysophyceen und Xanthophyceen als gerechtfertigt erscheint. Er faßt die Xanthophyceen als Formen auf, die frühzeitig vom Ast der Chrysophyceen abgezweigt sind und eine stärkere evolutive Entfaltung in Richtung zu coccalen und fädigen Typen erfahren haben. Die Lostrennung der Diatomeen hingegen reicht so weit zurück, daß es, so wie für die Phaeophyceen, unmöglich ist, sie direkt von den Chrysophyceen abzuleiten. BOURRELLY neigt dem durchaus vertretbaren Gedanken zu, für die Chryso-Xanthophyceen, die Diatomeen und die Phaeophyceen ein gemeinsames Ursprungszentrum anzunehmen. Er lehnt die Zusammenfassung in die *Chrysophyta* ab und zieht es vor, von einer größeren Gruppierung der *Chromophyta* zu sprechen, die den *Chlorophyta, Cyanophyta* und *Rhodophyta* gegenübergestellt werden können. Der Formenkreis der *Chromophyta* würde von einem sehr weit zurückreichenden Block abstammen, welcher sich in unabhängige Phyla aufgespalten hat, die nicht direkt voneinander abzuleiten sind.

Auf Grund seiner eingehenden Untersuchungen und Überlegungen gliedert BOURRELLY die Chrysophyceen in folgende Ordnungen auf:

1.	*Phaeoplacales*	7.	*Thallochrysidales*
2.	*Stichogloeales*	8.	*Chrysosphaerales*
3.	*Phaeothamniales*	9.	*Chromulinales*
4.	*Chrysapionales*	10.	*Chrysosaccales*
5.	*Ochromonadales*	11.	*Rhizochrysidales*, s. str., (s. oben)
6.	*Isochrysidales*		

Mit den *Chromulinales* in naher Beziehung stehend schließt er diesen

     9a die *Craspedomonadales* und
     9b die *Silicoflagellales* an.

Die Coccolithophorideen scheinen dagegen im System nicht auf.

Mit der Systematik der rezenten und fossilen Kalkflagellaten (Coccolithophoriden) und darüber hinaus mit phylogenetischen Betrachtungen über die Chrysomonaden setzt sich KAMPTNER in einer ausführlichen und gedankenreichen Abhandlung auseinander. Unter Auswertung aller modernen Erkenntnisse entwirft Verf. ein System, welches hier in abgekürzter Form (mit Weglassung der Gattungen) wiedergegeben sei:

Subordo Coccolithineae.

Fam. *Coccolithaceae*
    Subfam. Coccolithoideae
        Trib. *Syracosphaereae*
           Subtrib. Tergestiellinae
           Subtrib. Calyptrosphaerinae
           Subtrib. Syracosphaerinae
        Trib. *Calciosolenieae*
           Subtrib. Calciopappinae
           Subtrib. Calciosoleniinae
        Trib. *Zygosphaereae*
           Subtrib. Zygosphaerinae
           Subtrib. Halopappinae
           Subtrib. Deutschlandiinae
        Trib. *Coccolitheae*
           Subtrib. Cyclococcolithinae
           Subtrib. Coccolithinae
        Trib. *Coccolithitae*
    Subfam. Goniolithoideae
    Subfam. Braarudosphaeroideae
    Subfam. Sphenolithoideae
    Subfam. Thoracosphaeroideae

Fam. *Ochrosphaeraceae*

Das Ganze umfaßt 81 Einheiten von Gattungsrang, 55 davon sind Sippengattungen, 13 weitere sind Paragenera und ein Rest besteht aus Genera dubia et incertae sedis. Wegen der speziellen Erläuterungen zum System muß auf das Original verwiesen werden.

Bei der systematischen Gliederung der als Ordnung aufgefaßten *Chrysomonadales* verwertet KAMPTNER einerseits den Begeißelungstypus und andererseits die steigende Spezialisierung des Hüllkörpers bzw. Skeletes als wegweisende Organisationsmerkmale. Er teilt die Chrysomonadales folgendermaßen ein:

    I. Unterordnung Euchrysomonadineae
        1. Fam. Prymnesidaceae
        2. Fam. Isochrysidaceae
        3. Fam. Ochromonadaceae
        4. Fam. Chromulinaceae
    II. Unterordnung Coccolithineae
        1. Fam. Coccolithaceae
        2. Fam. Ochrosphaeraceae
    III. Unterordnung Silicoflagellatae
        1. Fam. Dictyochaceae
        2. Fam. Vallacertaceae
        3. Fam. Ruginiasteraceae
    IV. Unterordnung Chrysocapsineae
        1. Fam. Chrysocapsaceae
        2. Fam. Rhizochrysidaceae

Als ursprünglichsten Typus der Chrysomonadales sieht KAMPTNER denjenigen mit dem kompliziertesten Geißelapparat an. Gemeint sind die Prymnesidaceen, ,,bei denen drei Geißeln, (eine lange, zwei kürzere) existieren''. Danach würden, einem alten Gedanken von PASCHER folgend, durch Rückbildung einer Geißel die zweigeißeligen isokonten *Isochrysidaceae*, dann, durch Verkürzung einer Geißel, die heterokonten *Ochromonadaceae* und schließlich, durch Rückbildung der Nebengeißel, die monokonten *Chromulinaceae* folgen. Dieser Reihung stehen jedoch gewichtige Umstände im Wege. Die Prymnesiaceen besitzen nicht drei, sondern bloß zwei ungefähr gleich lange, mehr oder weniger homodynamische und akronematische Geißeln. Die sog. dritte Geißel ist ein Haptonema, welches übrigens kürzer als die Geißeln und nach der submikroskopischen Struktur ganz sicher nicht flagellären Ursprungs ist. Von den Isochrysidaceen s. str. (nach BOURRELLY mit den Gattungen *Derepyxis, Chrysidalis, Isochrysis, Tesselaria* u. a.) wissen wir nur, daß sie zwei gleich lange Geißeln besitzen, doch über ihre Feinstruktur ist bislang nichts bekannt. Dagegen wissen wir, daß die Ochromonadaceen zwei heteromorphe und heterodynamische Geißeln, eine pleuronematische Haupt- und eine akronematische Nebengeißel, besitzen. Die Insertion dieser Geißeln ist ventral, während sie bei den Prymnesiaceen und Isochrysidaceen frontal ist. Die Chromulinaceen haben eine polare pleuronematische Geißel. PASCHER hat seinerzeit die Möglichkeit offen gelassen, daß die Eingeißeligkeit der Chromulinaceen vielleicht durch Rückbildung einer Nebengeißel zustande gekommen sein könnte. Er glaubte in manchen Fällen Rudimente einer solchen gesehen zu haben.

Die Vorstellung, daß aus den isokonten Isochrysidineen die heterokonten Ochromonadaceen hervorgegangen sein können, kann nicht so einfach akzeptiert werden. Das konnte man zu einer Zeit annehmen, in der die Feinstruktur der Geißeln noch unbekannt war. Heute wissen wir aber, daß die Glattheit bzw. die Beflimmerung der Geißeln Merkmale darstellen, die an bestimmte Monadentypen mit bestimmten Symmetrieverhältnissen der Zelle gekoppelt sind. Dafür, daß aus einer beflimmerten Geißel, durch Verlust der Flimmern, eine glatte Geißel entstanden sein könnte, haben wir derzeit keine Anhaltspunkte. Zwar können, wie bei den Ochromonadaceen, beide Geißeltypen nebeneinander vorkommen, doch gewöhnlich ist es so, daß innerhalb einer systematisch in sich geschlossenen Einheit entweder der eine oder der andere Geißeltypus konstant vertreten ist. Außerdem sind die unbeflimmerten Geißeln, von wenigen Ausnahmen abgesehen, meist von akronematischem Bau. Eine empfindliche Lücke ist es, daß über den Feinbau der Geißeln bei den Isochrysidaceen noch nichts bekannt ist. Sollte es sich herausstellen, was wahrscheinlich ist, daß sie homomorph und akronematisch, ähnlich wie bei den Prymnesiaceen, sind, so ist eine Ableitung der Ochromonadaceen von den Isochrysidaceen, unter der Annahme der Verkürzung der einen Geißel, nicht vertretbar. Denn es kommt für die phylogenetische Wertung nicht allein auf die ungleiche Länge, sondern auf die spezifische Feinstruktur der Geißeln an. So betrachtet, erscheint dem Ref. die Zuweisung der Ochrosphaeraceen in die Unterordnung der Coccolithineae als nicht glücklich. Zwar ist über die Feinstruktur der Geißeln von *Ochrosphaera* noch nichts bekannt, doch stimmt das Monadenstadium dieser Gattung mit einer *Ochromonas* habituell so weitgehend überein, daß auch eine gleiche Begeißelung zu erwarten ist. Die Ausbildung von Coccolithen wie bei den isokonten Coccolithineen wird man dann doch als eine Paralleldifferenzierung auffassen müssen.

Noch in einem Punkte wird man dem Vorschlag KAMPTNERs nicht folgen können, nämlich bei der Zusammenziehung der *Chrysocapsaceae* und *Rhizochrysidaceae* in die Unterordnung der *Chrysocapsineae*. Bei der „kapsalen" oder gloemorphen Gestaltung bleibt die monadale Organisation des betreffenden Organismus latent unverändert, während bei der Wandlung in den rhizopodialen Zustand doch ein habituell und physiologisch abweichender Zelltypus entsteht. Beide Wandlungsprozesse können an verschiedenen Stellen des Chrysomonaden-Systems manifest werden, so daß die Aufstellung von eigenen systematischen Einheiten, unter dem Namen von Chrysocapsalen oder Rhizochrysidalen, nicht angebracht erscheint, wenigstens überall dort nicht, wo die Übergänge von den monadalen Typen her klar sind. Bei den gloeomorphen und amoebomorphen Chrysomonaden handelt es sich, ähnlich wie bei den apochlorotischen Parallelformen, um ökologisch bedingte Gestaltungstypen, denen in der phylogenetischen Systematik nur unter bestimmten Voraussetzungen der Rang von Taxa bestimmter Ordnung zugeordnet werden kann.

Rhodophyceae. In einer ausführlichen morphologischen und entwicklungsgeschichtlichen Studie über die zwei parasitischen Florideen *Janczewskia verrucaeformis* SOLMS auf *Laurencia obtusa* (HUDS). *Lamour.* und *Asterocolax erythroglossi* J. u. G. FELDMANN auf *Erythroglossum sandrianum* (ZANARAD). KYLIN setzen sich J. und G. FELDMANN mit der phylogenetischen Frage nach der Bedeutung der parasitischen Rotalgen für die Abstammung der Ascomyceten auseinander. Es ist eine weit verbreitete Ansicht, daß die höheren Pilze, insbesondere die Ascomyceten, in phylogenetischen Beziehungen zu den Rotalgen stünden, mit denen sie einen gemeinsamen Ursprung hätten und von denen sie nach Verlust der photosynthetischen Pigmente und Erlangung der Heterophie hervorgegangen wären. Diese Hypothese wurde 1872 von J. SACHS aufgestellt und beruhte vorerst darauf, daß bei Florideen und Ascomyceten ein besonderer weiblicher Apparat mit Trichogyn vorhanden ist und daß die Fortpflanzungszellen unbeweglich sind. In neuerer Zeit (1944, 1953) griff CHADEFAUD diese Hypothese neuerdings auf, welcher u. a. auf die schon von ROSENVINGE (1888) hervorgehobenen Ähnlichkeiten hinwies, die zwischen den sekundären Tüpfeln bei den Florideen und den Anastomosen zwischen benachbarten Zellen des sekundären Myceliums bei Ascomyceten und Basidiomyceten bestehen sollten. J. und G. FELDMANN erkennen richtig, daß zwischen den Florideen und den rezenten höheren Pilzen bedeutende Unterschiede bestehen und daß die Hypothese vom Ursprung der Eumyceten von Florideen nicht von allen Mycologen anerkannt wird, denn einige unter ihnen nehmen eine monophyletische Herkunft der Pilze an. Ohne Partei für die eine oder die andere Hypothese nehmen zu wollen, versuchen die beiden Verff. zu prüfen, ob die parasitischen Florideen nicht geeignet wären, einige neue Gesichtspunkte in diese Debatte zu bringen, und ob bei diesen Algen, die vermöge ihrer Heterotrophie sich den Pilzen nähern, nicht besondere Eigenheiten vorhanden wären, welche die Vorstellung eines evolutiven Überganges von den autotrophen Florideen bis zu den Pilzen unterstützen könnten. Es lohnt sich daher, den Gedankengängen des Ehepaares FELDMANN zu folgen.

Zunächst heben sie hervor, daß die Fortpflanzung bei den parasitischen Florideen die gleiche wie bei den verwandten autotrophen Formen ist. Sie liefert somit keine neuen Anhaltspunkte, um die Frage nach den phylogenetischen Beziehungen zu den Ascomyceten zu beantworten. Der Parasitismus der adelphoparasitischen Florideen, deren Zellen sich mit denen der Wirtsalge durch sekundäre, mit Synapsen versehene Tüpfel verbinden, weichen sehr stark von den Verbindungen ab, die sich zwischen parasitischen Ascomyceten und ihren Wirten einstellen.

Dagegen könnte die Art der Sporenkeimung bei manchen parasitischen Florideen den Gegensatz, der zwischen dem vegetativen Körper der Florideen und dem der Pilze besteht, überbrücken. Allerdings wird auf den komplizierten Aufbau des Rotalgenkörpers hingewiesen, der die Verff. zu der Bemerkung verleitet, daß die „frons" der Florideen etwa mit dem vegetativen Körper der höheren Pflanzen vergleichbar wäre. Bei den Pilzen hingegen sei der vegetative Körper „nicht mehr" eine „frons", sondern ein „Thallus" oder Mycelium, ohne bestimmte Gestalt, aufgebaut aus verzweigten Reihen von Zellen, die wenig oder gar nicht differenziert sind.

Nun greifen FELDMANNs auf Vorstellungen von CHADEFAUD (1944) zurück, der gewisse formale Ähnlichkeiten zwischen der Sporenkeimung bei dem Ascomyceten *Pleospora herbarum* und der Keimpflanze der Floridee *Crouaniopsis* als ein Kriterium für die Verwandtschaft zwischen Pilzen und Rotalgen hervorhob. Zwar halten die Verff. die angeführten Beispiele nicht für glücklich gewählt, doch spinnen sie den Gedanken weiter anhand der Karposporen von *Bonnemaisonia asparagoides* und *B. clavata*. Diese Sporen teilen sich nach ihrem Austritt und mitunter auch noch innerhalb des Karposporangiums und liefern so einen halbkugeligen Zellkomplex, der sich nicht weiter zu einer orthotropen Achse entwickeln kann, aber dessen periphere Zellen kriechende, verzweigte Zellfäden erzeugen, die sich am Substrat ausbreiten und auf diese Weise den Tetrasporophyten (früher unter dem Gattungsnamen *Hymenoclonium* geführt) von *Bonnemaisonia* liefern. Weil dieser kriechende Sporophyt nun bedeutend weniger hoch differenziert ist als die „frons" des Gametophyten, glauben die Verff. ihn mit dem Mycelium eines Pilzes homologisieren zu können. Der „primitivere", massivere Zellkomplex, der nach der Bildung der kriechenden Fäden abortiert und verschwindet, sei mit einer mehrzelligen Spore der Ascomyceten „durchaus vergleichbar". Als weiteres, instruktiveres Beispiel führen die Verff. die Sporenkeimung von *Janczewskia verrucaeformis* an. Die ersten Teilungen der auskeimenden Spore laufen in der gleichen Weise wie bei den anderen Ceramialen ab. Bei Erreichung des Zwei- bis Dreizellstadiums entwickelt sich der Sporenkeimling nicht weiter; nur das Rhizoid, welches in den Körper der Wirtspflanze eindringt, erzeugt endophytisch wachsende, verzweigte Zellfäden, aus denen der tuberkelartige Thallus von *Janczewskia* hervorwächst. Der vegetative Thallus dieser parasitischen Alge ist von den aufrecht wachsenden Thalli der übrigen Ceramialen natürlich ganz verschieden und er erinnert, nach Meinung der Verff., sehr stark an den Thallus eines Pilzes. Eine weitere Ähnlichkeit mit Ascomyceten erblicken sie darin, daß das Rhizoid an seinem distalen Ende ein Appressorium bildet, welches durchaus mit einem solchen eines parasitisch lebenden Pilzes vergleichbar ist. Das abweichende Verhalten der Sporenkeimung bei *Janczewskia* ist um so bemerkenswerter, als innerhalb bestimmter Rotalgengruppen das Aussehen des Sporenkeimlings weitgehend konstant ist und ein gutes systematisches Merkmal abgibt. Aus allen diesen Betrachtungen ziehen die Verff. den Schluß, daß das Beispiel von *Janczewskia* geeignet ist, um die Beziehungen zwischen der differenzierten frons einer Floridee und dem Thallus eines Pilzes aufzudecken; dieses Beispiel soll sogar vor Augen führen, wie leicht es sei, von einem Typus zum anderen zu gelangen. Der Gegensatz, der zwischen den beiden morphologischen Typen zu bestehen schien, widerlege die Hypothese von der Abstammung der Ascomyceten von den Florideen nicht mehr.

Man ist über diese Schlußfolgerung, die auf einem rein formalistischen Vergleich von extremen, durch die spezifische Lebensweise bei den parasitischen Florideen bedingten morphologischen Merkmalen beruht, überrascht. Bei phylogenetischen Betrachtungen kann man sich nicht nur auf die Erscheinungen des somatischen Anteils, die unter dem Einfluß äußerer Faktoren stark variabel sein können, beziehen, sondern dafür ist in erster Linie eine vergleichende Analyse der Geschlechtsorgane ausschlaggebend. Der Hypothese von J. SACHS liegt ein formaler Vergleich des Prokarps der Florideen mit dem Archikarp der Ascomyceten zugrunde, der heute nicht mehr akzeptiert werden kann; handelt es sich doch um zwei Organismengruppen, die sich in zwei völlig verschiedenen Lebensräumen behaupten, in denen sie ganz verschiedenen ökologischen Impulsen ausgesetzt sind. Wir können heute den Ursprung der Rotalgen nicht ermitteln, wir wissen aber, daß sie submers lebende Organismen sind, deren Geschlechtsorgane in organophyletischer Betrachtung Gametangien homolog sind. Die Ausdifferenzierung eines Trichogyns als Auffangsorgan für die passiv beweglichen Spermatien steht mit dem Fehlen einer aktiven Beweglichkeit der männlichen Geschlechtszellen im Zusammenhang. Die Ascomyceten hingegen sind Bewohner des Luftraumes, haben diesen Lebensraum sicher zu einem späteren geologischen Zeitpunkt erobert und das Trichogyn kann in manchen Fällen von den durch die Luft transportierten Spermatien bestäubt werden. Wenn dem so ist, so handelt es sich um eine autonome Anpassung an die gegebenen Verhältnisse des Landlebens. Eine Homologie zwischen dem Trichogyn der Florideen und dem der Ascomyceten ist auf Grund einer organophyletischen Analyse nicht vertretbar.

Literatur.

BOURRELLY, P.: Rev. Algol., Mémoire Hors-Série No 1, 1—412 (1957).

FELDMANN, J.: Uppsala Univ. Arsskr. 6, 59—64 (1958). — FELDMANN, J. et G.: Rev. gén. Bot. 65, 1—78 (1958).

GIESBRECHT, P.: Diss. Math.-nat. Fakultät, Univ. Bonn, 1—193 (1957).

HARDER, R.: Lehrbuch der Botanik, 27. Aufl. S. 335—383. Stuttgart: Gustav Fischer 1958.

KAMPTNER, E.: Arch. Protistenk. 103, 54—116 (1958).

PRAUSER, H.: Arch. Protistenk. 103, 117—128 (1958).

SILVA, P. C.: Taxon 6, 141—145 (1957). — STOSCH, H. A. v.: Abstracts 3. Int. Seaweed Symp. Galway 1958.

5b. Systematik und Stammesgeschichte der Pilze.

Von Heinz Kern, Zürich.

I. Allgemeines.

Der Einfluß der Umweltbedingungen (Ernährung, Feuchtigkeit, Wirtspflanze u. a.) auf die Ausprägung der morphologischen Merkmale läßt sich an einigen neuen Beispielen aus verschiedenen Gruppen zeigen. Größe und Form der Zoosporangien chytridialer Pilze (*Rhizophidium*-Arten u. a.) können durch den Salzgehalt der Kulturlösung wesentlich beeinflußt werden (Scholz). Höhnk beschreibt abnorme Wuchsformen bei Saprolegniaceen (Störungen oder Unterdrückung der Zoosporangienbildung, Verkrüppelung der Hyphen). Einige dieser Pilze konnten z. B. durch Übertragung von Brackwasser in Süßwasser in normale, asexuell und sexuell fortpflanzungsfähige Mycelien zurückgeführt werden; andere Formen erwiesen sich auch bei längerer Kultur unter verschiedenen Bedingungen als konstant. Welche Störungsfaktoren in diesen letzteren Fällen wirksam sind, läßt sich noch nicht sagen. Die schon öfters beobachtete abnorme Ausbildung der Conidienträger von *Aspergillus repens* (Cda.) de Bary (verlängerte und verzweigte Sterigmen, mannigfach verzweigte Conidienträger) tritt bei erhöhter Temperatur und Feuchtigkeit und geringer Zuckerkonzentration im Nährmedium regelmäßig auf (Thielke). Das Auftreten von Varianten bei *Fusarium*-Stämmen läßt sich durch Kultur in sterilisierter Erde weitgehend unterdrücken; mit geeigneter Methodik erscheint es möglich, wenigstens in einzelnen Fusariengruppen relativ eng umschriebene Arten beizubehalten (Schneider; vgl. Fortschr. Bot. **19**, 68). — Bei echten Mehltaupilzen mit weitem Wirtsspektrum (z. B. *Erysiphe polyphaga* Hamm.; Fortschr. Bot. **13**, 96) kann die Größe der auf verschiedenen Wirtspflanzen gebildeten Conidien stark variieren (Matrikalmodifikationen). Deutliche Unterschiede in der Conidiengröße können auch auf verschieden alten Blättern ein und derselben Wirtspflanze auftreten, so bei einem *Oidium* auf Goldregen (Fischer). Andere Erysiphaceen dürften sich gegenüber derartigen Substrateinflüssen wesentlich stabiler verhalten (z. B. Fortschr. Bot. **14**, 91).

Über die Struktur der Zellen in verschiedenen Pilzgruppen liegen zahlreiche Befunde vor, die sich z. T. systematisch auswerten lassen (Geisselbau, Apikalapparat der Asci, Wandstruktur der Ascosporen u. a.). Moreau vermittelt eine umfassende Übersicht von Methoden und Ergebnissen. Elektronenmikroskopische Untersuchungen wurden an Hyphen von *Polystictus versicolor* (L.) Sacc. durchgeführt (Girbardt). Die Feinstruktur der Zoosporen chytridialer Pilze zeigt mannigfaltige Eigentümlichkeiten von Kernen, Fettkörpern, normalen und offenbar funktionslosen Blepharoblasten u. a. (KOCH). Es lassen sich bereits Ansätze einer Gruppierung innerhalb der Chytridiales erkennen; für eine systematische Auswertung müssen noch weitere Vertreter in die Bearbeitung einbezogen werden.

Chemische Untersuchungen an Pilzmycelien und Fruchtkörpern lassen immer wieder Eigentümlichkeiten erkennen, die systematisch verwertbar erscheinen (Farbstoffe, Milchsäfte usw.). Die Bedeutung dieser Merkmale im Verhältnis zu den morphologischen Kriterien muß freilich in jedem einzelnen Fall sorgfältig geprüft werden. In manchen Beispielen ist eine Korrelation zweifellos vorhanden; in andern fehlt sie oder ist wenigstens heute noch nicht zu erkennen [HEIM (3)]. ZIEGLER u. LAU fanden im Mycel von *Merulius domesticus* Falck und *M. silvester* Falck je einen wasserlöslichen, charakteristisch fluorescierenden Stoff, der den Mycelien verschiedener anderer holzzerstörender Pilze fehlt; die chemische Untersuchung ist noch nicht abgeschlossen. *Cronartium ribicola* J. C. Fisch., der Erreger des Blasenrostes der Weymouthskiefer, läßt sich vom morphologisch sehr ähnlichen, praktisch weniger bedeutenden *C. occidentale* Hedgc., B. et H. durch mikrochemische Farbreaktionen der Teleutosporensäulen unterscheiden; die Reaktionen scheinen auf Unterschieden im isoelektrischen Punkt der Plasmaeiweiße zu beruhen (FORD u. RAWLINS). Qualitative und quantitative Unterschiede im Aminosäurengehalt verschiedener Arten und Stämme finden sich beispielsweise in der Imperfektengattung *Colletotrichum* (CROSSAN u. LYNCH); wie in andern Fällen (z. B. Fortschr. Bot. **20**, 53) dürfte auch hier das Problem darin bestehen, durch umfassende Untersuchungen nicht nur zu einer Charakterisierung einzelner Stämme, sondern auch zu einer Gruppierung in praktisch brauchbare Arten zu gelangen.

II. Archimyceten und Phycomyceten.

Synchytriaceen. Nach neueren Beobachtungen von KARLING (1) keimen nicht nur die Dauersporen, sondern auch die Sommersporen von *Synchytrium fulgens* Schroet. (syn. *S. oenotherae* de Bary und *S. brownii* Karl.) mit einem exogenen Sorus von Zoosporangien (vgl. Fortschr. Bot. **19**, 64). Die sexuelle Fortpflanzung dieses Pilzes folgt nach LINGAPPA dem von den meisten Autoren angenommenen Schema (Kopulation von begeißelten Zoosporen, Entwicklung der Zygoten zu diploiden Dauersporen, Reduktionsteilung wohl bei der Dauersporenkeimung). Der für *S. fulgens* bisher angenommene Cyclus (Keimung der Sommersporen mit endogenem, der Dauersporen mit exogenem Sorus) findet sich bei *S. callirrhoeae* KARLING (2).

Plasmodiophoraceen. Der sexuelle Entwicklungsgang in der Gattung *Plasmodiophora* und ihren Verwandten erscheint in einzelnen Punkten immer noch umstritten (Fortschr. Bot. **20**, 49). Bei *Pl. bicaudata* J. Feldm. und *Pl. maritima* G. Feldm. erfolgt die Kopulation offenbar zwischen je zwei Zoosporen; die jungen Zygoten infizieren die Wirtspflanzen und entwickeln sich zu diploiden Plasmodien [FELDMANN (1)]. Der asexuelle Entwicklungsgang von *Sorosphaera veronicae* Schroet. (Dauersporen zu Hohlkugeln vereinigt) stimmt in der Ausbildung der

Zoosporen und in verschiedenen Eigentümlichkeiten der Kernteilungen mit den verwandten Formen überein; der sexuelle Cyclus konnte auch hier noch nicht vollständig verfolgt werden (MILLER).

Zygomyceten. Die von LINDER als Kickxellaceen zusammengefaßten Gattungen *Coemansia, Kickxella* und ihre Verwandten umfassen stark abgeleitete Abkömmlinge der Mucoraceen mit zu ästigen Trägern umgebildeten, funktionslos gewordenen Sporangien, die auf kurzen Sterigmen kammförmig zahlreiche, z. T. noch als einsporige Sporangiolen erkennbare Conidien tragen. Die sexuelle Fortpflanzung war bisher nur fragmentarisch bekannt; bei mehreren Arten konnte nun die typische Zygosporenbildung beobachtet und damit die Stellung im System bestätigt werden (BENJAMIN).

III. Ascomyceten.

Endomycetales. Die Systematik der H e f e n (Zusammenfassung durch LODDER, SLOOFF und KREGER-VAN RIJ bei COOK) beruht in weit höherem Ausmaß als diejenige anderer Pilzgruppen auf physiologischen Kriterien (Verwertung und Vergärung verschiedener Zucker, Pigmentbildung u. a.). Manche Gattungs- und Artgrenzen sind hier noch strittig; in kritischen Fällen erscheint eine feinere Erfassung der physiologischen Leistungen unter genauer definierten Bedingungen notwendig (BARNETT). In der Gattung *Hansenula* sind die Arten offenbar relativ gut geschieden, und Kopulationen zwischen verschiedenen Arten wurden nicht beobachtet; in andern Artgruppen oder Gattungen treten Kopulationen und damit Kernmischungen zwischen den in üblicher Weise umgrenzten Arten häufig auf (WICKERHAM u. BURTON).

Plectascales. Die verschiedenen Gruppen innerhalb der Plectascales lassen sich immer wieder durch abweichende Formen oder Bindeglieder, die mit der Zeit eine zusammenfassende Darstellung ermöglichen werden, ergänzen (Fortschr. Bot. 19, 66). Die neue Gattung *Europhium* PARKER dürfte zwischen einfachen, mündungslosen Plectascales und den durch eine oft verlängerte Mündung ausgezeichneten Ophiostomataceen eine Zwischenstellung einnehmen. FELDMANN (2) beschreibt als *Chadefaudia marina* eine Ophiostomatacee mit im Thallus der Rotalge *Rhodymenia palmata* (L.) J. Ag. eingesenkten Fruchtkörpern (Asci frühzeitig verschleimend; Ascosporen ellipsoidisch mit dünner, an beiden Enden verdickter Wand).

Pseudosphaeriales, Sphaeriales und verwandte Reihen. Eine Diskussion verschiedener grundlegender Begriffe (Stroma, Perithecium u. a.) durch HOLM zeigt erneut, wie weit wir von einer zuverlässigen Gliederung und stammesgeschichtlichen Anordnung der „Pyrenomyceten" noch entfernt sind. Begriffe, die sich in mancher Hinsicht durchaus bewähren und Klarheit schaffen können (z. B. der ascoloculare und der ascohymeniale Fruchtkörpertypus), lassen sich in einzelnen Gruppen nicht oder nur bedingt anwenden. Die Gesamtheit der Entwicklungstypen ist im Bereich dieser Pilze zweifellos wesentlich mannigfaltiger und komplizierter, als wir sie heute darstellen können; vergleichende morphologisch-entwicklungsgeschichtliche Untersuchungen an kleineren und größeren Gruppen müssen hier noch manche Lücke ausfüllen, bevor eine einigermaßen fundierte Synthese möglich ist.

In manchen kritischen Gruppen wäre es dringend erwünscht, die Hauptfruchtformen in Reinkultur unter kontrollierten Bedingungen vergleichen
zu können und damit unsichere Einflüsse des Substrates und der Umwelt auszuschalten. In den meisten Fällen wissen wir jedoch über die dazu notwendigen
Voraussetzungen noch zu wenig, und Fruchtkörper treten höchstens sporadisch
oder bei einzelnen Arten auf. Zur Fruchtkörperbildung von *Cochliobolus sativus*
(Ito et Kur.) Drechs., der Hauptfruchtform von *Helminthosporium sorokinianum*
Sacc. (syn. *H. sativum* P. K. et B.; Shoemaker, Hrushovetz) ließen sich Pflanzenteile im Substrat (Gerstenkörner u. a.) bisher nicht umgehen (Tinline u. Dickson).
Barr erhielt anderseits auf synthetischen Nährmedien normal entwickelte und
ausgereifte Fruchtkörper von zwei *Mycosphaerella*-Arten; für die eine Art war zur
Induktion eine Periode tiefer Temperatur (5° C) notwendig.

Im Meerwasser finden sich auf Braun- und Rotalgen, höheren Pflanzen, totem
Holz und anderen Substraten zahlreiche Pyrenomyceten, die zum großen Teil noch
schlecht bekannt sind (Meyers). Neben weit verbreiteten Gattungen [*Pleospora*,
Leptosphaeria u. a.; Johnson (1)] finden sich solche, die für die genannten Standorte
charakteristisch sind [*Lulworthia*, *Ceriosporopsis* u. a. mit früh verschleimenden
Asci und eigenartigen, mit Anhängseln versehenen Ascosporen; Johnson (2)]. Die
systematische Stellung dieser letzteren Gattungen bleibt noch näher zu untersuchen.

Gattungsbearbeitungen. *Didymosphaeria* (Pleosporaceen, Ascosporen zweizellig,
braun; Scheinpflug); *Xylosphaera* [syn. *Xylaria*, Sphaeriales; Dennis (1)];
Cordyceps (Clavicipitales, parasitisch auf *Elaphomyces*-Arten und Insekten; Mains);
Pyrenopeziza (Helotiales; Hütter, Gremmen); *Chlorociboria* (Helotiales, vorwiegend auf Holz, Fruchtkörper und z. T. auch Substrat von eigenartiger, grüner
Farbe; Ramamurthi, Korf u. Batra); *Mollisia* u. a. [Helotiales; Le Gal u. Mangenot, Dennis (2)]; *Trichophaea* (Pezizales; Kanouse).

IV. Basidiomyceten.

Die Terminologie von Struktur und Entwicklung der Basidie einiger
in der Deutung umstrittener Gruppen wird unterschiedlich gehandhabt
(Epibasidien, Protosterigmen, Sterigmen u. a.; vgl. Fortschr. Bot. 20,
53). Donk diskutiert diese Fragen besonders im Hinblick auf *Tulasnella*
mit ungeteiltem Basidienkörper und davon durch Querwände abgegrenzten Epibasidien (= Protosterigmen). Auf die Unterschiede in Terminologie und Interpretation dieser Bildungen wird vielleicht in manchen
Kontroversen etwas viel Gewicht gelegt; eine zuverlässige stammesgeschichtliche Anordnung dieser kritischen Gruppen wird zweifellos erst
möglich sein, wenn durch Übergangs- oder Stammformen wesentliche
Lücken geschlossen werden können.

Hymenomyceten. Die Entstehung des stacheligen, löcherigen oder
lamelligen Hymeniums läßt sich auf zwei Wegen denken, nämlich
entweder durch sekundäre Auswachsung oder Durchlöcherung des im
Prinzip glatt angelegten Hymeniums (Aphyllophorales) oder durch frühzeitige Faltung des Hymeniums selbst (Agaricales). Locquin gelangt mit
dieser Unterscheidung zu einer neuen, in einigen Punkten wohl noch
näher zu begründenden Umschreibung der beiden Gruppen. Er rechnet
zu den Agaricales neben den typischen Blätterpilzen und Röhrlingen
auch die Gattungen *Polyporus* (in einem engen Sinne) und *Fistulina*,
die becherförmige *Solenia anomala* Pat. (nicht aber die übrigen Cyphella-
ceen) und einige Gastromycetengattungen, deren enge Verwandtschaft
mit bestimmten Hutpilzgruppen klar erscheint. Seine Poriales (syn.
Aphyllophorales) umfassen vor allem die Corticiaceen und Thelephora-
ceen (Bearbeitungen einzelner Gruppen durch Cunningham, Boidin,

Eriksson, Talbot und Welden), die Keulen- und Stachelpilze und die Gattungen *Fomes* [Lowe (1); Teixeira], *Poria* [Lowe (2)], *Trametes* und deren Verwandte.

Aus den Tropen und andern wenig durchforschten Gebieten werden immer wieder Formen bekannt, welche die stammesgeschichtlichen Beziehungen zwischen verschiedenen Gruppen der Agaricales und Gastromyceten klarer erscheinen lassen. Heim (2) bringt die in Fruchtkörper- und Sporenstruktur eigenartige Gruppe der Milchlinge und Täublinge (*Lactarius* und *Russula*; Fortschr. Bot. **13**, 98) auf der einen Seite durch die neue Gattung *Bertrandiella* mit *Hygrophorus* (Schnecklinge usw.) in nähere Verbindung; auf der andern Seite stützt die neue Art *Arcangeliella densa* aus Thailand (Fruchtkörper geschlossen, gestielt, mit deutlichen *Lactarius*-Merkmalen) den Zusammenhang mit einer Gruppe von ebenfalls asterosporalen, epigäischen oder hypogäischen Gastromyceten (*Macowanites, Elasmomyces* u. a.). — In der neuseeländischen *Weraroa novaezelandiae* (Cunn.) Sing. (syn. *Secotium novaezelandiae* Cunn.; Fruchtkörper epigäisch, geschlossen, gestielt und mit Columella) sieht Singer (1) den Typus einer Stammform der Strophariaceen. Der Pilz erscheint mit *Psilocybe* am nächsten verwandt; in dieser Gattung wurden in Kulturversuchen neben andern abweichenden Formen auch gastromycetenartige Fruchtkörper beobachtet (McKnight).

In Kreuzungen zahlreicher Stämme des bekannten, holzbewohnenden *Schizophyllum commune* Fr. erhielten Raper u. Krongelb verschiedene Typen von fertilen, jedoch abnormen und kaum mehr erkennbaren Fruchtkörpern (knolligknäuelig, geweihförmig verzweigt u. a.). Versuche über Fruchtkörperbildung und Variabilität in Reinkultur dürften mit der Zeit das eine oder andere Problem der Hutpilzsystematik in besserem Licht erscheinen lassen.

Gattungsbearbeitungen. *Cortinarius* (Henry); *Galerina* (Smith u. Singer); *Marasmius* [Singer (2)]; halluzinogene *Psilocybe*-Arten [Heim (1); Singer u. Smith].

V. Fungi imperfecti.

Manche imperfekten Pilze lassen sich durch die Art und Weise ihrer Conidienbildung genauer charakterisieren (Fortschr. Bot. **17**, 218). Das bekannte *Trichothecium roseum* Lk. beispielsweise bildet nicht einfach regellose Conidienköpfchen. Die Conidienbildung schreitet von der Spitze des Trägers basalwärts; die oberste Conidie steht parallel, die übrigen ungefähr rechtwinklig zum Träger. Schließlich liegen zahlreiche Conidien ährenartig hintereinander; sie sind nicht mehr miteinander verwachsen, aber durch einen Schleim verklebt (Ingold; Nicot u. Leduc; Meyer).

Von besonderer Bedeutung für die Charakterisierung imperfekter Pilze sind naturgemäß die entsprechenden Hauptfruchtformen. Für *Helminthosporium* sind bisher Arten von *Leptosphaeria, Ophiobolus, Cochliobolus* und *Trichometasphaeria* bekannt geworden; mit der Gruppierung der Helminthosporien nach Hauptfruchtformen gehen Unterschiede in der Conidienform wenigstens teilweise parallel (Luttrell). Zur Gattung *Nectria* gehören Nebenfruchtformen aus den Gattungen *Cylindrocarpon, Dendrodochium, Fusarium, Tubercularia* und *Verticillium*; zwischen der (noch weiter auszubauenden) Gliederung nach

Perithecienstrukturen und den verschiedenen Nebenfruchtformen bestehen gewisse Zusammenhänge [DINGLEY (1)]. Der häufige grüne Holzschimmel *Trichoderma viride* Pers. war bisher bekannt als Nebenfruchtform von *Hypocrea rufa* Fr.; nach den Ergebnissen von DINGLEY (2) gehört er auch zu mindestens acht weiteren *Hypocrea*-Arten. Es dürfte von Interesse sein, zwischen den ausgeprägten physiologischen Merkmalen der zahlreichen *Trichoderma*-Stämme (Farbe, Geruch, Bildung von Antibiotica u. a.) und der Zugehörigkeit zu bestimmten *Hypocrea*-Arten eine Korrelation zu suchen.

Gattungsbearbeitungen. *Paecilomyces* (BROWN u. SMITH); *Clasterosporium* u. a. (ELLIS); *Sporidesmium* u. a. (MOORE). TUBAKI bearbeitet japanische Hyphomyceten im Hinblick auf die Typen der Conidienbildung (Fortschr. Bot. 17, 218) und die Beziehungen zur Hauptfruchtform. Von HUGHES liegen wertvolle Ergebnisse von Herbarstudien am Typusmaterial zahlreicher Imperfektengattungen vor.

Literatur.

BARNETT, J. A.: Ant. v. Leeuwenhoek 23, 1—14 (1957). — BARR, M. E.: Mycologia (N. Y.) 50, 501—513 (1958). — BENJAMIN, R. K.: Aliso 4, 149—169 (1958). — BOIDIN, J.: Rev. Mycol. 23, 318—346 (1958). — BROWN, A. H. S., and G. SMITH: Trans. brit. myc. Soc. 40, 17—89 (1957).

COOK, A. H. (Editor): The Chemistry and Biology of Yeasts. 763 S. New York 1958. — CROSSAN, D. F., and D. L. LYNCH: Phytopathology 48, 55—57 (1958). — CUNNINGHAM, G. H.: Trans. roy. Soc. New Zealand 84, 479—496 (1957).

DENNIS, R. W. G.: (1) Rev. Biol. 1, 175—208 (1958). — (2) Kew Bull. 1958, 321—358. — DINGLEY, J. M.: (1) Trans. roy. Soc. New Zealand 84, 467—477 (1957). — (2) Trans. roy. Soc. New Zealand 84, 689—693 (1957). — DONK, M. A.: Blumea Suppl. 4, 96—105 (1958).

ELLIS, M. B.: Mycological Papers (Kew) Nr. 70, 1—89 (1958). — ERIKSSON, J.: Symb. bot. Upsalienses 16, Nr. 1, 1—172 (1958).

FELDMANN, G.: (1) Rev. gén. Bot. 63, 390—421 (1956); 65, 634—650 (1958). — (2) Rev. gén. Bot. 64, 140—152 (1957). — FISCHER, R.: Sydowia, Beih. 1, 203—209 (1957). — FORD, D. H., and T. E. RAWLINS: Phytopathology 46, 667—668 (1956).

GIRBARDT, M.: Arch. Mikrobiol. 28, 255—269 (1958). — GREMMEN, J.: Fungus 28, 37—46 (1958).

HEIM, R.: (1) Rev. Mycol. 22, 1—46 (1957). — (2) C. R. Acad. Sci. (Paris) 246, 3561—3565 (1958). — (3) Uppsala Univ. Årsskr. 1958, 48—58. — HENRY, R.: Bull. Soc. myc. France 73, 18—76 (1957); 74, 249—361 (1958). — HÖHNK, W.: Veröff. Inst. Meeresforschung (Bremerhaven) 5, 124—134 (1957). — HOLM, L.: Mycologia (N. Y.) 50, 777—788 (1958). — HRUSHOVETZ, S. B.: Canad. J. Bot. 34, 641—651 (1956). — HÜTTER, R.: Phytopath. Z. 33, 1—54 (1958). — HUGHES, S. J.: Canad. J. Bot. 36, 727—836 (1958).

INGOLD, C. T.: Trans. brit. myc. Soc. 39, 460—464 (1956).

JOHNSON, T. W., jr.: (1) Mycologia (N. Y.) 48, 495—505, 841—851 (1956). — (2) Mycologia (N. Y.) 50, 151—163 (1958); J. El. Mitchell sci. Soc. 74, 42—48 (1958).

KANOUSE, B. B.: Mycologia (N. Y.) 50, 121—140 (1958). — KARLING, J. S.: (1) Mycologia (N. Y.) 50, 373—375 (1958). — (2) Amer. J. Bot. 45, 327—330 (1958). — KOCH, W. J.: Amer. J. Bot. 45, 59—72 (1958).

LE GAL, M., et F. MANGENOT: Rev. Mycol. 23, 28—86 (1958). — LINDER, D. H.: Farlowia 1, 49—77 (1943). — LINGAPPA, B. T.: Mycologia (N. Y.) 50, 524 bis 537 (1958); Amer. J. Bot. 45, 116—123, 613—620 (1958). — LOCQUIN, M.: Z. Pilzkde 23, 74—77 (1957). — LOWE, J. L.: (1) State Univ. Coll. Forestry, Syracuse Univ., Techn. Publ. Nr. 80, 1—97 (1957). — (2) Lloydia 21, 100—114 (1958). — LUTTRELL, E. S.: Phytopathology 48, 281—287 (1958).

MAINS, E. B.: Bull. Torrey bot. Club 84, 243—251 (1957); Mycologia (N. Y.) 50, 169—222 (1958). — McKNIGHT, K. H.: Mycologia (N. Y.) 45, 793—794 (1953). — MEYER, J. A.: Bull. Soc. myc. France 74, 236—248 (1958). — MEYERS, S. P.:

Mycologia (N. Y.) **49**, 475—528 (1957). — MILLER, C. E.: J. El. Mitchell sci. Soc. **74**, 49—64 (1958). — MOORE, R. T.: Mycologia (N. Y.) **50**, 681—692 (1958). — MOREAU, F.: Bull. Soc. bot. France **105**, 363—429 (1958).

NICOT, J., et A. LEDUC: C. R. Acad. Sci. (Paris) **244**, 1403—1405 (1957).

PARKER, A. K.: Canad. J. Bot. **35**, 173—179 (1957).

RAMAMURTHI, C. S., R. P. KORF and L. R. BATRA: Mycologia (N. Y.) **49**, 854—863 (1957). — RAPER, J. R., and G. S. KRONGELB: Mycologia (N. Y.) **50**, 707—740 (1958).

SCHEINPFLUG, H.: Ber. schweiz. bot. Ges. **68**, 325—385 (1958). — SCHNEIDER, R.: Phytopath. Z. **32**, 95—126, 129—148 (1958). — SCHOLZ, E.: Arch. Mikrobiol. **29**, 354—362 (1958). — SHOEMAKER, R. A.: Canad. J. Bot. **33**, 562—576 (1955). — SINGER, R.: (1) Lloydia **21**, 45—47 (1958). — (2) Mycologia (N. Y.) **50**, 103—110 (1958). — SINGER, R., and A. H. SMITH: Mycologia (N. Y.) **50**, 262—303 (1958). — SMITH, A. H., and R. SINGER: Sydowia **11**, 446—453 (1958).

TALBOT, P. H. B.: Bothalia **7**, 117—129, 131—187 (1958). — TEIXEIRA, A. R.: Mycologia (N. Y.) **50**, 671—676 (1958). — THIELKE, CH.: Planta **51**, 308—320 (1958). — TINLINE, R. D., and J. G. DICKSON: Mycologia (N. Y.) **50**, 697—706 (1958). — TUBAKI, K.: J. Hattori bot. Lab. **1958**, 142—244.

WELDEN, A. L.: Lloydia **21**, 38—44 (1958). — WICKERHAM, L. J., and K. A. BURTON: J. Bact. **67**, 303—308 (1954); **71**, 290—295 (1956).

ZIEGLER, H., u. G. LAU: Naturwissenschaften **45**, 45—46 (1958).

5c. Systematik der Flechten.

Von Josef Poelt, München.

Vorbemerkung.

Ein auch nur oberflächlicher Vergleich des derzeitigen Standes der Forschung in den verschiedenen Teilen des Pflanzenreichs dürfte mit einiger Sicherheit ergeben, daß die durch ihre biologische Eigenart a priori so interessierenden Flechten weit weniger Bearbeitung und Bearbeiter aufweisen können als andere im Umfang vergleichbare Gruppen. Die überwiegende Menge der Aufsätze lichenologischen Inhalts befaßt sich mit — als Grundlage freilich sehr notwendigen — floristischen Dingen. Untersuchungen allgemeinen Inhalts sind wenig zahlreich und manche bewegen sich auf rein spekulativen Geleisen. Monographien über systematische Gruppen auch nur regionaler Zielsetzung sind seltene Ereignisse, und dabei werden, ähnlich wie bei den gleich dünn gesäten Floren, die von jeher besser untersuchten Laub- und Strauchflechten noch am meisten berücksichtigt. Die zahlenmäßig überragende Menge der Arten ist in relativ wenigen, z. T. riesigen Gattungen zusammengefaßt, über die kaum jemand einen Überblick besitzt; die Masse der beschriebenen Species schreckt schon vor dem Versuch einer teilweisen Bearbeitung ab. Dazu kommt die großenteils sehr weite Verbreitung vieler Arten, die regionale Bearbeitungen von vorne herein fragwürdig macht. Sofern man angesichts dieser Tatsachen auf die Behandlung der betreffenden Genera nicht überhaupt verzichtet — abgesehen von irgendwie deutlicher herausfallenden Sippen — werden vielfach Sammelnamen verwendet oder ohne genügende Berücksichtigung der vielen unaufgeklärten Nomina neue Species aufgestellt, deren Fragwürdigkeit nicht näher begründet zu werden braucht.

Zudem kommt, daß die Botaniker, die sich mit Flechten beruflich beschäftigen können, an den Fingern weniger Hände abzuzählen sind; und den vielen, oft recht begeisterten Amateuren, die so viel unschätzbare Arbeit leisten, fehlen meistens Zeit, Hilfsmittel, Herbarien, Bibliotheken. Für die Praxis endlich, der etwa die Entwicklung der Mykologie direkt oder indirekt so viel zu verdanken hat, sind die Flechten höchstens als Rentierfutter, und neuerdings als Lieferanten von Antibiotica von Interesse. Als Fazit dieser Tatsachen kann man jedenfalls die Tatsache buchen, daß die Krustenflechtenflora etwa der Alpen heute in großen Teilen weniger gut bekannt ist als die Blütenpflanzen vieler etwa afrikanischer Tropenländer. Jeder Lichenologe, der sich auch die schwierigen, krustigen Formen zu sammeln bemüht, hat in seinen Aufsammlungen unbestimmtes oder vorläufig determiniertes Material in einer Menge, die den bearbeiteten Gruppen an Umfang zumindest gleichkommt!

Allgemeines.

Immer wieder fällt bei systematischen Bearbeitungen auf, wie sehr gewisse morphologische Merkmale, die gern zu Gliederungen höherer Einheiten benützt werden, sich bei allen möglichen Formenkreisen offensichtlich unabhängig voneinander entwickelt haben. Letrouit-Galinou (1) kann ein überzeugendes Beispiel in der Entwicklung stromatischer Gewebe bei der Trypetheliaceen-Gattung *Laurera* vorweisen.

Bei primitiven Arten bestehen die Warzen, in die die Perithecien eingelagert sind, aus nicht oder kaum verändertem Thallusgewebe. Durch Verschwinden der Algen und verschiedenartige Differenzierung der einzelnen Gewebeteile über mehrere durch Artengruppen manifestierte Stufen, teilweise unter Verkohlung von Flechtengeweben und darein verbackene Substratteile, entstehen daraus komplizierte, stromatische Strukturen.

Als Charakteristikum einiger Gattungen der *Cyanophili* wird die Überdeckung der Hymenien durch Algen angegeben. LANGE konnte bei *Gonohymenia* die morphologische Differenzierung dieses Merkmals innerhalb einer Gattung wahrscheinlich machen: bei einer primitiven Art die Algen unregelmäßig über das Hymenium verteilt und zapfenartig in dieses vordringend, bei fortgeschrittenen Species eine durchlaufende flache Schicht über dem Hymenium, bei einer weiteren, allerdings nicht zweifelsfrei hierhergehörenden Art die Algen zwischen den Öffnungen der einem stromatischen Gebilde eingesenkten Fruchtkörper (bzw. Teilhymenien).

Bei den gelappten Arten der Sammelgattung *Lecanora* sens. ampl. hat sich, wie POELT (2) zeigen konnte, die Herausdifferenzierung einer echten Rinde offensichtlich mehrfach unabhängig vollzogen. Bei primitiven Arten besteht der sog. Cortex aus abgestorbenem, verquollenem, mit toten Algenhüllen durchsetztem Gewebe des Thallus, der ± massig aufgebaut ist. Durch Spezialisierung der Gewebebildung entsteht bei fortgeschritteneren Artengruppen eine echte, algenfreie Rinde, die schließlich allein zum formgebenden Element wird.

Die allgemeine Einführung von Kulturmethoden zur Identifizierung primitiverer Algen in der Phykologie scheint nun auch der Lichenologie zugute zu kommen. AHMADJIAN (1) betont hierzu die Wichtigkeit der genaueren Unterscheidung der Flechtenalgen, von denen er 36 sichere Gattungen schlüsselt (daneben einige fragliche), wobei freilich eine einwandfreie Identifizierung in vielen Fällen nur durch die Kultur ermöglicht wird. — Einigen systematischen Aspekt haben auch die Untersuchungen SCHIMANs an Cyanophyceen-Flechten. Die gelegentlich taxonomisch verwendete Hüllenfärbung von Gloeocapsen kann bei den Algen und natürlich auch bei den danach unterschiedenen Flechten nicht als Merkmal gelten. Recht variabel, auch nach der systematischen Stellung des betr. Organismus, ist die Form des Befalles der Algen durch die Hyphen: bei Collemen treten Befallshyphen auf, die nicht in den Protoplasten eindringen, während die Nostoc-Zellen in primitiven *Lempholemma*-Arten von zeitweise als Haustorien fungierenden Hyphen sogar durchwachsen werden können. Bei heteromeren Blaualgenflechten werden die Algen physiologisch oder auch nur mechanisch zu einer Art Involutionsformen verbildet.

Als fester Bestandteil systematischer Arbeit gewinnt die Analyse der Flechtenstoffe mehr und mehr an Bedeutung. HESS bringt neben chemischen und analytischen Daten eine größere Artenliste mit den dazugehörigen Flechtenstoffen, die erneut erweist, daß sich offensichtlich immer wieder bestimmte Formenkreise durch ein großes Variationsvermögen auszeichnen (z. B. der Komplex von *Parmelia conspersa*), wobei sich die einzelnen Chemotaxa gleichwohl durch bestimmte räumliche oder ökologische Bindungen auszeichnen. Dies erhärtet CULBERSON an den drei chemischen Sippen von *Parmelia cetrarioides* in Nordamerika, deren eine dort offensichtlich endemisch ist, während die beiden anderen in allerdings umgekehrtem Mengenverhältnis auch in Europa vorkommen. Der vielfach geführte Beweis für die Stabilität der Chemospecies hat nun freilich die Diskrepanz in der systematischen Verwertung immer noch nicht gelöst. Während CULBERSON z. B. einer Berücksichtigung in der taxonomischen Hierarchie ablehnend gegenübersteht, verwendet sie ABBAYES weitgehend in seiner Behandlung von *Parmelia*-Arten des tropischen Afrika. Daß die aus der Verschiedenheit der Auffassung resultierende Divergenz in der Anzahl der Arten erheblich ist, braucht nicht betont zu werden.

Zu Ergebnissen, die für das Verständnis der Entstehung der sog. Flechtenparasiten wichtig sein dürften, kommt POELT (1) bei Untersuchungen über **parasitische Flechten**. Weniger an das Schmarotzertum angepaßte Arten verfügen über einen eigenen, nur von eigenen Geweben aufgebauten Thallus, während hochentwickelte Parasiten die eigenen Gewebe in das Lager des Wirtes einbauen — ohne äußerlich einigermaßen erkennbare Veränderung desselben. Sie wandeln also gleichsam den Wirtsthallus zum eigenen um, wobei Übernahme eines Teiles der Wirtsalgen nicht ausgeschlossen erscheint.

Systematik.

(B = Beiträge, S = Schlüssel.)

Trypetheliaceae. Monographie von *Laurera:* LETROUIT-GALINOU (1) [24 sichere Arten, dazu 2 neubeschriebene bei LETROUIT-GALINOU (2)].

Roccellaceae. Kritik einiger Sippen der *Roccella-canariensis*-Gruppe: TAVARES.

Gyalectaceae. S der europäischen Arten von *Gyalecta* und *Pachyphiale:* VĚZDA (1); bei *Gyalecta* starke ökologische Sonderung.

Pyrenopsidaceae. Revision von *Gonohymenia:* LANGE.

Collemataceae. S der britischen Arten: WADE.

Pannariaceae. S der japanischen *Parmeliella*-Species: KUROKAWA.

Cladoniaceae. Nachträglich sei hier auf den letzterschienen Band der groß angelegten "Natural History of the Danish Lichens" von GALLØE aufmerksam gemacht, der die Cladonien in großenteils hervorragenden Abbildungen behandelt. Ein Überblick über das Gesamtwerk soll nach Erscheinen des letzten Bandes gegeben werden. — S der Cladonien Mitteleuropas: KLEMENT (1), für die Arten der britischen Inseln: TALLIS, S für den *Cladonia-furcata*-Komplex in England: LAUNDON. — Cladonien aus Nepal, B: ABBAYES (2), aus Kaschmir und Nepal, B: ABBAYES (3). — *Cladonia verticillata*-Gruppe in Japan: ASAHINA. — Verbreitung einiger Arten der Sect. *Cladina* in Südamerika: ABBAYES (4). — S für *Cladonia* subgen. *Clathrina:* MARTIN.

Lecanoraceae. B zu *Ochrolechia* mit vielen neuen Sippen: VERSEGHY (1). — S für den *Lecanora-expallens*-Komplex in Großbritannien: LAUNDON. — Revision der lobaten Arten von *Lecanora* sens. ampl. in der Holarktis (einschl. *Candelariella*, *Placopsis* und *Squamarina* nov. gen. (auf *Lec. gypsacea*); Gliederung nach anatomisch usw. definierten Bautypen, 88 angenommene Arten: POELT (2).

Parmeliaceae. *Chondropsis* wird von BIBBY in *Parmelia* miteinbezogen. — S der *Parmelia*-Arten von Franz. Guinea und der Elfenbeinküste mit Kritik vieler Arten: ABBAYES (1).

Usneaceae. Katalog von *Usnea* in Frankreich: Bouly de Lesdain. — Gliederung von *Evernia prunastri*: Floruvskaja. — S der mitteleur. Arten von *Alectoria* subgen. *Bryopogon:* Motyka (1) (Artenzahl stark erhöht, starke Berücksichtigung der chemischen Verhältnisse); dazu Kritik der Gyelnikschen *Alectoria*-Sippen: Motyka (2). — Die nordamerikanische *Alectoria tortuosa* in den Ostkarpaten: Motyka (3).

Ramalinaceae. Formenkreis von *Ramalina farinacea:* Bouly de Lesdain (2).

Physciaceae. Monographie von *Pyxine* in Mittelamerika: Imshaug (mit S und Karten).

Floren, Floristik.

(B = Beiträge, Fl. = Flechten, K = Katalog, L = Liste.)

An größeren Florenwerken ist in der Berichtszeit lediglich die erste Lieferung der „*Usneaceae*" der Rabenhorstschen Kryptogamenflora, bearbeitet von v. Keissler, erschienen, die sich in der Gliederung recht konservativ verhält.

Europa. Das Lettausche Werk „Flechten aus Mitteleuropa" wurde nach fast zwanzigjähriger Erscheinungszeit jetzt abgeschlossen. Nach einer von Grummann verfaßten Übersicht behandelt es 1955 Flechten und 125 Flechtenparasiten.

Nordeuropa. Flechten von Jan Mayen: Sowter (1). — Epiphytische Flechten von Island: Degelius.

Mitteleuropa. Fl.-vegetation u. -flora zw. Oker u. Leine, NW-Deutschland: Lampe u. Klement. — Fl. des Kantons Malmedy, Belgien: Müller. — B Fl.flora der Beskiden: Vežda (2). — B Tatra-Nationalpark/Slowakei: Nádvorník. — B Fl.flora der Slowakei: Pisut. — B Fl.flora Ungarns: Verseghy (2). — Endemische Fl. der Karpaten und des Karpatenbeckens, 103 sp (?): Verseghy (3). — Fl.flora der Pieninen: Polen und Slowakei: Tobolewski (362 sp.). — B Gebiet von Lodz: Halicz. — B SO-Polen: Glanc.

Westeuropa. Fl. von Carmarthenshire, S-Wales, K: Wade (2). — Fl. von Leicestershire und Rutland, England: Sowter (2). — B Fl.flora der Niederlande: Maas Geesteranus. — Fl. der Vogesen; L.: Courbet, Fabert, Payen u. Werner.

Südosteuropa. Fl. von Serpentinstandorten der Balkanhalbinsel: Klement (2). — B Fl.flora von Bulgarien: Zhelezova.

Asien. B Syrien und Libanon: Werner (1). — B Fl.flora von Japan: Asahina, Kurokawa (2). — Fl. der Simokita-Halbinsel; Japan: Kurokawa (3).

Afrika. B Fl.flora von Marokko: Werner (2).

Nordamerika. B Hale. — L Flechten von Alaska: Howard. — B Fl. von Quebec: Lepage. — Laub- u. Strauchfl. von Worcester Co., Mass: Ahmadjian (2). — K der westindischen Fl.: Imshaug (2).

Südamerika. B Fl. von Venezuela: Dodge u. Vareschi.

Australien und Pazifik. L Flechten von Westaustralien: Bibby u. Smith. — B Fl. des Pazifiks: Herre.

Literatur.

Abbayes, H. Des: (1) Bull. I. F. A. N. 20, 1—27 (1958). — (2) Candollea 16, 201—209 (1958). — (3) Candollea 16, 211—214 (1958). — (4) Rev. Bryol. 36, 204—206 (1957). — Ahmadjian, V.: (1) Bot. Not. (Lund) 111, 632—644 (1958). — (2) Rhodora 60, 74—86 (1958). — Asahina, Y.: (1) J. Jap. Bot. 31, 321—325 (1956). — (2) J. Jap. Bot. 32, 359—362; 33, 65—69 (1958).

Bibby, P.: Muelleria 1, 60 (1955). — Bibby, P., and G. Smith: J. roy. Soc. West. Aust. 39 (1954). — Bouly de Lesdain, M.: (1) Rev. Bryol. 26, 191—198 (1957). — (2) Rev. Bryol. 27, 308—315 (1958).

Ciferri, R., and R. Tomaselli: Rev. Bryol. 26, 199—203 (1957). — Courbet, H., C. Fabert, J. Payen et R. Werner: Bull. Soc. Sci. Nancy 1957, 198—213. — Culberson, W.: Phyton (Vincent Lôpez) 11, 85—92 (1958).

Degelius, G.: Acta Horti Gotoburg. 22, 1—51 (1957). — Dodge, C., and V. Vareschi: Acta biol. Venezuel. 2, 1—12 (1956).

Floruvskaja, H.: Vestnik Leningrad Univ. Nr. 9 Ser. Biol. H. 2, 5—15 (1957).

GALLØE, O.: Natural History of the Danish Lichens **9**, 74 S. 194 Tafeln, Copenhagen 1954. — GLANC, K.: Rostocz. Poznanskie Towarz. Przyjac. Nauk Wydz. Matem. Przyrodn. **17**, 39—52 (1958). — GRUMMANN, V.: Feddes Rep. **61**, 172—192 (1958).

HALE, M.: Bryologist **61**, 81—85 (1958). — HALICZ, B.: Bull. Soc. Sci. et Lett. de Lodz Cl. III Sci. Math. et Nat. **9** (1958). — HERRE, A.: PHILIPP. J. Sci. **86**, 13—35 (1958). — HESS, D.: Planta (Berlin) **52**, 65—76 (1958). — HOWARD, G.: Bryologist **61**, 85—92 (1958).

IMSHAUG, H.: Trans. Amer. Microsc. Soc. No. 3, 245—269 (1957). — (2) Bull. Inst. Jamaica Sci. No. 6, 1—153 (1957).

KEISSLER, K. v.: Usneaceae, L. Lief., in Rabenh. Kryptog. flora **9**, Abt. 5/4, 1—160 (1958). — KLEMENT, O.: (1) Wiss. Z. Univ. Halle Math. Nat. **6**, 917—926 (1957). — (2) Vegetatio **8**, 1—19 (1958). — KUROKAWA, S.: (1) J. Japan. Bot. **33**, 116—119 (1958). — (2) J. Jap. Bot. **33**, 205—208 (1958). — (3) Misc. Rep. Res. Inst. Nat. Res. Nr. 46—47, 49—50 (1958).

LAMPE, W., u. O. KLEMENT: Z. Mus. Hildesheim N. F. H. **12**, 1—77 (1958). — LANGE, O.: Ber. dtsch. bot. Ges. **71**, 293—303 (1958). — LAUNDON, J.: Lichenologist **1**, 31—38 (1958). — LEPAGE, E.: Nat. Canad. **85**, 169—198 (1958). — LETROUIT-GALINOU, M.: Rev. Bryol. **26**, 207—264 (1957). — (2) Rev. Bryol. **27**, 66—73 (1958). — LETTAU, G.: Feddes Rep. **61**, 1—73 u. 105—171 (1958).

MAAS GEESTERANUS, R.: Blumea Suppl. **4**, 178—187 (1958). — MARTIN, W.: Bryologist **61**, 78—81 (1958). — MOTYKA, J.: (1) Fragm. Flor. et Geobot. **3**, 205 bis 231 (1958). — (2) Fragm. Flor. et Geobot. **3**, 187—200 (1958). — (3) Fragm. Flor. et Geobot. **3**, 201—203 (1958). — MÜLLER, TH.: Bull. Jard. Bot. Bruxelles **28**, 129—159 (1958).

NÁDVORNÍK, J.: Sbornik Prac o Tatr. Narodnom Parku **1**, 67—74 (1957).

PISUT, I.: Acta Fac. Rer. Nat. Univ. Comenianae Bot. **2**, 377—380 (1958). — POELT, J.: (1) Planta (Berlin) **51**, 288—307 (1958). — (2) Mitt. Bot. Staatssamml. München H. 19/20, 411—573 (1958).

SCHIMAN, H.: Öst. bot. Z. **104**, 409—453 (1958). — SOWTER, F.: (1) Rev. Bryol. **27**, 74—81 (1958). — (2) The Cryptogamic Flora of Leicestershire and Rutland. Lichens. Leicester 1950, 74 S.

TALLIS, J.: Lichenologist **1**, 3—20 (1958). — TAVARES, C. D. N.: Rev. Fac. Ciênc. Lisboa 2. Ser. **6**, 125—142 (1958). — TOBOLEWSKI, Z.: Poznansk. Towarz. Przyjac. Nauk Wydz. Mathem, Przyrod. Biol. **17**, 1—124 (1958).

VERSEGHY, K.: (1) Ann. Hist. Nat. Mus. Nat. Hung. Ser. nov. **9**, 75—85 (1958). — (2) Bot. közlemények **47**, 281—285 (1958). — (3) Ann. Hist. Nat. Mus. Nat. Hung. Ser. nov. **9**, 65—73 (1958). — VEŽDA, A.: Acta Univ. Agricult. et Silvicult. Brno 1958, 1—36 (1958). — (2) Prirodov. Sborn. **18**, 482—495 (1957).

WADE, A.: (1) Lichenologist **1**, 21—29 (1958). — (2) Rev. Bryol. **27**, 82—103 (1958). — WERNER, R.: (1) Bull. Soc. Bot. France **105**, 238—243 (1958). — (2) Bull. Soc. Hist. nat. Afr. Nord **48**, 441—453 (1957).

ZHELEZOVA, B.: Bulgar. Akad. na Nauk, Izv. na Bot. Inst. **5**, 387—404 (1956)

5d. Systematik der Moose.

Von JOSEF POELT, München.

Der Beitrag folgt in Band XXII.

5e. Systematik der Farnpflanzen.

Bericht über die Jahre 1957 und 1958.

Von JOSEF POELT, München.

Mit 3 Abbildungen.

Allgemeiner Teil.

1. Morphologie und Anatomie.

Morphologische Untersuchungen wenden sich in zunehmendem Maße den lang vernachlässigten Gametophyten zu, deren Eigenschaften mehr und mehr der Systematik dienstbar gemacht werden. Freilich gilt dies weniger für die knolligen, reduzierten, heterotrophen Prothallien von Ophioglossaceen, wo etwa BIERHORST bei einigen amerikanischen *Botrychium*-Arten eine erhebliche Variabilität feststellen konnte — bei Konstanz gewisser Merkmale innerhalb bestimmter Aufsammlungen. — In normalen Fällen scheint besonders die Sonderstellung „alter" Farngattungen durch die Merkmale der Gametophyten fast durchwegs bestätigt zu werden. Bei den sehr alt werdenden Prothallien der *Osmundaceae* finden STOKEY u. ATKINSON (1) chlorophyllreiche Rhizoiden, Anordnung der Archegonien in zwei Reihen entlang der Mittelrippe, sowie als besonders charakteristisch für die Familie in Eizelle und Kanalzellen der Archegonien Stärkebildung. Die Gametophyten von *Loxsoma* und *Loxsomopsis* zeigen nach den nämlichen Autoren (2) im Antheridienbau Beziehungen zu den Cyatheceen. Wiederum STOKEY u. ATKINSON (3) sowie KAWASAKI (4) konnten an der geschlechtlichen Generation von *Plagiogyria* einige primitive Eigenschaften entdecken, so mehrere Halskanalzellen und polygonale Chloroplasten, die die Sonderstellung als eigene Familie voll rechtfertigen dürften; ähnlich unterstützt der Gametophytenbau auch bei *Cheiropleuria* durch altertümliche Züge die Herausstellung im Familienrang (nach COPELAND zu den *Polypodiaceae* sens. str.); Gemeinsamkeiten bestehen vor allem mit den *Gleicheniaceae, Matoniaceae, Dipteridaceae* [STOKEY u. ATKINSON (4)]. Für mehrere Aspleniaceen-Gattungen bzw. Gruppen von *Asplenium* erarbeitete KAWASAKI (1) verschiedene Prothallium-Typen. Bei *Polystichum* finden sich nach dem nämlichen Autor (2) z. B. Unterschiede in Vorkommen und Bau von Drüsenhaaren, bei *Cyrtomium* dagegen gibt das Fehlen von Archegonien eindeutige Hinweise auf die schon früher bekanntgewordene Apomixis [KAWASAKI (3)], eine Erscheinung, die vor Jahren schon bei *Dryopteris borreri* und neuerdings z. B. von SCHIFFERDECKER bei *Pteris*-Formen festgestellt wurde.

Morphologische Untersuchungen im Bereich der Sporophyten sind in der Berichtszeit an Zahl und Bedeutung hintangetreten. WARDLAW betont, daß Mikro- und Makrophylle nur quantitativ, nicht aber qualitativ verschieden seien; der mikrophylle Zustand mancher Pteridophyten müsse der physicochemisch bedingten Begrenzung des Wuchses der Blattprimordien zugeschrieben werden [wobei sich der Autor besonders auf Vergleiche von *Psilotum* mit der als (?) makrophyll aufgefaßten *Tmesipteris* stützt].

Bei der Riesengattung *Elaphoglossum*, der bislang systematisch so wenig beizukommen war, scheidet BELL nach der Stelenform, den Strukturen an der Basis der Blattstiele sowie der Beschuppung einige morphologische Serien aus, deren phyletische Bewertung freilich nur unter Berücksichtigung anderer Merkmale beurteilt werden könne.

ZIMMERMANN (1) faßt nochmals die Leitlinien der Stelen-Phylogenie zusammen: vom zentralen Protoxylem, der Protostele ist zunächst ein Initialen-Bündelrohr, ein Cylinder aus Procambium bzw. Protoxylem-Strängen, von dem die Blattspuren abgehen, abzuleiten. Sekundäre Stelenypen ergeben sich dann durch wechselnde Differenzierung der Folgegewebe, die vom Protoxylem aus determiniert werden.

2. Cytotaxonomie.

Wie nach der seit einigen Jahren stürmisch verlaufenden Entwicklung unschwer vorauszusagen, wurde auch in der Berichtszeit der größte Zuwachs an Kenntnis und Erkenntnis auf diesem Teilgebiet erzielt.

Ein großes Material neu erarbeiteter cytologischer Daten erlaubt neue Vergleichungen, bestätigt alte Vermutungen, weist irrige Zuweisungen zurück und wird vor allem für den neueren Zug in der Systematik der Farne, die Herausarbeitung kleinerer systematischer Einheiten, dienstbar gemacht.

Neben den Chromosomenzahlen hat sich auch die Chromosomengröße als systematisch vielfach recht wichtiges Merkmal entpuppt. Bei *Lycopodium* sens. ampl. finden LÖVE u. LÖVE eine deutliche Abstufung von *Lycopodium* sens. str. mit den größten Maßen über *Urostachys* zu *Lepidotis* (*L. inundatum* usw.) und *Diphasium* (*L. complanatum et affln.*). Auffällig große Chromosomen sind auch den *Hymenophyllaceen* eigen [MEHRA u. SINGH (1)] sowie der Gattung *Ceratopteris*, die sich dadurch wie durch eine andere Grundzahl ($n = 77$) von den als nächst verwandt betrachteten Cryptogrammen ($n = 30$) unterscheidet [NINAN (1)].

Recht bedeutsam scheint uns auch die fortlaufende Entdeckung von Polyploidie-Reihen in allen möglichen Verwandtschaften zu sein. Für *Isoetes* werden von ABRAHAM u. NINAN die Zahlen $2n = 22$, 33 oder 66 genannt. Bei den Hymenophyllaceen, wo die Grundzahlen teilweise den Kleingattungen COPELANDs gut entsprechen, wurden ähnliche Reihen von MEHRA u. SINGH entdeckt. Die kompliziertesten Bildungen hochpolyploider und aneuploider Komplexe wurden gewöhnlich für die sog. alten Gruppen nachgewiesen, die sich möglicherweise überhaupt nur vermöge der aus der daraus resultierenden vegetativen Potenzierung bis in unsere heutige Zeit halten konnten. MEHRA u. SINGH

(2) teilen von einigen Lycopodien Zahlen von $n = 34$ bis $n = 165$—170 mit und schließen auf eine Basiszahl von $n = 11$, also auf hohe Polyploidisierung. VERMA (1) u. (2) kommt bei *Ophioglossum* zu weit divergierenden Zahlen, die, soweit bisher insgesamt bekannt, maximal zwischen $n = 116$ und $n = 631$ (mit 10 akzess.) schwanken (vgl. Abb. 11), und macht

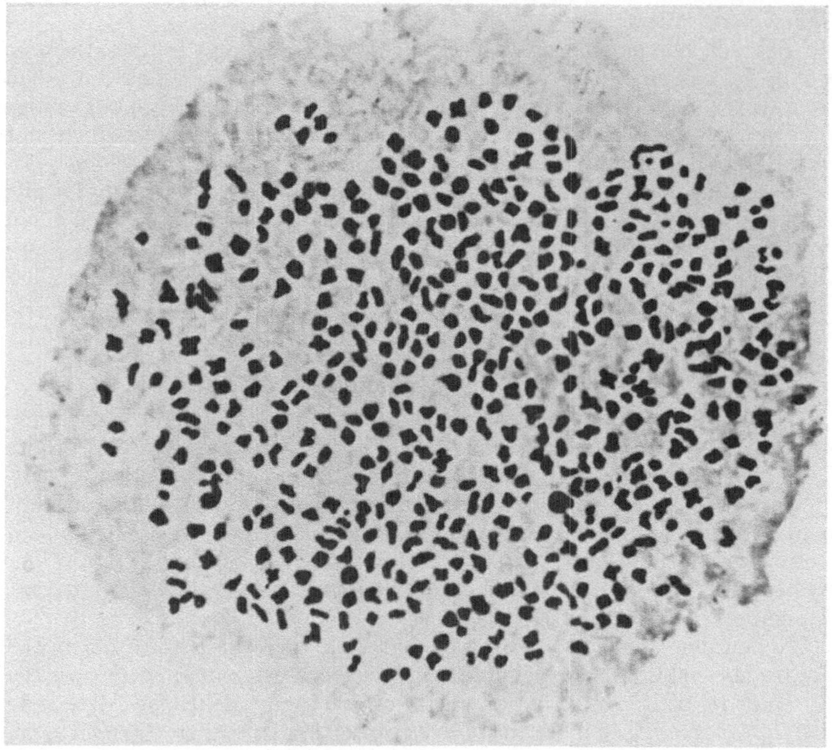

Abb. 11. In Teilung begriffene Sporenmutterzelle von *Ophioglossum coriaceum*. Spätes Diakinesestadium mit 510 Bivalenten und 10—14 Mikrobivalenten (nach VERMA [1]).

hochgradige Allopolyploidie wahrscheinlich. Wir finden in diesen Bereichen keine klar geschiedenen Arten mehr, sondern hybridogene, aneuploide Komplexe, deren Glieder sehr vielfach mit allen Möglichkeiten asexueller Reproduktion begabt, also zu fakultativen Apomicten geworden sind, und können somit auch die großen systematischen Schwierigkeiten erklären. Interessanterweise treten gerade bei *Ophioglossum* die höherchromosomigen Sippen im Süden auf, während die Formen mit niedrigeren Zahlen nördlicheren Breiten angehören.

Vielleicht wegen der bisherigen Unsicherheit in der systematischen Beurteilung, vielleicht aber aus sozusagen technischen Gründen sind die *Pteridaceae* sensu COPELAND neuerdings in den Brennpunkt cytologischer Forschung gerückt. Da die Ergebnisse über den Rahmen dieser Gruppe hinaus von Wichtigkeit sind, seien sie bereits hier kurz dargestellt. Nach MANTON (1) zerfällt der Komplex in eine cytologisch gut umgrenzte Familie *Adiantaceae* (mit *Pteris* selbst, *Acrostichum, Cheilanthes, Pellaea* usw. und Zahlen von $n = 29$—30) sowie eine Anzahl stärker divergierender Einheiten, die mangels ausreichender cytologischer Daten noch nicht sicher festgelegt werden können. Dabei betont die erfahrene Autorin prinzipiell, daß die cytologische Beurteilung alter Gruppen mit besonderen Schwierigkeiten verbunden sei und nur im Zusammenhang mit anderen Kriterien zu Gliederungen benützt werden dürfe.

Zu besonderer Vorsicht bei der Verwertung somatisch gewonnener Zahlen raten die Ergebnisse von SHARMA u. MAJUMDAR: während in den Sporenmutterzellen von *Adiantum* (*capillus-veneris*) und *Pteris* (*ensiformis*) stets die sippenspezifischen Zahlen ausgemacht werden konnten, schwankten die an Wurzelspitzenpräparaten eruierten Werte zwischen 9 und 70 bzw. 19 und 88 (?).

SCHIFFERDECKER findet bei Pteris selbst, besonders den vielen Gartenvarietäten, eine ganze Reihe apogamer Sippen — Prothallien ohne Archegonien, dagegen Antheridien funktionsfähig —, wobei die Apomixis überwiegend mit Polyploidie verbunden ist. Dabei kann die Keimungszahl der Sporen — gewöhnlich als Anzeiger für die Bastardnatur betrachtet — gemäß verschiedenen Entwicklungstypen variieren, die in der Art der Teilungen bei der Sporenbildung begründet sind. Bei *Pellaea* entdeckten TRYON u. BRITTON in ähnlicher Weise eine Reihe von Bastarden, Tetraploiden und Apogamen (von der Grundzahl $n = 29$ abgeleitet), wobei bei den letzteren wieder die weiblichen oder sogar die männlichen Sexualorgane unterdrückt sein können.

Für die besonders gut untersuchte Gattung *Asplenium* sens. ampl., bei der Bastardierung und Polyploidie ebenso weit verbreitet sind, faßt MEYER (1) u. (2) zusammen, was für die mitteleuropäischen Formen vor allem durch seine eigenen Studien bisher erarbeitet wurde. Auf der einen Seite wird die Bastardnatur verschiedener Formen mit verkümmerten Sporen eindeutig nachgewiesen, andrerseits die artliche Selbständigkeit z. B. des Serpentinfarns *A. adulterinum* bestätigt, der mit $2\,n = 144$ nicht gut eine Ökomorphose von A. viride mit $2\,n = 72$ sein kann. Im allgemeinen treten diploide und tetraploide Arten (bezogen auf den Sporophyten) in ungefähr gleicher Zahl auf; bei einigen Species kommen diploide und tetraploide Rassen nebeneinander vor.

Am faszinierendsten dürften die Ergebnisse der Farn-Cytotaxonomie dort sein, wo es ihr gelungen ist, die Entstehung von Sippen aus anderen heraus — bei oft überraschenden geographischen Aspekten — zu rekonstruieren und somit einen bedeutenden Einblick in die Möglichkeiten der Sippenbildung zu gewinnen. Voran stehen hier wieder die Untersuchungen MANTONs (2) u. (3), diesmal vor allem am Komplex von *Polypodium vulgare* sens. ampl. Sowohl bei den europäischen wie bei den amerikanischen Formen wurden verschiedene Cytotypen gefunden, die sich auch morphologisch $\pm$ unterscheiden, wobei der triploide, offensichtlich aus einer Bastardierung resultierende Typ sich durch augenscheinlichen Heterosis-Effekt auszeichnen kann. Die verschiedenen

Sippen bestehen nun jeweils aus einem oder mehreren Genomen, wobei als Diploidspecies in Europa *P. serratum* (= *australe*) und in Nordamerika eine Diploidsippe von *Polypodium virginianum* figurieren. Die europäische, tetraploide Art, *P. vulgare* sens. str. besitzt nun aber nicht, wie man vermuten möchte, zumindest ein Genom der europäischen Diploidsippe, sondern eines der amerikanischen Grundform, das sich mit einem zweiten Genom vorerst unbekannter Herkunft verbunden hat. Erst in der europäischen Hexaploidrasse (*prionodes*) tritt zu dem amerikanischen und dem unbekannten Genom auch der einfache Satz von *P. serratum*. Ein ähnliches Zusammensetzspiel gilt schließlich auch für die amerikanischen Formen.

Eine ähnliche, experimentell bestätigte, vielseitige Kombinierungsmöglichkeit stellten PANIGRAHI u. MANTON auch im Komplex des *Cyclosorus parasiticus* fest, wobei sich freilich die meisten künstlichen Kombinationen als Bastarde mit einem hohen Anteil abortierter Sporen manifestierten.

Im Rahmen der Analyse der ,,Appalachen-Asplenien" konnten WAGNER u. DARLING durch Analyse einer wilden Pflanze und artifizielle Herstellung der gleichen Verbindung den Stammbaum des sterilen *Asplenium gravesii* klären; es handelt sich um einen Tripelbastard, dessen beide Eltern tetraploide, fertile Hybridogenspecies mit zwei gemeinsamen Chromosomensätzen sind, welche wiederum eindeutig auf bestimmte Diploidsippen als Großeltern des *A. gravesii* bezogen werden konnten.

3. Weitere Merkmale.

Palynologie. ERDTMANs Bildband seiner "Pollen and Spore Morphology/Plant Taxonomy" bringt für eine größere Anzahl von Pteridophytengenera eindrucksvolle Sporenbilder, deren systematische Auswertung freilich dem noch nicht erschienenen und zu gegebener Zeit zu referierenden Textband vorbehalten bleibt. Bei *Pteris cretica* findet SLADKOV neben tetraedrischen auch bilaterale und noch andere Sporenformen, deren Verschiedenheiten aus Differenzen im Auseinanderweichen der Kerne und der nachfolgenden Plasmaverteilung erklärbar sein dürften. Der Sporangienbau wird diesmal nur von PAQUEREAU für eine systematisch ausgerichtete Studie verwertet.

Chemie. Der Kuriosität halber sei hier ein Befund NORDHAGENs mitgeteilt, der sich auf einen chemischen Unterschied zweier nah verwandter Farne bezieht. Der Gehalt an Blausäure, die in der Pflanze wahrscheinlich glykosidisch gebunden vorkommt und beim Zerreiben fermentativ gespalten wird, ist bei *Cystopteris montana* mindestens zwanzigmal so hoch als bei *C. sudetica* und kann deshalb als diagnostisches Merkmal verwandt werden.

Mycorrhiza. Aus einer zusammenfassenden Studie über die Mycotrophie der Pteridophyten kann BOULLARD auch eine Reihe systematisch wichtiger Ergebnisse zusammenstellen, deren Hauptpunkte hier kurz erläutert seien. Abgesehen von den hydrophytischen Farnpflanzen, denen Pilzsymbiosen wohl aus ökologischen Ursachen mangeln, läßt sich die

Bindung an die Symbiose gleichsam als Maßstab für das Alter der Formenkreise verwenden. Bei den ältesten Gruppen, etwa den *Psilotales* (und wohl bereits den Psilophyten), den *Ophioglossales* und — weniger konstant — *Lycopodiales*, sind Gametophyt und Sporophyt obligat an die Symbiose gebunden, die ja bei den ersten beiden Gruppen ganz, bei den *Lycopodiales* teilweise zu einer Reduktion der Prothallien zu unterirdischen, knolligen, chlorophyllosen Gebilden geführt hat. Eine ähnlich starke Bindung gilt auch für die *Marattiales, Gleicheniales, Schizaeales* und *Osmundales*, wobei sich freilich bereits bei den letztgenannten Familien eine bestimmte Reduktion der Konstanz oder des Umfangs der Symbiose bemerkbar macht. Bei den *Osmundales* entspricht einer inkonstanten Gametophytensymbiose eine konstante, aber reduzierte des Sporophyten; ähnlich verhält es sich bei den (bisher untersuchten) Hymenophyllaceen. Bei den *Cyatheaceae* fehlt die Symbiose umgekehrt den Prothallien völlig, während sie die Sporengeneration durchwegs begleitet. Bei den Polypodiaceen sens. ampl. ist sie schließlich auch an den Sporophyten zu einer mehr zufälligen Erscheinung geworden. Die Typen des symbiontischen Verhältnisses lassen keine systematische Bindung erkennen, mit Ausnahme vielleicht der Tolypophagie, die auf die *Osmundaceae, Schizaeaceae, Gleicheniaceae*, die Gattung *Trichomanes* und wohl auch — undeutlich — die *Psilotaceae* beschränkt zu sein scheint.

Generationswechselfragen widmete wiederum ZIMMERMANN (2) einige zusammenfassende Ausführungen. Als Ausgangspunkt des Archegoniaten-Generationswechsels wäre ein isomorpher Generationswechsel anzusehen, wobei die hypothetische Urform besser als Alge denn als Pteridophyt anzusprechen sei. Fraglich bleibe freilich, wieweit man die nach rezenten Organismen aufgestellten Begriffe überhaupt auf Ahnenformen anwenden könne. Will man die Sonderstellung der Archegoniaten-Vorfahren gegenüber den Algen unterstreichen, empfiehlt sich die Bezeichnung *Thalassiophyta* für die Ausgangsgruppe.

4. Systeme.

Über die grundsätzliche Trennung der großen Gruppen der Pteridophyten bestehen seit langer Zeit keinerlei Zweifel mehr; Veränderungen in der Nomenklatur sind hier also nicht mehr von der Sache, sondern von der Theorie, z. B. der jeweils zugestandenen Ranghöhe, abhängig. Nicht selten wird man bei neueren Darstellungen großer Systeme an Spiele mit Worten und Begriffen erinnert — die glücklicherweise nach den neuen Nomenklaturregeln keine verbindlichen Rechtsfolgen mehr nach sich ziehen.

Kurz seien hier noch zwei ältere Systeme nachgeholt: das Boivinsche, das — den großen Gruppen den Rang von Divisionen zuerkennend — neben die *Psilophyta* die *Lycophyta, Equisophyta* und *Pterophyta* (mit *Pterophytina* und *Angiophytina*) stellt, sowie der Ordnungsversuch von TAKHDAJAN, der die nämlichen Gruppen als nicht gerade schön benamste Klassen faßt und ordnet: *Psilopsida, Bryopsida, Lycopsida, Tmesopsida, Sphenopsida, Pteropsida*.

In neuester Zeit hat sich PICHI-SERMOLLI (1) mit der Großgliederung der Pteridophyten, die er von den Samenpflanzen verschiedener durchgängiger Differenzen wegen getrennt hält, bis zu den Familien herab eingehend beschäftigt. Seine Vorstellungen seien hier etwas ausführlicher dargelegt, da sie uns von bleibenderer Bedeutung zu sein scheinen.

PICHI-SERMOLLI gruppiert die *Cormobionta* — in einer sehr konservativ erscheinenden Weise, die wir trotzdem für sehr fortgeschritten halten möchten — in *Bryophytonta* — *Bryophyta* (mit *Anthoceropsida*, *Hepaticopsida*, *Bryopsida*) und *Stelophytonta*, die einfach in *Pteridophyta* und *Spermatophyta* unterteilt werden. Die Farnpflanzen werden weiter in 6 Klassen zerlegt: *Lycopsida*, *Sphenopsida*, *Noeggerathiopsida*, *Psilotopsida*, *Psilophytopsida*, *Filicopsida*. Die *Lycopsida* — in 4 Unterstämme aufgeteilt — zählen hierbei insgesamt 8 Ordnungen, die sich, soweit es lebende Vertreter betrifft, an die vorgegebenen Gliederungen halten. Ähnliches gilt für die *Sphenopsida* mit 4 Unterstämmen, denen jeweils eine Ordnung entspricht. Bleibt die große Gruppe der *Filicopsida*, zu deren leichterer Bewältigung PICHI-SERMOLLI mit den Unterklassen *Primofilicidae*, *Ophioglossidae*, *Marattiidae*, *Osmundidae*, *Filicidae*, *Marsileidae* und *Salviniidae* arbeitet. Innerhalb der sippenreichsten *Filicidae* wird in neuartiger Form in 14 Ordnungen getrennt, die großenteils den Unterfamilien der früheren *Polypodiaceae* sens. ampliss. entsprechen. Die Anhebung der Ranghöhe bei diesen Gruppen (mit insgesamt 37 Familien, davon 32 rezent) dürfte überraschen und manchen etwas zu hoch getroffen erscheinen, wird aber zweifellos dazu beitragen, einen besseren Überblick und eine schärfere Differenzierung zu erreichen. Umgekehrt ist die Aufstellung von Ordnungen die notwendige Folge der Ausgliederung vieler kleinerer Familien, deren relative Zusammengehörigkeit nur in Form von Ordnungen dokumentiert werden kann. Im einzelnen enthalten die *Schizaeales* 1 rezente und 4 fossile Familien, die umfangreichsten *Pteridales* 8 Familien mit durchwegs auch lebenden Vertretern, die *Dicksoniales* deren 3 (hierzu die *Dennstaedtiaceae* mit *Pteridium* sowie die *Lindsaeaceae*), die *Davalliales* 2, *Hymenophyllales* und *Loxsomales* je 1, *Gleicheniales* und *Cyatheales* je 2, *Aspidiales* 5, *Blechnales* und *Matoniales* wieder je 1, *Polypodiales* 4, schließlich *Plagiogyriales* wie *Hymenophyllopsidales* wiederum je 1 Familie.

Systematik.

(B = Beiträge, S = Schlüssel, C = Cytologie, cytologische Beiträge.)

Die Familien sind nach der Auffassung von ALSTON (1) unterschieden, mit Ausnahme der weiter gefaßten *Pteridaceae*, für deren einzelne Gruppen noch keine Gattungsübersichten vorliegen.

Lycopodiales. Durch cytologische Untersuchungen von LÖVE u. LÖVE wurde die früher schon von ROTHMALER geforderte Aufteilung der Gattung *Lycopodium* in zwei Familien mit einer bzw. 3 Gattungen als richtig bestätigt. *Huperzia* (= *Urostachys*), einzige Gattung der *Urostachyaceae*, weist größtenteils Chromosomenzahlen von $2n = 264$ und mehr auf. *Lycopodium* sens. str. (mit *L. annotinum* und *clavatum*) verbindet mit sehr großen Chromosomen Zahlen von meistens $2n = 66$—68. *Diphasium* (*L. complanatum*-Gruppe) zeigt dagegen meistens $2n = 40$—48, *Lepidotis* (*L. inundatum* usw.) schließlich $2n = 156$ bzw. 78. —

C einiger Lycopodien Indiens: MEHRA u. VERMA (1). — *Lyc. issleri* in Europa, Kritik der Verwandtschaft: LAWALREÉ. — B *Urostachys* in Mittelamerika: HERTER.

Isoetaceae. C zweier *Isoetes*-Arten in Indien: ABRAHAM u. NINAN. — B *Isoetes* in Ostkanada: SOPER u. RAO. — *Isoetes* in den Niederlanden: VAN DER VEER.

Als einer der überraschendsten Pflanzenfunde des Jahrhunderts darf die neue Gattung *Stylites* angesehen werden, die von AMSTUTZ kurz definiert, von MEYER (3) näher beschrieben und von RAUH u. FALK ausführlich geschildert wurde. Das aus 2 Arten bestehende Genus ist *Isoetes* näher verwandt und wie dieses heterospor, trägt aber einige altertümliche Züge. Beide Arten entwickeln rhizomartige, bei *St. andicola* bis 20 cm lang werdende, Stämmchen, die am Grunde sukzessive absterben und an der Spitze entsprechend weiterwachsen. Die Wurzeln entspringen — im Gegensatz zu *Isoetes* — normalerweise aus einer, seltener aus zwei oder drei Längsfurchen des Stammes. Die relativ breiten, gegen den Grund etwas verschmälerten Trophophylle enthalten nur in den Spitzen Chlorophyll. Den recht ähnlich gestalteten Sporophyllen sind die Sporangien etwa 1,5 cm oberhalb der Blattinsertion eingelagert. Weiteres ergibt sich aus den Abbildungen. Die Arten wachsen in dichten Polstern amphibisch an Ufern hochandiner Seen in Peru. RAUH u. FALK betrachten das neue Genus als Bindeglied zwischen der cretazischen, stammbildenden *Nathorstiana* und der rezenten Gattung *Isoetes*.

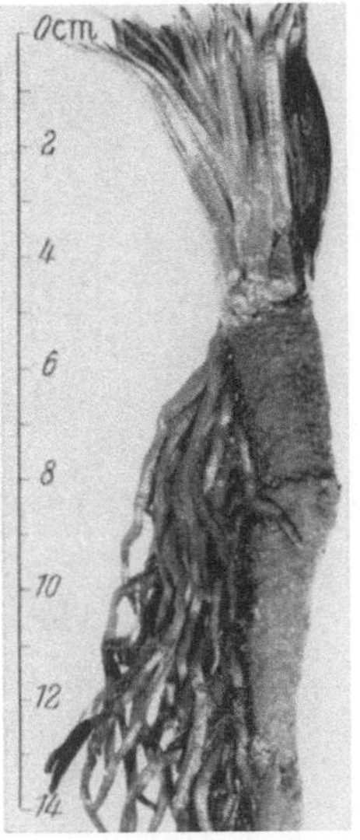

Abb. 12. *Stylites andicola:* Ältere Pflanze (von der Stammbasis fehlen auf dem Bild noch etwa 6 cm) (nach RAUH u. FALK).

Ophioglossaceae. C zu *Ophioglossum coriaceum* ($n = 510$); VERMA (2); es handelt sich bei dem Formenkreis um einen alloploiden, fakultativ apomictischen Komplex aus der Gruppe des *O. lusitanicum*, in dem der Sippenbegriff dementsprechend schwierig zu definieren ist. Die Chromosomensätze umfassen in der Gattung, soweit bekannt, einen Bereich von $n = 116$ bis $n = 631 + 10$, während für *Botrychium* 45 und 90, für *Helmithostachys* 94 bekannt geworden ist. — C *Ophioglossum vulgatum*, $n = 240$—? 251, deutliche Klondifferenzen, starke vegetative Vermehrung: VERMA (12). — Abnormitäten bei japan. O.: NOZU. — S der erdbewohnenden *Ophioglossum*-Arten von Hawaii: ST. JOHN. — *Botrychium lunaria: minganense:* WAGNER u. LORD. — Gametophyten von *B. virginianum* u. *dissectum:* BIERHORST. — *Helminthostachys (zeylanica)* ist innerhalb der O. durch eine einzigartige, offen kreisförmige Anordnung der Bündel im Stämmchen ausgezeichnet: NISHIDA (1).

Osmundaceae. C NINAN (1); *Osmunda, Todea* und *Leptopteris* passen mit $n = 22$ auch cytologisch gut zusammen und können wegen abweichender Chromosomengrundzahlen nicht gut Bindeglied zwischen Eusporangiaten und Leptosporangiaten sein. — Gametophyt von Osmundaceen: STOKEY u. ATKINSON (1).

Marattiaceae. Der Gametophyt von *Angiopteris (suboppositifolia)* entspricht dem Primitivtyp vieler Leptosporangiaten wie *Dipteris* und *Matonia* (mit Rippe); Sexualorgane wie bei den M.: NOZU (2).

Schizaeaceae. C *Schizaea asperula*, $n = 77$: LOVIS.

Gleicheniaceae. Nach Ausschluß der zu den *Pteridales* zu versetzenden Gattung *Platyzoma* ist die Familie in zwei Unterfamilien *Stromatopteridoideae* (nur *Stromatopteris*) und *Gleichenioideae* einzuteilen; innerhalb der G. können nur *Gleichenia* selbst (mit *Sticherus* und *Hicriopteris*) und *Dicranopteris* Gattungswert beanspruchen: HOLTTUM (1). Bei HOLTTUM (2) weitere B. — Die generische Verschiedenheit von *Dicranopteris* und *Hicriopteris* (bzw. *Gleichenia*) wird auch cytologisch bestätigt: MEHRA u. SINGH (1).

Loxsomataceae. Gametophyt: STOKEY u. ATKINSON (2).

Hymenophyllaceae. C indischer Arten: MEHRA u. SINGH (2). — B japan. H.: IWATSUKI. — *Microgonium* in Japan: NISHIDA (2).

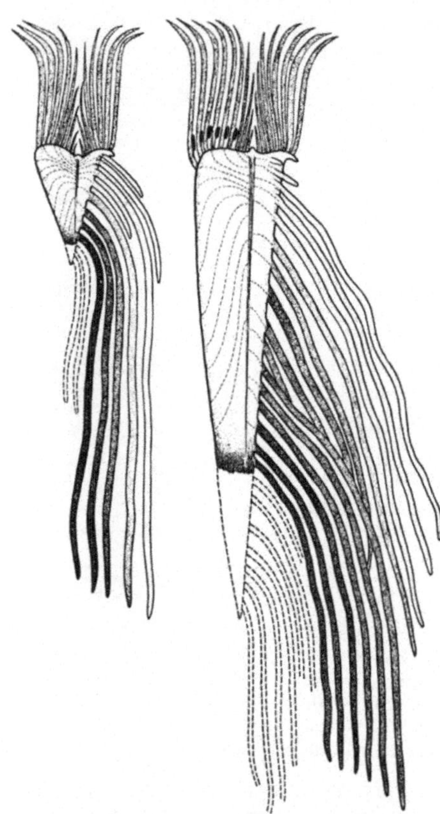

Abb. 13. *Stylites andicola:* Wuchsform und Erstarkungswachstum schematisch (nach RAUH u. FALK).

Hymenophyllopsidaceae. *Hymenophyllopsis universitatis* nov. spec. aus Venezuela muß als höchstentwickelte Art der Gattung angesehen werden: VARESCHI.

Pteridaceae (sens. med.). C: MANTON (1), vgl. oben. — BROWNLIE findet innerhalb der Familie sensu COPELAND recht verschiedene Chromosomenzahlen, die — wie MANTONs (1) Ergebnisse — die Notwendigkeit der Aufteilung unterstreichen.

Neue Gattungen.

Idiopteris (auf *Pteris hookeriana*), mit Hydathoden: WALKER (11). — *Aropteris* (auf *Pteris repens*): ALSTON (2). — *Schizolegnia* (auf *Lindsaya ensifolia*): ALSTON (3). — *Xyropteris* (auf *Schizoloma stortii*) KRAMER (1).— *Humblotiella* (auf *Davallia odontolabia*) TARDIEU-BLOT (1). — *Sambirarania* (auf *Schizoloma decaryanum* u. *Lindsaya plicata*) TARDIEU-BLOT (1).

Monographie von *Lindsaea* in Amerika; S der verwandten Genera, für *Sphenomeris* und *Lindsaea* (7 Subgenera, 54 sp., Zentrum in Guyana u. nördl. Amazonas-Gebiet, Sekundärzentren in Kolumbien und SO-Brasilien; in der Gattung der Übergang Einselsori-Coenosori): KRAMER (2).— C *Onychium* in Indien: MEHRA u. VERMA (2). — C *Pteris:* SCHIFFERDECKER. — Hybridisierung bei *Pteris:* WALKER (2). — S der kult. Arten von *Pteris:* MORTON (1). — B *Anopteris:* MORTON (2). — Sporangien der *Notholaena*-Verwandtschaft: PAQUEREAU.— Revision von *Pellaea* sect. *Pellaea* (15 sp., Polyploidiereihen, teilw. Apomixis, Verbr. Nordamerika über die Anden bis südl. S-Amerika): TRYON. — *Cheilanthes carlottahalliae* n. sp. ist wahrscheinlich eine Hybridogene zwischen zwei Ch.-Arten, die teilweise wegen der Sorusunterschiede — Einzel:Coenosori — zu verschiedenen Gattungen gestellt wurden, und zeigt Unhaltbarkeit dieser Trennungen: WAGNER u. GILBERT B *Microlepia* SO-Asien, S: SLEDGE (1). — S der kult. Microlepia-Arten: MORTON (5). — *Platyzoma* ist keine Gleicheniceae, sondern gehört zu den Gymnogrammeen: HOLTTUM (3). — B *Adiantum* in Peru: R. TRYON.

Parkeriaceae. Nach NINAN (2) bestätigen die cytologischen Verhältnisse die Selbständigkeit der Familie, die auch von PICHI-SERMOLLI (3) unterstrichen wird.

Davalliaceae. S der kult. Arten von *Davallia:* MORTON (3), bzw. *Nephrolepis:* MORTON (4).

Plagiogyriaceae. Gametophytenbau bestätigt Berechtigung der Familie: STOKEY u. ATKINSON (3) und KAWASAKI (4).

Cyatheaceae. Cy. Australiens, S 11 Arten (9 endem.): TINDALE (1). — Gliederung der C in Malaya (Schuppenmerkmale): HOLTTUM (4).

Athyriaceae. C. *Athyrium* in N-Indien (alle sp. sexuell, wenig Polyploide): MEHRA u. VERMA (3). — B *Diplazium* in Madagaskar: TARDIEU-BLOT (2).

Thelypteridaceae. *Thelypteris* in Kalifornien, S: MORTON (6). — B. *Lastreopsis*: TINDALE (2).

Aspidiaceae. S der kult. Arten von *Cyrtomium* (Name gültig gegenüber *Phanero-phlebia*): MORTON (7). — Gametophyten von *Cyrtomium*: KAWASAKI (3), desgl. von *Polystichum*: KAWASAKI (2). — *Hypodematium (crenatum)* zeigt cytol. ($n = 41$) Beziehungen zu *Woodsia*, *Dryopteris*, *Ctenitis*, anatomisch zu *Tectaria* u. *Thelypteris*: MEHRA u. LOYAL. — *Cyclosorus-parasiticus*-Komplex, C und Taxonomie PANIGRAHI u. MANTON. — Diploide *Dryopteris austriaca* in Deutschland: DÖPP. — *Cyrtomidictyum* (4 sp. China u. Korea): CHING.

Aspleniaceae. C der Asplenien Mitteleuropas und Zusammenfassung der bisher bekanntgewordenen Chromosomenzahlen: MEYER (1) u. (2). Die Hybriden haben fast durchwegs verkümmerte Sporen. *A. germanicum* u. *heufleri* sind beide Hybriden von *A. septentrionale* ($n = 72$) mit *A. trichomanes*, doch *A. germanicum* ($2 n = 108$) mit dessen diploider Sippe ($n = 36$), *A. heufleri* ($2 n = 144$) entsprechend mit der tetraploiden Rasse ($n = 72$). Als neuer Gattungsbastard wird beschrieben *Aspleno-ceterach badense* (*Asp. ruta-muraria* × *Ceterach oflicinarum*, der Bastard wie die beiden Eltern $2 n = 144$). — C indischer Asplenien: MEHRA u. BIR. — Gameto-phyten von *Asplenium*, *Tarachia*, *Phyllitis*, *Camptosurus*, *Neottopteris*, *Ceterach*: KAWASAKI (1). — *Ceterach* in Madagaskar: TARDIEU-BLOT (3).

Cheiropleuriaceae. Gametophytenbau unterstreicht Berechtigung der Familie: STOKEY u. ATKINSON (4).

Polypodiaceae. Cytotaxonomie von *Polypodium-vulgare* sens. ampl.: MANTON (1), desgl. *P. virginianum*: MANTON (2). — S *Pyrrosia* in Japan: TAGAWA (3). — B *Drymoglossum* (Blattspur gegabelt, dagegen bei *Pyrrosia* einfach): NAYAR. — *Leptochilus* in Ceylon (4 sp.): SLEDGE (2).

Lomariopsidaceae. *Elaphoglossum* in Rio Grande do Sul: SEHNEM. — Morpholog. Serien bei *Elaphoglossum*: BELL.

Marsileaceae. B *Marsilea* in Indien: GUPTA u. BHARDWAJA (1) u. (2), sowie Nordamerika: GUPTA. Für die Gliederung sind vegetative Merkmale unbrauchbar; es variieren aber auch die Sporokarp-Eigenschaften sehr weitgehend.

Azollaceae. Weitere eingehende B. zu *Azolla*: DEMALSY und BONNET. Nach B. Antheridien und Macroprothallien wie bei *Marsileaceae*. Für system. Gliederung Verzweigungsmodus brauchbar.

Nomenklatur.

Namen und Typen der Gattungen der *Angiopteridaceae*, *Marattiaceae*, *Danaea-ceae*, *Kaulfussiaceae*, *Matoniaceae*, *Parkeriaceae*, *Adiantaceae* (einschl. aller Syno-nyma), eingehende Darstellung: PICHI-SERMOLLI (2). — Veröffentlichung zahl-reicher Neukombinationen: TARDIEU-BLOT (4).

Floren, geographisch ausgerichtete Zusammenfassungen.

(B = Beiträge, K = Katalog, L = Liste, S = Schlüssel)

Europa. Chromosomenzahlen finnischer Farne: SORSA. — Farne des Gebietes von Senne usw. in Belgien: DEPASSE.

Asien. Pteridophyten von Westpakistan und Kaschmir, K: STEWART. — S der Farngenera von Ceylon: ABEYWICKRAMA. — Flora von Japan, Pteridophyta: OHWI. — B ostasiatische Farne: TAGAWA (1) u. (2). — B japanische Farne: KURATA.

Afrika. Handbuch der Farne Liberias: HARLEY. — Ökolog. gegliederte Listen der Farnflora von Fernando Po: ADAMS. — *Adumbratio florae Aethiopicae*, 5. *Parkeriaceae*, *Adiantaceae*, *Vittariaceae*: PICHI-SERMOLLI (3). — Flora von Ma-dagaskar, *Polypodiaceae* sens. ampl. pr. pte. (*Dennstaedtiaceae*, *Lindsaeaceae*,

Davalliaceae, Pteridaceae, Adiantaceae, Vittariaceae, Aspleniaceae, Athyriaceae, Thelpyteridaceae, Aspidiaceae), mit S aller Familien: TARDIEU-BLOT (5). — Pteridophyta der Marion-Insel: ALSTON u. SCHELPE.

Nordamerika. Pteridophyten von Chandler Lake, Alaska, B: WIGGINS. — L der Pteridophyten von Brit. Kolumbien: BLAKE. — Farne von Ottawa: CODY. — Pteridoph. von Virginia: MASSEY, von Wyoming: PORTER, von Texas: CORRELL. — Farne von Ohio: VANNORSDAL. — Pteridoph. Verbreitung in Kentucky: REED. — Farne des Tales von Mexiko: MATUDA. — B Farne von El Salvador: MORTON u. LÖTSCHERT.

Südamerika. B Kolumbien und Ekuador: ALSTON (3) und (4). — Farne in Peru, L: MEYER (4). — S für Genera u. Subgenera der *Polypodiaceae* sens. ampl. in Brasilien (konservative Auffassung): BRADE. — Farne der Galapagos-Inseln: MORTON (8).

Australien, Pazifik. Pteridophyten von Arnhem-Land, N-Austr.: TINDALE (3). — Chromosomenzahlen der Farne Neuseelands: BROWNLIE (1) u. (2).

Literatur.

ABEYWICKRAMA, B.: Ceylon J. Sci. Sect. A. 13, 1—30 (1956). — ABRAHAM, A., and C. NINAN: Current Sci. 27, 60—61 (1958). — ADAMS, C.: J. Ecology 45, 479 bis 494 (1957). — ALSTON, A.: (1) Taxon 5, 23—25 (1956). — (2) Bol. Soc. Broteriana 30, 5—27 (1956). — (3) J. Wash. Acad. Sci. 48, 230—234 (1958). — (4) Bull. Jard. Bot. Bruxelles 27, 55—58 (1957). — ALSTON, A., and E. SCHELPE: J. Sth Afr. Bot. 23, 105—109 (1957). — AMSTUTZ, E.: Ann. Missouri Bot. Gard. 44, 121 bis 123 (1957).

BELL, R.: Ann. Bot. 20, 69—86 (1956). — BIERHORST, D.: Amer. J. Bot. 45, 1—9 (1958). — BLAKE, S.: Amer. Fern J. 47, 149—155 (1957). — BOIVIN, B.: Bull. Soc. Bot. France 103, 490—505 (1956). — BOULLARD, B.: Botaniste Ser. XLI, 1—185 (1958). — BONNET, A.: Rev. Cytol. Biol. Veget. 18, 1—88 (1957). — BRADE, A.: Chaves arteficiais para determinação de generos e subgêneros brasileiros da familia Polypodiaceae, 75 p. 66 fig. Rio de Janeiro 1958. — BROWNLIE, G.: (1) The New Phytologist 56, 207—209 (1957). — (2) Trans. roy. Soc. New Zealand 82, 665—666 (1954).

CHING, R.: Acta Phytotax. Sinica 6, 255—266 (1957). — CODY, W.: Canada departm. Agricult. Publ. 974, 1—94 (1956). — COPELAND, E.: Genera Filicum, 247 p., Waltham, Mass. 1947. — CORRELL, D.: Ferns and Fern Allies of Texas XII u. 188 P, Texas 1956.

DEMALSY, P.: Cellule 59, 235—268 (1958). — DEPASSE, S.: Bull. Soc. roy. Bot. Belg. 90, 49—62 (1957). — DÖPP, W.: Naturwissenschaften 4, 95 (1958).

ERDTMAN, G.: Pollen and Spore Morphology/Plant Taxonomy. Gymnospermae, Pteridophyta, Bryophyta, 151 p., 265 fig. Stockholm 1957.

GUPTA, K.: Madrono 14, 113—127 (1957). — GUPTA, K., and T. BHARDWAJA: (1) J. Bombay nat. Hist. Soc. 53, 423—444 (1956). — (2) J. Bombay nat. Hist. Soc. 54, 550—567 (1957).

HARLEY, W.: Handbook of Liberian Ferns, 114 p., Ganta, Liberia 1957. — HERTER, W.: Amer. Fern J. 48, 81—84 (1958). — HOLTTUM, R.: (1) Reinwardtia 4, 257—280 (1957). — (2) Discovery 19, 339—342 (1958). — (3) Kew Bull. 1956, 551—553 (1956). — (4) Kew Bull. 1957, 41—45 (1957).

IWATSUKI, K.: Acta Phytotax. et Geobot. 17, 65—72 (1958).

KAWASAKI, T.: (1) J. Jap. Bot. 32, 177—184 (1957). — (2) J. Jap. Bot. 31, 139—143 (1956). — (3) J. Jap. Bot. 31, 333—339 (1956). — (4) J. Jap. Bot. 32, 332—336 (1957). — KRAMER, K.: (1) Acta bot.• neerl. 6, 599—601 (1957). — (2) Acta bot. neerl. 6, 97—290 (1957). — KURATA, S.: Hokuriku J. Bot. 5, 77—80, 111—114 (1956); 6, 7—10, 40—43 (1957).

LAWALREÉ, A.: Bull. Soc. roy. Bot. Belg. 90, 109—120 (1957). — LÖVE, A., and D. LÖVE: Nucleus 1, 1—10 (1958). — LOVIS, J.: Nature (Lond.) 181, 1085 (1958).

MANTON, I.: (1) Linn. Soc. Lond. 6, 73—92 (1959). — (2) Amer. Fern J. 47, 129—134 (1957). — (3) Uppsala Univ. Årsskr. 1958, 6, 104—112 (1958). — MASSEY, A.: Virginia Polytechn. Inst. Agr. Extens. Serv. Bull. 256, 1—78 (1958). — MATUDA, E.: An. Inst. Biol. (Mexico) 27, 49—168 (1956). — MEHRA, P., and S. BIR: Current

Sci. **26**, 151—152 (1957). — MEHRA, P., and D. LOYAL: Current Sci. **25**, 363—364 (1956). — MEHRA, P., and G. SINGH: (1) J. of Genet. **55**, 379—392 (1957). — (2) Current Sci. **25**, 168 (1956). — MEHRA, P. and S. VERMA: (1) Current Sci. **26**, 55—56 (1957). — (2) Nature (Lond.) **180**, 715—716 (1957). — (3) Ann. Bot. **21**, 455—464 (1957). — MEYER, D.: (1) Ber. dtsch. bot. Ges. **70**, 57—66 (1957). — (2) Willdenowia **2**, 41—52 (1958). — (3) Willdenowia **2**, 32—40 (1958). — (4) Willdenowia **2**, 23—26 (1958). — MORTON, C.: (1) Amer. Fern J. **47**, 7—14 (1957). (2) Bull. Jard. Bot. Bruxelles **27**, 579—584 (1957). — (3) Amer. Fern J. **47**, 143—148 (1957). — (4) Amer. Fern J. **48**, 18—27 (1958). — (5) Amer. Fern J. **47**, 102—108 (1957). — (6) Amer. Fern J. **48**, 136—142 (1958). — (7) Amer. Fern J. **47**, 52—55 (1957). — (8) Leafl. West. Bot. **8**, 188—195 (1957). — MORTON, C., u. W. LÖTSCHERT: Senck. biol. **39**, 127—131 (1958).

NAYAR, B.: J. Indian Bot. Soc. **36**, 169—179 (1957). — NINAN, C.: (1) J. Indian bot. Soc. **35**, 248—251 (1956). — (2) J. Indian bot. Soc. **35**, 252—256 (1956). — NISHIDA, M.: (1) Bot. Mag. (Tokyo) **69**, 76—83 (1956). — (2) J. Jap. Bot. **32**, 154—158 (1957). — NORDHAGEN, R.: Acta Soc. Fauna et Flora Fenn. **72**, 17, 1—8 (1955). — NOZU, Y.: (1) Bot. Mag. (Tokyo) **69**, 266—272 (1956). — (2) Bot. Mag. (Tokyo) **69**, 474—480 (1956).

OHWI, J.: Flora of Japan, Pteridophyta, 164 p., Tokyo 1957.

PANIGRAHI, G., and I. MANTON: J. Linn. Soc. London **55**, 729—743 (1958). — PAQUEREAU, M.: Bull. Soc. Bot. France **104**, 476—480 (1957). — PICHI-SERMOLLI, R.: (1) Uppsala Univ. Arsskr. **1958**, 6, 70—90 (1958). — (2) Webbia **12**, 339—373 (1957). — (3) Webbia **12**, 645—704 (1957). — PORTER, C.: Contr. Flora Wyoming **27**, 1—18 (1957).

RAUH, W., u. H. FALK: S.-B. Heidelb. Akad. Wiss. **1959**, 1—83 (1959). — REED, C.: Castanea **23**, 1—13 (1958). — ROTHMALER, W.: Fedde Rep. sp. nov. **54**, 55—82 (1944).

SCHIFFERDECKER, I.: Z. indukt. Abstamm.- u. Vererb.-Lehre **88**, 163—183 (1957). — SEHNEM, A.: Pesquisas Nr. 2, 223—229 (1958). — SHARMA, A., and A. MAJUMDAR: Agronomia lusitana **18**, 243—249 (1956). — SLADKOV, A.: Dokl. Akad. Nauk SSSR **117**, 900—903 (1957). — SLEDGE, W.: (1) Kew Bull. **1956**, 523 bis 531 (1957). — (2) Ann. and Mag., Nat. Hist. **9**, 865—877 (1957). — SOPER, J., and S. RAO: Amer. Fern J. **48**, 96—102 (1958). — SORSA, V.: Hereditas **44**, 541 bis 546 (1958). — STEWART, R.: Biologia (Lahore) **3**, 133—164 (1957). — ST. JOHN, H.: Amer. Fern J. **47**, 74—76 (1957). — STOKEY, A., and L. ATKINSON: (1) Phytomorphology (Delhi) **6**, 19—40 (1956). — (2) Phytomorphology (Delhi) **6**, 249—261 (1956). — (3) Phytomorphology (Delhi) **6**, 239—249 (1956). — (4) Phytomorphology (Delhi) **4**, 192—201 (1954).

TAGAWA, M.: (1) Acta phytotax. et geobot. **16**, 71—78 (1956). — (2) Acta phytotax. et geobot. **16**, 174—178 (1956). — (3) J. Jap. Bot. **32**, 353—357 (1957). — TARDIEU-BLOT, MME: (1) Mem. Inst. Madagascar **7**, 3 (1956). — (2) Bull. Mus. Nat. Hist. Nat. **29**, 289—294 (1957). — (3) Amer. Fern J. **47**, 108—109 (1957). — (4) Amer. Fern J. **48**, 31—34 (1958). — (5) Polypodiacées (sensu lato) pr. pte. in H. HUMBERT: Flore de Madagascar et des Comores 1, 1—391 (1958). — TINDALE, M.: (1) Contr. N. S. Wales Nat. Herb. **2**, 327—361 (1956). — (2) Victorian Naturalist **73**, 180—185 (1957). — (3) Rec. Amer. Aust. Sci. Exped. Arnhem Land **3**, 171—184 (1958). — TRYON, A.: Ann. Missouri Bot. Gard. **44**, 125—193 (1957). — TRYON, A., and D. BRITTON: Evolution **12**, 137—145 (1958). — TRYON, R.: Amer. Fern J. **47**, 139—143 (1957).

VAN DER VEER, J.: Levende Natuur **59**, 221—225 (1956). — VANNORSDALL, H.: Ferns of Ohio, 1—298 (1956). — VARESCHI, V.: Acta biol. Venezuelica **2**, 151—162 (1958). — VERMA, S.: (1) Cytologia **22**, 392—403 (1957). — (2) Acta bot. neerl. **7**, 629—634 (1958).

WAGNER, W., and T. DARLING: Brittonia **9**, 57—63 (1957). — WAGNER, W., and E. GILBERT: Amer. J. Bot. **44**, 738—743 (1957). — WAGNER, W., and L. LORD: Bull. Torrey bot. Club **83**, 261—280 (1956). — WALKER, T.: Kew Bull. No. 3, 429—432 (1957). — (2) Evolution **12**, 82—92 (1958). — WARDLAW, C.: Ann. Bot. N. S. **21**, 427—437 (1957). — WIGGINS, I.: Amer. Fern J. **47**, 16—25 (1957).

ZIMMERMANN, W.: (1) Bot. Magaz. (Tokyo) **69**, 401—409 (1958). — (2) Planta (Berlin) **51**, 511—517 (1958).

5f. Systematik der Spermatophyta.

Bericht über die Jahre 1957 und 1958.

Von HERMANN MERXMÜLLER, München.

Mit 2 Abbildungen.

Allgemeiner Teil.
1. Einleitung.

Es ist in den letzten Jahrzehnten, vorzüglich im deutschsprachigen Bereich, Mode geworden, von einem „Niedergang der Systematik" zu sprechen; auch in der Berichtszeit hat sich BUXBAUM (1) wieder über dieses Thema verbreitet. Für die Anhänger dieser Meinung und für all jene, die das Fach zumindest als antiquiert, obsolet, „einzementiert", betrachten, empfiehlt sich die Lektüre einiger Artikel, die zum Goldenen Jubiläum der Botanical Society of America erschienen sind (CONSTANCE; EAMES; LEVIS; ROLLINS). Einen breiteren Querschnitt durch die gesamten Gebiete, die heute von der Systematik betreut und umgekehrt für sie herangezogen werden, bietet der Sammelband zur Linné-Feier "Systematics of to-day" [HEDBERG (1)].

Gegenüber LINNÉs (und man möchte fast noch sagen: ENGLERs) Zeiten hat sich der Bereich taxonomischer Arbeit unglaublich erweitert; zugrunde liegt das Streben, einerseits die „ganze Pflanze" (EAMES), also möglichst alle Eigenschaften zur Systematisierung zu benützen und andererseits diese Merkmale in größtem Umfang vergleichend und im Hinblick auf den Evolutionsprozeß verstehen zu lernen. Hierbei sind zwei Ebenen erkennbar, auf denen sich diese Erweiterung vorzugsweise abspielt: Zusammenarbeit mit den Nachbardisziplinen — und Erforschung des infraspezifischen Bereichs.

Die genannten Beiträge erhärten die Bedeutung, die heute u. a. Anatomie und Histologie, Palynologie und Embryologie, Cytologie und Biochemie für die Systematik gewonnen haben (CONSTANCE). Das zunehmende Interesse der genannten Fächer für die Taxonomie deutet darauf hin, daß der Gewinn als beidseitig betrachtet wird. Ihr Einfluß gerade auf die Erkenntnis größerer Verwandtschaftszusammenhänge, also auf die Systembildung selbst, kann gar nicht hoch genug eingeschätzt werden.

Im infraspezifischen, LINNÉ ja noch kaum bekannten, Bereich geht es heute nicht mehr um die Errichtung langatmiger Hierarchien, sondern um die Erkenntnis der Wege und Mittel der beginnenden Evolution. Man hat eine Zeitlang geglaubt, die Genetik vermöchte in diesem Bereich die Systematik weitgehend zu ersetzen. Heute wird immer klarer, daß die hier gewonnenen Ergebnisse auch mit den Augen des Taxonomen gesehen werden müssen; NANNFELDT [in HEDBERG (1)] meint mit einigem Recht, daß die Zusammenarbeit beider Disziplinen heute vielfach schon so eng geworden ist, daß man sie für siamesische Zwillinge halten könnte.

CONSTANCE betrachtet die Systematik in Anbetracht der (hier nur kurz gestreiften) Fakten nicht als niedergehend, sondern als „recht gesund"; sie habe sich keineswegs überlebt, sondern sei gerade heute an ein "attractively infinite task" geraten. Jedenfalls sind ihre Aufgaben, aber auch ihre Bedeutung, zumindest in synthetischer Hinsicht größer denn je.

2. Artbegriff und infraspezifische Kategorien.

GILMOUR hält immer noch daran fest, daß der orthodoxe Taxonom im Bereich der "species of to-morrow" nichts zu suchen habe und daß deshalb die Kategorien der „nomenklatorischen Taxonomie" streng von denen der experimentellen zu trennen seien. Im allgemeinen aber hat sich TURRILLs Standpunkt durchgesetzt, daß die Hauptmasse der Arten auch weiterhin mit orthodoxen Methoden behandelt werden muß und daher diese den Standard abzugeben haben; demnach sind die Ergebnisse biosystematischer Forschung so weit als irgend möglich in taxonomische Termini zu übersetzen. Hierzu liegen in der Berichtszeit ausgezeichnete Beiträge aus verschiedenen Lagern vor [VALENTINE u. LÖVE; MEIKLE; VAN STEENIS (4); VAN STEENIS in HEDBERG (1)].

Der Streit um den Artbegriff ist unter diesen Umständen etwas abgeflaut. Mag man es als etwas extrem empfinden, wenn für VAN STEENIS die Linnésche Konzeption nichts von ihrer Aktualität verloren hat und die Linnésche Art immer noch das „crucial level" aller Hierarchien bedeutet: unwidersprochen bleibt sein Postulat, daß genügende morphologische Differenzierung unabdingbar sei. Fordert er schon für jedes „gute" (auch infraspezifische) Taxon mehrere, von einander unabhängige, Merkmale, so will er die Species nie durch vegetative Charaktere allein, sondern stets auch durch solche des generativen Bereichs geschieden wissen. Immerhin bedeutet auch für ihn ein genetisches Merkmal, nämlich die Sterilitätsbarriere, einen entscheidenden Faktor.

Auf biosystematischer Seite (VALENTINE u. LÖVE) kommt man hier insoweit entgegen, als man bei gradueller Artbildung (wo ja die genetische Isolation nachzuhinken pflegt) der morphologischen Differenzierung den Vorrang gibt. Allopatrische, stark verschiedene Sippen, wie etwa *Platanus orientalis* und *occidentalis* oder *Primula juliae* und *vulgaris*, werden als Arten behandelt, wenn sie auch in biosystematischer Sicht nur Ökotypen, ohne alle Sterilitätsbarrieren, sind. Schwierigkeiten, die in der Natur der Sippen, nicht der Betrachter, liegen, entstehen bei Paaren wie *Melandryum album* und *rubrum* oder *Silene cucubalus* und *maritima*, die bei guter morphologischer Differenzierung in einzelnen Gebieten völlig getrennt, in anderen durchmischt erscheinen („Semispecies" HUXLEYs).

Bei den Apomikten ist der Begriff der Sterilitätsbarriere sinnlos, die Variation der Chromosomenzahlen wenig wichtig. Hier neigt man jetzt immer mehr dazu, ganze Sippengruppen mit guter morphologischer Differenzierung als Arten, weniger stark verschiedene als infraspezifische Einheiten zusammenzufassen; Populationen (die ja nur Amphimikten-Individuen entsprechen) bleiben nomenklatorisch unbehandelt. Als vorbildlich wird von VALENTINE u. LÖVE etwa MARKLUNDs Gliederung der fennoskandischen *Ranunculi auricomi* in vier Arten und eine Reihe von Subspecies betrachtet.

Ernste Differenzen herrschen dagegen noch im Bereich der abrupten Artbildung, also hinsichtlich der Chromosomenrassen, bei denen ja Sterilitätsbarrieren meist a priori gegeben sind. VAN STEENIS will auch hier nur morphologische Kriterien gelten lassen, während HESLOP-HARRISON und WALTERS (beide in MEIKLE) grundsätzlich jede solche Mutante als Subspecies, VALENTINE u. LÖVE gar als Art, behandeln wollen. Freilich sollte man nicht vergessen, daß z. B. beim gelegentlichen, oft polytopen Auftreten von Autopolyploiden-Gruppen in Normalpopulationen die Kriterien eines „orthodoxen Taxons" noch kaum gegeben sind: hier ist der Platz für die Anwendung von GILMOURs Polyplodemen oder Cytodemen.

Gegen die Bestrebungen, jeder auch noch so schlecht oder überhaupt nicht morphologisch geschiedenen Sippe Art- oder wenigstens Unterart-Rang zu verleihen, wendet sich neben VAN STEENIS auch MELVILLE (in MEIKLE), der geradezu von einer „Abwertung der Kategorien" spricht. MERXMÜLLER [in HEDBERG (1)] verweist auf die alte Übereinkunft, daß der Name einer Sippe wenig oder nichts über ihre Eigenschaften auszusagen braucht; man dürfe ebenso wenig fordern, daß cytologische oder phylogenetische Charaktere aus der Sippen-Einstufung erkennbar seien. Das Wissen um die Dinge brauche nicht aus Name und Kategorie ablesbar, sondern müsse nur mit ihnen verbunden sein.

Mit den Problemen vikarianter Sippen befassen sich einige weitere Arbeiten. Das Kriterium des mangelhaften Genaustausches versagt bei den Inselvikaristen, so etwa bei den oft diskutierten Parallelsippen der ostafrikanischen Hochgebirge [HEDBERG (1) und (2)]; es muß durch die Existenz diskontinuierlicher Variation, also wiederum durch morphologische, wenn auch statistisch gewonnene, Charaktere ersetzt werden. Allerdings überlappen sich auch statistisch greifbare Unterschiede oft so stark, daß eine brauchbare Trennung unmöglich gemacht wird; die Konsequenz ist der Verzicht auf altgewohnte Aufsplitterungen. — Die Ausbildung ökologischer Vikarianz durch „ethologische Isolation", nämlich durch die Blütenkonstanz der Pollinatoren, wird von HESLOP-HARRISON [in HEDBERG (1)] diskutiert. — WIDDER (ebd.) zeigt, daß Vikarianz nicht nur bei einzelnen Arten von *Leontodon* zu finden ist, sondern auch bei Serien und vielleicht sogar Sektionen, so daß hier die geographisch-morphologische Methode WETTSTEINs als „abgestufter Verwandtschaftstest" Verwendung finden kann.

3. Phylogenie.

Die phylogenetischen Konsequenzen, die aus den morphologisch-anatomischen Arbeiten der Cambridger Schule zu ziehen sind, werden von EAMES zusammengefaßt. Auch hier hält man den Begriff „*Gymnospermae*" wegen seiner erwiesenen Heterogenität für unbrauchbar und

trennt *Cycadophyta* und *Coniferophyta*. Die *Gnetales* seien isolierte End-
produkte aus verschiedenen Linien, ihre Zusammenfassung mit den im
Angiospermenbereich stark abgeleiteten *Casuarinae* zu einer Gruppe der
Praephanerogamae (EMBERGER) erscheine absurd (— so auch DE FERRÉ).
Die *Monochlamydeae* werden insgesamt als heterogen, alle als abgeleitet
betrachtet.

Die Möglichkeit einer gewissen Polyphylie der Angiospermen wird von
EAMES nicht mehr ausgeschlossen; an der immer wieder vorgebrachten „Einheitlichkeit des Embryosackes" zweifelt jetzt auch er. An der Basis der Angiospermen
scheinen ihm zumindest drei, nicht näher verwandte, Grundgruppen zu stehen,
nämlich *Helobiae*, primitive *Liliales* und holzige *Ranales*. Selbst die letztgenannten
sind nicht homogen, sondern lassen mehrere, unverbindbar nebeneinander stehende
Linien erkennen. Gesichert ist der abgeleitete Status aller krautigen Formen.

CRONQUIST kopppelt diese Ergebnisse in seinem Dicotylen-System
mit palynologischen Daten und mißt daneben der Abfolge der Staminal-
entwicklung (CORNER) und den Nektarien größere Bedeutung bei; es
ist hier abgebildet (Abb. 14), nicht weil es Ref. für „richtiger" hält als
andere, sondern als erstes zusammenhängendes, aus diesen Blickwinkeln
gesehenes Schema. Verdienstvoll ist der Versuch, die Ordnungen zu

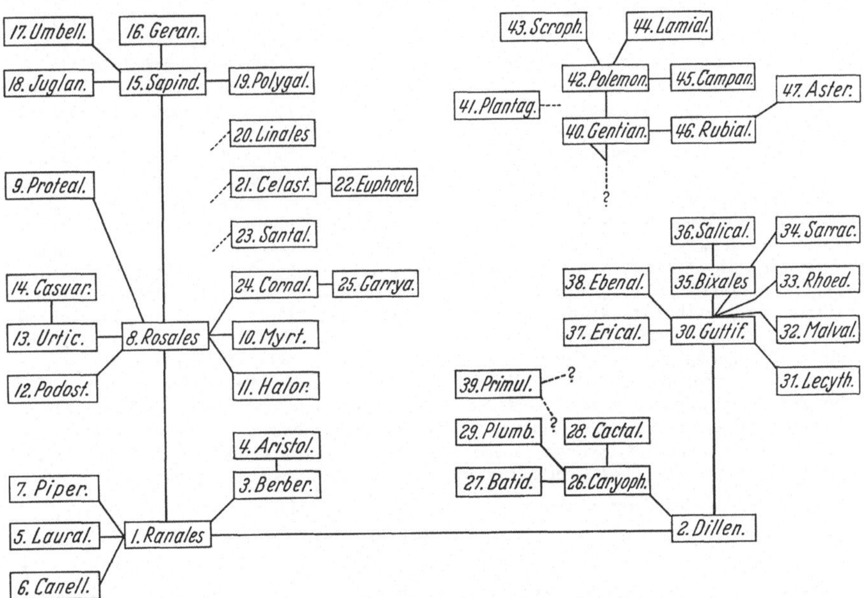

Abb. 14. Dicotylen-System nach CRONQUIST.

schlüsseln; weniger wird man mit der Placierung mancher einzelner
Familien einverstanden sein. Drei Punkte sind besonders hervorzuheben:
1. die primäre Aufspaltung in einen *Ranales*- (→ *Rosales*-→ *Sapindales*-)
und einen *Dilleniales*- (→ *Guttiferales*-→ *Bixales*-) Ast, der die Cornersche
Theorie zugrunde liegt; 2. die völlige Auflösung der *Monochlamydeae*,
deren einzelne Glieder manchmal recht überzeugenden Anschluß an

bestimmte Choripetalengruppen gefunden haben; 3. die Zusammenfassung fast aller tetracyclischen *Sympetalae,* deren relative Homogenität ja schon ROBYNS vor einigen Jahren betonte. Es wäre an der Zeit, unseren obligaten Lehrbuchhinweis auf die „falsche" Zusammenfassung der *Sympetalae* durch einen solchen auf die *Monochlamydeae* zu ersetzen.

In interessantem Gegensatz steht das Angiospermen-System von NEMEJC, dessen Verdienst zumindest darin liegt, wiederum recht neue Denkmöglichkeiten zur Diskussion zu stellen. Hier wird primär zwischen Gruppen mit homogenen Blüten (ursprünglich nur aus Sporophyllen bestehend, Perianth sekundär dem Staminalkreis entstammend) und solchen mit heterogenen Blüten (Perianth von Anbeginn aus Hochblättern gebildet) unterschieden. Die letzteren decken sich weitgehend mit LAMs Stachyosporen, sind aber bei NEMEJC phyllospor. Die „Blüte" von *Cercidiphyllum* interpretiert er als reduzierten Blütenstand und glaubt damit in dieser Verwandtschaft eine Grundgruppe für die meisten *Monochlamydeae* gefunden zu haben.

Unter den „Heterogenen" bringt NEMEJC demgemäß die *Trochodendrineae, Eucommio-cercidiphyllineae, Amentiferineae, Urtico-platanineae, Centrospermineae* und *Geranio-rhamnineae* (incl. *Ericales*), wobei die Namensungeheuer wenigstens gleichzeitig einen Begriff von der Fassung geben. Unter den „homogenen" Gruppen finden wir *Polycarpiceae, Dilleniineae, Canellineae, Hamamelidineae* und *Rhoeadineae* (mit *Sarraceniales*) als primitivere Stadien, als stärker abgeleitete *Cruciferineae, Parietaleae* (u. a. mit *Salicales* sowie mit *Cucurbitales* bis *Asterales*), *Saxifrago-rosineae* (mit *Tubiflorae* s. lat.), *Columnifero-tricocceae, Guttifero-myrtineae, Umbellifero-celastrineae* (mit *Juglandales* usw. sowie *Loganiales, Rubiales* u. a.). Als alte sympetale Derivate unsicheren Anschlusses werden noch *Sapoto-primulineae* und *Thymelaeo-proteineae* angefügt. Die Monocotylen bieten weniger Neues. Für die recht eingehenden Begründungen muß auf die Arbeit selbst verwiesen werden.

Zur Stachyosporie-Frage steuert ECKARDT eine neue Arbeit bei, in der er durch ontogenetische Untersuchung die völlige Homologie der fraglichen Organe bei *Polycarpicae, Helobiae* und *Centrospermae* sicherstellt. Die spezifischen, in ihrer speziellen Differenzierung erkennbaren Organqualitäten sind ihm wissenschaftlich faßbare Gegebenheiten, an denen nicht zu rütteln ist. Dagegen wendet sich freilich FAGERLIND mit aller Schärfe; wie LAM scheinen auch ihm diese „Gegebenheiten" nur in einer bestimmten Form gewählte Termini zu sein. Durch ontogenetische Analyse sei unmöglich entscheidbar, ob Ovulum und "the outstanding part of the pistil" gemeinsamen oder verschiedenen Primordien entstammen. Kongenitale Verwachsungen seien jedenfalls im Gegensatz zu ECKARDTs Meinung häufig und gingen so weit, daß bei *Gnetum* und *Stachyotaxus* (stachyospor!) sekundäre Phyllosporie entstehe. Die Frage sei daher keineswegs „bereits entschieden".

Ein Sammelreferat über die aktuellen Probleme der Coniferen-Phylogenie bringt DE FERRÉ. Neben den gewohnten Merkmalskategorien sind hier Blastogenie und Phyllotaxis, Gametophyten- und Embryonal-Entwicklung wichtig geworden. Eine eindeutige Progression führt von den mit Einzelblättern (Euphyllen) besetzten Meso- und Auxiblasten zu den Blattbüschel (Pseudophylle) tragenden Brachyblasten. Allerdings treten bei fast allen Gruppen ursprüngliche und abgeleitete Merkmale nebeneinander auf; dieser Schwierigkeit wird man jedoch nach DE FERRÉ mit der Gaussenschen Theorie der «surévolution» spielend Herr. Nach diesen von PAWLOW, MAZENOT u. a. in Regeln gefaßten Vorstellungen herrscht eine „pseudocyclische Evolution", bei der innerhalb eines jeden Phylums einem primitiven Stadium ein fortgeschrittenes und dann ein „überentwickeltes", scheinbar wieder primitives, folgt; dabei ergreift der Fortschritt mit jeweiliger Verzögerung nacheinander Embryo, Jungpflanze, sterile und fertile Altpflanze. In dieser Sicht stellen sich die *Abietaceae* als am Beginn der Evolution stehend (Jungpflanzen fortschrittlich, ältere primitiv), die *Taxodiaceae* und *Cupressaceae* als überentwickelt dar. Ausgezeichnet ist die Bibliographie.

Die Herausbildung der Angiospermen wird von TACHTADZJAN in die Hochgebirge Südostasiens verlegt; die alte Flora sei hier in kleine Randpopulationen aufgesplittert, denen ja nach E. MAYR besonders große Evolutionschancen zukommen. Zudem seien die extremen Umweltbedingungen neotenen Prozessen besonders günstig gewesen — und so werden der „infantile Charakter" der Angiospermenblüte, die Homoxylie der basalen *Polycarpicae* und der angiosperme Embryosack als Neotenien betrachtet. — Als wahrscheinlichste Vorfahren der Angiospermen sieht YATSENKO die fossile Holzgruppe *Sahnioxylon* an. — DEYLs „Mikroevolution der Angiospermen" benötigt „Organisers" zur Kontrolle der fundamentalen, unveränderlichen Charaktere und „Determinators" als Bewirker der Änderungen; er schwenkt damit wieder in die Trennung von Makro-, Meso- und Mikro-Evolution ein, deren grundsätzliche verschiedene Gesetze Familien, Gattungen und Arten regieren. Wir wollen darauf ebenso wenig eingehen wie auf die diesmal von THORNE vorgebrachten, recht vernünftigen, aber keineswegs neuen „Leitprinzipien der Angiospermenphylogenie" oder auf die beiden brauchbaren, aber nicht sehr eigenständigen Lehrbücher von BENSON (Plant Classification) und HENKEL u. KUDRJASCHOW (Leitfaden der Pflanzensystematik).

4. Anatomie und Morphologie.

In einem neuen Überblick über die Verwendbarkeit der Holzanatomie für die Klassifikation betont BAILEY (1), eigene frühere Zweifel mildernd, daß die Hauptrichtungen der evolutionären Spezialisierung des Dicotylen-Cambiums und -Xylems nunmehr so zuverlässig klargestellt sind, daß ihr taxonomischer Wert unbestreitbar ist. Freilich liegt seine Stärke im Negativen: ein Taxon mit primitiven anatomischen Charakteren kann unmöglich direkt von einem mit höher entwickelter Struktur abgeleitet werden. Dagegen sind mittlerweile so viele Konvergenzen, Parallelevolutionen, erkannt, daß positive Daten ausschließlich in Verbindung mit anderen Merkmalskategorien zur Bestätigung herangezogen werden dürfen.

Mehrfach geäußerten Zweifeln an der Primitivität aller Homoxylen begegnet BAILEY (2) anläßlich einer genaueren Studie über *Amborella* mit dem Hinweis, daß Cambium und Sekundärxylem aller bekannten primitiv-gefäßlosen Dicotylen unter sich (und gewissen Gymnospermenhölzern) durchaus ähnlich sind, gleichgültig ob es sich um kleine kurzlebige Sträucher (*Sarcandra*), große Sträucher (*Amborella*) oder Bäume (*Tetracentron*, *Trochodendron*, *Winteraceae*) handelt. Pflanzen mit sekundärem Gefäßverlust, wie *Cactaceae* oder Hydrophyten, sind davon anatomisch klar verschieden. Dies bestätigt auch LEMESLE, der auf die interessanten Fälle von Pseudo-Homoxylie bei den Ipecacuanha liefernden *Rubiaceae* und der Saxifragaceengattung *Polyosma* verweist (— ein weiterer Fall von «surévolution»!).

Weniger einverstanden wird man mit LEMESLEs „holzanatomischem Stammbaum" sein, in dem er an die Homoxylen („*Drymitineae*" und *Amborella*) die

Magnoliaceae reiht, um von diesen auf drei Linien über die *Eupomatiaceae* zu den *Himantandraceae*, über die *Paeoniaceae* (!) zu den *Calycanthaceae* und über *Schizandraceae* — *Illiciaceae* — *Eupteleaceae* — *Cercidiphyllaceae* — *Sargentodoxaceae* gar bis zu den *Larbizabalaceae* zu gelangen. FAHN u. BAILEY erhärten durch ihre stammanatomischen Untersuchungen die Zugehörigkeit der *Calycanthaceae* zum *Laurales*-Ast der *Polycarpicae*.

Die elektronenmikroskopischen Studien EICKEs (1, 2) an den Hoftüpfeln von Coniferen- und *Gnetales*-Hölzern stellen erneut die enge Zusammengehörigkeit der *Pinaceae* und *Taxodiaceae* wie auch die abweichende Struktur der *Araucariaceae* unter Beweis. Bemerkenswert sind die coniferoiden Tüpfel bei *Ephedra*, während *Gnetum* einen völlig aberranten Typ, mit fehlendem Torus, zeigt. GREGUSS (2) findet bei *Ginkgo* neben araucarioider Tüpfelung auch dacrydioide und nimmt darauf prompt eine Verwandtschaft mit den *Podocarpaceae* an.

Podocarpus selbst besitzt im übrigen nach GRAY ein eigenartiges, artspezifisches Merkmal in der Ausbildung der oberen Hypodermis, die durchgehend oder verschiedenartig unterbrochen ist. — Nur streifen wollen wir die merkwürdigen Untersuchungen von GREGUSS (1) an der Blattepidermis der *Cycadales*, bei denen er verdächtige Ähnlichkeiten mit *Coniferales*, *Lyginodendron* und *Marchantia* konstatiert. Angesichts solcher Entdeckungen wird man LAMs (1) scharfe Zurückweisung der im letzten Bericht referierten Arbeiten des nämlichen Autors wohl verstehen.

Bei Studien an *Umbellales*-Hölzern (RODRIGUEZ) erweisen sich die Sekundärxyleme der in jeder Unterfamilie der *Apiaceae* vertretenen holzigen Arten insgesamt als ziemlich abgeleitet und wenig variabel, während bei den *Araliaceae* größte Mannigfaltigkeit gefunden wird. In der Länge der Gefäßelemente läßt sich eine klare Reduktion von den *Cornaceae* über die *Araliaceae* zu den *Apiaceae* erkennen. Jedoch herrscht auch hier sicherlich keine lineare Verbindung, wie der seinerzeit von BAUMANN untersuchte *Myodocarpus* zeigt, der sich in der Fruchtstruktur den *Apiaceae*, holzanatomisch dagegen den *Cornaceae* nähert. Unter der Voraussetzung, daß die *Araliaceae* in weiter, zentraler Position gesehen werden, spricht anatomisch nichts gegen eine Anreihung der *Cornaceae*, *Nyssaceae* und *Garryaceae* an den gemeinsamen Grundstock, wenn auch auf stark divergenten Wegen.

Holzanatomie, Palynologie und Blastogenie (Keimlings-Entwicklung) erweisen sich als wirksame Helfer bei der längst fälligen Neugliederung der *Caesalpiniaceae* [LÉONARD (1)]. Für jedes Genus wird eine Korrelation von „Großmerkmalen" (Blüten-, Frucht- und Samenstruktur) und „Kleinmerkmalen" (vegetative und anatomische Charaktere, Inflorescenz-, Keimlings- und Pollenstruktur) gefordert; innerhalb der so definierten Gattungen sind dann, zumindest in dieser Familie, die Keimlinge völlig gleichartig, so daß die falsche generische Einreihung einer Art bereits an ihrer Blastogenie erkennbar würde. Wenn auch diese neue Methodik große Umwälzungen auf dem Gattungsniveau mit sich bringt, so wird man doch die Zustimmung kaum versagen können.

Auf die Bedeutung blattmorphologischer Untersuchungen für die Systematik wird von WEBERLING (2) erneut und zusammenfassend verwiesen. Weniger die Öhrchen und Scheidenlappen als vielmehr die Blattscheiden, Stipeln und besonders Rudimentärstipeln erweisen sich als wichtig; der taxonomische Wert ist offensichtlich mit dem Zeitpunkt der Organanlage korreliert. Freilich stimmt etwas bedenklich, daß die Stipeln nachgerade nur mehr durch ihre proleptische Entwicklung definiert erscheinen. Bei den *Sonneratiaceae, Lecythidaceae, Barringtoniaceae* und *Asteranthaceae* findet der Autor (1) Rudimentärstipeln weit verbreitet;

die bisher meist als stipellos betrachteten Familien reihen sich also in dieser Hinsicht gut in die *Myrtales* ein.

Eine morphologische Besonderheit der *Sapindaceae* sind die vielfach höchst merkwürdig geformten, peltaten Kronblätter, die eine Parallele zu den Nektarblättern der *Ranunculaceae* bilden und hier sicher ebenfalls Derivate der Staubblätter sind (LEINFELLNER). — DANERT (1) zeigt in einer schönen Studie, daß die Verzweigung der *Solanaceae* im reproduktiven Bereich in den meisten Fällen gattungsspezifisch ist. DUCKE legt sogar einen hauptsächlich auf die Wuchsform der brasilianischen Manilkara-Bäume (*Sapotaceae*) begründeten Artenschlüssel vor. Hingegen kommt HANELT in seinen Studien an annuellen Euphorbien zu dem Schluß, daß das Meuselsche Merkmal „Wuchsform" im allgemeinen allenfalls zur Charakterisierung sehr kleiner systematischer Einheiten dienlich sei.

5. Palynologie und Embryologie.

Der neue Band von ERDTMANs (1) "Pollen and Spore Morphology/Plant Taxonomy" bringt u. a. Pollenbilder aller Coniferen-Gattungen; da der Textband zu diesem Bilderwerk erst im kommenden Jahr erscheint, wird dann zusammenhängend darüber berichtet werden. Vom selben Autor [in HEDBERG (1)] werden die Hauptgruppen der Sporen- und Pollentypen neu gegliedert und benannt; demnach sind nunmehr die Sporen der Archegoniaten als monolet, trilet oder cataporat, die Pollen der Gymnospermen und Monocotylen als anacolpat oder anaporat, die der Dicotylen als zonicolpat oder -porat bzw. pancolpat oder -porat zu bezeichnen. Eine wichtige jährliche Bibliographie aller palynologischen Arbeiten wird neuerdings vom Service d'Information Géologique, Paris, herausgegeben.

Unter dem anspruchsvollen Titel "The evolutionary significance of the Endosperm" vertritt LI die Meinung, das Endosperm stelle eine „dritte Phase" (neben Gametophyt und Embryo) dar, die in ähnlicher Form bei keiner anderen Pflanzengruppe bekannt sei; er vermutet deshalb, nicht gerade überzeugend, den Angiospermenursprung bei einer unbekannten, mit einer ähnlichen weiteren Phase ausgestatteten und vielleicht direkt von den Thallophyten abzuleitenden Gruppe. — Über Primitivität und Ableitung bei den Typen der Endosperm-Entwicklung stellen SWAMY u. GANAPATHY interessante Überlegungen an. Da mit dem nucleären Typ statistisch weit häufiger und vielfach ausschließlich poröse Gefäßperforation gekoppelt ist und dieser ein hoher Grad phylogenetischer Spezialisierung zugesprochen wird, halten die Autoren den cellulären (und helobialen) Typ für die primitivere, den nucleären für die abgeleitete Form.

Nach den Studien der Lunder Schule (HJELMQUIST; HÅKANSSON) an Amentiferen-Endospermen erscheinen *Betulales* und *Fagales* zwar verwandt, aber doch so deutlich getrennt, daß sie als eigene Ordnungen behandelt werden sollten; ähnliches gilt für *Betulaceae* und *Corylaceae*. Die *Salicales* zeigen ähnliche Endosperm-Entwicklung wie die *Fagales*, weichen aber im Embryo deutlich ab, während umgekehrt die *Betulales* embryologisch zu den *Leitneriales* und *Balanopsidales* weiterleiten könnten. Das Auftreten verzweigter Pollenschläuche (schwächer reduzierter Gametophyten?) und die bis einjährige Verzögerung zwischen Bestäubung und Befruchtung bei manchen *Fagales* sollen die Ansicht stützen, daß embryologisch kein Argument gegen eine primitive Stellung der *Amentiferae* beizubringen ist.

Nachdem die Embryologie bisher denselben Weg gegangen sei, der den Verfall der Morphologie herbeigeführt habe, sieht sich BUXBAUM (1) zur Einführung dynamischer Methoden auch hier verpflichtet. Der tetrasporate Embryosack des *Fritillaria*-Typs sei nur pseudobipolar und monoarchegoniat und stelle einen Übergang vom *Gloriosa*-Typ (bipolar, biarchegoniat) zum extremen *Calochortus*-Typ (unipolar, monoarchegoniat) dar. Während die Ableitung von *Gloriosa* zu *Calochortus* verständlich erscheint, wirkt die Zwischenschaltung von *Fritillaria* konstruiert.

Unter den von FAVARGER (1) untersuchten *Saxifraga*-Arten weisen 32 während der Keimung eigenartige Absorptionshaare am Albumen auf; alle diese Sippen gehören zu den §§ *Boraphila* und *Diptera*, die ENGLER als aberrant betrachtet. Eine Rotfärbung der Keimlings-Wurzelspitzen scheint nach demselben Autor innerhalb der *Saxifragaceae* art-, z. T. sogar gattungsspezifisch zu sein.

Die Karpell-Innenepidermis der *Rutaceae* ist durch ihre Teilungsfähigkeit in perikliner Richtung ausgezeichnet [HARTL (2)]. Bei den *Rutoideae* und *Toddalioideae* entsteht aus dieser Epidermis das Endokarp, während es bei den *Aurantoideae* teilweise oder gänzlich subepidermaler Herkunft ist; jedoch wird auch bei dieser abweichenden Gruppe eine perikline Aufspaltung der Innenepidermis gefunden. Die Endokarpbildung der *Simaroubaceae* stimmt mit der typischen der *Rutaceae* völlig überein, so daß die Trennbarkeit beider Familien immer fragwürdiger wird. — Nachdem schon HALLIER Ölbehälter vom Rutaceen-Typ bei manchen *Leguminosae* gefunden hat, ist der Nachweis perikliner Teilungsaktivität der Innenepidermis von *Spartium*-Karpellen durch HARTL (3) für Verwandtschaftstheorien nicht ohne Interesse.

6. Phytochemie.

Bei allen möglichen Stoffgruppen wird nunmehr die systematische Verteilung im Angiospermen- oder Dikotylenbereich untersucht; wenn auch die Angaben trotz der hohen Zahl der Einzelproben fragmentarisch sind, lassen sie sich doch zunehmend zur Charakterisierung taxonomischer Gruppen heranziehen.

BATE-SMITH u. METCALFE prüfen die Anwesenheit von Tanninen in den Sproßachsen und von Leuco-Anthocyanen in den Blättern von über 500 Dicotylen. 82 Familien erweisen sich als positiv, unter ihnen fünf der *Ericales*, je drei der *Ebenales*, *Malvales* und *Urticales*; unter den 38 negativen finden wir je sieben Familien der *Tubiflorae* und *Centrospermae*, je fünf der *Rhoeadales* und *Geraniales*. Es ist verständlich, daß bei der systematischen Zuteilung bessere Übereinstimmung mit den kleinen Ordnungen HUTCHINSONs als mit dem Englerschen System gefunden wird. Ordnungsspezifisch scheinen vorläufig auch die Aglykone der Saponine verteilt zu sein; FONTAN-CANDELA findet Triterpensäuren bei *Rhoeadales*, *Parietales*, *Guttiferales*, bei *Proteales* und *Santalales*, dagegen Alkohole vom Steroid-Typ bei *Polycarpicae*, *Rosales*, *Myrtales*, bei *Ligustrales*, *Contortae* und *Tubiflorae*. Bedeutung ist auch dem Vorkommen oder Fehlen echter Raphiden beizumessen (GIBBS); sie mangeln z. B. allen *Polycarpicae* mit Ausnahme der *Laurales*, kennzeichnen aber *Dilleniaceae*, *Actinidiaceae*, *Marcgraviaceae* und wohl auch *Theaceae*. Bei den Monocotylen sind sie fast allgemein verbreitet, fehlen aber den *Helobiae* ebenso wie den *Eriocaulaceae, Xyridaceae, Cyperaceae, Restionaceae* und *Poaceae*, die KIMURA in seine Gruppe der „*Sicciflorae*" zusammengefaßt hat.

Innerhalb der *Cucurbitaceae* (REHM) finden sich die Bitterstoffe als Aglykone bei *Cucumis*, als Glykoside bei *Cucurbita* und *Citrullus*. B-Cucurbitacine charakterisieren *Coccinia, Cucumis, Lagenaria* und *Trochomeria*, E- die Gattung *Citrullus*; *Momordica* steht völlig isoliert. Über Cardenolid-Glykoside der *Moraceae* und *Apocynaceae* berichtet BISSET; neu findet er diese Stoffe in den Gattungen *Carissa, Anodendron, Vallaris* und *Beaumontia*, was sich wenig mit dem alten System SCHU-MANNs, gut dagegen mit dem neuen PICHONs verträgt.

In dem Sammelreferat von BÉZANGER-BEAUQUESNE über die Verteilung der Alkaloide im Pflanzenreich interessiert u. a. ihre auffällige Beschränkung auf bestimmte Untergruppen, etwa die *Colchicoideae* der Liliaceen, die *Helleboroideae* der Ranunculaceen, die *Coffeeae* und *Cinchoneae* der Rubiaceen; nützlich ist auch eine Zusammenstellung der mehreren Familien gemeinsamen Alkaloide. — Die Analyse der in Äthanol löslichen organischen Stickstoffverbindungen in den Speicherorganen (REUTER) ergibt als Haupt-Aminosäure bei *Saxifragaceae* und *Rosaceae* Arginin, bei *Betulaceae* und *Juglandaceae* Citrullin, bei *Fumariaceae* Acetylornithin, bei den *Fabaceae* Prolin. — REZNIK sichert weiterhin das ausschließliche Vorkommen von Betaninen und Flavocyaninen bei den *Chenopodiaceae, Amaranthaceae, Nyctaginaceae, Phytolaccaceae, Aizoaceae, Portulacaceae* und *Cactaceae*; die biochemische Differenzierung im Blütenbereich erweist sich, etwa im Gegensatz zu den Compositen, bei den Mesembryanthemen als recht bescheiden.

Einen Überblick über die phytochemische Forschung in Südostasien (mit ausgezeichneter Bibliographie) geben die "Proceedings of the Symposium on Phytochemistry".

7. Cytotaxonomie.

Eingehende Diskussion erfährt in der Berichtszeit die Tischler-Regel, nach der der Polyploiden-Anteil an den Floren von Süd nach Nord stetig steigt. REESE (3) findet jetzt sogar eine weitgehende numerische Gleichheit von Breitengrad und Polyploiden-Prozenten, was in dieser genauen Entsprechung sicher zufällig, aber didaktisch ganz glücklich ist. Die Rolle der Perennen ist noch nicht recht geklärt: während REESE bei der nordsaharischen Wüstenflora höhere Prozentzahlen ausdauernder Polyploider konstatiert, finden BLACKBURN u. MORTON bei ihrem hübschen Vergleich portugiesischer und englischer Caryophyllaceen die Perennen nur höherpolyploid als die Annuellen. Dagegen herrscht Übereinstimmung, daß der Polyploiden-Anteil jedenfalls in alten Floren gering, in jüngeren höher ist [FAVARGER (3), REESE (2), EHRENDORFER und MERXMÜLLER in HEDBERG (1)]; neue Beispiele stammen von QUÉZEL (alte Flora der nordafrikanischen Hochgebirge mit ganz wenigen Polyploiden und niedrigsten Basiszahlen) und aus den Arbeiten REESEs (1—3), in denen die Sahara als Reliktzone, ihre Flora als Rest älterer, reicherer Vegetation betrachtet wird. Dagegen kommt weder der Anpassung an Extrembedingungen [REESE (2)] noch der an höhere Lagen (BLACKBURN u. MORTON) irgendeine Bedeutung zu; FAVARGER (3) und MERXMÜLLER (l. c.) führen weitere Beispiele an, bei denen gerade die höchstansteigenden, extremen Sippenglieder diploid, die Tal- und Ebenenrassen dagegen polyploid sind.

Turesson findet im übrigen bei *Alchemilla* keinen deutlichen Polyploiden-Anstieg nach Norden hin; er führt das erkennbare Vorwiegen der hochpolyploiden Sippen dieser Gattung an gestörten oder erst vom Menschen geschaffenen Wuchsorten auf Konkurrenzschwierigkeiten zurück (— verzögerte Keimung und langsames Wachstum sind in dicht bewachsenem Gelände nachteilig). Ob diese Erklärung auch in anderen Gattungen zutrifft, erscheint fraglich. Alle oben genannten Autoren stimmen jedenfalls mit Stebbins überein, daß die bessere Besiedlungsfähigkeit jungfräulicher Böden, die geförderte Ausbreitungsaktivität auf neu geschaffenen Standorten ausschlaggebend sind. Hinter diesen Fähigkeiten kann nach Merxmüller [in Hedberg (1)] nur ein genetischer Faktor zu suchen sein und er vermutet ihn, ähnlich wie Blackburn u. Morton, in allopolyploiden Prozessen. Die Tischler-Regel gilt jedenfalls nur in den Gebieten, in denen die Schaffung neuen Siedlungsraums in überragendem Ausmaß und in stetiger Steigerung nach Norden zu durch die diluviale Vereisung bewirkt wurde; in anderen Räumen sind ähnliche, oft anders gerichtete, jedoch gleichfalls genetisch und historisch bedingte, Regeln abzuleiten.

Welch bedeutende Rolle allopolyploide Prozesse für die Entstehung neuer Sippen spielen, wird diesmal an besonders schönen Beispielen vor Augen geführt; vor allem ist auf die gelungene Synthese der allotetraploiden *Poa annua* aus zwei diploiden Sippen, *P. supina* und *infirma*, zu verweisen (Tutin). Als amphidiploid erweisen sich auch eine dänische, durch cytologische Analyse neu erkannte *Erodium*-Sippe [Larsen (5)] sowie *Cardaminopsis suecica* (2 n = 26), als deren Eltern Hylander (1) *C. arenosa* (2 n = 16) und *Arabidopsis thaliana* (2 n = 10) betrachtet, was die Cruciferen-Systematik nicht eben beglückt.

Auf ähnlichen, aber komplizierteren Wegen sind auch die Komplexe von *Potentilla argentea* in Skandinavien (Müntzing) und von *Achillea millefolium* in Europa und Nordamerika (Schneider) aufgebaut. — Daß allopolyploide Vorgänge auch für das Verständnis supraspezifischer Einheiten herangezogen werden müssen, ist den cytogenetischen Studien Gajewskis an *Geum* zu entnehmen. Die junge § *Geum* ($n = 21$) ist offenbar amphidiploid von alten Arten mit bleibendem Griffel (aff. *G. montanum*, $n = 14$) und solchen mit abfallendem Griffel (aff. *Waldsteinia* und *Coluria*) herzuleiten; *G. montanum* erweist sich auch als der eine Elter von *G. reptans* ($x = 21$). Darüber hinaus verstärkt sich die Mutmaßung, daß die ganzen *Pomoideae* amphidiploiden Prozessen ihre Entstehung verdanken. Es sei nur angefügt, daß Stebbins (2) einen russisch geschriebenen, sprachlich schlecht zugänglichen Aufsatz mit "The hybrid origin of Angiosperms" überschreibt.

Von neuentdeckten Polyploidreihen seien hier nur die schönen Fälle von *Ambrosia artemisiifolia* (2 x) — *coronopifolia* (4 x) — *psilostachya* (6 x, Wagner u. Beals) oder von *Chrysanthemum leucanthemum* (2 x) — *ircutianum* (4 x) — *pallens* (6 x, Böcher u. Larsen) benannt; auch *Globularia* ($n = 8$, nicht 5!) zeigt in den Gruppen *bellidifolia* — *cordifolia* und *willkommii* — *vulgaris* einen Wechsel von diploiden und tetraploiden Gliedern, dessen Erkenntnis einiges zur Klärung der Gattungsgeschichte beiträgt [Larsen (3)]. Bei *Eleusine indica* wird cytologisch eine afrikanische Tetraploide erkannt und daraufhin auch morphologisch und nomenklatorisch unterschieden (Kennedy-O'Byrne); Thomas findet die meist nur als monözische Form von *Mercurialis annua* betrachtete „var." *ambigua* hexaploid und stellt ihre sexuelle, chromosomale und morphologische Selbständigkeit unter Beweis. Freilich will im Gegensatz zu Löves Meinung eine morphologische Charakterisierung der Glieder einer Polyploidreihe nicht immer gelingen; jedoch findet Larsen (1) bei einer solchen „Kryptospecies" statt dessen deutliche geographische Differenzierung: bei *Lathyrus pratensis* steht nämlich der diploiden mitteleuropäischen Sippe eine morphologisch ununterscheidbare tetraploide atlantische gegenüber — und ähnlich soll sich auch *Kohlrauschia prolifera* verhalten.

Bei *Taraxacum* findet van Soest (3) erwartungsgemäß die älteren, morphologisch primitiveren, Sippen diploid, die jüngeren, abgeleiteten, tetraploid; die Mehrzahl der allerjüngsten, apomiktischen Sippen scheint triploid, seltener penta- oder hexaploid zu sein. — Eine eigenartige, aber doch wohl nur zufällige ökologische Übereinstimmung findet Lövkvist bei den Polyploidkomplexen von *Cardamine pratensis*, *C. hirsuta/flexuosa* und *Betula verrucosa/pubescens* insofern, als hier jeweils die Sippen mit niedrigerem Chromosomensatz trockenere, die mit höherem feuchtere Standorte besiedeln.

Zur alten Frage des amerikanischen Elementes in der britischen Flora steuern Löve u. Löve eine neue Variante bei; die beiden berühmtesten Arten, *Eriocaulon septangulare* und *Sisyrinchium „angustifolium"* erweisen sich auf Grund ihrer Chromosomenzahl als auf den britischen Inseln endemische, von den amerikanischen Formen abweichende Glieder von Polyploidreihen.

Auch einer bestimmten Form der Apomixis wird höhere systematische Bedeutung beigemessen. Nach Brown u. Emery (2) ist für alle sexuellen Gräser ein 8-nucleater, 7-zelliger Embryosack vom *Polygonum*-Typ charakteristisch, während die zahlreichen apomiktischen *Panicoideae* fast ausnahmslos einen 4-nucleaten, unreduzierten Embryosack besitzen. Die Autoren schließen daraus, daß sich dieses Panicoideen-Merkmal schon bald nach der Abspaltung der Unterfamilie und vor der Aufsplitterung in Triben herausgebildet habe.

Die apomiktische, oft als Art betrachtete *Deschampsia alpina* stellt eine polytop durch Polyploidisierung potentiell viviparer *caespitosa*-Formen entstandene Gruppe dar, die eher als Organisationsstufe denn als Sippe zu betrachten ist. Es handelt sich demnach um einen Parallelfall zu *Poa alpina* f. *vivipara*, der keiner höheren Kategorisierung bedarf [Hedberg (3)]. — Sehr eigenartig sind die sexuellen Chromosomen-Aberranten triploider, apogamer *Taraxaca* (Sørensen), bei denen ein Chromosomenverlust [„*tenuis*"-Formen mit $2n = 8 + 8 + (8 - H)$] teilweise Rückkehr der Sexualität bewirkt.

Die Gattung *Carex* scheint nach Löve u. Raymond wie vielleicht überhaupt alle *Cyperaceae* die Basiszahl 5 zu besitzen; alle anderen Zahlen seien durch sekundäre Fragmentation der durch polyzentrische oder diffuse Kinetochoren ausgezeichneten Chromosomen entstanden. Dieses Phänomen der „partiellen Agmatoploidie" ist jedenfalls bei den *Cyperaceae* weit verbreitet, während die vollständige Agmatoploidie typisch für die nahe verwandten *Juncaceae* ist.

Über die unglaubliche Vielfalt der solchen Prozessen entstammenden Chromosomenzahlen geben u. a. Arbeiten an *Eleocharis* Aufschluß (Saunte; Strandhede), bei denen die Zählungen zwischen $2n = 10$ und 51 schwanken. Immerhin häufen sich auch hier bestimmte Zahlen bei bestimmten Formen: so scheint bei *E. mammillata* $n = 8$, bei *E. palustris* $n = 19$, bei *E. uniglumis* $n = 23$ am häufigsten und damit „typisch" zu sein.

Auch in der Gattung *Bromus* herrscht nach WALTERS eine übernormale Neigung zu spontanen Chromosomenbrüchen, die neben Chromosomenmutationen, ökologische Isolation, Kreuzungssterilität, Bastardsterilität und -letalität als weiterer Evolutionsmechanismus tritt. Der umgekehrte Vorgang, nämlich Chromosomen-Fusionen, wurde jetzt auch von *Podocarpus* bekannt; die Gattung galt schon seit längerer Zeit wegen ihrer zwischen 9 und 19 schwankenden Chromosomenzahlen als Ausnahme von der Regel, daß Länge des Reproduktionscyclus und Stabilität der Chromosomenzahl korreliert erscheinen und demgemäß die langsam wachsenden, langlebigen Coniferen durch völlig unvariable Basiszahlen ausgezeichnet sind. Beginnend mit 19 (oder ursprünglich wohl 20) I-Chromosomen verläuft hier die Progression so, daß schrittweise jeweils zwei solche I-Chromosomen durch ein V-Chromosom ersetzt werden (HAIR u. BEUZENBERG).

8. Synthetische Taxonomie.

Als „synthetische Taxonomie" bezeichnet TURRILL jene wünschenswerte Endform systematischer Arbeit, bei der alle anwendbaren Methoden zur Klassifikation herangezogen werden. Ein Musterbeispiel führt er mit MARSDEN-JONES in der Zusammenfassung seiner über dreißigjährigen Studien an *Silene cucubalus* und *maritima* vor, die nun als eigenes Buch, "The Bladder Campions", erschienen ist. Den Außenstehenden mag das systematische Ergebnis, gemessen an der Unsumme von Aufwand, gering anmuten, zumal die vorgenommene (technisch noch keineswegs vollendete) Klassifizierung doch auf orthodoxen Merkmalen aufgebaut und durch experimentelle Daten nur abgewandelt erscheint. In Wirklichkeit ist der Zuwachs, den unsere Kenntnis der Mikroevolution durch diese Arbeiten erfuhr, unschätzbar. TURRILL fordert daher mit Recht [in HEDBERG (1)], es solle mehr mit solchen Artenpaaren gearbeitet werden, um den Problemen der Parallelvariation, Introgression, Divergenz und Konvergenz und der interspezifischen Barrieren näherzukommen.

Aus TURRILLs zahllosen Einzelhinweisen sei aus gegebenem Anlaß nur der gerne übersehene hervorgehoben, daß bei Chromosomenzählungen stets Herbarstücke des gezählten Individuums aufbewahrt werden sollten, wie dies z. B. in den schönen Umbelliferen-Studien von BELL u. CONSTANCE durchgeführt ist ("every count referable to a cited herbarium specimen"). Angeschlossen sei hier die erneute und gut belegte Mahnung LARSENs (2), daß Zählungen an Gartenpflanzen unbekannter Herkunft zumindest innerhalb kritischer Genera völlig sinnlos sind.

Ein anderes, weit kürzer gefaßtes Exempel synthetischer Taxonomie liefert ROLLINS [in HEDBERG (1)] in der Behandlung der beiden nordamerikanischen Cruciferen-Gattungen *Lesquerella* und *Leavenworthia*, von denen vier Arten der ersteren allopatrisch, interkompatibel und selbststeril, die vier Arten der letzteren dagegen sympatrisch, unkreuzbar und teilweise selbstfertil sind. Was von kundiger Hand an Informationen über Reproduktion, Populationsvariation, Anpassung an Bestäuber und Umweltfaktoren, genetische Änderungen, Ausbreitung und Verteilung aus dem Studium eines solchen Gruppen-Paares beigebracht werden kann, ist überzeugend. Freilich muß hier wie überall erst die Komplexität erfaßt sein, bevor an Generalisierungen gedacht werden kann.

Eine eingehende raum-zeitliche Analyse unternimmt EHRENDORFER (1) in seiner Monographie der § *Jubo-Galium*, in der er glaubhaft zeigt, wie divergente Differenzierung und konvergente Kombination „cyclischphasenhaft" wechseln. Daß mit diesen Vorgängen die geographische und ökologische Entfaltung solcher Gruppen in engstem Zusammenhang steht, wird vom gleichen Autor [in HEDBERG (1)] am Beispiel des *Galium-anisophyllum*-Komplexes deutlich gemacht.

Die hervorragendste Leistung synthetischer Taxonomie im Bereich höherer Einheiten scheint dem Ref. auf dem Gebiet des Gras-Systematik zu liegen, die im folgenden Kapitel zusammenfassend dargestellt wird.

9. Gras-Systematik.

Der Taxonomie der *Poaceae* wurde seit Jahren eine Unzahl von Untersuchungen gewidmet; den meisten von ihnen liegen wenigstens in irgendeiner Form die bahnbrechenden Arbeiten von AVDULLOV (1931) und PRAT (1936) zugrunde. Die hierauf aufgebauten neuen Systeme haben sich nunmehr so weit angenähert, daß ein Überblick angebracht erscheint, zumal gerade in der Berichtszeit wichtige zusammenfassende Darstellungen [u. a. von STEBBINS (1)] erschienen sind.

Die klassischen Merkmale, Inflorescenzaufbau und Spelzenstruktur, sind etwas in den Hintergrund getreten, wenn auch keineswegs vernachlässigt; ihnen werden heute etwa zwölf, ± neue Merkmalsgruppen zur Seite gestellt, vielfach sogar vorgezogen, die sich zumeist in vierfacher Ausprägung (panicoid, chloridoid, festucoid und bambusoid) präsentieren. Es ist nicht verwunderlich, daß hierbei der Keimlingsgestalt sowie der Form und Struktur des ersten Blattes besondere Bedeutung beigemessen wird. Auffallender ist, daß der Stellung und dem Insertionswinkel der Wurzelhaare, der Alternation langer und kurzer Zellen in der Wurzelspitze (ROW u. REEDER) und schließlich der Persistenz der Nucleoli in den Mitosen der Wurzelspitzen [BROWN u. EMERY (1)] Wertigkeit für die Trennung von Triben und Unterfamilien zukommt. Bei der Ährchenstruktur wird dem Grad und der Richtung der Blütenreduktion besondere Beachtung geschenkt.

Die Form der Lodiculae, bisher kaum beachtet, erweist sich ebenfalls zumindest in den vier angegebenen Gruppen als prinzipiell verschieden; Form und Gestalteigentümlichkeiten der Caryopsen schließen sich an. Eine ganze Reihe wichtiger Charaktere liefert der Embryo. REEDER weist besonders auf die Vascularisation, Gegenwart eines Epiblasten, Verlängerung des Scutellums und seine Verbindung mit der Coleorrhiza hin; selbst das Größenverhältnis des Embryos zum Samen ist gruppenkonstant. Zusammengesetzte oder einfache Stärkekörner sind für ganze Unterfamilien charakteristisch.

Besondere Bedeutung wird weiterhin der Blattanatomie beigemessen; Blattquerschnitt und -epidermis wurden bereits 1954 von HUBBARD in ihrer charakteristischen Differenzierung vorgeführt. BROWN fügt nun die Anwesenheit innerer Bündelscheiden, Struktur und Funktion der Parenchymscheide, Anordnung des Chlorenchyms und andere Einzelmerkmale hinzu. Die Chromosomengröße ist zumindest insofern bedeutsam, als die echten *Festucoideae* bedeutend stattlichere Chromosomen besitzen als alle anderen Gruppen (was STEBBINS für abgeleitet und eine mögliche Anpassung an kalte Winter hält); mit gebührender

Vorsicht können auch die Basiszahlen zu phylogenetischen Schlüssen herangezogen werden. Als jüngstes, fast kurioses, aber kulturwichtiges Charakteristicum ist das Verhalten gegenüber bestimmten chemischen Stoffen (dem Unkrautvernichtungsmittel Isopropyl-N-phenyl-carbamat) anzufügen; dieser "weedkiller" scheint *Festucoideae*, *Danthonieae* und *Stipeae* zu töten, während er bei *Panicoideae, Oryzeae, Chlorideae* u. a. eher wachstumsstimulierend wirkt (AL-AISH).

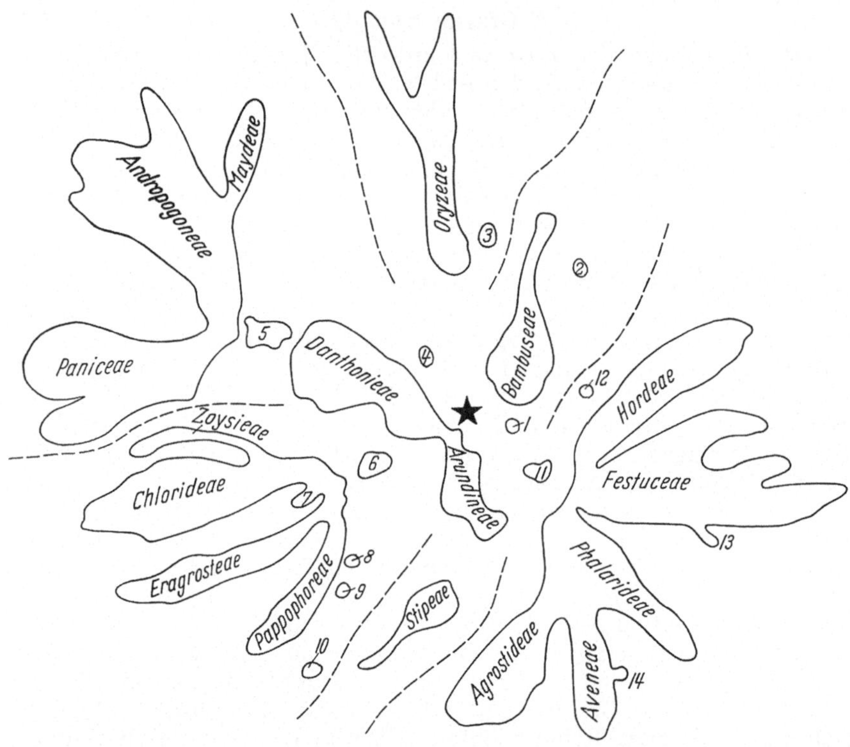

Abb. 15 [Aus STEBBINS (1)]. Verwandtschaftsdiagramm der wichtigeren Unterfamilien und Triben der Gräser. Die unregelmäßigen Umrißlinien versinnbildlichen die relative Größe und den Grad der Verschiedenheit der einzelnen Gruppen; die Entfernung von dem Stern im Zentrum gibt einen groben Maßstab der evolutionären Spezialisierung. Die Zahlen kennzeichnen einzelne Gattungen oder Gattungsgruppen, die schlecht in die Hauptgruppen einbezogen werden können. 1 *Streptochaeta*; 2 *Pariana*; 3 *Pharus*; 4 *Centotheceae*; 5 *Arundinelleae*; 6 *Uniola, Brylkinia*; 7 *Distichlis, Aeluropus, Vaseyochloa, Ectosperma*; 8 *Orcuttia*; 9 *Neostapfia*; 10 *Aristida*; 11 *Melica, Glyceria, Schizachne*; 12 *Nardus*; 13 *Monerma*; 14 *Scribneria*.

Demnach werden von STEBBINS (1) sieben wichtigere Linien unterschieden, so vor allem eine „panicoide" (untere Blüten reduziert) und eine „chloridoid-eragrostioide" (obere Blüten reduziert; beide primitiv in Epidermis, Caryopse, Embryo und Keimling, spezialisiert in Anatomie, Inflorescenz und Ährchen, tropischen Ursprungs) sowie eine „festucoide" (mit umgekehrter Spezialisierung, großen Chromosomen und gemäßigten Ursprungs); diesen drei großen Linien sind die kleineren „bambusoiden" (vegetative Spezialisierung), „arundinoiden" (ohne Ährchenreduktion, vielleicht primitiv), „oryzoiden" (Spelzenreduktion) und „stipoiden" (Fruchtspezialisierung) zur Seite gestellt. Daneben findet sich freilich noch eine Anzahl eigenartiger, meist kleiner Gattungen fragwürdiger Verwandtschaft, wie *Nardus* und *Lygaeum* in Europa, die entweder als Reste früherer, fast ausgestorbener Linien oder als Sonderentwicklungen ökologischer Nischen zu interpretieren sind. Das noch neuere System Browns (1) weicht im wesentlichen nur durch die Heraushebung einer „aristidoiden" Linie und die Annahme einer primitiven Stellung der *Festucoideae* ab.

Der wesentliche Unterschied dieser Gliederung (vgl. Abb. 15) gegenüber den früheren, ausschließlicher auf der Anatomie aufgebauten Systemen liegt in der Aufteilung der viel zu heterogenen „*Phragmitiformes*" [denen DE WET (2) noch eine Studie widmet], zu den früheren morphologischen Systemen vor allem in der Herausstellung der chloridoid-eragrostioiden sowie der arundinoiden und stipoiden Linien.

Ein zweiter Teil der Stebbinsschen Arbeit bespricht die gravierende Rolle der Polyploidie in der Evolution der Gräser. Auch hier handelt es sich hauptsächlich um allopolyploide Prozesse; als Musterbeispiele werden *Aegilops* (nach den Arbeiten KIHARAs 1954), *Dactylis* (nach MYERS 1948 und ZOHARY ined.) und *Bromus* (aus der Stebbinsschen Schule) eingehend besprochen. Daß die Entwicklung weit über den Gattungsbereich hinaus von solchen Vorgängen beeinflußt ist, geht u. a. aus den schönen Arbeiten CELARIERs (1, 2) an den Subtriben der *Andropogoneae* hervor. Die erstaunliche Häufigkeit der Amphidiploidie bei den *Poaceae* führt STEBBINS auf das häufige gemeinsame Auftreten mehrerer Arten in hoher Individuenzahl, auf Windbestäubung und Selbststerilität sowie auf die guten Möglichkeiten vegetativer Vermehrung (mit gelegentlicher Steigerung der Fertilität einzelner vegetativer Abkömmlinge) zurück. Über den Charakter der Apomixis bei den *Panicoideae* [BROWN u. EMERY (2)] wurde bereits im vorigen Kapitel gesprochen; das Thema wird auch noch an anderer Stelle im Hinblick auf die auffallende Apomiktenhäufung in Südafrika behandelt [BROWN (3)].

10. Kulturpflanzen; Nomenklatur.

Die kritische Frage der Sortenbenennung bei den Kulturpflanzen wird nun durch einen "International Code of Nomenclature for Cultivated Plants" geregelt (Regn. Veg. 10). Er folgt weitgehend den Regeln für die Wildpflanzen; als einzige Kategorie für die Sorten wird der Terminus „cultivar" sanktioniert, mit dem immer ein nichtlateinischer Phantasiename verbunden werden soll. Cultivars können in "groups" zusammengefaßt werden, zur Hierarchisierung etwa weiter notwendig erscheinende Kategorien sollen jeweils von den Bearbeitern einer speziellen Gruppe für diese vorgeschlagen werden.

Dem Gaterslebener Institut verdanken wir nicht nur die nomenklatorische Klärung einer Anzahl kultivierter Sippen, sondern auch die Bearbeitung wichtiger Kulturpflanzengruppen in taxonomischer und nomenklatorischer Form. Zu nennen sind hier besonders *Beta vulgaris* [HELM (2)], *Rhaphanus sativus* [HELM (1)], *Papaver somniferum* [DANERT (2)] und *Cucurbita* (GREBENSCIKOV). — Eine angenehme Arbeitshilfe bieten die jetzt fortlaufend in der Zeitschrift „Baileya" erscheinenden Bearbeitungen der kultivierten Arten bestimmter Gattungen; aus den Bänden 5 und 6 sind anzuführen (Seitenzahlen in Klammern): Japanische Magnolien [BLACKBURN (3—13)], *Dracocephalum* [KEENAN (25—44)], *Cortusa* [LAWRENCE (81—83)], *Tacca* [HAYWARD (85—97)], *Cnidosolcus* und *Jatropha* [INGRAM (107—117)], *Musa* und *Ensete* [MOORE (167—194)], caulescente *Oxalis* [INGRAM (23—32)], *Boraginaceae* [INGRAM (90—100; 164—168)], *Callisia* [MOORE (135—147)], *Townsendia* und *Arnica* [DRESS (158—163; 194—198)] und *Coccoloba* [HOWARD (204—212)]. Die in Aquarien kultivierten Wasserpflanzen behandelt endlich einmal DE WIT (2) in wissenschaftlicher Form.

Einen wesentlichen Schritt zur längst notwendigen Fixierung und Stabilisierung der Familiennamen bedeutet BULLOCKs (4) "Indicis nomimum Familiarum Angiospermarum Prodromus". Vom "Index nominum genericorum" erschien bereits das achte Tausend, vom „Index Herbariorum: collectores" der 2. Teil (E — H). ANGELY gibt seit einigen Jahren in loser Folge einen „Catâlogo e Estatistica dos Gêneros Botânicos Fanerogâmicos" heraus, in dem in der Berichtszeit

u. a. die *Ficoidaceae* von Herre behandelt wurden. — Einen bedeutsamen Beitrag zu einer gewissen Normierung der europäischen Pflanzennamen bilden nomenklatorisch sehr sorgfältig durchgearbeitete Länderkataloge, von denen aus diesen Jahren wenigstens Dandys "List of British Vascular Plants" und Janchens "Catalogus Florae Austriae" angeführt seien.

Spezieller Teil.

11. Taxonomische Ergebnisse im Familienrahmen.

Taxodiaceae. *Arthotaxis* unterscheidet sich in der Entwicklung des ♀ Gametophyten und in der Embryologie so sehr von den nördlichen Gliedern der Familie, daß Brennan u. Doyle eine seit langer Zeit unabhängige Entwicklung auf der südlichen Hemisphäre vermuten. — **Pinaceae:** Zu der neu aufgestellten Gattung *Cathaya* gehören nicht nur zwei eben entdeckte südwestchinesische Arten, sondern auch die schon seit längerer Zeit bekannte fossile *Keteleeria loehrii* (Chun u. Kuang).

Helobiae. Harada findet jeweils ± einheitliche Karyotypen bei *Naiadaceae, Scheuchzeriaceae, Alismataceae* und *Butomaceae*, heterogene dagegen bei *Potamogetonaceae* und *Hydrocharitaceae*. — **Poaceae:** Cytotaxonomische Untersuchungen an den *Andropogoneae* führen Celarier zu dem Schluß, daß *Ischaemum* subgen. *Coelischaemum* für die Entwicklung der *Ischaeminae* und *Rottboelliinae* (2), *Eccoilopus* und *Miscanthus* für die der *Saccharinae* (1) eine zentrale Stellung einnehmen. Hinsichtlich der engen Verwandtschaft von *Erianthus* (als ältester Gattung) mit *Saccharum, Sclerostachya* und *Narenga* stimmt Mukherjee mit Celarier überein. — Die *Arundinelleae* (in Stebbins' Schema zwischen *Danthonieae* und *Panicoideae*) hält auch Conert für intermediär zwischen *Festucoideae* und *Panicoideae*; sie werden wohl später unter Hereinnahme weiterer zweifelhafter Festucoiden als eigene Unterfamilie behandelt werden müssen. *Loudetia, Loudetiopsis* und *Tristachya* werden neu umgrenzt. — Als den stärkst abgeleiteten Typ der *Bambusoideae* betrachtet Holttum die Gattung *Arundinaria*; sie soll möglicherweise zu anderen *Poaceae* überleiten. — Blattanatomische und karyologische Studien an einer größeren Zahl von Grasgattungen liefern de Wet (2) für meist afrikanische, Tateoka für meist ostasiatische Sippen; die zahlreichen Einzelergebnisse sind hier nicht referierbar. — *Willbleibia* wird von Herter neu gefaßt. — Die Blüte der *Poaceae* wird von Barnard (1) als Achsensystem mit sproßständigen Sporangien betrachtet. — **Cyperaceae:** Kern zeigt anhand ausgezeichneter Schemata, daß die Trennung zwischen *Kobresia* und *Schoenoxiphium* auf vorgefaßten Meinungen beruht; als Konsequenz wird leider nur das bekannte sumatranische *Sch.* zu *K.* übergeführt. *Remirea* wird zu *Cyperus* subg. *Mariscus, Tylocarya* zu *Fimbristylis* gezogen.

Cyclanthaceae. In seiner ausgezeichneten Monographie dieser Familie trennt Harling *Cyclanthoideae* (nur *Cyclanthus*) und *Carludovicioideae*; die letzteren lassen sich in eine *Asplundia*-Gruppe (mit parietaler Placentation und ± freien Griffeln) und eine *Sphaeradenia*-Gruppe (mit ± apikaler Placentation und meist verwachsenen Griffeln) gliedern. Die Familie sollte eine eigene Ordnung, *Synanthae* oder *Cyclanthales*, bilden, trotz ihrer durch *Freycinetia* wahrscheinlich gemachten Verwandtschaft mit den *Pandanaceae*; eine alternative Lösung läge nur in einer gemeinsamen Unterbringung der *C.* mit *Pandanaceae* und *Principes* bei den *Spadiciflorae*. Die **Pandanales** sollten bei Annahme der ersteren Lösung ebenfalls nur die Typusfamilie umfassen; die Ähnlichkeit der **Sparganiaceae** und **Typhaceae** ist nach Harling völlig oberflächlich, ohne daß eine echte Verwandtschaft besteht. — **Araceae:** *Epipremnum* ist nach Bakhuizen van den Brink mit *Rhaphidophora* identisch; wahrscheinlich ist diese altweltliche Gattung von der neuweltlichen *Monstera* nicht zu trennen, wobei dann *R.* als gemeinsamer Name einzutreten hätte. — **Lemnaceae:** Die Gliederung in ökologische Rassen ist in dieser Familie wenig ausgeprägt; Landolt macht hierfür die starke morphologische Spezialisierung, das hohe phylogenetische Alter, die starke Organreduktion und das Vorherrschen vegetativer Vermehrung verantwortlich.

Rapateaceae. Die am ehesten mit den *Xyridaceae* verwandte Familie wird von Maguire u. Wurdack (2) in *Saxofridericioideae* (mit pluriovulaten Karpellen) und

Rapateoideae (uniovulat) gegliedert; die afrikanischen Gattungen *Langevinia* und *Apartea* sind aus den *Rapateaceae* auszuschließen. — **Juncaceae:** Auch hier scheinen BARNARD (2) die Placenten nach der Art ,,cauliner" Strukturen zu entstehen. — **Liliaceae:** Bei *Tofieldia* treten gelegentlich zusätzliche Staminal- und Karpellkreise auf, die an die Verhältnisse bei manchen *Helobiae* (cf. *Scheuchzeria*) erinnern (SCHAEPPI). — *Calochortus* stammt nach BUXBAUM (1) von *Lloydia* her und ist am besten als eigene Tribus, *Calochorteae*, zwischen *Lloydieae* und *Tulipeae* einzureihen. — *Hemerocallis, Funckia* und *Convallaria* besitzen nach MOOKERJEA derart verschiedene Karyogramme, daß ihre Evolution in drei durchaus unabhängigen Linien vor sich gegangen sein muß. — Die karyologischen Studien DE WETS (1) an einer großen Zahl von *Scilleae* unterstützen die Trennung der beiden Subgenera von *Albuca*, von *Galtonia* und *Pseudogaltonia*, von *Schizocarphus* und *Scilla*; dagegen lassen sich die Ergebnisse bei *Lachenalia* nicht mit der gebräuchlichen Gliederung in Einklang bringen. — *Dichopogon* wird von PAYENS in *Arthropodium* einbezogen. — Die phylogenetischen Zusammenhänge ,,der *Liliaceae*" stellen sich nach BUXBAUM (1) nun folgendermaßen dar, daß aus der basalen Unterfamilie der *Wurmbeoideae (Wurmbeeae, Neodregeae, Colchiceae, Baeometreae, Iphigenieae, Glorioseae)* durch Vermittlung von *Iphigenia* die subfam. *Lilioideae (Lloydieae, Calochorteae, Tulipeae, Lilieae)* abzuleiten ist; über *Lloydia* werden die *Ixiolirioideae*, über *Lilium* die *Alstroemerioideae* erreicht. Von den 28 Triben der ziemlich eng gefaßten *Liliaceae* HUTCHINSONS sind demnach nur vier (*Anguillarieae, Tulipeae, Colchiceae* und *Iphigenieae*) in diesen Stammbaum aufgenommen.

Moraceae. Die Arten von *Balanostreblus* gehören teils zu *Taxotrophis*, teils zu *Sorocea* (JARRETT). — **Proteaceae:** *Brabeium* ist besser in die subfam. *Grevillioideae*, vielleicht in die Nähe von *Macadamia*, zu verbringen (LEVYNS); die Autorin sucht einen nördlichen Ursprung der Familie wahrscheinlich zu machen. — **Santalaceae:** Die *Osyrideae* sind nach STAUFFER u. HÜRLIMANN keine einheitliche Gruppe; *Santalum* und Nachbargattungen, *Osyris, Colpoon* und *Rhoiacarpos* einerseits, *Choretrum, Leptomeria, Amphorogyne, Daenikera, Dendrophthoe, Dendromyza, Hylomyza, Chladomyza* und *Phacellaria* andererseits sind unter einander in Androeceum und Placentation stärker verschieden als die ganze Tribus von den *Thesieae*. Die ursprünglichste Vertreterin der zweiten Gruppe ist die neuentdeckte Gattung *Amphorogyne*, während die gleichfalls neue *Daenikera* (HÜRLIMANN u. STAUFFER) ein reduziertes Endglied darstellt, das im Androeceum gewisse Ähnlichkeit mit den südamerikanischen *Myzodendraceae* besitzt. — *Okoubaka*, bisher den *Octoknemaceae* zugerechnet, gehört nach STAUFFER ebenfalls zu den *Santalaceae* (aff. *Scleropyrum*); da *Octoknema* selbst in Übereinstimmung mit FAGERLIND als *Olacacee* betrachtet wird, sind die **Octoknemaceae** überhaupt zu streichen.

Ficoidaceae. Der Familienname wird nun auch von SCHWANTES akzeptiert; er gliedert in *Aptenioideae, Hymenogynoideae, Ruschioideae, Tetragonioideae* und *Aizoideae*. — RAPPA bringt seine alten, aber von der modernen Mesembryanthemen-Systematik übersehenen Arbeiten in Erinnerung, in denen er als erster auf die taxonomische Bedeutung der Nektarien verwies. Wenn auch seine Namen nicht mehr annehmbar sind, so sollte doch seiner Gliederung in *Lophomorphoideae* (mit kammförmigen N.), *Anectarioideae* (N. fehlend) und *Coilomorphoideae* (mit grubenförmigen N.) sowie seinen verschiedenen Triben einige Beachtung geschenkt werden. — BOLUS bringt endlich einen Schlüssel für alle von ihr unterschiedenen Gattungen der Mesembryanthemen; *Agnirictus* wird zu *Stomatium, Neorhine* zu *Rhinephyllum* übergeführt. — FRIEDRICH beschreibt die schon von DINTER erkannte, merkwürdige Zwischengattung *Aizoanthemum*, deren Existenz die Unmöglichkeit einer Abgliederung von ,,Mesembryanthemaceen" erhärtet. — **Illecebraceae:** *Hafunia* ist nach GILLETT (2) mit *Sphaerocoma* identisch. — **Caryophyllaceae:** Die Karyogramme von *Dianthus* findet CAROLIN (wie schon früher ROHWEDER) eintönig, in einfacher Polyploidreihe (30—60—90) angeordnet; sehr zahlreiche Kreuzungsversuche erlauben jedoch neue Gliederungen, wobei die Comparien jeweils als Sektionen betrachtet werden. Als neue §§ finden wir die *Barbati, Graciles, Collini, Attenuati, Cashmerici* und *Micropetali* eingereiht; ein besonders umfangreiches Comparium bilden die *Carthusiani*. Introgression dürfte bei der Artbildung eine wesentliche Rolle gespielt haben. — Einen wichtigen Überblick über die *Sileneae (Agrostemma, Lychnis, Petrocoptis, Silene* und *Cucubalus)* verdanken wir

CHOWDHURI; *Silene* selbst wird unter Einschluß von *Eudianthe, Heliosperma* und *Melandryum* in 44 Sektionen gegliedert und geschlüsselt. — *Stellaria bulbosa* stellt nach SCHAEFTLEIN die einzige europäische Vertreterin der asiatischen Gattung *Pseudostellaria* dar.

Polycarpicae. Eine kritische Übersicht über die „holzigen Ranales" der südöstlichen Staaten gibt WOOD, mit ausgezeichneter Bibliographie. Auch er spricht sich für die Einbeziehung der **Canellaceae** in diese Gruppe aus (mögliche Verwandtschaft: *Myristicaceae*), während CRONQUIST sie als eigene Ordnung *Canellales* neben seine *Laurales* stellt. — **Eucommiaceae:** Die anatomischen Untersuchungen ECKARDTs (1) geben trotz gewisser Übereinstimmung im Grundbau des Fruchtknotens mit *Ulmus* keine Möglichkeit zur Einreihung bei den *Urticales*, von denen *Eucommia* durch zwei apotrope, unitegmische und tenuinucellate Samenanlagen im Fruchtknotenfach durchaus geschieden ist. — **Paeoniaceae:** DAVEZAK bringt weitere, vor allem dem Studium der Stammquerschnitte entnommene Argumente für eine strikte Abtrennung dieser Familie. — **Ranunculaceae:** *Anemonella* ist nicht von *Thalictrum* § *Physocarpum* zu trennen (BOIVIN). — Blütenmorphologisch nimmt *Callianthemum* eine deutliche Mittelstellung zwischen *Helleboreae* und *Anemoneae* ein (SCHAEPPI u. FRANK). — **Myristicaceae:** Die Inflorescenztypen der amerikanischen und asiatischen Genera werden von SINCLAIR in schönen Tafeln erläutert; die Familie ist zweifellos den *Annonaceae* nächst verwandt, jedoch stets gut von diesen zu trennen. — **Gomortegaceae:** Die oft zitierte Angabe von nur 2—3 Stamina für *Gomortega* beruht nach BUCHHEIM auf Mißverständnissen; die Gattung besitzt 7—10 Blütenhüllblätter, 2—3 perianthähnliche und zahlreichere innere, normale Stamina. — **Monimiaceae:** *Schrameckia* ist in *Tambourissa* einzubeziehen [CAVACO (2)]. — **Lauraceae:** KOSTERMANS (4) gliedert die *Lauroideae* nach der Entwicklung eines Blütentubus und der Stellung des Fruchtknotens sowie nach dem Auftreten einer Fruchtcupula und eines Involucrums in *Perseeae, Cinnamomeae, Litseeae, Cryptocaryeae* und *Hypodaphneae*; die Zahl der Stamina und Theken wird zur weiteren Aufgliederung in 31 Gattungen herangezogen.

Capparidaceae. Bei der Evolution der *Cleomoideae* des westlichen Nordamerika (*Cleome* § *Peritoma, Cleomella, Wislicenia, Oxystylis*) ist eine deutliche Xeromorphosierung erkennbar (Verordnung, Übergang von schoten- zu schötchenartigen Früchten u. a.), so daß die Anpassung an Wüstenklimate als bewirkender Faktor erscheint [ILTIS (1)]. Die in Nordamerika endemische Gattung *Polanisia* (einschl. *Cristatella*) zeigt engere Beziehungen zu altweltlichen als zu neuweltlichen Gruppen von *Cleome* [ILTIS (2)]. — **Crassulaceae:** Bei der bisher nur habituell charakterisierten *Crassula* § *Glomeratae* brechen die freien Karpellteile nach der Samenreife ab, ohne sich ventricid zu öffnen; die § ist nur auf solche Arten zu beschränken (STOPP). — **Saxifragaceae:** Zu der ursprünglich als *Cornacee* betrachteten Gattung *Corokia* gehört auch *Colmeiroa* [L. S. SMITH (2)]. — **Caesalpiniaceae:** *Cynometreae* und *Amherstieae* lassen sich nach LÉONARD (1) nur durch die nicht-valvaten bzw. valvaten Brakteolen trennen. Unter den afrikanischen Gattungen werden *Cymonetra* zu *Gilletiodendron, Tripetalanthus* zu *Plagiosiphon, Ibadja* zu *Loesenera, Dipetalanthus* zu *Hymenostegia, Pterygopodium* zu *Oxystigma, Zingania* zu *Didelotia, Dewindtia* und *Pynaertiodendron* zu *Cryptosepalum* gestellt. *Gilletiodendron, Zenkerella, Guibourtia* und *Anthonotha* werden wieder als eigene Gattungen betrachtet. — **Fabaceae:** *Microcharis* wird von GILLETT (3) in *Indigofera* miteinbezogen.

Rutaceae. *Feroniella* wird von FORMAN (2) zu *Harrisonia* gestellt. — **Euphorbiaceae:** Von den beiden Arten der Gattung *Pycnosandra* ist die eine zu *Drypetes*, die andere zu *Putranjiva* zu zählen [VAN STEENIS (1)]. — *Phyllanthus* ist mit 650 Arten eine der größten und nach WEBSTERs Meinung die vielfältigste aller Angiospermengattungen. Ihre Phyllokladien sind diphyletisch entstanden, und zwar die der südamerikanischen Arten aus § *Phyllanthus* mit pinnatiformen, die der westindischen aus § *Hemiphyllanthus* mit bipinnatiformen Kurztrieben. — Im Rahmen seiner *Pedilanthus*-Monographie bringt DRESSLER eine Gliederung der *Euphorbieae*. Ursprünglicher erscheinen die Gattungen *Dichostemma, Anthostema, Neoguillauminia* und *Calycopeplus*; von *Euphorbia* selbst sind aus § *Esula Cubanthus*, aus § *Euphorbia Elaeophorbia*, aus § *Agaloma Poinsettia* und *Pedilanthus*, von *Synadenium* endlich *Monadenium* abzuleiten. — THOMAS glaubt in den monözischen Inflorescenzen von *Mercurialis* klare Beziehungen zum *Euphorbia*-Cyathium zu finden. — **Cardiopteridaceae** ist der richtige Name für die aus den *Icacinaceae* abgespaltenen *Peripterygiaceae* [BULLOCK (1)]. — **Sapindaceae:** *Ungnadia* ist bei dieser Familie zu belassen, wogegen *Hippocastanaceae* und *Brettschneideraceae* abzutrennen sind (HARDIN). — **Rhamnaceae:** Während bei den *Celastraceae* Kronblatt und Staubblatt sukzedan und in Alternanz gebildet werden, sollen diese bei den *Rhamnaceae* aus einem einzigen Gewebekomplex entstehen (BENNEK). Wie bei den Mattfeldschen Obdiplostemonen sei hier also die scheinbar unterbrochene Alternanz auf die seriale Spaltung von „Stamina-Petala-Einheiten" zurückzuführen, was durch die Reduktion der „Petala" in ♀ Blüten unterstrichen werde. Sollten sich diese Befunde wirklich als richtig erweisen, wären sie für die phylogenetische Einreihung der *R.* von hohem Interesse.

Rhodolaenaceae hat als neuer Name für die illegitimen „*Chlaenaceae*" einzutreten [BULLOCK (2)]. — **Malvaceae:** *Sida* wird von CLEMENT in die §§ *Sida, Malacroideae, Pseudomalvastrum, Pseudonapaea, Physalodes, Steninda, Thyrsinda, Incanifolia, Oligandra* und *Hookeria* gegliedert. — **Sterculiaceae:** *Firmiana*, congenerisch mit *Erythropsis*, verbindet *Sterculia* mit *Scaphium* [KOSTERMANS (5)]. — *Herrania* wird von SCHULTES als eigene Gattung gesichert und gegen das nächstverwandte *Theobroma* abgegrenzt. — **Dilleniaceae:** Die embryologischen Studien von SASTRI unterstützen den Einschluß von *Saurauia* und *Actinidia* in diese Familie nicht. — **Hypericaceae:** ROBSON (1) unterscheidet bei *Hypericum* eine primitive und drei abgeleitete Hauptgruppen. Der ersteren sind die asiatische § *Norysca* und das ostasiatische Genus *Takasagoya* zuzurechnen; einer „articulaten" Hauptgruppe gehören südwestasiatische, mediterrane, afrikanische und nordamerikanische Sträucher mit gegliederten Blattbasen an, während der Rest in eine „boreale" Gruppe (Kräuter mit deutlichen Staminalbündeln und axiler Placentation, hierher § *Hypericum*) und in eine „australe" Gruppe (pseudopolyandrisch, mit parietaler oder axiler Placentation) gegliedert wird. — **Flacourtiaceae:** Die angebliche Icacinacee *Leucocorema* ist mit *Trichadenia* identisch [VAN STEENIS (2)]. — Palynologische Studien [ERDTMAN (2)] stützen die nahe Verwandtschaft der **Ancistrocladaceae** mit den **Dioncophyllaceae,** besonders mit *Triphyophyllum*; eine gewisse Ähnlichkeit mit dem Pollen von *Dioncophyllum* soll der von *Roridula* besitzen. — **Passifloraceae:** A. u. R. FERNANDES (4) fassen aus anatomischen, palynologischen und morphologischen Gründen unter dieser Familie wieder *Passifloreae, Modecceae* und *Paropsieae* zusammen; die letztgenannten wurden seit HARMS zu den *Flacourtiaceae* gestellt. — **Cactaceae:** Im ersten eines auf fünf Bände angelegten Werks „Die Cactaceae" bringt BACKEBERG eine Systemübersicht und einen Schlüssel für die heute, meist von Liebhabern, unterschiedenen 220 Gattungen; eine Revision der *Pereskioideae* und *Opuntioideae* ist angeschlossen. — Eine schöne Vorarbeit für eine Monographie der peruvianischen *Cactaceae* liefert RAUH; auch hier erscheinen Gattungs- und Artbewertung etwas hoch. Vorbildlich ist die (für ein modernes Succulentenwerk unerläßliche) Ausstattung mit Zeichnungen und Photographien. — Eine sympathische Kategorien-Reduktion schlägt ROWLEY für die meist nur durch recht magere vegetative Kriterien von *Opuntia* abgesplitterten „Gattungen" vor; *Austrocylindropuntia, Brasiliopuntia, Consolea, Corynopuntia, Cylindropuntia, Grusonia, Maihueniopsis, Micropuntia, Platyopuntia, Sphaeropuntia* und *Tephrocactus* sollen wieder zu *Opuntia* gestellt, *Marenopuntia* mit *Pterocactus* gleichgesetzt werden. — *Peruvocereus* gehört nach CULLMANN zu *Haageocereus.* — Die "Phylogenetic division of *Cactaceae-Cereoideae*" von BUXBAUM (2) bekam Ref. nicht zu Gesicht.

Penaeaceae. Der illegitime, bekannte Name *Sarcocolla* ist durch *Saltera* zu ersetzen [BULLOCK (3)]. — **Thymelaeaceae:** *Craterosiphon* ist nach dem Vorgang ROBERTYs mit *Synaptolepis* zu vereinigen, nicht aber *Peddiea*, die durch ihren durchgehend zweifächerigen Fruchtknoten deutlich getrennt erscheint (PETERSON in NORLINDH u. WEIMARCK); zu *Gnidia* sind auch *Arthrosolen, Lasiosiphon* und *Englerodaphne* zu stellen. — **Myrtaceae:** Bei *Acmena, Piliocalyx* und *Acmenosperma* stellt KAUSEL eine bei den *M.* bislang unbekannte Embryonalstruktur, nämlich eine Verästelung des Funiculus in der Embryonenmasse, fest; er begründet daher auf diesen Gattungen eine neue subfam. *Acmenoideae.* — Durch palynologische Studien (McWHAE) wird die Zugehörigkeit von *Whiteodendron* zum *Tristania*-Komplex der *Leptospermoideae* bekräftigt, während das bisher ebenfalls hierzu gezogene *Kjellbergiodendron* eher den *Myrtinae* zugerechnet werden sollte. — *Heteropyxis*, gerne als eigene Familie der **Heteropyxidaceae** betrachtet, erweist sich nach den holzanatomischen Untersuchungen von STERN u. BRIZICKY „entschieden" als Myrtacee; sie wird von den Autoren als trib. *Heteropyxineae* in die *Leptospermoideae* eingereiht. — **Onagraceae:** Die Evolution der nordamerikanischen Eu-Oenotheren wird in kurzem Überblick von CLELAND dargestellt; nach ihm sind aus *Raimannia* die *Argillicolae*, aus diesen durch Kreuzung mit den *Grandiflorae* die *Parviflorae*, weiters aus den *Grandiflorae* und „strigosoiden" Gruppen die *Strigosae* entstanden, während *hookeri* und die *Elatae* abseits stehen. Die meisten Arten entstammen demnach Kreuzungen einiger weniger, in Wellen wandernder Rassengruppen. — **Apiaceae:** SANDINA berichtet über die taxonomische Bedeutung karpologischer Merkmale bei *Heracleum*.

Ericaceae. Einen neuen Gattungsschlüssel der *Ericeae* bringt ROSS; die von PHILLIPS vorgeschlagenen Gattungsvereinigungen scheinen ihm nicht gerechtfertigt. — *Vaccinium* § *Vitis-idaea* wird von AVRORIN als neue Gattung *Rhodococcum* betrachtet; ihre Bastarde mit *V. myrtillus* werden als × *Rhodocinium* bezeichnet. — Die Entdeckung reicher Fundorte von *Rhododendron luteum* in Slovenien [MAYER (3)] macht das Indigenat dieser Art an ihrem einzigen alpinen Fundort wahrscheinlich. — **Myrsinaceae:** *Heberdenia* ist in *Ardisia* einzubeziehen [DE WIT (1)]; dagegen wird *Pleiomeris* (aff. *Rapanea*) aufrechterhalten. — **Primulaceae:** Nach den cytologischen Studien FAVARGERs (2) sind *Vitaliana* und *Androsace* § *Aretia* äußerst nahe verwandt und durch dieselbe Grundzahl 20 ausgezeichnet. Die § *Chamaejasme* erscheint heterogen; während die Typusgruppe durch $n = 10$ und einfache Haare charakterisiert ist, findet man bei der Gruppe von *A. carnea*, *obtusifolia* und *lactea* $n = 19$ und Sternhaare wie bei § *Aretia*. — **Sapotaceae:** Während die afrikanischen Sippen, die bisher unter *Chrysophyllum* zusammengefaßt wurden, äußerst heterogen erscheinen — AUBRÉVILLE u. PELLEGRIN (3) spalten deshalb *Zeyherella* und *Boivinella* ab —, werden in Malesien *Ochrothallus*, *Niemeyera* und *Amorphospermum* wieder mit *Chrysophyllum* vereinigt (VINK, VAN ROYEN u. VAN BRUGGEN). — *Achrouteria* und *Syzygiopsis* gehören zu *Planchonella* [VAN ROYEN (1)]. — **Styracaceae:** Auch erneute Untersuchungen an *Afrostyrax* bringen keine Klarheit, ob die Gattung nicht besser den *Sterculiaceae* oder *Huaceae* zuzurechnen ist; sie wird daher von W. ROBYNS hier belassen.

Oleaceae. Eine wichtige Neugliederung ist JOHNSON zu verdanken. Während die *Oleoideae* nur mehr *Fraxineae* und *Oleeae* (einschl. *Syringeae*) enthalten, werden die *Jasminoideae* auf *Jasmineae* (mit *Menodora*), *Fontanesieae*, *Forsythieae* (mit *Abeliophyllum*), *Schrebereae* (mit *Comoranthus*) und *Myxopyreae* verteilt. *Leuranthus* gehört zu *Olea*, *Nyctanthes* und *Dimetra* sind *Verbenaceae*. — Über die Keimlingsbiologie von *Fraxinus* und ihre taxonomische Bedeutung berichtet NIKOLAYEVA. — **Buddleiaceae:** *Chilianthes* ist zu *Buddleia*, *Lachnopylis* zu *Nuxia* zu ziehen (VERDOORN). — **Gentianaceae:** Einen Schlüssel der jetzt die Gattungen *Ixanthus*, *Megacodon*, *Gentiana*, *Lomatogonium*, *Sweertia*, *Halenia*, *Gentianella* und *Jaeschkea* umfassenden *Gentianinae* bringt GILLET; die Abtrennung von *Gentianella*, die den drei vor ihr genannten Gattungen erheblich nähersteht als *Gentiana*, erscheint auch diesem Autor unumgänglich. Nach FABRIS ist *Pitygentias* zu *Gentianella* zu ziehen. — **Apocynaceae:** Einen Versuch zur Abgrenzung der Gattungen *Tabernanthe*, *Tabernaemontana*, *Daturicarpa* und *Carvalhoa* durch neue Merkmale unternimmt HÜRLIMANN. — **Asclepiadaceae:** Die alte Einteilung von *Ceropegia* in die §§ *Lysanthe*, *Phalanthe* und *Ombroscepe* (nach dem Grad der Verwachsung der Kronzipfel) ist unbrauchbar, da diese Merkmale in ganz verschiedenen Entwicklungslinien konvergent auftreten (HUBER). Überhaupt zeigen in dieser Gattung nahezu alle leicht zugänglichen Merkmale die Entwicklungshöhe an; Evolutionslinien sind vielfach nur durch recht subtile, bei fortschreitender Ableitung fast verschwindende Charaktere gekennzeichnet.

Convolvulaceae. In seiner ausgezeichneten Monographie der südafrikanischen *C.* nimmt MEEUSE die alten Gattungen *Bonamia* und *Turbina* wieder auf; *Astrochlaena* wird durch den Namen *Astripomoea* ersetzt. — VERDCOURT (6) schlägt für *Ipomoea* eine an HALLIER angelehnte, aber nomenklatorisch völlig umgestaltete Gliederung vor; die Ansichten ROBERTYs werden restlos verworfen. — **Boraginaceae:** Die primitive Sektion von *Amsinckia* ist durch Heterostylie und Reduktion der Chromosomenzahlen von $n = 7$ bis auf $n = 4$ charakterisiert; in der abgeleiteten § *Muricatae* steigen dagegen die Zahlen in aneuploider Reihe von 6 bis auf 18 (RAY u. CHISAKI). — **Solanaceae:** Im Gegensatz zu GOTTSCHALK u. PETERS kann WANGENHEIM bei Pachytän-Untersuchungen an Bastarden gewisser diploider *Solanum*-Arten keine Sekundärpaarungen finden; die Artbildung sei hier wohl nur auf faktorieller Basis vorangegangen und die Basiszahl kaum kleiner als 12 geschweige denn x = 6. MAGOON, COOPER u. HOUGAS halten dies nicht für ganz so unwahrscheinlich, aber für heute absolut noch unentscheidbar. — **Scrophulariaceae:** *Lindenbergia* weicht durch ihre rhinanthoide Ästivation von den *Gratioleae* ab, ist aber nach Androeceum, Gynaeceum, Samen, Endosperm und Behaarung unzweifelhaft dieser Tribus zuzurechnen [HARTL (1)]. — Die taxonomischen und phylogenetischen Studien YAMAZAKIs an den *Veronicae* blieben dem Ref. leider unzugänglich. — **Gesneriaceae:** Die Gattungsgruppe um *Episcia, Drymonia, Alloplectus* und *Nautilocalyx* ist derart vernetzt, daß nahezu zwischen jeder der 10—12 Gattungen Übergangsarten erscheinen; auf die schöne Darstellung LEEUWENBERGs kann hier nur verwiesen werden. Die Kluft zwischen *Episcia* und *Gloxinia* wird durch die neuen Gattungen *Lembocarpus* und *Rhoogeton* überbrückt; *Columnea* schließt sich an *Alloplectus* und *Hypocyrta, Sinningia* an *Nautilocalyx* an. — Eine zusammenfassende cytologische Studie über *Streptocarpus* bringt LAWRENCE.

Rubiaceae. VERDCOURT (5) bringt eine interessante Neugliederung, in der er sich auf drei Unterfamilien beschränkt. Die *Rubioideae* (mit Raphiden und albuminösen Samen) umfassen 17 Triben, unter ihnen die von BREMEKAMP als eigene Unterfamilien geführten *Urophylleae* und *Ophiorrhizeae*; die *Cinchonoideae* (Samen albuminös, aber Raphiden fehlend) sind in 11 Triben gegliedert, unter ihnen die *Ixoreae*, während die monotypischen *Guettardioideae* weder Raphiden noch Albumen besitzen. Verdienstvoll ist die Einbeziehung vieler bislang schlecht gekannter Gattungen in dieses System. Wie UTZSCHNEIDER betrachtet der Autor die *Loganiaceae* als Vorfahren, nicht die *Apiaceae*; im Gegensatz zu ihr glaubt er aber nicht an eine direkte Ableitung der Einsamigen von den Vielsamigen; die *R.* hätten sich vielmehr „auf breiter Front" herausgebildet, als beide Ovartypen schon lange getrennt waren. — BREMEKAMP (1, 2) fügt seinen zahlreicheren Unterfamilien noch die *Gleasonioideae* (exalbuminös, Kotyledonen größer als der Achsenteil des Embryos), den *Rubioideae* die neue Tribus *Lathraeocarpeae* (den *Triainolepideae* verwandt, aber mit solitären Ovula und pluricolpatem Pollen) hinzu. — *Randia* und *Gardenia* erscheinen KEAY (1) viel zu heterogen; er spaltet daher vorläufig sieben neue, auch palynologisch untermauerte, Gattungen ab und greift fünf alte wieder auf. Es ist erstaunlich, in welchem Ausmaß bei solchen Revisionen die alten Namen RAFINESQUEs wieder zu Ehren kommen. — *Stipularia* gehört nach HEPPER zu *Sabicea*. — Auch bei den *Galieae* kommen die Gattungsgrenzen ins Wandern. Eine Reihe von *Asperula*-Arten muß trotz langer Kronröhren wegen der offenkundigen stammesgeschichtlichen Beziehungen zu *Galium* übergeführt werden (u. a. *A. odorata* und *glauca*); auch die übrigen sind weiter aufzuteilen. *Asperula* selbst bleibt für *A. arvensis* reserviert [EHRENDORFER (2)]. Nach dem gleichen Autor ist für die *Galium-cruciata*-Gruppe der Gattungsname *Cruciata* aufzunehmen. — *Henriquezia* und *Platycarpum* können nach BREMEKAMP (1) trotz ihrer Ähnlichkeit mit den *Gleasonioideae* (die freilich auch besser als eigene Familie behandelt würden) wegen ihrer ausgeprägten Zygomorphie nicht bei den *Rubiaceae* bleiben. Sie sind wohl eher den *Bignoniaceae, Pedaliaceae* und *Thunbergiaceae* anzureihen und als eigene Familie **Henriqueziaceae** zu führen.

Caprifoliaceae. Die taxonomische Verwendbarkeit der Samencharaktere von *Lonicera* bespricht ZAYTZEV unter Verwendung reichen Bildmaterials. — **Valerianaceae:** Eine gattungsspezifische Fruchtdimorphie findet DEMPSTER bei *Plectritis*; diese Erkenntnis vermindert die Artenzahl wesentlich. — **Cucurbitaceae:** *Citrullus naudinianus* weicht chemisch wesentlich von den anderen Gattungsangehörigen ab; hingegen sind sich *Lagenaria mascarena* und *siceraria* so ähnlich, daß die Gattung *Sphaerosicyos* nicht haltbar erscheint. Interessant ist auch die chemische Verschiedenheit des *Cucumis sativus* von seinen afrikanischen Verwandten (REHM). — **Campanulaceae:** FJODOROV gliedert die Familie in *Sphenocleoideae* und *Campanuloideae*; den alten Triben *Campanuleae, Wahlenbergieae* und *Jasioneae* werden die

neuen *Peracarpeae, Ostrowskieae, Michauxieae, Phyteumateae* und *Edraiantheae* zur
Seite gestellt. Die **Lobeliaceae** werden auch hier als eigene Familie behandelt.
     Asteraceae. *Trilisa* kann besser generisch abgegrenzt werden, wenn die keines-
falls haltbare Gattung *Litrisa* zu *Carphephorus* (mit imbrikater Hülle) übergeführt
wird (JAMES). — Nach den cytologischen Studien HUZIWARAs ergibt sich für die
japanischen *Aster*-Arten gute Übereinstimmung mit dem System KITAMURAs; die
§§ haben einheitliche Karyotypen. Jedoch erscheint die ganze Gattung zu weit
gefaßt und heterogen. — *Machaeranthera*, früher meist zu *Aster* gezogen, ist unter
Einschluß von *Xylorrhiza* in die Nähe von *Haplopappus* zu stellen (CRONQUIST u.
KECK). — *Townsendia* erweist sich als nächstverwandt mit *Dichaetophora* und
Astranthium (BEAMAN). — LUIS unterscheidet bei seiner Bearbeitung der *Baccha-
ridinae* des Pariser Herbars nach Geschlechtsverteilung und Spreuschuppenbesitz
die sechs Gattungen *Baccharis, Pseudobaccharis, Tursenia, Baccharidiastrum,
Archibaccharis* und *Heterothalamus*. — *Fitchia*, bisher oft zu den *Mutisieae* oder
Cichoriaceae gestellt, gehört als subtrib. *Fitchiinae* an den Anfang der *Heliantheae*.
Aus den nachfolgenden *Petrobiinae* (*P.* und *Oparanthus*) sind *Podanthus* und
Astemma auszuscheiden; beide Subtriben nähern sich den *Coreopsidinae* [CARL-
QUIST (1)]. — Im Widerspruch zu CRONQUIST, der die *Helenieae* an verschiedene
Stellen der *Heliantheae* anschließen will, weist ROCK auf die Ähnlichkeit der *Galar-
diae* NUTTALLs mit den *Inuleae* hin. — Die *Galinsogeae* hält CHANNELL für sehr
heterogen. *Marshallia* mit alternierenden Blättern und tubulifloren, blauen Köpfchen paßt jedenfalls überhaupt nicht hierher; während sie CRONQUIST den *Vernonieae* anschließt, hält sie CHANNELL doch für eine aberrante Helianthee. — *Myopordon* muß nach WAGENITZ (2) auch *Autrania, Haradjania* und *Centaurea* § *Erina-
cella* miteinbegreifen. — *Centaureodendron* und *Yunquea* erweisen sich als nahe
verwandt und sind als gute Gattungen bei den *Centaureinae* einzureihen [CARLQUIST
(3)]. — MESTRE findet bei einigen *Cynareae* zwei Ovula in der Achäne, weswegen
er die Gruppe als besonders primitiv betrachten will — ein wenig überzeugender
Schluß. — Bei den interessanten Arbeiten von MAGUIRE u. WURDACK (1) an den
Mutisieae Guayanas erweisen sich *Stenopadus* und *Gongylolepis* als "basic groups".
Die Blattanatomie kann für die Identifizierung der meisten Gattungen dieser
Tribus herangezogen werden [CARLQUIST (2)]. — Bei einer statistischen Betrachtung
der Compositen Chinas kommt HU zu dem Schluß, daß u. a. *Aster, Senecio, Cirsium,
Taraxacum, Lactuca* und *Crepis* offensichtlich chinesischen Ursprungs sind. —
Cichoriaceae: Eine eingehende Studie über die endemischen rosettenbaumbildenden
Compositen von Juan Fernandez stammt von KUNKEL. — VAN SOEST (3) faßt
die zahllosen Apomiktenschwärme von *Taraxacum* erstmals in „Supersektionen"
und Sektionen zusammen — ein Vorgehen, das einen Weg zu einer erfreulicheren
Artkonzeption in dieser Gattung öffnen könnte.

12. Monographische und cytotaxonomische Arbeiten.

     Cycadaceae: *Encephalartos*, Zentralafrika: MELVILLE. — Podocarpaceae:
Podocarpus, Venezuela: STEYERMARK. *Podocarpus* sub § B, Südpazifik: GRAY. —
Pinaceae: *Abies*, altweltl.: MATZENKO. — Gnetaceae: *Gnetum*, Indien: BHAD-
WAJA.
     Typhaceae: *Typha-minima*-Komplex: HOUFEK. — Alismataceae: *Alisma*:
HENDRICKS. — Poaceae: Ceylon: SENARATNA. *Andropogoneae* u. *Aveneae*, Spa-
nien: PAUNERO. *Andropogon* subgen. *Amphilophis*: U.S.A.: GOULD. *Arundinelleae*:
CONERT. *Bambusoideae*, Malaya: HOLTTUM. *Crinipes*: HUBBARD. *Digitaria*, Ruß-
land: TZVELEV. *Eremopogon*: RAIZADA u. JAIN. cyt.: *Eremopyrum*: SARKAR.
Myriocladus: MAGUIRE u. WURDACK (1). *Pharus*, Argentinien: PARODI. cyt.:
Sorghum § *Halepensia*: CELARIER. — Cyperaceae: cyt.: *Carex* § *Capillares*:
LÖVE u. RAYMOND. *Carex* § *Decorae*, Japan: KOYAMA (1). *Scirpus*: KOYAMA (3).
— Arecaceae: Tribus *Attaleini*: BONDAR. *Neoveitchia, Reinhardtia, Veitchia*:
MOORE (2). *Pritchardia*: BRYAN. *Reinhardtia*: MOORE (1). — Cyclanthaceae:
HARLING. — Araceae: Santa Catarina (Brasilien): REITZ. cyt.: PFITZER. —
Xyridaceae: *Abolboda*: MAGUIRE u. WURDACK (2). — Eriocaulaceae: Gat-
tungsschlüssel: MOLDENKE (1). — Rapateaceae: Gattungsschlüssel: MAGUIRE

u. Wurdack (2). *Amphiphyllum, Cephalostemon, Monotrema, Saxofridericia, Schoenocephalium, Spathanthus:* Maguire u. Wurdack (2). — Bromeliaceae: Columbien: L. B. Smith. *Brocchinia, Lindmania* (nur Guayana), *Navia:* Maguire u. Wurdack (1). — Juncaceae: cyt.: *Luzula* subgen. *Pterodes:* Nordenskiöld. — Liliaceae: *Anthericinae,* Papuasien: Payens. cyt.: *Bulbine:* Snoad. *Dianella:* Schlittler. *Haworthia:* Brown. *Smilaceae,* Taiwan: Koyama. *Xeronema:* L. B. Moore. — Amaryllidaceae: *Amaryllis:* Traub. *Sternbergia,* Palästina: Feinbrun u. Stearn. — Iridaceae: *Crocus,* Israel: Feinbrun. *Iris,* Pacific Coast: Lenz. — Orchidaceae: *Angraecum,* afr. Festland: Summerhayes (4). *Epigeneium:* Summerhayes (2). *Epipactis,* Belgien: Young (1). Autogame *Epipactis,* bes. Schweiz: Young u. Renz. *Platycoryne:* Summerhayes (3). *Eulophidium:* Summerhayes (1). *Gavilea,* Argentinien: Correa.

Juglandaceae: *Juglans,* Mexico u. Zentralamerika: Manning. — Fagaceae: *Quercus,* Westmediterraneis: Villar. — Ulmaceae: *Hemiptelea, Zelkova:* Czerepanov. — Proteaceae: *Protea,* Südafrika: Beard. — Loranthaceae: Argentinien: Abbiatti. *Viscum,* Indo-Malaya: Rao. — Aristolochiaceae: *Hexastylis,* Nordamerika: Blomquist. — Polygonaceae: *Centrostegia:* Goodman. *Coccoloba,* Jamaica, Puerto Rico u. Bahamas: Howard (1), Hispaniola: (2). *Oxygonum:* Graham. *Polygonum,* Argentinien: Buchinger. — Amaranthaceae: *Amaranthus*-Hybr.: Prisrter. — Ficoidaceae: *Aloinopsis, Dorotheanthus, Herrea, Meyerophytum, Nananthus, Rabiea:* Bolus. *Skiatophyton:* Leistner. — Molluginaceae: *Coelanthum, Corbichonia, Hypertelis, Mollugo, Pharnaceum:* Adamson. — Caryophyllaceae: *Arenaria-rossii* u. *-stricta*-Komplex, Nordamerika: Maguire. cyt.: *Dianthus:* Carolin. *Lepyrodiclis:* Wagenitz (1). *Microphyes,* Chile: Ricardi (2). *Polycarpaea,* Malesien: Bakker. *Silene:* Chowdhuri. — Illecebraceae: *Sphaerocoma:* Gillett.

Nymphaeaceae: *Nymphaea,* Tschechoslowakei: Neuhäusl u. Tomšovic. — Ranunculaceae: Malesien: Eichler (2). cyt.: Arktis: Sokolovskaya. *Pulsatilla,* Aichele u. Schwegler. Südosteuropa: Zimmermann. *Pulsatilla-halleri*-Gruppe: Krause. *Ranunculus-aconitifolius*-Gruppe: Tralau (2). *Ranunculus-sessilifolius*-Gruppe, Südaustralien: Eichler (1). — Menispermaceae: *Hypserpa, Limacia, Pachygone,* Malesien: Forman (1). — Annonaceae: Madagaskar u. Comoren: Cavaco u. Keraudren. — Myristicaceae: Malaya: Sinclair. — Monimiaceae: *Atherospermoideae,* Australien: L. S. Smith (1). *Decaryodendron:* Cavaco (3). *Hedycaryopsis:* Cavaco (2). — Lauraceae: Gattungsschlüssel: Kostermans (4). Rio de Janeiro: Vattimo. *Beilschmiedia, Potameia,* Madagaskar: Kostermans (1). *Cryptocarya,* Madagaskar: Kostermans (2). *Ravensara:* Kostermans (3). — Papaveraceae: *Argemone,* Nordamerika und Westindien: Ownbey.. *Papaver-alpinum*-Komplex: Markgraf. — Brassicaceae: cyt.: *Cardamine-amara*-Komplex: Lövkvist (2). cyt.: *Cardamine-pratensis*-Komplex, Skandinavien: Lövkvist (1). *Erysimum,* Nordamerika: Rossbach. *Farsetia,* Mittlerer Osten: Jafri (2). — Capparidaceae: *Cleome* § *Peritoma, Cleomella, Oxystylis, Wislizenia,* Westl. Nordamerika: Iltis (1). *Polanisia:* Iltis (2). — Resedaceae: *Caylusea:* Taylor (2). — Droseraceae: *Drosera,* Guayana u. Venezuela: Maguire u. Wurdack (1). — Crassulaceae: *Kalanchoe-laciniata*-Komplex: Cufodontis. — Saxifragaceae: cyt. Arktis: Sokolovskaya. Ostaustralien, Gattungsschlüssel: L. S. Smith (2). *Chrysosplenium:* Hara. *Hydrangea:* Macclintock. *Saxifraga* § *Kabschia,* Himalaya: H. Smith. *Saxifraga-stellaris*-Komplex: Temesy. — Hamamelidaceae: *Liquidambar:* Samorodova-Bianki.

Rosaceae: *Cotoneaster,* cult.: Klotz. *Crataegus,* Mähren: Hrabetova-Uhrova (2). cyt.: *Geum:* Gajewski. *Potentilla-fruticosa*-Komplex: Bowden. *Rubus,* Belgien: Legrain. *Rubus,* Brit. Inseln: Watson. — Mimosaceae: *Acacia*-Studien, Afrika: Brenan (1). *Acacia-pennata*-Komplex: Brenan u. Exell. *Albizia,* Südafrika: Codd. *Dichrostachys,* Afrika, sowie weitere *Acacia*-Studien: Brenan (2). — Caesalpiniaceae: *Amherstieae, Cynometreae,* Afrika: Léonard (1). *Bussea:* Verdcourt (1). *Cassia*-Studien, Trop. Afrika: Brenan (3). *Cynometra,* neuweltlich: Dwyer. *Dicymbe:* Maguire u. Wurdack (1). *Sclerolobium,* Trop. Amerika: Dwyer. — Fabaceae: Afghanistan: Koje u. Rechinger. *Astragalus*-Studien, West-Pakistan u. Nordwest-Himalaya: Ali (1). *Astragalus* § *Helmia:* Goloskokov. *Astragalus* §§ *Christiana, Megalocystis, Poterium:* Rechinger. *Chaetocalyx:* Rudd.

Cyamopsis, Indigofera, Rhynchotropis, Trop. Afrika: GILLETT (3). *Indigofera,* West-Pakistan u. Nordwest-Himalaya: ALI (2). *Lotus,* Nordwest-Rußland: MINIAEV. cyt.: *Lotus:* LARSEN (2). cyt.: *Lupinus:* PHILLIPS. *Medicago,* Belgien u. Niederlande: OOSTSTROOM u. REICHGELT. *Pachecoa* sowie Schüssel für *Arachis, Chapmannia, Stylosanthes:* BURKART. *Stylosanthes:* MOHLENBROCK. *Tephrosia*-Studien, Trop. Afrika: GILLETT (1). — Geraniaceae: *Balbisia,* Chile: RICARDI (1). cyt.: *Erodium-cicutarium*-Gruppe: LARSEN (5). — Oxalidaceae: *Oxalis,* Brit. Inseln: YOUNG (2). — Linaceae: *Linum,* Türkei: DAVIS. — Zygophyllaceae: Venezuela: LASSER. cyt.: *Nitraria:* REESE (4). — Burseraceae: Columbien: CUATRECASAS (3). *Dacryodes,* Amerika: CUATRECASAS (2). *Haplolobus:* LAM (2). — Meliaceae: Argentinien: BUCHINGER u. FALCONE. — Polygalaceae: *Monnina,* Venezuela: FERREYRA. *Polygala,* Polen: PAWŁOWSKI. — Euphorbiaceae: *Pedilanthus:* DRESSLER. *Phyllanthus,* Westindien: WEBSTER. *Suregada,* Afrika: LÉONARD (2). *Tetrorchidium,* Columbien: CUATRECASAS (1). — Anacardiaceae: Gattungs-schlüssel: BARKLEY (3). *Schinus:* BARKLEY (1). —. Celastraceae: *Bhesa:* HOU (2). — Hippocastanaceae: Amerika: HARDIN. — Sapindaceae: Südl. Süd-amerika: BARKLEY (2). — Rhamnaceae: Ostafrika: VERDCOURT (4). — Elaeo-carpaceae: Australien: L. S. SMITH. — Malvaceae: *Abutilon, Hibiscus, Pavonia,* Südamerika: KEARNEY. *Malvastrum* § *Malv.,* Argentinien, und *Nototriche,* poly-game Arten: KRAPOVICKAS. *Sida* p.p.: CLEMENT. cyt.: *Sidalcea,* perenn. Arten: HITCHCOCK u. KRUCKEBERG. — Bombacaceae: *Bombax,* Trop. Afrika: ROBYNS. *Durio* subgen. *Durio* u. *Boschia,* Borneo: KOSTERMANS u. SOEGENG. *Durio,* Burma, Malaya, Sumatra: KOSTERMANS (6). — Sterculiaceae: *Firmiana:* KOSTERMANS (5). *Herrania:* SCHULTES.

Ochnaceae: cyt.: *Ouratea:* FARRON. — Theaceae: *Melchiora:* KOBUSKI. — Clusiaceae: Queensland: L. S. SMITH. *Clusia* §§ *Clusiastrum* u. *Cochlanthera:* MAGUIRE u. WURDACK (2). — Hypericaceae: *Ascyrum:* ADAMS. *Hypericum,* Afrika: ROBSON (1). — Violaceae: *Hybanthus,* Afrika u. Madagaskar: ROBSON (2). *Viola-nuttalliana*-Komplex: BAKER. cyt.: *Viola* sub§ *Rostratae:* VALENTINE. — Flacourtiaceae: Port. Guinea u. Moçambique: FERNANDES u. DINIZ (1). — Passifloraceae: Port. Guinea: FERNANDES (3). Moçambique: FERNANDES (4). — Cactaceae: Peru: RAUH. *Gymnocalycinum,* Bolivien: CARDENAS. *Opuntioideae, Pereskioideae:* BACKEBERG. *Oroya:* SIMO u. SCHATZL. *Rebutinae:* DONALD. — Lythraceae: Angola: FERNANDES u. DINIZ (2). — Rhizophoraceae: *Bruguiera:* HOU. — Combretaceae: *Terminalia* § *Pachyphyllum:* MAGUIRE u. WURDACK (2). — Myrtaceae: *Calyptranthes, Marlierea:* MAGUIRE u. WURDACK (2). *Eugenia,* Hawaii: K. A. WILSON. *Eugenia,* Gaboun u. Franz. Congo: AMSHOFF. *Myrceugenia,* neuweltl.: LEGRAND. — Melastomataceae: *Behuria:* BRADE. *Mouriri* § *Neso-phytum:* MORLEY. *Pachyloma:* MAGUIRE u. WURDACK (2). — Onagraceae: Moçambique: FERNANDES (1). Port. Guinea, Cabo Verde, Macau (einschl. *Trapa-ceae*): FERNANDES (2). *Oenothera,* östl. Nordamerika: GATES. *Oenothera,* Frankreich: LINDER. *Zauschneria,* TRALAU (1). — Apiaceae: Asien: HIROE. cyt.: BELL u. CONSTANCE. *Eryngium,* Rio Grande do Sul: RAMBO. *Ptilimnium:* EASTERLY.

Ericaceae: Gattungsschlüssel: Ross. Slovenien: MAYER (3). *Diplycosia,* SLEUMER (1). *Gaultheria,* Malesien: SLEUMER (2). *Rhododendron,* Indochina u. Siam: SLEUMER (3). — Epacridaceae: *Melichrus:* PATERSON. — Myrsinaceae: Santa Catarina (Brasilien): L. B. SMITH u. DOWNS. *Afrardisia:* WIT (3). — Pri-mulaceae: *Anagallis, Ardisiandra, Lysimachia,* Trop. Afrika: TAYLOR (1). cyt.: *Androsace, Gregoria:* FAVARGER (2). *Aretia, Androsace,* Slovenien: MAYER (2). — Sapotaceae: *Aesandra, Chrysophyllum, Diploknema, Payena,* Malesien: VINK, VAN ROYEN u. BRUGGEN. *Aulandra:* VAN ROYEN (2). *Krausella,* Malesien: HERR-MANN-ERLEE u. LAM. *Manilkara:* DUCKE. *Planchonella, Xantolis,* Malesien: VAN ROYEN (1). *Pouteria,* Malesien: HERRMANN-ERLEE u. VAN ROYEN. — Ebena-ceae: *Royena*-Studien: WINTER. — Styracaceae: *Afrostyrax:* ROBYNS. — Symplocaceae: *Symplocos,* Venezuela: ARISTEGUIETA. — Oleaceae: *Fores-tiera,* USA: JOHNSTON (2). *Menodora,* Argentinien, Bolivien, Paraguay u. Uruguay: MEYER. *Osmanthus,* Asien, Amerika: GREEN. — Gentianaceae: *Eustoma:* SHINNERS. *Gentianella,* Nordamerika, sowie Gattungsschlüssel *Gentianinae:* GIL-LET. *Gentianella,* Peru: FABRIS. — Asclepiadaceae: *Ceropegia:* HUBER. *Oxy-petalum:* OCCHIONI. *Oxypetalum,* Südbrasilien: RAMBO.

Convolvulaceae: Argentinien: O'DONELL. Südafrika: MEEUSE. *Astripomoea, Ipomoea*, Ostafrika: VERDCOURT (3). *Seddera*, Ostafrika: VERDCOURT (1). *Seddera*, Schlüssel: VERDCOURT (2). — Boraginaceae: *Amsinckia*, Nordamerika: RAY u. CHISAKI. *Echiochilon, Megastoma, Sericostoma:* JOHNSTON (1). — Verbenaceae: *Castelia:* MOLDENKE (5). *Citharexylum*-Studien: MOLDENKE (4). *Neosparton:* TRONCOSO. *Vitex*-Studien: MOLDENKE (3). — Lamiaceae: *Ballota* § *Ballota:* PATZAK. *Hyptis:* EPLING. *Melittis:* KLOKOV (1). *Phlomis*, Anatolien: HUBER-MORATH. *Thymus*, Mitteleuropa: MACHULE. — Solanaceae: *Juanulloa*, Columbien: CUATRECASAS (5). *Markea:* CUATRECASAS (4). *Physalis*, Nordamerika: WATERFALL. — Scrophulariaceae: Buenos Aires: DAWSON. *Antirrhinum:* ROTHMALER. *Melampyrum*, Polen: JASIEWICZ. *Pedicularis*, Slovenien: MAYER (1). *Russelia:* CARLSON. *Veronica, Veronicastrum*, Ostasien: YAMOZAKI. — Orobanchaceae: cyt.: HAMBLER. — Gesneriaceae: cyt.: FUSSELL. *Chrysothemis, Episcia, Napeanthus:* LEEUWENBERG. *Ornithoboea, Opithandra, Saintpaulia:* BURTT. *Gloxinia, Saintpaulia* u. Verw.: MOORE (3). cyt.: *Streptocarpus:* LAWRENCE. — Lentibulariaceae: *Pinguicula*, südöstl. USA: WOOD u. GODFREY. — Globulariaceae: cyt.: *Globularia:* LARSEN (3). — Acanthaceae: Columbien: LEONARD. *Barleria* sowie Gattungsschlüssel für Südwestafrika: MAYER. *Elytraria*, Westafrika: MORTON. — Plantaginaceae: cyt.: *Plantago:* RAHN. — Rubiaceae: Türkei: EHRENDORFER (2). *Asperula* § *Octonariae:* KLOKOV (2). *Chiococceae, Guettardeae*, Argentinien: BACIGALUPO. *Cremocarpon, Pyragra:* BREMEKAMP (4). *Galium* § *Jubo-Galium:* EHRENDORFER (1). *Gardenia* u. *Randia*, s. lat., Westafrika: KEAY (1). *Naucleeae*, Belg. Congo: *Mitragyna, Nauclea:* PETIT (2). *Uncaria:* PETIT (1). *Saldinia:* BREMEKAMP (3). — Caprifoliaceae: *Viburnum*, Nearktis: McATEE. — Valerianaceae: cyt.: *Centranthus:* LARSEN (4). *Plectritis:* DEMPSTER. *Valeriana*, Ostafrika: MEYER. — Cucurbitaceae: *Elateriopsis:* CROVETTO.

Asteraceae: cyt. *Achillea-millefolium*-Komplex: SCHNEIDER. *Antennaria*, Südamerika: CABRERA (5). *Baccharidinae:* LUIS. *Belloa:* CABRERA (3). *Cacalia*, Sacchalin: TOLMATCHEV. *Carelia:* CABRERA (2). *Carphephorus:* JAMES. *Centaurea* sub§ *Jacea:* ARÈNES. *Centaurea-jacea*-Gruppe, Norwegen: WENDELBO. *Chaetospira:* ASPLUND u. BLAKE. cyt.: *Cirsium*, Polen: CZAPIK. *Eupatorieae*, Argentinien: CABRERA u. VITTET. *Fitchia:* CARLQUIST (1). *Helenium*, „vernal species", sowie Gattungsschlüssel *Helenieae-Galardiae:* ROCK. *Helianthus*, Südamerika: HEISER. *Helichrysum* § *Leptolepidea*, Südwestafrika: MERXMÜLLER. *Helichrysum* subgen. *Ozothamnus:* BURBIDGE. *Heliopsis:* FISHER. cyt.: *Hemizonia* § *Centromadia:* VENKATESH. *Machaeranthera:* CRONQUIST u. KECK, *Marshallia:* CHANNEL. *Microspermum:* P. G. WILSON. *Mutisieae*, Guayana: MAGUIRE u. WURDACK (1). *Myopordon:* WAGENITZ (2). *Podolepis:* DAVIS. *Quelchia:* MAGUIRE, STEYERMARK u. WURDACK. *Rudbeckia* subgen. *Rudbeckia:* PERDUE. *Senecio*, Brasilien, Paraguay, Uruguay: CABRERA (4). *Stenopadus:* MAGUIRE u. WURDACK (1). *Stylotrichium:* BARROSO (2). *Townsendia:* BEAMAN. *Trilisia:* JAMES. *Verbesina, Viguiera*, Mexico: PATAY. *Vernonieae*, Malesien: KOSTER. — Cichoriaceae: *Ixeris* bis *Hieracium:* KITAMURA (1). *Malacothrix:* WILLIAMS. *Taraxacum*, Japan: KITAMURA (2). *Taraxacum* § *Erythrosperma*, Nordamerika: SOEST (2). *Taraxacum* §§ *Obliqua* u. *Erythrosperma*, Niederlande, sowie *Taraxacum*, Corsica: SOEST (1).

13. Neue Gattungen.

Pinaceae: *Cathaya:* CHUN u. KUANG. — Poaceae: *Anisachne (Agrostideae):* KENG. *Indopoa* (aff.? *Eragrosteae*): BOR. *Loudetiopsis* (aff. *Loudetia*): CONERT. *Nematopoa* u. *Piptophyllum* (aff. *Crinipes*): HUBBARD. *Pseudodanthonia* (aff.? *Aveneae*): BOR u. HUBBARD. *Sinochasea (Agrostideae):* KENG. — Arecaceae: *Markleya* (aff. *Orbignya*): BONDAR. — Xyridaceae: *Orectanthe* (auf *Abolboda sceptrum*): MAGUIRE u. WURDACK. — Eriocaulaceae: *Wurdackia:* MAGUIRE, STEYERMARK u. WURDACK. — Rapateaceae: *Duckea, Epiphyton* (aff. *Stegolepis*), *Guacamaya, Kunhardtia* (aff. *Schoenocephalium*), *Phelpsiella* (aff. *Amphiphyllum*): MAGUIRE u. WURDACK. — Haemodoraceae: *Pyrrorhiza* (aff. *Schiekia*): MAGUIRE u. WURDACK. — Santalaceae: *Amphorogyne (Osyrideae)* u. *Daenikera:* HÜRLIMANN u. STAUFFER. — Ficoidaceae: *Aizoanthemum* (zw. *Aizoon* u. *Mesembryanthemum*): FRIEDRICH. *Anisocalyx:* BOLUS. *Caryotophora* (aff. *Hymenogyne*):

LEISTNER in BOLUS. *Ottosonderia:* BOLUS. — Monimiaceae: *Phanerogonocarpus* (aff. *Tambourissa*): CAVACO. — Brassicaceae: *Catenularia* (aff. *Erysimum*): BOTSCHANTZEV. *Parryodes* (aff. *Arabis*): JAFRI (1). — Hamamelidaceae: *Neostrearia* (aff. *Ostrearia*): SMITH (1). — Caesalpiniaceae: *Androcalymma* (aff. *Martiusia*): DWYER. *Colophospermum* (aus *Copaifera*) u. *Gilbertiodendron* (aus *Macrolobium*): LÉONARD (1). *Isomacrolobium* (aff. *Anthonotha*): AUBRÉVILLE u. PELLEGRIN (2). *Lebruniodendron* (aus *Cynometra*): LÉONARD (1). *Lophocarpinia* (*Caesalpinieae*): BURKART. *Neochevalierodendron* (aus *Hymenostegia*): LÉONARD (1). *Paloveopsis:* COWAN. *Paramacrolobium* u. *Pellegriniodendron* (aus *Macrolobium*), *Sindoropsis* (aus *Copaifera*): LÉONARD (1). *Triplisomeris* (aff. *Anthonotha*): AUBRÉVILLE u. PELLEGRIN (2). — Fabaceae: *Kerstania* (aff. *Hosackia*) u. *Pseudolotus* (aff. *Lotus*): KØIE u. RECHINGER. — Zygophyllaceae: *Halimiphyllum* (*Zygophyllum* § *H.*): BORISSOVA. — Cactaceae: *Cullmannia* (auf *Cereus viperinus*): DISTEFANO. *Rauhocereus* (aff. *Trichocereus*): RAUH. — Myrtaceae: *Acmenosperma* (aff. *Acmena*): KAUSEL. *Sinoga* (auf *Agonis lysicephala*): BLAKE (2). — Melastomataceae: *Huilaea* (*Miconieae*): WURDACK. — Ericaceae: *Rhodococcum* (*Vaccinium* § *Vitis-idaea*): AVRORIN. — Sapotaceae: *Boivinella* (aus *Chrysophyllum*): AUBRÉVILLE u. PELLEGRIN (3). *Kantou* u. *Tisserantodoxa* (aff. *Chrysophyllum*): AUBRÉVILLE u. PELLEGRIN (1). *Zeyherella* (aus *Chrysophyllum*): AUBRÉVILLE u. PELLEGRIN (3). — Scrophulariaceae: *Schizosepala* (*Gratioleae*): BARROSO (1). — Bignoniaceae: *Lamiodendron* (*Tecomeae*): STEENIS (3). — Gesneriaceae: *Lembocarpus* (aff. *Gloxinia*), *Rhoogeton* (aff. *Lembocarpus*), *Tylosperma* (aff. *Episcia*): LEEUWENBERG. — Rubiaceae: *Arbulocarpus* (n. n. f. *Hypodematium*): TENNANT. *Brenania, Calochone, Didymosalpinx* (aus *Randia* u. *Gardenia*): KEAY (1). *Lathraeocarpa:* BREMEKAMP (2). *Oligocodon, Polycoryne, Preussiodora, Pseudogardenia* (aus *Randia* u. *Gardenia*): KEAY (1). — Campanulaceae: *Astrocodon* (aff. *Popoviocodonia*), *Brachycodon* (*Campanula/Legouzia*), *Cryptocodon* (aff. *Asyneuma*), *Popoviocodonia* (*Campanula/Adenophora*), *Sergia:* FJODOROV. — Asteraceae: *Achnopogon* (*Mutisieae*): MAGUIRE, STEYERMARK u. WURDACK. *Amboroa* (*Eupatorieae*): CABRERA (1). *Chimantaea* (*Mutisieae*): MAGUIRE, STEYERMARK u. WURDACK. *Ferreyrella* (aff. *Piqueria*): BLAKE (1). *Glossarion* (*Mutisieae*): MAGUIRE u. WURDACK (1). *Hippolytia* (aff. *Tanacetum*): POLJAKOV. *Iltisia* (*Helenieae*): BLAKE (1). *Kaschgaria* (aff. *Artemisia*): POLJAKOV. *Neblinaea* (*Mutisieae*): MAGUIRE u. WURDACK (1). *Rennera* (aff. *Pentzia*): MERXMÜLLER. *Stomatochaeta* (aff. *Stenopadus*): MAGUIRE u. WURDACK (1). — Cichoriaceae: *Nannoseris* (aff. *Dianthoseris* u. *Sonchus*): HEDBERG (2).

14. Floren.

Europa. Mitteleuropa: *Juglandaceae—Polygonaceae* [RECHINGER: 2. Aufl. von HEGI: Ill. Fl. v. Mittel-Eur. 3 (1) (1957)]. — Deutschland [ROTHMALER: Exkursionsfl. 6. Aufl. 1957; Exkursionsfl. v. Dtschl. 2 (1958)]. — Großbritannien (DANDY: List of Brit. Vasc. Pl. 1958). — Holland: *Orchidaceae* [VERMEULEN: Fl. Neerl. 1 (5) (1958)]. — Belgien: *Cruciferae—Rosaceae* [LAWALRÉE: Fl. Gén. Belg. 2 (3) (1957); 3 (1) (1958)]. — Österreich: *Magnoliaceae—Compositae* [JANCHEN: Catal. Fl. Austriae 1 (2; 3) (1957; 1958)]. — Slovenien: Gehölze [MAYER: Gozdarsk. Vestn. Št. 6/7, 161—191 (1958)].

Asien und Australien. Irak: *Portulacaceae—Theligonaceae* [BLAKELOCK: Kew Bull. 1957, 177—224 (1957); 461—497 (1958)]. — UdSSR: *Morinaceae—Lobeliaceae* [ŠIŠKIN i BOBROV: Fl. SSSR 24 (1957)]. — Eur. Rußland: [STANKOV i TALIJEV: Opredjel. Vysš. Rast. Jevr. Časti SSSR. 1957; ŠIŠKIN: Fl. Leningradskoj Obl. 2 (1957)]. — Sibirien: *Polypodiaceae—Empetraceae* [POPOV: Fl. Srednelj Sib. 1 (1957)]. — Armenien: *Platanaceae—Crassulaceae* (TACHTADZIAN: Fl. Armen. 1958). — Malesien: *Alismataceae, Basellaceae, Batidaceae, Centrolepidaceae, Connaraceae, Dichapetalaceae, Erythroxylaceae, Goodeniaceae, Hamamelidaceae, Hydrocharitaceae, Pittosporaceae, Restionaceae, Rhizophoraceae, Scyphostegiaceae* [VAN STEENIS: Fl. Males. ser. 1, 5 (3) (1957); (4) (1958)]. — Java: *Araceae, Marantaceae, Palmae* [BAKHUIZEN VAN DEN BRINK: Bekn. Fl. v. Java 16; 17 (1957)]. — Südaustralien [ROBERTSON: 2. Aufl. von BLACK: Fl. of S. Austr. 4, 685—1008 (1957)].

Afrika. Nordwestafrika: *Cyperaceae—Liliaceae* [MAIRE: Fl. de l'Afr. du N. 4; 5 (1957)]; Sahara [OZENDA: Fl. du Sahara sept. et centr. (1958)]. — Äthiopien:

Euphorbiaceae—Tiliaceae [CUFODONTIS: Bull. Jard. Bot. Bruxelles **28** (Suppl.): Enum. Pl. Aethiop. 441—532 (1958)]; *Caesalpiniaceae* excl. *Cassia* [ROTI-MICHELOZZI: Webbia **13**, 133—228 (1957)]. — Westafrika: *Tiliales—Umbelliferales* [KEAY: 2. Aufl. von HUTCHINSON and DALZIEL: Fl. of W. Trop. Afr. **1** (2) (1958)]; *Annonaceae, Cochlospermaceae, Menispermaceae, Samydaceae* von Oubangui-Chari [TISSERANT: Notul. Syst. (Paris) **15**, 298—354 (1958)]. — Kongo: *Pandaceae—Callitrichaceae* [ROBYNS: Fl. du Congo Belge et du Ruanda-Urundi **7** (1958)]; Familienschlüssel (l. c. 1958). — Ostafrika: *Alangiaceae, Caricaceae, Cupressaceae, Cycadaceae, Melianthaceae, Orobanchaceae, Podocarpaceae, Polygonaceae, Primulaceae, Resedaceae* [TURRILL and MILNE-REDHEAD: Fl. of Trop. E. Afr. (1957; 1958)]; Hochgebirgsflora [HEDBERG: Symb. Bot. Upsal. **15** (1) (1957)]. — Madagaskar: *Alangiaceae, Annonaceae, Connaraceae, Cornaceae, Euphorbiaceae—Phyllanthoideae* [HUMBERT: Fl. de Madagascar. (1958)].

Amerika. Grönland [BÖCHER, HOLMEN en JAKOBSEN: Gronl. Fl. 1957; JØRGENSEN, SØRENSEN en WESTERGAARD: Biol. Skr. Danske Vid. Sels. **9**, 1—172 (1958)]. — Nordamerika: *Scirpeae* excl. *Scirpus* [SVENSON: N. Am. Fl. **18** (9), 505—556 (1957)]. — Kanadischer Archipel [PORSILD: Nat. Mus. Canada Bull. **146** (1957)]. — Manitoba [SCOGGAN: Nat. Mus. Canada Bull. **140** (1957)]. — Wisconsin: *Asclepiadaceae, Labiatae, Phrymaceae, Rubiaceae* [ILTIS and coll.: Trans. Wisconsin Acad. Sci. **46**, 91—140 (1957)]. — Nevada: *Leguminosae, Polemoniaceae, Umbelliferae* [PORTER; WHERRY; MATHIAS and CONSTANCE: Contr. tow. a Fl. of Nevada **42**; **43**; **44** (1957)]. — Kalifornien [MASON: A. fl. of the marshes of California. 1957; HOWELL, RAVEN and RUBTZOFF: A fl. of San Francisco (1957)]. — Kuba [ALAIN: Fl. de Cuba **4** (1957)]. — Costa Rica: 2- u. 3-fiedrige Bäume [HOLDRIDGE: Ceiba **6**, 5—23 (1957)]. — Panama: *Passifloraceae—Melastomataceae* [WOODSON, SHERY and coll.: Ann. Missouri Bot. Gard. **45**, 1—103 (1958)]. — Surinam: *Batidaceae, Bromeliaceae, Chenopodiaceae, Marantaceae, Phytolaccaceae, Piperaceae* [LANJOUW: Fl. of Suriname **1** (2), 93—292 (1957)]. — Brasilien: *Ranales, Tubiflorae, Saxifragaceae, Compositae, Begoniaceae* von Itatiaia [Rodriguésia **32**, 28—243 (1957)]; *Eriocaulaceae* von Paraná [ANGELY; Fl. do Paraná **10** (1957)]. — Peru: *Myrtaceae* [McVAUGH: Field Mus. Bot. **13** (4), 569—819 (1958)]; *Orchidaceae* [SCHWEINFURTH: Fieldiana Bot. **30**, 1—160 (1958)]. — Bolivien [FORSTER: Contr. Gray Herb. **184**, 1—223 (1958)]. — Uruguay: *Celastraceae—Cactaceae* [HERTER: Fl. Ill. del Uruguay **13 a** (1958)].

Literatur.

ABBIATI, D.: Rev. Mus. La Plata **7**, 1—110 (1956). — ADAMS, W. P.: Rhodora **59**, 73—94 (1957). — ADAMSON, R. S.: J. S. Afr. Bot. **24**, 11—69 (1958). — AICHELE, D., und H. W. SCHWEGLER: Feddes Rep. **60**, 1—230 (1957). — AL-AISH, M.: Ph. D. Thesis Univ. Texas 1956. — ALI, S. I.: (1) Kew Bull. **1958**, 303—318 (1958). — (2) Bot. Not. (Lund) **111**, 543—577 (1958). — AMSHOFF, G. J. H.: Acta bot. neerl. **7**, 53—58 (1958). — ANGELY, J.: Catálogo e estatistica dos gêneros botânicos fanerogâmicos. Curitiba, Paraná (1957/58). — ARÈNES, J.: Bull. Jard. Bot. Bruxelles **27**, 143—157 (1957). — ARISTEGUIETA, L.: Bol. Soc. Venezol. Ci. Nat. **18** (88), 106—119 (1957). — ASPLUND, E., and S. F. BLAKE: Svensk bot. Tidskr. **52**, 47—51 (1958). — AUBRÉVILLE, A., et F. PELLEGRIN: (1) Bull. Soc. Bot. France **104**, 276 bis 281 (1957). — (2) Bull. Soc. Bot. France **104**, 495—498 (1957). — (3) Bull. Soc. Bot. France **105**, 35—37 (1958). — AVRORIN, N. A.: Bot. J. (Moskau) **43**, 1719—1724 (1958).

BACIGALUPO, N. M.: Darwiniana **11**, 140—162 (1957). — BACKEBERG, C.: Die Cactaceae **1**, 638 S. Jena (1958). — BAILEY, I. W.: (1) J. Arn. Arb. **38**, 243—254 (1957). — (2) J. Arn. Arb. **38**, 374—378 (1957). — BAKER, M. S.: Brittonia **9**, 217—230 (1957). — BAKHUIZEN VAN DEN BRINK, R. C.: Blumea Suppl. **4**, 91—92 (1958). — BAKKER, K.: Acta bot. neerl. **6**, 48—53 (1957). — BARKLEY, F. A.: (1) Lilloa **28**, 5—110 (1957). — (2) Lilloa **28**, 111—179 (1957). — (3) Lloydia **20**, 255—265 (1958). — BARNARD, C.: (1) Aust. J. Bot. **5**, 1—20 (1957). — (2) Aust. J. Bot. **6**, 285—298 (1958). — BARROSO, G. M.: (1) Arq. Jard. bot. Rio de Janeiro **14**, 259 (1956). — (2) Arq. Jard. bot. Rio de Janeiro **15**, 23—28 (1957). — BATE-SMITH, E. C., and C. R. METCALFE: J. Linn. Soc. London Bot. **55**, 669—705 (1957). — BEAMAN, J. H.: Contr. Gray Herb. **183**, 1—151 (1957). — BEARD, J. S.: Bothalia

7, 41—63 (1958). — Bell, C. R., and L. Constance: Amer. J. Bot. **44**, 565—572 (1957). — Bennek, C.: Bot. Jb. **77**, 423—457 (1958). — Benson, L.: Plant Classification. 688 S. Boston and London (1957). — Bézanger-Beauquesne, L.: Bull. Soc. Bot. France **105**, 266—291 (1958). — Bhadwaja, R. C.: J. Ind. bot. Soc. **36**, 408—420 (1957). — Bisset, N. G.: Ann. Bogor. **2**, 193—210; 211—217; 219 bis 223 (1957). — Blackburn, K. B., and J. K. Morton: New Phytol. **56**, 344—351 (1957). — Blake, S. F.: (1) J. Washington Acad. Sci. **47**, 407—410 (1957). — (2) Proc. roy. Soc. Queensl. **69**, 75—88 (1958). — Blomquist, H. L.: Brittonia **8**, 255—281 (1957). — Böcher, T. W., and K. Larsen: Watsonia **4**, 11—16 (1957). — Boivin, B.: Bull. Soc. roy. Bot. Belg. **89**, 319—322 (1957). — Bolus, H. M. L.: Notes on Mesembryanthemum and allied genera 3, 289—417 (1958). — Bondar, G.: Arq. Jard. bot. Rio de Janeiro **15**, 49—55 (1957). — Bor, N. L.: Kew Bull. **1958**, 225—226 (1958). — Bor, N. L., and C. E. Hubbard: Kew Bull. **1957**, 425 bis 427 (1958). — Borissova, A.: Notul. Syst. (Komarov) **18**, 144—156 (1957). — Botschantzev, V.: Notul. Syst. (Komarov) **18**, 101—103 (1957). — Boureau, E.: Anatomie végétale. L'appareil végétatif des Phanérogames. 282 S. Paris (1957). — Bowden, W. M.: J. Arn. Arb. **38**, 381—388 (1957). — Brade, A. C.: Arq. Jard. bot. Rio de Janeiro **14**, 211—240 (1956). — Bremekamp, C. E. B.: (1) Acta bot. neerl. **6**, 351—377 (1957). — (2) Bull. Jard. Bot. Bruxelles **27**, 159—166 (1957). — (3) Candollea **16**, 91—129 (1957). — (4) Candollea **16**, 147—177 (1958). — Brenan, J. P. M.: (1) Kew Bull. **1957**, 75—96 (1957). — (2) Kew Bull. **1957**, 357—371 (1958). — (3) Kew Bull. **1958**, 231—252 (1958). — Brenan, J. P. M., and A. W. Exell: Bol. Soc. Broter. **31**, 99—141 (1957). — Brennan, M., and J. Doyle: Sci. Proc. roy. Dublin Soc. **27**, 193—252 (1956). — Brown, J. R.: Cact. and Succ. J. **29**, 129—135 (1957). — Brown, W. V.: (1) Bot. Gaz. **119**, 170—178 (1958). — (3) J. S. Afr. Bot. **24**, 191—200 (1958). — Brown, W. V., and W. H. P. Emery: (1) Amer. J. Bot. **44**, 585—590 (1957). — (2) Amer. J. Bot. **45**, 253—263 (1958). — Bryan, L. W.: Principes **1**, 159—161 (1957). — Buchheim, G.: Willdenowia **2**, 27—31 (1958). — Buchinger, M.: Bol. Soc. Argent. Bot. **6**, 98—106 (1956). — Buchinger, M., y R. Falcone: Rev. Forest. Buenos Air. **1**, 9—58 (1957). — Bullock, A. A.: (1) Kew Bull. **1957**, 356 (1957). — (2) Kew Bull. **1957**, 409—410 (1958). — (3) Kew Bull. **1958**, 109—110 (1958). — (4) Taxon **7**, 1—35 (1958). — Burbidge, N. T.: Aust. J. Bot. **6**, 229—284 (1958). — Burkart, A.: Darwinia **11**, 256—271 (1957). — Burtt, B. L.: Not. roy. bot. Gard. Edinb. **22**, 287—299; 301—303; 547—568 (1958). — Buxbaum, F.: (1) Beitr. Biol. Pflanz. **34**, 405—452 (1958). — (2) Madroño **14**, 177—206 (1958).

Cabrera, A. L.: (1) Bol. Soc. Argent. Bot. **6**, 91—93 (1956). — (2) Bol. Soc. Argent. Bot. **6**, 239—242 (1957). — (3) Bol. Soc. Argent. Bot. **7**, 79—85 (1958). — (4) Arq. Jard. bot. Rio de Janeiro **15**, 161—326 (1957). — (5) Not. Mus. La Plata **19**, (Bot. 90), 73—79 (1957). — Cabrera, A. L., y N. Vittet: Rev. Mus. La Plata **8**, 179—263 (1956). — Cardenas, M.: Kakt. u. a. Sukk. **8**, 11—13; 21—27 (1957). — Carlquist, S.: (1) Univ. Calif. Publ. Bot. **29**, 1—144 (1957). — (2) Mem. N. Y. Bot. Gard. **9**, 441—476 (1957); **10**, 157—184 (1958). — (3) Brittonia **10**, 78—93 (1958). — Carlson, M. C.: Fieldiana Bot. **29**, 229—292 (1957). — Carolin, R. C.: New Phytol. **56**, 81—97 (1957). — Cavaco, A.: (1) Bull. Soc. Bot. France **104**, 610—613 (1957). — (2) Bull. Soc. Bot. France **105**, 39—41 (1958). — (3) Blumea Suppl. **4**, 28—31 (1958). — Cavaco, A., et M. Keraudren: Bull. Jard. bot. Bruxelles **27**, 59—93 (1957). — Celarier, R. P.: (1) Cytologia (Tokyo) **21**, 272 bis 291 (1956). — (2) Cytologia (Tokyo) **22**, 160—183 (1957). — (3) Bull. Torrey bot. Club **85**, 49—62 (1958). — Channell, R. B.: Contr. Gray Herb. **181**, 41—132 (1957). — Chowdhuri, P. K.: Not. roy. bot. Gard. Edinb. **22**, 221—278 (1957). — Chun, W. Y., u. K. Z. Kuang: Bot. J. (Moskau) **43**, 464—480 (1958). — Cleland, R. E.: Planta **51**, 378—398 (1958). — Clement, I. D.: Contr. Gray Herb. **180**, 1—91 (1957). — Codd, L. E.: Bothalia **7**, 67—82 (1958). — Conert, H. I.: Bot. Jb. **77**, 226—354 (1957). — Constance, L.: Amer. J. Bot. **44**, 88—92 (1957). — Correa, M. N.: Bol. Soc. Argent. Bot. **6**, 73—86 (1956). — Cowan, R. S.: Brittonia **8**, 251—253 (1957). — Cronquist, A.: Bull. Jard. bot. Bruxelles **27**, 13—40 (1957). — Cronquist, A., and D. D. Keck: Brittonia **9**, 231—239 (1957). — Crovetto, R. M.: Darwinia **11**, 223—243 (1957). — Cuatrecasas, J.: (1) Brittonia **9**, 76—82 (1957). — (2) Trop. Woods **106**, 46—64 (1957). — (3) Webbia **12** (2), 375—442

(1957). — (4) Feddes Rep. 61, 74—86 (1958). — (5) Brittonia 10, 146—150 (1958). — CUFODONTIS, G.: Bull. Jard. bot. Bruxelles 27, 709—718 (1957). — CULLMANN, W.: Kakt. u. a. Sukk. 8, 177—180 (1957). — CZAPIK, R.: Acta Soc. Bot. Polon. 27, 483—489 (1958). — CZEREPANOV, S.: Notul. Syst. (Komarov) 18, 58—72 (1957). DANERT, S.: (1) Abh. dtsch. Akad. Wiss. Berlin 1957 (6), 1—183 (1958). — (2) Kulturpfl. 6, 61—88 (1958). — DAVEZAC, T.: Bull. Soc. Hist. Nat. Toulouse 92, 197—201 (1957). — DAVIS, G. L.: Proc. Linn. Soc. New S. Wales 81, 245—286 (1957). — DAVIS, P. H.: Not. roy. bot. Gard. Edinb. 22, 135—161 (1957). — DAWSON, G.: Rev. Mus. La Plata 8, 1—62 (1956). — DEMPSTER, L. T.: Brittonia 10, 14—28 (1958). — DEYL, M.: Acta Mus. Nat. Prag. 13 B, 211—277 (1957). — DISTEFANO, C.: Nuov. G. Bot. Ital. 63, 158—161 (1956). — DONALD, J. D.: Nat. Cact. Succ. J. 12, 3—11 (1957). — DRESSLER, R. L.: Contr. Gray Herb. 182, 1—188 (1957). — DUCKE, A.: J. Linn. Soc. London Bot. 55, 644—656 (1957). — DWYER, J. D.: (1) Lloydia 20, 67—118 (1957). — (2) Ann. Missouri bot. Gard. 44, 295—297 (1957). — (3) Ann. Missouri bot. Gard. 45, 313—345 (1958).

EAMES, A. J.: Amer. J. Bot. 44, 100—104 (1957). — EASTERLY, N. W.: Brittonia 9, 136—145 (1957). — ECKARDT, T.: (1) Ber. dtsch. bot. Ges. 69, 487—498 (1957). — (2) Neue Hefte Morphol. 3, 1—91 (1957). — EHRENDORFER, F.: (1) Öst. bot. Z. 105, 212—228; 229—279 (1958). — (2) Not. roy. bot. Gard. Edinb. 22, 323—401 (1958). — EICHLER, H.: (1) Trans. roy. Soc. S. Aust. 81, 175—183 (1958). — (2) Bibl. Bot. 124, 1—110 (1958). — EICKE, R.: (1) Bot. Jb. 77, 193—217 (1957). — (2) Z. Bot. 46, 5—15 (1958). — EPLING, C.: Rev. Mus. La Plata Bot. 7, 153—497 (1956). — ERDTMAN, G.: (1) Pollen and spore morphology-plant taxonomy. Gymnospermae, Pteridophyta, Bryophyta. 151 S. Stockholm (1957). — (2) Veröff. Geobot. Inst. Rübel 33, 47—49 (1958).

FABRIS, H. A.: Bol. Soc. Argent. Bot. 7, 86—93 (1958). — FAGERLIND, F.: Svensk bot. Tidskr. 52, 421—426 (1958). — FAHN, A., and I. W. BAILEY: J. Arn. Arb. 38, 107—120 (1957). — FARRON, C.: Ber. schweiz. bot. Ges. 67, 26—32 (1957). — FAVARGER, C.: (1) Rev. Cyt. Biol. Vég. 18, 125—137 (1957). — (2) Veröff. geobot. Inst. Rübel 33, 59—80 (1958). — (3) Arch. Jul.-Klaus-Stift. 31, 277—285 (1956). — FEINBRUN, N.: Kew Bull. 1957, 269—285 (1957). — FEINBRUN, N., and W. T. STEARN: Bull. Rec. Counc. Isr. 6, 167—173 (1958). — FERNANDES, A., e R.: (1) Garcia de Orta 5, 109—119 (1957). — (2) Garcia de Orta 5, 469—478 (1957). — (3) Garcia de Orta 5, 505—710 (1957). — (4) Garcia de Orta 6, 241—262 (1958). — FERNANDES, A., e M. A. DINIZ: (1) Garcia de Orta 5, 247—252 (1957). — (2) Garcia de Orta 6, 87—129 (1958). — FERRÉ, Y. DE: Bull. Soc. Bot. France 105, 155—205 (1958). — FERREYRA, R.: Brittonia 9, 9—18 (1957). — FISHER, T. R.: Ohio J. Sci. 57, 171—191 (1957). — FJODOROV, A.: Fl. URSS 24 (1957). — FONTAN-CANDELA, J. L.: An. Inst. Bot. Cavan. 15, 501—521 (1957). — FORMAN, L. L.: (1) Kew Bull. 1957, 447—459 (1958). — (2) Kew Bull. 1957, 503—504 (1958). — FRIEDRICH, H.-C.: Mitt. Bot. Staatss. München 2 (17—18), 339—349 (1957). — FUSSELL, C. P.: Baileya 6, 117—125 (1958).

GAYEWSKI, W.: Monogr. Bot. (Warschau) 4, 1—416 (1957). — GATES, R. R.: Rhodora 59, 9—17 (1957). — GIBBS, R. D.: J. Linn. Soc. London Bot. 56, 49—57 (1958). — GILLETT, J. M.: Ann. Missouri bot. Gard. 44, 195—269 (1957). — GILLETT, J. B.: (1) Kew Bull. 1958, 11—132 (1958). — (2) Kew Bull. 1957, 387—388 (1958). — (3) add. ser. 1, 1—166 (1958). — GILMOUR, J. S. L.: Nature (Lond.) 1958, 379—380. — GOLOSKOKOV, V.: Notul. Syst. (Komarov) 18, 109—118 (1957). — GOODMAN, G. J.: Leafl. W. Bot. 8, 125—128 (1957). — GOULD, F. W.: Madroño 14, 18—29 (1957). — GRAHAM, R. A.: Kew Bull. 1957, 145—172 (1957). — GRAY, N. E.: J. Arn. Arb. 39, 424—477 (1958). — GREBENSCIKOV, I.: Kulturpfl. 6, 38—60 (1958). — GREEN, P. S.: Not. roy. bot. Gard. Edinb. 22, 439—542 (1958). — GREGUSS, P.: (1) Acta biol. (Szegedin) 3, 151—164 (1957). — (2) Acta biol. (Szegedin) 4, 143—147 (1958).

HAIR, J. B., and E. J. BEUZENBERG: Nature (Lond.) 1958, 1584—1586. — HÅKANSSON, A.: Bot. Not. (Lund) 110, 201—204 (1957). — HAMBLER, D. J.: J. Linn. Soc. London Bot. 55, 772—777 (1958). — HANELT, P.: Wiss. Z. Univ. Halle 6, 935—944 (1957). — HARA, H.: J. Fac. Sci. Univ. Tokyo III. Bot. 7, 1—90 (1957). — HARADA, I.: Cytologia (Tokyo) 21, 306—328 (1956). — HARDIN, J. W.: Brittonia 9, 145—171; 173—194 (1957). — HARLING, G.: Acta hort. Berg.

18, (1) 1—428 (1958). — HARTL, D.: (1) Beitr. Biol. Pflanz. 33, 265—278 (1957) — (2) Beitr. Biol. Pflanz. 34, 35—49 (1958). — (3) Beitr. Biol. Pflanz. 34, 453—455 (1958). — HEDBERG, O.: (1) Uppsala Univ. Årsskr. 1958, (6), 1—243 (1958). — (2) Symb. Bot. Upsal. 15 (1), 1—411 (1957). — (3) Svensk bot. Tidskr. 52, 37—46 (1958). — HEISER, C. B.: Brittonia 8, 283—295 (1957). — HELM, J.: (1) Kulturpfl. 5, 41—54 (1957). — (2) Züchter 27, 203—222 (1957). — HENDRICKS, A. J.: Amer. Midl. Nat. 58, 470—493 (1947). — HENKEL, P. A., u. L. W. KUDRJA-SCHOW: Leitfaden der Pflanzensystematik. 380 S. Berlin (1958). — HEPPER, F. N.: Kew Bull. 1958, 289 (1958). — HERRMANN-ERLEE, M. P. M., and H. J. LAM: Blumea 8, 446—451 (1957). — HERRMANN-ERLEE, M. P. M., and P. VAN ROYEN: Blumea 8, 452—509 (1957). — HERTER, W. G.: Phyton (Horn, N.-Ö.) 7, 296—297 (1958). — HIROE, M.: Umbelliferae of Asia. 219 S. Kyoto (1958). — HITCHCOCK, C. L., and A. R. KRUCKEBERG: Univ. Washington Publ. Biol. 18, 1—96 (1957). — HJELMQUIST, H.: Bot. Not. (Lund) 110, 173—195 (1957). — HOLTTUM, R. E.: Gard. Bull. Singapore 16, 1—135 (1958). — HOU, D.: (1) Nova Guinea 8, 163—171 (1957). — (2) Blumea Suppl. 4, 149—153 (1958). — HOUFEK, J.: Preslia 29, 262 bis 267 (1957). — HOWARD, R. A.: (1) J. Arn. Arb. 38, 81—106; 211—242 (1957). — (2) J. Arn. Arb. 39, 1—48 (1958). — HRABETOVA-UHROVA, A.: Práce 30, 221 bis 279 (1958). — HU, S.-Y.: J. Arn. Arb. 39, 347—419 (1958). — HUBBARD, C. E.: (1) Kew Bull. 1957, 54—58 (1957). — (2) Kew Bull. 1957, 51—52; 52—53 (1957). — HUBER, H.: Mem. Soc. Broter. 12, 1—203 (1957). — HUBER-MORATH, A.: Bauhinia 1, 97—123 (1958). — HÜRLIMANN, H.: Ber. schweiz. bot. Ges. 67, 487 bis 505 (1957). — HÜRLIMANN, H., u. H. U. STAUFFER: Vjschr. naturforsch. Ges. Zürich 102, 332—336 (1957). — HUZIWARA, Y.: Cytologia (Tokyo) 22, 96—112 (1957). — HYLANDER, N.: Bull. Jard. bot. Bruxelles 27, 591—604 (1957).

ILTIS, H. H.: (1) Ann. Missouri bot. Gard. 44, 77—119 (1957). — (2) Brittonia 10, 33—58 (1958).

JAFRI, S. M. H.: (1) Not. roy. bot. Gard. Edinb. 22, 207—208 (1957). — (2) Not. roy. bot. Gard. Edinb. 22, 209—216 (1957). — JAMES, C. W.: Rhodora 60, 117—122 (1958). — JARRETT, F. M.: J. Arn. Arb. 39, 107—110 (1958). — JASIE-WICZ, A.: Fragm. Fl. Geobot. 4, 17—120 (1958). — JOHNSON, L. A. S.: Contr. New S. Wales Nat. Herb. 2, 395—418 (1957). — JOHNSTON, I. M.: (1) J. Arn. Arb. 38, 255—293 (1957). — (2) Southw. Nat. 2, 140—151 (1957).

KAUSEL, E.: Ark. Bot. 3, 607—611 (1957). — KEARNEY, T. H.: Leafl. W. Bot. 8, 161—168; 201—216; 225—246 (1957). — KEAY, R. W. J.: Bull. Jard. bot. Bruxel-les 28, 15—72 (1958). — KENG, Y. L.: J. Washington Acad. Sci. 48, 115—118(1958). — KENNEDY-O'BYRNE, J.: Kew Bull. 1957, 65—72 (1957). — KERN, J. H.: Acta bot. neerl. 7, 786—800 (1958). — KITAMURA, S.: (1) Mem. Coll. Sci. Univ. Kyoto B 23, 105—168 (1956). — (2) Mem. Coll. Sci. Univ. Kyoto B 24, 1—79 (1957). — KLOKOV, M.: (1) Notul. Syst. (Komarov) 18, 183—217 (1957). — (2) Notul. Syst. (Komarov) 18, 225—230 (1957). — KLOTZ, G.: Wiss. Z. Univ. Halle 6, 945—982 (1957). — KOBUSKI, C. E.: J. Arn. Arb. 38, 199—210 (1957). — KØIE, M., u. K. H. RECHINGER: Biol. Skr. Kgl. Danske Vid. Sels. 9 (3), 1—208 (1957). — KOSTER, J. T.: Blumea Suppl. 4, 170—177 (1958). — KOSTERMANS, A. J. G. H.: (1) Forest Res. Inst. Bogor Comm. 55, 1—35; 56, 1—12 (1957). — (2) Bull. Jard. bot. Bruxelles 27, 173—188 (1957). — (3) Bull. Jard. bot. Bruxelles 28, 173—191 (1958). — (4) Reinwardtia 4, 193—256 (1957). — (5) Reinwardtia 4, 281—310 (1957). — (6) Pengumuman 62, 1—36 (1958). — KOSTERMANS, A. J. G. H., and W. SOEGENG: Pengumuman 61, 1—80 (1958). — KOYAMA, T.: (1) Bot. Mag. (Tokyo) 70, 347 bis 357 (1957). — (2) Quart. J. Taiwan Mus. 10, 1—21 (1957). — (3) J. Fac. Sci. Tokyo Univ. 7, 271—366 (1958). — KRAPOVICKAS, A.: Lilloa 28, 181—195; 269 bis 277 (1957). — KRAUSE, K.: Bot. Jb. 78, 1—68 (1958). — KUNKEL, G.: Ber. schweiz. bot. Ges. 67, 428—457 (1957).

LAM, H. J.: (1) Blumea 8, 528—531 (1957). — (2) Blumea 9, 237—272 (1958). — LANDOLT, E.: Ber. schweiz. bot. Ges. 67, 271—410 (1957). — LARSEN, K.: (1) Bot. Tidsskr. 53, 291—294 (1957). — (2) Bot. Tidsskr. 54, 44—56 (1958). — (3) Bot. Not. (Lund) 110, 265—270 (1957). — (4) Bot. Not. (Lund) 111, 301—305 (1958). — (5) Biol. Medd. Dansk. Vid. Selsk. 23 (6), 1—25 (1958). — LASSER, T.: Bull. Jard. bot. Bruxelles 27, 381—390 (1957). — LAWRENCE, W. J. C.: Heredity (London) 12, 333—356 (1958). — LEEUWENBERG, A. J. M.: Acta bot. neerl. 7,

291—444 (1958). — LEGRAIN, J.: Bull. Soc. roy. Belg. 89, 21—34 (1957). — LEGRAND, C. D.: Darwinia 11, 293—265 (1957). — LEINFELLNER, W.: Öst. bot. Z. 105, 443—514 (1958). — LEISTNER, O. A.: J. S. Afr. Bot. 24, 89—102 (1958). — LEMESLE, R.: Bull. Soc. Bot. France 103, 629—677 (1956). — LENZ, L. W.: Aliso 4, 1—72 (1958). — LEONARD, E. C.: Contr. U. S. Nat. Herb. 31, 323—781 (1958). — LÉONARD, J.: (1) Mém. Acad. Roy. Belg. Sci. 30 (2), 1—314 (1957). — (2) Bull. Jard. bot. Bruxelles 28, 443—450 (1958). — LEVYNS, M. R.: J. S. Afr. Bot. 24, 1—9 (1957). — LEWIS, H.: Taxon 6, 42—46 (1957). — LI, H.-L.: J. Washington Acad. Sci. 47, 33—38 (1957). — LINDER, R.: Bull. Soc. Bot. France 104, 515—525 (1957). — LÖVE, A., and D.: (1) Bot. Not. (Lund) 111, 376—388 (1958). — (2) Proc. Genet. Soc. Canada 2, 23—27 (1957). — (3) Natural Canad. 85, 156—165 (1958). — LÖVE, A., and M. RAYMOND: Canad. J. Bot. 35, 715—761 (1957). — LÖVE, A., and P. SARKAR: Canad. J. Bot. 35, 507—514 (1957). — LÖVKVIST, B.: (1) Bot. Not. (Lund) 110, 237—250 (1957). — (2) Bot. Not. (Lund) 110, 423—442 (1957). — LUIS, I. T.: Notul. Syst. (Paris) 15, 275—298 (1958).

MACHULE, M.: Mitt. thüring. bot. Ges. 1 (4), 13—89 (1957). — MAGOON, M. L., D. C. COOPER and R. W. HOUGAS: Amer. J. Bot. 45, 207—222 (1958). — MAGUIRE, B.: Rhodora 60, 44—53 (1958). — MAGUIRE, B., and J. J. WURDACK: (1) Mem. N. Y. bot. Gard. 9, 235—392 (1957). — (2) Mem. N. Y. bot. Gard. 10, 1—156 (1958). — MAGUIRE, B., J. A. STEYERMARK and J. J. WURDACK: Mem. N. Y. bot. Gard. 9, 393—439 (1957). — MANNING, W. E.: J. Arn. Arb. 38, 121—150 (1957). — MANSFELD, R.: Kulturpfl. 6, 237—242 (1958). — MARKGRAF, F.: Phyton (Horn, N.-Ö.) 7, 302—314 (1958). — MARSDEN-JONES, E. M., and W. B. TURRILL: The Bladder Campions. 378 S. London (1957). — MATZENKO, A.: Notul. Syst. (Komarov) 18, 311—315 (1957). — MAYER, E.: (1) Biol. Vestn. 5, 11—17 (1956). — (2) Biol. Vestn. 5, 18—31 (1956). — (3) Razprave (Ljubljana) 4, 41—83 (1958). — MAYER, P. G.: Mitt. bot. Staatss. München 2, (17—18) 368—387 (1957). — McATEE, W. L.: A review of the neartic Viburnum. 125 S. Chapel Hill (1956). — McCLINTOCK, E.: Proc. Californ. Acad. 29, 147—256 (1957). — McWHAE, K. M.: Reinwardtia 4, 189—191 (1957). — MEEUSE, A. D. J.: Bothalia 6, 641—792 (1957). — MEIKLE, R. D.: Taxon 6, 102—105 (1957). — MELVILLE, R.: Kew Bull. 1957, 237—257 (1957). — MERXMÜLLER, H.: Mitt. bot. Staatss. München 2 (17—18), 317—338 (1957). — MESTRE, J.-C.: Bull. Soc. Bot. France 104, 37—40 (1957). — MEYER, F. G.: J. Linn. Soc. London Bot. 55, 761—771 (1958). — MEYER, T.: Lilloa 28, 209—245 (1957). — MINIAEV, N.: Notul. Syst. (Komarov) 18, 119—141 (1957). — MOHLENBROCK, R. H.: Ann. Missouri bot. Gard. 44, 299—355 (1957). — MOLDENKE, H. N.: (1) Bull. Jard. bot. Bruxelles 27, 115—141 (1957). — (3) Phytologia 6, 13—64; 70—128 (1957); 129—192; 197—231 (1958). — (4) Phytologia 6, 242—256; 262—320; 332—368; 383—432 (1958). — (5) Phytologia 6, 232—241 (1958). — MOOKERJEA, A.: Ann. Bot. Soc. Zool. Bot. Fenn. Vanamo 29, 1—44 (1956). — MOORE, L. B.: Pacif. Sci. 11, 355—362 (1957). — MOORE, H. E.: (1) Principes 1, 127—145 (1957). — (2) Gent. Herb. 8, 480—576 (1956). — (3) African Violets, Gloxinias, and their relatives. 323 S. New York 1957. — MORLEY, T.: Brittonia 9, 109—131 (1957). — MORTON, J. C.: Rev. Biol. 1 (1), 49—58 (1956). — MUKHERJEE, S. K.: Bot. Gaz. 119, 55—61 (1957). — MÜNTZING, A.: Bot. Not. (Lund) 111, 209—227 (1958).

NEMEJC, F.: Acta Mus. Nat. Prag. 12 B, 59—143 (1956). — NEUHÄUSL, R., und P. TOMŠOVIC: Preslia 29, 225—249 (1957). — NIKOLAYEVA, M. G.: Bot. J. (Moskau) 43, 679—683 (1958). — NORDENSKIÖLD, H.: Bot. Not. (Lund) 110, 1—16 (1957). — NORLINDH, T., u. H. WEIMARCK: Bot. Not. (Lund) 111, 623—631 (1958).

OCCHIONI, P.: Arq. Jard. bot. Rio de Janeiro 14, 37—210 (1956). — O'DONELL, C. A.: Bol. Soc. Argent. Bot. 6, 143—184 (1957). — OOSTSTROOM, S. J. VAN, en T. J. REICHGELT: Acta bot. neerl. 7, 90—123 (1958). — OWNBEY, G. B.: Mem. Torrey bot. Club 21, 1—159 (1958).

PARODI, L. R.: Rev. Argent. Agr. 24, 40—46 (1957). — PATAY, L.: Bol. Soc. Bot. Mex. 22, 41—52 (1958). — PATERSON, B. R.: Proc. Linn. Soc. New S. Wales 82, 303—313 (1957). — PATZAK, A.: Ann. Naturh. Mus. Wien 62, 57—86 (1958). — PAUNERO, E.: An. Inst. Bot. Cavan. 15, 377—416; 417—460 (1957). — PAWŁOWSKI, B.: Fragm. Fl. Geobot. (Krakow) 3, 35—68 (1958). — PAYENS, J. P. D. W.: Nova Guinea 8, 383—390 (1957). — PERDUE, R. E.: Rhodora 59, 293—298 (1957).

— Petit, E.: (1) Bull. Jard. bot. Bruxelles 27, 441—448 (1957). — (2) Bull. Jard. bot. Bruxelles 28, 1—14 (1958). — Pfitzer, P.: Chromosoma 8, 436—446 (1957). — Phillips, L. L.: Madroño 14, 30—36 (1957). — Poljakov, P.: Notul. Syst. (Komarov) 18, 281—284; 285—290 (1957). — Priszter, S.: Bauhinia 1, 126—135 (1958).

Quézel, P.: Encycl. Biogéogr. Ecolog. 10, 1—463 (1957).

Rahn, K.: Bot. Tidsskr. 53, 369—378 (1957). — Raizada, M. B., and S. K. Jain: J. Bombay Nat. Hist. Soc. 54, 858—865 (1957). — Rambo, B.: (1) Sellowia 8, 299—353 (1957). — (2) Sellowia 9, 117—146 (1958). — Rao, R. S.: J. Ind. bot. Soc. 36, 113—168 (1957). — Rappa, F.: Kakt. u. a. Sukk. 8, 8—12 (1957). — Rauh, W.: S. B. Heidelb. Akad. Wiss. 1958 (1), 1—542 (1958). — Ray, P. M., and H. F. Chisaki: Amer. J. Bot. 44, 529—554 (1957). — Rechinger, K. H.: Anz. Math.-naturwiss. Kl. Öst. Akad. Wiss. 1958 (5), 51—93 (1958). — Reeder, J.: Amer. J. Bot. 44, 756—768 (1957). — Reese, G.: (1) Ber. dtsch. bot. Ges. 70, (30)—(31) (1957). — (2) Z. Bot. 46, 339—354 (1958). — (3) Flora 144, 598—634 (1958). — (4) Flora 146, 478—488 (1958). — Rehm, S., and coll.: J. Sci. Food and Agr. 12, 679—686 (1957). — Reitz, P. R.: Sellowia 8, 20—80 (1957). — Reuter, G.: Planta 145, 326—338 (1957). — Reznik, H.: Planta 49, 406—434 (1957). — Ricardi, M.: (1) Bol. Soc. Argent. Bot. 7, 20—28 (1957). — (2) Bol. Soc. Argent. Bot. 7, 120—126 (1958). — Robson, N.: (1) Kew Bull. 1957, 433—446 (1958). — (2) Bol. Soc. Broter. 32, 151—173 (1958). — Robyns, A.: Bull. Jard. bot. Bruxelles 27, 653—668 (1957). — Robyns, W.: Bull. Soc. roy. bot. Belg. 91, 93—98 (1958). — Rock, H. F. L.: Rhodora 59, 101—115; 128—158; 168—178; 203—215 (1957). — Rodriguez, R. L.: Univ. Californ. Publ. Bot. 29, 145—318 (1957). — Rollins, R. C.: Amer. J. Bot. 44, 188—196 (1957). — Ross, R.: Bull. Jard. bot. Bruxelles 27, 733—754 (1957). — Rossbach, G. B.: Madroño 14, 261 bis 267 (1958). — Rothmaler, W.: Feddes Rep. Beih. 136, 1—124 (1956). — Row, H. C., and J. R. Reeder: Amer. J. Bot. 44, 596—601 (1957). — Rowley, G. D.: Nat. Cact. Succ. J. 13, 3—6; 25 (1958). — Royen, P. van: (1) Blumea 8, 207—234; 235—445 (1957). — (2) Blumea Suppl. 4, 263—267 (1958). — Rudd, V. E.: Contr. U. S. Nat. Herb. 32, 207—245 (1958).

Samorodova-Bianki, G.: Notul. Syst. (Komarov) 18, 77—89 (1957). — Sandina, I. B.: Bot. J. (Moskau) 42, 535—555 (1957). — Sarkar, N. M.: Canad. J. Bot. 36, 947—996 (1958). — Sarkar, P.: Canad. J. Bot. 36, 539—546 (1958). — Sastri, R. L. N.: Bot. Not. (Lund) 111, 495—511 (1958). — Saunte, L. H.: Nature (Lund) 4614, 1019—1020 (1958). — Schaeftlein, H.: Phyton (Horn, N.-Ö.) 7, 186—198 (1957). — Schaeppi, H.: Bot. Jb. 78, 119—128 (1958). — Schaeppi, H., u. K. Frank: Phyton (Horn, N.-Ö.) 7, 228—240 (1957). — Schlittler, J.: Mitt. bot. Mus. Univ. Zürich 207, 1—38 (1957). — Schneider, I.: Öst. Bot. Z. 105, 111—158 (1958). — Schultes, R. E.: J. Arn. Arb. 39, 217—295 (1958). — Schwantes, G.: Kakt. u. a. Sukk. 8, 156—158; 167—169 (1957). — Senaratna, S. D. J. E.: Peradeniya Man. (Ceylon) 8, 1—229 (1956). — Shinners, L. H.: Southw. Nat. 2, 38—43 (1957). — Simo, A., u. S. Schatzl: Kakt. u. a. Sukk. 9, 186—193 (1958). — Sinclair, J.: Gard. Bull. Singapore 16, 205—472 (1958). — Sleumer, H.: (1) Reinwardtia 4, 119—161 (1957). — (2) Reinwardtia 4, 163—188 (1957). — (3) Blumea Suppl. 4, 39—59 (1958). — Smith, H.: Bull. brit. Mus. Bot. 2, 85—129 (1958). — Smith, L. B.: Contr. U. S. Nat. Herb. 33, 1—311 (1957). — Smith, L. B., and R. J. Downs: Sellowia 8, 237—248 (1957). — Smith, L. S.: (1) Proc. roy. Soc. Queensl. 69, 43—51 (1958). — (2) Proc. roy. Soc. Queensl. 69, 53—55 (1958). — (3) Proc. roy. Soc. Queensl. 68, 43—50 (1957). — Snoad, B.: Ann. Rep. John Innes Hort. Inst. 47, 29—30 (1957). — Soest, J. L. van: (1) Acta bot. neerl. 6, 74—92; 407—419 (1957). — (2) Acta bot. neerl. 7, 627—628 (1958). — (3) Blumea Suppl. 4, 60—67 (1958). — Sokolovskaya, A. P.: Bot. J. (Moskau) 43, 1146—1155 (1958). — Sørensen, T.: Bot. Tidsskr. 54, 1—22 (1958). — Stauffer, H. U.: Ber. schweiz. bot. Ges. 67, 422—427 (1957). — Stauffer, H. U., u. H. Hürlimann: Vjschr. naturforsch. Ges. Zürich 102, 337—349 (1957). — Stebbins, G. L.: (1) Amer. J. Bot. 43, 891—911 (1956). — (2) Bot. J. (Moskau) 42, 1503—1507 (1957). — Steenis, C. G. G. J. van: (1) Blumea 8, 514—517 (1957). — (2) Bull. Jard. bot. Bruxelles 27, 113—114 (1957). — (3) Nova Guinea 8, 379—381 (1957). — (4) Fl. Males. ser. 1, 5 (3), 157—234 (1957). — Stern, W. L., and G. K. Brizicky: Bull. Torrey bot. Club **85**, 111—123 (1958). — Steyermark, J. A.: Fieldiana Bot. **28**, 679—1190 (1957). — Stopp, K.: Beitr. Biol. Pflanz. **34**, 165—175 (1958). — Strandhede, S.: Bot. Not. (Lund) **111**, 228—236 (1958). — Summerhayes, V. S.: (1) Bull. Jard. bot. Bruxelles **27**, 391—403 (1957). — (2) Kew Bull. **1957**, 259—268 (1957). — (3) Kew Bull. **1958**, 57—87 (1958). — (4) Kew Bull. **1958**, 257—281 (1958). — Swamy, B. G. L., and P. M. Ganapathy: Bot. Gaz. **119**, 47—50 (1957).

Tachtadzjan, A. L.: Acta Soc. Bot. Polon. **26**, 1—15 (1957); Not. J. (Moskau) **42**, 1633—1653 (1957). — Tateoka, T.: Bot. Mag. (Tokyo) **70**, 8—12; 115—117; 119 (1957). — Taylor, P.: (1) Kew Bull. **1958**, 133—149 (1958). — (2) Kew Bull. **1958**, 283—286 (1958). — Temesy, E.: Phyton (Horn, N.-Ö.) **7**, 40—141 (1957). — Tennant, J. R.: Kew Bull. **1957**, 386 (1958). — Thomas, R. G.: Ann. Bot. **22**, 55—72 (1958). — Thorne, R. F.: Brittonia **10**, 72—78 (1958). — Tolmatchev, A.: Not. Syst. (Komarov) **18**, 231—246 (1957). — Tralau, H.: (1) Bot. Not. (Lund) **111**, 455—467 (1958). — (2) Beitr. Biol. Pflanz. **34**, 481—507 (1958). — Traub, H. P.: The Amaryllis manual. 322 S. New York (1958). — Troncoso, N. S.: Darwinia **11**, 163—192 (1957). — Turesson, G.: Bot. Not. (Lund) **110**, 413—422 (1957). — Turrill, W. B.: Proc. Linn. Soc. London **169**, 110—112 (1958). — Tutin, T. G.: Watsonia **4**, 1—10 (1957). — Tzvelen, N.: Not. Syst. (Komarov) **18**, 22—33 (1957).

Valentine, D. H.: Proc. Linn. Soc. London **169**, 132—134 (1958). — Valentine, D. H., and A. Löve: Brittonia **10**, 153—166 (1958). — Vattimo, I. de: Arq. Jard. bot. Rio de Janeiro **15**, 115—159 (1957). — Venkatesh, C. S.: Amer. J. Bot. **45**, 77—84 (1958). — Verdcourt, B.: (1) Kew Bull. **1957**, 333—355 (1957). — (3) Kew Bull. **1958**, 185—196; 199—217 (1958). — (4) Bull. Jard. bot. Bruxelles **27**, 351—363 (1957). — (5) Bull. Jard. bot. Bruxelles **28**, 209—290 (1958). — (6) Taxon **6**, 150—152 (1957). — Verdoorn, I. C.: Bothalia **7**, 11—15 (1958). — Villar, E. H. del: An. Inst. Bot. Cavan. **15**, 3—114 (1957). — Vink, W., P. van Royen and A. C. van Bruggen: Blumea **9**, 21—74; 75—88; 89—138; 139 bis 142 (1958).

Wagenitz, G.: (1) Ann. naturh. Mus. Wien **61**, 74—77 (1957). — (2) Ber. dtsch. bot. Ges. **71**, 271—277 (1958). — Wagner, W. H., and T. F. Beals, Rhodora **60**, 177—204 (1958). — Walters, M. S.: Univ. Californ. Publ. Bot. **28**, 335—447 (1957). — Wangenheim, H. H. von: Chromosoma **8**, 671—690 (1957). — Waterfall, U. T.: Rhodora **60**, 106—114; 128—141; 152—173 (1958). — Watson, W. C. R.: Handbook of the Rubi of Great Britain and Ireland. 274 S. Cambridge (1958). — Weberling, F.: (1) Flora **145**, 72—77 (1957). — (2) Bot. Jb. **77**, 458 bis 468 (1958). — Webster, G. L.: J. Arn. Arb. **37**, 91 ff. (1956). — **39**, 212 ff. (1958). — Wendelbo, P.: Univ. Bergen Årb. **1957** (5), 1—30 (1957). — Wet, J. M. J. de: (1) Cytologia (Tokyo) **22**, 145—159 (1957). — (2) Bothalia **7**, 1—10 (1958). — Williams, E. W.: Amer. Midl. Nat. **58**, 494—512 (1957). — Wilson, K. A.: Pacif. Sci. **11**, 161—180 (1957). — Wilson, P. G.: Kew Bull. **1958**, 155—170 (1958). — Winter, B. de: Bothalia **7**, 17—20 (1958). — Wit, H. C. D. de: (1) Bull. Jard. bot. Bruxelles **27**, 233—242 (1957). — (2) Belmontia ser. 3 (Hort.) **2**, 1—125; 1—193 (1958). — (3) Blumea Suppl. **4**, 242—262 (1958). — Wood, C. E.: J. Arn. Arb. **39**, 296—346 (1958). — Wood, C. E., and R. K. Godfrey: Rhodora **59**, 217—229 (1957). — Wurdack, J. J.: Brittonia **9**, 101—109 (1957).

Yamazaki, T.: J. Fac. Sci. Univ. Tokyo III. Bot. **7**, 91—162 (1957). — Yatsenko-Khmelevsky, A. A.: Bot. J. (Moskau) **43**, 365—380 (1958). — Young, D. P.: (1) Bull. Jard. bot. Bruxelles **28**, 123—127 (1958). — (2) Watsonia **4**, 51—69 (1958). — Young, D. F., u. J. Renz: Bauhinia **1**, 151—156 (1958).

Zaytzev, G. N.: Bot. J. (Moskau) **43**, 836—840 (1958). — Zimmermann, W.: Feddes Rep. **61**, 94—100 (1958).

6. Paläobotanik.

Bericht über die Jahre 1957 und 1958.

Von KARL MÄGDEFRAU, München.

Mit 4 Abbildungen.

Da aus Raummangel nur eine begrenzte Zahl von Veröffentlichungen berücksichtigt werden kann, sei auf die von KRÄUSEL verfaßten Referate im „Zentralblatt für Geologie und Paläontologie", Abt. II, auf die umfassende Bibliographie von BOUREAU und auf die Referate von MAMAY in den „Biological Abstracts", Sect. D, verwiesen.

I. Allgemeines.

Das umfangreiche Lehrbuch der Paläobotanik von KRYSTOFOVITCH (2) liegt in 4. Auflage vor, in welcher auch die neuesten Forschungsergebnisse berücksichtigt sind (53 Seiten Literaturangaben).

Im letzten Jahrzehnt hat die Erforschung der fossilen Sporen und Pollenkörner, vor allem wegen ihrer großen stratigraphischen Bedeutung, beträchtliche Fortschritte gemacht. Über das umfangreiche Schrifttum der Berichtsjahre (1250 Nummern!) unterrichtet eine eigene Bibliographie (VAN CAMPO). Von der „Synopsis der Gattungen der Sporae dispersae" von POTONIÉ (1), einem höchst verdienstvollen, kritischen Werk, erschien der zweite Teil, welcher die als „Pollenites" zusammengefaßten Formen behandelt. Das Handbuch der Pollen-Morphologie von ERDTMAN fand mit dem Erscheinen des zweiten Bandes (Gymnospermae, Pteridophyta, Bryophyta) seinen Abschluß. — ERDTMAN u. VISHNU-MITTRE machen bemerkenswerte Vorschläge zur Vereinheitlichung der Pollen- und Sporen-Terminologie. VAN DER HAMMEN (1) versucht, die Formgenera der fossilen Sporomorphen in ein künstliches System zu bringen.

Die Abteilung „Filicales, Pteridospermae, Cycadales" des „Fossilium Catalogus" wird nach dem Tode von JONGMANS von DIJKSTRA fortgesetzt; in den Berichtsjahren sind 4 Lieferungen erschienen (Alethopteris bis Callipteris).

Mit der submikroskopischen Struktur und der chemischen Zusammensetzung der fossilen Hölzer hat sich SEN mehrfach beschäftigt; hier muß ein Hinweis auf seine zusammenfassende Darstellungen genügen [SEN (2) (3), SEN u. BASAK].

Methodik. Die neuerdings bei der Auflichtmikroskopie zur Anwendung gelangte Methylenjodid-Immersion, welche die Helligkeitskontraste wesentlich steigert, leistet bei bestimmten paläobotanischen Untersuchungen gute Dienste [STACH (2)]. — In dem der Mikropaläontologie gewidmeten Band des „Handbuches der Mikroskopie" von FREUND werden alle einschlägigen Methoden, vor allem zur Untersuchung der Sporomorphen, eingehend behandelt.

II. Fossile Pflanzensippen und Stammesgeschichte.

1. Thallophyta. Der formenreichen Algenflora des Untercarbons, vorwiegend aus kalkabscheidenden Arten bestehend, widmen JOHNSON u. KONISHI eine zusammenfassende, mit vielen Abbildungen und Verbreitungskarten versehene Darstellung.

a) Peridineae. Die Zahl der fossilen Peridineen-Gattungen und -Arten hat wiederum eine beträchtliche Vermehrung erfahren, und zwar durch die Untersuchung toniger Sedimente des nordwestdeutschen Neocoms (GOCHT) und mesozoischer Gesteine von Australien und Neuguinea (COOKSON u. EISENACK). Die Auffassung, daß wenigstens ein Teil der „Hystrichosphaeren" zu den Peridineen gehört, festigt sich immer mehr (Fortschr. Bot. **14.** 104).

b) Coccolithineae. KAMPTNER (1) entwickelt ein auf die rezenten und fossilen Gattungen (insgesamt 82) begründetes System der Coccolithineen; in dieser Abhandlung werden auch manche grundsätzliche Fragen der Systematik und Nomenklatur diskutiert.

c) Dasycladaceae. PIA veröffentlichte 1923 einen sehr anschaulichen Stammbaum der Dasycladaceen (wiedergegeben in MÄGDEFRAU, Paläobiologie der Pflanzen, 1. Aufl., Abb. 189). Damals waren 52 Gattungen bekannt, von denen 45 im Stammbaum eingezeichnet sind. Seitdem sind etwa 50 Veröffentlichungen über diese Familie erschienen, so daß die Zahl der Genera auf 81 angewachsen ist, von denen 10 in der Gegenwart leben (4 sind nur rezent bekannt). KAMPTNER (2) gibt nach dem heutigen Wissensstand eine kritische Übersicht der Dasycladaceen mit ihrer Gliederung in 15 Tribus und mit ihrer erdgeschichtlichen Verbreitung. In dem beigegebenen Stammbaum, der ebenso wie der von PIA in die erdgeschichtliche Schichtenfolge eingezeichnet ist, fällt der plötzliche Abfall der Formenmannigfaltigkeit seit dem Alt-Tertiär auf, welches 23 Gattungen aufzuweisen hat, während heute nur noch 10 leben. Die Dasycladaceen erstrecken sich insgesamt über einen Zeitraum von mehr als 400 Millionen Jahren. Die meisten Gattungen sind jedoch recht kurzlebig; nur *Acicularia* (Malm bis Gegenwart) läßt sich über 100 Millionen und *Vermiporella* (Ordovicium bis Perm) über 200 Millionen Jahre hinweg verfolgen. — Bei KAMPTNER noch nicht berücksichtigt ist die von VARMA im Paläocän der Salt Range gefundene *Morelletporella*, die gewisse Beziehungen zu *Gyroporella* aufweist.

d) Charophyceae. Eine anschauliche Übersichtstafel über die stratigraphisch wichtigen Arten hat MÄDLER (3) entworfen. Zu unserer früheren Tabelle (Fortschr. Bot. **17**, 261) wären drei neue Gattungen (*Peckichara, Harrisichara* und *Maedlerella*) einzufügen, die GRAMBAST (1) kürzlich beschrieben hat. Der letztgenannte Autor möchte auf die Skulpturen, welche die Oogonien auf der Außenseite der Spiralzellen aufweisen, keinen so großen systematischen Wert legen als dies bisher geschah. — Eine Überraschung bedeutet der Nachweis von *Nitella* — bisher nur aus der Gegenwart bekannt — in den oberen Gondwanaschichten (Jura) Indiens durch HORN AF RANTZIEN. Die Oogonien sind verkieselt erhalten und lassen noch außerordentliche Feinheiten der Membranstruktur erkennen.

e) Corallinaceae. Aus dem Obercarbon von Missouri und Illinois beschreibt JOHNSON Corallinaceen, für die er eine neue Gattung, *Archaeolithophyllum*, aufstellt, die dem rezenten *Lithophyllum* nahe steht (dicker Hypothallus aus großen polygonalen Zellen, dünner Perithallus aus kleineren, rektangulären Zellen, Sporangien in Conceptaceln). — *Solenopora* fand sich im oberen Muschelkalk des Saarlandes (SCHNEIDER). Paläobiologisch bedeutsam ist die Feststellung, daß das Riffgestein des Bikini-Atolls (EMERY, TRACEY u. LADD) sowohl an der Oberfläche als auch in der Tiefe (bis 2500 Fuß) überwiegend aus Kalkalgen besteht (*Lithothamnion, Lithophyllum, Porolithon, Halimeda*).

f) Basidiomycetes. Eine Feuerschwamm-ähnliche Polyporacee (*Phellinites*) beschreiben SINGER u. ARCHANGELSKY aus dem Gebiet der „versteinerten Araucarienwälder" von Patagonien (Alttertiär, von den Autoren fälschlich als Jura bezeichnet). — Die bisher nur aus tertiären Kohlen bekannten Pilz-Sklerotien kommen, wie STACH u. PICKHARDT zeigen, auch in der Steinkohle vor, besonders in der pflanzenreichen Stufe des Westfal B. KOSANKE u. HARRISON halten ähnliche Gebilde für lückige Harzbrocken. — An einem *Cupressinoxylon* aus der hessischen Braunkohle fand SCHÖNFELD (1) ein Krankheitsbild, das dem von *Trametes radiciperda (Ungulina annosa)* hervorgerufenen sehr ähnlich sieht.

g) Lichenes. Fossile Flechten sind außerordentlich selten. Die erste fruchtende Flechte, eine *Alectoria*, fand MÄGDEFRAU (1) im baltischen Bernstein.

2. Bryophyta. In der Trias von Natal (Südafrika) fand TOWNROW (4) ein mit *Cyathodium* vergleichbares Lebermoos und ein Laubmoos, das im Blattbau eine gewisse Ähnlichkeit mit *Leucodon* aufweist. Eine vorzüglich erhaltene neue *Frullania*-Art mit becherförmigen Unterlappen sowie ein Laubmoosblatt beschreibt MÄGDEFRAU (1) aus dem baltischen Bernstein.

3. Pteridophyta. Wenn wir mit ZIMMERMANN (1) die Phylogenie der Stele, ausgehend von der Protostele, verfolgen, so bildet sich in der Ontogenie zunächst das „Initialen-Bündelrohr", ein Cylinder aus Procambium- bzw. Protoxylem-Stängen, von dem die Blattspuren ausgehen. Verschiedenartige Entwicklung des Metaxylems und des Sekundärholzes läßt dann die einzelnen Stele-Typen entstehen.

Von *Protopitys*, bisher nur als sterile Achsen mit Sekundärholz (durch Lücken unterbrochen) und weitem Mark bekannt, hat WALTON einen fertilen Sproß gefunden. An zweireihig angeordneten, mehrfach geteilten sitzen Sporangien, die meist kleine (82 μ) Sporen enthalten; daneben wurden aber auch Sporangien mit 147 μ großen Sporen und solche mit mittelgroßen Sporen festgestellt. Offenbar handelt es sich bei *Protopitys* um einen isolierten Pteridophyten-Typus, für den WALTON eine eigene Ordnung (Protopityales) vorschlägt.

a) Psilophytinae. Von den Psilophytinen kennt man leider nur den Sporophyten, aber den Gametophyten hat man bisher noch von keiner der zahlreichen Arten gefunden. Dieser Umstand ist bei der vorzüglichen Erhaltung der Pflanzen des Psilophytenmoores von Rhynie recht verwunderlich. Bei einem Prothallium denken wir zunächst immer an die zarten, vergänglichen Gebilde, wie sie den hochstehenden Leptosporangiaten eigen sind. Die Prothallien der Eusporangiaten dagegen machen einen viel derberen Eindruck und haben eine längere Lebensdauer. Bei den Moosen gar ist der Gametophyt ausdauernd und trägt jedes Jahr neue Sporophyten. Daher liegt die Auffassung von MERKER, der im Rhizom von *Rhynia* deren Gametophyten vermutet, durchaus im Bereich der Möglichkeit. Eine Nachprüfung dieser Frage durch den genannten Autor anhand eines umfangreichen Materials ist im Gange.

Die von JONGMANS im untersten Obercarbon von Velbert bei Essen entdeckte Psilophyten-ähnliche Pflanze (Fortschr. Bot. **19**, 112) hat KRÄUSEL (6) eingehender beschrieben. Es liegen nur fertile Teile vor. Von einer Hauptachse gehen fiederig bis gabelig verzweigte Seitensprosse ab, deren gegabelte Enden je ein eiförmiges Sporangium tragen. Ein ähnliches Gewächs (*Paulophyton*) liegt bereits aus dem Untercarbon von Brasilien vor (DOLIANITI, Fortschr. Bot. **17**, 279). KRÄUSEL diskutiert auch eine Verwandtschaft mit *Rhodea*; Ref. hält auch eine Beziehung zu Coenopteridinen nicht für ausgeschlossen.

b) Lycopodiinae. DANZÉ-CORSIN (5) (6) (7) schlägt für die baumartigen paläozoischen Bärlappgewächse eine neue Gliederung vor, die hier aus Raummangel nicht wiedergegeben werden kann (vgl. Fortschr. Bot. **14**, 111).

Die Untersuchung junger Stammstücke von *Lepidophloios* (ANDREWS u. MURDY) läßt erkennen, daß der Lepidophyten-Stamm aus einem massigen, apikalen Meristem seinen Ursprung genommen und daß das Sekundärgewebe mit Ausnahme eines schmalen Periderms sich erst nach Beendigung des Streckungswachstums entwickelt hat. — Einen neuen, wohl in den Formenkreis von *Cyclostigma* und *Pinacodendron* gehörigen Lepidophyten-Stammtypus, *Levicaulis*, macht BECK (2) aus dem Untercarbon von Schottland bekannt. — Die von STOCKMANS u. MATHIEU im Perm von Kaiping (China) gefundene *Kaipingia* trägt *Sigillaria*-ähnliche Blattnarben, zwischen denen aber wie bei manchen Lepidodendren netzartig skulpturierte Längsstreifen verlaufen. — Die feine, parallel zur Längsachse der Tracheiden verlaufende Streifung der Tüpfel von *Lepidodendron* findet sich auch bei manchen Coniferen und sogar bei Angiospermen (z. B. *Euptelea*) und gehört der primären Zellmembran an (BARHOORN u. SCOTT). — LEMOIGNE (1) (2) (3) und CORSIN u. LEMOIGNE (1) (2) beschreiben zahlreiche Einzelheiten im Bau eines *Sigillaria*-Stammes, u. a. die Differenzierung der Tracheiden vom Protoxylem zum Metaxylem, die Ausbildung der Rindenschichten und die Genese der Blattspuren.

Ein „*Knorria*‘‘-Stück aus dem Obercarbon des Saargebietes erkannte GREGUSS (2) als beblättertes Stammstück; zwischen den 2—5 cm langen Blättern fanden sich zahlreiche, an Paraphyllien der Laubmoose erinnernde Gebilde. — SNIGIREWSKAJA beschreibt verschiedene Lepidophyten-Blätter und schlägt vor, solche isolierten Blätter als *Lepidophylloides* zu bezeichnen, da der bisher gebräuchliche Name *Lepidophyllum* schon vorher für eine Compositengattung vergeben war.

Eine Nachprüfung der Originale durch CHALONER (2) ergab, daß die als *Polysporia mirabilis* (NEWBERRY 1873), *Lepidophyllum truncatum* (LESQUEREUX 1884) und *Lepidostrobus zea* (CHALONER 1953) beschriebenen Lepidophyten-Zapfen zur gleichen Art gehören, die somit den erstgenannten Namen tragen muß. Die Megasporen entsprechen *Valvisporites auritus*, die Mikrosporen *Endosporites globiformis*. — Aus einem *Sigillaria*-Zapfen aus dem Obercarbon von Indiana isolierte WOOD Megasporen, die dem dispersen *Triletes glabratus* gleichen, und Mikrosporen, die denen von *Sigillariostrobus rhombibracteatus* und *Mazocarpon oedipternum* ähnlich sehen (Fortschr. Bot. **17**, 264). — Wie SEN (5) darlegt, ist die Zuordnung von Megasporen zu bestimmten Zapfen infolge ihrer außerordentlichen Formenmannigfaltigkeit ziemlich sicher, während die Mikrosporen verschiedener mitunter einander völlig gleichen.

Die formenreiche Sporomorphenflora der untersten Liasschichten Frankens (JUNG) führt in großer Zahl Megasporen, die mit denen von *Lycostrobus Scotti* übereinstimmen und als Sporae dispersae mit dem Namen *Nathorstisporites* belegt werden. Zwischen den Anhängseln auf der Y-Marke entdeckte JUNG die dazugehörigen monoleten Mikrosporen. Damit wurde die schon von SEWARD (1910) geäußerte Vermutung, daß die Anhängsel der Megasporen zum Einfangen der Mikrosporen dienen, bestätigt.

Das vom Ref. 1932 postulierte Bindeglied zwischen *Nathorstiana* (Unterkreide) und *Isoetes* ist von RAUH u. FALK in der rezenten Gattung *Stylites* in den Anden von Peru entdeckt worden.

c) Articulatae. Die von ANANIEW (1) im Unterdevon SW-Sibiriens entdeckte *Protohyenia* (Abb. 16) schließt die phylogenetische Lücke zwischen Psilophyten und Articulaten. Im Gesamtbau gleicht sie *Hyenia*, aber die Sporangien stehen an den Enden gabelig verzweigter Sporophylle. Der von ZIMMERMANN theoretisch postulierte Ausgangstypus für das Articulaten-Sporophyll hat durch diesen Fossilfund seine Bestätigung gefunden.

Von *Eviostachya Hoegi*, einem oberdevonischen Articulatenzapfen, stand LECLERCQ reichliches, z. T. strukturbietendes Material zur Verfügung, so daß sich folgendes darüber aussagen läßt (Abb. 17): An einer etwa 5 cm langen Achse, die von einer triarchen Stele durchzogen wird, sitzen in Wirteln je 6 Sporangiophore, die ihrerseits zweimal trichotom verzweigt sind. Jeder der neun Äste eines Sporangiophors trägt drei nach hinten gerichtete Sporangien. Sonderbar sind die drei nach vorn gerichteten Dornen, die den Sporangiophor-Ästen entspringen. *Eviostachya* steht unter den bekannten Articulaten der mitteldevonischen *Hygenia* am nächsten.

Eine neue *Calamostachys* aus dem Obercarbon von Illinois [ARNOLD (3)], die in vorzüglicher Erhaltung vorliegt, ist heterospor (Mikrosporen etwa 100 μ, Megasporen etwa 200 μ Durchmesser) und trägt abwechselnd Wirtel von Brakteen und Sporangiophoren (20—30). — REED hat an dem früher von MAMAY als *Lithostrobus* beschriebenen Articulatenzapfen (Fortschr. Bot. **17**, 264) noch manche Einzelheiten geklärt. Er ist übrigens *Sphenostrobus* (Fortschr. Bot. **14**, 115) nicht unähnlich.

Phyllotheca, eine vorwiegend im Gondwanagebiet vorkommende Gattung, kennen wir zwar in etwa 20 Arten, aber in ihrem Aufbau ist noch manches unklar. Während man bisher der Auffassung war, daß ihre Sporangiophore denen von *Equisetum* gleichen, zeigte TOWNROW (1), daß sie bei *Ph. australis* zweimal gabelteilig, also vierarmig sind und an jedem Arm nur wenige (2—4) Sporangien tragen.

d) Filicinae. Anhand mehrerer Beispiele legt DANZÉ (1) (2) (4) dar, wie notwendig die Berücksichtigung der ontegenetischen Vor-

Abb. 16   Abb. 17

Abb. 16. Protohyenia Janovii. Rekonstruktion. Etwa $^1/_2$ n. Gr. (Nach ANANIEW.)
Abb. 17. Eviostachya Hoegi. Sporangiophor. 10/1 n. Gr. (Aus LECLERCQ.)

schiedenheiten der Fiedergestalt und Nervatur für die Fassung der Diagnosen der Farne und Pteridospermen erscheint.

Coenopteridales. Vorzüglich erhaltenes Material aus dem Obercarbon von Iowa, Kansas und Illinois ermöglichte MURDY u. ANDREWS, den Bau der Sporangien von *Botryopteris globosa* zu klären: Sie sind birnförmig (etwa 1,5 mm lang) zeigen eine durch schmale, dünnwandige Zellen gebildete, fast über den Scheitel verlaufende Öffnungslinie, während die das Aufreißen bewirkenden dickwandigen Zellen („Anulus") beinahe $^4/_5$ der Sporangienwandung ausmachen (Abb. 18).

Recht sonderbare Verhältnisse zeigen die Megasporangien von *Stauropteris burntislandica* (Carbon, Schottland), wie LACEY, JOY u. WILLIS und CHALONER (1) dargelegt haben: In jedem Sporangium liegen zwei Megasporen-Tetraden, deren jede aus 2 großen (fertilen) und 2 kleinen (sterilen) Sporen besteht.

Einen neuen Sporangien-Typus, der an *Etapteris* erinnert, macht MAMAY aus dem Obercarbon von Illinois bekannt: *Biscalitheca musata*. Die länglichen, gestielten, bananenförmigen Sporangien besitzen ein Paar seitlicher, als „Anuli" funktionierender Gewebeplatten (mit verdickten Antiklinalwänden), die wohl ein Aufreißen des Sporangiums über die breite Scheitellinie (aus dünnwandigen, längsgestreckten Zellen) bewirkt haben.

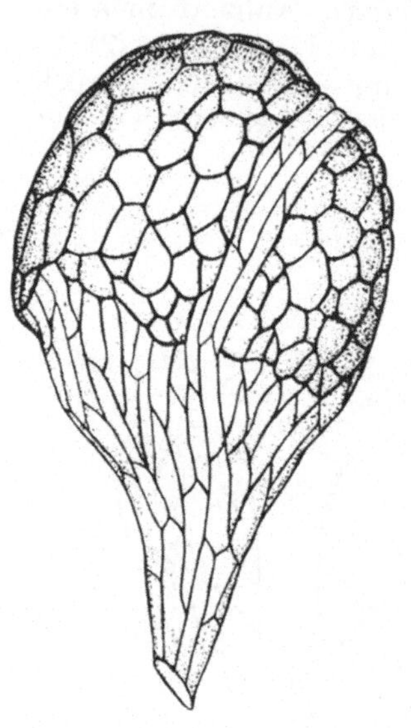

Abb. 18. Botryopteris globosa. Sporangium. 30/1 n. Gr. (Aus MURDY u. ANDREWS.)

Aus Sporangien von *Zygopteris* isolierte Sporen gehören der morphographischen Sporengattung *Verrucosisporites* an (BOUGUERES u. REMY).

Eusporangiales. Aus den Sporangien folgender Gattungen hat REMY die Sporen isoliert und beschrieben: *Oligocarpia, Sphyropteris, Renaultia, Discopteris, Corynepteris, Ptychocarpus, Acitheca, Senftenbergia, Waldenburgia, Noeggerathia, Discinites.*

Je eine neue *Asterotheca*-Art beschreiben MENENDEZ (3) aus der Obertrias von Argentinien und BHARDWAJ u. SINGH aus der Obertrias von Lunz (Oberösterreich). In beiden Fällen bilden je 4 Sporangien ein Synangium.

Von *Noeggerathia* hat SETLIK (1) ein reichhaltiges Material aus dem Obercarbon von Rakovnik (Böhmen) untersucht, wodurch sich das Bild dieses eigentümlichen Gewächses vervollständigt hat (vgl. Fortschr. Bot. **10,** 81 ff.). Einer 4—5 cm dicken Achse entspringen in dichter, schraubiger Anordnung die sterilen Wedel (SETLIK nennt sie Brachyblasten) und ebenso die fertilen „Ähren", beide in einem Winkel von 50 bis 70° abstehend. Offenbar waren die oberen jüngeren Teile der Achsen mit Wedeln und Ähren besetzt, die nach dem Abfallen rundliche Narben hinterließen. Den „Brachyblasten" sitzen in ihrer ganzen Länge eiförmige Blätter an, die auf der adaxialen Seite in zwei Reihen schief inseriert sind. Die Blätter stehen am unteren Teil der Brachyblasten annähernd in einer Ebene, am oberen Teil jedoch in einem Winkel zueinander. Auf Grund dieser Befunde hat DANZÉ (6), der übrigens diese Gattung erstmals im französischen Carbon nachgewiesen hat, eine Rekonstruktion in Gestalt eines etwa 2 m hohen Bäumchens gezeichnet.

Leptosporangiales. Osmundites-Stämme, die SCHELPE und VISHNU-MITTRE aus der Kreide Südafrikas bzw. aus dem Jura Indiens abbilden, unterscheiden sich von den bisher bekannten durch den Bau der Bündel und die Verteilung der Sklerenchymstränge. — Eine neue *Tempskya*-Art aus der Kreide von Süd-Dacota [ARNOLD (2)] weicht von den übrigen Arten durch die auffallend dicken Achsen ab, die 2 cm Durchmesser erreichen (vgl. Fortschr. Bot. **14**, Abb. 45). — Die Matoniaceengattung *Phlebopteris* ist offenbar in Nordamerika recht selten; ARNOLD (3) stellt die bisherigen Funde zusammen (3 Arten). — SCHAPARENKO gibt eine Übersicht über alle bisher bekannten rezenten und fossilen *Salvinia*-Arten.

4. Gymnospermae. Die Abhandlung von FLORIN (1) über die historische Entwicklung der Gymnospermen-Systematik (mit einem Literaturverzeichnis von 30 Seiten!) läßt eindrucksvoll erkennen, welch hohen Anteil die Paläobotanik an der Erforschung dieser Gruppe aufzuweisen hat.

a) Pteridospermales. Wohl als ein Pteridospermen-Vorläufer ist die von BECK (1) entdeckte *Tetraxylopteris* aus dem Oberdevon von New York anzusehen. Bis 2,5 cm dicke, sympodial verzweigte Achsen tragen in schraubiger Anordnung monopodiale Zweige, die gegenständig gestellte Zweige 2. Ordnung tragen und ihrerseits in gleicher Weise verzweigt sind. Die Zweiglein letzter Ordnung gabeln sich ein- bis zweimal. Die spindelförmigen Sporangien stehen an besonderen Zweigen in dichten Büscheln beisammen. Die Primärxylemstränge zeigen in allen Achsen kreuzförmigen Querschnitt, nur in den letzten Auszweigungen sind sie zylindrisch. Alle diese Merkmale würden *Tetraxylopteris* als Coenopteridale kennzeichnen. Das ausgeprägte Sekundärxylem stellt jedoch ein Pteridospermen-Merkmal dar. Somit nimmt diese Gattung eine phylogenetisch bedeutsame Mittelstellung zwischen beiden Gruppen ein.

Der bisher noch unvollständig bekannte Verlauf der Bündel im Blattstiel von *Lyginopteris oldhamia* wurde von LOUVEL aufgeklärt.

Zu ihrer großen *Mariopteris*-Monographie (Fortschr. Bot. **17**, 267) gibt DANZÉ-CORSIN (1) (2) einige Ergänzungen, von denen der erste Nachweis einer Fruktifikation vom *Calathiops*-Typus besonders bemerkenswert erscheint.

Eine neue *Pachytesta*-Art aus dem nordamerikanischen Obercarbon (STEWART) unterscheidet sich von den übrigen Arten durch den Besitz von Sekretgängen in der Sarcotesta. Außerdem hat sich gezeigt, daß eine Gewebeschicht, deren Zellen mit einer dunklen Masse erfüllt sind, eine Sclerotesta vortäuschen kann.

Die von GOTHAN (1912) aufgestellte Gattung *Dicroidium* aus der Trias der Südhalbkugel (einfach bis doppelt gefiederte Wedel mit gegabelter Rhachis und herablaufenden Fiedern) hat TOWNROW (3) an umfangreichem Material vor allem hinsichtlich des Epidermisbaues revidiert und den Corystomaceen eingereiht. Auch von Lepidopteris hat TOWNROW (2) die südhemisphärischen Arten besonders bezüglich der Spaltöffnungsgestaltung untersucht.

Von den indischen *Glossopteris-, Gangamopteris-* und *Paleovittaria*-Arten haben SRIVASTAVA sowie SURANGE u. SRIVASTAVA eine eingehende Cuticularanalyse durchgeführt. — Nach der Entdeckung der Glossopteris-Fruktifikationen (Fortschr. Bot. **19**, 115) ist es PLUMSTEAD gelungen, solche auch für *Gangamopteris* nachzuweisen. Aus dem unteren Teil der zungenförmigen Wedel entspringen gestielte, schildförmige Organe, über deren Natur aber erst eine mikroskopische Untersuchung Klarheit bringen kann. — Die als *Vertebraria* bezeichneten Stämme von

Glossopteris zeigen nach SEN (4) in ihrem Sekundärholz einen ausgesprochenen Gymnospermencharakter. Die sonderbare Quergliederung hält SEN für die Folge eines eigentümlichen Wachstumsmodus.

b) Cordaitales. Aus dem Obercarbon von Riosa (NW-Spanien) legt FLORIN (2) einen neuen *Cordaianthus* vor, der sich durch 2 cm lange Brakteen auszeichnet. FRY macht vorzüglich erhaltene männliche Cordaiten-Blütenstände aus dem Obercarbon von Iowa bekannt (aus Nordamerika hat man bisher noch keinen weiblichen *Cordaianthus* gefunden!).

c) Ginkyoales. In einer Übersicht hat DORF die zeitliche Verbreitung der 19 fossil bekannten Gattungen dieser Ordnung zusammengestellt, die im Mesozoikum ihre stammesgeschichtliche Blütezeit hatte, in der lebenden Flora aber nur noch durch eine einzige Art vertreten ist.

d) Coniferales. Über die gegenwärtigen Probleme bei den Coniferen, in deren Diskussion fossile Befunde eine wichtige Rolle spielen, unterrichtet eine Zusammenfassung von DE FERRÉ (mit einem Literaturverzeichnis von 17 Seiten).

Eine neue Coniferen-Gattung, *Hiltonia*, fand sich im englischen Oberperm (STONELEY); die Spaltöffnungen der rippenlosen Blätter zeigen keinen wesentlichen Unterschied gegenüber denen von *Ullmannia*, wie sie MÄDLER (1) beschreibt.

Phylogenetisch bedeutsam ist die von ROSELT im unteren Keuper Thüringens entdeckte *Tricranolepsis*. Die etwa 10 cm langen, schlanken Zapfen tragen in dichter, schraubiger Anordnung Samenschuppen, die vorn in drei Zipfel geteilt sind 1—3 Samen median oder auf dem Grunde der Zipfel tragen. Eine Deckschuppe war nicht zu erkennen (wohl mit der Samenschuppe verwachsen). In den Samen konnte ein polykotyledonarer Embryo nachgewiesen werden; bisher war bei paläo- und mesozoischen Coniferen noch kein Embryo gefunden worden. Die nahe verwandte Gattung *Schizolepis* unterscheidet sich durch zweilappige Samenschuppen. Auch die Bildung des Samenflügels wird von ROSELT diskutiert.

FLORIN legt eine umfangreiche Abhandlung über jurassische Coniferales und Taxales (insgesamt 17 Gattungen) vor, die aus dem Lias von Schweden und Ostgrönland sowie aus dem Dogger von Yorkshire und Bornholm stammen. Von allen Arten sind vorzügliche Epidermisbilder beigegeben. Bemerkenswert ist der Nachweis von *Taxus* und *Torreya* bereits im Dogger. *Palissya* und *Stachyotaxus* werden zur Familie der Palissyaceae vereinigt.

Die Pinacee *Pseudoaraucaria*, die sich in der Unterkreide von Frankreich, Belgien und England findet, besitzt nach ALVIN eine massive Leiste zwischen beiden Samen, so daß diese im unteren Teil der Fruchtschuppe tief eingebettet sind. — Zu *Cathaya*, einer auf Grund rezenten Materials von CHUN u. KUANG aufgestellten Pinaceen-(Abietoideen-)Gattung (Zapfen nicht zerfallend, Deckschuppe deltaförmig, Samenflügel die Samenoberseite bedeckend und leicht ablösbar, 1 Harzgang im Blatt, Tracheiden mit Spiralverdickungen, Markstrahltracheiden gezähnt) würde von fossilen Formen *Keteleeria Loehri* gehören (MÄGDEFRAU,

Paläobiologie, 3. Aufl., Abb. 322e). — Über die japanischen Pinaceen-Funde unterrichtet eine umfangreiche Publikation von MIKI (3).

Eine Übersicht über die weibliche Zapfenschuppe aller Taxodiaceen-Gattungen (HIDA) vermag auch zur Beurteilung fossiler Funde gute Dienste zu leisten.

5. Angiospermae. (Vgl. auch Abschn. III, 3). Eine Abhandlung von NEMEJC (4) über die Phylogenie der Angiospermen verdient auch an dieser Stelle erwähnt zu werden, da sie die Fossilfunde gebührend berücksichtigt. Die Entstehung der Angiospermen liegt, wie KRÄUSEL (3) darlegt, nach wie vor im Dunkeln. Wirklich sichere Reste aus vorkretazischen Schichten kennen wir nicht (s. u. Abschn. III, 2a). Zu den früheren Arbeiten von REISSINGER nimmt KRÄUSEL im gleichen Sinne Stellung wie Ref. (Fortschr. Bot. **15**, 97). — Wie der morphogenetische Weg von der Angiospermenblüte sich über Zwischenformen der Pteridospermales bis in die blütenlose Ahnengestalt der Psilophyten zurückverfolgen läßt, wird von ZIMMERMANN (2) dargelegt.

III. Fossile Floren.

1. Paläozoicum. *a) Devon.* DANZÉ-CORSIN (1) (2) berichtet über die ersten Funde von Unterdevonpflanzen in Nordfrankreich (Dep. Pas-de-Calais). Der Floreninhalt deckt sich mit dem der belgischen Fundpunkte. — Die kugelige *Pachytheca* (Fortschr. Bot. **14**, 105) fand SCHMIDT jetzt im Unterdevon des Siegerlandes und deutet sie als Brutknospen von *Prototaxites*..

Die Mitteldevonflora von Tomsk [ANANIEW (1)] enthält eine Reihe von botanisch wichtigen Formen wie *Protohyenia* (s. o. Abschn. II, 3, b), *Protobarinophyton*, *Pectinophyton* usw. Auch Oberdevonpflanzen wurden im Raum südöstlich von Tomsk von ANANIEW (2) gefunden.

In Böhmen lieferten jetzt auch die unteren Schichten des Mitteldevons [OBRHEL (1)] eine Anzahl von Pflanzenresten (die bisherigen böhmischen Pflanzenfunde stammen aus dem oberen Mitteldevon).

SEN (6) behandelt die trileten Megasporen des Oberdevons der Bäreninsel.

b) Untercarbon (Mississippian). Während über die Megasporen des Obercarbons bereits ein umfangreiches Schrifttum vorliegt, haben die des Untercarbons erst jetzt eine Würdigung erfahren, und zwar aus Ägypten (DIJKSTRA) und aus dem Moskauer Becken (DIJKSTRA u. PIÉRART). — Die Flora der Pocono-Schichten beschreibt READ aus verschiedenen Teilen von Pennsylvania, Maryland und Virginia. — Auf die zusammenfassende Darstellung der untercarbonischen Algen (JOHNSON u. KONISHI) wurde bereits oben (Abschn. II, 1) hingewiesen.

c) Obercarbon (Pennsylvanian). Bezüglich der Entstehung der Kohlen sei auf die Sammelreferate von M. u. R. TEICHMÜLLER (2) (3) aufmerksam gemacht, ferner auf eine Abhandlung von POTONIÉ (2) über die Beziehungen zwischen rezenter Moorbildung und Flözgenese sowie auf Beobachtungen von M. u. R. TEICHMÜLLER (1) an heutigen Küstenmooren, die ein Analogon zu paralischen Kohleflözen darstellen.

Die Spotted-Ridge-Schichten in Central-Oregon lieferten eine eigentümliche Flora (MAMAY u. READ) mit *Mesocalamites*, *Phyllotheca*, *Dicranophyllum*; die genaue Stellung innerhalb des Obercarbons ließ sich jedoch nicht ermitteln. — GUENNEL hat eine sorgfältige Analyse der — gegenüber den Megasporen meist vernachlässigten — Miosporen der Pottsville-Kohlen von Indiana durchgeführt; alle Sporen sind sowohl in einer Mikrophotographie und in einer vorbildlich klaren Zeichnung wiedergegeben.

DANZÉ (5) hat seiner großen Monographie der nordfranzösischen Mariopteriden jetzt den systematisch mindestens ebenso schwierigen Sphenopteriden eine in gleicher Weise vorbildliche Bearbeitung (mit 86 Tafeln) zuteil werden lassen. Im weiten Sinne des Wortes werden alle Pteridospermen und Farne mit sphenopteridischer Belaubung behandelt. — Dem gleichen Raum entstammt das Material für einige kleinere Publikationen über *Sphyropteris* (DANZÉ u. DANZÉ-CORSIN) *Alethopteris* [BOUROZ (1)] und *Lonchopteris* [BOUROZ (2)]. JONGMANS hat eine Revision von Calamiten des holländischen Obercarbons aus der Gruppe des *Calamites Wedekindi* vorgenommen.

Über die Sporenflora der Velener Schichten (unteres Westfal D) liegt eine Untersuchung von BHARDWAJ (3) vor. STACH (1) hat die von ihm entwickelte „Anschliff-Sporendiagnose" bereits erfolgreich zur Flözidentifizierung im rheinisch-westfälischen Becken angewandt.

Über die Sporomorphen des Saarcarbons lag bisher nur eine einzige Veröffentlichung von ZERNDT (1940) vor. So ist es nicht verwunderlich, daß von den 109 Arten, die BHARDWAJ (1) (2) bei seinen umfassenden Studien festgestellt hat, fast die Hälfte neu sind. Es ergab sich weiterhin, daß die Sporomorphen in gleicher Weise wie die Megaflora zur stratigraphischen Gliederung dienen können. — GUT-HÖRL hat seine paläobotanisch-stratigraphischen Studien des Saar-Carbons im Raume Wellesweiler-Hangard fortgesetzt. — Die Kieselhölzer im Permocarbon des Saar-Nahe-Beckens gehören nach SCHRÖDER sämtlich der Gattung *Dadoxylon* an (5 Arten).

DABER (1), der sich schon früher (Fortschr. Bot. **17**, 278) mit der pflanzengeographischen Sonderstellung des Zwickauer und Lugau-Ölsnitzer Beckens befaßt hat, führt eine Parallelisierung auf paläobotanischer Grundlage durch und stellt fest, daß beide Reviere dem Westfal D angehören. Paläobotanisch bedeutsam ist der erste Nachweis von *Saarodiscites* in diesem Raum.

Die im obersten Obercarbon des Kyffhäusergebirges häufig zu findenden verkieselten Stämme gehören nach MÄGDEFRAU (2) sämtlich zu *Dadoxylon Schrollianum*. Stauchungszonen, die bei bzw. vor der Fossilierung durch Druck in radialer Richtung entstanden sind, können unter Umständen Jahresringe vortäuschen.

Im böhmischen Carbon werden paläogeographische und tektonische Fragen mittels des Floreninhalts der Schichten geklärt, und zwar von NEMEJC (3) im Becken von Pilsen und von SETLIK (2) im Gebiet von Podborany. — Im oberen Stephan des Kladnoer Beckens wies OBRHEL (2) *Ilfeldia* nach.

Der Sporeninhalt von drei Flözen von Zonguldak hat ARTÜZ beschrieben. Da hiermit türkische Steinkohlen erstmals mikropaläontologisch untersucht wurden, ist der Anteil an neuen Formen recht groß.

STOCKMANS u. MATHIEU legen als Nachtrag zu ihrer 1939 erschienenen „Flora des Kohlebeckens von Kaiping (China)" eine Bearbeitung des inzwischen gesammelten, umfangreichen Materials vor. Die artenreiche Flora stellt eine Mischung carbonischer und permischer Elemente dar und dürfte in das oberste Stephan gehören. (Über die an der Grenze Carbon/Perm stehenden Floren vgl. DOUBINGER.)

d) Perm. Untersuchungen der Sporomorphen des niederrheinischen Zechsteins durch GREBE unter Berücksichtigung früherer Arbeiten von KLAUS, POTONIÉ und LESCHIK (Fortschr. Bot. **17**, 279; **19**, 118) zeigen, daß die Zechsteinflora in Mitteleuropa recht einheitlich gewesen ist und daß innerhalb des unteren und mittleren Zechsteins keine Anzeichen für eine Klima-Änderung vorliegen.

e) Gondwana-Formation. Die verkieselten Hölzer in den oberen Gondwana-Schichten Brasiliens (KRÄUSEL u. DOLIANITI) und aus den Karroo-Schichten Südafrikas [KRÄUSEL (1) (2)] zeigen, obwohl erst ein Teil des gesamten Materials bearbeitet worden ist, eine viel größere Mannigfaltigkeit als man im Vergleich mit den Kieselhölzern des europäischen Permocarbons vermuten sollte. Auffallend ist eine Anzahl von Hölzern mit zentripetalem Xylem (*Mesoxylon*-Typ). Auch im Bau des Marks herrscht eine bemerkenswerte Mannigfaltigkeit. Ferner weist KRÄU-SEL darauf hin, daß sich deutliche floristische Beziehungen zwischen Brasilien und Südafrika in den Holzfunden abzeichnen.

Über die Gondwana-Flora von Indien liegen eine ganze Reihe von Beiträgen vor, besonders aus dem SAHNI-Institut in Lucknow, von denen nur die wichtigsten erwähnt seien. Die von HOEG u. BOSE in der Po-Serie von Spiti (Himalaya) gesammelten Pflanzen sprechen für ein untercarbonisches Alter dieser Schichten. SURANGE u. SRIVASTAVA stellen die Glosspoteriden nach Epidermis-Merkmalen in

6 Gruppen zusammen. SURANGE u. LELE (1) (2) behandeln einige Glossopteriden und Sporen aus dem Giridh-Kohlefeld und aus dem Rewa-Becken. SURANGE bespricht mehrere Euquisetales vom Raniganj-Kohlefeld. Jüngeren Alters sind die von LELE beschriebenen Pflanzenreste von Parsora (Trias) und die von SURYANA-RAYANA gefundenen Dadoxyla (Jura).

BALME u. HENNELY (1) (2) stellten unter den Sporen aus dem permischen Sedimenten Australiens mehrere neue Formgenera fest.

2. Mesozoicum. *a) Trias.* Die mikropaläontologische Untersuchung des nordwestdeutschen Keupers (WICHER) hat gezeigt, daß in den terrestrischen Schichten (unt. Keuper, Schilfsandstein, ob. Rhät), wie zu erwarten, Sporen häufig sind; auffällig aber erscheint das Vorkommen von Characeen-Oogonien in den Mergeln der „Roten Wand" im Hangenden des Schilfsandsteins. — Ein brauner Ölschiefer aus dem obersten Rhät von Schonen, der in Menge Algen vom *Botryococcus*-Typ enthält, ergab einen außergewöhnlichen Reichtum an Sporomorphen (zum großen Teil neue Form-Species); Angiospermenpollen wurde nicht gefunden (NILSSON).

Die formenreiche Flora der wohl der oberen Trias angehörigen Yenchang-Schichten in Nord-Shensi (China) hat SZE (1) (2) ausführlich beschrieben; sie enthält viele Equisetales und *Cladophlebis*-Arten, ferner *Danaeopsis, Bernoullia, Thinnfeldia,* Cycydophyten, Ginkyoales und *Podozamites.* Für die früher in der Literatur gelegentlich angegebenen Beziehungen der Yenchang-Flora zur Gondwana-Flora ließ sich kein sicherer Hinweis finden.

In der Obertrias von San Juan (Argentinien) fand MENENDEZ (2) einen *Protopyllocladoxylon*-Stamm von fast $^1/_2$ m Durchmesser.

Aus der obertriadischen Dolores-Formation von SW-Colorado beschreibt BROWN unter dem Namen *Sanmiguelia* zwei etwa an *Veratrum* erinnernde Blätter, die er als primitive Palmen ansieht. Es wird angegeben, daß sich die Reste zusammen mit *Brachyphyllum*-Zweigen fanden. Brachyphyllum ist aber eine für den Jura und die Oberkreide kennzeichnende Coniferen-Gattung.

b) Jura. Die im vorigen Bericht (Fortschr. Bot. **19**, 119) erwähnte Lias-Flora von Sassendorf bei Bamberg hat KRÄUSEL (5) zu bearbeiten begonnen und legt zunächst die Beschreibung der Sporenpflanzen vor. Die 15 angegebenen Arten sind zum größten Teil schon aus dem Lias Frankens durch SCHENK und GOTHAN bekannt. „*Halochloris*" *baruthina* aus dem Lias von Bayreuth ist nach KRÄUSEL (4) nicht, wie ihr Entdecker ETTINGSHAUSEN meinte, eine Monokotyledone, sondern eine Ginkyoale (*Sphenobaiera*). — Eine Bohrung bei Wittenberge ergab ebenfalls eine kleine Flora aus dem untersten Lias [DABER (2)]. — Eine tonige Spaltenfüllung im Steinkohlengebiet von Süd-Wales erwies sich durch die vielen darin vorhandenen *Cheirolepsis*-Reste als unterliasisch. Letztere liegen in fusitischem Zustand vor, der auf einen Waldbrand schließen läßt [HARRIS (2) (3)]. — Die sporen- und pollenanalytischen Untersuchungen das Lias α in Polen wurden von ROGALSKA nach Bohrkernen aus dem Distrikt Opozno fortgesetzt (vgl. Fortschr. Bot. **19**, 120).

Der Posidonienschiefer (Lias ε) besteht nach Entfernung der mineralischen Bestandteile nur aus 10—20 μ großen, dünnhäutigen Gebilden, die wohl als Algenreste anzusehen sind [MÄDLER (2)]. Die Sporomorphenflora ist individuenreich, aber artenarm; ihre taxonomische Auswertung steht noch aus.

HARRIS (1) vergleicht die früher von ihm untersuchten Floren aus dem Rhät-Lias und aus dem Dogger und legt die Entwicklung der einzelnen Farn-Familien während der Liaszeit dar.

Bohrungen in Neuquen (Argentinien) ergaben eine mitteljurassische Florula, in welcher ein sphenopteridischer Farn, wohl zu *Ruffordia* gehörig, besonders bemerkenswert erscheint [MENENDEZ (1)]. — Aus dem mittleren Jura der Salt Range macht SAH eine Mikroflora, aus Sporomorphen und Cuticeln bestehend, bekannt. — Die Tetori-Flora von Japan ist wohl jurassischen Alters (KIMURA).

Die von COUPER beschriebenen Mikrosporen und Pollenkörner entstammen verschiedenen Schichten des englischen Mesozoikums (Jura bis Kreide).

c) Kreide. Anhand einer oberkretazischen Mikroflora aus Westkanada führt ROUSE ein neues Nomenklatursystem vor; Sporen und Pollenkörner, die mit denen eines heutigen Genus übereinstimmen, werden in dieses eingesetzt und ein Artname beigefügt, der auf ein morphologisches Charakteristikum hinweist und mit dem Suffix-*sporites* bzw. -*pollenites* endigt, z. B. *Gleichenia concavisporites, Heliotropium lobopollenites*.

Aus australischen Kreideschichten beschreiben COOKSON u. DETTMANN (1) Megasporen (*Pyrobolospora*), in deren auffallend großen Anhängseln Mikrosporen sitzen; eine schon von DIJKSTRA diskutierte Verwandtschaft mit Marsiliaceen wird für wahrscheinlich gehalten. — Wohl unterkretazischen Alters sind die von verschiedenen Fundpunkten SO-Australiens stammenden trileten Sporen, die COOKSON u. DETTMANN (2) beschreiben.

Die Bearbeitung einer Oberkreide-Flora aus dem nördlichen Asien durch BAIKOWSKAJA enthält Verbreitungskarten von *Aneimia, Gleichenia, Agathis, Widdringtonia, Phyllocladus,* Platanaceen, *Cercidophyllum, Trochodendroides* und *Sassafras*.

3. Känozoicum (Tertiär).

Nordeuropa. Aus dem Jungtiertiär von Island veröffentlichten SCHWARZBACH u. PFLUG die ersten Pollenfloren, und zwar aus dem Pliocän ein Pollenbild, das etwa dem des mitteleuropäischen postglazialen Atlanticums entspricht, und ein weiteres, das auf ein etwas wärmeres Klima hindeutet (vielleicht Miocän). — Die Flora im Hangenden zweier Kohlenflöze von Spitzbergen (SCHLOEMER-JÄGER) besteht mengenmäßig aus gleichen Anteilen von Coniferen und Dicotylen, an Artenzahl überwiegen letztere. Erwähnenswert erscheinen *Taiwania, Sequoia, Metasequoia, Pseudolarix,* sowie *Cercidophyllum, Hamamelis, Aesculus, Planera*; ob paläocänen oder eocänen Alters, läßt sich nicht entscheiden. — Im Ätherauszug miocäner dänischer Braunkohlen vermochte LÖHR keine Carotinoide nachzuweisen (aus pliocänen Gyttjen sind sie bekannt).

Westeuropa. Die artenreiche Miocänflora des Massivs von Coiron (Ardèche) hat durch GRANGEON eine umfassende Bearbeitung gefunden. — Im Eocän der Provence fand GRAMBAST (2) eine neue Palmoxylon-Art. — Die mittelmiocänen Braunkohlen von Haanrade bei Limburg erwiesen sich als sehr pollenreich; das Spektrum deutet auf ein gemäßigt-subtropisches Klima hin (MANTEN).

Mitteleuropa. Daß die Pollenstatistik zu einem wichtigen und sicheren Mittel der Tertiär-Stratigraphie geworden ist, läßt eine auf etwa 10000 Präparate begründete Zusammenstellung von KRUTZSCH erkennen. Mit dieser Methode haben VON DER BRELIE u. REIN das strittige Alter der berühmten Frucht- und Samen-Fundstelle von Düren (Niederrhein) als Mittelmiocän bestimmt.

In der paläobotanischen Erforschung der niederrheinischen Braunkohle zeichnen sich wiederum bemerkenswerte Fortschritte ab. Über die stratigraphisch-paläogeographischen Probleme unterrichtet ein Überblick (mit Karte) von R. TEICHMÜLLER sowie die Abhandlungen von JUX u. PFLUG (1) (2). WEYLAND (1) (2) hat unter den Monocotylen mittels Cuticularuntersuchungen zwanzig Arten erfaßt, darunter Vertreter der Pandanaceen, Araceen, Zingiberaceen; die wärmeliebenden Formen finden sich nur in den untersten Lagen des Hauptflözes. An Neufunden von Hölzern in der niederrheinischen Braunkohle sind von Interesse eine *Magnolia* [SCHÖNFELD (2) (3)] und eine Pinus-Art (WEYLAND u. SCHÖNFELD). Ein Vergleich der Früchte und Samen im Hauptflöz einerseits und in den Decksanden von Düren andererseits ergibt, daß erstere von Gehölzen eines Bruchwaldes, letztere von denen einer randnäheren Facies stammen (THOMSON). Verschiedenartige Bißspuren an den Früchten bieten den einzigen Hinweis auf Säugetiere im niederrheinischen Braunkohlen-Wald, da die tierischen Hartteile durch Humussäuren aufgelöst sind (SCHMIDT, SCHÜRMANN u. TEICHMÜLLER). Dank der intensiven paläobotanischen und kohlepetrographischen Erforschung der niederrheinischen Braunkohle vermögen wir jetzt [TEICHMÜLLER u. THOMSON, M. u. R. TEICHMÜLLER (4)] vier Facies-Typen zu unterscheiden: Coniferen-Waldmoorkohle, Angiospermen-Waldmoorkohle, Riedmoorkohle und echte See-Ablagerung (Abb. 19). M. TEICHMÜLLER hat diese Moortypen auf drei ausgezeichnet gelungenen „Vegetationsbildern" zur Darstellung gebracht. Die verschiedenen Kohlenfacies wirkt sich sogar in der Praxis in einer unterschiedlichen Brikettierfähigkeit aus (PFLUG). — Die Richtigkeit der Bestimmung des von SCHÖNEFELD beschriebenen *Metasequoia*-Holzes (Fortschr. Bot. **19**, 117) wird von GREGUSS (1) angezweifelt. — In den Tertiärsanden, in welche die

Flöze im Nordteil des niederrheinischen Braunkohlenbeckens eingebettet sind, haben JUX u. PFLUG (3) eine oberoligocäne Foraminiferenfauna nachgewiesen. Damit ist die Einstufung der tiefen Teile des Hauptflözes, die sich mit jenen Flözen lithofaciell verbinden lassen, erhärtet (vgl. Fortschr. Bot. 17, 282).

In den Braunkohlen von Borna und Bitterfeld treten ähnliche Facies-Unterschiede hervor wie am Niederrhein (HUNGER; SONTAG; M. SÜSS). Aus der Braunkohle der Lausitz beschreiben WEYLAND u. JÄHNICHEN eine Ulmaceen-Blüte. JÄHNICHEN setzte seine Untersuchungen tertiärer Epidermen aus Braunkohlen der Lausitz und Sachsens fort. In den Tonlagern von Wiesa in Sachsen wurden fünf verschiedene Lauraceen-Hölzer festgestellt (H. SÜSS), und zwar meist Wurzelhölzer; zugleich wurden alle bisher beschriebenen *Laurinoxylon*-Arten revidiert.

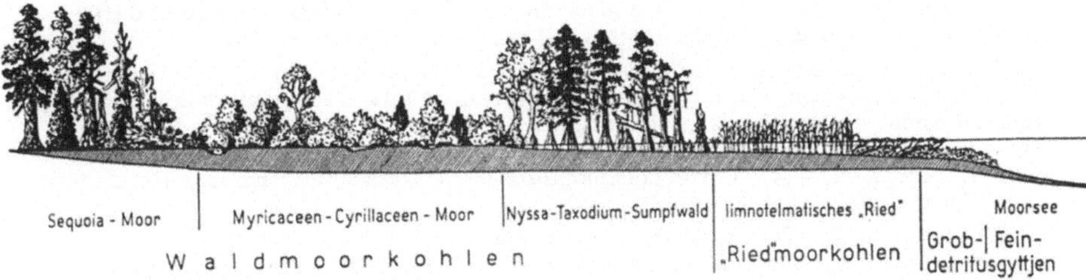

Abb. 19. Moortypen des Hauptflözes der niederrheinischen Braunkohle. (Aus M. TEICHMÜLLER.)

Die von HANTKE durchgeführte Neubearbeitung der Miocänflora von Öhningen am Bodensee (Fortschr. Bot. 17, 283) wird von NÖTZOLD nach den Grabungen des Freiburger Geologischen Instituts an der Schrotzburg ergänzt.

Die im bayerischen Miocän nicht seltenen Kieselhölzer hat SELMEIER untersucht und folgende Gattungen festgestellt: *Platanus, Citrus, Acer, Castanea, Ulmus, Celtis, Morus, Ficus, Fraxinus* (zu *Acer* gehört die Hälfte aller Fundstücke). Auffälligerweise fand sich nur ein einziges, schlecht erhaltenes Nadelholz.

Südeuropa. Die ersten Sporen- und Pollenfloren jugoslavischer und griechischer Braunkohlen oligo- bis pliocänen Alters haben WEYLAND, PFLUG u. PANTIC sowie WEYLAND u. PFLUG untersucht, wobei sich naturgemäß viele neue Formen fanden.

Osteuropa. Die in den Eisensteinen von Lisov in Südböhmen vorkommenden Pflanzen lassen lediglich den Schluß zu, daß das Gestein in den Bereich zwischen Senon und Paläocän gehört [NEMEJC (1)]. Auf Grund des Floreninhaltes stellt NEMEJC (2) die Zliv-Gmünd-Schichten in den Zeitraum Senon-Alttertiär, die Mydlovary-Borovany-Schichten in das Oligo-Miocän; zwischen beiden liegt den größeren Teil des Alttertiärs ausmachend, ein langer, stratigraphischer Hiatus.

SZAFER (1) (2) fand Früchte der Symplocacee *Sphaenotheca* im Unterpliocän der Karpathen und *Cunninghamia* im Miocän Polens (somit erster Nachweis in Europa). — Die von *Lancucka-Srodonowia* (1) bearbeitete Miocänflora von Rypin enthält sehr viele Früchte und Samen, z. B. *Stratiotes, Ostrya, Brasenia, Nymphaea, Vitis, Symplocos, Artostaphyloides, Sambucus* usw. *Azolla* bisher aus Polen nur aus dem Pleistocän bekannt, fand sich nebst *Salvinia* gleichfalls im Miocän von Rypin [LANCUCKA-SRODONOWIA (2)].

Die von verschiedenen Fundstellen im Raum von Tallya nordwestlich Debrecen stammende Obermiocänflora enthält nach RASKY (1) insgesamt etwa 50 Arten; in den jüngeren Horizonten fehlen *Cinnamomum* und *Myrica*. Die recht arme Flora von Salgotarjan (Nordungarn) stellt RASKY (2) in das Untermiocän. Aus der gleichen Zeitstufe stammt eine von GREGUSS (3) beschriebene *Laurinoxylon*-Art. — Die tertiären Eichen-Hölzer aus Ungarn und aus dem österreichischen Burgenland haben MÜLLER-STOLL u. MÄDEL unter Nachprüfung älterer Originalstücke beschrieben. — Die von NAGY pollenanalytisch untersuchten Braunkohlenschichten des Matragebirges gehören in das Pliocän. Coniferen-Pollen überwiegt bei weitem; unter dem „Nichtbaumpollen" treten Wasserpflanzen besonders hervor.

KRYSHTOFOVITCH legt eine umfassende Flora, vor allem aus Blättern bestehend, aus dem Oligocän des Aschutas bei Kasachstan vor. Die Abhandlung enthält u. a. eine Karte der Fundpunkte von *Sequoria* und *Metasequoia* (mit Ergänzungen gegenüber der Karte in Fortschr. Bot. 14, 138). ABRAMOVA u. ABRAMOV (1) (2) (3) beschreiben pliocäne Laubmoose von verschiedenen Fundstellen.

Asien. Aus dem Tertiär von Indien wurden vorwiegend Hölzer beschrieben: *Terminalioxylon* [NAVALE (1)], *Sapindoxylon* [NAVALE (2)], *Dipterocarpoxylon* [RAMANUJAM (1)], *Sonneratioxylon* [RAMANUJAM (2)], *Dryoxylon* [PRAKASH (2)], *Palmoxylon* (LAKHANPAL); ferner eine Myrtaceen-Blüte [PRAKASH (1)].

Ein umfangreiches Material (etwa 250 Stücke) von verkieselten Dipterocarpaceen-Hölzern aus dem Tertiär von Java und Sumatra hat SCHWEITZER bearbeitet, wobei ihm noch eine gewisse Aufteilung innerhalb der Familie möglich war; Arten abzugrenzen erwies sich als sehr schwierig. Klima und Waldbild dürfte sich in diesem Gebiet seit dem mittleren Tertiär kaum verändert haben.

Aus dem japanischen Tertiär beschreibt MIKI (1) (2) Früchte bzw. Samen von Vitaceen, Alangiaceen, Cornaceen und Nyssaceen. SUZUKI (1) (2) führt den ersten sicheren Nachweis von *Cercis* im japanischen Tertiär und macht eine neue Platanus-Art bekannt. WATARI beschreibt einige Abietineen-Hölzer aus dem japanischen Tertiär. SOHMA (1)—(4) führte pollenanalytische Untersuchungen mehrerer mio- und pliocäner Braunkohlen durch.

Australien. Im Tertiär Australiens wurden von COOKSON Sporen bzw. Pollenkörner von mehreren Gattungen festgestellt, die heute dort nicht mehr vorkommen: *Schizaea, Ephedra, Dacrydium, Alangium* und *Amylotheca*.

Afrika. Eine reiche, aus Samen und Früchten bestehende Miocän-Flora vom Victoria-See zeigt, daß sich der Vegetationscharakter dieses Gebietes seitdem nicht wesentlich verändert hat (CHESTERS).

Nordamerika. AXELROD (1) hat vier dem Obermiocän und Unterpliocän angehörenden Floren aus Nevada auf Grund eines Materials von über 6000 Einzelstücken bearbeitet. Die einzelnen Floren werden, unter Berücksichtigung früher beschriebener aus dem westlichen Nordamerika, mit heutigen Vegetationsformationen verglichen und daraus paläoökologische und paläoklimatische Schlüsse gezogen. Auf dieser Grundlage wird eine Karte des westlichen Nordamerika von 30—48° n. Br. entworfen, auf welcher Topographie, Vegetation und Klima zur Darstellung gelangen. Die Abhandlung stellt eine wirklich vorbildliche Synthese paläobotanischer und geologischer Tatsachen dar. Eine Ergänzung bildet die Bearbeitung der pliocänen Flora von Verdi (West-Nevada) durch AXELROD (4). Aus den paläobotanischen Befunden läßt sich erschließen, daß zur Wende Miocän/ Pliocän die Sierra Nevada nur ein breiter Rücken von höchstens 1000 m Höhe war, während sie sich heute über 4000 m erhebt [AXELROD (3)]. Durch die Heraushebung der Sierra Nevada geriet das östlich davon gelegene Gebiet mehr und mehr in den Regenschatten, so daß hier das heutige Trockengebiet entstand [AXELROD (2)].

Über die Entwicklung der „madro-tertiären Flora" (vgl. Fortschr. Bot. 14, 153f.[1] und 15, 109) unterrichtet ein Sammelreferat von AXELROD (5). Dieses Florenelement umfaßt semiarides Eichen-Coniferen-Waldland, Trockenbusch, Savanne, Halbwüste und Wüste; sein Ursprungsgebiet liegt im südwestlichen Nordamerika, wo es während Oberkreide und Paläocän ein damals mehr oder weniger flaches Land besiedelte.

Südamerika. Verschiedene, vom Maastricht (Oberkreide) bis zum Untereocän reichende Profile im Gebiet von Bogota hat VAN DER HAMMEN (3) mittels Sporen- und Pollenanalyse parallelisiert. VAN DER HAMMEN (4) stellt außerdem ein vollständiges Pollendiagramm vom Maastricht bis zum Beginn des Miocäns in Columbien auf. Die Veränderungen innerhalb dieses Diagrammes beruhen nicht nur auf Evolutionsfaktoren (Aussterben und Entstehen von Arten), sondern auch auf Klimaschwankungen im Zusammenhang mit tektonischen Vorgängen.

---

[1] Hier sind in Abb. 59 versehentlich die Bezeichnungen „Madro-tertiäre Flora" und „Arkto-tertiäre Flora" vertauscht.

Literatur.

ABRAMOVA, A. L., u. J. J. ABRAMOV: (1) Akad. Nauk SSSR, Sukatschev-Festschr. 60—63 (1956). — (2) Dokl. Akad. Nauk SSSR 103, 699—700 (1955). — (3) Akad. Nauk SSSR, Bot. J. 43, 1018—1024 (1958). — ALVIN, K. L.: Ann. Bot., N. S. 21, 33—51. — ANANIEW, A. R.: (1) Akad. Nauk SSSR, Bot. J. 42, 691—702 (1957). — (2) Dokl. Akad. Nauk SSSR 113, 403—406 (1957). — ANDREWS, H. N., and W. H. MURDY: Amer. J. Bot. 45, 552—560 (1958). — ARNOLD, CH. A.: (1) J. palaeontol. Soc. India 1, 118—121 (1956). — (2) Contr. Mus. Paleontol. Univ. Michigan 14, 133—142 (1958). — (3) Contr. Mus. Paleontol. Univ. Michigan 14, 149—165 (1958). — ARTÜZ, S.: Rev. Facult. Sci. Univ. Istanbul B 22, 239—263 (1957). — AXELROD, D. J.: (1) Univ. California Publ. geol. Sci. 33, 1—322 (1956). — (2) Amer. J. Sci. 255, 690—696 (1957). — (3) Bull. geol. Soc. Amer. 68, 19—45 (1957). — (4) Univ. California Publ. geol. Sci. 34, 91—160 (1958). — (5) Bot. Rev. 24, 433—509 (1958).

BAIKOWSKAJA, T. N.: Palaeobotanika (Moskau) 2, 47—181 (1956). — BALME, B. E., and J. P. F. HENNELY: (1) Aust. J. Bot. 4, 54—67 (1956). — (2) Aust. J. Bot. 4, 240—260 (1956). — BARGHOORN, E. S., and R. A. SCOTT: Amer. J. Bot. 45, 222—227 (1958). — BECK, CH.: (1) Amer. J. Bot. 44, 350—367 (1957). — (2) Trans. roy. Soc. Edinburgh 63, III, 445—457 (1958). — BHARDWAJ, D. C.: (1) Palaeobotanist 4, 119—150 (1955). — (2) Palaeontographica (Stuttgart) B 101, 73—125 (1957). — (3) Palaeontographica (Stuttgart) 102, 110—138 (1957). — BHARDWAJ, D. C., u. G. KREMP: Geol. Jb. 71, 51—68 (1955). — BHARDWAJ, D. C., and H. P. SINGH: Palaeobotanist 5, 51—55 (1956). — BOUGNERES, L., u. W. REMY: Abh. dtsch. Akad. Wiss. Berlin, Kl. Chem., Geol. Biol. 1957, Nr. 4 (1957). — BOUREAU, E.: Regnum vegetabile 11. Utrecht 1958. — BOUROZ, A.: (1) Ann. Soc. géol. Nord 75, 137—143 (1956). — (2) Ann. Soc. géol. Nord 77, 260—263 (1958). — BRELIE, G. V. D., u. U. REIN: Fortschr. Geol. Rheinld. Westf. 2, 555 bis 562 (1958). — BROWN, R. W.: U. S. geol. Surv., prof. Pap. 274, H, 205—209 (1956).

CAMPO, M. VAN: Palynologie Nr. 2 u. 3 (1958—59). — CHALONER, W. G.: (1) Ann. Bot., N. S. 22, 197—204 (1958). — (2) J. Paleontol. 32, 199—209 (1958). — CHESTERS, K. J. M.: Palaeontographica (Stuttgart) B, 101, 30—71 (1957). — CHUN, W. Y., and K. KUANG: Akad. Nauk SSSR, bot. J. 43, 465—470 (1958). — COOKSON, I.: Proc. roy. Soc. Victoria 69, 41—53 (1957). — COOKSON, I., and M. E. DETTMANN (1): Micropaleontology 4, 39—49 (1958). — (2) Proc. roy. Soc. Victoria 70, 95—128 (1958). — COOKSON, I., and A. EISENACK: Proc. roy. Soc. Victoria 70, 19—79 (1958). — CORSIN, P., et Y. LEMOIGNE: (1) C. R. Acad. Sci. (Paris) 244, 2959—2961 (1957). — (2) C. R. Acad. Sci. (Paris) 244, 3077—3080 (1957). — COUPER, R. A.: Palaeontographica (Stuttgart) B 103, 75—179 (1958).

DABER, R.: (1) Geologie, Beih. 19 (1957). — (2) Geologie 6, 306—315 (1957). — DANZÉ, J.: (1) C. R. Acad. Sci. (Paris) 240, 1565—1567 (1955). — (2) Ann. Soc. géol. Nord 75, 83—93 (1955). — (3) Ann. Soc. géol. Nord 75, 96—110 (1955). — (4) Bull. Soc. Bot. Nord France 8, 28—33 (1955). — (5) Les fougères Sphéno-pteridiennes du Bassin houiller du Nord de la France. Lille 1956. — (6) Ann. Soc. géol. Nord 77, 197—211 (1958). — DANZÉ, J., et P. DANZÉ-CORSIN: Ann. Soc. géol. Nord 77, 170—180 (1957). — DANZÉ-CORSIN, P.: (1) Ann. Soc. géol. Nord 75, 143—160 (1956). — (2) Ann. Soc. géol. Nord 76, 24—50 (1956). — (3) Ann. Soc. géol. Nord 77, 38—55 (1957). — (4) Ann. Soc. géol. Nord 77, 181—183 (1957). — (5) C. R. Acad. Sci. (Paris) 247, 950—952 (1958). — (6) C. R. Acad. Sci. (Paris) 247, 1226—1229 (1958). — (7) Bull. Soc. bot. Nord France 11, 39—54 (1958). — DIJKSTRA, S. J.: Meddedel. geol. Sticht., N. S. 10, 5—18 (1957). — DIJKSTRA, S. J., en P. PIÉRART: Meddedel. geol. Sticht., N. S. 11, 1—19 (1958). — DORF, E.: Bull. Wagner Free Inst. Sci. 33, 1—10 (1958). — DOUBINGER, J.: Mém. Soc. géol. France 75 (1956).

EMERY, K. O., J. I. TRACEY and H. S. LADD: U. S. geol. Surv., prof. Pap. 260 A (1954). — ERDTMAN, G.: Pollen and Spore Morphology II (Gymnospermae, Pteridophyta, Bryophyta). Stockholm 1958. — ERDTMAN, G., and VISHNU-MITTRE: Grana palynol. 1, Nr. 3, 6—9 (1958).

DE FERRÉ, Y.: Bull. Soc. bot. France 105, 155—205 (1958). — FLORIN, R.: (1) A Century of Progress in the natural Sciences 1853—1953, 323—403. San Francisco 1956. — (2) Acta Horti Bergiani 17, 223—228 (1957). — (3) Acta Horti Bergiani 17, 259—402 (1958). — FREUND, H.: Handbuch der Mikroskopie in der Technik, 2/III. Frankfurt (Main) 1958. — FRY, W. L.: J. Paleontol. 30, 35—45 (1956).

GOCHT, H.: Paläontol. Z. 31, 163—185 (1957). — GRAMBAST, L.: (1) Rev. gén. Bot. 64, 339—362 (1957). — (2) Bull. Soc. géol. France, VI, 7, 361—368 (1957). — GRANGEON, P.: Contribution a l'étude de la paléontologie végétale du massif du Coiron (Ardeche). Lyon 1958. — GREBE, H.: Geol. Jb. 73, 51—74 (1957). — GREGUSS, P.: (1) Abh. dtsch. Akad. Wiss. Berlin, Kl. Chem., Geol. Biol. 1957, Nr. 3, 1—10 (1957). — (2) Abh. dtsch. Akad. Wiss. Berlin, Kl. Chem., Geol., Biol. 1957, 11—15 (1957). — (3) Földtani Közlöny 87, 218—223 (1957). — GUENNEL, G. K.: Indiana Dep. Conserv., geol. Surv., Bull. 13 (1958). — GUTHÖRL, P.: Palaeontographica (Stuttgart) B 102, 1—70 (1957).

HAMMEN, TH. V. D.: (1) Bol. geol. (Bogotá) 4, 63—101 (1956). — (2) Bol. geol. (Bogotá) 4, 111—117 (1956). — (3) Bol. geol. (Bogotá) 5, 49—91 (1957). — (4) Bol. geol. (Bogotá) 5, 187—203 (1957). — HARRIS, T. M.: (1) Bot. Mag. (Tokyo) 69, 424—429 (1956). — (2) Proc. roy. Soc. London B (Biol. Sci.) 147, 289—308 (1957). — (3) J. Ecol. 46, 447—453 (1958). — HIDA, M.: Bot. Mag. (Tokyo) 70, 44—51 (1957). — HOEG, O. A., M. N. BOSE u. B. N. SHUKLA: Palaeobotanist 4, 10—13 (1955). — HORN AF/RANTZIEN, H.: Acta Univ. Stockholm., Contrib. Geol. 1, 1—29 (1957). — HUNGER, R.: Freiberger Forschungsh. C 37, 7—21 (1957).

JÄHNICHEN, H.: Geologie 6, 549—550 (1957). — JOHNSON, J. H.: J. Paleontol. 30, 53—55 (1956). — JOHNSON, J. H., and K. KONISHI: Quart. Colorado School of Mines 51, Nr. 4 (1956). — JONGMANS, W. J.: Meddedel. geol. Sticht., N. S. 10, 35—41 (1957). — JONGMANS, W. J., et S. J. DIJKSTRA: Fossilium Catalogus II, Pars 30—33 (1957—58). — JUNG, W.: Geol. Bl. NO-Bayern 8, 114—130 (1958). — JUX, U., u. H. D. PFLUG: (1) Braunkohle, Wärme, Energie 1957, 257—266. — (2) Geologie, Beih. 20 (1958). — (3) N. Jb. Geol. Paläont., Mh., 243—254 (1958).

KAMPTNER, E.: (1) Arch. Protistenk. 103, 54—116 (1958). — (2) Ann. naturh. Mus. Wien 62, 95—122 (1958). — KIMURA, T.: Bull. Sen. High School Tokyo Univ. Educ. 2, Nr. 2 (1958). — KOSANKE, R. M., and J. A. HARRISON: Circ. Illinois State geol. Surv. 234, 1—14 (1957). — KRÄUSEL, R.: (1) Senckenberg. leth. 37, 411—445 (1956). — (2) Senckenberg leth. 37, 446—453 (1956). — (3) Bot. Mag. (Tokyo) 69, 537—543 (1956). — (4) Senckenberg. leth. 39, 57—65 (1958). — (5) Senckenberg. leth. 39, 67—103 (1958). — (6) Meddedel. geol. Sticht., N. S. 11, 21—25 (1958). — KRÄUSEL, R., u. E. DOLIANITI: Palaeontographica (Stuttgart) B 104, 115—137 (1958). — KRUTZSCH, W.: Z. angew. Geol. 3, 509—548 (1957). — KRYSHTOFOVITCH, A. N.: (1) Palaeobotanika (Moskau) 1, 1—180 (1956).— (2) Paläobotanik (russisch), 4. Aufl. Leningrad 1957.

LACEY, W. S., K. W. JOY and A. J. WILLIS: Ann. Bot., N. S. 21, 621—626 (1957). — LAKHANPAL, R. N.: Palaeobotanist 4, 15—22 (1955). — LANCUCKA-SRODONOWIA, M.: (1) Wydawn. Inst. geol. Warszawa 15, 5—76 (1956). — (2) Acta biol. Cracav., Ser. Bot. 1, 15—23 (1958). — LECLERCQ, S.: Mém. Acad. roy. Belg., Cl. Sci., Sér. 2, 14, fasc. 3 (1957). — LELE, K. M.: Palaeobotanist 4, 23—34 (1955). — LEMOIGNE, Y.: (1) Bull. Soc. Bot. Nord France 10, 65—71 (1957). — (2) Ann. Sci. nat., Bot., 11. Sér., 18, 71—89 (1957). — (3) Bull. Soc. Bot. Nord France 11, 11—24 (1958). — LÖHR, E.: Meddelels. dansk geol. Foren. 13, 441—442 (1957). — LOUVEL, CHR.: C. R. Acad. Sci. (Paris) 247, 2411—2413 (1958).

MÄDLER, K.: (1) Geol. Jb. 73, 75—90 (1957). — (2) Paläontol. Z. 32, 13—14 (1958). — (3) FREUND, H.: Handbuch der Mikroskopie in der Techn. 2/III, 281 bis 287. Frankfurt 1958. — MÄGDEFRAU, K.: (1) Ber. dtsch. bot. Ges. 70, 433—435 (1957). — (2) Ber. dtsch. bot. Ges. 71, 133—142 (1958). — MAMAY, S.: Amer. J. Bot. 44, 229—239 (1957). — MAMAY, S., and CH. B. READ: U. S. geol. Surv., prof. Pap. 274, I, 211—226 (1956). — MANTEN, A. A.: Acta bot. neerl. 7, 445—488 (1958). — MENENDEZ, C. A.: (1) Acta geol. Lilloana 1, 315—338 (1956).— (2) Rev. Asoc. geol. Argent. 11, 273—280 (1956). — (3) Ameghiniana 1, 25—30 (1957). — MERKER, H.: Bot. Notiser 111, 608—618 (1958). — MIKI, S.: (1) J. Inst. Polytechn., Osaka City Univ., Ser. D, 7, 247—271 (1956). — (2) J. Inst. Polytechn.,

Osaka City Univ., Ser. D, 7, 275—295 (1956). — (3) J. Inst. Polytechn., Osaka City Univ., Ser. D, 8, 221—272 (1957). — MÜLLER-STOLL, W. R., u. E. MÄDEL: Senckenberg. leth. 38, 121—168 (1957). — MURDY, W. H., and H. N. ANDREWS: Bull. Torrey bot. Club 84, 252—267 (1957).

NAGY, L.: Földtani Közlöny 87, 320—324 (1957). — NAVALE, G. K. B.: (1) Palaeobotanist 4, 35—40 (1955). — (2) Palaeobotanist 5, 73—77 (1957). — NEMEJC, F.: (1) Acta musei nation. Pragae 13, B, 97—114 (1957). — (2) Sbornik Ustredniho Ustava Geol. 22, 335—377 (1956). — (3) Sbornik Ustredniho Ustava Geol. 23, 7—51 (1957). — (4) Acta musei nation. Pragae 12, B, 59—143 (1956). — NEMEJC, F., u. B. PACLTOVA: Casopis pro Mineral. Geol. I, 3, 232—242 (1956). — NISLSON, T.: Lund's Univ. Arsskr., N. F. Avd. II, 54, Nr. 10 (1958). — NÖTZOLD, T.: Ber. naturforsch. Ges. Freiburg 47, 71—102 (1957).

OBRHEL, J.: (1) Sbornik Ustredniho Ustava Geol. 23, 523—545 (1957). — (2) Sbornik Ustredniho Ustava Geol. 23, 547—556 (1957).

PANT, D. D.: Ann. Bot., N. S. 20, 419—429 (1956). — PFLUG, H.: Freiberger Forschungsh. A 64, 1—68 (1957). — PLUMSTEAD, E. P.: Trans. geol. Soc. S. Afr. 59, 211—236 (1956). — POTONIÉ, R.: (1) Beih. geol. Jb. 31 (1958). — (2) Z. dtsch. geol. Ges. 109, II, 411—447 (1958). — PRAKASH, U.: (1) Palaeobotanist 4, 91—100 (1955). — (2) Palaeobotanist 5, 104—108 (1957).

RAMANUJAM, C. G. K.: (1) Palaeobotanist 4, 45—56 (1955). — (2) Palaeobotanist 5, 78—81 (1957). — RASKY, KL.: (1) Paläontol. Z. 32, 181—189 (1958). — (2) Földtani Közlöny 88, 131—135 (1958). — RAUH, W., u. H. FALK: S.-B. Heidelb. Akad. Wiss., math.-nat. Kl. 1959, Nr. 1 (1959). — READ, CH. B.: U. S. geol. Surv., prof. Pap. 263 (1955). — REED, F.: Phytomorphology 6, 261—272 (1956). — REMY, W., u. R.: Paläontol. Z. 31, 55—65 (1957). — ROGALSKA, M.: Inst. geol. Warszawa Bull. 104 (1956). — ROSELT, G.: Wiss. Z. Univ. Jena, math.-nat. R. 7, 387—409 (1958). — ROUSE, G. E.: Canad. J. Bot. 35, 349—375 (1957).

SAH, S. C. D.: Palaeobotanist 4, 60—71 (1955). — SCHAPARENKO, K. K.: Palaeobotanika (Moskau) 2, 1—44 (1956). — SCHELPE, E. A. C.: Ann. Mag. nat. Hist. (12) 8, 652—656 (1955). — SCHLOEMER-JÄGER, A.: Palaeontographica (Stuttgart) B 104, 39—103 (1958). — SCHMIDT, W.: Palaeontographica (Stuttgart) B 104, 1—38 (1958). — SCHMIDT, W., M. SCHÜRMANN u. M. TEICHMÜLLER: Fortschr. Geol. Rheinld. Westf. 2, 563—572 (1958). — SCHNEIDER, E.: Ann. Univ. Sarav., Scientia 6, 185—257 (1957). — SCHÖNFELD, E.: (1) Senckenberg. leth. 38, 109—119 (1957). — (2) Fortschr. Geol. Rheinld. Westf. 2, 539—548 (1958). — (3) Fortschr. Geol. Rheinld. Westf. 1, 169—178 (1958). — SCHRÖDER, K.: Ann. Univ. Sarav., Scientia 5, 288—303 (1957). — SCHWARZBACH, M., u. H. D. PFLUG: Neues Jb. Geol. Paläont., Abh. 104, 279—298 (1957). — SCHWEITZER, H.-J.: Palaeontographica (Stuttgart) B 105, 1—66 (1958). — SELMEIER, A.: Jber. naturwiss. Ver. Landshut 23, 1—73 (1958). — SEN, J.: (1) Palaeobotanist 4, 77—82 (1955). — (2) Bot. Rev. 22, 343—374 (1956). — (3) Geol. Fören Stockholm Förh. 79, 251—256 (1957). — (4) Bot. Notiser (Lund) 111, 436—448 (1958). — (5) Micropaleontology 4, 159—162 (1958). — (6) Geol. Fören Stockholm Förh. 80, 141—148 (1958). — SEN, J., u. R. K. BASAK: Geol. Fören. Stockholm Förh. 79, 737—758 (1957). — SETLIK, J.: (1) Rozpr. Ustredn. Ust. geol. 21, 1—106 (1956). — (2) Vestn. Ustredn. Ust. geol. 31, 37—43 (1956). — SINGER, R., and S. ARCHANGELSKY: Amer. J. Bot. 45, 194—198 (1958). — SINGH, G.: Palaeobotanist 5, 64—65 (1956). — SNIGIREVSKAYA, N. S.: Acad. Nauk SSSR, Bot. J. 43, 106—112 (1958). — SOHMA, K.: (1) Ecol. Rev. 14, 235—244 (1957). — (2) Ecol. Rev. 14, 245—246 (1957). — (3) Ecol. Rev. 14, 259—264 (1957). — (4) Ecol. Rev. 14, 273—288 (1958). — SONTAG, E.: Freiberger Forschungsh. C 37, 89—108 (1957). — SRIVASTAVA, P. N.: Palaeobotanist 5, 1—45 (1956). — STACH, E.: (1) Palaeontographica (Stuttgart) B 102, 71—95 (1957). — (2) Brennstoff-Chemie 39, 15—20 (1958). — STACH, E., u. W. PICKHARDT: Paläontol. Z. 31, 139—162 (1957). — STEWART, W. N.: Amer. J. Bot. 45, 580—588 (1958). — STOCKMANS, F., et F.-F. MATHIEU: Publ. Assoc. pour l'étude Paléont. Stratigr. houill. Nr. 32 (1957). — STONELEY, H. M.: Ann. Mag. nat. Hist. (12) 9, 713—720 (1956). — SÜSS, H.: Abh. dtsch. Akad. Wiss. Berlin, Kl. Chemie, Geol. Biol. 1956, Nr. 8 (1958). — SÜSS, M.: Freiberger Forschungsh. C 37, 109—182 (1957). — SURANGE, K. R.: Palaeobotanist 4, 83—88 (1955). — SURANGE, K. R., and K. M. LELE: (1) Palaeobotanist 4, 153—157 (1955). — (2) Palaeobotanist 5,

82—90 (1956). SURANGE, K. R., and P. N. SRIVASTAVA: Palaeobotanist **5**, 46—49 (1956). — SURYANARAYANA, K.: Palaeobotanist **4**, 89—90 (1955). — SUZUKI, K.: (1) Trans. Proc. palaeontol. Soc. Japan, N. S. **29**, 168—171 (1958). — (2) Sci. rep. Fac. Art Sci., Fukushima Univ. **7**, 37—44 (1958). — SZAFER, W.: (1) Veröff. geobot. Inst. Rübel Zürich **33**, 203—206 (1958). — (2) Acta biol. Cracov., Ser. Bot. **1**, 7—13 (1958). — SZE, H. C.: (1) Palaeontol. sinica, Nr. 139 (1956). — (2) Acta palaeontol. sinica **4**, 285—292 (1956).

TEICHMÜLLER, M.: Fortschr. Geol. Rheinld. Westf. **2**, 599—612 (1958). — TEICHMÜLLER, M., u. R.: (1) Natur u. Volk **87**, 421—430 (1957). — (2) Zbl. Geol. Paläontol. **1956** °, 583—626 (1956). — (3) Zbl. Geol. Paläontol. **1958**, I, 241—268 (1958). — (4) Freiberger Forschungsh. C **57**, 106—124 (1959). — TEICHMÜLLER, M., u. P. W. THOMSON: Fortschr. Geol. Rheinld. Westf. **2**, 573—598 (1958). — TEICHMÜLLER, R.: Fortschr. Geol. Rheinld. Westf. **2**, 721—750 (1958). — THOMSON, P. W.: Fortschr. Geol. Rheinld. Westf. **2**, 549—553 (1958). — TOWNROW, J. A.: (1) J. Proc. roy. Soc. New South Wales **89**, 39—63 (1955). (2) Avh. Norske vidensk.-akad. Oslo, I, math.-nat. Kl. **1956**, Nr. 2 (1956). — (3) Trans. geol. Soc. S. Afr. **60**, 21—56 (1957). — (4) J. S. Afr. Bot. **25**, 1—22 (1958).

VARMA, C. P.: Palaeobotanist **4**, 101—11 (1955). — VISHNU-MITTRE: Palaeobotanist **4**, 113—118 (1955).

WALTON, J.: Trans. roy. Soc. Edinburgh **63**, II, 333—340 (1957). — WATARI, S.: J. Fac. Sci., Univ. Tokyo, Sect. III (Bot.) **6**, 419—437 (1956). — WEYLAND, H.: (1) Palaeontographica (Stuttgart) B **103**, 34—74 (1957). — (2) Fortschr. Geol. Rheinld. Westf. **2**, 527—538 (1958). — WEYLAND, H., u. D. H. PFLUG: Palaeontographica (Stuttgart) B **102**, 96—109 (1957). — WEYLAND, H., PFLUG D. H. u. H. JÄHNICHEN: Palaeontographica (Stuttgart) B **105**, 67—74 (1958). — WEYLAND, H., D. H. PFLUG u. N. PANTIC: Palaeontographica (Stuttgart) B **105**, 1—99 (1958). — WEYLAND, H., u. E. SCHÖNFELD: Palaeontographica (Stuttgart) B **104**, 138—150 (1958). — WICHER, E.: Erdöl u. Kohle **10**, 3—7 (1957). — WOOD, J. M.: Amer. Midland Natur. **58**, 141—154 (1957).

ZIMMERMANN, W.: (1) Bot. Mag. (Tokyo) **69**, 401—409 (1956). — (2) Phyton (Horn, N.-Ö.) **7**, 162—182 (1957).

7. Systematische und genetische Pflanzengeographie.

a) Areal- und Florenkunde.

Von Helmut Gams, Innsbruck.

1. Allgemeine Arealkunde und Biogeographie.

In vielen Veröffentlichungen und Symposien anläßlich der 250. Wiederkehr von Linnés Geburtstag (s. u. a. Hedberg, Iversen, Ehrendorfer, Merxmüller) und der 100 Jahre seit den bahnbrechenden Veröffentlichungen Darwins und Wallaces (s. u. a. die 2bändige, von Baranov redigierte russische Festschrift über Artprobleme) sind arealgeschichtlich wichtige Fragen von den verschiedensten Seiten beleuchtet und die Verdienste jener Pioniere gewürdigt worden. In seltsamem Gegensatz dazu stehen Veröffentlichungen von L. Croizat: Seine 3bändige „Panbiogeography", in der er auf gegen 2700 Seiten mit rund 300 Textfiguren, zumeist ähnlich schematischen Karten wie in seiner Pflanzengeographie (1952), eine neue Synthese von Pflanzen- und Tiergeographie mit Geologie und Ökologie versucht, liegt ebenso wie die kürzeren Biogeographien von Dansereau und Furon dem Referenten noch nicht vor, wohl aber Croizats Stellungnahme zu den Gedanken von Willis (Age and Area usw.), wobei er besonders dessen Antidarwinismus zustimmend betont und Darwin und den Darwinismus ähnlich hemmungslos angreift wie 1952 die Theorie der Kontinentalverschiebung Wegeners, die doch inzwischen durch neueste Forschungen über Paläomagnetismus (s. u. a. Angenheister, Opdyke u. Runcorn) und die permocarbonische Vergletscherung (s. Maack) so bestätigt worden ist, daß wohl die auch von geologischer und paläontologischer Seite erhobenen Einwände bald verstummen werden. Ein früherer Gegner der Kontinentalverschiebung, der Schwede Hultén, hat in einem neuen großen Atlas von 279 Arealkarten amphiatlantisch verbreiterer Gefäßpflanzen, die er auf 16 Gruppen verteilt, aber vorerst nicht historisch zu deuten versucht, weitere Beweise für Wegeners Lehre beigebracht, wie der Norweger Dahl in einer gehaltvollen Antrittsrede ausführt, in der er besonders betont, daß viele amphiatlantische Disjunktionen nur durch eine nordatlantische Landverbindung und nicht durch Wanderungen über die Beringstraße erklärt werden können. Die biogeographischen Atlanten, die von der Pariser Société de Biogéographie mit vielen Mitarbeitern und von Meusel, von dessen 2bändiger Neubearbeitung 1959 der 1. Band erscheint, vorbereitet werden, lassen weitere Klärung erwarten.

2. Floren und Ikonographien.

Florenwerke, die sowohl Thallophyten wie Cormophyten umfassen, sind in Europa u. a. in Finnland (JALAS), Belgien (Red. ROBYNS), Tschechoslowakei (Red. F. A. NOVÁK) und USSR, in Amerika u. a. für Porto Rico teils im Erscheinen, teils in Vorbereitung. Von den tschechischen, von PILÁT redigierten Pilzfloren sind bisher die Phycomyceten und Gastromyceten erschienen, von einer neuen dänischen die Pyrenomyceten einschließlich Ascoloculares von MUNK. Nach Jugoslavien (KUŠAN 1953) und der Ukraine (OXNER, Bd. 1, 1956) erhält auch die Tschechoslowakei eine moderne Flechtenflora (ČERNOHORSKY, SERVIT u. NÁDVORNIK 1. Hälfte 1956). Die Verff. der neuen norddeutschen Flechtenfloren haben ihr Erscheinen nicht erlebt: die Nordwestdeutschlands von ERICHSEN ist von O. KLEMENT u. W. SAXEN, die der Mark Brandenburg von HILLMANN von GRUMMANN ergänzt worden. Nach vieljähriger Unterbrechung erscheinen endlich auch wieder Lieferungen der nach dem Tod ZAHLBRUCKNERs und REDINGERs von KEISSLER redigierten Flechtenbände der Rabenhorstschen Flora, zunächst die auf 4 Lief. veranschlagten Usneaceen von KEISSLER selbst.

Eine wertvolle Ergänzung zu den 1957/58 abgeschlossenen Lebermoosen Europas von K. MÜLLER bildet der Prodromus einer Flora Hepaticarum Poloniae von SZWEYKOWSKI, dem noch ein Arealatlas der polnischen Lebermoose folgen soll. Von der polnischen Laubmoosflora SZAFRANs liegt eine 1., von der fennoskandischen E. NYHOLMs die 3. Lief. mit dem größten Teil der Eubryales vor. Als eine Vorarbeit zur noch immer nicht gedruckten Moosflora Ungarns von BOROS ist seine Moosflora von Klausenburg (Cluj) aufzufassen. Von Werken über außereuropäische Laubmoosfloren seien LAZARENKCs Analyse der Laubmoosflora Nordostasiens und die Laubmoosflora von Porto Rico von CRUM und STEERE genannt, von außereuropäischen Pteridophytenfloren die japanische von OHWI und die madagassische von Frau TARDIEU-BLOT.

Gefäßpflanzenfloren. Für die Mitarbeiter der von Liverpool aus vorbereiteten Flora Europaea, die im April 1959 in Wien getagt haben, hat der Sekretär des Redaktionsausschusses HEYWOOD eine kurze Wegleitung herausgegeben; für die Mitarbeiter der floristischen Kartierung der Britischen Inseln (Distribution Maps Scheme) WALTERS (Cambridge) einen Bericht, aus dem hervorgeht, daß für die meisten Netzquadrate, in die das ganze Gebiet geteilt ist, zwischen 150 und 450, aus wenigen unter 150 und aus ganz wenigen über 650 Aufnahmeblätter vorliegen. CLAPHAM, TUTIN und WARBURG haben ihrer Flora der Britischen Inseln eine kürzere Exkursionsflora und einen Tafelband mit Zeichnungen von S. ROLES folgen lassen. Viele Verbreitungskarten enthält die neue Wiltshire-Flora von GROSE. Die 11. und 12. Lief. der britischen Ikonographie von ROSS-GRAIG bringen wieder 75 Tafeln (Droseraceae bis Umbelliferae z. T.).

Aus Skandinavien sind 3 der Hegi-Flora ähnliche, doch auch Moose und Thallophyten umfassende Florenwerke zu nennen: die in 9 Bänden von NORDHAGEN neu bearbeitete 2. norwegische Ausgabe des von LAGERBERG und HOLMBOE begründeten Werks, die von M. SKYTTE CHRISTEN besorgte dänische Ausgabe des etwas kürzeren Tafelwerks von FAEGRI und HULTÉN und der 1. Band eines sehr ausführlichen, auch viele Karten enthaltenden finnischen Florenwerks von JALAS.

Von der Neubearbeitung von HEGIs Illustrierter Flora von Mitteleuropa ist der 1. Teil des III. Bandes (Juglandaceae bis Polygonaceae, größtenteils von RECHINGER) abgeschlossen, der 2. Teil (Centrospermae von AELLEN u. a.) und der 1. des IV. Bd. (Rhoeadales von MARKGRAF) im Erscheinen. Nachdem ROTHMALERs Exkursionsflora von Ostdeutschland bereits 7 Auflagen erlebt hat, gibt er nun mit 5 Mitarbeitern eine auf ganz Deutschland erweiterte heraus. Der zuerst erschienenen Exkursionsflora sollen noch eine kritische Flora, ein Figurenband und ein weiterer mit den wichtigsten Thallophyten und Moosen folgen.

Aus den Ostalpen liegen der 3. Teil von JANCHENS Catalogus Florae Austriae (Sympetalen), eine von LEEDER verfaßte, nach dessen Tod von M. REITER ergänzte, nichtillustrierte Flora des Landes Salzburg mit sehr sorgfältigen Verbreitungsangaben auch für kritische Sippen und eine ebenfalls postum erschienene Flora des Cadore von PAMPANINI vor. Ein ähnlich 4 bändiges Taschenbuch mit vielen Farb- und Schwarztafeln wie das von W. RAUH neubearbeitete von KLEIN (1951/53) hat CL. FAVARGER besonders für die Westalpen sowohl in einer französischen wie in einer deutschen Ausgabe (diese von M. FREY-WYSSLING) mit von P. A. ROBERT gemalten, zumeist Ausschnitte ganzer Pflanzenvereine zeigenden Tafeln veröffentlicht. Während all diese Taschenbücher wie die in vielen Auflagen erschienenen von SCHRÖTER und HEGI keine Schlüssel enthalten, sind solche in der neuen „Bilderflora der Südalpen vom Gardasee zum Comersee" (also östlich an die von E. SCHMID neubearbeitete „Flora des Südens" von SCHRÖTER anschließend) von PITSCHMANN und REISIGL mit 64 zur Hälfte farbigen Tafeln von H. SCHIECHTL enthalten, wogegen der Text möglichst kurz gehalten ist. — Viele Schul- und Exkursionsfloren erleben immer wieder neue Auflagen, so die schweizerische von BINZ eine 8. von BECHERER 1957, die holländische von HEUKELS eine 14. von V. OOSTROM 1956. Von weiteren mehrbändigen europäischen Spermatophytenfloren seien VERMEULEN'S Flora Neerlandica (zuletzt I 5: Orchidaceae) und die große Belgische genannt, von der zuletzt die von LEGRAIN bearbeitenden Rosaceen erschienen sind, die neue der Tschechoslowakei, der DOSTÁL eine ausführliche Darstellung der Terminologie und Nomenklatur vorausschickt, der von MADALSKI herausgegebene Atlas der Flora Polens, dessen 7. Lief. 33 Chenopodiaceentafeln von KOWAL enthält, der 6. Bd. der von SAVULESCU redigierten Flora Rumäniens (Columniferae bis Umbelliferae) und vor allem der erst nach dem 24. erschienene 23. u. 24. Band von KOMAROVS Flora der USSR, von der nur noch Teile der Compositen und Nachträge ausstehen. Der 23. enthält die 9 restlichen Familien der Tubifloren (einschließlich die kaum zugehörigen Lentibulariaceen) und den größten Teil der von LINCZEVSKY, POBEDIMOVA, POJARKOVA u. a. ganz neu bearbeiteten Rubiales mit vielen neuen Sektionen und Arten. Von den vielen russischen Lokalfloren ist die „Flora lushkensis" von P. SMIRNOV, d. h. eine sehr originelle, auch viele Karten und organographische Details enthaltende Flora des auf den Terrassen der Oka südlich Moskau 1945 errichteten Nationalparks hervorzuheben. Eine Flora der circumpolaren Arktis im engeren Sinn liegt von POLUNIN vor.

Der 4. Teil des V. Bd. der Flora Malesiana enthält außer einem Supplement von M. J. VAN STEENIS die Hydrochoritaceen (DEN HARTOG), Batidaceen (v. ROYEN), Restionaceen (BAKKER), Centrolepidaceen und Rhizophoraceen (DING HOU), Connaraceen (LEENHOUTS) und Erythroxylaceen (PAYENS).

Von mehreren der großen afrikanischen Floren liegen weitere Lieferungen vor, so von der von MAIRE begründeten nordafrikanischen die 5. mit Liliaceen, dazu eine neue Flora der nördlichen und zentralen Sahara von OZENDA, von der 2. Auflage der tropisch-westafrikanischen von HUTCHINSON, DALZIELS u. KLAY der 2. Bd., von der tropisch-ostafrikanischen die Gymnospermen von MELVILLE, Polygonaceen von GRAHAM, Alangiaceen, Melianthaceen und Cornaceen von VERDCOURT, Resedaceen von ELFFERS u. TAYLOR, Primulaceen von TAYLOR und Caricaceen von HEMSLEY, von HUMBERTs Flora von Madagaskar und den Comoren die 78. Lief. mit den Annonaceen von CAVACO u. KERAUDREN und die 97. mit den Connaraceen, Cornaceen und Alangiaceen von KERAUDREN.

Zu der bereits angezeigten karyologischen Grönlandflora von JÖRGENSEN, SÖRENSEN u. WESTERGAARD tritt eine dänische Bestimmungsflora für Grönland von BÖCHER, HOLMEN u. J. JAKOBSEN illustriert von I. FREDERIKSEN. Aus Nordamerika sind eine Flora von Manitoba von SCOGGAN, eine kalifornische Flora von MUNZ und KECK, eine große Flora der Kalifornischen Marschen von MASON, eine Flora von S. Francisco von HOWELL, RAVEN u. RUBTZOFF und weitere Lieferungen der von ILTIS mit mehreren Mitarbeitern herausgegebenen Flora von Wisconsin (Asclepiadaceae von NOAMESI, Rubiaceae von URBAN u. a.), sowie weitere Teile seiner Bearbeitung amerikanischer Capparidaceen (Cleomoideae) zu nennen; aus Mittelamerika der 7. Teil der Panama-Flora von WOODSON u. SCHERY mit 5 von L. B. SMITH, SCHUBERT u. GLEASON bearbeiteten Parietalenfamilien und der 1. Teil einer Flora von Guatemala von STANDLEY u. STEYERMARK; aus Südamerika ein Katalog der Gefäßpflanzen Boliviens von FOSTER. Schließlich sei noch eine sehr originelle Bearbeitung der Gefäßpflanzen des Kerguelen-Archipels (2 *Lycopodien*, 5 Farne, 1 *Thuja*, 9 Monokotylen, 21 Dikotylen) unter besonderer Beachtung ihrer Variabilität und Verwandtschaft von A. CHASTAIN hervorgehoben.

3. Arealkarten im Dienst der Systematik und Karten einzelner Arten.

CORILLION läßt seiner Bearbeitung der westeuropäischen Characeen eine Untersuchung über die Gesamtverbreitung der Characeen mit 23 Erdkarten (Flk)[1] im Rahmen des Biogeographischen Atlas folgen. M. KRAFT vergleicht das Areal des Märzellerlings *Hygrophorus marzuolus* mit dem der Tanne anhand einer Flk für ganz Europa und von Puk[1] für die Schweiz. LARSSON gibt eine Puk für *Geastrum triplex* in Schweden.

---

[1] Flk = Flächenkarte, Puk = Punktkarte, Urk = Umrißkarte.

In einer Untersuchung über alpine Blatt- und Strauchflechten im westlichen Nordamerika gibt IMSHAUG für 85 schematische Karten. HALE bespricht das atlantische Artenpaar *Lobaria amplissima* und *quercizans* mit einer Puk für deren nordamerikanisches Areal. Für 7 Arten der „bunten Erdflechten" gibt BORNKAMM Puk für das Harzvorland.

Neue Lebermooskarten liegen vor aus Nordafrika (8 *Riella*-Arten von JELENC), Bayern (Puk für 6 Akrogyne von A. SCHMIDT), Polen und Nachbarländer (für *Eremonotus* und *Scapania gymnostomophila* von SZWEYKOWSKI, der viele weitere Karten vorbreitet) und die von KUCYNIAK (2) neu für Nordamerika entdeckte *Scapania crassiretis*. Die Verbreitung von 8 *Sphagna subsecunda*, davon 4 endemischen in Japan stellt SUZUKI dar, die der arktischen, für Sibirien neuen Polytrichacee *Lyellia aspera* SMIRNOVA. Teilareale stellen TALLIS für *Rhacomitrium lanuginosum* auf den Britischen Inseln, STEFUREAC für *Schistostega* (2) und *Helodium* (1) im Karpatengebiet, JASNOWSKI für *Calliergon trifarium* in Polen, CRUM für *Anacamptodon splachnoides* und KUCYNIAK (1) für *Drepanocladus badius*, beide in Nordamerika dar. Zahlreiche Mooskarten liegen wiederum aus Japan vor, so von IWATSUKI für die Orthotrichaceengattungen *Hypnodon* und *Hypnodontopsis* und von ANDO für in Japan endemische Hypnaceen (einschl. Sematophyllaceen).

RAUH und FALK geben Karten für 8 altertümliche Isoetaceen in Peru und Bolivien, darunter die erst 1954 entdeckte *Stylites andicola* und die neu beschriebene *St. gemmifera*.

Aus der großen Zahl von Blütenpflanzenkarten seien außer den in den Abschnitten 1, 2 und 4—6 genannten noch folgende genannt: *Cedrus libani* in Kleinasien und Nachbarländern (MAYER u. SEVIM), *Fritillaria meleagris* in Holland (VAN LEEUWEN), *Carex pediformis* am Don und Donez (GOLIZYN), *Artocarpus* und Verwandte in den altweltlichen Tropen (JARRETT), *Chosenia macrolepis* in NO-Asien (Urk von NORIN), *Salix lapponum* in Mittelpolen (Puk von FIJALKOWSKI), *Viscum* in Indomalaya (RAO), *Phyllanthus* in Westindien (WEBSTER), *Callitriche* in Bayern (SCHOTSMAN), *Armeria elongata* neu für England (Puk von GIBBONS u. LOUSLEY), *Polanisia, Cleome* u. a. Capparidaceen in Amerika (ILTIS), *Papaver* Sect. *Scapiflora* in Europa (MARKGRAF), *Hornungia petraea* in England (RATCLIFFE), *Rubus* in SW-Deutschland (ADE), *Amygdalus* und die verwandte *Aflatunia* in Mittelasien (GRIGORJEW), *Alchemilla gorcensis* (disjunkt in Karpaten und Vranica: PAWLOWSKI), *Indigofera* in Pakistan und W.-Himalaja (ALI), *Elaeagnus* in Vorder- und Mittelasien (KOZLOVSKAJA), *Hippophae* in Großbritannien (GROVES), *Trapa* in Jugoslavien (JANKOVIC), *Durio* in Indonesien (KOSTERMANS), *Sapotaceen* in Malaya (VINK u. V. ROYEN), *Viola lactea* in W-Europa (MOORE), *Viola*-Arten von Tennessee (RUSSELL), *Rhododendron luteum* in SE-Europa und 4 Arten der Julischen Alpen (E. MAYER), *Melichrus* (PATERSON), *Osmanthus* in Asien und Amerika (GREEN), *Ceropegia* (H. HUBER), *Polemonium coeruleum* in Großbritannien früher und heute (Puk von PIGOTT), *Phlox* in Nordamerika (GRANT), *Gesneriaceen* von Gujana (LEEUWENBERG), *Galium-*

Arten in Europa und Nordamerika (EHRENDORFER), *Valeriana*-Arten in Afrika (F. G. MEYER), *Centaurea horrida* endemisch in und um Sardinien (DESOLE).

4. Arealkarten im Dienst der regionalen Pflanzengeographie und Vegetationskunde.

Hier sind zunächst 5 große Übersichtskartenwerke anzuführen, welche die Vegetation großer Teile Osteuropas, Asiens und Afrikas meist in der bewährten Kombination von Flächenfarben und Signaturen für einzelne Arten, namentlich Gehölze, und damit deren Verbreitung darstellen: für Rumänien 1:600000 von DONITZA, LEANDRU u. Mitarb. mit Zeichen für 43 Holzarten; für Mittelasien in 18 Blättern 1:1 Million von LAVRENKO, RODIN u. HERBICH mit 58 Farbtönen, 24 Schraffenzeichen, 44 Signaturen einzelner Arten und 102 Ziffern; für den Himalaja in 2 Blättern 1:2 Mill., einer Nebenkarte 1:700000 und 6 Vegetationsprofilen von U. SCHWEINFURTH, mit Ausscheidung von 29 Vegetationseinheiten und Bezeichnung von 8 Arten; für Malaysia 1:5 Mill. von C. G. VAN STEENIS mit 7 Farben; von S-Afrika 1:10 Mill. von KEAY mit 17 Farben.

Über den Stand der Floreninventarisation mittels Netzkarten berichten WALTERS für Großbritannien und REICHLING für Luxemburg. Auch die Kartierung im Rahmen der „biologischen Flora" Großbritanniens schreitet planmäßig fort: Erschienen sind *Dactylis* (Flk von BEDDOWS), *Quercus robur* und *petraea* (Urk für Europa, Flk für Großbritannien von JONES), *Hornungia petraea* (Urk für Europa, Puk für England von RATCLIFFE), *Viola lactea* (Puk für das atlantische Europa von MOORE), *Polemonium coeruleum* (Puk der heutigen Gesamtverbreitung und der heutigen und früheren Verbreitung in Großbritannien von PIGOTT). Für das südliche Norwegen sei eine Arbeit von LID über *Dryas* (mit Puk Südnorwegens) und *Carex rupestris* an 3 Reliktorten westlich des Oslofjords und eine von TRALAU über *Gentiana purpurea* (Norwegen und Westalpen) genannt.

Im 19. der in Potsdam erscheinenden „Beiträge zur Flora und Vegetation Brandenburgs" behandeln KLIX und KRAUSCH die natürliche Verbreitung von *Fagus* in der Niederlausitz nach Ergebnissen der Pollenanalyse mit einer Flk nach HUECK. Von SZAFER, von dem eine große Pflanzengeographie Polens erschienen ist, liegt ein kleines Buch über die in Polen geschützten Pflanzen mit Karten der heutigen und früheren Verbreitung von 12 Blütenpflanzen vor. Die gründliche Dissertation K. THORNs über die dealpinen Felsheiden der Frankenalb enthält 10 Puk krautiger Dikotylen. Im 1. Heft einer neuen Schriftenreihe der Bayerischen Landesstelle für Gewässerkunde, Landschaftspflege und Vegetationskunde „Landschaftspflege und Vegetationskunde" beschreibt SEIBERT die Vegetation der gefährdeten Pupplinger Au an der Isar mit farbigen Vegetationskarten von 1920, 1950 und 1956 nach Luftbildaufnahmen, die den Wandel dieser wertvollen Auenlandschaft erkennen lassen.

Aus den Alpen sind, außer den im 2. Abschnitt genannten Floren und der von WELTEN und ZOLLER redigierten Festschrift zum 70. Geburtstag W. LÜDIs (mit arealkundlichen Beiträgen u. a. von WIDDER über *Carex punctata* und von ZOLLER über *Stratiotes* in den Südalpen, beide ohne Karten) zwei Versuche zur Erklärung disjunkter Areale anzuführen: von GAMS für 13 Arten der nordöstlichen Kalkalpen, deren Verbreitung anhand von Kartenskizzen teils geologisch, teils klimatisch gedeutet wird, und von MARCHESONI für 11 mediterrane Holzpflanzen am mittleren Alpensüdrand, wo ebenfalls die hygrische Kontinentalität als besonders wichtiger Faktor erscheint. Für die südöstlichen Alpen gibt E. MAYER weitere Puk: *Rhododendron luteum* und 4 Oreophyten der Julischen Alpen. Aus dem eigentlichen Mittelmeergebiet sind weitere Untersuchungen von GUILLAUME über Arealgrenzen in Südfrankreich mit 3 Karten der Südgrenzen von 15 Arten und weitere Beiträge des Service de la carte phytogéographique u. a. mit Untersuchungen von IONESCU aus Marokko und von NOVIKOFF aus Tunis (beide ohne Karten) zu nennen, aus den Vegetationsaufnahmen des Florentiner Zentrums u. a. eine Arbeit von FERRARINI über das Taveronetal im toskanischen Appennin mit grobschematischen Flk für 8 krautige Dikotylen.

Von Arbeiten mit Puk aus kleineren außereuropäischen Untersuchungsgebieten sind außer im 3. Abschnitt genannten u. a. noch 2 aus Nordamerika anzuführen: der 1. Teil der Ergebnisse einer norwegischen Expedition in das Innere Alaskas von GJAEREVOLL (mit Puk für *Cystopteris dieckiana*, 2 Gramineen und 3 Cyperaceen) und ein Beitrag zur Flora von Quebec von LÖVE, KUCYNIAK u. JOHNSTON (mit Puk für *Veratrum viride*).

5. Arealgeschichte auf paläogeographischer und paläontologischer Grundlage.

Hier kann nur auf wenige Neuerscheinungen zur Ergänzung der im 1. Abschnitt und in den Beiträgen von MÄGDEFRAU und FIRBAS besprochenen hingewiesen werden, zuerst auf 2 große russische Werke: Die von DOROFEJEW, TACHTADSHJAN u. a. überarbeitete 4. Auflage des Lehrbuchs der Paläobotanik von KRISCHTAFOWITSCH (+ 1953) enthält in ihrem 4. Teil (340 S.) eine ausführlichere Darstellung der Florengeschichte der Erde und besonders Eurasiens auf Grund fossiler Floren als die meisten ähnlichen Lehrbücher. Die ,,Waldgeschichte und Paläogeographie der USSR im Holozän'' von M. NEUSTADT, von der ein kurzer deutscher Auszug in Grana palynologica **2**, 1959 erscheint, ist mit ihren 226 Fig., zumeist Pollendiagrammen aus allen Teilen der UdSSR und Spektralkarten über die Ausbreitung der Waldbäume vom Spätglazial bis zur Gegenwart, ein besonders beachtenswertes Gegenstück zur mitteleuropäischen Waldgeschichte von FIRBAS 1949/51.

Von kleineren russischen Arbeiten seien genannt eine reich dokumentierte von WASSILJEW über die Entstehung der Flora und Vegetation Nordostasiens (ohne Karten); von KORCZAGINA über frühquartäre

Samenfloren vom unteren Irtysch (mindestens 3 Coniferen, 17 Monokotylen und 30 Dikotylen, dazu viele umgelagerte Tertiärarten, z. B. Taxodiaceen); 2 weitere Arbeiten des Ehepaares KATZ über das Interglazial von Korenewo bei Moskau (u. a. mit *Brasenia* und *Dulichium*) und über die Vegetationsgeschichte NW-Sibiriens mit 6 Pollendiagrammen, die größtenteils im Spätglazial oder Boreal mit *Pinus cembra-sibirica*-Dominanz beginnen; von Frau MONOSSON über die heutige und frühere Verbreitung von *Eurotia ceratoides* (Urk der heutigen Verbreitung und 5 Fundorte von Pollen in Quartärablagerungen westlich des heutigen Areals); von TICHOMIROV über die Vegetationsverhältnisse Nordostsibiriens z. Z. der letzten Mammute, besonders des Beresowka-Mammuts, mit dem, wie in Karten gezeigt wird, mehrere Pflanzen gefunden worden sind, deren Nordgrenzen heute südlicher verlaufen, woraus auf ein erst postglaziales Aussterben geschlossen wird; eine Zusammenstellung des Pollens von 208 arktischen Arten von SOKOLOVSKAJA (weitere Arbeiten in den Sammelreferaten von GAMS u. FRENZEL S. 162).

Eine große Zahl von spätglazialen bis postglazialen Pollendiagrammen aus allen Teilen Finnlands enthält SAURAMOS erst nach seinem Tod veröffentlichte Geschichte der Ostsee. Leider steht ihre abschließende floren- und vegetationsgeschichtliche Auswertung noch aus.

Florengeschichtlich besonders interessante Feststellungen enthalten die große Monographie der neolithischen Vråkultur in Südschweden vom Ehepaar S. und M.-BR. FLORIN mit einem Beitrag von E. SCHIEMANN über die Pflanzenreste von Mogetorp und 2 weiteren neolithischen Siedlungen, wobei die vom Berichterstatter vorgenommene, von andern angezweifelte Bestimmung einiger Samenabdrücke als *Vitis* bestätigt wird; ein kürzerer Beitrag IVERSENs über das Aussterben von Pflanzen im Quartär (mit neuer Puk über die heutige und frühere Verbreitung von *Ephedra distachya* in Europa); sowie 2 umfassende Bearbeitungen an Mikro- und Makrofossilien sehr reicher Interglazialfloren in Irland: von K. JESSEN, SV. TH. ANDERSEN und FARRINGTON über die von Gort bei Galway und von WATTS über die von Kilbeg und Newton bei Waterford. Die letztgenannte ist etwas ärmer und jünger als die beiden andern, denen u. a. *Isoetes, Hymenophyllum, Osmunda, Abies, Buxus* und als interessanteste Art *Rhododendron ponticum* gemeinsam sind. In Gort kommen u. a. *Eriocaulon, Brasenia, Astrantia minor* und *Daboecia cantabrica* dazu, in Kilbeg *Azolla filiculoides* und *Viscum*. Die genannten Floren werden wie die von Clacton in England in das vorletzte warme Interglazial (Mindel-Riß) gestellt. Leider liegen die Analysen aus gleichaltrigen Seeablagerungen der Südalpen noch nicht vor. Die obersten Schichten der Ablagerung von Leffe, die nach der zuletzt von LONA und seiner Schülerin FOLLIERI veröffentlichten Analyse nur noch ganz vereinzelt *Tsuga* und *Pterocarya* enthalten, werden von ihm und VENZO mit Mindel II parallelisiert. Einen Versuch, die bisher in Europa untersuchten Interglazialprofile untereinander zu parallelisieren und mit der Neugliederung des älteren Pleistozäns, die ZAGWIJN in Holland vorgeschlagen hat, in Übereinstimmung zu bringen, hat WOLDSTEDT im 2. Band seines „Eiszeitalter" versucht.

6. Arealgeschichte auf cytogenetischer Grundlage.

Cytotaxonomisches enthalten mehrere beim Linné-Symposium in Uppsala gehaltene Vorträge, wie die von EHRENDORFER (*Galium anisophyllum*-Komplex), LÖVKVIST (*Cardamine pratensis-* und *Saxifraga stellaris*-Komplexe) und MERXMÜLLER (endemische Oreophyten der Alpen). Erstmals wird auch in populären Taschenfloren (von FAVARGER) auf cytotaxonomische Beziehungen aufmerksam gemacht. Während die meisten Endemiten der südeuropäischen Gebirge diploid sind, nimmt der Anteil der Polyploiden mit zunehmender geographischer Breite rasch von $^1/_2$ auf $^3/_4$—$^4/_5$ zu, wie schon 1931 HAGERUP gezeigt hat und A. und D. LÖVE neuerdings belegen. Auch arealgeschichtlich wichtige cytologische Untersuchungen liegen weiter vor für die italienischen *Colchicum*-Arten (D'AMATO), für *Amaryllis* (TRAUB), *Galanthus* und *Leucoium* (STERN: x bei *Leucoium* von 7 bei den primitivsten bis 11, bei allen *Galanthus* 12), *Carex* Sect. *Capillares* (LÖVE u. RAYMOND: diploide und tetraploide Sippen anscheinend nur in Nordamerika und Nordasien, die allein in Europa vertretene *C. capillaris* hexaploid), schottische Gräser (HEDBERG: von 9 *Deschampsia*-Stämmen 3 diploid, 2 triploid, 3 tetraploid, 1 vivipare aneuploid), 91 britische und 85 portugiesische Caryophyllaceen (BLACKBURN u. MORTON), *Galium anisophyllum* und Verwandte (EHRENDORFER), *Achillea millefolium* und Verwandte (J. SCHNEIDER: diploid *setacea* und *asplenifolia*, tetraploid *collina* und *lanulosa*, hexaploid *millefolium* und *borealis*), 11 vorwiegend indische *Artemisa* (KHOSHOO u. SOBTI: im *A. vulgaris*-Komplex diploide nur auf den Bergen, im Tiefland vorwiegend tetra- und hexaploide).

Literatur.

ADE, A.: Schr. Inst. Naturschutz Darmstadt Beih. 7, 217 S. (1957). — D'AMATO, F.: Caryologia 10, 111—151 (1957). — ALI, S. I.: Bot. Notiser 111, 543—577 (1958). — ANDO, H.: J. Sci. Hiroshima B 7, 143—152 (1956); 8, 1—18 (1957). — ANGENHEISTER, G.: Geol. Rdsch. 46, 87—99 (1957).

BARANOV, P. B., W. P. SAVICZ et al.: Species problem in botany 1, 317 S. (1958). — BEDDOWS, A. R.: J. Ecol. 47, 223—239 (1959). — BLACKBURN, K. B., and J. K. MORTON: New Phytol. 56, 344—351 (1957). — BÖCHER, T. W., K. HOLMEN u. K. JAKOBSEN: Grönlands Flora, 313 S. (1957). — BORNKAMM, R.: Ber. dtsch. bot. Ges. 71, 253—270 (1958). — BOROS, A.: Acta bot. Acad. Hung. 4, 17 S. (1958).

CAVACO, A., et M. KERAUDREN: Flore d. Madagascar et Comores 78, 109 p. (1958). — CHASTAIN, A.: Mém. Mus. nat. d'hist. nat. Paris N. S. B 11, 136 p. (1958). — CLAPHAM, TUTIN and WARTBURG: (1) Ill. Flora of the Brit. Isles 1, 144 p. (1957). — (2) Excurs. Flora of the Brit. Isles, 579 p. (1959). — CORILLION, R.: (1) Bull. Sci. Bretagne 32, 1—502 (1957); (2) C. R. Soc. Biogeogr. 300, 122—156 (1958). — CROIZAT, L.: (1) Arch. Bot. 34, 90—116 (1958). — (2) Panbiography, Caracas, 799 S. (1958). — CRUM, H., and W. C. STEERE: Sci. Surv. of Porto Rico 7, 353—599 (1957). — CRUM, H.: Bryologist 61, 136—140 (1958). — CUFODONTIS, G.: Bull. Jard. Bot. Bruxelles 28, 489 — 531 (1958).

DAHL, E.: Blyttia 16, 93—121 (1958). — DANSEREAU, P.: Biogeography, 394 p., New York 1957. — DESOLE, L.: Webbia 12, 251—324 (1956). — DONIŢA, N., V. LEANDRU u. a.: Geobot. Karte v. Rumänien 1:600000. Bukarest 1958.

EHRENDORFER, FR.: (1) Uppsala Univ. Årsskr. 1958, 176—181. — (2) Oest. bot. Z. 105, 212—218 u. 229—279 (1958).

FAEGRI, K., and E. HULTEN: Nord. vilda växter, dän. Ausgabe von SKYTTE CHRISTEN 7, 217—248 (1958). — FAVARGER, CL.: Flore et végét. d. Alpes 1 (1956);

2, 274 S. (1958); 3, 276 S. (1958); 3 (1959). — FERRARINI, E.: N. G. bot. Ital. 64, 485—640 (1957). — FIJALKOWSKI, D.: Fragm. florist. et geobot. 3, 89—103 (1958).— ST. u. M.-BR. FLORIN: Vråkulturen, 300 S. Stockholm 1958. — FOSTER, R. C.: Contrib. Gray Herb. 184, 1—223 (1958). — FURON, R.: Paléogéogr. et Biogéogr. 160 p. Paris 1958.

GAMS, H.: (1) Veröff. Geobot. Inst. Rübel 34, 57—66 (1958). — (2) Schlern-Schr. 188, 75—85 (1959). — GIBBONS, E. J., and J. E. LOUSLEY: Watsonia 4, 125—139 (1958). — GJAEREVOLL, O.: Norsk Vidensk. Selsk. Skr. Trondheim 1958, 1—71. — GLEASON, H. A.: Flora of Panama, Ann. Mo. bot. Gard. 45, 203—304 (1958). — GOLIZYN, S. W.: Bot. J. USSR 43, 1740—1748 (1958). — GRAHAM, R. A.: Flora of Trop. East Africa, 40 p. (1958). — GRANT, V.: Phlox family 1, 280 p. The Hague 1959. — GREEN, P. S.: Not. bot. Gard. Edinburgh 22, 439—542 (1958). — GRIGORJEW, J. S.: Izv. Tadshik. Ak. N. 20, 71—92 (1957). — GROSE, D.: Flora of Wiltshire, 824 p. Devizes 1957. — GROVES, E. W.: Proc. bot. Soc. Brit. Isl. 3, 1—21 (1958). — GUILLAUME, A.: C. R. Soc. Biogéogr. 307, 54—63 (1958).

HALE, M. E.: Bryologist 60, 35—39 (1957). — HEDBERG, O.: (1) Svensk. bot. Tidskr. 52, 37—46 (1958). — (2) Uppsala Univ. Årsskr. 1958, 186—195. — HEGI s. MARKGRAF u. RECHINGER. — HEUKELS, H., en VAN OOSTROM: Flora v. Nederland 14. ed. 890 S. (1956). — HEYWOOD, V. H.: Guide f. contributors to Flora Europaea, 24 p. Leicester 1958. — HILLMANN, J., u. V. GRUMMANN: Kryptogamenfl. d. Mark Brandenburg 8, 898 S. (1957). — HOWELL, J. T., P. H. RAVEN and P. RUBTZOFF: Flora of S. Francisco, 157 p. (1958). — HUBER, H.: Mem. Soc. Broter. 12, 5—203 (1957). — HULTÉN, E.: Kgl. Sv. Vet. Akad. Handl. 4. Ser. 7, 340 S., 279 Karten (1958). — HUTCHINSON, J., J. DALZIEL and R. W. KEAY: Flora of West Trop. Africa 2. ed. 1, 296 p. (1954); 2, 297—828 (1958).

ILTIS, H. H.: (1) Ann. Missouri bot. Gard. 44, 77—119 (1957). — (2) Brittonia 10, 33—58 (1958). — IMSHAUG, H.: Bryologist 60, No 3 (1957). — IONESCO, T.: Bull. Serv. carte phytogéogr. 3, B 1, 7—68 (1958). — IVERSEN, J.: Uppsala Univ. Årsskr. 1958, 210—215. — IWATSUKI, Z.: Bryologist 60, 299—310 (1957).

JALAS, J.: Suuri Kasvikirja 1, 851 S. (1958). — JANCHEN, E.: Catal. Fl. Austriae 3, 441—710 (1959).— JANKOVIČ, M.: (1) Bull. Mus. hist. nat. Serb. B 10, 83—159 (1957). — (2) Uzd. Srpsk. Biol. Dr. 2, 1—142 (1958). — JARRETT, F. M.: Journ. Arnold Arbor. 40, 1—29 (1959). — JASNOWSKI, M.: Acta Soc. bot. Polon. 26, 701—718 (1957). — JELENC, F.: Rev. bryol. et lich. 26, 20—50 (1957). — JESSEN, K., SV. TH. ANDERSEN and A. FARRINGTON: Proc. Ir. Acad. 60 B, 1—77 (1959). — JONES, E. W.: J. Ecol. 47, 169—222 (1959).

KATZ, N., u. S.: (1) Bull. Quart. Komm. 22, 54—62 (1958). — (2) Bot. J. 43, 998—1014 (1958). — KEISSLER, K.: Rabenh. Kryptogamenfl. IX, 5, 4. T. 1—160 (1958). — KERAUDREN, M.: Flore de Madagascar 78, 109 p. u. 97, 28 p. (1958). — KHOSHOO, T. N., and S. N. SOBTI: Nature (Lond.) 181, 853—854 (1958). — KLIX, W., u. H. D. KRAUSCH: Wiss. Z. pädag. Hochsch. Potsdam 4, 5—27 (1958). — KOMAROV s. SCHISCHKIN. — KORCZAGIN, A.: Bot. J. 43, 1121—1134 (1958). — KOSTERMANS, A. J. G. H.: Forest Res. Inst. Bogor 62, 1—33 (1958). — KOZLOVS-KAJA, N. W.: Flora et Syst. pl. vasc. 12, 84—131 (1958). — KRISCHTAFOVITSCH, A. N.: Paläobotanika, 4. Aufl. 650 S. Leningrad 1957. — KUCYNIAK, J.: (1) Bryologist 61, 124—132 (1958). — (2) Svensk bot. Tidskr. 52, 68—72 (1958).

LAGERBERG, T., o. J. HOLMBOE: Våre ville planter, 2. norw. Aufl. von R. NORD-HAGEN 6/7, 816—919 (1958). — LARSSON, B. M. P.: Svensk bot. Tidskr. 52, 284—290 (1958). — LAVRENKO, E., L. RODIN, n. A. HERBICH: Veg.-Karte v. Mittelasien 1:1 Mill. 18 Bl. Moskau-Leningrad 1957. — LAZARENKO, A. S.: Rev. bryol. et lich. 26, 146—157 (1957). — LEEDER, F., u. M. REITER: Kleine Flora d. Landes Salzburg, 300 S. (1958). — VAN LEEUWEN, CH. G.: De lev. Natuur 61, 268—278. — LEEUWENBERG, A. J. M.: Acta bot. neerl. 7, 291—444 (1958). — LEGRAIN, J.: Flore gén. Belg. 3, 152 p. (1958). — LID, J.: Nytt Mag. Bot. 6, 5—9 (1958). — LÖVE, A. and D.: Proc. Genet. Soc. Canada 2, 23—27 (1957). — LÖVE, A. et D., and M. RAYMOND: Canad. J. Bot. 35, 715—761 (1957). — LÖVE, D., J. KUCYNIAK and G. JOHNSTON: Naturaliste Canad. 85, 25—69 (1958). — LONA, F., e M. FOL-LIERI: Veröff. Geobot. Inst. Rübel 34, 86—98 (1958).

MADALSKI, J.: Atlas Flor. polsk. 7, 33 Taf. (1957). — MAIRE, R.: Flore de l'Afrique du Nord 5, 307 p. (1958). — MARCHESONI, V.: Studi Trent. Sci. nat. 35, 47—69 (1958). — MARKGRAF, F.: (1) Phyton (Horn, N.-Ö.) 7, 302—314 (1958). —

(2) Hegis Flora 4, 1 ff. (1958/59). — Mason, H. L.: Flora of the Marshes of California, 878 p. Berkeley (1957). — Mayer, E.: Razpr. Slovensk. Akad. 4, 5—83 (1958). — Mayer, H., u. M. Sevim: Jb. Ver. z. Schutz d. Alpenpfl. 23, 86—105 (1958). — Melville, R.: Flora of Trop. East Africa, 16 p. (1958). — Merxmüller, H.: Uppsala Univ. Årsskr. 1958, 200—209. — Meyer, F. G.: J. Linn. Soc. London 55, 761—771 (1958). — Monosson, M.: Dokl. Akad. Nauk. 123, 175—178 (1958). — Moore, D. M.: J. Ecol. 46, 527—535 (1958). — Munk, A.: Dansk bot. Ark. 17, 1—489 (1957). — Munz, P., and D. Keck: Californian Flora 1568 p. (1959).

Neustadt, M. I.: Waldgesch. u. Paläogeogr. d. USSR im Holozän. 404 S. russ. Moskau 1957; dtsch. Auszug: Grana palynol. 3 (1959). — Noamesi, G. K., and H. Iltis: Trans. Wisc. Acad. Sci. 46, 107—114 (1957). — Norin, B. N.: Bot. J. 43, 847—850 (1958). — Novák, F. A.: Čechosl. Flora (1958 ff.). — Novikoff, G.: Bull. Serv. carte phytogéogr. 3 B, 1, 69—83 (1958). — Nyholm, E.: Moss Flora of Fennosc. II 3, 189—288 (1958).

Óhwi, J.: Flora of Japan, Pteridophyta 164 p. (1957). — Opdyke, N. D., and S. K. Runcorn: Endeavour 18, 26—34 (1959) u. Bull. Geol. Soc. Amer. (1959). — Oxner, A. N.: Lichenes Ucrain. 1, Kiew 1956. — Ozenda, P.: Flore du Sahara, 486 p. Paris 1958.

Paterson, B. R.: Pro . Linn. Soc. N. S. Wales 82, 303—313 (1957). — Pigott, C. D.: J. Ecol. 46, 507—c25 (1958). — Pilát, A.: Gasteromycetes, 864 S. Prag 1958. — Pitschmann, H., u. H. Reisigl: Bilderflora der Südalpen. 278 S., 64 Taf. von H. Schiechtl. Stuttgart 1959.

Rao, R. S.: J. Ind. Bot. 36, 113—168 (1957). — Ratcliffe, D.: J. Ecol. 47, 241—247 (1959). — Reichling, L.: Bull. Soc. Nat. Luxemb. 61, 12—40 (1958). — Ross-Craig, S.: Draw. of Brit. Plants 11 (39 Taf.); 12, 36 Taf. (1958). — Rothmaler, W.: Exkursionsflora v. Deutschland, 502 S. Berlin 1958. — Royen, van: Blumea 9, 75—88 (1958). — Russell, N. H.: Castanea 23, 63—76 (1958).

Sauramo, M.: Ann. Acad. sci. fenn. A 51, 1—522 (1958). — Schischkin, B., I. Linczevsky u. a.: Komarovs Flora USSR 23, 776 S. (1958) u. 24 (1959). — Schmidt, A.: Ber. bay. bot. Ges. 32, 118—127 (1758). — Schneider, J.: Oest. bot. Z. 105, 111—158 (1958). — Schotsman, H. D.: Ber. bay. bot. Ges. 32, 128—139 (1958). — Schweinfurth, Ch.: Fieldiana 30, 1—260 (1958). — Schweinfurth, Ulr.: Bonner Geogr. Abh. 20, 373 S. (1957). — Scoggan, H. J.: Bull. Nat. Mus. Canada 140, 619 S. (1957). — Smirnov, P. A.: Trudy Oka-Nat. Park 2, 247 S. Moskau 1958. — Smirnova, Z. N.: Bot. J. 43, 850—855 (1958). — Sokolovskaja, A. P.: Rastit. krain. Severa 3, 245—292 (1958). — Standley, P. C., and J. A. Steyermark: Fieldiana 24, 1—478 (1958). — van Steenis-Krusman u. a.: Flora Males. 5, pt. 4, 381—552 (1958). — Stefureac, Tr.: (1) Bull. st. Acad. Romin. 8, 237—271 (1956). — (2) Bull. st. Acad. Romin. 9, 75—85 (1957). — Stern, F. C.: Snowdrops a. Snowflakes, 127 p. London 1956. — Suzuki, H.: Jap. J. Bot. 16, 227—268 (1958). — Szafer, Wl.: (1) Szaty rosl. Polsk. (1959) — (2) Wydawn. pop. zakl. ochr. przyr. 14, 1—108 (1958). — Szafran, Br.: Flora Polska, Musci 1, 449 S. (1957). — Szweykowski, J.: (1) Prace kom. biol. Pozn. Tav. prz. nauk 19, 599 S. (1958). — (2) Bull. Soc. sci. Pozn. B 14, 371—377 (1958). — Szweykowski, J., u. J. Šmarda: Biologia (Bratislava), 13, 440—444 (1958).

Tallis, J. H.: J. Ecol. 46, 271—288 (1958). — Tardieu-Blot, M.: Flore d. Madagascar 5 (Pteridoph.) 391 p. (1958). — Thorn, K.: S.-B. Phys.-Med. Soz. Erlangen 78, 128—204 (1958). — Tichomirov, B. A.: Problemy Severa 1, 156—172 (1958). — Tralau, H.: Oest. bot. Z. 105, 347—349 (1958). — Traub, H. P.: Amaryllis Manual, 322 p. New York 1958.

Verdcourt, B.: Flora of Trop. East Africa p. p. (1958). — Vermeulen, J.: Flora Neerl. 1, 5, 127 p. (1958). — Vink, W.: Blumea 9, 21—74 (1958).

Walters, S. M.: Distrib. Maps Scheme, Cambridge, 3 p. (1959). — Wassiljew, W. N.: Mat. z. Floren- u. Veg.-Gesch. d. USSR 3, 361—457 (1958). — Watts, W. A.: Proc. Irish Acad. 60, B 2, 79—134 (1959). — Webster, G. L.: J. Arnold Arbor. 37, 91—122, 217—255 (1956); 38, 51—80, 170—198, 295—373 (1957); 39, 49—100 (1957), 111—212 (1958). — Welten, M., u. H. Zoller: Veröff. Geobot. Inst. Rübel 33, 292 S. (1958). — Woldstedt, P.: Eiszeitalter. 2. Aufl. 2, 438 S. (1958). — Woodson, R. E., and P. W. Schery: Ann. Mo. bot. Gard. 45, 1—91 (1958).

Urban, E. K., and H. Iltis: Trans. Wisconsin Acad. Sci. 46, 91—104 (1957). Zagwijn, W. H.: Geol. en Mijnbouw 19, 233—244 (1957).

b) Floren- und Vegetationsgeschichte seit dem Ende des Tertiärs.

Bericht über die Jahre 1956—1958.

Von Franz Firbas, Göttingen und Burkhard Frenzel, Bonn.

Der folgende Bericht enthält zunächst die Kapitel 6 und 7, die in Band XX nicht mehr aufgenommen werden konnten; dann dank der freundlichen Mitarbeit von Herrn Dr. B. Frenzel, Bonn, als Anhang einen Bericht über die Ergebnisse der quartären Floren- und Vegetationsgeschichte Osteuropas und Nordasiens auf Grund einer größeren Zahl russisch geschriebener Arbeiten aus den letzten Jahren. In Band XXII sollen dann wieder alle Teilgebiete berücksichtigt werden.

6. Eiszeitalter und Nacheiszeit außerhalb Europas.

Einen kurzen Bericht über den Stand der pollenanalytischen und vegetationsgeschichtlichen Forschung in Nordamerika gab Sears (2).

Leopold u. Crandell haben zwei Interglaziale aus dem Staat Washington, beide älter als die Wisconsin-Eiszeit, untersucht, die den Anstieg und Abfall der Temperatur deutlich spiegeln. Nach der Vorherrschaft kann man folgende Abschnitte unterscheiden: A. mit viel *Pinus* und Nichtbaumpollen (kalt). — B. *Picea*, besonders *Engelmanni* (kühl-montan). — C. *Abies* (kühl, feucht, montan). — D. *Tsuga heterophylla* und *mertensiana* (noch kühl, feucht). — E. *Tsuga heterophylla* und *Pseudotsuga taxifolia* (wärmer und trockener, ähnlich wie heute). — F. *Tsuga*. — G. *Abies*. — H. *Picea*. — I. *Pinus*. Klima von F bis I wohl ähnlich wie D bis A. Diese Gliederung ist reicher als diejenige des Postglazials, die man aus dem naheliegenden Puget-Sound-Gebiet kennt (*Pinus — Pseudotsuga — Tsuga heterophylla*). Im Interglazial spielen *Abies* und *Picea* eine größere Rolle, und es fehlt eine längere Herrschaft von *Pseudotsuga*. Pollen tertiärer Arten, z. B. von *Sequoia*, ist nicht mehr vorhanden. Alter letztes Interglazial?

Nach Dreimanis geben Aufschlüsse am Erie-See die Gliederung der letzten, der Wisconsin-Eiszeit, gut wieder. Auf einen älteren Eisvorstoß vor etwa 39000 Jahren (Laufenschwankung oder Göttweig?) folgte der Hauptvorstoß des Eises, nochmals durch zwei Interstadiale gegliedert (Plun Point-I., etwa vor 24000—18000 Jahren und Erie-I.).

Terasmae berichtet über nicht-glazigene, von Moränen unter- und überlagerte pollenführende Ablagerungen aus Canada, und zwar aus dem Tiefland am St. Lorenzstrom in Quebec und am Missinaibi River in Ontario anhand von 15 Diagrammen. Es wird danach ein Interstadial von 6000—7000 Jahren Dauer beschrieben mit Vorherrschaft von *Picea* und *Pinus*, ähnlich der heutigen borealen Nadelwaldregion, aber ohne *Tsuga* und ohne marine Überflutung, wie sie aus dem Postglazial durch die Champlian-See etwa 5500 Jahre vor heute bekannt ist. Kühler als heute, stammt das Interstadial wohl aus der Zeit der herannahenden Wisconsin-Vereisung (vor 30000—40000 Jahren, Laufenschwankung?). Der Pollengehalt unterscheidet die Schwankung auch vom letzten Interglazial (Sangamon) deutlich.

D. A. und B. G. R. LIVINGSTONE haben die Ablagerungen eines Sees bei Cape Breton-Island, Neu-Schottland, sehr sorgfältig untersucht. Sie entsprechen wahrscheinlich dem Two Creeks-Interstadial, also der Allerödzeit. Im Pollen herrscht zunächst *Betula*, später kommt es auch zu höheren Werten von *Pinus*, *Picea*, *Abies*, *Tsuga*, *Quercus*, *Alnus* u. a. Diese Arbeit zeigt besonders gut, wie in Nordamerika allmählich der in Europa gewonnene methodische Standard erreicht wird. Vergleiche dazu auch SEARS (1).

Untersuchungen von POTZGER † und COURTEMANCHE an 7 Mooren des Gatineau-Tals, Quebec, können als Beispiele für Revertenz im Sinne v. POSTs gelten, d. h. für den Wiederanstieg der im frühen Postglazial schon einmal vorherrschenden Arten (*Abies lasiocarpa*, *Picea canadensis* und *P. nigra*) gegen die Gegenwart. Eine von LIVINGSTONE, BRYAN und LEAHY vorgenommene Untersuchung im Sommer auftauender Seen im nördlichen Alaska ist für das Verständnis von Glazialablagerungen wertvoll. Für die Gliederung des Postglazials schlägt COOPER die Namen Anathermal (jüngere Tundrenzeit und Präboreal), Hypsithermal (Boreal bis Subboreal), Hypothermal (Subatlantikum), für das ganze Postglazial den Namen Neothermal vor. DEEVEY gibt einen Überblick über das Spät- und Postglazial im östlichen Nordamerika anhand einer beträchtlichen Zahl von C^{14}-Datierungen.

LEOPOLD (2) versucht, aus dem Anteil der Gattung *Picea* in den heutigen Wäldern und ihren heutigen Verbreitungsgrenzen, aus dem heutigen und dem spätglazialen Niederschlag von *Picea*-Pollen im östlichen Nordamerika und dem heutigen Verlauf der Juli-Isothermen die spätglaziale Temperaturdepression zu errechnen. Im Two Creeks-Interstadial soll die Juli-Temperatur um 3—5° und im darauf folgenden Valders-Stadium um 4—5° niedriger gewesen sein als heute. Im Two Creeks-Interstadial spielte die Gattung in Wisconsin, Michigan und im südlichen Neu-England, wo sie heute bedeutungslos ist, ein große Rolle.

Der ehemalige Searles Lake am Rande der Mohawe-Wüste in Südost-Kalifornien ist eines der großen, in der Eiszeit wasserführenden, heute fast ganz trocken liegenden und von Salzböden eingenommenen See-becken Nordamerikas. Seine von FLINT u. GALE bearbeiteten Ab-lagerungen lassen zwei Pluvial-Zeiten erkennen, in denen Temperatur-rückgang und höhere Humidität zur Seebildung geführt haben, die ältere nach C^{14}-Daten vor 46000—32000 Jahren, die jüngere vor 23000—10000 Jahren. Diese entspricht wohl dem Höhepunkt der klassischen Wisconsin-Eiszeit. Verhältnismäßig viel *Juniperus*-Pollen im Vergleich zu *Artemisia* und Chenopodiaceen (nach ROOSMA l. c.) lehren, daß das Klima damals kühler und feuchter war als zur Zeit der Salzbildung.

Ähnliche Untersuchungen an einem über 200 m langen Bohrkern aus dem außerhalb der Vereisungen gelegenen, heute ausgetrockneten Seebecken in den San Augustin Plains im westlichen Neu-Mexiko (USA) haben CLISBY, FOREMAN u. SEARS ausgeführt. Die heutige Flora ist die einer Alkali-Halbwüste mit *Sarcobathus*, *Artemisia*, Gramineen. Darüber folgt eine Waldzone mit *Pinus edulis*, *ponderosa*, *flexilis*. In den höchsten Lagen treten neben *Pinus flexilis* und *Pseudotsuga taxifolia* *Abies concolor* und in großer Entfernung auch *Picea* auf. Eine Zunahme des fossilen *Picea*-Pollens wird daher auf eine Temperaturabnahme zurückgeführt. Während sich im Pollengehalt der obersten Schichten die heutige Vegetation gut abzeichnet, liegt darunter bis 70 Fuß ein *Picea*-reicher Abschnitt, aus dem 2 C¹⁴-Datierungen vorliegen: 19700 ± 1600 und 27100 ± 500 vor heute. Am Grunde bis in 645 Fuß Tiefe herrschen wieder Sträucher und krautige Pflanzen der Halbwüste, dazu *Pinus*. Die Grenze Pliozän/Pleistozän soll schon bei 545 Fuß Tiefe erreicht sein, im späten Pliozän herrschte also ein semiarider Busch.

Viel jüngere Ablagerungen vom ehemaligen Patzcuaro-See in Mexiko haben HUTCHINSON, PATRICK u. DEEVEY bearbeitet. Nach dem Gehalt an Pollen, Diatomeen und Kalk läßt sich ein Wechsel von trockenen und feuchten Phasen unterscheiden. Trockenphasen sollen vor 1500 v. Chr. und zwischen 500 v. Chr. —900 n. Chr. nachweisbar sein, Feuchtphasen zwischen 1500—500 v. Chr. und 900 bis 1521 n. Chr. (vgl. auch SEARS: Fortschr. Bot. 15, 139).

In Südamerika haben seit 1928 mehrere finnische Expeditionen Feuerland und Patagonien untersucht. Hierbei hat V. AUER die Moore und Seeablagerungen sowohl hinsichtlich ihres von Klimaveränderungen betroffenen Wachstums wie des Pollengehalts als Quelle der gesamten Vegetationsgeschichte bearbeitet. In 123 Pollendiagrammen ließen sich (z. B. durch die verschiedenen Nothofagus-Arten) die Verschiebungen der feuchtgemäßigten Regenwälder, der sommergrünen Laubwälder und der Steppen (z. B. mit *Ephedra*, viel Chenopodiaceen) verfolgen. Eine relative Datierung läßt sich hier — sogar schon im Felde — durch synchrone vulkanische Aschenschichten durchführen, davon drei im Postglazial (I um 6800 v. Chr., II um 2300 v. Chr., III um 1000 v. Chr., dazu wahrscheinlich vier weitere im Spätglazial). Ohne diese vulkanischen Schichten wäre nach AUER eine befriedigende Zuordnung der Diagramme kaum möglich. Einige wenige C¹⁴-Datierungen bestätigen die vorgenannten Zahlen.

Die postglazialen Klimaveränderungen, die vor allem aus einem Vordringen der Wälder gegen die Steppe, zuletzt auch wieder einem Rückgang der Waldgrenze erschlossen werden, entsprechen nach AUER, entgegen v. POST 1944, in auffälliger Weise dem Blytt-Sernanderschen System, das also auf beiden Halbkugeln gültig sein soll. Drei interglaziale Ablagerungen, die Schwankungen des Meeresspiegels, die Nachweisbarkeit des größten Teiles der heutigen Flora schon im Tertiär, die Lage der Glazialrefugien, bis 7 m mächtige *Sphagnum*-Torfe, die Diatomeen-Flora u. a. sind weitere Gegenstände dieses inhaltsreichen Buches.

Für Afrika liegen von VAN ZINDEREN-BAKKER (1, 2) Berichte über pollenführende Ablagerungen vor. Solche sind selbst in der zentralen Sahara (Hoggar-Massiv) vorhanden. Pollenführende Torflager hat STRAKA auch in Madagaskar gefunden. VAN CAMPO (1) hat Pollen enthaltende, durch Gips getrennte Schichten aus einer 8 m tiefen Bohrung in der Oase El Guettar in Tunesien untersuchen können. Zu den häufigsten Pollen zählen hier *Cedrus, Cupressaceen, Gramineen, Ephedra, Compositen*, selten sind *Tilia, Alnus, Corylus, Carpinus*, sehr selten *Abies* und *Pinus*. Eine würmglaziale Flora?

A s i e n. Im vorderen Orient hat BUTZER (1, 2) die Klimaveränderungen seit der letzten Eiszeit oder „Pluvialzeit" zu rekonstruieren versucht. Er unterscheidet nach dem Wechsel von Niederschlag und Temperatur 8 Perioden. An anderer Stelle (3) wird betont, daß die mediterranen Pluvialzeiten keine sekundären Wirkungen der Eiszeiten waren, sondern primäre, für den Beginn einer Eiszeit bezeichnende Erscheinungen. Über die Geschichte von *Cedrus libani* in Anatolien vgl. MAYER u. SEVIM.

Für J a p a n hat MIKI die plio- und pleistozänen Pinaceen-Reste behandelt. Von 34 Arten aus 8 Gattungen sind heute 14 Arten und 2 Gattungen ausgestorben. Das pliozäne Klima Japans war wohl humider als heute. Die glaziale Temperaturdepression dürfte besonders nach dem Verhalten von *Pinus koraiensis* $7{,}4° \pm 2{,}0°$C (Jahresmittel?) betragen haben.

Eine Reihe weiterer Arbeiten verdankt man SOHMA. So (2) Pollen-untersuchungen von Oberflächenproben vom Berg Gassan (1979 m, Prov. Yamagata). Von *Pinus, Fagus* und *Picea* beherrschte Diagramme von der Atsumi-Halbinsel, Bez. Aichi, werden der letzten Eiszeit zu-geordnet (1). Ähnliches (3) gilt für Torfe aus der Umgebung von Sendai, in 320 m Seehöhe, wo die Pollen von *Pinus, Picea, Abies, Tsuga* und *Larix* dominieren. In einem pliozänen Torf bei Nagoya (4) wurde noch Pollen der „tertiären" Gattungen *Cunninghamia, Sciadopitys, Cryptomeria, Glyptostrobus,* cf. *Metasequoia, Rhus, Nyssa, Liquidambar, Chamae-cyparis* gefunden. Ein darüber befindlicher pleistozäner Torf enthält von ihnen nur noch *Cryptomeria* und *Chamaecyparis.* Pleistozäne Lignite Nordost-Japans (5) aus der Nokeji-Formation sind reich an *Cryptomeria,* solche der jüngeren Sanbongi-Formation hingegen reich an *Pinus, Abies, Picea,* arm an *Tsuga, Larix* u. a.

YAMAGATO berichtet über wohl jungpleistozäne, an *Menyanthes* reiche Torfe aus dem Bezirk Nara (3) mit vorherrschenden Coniferen und aus dem Bezirk Nagano (1) mit vorherrschenden Laubhölzern, weiter über 3 Moore vom Berg Gassan (2), in die auch Lagen vulkanischer Asche eingeschaltet sind. Über ein weiteres *Menyanthes*-reiches Torflager vgl. YAMAGATA u. SOHMA. Alle diese Unter-suchungen bedürfen dringend der Altersbestimmung mit C[14]. HOSOKAWA berichtet über Pflanzenreste aus einem wohl von Menschenhand angelegten Graben bei Ankokuji, Prov. Oita, die u. a. für ein früher häufigeres Auftreten breitblättriger Bäume wie Cinnamomum camphora u. a. zeugen.

WALKER (2) macht auf quartäre pollenführende Ablagerungen (Mudden) im Staat Perak auf der Malaiischen Halbinsel aufmerksam.

7. Paläobotanische Untersuchungen über Kulturpflanzen und Siedlungsgeschichte.

Eine Reihe von Arbeiten betrifft Nachweis und Herkunft einzelner Kulturpflanzen.

So hat HOPF in einem reichen Material verkohlter Getreidekörner aus der spätneolithischen Bernburger Kultur vom Fundplatz Lietfeld bei Burgdorf/Goslar *Triticum monococcum* zu 63,3% *Triticum dicoccum* zu 33,5%, *Hordeum vulgare,* nackt und bespelzt, zu 2,4%, Unkräuter zu 0,8% nachgewiesen. Der geringe Anteil der Unkräuter dürfte mit der damaligen Art der Ernte — Abschneiden einzelner Ähren bzw. Halme schon auf dem Felde — zusammenhängen.

Gegenüber der Behauptung von F. u. K. BERTSCH, *Triticum compactum* sei ein amphidiploider Bastard von *Triticum monococcum* und *Tr. dicoccum*, zeigten SCHIEMANN u. STAUDT durch die Herstellung solcher Bastarde (STAUDT; „*Tr. dimococcum*"), daß diese wohl ihren Eltern, nicht aber den hexaploiden Weizen *Tr. compactum* und *Tr. spelta* gleichen. Nach Funden in neolithischen Siedlungen dürfte *Tr. compactum* zusammen mit *Tr. monococcum* und *dicoccum* sowie mit Gersten (*Hordeum*) von den Bandkeramikern auf dem Donauweg nach Mitteleuropa gebracht worden sein. [Über den heutigen Anbau von Einkorn und Emmer in Jugoslawien vgl. SCHIEMANN (1,2).] Auch für den Spelz (*Tr. spelta*) zeigt der Anbau in Iran (KUCKUCK u. SCHIEMANN), daß seine Entstehung und Herkunft in einem viel weiteren geographischen Rahmen gesucht werden muß als bisher. Das Vorkommen von *Hordeum distichum* im mitteleuropäischen Neolithikum ist nach K. BERTSCH bisher nicht bewiesen. Angaben von O. HEER aus dem Pfahlbau Wangen gehen wahrscheinlich auf *Triticum monococcum* zurück.

HJELMQUIST fand einen Abdruck von *Triticum* cf. *compactum* im frühesten Neolithikum von Schonen. In einem bronzezeitlichen Pfahlbau aus dem 9.—8. vorchristlichen Jahrhundert am Mincio südlich vom Gardasee gelang M. VILLARET-V. ROCHOW (2) der bisher älteste Nachweis der Feige, *Ficus carica*, in Italien.

E. FURRER setzte sich in einer Monographie der Edelkastanie (*Castanea sativa*) auch mit der Geschichte dieses Baumes auseinander, für dessen Vorkommen nördlich der Alpen sichere Beweise erst aus der Römerzeit vorliegen. WERNECKs Gliederung des Formenkreises von *Prunus domestica, P. insititia* usw. ist auch für fossile Funde nützlich. Ein Sammelreferat von GROSS (1) über die transpazifische und transatlantische Ausbreitung von Kulturpflanzen in vorkolumbischer Zeit (besonders nach MERRILL) ergibt, daß die Alte und die Neue Welt vor Kolumbus nur 3 Kulturpflanzen gemeinsam hatten: Batate, Kokospalme und Flaschenkürbis.

Eine andere Gruppe von Arbeiten betrifft den pollenanalytischen Nachweis vor- und frühgeschichtlicher menschlicher Siedlungen und Wirtschaftsformen.

So hat WATERBOLK seine Untersuchungen über den Pollengehalt fossiler Böden unter urgeschichtlichen Grabhügeln in Drenthe (Nordholland) fortgesetzt. Ähnlich wie in Dänemark nach IVERSEN und TROELS-SMITH und in Mitteldeutschland (H. MÜLLER) kann man zwei Formen der neolithischen Landnahme unterscheiden (28 Fundstellen!). 1. Neben spärlichem Pollen von Getreide tritt auch solcher von *Plantago major* und *lanceolata* auf. Deutung: Neben Getreidebau wird auch Vieh gehalten, aber mit Stallfütterung und unter Verwendung des Baumlaubs als Futter (Ulmus-Abfall!). 2. Neben ähnlich geringen Getreidefunden treten größere Pollenmengen von *Plantago lanceolata*, von *Rumex* vom *acetosella*-Typ, von *Trifolium repens* und von Wildgräsern auf, dazu vereinzelt von *Vitis* und von *Allium ursinum*: extensive Weidewirtschaft mit Vieh auf freier Weide. Der Typ 1 soll in Dänemark zur Ertebölle-Kultur, in Holland zur Trichterbecher-Kultur, in der Schweiz zur ältesten Cortaillod- und zur Michelsberger Kultur gehören. Typ 2 in Südskandinavien zur Einzelgrabkultur, in Holland zur Trichterbecher-B-Kultur von C. J. BECKER und wohl auch zur Glockenbecher-Kultur. Beide Wirtschaftsformen dürften längere Zeit nebeneinander bestanden haben.

Recht hohe *Calluna*-Werte (im Mittel 50—60%) deuten in Holland in beiden Fällen auf die beginnende Ausbreitung der Heide in der Nähe der neolithischen Siedlungen. C^{14}-Bestimmungen ergaben für den *Ulmus*-Abfall an 3 Orten etwa 3000 v. Chr., für den ersten Anstieg von *Fagus* von 0,2 auf 1,0% etwa 1400 v. Chr. (Beginn der Bronzezeit in den Niederlanden).

Über die neolithische Wirtschaftsweise in Dänemark und der Schweiz ist aber besonders eine Arbeit von TROELS-SMITH nachzutragen, in der über äußerst sorgfältige Untersuchungen im Aamosen auf Seeland und in der Siedlung Egolswil 3 am heute trockenen Wauwiler See (Schweiz) berichtet wird und C^{14}-Bestimmungen von H. TAUBER (1) mitgeteilt werden. Für die ältere Cortaillod-Kultur, das älteste Neolithikum der Schweiz, wurde im Mittel 2740 ± 90 v. Chr., für die jüngere Ertebölle-Kultur in Dänemark 2630 ± 80 v. Chr. festgestellt. Der Beginn des Neolithikums ist also in beiden Gebieten gleichaltrig! In Dänemark entspricht dem der Abfall der *Ulmus*-Kurve, in der Schweiz ein entsprechender Rückgang von *Fagus*. Auch die Michelsberger Kultur (Weiher bei Thayngen) ergab an Holz ein ähnliches Alter (2780 ± 130 v. Chr). Diese Altersangaben sind höher, als bisher meist angenommen wurde.

Eine weitere sehr gründliche Untersuchung über die Zusammenhänge zwischen der Vegetationsentwicklung und der menschlichen Besiedlung ist aus Mogetorp (Södermanland, Südschweden) hervorzuheben. M. BR. FLORIN findet hier auch zwei Stufen der frühneolithischen Landnahme. 1. Eine ältere Besiedlung mit geringer Förderung der Pollenanteile von *Betula*, *Populus*, *Pinus* (und *Picea*) und mit deutlichem Rückgang der anspruchsvollen Laubhölzer wie *Tilia* und *Corylus*, und 2. eine jüngere Besiedlung mit sehr kräftigen Betula-Gipfeln, Rückgang der EMW-Anteile, besonders von *Ulmus*, aber auch von *Corylus*, und mit etwas höheren Werten von Wildgräsern und Getreiden. In der 2. Periode treten auch die Pioniere von Brandflächen wie *Epilobium angustifolium*, *Melampyrum*, *Pteridium* hervor. Gegenüber Dänemark fallen besonders das Fehlen gesicherter Belege für Waldweide und höhere Getreidewerte auf.

Südschweden betrifft auch TILANDERs Monographie eines Moores in Schonen bei Vaetteryd mit einer neolithischen Kulturschicht, für die C^{14}-Bestimmungen ein vorchristliches Alter von 2600±140 und 2730±170 ergeben haben. Unter den getreideartigen Pollentypen werden solche von *Secale* (erst im Subatlantikum), weiter cf. *Avena*, cf. *Hordeum*, cf. *Triticum* angeführt, außerdem *Centaurea cyanus* (ebenfalls erst aus der Nachwärmezeit).

Aus Norddeutschland sind weitere Mitteilungen von HAARNAGEL (1,2) über die eindrucksvollen Wurtenforschungen zu erwähnen, deren botanische Funde U. GROHNE (2) bearbeitet. Hier wurde in der Siedlung Jemgum an der Ems die bisher älteste Marschensiedlung des südlichen Nordseegebiets aus dem 7.—6. Jahrhundert v. Chr. aufgedeckt. Sie war damals noch 50—60 km von der Nordsee entfernt und wurde auf dem flachen Marschboden errichtet, auf dem damals noch Getreidebau betrieben werden konnte, besonders von Gerste und Weizen. Das Vieh wurde nach GROHNE wohl noch nicht in Ställen gehalten. Die Holzreste stammen vorwiegend von *Alnus* und *Fraxinus*.

Noch eindrucksvoller sind die langjährigen Grabungen in der Wurt Feddersen Wierde bei Bremerhaven, wo 7 Siedlungsschichten aus dem 1.—5. Jahrhundert n. Chr. vorliegen. Der zur Aufhöhung verwendete Tiermist enthält ausgezeichnet erhaltene Pflanzenreste, so nach GROHNE [in HAARNAGEL (1)] viel Hafer und Gerste, *Linum, Camelina, Vicia faba, Brassica napus*, Hirse (welche?)[1]. 6000 untersuchte Holzproben gehören außer 1 Stück *Taxus* ausschließlich zu Laubhölzern.

Schließlich ist zu erwähnen, daß TÜXEN seine Bemühungen um eine klare Fassung der Begriffe „natürliche", „potentielle" u. a. Vegetation noch weitergeführt und ergänzt hat.

ANHANG.

Quartäre Floren- und Vegetationsgeschichte Osteuropas und Nordasiens[2].

Von NEIŠTADT (NEUSTADT) (1) stammt eine sehr gut durchgearbeitete Monographie der postglazialen Waldgeschichte desjenigen Gebietes Nordeurasiens, das heute von der UdSSR eingenommen wird. Das Werk beruht ausnahmslos auf palynologischen Untersuchungen postglazialer Sedimente. Die zahlreichen Makrofossilienfunde wurden leider nicht berücksichtigt. In dem ersten Teil der Monographie werden fast alle bisher in der UdSSR durchgeführten pollenanalytischen Untersuchungen besprochen und die zugehörigen Pollendiagramme abgebildet. Der zweite Teil ist einer Rekonstruktion der Einwanderungsgeschichte der Holzarten der UdSSR gewidmet, und im dritten Teil werden die paläogeographischen Verhältnisse der verschiedenen Abschnitte des Holozäns geschildert. Es sei in diesem Zusammenhang darauf aufmerksam gemacht, daß der Verfasser die Zeit der „unteren Fichte", die im mittel- und nordeuropäischen Schema z. T. der jüngeren Tundrenzeit entspricht, noch zum Holozän rechnet, so daß das Postglazial nach NEIŠTADT [vgl. auch (2)] einen längeren Zeitraum umfaßt als bei anderen Autoren.

Es ist jedoch zu bezweifeln, daß diese Neueinstufung berechtigt ist, denn das untere Fichtenmaximum, das in Mittelrußland und im Baltikum bisweilen von einem unteren EMW-Maximum begleitet wird, scheint nicht die wahren Verhältnisse widerzuspiegeln, sondern auf umgelagerten älteren Pollen zu beruhen. Weitere Bedenken sind gegen die Rekonstruktion der Einwanderungsgeschichte von *Larix* zu erheben, denn, wie aus den mitgeteilten Pollendiagrammen hervorgeht, ist offenbar der Erhaltungszustand der Lärchenpollen nur in wenigen Sedimentarten gut (besonders in Kieselgur und Gyttja); in anderen werden sie schnell zerstört, so daß aus ihrem prozentualen Anteil an der gesamten BP-Menge keine Rückschlüsse auf die ehemalige Bedeutung der Lärche im Walde gezogen werden können.

Besondere Beachtung verdient eine pollenanalytische Arbeit von MONOSZON (MONOSSON) über die Gattungen und Arten der Chenopodiaceen eiszeitlicher Sedimente. Die damaligen Steppen wurden

---

[1] Die Bemerkung (S. 312), daß Getreidepollen bisher nur durch Größenstatistik bestimmt werden konnte und nun bei jedem Pollenkorn die Entscheidung Getreide oder Wildgras vorgenommen werden könne, ist übertrieben.

[2] Von BURKHARD FRENZEL: Es bedeuten BP = Baumpollen; NBP = Nichtbaumpollen; EMW = Eichenmischwald.

in Mittelrußland durch Arten ausgezeichnet, die heute vorwiegend auf salzigen Substraten gedeihen, wie *Suaeda confusa*, *S. caniculata*, *Salsola sp.*, *Kochia prostrata*, *Salicornia herbacea*, *Petrosimonia* sp. u. a. Zu ihnen traten häufig *Kochia laniflora* und *Eurotia ceratoides*. In den Übergangszeiten zu den Interglazialen oder zum Postglazial herrschten jedoch *Atriplex* sp., *Chenopodium botrys*, *Ch. album*, *Ch. hybridum*, *Kochia scoparia*, *K. laniflora* u. a. Somit scheinen die Böden über der eiszeitlichen „ewigen" Gefrornis weitgehend versalzt gewesen zu sein.

In der Zeit vom 16.—27. Mai 1957 fand in Moskau eine Quartärforschertagung statt. Kurze Auszüge der während dieser Tagung gehaltenen 202 Vorträge wurden noch in demselben Jahr veröffentlicht (Tezisy dokladov). Aus der großen Fülle dieser Arbeiten seien im folgenden nur wenige, besonders wichtige erwähnt.

Weitere Werke von allgemeiner Bedeutung sind die Monographie von FEDOROV über die Entwicklungsgeschichte des Kaspischen Meeres und der dritte Band der "Materials on the History of the Flora and Vegetation of the USSR" [Hauptredakteur: V. N. SUKATSCHEV (1)] mit Beiträgen von KRIŠTOFOVIČ (KRISCHTOFOWITSCH) (Entstehung der Flora des Angara-Landes), ZAKLINSKAJA (SAKLINSKAJA) (Pollenspektren paläogener Sedimente), KRAŠENINNIKOV (KRASCHENINNIKOW) (Bedeutung des Angara-Gebietes für die Entwicklung der Vertreter der Sektion *Euartemisia*), IL'IN (ILJIN) (Entstehung der Wüstenflora Zentralasiens), FEDOROV (Florengeographische Beziehungen zwischen Ostasien und dem Kaukasus), SOBOLEVSKAJA (Entwicklung der Flora und der Vegetation Tuwas seit dem Tertiär), TOLMAČEV (TOLMATSCHEW) (Entstehung einiger wichtiger Elemente der Hochgebirgsflora der nördlichen Halbkugel) und VASIL'EV (WASILJEW) (Entstehung der Flora und Vegetation des Fernen Ostens und Ostsibiriens).

Im osteuropäischen Teil der UdSSR wurden in den letzten Jahren mehrere Arbeiten zur Klärung der Probleme der alt- und mittelpleistozänen Vegetationsgeschichte durchgeführt. In Weißrußland stockten an der Wende des Tertiärs gegen das Quartär Wälder aus mehreren *Pinus*arten, *Tsuga*, *Nyssa*, *Rhus*, *Juglans*, *Fraxinus* und *Magnolia* [CAPENKO (ZAPENKO), 1957]. Ähnliche Wälder gediehen damals in der Nordwest-Ukraine [LOMAEVA (LOMAJEWA) (1)], sowie im Nordwesten des heutigen Kaspi-Sees, wo in den Sedimenten des Apscheron eine Waldpollenflora aus *Pinus* sect. *Strobus* (58—83%), *Picea* sect. *Omorica* (1—25%), *Abies*, *Tsuga*, *Taxodiaceae*, *Betula*, *Alnus*, *Tilia*, *Acer*, *Ulmus*, *Quercus*, *Carpinus*, *Fagus* und *Juglans*, sowie sehr vielen *Ericaceae* (70—95% der NBP, meist *Calluna*) gefunden wurden [GRIČUK (GRITSCHUK), TJURINA]. Gleichzeitig dehnten sich am Nordufer des Schwarzen Meeres Steppen aus, in denen besonders den *Chenopodiaceae* sowie den *Gramineae* und *Artemisia* eine hohe Bedeutung zukam [LOMAEVA (1)]. Die erwähnte Waldflora wurde nach CAPENKO in Weißrußland von den Gletschern der Günzeiszeit verdrängt, soll dann aber wieder erneut vorgestoßen sein: *Tsuga*, *Fraxinus*, *Rhus*, *Juglans*, *Carya*, *Sequoia*, *Fagus*, *Abies* u. a. Es scheint jedoch, daß die Richtigkeit dieser Behauptung erst noch durch weitere Untersuchungen bestätigt werden muß, da die stratigraphischen Verhältnisse dieser alten Sedimente weitgehend unklar sind. Die große Pollenarmut des mindeleiszeitlichen Lösses am Unterlauf des Dnjepr deutet darauf hin, daß die damalige Steppenvegetation sehr lückig war [LOMAEVA (1)]. Wahrscheinlich gleichzeitig stockten jedoch am Nordwestufer des Kaspi-Sees zunächst lockere, dann geschlossene Wälder, für die besonders *Picea* sect. *Omorica* und *Pinus* sect. *Strobus* bezeichnend waren. Zu ihnen traten vorwiegend *Abies* und *Carpinus*. Diese Wälder dürften den jungtertiären desselben Gebietes recht ähnlich gewesen sein. Sie unterschieden sich von ihnen nur durch das Fehlen der *Taxodiaceae* und *Juglandaceae* und die äußerst geringe Bedeutung von *Tsuga* (GRIČUK; TJURINA). Im Mindel-Riß-Interglazial hatte in Weißrußland erneut eine Waldvegetation, gebildet u. a. aus *Juglandaceae*, *Taxus*, *Abies Fraseri*, *Picea omoricoides*, *Pinus silvestris*, *P. montana*, *Fraxinus*, *Fagus* und *Vitis*, Einzug gehalten (CAPENKO). Im ganzen scheint die damalige Vegetation jedoch der heutigen an den entsprechenden Lokalitäten geglichen zu haben, da 85% der Pflanzenarten, die in den Sedimenten dieser Zeit in Mittelrußland gefunden wurden, auch noch heute dort gedeihen [KAC u. KAC (KATZ u. KATZ) (1)].

DOROFEEV (2) machte anhand einer neuentdeckten Makrofossilienflora von Fatjanowka (bei Spassk) darauf aufmerksam, daß die meisten altpleistozänen Florenfunde artenärmer als das klassische Vorkommen von Lichwin sind [Bemerkungen über die Vertreter des Genus *Najas* von Lichwin, einschließlich der Diagnose von *Najas bogoljubovii* Sukacz., vgl. SUKAČEV (SUKATSCHEW) (2)]. Es fällt besonders auf, daß in Lichwin die Bedeutung von *Carpinus*, *Quercus* und *Tilia* wesentlich größer als in den übrigen gleichalten Fundorten war. DOROFEEVs Annahme, daß Lichwin somit ein Refugium der Tertiärflora innerhalb einer relativ artenarmen Nadelwaldtaiga dargestellt habe, scheint jedoch unberechtigt zu sein, da es unklar ist, ob die verschiedenen Floren dieses Interglazials genau gleich alt sind.

Die Pollenflora der rißeiszeitlichen Lösse der Ukraine untersuchte LOMAEVA (1, 2). Wie schon während der Mindeleiszeit war in der Ukraine auch damals die Chenopodiaceen-*Artemisia*-Steppe sehr lückig. Die mittelpleistozäne Vegetationsgeschichte (Chasar-Stufe) des nordwestlichen Uferbereiches des Kaspi-Sees wird durch zwei Waldphasen, die durch eine Steppenzeit voneinander getrennt wurden, und durch eine weitere Steppenzeit, die zu der würmeiszeitlichen Waldphase überleitete, gekennzeichnet. Die damaligen Wälder wurden von der typischen Taigaflora (*Pinus*, *Picea*, *Abies*), ohne Beteiligung tertiärer Baumarten, gebildet. Vereinzelt scheinen *Tilia*, *Acer*, *Ulmus* und *Carpinus* vorhanden gewesen zu sein (TJURINA; GRIČUK). Mit welchen Abschnitten der Rißeiszeit diese Etappen der Vegetationsgeschichte der Kaspi-nahen Gebiete zu verknüpfen sind, bleibt abzuwarten.

Mehrfach wurde neuerdings behauptet, daß die Moskauvereisung (= Warthevereisung) von der Dnjeprowskvereisung (= Saalevereisung) durch ein langes und warmes Interglazial getrennt gewesen sei [so ŠIK (SCHIK); MOSKVITIN (MOSKWITIN); POGULJAEV (POGULJAJEW); RJABČENKOV (RJABTSCHENKOW); DMITRIEV]. Eichen-Ulmen-Wälder sollen für die damalige Zeit in Mittelrußland bezeichnend gewesen sein (bei Roslawl bis 70% der BP; ŠIK). Die EMW-Kurve der Pollendiagramme dieser Sedimente weist zwei Gipfel auf, getrennt durch eine *Pinus-Betula*-Phase (ŠIK; MOSKVITIN). Dieser merkwürdige Kurvenverlauf wie auch die Tatsache, daß in dieses „Interglazial" die Vorkommen von Schidowschtschisne, Galitsch und der Umgebung von Smolensk (MOSKVITIN) sowie von Hamarnia, Lehringen und Troizkoje bei Moskau (ŠIK) gestellt werden und daß das Vorkommen von Krasnyj Bor bei Smolensk sowohl als Interglazial- (DMITRIEV) als auch als Interstadialbildung (ŠIK) angesehen wird, macht fraglich, ob es sich um odinzowinterglaziale (Saale-Warthe-„Interglazial") Sedimente handelt. Wesentlich mehr Berechtigung scheint der Annahme DOROFEEVs und KACs (1) zuzukommen, daß diese Ablagerungen wie auch das bei Moskau neu entdeckte Interglazialvorkommen von Korenewo, das von MOSKVITIN [vgl. DOROFEEV (1)] ebenfalls in das Odinzow-Interglazial gestellt wurde, Bildungen des Eem-Interglazials sind, über die sich letzteiszeitliche Fließerden wälzten.

Nach BORISEVIČ (BORISEWITSCH) sollen die oberen Horizonte der zweiten Terrasse der Tschusowa bei Solikamsk mit einer Pollenflora, in der *Pinus* (40 bis 60%), *Betula* (25—35%), *Picea* (15%), *Corylus* (10%) sowie *Abies* und *Salix* (5%) vertreten waren, im Odinzow-Interglazial gebildet worden sein. Da diese Horizonte jedoch über einer Kulturschicht mit Moustier-Faustkeilen liegen, müssen sie wesentlich jünger sein (etwa Ende des Eem-Interglazials).

In den Sedimenten des Eem-Interglazials wurden bei Korenevo u. a. Reste von *Brasenia Schreberi, Dulichium spathaceum* und *Najas marina*, zusammen mit der für dieses Interglazial typischen Pollenflora gefunden [KAC (1); DOROFEEV (1)]. Weiter östlich stockten in der Umgebung von Ufa Wälder aus *Alnus incana, A. glutinosa, Betula alba, Quercus Robur, Tilia cordata, Populus nigra, Ulmus* sp. und *Picea* sp., in denen in Teichen und Altwasserarmen der Flüsse *Najas marina, Nymphaea alba, Nuphar luteum, Menyanthes trifoliata* u. a. Wasserpflanzen vorkamen [KOLESNIKOVA (KOLJESNIKOWA)]. Die typischen Interglazialpflanzen dieser Breiten (*Brasenia Schreberi, Salvinia natans, Aldrovanda vesiculosa, Trapa natans*) fehlen. Gleichzeitig waren die edlen Laubwälder an der Onega bis in 67—68° n. Br. vorgestoßen (DEVJATOVA) und hatten selbst gegenüber der postglazialen Wärmezeit allgemein eine höhere Bedeutung erlangt [KAC (2); CAPENKO]. Die polare Waldgrenze lag westlich des Urals wesentlich nördlicher als gegenwärtig [KALECKAJA (KALJEZKAJA)]. Im Süden hatte sich das Gebiet der Waldsteppe, in der Wälder aus *Pinus* und *Betula*, aber auch aus *Quercus, Tilia, Ulmus* und *Carpinus* mit *Corylus*-Unterwuchs am Unterlauf des Dnjepr weit verbreitet waren, auf das heutige südukrainische Steppengebiet vorgeschoben. In den Steppen war besonders die Bedeutung der *Chenopodiaceae* zurückgegangen [LOMAEVA (1, 2)]. Wie schon im Mindel-Riß-Interglazial war auch die Flora im Riß-Würm-Interglazial der in denselben Gebieten gegenwärtig vorhandenen sehr ähnlich: 88% der etwa 200 bisher bekannten höheren Pflanzenarten des Eem-Interglazials sind auch heute an den gleichen Fundorten anzutreffen [KAC u. KAC (1)].

Die Vegetationsgeschichte Osteuropas während der letzten Eiszeit wurde erneut mehrfach bearbeitet. Nach ASEEV (ASEJEW) läßt sich im Gebiet des Mittel- und Unterlaufes der Oka in den letzteiszeitlichen Sedimenten palynologisch eine anfängliche „Phase der kalten Waldsteppe" nachweisen, auf die eine „Phase der lockeren Nadelwälder", der „lockeren Birkenwälder" und schließlich eine „Nadelwaldphase" (im wesentlichen *Pinus*) folgte, an die sich mit der einsetzenden Ausbreitung von *Picea* der Beginn des Holozäns anschloß. Ebenfalls eine Waldsteppenvegetation scheint im westukrainischen Polessje während der letzten Eiszeit gediehen zu sein.

Im Alleröd sollen sich diese Wälder ausgedehnt haben; zwischen den Flüssen erhielten sich aber auch damals noch Steppenbereiche ARTJUŠENKO (ARTJUSCHENKO). Nach ARTJUŠENKO entspricht das Alleröd der „Phase der unteren Fichte" (vgl. S. 168). GERASIMOV und MARKOV bezeichneten die „Phase der unteren Fichte" als „Phase der inselhaften Wälder", die in eine „Unterphase mit Fichte" und in eine „Unterphase mit EMW" gegliedert gewesen sein soll. ARTJUŠENKO nimmt demgegenüber an, daß beide Unterphasen in den gleichen Zeitraum gehören und nur die Verhältnisse einer nördlichen Zone (Unterphase mit Fichte; vgl. SEIBUTIS) und einer südlichen Zone (Unterphase mit EMW, so in der Ukraine) widerspiegelten. Da in keiner der erwähnten Arbeiten die Nichtbaumpollen (NBP) genügend berücksichtigt wurden, bleibt fraglich, ob die von den Autoren vermutete Waldgeschichte den wahren Verhältnissen entspricht und ob nicht Pollen an sekundärer Lagerstätte die Ergebnisse wesentlich gefälscht haben.

Während der letzten Eiszeit scheinen sich im Wechsel der Eisvorstöße und -rückzüge Veränderungen der Vegetation Osteuropas abgespielt zu haben, in die wir die ersten, unsicheren Einblicke tun können. Bei Brjansk ist der letzteiszeitliche Löß in zwei Horizonte gegliedert, die durch einen fossilen Boden voneinander getrennt sind [VELIČKO (VELITSCHKO)]. Der obere Lößhorizont (mit Ausnahme der obersten Zentimeter) fällt durch seine große Pollenarmut sowohl gegenüber dem interstadialen (?) Boden wie auch gegenüber dem unteren Lößhorizont auf. Der untere Horizont einschließlich des fossilen Bodens enthält die typische Pollenflora einer Gras- und Artemisiasteppe, in der Chenopodiaceen z. T. eine große Rolle spielten (*Artemisia* bis 47%, *Chenopodiaceae* bis 34%). Hinweise auf eine stärkere Bewaldung des Gebietes während des Interstadials sind nicht zu erkennen. Demgegenüber soll nach ALEINIKOV (ALJEINIKOW) im Nordwestabschnitt des europäischen Teiles der UdSSR das erste Interstadial der letzten Eiszeit (Beresina-Dwina-Interstadial) durch eine der heutigen ähnliche Waldvegetation ausgezeichnet gewesen sein, wohingegen die drei darauf folgenden Interstadiale nur eine subarktische bis arktische Vegetation aufgewiesen haben sollen. (Der erwähnte Verfasser stellt die Mga-Transgression in das Eem-Interglazial.) Leider scheinen die gesamten Befunde dieser Untersuchung noch nicht ausführlich veröffentlicht worden zu sein.

In zwei paläoklimatologischen Studien befaßte sich KAC (3, 4) mit der Vegetationsgeschichte Ost-Europas seit dem Höchststande der letzten Eiszeit. Hiernach ist *Picea Abies* von den letzteiszeitlichen Refugien aus in den zerfallenden Eisrand vorgestoßen („untere Fichte") und hat im Boreal die Weichsel von Osten her erreicht (vgl. hierzu SZAFER, 1931). Demgegenüber sind die Ericaceen aus ihren letzteiszeitlichen skandinavischen Refugien erst im Postglazial nach Rußland eingewandert. Diese auf pollenanalytischen Untersuchungen beruhenden Schlußfolgerungen sollten jedoch noch überprüft werden, denn die im russischen Raum bisher außerordentlich selten durchgeführten Bestimmungen der N B P dürften diese Annahme noch nicht bestätigen. Das postglaziale Wärmemaximum soll in der Umgebung von Leningrad infolge der abkühlenden Wirkung des Eises erst 2000 Jahre später als in Mittel-Europa eingetroffen sein, falls angenommen werden darf, daß das Wärmemaximum in Mittel-Europa um 5000 v. Chr. erreicht wurde [KAC (4)].

Neue Angaben über die wärmezeitliche Vegetation im Mündungsgebiet der Wolga machte TJURINA. Hiernach stockte während der Neu-Kaspi-Transgression in der Umgebung von Astrachan in der Nähe der Flußläufe ein Wald, der von *Pinus* (32—64% der BP) und *Picea* (13—34%) bestimmt wurde, in dem aber auch *Betula*, *Alnus*, *Tilia*, *Acer*, *Ulmus*, *Quercus* und *Carpinus* vorkamen.

Einige bemerkenswerte Beobachtungen in der westsibirischen Tiefebene lassen die pleistozäne Vegetationsgeschichte dieses Raumes in groben Zügen erkennen. Nach ZUBAKOV (SUBAKOW), ARCHIPOV; ARCHIPOV, KORENEVA u. LAVRUŠIN (LAWRUSCHIN) und PANOVA entsprechen der bisher ältesten Moräne im damals extraglazialen Bereich (Mündungsgebiet der Unteren Tunguska und Nordteil der westsibirischen Tiefebene) Horizonte mit einer Tundren- und Waldtundren-Pollenflora. Diese Vegetation war an die Stelle der bis dahin auch im Nordostteil der westsibirischen Tiefebene herrschenden Fichten-Tannen-Taiga getreten, in der noch einige Tertiärpflanzen vorgekommen sein sollen (ARCHIPOV, KORENEVKA u. LAVRUŠIN) und die nach Norden in einen Fichten-Birken-Kiefern-Wald überleitete (PANOVA). Die erwähnte Moräne stammt wahrscheinlich aus der Elster-Eiszeit Mittel-Europas. In dem darauffolgenden Interglazial (Tobol-Interglazial) wurde die Tundra von einer Taiga verdrängt (ZUBAKOV), in der noch nördlich von 60° n. Br. vereinzelt edle Laubgehölze gestockt haben (PANOVA). Vermutlich aus demselben Interglazial stammen Makrofossilienfloren vom Unterlauf des Irtysch (u. a. von Demjansk), die von KORČAGINA (KORTSCHAGINA) bearbeitet wurden. Diese Floren befanden sich in den berühmten „diagonalen Sanden", in denen SUKAČEV 1910 eine arktische Flora bei Demjansk entdeckt hatte. Insgesamt wurden hier neuerdings 112 Arten beobachtet, von denen 35 als tertiäre Arten an sekundärer Lagerstätte gelten dürfen. Neu für frühpleistozäne Sedimente West-Sibiriens sind *Ranunculus repens, R. lingua, Arctostaphylos uva-ursi, Sambucus* sp., *Eupatorium* sp., *Sparganium minimum, Salix* sp., *Stellaria graminea* und *Ceratophyllum demersum*. Nur zu 8% waren Holzpflanzen vertreten. Im wesentlichen war es eine Flora der heutigen Waldzone. 78% der mindel-riß-interglazialen Pflanzenarten des unteren Irtysch kommen noch heute dort vor.

Die Gletscher des maximalen Vorstoßes der Samarov-(Saale-) Eiszeit bedeckten nicht nur den gesamten Nordteil der westsibirischen Tiefebene nördlich des ost-west-gerichteten Oblaufes, sondern die damaligen Klimaunbilden scheinen auch die Taiga aus ihrem interglazialen Lebensraum verdrängt zu haben. Möglicherweise stammt aus dieser Zeit eine Pollenflora vorwiegend offener Landschaften, die in der 3. Terrasse des Ob bei Kolpaschewo in 5—10 m Tiefe gefunden wurde (TJUREMNOV). In dem betreffenden Torfhorizont waren nordische Hypnaceen, wie *Scorpidium scorpioides, Calliergon Richardsonii* und *C. trifarium* besonders stark vertreten. Außerdem soll die Pollenflora, in der *Picea* zu 64—95% und *Alnus cf. fruticosa* zu 10—15% vertreten waren, an die heute an der Obmündung herrschende Vegetation erinnern. Es ist jedoch auch denkbar, daß dieser Horizont während der Elster-Eiszeit gebildet wurde (3. Terrasse!).

Nach Erreichen der maximalen Ausdehnung zogen sich die Gletscher völlig (?) aus der westsibirischen Tiefebene zurück. Ihnen folgte eine Waldtundrenvegetation aus *Pinus, Alnus* und *Salix*, in deren Pollenflora am mittleren Jenisseij und am Unterlauf des Ob jedoch die NBP bei weitem überwogen [ARCHIPOV; GOLUBEVA (1, 2)]. ZUBAKOV erwähnt hingegen am mittleren Jenisseij eine „typische" Taigaflora, ohne sie genauer zu charakterisieren. Der erneute Gletschervorstoß des Tas-Jenisseij-Stadiums (Warthe-Stadium) verursachte abermals eine Ausbreitung der Tundren, in denen am Unterlauf des Ob *Artemisia* und *Chenopodiaceae* eine große Rolle spielten [GOLUBEVA (1)]. Im Eem-Interglazial (Kasanzew-Interglazial) rückte der Wald weit nach Norden vor, während das Meer nach Süden vorstieß [ZUBAKOV; ARCHIPOV; ARCHIPOV, KORENEVA u. LAVRUŠIN; GOLUBEVA (1, 2); PANOVA].

KAC u. KAC (2) untersuchten die Vegetationsgeschichte seit dem letzten Interglazial im Gebiet des Ob-Unterlaufes. Auf Grund pollenanalytischer Befunde wird geschlossen, daß hier für das letzte Interglazial und für die letzte Eiszeit lichte Wälder (vom Typ der Waldtundra) aus *Pinus sibirica, Picea* und *Larix* bezeichnend gewesen sind. Der sehr geringe BP-Gehalt der betreffenden Sedimente soll eine

Folge der damals hohen Sedimentationsgeschwindigkeit sein. Hierbei wird aber übersehen, daß auch in diesem Falle der NBP-Gehalt von ungefähr 1000% (bezogen auf die Summe der BP) auf eine sehr offene, waldfreie Vegetation weist. Da die NBP auch in den „interglazialen" Tonen unter der letzteiszeitlichen Moräne zu 1000% vertreten sind, dürften diese Tone wohl während des Vorstoßes des Eises abgelagert worden sein, also letzteiszeitlichen Alters sein. Unter den NBP waren *Ericaceae* bis 40%, verschiedene Kräuter bis 60%, *Chenopodiaceae* bis 50% und *Artemisia* bis 20% vertreten [vgl. auch GOLUBEVA (1)].

Die Moorbildung scheint im Norden der westsibirischen Tiefebene erst in der postglazialen Wärmezeit begonnen zu haben, als die Waldvegetation weit nach Norden in das gegenwärtige Tundrengebiet vorgestoßen war. Von den reichhaltigen Waldflorenfunden in der heutigen Tundra berichten ausführliche Listen, die von S. V. KAC sowie von KAC u. KAC (2) mitgeteilt wurden. Besonders bemerkenswert sind makroskopische Reste von *Picea Abies*, die bei Salechard an der Obmündung gefunden wurden. Eine Bestätigung dieser Entdeckung sollte jedoch noch abgewartet werden.

Mit der ehemaligen Bewaldung der Steppen im Nordteil des kasakischen Berglandes befaßte sich GRIBANOV. Aus gründlichen Archivstudien wurde deutlich, daß dieses Gebiet, das durch zahlreiche isolierte Vorkommen von Nadelwaldpflanzen bekannt ist, noch vor wenigen Jahrhunderten eine wesentlich stärkere Bewaldung als gegenwärtig getragen hat (Karte der rezenten und subrezenten Wälder).

In West-Turkmenien zwischen dem Aral- und Kaspi-See scheinen an der Grenze des Tertiärs gegen das Quartär (Apscheron) in flußnahen (?) Bereichen zeitweilig Wälder aus *Pinus*, *Betula*, *Pterocarya*, *Rhus*, *Ilex* u. a. gestockt zu haben, die in dem Maße, wie sich die hydrographischen Verhältnisse verschlechterten, von Steppen verdrängt wurden. Im mittleren Pleistozän (Chasar-Stufe) sind in dem erwähnten Gebiet abermals Wälder (Unter-Chasar?) und Steppen (Ober-Chasar?) palynologisch nachweisbar. Während der letzten Eiszeit und im frühen Postglazial stockten am Usboi und an anderen Wasseradern wiederum Wälder, in denen *Picea* vorhanden war. Nach der Neu-Kaspi-Transgression wurde diese Vegetation von den heutigen Steppen und Wüsten verdrängt (MAL'GINA). Die erwähnten Angaben stimmen gut mit den früher von KES mitgeteilten pollenanalytischen Befunden über letzteiszeitliche Wälder aus *Carpinus*, *Quercus*, *Alnus*, *Pinus* und *Betula* am Usboi überein.

Auch die Vegetation Mittel- und Süd-Sibiriens machte während des Pleistozäns verschiedene Veränderungen durch, die allerdings nicht so einschneidend wie diejenigen West-Sibiriens und Europas waren. VOSKRESENSKIJ und GRIČUK (WOSKRESJENSKIJ und GRITSCHUK) glauben, pollenanalytisch mindestens drei pleistozäne Kalt- und zwei Warmzeiten in Süd-Sibirien nachgewiesen zu haben, in denen periodisch eine *Picea*- und *Abies*-Taiga, edle Laubwälder, eine *Larix-Pinus*-Taiga und schließlich die „Tundra-Steppe" herrschte. Diese Ergebnisse decken sich im wesentlichen mit denen, die DUMITRAŠKO (DUMITRASCHKO) am Oberlauf der Lena gewann. Aus einer unterquartären Warmzeit stammen Pollenfloren vom Mittellauf der Lena oberhalb von Olekminsk und vom Mittellauf des Wiljuij [ČEBOTAREVA, KUPRINA u. CHOREVA (TSCHEBOTAREVA...); ALEKSEEV (ALEKSEJEW)]. In ihnen herrschen *Pinus*,

Betula, *Alnus*, *Picea* und *Larix*. Vereinzelt kommen gut erhaltene Pollenkörner von *Quercus*, *Tilia*, *Ulmus* und *Corylus* vor, die sich allerdings möglicherweise am Wiljuij an sekundärer Lagerstätte befinden (ALEKSEEV). Sedimente eines jüngeren Interglazials enthalten an der mittleren Lena im Bereich der heutigen zentraljakutischen Niederung eine Pollenflora, die zu 50—60% aus BP besteht. Unter ihnen waren *Pinus* (meist 50%), *Picea* (ungefähr 30%), *Abies* (5—10%), ferner *Larix*, *Ulmus* und *Tilia* vertreten [ČEBOTAREVA, KUPRINA u. CHOREVA; KORŽUEV (KORSHUJEW)]. In der hierauf folgenden maximalen Eiszeit des Werchojansk-Gebirges (Saale-Eiszeit) dehnten sich in demselben Gebiet Tundren und Waldtundren aus [LUNGERSGAUZEN (LUNGERSHAUSEN); VANGENGEJM (WANGENHEIM)], wie aus einer Analyse der in den entsprechenden Horizonten enthaltenen Faunenreste hervorgeht. Über die Eem-interglaziale Vegetation des Nordteiles von Mittel-Sibirien ist bisher leider nichts bekannt, und auch die Angaben über die letzteiszeitlichen Kältesteppen und Tundren des Mündungsgebietes von Aldan und Wiljuij (ALEKSEEV; LUNGERSGAUZEN; KORŽUEV) sind sehr knapp.

Auf Grund florengeographischer Befunde vermutete SOČAVA (SOTSCHAWA), daß *Picea*- und *Larix*-Wälder nördlich des erwähnten Gebietes in dem Bergland, das westlich der Lena ungefähr in der Höhe des Polarkreises gelegen ist, die Eiszeiten überdauert haben und ein Bildungsherd arktisch-alpiner Pflanzenarten gewesen seien, da sie noch heute einen reichen Unterwuchs aus diesen Pflanzenarten aufweisen.

In Ergänzung zu den Ausführungen von NEIŠTADT (1) über die Geschichte der mandschurischen und koreanischen Waldregion seien einige weitere Ergebnisse mitgeteilt: An der Grenze des Tertiärs gegen das Quartär stockten hier Wälder aus *Ginkgo*, *Araucariaceae*, *Tsuga*, *Sequoia*, *Taxodium*, *Cryptomeria*, *Pterocarya*, *Carya*, *Phellodendron*, *Liquidambar*, *Nyssa*, *Rhus* u. a. [GANEŠIN (GANESCHIN); BERSENEV]. An die Stelle dieser Wälder trat zu Beginn der mittelquartären Eiszeit (Saale-Eiszeit) in der Chankai-Senke eine Waldsteppenvegetation, in deren Wäldern *Picea*, *Pinus*, *Betula* und *Alnus* herrschten. *Quercus* und *Corylus* traten nur ganz vereinzelt auf. In den Steppen war *Artemisia* besonders wichtig (GANEŠIN). Das Eem-Interglazial brachte einen neuen Waldvorstoß. So stellte VARFOLOMEEVA (WARFOLOMEJEWA) in einem Tal am Tardoki Jani (Nordteil des Sichota Alin-Gebirges) pollenanalytisch eine aus dieser Zeit stammende Waldflora aus *Tsuga*, *Picea*, *Abies*, *Pinus*, *Taxaceae*, *Taxodiaceae*, *Alnus*, *Betula*, *Quercus*, *Carpinus* und *Tilia* fest. Diese Vegetation wurde während der letzten Eiszeit erneut von einer Taiga- und Waldsteppenvegetation abgelöst, in der in der Ussuri-Senke abermals *Artemisia* eine sehr große Rolle spielte (GANEŠIN).

Literatur
(zu den Abschnitten 6 und 7).

AUER, V.: Ann. Acad. Sci. fenn. A III **50**, 1—239 (1958).
BERTSCH, K.: „Vorzeit am Bodensee", S. 1—3 (1956). — BUTZER, K. W.: (1) Geogr. Ann. 105—113 (1957). — (2) Erdkunde **11**, 21—35 (1957).

Campo, M. van: Veröff. Geobot. Inst. Rübel Zürich **34**, 133—135 (1958). — Clisby, K. H., Fr. Foreman u. P. B. Sears: Veröff. Geobot. Inst. Rübel Zürich **34**, 21—26 (1958). — Cooper, W. S.: Bull. Geol. Soc. Amer. **69**, 941—945 (1958).

Deevey, E. S.: Veröff. Geobot. Inst. Rübel Zürich **34**, 30—37 (1958). — Dreimanis, A.: Ohio J. Sci. **58**, 65—84 (1958).

Flint, R. F., and W. A. Gale: Amer. J. Sci. **256**, 689—714 (1958). — Florin, M. B.: In Sten Florin: Vråkulturen **1957**, 3—25. — Furrer, E.: Mitt. Schweiz. Anstalt forstl. Versuchswesen **34**, 88—182 (1958).

Grohne, U.: Die Kunde, N. F. **8**, 43—51 (1957). — Gross, H.: Erdkunde **10**, 141—146 (1956).

Haarnagel, W.: (1) Germania **35**, 275—317 (1957). — (2) Die Kunde, N. F. **8**, 1—44 (1957). — Hjelmquist, H.: Bot. Notiser (Lund) **111**, 399/400 (1958). — Hopf, M.: Jb. Röm. Germ. Zentralmuseums Mainz **4**, 1—22 (1957). — Hosokawa, T.: Ort der Veröff. unbekannt (1958). — Hutchinson, G. E., R. Patrick and E. S. Deevey: Bull. Geol. Soc. Amer. **67**, 1491—1504 (1956).

Kuckuck, H., u. E. Schiemann: Z. Pflanzenzücht. **38**, 383—396 (1957).

Leopold, E. B.: Veröff. Geobot. Inst. Rübel Zürich **34**, 80—85 (1958). — Leopold, E. B., and D. R. Crandell: Veröff. Geobot. Inst. Rübel Zürich **34**, 76—79 (1958). — Livingstone, D. A., and B. G. R.: Amer. J. Sci. **256**, 341—359 (1958). — Livingstone, D. A., K. Bryan jr. and R. G. Leahy: Limnology a. Oceanography (USA) **3**, 192—214 (1958).

Mayer, H., u. M. Sevim: Jb. Ver. Schutze Alpenpflanzen u. -Tiere. S. 1—20. München 1958. — Miki, Sh.: Bot. Mag. Tokyo **69**, 447—454 (1956).

Potzger, J. E., and A. Courtemanche: Butler Univ. Bot. Stud. **13**, 12—23 (1957).

Schiemann, E.: (1) Wheat Information Service **3**, 1—3 (1956). — (2) Wheat Information Service **5**, 3 (1957). — Schiemann, E., u. G. Staudt: (1) Wheat Information Service **3**, 3—5 (1956). — Sears, P. B.: Veröff. Geobot. Inst. Rübel Zürich **34**, 121—122 (1958). — Sohma, K.: (1) Ecol. Rev. **14**, 255—256 (1957). — (2) Ecol. Rev. **14**, 251—254 (1957). — (3) Ecol. Rev. **14**, 247—250 (1957). — (4) Ecol. Rev. **14**, 289/290 (1958). — (5) Ecol. Rev. **14**, 291—300 (1958). — Staudt, G.: Z. Pflanzenzücht. **40**, 262—265 (1958).

Tauber, H.: Science **124**, 879—881 (1956). — Terasmae, J.: Bull. Geol. Survey of Canada **76**, 1—35 (1958). — Tilander, I.: Medd. Lunds Univ. Hist. Museum, 91—102 (1958). — Troels-Smith, J.: Science **124**, 876—879 (1956). — Tüxen, R.: Ber. dtsch. Landesk. **19**, 200—246 (1958).

Villaret-v. Rochow, M.: Veröff. Geobot. Inst. Rübel Zürich **34**, 139—142 (1958). — Walker, D.: Fed. Museums J. 1/2, 19—34 (1957). — Waterbolk, H. T.: Palaeohistoria (Groningen) **5**, 39—51 (1956). — Werneck, H. L.: Mitt. (Obst u. Garten) Klosterneuburg **8** B, 59—82 (1958).

Yamagata, O.: (1) Ecol. Rev. **14**, 267—268 (1957). — (2) Ecol. Rev. **14**, 269—272 (1957). — (3) Ecol. Rev. **14**, 327—328 (1958). — Yamagata, O., and K. Sohma: Ecol. Rev. **14**, 200—202 (1957).

Zinderen-Bakker, E. M. van: (1) Grana Palynologica (N. S.) **1**, 25—29 (1958). — (2) Palynology in Afrika. 5. Report (über 1956/57), 16. S. (1958).

Literatur
(zum Anhang).

In dem Literaturverzeichnis bedeutet:

Tezisy dokladov: Tezisy dokladov vsesojuznogo mežduvedomstvennogo soveščanija po izučeniju četvertičnogo perioda. Akademija Nauk SSSR, Moskau 1957.

Aleinikov, A. A.: Tezisy dokladov, Sekcija Severn. i Zapadn. Čast' Russkoj Ravniny 34—36 (1957). — Alekseev, M. N.: Bjull. Kom. po izuč. četvert. per. **21**, 87—96 (1957). — Archipov, S. A.: Dokl. Akad. Nauk SSSR **116**, 123—125 (1957). — Archipov, S. A., E. V. Koreneva'u. Ju. A. Lavrušin: Tezisy dokladov.. Sekcija Vost. Sibiri i Dal'n. Vostoka 9—11 (1957). — Artjušenko, A. T.: Tezisy dokladov; Sekcija Istorii Iskop. Flory i Fauny 21—23 (1957). — Aseev, A. A.: Tezisy dokladov; Sekcija Centra i Jugo-Vostoka Russkoj Ravniny 78—79 (1957).

Bersenev, I. I.: Tezisy dokladov; Sekcija Vost. Sibiri i Dal'n. Vostoka 59—60 (1957). — Borisevič, D. V.: Tezisy dokladov; Sekcija Zapadn. Sibiri i Urala 12—15 (1957).

Capenko, M. M.: Tezisy dokladov; Sekcija Severn. i Zapadn. Čast' Russkoj Ravniny 39—42 (1957). — Čebotareva, N. S., N. P. Kuprina u. I. M. Choreva: Izvestija Akad. Nauk SSSR, Ser. geogr. 1957, Nr. 3, 60—71.

Devjatova, E. I.: Tezisy dokladov; Sekcija Severn. i Zapadn. Čast' Russkoj Ravniny 6—8 (1957). — Dmitriev, N. I.: Trudy Inst. Geol. Nauk Akad. Nauk USSR, Serija geomorf. i četvert. geol. 1, 168—179 (1957). — Dorofeev, P. I.: (1) Bjull. Kom. po izuč. četvert. per. 21, 138—140 (1957). — (2) Bot. Ž. 43, 1034 — 1039 (1958). — Dumitraško, N. V.: Trudy Inst. Geogr., Akad. Nauk SSSR 65, 196—222 (1955).

Fedorov, P. V.: Trudy Geol. Inst., Akad. Nauk SSSR 10, 298 S. (1957).

Ganešin, G. S.: Tezisy dokladov; Sekcija Vost. Sibiri i Dal'n. Vostoka 55—56 (1957). — Gerasimov, I. P., u. K. K. Markov: Trudy Inst. Geogr. Akad. Nauk SSSR 33, 462 S. (1939). — Golubeva, L. V.: (1) Dokl. Akad. Nauk SSSR 117, 115—116 (1957). — (2) Tezisy dokladov; Sekcija Zapadn. Sibiri i Urala 39—41 (1957). — Gribanov, L. N.: Bot. Ž. 42, 556—570 (1957). — Gričuk, V. P.: Trudy Inst. Geogr., Akad. Nauk SSSR 61, 5—79 (1954).

Kac, N. Ja.: (1) Naučnaja sessija posvjaščennaja 100-letiju roždenija G. I. Tanfil'eva, 29—31 marta 1957 g, Tezisy dokladov, Odessa 27—28 (1957). — (2) Trudy Kom. po izuč. četvert. per. 13, 131—137 (1957). — (3) Počvovedenie, Nr. 5, 12—21 (1957). — (4) Naučnaja sessija posvjaščennaja 100-letiju roždenija G. I. Tanfil'eva, 29—31 marta 1957 g, Tezisy dokladov, Odessa 29—30 (1957). — Kac, S. V.: Trudy Kom. po izuč. četvert. per. 13, 118—123 (1957). — Kac, N. Ja., u. S. V. Kac: (1) Tezisy dokladov; Sekcija Istorii Iskop. Flory i Fauny 3—5 (1957). — (2) Bot. Ž. 43, 998—1014 (1958). — Kaleckaja, M. S.: Tezisy dokladov; Sekcija Zapadn. Sibiri i Urala 19—20 (1957). — Kes, A. S.: Izvestija Akad. Nauk SSSR, Ser. geogr. 1952, Nr. 1, 14—26. — Kolesnikova, T. D.: Bot. Ž. 42, 878 — 888 (1957). — Korčagina, I. A.: Bot. Ž. 43, 1121—1134 (1958). — Koržuev, S. S.: Tezisy dokladov; Sekcija Vost. Sibiri i Dal'n. Vostoka 21—23 (1957).

Lomaeva, E. T.: (1) Tezisy dokladov; Sekcija Istorii Iskop. Flory i Fauny 11—13 (1957). — (2) Trudy Inst. Geol. Nauk, Akad. Nauk USSR, ser. geomorf. i četvert. geol. 1, 89—94 (1957). — Lungersgauzen, G. F.: Tezisy dokladov, Sekcija Vost. Sibiri i Dal'n. Vostoka 23—27 (1957).

Mal'gina, E. A.: Tezisy dokladov; Sekcija Istorii Iskop. Flory i Fauny 16—17 (1957). — Monoszon, M. Ch.: Tezisy dokladov; Sekcija Istorii Iskop. Flory i Fauny 14—15 (1957). — Moskvitin, A. I.: Tezisy dokladov; Sekcija Centra i Jugo-Vost. Russkoj Ravniny 84—86 (1957).

Neištadt, M. I.: (1) Geschichte der Wälder und Paläogeographie der UdSSR im Holozän. Akad. Nauk SSSR, Moskau, 403 S. (1957). — (2) Tezisy dokladov; Plenarnye Zasedanija 29—30 (1957).

Panova, L. A.: Tezisy dokladov; Sekcija Zapadn. Sibiri i Urala 37—38 (1957).— Poguljaev, D. I.: Tezisy dokladov; Sekcija Centra i Jugo-Vost. Russkoj Ravniny 73—74 (1957). — Pop, E.: Bot. Ž. 42, 363—376 (1957).

Rjabčenkov, A. S.: Tezisy dokladov; Sekcija Centra i Jugo-Vost. Russkoj Ravniny 75—77 (1957).

Seibutis, A. A.: Tezisy dokladov; Sekcija Severn. i. Zapadn. Čast'. Russkoj Ravniny 37—38 (1957). — Šik, S. M.: Tezisy dokladov; Sekcija Centra i Jugo-Vostoka Russkoj Ravniny, 82—83 (1957). — Sočava, V. B.: Bot. Ž. 42, 1408— 1415 (1957). — Sukačev, V. N. (Sukatschew): (1) Izv. Imp. Akad. Nauk, VI Ser. 4, 1. Halbbd. 457—464 (1910). — (2) Materials on the History of the Flora and Vegetation of the USSR, Fasc. III, Akad. Nauk SSSR, M.-L., 480 S. (1958.) — (3) Bot. Ž. 43, 239—242 (1958). — Szafer, W.: Przeglad Geogr. 11, 1—8 (1931).

Tjuremnov, S. N.: Tezisy dokladov; Sekcija Istorii Iskop. Flory i Fauny 9—10 (1957). — Tjurina, L. S.: Tezisy dokladov; Sekcija Istorii Iskop. Flory i Fauny 18—20 (1957).

Vangengejm, E. A.: Izvestija Akad. Nauk SSSR. Ser. geogr. 1957, Nr. 3, 72—74. — Varfolomeeva, E. N.: Izvestija Vsesojuznogo Geogr. Obšč. 89, 542 — 548 (1957). — Veličko, A. A.: Izvestija Akad. Nauk SSSR, Ser. geogr. (1957) Nr. 2, 33—51. — Voskresenskij, S. S., u. M. P. Gričuk: Tezisy dokladov; Sekcija Vost. Sibiri i Dal'n Vostoka 15 (1957).

Zubakov, V. A.: Dokl. Akad. Nauk SSSR 119, 763—765 (1958).

8. Ökologische Pflanzengeographie.

Von Heinz Ellenberg, Zürich.

I. Standortslehre.

1. Größere Werke.

Die inzwischen erschienenen Bände des von Ruhland herausgegebenen Handbuches der Pflanzenphysiologie, insbesondere der 3. (Pflanze und Wasser), 4. (Die mineralische Ernährung der Pflanze), 8. (Der Stickstoffumsatz) und 11. (Die Heterotrophie), sind auch für den Ökologen unentbehrlich.

Willkommen ist die Literatur-Analyse der Limnologie, die Scheele in beispielhafter Weise mit Hilfe von Lochkarten anhand der Bände 1—50 des Archivs für Hydrobiologie vornahm.

Barkmans umfangreiches Buch über Soziologie und Ökologie kryptogamer Epiphyten berührt fast alle hier zu referierenden Teilgebiete. Es stellt nicht nur einen „Markstein in der Entwicklung der epiphytischen Gesellschaftskunde" (Braun-Blanquet im Vorwort), sondern überhaupt ein Musterbeispiel umfassenden geobotanischen Arbeitens dar.

2. Wärmefaktor (Temperatur).

Als Diskussions-Grundlage für eine internationale Übereinkunft schlägt Emberger eine ausgesprochen geobotanische Klassifikation der Klimate vor. Neben der Wärme ist vor allem der jahreszeitliche Wechsel in der Wasserversorgung berücksichtigt. Besonders gelungen erscheint die Einteilung des Wüsten- und des Mediterranklimas. Die Gebirgs-Klimate der Erde faßt Emberger nicht zu einer Gruppe zusammen, sondern schließt sie an die Allgemeinklimate der jeweiligen Breitenlage an.

Wie berechtigt dies vom pflanzenökologischen Standpunkt aus ist, geht aus einem Vergleich der Alpen und der Anden hervor, den Vareschi anstellt. Während z. B. in der Schweiz noch etwa 110 Phanerogamen und über 800 Kryptogamen oberhalb der klimatischen Schneegrenze vorkommen (vgl. auch Braun-Blanquet) und Reisigl und Pitschmann in den Oetztaler Alpen 104 Gefäßpflanzenarten oberhalb 3000 m antrafen, treten in den venezolanischen Anden erst 300—400 m unterhalb der Schneegrenze einige höhere und niedere Pflanzen auf. Der 9—11 Monate dauernde Winter in den Alpen ist also weniger vegetationsfeindlich als der tägliche Frostwechsel während aller Monate des Jahres. H. Weber sah allerdings in den niederschlagsreicheren Anden Kolumbiens und des nördlichen Ecuador, in denen die Schneegrenze nach Hermes tiefer liegt als in den trockeneren Teilen der Anden, *Espeletia*-Páramos bis zu ihr emporsteigen und fand auch in Costa Rica noch großwüchsige Compositen bis in etwa 4500 m Höhe.

Oberhalb der Waldgrenze in den Alpen hat die ungleich große Einstrahlung in Nord- und Südhanglage einen viel geringeren Einfluß auf die Verteilung der Pflanzengesellschaften, als man erwarten würde. Denn hier entscheidet nach Turner (1) in erster Linie der Zeitpunkt des Ausaperns, also die Mächtigkeit der Schneedecke, die ihrerseits vor allem von den herrschenden Winden und vom Kleinrelief abhängt.

Erstaunlich hohe, an Wüsten erinnernde Temperaturen hat Turner (2) in 1 cm Bodentiefe an der alpinen Waldgrenze gemessen. Dunkler, unbewachsener Rohhumus erreichte an einem 35° SW geneigten Hange im Juli bei 27° Lufttemperatur 79,8° C und selbst in ebener Lage 57° C. Die Temperaturen der Nadeln von *Pinus cembra* liegen aber bei klarem wie bei trübem Wetter viel näher an der Temperatur der Luft als an der des Bodens.

Bei Abkühlung unter 0° frieren verschiedene Zellgruppen der Nadeln von *Pinus cembra* nacheinander aus, weil ihre Größe und ihr osmotischer Wert verschieden ist. Doch bleibt selbst bei —45° C noch etwa die Hälfte des Gesamtwassers ungefroren. Hierin sehen Tranquillini und Holzer eine der Ursachen für die große Frostresistenz der Zirbe. Beim Temperaturminimum ihrer Assimilation, das knapp unter —4° liegt, sind die Nadeln eisfrei. Piseks Versuche zur Prüfung der Frostresistenz von Rinde, Winterknospen und Blüten einiger Obstarten ergaben u. a., daß sich Ontario-Apfel, Herzkirsche und eine Marillen-Sorte nur während des Winters in der Widerstandskraft ihrer Knospen unterscheiden (Ende Jan. —25°, —22° bzw. —20°). Im Herbst ist die Resistenz bei allen gleich, und zwar geringer (etwa —15°). Von Ende April ab haben die Blüten ebenfalls gleiche Empfindlichkeit (etwa —3°, d. h. bei Beginn der Eisbildung in den Zellen). Die ungleiche Frostanfälligkeit dieser drei Arten im Frühjahr hat also nur phänologische Ursachen.

Im südlichen Schweden wirken sich Nord- und Südlage selbst bei Hangneigungen von je nur 4° nach Steen (1) erstaunlich stark im Mikroklima sowie im Artenbestand einer nicht gedüngten Viehweide aus. In Südlage erinnert sie an Rasengesellschaften des östlichen Mitteleuropa und produziert doppelt so viel wie am Nordhang.

Unter 7 verschiedenen *Mesobromion*-Rasen maß Bornkamm während nahezu zweier Jahre die Maximal- und Minimaltemperaturen in 0,6 cm Tiefe. Tagesschwankungen von über 40° C waren im Sommer nicht selten. Bei der bestandesklimatischen Analyse verschiedener *Molinia*- und *Nardus*-Rasen sowie des *Caricetum gracilis* kommen Müller-Stoll und Freitag zu dem Ergebnis, daß die Fähigkeit dieser Grünlandgesellschaften, eigene Mikroklimate zu bilden, mit steigender Bodenfeuchtigkeit zunimmt, weil in dieser Reihe auch die Höhe und Dichte der Bestände anwächst. Das Temperaturklima der von Eger (1) untersuchten trockenen und feuchten Arrhenathereten ist verhältnismäßig ausgeglichen.

Bei gleicher Mitteltemperatur führen die stärkeren täglichen Temperaturschwankungen im Niedermoor dazu, daß der Zuwachs des Grünlandes geringer ist als auf höher gelegenen Standorten (Zillmann und Kreil). Im Walde haben staunasse Lößlehmböden während ihrer Wassersättigung im Frühjahr nach Zöttl (1) eine bis zu 2° C niedrigere Durchschnittstemperatur als gleiche Böden ohne diesen Wassereinfluß.

Die Temperatur tropischer Regenwald-Böden schwankt, wie N. A. Weber feststellte, schon in 10—30 cm Tiefe kaum noch (absolute Jahresextreme 23,5 bzw. 27,6° C!).

3. Wasserfaktor (Hydratur).

Eine Literatur-Übersicht für den Tau als ökologischen Faktor gibt STONE (1). Nachts versprühter künstlicher Tau verlängert nach STONE (2) das Leben von *Pinus ponderosa*-Keimlingen in sandigem Lehm, dessen Wassergehalt 1% unter dem Welkungspunkt liegt, um 3 Monate. *Libocedrus decurrens* und *Abies concolor* verhalten sich ähnlich, *Pinus jeffreyi* dagegen nicht. Die Wurzeln der *P. ponderosa*-Keimlinge vermitteln das von den Nadeln aufgenommene Tauwasser sogar dem Boden, wenn dieser bis an den Welkungspunkt heran oder stärker ausgetrocknet ist (STONE, SHACHORI und STANLEY).

Die oft zu Transpirationsbestimmungen verwendete Methode der kurzfristigen Wägung abgeschnittener Pflanzenteile führt bei Gräsern nicht selten zu falschen Ergebnissen, wie EGER (2) in ihrer sorgfältigen Arbeit nachweist.

Gegenüber der Transpiration der intakten Pflanze vor dem Abschneiden steigt die Transpiration von Sproßteilen in der 1. bis 4. min bis zu maximal 200% an, wenn die Transpirations-Intensität vorher gering war, und sinkt dann unter den normalen Wert. Bei sehr hohen Intensitäten sinkt dagegen die Transpiration sogleich nach dem Abschneiden. Die mittägliche Senkung der Transpirationskurven ist bei *Holcus lanatus*, *Arrhenatherum* und *Poa pratensis* oft nur eine Folge methodischer Fehler. Beim Mais reagieren die Blätter je nach ihrem Entwicklungsstadium verschieden. Für *Malva verticillata* und *Nicotiana tabacum* ist die Momentmethode brauchbar. Man wird also in Zukunft bei jedem Objekt zunächst seine Reaktion auf das Abschneiden prüfen müssen, bevor man sich kurzfristiger Wägungen zu Transpirationsbestimmungen bedient.

HÖSCHELE vergleicht verschiedene Methoden der elektrischen Bodenfeuchte-Messung miteinander und versucht, sie zu verbessern. NEUWIRTH bedient sich ebenfalls zylindrischer Gipsblöcke und eicht sie durch Dampfdiffusion auf osmotische Werte von NaCl-Lösungen. Da die Blöcke erst von etwa 2 Atm an aufwärts reagieren, eignen sie sich nur in Trockenzeiten. Deshalb ergänzt NEUWIRTH sie durch thermoelektrische Meßkörper. HÖSCHELE und RENSCHLER verwenden neuerdings zylindrische Heißleiter.

Die in den Lehrbüchern vertretene Ansicht, daß alle Pflanzenarten bei gleichem Wassergehalt einer und derselben Bodenart zu welken beginnen, der Welkungspunkt also eine Bodenkonstante sei, muß neuerdings bezweifelt werden.

Nach STONE (2) können die oben bereits genannten Nadelhölzer dem Boden mehr Wasser entziehen als Sonnenblumen. ELLENBERG und SNOY (Fortschr. Bot. 20, 109) fanden, daß Ackerunkräuter wie *Polygonum lapathifolium* und *Lampsana communis* — gleichmäßig gute Durchwurzelung und auch im übrigen gleiche Bedingungen vorausgesetzt — schon bei einem Wassergehalt von über 8 Gew.-% (Lösslehm), *Polygonum aviculare*, *Atriplex patulum* u. a. dagegen erst bei weniger als 6% permanent welken. Eine entsprechende Ursache könnten die Befunde von ZILLMANN haben, daß die Sommergerste auf sandigem Lehmboden noch bei 5 Gew.-% Wasser ungestört transpiriert, während Raps hierzu mindestens 10—11% benötigt, und daß die Gerste erst bei 3,5%, der Raps aber schon bei 5,5% geschädigt wird.

Die osmotischen Werte von einigen Arten des *Arrhenatheretum* verfolgte EGER (1) über 2¹/₂ Jahre. Die täglichen Anstiege der o. W. können auf überschwemmten oder nassen Böden ebenso groß und größer sein als auf trockeneren.

Hiermit steht die Feststellung von STREBEYKO und DOMANSKÁ im Einklang, daß Raps- und Haferblätter sowohl auf nassen als auf trockenen Böden von morgens bis mittags etwa 4 Gew.-% Wasser verlieren. Im Tagesgang des o. W. wie auch im Jahresgang unterscheiden sich die von ALLEWELDT und GEISLER untersuchten Weinsorten unter vergleichbaren Bedingungen recht beträchtlich. Die sortenspezifischen Unterschiede sind im Spätsommer und jeweils in den Morgenstunden am größten.

Zum Verständnis des Wasserhaushaltes von Steppenrasen und Heiden im Harzvorland sowie von Eichen- und Lindenmischwäldern bei Halle trägt NEUWIRTH bei. Den Wasserhaushalt von Halbtrockenrasen-Pflanzen beurteilt BORNKAMM auf Grund der durchschnittlichen und max. Tagesschwankung des Defizits, der max. Beanspruchung und max. Transpiration, der min. Umsatzzeit des Gesamtwassers und anderer Größen. Im Vergleich zu wärmeren Teilen Mitteleuropas zeigten sich bei Göttingen in den Jahren 1953—1957 geringere Defizite, geringere Schäden und geringere Wurzeltiefen.

Eine gute Vorstellung von dem Wasserhaushalt mittelamerikanischer Waldstandorte geben die Messungen KLAUSINGS in verschiedenen Höhenstufen am Vulkan von San Salvador. Die Festschrift für H. BURGER (Schweiz. Anst. forstl. Versuchswes. Mitt. **35**, 1, 265 S., 1959) vereinigt Aufsätze aus aller Welt, die den Wasserhaushalt bewaldeter und unbewaldeter Gebiete miteinander vergleichen. Durchaus nicht alle Meßreihen sprechen so sehr zugunsten des Waldes wie die klassischen vom Sperbel- und Rappengraben. Die großen Kahlschläge im Harz z. B., die sich rasch mit geschlossenem Rasen bedeckten, beschleunigten den Abfluß viel weniger als die durch Beweidung verdichteten Böden des Rappengrabens und hatten bei Niedrigwasser sogar meistens höhere Abflüsse als der Wald (WAGENHOFF und WEDEL).

Zu Beobachtungen an zahlreichen Pflanzenarten gab das Dürrejahr 1955 in Südfinnland Anlaß. ERKAMO fand u. a., daß *Picea abies* der Dürre viel schlechter standzuhalten vermochte als *Pinus silvestris*. Der ausnahmsweise reiche Samenertrag des Vorjahres ging dadurch restlos verloren.

JURKOs Untersuchungen an Aueböden der Donau weisen erneut darauf hin, daß die vom Grundwasser aufsteigende Wassermenge gering ist und nur sehr langsam nachgeliefert wird. In der von ZARZYCKI (2) untersuchten Reihe der Wiesengesellschaften vom *Arrhenatheretum* über verschiedene *Molinieta* und das *Caricetum gracilis* zum *Scirpeto-Phragmitetum* nimmt nicht nur der durchschnittliche Abstand des Grundwasserspiegels von der Erdoberfläche, sondern auch das Ausmaß seiner jährlichen Schwankungen ab.

Bei ihren in der Nähe von Brünn durchgeführten Messungen der Bodenfeuchtigkeit unter verschiedenen Wiesengesellschaften kommt BALATOVÁ-TULÁČKOVÁ zu dem Ergebnis, daß die „mittleren Feuchtigkeitszahlen" der Pflanzenbestände in enger Korrelation zur Grundwasserhöhe stehen. Für über 60 von ELLENBERG nicht erfaßte Grünlandpflanzen teilen DANCAU und LUTZ die m F-Zahlen mit.

Genaue Kenntnisse über das Wurzelwerk der Pflanzen fördern das Verständnis ihres Wasser- und Nährstoffhaushaltes sehr. Deshalb ist es zu begrüßen, daß WEAVER, TOMANEK und ALBERTSON, BORNKAMM und andere ihren Veröffentlichungen sorgfältig aufgenommene Wurzelbilder beigeben. Als vorbildlich dürfen in dieser Hinsicht die Querschnittsbilder der wichtigsten Wiesengesellschaften Mitteldeutschlands gelten, mit denen HUNDT die ober- wie die unterirdische Vergesellschaftung der Arten anschaulich macht.

Zur Messung der Wurzelaktivität von 25 Rasen- und Heidepflanzen in verschiedenen Tiefen eines Moorbodens benützen BOGGIE, HUNTER und KNIGHT kleine Depots von radioaktivem P^{32} und Rb^{86}, deren Anreicherung in der nach 6 Wochen abgeernteten oberirdischen Masse, nach Arten getrennt, bestimmt wird. Ähnliche Untersuchungen machten BOGGIE und KNIGHT mit P^{32} in Mineralböden. Sie bestätigen die durch direkte Beobachtung und durch Wägung gewonnenen älteren Resultate, daß sich die Hauptmasse der aktiven Wurzeln von Rasenpflanzen in den oberen 5—10 cm befindet.

Die bisher wenig beachteten jahresperiodischen Veränderungen des Wurzelwerks von Waldbäumen sind von KALELA und von HEIKURAINEN (1) u. (2) am Beispiel von *Pinus silvestris* genau verfolgt worden. Die Wurzelerneuerung beginnt alljährlich im Frühjahr nach Einsetzen des oberirdischen Wachstums und vollzieht sich erstaunlich rasch. Schon im August vermindert sich die Menge der Feinwurzeln wieder bis auf etwa 50—70% derjenigen des Frühsommers. Die unter 1 mm dicken Wurzeln erneuern sich jedes 3. Jahr, die 2—5 mm dicken etwa jedes 10. Jahr. Diese „Wurzelphänologie" entspricht einem inneren Lebensrhythmus des Baumes, wird aber von Temperatur und Feuchtigkeit beeinflußt. *Juglans regia* stößt nach BODE mit Eintritt der Winterruhe die meisten seiner Feinwurzeln ab. Knospen und Blüten öffnen sich im Frühjahr trotzdem normal. Da sich aber neue Saugwurzeln erst bei Bodentemperaturen von 10—15° C bilden, wird die Blattentfaltung verzögert.

4. Assimilathaushalt (Lichtfaktor und Gaswechsel).

LIETH (1) hat die von LANGE und FRENZEL (s. Fortschr. Bot. **18**, 171) diskutierten Grenzen und Anwendungsmöglichkeiten der colorimetrischen CO_2-Bestimmung mit Hilfe des Uras erneut geprüft. Da bis in die Nähe des Tagesbilanzpunktes noch eine übernormale CO_2-Konzentration im Assimilationskolben herrscht, kann man bei Sonnenpflanzen unterhalb etwa 5000 Lux, bei Schattenpflanzen unter 3000 Lux und bei Thallophyten unter 1500 Lux keine einwandfreien Ergebnisse mehr erwarten.

Vom Zeitpunkt des Ausreifens bis in den Herbst hinein bleibt das Assimilationsvermögen junger Nadeln von *Picea abies* und *Pinus cembra* konstant (PISEK und WINKLER). Schon leichte Nachtfröste (— 4 bis — 5° C) hemmen aber die Photosynthese am folgenden Tage. Nach stärkeren Frösten (— 6 bis — 8°) erholen sich die Pflanzen aus der dann einsetzenden Winterruhe erst, wenn mildes Wetter längere Zeit andauert. An der Baumgrenze ist dies gewöhnlich erst im Frühjahr der Fall. Die immergrünen Coniferen ziehen also an ihren natürlichen Standorten aus dem Dauerbesitz ihrer Nadeln im Winter keine Vorteile. Für *Picea abies, P. pungens, Tsuga canadensis* und *Pinus silvestris* in der Gegend von New York kommt BOURDEAU zu einem entsprechenden Ergebnis. Im Gegensatz dazu können immergrüne Holzgewächse des Mediterrangebietes wie *Olea* und *Laurus* noch bis zu — 7° C hinab mit Gewinn assimilieren (PISEK und REHNER). Ihre Blätter beginnen erst bei — 9/10 bzw. — 10/11° C durchzufrieren, werden dann allerdings irreversibel geschädigt. Die milden Winter ihres natürlichen Verbreitungsgebietes nützen sie also weitgehend zum C-Gewinn aus.

Junges weist darauf hin, daß die Niederschlags-Verteilung in vielen Fällen mit über die photoperiodische Anpassung der Pflanzen entscheidet. In Breiten von 30—40° N kommen extrem angepaßte Kurztags-, aber auch ausgeprägte Langtagspflanzen vor. Letztere werden durch sommertrockenes Klima begünstigt, weil hier die Blühreife gegen Ende des feuchten Winters, also bei zunehmenden Tageslängen, erreicht wird. Auf umgekehrte Weise fördert wintertrockenes Klima derselben Breitenlage den Kurztagscharakter.

5. Bodenverhältnisse (chemische Faktoren).

Die Beziehungen zwischen Pflanzengesellschaften und Böden werden in den Referaten eines 1956 in Stolzenau/Weser abgehaltenen Symposions von verschiedenen Standpunkten aus betrachtet (Angew. Pflanzensoziol. 15, 203 S., 1958).

Dietrich gliedert die grundwasserbeeinflußten Sandböden des nordostdeutschen Diluviums nach ihrem morphologischen, physikalischen und chemischen Charakter in sehr brauchbare Typen. Die Obergrenze des unteren, nicht rostfleckigen Reduktionshorizontes der Gleyböden (Gr) steht in enger Korrelation zum mittleren Grundwasserstand, während dies bei dem darüber liegenden, teilweise oxydierten Horizont (Go) nicht der Fall ist.

Unter den chemischen Bodenfaktoren darf der Stickstoff als der wichtigste gelten. Trotzdem wurde er bisher bei ökologischen Untersuchungen an höheren Pflanzen und an Pflanzengesellschaften kaum berücksichtigt, weil Stickstoff-Bestimmungen gleich welcher Art methodisch viel umständlicher sind als etwa p_H-Messungen. Hinzu kommt die Schwierigkeit, daß der Gehalt des Bodens an aufnehmbarem NH_4 und NO_3 kurzfristig schwankt und kein zuverlässiges Maß für das N-Angebot an die Pflanzen ist. Denn wie neuerdings Jansson in seiner umfassenden Arbeit mit Hilfe von isotopem N^{15} überzeugend bestätigen konnte, bildet der Auf- und Abbau im Boden einen geschlossenen Kreislauf, und das mikrobiell erzeugte NH_4 oder NO_3 wird in der Regel sofort von den Wurzeln der höheren Pflanzen aufgenommen. Ausschluß der lebenden Wurzeln und längere Akkumulation des erzeugten NH_4 und NO_3 im Brutversuch ist daher immer noch die zuverlässigste Methode, um das Stickstoff-Angebot eines Standortes zu ermessen.

Kürzlich hat Zöttl (2) auf solche Weise zeigen können, daß die Bonität bayerischer Kiefern- und Fichten-Bestände in recht guter Korrelation zu diesem wichtigen Produktionsfaktor steht. Der Humus von *sphagnum*-reichen Fichtenbeständen akkumuliert allerdings im Brutversuch mehr mineralischen Stickstoff, als man nach der Bonität der Bäume erwarten sollte. Dies ist in erster Linie darauf zurückzuführen, daß er in der Natur viel nasser und damit luftärmer ist als unter den normierten Bedingungen des Laboratoriums, und daß deshalb ein Teil des Stickstoffs durch Denitrifikation verlorengeht.

Tatsächlich fand Meyer bei seinen Untersuchungen an Wiesen im Tidebereich der Elbe, daß die Denitrifikation in nassem Boden sehr groß ist. Deshalb ist die Stickstoffernährung der schlickgedüngten Röhrichte schlechter als diejenige der auf trockeneren Böden wachsenden

Gesellschaften, obwohl der Röhrichtboden eine weit größere nitrifizierende Kraft besitzt als alle übrigen untersuchten Standorte. Sein N-Umsatz ist also besonders lebhaft. Um auch im Brutversuch eine richtige Vorstellung von der N-Bilanz zu gewährleisten, hielt MEYER alle Proben in feuchten Thermostaten bei dem Wassergehalt, den sie bei der Entnahme zeigten. Erst dann standen die akkumulierten NH_4- und NO_3-Mengen in deutlicher Beziehung zu den aus den Pflanzengemeinschaften berechneten „mittleren Stickstoffzahlen" und zu den Wiesenerträgen.

Mit Ausnahme stark saurer Rohhumusböden ist die bei der Bebrütung angesammelte Menge NH_4 im Verhältnis zu der des NO_3 so gering (MEYER), daß man sie in der Regel wird vernachlässigen dürfen. Für Ackerböden benützen FITTS, BARTHOLOMEW und HEIDEL ohnehin nur die NO_3-Produktion bebrüteter Proben als Maß des natürlichen Stickstoff-Angebots. Durch jahrelange Bemühungen rationalisierten sie sowie STANFORD und HANWEY die Bestimmungsmethoden so wesentlich, daß man für Serien-Untersuchungen nur kleine Proben und nur wenig Zeit benötigt.

Die colorimetrischen Verfahren zur NO_3-Bestimmung, die jetzt allgemein bevorzugt werden, beruhen auf der Nitrierung von aromatischen Verbindungen zu gefärbten Nitrophenolen (SCHARRER und SEIBEL). Ammoniak wird meistens mittels Mikro-Diffusion nach CONVAY in der von BREMNER und SHAW verbesserten Weise bestimmt. Nach Nesslerisierung mißt ZÖTTL (2) das in Schwefelsäure aufgefangene NH_3 ebenfalls colorimetrisch.

Wie notwendig und wie lohnend intensivere Untersuchungen des Stickstoffs als Standortsfaktor sind, geht aus einer Reihe recht verschiedenartiger Arbeiten hervor. OVINGTON (1) fand, daß *Pinus silvestris*-Bestände im Jahresdurchschnitt ebenso viel N aufnehmen wie landwirtschaftliche Kulturen, während sie Na, K, Ca, Mg und P in geringerem Maße absorbieren. Durch Entfernen der Stämme wird dem Waldboden 13% des aufgenommenen N entzogen. 47jährige Bestände von *Quercus robur* enthalten nach OVINGTON (2) 218 kg N pro ha in den Kronen und 151 in den Stämmen, während die entsprechenden Werte für *Picea abies* 573 und 132 betragen. Auf sehr sauren und oft überschwemmten Moorböden in Carolina wird die Stoffproduktion von *Pinus serotina* in erster Linie durch den Gehalt an N und P begrenzt und kann nach WOODWELL durch Düngung mit Ammonium auf das Dreifache gesteigert werden. Nach Stickstoff-Düngung, insbesondere mit NH_3-Gas, treten in artenarmen Kiefernforsten auf saurem, entwässertem Übergangsmoor in Oberbayern schon während des ersten Jahres zahlreiche krautige Arten neu auf (RONDE u. Mitarb.). Infolgedessen steigt die aus den Vegetationsaufnahmen berechnete „mittlere Stickstoffzahl". Zugleich wandern Regenwürmer ein, deren Besatzdichte und Leistung in deutlicher Beziehung zur Stickstoff-Versorgung steht.

Wie Bodenanalysen von CROCKER und DICKSON in 20- bis 200jährigen Moränen zweier Gletscher in Südost-Alaska zeigen, nimmt der Gesamt-N-Gehalt im Laufe der Vegetations- und Bodenentwicklung zu. Sein Anwachsen ist in den oberen 10 cm des Bodens besonders stark und wird nach etwa 100 Jahren langsamer. Zugleich sinkt der p_H-Wert mit einsetzender Podsolierung von annähernd 7 auf 4,5—3,5. Das C:N-Verhältnis steigt bei dieser Sukzession (vgl. Abschnitt II, 2) im humusreichen Oberboden linear von 16 (20jährige Moräne) auf 26—35 (200jähr.) und im Mineralboden von 2 auf 22—25 an, wird also immer ungünstiger. Nach JENNY ist das C:N-Verhältnis im ausgereiften Oberboden über Granit an Südost-Hängen der kalifornischen Sierra Nevada ziemlich unabhängig von der herrschenden Vegetation. Unter verschiedenartigen Laub- und Nadelholzbeständen wächst es mit der Meereshöhe von durchschnittlich 11 bei 300 m auf etwa 20 bei 2400 m. Es ist hier also eine nahezu reine Klimafunktion. In Auewald-Böden ist der Stickstoff-Vorrat besonders groß und das C:N-Verhältnis sehr günstig (JURKO).

Durch Brand und ebenso durch Kahlschlag in märkischen Kiefern-wäldern wird die Gesamt-N-Menge im Oberboden nach WAGENITZ-HEINECKE um 3—41% vermindert, während der Nitrat-N von 0 auf 3—6 mg N pro 100 g Trockenboden zunimmt. Zugleich verringert sich der Säuregrad von p_H 4,3—4,9 auf 4,6—5,4 und ist besonders im ersten Jahre gegen den Neutralpunkt verschoben. In der Endbilanz führen Kahlschlag und Brand zu einer Abnahme des Nitrates im Boden. Zu ähnlichen Ergebnissen kommt UGGLA für den Muddus-Nationalpark in Schweden.

Während die mit den üblichen Methoden gemessenen P_2O_5- und K-Gehalte im Boden von Grünlandgesellschaften in keiner Beziehung zum Artengefüge und zum Ertrage stehen, ist der pflanzenaufnehmbare Stickstoff einer der entscheidenen Faktoren (BOEKER). Durch Entwässerung und starke N-Dünnung wurden Molinieten bei Krakau schon nach 3—4 Jahren in Arrhenathereten verwandelt. Am raschesten verschwanden nach ZARZYCKI (2) die Charakterarten, dann die *Molinion*-Arten und etwa vorhandene Vertreter der *Nardetalia*. N-Gaben wirken sich auf die (an Blattquerschnitten bestimmte) Futtergüte von Gräsern besonders günstig aus (REGAL).

Der N-Haushalt der Schneetälchen-Vegetation wird durch die Schmutzdecken, die sich bei Beginn des Abschmelzens auf dem Schnee sammeln, wesentlich verbessert (WILSON).

6. Mechanische Faktoren (Wind, Verbiß, Feuer u. a.).

Die Wirkungen des Windes in Dünen Venezuelas haben LASSER und VARESCHI eingehend untersucht. An der stark windexponierten West-küste Englands wandern die nur leeseitig und locker bewachsenen Dünen nach RANWELL bis zu 16,7 m jährlich. Der Sandabtrag an der Luvseite kann 0,9—1,2 m im Jahr betragen, die Anhäufung in Lee 0,6—0,9 m. Bei Stürmen (bis 20 m/sec) ändert sich aber das Niveau schon in 3 Tagen um mehrere Dezimeter.

Die Auswirkung der Schneeverwehungen auf die Verteilung der Pflanzengesellschaften in der Belaer Tatra beschreibt JENIK. RUNGE setzt seine Beobachtungen und Messungen an windgeformten Bäumen fort, so in Westfalen (1), an der Westküste Schleswigs und Jütlands (2), in den Tälern der Zillertaler Alpen (3) und an der italienischen Riviera (4).

Die Zerstörungen des Waldes in verschiedenen Klimazonen durch Viehweide und Brandwirtschaft und ihre katastrophalen Folgen für die Ertragsfähigkeit vieler Gebiete behandelt KUHNHOLTZ-LORDAT in weiter Überschau.

Wirkungen der Beweidung auf die Vegetation Schwedens, ins-besondere auf die Nadelwälder, hat STEEN (3) anhand aller Literatur und eigener Beobachtungen zusammenfassend dargestellt. Außerdem untersuchte er (2) sie bei nassen Seeufer-Wiesen in musterhafter Gründlichkeit. Die durch Viehweide entstehenden Schäden an *Pinus montana* und *Picea abies* beschreiben SMARDA u. Mitarb. aus dem Gebiet der Tatra.

Für das Mittelmeergebiet ist die regressive, durch Schlag, Brand und Schafweide bedingte Sukzession vom *Quercetum ilicis*-Hochwald bis zum stark verarmten *Thymus vulgaris*-Stadium auf Hartkalken typisch (KORNÁS). Ein *Rosmarineto-Lithospermetum* als weit vorgeschrittenes Degradationsstadium derselben Waldgesellschaft auf Mergeln beschreiben HÜBL u. Mitarb. ebenfalls aus Südfrankreich.

Ganz ähnliche Schicksale wie die Hartlaubwälder des Mittelmeergebietes erlitten die bis zu 4500 m Meereshöhe emporsteigenden Hartlaubwälder und -gebüsche in den Anden Perus. ELLENBERG führt Beweise dafür an, daß die bisher als natürlich geltenden Hochgebirgs-Steppen der Hochanden durch rücksichtslosen Holzschlag, planmäßig in der Trockenzeit angelegte Brände und vor allem durch die seit Jahrtausenden übliche extensive Viehweide entstanden sind. Auch die Halbwüsten, Busch- und Bergwälder Mexikos unterliegen starker Beweidung und wären von Natur aus geschlossener, wie J. und G. C. RZEDOWSKI bei San Luis Potosi feststellten.

Die Vegetation der vulkanischen Insel Tristan da Cunha im südlichen Atlantik ist seit ihrer Besiedlung im Jahre 1810 sehr stark von Mensch und Vieh verändert worden. Der immergrüne *Phylica*-Busch der unteren Lagen wurde großenteils zerstört, und in den überweideten Rasen der Gipfelregion herrscht als vom Vieh verschmähter Neophyt *Rumex acetosella* (WACE und HOLDGATE).

In den südlichen Appalachen gibt es unterhalb der klimatischen Waldgrenze grasige oder zwergstrauchbedeckte Rücken und Hänge („balds"), die zwar aus Wäldern hervorgegangen sind, aber nach Ansicht MERKs nicht durch den Menschen, sondern durch Schneesturm, Windbruch oder natürliche Feuer geschaffen wurden. Ihre Erhaltung und Vergrößerung verdanken sie aber in erster Linie der Viehweide. nach deren Aufhören Nadelbäume rascher wieder einwandern als Laubhölzer.

In den 50 Jahren nach Ausschluß des Viehes änderte sich die Artenzusammensetzung einer Busch-Halbwüste im südlichen Arizona erstaunlich wenig (BLYDENSTEIN). Nur die Dichte des Bewuchses wurde überall beträchtlich größer. Starke Veränderungen der Flora und Vegetation seit dem Aufhören der Beweidung stellt dagegen PETTERSSON auf der Insel Gotland, also in einem natürlichen Nadelwaldgebiet, fest. Allgemein wurden die Rasen artenreicher, und an vielen Stellen begann die bisher von Schafen verhinderte Entwicklung über Laubgebüsche zum Klimaxwald hin. Durch genaue Kartierung von Dauerquadraten weist SMARDA nach, daß *Nardus stricta* infolge des Weideverbotes in der Tatra zurückging, während sich *Phleum alpinum*, *Festuca picta* und andere „anspruchsvollere" Arten ausbreiteten.

Die im schottischen Hochland zunehmende Weide-Intensität hat aus *Calluna*-Heiden ähnlich wie in der Lüneburger Heide *Agrostis-Festuca*-Rasen entstehen lassen, und zwar auf Sandstein schneller als auf Schiefern (NICHOLSON und ROBERTSON).

Das Verhalten von 78 Prärie-Pflanzen in Wisconsin auf beweideten und unbeweideten, im übrigen aber vergleichbaren Probeflächen benützt DIX, um die „Weideempfindlichkeit" in einer 20stufigen Skala (+10 bis —10) auszudrücken. Aus den Produkten dieser Ziffern und der Frequenzen aller in einer Pflanzengemeinschaft vertretenen Arten berechnet er einen Summenwert ("grazing gradient"), der eine Vorstellung von der Beweidungsintensität gibt.

In subtropischen Tiefländern mit ausgeprägter Trockenzeit ist das Feuer die wichtigste Waffe des primitiven Menschen gegen den Wald. Im Verein mit der Viehweide hat es künstliche oder doch nur halbnatürliche Savannen entstehen lassen, deren Ausdehnung heute größer ist als die der natürlichen. DYKSTERHUIS bemüht sich um eine Klarstellung des Savannen-Begriffes, der leider in sehr verschiedener Weise gebraucht wird. Klimatisch bedingte Savannen, d. h. mit einzelnen Bäumen besetzte Grasländer, gibt es nur wenige. Viele sind edaphisch bedingt, und zwar entweder im Wald-, im Grasland- oder im Wüsten-Klima. Die anthropogenen Savannen können teils aus Wald durch Auflichtung und teils aus Grasland durch „Verbuschung" mit vom Vieh gemiedenen Dornsträuchern entstanden sein.

WHYTE, VENKATARAMANAN und DABADGHAO betonen, daß das in Indien so weit verbreitete und vielgestaltige Grasland kaum irgendwo völlig natürlich ist. Klimatisch bedingte Savannen oder Steppen gibt es nirgends. Nur an sehr nassen, salzigen oder frostgefährdeten Standorten wäre das Grasland auch in der Naturlandschaft frei von Wäldern und Gebüschen. Nähere Angaben über den Verlauf der durch Brand und Weide bewirkten Degradation des regengrünen Waldes in Indien machen BHARUCHA und SHANKARNARAYAN.

TRAPNELL wertet die Brand-Versuche in Nord-Rhodesien aus, die dort während der Jahre 1933—1956 in regengrünen Bergwäldern angestellt wurden. Brände gegen Ende der 6monatigen Trockenzeit zerstören den Wald völlig, während nach Bränden zu anderen Jahreszeiten eine Regeneration vieler Bäume möglich ist. Wenn nordamerikanische Prärien in ihrer winterlichen Ruhezeit abgebrannt werden, ändern sich die Umweltsbedingungen und das Artengefüge in der nachfolgenden Vegetationsperiode kaum (KELTING).

Schwache Brände oder das in Schweden immer mehr angewandte kontrollierte und rasche Abbrennen des Unterwuchses von Nadelholzforsten vermindert nach den Versuchen UGGLAS im Muddus-Nationalpark die Wurzelkonkurrenz, setzt Stickstoff und andere im Rohhumus festgelegte Nährstoffe wieder in Umlauf und fördert dadurch das Gedeihen der Bäume. Das Artengefüge des Unterwuchses wird durch solches Absengen sehr verändert, wie auch YLI-VAKKURI in finnischen Nadelwäldern auf Moorböden feststellt.

Für die Erhaltung von *Dionaea muscipula* in ihrem jetzigen Verbreitungsgebiet in Nord-Carolina ist das Feuer von ausschlaggebender Bedeutung (ROBERTS und OOSTING). Das Abbrennen behindert nämlich die Konkurrenten der Fliegenfalle mehr als diese selber und schafft ihr Licht in den sonst bald zu üppig werdenden Pflanzenbeständen.

Brände werden zwar meist durch den Menschen angelegt, können doch aber auch von Natur aus entstehen, und zwar besonders durch Blitzschläge gegen Ende von Trockenperioden. HARRIS macht durch Holzkohlefunde wahrscheinlich, daß schon im Mesocoikum „Waldbrände" vorkamen. Da vermutlich auch im Tertiär gelegentlich Feuer in periodisch trockenen Wäldern ausgelöst wurden, stand Pflanzen und Tieren nach HARRIS genügend Zeit zur Anpassung an diesen Faktor zur Verfügung.

II. Vegetationskunde.

1. Kausale Vegetationskunde.

Für die Entstehung und für den Verlauf der Entwicklung bestimmter Pflanzengemeinschaften ist die Konkurrenz von entscheidender Bedeutung. Dies betont KLAPP in den „Grundzügen einer Grünlandlehre", die er aus seiner jahrzehntelangen Erfahrung heraus entwirft. Wie ROUSSINE in ihrem Bericht über sowjetische phytosoziologische Arbeiten ausführt, haben sich auch russische Forscher, namentlich SUKATSCHEW, eingehend mit den Erscheinungen, Ursachen und Auswirkungen der Konkurrenz befaßt. Viele experimentelle Arbeiten ergaben, daß der Wettbewerb zwischen erbverschiedenen Individuen schärfer ist als zwischen erbgleichen. Am wirksamsten sind die kaum wahrnehmbaren morphologischen und physiologischen Unterschiede der Ökotypen, die zu rascher gegenseitiger Verdrängung führen (vgl. auch JANKOVIC).

Die Beziehungen zwischen Edaphon und Pflanzen stellt WINTER im Lichte neuerer Biocoenose-Forschung dar. Auf Grund der Arbeiten seines Schülerkreises kommt er zu dem Schluß, daß die Reaktionen eines Organismus unter den konstant gehaltenen Bedingungen des Laboratoriums nichts Sicheres über sein ökologisches Verhalten aussagen.

Methodisch vorbildliche Untersuchungen über die gegenseitige Beeinflussung von *Avena sativa* und *Sinapis arvensis* in Nährlösungskulturen führen BÖRNER zu dem Ergebnis, daß die Kulturpflanze dem Unkraut durchaus nicht vom vornherein unterlegen ist. Bei gleichen Startbedingungen hat der Hafer vielmehr in der Wurzel- und Sproßentwicklung sowie in der Nährstoffaufnahme einen Vorsprung, der erst später vom Ackersenf aufgeholt werden kann. Gegenüber Reinkulturen wird *Avena* sogar (schwach) gefördert, während *Sinapis* in Mischkulturen stets stark beeinträchtigt wird. Weder in der mit Hafer noch in der mit beiden Pflanzen besetzten Nährlösung ließen sich aber die bisher als Wurzelausscheidungen des Hafers bekannt gewordenen Verbindungen nachweisen. Auch unter Feldbedingungen sind diese nach EBERHARDT und MARTIN nicht beständig. Letztere finden bei *Lolium, Nigella* und *Papaver*, daß die echte Wurzelausscheidung für die gegenseitige Beeinflussung nur eine geringe Rolle spielen kann. Dagegen könnte ihrer Ansicht nach die Stoffabgabe aus abgestorbenen Zellen bedeutungsvoll werden. Alljährlich stirbt ja ein großer Teil der Feinwurzeln ab, und zwar sowohl bei krautigen als auch bei holzigen Pflanzen (vgl. Abschnitt I, 3). WINTER weist allerdings darauf hin, daß phytotoxische Substanzen durch den Regen sehr rasch ausgewaschen werden, häufig sogar rascher, als ihre mikrobielle Zersetzung erfolgen kann. Am Abbau von 2,4 D, Cumarin-Glykosiden und anderen antibiotischen Stoffen beteiligt sich auch der Regenwurm.

In den von KNAPP untersuchten Eichen-, Buchen-, Kiefern- und Fichtenbeständen des Odenwaldes findet er (mit Ausnahme der sehr seltenen *Chimaphila umbellata* und *Pyrola chlorantha* unter *Pinus*) keine einzige Pflanzenart absolut an eine bestimmte Baumart gebunden oder von ihr ausgeschlossen. Als Ursache für die Verschiedenheiten des Unterwuchses kommt also eine direkte stoffliche Beeinflussung kaum in Frage.

Durch mehrjährige, in beispielhafter Weise statistisch ausgewertete Versuche können LEIBUNDGUT und KREUTZER nachweisen, daß die Wurzelkonkurrenz von Pionierholzarten einen mehr oder minder großen Teil ihrer Gesamtkonkurrenz gegenüber den Hauptholzarten ausmacht und in der Reihenfolge *Betula, Alnus incana, Populus tremula* abnimmt. Die flachwurzelnde *Picea abies* leidet stärker unter dieser Wurzelkonkurrenz als *Pinus silvestris* oder gar als *Quercus*. In 10—20 m Umkreis um alte Bäume von *Quercus suber* herum leiden in West-Marokko Sämlinge und Jungpflanzen so sehr unter ihrer Wurzelkonkurrenz, daß sie keinen Zuwachs zeigen (BEAUCORPS, MARION und SAUVAGE). Um die Verjüngung der Bäume in den durch Beweidung gelichteten Hartlaubwäldern zu fördern, genügt es daher nicht, das Vieh auszuschließen.

Man muß außerdem einen Teil der Altbäume abschlagen, darf diese wiederum aber nicht sämtlich vernichten, weil sonst kaum natürliche Aussaat stattfinden kann und weil nach zu plötzlicher Lichtstellung *Cistus*-Gebüsche überhand nehmen würden.

Prothallium und Sporophyt von *Pteridium aquilinum* wachsen gut auf kalkreichem Substrat, dürfen also an und für sich nicht als kalkfliehend betrachtet werden (Conway und Stephens). Allerdings sind sie anfälliger gegen pilzliche Schädlinge, die vielleicht — neben der Konkurrenz anderer Arten — den begrenzenden Faktor in der Natur darstellen. An einigen Stellen der nordwest-schottischen Küste grenzen saure Moore und neutrale Salzmarschen unmittelbar aneinander. Hier fand Gillham *Molinia coerulea* und *Eriophorum vaginatum* unterhalb der Hochwassergrenze noch auf Böden gedeihen, deren Wasser die Salzkonzentration des Meeres (35 g/l Cl) hatte. *Calluna*, *Erica*-Arten, *Juncus acutifolius* und *Sphagnum*-Arten sind weniger salztolerant. Halophyten wie *Armeria maritima* und *Plantago maritima* andererseits hatten sich stellenweise auf dem nicht versalzten Moor angesiedelt. Manche Pflanzen haben also gegenüber dem Salzfaktor eine weitere physiologische Amplitude, als man nach ihrem Vorkommen in ungestörten Pflanzengemeinschaften annehmen möchte.

Anhand von Stetigkeitswerten und anschaulichen Diagrammen zeigt Passarge, wie sich das soziologische Verhalten bestimmter Waldpflanzen im Bereich ihres Areales verändert. Im mitteleuropäischen Flachland verschiebt sich z. B. das Schwergewicht von *Luzula pilosa* in der Weise, daß sie im Westen eutrophe und im Osten oligotrophe Standorte bevorzugt, wobei zugleich ihre Stetigkeit nach Osten hin allgemein zunimmt. Assoziationstreu ist eine Art immer nur innerhalb recht enger Bezirke. Auch ihr Wert als Standortszeiger nimmt zu, je enger das betrachtete Gebiet ist.

Die Gattung *Trapa* teilt Jankovic für Jugoslawien in 4 Species und zahlreiche Subspecies ein, die sich nicht nur morphologisch, sondern auch physiologisch und ökologisch unterscheiden. *Trapa longicarpa* z. B. braucht kalkreichen Schlamm, *T. brevicarpa* dagegen ist nur auf kalkarmem wettbewerbsfähig. Zur Zeit der Keimung, die bei etwa 10° C einsetzt, und besonders während des vegetativen Wachstums herrscht ein heftiger Konkurrenzkampf, der dazu führt, daß die Kombinationen der verschiedenen *Trapa*-Formen klar auf die besonderen Umweltsbedingungen jedes Sees ansprechen. Nach vielseitigen Untersuchungen an 12 Arten von *Lemnaceen* kommt Landolt zu dem Ergebnis, daß diese im Gegensatz zu *Trapa*, *Achillea millefolium* und anderen bisher studierten Blütenpflanzen nur wenige Rassen bilden. Die meisten der von ihm festgestellten physiologischen Unterschiede zwischen Stämmen aus verschiedenen Gegenden Europas und Nordamerikas haben wahrscheinlich keine ökologische Bedeutung.

Westhoff (1) gruppiert die in den Niederlanden selten vorkommenden Pflanzenarten in aufschlußreicher Weise nach den ökologischen und historischen Ursachen ihres seltenen Auftretens.

2. Vegetationsentwicklung (Sukzessionen).

Bereits in den vorigen Abschnitten wurde auf einige Arbeiten hingewiesen, die exakte Unterlagen zur Beurteilung von Vegetationsveränderungen beibringen. Daß nicht nur sekundäre und regressive, sondern auch primäre progressive Sukzessionen ziemlich rasch verlaufen können, beweisen vor allem die Arbeiten von Braun-Blanquet u. Mitarb., Crocker und Dickson sowie Gimigham und Boggie.

Seit 1915 haben Braun-Blanquet u. Mitarb. einen Ausschnitt des verlandenden Ufers von einem der für die französische Mittelmeerküste bezeichnenden «étangs» in Abständen von mehreren Jahren wiederholt kartiert. Diese wohl am weitesten zurückreichenden Dokumentierungen auf kleinem Raum ergaben, daß die Lagunen-Verlandung in erster Linie vom Winde gefördert wird, und zwar durch Anschwemmung von Molluskenschalen und Tang. Sie bewirkte einen mittleren jährlichen Flächenzuwachs von 26 m² (bei anfänglich etwa 100 m²). Auf dem jungen Schwemmboden bildeten sich drei Hauptstandorte aus: *1.* der Spülsaum (*Salsoleto-Suaedetum*), *2.* Molluskenwälle (*Obione*-Bestände) und *3.* feuchte Vertiefungen dazwischen und dahinter (*Salicornia radicans* und *S. fruticosa*). Die Sukzession endigt bei einem fragmentarischen *Junceto-Triglochietum*, über dessen mögliche Weiterentwicklung BRAUN-BLANQUET und RAMM berichten. Durch Niederschläge beeinflußt, variiert der Salzgehalt der Böden beträchtlich (in *2* z. B. 2,7—15,4%, in *3* 12—33 bzw. 11,4—24,5%). Auf *2* kann sich sogar vorübergehend eine salzmeidende Therophyten-Gesellschaft ansiedeln.

Auf unverwittertem marinem Mergel in Norwegen, von dem ein Erdrutsch im Jahre 1893 fast 3 km³ freilegte, hatten sich schon 10 Jahre danach etwa 100 Arten und in 60 Jahren rund 330 eingefunden. GIMIGHAM und BOGGIE stellen fest, daß nach einer Pioniergesellschaft von *Tussilago* und *Equisetum arvense* zunächst Leguminosen zahlreich wurden. Aber in weniger als 20 Jahren hatte sich bereits *Alnus incana* reichlich eingefunden und begonnen, Wälder zu bilden. Diese zeichnen sich heute je nach den örtlichen Bodenverhältnissen durch verschiedenen Unterwuchs aus. An sandigen oder kiesigen Stellen, die schon deutlich podsoliert wurden, dringt jetzt *Picea abies* ein, während sie auf tonreicherer Unterlage noch kaum Fuß gefaßt hat.

Eine überraschend ähnliche Entwicklung rekonstruieren CROCKER und DICKSON aus dem Vergleich von Moränen in Alaska, die vor 20—200 Jahren eisfrei wurden (s. auch Abschn. I, 4). Einem offenen Pionierstadium (*Epilobium latifolium* und *Equisetum variegatum*) folgt hier bald ein *Alnus crispa*-Dickicht, in dem sich nach 50—60 Jahren *Populus trichocarpa* und *Picea sitchensis* ausbreiten. Nach 100—200 Jahren herrscht die letztere bereits allein, wird aber ihrerseits von *Tsuga mertensii* und *T. heterophylla* abgelöst.

Auf einem Lavastrom, der sich 1922 von den Kamerun-Bergen (Westafr.) bis ins Meer wälzte, ging die Vegetations-Entwicklung dagegen nur langsam vor sich, obwohl das Tropenklima hier besonders feucht ist (KEAY). Denn auch die Bodenbildung schreitet auf hartem Gestein viel weniger rasch voran als auf tiefgründig lockeren Sedimenten.

In nährstoffarmen Gewässern vollzieht sich die Vegetationsentwicklung in der Regel sehr langsam. Die raschesten Schritte der Verlandungsreihe in einem der nordwestdeutschen Heidetümpel, den TÜXEN seit langem beobachtete, benötigen bereits einige Jahrzehnte.

Aus dem Nebeneinander graduell verschiedener Vegetations- und Bodenzustände darf man nie auf ein zeitliches Nacheinander schließen, wenn dieses nicht als solches bewiesen ist.

In Florida z. B. bestehen schon seit Jahrhunderttausenden zwei Vegetations- und Bodentypen auf Sandunterlage nebeneinander, ohne durch Sukzession verbunden zu sein. Der *Pinus clausa*-Busch auf den primär außerordentlich armen Tertiärsanden geht nach den gründlichen Untersuchungen LAESSLES ebenso wenig in die *Pinus caribaea-Quercus laevis*-Wälder der nährstoffreicheren „Sandhügel" über, wie das Umgekehrte der Fall ist. Die einander lange Zeit bekämpfenden Sukzessions-Spekulationen älterer Autoren erwiesen sich also beide als unrichtig.

Die durch COWLES klassisch gewordene Sukzessionsreihe von Dünen am südlichen Michigan-See wurde von OLSON erneut und sehr vielseitig studiert. Auf die auch allgemein interessante Arbeit kann hier nur verwiesen werden.

Durch den Wechsel von feuchten Jahresfolgen mit trockenen ändern sich das Mosaik und die Wuchskraft der Arten in den beweideten Prärien

der nordamerikanischen Great Plains cyclisch, wie ALBERTSON, TOMA-
NEK und RIEGEL an zahlreichen seit 1932 genau kartierten Dauerquadraten nachweisen konnten. Auch KERSHAW kommt beim Studium
der Anordnung von *Dactylis glomerata, Lolium perenne* und *Trifolium
repens* in englischen Weiden zu dem Schluß, daß „zyklische Phasen" in
der Vegetation weit verbreitet sind.

In dem Feuchtigkeitsgefälle des von ELLENBERG mit nur vier Grasarten besäten und bis 1954 „unkrautfrei" gehaltenen Grundwasser-
Versuchsbeckens hatten sich bis 1956 118 verschiedene Arten, und zwar
vor allem Wiesenpflanzen und einige Ackerunkräuter, eingefunden.
LIETH (2) kartierte deren Verteilung sehr sorgfältig und hebt hervor,
daß sie sich unter dem Einfluß der Konkurrenten fast ausnahmslos so
verteilten, wie es ihrem ökologischen Verhalten in der Natur entspricht.

3. Allgemeine Fragen der Vegetationsgliederung.

Wie SCHMITHÜSEN (1) erneut betont, sollten Geobotanik und Vegetationsgeographie als botanischer und geographischer Zweig der Pflanzengeographie begrifflich klar voneinander getrennt werden. Gleichzeitig (2)
gibt er einen Überblick über die Probleme der Vegetationsgeographie und
über ihre Geschichte (1).

Eine klare und knappe Darstellung quantitativer Methoden in der
Vegetationskunde stammt aus der Feder von GREIG-SMITH.

SUKATSCHEW weist überzeugend nach, daß eine Klassifikation der
Vegetationstypen nach ihrer Entstehung im Laufe der Erdgeschichte,
wie sie LESKOW vorschwebte, unmöglich ist. Versuche, an Organismen
gewonnene Begriffe auf Biocoenosen zu übertragen, führen leicht zu
falschen Schlüssen.

RAABE und PASSARGE halten es aus verschiedenen Gründen für notwendig, die höheren Einheiten des Braun-Blanquetschen Systems stärker
zu unterteilen und zu gliedern. SCHWICKERATH (1), BECKING und andere
wenden sich aber gegen eine zu weitgehende Aufteilung und gegen die
zunehmende Tendenz, Kleinassoziationen aufzustellen, die oft nicht
einmal mehr durch Differentialarten, geschweige denn durch Charakterarten voneinander unterschieden sind. Vor allem sollte man die Mahnung
WESTHOFFS (2) beherzigen: "To prevent chaos, it is desirable not to
describe hastily new local units of a systematic rank." Er hält es für
besser, nur vorläufige Einheiten aufzustellen, diese aber so fein wie
möglich zu gliedern. Bei einer Kartierung für forstliche Zwecke unterteilt er z. B. das *Querceto-Betuletum typicum* bei Middachten in nicht
weniger als 30 ökologisch und floristisch verschiedene, im Range aber
noch unbestimmte Ausbildungen.

Die Variationen einer weit gefaßten Assoziation versuchen MÜLLER und GÖRS
besser übersehbar zu machen, indem sie den Begriff Subassoziation nur für eda-
phische und andere kleinräumige Abwandlungen reservieren. Die großräumigen
geographischen Besonderheiten bezeichnen sie als geographische „Rassen", die
durch steigende Meereshöhe bedingten Abwandlungen als „Formen" (z. B. „*Salici-
Populetum*, präalpine Rasse, submontane Form, Subass. von *Phragmites communis*"). Die geographische Variabilität der atlantischen Hochmoor-Gesellschaften
(*Sphagnetum imbricati* und *papillosi*) stellt SCHWICKERATH (2) mit Hilfe seiner

bekannten Diagramme dar. Mráz macht die geographischen Abwandlungen des *Potentillo-Quercetum* durch eine Übersichtstabelle und durch eine Karte seiner Verbreitung und seines edaphischen Verhaltens anschaulich. A. Matuszkiewicz gliedert das *Melico-Fagetum* und das *Fagetum carpaticum* in zahlreiche Untereinheiten und drückt die Verwandtschaft von 53 Buchenwald-Gesellschaften des östlichen Mitteleuropas durch einen „Dendriten" aus.

Die Kiefernforsten auf trockenen Kalkböden Südthüringens kann Hofmann auf Grund ihres Artengefüges mit natürlichen Laubwaldgesellschaften parallelisieren, allerdings nicht immer mit bestimmten Untereinheiten derselben.

Mit den Problemen der Systematik epiphytischer Kryptogamen-Gesellschaften setzt sich Barkman (vgl. Abschnitt I, 1) gründlich auseinander. Eine Übersicht über die Stellung der Flechten in der Pflanzensoziologie gibt auch Klement.

Außer Barkman bespricht Steiner die Literatur zu der neuerdings lebhaft diskutierten Frage, wie weit Rindenepiphyten als Indicatoren des Stadtklimas dienen können. Er hält eine Differenzierung und Kartierung des Wohnklimas in Städten mit Hilfe von Flechtengesellschaften durchaus für möglich. Allerdings weist er darauf hin, daß noch ungeklärt sei, ob kleinklimatische Bedingungen oder Luftverunreinigungen die entscheidenden Faktoren seien.

4. Vegetationskartierung.

Eine bewunderswert ausgeführte farbige Vegetationskarte von Mittelasien 1:1 Mill. in 16 Blättern wurde unter der Redaktion von E. M. Lawrenko und A. A. Gerbich von der Akademie der Wissenschaften der USSR herausgegeben.

Aus Raummangel sei im übrigen nur auf einige methodisch interessante Beispiele hingewiesen. In Farbgebung, Erläuterungen und Beikärtchen kann die Karte des Südschwarzwaldes von Oberdorfer und Lang als für Vegetationskarten 1:25000 vorbildlich gelten.

Meusel (3) stellt die Vegetation Mitteldeutschlands (1:1750000) auf zwei Karten dar, von denen die eine die natürlichen Waldgesellschaften und die andere die heutige Waldverteilung und die Hochmoore zeigt. Auf der letzteren ist außerdem die Verbreitung und der pflanzengeographische Charakter der waldfreien Rasen und Heiden durch verschiedene Signaturen dargestellt, weil die Wuchsorte dieser Gesellschaften viel zu klein wären, um sie flächig wiederzugeben. Mit Hilfe der natürlichen Vegetation umreißt Scamoni in Ostdeutschland „Waldgebiete", deren Grenzen z. T. wesentlich von der mehr morphologisch orientierten „naturräumlichen Gliederung" der Geographen abweichen.

Sehr genaue Karten (1:500) der Vegetation, des Bodens und der forstlichen Verhältnisse einer Versuchsfläche in West-Marokko entstanden durch die Gemeinschaftsarbeit von Beaucorps, Marion und Sauvage.

5. Spezielle Vegetationskunde.

Die Vegetation der Flußauen Mittel- und Südosteuropas läßt sich dank zahlreicher Beiträge immer besser überblicken.

Moor gliedert und schildert sämtliche Pflanzengesellschaften der Flußauen von den subalpinen bis zu den kollinen Lagen der Schweiz. Müller ergänzt diese schöne Übersicht durch genaue Analysen einiger Aueboden-Profile des Schweizer Mittellandes. Auf die systematische Einteilung der Auenwälder im württembergischen Oberland gehen Müller und Görs ein. In vorbildlicher Weise hat Seibert die Pflanzengesellschaften eines Naturschutzgebietes in den Isarauen südlich München auf ihre Struktur, ihre Böden, ihren Wasserhaushalt und ihre genetischen und florengeographischen Beziehungen hin untersucht sowie ihre Veränderungen in großmaßstäbigen Karten von 1920, 1950 und 1958 festgehalten.

Vielseitig und standortskundlich aufschlußreich sind auch die Untersuchungen von Jurko in den Auewäldern der slowakischen Donau-Niederung, insbesondere auf der Schütt-Insel. Eine Übersicht der Waldtypen in der ungarischen Donau-Aue gibt Kárpáti und in allgemeinerer Form auch Soó. Die Auenwald- und Sumpfwiesen-Gesellschaften aus dem Donau-Theiss-Zwischenstromgebiet in Ungarn beschreibt Járai-Komlódi. Die Systematik der Auenwälder in Polen klären W. Matuszkiewicz und Borowik und diejenigen der Bruchwaldgesellschaften W. Matuszkiewicz, H. Traczyk und T. Traczyk.

Über die Zuordnung der Auenwald-Gesellschaften zu höheren Einheiten des Systems bestehen bei den genannten Autoren noch recht verschiedene Meinungen.

Während Moor die Weidenauen zum Range einer selbständigen Ordnung und Klasse erhebt, fügt er sämtliche übrigen Auenwälder wieder dem *Fraxino-Carpinion*-Verband und damit der Ordnung *Fagetalia* ein. Das andere Extrem, die Zusammenfassung sämtlicher Weichholz- und Hartholz-Auen zu einer neuen Ordnung *Populetalia albae*, wie sie Oberdorfer vorschlug, wird neuerdings nur von Soó vertreten. Am besten scheint sich ein Mittelweg zu bewähren, etwa wie ihn Müller und Görs beschreiten. Sie vereinigen die Verbände der Weidenauen (*Salicion triandrae* und *albae*) zur Ordnung *Salicetalia albae* und die höher über dem Mittelwasser liegenden Auenwälder, vor allem die Hartholz-Auen, zum *Alno-Ulmion*-Verband. Diesen belassen sie aber im Gegensatz zu Oberdorfer in der Ordnung *Fagetalia*, die auch die Edellaubwälder der nicht überschwemmten Böden umfaßt. Einen solchen Anschluß hält Jurko für ökologisch gerechtfertigt, weil die selten überschwemmten Ulmen-Eschen-Eichenwälder auf Auelehm deutlich die Abwandlungen des Allgemeinklimas widerspiegeln, also nicht wie die Weidenauen als azonal betrachtet werden dürfen.

Besondere Probleme stellt die Vegetations- und Bodenentwicklung im Tidebereich der großen Stromniederungen, z. B. in den Niederlanden, wo sie von Zonneveld, von Beeftink sowie von Kuiper gründlich bearbeitet wurde. Hier spielt neben dem täglichen, mehrere Meter betragenden Niveauwechsel des Süßwassers die Sedimentation von nährstoffreichem Schlick eine entscheidende Rolle, und zwar noch weit landeinwärts, an der Elbe z. B. bis oberhalb von Hamburg (Meyer).

Die stark variierenden Wasser- und Sumpfgesellschaften im mittleren Elbe- und im Elstergebiet sind von Freitag, Markus und Schwippel ausführlich beschrieben worden.

Über andere Vegetationseinheiten und Gebiete, insbesondere über Amerika und Australien, soll später berichtet werden.

Literatur.

Albertson, F. W., G. W. Tomanek and A. Riegel: Ecol. Monogr. 27, 27—44 (1957). — Alleweldt, G., u. G. Geisler: Vitis 1, 181—196 (1958). Bálatová-Tuláčkova, E.: Sborník Československ. Akad. Zemedelsk. Ved 3, 529 bis 558 (1957). — Barkman, J. J.: Phytosociology and ecology of cryptogamic epiphytes. XIII + 628 S. (Assen, Netherlands, 1958). — Beaucorps, G. de, J. Marion et Ch. Sauvage: Maroc. Ann. Rech. forest. 4, fasc. 2 (1956). — Becking, R. W.: Bot. Rev. 23, 412—488 (1957). — Beefting, W. G.: Natuur en Landschap 11, No. 2, 1—20. — Bharucha, F. W., and K. A. Shankarnarayan: J. Ecol. 46, 681—705 (1958). — Blydenstein, J., et al.: Ecology 38, 522—526 (1957). — Bode, H. R.: Ber. dtsch. bot. Ges. 72, 93—98 (1959). — Boeker, P.: Decheniana Beih. 4, 101 S. (1957). — Börner, H.: Biol. Zbl. 77, 310—328 (1958). — Boggie, R., R. F. Hunter and A. H. Knight: J. Ecol. 46, 629—639 (1958). — Boggie, R., and A. H. Knight: J. Ecol. 46, 621—628 (1958). — Bornkamm, R.: Flora 146, 23—57 (1958). — Bourdeau, P. E.: Ecology 40, 63—67 (1959). — Braun-Blanquet, J.: SIGMA Comm. 142, 23 S. (1958). — Braun-Blanquet, J., u.

Mitarb.: Veröff. geobot. Inst. Rübel Zürich 33, 9—32 (1958). — BRAUN-BLANQUET, J., et C. DE RAMM: SIGMA Comm. 139 (1957). — BREMNER, J. M., and K. SHAW: J. agric. Sci. 46, 320—328 (1955).

CONVAY, E., and R. STEPHENS: J. Ecol. 45, 389—399 (1957). — CROCKER, R. L., and B. A. DICKSON: J. Ecol. 45, 169—185 (1957).

DANCAU, B., u. J. L. LUTZ: Grünland (Beil. zu Tierzüchter) 1958. — DIETRICH, H.: Arch. Forstwes. 7, 577—640 (1958). — DIX, R. L.: Ecology 40, 36—49 (1959). — DYKSTERHUIS, E. J.: Ecology 38, 435—442 (1957).

EBERHARDT, F., u. P. MARTIN: Z. Pflanzenkr. (Pflanzenpath.) u. Pflanzenschutz 64, 193—205 (1957). — EGER, G.: (1) Z. Acker- u. Pflanzenbau 106, 337—358 (1958). — (2) Flora 145, 374—420 (1958). — ELLENBERG, H.: Umschau 1958, 645—648 u. 679—681 (1958). — EMBERGER, L.: Rec. Trav. Lab. Bot., Géol. et Zool., Sér. Bot. 7, 3—43 (1955). — ERKAMO, V.: Ann. bot. Soc. Vanamo 30, 1—45 (1958).

FITTS, J. W., W. V. BARTHOLOMEW and H. HEIDEL: Proc. Soil Sci. Soc. Amer. 19, 69—73 (1955). — FREITAG, H., CH. MARKUS u. I. SCHWIPPEL: Wiss. Z. pädagog. Hochsch. Potsdam, math.-nat. R. 4, 65—92 (1958).

GILLHAM, M. E.: J. Ecol. 45, 757—778 (1957). — GIMIGHAM, C. H., and R. BOGGIE: Oikos 8, 38—64 (1957). — GREIG-SMITH, P.: Quantative plant ecology. IX + 198 S. London 1957.

HARRIS, T. M.: J. Ecol. 46, 447—453 (1958). — HEIKURAINEN, L.: (1) Acta forest. Fenn. 65, 1955, 70 S. (1957). — (2) Acta forest. Fenn. 65, 1955, 85 S. (1957). — HERMES, K.: Kölner geogr. Arb. 5, 277 S. (1955). — HÖSCHELE, K.: Diss. Hohenheim 1957. — HÖSCHELE, K., u. W. RENTSCHLER: Geofis. pura e applic. Milano 39, 225—233 (1958). — HOFMANN, G.: Arch. Forstwes. 6, 233—249 (1957). — HÜBL, E., u. Mitarb.: Verh. zool.-bot. Ges. Wien 97, 110—125 (1958). — HUNDT, R.: Nova Acta Leopoldina N. F. 135, 206 S. (1958).

JANKOVIČ, M. M.: Soc. serbe Biol. Ed. spéc. 2, 143 S. (1958). — JANSSON, S. L.: Kungl. Lantbrukshögskol. Ann. 24, 101—361 (1958). — JÁRAI-KOMLÓDI, M.: Acta bot. Acad. Sci. Hungar. 4, 63—92 (1958). — JENIK, J.: Vegetatio 8, 130—135 (1958). — JENNY, H.: Ecology 40, 5—16 (1958). — JUNGES, W.: Gartenbauwiss. 22, 527—540 (1957). — JURKO, A.: Vyd. Slovensk. Akad. Vied 1958, 264 S. (1958).

KALELA, E. K.: Acta forest. Fenn. 65, 1955, 41 S. (1957). — KÁRPÁTI, J.: Különlenyomat Az Erdö 1958, 307—318 (1958). — KEAY, R. W. J.: J. Ecol. 47, 25—29 (1959). — KELTING, R. W.: Ecology 38, 520—522 (1957). — KERSHAW, K. A.: J. Ecol. 47, 31—53 (1959). — KLAPP, E.: Wiss. Z. Univ. Jena 7, 67—81 (1957/58). — KLAUSING, O.: Ber. dtsch. bot. Ges. 71, 439—453 (1958). — KLEMENT, O.: Vegetatio 7, 43—56 (1958). — KNAPP, R.: Ber. dtsch. bot. Ges. 71, 411—421 (1958). — KORNAS, J.: Acta Soc. Bot. Polon. 27, 563—596 (1958). — KUHNHOLTZ-LORDAT, G.: Mém. Mus. nation. Hist. nat. N. S. B. 9, 276 S. (1958). — KUIPER, P.: Kruipnieuws 20, 1—19 (1958).

LAESSLE, A. M.: Ecologic. Monogr. 28, 361—387 (1958). — LANDOLT, E.: Ber. schweiz. bot. Ges. 67, 271—410 (1957). — LASSER, T., y V. VARESCHI: Bol. Soc. venezol. C. nat. 17, 223—272 (1957). — LEIBUNDGUT, H., u. K. KREUTZER: Mitt. Schweiz. Anst. forstl. Versuchswes. 34, 362—398 (1958). — LIETH, H.: (1) Planta 51, 705—721 (1958). — (2) Z. Acker- u. Pflanzenbau 106, 205—223 (1958).

MARK, A. F.: Ecologic. Monogr. 28, 293—336 (1958). — MATUSZKIEWICZ, A.: Acta Soc. Bot. Polon. 27, 675—725 (1958). — MATUSZKIEWICZ, W., u. M. BOROWIK: Acta Soc. Bot. Polon. 26, 719—756 (1957). — MATUSZKIEWICZ, W., H. TRACZYK u. T. TRACZYK: Acta Soc. Bot. Polon. 27, 21—44 (1958). — MEUSEL, H.: Ber. dtsch. Landesk. 19, 149—160 (1958). — MEYER, F.: Mitt. Staatsinst. allg. Bot. Hamburg 11, 137—203 (1957). — MOOR, M.: Mitt. schweiz. Anst. forstl. Versuchswes. 34, 221—360 (1958). — MRÁZ, K.: Arch. Forstwes. 7, 703—728 (1958). — MÜLLER, M.: Mitt. Schweiz. Anst. forstl. Versuchswes. 34, H. 2 (1958). — MÜLLER, TH., u. S. GÖRS: Beitr. naturkundl. Forsch. Südwestdeutschl. 17, 88—165 (1958). — MÜLLER-STOLL, W. R., u. H. FREITAG: Z. angew. Meteorol. 3, 16—30 (1957).

NEUWIRTH, G.: Wiss. Z. Univ. Halle, math.-nat. R. 7, 101—124 (1958). — NICHOLSON, J. A., and R. A. ROBERTSON: J. Ecol. 46, 239—270 (1958).

OBERDORFER, E.: Pflanzensoziol. 10, 564 S. (1957). — OBERDORFER, E., u. G. LANG: Beil. zu: Ber. naturforsch. Ges. Freiburg i. Br. 47 (1957). — OLSON, J. S.:

Bot. Gaz. **119**, 125—170 (1958). — Ovington, J. D.: (1) Ann. Bot. N. S. **23**, 75 bis 88 (1959). — Ovington, J. D.: (2) in: The biological productivity of Britain (London 1958), 8 S. (1958).

Passarge, H.: Arch. Forstwes. **7**, 302—315 (1958). — Pettersson, B.: Acta phytogeogr. Suecica **40**, 288 S. (1958). — Pisek, A.: Gartenbauwiss. **23**, 54—74 (1958). — Pisek, A., u. G. Rehner: Ber. dtsch. bot. Ges. **71**, 188—193 (1958). — Pisek, A., u. E. Winkler: Planta **51**, 518—543 (1958).

Raabe, E. W.: Vegetatio **7**, 271—277 (1957). — Ranwell, D.: J. Ecol. **46**, 83—100 (1958). — Regal, V.: Sbornik českoslov. Akad. Zemedelsk. Ved. **31**, 943 bis 954 (1958). — Reisigl, H., u. H. Pitschmann: Vegetatio **8**, 92—129 (1958). — Roberts, P. R., and H. J. Oosting: Ecol. Monogr. **28**, 193—218 (1958). — Ronde, G., u. Mitarb.: Ruhrstickstoff AG Bochum **1958**, 49—127 (1958). — Roussine, N.: Vegetatio **7**, 291—300 (1957). — Runge, F.: (1) Natur u. Heimat **17**, 1 (1957) u. **18**, 3 (1958). — (2) Mitt. florist.-soziolog. Arb. gem. N. F. **6/7**, 99—103 (1957). — (3) Meteor. Rdsch. **10**, 28—30 (1958). — (4) Meteor. Rdsch. **10**, 47—48 (1958). — Rzedowski, J., y G. C. de Rzedowski: Act. cient. Potosina **1**, 7—68 (1957).

Scamoni, A.: Arch. Forstwes. **7**, 89—104 (1958). — Scharrer, K., u. W. Seibel: Z. Tierernähr. **11**, 145—148 (1956). — Scheele, M.: Fünfzig Jahre Arch. Hydrobiol. 175 S. Stuttgart 1958. — Schmithüsen, J.: (1) Mitt. florist.-soziol. Arb. gem. N. F. **6/7**, 52—78 (1957).— (2) Dtsch. Geographentag Würzburg 1957, 72—84. — Schwickerath, M.: (1) Schr. Verbreitung naturw. Kenntnisse Wien **98**, 85—112 (1958). — (2) Abh. naturwiss. Ver. Bremen **35**, 351—365 (1958). — Seibert, P.: Landschaftspflege u. Vegetationsk. **1**, 79 S. (München 1958). — Šmarda, J.: Sborn. Tatransk. Narodn. Parku **1**, 57—62 (1957). — Šmarda, J., J. Lazebniček u. L. Odložilíková: Sborn. Tatransk. Narodn. Parku **1**, (46—56 1957). — Soó, R.: Acta bot. Akad. Sci. Hung. **4**, 351—381 (1958). — Stanford, G., and J. Hanway: Soil Sci. Amer. Proc. **19**, 74—77 (1955). — Steen, E.: (1) Stat. Jordbruksförs. Medd. **86**, 54 S. (1957). — (2) Stat. Jordbruksförs. Medd. **83**, 85 S. (1957). — (3) Stat. Jordbruksförs. Medd. **89**, 82 S. (1958). — Steiner, M.: In P. Vogler u. E. Kuhn: Medizin und Städtebau. S. 119—124. München-Berlin-Wien 1957. — Stone, E. C.: (1) Ecology **38**, 407—413 (1957). — (2) Ecology **38**, 414—422 (1957). — Stone, E. C., A. Y. Shachori and R. G. Stanley: Plant Physiol. **31**, 120—126 (1956). — Strebeyko, P., u. H. Dománska: Rozn. Nauk Rolnicz. **75** A, 339—365 (1957). — Sukatschew, V. N.: Ecology **39**, 364—367 (1958).

Tomanek, G. W., and F. W. Albertson: Ecol. Monogr. **27**, 267—281 (1957). — Tranquillini, W., u. K. Holzer: Ber. dtsch. bot. Ges. **71**, 143—156 (1958). — Trapnell, C. G.: J. Ecol. **47**, 129—168 (1959). — Tüxen, R.: Veröff. geobot. Inst. Rübel Zürich **33**, 207—231 (1958). — Turner, H.: (1) Arch. Meteorol., Geophys. u. Bioklimatol. B **8**, 273—325 (1958). — (2) Wetter u. Leben **10**, 1—12 (1957).

Uggla, E.: Acta phytogeogr. Suecica **41**, 116 S. (1958).

Vareschi, V.: Rev. Fac. Cient. forest. Mérida-Venezuela **3**, 3—15 (o. J., 1958?).

Wace, N. M., and M. W. Holdgate: J. Ecol. **46**, 593—620 (1958). — Wagenitz-Heinecke, R.: Wiss. Z. pädagog. Hochsch. Potsdam **4**, 55—64 (1958). — Weaver, J. E.: Ecologic. Monogr. **28**, 55—78 (1958). — Weber, H.: Akad. Wiss. u. Lit., math.-nat. Kl. **1958**, Nr. 3, 194 S. (1958). — Weber, N. A.: Ecology **40**, 153—154 (1959). — Westhoff, V.: (1) Ned. T. Veldbiol. **61**, 193—202 (1958). — (2) Belmontia II. Ecology **2**, 57 S. (1958). — Whyte, R. O., S. V. Venkataramanan and P. M. Dabadghao: VIIIe Congr. int. Bot. Paris 1954, C. r. Sect. 7 et 8, 49—53 (o. J.). — Wilson, J. W.: J. Ecol. **46**, 191—198 (1958). — Winter, A. G.: Z. Pflanzenkr. (Pflanzenpath.) u. Pflanzenschutz **64**, 407—415 (1957). — Woodwell, G. M.: Ecol. Monogr. **28**, 219—236 (1958).

Yli-Vakkuri, P.: Acta forest. Fenn. **67**, 33 S. (1958).

Zarzycki, K.: (1) Ochrony Przyrody **25**, 49—69 (1958). — (2) Acta Soc. Bot. Polon. **27**, 383—428 (1958). — Zillmann, K.-H.: Thaer-Arch. **2**, 198—238 (1957). — Zillmann, K.-H., u. W. Kreil: Thaer-Arch. **2**, 329—337 (1957). — Zöttl, H.: (1) Forstw. Zbl. **77**, 321—384 (1958). — (2) Z. Pflanzenernähr. **81**, 35—50 (1958). — Zonneveld, I. S.: Angew. Pflanzensoziol. **15**, 102—117 (1958).

9. Ökologie.

Von Theodor Schmucker, Göttingen.

Blütenbiologie.

Zum Verständnis ihrer Funktion ist die Kenntnis der stammesgeschichtlichen Entwicklung der Blüteneinrichtungen nicht unbedingt erforderlich; aber das Problem liegt so nahe und ist so reizvoll, daß Deutungen immer wieder versucht werden. Good kam nach umfangreichen Betrachtungen zu der Ansicht, die Phylogenie der Mannigfaltigkeit der Blütengestaltung könne nicht anders als durch autonome Orthogenesis (Autogenesis) erklärt werden. Demgegenüber meint v. d. Pijl, der solche Gedanken nicht völlig ablehnt, der Selektion durch die Besucher käme sicherlich auch erhebliche Bedeutung zu. Gleicher Meinung ist auch Leppik, der fünf Evolutionstypen der Blütengestaltung unterscheidet. Er hebt hervor, die selektive Wirkung zwischen Blüten und Insekten sei reziprok. Wie mannigfach diese Beziehungen sind, geht z. B. wieder aus Untersuchungen von Brian hervor, der zeigte, daß schon das Verhalten von vier in Schottland vorkommenden Hummelarten Blüten gegenüber recht verschieden sein kann. Zu beachten ist, daß mindestens Bienen „durch Versuch und Erfolg“ lernen können, wie Blüten (von *Vicia villosa*) auszubeuten seien (Weaver).

Zunächst seien einige interessante Einzelbefunde angeführt. Das bekannte Abschleudern der Pollinien von *Catasetum* erfolgt nach Knoll ohne Beteiligung spezifischer Reizvorgänge rein mechanisch durch Ausgleich vorhandener Gewebespannungen nach hinreichend starker Berührung der Antennen. Der Chemismus der intensiven Atmung im Spadix von *Araceen* erwies sich nicht als besonders abnorm (Hatch u. Millerd; Yocum u. Hackett). Der Pollen von *Galanthus* liegt schon im Spätherbst frei in einer mit Fetttröpfchen durchmischten Flüssigkeit, die allmählich verschwindet; die Oberfläche des fertigen Pollens ist trocken, ohne Fett und Kittstoffe. Fette Öle finden sich aber in submikroskopischer Verteilung in der Exine (Pankow). Der frische Pollen mancher Pflanzen erträgt nach Lichte sehr tiefe Temperaturen, wird aber bei anderen (z. B. auch *Corylus*) schon durch Gefrieren mindestens schwer geschädigt. Hohe Kälteresistenz wird durch starkes Austrocknen erreicht, z. B. bei Pollen von *Gramineen*. Büdel fand, daß Weidenkätzchen nur bei direkter Besonnung schwache Übertemperaturen von etwa 3° erreichen, andererseits in Strahlungsnächten keine erheblichen Untertemperaturen aufweisen. Bei *Leguminosen* stellte Shuel fest, daß die Nektarproduktion am stärksten ist, wenn die N-Ernährung zu üppigem vegetativen Wachstum nicht hinreicht, die P-Versorgung für reichen Blütenansatz genügt und die K-Zufuhr so bemessen ist, daß sie Wachstum so weit ermöglicht, daß die Blütenbildung nicht verringert wird. Der Nektar vieler Pflanzen enthält nach Kartashova antibiotische Stoffe, die vielleicht als Schutz gegen Fäulnis usw. von Bedeutung sein können. Über die Ausbreitung des Pollens von Windblütlern hat man sich gewisse theoretische Vorstellungen gemacht, die nach STRAND mit den Befunden gut übereinstimmen. In Beständen kommen als Bestäuber weit überwiegend die Nachbarbäume in Betracht. Andererseits hat man über Spitzbergen, mindestens 1000 km von Kiefernstandorten entfernt, Kiefernpollen gefunden, über dem Nordpol nicht mehr (KIL'DYUSHEVSKY).

Unsere Kenntnisse über Bestäubung durch Fledermäuse (Chiropterophilie), über die vor kurzem JAEGER zusammenfassend berichtet hatte, wurden durch eine, auf Beobachtungen in Columbia basierende Arbeit von VOGEL erheblich bereichert. Die Chiropterophilie ist zweifellos als eigener Bestäubungstyp zu werten, dessen charakteristische Eigenschaftskombination selektiv kaum verständlich gemacht werden kann. Sie tritt zwar in der Alten wie in der Neuen Welt in biologisch weitgehend ähnlicher Form häufig auf; indessen sind sowohl Besucher wie besuchte Pflanzenarten nicht identisch. Nach BAKER und HARRIS werden die Blüten der westafrikanischen *Parkia clappertoniana* unter Tags kaum besucht, gegen Abend aber von Massen von Bienen, anschließend von Fledermäusen in bestimmter Abfolge der Arten. Diese sind offenbar wichtige Pollenüberträger, die die Blüten nicht zerstören; sie ernähren sich außerhalb der kurzen Blütezeit von *Parkia* von Früchten.

Viele Palmenarten sind mehr oder weniger pollensteril. SARKAR fand Meiosestörungen, deformierte Pollenkörner, solche mit geringer Keimfähigkeit, auch völlig leere Antheren. Die Pollensterilität, die jahreszeitlichen Schwankungen unterworfen ist, dürfte am oberen Ende der Blütenstände am stärksten sein. Es handelt sich also um ein recht komplexes Phänomen; aber eines von solcher Wirkung, daß anscheinend bei nicht wenigen Palmenarten die vegetative Vermehrung in den Vordergrund tritt. Übrigens soll auch Apomixis auftreten. Auch bei *Areca catechu* bedingen mancherlei Umstände nach RAGHAVAN und BARUAH verschiedenes Ausmaß der Pollensterilität.

Bei *Codiaeum variegatum* wird nach TSCHERMAK-SEYSENEGG auch Geitonogamie verhindert dadurch, daß die weiblichen Inflorescenzen bereits abgeblüht sind, wenn die männlichen funktionsfähig werden. In merkwürdiger Weise bilden sich anschließend männliche Blütenstände noch mehrmals aus.

Einige Arbeiten beschäftigen sich mit dem zeitlichen Ablauf der Phänomene nach der Bestäubung. BROWN und SHANDS sahen Pollen von *Avena* schon nach 5 min auf der Narbe keimen; nach einer halben Stunde waren die beiden Zeugungskerne in Kontakt, erst nach 12 Std. begann sich der Zygotenkern zu teilen. Bei *Alopecurus* fand WÖHRMANN einen Tag nach der Bestäubung Zygoten, nach etwa vier Tagen einen zweizelligen Embryo im sechzehnzelligen Endosperm. *Alopecurus* ist protogyn, aber die Zeitdifferenz sehr umweltabhängig (meist mehr als 1 Tag, gewöhnlich mehr als 3 bis zu 13 Tagen); nachträgliche Selbstung ist also mindestens erschwert. Bei der Fichte erfolgt die Befruchtung nach HÅKANSSON ungefähr 4 Wochen nach der Bestäubung, bei der Kiefer zwar zur gleichen Jahreszeit, aber mit einem Jahr Verzug. Bei *Pseudotsuga* führt nach ORR-EWING Selbstung zu individuell verschieden großen Depressionen der Embryoentwicklung, die etwa 10 Wochen nach der Bestäubung deutlich werden. Die merkwürdige Erscheinung gleichzeitigen Abblühens (und Absterbens) auf weite Strecken hin bei vieljährigem Rhythmus fand KENNARD bei *Bambus* in Costa Rica. Im Jahre 1954 blühten alle Exemplare ohne Rücksicht auf das Alter und starben ab. Trotz großer Pollenmengen blieb der Fruchtansatz gering; die Keimfähigkeit der Samen war ebenfalls spärlich.

Es ist sehr bemerkenswert, daß die photoperiodische Einstellung selbst bei Arten einer so hochgradig abgewandelten Gruppe wie der Gattung *Lemna* nicht gleichartig ist; *L. perpusilla* ist eine typische Kurztagspflanze (HILLMAN), im Gegensatz etwa zu *L. gibba*. Bei *Eupatorium rugosum* ist die photoperiodische Einstellung der verschiedenen Provenienzen verschieden und ändert sich konform mit der geographischen Breite des Herkunftsortes (KUCERA).

Ausbreitung.

Die Physiologie der Keimung ist ein beliebtes Arbeitsgebiet geworden. Es zeigt sich immer mehr, daß die Keimung keineswegs einfach in Quellung und, in deren Folge, fortschreitender Entwicklung besteht, sondern daß vielfach recht komplizierte Erscheinungen vorliegen. Nur auf weniges sei hier kurz verwiesen. JUHREN, WENT und PHILLIPS untersuchten umfassend in Trockengebieten Kaliforniens die Keimung der Samen von Annuellen und fanden oft recht komplexe Abhängigkeitsbeziehungen von Regen, Temperatur usw. Regenfälle nutzen nichts, wenn die Temperatur ungünstig ist; Regenfälle mittleren Ertrages sind zuweilen günstiger als sehr ergiebige usw. Die Keimung der sehr salzreichen Samen der Salzpflanze *Atriplex canescens* wird durch teilweise Auswaschung stark gefördert (TWITCHELL). Bei *Atriplex dimorphostegia* kommen sogar zweierlei, keimungsphysiologisch verschieden gestimmte, morphologisch aber gleiche, Verbreitungseinheiten vor (KOLLER). Samen verschiedener Pflanzen (z. B. von *Atriplex* und Gräsern) können, freilich nur zu wenigen Prozenten, im Verdauungstrakt von Schafen (9 Tage) und Kaninchen (4 Tage) keimfähig bleiben, was für die Verbreitung von Bedeutung ist (LEHRER und TISDALE). Kalt-naß-Behandlung fördert die Keimung bei *Nothofagus* (BIBBY). Der Keimverzug bei *Hemerocallis* beruht auf Sauerstoffmangel im Samen (GRIESBACH und VOTH). Schließt man bei *Pinus* die kleinsten Samen aus, so wird die Keimkapazität nur wenig gebessert; aber die selektiv-genetische Auswirkung kann ungünstig sein (SIMAK). Auch das Austreiben von Brutkörpern usw. ist oft ein komplizierter Vorgang. Nach BORRISS und SCHMIDT lösen sich die Bulbillen von *Ficaria* Anfang Juni von der absterbenden Pflanze ab und machen bis zum Herbst eine Nachreife durch. Dann können sie bei niederer Temperatur (+ 1 bis 10°) austreiben, während höhere Temperatur (+ 20°) hemmt.

STOPP weist in einer ausführlichen, durch Untersuchungen in Südafrika angeregten Arbeit darauf hin, daß es neben den bekannten Einrichtungen zur Ausbreitung der Fortpflanzungseinheiten in reicher Fülle auch antitelechorische Einrichtungen gibt, die das Gegenteil bewirken. Die Arbeit enthält eine seltene Fülle ökologisch wie morphologisch hochinteressanter Angaben, auf die hier aus Platzmangel leider nur verwiesen werden kann. Eindrucksvoll zeigt sich auch hier, wie ökologisch absonderliche Einrichtungen sporadisch und unabhängig voneinander im Reich der höheren Pflanzen aufzutreten pflegen. Dabei erreichen auch nahe verwandte Arten Ähnliches mit ganz verschiedenen morphologischen Mitteln. Wie gering aber selbst beim Besitz von typischen Ausbreitungsorganen die Übertragung „in die Ferne" sein kann, zeigt eine Untersuchung von BOYER. Schon in einer Entfernung von nur zwei Baumlängen vom Rand eines gut fruchtenden Bestandes von *Pinus palustris* war die Ansamung auf der Freifläche effektiv schon unzulänglich. Einen höchst erwünschten, exakten Einblick in die quantitativen Verhältnisse der Samenproduktion von Nadelwäldern, Ergebnis wissenschaftlicher Auswertung eines praktischen Betriebes, vermittelt MESSER. Aus der Fülle hier nur eines. Etwa hundertjährige, sehr gute Coniferenbestände erbringen in einem Vollmastjahr je Hektar 2 (Lärche) — 3 (Kiefer, Fichte) Tonnen lufttrockene Zapfen. Der stoffliche Aufwand hierfür ist größer als der für den jährlichen Holzzuwachs des Bestandes. Jene Zapfenmenge enthält etwa 100 kg Samen, entsprechend einer Samenanzahl von 1600 (Fichte, Kiefer) bis 1900 Samen je m² der Bestandesfläche. Also eine ungeheure Überproduktion an potentiellen Nachkommen!

Anemochor sind im Regenwald Nigerias nach KEAY 56% der überragenden Baumarten und etwa 25% der Arten der Oberschicht (48% der Lianen), aber nur ganz wenige Arten der unteren Baumschicht, keine Sträucher. Ähnliches fand JONES. Er weist ferner darauf hin, daß Baumsämlinge nur an irgendwie offeneren Waldstellen häufig sind; aber langes Überleben ist auch unter starkem Druck möglich. Die Baumgrenze kann nach DAUBENMIRE mehr durch die Möglichkeit der Ansamung und des Überlebens der Jungpflanzen bedingt sein als durch ökologische Standortfaktoren im allgemeinen.

Die *Moracee Dorstenia* schießt ihre Früchte ab. SCHLEUSS fand bei Untersuchung von zehn Arten Schußweiten bis zu zehn Metern bei weiträumig-gleichmäßiger Verteilung. Die Anordnung der Früchte in den abgeflachten Inflorescenzen, die Neigung sowie die Oberflächenbeschaffenheit der letzteren und Gleitrinnen am Steinkern bedingen dieses günstige Ergebnis. Der Druck der Zangenarme, die den Steinkern „abschießen", beträgt 0,5—0,7 atm, die Anfangsgeschwindigkeit etwa 10 m pro sec.

Mycorrhiza.

Die Bedeutung der Mycorrhiza (M.) heben neue Arbeiten hervor. LINNEMANN und MEYER fanden, daß junge Kiefernpflanzen aus ärmeren Kampböden mit M. solchen aus sehr reichen Böden, aber ohne M. beim Auspflanzen auf armen Böden überlegen waren. Junge Apfelbäume auf sandigem Lehmboden wuchsen mit M. (*Endogone*?) erheblich besser (MOSSE). *Nothofagus*, welche Gattung ähnlich wie *Fagus* verpilzt ist, scheint von der M. weder auf ärmeren noch reichen Böden viel Vorteil zu haben (MORRISON). Bei *Eucalyptus* hat die M. bei den verschiedenen Gruppen der Gattung anscheinend ganz verschiedenen Wert (LEVISOHN). Der Widerstandskraft junger Pflanzen von *Pinus ponderosa* wird durch M. (*Xerotus*?) erhöht (WRIGHT). Methoden zur Kultur geeigneter M.-Pilze zur Verwendung in der Forstwirtschaft gab MOSER (1 u. 2) an.

Eine umfassende Darstellung unserer Kenntnisse über die ektotrophe M. (Literaturverzeichnis etwa 250 Titel) schrieb BOULLARD (4). Ihm ist auch eine sehr erwünschte Übersicht über die M. bei den *Pteridophyten* zu verdanken [BOULLARD (3)], auf deren reichen Inhalt nur eben hingewiesen werden kann. Es ist von Interesse, daß gerade phylogenetisch alte Typen vielfach in besonderem Ausmaß mykotroph sind. Geradezu sensationell ist es, daß es FREEBERG und WETMORE gelang, die in der Natur hochmykotrophen, bleichen, knöllchenförmigen, sehr langsam wüchsigen Prothallien von *Lycopodium* (*Selago* u. *clavatum*) in Kultur ohne Pilze bis zur Geschlechtsreife heranzuziehen. War erst einmal der Keimungswiderstand der Sporen durch drastische Mittel gebrochen (konz. H_2SO_4, mechanische Verletzung), so erfolgte auf Nährboden mit Mineralsalzen und 1% Rohrzucker die Weiterentwicklung im Lichte rasch, ohne daß der bekannte Wachstumsstillstand auf früher Stufe eintrat (vgl. die Knudson-Methode bei der Anzucht von *Orchideen*). Die Prothallien ergrünten und wuchsen zu schlank verzweigten Gebilden heran.

Die Aufnahme von Phosphationen in junge Kiefernpflanzen (vermittels *Boletus variegatus*) und die rasche Verbreitung im Wirt durch den Transpirationsstrom haben MELIN und NILSSON nachgewiesen. MELIN, NILSSON u. HACSKAYLO zeigten, daß (vermittels *Rhizopogon roseolus*) auch Na aufgenommen wird (für K steht kein geeignetes Isotop zur Verfügung). Nach SHEMAKHANOVA kommt bei der M. der Bäume offenbar auch der Lieferung von Vitaminen durch den Pilz Bedeutung zu. Welche Funktion die oft vorkommenden nicht oder (z. B. bei Getreidearten) wenig spezifischen endo- oder ektotrophen M. besitzen, ob es sich bei diesen „Pseudomycorrhizen" (TOLLE) um mehr handelt als um schwachen Parasitismus, bleibt noch ungewiß. Bei *Nicotiana tabacum* findet sich nach PEUS eine endotrophe M. mit unseptierten Hyphen und sehr wenig entwickeltem Außenmycel. Mit M. wächst der Tabak erheblich besser. Da auch gute Düngung den Vorsprung nicht auszugleichen vermag, so dürfte es sich in diesem Fall nicht um Erleichterung der Nährsalzaufnahme handeln. Ähnlich verhält sich *Zea Mays* (WINTER u. MELOH).

Phycomycetoide, endotrophe M. ist im Pflanzenreich sehr verbreitet. Daß dabei meist auch eine *Rhizoctonia*-Art als zweiter Endophyt beteiligt sei, stimmt nach SIEVERS nicht. Vielleicht handelt es sich überall um den gleichen (oder ähnlichen) Pilz, wobei die Art der Verdauung (thamniskophag oder tolypophag) vielleicht von der Art des Wirts abhängt. Die ebenfalls weit verbreiteten endotrophen M. vom vesicular-arbuskularen Typ enthalten mindestens bei Apfelsämlingen, vielleicht sogar in der Regel (HAWKER u. HAM), eine *Phythium*-Art, nicht *Endogone*.

Bei den Kurzwurzeln von *Cedrus*, die sehr variable M. aufweisen können, fand BOULLARD (1) eine Art „Resistenzgradienten" auf dem Längsverlauf. SLANKIS gelingt es, die morphologischen Eigenheiten der verpilzten Kiefernwurzeln durch die Annahme, daß die Pilze Wuchsstoffe ausscheiden, weitgehend zu erklären. Bei *Pinus Strobus*, bei der sich die M. oft sehr günstig auswirkt, steht nach BOULLARD und DOMINIK der Typ der M. in enger Beziehung zu den phytosoziologischen Verhältnissen des Standorts. Auch bei Dünengräsern ist nach NICOLSON eine sehr weit verbreitete vesicular-arbuskulare M. in Form und Ausmaß sehr stark vom Standort (Art bzw. Alter der Dünen) abhängig. Auf Salzböden findet sich nach BOULLARD (2) M. bei einigen Arten stets und reichlich entwickelt (z. B. *Aster*, *Plantago*); viele der vorkommenden Arten gehören aber Familien an, bei denen M. allgemein selten ist.

Als Einzelbefund sei noch angeführt, daß die Normalform von *Neottia* neben Xanthophyll auch Chlorophyll a in einer braunen Modifikation führt; aber derart, daß C = Assimilation nicht einmal in geringem Betrag stattfinden kann (REZNIK).

Andere Symbiosen.

Die Knöllchenbildungen an den Wurzeln von *Leguminosen, Alnus* usw. rufen andauernd das Interesse der Forscher wach, insbesondere hinsichtlich des Chemismus der N-Bindung. Letzteres Problem kann indessen hier nur als Randproblem gelten.

Nach RICHARDSON, JORDAN u. GARRARD bestätigt es sich zwar, daß N-Reichtum im Boden die Ausbildung der Leguminosenknöllchen hemmt; doch haben in Ackerböden mit durchschnittlichem N-Gehalt knöllchentragende Pflanzen höheren N-Gehalt als andere. Wurzelausscheidungen benachbarter Leguminosenpflanzen beeinflussen Anlagezeit und Anzahl der Knöllchen (NUTMAN). Bei der Infektion durch die Wurzelhaare des Rotklees bildet sich an der Infektionsstelle ein kleiner Auswuchs. Dorthin begibt sich der Zellkern, dort verdichtet sich das Protoplasma (FAHRAEUS). Nach BERGERSEN und BRIGGS besitzen die Bakteroiden von *Soja* eine Membran; Gruppen von 4—6 derselben werden außerdem durch eine feine, doppelte, offenbar vom Wirtsplasma ausgeschiedene Membran umfaßt. Nach CLARK unterscheiden sich nächstverwandte *Soja*-Rassen bezüglich der Neigung zur Knöllchenbildung erheblich; bei den reziproken Pfropfungen ändert sich die Stimmung der Wurzel nicht. Doch ist das Ausmaß der Knöllchenbildung sehr stark von der Bodenqualität abhängig. Die Atmungsintensität der Knöllchen sinkt nach BERGERSEN gerade z. Z. des Beginns der N-Bindung, um dann später wieder anzusteigen; die N-Assimilation bleibt bis kurz vor dem Verfall des Knöllchens ziemlich konstant. Die *Rhizobien* benötigen ganz besonders Magnesium (NORRIS).

Die Knöllchen von *Alnus* (Umweltabhängigkeit der Bildung vgl. QUISPEL) binden gleich jenen von *Myrica* und *Hippophae* weit mehr N, als man gewöhnlich annimmt. Straucherlen werden dadurch auf armen Böden in Alaska geradezu zu Pionieren der Vegetation (BOND u. GARDNER). Die wenigen Arten der kleinen Strauchgattung *Coriaria*, von Japan bis Südamerika diffus verbreitet, besitzen zwar typische Wurzelknöllchen. Doch ist N-Assimilation noch nicht nachgewiesen (BOND und MONTSERRAT). N-Bindung ist von BOND (2) mit Hilfe von N^{15} nachgewiesen worden für *Casuarina, Shepherdia, Hippophae, Alnus* u. *Myrica*. GARDNER und BOND konnten *Shepherdia* mit den Endophyten (*Aktinomycet?*) von *Eleagnus* erfolgreich impfen. LEAF, GARDNER und BOND nehmen an, daß der in *Alnus*-Knöllchen assimilierte Stickstoff von den Bakteroiden fortlaufend rasch ins Wirtsplasma gelange und von dort alsbald weitergeleitet werde. NH_3 ist wahrscheinlich Zwischenprodukt; anschließend werden organische Säuren aminiert. Die rasche Ableitung, wahrscheinlich in organischer Bindung, und zwar im Xylem, hat BOND (1) schon früher nachgewiesen. Bei allen vier untersuchten *Psychotria*-Arten fand ADJANOHOUN die charakteristischen Bakterienknötchen an den Blättern.

Die Rhizosphärenforschung hat viele neue, interessante Befunde ergeben. Beim Weizen sind die geeigneten Bakterien schon an der Samenoberfläche vorhanden. Die Rhizosphärenvegetation, die mit der höheren Pflanze in einer Art Symbiose lebt, wechselt nach Menge und

Zusammensetzung in erster Linie mit der Entwicklungsphase des Weizens (PÁNTOS). Beim Hanf ist die Ausbildung an beiderlei Geschlechtspflanzen verschieden, was in erster Linie von Unterschieden in der Mineralstoffaufnahme abhängt (TULAIKOVA). Bei Kiefernsämlingen in stark podsoliertem Boden ist die Zahl der Mikroben (insbesondere der saprophytischen) weit höher, wenn die Wurzel Mycorrhiza besitzt, als ohne solche (TRIBUNSKAYA). Bei Getreidearten, wo man auch eine gewisse Spezifität der Rhizophärenpilze feststellen kann, sind in der Rhizophäre weit mehr Pilze vorhanden als frei im Boden. Die Sporen wachsen oft erst im Kontakt mit der Wurzel aus. Vielleicht sind im freien Boden Hemmstoffe vorhanden (TOLLE u. RIPPEL-BALDES).

PROCTOR wies nach, daß *Chlamydomonas* (und wohl auch viele andere Algen) antibiotische Stoffe ausscheiden (Fettsäuren?), die in Mischkultur z. B. *Haematococcus* rasch ausschließen. PRINGSHEIM zeigte, daß viele chlorophyllführende *Flagellaten* sich vollautotroph oft nur schlecht entwickeln können. Zufuhr von Vitaminen und gewissen energiereichen Stoffen (Zucker, Acetat), oft auch von Aminosäuren, ist förderlich. Manche, wie koloniebildende *Volvocales*, wachsen ohne Zugabe geringer Mengen von organisch gebundenem N nur schlecht. Nach HAMBURGER besteht zwischen *Volvox aureus* und zwei spezifischen Bakterienarten (Gruppen *Pseudomonas*) eine zu gutem Wachstum unerläßliche Symbiose.

Die große Zahl der Flechtenarten geht aus Zählungen von ZAHLBRUCKNER u. MATTICK sowie von ALMBORN hervor. Erstere geben für Java fast 700 Arten an; letzterer für Europa 124 *Pertusaria-Arten*. Nach CULBERSON u. CULBERSON gehen in der sehr variablen Gruppe *Parmelia* chemische und morphologische Unterschiede weitgehend parallel. Nach SCOTT vermag *Peltigera praetexta* Stickstoff zu binden, wohl durch den *Nostoc*-Symbionten. Vielleicht gelingt das anderen Flechten mit Hilfe von Bakterien. In Trockengebieten Neumexikos ist nach SHIELDS, MITCHELL u. DROUET auf armen, äolischen Sanden und besonders Laven eine dünne, die Oberfläche verkrustende Schicht aus Pilzen und Algen an organisch gebundenem N etwa fünfundzwanzigmal reicher als das Substrat in 15 cm Tiefe. Nach SCHIMANN treten bei *Collema*-Arten ähnlich wie bei *Lempholema*-Arten zeitweise Haustorien auf, die in die Gonidien eindringen. POELT beschrieb zahlreiche Flechtenarten, die obligat, aber in ganz verschiedener Ausbildungshöhe, auf anderen Flechten parasitieren, anderseits freilich Gonidien enthalten, aber doch das „Wirtsgewebe" zerstören und ausbeuten. Allein aus Europa gibt es mehr als 50 derartige Formen.

Parasitismus usw.

Parasitismus auf nahe verwandten Arten gibt es in Fülle bei Flechten (POELT) und Rotalgen (FELDMANN). Die Mannigfaltigkeit der Anschlußorgane bei *Loranthaceen*, selbst innerhalb einer Gattung, hebt eindrucksvoll THODAY hervor. Besonders interessant ist der Befund von PORA, POP, ROSKA u. RADU, wonach die pharmakologischen Wirkstoffe von *Viscum* je nach der Wirtsart verschieden sind, in guter Parallele mit den entsprechenden Rindenextrakten. Es scheinen also bei diesem Halbparasiten doch auch engere Beziehungen hinsichtlich organischer Stoffe zu bestehen. Nach MANDL kann bei Blattstielgallen die formative Wirkung des Galltiers durch synthetische Wuchsstoffe ersetzt werden. Danach müßte es sich um reine, von seiten des Erregers formativ unspezifische, Entwicklungshypertrophie handeln.

Konkurrenz usw.

Die Konkurrenzwirkung kommt nach KATZ besonders in Notzeiten zu entscheidender Wirkung. Die hohe Bedeutung der Raschwüchsigkeit in der Jugend beim Wettbewerb verschiedener Kiefernrassen hob SCHRÖCK hervor. Die Wichtigkeit experimenteller Untersuchungen neben vergleichenden am Standort betont KNAPP. Die schädigende Wirkung des Unkrauts *Camellina* auf *Linum* beruht, neben den üblichen Konkurrenzerscheinungen, nicht auf Wurzelausscheidungen, sondern auf Hemmstoffen, welche aus den Blättern durch den Regen ausgewaschen werden (GRÜMMER). Der Baumschädling *Fomes annosus* ist ein reiner Parasit; er vermag im Waldboden nur wegen seiner hohen Empfindlichkeit gegen Ausscheidungen von Pilzen und Bakterien nicht zu wachsen (BRAUN).

Brände von Gras- und Buschwerk greifen stark in die Konkurrenzverhältnisse ein. Das Gras *Heteropogon* kann in Queensland dominierend werden, weil die alten Pflanzen feuerresistent sind, das Feuer die Samenkeimung stimuliert und die Konkurrenz vermindert wird (SHAW). Feuer erleichtert *Dionaea* am grasig-buschigen Standort das Dasein (ROBERTS u. OOSTING).

Tiere und Pflanzen.

Der Honigtau, den *Eucalypterus tiliae* auf Lindenblättern erzeugt, besteht zu 40% aus Melecitose, welcher Zucker im Blatt selbst nur in äußerst geringer Menge vorkommt (BACON u. DICKINSON). Der Honigtau, den MOTHES u. ENGELBRECHT im Experiment unmittelbar aus früher mit Blattläusen besetzten Blättern austreten sahen, enthält fast ausschließlich Saccharose (Siebröhrensaft!), während die Ausscheidungen der Läuse höchstens 50% davon enthalten.

Die meisten insektentötenden Pilze besitzen Chitinase und können zwar in mancherlei Insektenarten, aber, wegen fungistatischer Wirkung von Antibionten, nicht im Boden leben. Das Chitin ihrer eigenen Wandsubstanz zehren sie nicht auf, da die Chitinase nur von den chitinfreien Hyphenspitzen ausgeschieden wird. In chitinhaltiger Nährlösung bleibt die Pilzmembran chitinfrei (HUBER). Im Boden bauen vor allem *Actinomyceten* das Chitin ab (DASTE).

In einem Auewald geht die gesamte jährlich anfallende Streumenge durch den Tierdarm; etwa die Hälfte durch Regenwürmer, ein Drittel durch Tausendfüßler und Asseln (DUNGER). Das Nannoplankton ist die wichtigste Nahrungsquelle für die Muscheln im Mittelmeer (KORRINGA und POSTMA).

Literatur.

ADJANOHOUN, E.: C. R. Acad. Sci. (Paris) **245**, 576—578 (1957). — ALMBORN, O.: Svensk bot. Tidskr. **49**, 181—190 (1955).

BACON, J. S. D., and B. DICKINSON: Biochemic. J. **66**, 289—297 (1957). — BAKER, H. G., and B. J. HARRIS: Evolution (Lancaster, Pa) **11**, 449—460 (1957). — BERGERSEN, F. J.: J. gen. Microbiol. **19**, 312—323 (1958). — BERGERSEN, F. J., and M. J. BRIGGS: J. gen. Microbiol. **19**, 482—490 (1958). — BIBBY, K. M.: Forest Res. Notes (New Zealand) **1**, 1—8 (1953). — BOND, G.: (1) J. exp. Bot. **7**, 387—394 (1956). — (2) Ann. of Bot. N. S. **21**, 513—521 (1957). — BOND, G., and J. C. GARDNER: Nature (Lond.) **179**, 680—681 (1957). — BOND, G., and P. MONTSERRAT: Nature (Lond.) **182**, 474—475 (1958). — BORRISS, H., u. S. SCHMIDT: Flora (Jena) **145**, 313—325 (1957). — BOULLARD, B.: (1) Bull. Soc. Mycol. de France **73**, 225 bis 244 (1957). — (2) Rev. Mycol. (Paris) **23**, 282—316 (1958). — (3) Botaniste, sér. **41**, fasc. 1—16, 1—185 (1958). — (4) Bull. Soc. bot. France **105**, 60—93 (1958). — BOULLARD, B., u. T. DOMINIK: Prace Inst. Badawczego Lésnictwa Nr. **178**, 45—84 (1957). (Poln.). — BOYER, W. D.: J. Forestry **56**, 265—268 (1958). — BRAUN, H. J.: Forstwiss. Zbl. **77**, 65—128 (1958). — BRIAN, A. D.: J. Anim. Ecol. **26**, 71—98 (1957). — BROWN, CH. M., and H. E. L. SHANDS: Agronomy J. **49**, 286—288 (1957). — BÜDEL, A.: Z. Bienenforsch. **4**, 21—22 (1957).

CLARK, F. E.: Canad. J. Microbiol. **3**, 113—123 (1957). — CULBERSON, W. L., and CH. F. CULBERSON: Amer. J. Bot. **43**, 678—687 (1957).

DASTE, PH.: Année biol., Sér. 3, **60**, 473—488 (1956). — DAUBENMIRE, R.: Ecology **36**, 456—463 (1955). — DUNGER, W.: Zool. Jb., Abtlg. System., Ökol. u. Geogr. **86**, 139—180 (1958).

FÅHRAEUS, G.: J. gen. Microbiol. **16**, 374—381 (1957). — FELDMANN, J., et G.: Rev. gén. Bot. **65**, 49—124 (1958). — FREEBERG, J. A., and R. H. WETMORE: Phytomorphology (Delhi) **7**, 204—217 (1957).

GARDNER, J. C., and G. BOND: Canad. J. Bot. **35**, 305—314 (1957). — GOOD, R.: Features of evolution in the flowering plants. 405 S. London: Longmans, Green and Co. 1956. — GRIESBACH, R. A., and P. D. VOTH: Bot. Gaz. **118**, 223—237 (1957). — GRÜMMER, G.: Flora (Jena) **146**, 158—177 (1958).

HÅKANSSON, A.: Meddeland. Statens Skogsforskn. Inst. **46**, 1—23 (1956). — HAMBURGER, B.: Arch. Mikrobiol. **29**, 291—310 (1958). — HATCH, M. D., and A. MILLERD: Aust. J. biol. Sci. **10**, 310—319 (1957). — HAWKER, L., and A. M. HAM: Nature (Lond.) **180**, 998—999 (1957). — HILLMAN, W. S.: Nature (Lond.) **181**, 1275 (1958). — HUBER, J.: Arch. Mikrobiol. **21**, 257—276 (1958).

JAEGER, P.: Bull. Inst. franç. Afrique noire **16**, No. 3 série A 796—821 (1954). — JONES, E. W.: J. Ecol. **43**, 564—594 (1955); **44**, 83—117 (1956). — JUHREN, M., F. W. WENT and E. PHILLIPS: Ecology **37**, 318—330 (1956).

KARTASHOVA, N. N.: Ž. obsč. Biol. **18**, 235—241 (1957). — KATZ, N. Y.: Bjull. Moskov. Obsč. Ispyt. Prir. Otdel. Biol. **62**, 69—78 (russ. mit engl. Zusammenfassung) (1957). — KEAY, R. W. J.: J. Ecology **45**, 471—478 (1957). — KENNARD, W.: Lloydia (Cincinnati) **18**, 193—196 (1955). — KIL'DYUSHEVSKY, I. D.: Bot. Zhur. **40**, 857—860 (1955). — KNAPP, R.: Ber. dtsch. bot. Ges. **71**, 411—421 (1958). — KNOLL, F.: Ber. dtsch. bot. Ges. **71**, 337—348 (1958). — KOLLER, D.: Ecology **38**, 1—13 (1957). — KORRINGA, P., u. H. POSTMA: Publ. Staz. zool. Napoli **29**, 229—284 (1957). — KUCERA, C. L.: Bull. Torrey bot. Club **85**, 40—48 (1958).

LEAF, G., J. C. GARDNER and G. BOND: J. exp. Biol. **9**, 320—331 (1958). — LEHRER, W. P. J., and E. W. TISDALE: J. Range Management **9**, 118—122 (1956). — LEPPIK, E. E.: Amer. J. Bot. **43**, 445—455 (1956). — LEVISOHN, I.: Empire Forest Rev. **37**, 237—241 (1958). — LICHTE, H. F.: Angew. Bot. **31**, 1—28 (1957). — LINNEMANN, G., u. H. MEYER: Forst- u. Holzwirt **13**, Nr. 1 (1958).

MANDL, L.: Öst. bot. Z. **104**, 185—208 (1957). — MELIN, E., u. H. NILSSON: Bot. Notiser **111**, 251—256 (1958). — MELIN, E., H. NILSSON and E. HACSKAYLO: Bot. Gaz. **119**, 243—246 (1958). — MESSER, H.: Mitt. Hess. Landesforstverwaltung Frankfurt a. M.: Verlag Sauerländer **1**, 1—108 (1958). — MORRISON, T. M.: New Zealand J. Forestry **7**, 47—60 (1956). — MOSER, M.: (1) Forstwiss. Zbl. **77**, 32—40

(1958). — (2) Forstwiss. Zbl. 77, 273—278 (1958). — MOSSE, B.: Nature (Lond.) 179, 922—924 (1957). — MOTHES, K., u. L. ENGELBRECHT: Flora (Jena) 145, 132—145 (1958).

NICOLSON, T. H.: Nature (Lond.) 181, 718—719 (1958). — NORRIS, D.: Nature (Lond.) 182, 734—735 (1958). — NUTMAN, P. S.: Ann. of Bot., N. S. 21, 321—337 (1957).

ORR-EWING, A. L.: Silvae genet. 6, 179—185 (1957).

PANKOW, H.: Flora (Jena) 146, 240—253 (1958). — PÁNTOS, G.: Acta agronomica (Budapest) 7, 37—63 (1957). — PEUS, H.: Arch. Mikrobiol. 29, 112—142 (1958). — PIJL, L. VAN DER: Blumea. Suppl. IV (Lam-Festschrift) 32—38 (1958). — POELT, J.: Planta 51, 288—307 (1958). — PORA, A., E. POP, D. ROSKA u. A. RADU: Pharmazie 12, 528—538 (1957). — PRINGSHEIM, E. G.: Planta 52, 405 bis 430 (1958). — PROCTOR, V. W.: Limnol. and Oceanogr. 1, 125—139 (1957).

QUISPEL, A.: Acta bot. néerl. 7, 191—204 (1958).

RAGHAVAN, V., et H. K. BARUAH: J. Indian bot. Soc. 35, 139—151 (1956). — REZNIK, H.: Planta 51, 694—704 (1958). — RICHARDSON, D. A., D. C. JORDAN and E. H. GARRARD: Canad. J. Plant Sci. 37, 205—214 (1957). — ROBERTS, P. R., and H. J. OOSTING: Ecol. Monogr. 28, 193—218 (1958).

SARKAR, S. K.: Agronomia lusitana 18, 257—271 (1956). — SCHIMANN, H.: Öst. bot. Z. 104, 409—452 (1957). — SCHLEUSS, G.: Planta 52, 276—319 (1958). — SCHRÖCK, O.: Arch. Forstwesen 6, 828—847 (1957). — SCOTT, G. D.: New Phytol. 55, 111—116 (1956). — SHAW, N. H.: Aust. J. Agric. Res. 8, 325—334 (1957). — SHEMAKHANOVA, N. M.: Izv. Akad. Nauk SSSR, Ser. Biol. 317—330 (1957). — SHIELDS, L. M., CH. MITCHELL and FRANCIS DROUET: Amer. J. Bot. 44, 489—498 (1957). — SHUEL, R. W.: Canad. J. Plant Sci. 37, 220—236 (1957). — SIEVERS, E.: Arch. Mikrobiol. 29, 101—107 (1958). — SIMAK, M.: Meddel. Statens Skogsforskn. Inst. 45, 1—19 (1955). — SLANKIS, V.: The physiology of forest trees. S. 427—465. New York: Ronald Press Comp. 1958. — STOPP, KLAUS: Bot. Stud. H. 8, 1—103 Jena: G. Fischer 1958. — STRAND, L.: Silvae genet. (Frankfurt) 6, 129—136 (1957).

THODAY, D.: Proc. roy. Soc. Ser. B. Biol. Sci. 148, 188—206 (1958). — TOLLE, R.: Arch. Mikrobiol. 30, 285—303 (1958). — TOLLE, R., u. A. RIPPEL-BALDES: Zbl. Bakter., II. Abt. 111, 204—207 (1958). — TRIBUNSKAYA, A. Y.: Mikrobiologija 24, 188—192 (1955). — TSCHERMAK-SEYSENEGG, E.: Ber. dtsch. bot. Ges. 70, 449—452 (1957). — TULAIKOVA, K. P.: Agribiologija 86—89 (1955). — TWITCHELL, L. F. T.: J. Range Management 9, 218—220 (1955).

VOGEL, ST.: Öst. bot. Z. 104, 491—530 (1958).

WEAVER, N.: Insectes sociaux 3, 537—549 (1956). — WINTER, A. G., u. K. A. MELOH: Naturwissenschaften 45, 319 (1958). — WÖHRMANN, K.: Z. Pflanzenzücht. 38, 77—85 (1957). — WRIGHT, E.: Forest Sci. 3, 275—280 (1957).

YOCUM, C. S., and D. P. HACKETT: Plant Physiol. 32, 186—191 (1957).

ZAHLBRUCKNER, A., u. F. MATTICK: Willdenowia 1, 433—528 (1956).

C. Physiologie des Stoffwechsels.

10. Physikalische und chemische Grundlagen der Lebensprozesse (Strahlenbiologie).

Bericht über die Jahre 1957 und 1958.

Von HELLMUT GLUBRECHT, Hannover, und RIKLEF KANDELER, Würzburg.

I. Wirkungen ionisierender Strahlen.

1. Allgemeine Übersicht.

In einer Mitteilung, die am Anfang des Berichtszeitraums erschien, stellen EHRENBERG und ZIMMER fest, eines der wenigen allgemein gültigen Ergebnisse der Strahlenbiologie bestehe in der Erkenntnis, daß die Frage nach „dem Mechanismus der biologischen Strahlenwirkung" falsch gestellt sei, — daß vielmehr die Strahlenwirkung nach verschiedenen Mechanismen ablaufen könne. Das Schrifttum der letzten zwei Jahre liefert für diese Behauptung eine Fülle von Belegen. Sehr treffend bezeichnet GORDON die Photonen und Partikel der ionisierenden Strahlung als "completely democratic" im Hinblick auf die Molekülart, mit der sie primär reagieren. Die Differenzierung der einzelnen Wirkungsmechanismen erfolgt i. a. durch das Objekt und die bei der Bestrahlung vorliegenden Bedingungen. KUZIN und SHABADASH führen in eindrucksvoller Weise aus, daß neben der formal-mathematischen und der rein biochemischen Betrachtungsweise bei allen allgemeinen Überlegungen die Berücksichtigung der biologischen Struktur und physiologischen Eigenart im Vordergrund zu stehen habe.

An Büchern erschien über das referierte Gebiet die deutsche Übersetzung des 1955 in Englisch herausgegebenen Werkes von BACQ und ALEXANDER. Die Änderungen gegenüber der Originalausgabe sind gering. Von ERRERA erschien in der Reihe Protoplasmologie eine Darstellung der Strahlenwirkungen unter vorwiegend biochemischen Gesichtspunkten. Ferner liegen in Buchform mehrere Kongreßberichte vor. Insbesondere ist der von HENESSY u. Mitarb. herausgegebene Band über die "Conference on Radiobiology at the intra-cellular level" zu nennen, ferner von YOCKEY das Buch "Symposion on Information Theory in Biology". Dieser Band, auf den unten noch zurückzukommen sein wird, enthält in Teil IV und V eine Reihe wichtiger Aufsätze über Strahlenbiologie, die allerdings mit der Themenstellung des Symposions nur in losem Zusammenhang stehen. Eine Reihe der strahlenbiologisch wichtigen Vorträge der 2. Genfer Konferenz über die friedliche Anwendung der Atomkernenergie sind in dem von BUGHER u. Mitarb. herausgegebenen Buch enthalten. Einen kurzen Gesamtüberblick über die radiobiologischen Referate dieser Tagung gibt LANGENDORFF.

Zusammenfassende Darstellungen von Teilgebieten, die auf dem „Symposion über die Wirkungen ionisierender Strahlen auf Pflanzen" in Brookhaven 1956 vorgetragen wurden, stammen von GORDON, SAX, KONZAK und GUNKEL. Schließlich sei noch auf den allgemeinen Bericht von GRAY sowie auf die über Grundlagenfragen referierenden Aufsätze von GRAUL und von ZIMMER hingewiesen.

2. Mechanismus der biologischen Strahlenwirkung.

Die sehr verschiedenen Gesichtspunkte, unter denen sowohl in den erwähnten Zusammenfassungen wie auch in den zahlreichen Originalarbeiten die Ergebnisse strahlenbiologischer Untersuchungen dargestellt werden, machen es sehr schwer, eine übersichtliche Aufstellung einzelner Hypothesen zum Mechanismus der biologischen Strahlenwirkung zu geben. Trotzdem soll dies hier anhand der vorliegenden Literatur versucht werden, da sonst nach dem einleitend Gesagten kein Überblick über die gegenwärtige Situation auf dem referierten Gebiet zu gewinnen ist. Eine gewisse Willkür der Einteilung und zahlreiche Überschneidungen der einzelnen Deutungsweisen müssen dabei in Kauf genommen werden.

Klarheit besteht über die primäre Wechselwirkung zwischen Strahlung und Materie, die zu Ionisationen und Anregungen im „biologischen Material" führt. Quantitativ ist das Verhältnis zwischen diesen beiden Prozessen allerdings noch nicht gesichert. Nach Versuchen von SOMMERMEYER und PHILIPP hängt es in gewissem Ausmaß von der molekularen Bindung der Atome im bestrahlten Objekt ab. Dadurch kann auf die Anregungen ein größerer Energieanteil entfallen als bisher angenommen. Sehr verschiedene Möglichkeiten scheinen in der Art und Weise zu bestehen, in der diese Elementarprozesse mit den Molekülen oder den höheren Aufbaueinheiten der Zelle in Wechselwirkung treten (im folgenden als „biophysikalische Prozesse" bezeichnet). Gleichzeitig oder im Anschluß daran verlaufen weitere Reaktionen („biologisch-biochemische Prozesse"), über die sich auch bereits bestimmte Hypothesen abzeichnen. Allgemeine Übereinstimmung besteht wieder darüber, daß die beobachteten komplexen Endreaktionen (Mutationen, Absterben, Wachstumshemmungen, morphologische und physiologische Veränderungen) nur ein sehr mittelbares Bild vom Mechanismus der Strahlenwirkung geben können.

a) Biophysikalische Prozesse.

α) Direkte „Trefferwirkung". In sinngemäßem Anschluß an die älteren Vorstellungen der Strahlenbiologie wird dieser Begriff heute allgemein gebraucht, wenn das von der primären Ionisation oder Anregung betroffene Molekül selbst am physiologischen oder biochemischen Geschehen der Zelle und damit an der Entstehung der endgültigen Strahlenwirkung unmittelbaren Anteil hat. Eine direkte Strahlenwirkung muß auch mit Sicherheit vorliegen, wenn es sich um in vitro-Bestrahlung getrockneter Enzyme, Viren oder Phagen handelt. Mit Erfolg haben POWELL u. POLLARD in Fortsetzung früherer Versuche mit Hilfe der klassischen Treffertheorie aus der Bestrahlung von Influenza-Viren mit Teilchenstrahlen eines Cyclotrons Volumen und Molekulargewicht der Viren ermittelt. Bereits bei der vergleichenden Bestrahlung von Phagen innerhalb und außerhalb des Wirtsorganismus *E.coli* (POLLARD, SETLOW u. WATTS) zeigte sich jedoch, daß diese einfachen Verfahren hier nicht mehr anwendbar sind. Die Verfasser versuchen eine Deutung der sehr komplizierten Ergebnisse aus der Annahme, daß zur Inaktivierung eines Phagenteilchens 2 Ionisationen erforderlich sind. Einen neuen Weg, direkte Trefferwirkungen an Aminosäuren und Proteinen nachzuweisen, beschritten DOSE und RAJEWSKY. Sie bestrahlten z. B. hochkonzentrierte Lysinlösungen einmal bei tiefen Temperaturen und zum anderen nach Adsorption an einen Ionenaustauscher und konnten in beiden Fällen deutliche Unterschiede gegenüber dem Verhalten bei Bestrahlung in normalen wäßrigen Lösungen feststellen.

Im Gegensatz zu den älteren Vorstellungen über die „direkte Trefferwirkung" steht allerdings die mehrfach bewiesene Erkenntnis, daß der oder die Treffer oft nur potentiellen Charakter haben und erst durch zusätzliche Einflüsse irreversibel und damit aktuell werden (vgl. Fortschr. Bot. **19**). ALEXANDER bewies dies durch den Einfluß der O_2-Konzentration auf die Strahleninaktivierung getrockneten Trypsins. HOWARD-FLANDERS und ALPER erzielten neue Ergebnisse bei Röntgen- und Neutronenbestrahlung von haploider Hefe und Bakterien in O_2-haltiger und O_2-freier Atmosphäre, nachdem sie die hierzu erforderliche Technik wesentlich verbessert hatten. Bereits Konzentrationen von $4-7$ μMol O_2 pro Liter erhöhten die Strahlenempfindlichkeit um $50-100\%$. Will man trotzdem — wie bisher — bei diesen Objekten direkte Strahlenwirkung annehmen, so bleibt nur die Deutung einer reversiblen Zwischenreaktion, die durch O_2 irreversibel wird. Eine Trefferformel, die solche reversiblen Treffer berücksichtigt, wird von DITTRICH angegeben.

Daß es nicht zulässig ist, aus dem exponentiellen Verlauf einer „Dosis-Effekt-Kurve" auf direkte Strahlenwirkung zu schließen, legt erneut GRAUL dar. Bei „indirekter" Wirkung über ein strahleninduziertes Zwischenprodukt führt die Reaktionskinetik auf den gleichen Zusammenhang zwischen Wirkung und Dosis.

β) Indirekte Strahlenwirkung. I. a. wird hierunter die Wirkung über im Wasser gebildete Radikale (ev. auch H_2O_2) verstanden (vgl. Fortschr. Bot. **17**). Diesen Fall nimmt OKADA bei Inaktivierungsversuchen von Desoxyribonuclease in wäßriger Lösung mit Röntgenstrahlen an. Auf diese Weise läßt sich der Einfluß von O_2 ebenso wie die Schutzwirkung der verschiedensten Substanzen besonders einfach deuten (vgl. a. u.). Schwierigkeiten treten in anderen Fällen bei Anwendung der Hypothese „indirekter Strahlenwirkung" bei energetischen Überlegungen auf, da die Wirkungswahrscheinlichkeit der im Wasser gebildeten Radikale gering ist. Dies hängt u. a. mit ihrer kurzen Lebensdauer zusammen, die SUTTON und ROTBLAT durch Versuche an anorganischen Lösungen mit extrem hohen Dosisleistungen (bis 10^{10} rad/sec) zu 0,5 μsec bis 2,5 msec bestimmten.

Besonders aufschlußreich bezüglich des Verhältnisses von direkter und indirekter Strahlenwirkung sind Berechnungen, die HUTCHINSON auf Grund der Strahleninaktivierung von Enzymen in trockenen und nassen Hefezellen angestellt hat. Daraus ergibt sich, daß selbst bei

Annahme einer sehr geringen Wirkungswahrscheinlichkeit (etwa 10^{-3}) die mittlere freie Weglänge der im Wasser gebildeten Radikale in der Hefezelle kaum größer als 100 Å sein kann. Damit nähern sich im Hinblick auf die Definition eines „Treffbereichs" die Hypothesen der direkten und der indirekten Strahlenwirkung einander wesentlich.

γ) „Migrationsmodell" nach ZIRKLE und TOBIAS (vgl. Fortschr. Bot. **17**). Diese bereits früher besprochene Theorie wird neuerdings in zunehmendem Maße zur Deutung strahlenbiologischer Ergebnisse herangezogen. Während die allgemeine Theorie der „indirekten Strahlenwirkung" keine bestimmten Aussagen über die Reaktionspartner der Wasserradikale macht, übernimmt das Migrationsmodell von der Theorie der direkten Trefferwirkung den Begriff des „targets", des „empfindlichen Bereiches". Es kann jedoch mehrere, u. U. gleichwertige targets geben, und die Wirkung wird i. a. nicht als direkt, sondern durch Radikaldiffusion oder Energieübertragung aus der Umgebung angenommen. Die Theorie erklärt vor allem besonders gut die oft beobachtete Zunahme des Wirkungsquerschnittes einer Strahlenreaktion mit steigender Ionisationsdichte, bzw. zunehmendem linearen Energieübertragungsfaktor (LET). Neue Beiträge für diesen Sachverhalt liefern DONELLAN und MOROWITZ, die Sporen von *Bac. subtilis* mit schnellen Teilchen bestrahlten, und SAYEG u. Mitarb. mit Versuchen an haploider Hefe und einer extrem dicht ionisierenden C^{6+}-Strahlung. Bei diesen sehr hohen LET-Werten nimmt die Strahlenempfindlichkeit wieder ab. Die Verfasser vermuten, daß zwei verschiedene Radikalarten an mehreren Stellen im Kern wirksam werden und daß die einen bei kleinem, die anderen bei großem LET im Einfluß überwiegen.

Das Migrationsmodell hat sich ferner bewährt bei Vergleichen der Strahlenempfindlichkeit haploider und polyploider Organismen derselben Art. In neuen Arbeiten zeigen sowohl MORTIMER als auch TOBIAS an Hefe, daß die Strahlenempfindlichkeit vom diploiden Typ an mit steigendem Ploidiegrad abnimmt (im Gegensatz zu älteren Ergebnissen derselben Autoren!). Dies ist im Sinne des Migrationsmodells so zu verstehen, daß bei den polyploiden Formen zunehmend mehr targets zur Verfügung stehen, und führt ziemlich zwangsläufig auf die Hypothese der Auslösung dominanter Lethalmutationen durch die Strahlung. Da die Schädigung haploider Hefe wieder mit geringeren Strahlendosen vor sich geht, muß als zweiter wirksamer Prozeß auch das Auftreten rezessiver Lethalmutationen angenommen werden. Durch ähnliche Annahmen sucht WOESE die Ergebnisse seiner vergleichenden Untersuchungen an Sporen verschiedener Bacillusarten zu erklären, bei denen sich ebenfalls zwei Inaktivierungsformen abzeichnen. Schließlich arbeitet auch GAFFORD mit den Vorstellungen des Migrationsmodells. Er stellte Unterschiede der Schädigungskurven für ein- und mehrsporige Conidien von Neurospora fest und führte dies auf eine Überlagerung direkter und indirekter Wirkungen auf die im Kern gelegenen targets zurück. Der Vollständigkeit halber sei noch auf eine Arbeit von MANSUROVA, SAKHAROV und KHVOSTOVA hingewiesen, die bei γ-Bestrahlung von Buchweizen- und Hirsesamen von Arten verschiedenen Ploidiegrades eine größere

Empfindlichkeit der diploiden Formen gegenüber den tetraploiden fanden.
Die sehr komplexe Testreaktion (nekrotische Flecken auf Blättern) läßt
allerdings Vergleiche mit den oben erwähnten Hefeversuchen kaum zu.
Zusammenfassend ist zu sagen, daß die Theorie von ZIRKLE und TOBIAS
sich in besonderem Maße bei der Deutung der biophysikalischen Prozesse
vieler Strahlenreaktionen zu bewähren scheint.

δ) Theorie von PLATZMAN und FRANCK. Dennoch ergibt sich noch
ein anderes und in gewisser Weise detaillierteres Bild der biologischen
Strahlenwirkung aus einer neuen Arbeit von PLATZMAN u. FRANCK.
Die Verfasser kritisieren die „simple Identifikation einer Ionisation mit
der Spaltung eines Moleküls", d. h. mit der Lösung einer Hauptvalenz.
Da sich „biologisches Material" im hochkondensierten Zustand und nicht
in dem einer wäßrigen Lösung befindet, macht sich bei plötzlicher Bildung
eines Ions durch die einfallende Strahlung innerhalb sehr kurzer Zeit
(10^{-12}—10^{-14} sec) die Polarität der umgebenden Moleküle bemerkbar:
der wesentliche Teil der übertragenen Energie dissipiert in Form von
„Polarisationswellen" in die Umgebung des Ions und ruft hier ein ganzes
Spektrum verschiedener Elementarprozesse hervor. Die wesentlichsten
dieser Prozesse dürften Auflösungen von Nebenvalenzen sein, die — in
größerer Anzahl (10—15) gleichzeitig erfolgend — die Denaturierung
organischer Makromoleküle zur Folge haben können. Im organisierten
Zellmaterial kann auch die Lösung (oder Neubildung) intermolekularer
Bindungen durch diese Polarisationsvorgänge verursacht werden.

Bedeutsam an dieser Theorie, die in der zitierten Arbeit ausführlich
dargestellt und begründet wird, scheint nicht nur die Tatsache, daß sie
sorgfältiger als alle bisherigen Vorstellungen die physikalischen Grundlagen berücksichtigt, sondern auch die Möglichkeit, ganz natürlich die
Einwirkung von Temperatur, Sauerstoff und anderen chemischen Faktoren bei „direkter" Strahlenwirkung zu verstehen. Interessant ist ferner,
daß es sich eigentlich um eine Präzisierung des alten Dessauerschen Begriffs der „Punktwärme" handelt. Wie die anderen biophysikalischen
Vorstellungen bedarf aber auch die Theorie von FRANCK und PLATZMAN
noch der biologisch-biochemischen Ausdeutung.

ε) Bei der späteren Besprechung wesentlicher Arbeiten über In-
korporation radioaktiver Isotope (Abschn. 5) wird noch von einem ganz
anderen Wirkungsmechanismus die Rede sein, der auf der Umwandlung
der zerfallenden Atomkerne beruht und mit den Elementarprozessen der
Strahlenwirkung in gewissen Fällen konkurriert.

b) Biologisch-biochemische Prozesse.

Die z. T. noch recht formalen Vorstellungen der biophysikalischen
Prozesse bei der Strahlenwirkung werden durch Annahmen über die
biologischen und biochemischen Vorgänge mit konkreterem Inhalt erfüllt. Einige in neueren Arbeiten mehrfach wiederkehrende Hypothesen
seien im folgenden aufgezeigt.

α) Mutationen. Die Annahme, daß die Strahlenwirkung auf dem
Wege über Genmutationen zustande komme, liegt den schon zitierten
Arbeiten von MORTIMER und von TOBIAS zugrunde. KOROGODIN, der

auch mit Hefe arbeitet, nimmt nur für einen Teil der Inaktivierungen Lethalmutationen als Ursache an, ohne präzisere Angaben über die anderen Inaktivierungsformen zu machen. Dubinin stellte an einer größeren Zahl pflanzlicher Objekte eine weitgehende Parallelität zwischen Chromosomenschäden und Wachstumshemmung fest und schließt daraus, daß Veränderungen der Chromosomen i. a. Ausgangspunkt der Strahlenschädigung sind.

β) Nucleinsäuresystem. Die Vermutung, daß das Nucleinsäuresystem in der Zelle den strahlenempfindlichsten Teil darstelle, ist bereits früher (vgl. Fortschr. Bot. **19**) oft ausgesprochen. Kuzin und Shabadash führen diese Vorstellungen weiter, indem sie den verschiedenen funktionellen Zustand der Nucleoproteine z. B. in Zellkern, Mitochondrien und Cytoplasma berücksichtigen wollen. Daß es außerdem auch einfach auf die vorhandene Menge von RNS und DNS in den Zellorganen ankommt, beweisen sie am Beispiel der Chloroplasten; deren niedrige Strahlenempfindlichkeit gehe mit dem geringen Gehalt an Nucleoproteinen parallel. Einen direkteren Beweis für den Strahleneinfluß auf das NS-System liefern Hutchinson, Morowitz und Kempner. Sie prüfen die Aufnahme radioaktiv markierter Aminosäuren in bestrahlten E. coli-Zellen; der größte Teil der markierten Substanzen findet sich bei der Analyse in der Trichloressigsäure-unlöslichen Fraktion, d. h. nicht mehr an Nucleinsäuren gebunden. Auf der anderen Seite konnten Spoerl und Looney an Hefe bei Dauerbestrahlung mit 3,9 kr/h keine Wirkung auf die DNS-Synthese feststellen. Sie fanden jedoch andere Störungen des P-Stoffwechsels, z. B. eine Ansammlung energiereicher Polyphosphate; als Ursache dafür nehmen sie die strahleninduzierte Zellteilungshemmung an. Maass u. Mitarb. verfolgten die einzelnen Stufen des P-Stoffwechsels an bestrahlten Tumorzellen und fanden eine Blockierung auf der Stufe der Triphosphat-Dehydrierung.

γ) Proteine. Daß auch Eiweißmoleküle als Ausgangspunkte einer Strahlenschädigung eine Rolle spielen können, wird erneut durch eine Reihe wichtiger Arbeiten an Proteinen und Aminosäuren in vitro klar. Rajewsky und Dose, Caputo und Dose sowie G. Peter haben biochemische Untersuchungen an diesen Substanzen nach Bestrahlung unter Einsatz aller modernen Hilfsmittel (Hochspannungselektrophorese, Papierchromatographie, Ultrazentrifugierung usw.) durchgeführt. Als vorherrschende Wirkungsprozesse werden u. a. Decarboxylierungen, Desaminierungen und Veränderungen des Kohlenstoffgerüsts festgestellt. Relative Veränderungen im Mengenverhältnis der einzelnen Aminosäuren fand Govindjee nach Röntgenbestrahlung von Cicer arietinum-Sämlingen, ebenfalls mit Hilfe von Papierchromatographie.

δ) Disulfidbrücken. Eine Reihe von Versuchsergebnissen scheint auf eine besondere Strahlenempfindlichkeit der S-S-Brücken hinzuweisen. Insbesondere gehören hierhin die in Abschn. 3a beschriebenen Untersuchungen mit der paramagnetischen Resonanz-Methode. Als wesentliche Form des Mechanismus der Strahlenwirkung stellt Augenstine den Bruch von S-S-Brücken dar und führt dazu eine Reihe biochemischer Argumente an. Platzman bezweifelt in der Diskussion dieses Referats

allerdings eine solche Bevorzugung diskreter Molekularbereiche. Auch
KOCH, der über einen großen Dosisbereich Bestrahlungs-Versuche an
organischen S-Verbindungen vornahm, konnte die spezifische Einwirkung
auf die Disulfidbrücken nicht bestätigen.

ε) Wuchsstoffe. Die große Bedeutung der Wuchsstoffe in pflanzlichen Organismen veranlaßte GORDON zu sorgfältigen Untersuchungen
der Auxinkonzentration in bestrahlten Keimlingen von *Avena, Phaseolus*
und anderen höheren Pflanzen. Während Auxine in vitro erst durch
Strahlendosen über $10^4\,r$ abgebaut werden, ist in bestrahlten Pflanzen
schon nach Dosen von $10-100\,r$ eine Auxinabnahme festzustellen. Die
nähere Analyse läßt eine Blockierung der Biosynthese des Auxins auf der
Stufe der Oxydation von Indolacetaldehyd zu Indolessigsäure vermuten.
Die gleichzeitig ablaufenden Störungen der DNS-Synthese hält GORDON
nicht für die Ursache, sondern möglicherweise sogar für eine Folge der
Strahlenwirkung auf die Auxinsynthese. Bestätigungen dieser sehr sorg-
fältig begründeten Theorie liefern Untersuchungen von WAGGONER und
DIMOND an Tomatenpflanzen.

ξ) H_2O_2-Wirkung. Ein sehr spezieller biochemischer Wirkungsmechanismus wird in mehreren Arbeiten von WARBURG u. Mitarb. $(1-3)$
diskutiert. An Katalase-armen Zellen (Tumorzellen) läßt sich eine Hemmung der anaeroben Gärung in annähernd gleichem Grade durch Bestrahlung und H_2O_2-Zugabe erzielen. Da H_2O_2 als Folgeprodukt bei der
Bestrahlung von Wasser entsteht (vgl. Fortschr. Bot. **17**), liegt es nahe,
es in diesem Sonderfall für die Strahlenschädigung verantwortlich zu
machen. ADLER konnte Ähnliches bei den Nachwirkungen von Röntgenbestrahlung auf eine Mutante von *E. coli* feststellen. Auch hier entspra-
chen sich Strahlen- und H_2O_2-Wirkung, aber nur in Abwesenheit von
Häminfermenten wie z. B. Katalase. Eine Gegenwirkung von Häminfermenten auf strahleninduziertes H_2O_2 war dagegen nicht bei Versuchen
von HOUTERMANS, JENSEN und THOFERN an *Micrococcus pyogenes* var.
aureus zu beobachten. Die Bakterien waren dabei in Parallelversuchen
mit und ohne intracelluläre Katalase gezogen.

η) Verschiedene Prozesse. Erwähnung verdienen noch einige
Arbeiten, die über die Strahlenwirkung auf einzelne Züge des Stoff-
wechselgeschehens berichten. POLLARD konnte unter Verwendung markierter anorganischer und organischer Schwefelverbindungen Aussagen
über die Störung des S-Stoffwechsels in bestrahlten E. coli-Bakterien
machen. TANADA zeigte an *Phaseolus aureus*, daß die Aufnahme von
Rubidium 86 bereits durch Strahlendosen in der Größenordnung $10^3\,r$ beeinflußt wird. LILLY behandelte *Vicia faba*-Wurzeln gleichzeitig und
parallel mit Röntgenstrahlen und KCN-Lösung und schloß aus den Ergebnissen auf die Bildung von CN-Komplexen mit Schwermetallbestand-
teilen der Chromosomen, die als Zellgifte wirken.

In all diesen letztgenannten Fällen dürfte es sich aber kaum um Vorgänge handeln, die für einen größeren Bereich der biologischen Strahlenwirkung prinzipielle Bedeutung haben. Noch weniger erscheint es möglich,
auf der Grundlage morphologischer Strahlenwirkungen zu allgemeineren
Erkenntnissen zu kommen; das ist das Resumee eines zusammenfassenden Referats von GUNCKEL über diese Effekte.

Neben den oben besprochenen Arbeiten, die sich um die Klärung allgemeiner Fragen der biologischen Strahlenwirkung bemühen, muß noch der Versuch erwähnt werden, zu dem gleichen Zwecke Begriffe und Formalismen der Informationstheorie heranzuziehen. Nach einer bereits früher erschienenen Arbeit von Yockey (1) kam dieses Thema auf dem eingangs erwähnten Symposion zur Behandlung. Morowitz und Yockey (2) machten dazu grundlegende Ausführungen. Ausgangspunkt ist die Darstellung einer lebenden Zelle oder eines Gesamtorganismus durch ihren „Informationsinhalt", d. h. durch eine Summe von Zahlenwerten, die Art, Anzahl, Anordnung und Funktion aller einen Organismus aufbauenden Atome festlegen. Daß es sich hierbei um eine sehr hohe Zahl handeln muß, ist selbstverständlich. Mit der Frage, wieweit eine solche Darstellung überhaupt möglich und sinnvoll ist, beschäftigt sich ein fundamental wichtiges Buch von Elsasser. Nimmt man die vollständige oder zumindest teilweise Möglichkeit an, so stellt sich eine Strahlenschädigung als Zerstörung von Informationen dar. Da die Gene auf Grund ihrer Steuerungseigenschaften bei der Entwicklung eines neuen Organismus Hauptträger der wesentlichen Informationen sein müssen, liegt es nahe, auch aus informationstheoretischen Gründen die Gene als Hauptangriffsort einer Strahlenschädigung anzusehen. Interessant ist, daß bereits auf der Basis dieser einfachen Überlegungen eine formale Ableitung der aus der einfachen bzw. erweiterten Treffertheorie (Migrationsmodell) bekannten Schädigungsformeln möglich ist [Yockey (2)]. Betr. weiterer Einzelheiten dieser ganzen Arbeitsrichtung, die bisher noch sehr in den Anfängen steht, muß auf die Originalarbeiten verwiesen werden.

Zwei weitere wichtige theoretische Arbeiten stammen von Stein u. Laskowski (1, 2). Sie beschäftigen sich mit dem Einfluß von Zellgruppen, deren Auftreten bei der Auswertung von Inaktivierungsversuchen an Einzellern zu Fehlern führen kann. Es werden Korrekturformeln angegeben, die sich auch bereits bewährt haben. Eine weitere Arbeit der Verfasser [Stein u. Laskowski (3)] beschäftigt sich mit der theoretischen Darstellung der Inaktivierung von Hefe bei gleichzeitigem Vorliegen verschiedener Wirkungsmechanismen.

3. Spezielle Untersuchungsmethoden.

Im Verlaufe des Berichtszeitraumes haben sich einige spezielle Methoden bei strahlenbiologischen Untersuchungen besonders bewährt und versprechen noch weitere Erfolge. Die darauf bezüglichen Arbeiten seien deshalb hier besonders besprochen.

a) Paramagnetische Resonanz und UV-Absorption.

Der Versuch, auf spektroskopischem Wege Einblick in das physikalisch-chemische Geschehen in einem bestrahlten Objekt zu erhalten, ist an und für sich naheliegend. Nun liefern aber bekanntlich alle wesentlichen Aufbaustoffe der lebenden Zelle im sichtbaren und in den unmittelbar angrenzenden Spektralbereichen keine wesentliche Absorption. Erst die Erschließung des Mikrowellengebiets einerseits und die fortgeschrittene Technik der UV-Spektroskopie andererseits boten die Möglichkeit des spektroskopischen Nachweises unmittelbarer Bestrahlungsprodukte.

Paramagnetische Spin-Resonanzen im Mikrowellenbereich treten beim Vorliegen unpaariger Elektronen, chemisch gesprochen bei Bildung von Radikalen auf. Derartige Radikale als Folge der Einwirkung ionisierender Strahlen sind nun in großem Umfange gefunden worden. In den einführenden, die Methode beschreibenden Darstellungen von Sogo u. Tolbert; Gordy; Zimmer, L. Ehrerenbg u. A. Ehrenberg sind auch durchweg Angaben über Meßergebnisse, sowohl an Substanzen in vitro wie auch an pflanzlichen Objekten angegeben. Wie besonders bei GORDY u. SHIELDS ausgeführt, treten dabei im wesentlichen zwei Typen von Resonanzkurven auf; die eine ist charakteristisch für Cystin oder Cystein, die andere hat Dublettcharakter, wie er bei bestrahltem Polyglycin gefunden wird. Auffallend an den Resonanzen ist ihre Beständigkeit, die auf langlebige Radikale schließen läßt, andererseits ihre Beeinflußbarkeit durch O_2. Das Auftreten der Cystinresonanzen wird als Argument für die oben erwähnte Theorie der spezifischen Strahlenwirkung auf S-S-Brücken angesehen. Die ganze Arbeitsrichtung verspricht noch wesentliche Ergebnisse; leider erfordert sie erheblichen apparativen Aufwand.

Die Tatsache charakteristischer UV-Absorptionen von Proteinen und Nucleinsäuren ist schon lange bekannt und wird jetzt in zunehmendem Maße für die Strahlenbiologie herangezogen. OKADA u. GEHRMANN sowie HAMILTON, OKADA u. MORRISON stellten bei γ-Bestrahlung von Enzymen in wäßriger Lösung eine Zunahme der UV-Absorption bei 250 mμ fest und schlossen auch daraus auf die Entstehung von Radikalen, die in diesem Bereich absorbieren. Bei Röntgenbestrahlung von Adenosindiphosphat fanden HEMS u. EIDINOFF dagegen eine Abnahme der UV-Absorption bei 260 mμ, die mit papierchromatischen Ergebnissen über den ADP-Zerfall in gutem Einklang stand. Untersuchung der UV-Absorption in bestrahlten Pflanzenzellen setzt wegen der Inhomogenität der Objekte die Anwendung mikrospektroskopischer Methoden voraus. Derartige Messungen wurden von GLUBRECHT durchgeführt und ergaben ebenfalls eine Abnahme der UV-Absorption vorwiegend im Bereich des Nucleinsäuremaximums bei 260 mμ.

b) Partialbestrahlung.

Die Frage nach der Lage der strahlenempfindlichen Bereiche, unter Umständen sogar der submokroskopischen targets hat zu einer starken Entwicklung der Partialbestrahlungsmethoden geführt. Eine ausgezeichnete Zusammenfassung des Gebietes gibt ZIRKLE. An Einzelarbeiten seien zunächst die Versuche von SIX einerseits, von BACQ u. Mitarb. andererseits an *Acetabularia* erwähnt. Von beiden Verfassern wird eine erhebliche Strahlenempfindlichkeit des Cytoplasmas auch noch in kernhaltigen Teilen gefunden, die allerdings doch weit unter der des Kerns liegt. Im makroskopischen Bereich liegen auch die Partialbestrahlungsversuche von MURRAY an Luzernenstecklingen mit wechselseitiger Abdeckung von Stengel und Wurzeln. Neben einer relativ hohen Empfindlichkeit beider Organe (2—6 kr) zeigten sich dabei komplizierte Wechselwirkungen. KLEIN u. PREISS nützten dagegen die variable Eindringtiefe der Deuteronen eines Cyclotrons aus, um zu zeigen, daß eine Keimungshemmung erst dann eintritt, wenn die Strahlung durch Frucht- und Samenschale hindurch den Embryo erreicht. Über Versuche mit "microbeams" (Teilchenstrahlenbündeln sehr geringen Durchmessers) berichtet neben ZIRKLE, BLOOM u. URETZ auch SMITH. Die vorwiegend an Kulturen tierischer Zellen vorgenommenen Versuche erweisen immer wieder die spezifische Strahlenempfindlichkeit der

Chromosomen. Nicht bestrahlte Segmente teilen sich auch in den partiell bestrahlten Chromosomen in der Metaphase normal. Eine unmittelbare Ausbreitung der Strahlenwirkung findet also nicht statt.

4. Beeinflussung der Strahlenwirkung.

a) Strahlenqualität und relative biologische Wirksamkeit.

Zur Kennzeichnung der physikalischen Natur einer Strahlung hat sich jetzt in der strahlenbiologischen Literatur anstelle des Begriffs der Ionisationsdichte allgemein der des „linearen Energie-Übertragungs-Faktors" (LET) durchgesetzt (vgl. Fortschr. Bot. 19). Besonders gut läßt sich der LET bei Cyclotron-Teilchenstrahlen variieren. Davon machten z. B. HUTCHINSON, PRESTON u. VOGEL Gebrauch, um Unterschiede bei der Inaktivierung von Enzymen in trockenen und feuchten Hefezellen zu untersuchen. Verschiedener LET beeinflußte jedoch nur die Höhe der Inaktivierungsdosis, nicht die Abhängigkeit vom Wassergehalt. Derartige qualitative Unterschiede treten i. a. erst beim Vergleich von Neutronenwirkungen mit denen anderer Strahlen auf. So fanden CURTIS u. Mitarb. bei Neutronenbestrahlung von Gerstensamen keine Abhängigkeit vom Wassergehalt und von der Lagerungszeit, während beide Faktoren bei γ-Bestrahlung erheblichen Einfluß haben (vgl. unten). AVANZI beobachtete an Weizenkörnern bei Röntgenbestrahlung stärkere Wirkung auf den Sproß, bei Neutronenbestrahlung dagegen auf die Wurzeln. HOWARD-FLANDERS u. ALPER zeigten, daß bei der Röntgeninaktivierung von Bakterien und Hefe der O_2-Einfluß eine stärkere Rolle spielt als bei Inaktivierung der gleichen Organismen durch Neutronen. Auf die spezifische Wirksamkeit der Neutronen in der Strahlengenetik verweist FRITZ-NIGGLI (1).

Von medizinischer Seite her hat der Begriff der relativen biologischen Wirksamkeit (RBW) zur Kennzeichnung der Effektivität einer Strahlung im Verhältnis zu Röntgenstrahlung mittlerer Härte in die Strahlenbiologie Eingang gefunden. In zwei sehr inhaltsreichen Arbeiten von BORA und von CONGER u. Mitarb. wird an einem umfangreichen Material dargelegt, daß Werte für die RBW nicht allgemein für eine Strahlenart abgegeben werden können. Vielmehr hängen diese Werte außerdem vom Objekt, von der Art des untersuchten Effekts, von zusätzlichen Einflüssen (H_2O, O_2, Temperatur) und gelegentlich sogar von Dosis und Dosisleistung ab. Die sehr sorgfältigen und genauen RBW-Bestimmungen, die z. B. SPALDING, LAUGHAM u. ANDERSON sowie SPALDING, HAWKINS u. SAYEG an Vicia faba-Wurzeln, oder SINCLAIR, GUNTER u. COLE an Saccharomyces cerevisiae vorgenommen haben, sind deshalb nur von begrenzter Bedeutung.

b) Temperatur.

Nach den eingangs referierten Hypothesen über den Mechanismus der biologischen Strahlenwirkung ist mit einer Temperaturabhängigkeit im Prinzip bei jedem Effekt zu rechnen. Es ist ferner plausibel, daß der Temperaturkoeffizient i. a. positiv sein müßte. Dies stimmt mit den Ergebnissen einer großen Anzahl von Untersuchungen überein, von denen hier als Beispiele SETCHMAN (Bestrahlung von Weizensamen), STAPLETON u. EDINGTON (Bakterieninaktivierung), DALES u. DAVIES (Ionenausbeute in bestrahltem Thioharnstofflösungen) und MADSON, SALUNKHE u. SIMON (morphologische und biochemische Strahlenreaktionen in Karotten und Kartoffeln) genannt seien. PROCTOR u. Mitarb. fanden dagegen bei der Strahleninaktivierung von Bacillus thermoacidurans-Sporen keine Temperaturabhängigkeit.

Bei Röntgenbestrahlung von *Bacillus megaterium*-Sporen (POWERS, WEBB u. EHRET) zeigte sich zwar ein Anstieg der Strahlenempfindlichkeit zwischen etwa —140° bis 40° C. Dann aber trat bei etwa 80° wieder eine wesentlich höhere Überlebensrate auf, die sogar noch über der bei ganz tiefen Temperaturen lag. Eine einleuchtende Deutung dieser merkwürdigen Temperaturabhängigkeit ist bisher wohl kaum möglich.

c) Wassergehalt.

Einen unmittelbaren wirkungserhöhenden Einfluß kann der Wassergehalt nur ausüben, soweit es sich um indirekte Strahlenwirkung über Wasserradikale handelt.

Im Gegensatz zu früheren Ergebnissen (vgl. Fortschr. Bot. **17** u. **19**) haben sich inzwischen die Befunde gemehrt, in denen die Strahlenwirkung gerade mit abnehmendem Wassergehalt stärker wird. So konnten EHRENBERG, JAARMA u. ZIMMER in Amylopektin nach Röntgenbestrahlung bei 6% H_2O-Gehalt etwa 3mal mehr Kettenbrüche feststellen als bei 20% H_2O. Eine stärkere Strahlenwirkung auf trockene Samen gegenüber feucht gehaltenen beobachteten KLINGMÖLLER an Vicia faba, SETCHMAN an Weizen und CURTIS u. Mitarb. an Gerste. Diese Ergebnisse erscheinen besonders dann einleuchtend, wenn man die oben erwähnte Theorie von PLATZMAN u. FRANCK zugrunde legt; die Wassermoleküle fungieren dann gerade als zusätzliche Energieverbraucher.

Daß trotzdem auch der umgekehrte Mechanismus der Energieübertragung durch Wasserradikale eine Rolle spielen kann, zeigen neuere Untersuchungen von RAJEWSKY, BERGER u. GERBER an Riboflavin. Auch WOOD u. TAYLOR (1, 2) nehmen bei ihren Versuchen an Hefe vorwiegend diese Form des Schädigungsmechanismus an. Sehr sorgfältig diskutierten sie die Ergebnisse, die sie bei Bestrahlung bei normaler Temperatur und bei Temperaturen unter 0° einmal im festen und einmal im unterkühlten Zustand erhalten. Wesentlich ist dabei immer der Anteil flüssigen Wassers, der bei raschem Einfrieren auch noch bei sehr tiefen Temperaturen im Innern der Zelle erhalten bleibt.

d) Sauerstoffeinwirkung.

Ebenso wie ein Temperatureinfluß ist auch ein Einfluß der O_2-Konzentration im Prinzip heute mit jedem angenommenen strahlenbiologischen Wirkungsmechanismus vereinbar. Allerdings zeigte ALEXANDER, der sogar bei β-Bestrahlung von trockenem Trypsin höhere Inaktivierung bei O_2-Anwesenheit erhielt, daß die α-Strahlenwirkung beim gleichen Objekt O_2-unabhängig war. Nachdem HOWARD-FLANDERS und ALPER — wie schon oben erwähnt — den Einfluß selbst kleinster O_2-Konzentrationen beobachteten, muß man das Fehlen einer O_2-Wirkung, besonders bei Versuchen an Organismen, u. U. kritisch beurteilen. Gelegentlich kann ein solcher Befund, wie FRITZ-NIGGLI (2) erwähnt, auch auf einen hohen Eigenvorrat der Zelle an O_2 zurückzuführen sein.

Für die Art und Weise der O_2-Wirkung sind sicherlich auch mehrere Mechanismen anzunehmen. Im wesentlichen scheint die O_2-Anwesenheit während der Bestrahlung erforderlich zu sein. Das bewiesen HOWARD-FLANDERS u. MOORE bei Versuchen an *Bac. Shigella flexneri* mit einer gepulsten β-Strahlenquelle. Wird O_2 nur 20 msec nach Bestrahlung zugeführt, so tritt die sonst beobachtete Verdoppelung der Strahlenwirkung nicht ein. Andererseits stellten ADAMS u. NILAN fest, daß O_2 — während der Lagerung gegeben — auch die Spätwirkungen einer 7,5 kr-Röntgenbestrahlung an Gerstensamen erhöht. EBERT u. HOWARD bestrahlten *Vicia faba*-Wurzeln in Spezialgefäßen unter H_2- bzw. N_2-Drucken bis 130 Atmosphären. Unter diesen extremen Verhältnissen tritt auch bei Anwesenheit von 1 at Luft noch eine Schutzwirkung auf. Die Verfasser führen das auf die Verhinderung der Bildung organischer Radikale zurück. Diese Art der O_2-Wirkung lassen auch die oben erwähnten Untersuchungen der paramagnetischen Resonanzabsorption vermuten. Die meisten Radikale sind nach O_2-Zugabe nicht mehr nachweisbar. MOUSTACCHI stellte weiterhin fest, daß der O_2-Effekt bei *E. coli* und *Saccharomyces*-Arten, die Ausfälle im Atmungsfermentsystem aufwiesen, ebenfalls festzustellen ist, also nicht in unmittelbarem Zusammenhang mit dem Atmungsstoffwechsel stehen kann (vgl. dazu auch HOUTERMANS, JENSEN u. THOFERN). Interessant ist noch die Beobachtung von HOWARD-FLANDERS, daß Stickoxyd bei Bakterienbestrahlung die gleiche Wirkung wie O_2 haben kann.

e) Biologisches Stadium.

Über die Zusammenhänge zwischen dem biologischen Entwicklungsstadium eines Organismus und seiner Strahlenempfindlichkeit liegen verhältnismäßig noch nicht sehr viele Arbeiten vor. Sicherlich handelt es sich hierbei um sehr komplexe Erscheinungen. Eine Arbeit von KAN, GOLDBLITH u. PROCTOR zeigt, daß man Bakteriensporen mit keimungsfördernden Mitteln strahlenempfindlicher machen kann. Im entsprechenden, aber umgekehrten Sinne stellte SKOK an Sonnenblumensämlingen fest, daß Bor-Mangel nicht nur die Wachstumsaktivität, sondern auch die Strahlensensibilität herabsetzte.

Systematisch suchte BIEBL nach der strahlenempfindlichsten Phase während der Keimung von *Triticum vulgare* und *Soja hispida* und fand sie am 2. Tage nach dem Auskeimen. Eine akute Bestrahlung zu diesem Zeitpunkt hatte stärkere Wirkungen als eine chronische, die die gleiche Dosis im Verlauf von 2 oder mehreren Tagen applizierte. Bei ähnlichen Versuchen an Gerstenkeimlingen fanden L. W. u. R. P. MERICLE auch erhebliche qualitative Unterschiede der Strahlenwirkung je nach dem Zeitpunkt der Bestrahlung. Für genetische Wirkungen scheint eine solche Abhängigkeit nicht zu bestehen (NYBOM u. Mitarb.). Dem stehen allerdings Beobachtungen über den Einfluß der mitotischen Phase auf Art und Häufigkeit der strahleninduzierten Chromosomenaberrationen gegenüber, wie sie z. B. von DAVIDSON an Vicia faba-Wurzeln vorliegen.

f) Aktiver Strahlenschutz und Reaktivierung.

Die Literatur über Mittel zum aktiven Strahlenschutz ist besonders umfangreich und kann deshalb nur in besonders beschränktem Umfange referiert werden. Zunächst gilt auch hier, daß die Möglichkeit einer Verringerung der Strahlenwirkung durch Chemikalien nicht auf sogenannte indirekte Strahlenwirkung beschränkt ist (vgl. dazu besonders ALEXANDER u. TOMS). Die immer wieder bestätigte Schutzwirkung von Sulfhydrilverbindungen führte zu der im Abschn. 1 erwähnten Hypothese einer bevorzugten Strahlenempfindlichkeit der S-S-Brücken. Auf ganz andere Mechanismen dürfte die Schutzwirkung von Alkoholen zurückzuführen sein, die MEYER u. GRAF erneut bei Bestrahlung von Eiweißlösungen feststellten. Von Bedeutung scheint auch die Beobachtung einer Schutzwirkung von Hefeextrakten, die LUTSHNIK bei der Bestrahlung von Wurzelspitzen an Erbsenkeimlingen machte. Ein gewisser Antagonismus scheint zwischen der Wirkung von Strahlenschutzmitteln und dem Schutz durch O_2-Entzug zu bestehen. Beide Effekte lassen sich offenbar nicht additiv ausnutzen (ENGELHARD u. SMIDT; MARCOVICH).

Eine lebhafte Diskussion ist über die Frage der Wirkung von Strahlenschutzstoffen entstanden, wenn sie post irradiatonem gegeben werden. Beobachtungen in dieser Richtung hatten KÜNKEL, HÖHNE u. MAASS zunächst an Siebenschläfern und später KRAHE, KÜNKEL u. SCHMERMUND an Vicia faba gemacht. KLINGMÜLLER, der auch mit Vicia faba arbeitete, konnte die Befunde von KRAHE u. Mitarb. nicht bestätigen. Er stellte jedoch einen merklichen Einfluß der Tageszeit bei der Fixation auf die Zahl der beobachteten Mitosen fest. Bei Bestrahlungstemperaturen unter 4° erreichten allerdings ENGELHARD, BÜLOW u. CANEL an Serum-Protein und ENGELHARD, SCHNEWEIS u. BÜLOW an Hefe noch durch nachträgliche Cysteingaben eine Schutzwirkung. Sehr genau untersuchten MELCHING, LANGENDORFF u. LADNER den Einfluß des Zeitpunktes der Verabreichung an dem von ihnen neu entdeckten Schutzmittel 5-Hydroxytryptamin im Tierversuch. Bei Applikation unmittelbar n a c h Bestrahlung war noch eine leichte, allerdings stark verminderte Schutzwirkung zu beobachten.

Biochemische Untersuchungen über den Wirkungsmechanismus der Sulfhydril-Verbindungen als Strahlenschutzstoffe liegen von HAGEN u. KOCH sowie von ELDJAHRN u. PIHL vor.

Zur Frage der Reaktivierung (und damit auch einer eventuellen nachträglichen Schutzstoffwirkung) liegt eine interessante Arbeit von ALPER u. GILLIES vor. Danach hängt die Überlebensrate bestrahlter E. coli-Bakterien sehr stark von der Zusammensetzung, insbesondere auch vom p_H des Nährbodens ab, auf den sie nachträglich gebracht werden. „Suboptimale" Wachstumsbedingungen in dieser Phase können zwar bis zu zehnmal höherer Absterberate führen. Auf die damit angeschnittene Frage reversibler Strahlenwirkungen wird im letzten Absatz noch einmal zurückzukommen sein.

5. Wirkungen inkorporierter Radioisotope.

Die Untersuchungen auf diesem Gebiet stehen im Verhältnis zu den Arbeiten über die Strahlenwirkung von außen noch sehr in den Anfängen. Der entscheidende Punkt ist dabei noch immer die Trennung der Strahlenwirkung von den „Umwandlungseffekten" (vgl. oben sowie Fortschr. Bot. **19**). STRAUSS schlägt in einer Übersichtsarbeit über dieses Problem die Durchführung von Versuchsreihen mit zunehmender spezifischer Aktivität des applizierten radioaktiven Materials vor. Je höher die spezifische Aktivität um so größer ist die Wahrscheinlichkeit des Einbaus radioaktiver Isotope an funktionell wichtigen Stellen im molekularen Gefüge der Zelle. An Versuchen mit *Neurospora* konnte er auf diese Weise zeigen, daß Umwandlungseffekte für mehr als 60% der beobachteten Wirkungen verantwortlich sind. KAUDEWITZ, VIELMETTER u. FRIEDRICH-FREKSA, die in Fortsetzung früherer Versuche die Wirkung von inkorporiertem ^{32}P in *E. coli B/r* untersuchten, glauben sogar, den Einfluß der β-Strahlung neben der Wirkung der Umwandlungen vernachlässigen zu können.

Zur Frage der Dosierung von Radioisotopen bei strahlenbiologischen Versuchen leisten MANDEL, SENSENBRENNER u. VINCENDON einen Beitrag. *Proteus P18*-Bakterien zeigen, auf ^{32}P-haltigen Nährböden gezogen, von einer Aktivität von 8 μ C/100 cm^3 an physiologische und morphologische Veränderungen. Erst die 5 fache Aktivität führt zu irreversiblen Änderungen des Wachstums. Sterilität in Maissamen erreichen NATARASAN u. SWAMINATHAN bei Dosen von 50 μC pro Samen. Auch hier wirkten bereits kleinere Dosen, wie sich aus cytologischen Untersuchungen ergab. ^{32}P erscheint überhaupt besonders wirksam, weil er in Bakterien stark angereichert wird (nach SOKUROVA in Acetobacter bis zu 600 fach gegenüber dem Nährmedium). Sehr viel höhere Aktivitäten sind für „organismusfremdere" Isotope erforderlich. ^{90}Y wirkte auf *Staphylococcus aureus* nicht einmal in einer Aktivität von 100 mC/cm^3 (SMIDT u. DOBBERSTEIN). Dies änderte sich allerdings nach Zugabe von etwa 10% Natriumwolframat zur Nährlösung, offenbar infolge der damit einsetzenden Vervielfachung der Sekundärelektronen. Eine ^{3}H-Wirkung beobachteten BAIR u. HUNGATE mit 90 mC/cm^3 Nährlösung an Hefe; der α-Strahler ^{239}Pu rief die gleichen Wirkungen bei 0,5 μC/cm^3 hervor. Sehr gering scheint die strahlenbiologische Wirkung von ^{14}C, wie sich aus einer Arbeit von BAKER, GIBBONS u. SHIPLEY ergibt.

Es erscheint wünschenswert, daß zur Frage der schädigenden Wirkung inkorporierter Radioisotope in pflanzlichen Organismen bald mehr Ergebnisse vorliegen, da die Kenntnis dieser Dinge für die Anwendung radioaktiver Isotope in der Botanik überhaupt von entscheidender Bedeutung ist.

6. Wirkungen kleinster Strahlendosen.

Über eines der ungewöhnlichsten strahlenbiologischen Ergebnisse berichten FORSSBERG u. NOVAK. Sie vermochten die Wachstumsgeschwindigkeit der Sporangiophoren von *Phycomyces Blakesleeanus* schon mit Röntgenstrahlen- und β-Strahlen-Dosen zwischen 0,01 und 1 r zu beeinflussen. Nach dieser in wenigen Sekunden gegebenen Bestrahlung erfolgte etwa 3 min später eine Verlangsamung, dann eine Beschleunigung des Wachstums. Nach etwa 10 min ist der normale Zustand wieder erreicht. Der Effekt ist also reversibel und sogar am selben Objekt wiederholbar. Irreversible Veränderungen treten erst bei Dosen über 1000 r auf. Die biochemische Untersuchung dieser Wirkung minimaler Dosen ist noch im Gange, wesentlich scheint vor allem, daß es sich um die Beobachtung eines offenbar labilen Prozesses unmittelbar nach der Bestrahlung handelt. Eine biochemische Labilität scheint auch die

Ursache der extremen Strahlenempfindlichkeit von Lebermitochondrien in bestimmten Medien zu sein, an denen FRITZ-NIGGLI (3) nach 0,1 r Änderungen der Fermentaktivität nachweisen konnte (vgl. Fortschr. Bot. 19).

Daß der Wirkung derart kleiner Strahlendosen nicht nur wissenschaftliche, sondern auch praktische Bedeutung zukommt, scheint aus dem Bericht von LEBEDINSKI u. Mitarb. hervorzugehen. An den Veränderungen der Aktionsströme im Gehirn und in Nerven von Säugetieren waren — allerdings durchweg reversible — Wirkungen von Röntgenstrahlendosen der Größenordnung 1 r nachzuweisen. BROWN, SHRINER u. WEBB glauben eine signifikante Korrelation zwischen den Intensitätsschwankungen der kosmischen Strahlung und dem O_2-Verbrauch von Kartoffelstücken mit einem „Auge" im Respirometer nachweisen zu können. Zusammenfassend wäre zu dieser Frage der Wirkung extrem kleiner Strahlendosen zu sagen, daß ihre Beobachtung — soweit sie gesichert ist — offenbar durch die Art der benutzten Testreaktion gegeben ist. Der lebende Organismus ist in Hinblick auf Fortpflanzung, morphologische und wohl auch noch cytologische Struktur relativ stabil. Biochemische und stoffwechselphysiologische Reaktionen dürften über längere Zeiten sicher die gleiche Stabilität zeigen. Dagegen scheint es möglich, unmittelbar nach einer Strahleneinwirkung im Bereich reversibler physiologischer Reaktionen noch bei Dosen, die mehrere Größenordnungen unter den sonst wirksamen Werten liegen, wesentliche Beobachtungen zu machen.

II. Wirkungen ultravioletter Strahlung.

Die Besprechung der UV-Wirkungen auf Zelle und Organismus wurde in diesem Jahr zurückgestellt und erfolgt im nächsten Band.

III. Lichtwirkungen[1].

1. Zusammenfassende Darstellungen.

Über Teilgebiete der Photobiologie seien zunächst einige wichtige zusammenfassende Darstellungen genannt. Die Berichte über den 2. Internationalen Kongreß für Photobiologie (Atti del 2° Congresso Internationale di Fotobiologia, Ed. Minerva Medica, Torino 1958), der im Juni 1957 in Turin, Italien, stattfand, geben eine ausführliche Übersicht über die dort gehaltenen Vorträge und Symposien (u. a. über photobiologische Primärprozesse, Photoreceptoren). Die heutigen physikalischen Vorstellungen über Molekülanregung und -wechselwirkung und einige Anwendungsmöglichkeiten auf biochemischem und biologischem Gebiet einschließlich photobiologischer Fragen werden in einer größeren Abhandlung von REID dargestellt. Einen guten Überblick über die zur Zeit aktuellen Fragen auf dem Gebiet der Photosynthese, insbesondere auch der photochemischen Primärprozesse der Photosynthese, vermitteln die Vorträge, die 1955 auf einer Tagung in Gatlinburg und 1958 während eines Symposiums in Brookhaven gehalten wurden und inzwischen als Sammelbände erschienen sind (Research in Photosynthesis, herausgeg. von H. GAFFRON, Interscience Publishers, Inc., New York 1957; Brookhaven Symposia in Biology, Nr. 11, The Photochemical Apparatus — Structure and Function, Brookhaven National Laboratory, 1959). Ein Referat von WASSINK und STOLWIJK behandelt die Wirkung der einzelnen Spektralbereiche des Lichtes auf das Wachstum der Pflanzen. Über die photoperiodische Kontrolle der Blüteninduktion liegt ein

[1] Bearbeitet von RIKLEF KANDELER.

neues Referat von DOORENBOS und WELLENSIEK vor. Der Zusammenhang der photoperiodischen Erscheinungen mit der endonomen Tagesrhythmik wird von BÜNNING (2) im Rahmen einer eigenen Abhandlung über „Die physiologische Uhr" dargestellt. Die Einflüsse des Lichtes auf die verschiedenen Bewegungsvorgänge der Pflanzen haben eine sehr gründliche Darstellung im Band **17,** Teil 1 des Handbuches der Pflanzenphysiologie (Springer-Verlag, Berlin-Göttingen-Heidelberg, 1959) erfahren (vgl. Abschnitt „Bewegungen" im vorliegenden Band). Über den Phototropismus bei höheren Pflanzen und Pilzen und die Phototaxis bei Algen ist außerdem ein Referat von REINERT erschienen.

2. Analyse der Primärreaktionen.

In großer Zahl werden ständig Lichtwirkungen auf die verschiedensten physiologischen Prozesse neu beschrieben.

Als eine Auswahl, die lediglich einen Eindruck von der Mannigfaltigkeit der lichtabhängigen Phänomene geben soll, seien nur folgende Beispiele aufgezählt: Aktivität von Amylase (HENSSEN; VENTER), Cytochromoxydase (RUBIN, ČERNAWINA und MICHEEVA), Katalase (LAVOREL; RICHTER und PIRSON), Phosphatase und Phosphorylase (RICHTER und PIRSON); Grana-Ausbildung in Plastiden (FASSE-FRANZISKET); Bildung von Protochlorophyll (VIRGIN); Kohlenhydratabgabe von Blättern an Wasser (TUKEY, WITTWER und TUKEY); Aminosäure-Bildung [CAYLE und EMERSON; STOY; VOSKRESENSKAYA; VOSKRESENSKAYA und GRISHINA (1) und (2)]; Auftreten von Eiweißkristalloiden im Zellkern (ARNAUD-LAMARDELLE); Eiweißabbau (ENGELBRECHT und UNVERRICHT); Carotinoid-Synthese [BULAT; CARLYLE und FRIEND; CLAES (1—3); FRIEDRICHSEN und ENGEL; STEUER; ZALOKAR; ZURZYCKA]; Tannin-Gehalt (BATES); Leukoanthocyan-Gehalt (HILLIS und SWAIN); Lignin-Bildung (HILLIS und SWAIN; PHILLIPS); Nicotinsäureamidgehalt (CRANE); Gametenpaarung bei *Chlamydomonas* (LEWIN); diverse Entwicklungsphasen bei Pilzen wie Sporenkeimung, Mycelwachstum, Konidiophorenverlängerung, Konidienbildung, Fruchtkörperbildung, Sporenabschußrate usw. [CANTINO und HORENSTEIN; CARLYLE und FRIEND; DELBRÜCK und REICHARDT; FRIEDERICHSEN und ENGEL; FULKERSON; GARDNER; GUTTER; INGOLD und DRING; JEREBZOFF; MADELIN; MIZUMOTO; NIEMANN; OPPENOORTH; PAGE; RIEDHART und PORTER; SAGROMSKI (1) und (2); v. WITSCH und WAGNER; ZURZYCKA]; Anzahl der Zellteilungen im sich entwickelnden Blatt (und damit die Blattgröße) (ARNEY); Auxin-Transport (GUTTENBERG und ZETSCHE); Anzahl der Blätter im Wirtel bei *Linaria* [CHAMPAGNAT (1) und (2)]; Knöllchenbildung bei *Soja hispida* (BONNIER und SIRONVAL).

Bei diesen Wirkungen des Lichtes handelt es sich jedoch sehr wahrscheinlich nur in den wenigsten Fällen um einen direkten Einfluß des Lichtes auf den jeweils untersuchten physiologischen Prozeß. Da die enge Verzahnung der verschiedenen physiologischen Vorgänge eine sekundäre Beeinflussung weiterer Prozesse im Gefolge der eigentlichen Primärwirkung des Lichtes möglich macht, ist der als lichtabhängig beobachtete physiologische Vorgang meist nur das Endergebnis einer ganzen Kette von in der Pflanze ablaufenden Zwischenreaktionen. Zumindestens muß stets zunächst mit der Möglichkeit einer nur indirekt zustande gekommenen Lichtwirkung gerechnet werden, und so ergibt sich in jedem Fall die Frage, welche Primärwirkung oder -wirkungen das Licht in der Pflanze auslöst und wie weit etwa die verschiedenen Endeffekte auf die gleichen Primärreaktionen zurückgehen. Die bisherige Analyse der Primärreaktionen ist nur selten bis zur Auffindung der für die Absorption des wirksamen Lichtes verantwortlichen Pigmente oder der mit Hilfe der absorbierten Lichtenergie ablaufenden photochemischen

Reaktionen vorangekommen. Es kann daher für die vergangene Berichtszeit nur anhand von Beispielen darüber berichtet werden, welche methodischen Wege sich für die Inangriffnahme dieser Fragen als fruchtbar erwiesen haben[1].

a) Wirkungsspektren. Als ein besonders brauchbares Hilfsmittel für die Analyse der Photoreceptorsysteme der Pflanze erweist sich nach wie vor die Aufnahme von Wirkungsspektren, also die Untersuchung der relativen Wirksamkeit der einzelnen Wellenlängen (oder Wellenlängenbereiche) des Lichtes. Auf diese Weise wurde das reversible Hellrot-Dunkelrot-Reaktionssystem gefunden, über das bereits in früheren Jahren mehrfach ausführlich berichtet wurde (LANG, Fortschr. Bot. **15**, 449; **17**, 757; **19**, 373). Charakteristisch ist für dieses System neben der ausschließlichen Empfindlichkeit für Hellrot und der Aufhebbarkeit dieser Hellrotwirkung durch anschließende Gabe von Dunkelrot der geringe Energiebedarf. Der Sättigungswert sowohl für die Hellrot- als auch die Dunkelrotwirkung wird schon bei sehr kleinen Energiebeträgen erreicht. Man kann daher diese Lichtwirkung auch als Niederenergiereaktion bezeichnen [MOHR (3)]. Die große Bedeutung dieses Systems, das zunächst bei der Samenkeimung und Blütenbildung aufgefunden wurde, läßt sich daran erkennen, daß seine Wirksamkeit inzwischen für eine ganze Reihe weiterer Prozesse bei den verschiedensten Pflanzengruppen (darunter auch Algen) festgestellt wurde, so die Aktivität der Indolylessigsäure-Oxydase (HILLMAN und GALSTON), Pigmentierung von Tomatenfrüchten (PIRINGER und HEINZE), Anthocyanbildung [MOHR (3); SIEGELMAN und HENDRICKS (1)], Farnsporenkeimung [Mohr (1)], Haarbildung [MOHR (4)], Blattentwicklung [DOWNS; LIVERMAN, JOHNSON und STARR; MOHR (5)], Hypokotyl- bzw. Sproßverlängerung [DOWNS; DOWNS, HENDRICKS und BORTHWICK; LOCKHART; MOHR (5)], vegetative Vermehrung (HILLMAN), Aufrichtung der Hypokotylkrümmung (DOWNS; KLEIN, WITHROW, WITHROW und ELSTAD; WITHROW, KLEIN und ELSTAD), Auslösung der Chloroplastenbewegung (HAUPT), Auslösung und Regulierung der Blattbewegung (LÖRCHER). Die weite Verbreitung der antagonistischen Hellrot-Dunkelrot-Wirkung und vor allem deren Einfluß auf so verschiedenartige Prozesse läßt darauf schließen, daß diese Reaktion an sehr zentraler Stelle in den Stoffwechsel eingreifen muß. Es ist daher von besonderem Interesse, daß GORDON und SURREY einen Einfluß dieses Systems auf die oxydative Phosphorylierung von Rattenlebermitochondrien und *Avena*-Koleoptilen feststellten. Nach Hellrotlichtbehandlung (648—652 nm) war die Phosphorylierungsrate (ATP-Bildung) erhöht, nach Dunkelrotbehandlung (722—727 nm) dagegen gemindert. Es scheint tatsächlich, als ob hier ein Prozeß erfaßt sei, der mit den Primärreaktionen dieser Lichtwirkung zumindest sehr eng gekoppelt ist. Für eine weitere Hellrot-Dunkelrot-abhängige Reaktion ließ sich nämlich bereits wahrscheinlich

---

[1] In bezug auf die sehr eingehend studierte Primärreaktion der Photosynthese, die hier nicht mitbehandelt wird, sei auf den Abschnitt „Stoffwechsel organischer Verbindungen I (Photosynthese)" verwiesen.

machen, daß sie über die Beeinflussung der Phosphorylierung zustande kommt. Moh und Withrow konnten zeigen, daß das Ausmaß der durch Röntgenbestrahlung verursachten Chromosomenaberrationen durch Dunkelrotbehandlung (715—940 nm) verstärkt wird und daß gleichzeitige oder anschließende Gabe von Hellrot (620—680 nm) den Dunkelroteffekt anulliert. Da nach Wolff und Luippold die Reparation strahleninduzierter Chromosomenbrüche von der oxydativen Phosphorylierung abhängig ist, nehmen die Autoren unter Bezugnahme auf die Ergebnisse von Gordon und Surrey an, daß die Lichtwirkung zunächst die Höhe der ATP-Bildung festlegt, die dann ihrerseits das Ausmaß der Chromosomenreparation bedingt. Es wird also in Zukunft zu untersuchen sein, ob sich der Einfluß des reversiblen Hellrot-Dunkelrot-Systems auf die anderen genannten Prozesse in entsprechender Weise erklären läßt. Wieweit die bei Hefe auch im Rotlicht vorhandene photosensibilisierte Phosphorylierung auf die gleiche Reaktion zurückgeht, bleibt weiter zu klären (Ehrenberg, unveröff., vgl. Simonis).

Neuerdings konnte bei Anwendung größerer Energiebeträge ein weiteres Photoreceptorsystem aufgefunden werden. Bei der Untersuchung der spektralen Lichtabhängigkeit der Anthocyanbildung von Rotkohlkeimlingen stellten Siegelman und Hendricks (1) zunächst die Wirksamkeit des Hellrot-Dunkelrot-Systems fest. Das Wirkungsspektrum zeigte jedoch einen ganz anderen Verlauf, wenn die eingestrahlten Energiemengen auf das 50fache heraufgesetzt wurden. Der ganze Bereich zwischen 600 und 800 nm wirkte dann fördernd. Das Wirkungsmaximum lag bei 690 nm, die Wirkungskurve fiel glockenförmig nach beiden Seiten hin ab. Außerdem ergab sich auch im kurzwelligen Bereich eine deutliche Wirkung zwischen 400 und 530 nm mit einem Maximum bei etwa 450 nm. Eine ähnliche spektrale Abhängigkeit zeigte die Anthocyanbildung bei *Brassica rapa*-Keimlingen, nur daß hier der Anstieg der Wirkungskurve im langwelligen Bereich von einem Teilminimum unterbrochen wurde, so daß im ganzen ein Gipfel um 450 nm, ein Gipfel bei 620 nm und der Hauptgipfel bei 725 nm resultierten. Gleichzeitig wies Mohr (3) nach, daß die Anthocyanbildung von *Sinapis alba*-Keimlingen in der gleichen Weise wie bei Rotkohl durch zwei verschiedene durch Energiebedarf und Wirkungsspektrum deutlich gekennzeichnete Receptorsysteme beeinflußt wird. Neben der fördernden Wirkung schwacher Dosen Hellrotlicht und der (wenigstens teilweisen) Aufhebung dieser Wirkung durch anschließende kurzfristige Bestrahlung mit Dunkelrotlicht (also der bekannten Niederenergiereaktion) ergab sich eine Förderung der Anthocyansynthese bei verlängerter Dunkelroteinstrahlung. Die Untersuchung des Wirkungsspektrums dieser Hochenergiereaktion lieferte eine zweigipflige Kurve mit dem Hauptgipfel bei 710 nm und dem zweiten Gipfel bei 450 nm. Weiterhin stellte Mohr fest, daß die Lichtbeeinflussung des Streckungswachstums des Hypokotyls von *Sinapis* nur durch längere Belichtung zu erreichen war und diese Lichtreaktion ein Aktionsspektrum besaß, das mit dem der Hochenergiereaktion bei der Anthocyanbildung praktisch identisch war (Hauptgipfel: 710 nm, zweiter Gipfel: um 450 nm).

Allen diesen Lichtreaktionen mit hohem Energiebedarf (Hochenergiereaktionen) ist die zweigipflige Wirkungskurve mit Hauptgipfel im Dunkelrot und zweiten kleineren Gipfel im Blau gemeinsam. Es darf daher mit großer Wahrscheinlichkeit vermutet werden, daß die Lichtwirkungen in allen genannten Fällen unter Vermittlung des gleichen oder doch sehr ähnlicher Receptorsysteme zustande kommen. Die Lichtreaktion, die die Anthocyanbildung in den Fruchtschalen bestimmter Apfelsorten ermöglicht [SIEGELMAN und HENDRICKS (2)], weicht in ihrem spektralen Verhalten von dem geschilderten Typus stärker ab, doch ist auch bei ihr der hohe Energiebedarf und die hauptsächliche Wirkung im Bereich zwischen 600 und 750 nm zu finden. Nur liegt der Hauptgipfel bei 650 nm, ein Nebengipfel nahe 600 nm. Das übrige sichtbare Spektralgebiet ist nur schwächer wirksam. Daß das neu gefundene Receptorsystem — wegen der zweigipfligen Wirkungskurve von MOHR Blau-Dunkelrot-Reaktionssystem genannt — einen ähnlich zentralen Angriffspunkt im Stoffwechsel besitzen muß wie das reversible Hellrot-Dunkelrot-System, konnte MOHR (4 und 5) durch den Nachweis wahrscheinlich machen, daß noch zwei weitere Photomorphosen der *Sinapis*-Keimlinge, nämlich die Bildung von Haaren aus Zellen der Epidermis des Hypokotyls und das Flächenwachstum der Keimblätter, durch die gemeinsame Vermittlung des reversiblen Hellrot-Dunkelrot-Systems und des Blau-Dunkelrot-Systems zustande kommen. Auf Grund dieser Befunde liegt es nahe anzunehmen, daß auch eine Reihe weiterer, schon früher beschriebener Dunkelrotwirkungen ihre Erklärung in einer solchen gleichzeitigen Wirksamkeit dieser beiden Systeme findet [CATHEY und BORTHWICK (1); MOHR (2); STOLWIJK; STOLWIJK und ZEEVAART u. a.]. Auch für die Streckung der *Sinapis*-Hypokotyle, für die zunächst nur die Wirksamkeit der Hochenergiereaktion gefunden worden war (vgl. oben), hat MOHR (5) inzwischen den Nachweis für eine Beteiligung der Niederenergiereaktion erbringen können.

Die Schwierigkeit der Trennung der beiden Reaktionssysteme liegt darin, daß sich ihre Wirkungsspektren zum großen Teil überdecken. Wenn auch der unterschiedliche Energiebedarf oft eine Unterscheidung erlaubt, läßt sich jedoch bei gleichzeitigem Vorhandensein der quantitative Anteil der beiden Systeme an der Gesamtwirkung nicht ohne weiteres angeben. Die Hellrot-Niederenergiereaktion läßt sich nämlich, wie MOHR (4 und 5) durch entsprechende Beleuchtungsprogramme nachwies, durch in gewissen Zeitabständen gegebene kurze Hellrot-Gaben in ihrer Gesamtwirkung weiter steigern. MOHR bestimmte daher in seinen beiden letzten Arbeiten (4 und 5) den über die Niederenergiereaktion maximal erreichbaren Effekt im Rahmen einer länger dauernden Lichtbehandlung, um ihn dann von der Gesamtwirkung in Abzug bringen zu können. Auf diese Weise stellte er fest, daß der Anteil der beiden Receptorsysteme an der Gesamtwirkung von Fall zu Fall sehr verschieden hoch ist; so überwiegt z. B. bei der Lichtwirkung auf die Haarbildung am Hypokotyl bei weitem die Niederenergiereaktion, bei der Hypokotylstreckung dagegen die Hochenergiereaktion. Ferner nahm er durch Abzug des Betrages für die Niederenergiereaktion (ermittelt für die

Bereiche Hellrot, Dunkelrot und Blau) eine näherungsweise Korrektur des Hochenergiewirkungsspektrums (am Beispiel des Blattflächenwachstums) vor, deren Ergebnis aber keine wesentliche Änderung gegenüber den früheren Daten ergab. In bezug auf die weiteren, den bisherigen experimentellen Ergebnissen gegebenen theoretischen Deutungen sei auf die Originalarbeiten verwiesen.

Erwähnt sei jedoch, daß SIEGELMAN und HENDRICKS (1 und 2) auf Grund der Ähnlichkeit des Wirkungsspektrums der Hochenergiereaktion mit dem Absorptionsspektrum von Flavoproteiden vom Typ der Butyryl-CoA-Dehydrase vermuten, daß unter ihnen das für die Lichtwirkung verantwortliche Pigment zu suchen ist.

Daß neben den beiden besprochenen noch weitere unbekannte Photoreceptor-Systeme in der Pflanze wirksam sind, geht aus Arbeiten hervor, die bei bestimmten lichtabhängigen Prozessen von einer besonderen oder ausschließlichen Wirksamkeit des mittleren Bereiches des sichtbaren Lichtes berichten [JACOB; KANDELER (2); LIETH; RICHARDSON]. Auch für die nach wie vor zahlreich gefundenen Lichtwirkungen, die auf eine ausschließliche oder vornehmliche Wirkung des kurzwelligen Spektralbereiches des sichtbaren Lichtes zurückgehen, werden vielleicht von Fall zu Fall verschiedene Systeme verantwortlich sein [BABUŠKIN; BÜNNING (1); BÜNNING und SCHNEIDERHÖHN; CANTINO und HORENSTEIN; CARLYLE und FRIEND; CAYLE und EMERSON; FRIEDERICHSEN und ENGEL; FULKERSON; GARDNER; HALLDAL; INGOLD und DRING; MADELIN; MIZUMOTO; NULTSCH; SAGROMSKY (1); SHROPSHIRE und WITHROW; SLABĘCKA-SWEYKOWSKA; STOY; THORNING; VOSKRESENSKAYA; VOSKRESENSKAYA und [GRISHINA (1 und 2); ZALOKAR]. Im ganzen scheint die Mannigfaltigkeit der Lichtrezeptionssysteme in der Pflanze wesentlich größer zu sein, als bisher angenommen wurde.

b) Pigmentgehalt. Für diejenigen Lichtwirkungen, deren Aktionsspektrum in dem Bereich der Absorption von schon bekannten Pflanzenpigmenten liegt, erhebt sich immer wieder die Frage, ob diese Pigmente für den Lichteinfluß verantwortlich oder an ihm beteiligt sind. Dabei braucht eine Identität oder Ähnlichkeit von Wirkungsspektrum und Absorptionsspektrum durchaus nicht vorzuliegen, da Filtereffekte durch andere Pigmente oder antagonistisch wirkende weitere Photoreaktionen diese Beziehung verwischen können. Als ein gutes methodisches Hilfsmittel hat sich in diesem Falle vielfach die Untersuchung des jeweiligen Lichteffektes bei unterschiedlichem Pigmentgehalt im Pflanzenmaterial erwiesen, für das hier im folgenden kurz einige neue Beispiele genannt seien.

Handelt es sich bei der zu untersuchenden Lichtreaktion um einen allgemein verbreiteten stoffwechselphysiologischen Prozeß, so genügt oft schon die Heranziehung von pigmentfreien Organen der gleichen Pflanze. FARKAS, KONRAD und KIRALY fanden bei Belichtung von etiolierten Weizenkeimlingen eine Steigerung der Malonat-Empfindlichkeit der O_2-Aufnahme. Da die Belichtung gleichzeitig auch Chlorophyllbildung hervorrief, war in diesem Fall fraglich, ob das gebildete Chlorophyll für den Lichteffekt verantwortlich sei. Eine Paralleluntersuchung an den Keimwurzeln des gleichen Materials ergab dann aber, daß diese chlorophyllfreien Organe die Lichtabhängigkeit der Malonat-Sensibilität in gleicher Weise zeigten. Damit konnte das Chlorophyll als Photoreceptor dieser Reaktion ausgeschlossen werden. In entsprechender Weise wiesen SIMONIS und EHRENBERG nach, daß die lichtinduzierte Phosphorylierung in der Pflanze nicht nur in chlorophyllführenden, photosynthetisch tätigen Pflanzenorganen stattfindet, sondern auch — wenn auch nur in geringerem Maße — in chlorophyllfreien Wurzeln und Hefezellen. Damit konnte gezeigt werden, daß neben der photosynthesebedingten Phosphorylierung zumindest ein weiterer Photoreceptor in der Pflanze vorhanden sein muß, der die Phosphorylierungsprozesse beeinflußt. In den meisten Fällen ist es für derartige vergleichende Untersuchungen allerdings notwendig, daß sie an Material durchgeführt werden, das möglichst weitgehend gleiche physiologische Eigenschaften aufweist und sich hauptsächlich nur durch den unterschiedlichen Pigmentgehalt unterscheidet. In diesem Sinne sind pigmentfreie oder auch pigmentarme Mutanten (Albino-Formen) besonders geeignet, wie sie z. B. früher von BORTHWICK, HENDRICKS und PARKER bei Untersuchungen über die Lichtabhängigkeit der Internodienstreckung zum Nachweis der Nichtbeteiligung des Chlorophylls verwendet wurden. Stehen solche Mutanten nicht zur Verfügung, besteht in bestimmten Fällen außerdem die Möglichkeit, die Farbstoffsynthese durch spezifische Hemmstoffe zu blockieren. So setzte JACOB bei der Untersuchung des Lichteinflusses auf die Trophocysten-Keimung von verschiedenen Pilobolus kleinii-Stämmen den Kulturen teilweise Diphenylamin zu, um auf diese Weise eine Unterdrückung der Carotinbildung zu erreichen. Da sich die Wirkungsspektren von carotinhaltigem und carotinfreiem Material nicht voneinander unterschieden (bei 4 Stämmen Lichthemmung zwischen 535 und 585 nm, bei 1 Stamm im gesamten kurzwelligen Bereich bis 585 nm), konnte er die Schlußfolgerung ziehen, daß das (im Plasma in Tröpfchen verteilte) Carotin ohne Einfluß auf die Lichthemmungsreaktion ist. KANDELER (4) untersuchte die hemmende Wirkung von längerer Bestrahlung auf die Anthocyanbildung von Cruciferen-Keimlingen, die vor allem vom mittleren Teil des sichtbaren Spektrums ausgeht und evtl. auf eine indirekte Wirkung über die Chlorophyllbildung aus Protochlorophyll zurückzuführen war. Versuche, bei denen mit Hilfe von Streptomycin bzw. Chloramphenicol die Chlorophyllbildung fast ganz unterbunden wurde, zeigten aber, daß der Lichteffekt auf die Anthocyanbildung in voller Höhe erhalten blieb und daher nicht auf dem Wege über die Chlorophyllbildung zustande kommen kann.

Das Methylpyrophaeophorbid a, das von TODD und GALSTON (Fortschr. Bot. **17**, 471) in verschiedenen *Lactuca*-Varietäten etwa proportional zu deren Lichtempfindlichkeit gefunden und deshalb als das für die Niederenergiereaktion verantwortliche Pigment in Aussicht genommen wurde, kommt nach den Angaben von DRUMM zwar in chlorophylldefektem Gewebe von Panaschüren, nicht aber in normal grünen und normal chlorophyllfreien Pflanzenteilen vor. Es scheint also nur bei gehemmter Chlorophyllsynthese zu entstehen und könnte danach nicht der Photoreceptor der — vom Chlorophyllgehalt unabhängigen — Niederenergiereaktion sein.

c) Biochemische Beeinflussung. Die Prüfung der Beeinflußbarkeit der Lichtreaktion durch spezifisch wirkende chemische Agentien läßt sich nun nicht nur für die Untersuchung der etwa beteiligten Pigmente, sondern auch für die Analyse der in der Pflanze ausgelösten Primärreaktionen verwenden. Diese Möglichkeit ist allerdings bisher nur relativ wenig ausgenutzt worden. Im ganzen überwiegen hier bisher solche Arbeiten, die versuchen, die Lichtwirkung durch Zuführung (Fütterung) bestimmter Stoffe zu ersetzen und damit diese Stoffe als Folgeprodukte der Lichtreaktion nachzuweisen. Nicht immer genügend beachtet wird allerdings dabei, daß auch bei synergistisch wirkenden, also unabhängig von der Lichtreaktion gebildeten Stoffen eine solche „Ersetzbarkeit" der Lichtwirkung auftritt. Eine Unterscheidung dieser Möglichkeiten läßt sich herbeiführen durch die Untersuchung der kombinierten Wirkung von Licht und chemischem Agens. Ergibt die Kombination im optimalen Wirkungsbereich beider Faktoren eine erhöhte Wirkung über den von den Einzelfaktoren erreichten Betrag hinaus, liegt eine synergistische Wirkung vor, da die beiden Agentien mehr leisten, als bei einfacher Austauschbarkeit zu erwarten wäre. Auch eine mehr als nur additive (= summierende), d. h. also multiplikative Wirkung im suboptimalen Wirkungsbereich beider Faktoren kann bereits die synergistische Wirkung nachweisen. Gute Beispiele geben hierzu Arbeiten, die die Ersetzbarkeit der Hellrot-Niederenergiereaktion durch Kinetin untersuchen. HILLMAN erhielt mit kurzen Gaben Hellrotlicht eine starke Steigerung der Sproßvermehrungsrate von im Dunkeln gehaltenen und heterotroph ernährten Lemna minor-Pflanzen. Dieser Effekt, der durch Dunkelrotbestrahlung aufgehoben werden kann, ließ sich durch Zugabe von Kinetin in die Nährlösung ersetzen, und zwar bei optimaler Konzentration (3×10^{-6} M) vollständig. Wurde nun zusätzlich zu der optimalen Kinetingabe auch das Hellrotlicht gegeben, ergab sich eine weitere Steigerung der Sproßvermehrungsrate. Beide Faktoren wirken also synergistisch. Das gleiche Ergebnis läßt sich aus den Untersuchungen von MILLER über die Keimung von Lactuca-Achänen entnehmen. Hier war deutlich eine multiplikative Wirkung der beiden Agentien festzustellen. So betrugen die Keimprozente zum Beispiel für Dunkel, ohne Kinetin: 1 (3), Dunkel, mit Kinetin (5×10^{-5} M): 34 (29), Hellrotlicht, ohne Kinetin: 42 (28), Hellrotlicht mit Kinetin: 89 (94) (Werte für einen 2. Versuch, der unter abweichenden Bedingungen stattfand, in Klammern). Auch Gibberellin wirkt zusammen mit (durch Dunkelrotlicht anullierbaren) schwachen Hellrotgaben multiplikativ, wie LOCKHART anhand der Sproßverlängerung von Zwergbohnenkeimlingen zeigen konnte. SKOTT und LIVERMAN stellten für die Vergrößerung von Blattscheiben etiolierter Bohnen bei optimaler Gabe von Gibberellinsäure eine zusätzliche Wirkung von Hellrotlicht fest. Kinetin und Gibberellin gehören also — genau so wie die schon früher daraufhin untersuchte Indolylessigsäure (Fortschr. Bot. **17**, 776; LIVERMAN und LANG) offensichtlich nicht zu den Folgeprodukten der reversiblen Hellrot-Dunkelrot-Reaktion und können wohl daher zur weiteren Aufklärung dieser Photoreaktion nicht beitragen.

Sehr viel günstiger liegen die Verhältnisse für derartige Versuche, wenn es sich bei dem lichtabhängigen Prozeß um einen Vorgang handelt, dessen biochemischer Ablauf schon mehr oder weniger bekannt ist. Dann kann durch Fütterung von Zwischenstufen der Reaktionskette die Lage des Angriffspunktes des Lichtes im Gesamtvorgang bestimmt werden, und zwar wieder nach der Regel, daß nur diejenigen Zwischenstufen die Lichtwirkung ersetzen können, die hinter dem lichtabhängigen Glied der Reaktionskette liegen, d. h. Folgeprodukte der Lichtreaktion sind. Mit Hilfe dieser Methode untersuchte KANDELER (3) die Lage des Angriffspunktes der Blau-Dunkelrot-Hochenergiereaktion im Biosyntheseablauf der Anthocyanbildung und kam zu dem Ergebnis, daß ein oder mehrere späte Stadien der Synthese lichtabhängig sein müssen, da Natriumacetat, Phloroglucin, Shikimisäure, L-Phenylalanin und (wahrscheinlich auch) L-Dioxyphenylalanin die Lichtwirkung nicht ersetzen konnten. Ferner stellte KANDELER fest, daß Adenosintriphosphat eine fördernde Wirkung auf die Anthocyanbildung im Dunkeln ausübte und damit die Lichtwirkung bis zu einem gewissen Grade (allerdings nicht voll) ersetzen konnte. Damit ist ein Hinweis dafür gegeben, daß das Blau-Dunkelrot-System nicht direkt in die Biosynthesekette des Anthocyans eingreift, sondern über die Bildung energiereicher Phosphatbindungen wirksam ist, die dann bei bestimmten Syntheseschritten benötigt werden. Weitere Untersuchungen werden die Stichhaltigkeit dieser Hypothese prüfen müssen.

Literatur.

I. Wirkungen ionisierender Strahlen.

ADAMS, J. D., and R. A. NILAN: Radiation Res. **8**, 111—122 (1958). — ADLER, H. I.: Radiation Res. **9**, 451—458 (1958). — ALEXANDER, P.: Radiation Res. **6**, 653—660 (1957). — ALEXANDER, P., and D. J. TOMS: Radiation Res. **9**, 509—524 (1958). — ALPER, T., and N. E. GILLIES: J. gen. Microbiol. **18**, 461—472 (1958). — AUGENSTINE, L. G.: In H. P. YOCKEY (Edit.), Sympos. on Inform. Theory in Biology. Pergamon Press 1958. — AVANZI, S.: Atti Accad. naz. Lincei, Ser. 8. **23**, 158—165 (1957).

BACQ, Z. M., u. P. ALEXANDER: Grundlagen der Strahlenbiologie. Stuttgart: Georg Thieme 1958. — BACQ, Z. M., u. Mitarb.: Exp. Cell Res. **12**, 639—648 (1957). — BAIR, W. J., and F. P. HUNGATE: Science **127**, 813 (1958). — BAKER, N., A. P. GIBBONS and R. A. SHIPLEY: Biochem. biophys. Acta **28**, 579—586 (1958). — BIEBL, R.: A/Conf. 15/P/1436. — BORA, K. C.: A/Conf. 15/P/1653. — BROWN, F. A., J. SHRINER and H. M. WEBB: Biol. Bull. **113**, 103—111 (1957). — BUGHER, J. G. (Edit.): Progress in Nuclear Energy, Ser. VI. Biological Sciences Bd. 2. Pergamon Press 1959.

CAPUTO, A., u. K. DOSE: Z. Naturforsch. **12b**, 172—180 (1957). — CONGER, A. D., u. Mitarb.: Radiation Res. **9**, 525—547 (1958). — CURTIS, H. J., u. Mitarb.: Radiation Res. **8**, 526—534 (1958).

DALES, W. M., and J. W. DAVIES: Radiation Res. **7**, 35—46 (1957). — DAVIDSON, D.: Ann. of Bot., N. S. **22**, 183—195 (1958). — DITTRICH, W.: Z. Naturforsch. **12b**, 536—541 (1957). — DOSE, K., u. B. RAJEWSKY: Biochem. Z. **330**, 131—140 (1958). — DONELLAN, J. E., and H. J. MOROWITZ: Radiation Res. **7**, 71—78 (1957). — DUBUNIN, N. P.: A/Conf. 15/P/2074.

EBERT, M., and A. HOWARD: Radiation Res. **7**, 331—341 (1957). — EHRENBERG, L., u. K. G. ZIMMER: Hereditas (Lund) **42**, 515—519 (1956). — EHRENBERG, L., M. JAARMA and E. C. ZIMMER: Acta chem. scand. **11**, 950—956 (1957). — ELDJAHRN, L., and A. PIHL: J. biol. Chem. **225**, 499—510 (1957). — ELSASSER, W. M.: The

Physical Foundation of Biology. Pergamon Press 1958. — ENGELHARD, H., u.
F. SMIDT: Naturwissenschaften **44**, 283 (1957). — ENGELHARD, H., H. BÜLOW u.
E. CANEL: Z. Naturforsch. **13 b**, 413—420 (1958). — ENGELHARD, H., K. E. SCHNE-
WEIS u. H. BÜLOW: Z. Naturforsch. **14 b**, 152—157 (1959). — ERRERA, M.: Effets
biologiques des radiations. Aspects biochimiques. Protoplasmologia X, 3. Wien:
Springer 1957.
FRITZ-NIGGLI, H.: (1) Fortschr. Röntgenstr. **85**, 265—273 (1956). — (2) Natur-
wissenschaften **45**, 557—564 (1958). — (3) Radiol. clin. (Basel) **25**, 358—370 (1956). —
FORSSBERG, A., and R. NOVAK: Radiation Res. **9**, 115—116 (1958).
GAFFORD, R. D.: Radiation Res. **9**, 248—259 (1958). — GLUBRECHT, H.: Atom-
praxis **5**, 276—280 (1959). — GORDON, S. A.: Quart. Rev. Biol. **32**, 3—14 (1957). —
GORDY, W.: In H. P. YOCKEY (Edit.), Sympos. on Inform. Theory in Biology.
London-New York-Paris: Pergamon Press 1958. — GORDY, W., and H. SHIELDS:
Radiation Res. **9**, 611—625 (1958). — GOVINDJEE: Naturwissenschaften **44**,
183 (1957). — GRAUL, E. H.: Atompraxis **3**, 429—437 (1957); **4**, 54—59 (1958). —
GRAY, L. H.: Annual Rev. Nuclear Sci. **6**, 353 —422(1956). — GUNCKEL, J. E.:
Quart. Rev. Biol. **32**, 46—56 (1957).
HAGEN, U., u. R. KOCH: Z. Naturforsch. **12 b**, 240—249 (1957). — HAMILTON,
H. B., S. OKADA and M. MORRISON: Biochem. biophys. Acta **23**, 540—543 (1957). —
HEMS, G., and M. L. EIDINOFF: Radiation Res. **9**, 305—311 (1958). — HENESSY,
T. G., u. Mitarb. (Edit.): Proc. Conference on Radiobiology at the intra-cellular
level. Pergamon Press 1959. — HOUTERMANS, T., J. JENSEN u. E. THOFERN: Z.
Naturforsch. **12 b**, 437—440 (1957). — HOWARD-FLANDERS, P.: Nature (Lond.)
180, 1191—1192 (1957). — HOWARD-FLANDERS, P., and T. ALPER: Radiation Res.
7, 518—540 (1957). — HOWARD-FLANDERS, P., and D. MOORE: Radiation Res. **9**,
422—437 (1958). — HUTCHINSON, F.: Radiation Res. **7**, 473—483 (1957). —
HUTCHINSON, F., A. PRESTON and B. VOGEL: Radiation Res. **7**, 465—472 (1957). —
HUTCHINSON, F., H. MOROWITZ and E. KEMPNER: Science **126**, 310 (1957).
KAN, B., S. A. GOLDBLITH and B. E. PROCTOR: Food Res. **23**, 41—50 (1958). —
KAUDEWITZ, F., W. VIELMETTER, H. FRIEDRICH-FREKSA: Z. Naturforsch. **13 b**,
793—802 (1958). — KLEIN, S., and J. W. PREISS: Plant Physiol. **33**, 321—329
(1958). — KLINGMÜLLER, W.: Z. Naturforsch. **14 b**, 268—272 (1959). — KOCH, A. L.:
In H. P. YOCKEY (Edit.) Sympos. on Inform. Theory in Biology, p. 283—286.
London-New York-Paris: Pergamon Press 1958. — KONZAK, C. F.: Quart. Rev. Biol.
32, 27—45 (1957). — KOROGODIN, V. I.: Biofizika 3, 206—214 (1958). — KRAHE, M.,
H. A. KÜNKEL u. H. J. SCHMERMUND: Strahlenther. **102**, 288—290 (1957). —
KÜNKEL, H. A., G. HÖHNE u. H. MAASS: Z. Naturforsch. **12 b**, 144—147 (1957). —
KUZIN, A. M., and A. L. SHABADASH: A/Conf. 15/P/2319 (1958).
LANGENDORFF, H.: Atomkernenergie 3, 438—444 (1958). — LEBEDINSKY, A. V.,
u. Mitarb.: A/Conf. 15/P/2068 (1958). — LILLY, L. J.: Exp. Cell Res. **14**, 257—267
(1958). — LUTSHNIK, N. V.: Biochimija **23**, 146—153 (1958).
MAASS, H., u. Mitarb.: Z. Naturforsch. **12 b**, 553—556 (1957). — MADSEN, K. A.,
D. K. SALUNKHE, M. SIMON: Radiation Res. **10**, 48—62 (1959). — MANDEL, P.,
M. SENSENBRENNER and G. VINCENDON: Nature (Lond.) **182**, 674—675 (1958). —
MANSUROVA, V. V., V. V. SAKHAROV and V. V. KHVOSTOVA: Bot. Z. **43**, 989—997
(1958). — MARCOVICH, H.: Ann. Inst. Pasteur **93**, 456—462 (1957). — MELCHING,
H. J., M. LANGENDORFF und H. A. LADNER: Naturwissenschaften **45**, 545 (1958). —
MERICLE, L. W., and R. P. MERICLE: Amer. J. Bot. **44**, 747—756 (1957). — MEYER,
I., W. GRAF: Naturwissenschaften **44**, 636 (1957). — MOROWITZ, H. J.: In H. P.
YOCKEY (Edit.), Sympos. on Inf. Theory in Biology, p. 276—282 London-New York-
Paris: Pergamon Press 1958. — MORTIMER, R. K.: Radiation Res. **9**, 312—326
(1958). — MOUSTACCHI, E.: Ann. Inst. Pasteur **94**, 89—96 (1958). — MURRAY, B. E.:
Canad. J. Agricult. Sci. **36**, 120—126 (1956).
NATARAJAN, A. T., and M. S. SWAMINATHAN: Naturwissenschaften **45**, 494—495
(1958). — NYBOM, N., u. Mitarb.: Hereditas (Lund) **42**, 74—84 (1956).
OKADA, S.: Arch. Biochem. Biophysics **67**, 95—120 (1957). — OKADA, S., u.
G. GEHRMANN: Biochem. biophys. Acta **25**, 179—182 (1957).
PETER, G.: Z. Naturforsch. **14 b**, 135 (1959). — PLATZMAN, R., and J. FRANCK:
In H. P. YOCKEY (Edit.), Sympos. on Inform. Theory in Biology, p. 262—275
London-New York-Paris: Pergamon Press 1958. — POLLARD, E.: Radiation Res.

9, 167 (1958). — POLLARD, E., J. SETLOW and E. WATTS: Radiation Res. 8, 77—91 (1958). — POWELL, F., and E. POLLARD: Virology 2, 321—336 (1956). — POWERS, E. L., R. B. WEBB and C. F. EHRET: A/Conf. 15/P/908. — PROCTOR, E., u. Mitarb.: Radiation Res. 8, 51—63 (1958).

RAJEWSKY, B., H. E. BERGER u. G. GERBER: Z. Naturforsch. 12b, 346—347 (1957). — RAJEWSKY, B., u. K. DOSE: Z. Naturforsch. 12b, 384—393 (1957).

SAX, K.: Quart. Rev. Biol. 32, 15—26 (1957). — SAYEG, J. S., u. Mitarb.: Radiation Res. 10, 449—461 (1959). — SCHMIDT, B., u. H. DOBBERSTEIN: Zbl. Bakt. I. Abt., Orig. 170, 521—530 (1958). — SECHTMAN, J. L.: Biofizika 1, 137—140 (1956). — SINCLAIR, W. K., S. E. GUNTER and A. COLE: Radiation Res. 10, 418—432 (1959). — SIX, E.: Z. Naturforsch. 13b, 6—14 (1958). — SKOK, J.: Plant Physiol. 32, 648—658 (1957). — SMITH, C. L.: Radiation Res. 9, 184 (1958). — SOGO, P. B., and B. M. TOLBERT: Advanc. Biol. Med. Physics 5, 1—35 (1957). — SOKUROVA, E. N.: Mikrobiologija 26, 519—525 (1957). — SOMMERMEYER, K., u. K. PHILIPP: Z. Naturforsch. 14b, 33—37 (1959). — SPALDING, J. F., S. B. HAWKINS and J. A. SAYEG: Radiation Res. 9, 548—551 (1958). — SPALDING, J. F., W. H. LAUGHAM and E. C. ANDERSON: Radiation Res. 8, 322—328 (1958). — SPOERL, E., and D. LOONEY: J. Bact. 76, 63—74 (1958). — STAPLETON, G. E., and C. W. EDINGTON: Radiation Res. 5, 39—45 (1956). — STEIN, W., u. W. LASKOWSKI: (1) Z. Naturforsch. 12b, 542—546 (1957). — (2) Naturwissenschaften 46, 88—89 (1959). — (3) Z. Naturforsch. 13b, 651—657 (1958). — STRAUSS, B. S.: Radiation Res. 8, 234—247 (1958). — SUTTON, H. C., and J. ROTBLAT: Nature (Lond.) 180, 1332—1333 (1957).

TANADA, T.: Radiation Res. 9, 552—559 (1958). — TOBIAS, C. A., u. Mitarb.: A/Conf. 15/P/1844.

WAGGONER, P. E., and A. E. DIMOND: Phytopathology 47, 125—130 (1957). — WARBURG, O., u. Mitarb.: (1) Z. Naturforsch. 12b, 393—395 (1957). — (2) Naturwissenschaften 45, 192—193 (1958). — (3) Z. Naturforsch. 13b, 591—596 (1958). — WOESE, C. R.: J. Bact. 75, 5—8 (1958). — WOOD, T. H., and A. L. TAYLOR: (1) Radiation Res. 7, 99—106 (1957). — (2) Radiation Res. 6, 611—625 (1957).

YOCKEY, H. P.: (1) Radiation Res. 5, 146—155 (1956). — (2) In Sympos. on Inform. Theory in Biology. p. 297—316. London-New York-Paris: Pergamon Press 1958.

ZIMMER, K. G.: Naturwissenschaften 45, 325—327 (1958). — ZIMMER, K. G., L. EHRENBERG u. A. EHRENBERG: Strahlenther. 103, 3—15 (1957). — ZIRKLE, R. E.: Advanc. Biol. Med. Physics 5, 103—146 (1957). — ZIRKLE, R. E., W. BLOOM and R. B. URETZ: Radiation Res. 9, 206 (1958).

II. Lichtwirkungen.

ARNAUD-LAMARDELLE, P.: C. R. Acad. Sci. (Paris) 246, 1079—1081 (1958). — ARNEY, S. E.: J. exp. Bot. 7, 65—79 (1956).

BABUŠKIN, L. N.: Dokl. Akad. Nauk SSSR, N. S. 103, 333—335 (1955). — BATES, R. P.: Agronomy J. 47, 564—567 (1955). — BONNIER, CH., and C. SIRONVAL: Nature (Lond.) 177, 93—94 (1956). — BORTHWICK, H. A., S. B. HENDRICKS and M. W. PARKER: Bot. Gaz. 113, 95—105 (1951). — BÜNNING, E.: (1) Z. Bot. 43, 167—174 (1955). — (2) Die physiologische Uhr. Berlin 1958. — BÜNNING, E., u. G. SCHNEIDERHÖHN: Arch. Mikrobiol. 24, 80—90 (1956). — BULAT, T. J.: Mycologia 46, 32—36 (1954).

CANTINO, E. C., and E. A. HORENSTEIN: Mycologia 49, 892—894 (1957). — CARLYLE, M. J., and J. FRIEND: Nature (Lond.) 178, 369—370 (1956). — CATHEY, J. M., and H. A. BORTHWICK: Bot. Gaz. 119, 71—76 (1957). — CAYLE, T., and and R. EMERSON: Nature (Lond.) 179, 89—90 (1957). — CHAMPAGNAT, M.: (1) C. R. Acad. Sci. (Paris) 242, 2979—2981 (1956). — (2) C. R. Acad. Sci. (Paris) 245, 343—345 (1957). — CLAES, H.: (1) Z. Naturforsch. 11b, 260—266 (1956). — (2) Z. Naturforsch. 12b, 401—407 (1957). — (3) Z. Naturforsch. 13b, 222—224 (1958).— CRANE, F. L.: Plant Physiol. 29, 188—190 (1954).

DELBRÜCK, M., and W. REICHARDT: In Cellular mechanisms in differentiation and growth, p. 3—44. Princeton 1956. — DOORENBOS, J., and S. J. WELLENSIEK: Ann. Rev. Plant Physiol. 10, 147—184 (1959). — DOWNS, R. J.: Plant Physiol. 30, 468—473 (1955). — DOWNS, R. J., S. B. HENDRICKS and H. A. BORTHWICK: Bot. Gaz. 118, 199—208 (1957). — DRUMM, K.: Planta 46, 92—112 (1955).

ENGELBRECHT, L., u. A. UNVERRICHT: Flora **145**, 236—255 (1957).
FARKAS, G. L., E. KONRAD u. Z. KIRALY: Naturwissenschaften **44**, 65—66 (1957). — FASSE-FRANZISKET, U.: Protoplasma **45**, 194—227 (1955). — FRIEDERICHSEN, I., u. H. ENGEL: Planta **49**, 578—587 (1957). — FULKERSON, J. F.: Phytopathology **45**, 22—25 (1955).
GARDNER, E. B.: Trans. N. Y. Acad. Sci., Ser. 2, **17**, 476—495 (1955). — GORDON, S. A., and K. SURREY: Plant Physiol. **33**, XXIV (Suppl.) (1958). — GUTTENBERG, H. v., u. K. ZETSCHE: Planta **48**, 99—134 (1956). — GUTTER, Y.: Bull. Res. Council Israel, Sect. D, **5**, 273—286 (1957).
HALLDAL, P.: Physiol. Plantarum **11**, 118—153 (1958). — HAUPT, W.: Naturwissenschaften **45**, 273—274 (1958). — HENSSEN, A.: Flora **141**, 523—566 (1954). — HILLIS, W. E., and T. SWAIN: Nature (Lond.) **179**, 586—587 (1957). — HILLMAN, W. S.: Science **126**, 165—166 (1957). — HILLMAN, W. S., and A. W. GALSTON: Plant Physiol. **32**, 129—135 (1957).
INGOLD, C. T., and V. J. DRING: Ann. Bot., N. S. **21**, 465—477 (1957).
JACOB, F.: Ber. dtsch. bot. Ges. **71**, (16)—(17) (1958). — JEREBZOFF, S.: C. R. Acad. Sci. (Paris) **242**, 1059—1061 (1956).
KANDELER, R.: (1) Z. Bot. **44**, 153—174 (1956). — (2) Ber. dtsch. bot. Ges. **71**, 34—44 (1958). — (3) Ber. dtsch. bot. Ges. **71**, (24)—(25) (1958). — (4) Naturwissenschaften **46**, 452—453 (1959). — KLEIN, W. H., R. B. WITHROW, A. P. WITHROW and V. ELSTAD: Science **125**, 1146—1147 (1957).
LAVOREL, J.: Biochim. biophysica Acta **22**, 226—237 (1956). — LEWIN, R. A.: J. gen. Microbiol. **15**, 170—185 (1956). — LIETH, H.: Arch. Mikrobiol. **24**, 91—104 (1956). — LIVERMAN, J. L., M. P. JOHNSON and L. STARR: Science **121**, 440—441 (1955). — LIVERMAN, J. L., and A. LANG: Plant Physiol. **31**, 147—150 (1956). — LOCKHART, J. A.: Physiol. Plantarum **11**, 487—492 (1958). — LÖRCHER, L.: Z. Bot. **46**, 209—241 (1958).
MADELIN, M. F.: Ann. Bot., N. S. **20**, 467—480 (1956). — MILLER, C. O.: Plant Physiol. **33**, 115—117 (1958). — MIZUMOTO, S.: J. Japanese Forest. Soc. **40**, 198—201 (1958). — MOH, C. C., and R. B. WITHROW: Radiation Res. **10**, 13—19 (1959). — MOHR, H.: (1) Planta **46**, 534—551 (1956). — (2) Planta **47**, 127—158 (1956). — (3) Planta **49**, 389—405 (1957). — (4) Planta **53**, 109—124 (1959). — (5) Planta **53**, 219—245 (1959).
NIEMANN, E.: Angew. Bot. **30**, 135—140 (1956). — NULTSCH, W.: Arch. Protistenkde. **101**, 1—68 (1959).
OPPENOORTH, W. F. F.: Nature (Lond.) **178**, 992—993 (1956).
PAGE, O. T.: Canad. J. Bot. **34**, 881—890 (1956). — PHILLIPS, E. W. J.: Nature (Lond.) **174**, 85—86 (1954). — PIRINGER, A. A., and P. H. HEINZE: Plant Physiol. **29**, 467—472 (1954).
REID, C.: Excited states in chemistry and biology. London 1957. — REINERT, J.: Ann. Rev. Plant. Physiol. **10**, 441—458 (1959). — RICHARDSON, S. D.: Nature (Lond.) **181**, 429—430 (1958). — RICHTER, G., u. A. PIRSON: Flora **144**, 562—597 (1957). — RIEDHART J. M., and C. L. PORTER: Mycologia **50**, 390—402 (1958). — RUBIN, B. A., I. A. ČERNAVINA u. A. V. MICHEEVA: Dokl. Akad. Nauk SSSR **105**, 1039—1041 (1955).
SAGROMSKY, H.: (1) Biol. Zbl. **75**, 385—397 (1956). — (2) Ber. dtsch. bot. Ges. **72**, 169—175 (1959). — SCOTT, R. A., and J. L. LIVERMAN: Science **126**, 122—124 (1957). — SHROPSHIRE, W. J., and R. B. WITHROW: Plant Physiol. **33**, 360—365 (1958). — SIEGELMAN, H. W., and S. B. HENDRICKS: (1) Plant Physiol. **32**, 393—398 (1957). — (2) Plant Physiol. **33**, 185—190 (1958). — SIMONIS, W.: Atompraxis **5** (1959). — SIMONIS, W., u. M. EHRENBERG: Z. Naturforsch. **12b**, 156—163 (1957). — SLABECKA-SWEYKOWSKA, A.: Acta Soc. bot. poloniae **24**, 3—11 (1955). — STEUER, W.: Zbl. Bakt. I. Abt. Orig. **168**, 558—566 (1957). — STOLWIJK, J. A. J.: Med. Landbouwhogeschool Wageningen/Nederland **54**, 181—244 (1954). — STOLWIJK, J. A. J., and J. A. D. ZEEVAART: Proc. Kon. Ned. Akad. Wet. Amsterdam, Ser. C, **58**, 386—396 (1955). — STOY, V.: Physiol. Plantarum **8**, 963—986 (1955).
THORNING, I.: Z. Bot. **43**, 175—180 (1955). — TUKEY, H. B. jr., S. H. WITTWER and H. B. TUKEY: Science **126**, 120—121 (1957).
VENTER, J.: Z. Bot. **44**, 59—76 (1956). — VIRGIN, H. I.: Physiol. Plantarum **11**, 347—362 (1958). — VOSKRESENSKAYA, N. P.: Fiziol. Rastenij 3, 49—57 (1956).—

VOSKRESENSKAYA, N. P., and G. S. GRISHINA: (1) Dokl. Akad. Nauk SSSR **106**, 565—568 (1956). — (2) Fiziol. Rastenij **5**, 147—155 (1958).

WASSINK, E. C., and J. A. J. STOLWIJK: Ann. Rev. Plant Physiol. **7**, 373—400 (1956). — WITHROW, R. B., W. H. KLEIN and V. ELSTAD: Plant Physiol. **32**, 453—462 (1957). — WITSCH, H. v., u. F. WAGNER: Arch. Mikrobiol. **22**, 307—312 (1955). — WOLFF, S., and H. E. LUIPPOLD: Science **122**, 231—232 (1955).

ZALOKAR, M.: Arch. Biochem. Biophysics **56**, 318—325 (1955). — ZURZYCKA, A.: Acta Soc. bot. poloniae **25**, 435—458 (1956).

11. Zellphysiologie und Protoplasmatik.

Von HANS JOACHIM BOGEN, Braunschweig.

Der Beitrag folgt in Band XXII.

12. Wasserumsatz und Stoffbewegungen.

Von Bruno Huber, München, und Leopold Bauer, Tübingen.

Mit 2 Abbildungen.

A. Zellphysiologische Grundlagen.

1. Osmotische Zustandsgrößen.

In Anbetracht der vielen noch offenen Fragen der Wasserführung der Pflanzenzelle (z. B. aktive Komponente der Wasseraufnahme; Struktur der Plasmagrenzschichten) ist es begrüßenswert, wenn die methodischen Hifsmittel immer mehr verbessert und vermehrt werden.

So ist es für die klassischen plasmolytischen Untersuchungen zweifellos ein Gewinn, wenn Pirson und Schäfer ein neues, für Pflanzenzellen besonders geeignetes Plasmolytikum, das unbegrenzt wasserlösliche Polyäthylenoxyd „Lutrol", einführen, welches als Polymerisat allerdings kein genau definiertes Molekulargewicht (etwa 400) besitzt, sondern mit Zuckerlösungen geeicht werden muß. Die Auswahl an geeigneten Substanzen ist für exaktere plasmolytische Untersuchungen nicht groß; auch Zucker ist ja nicht in jedem Falle als physiologisch indifferent zu betrachten. Die Permeabilität der Zellen für Lutrol ist praktisch gleich Null. In Wachstumsversuchen und bei Atmungsmessungen mit Lutrolzusatz (*Lemna minor*) erwies sich seine völlige Indifferenz. Die Plasmolysezeit ist allerdings gegenüber isotonischen Glucoselösungen deutlich verlängert, doch können eine Erhöhung der Plasmaviscosität oder Wandhaftungsunterschiede nicht festgestellt werden. Die Autoren suchen die Ursache für die Verlangsamung des Abrundungsvorganges in der im Verhältnis zur Glucoselösung erniedrigten Grenzflächenspannung Plasmalemma-Plasmolytikum. Falls diese Annahme zu Recht besteht, ergäbe sich mit dieser Substanz die Möglichkeit, bei Objekten mit niedriger Plasmaviscosität und schneller Abrundung (z. B. Wasserpflanzen) mit der Plasmolysezeitmethode kleine Unterschiede zu differenzieren. Es sollte aber noch geprüft werden, ob nicht der höhere Filtrationswiderstand des Lutrol in der Zellmembran wesentlich an dem Effekt beteiligt ist.

Zuweilen kann es von Vorteil sein, das osmotische Verhalten nicht von ganzen Zellen, sondern von „Gymnoplasten" (Protoplasten, welche nach Plasmolyse von der Zellwand befreit worden sind) zu studieren. Hierbei fällt der Filtrationswiderstand der Zellwand (s. o.) sowie eine eventuelle Adsorption der diffundierenden Molekeln in der Zellwand weg; ebensowenig stören Komplikationen, welche an den "free space" (vgl. Fortschr. Bot. **19**, 221; **20**, 144) gebunden sind. — Eine Methode zur Gewinnung von „Gymnoplasten" für osmotische Untersuchungen haben in Anlehnung an KÜSTER bereits LEVITT, SCARTH und GIBBS (1936) beschrieben. VREUGDENHIL hat sie neuerdings ausgebaut und mit Erfolg eingesetzt. Die Größe des endgültigen Volumens, aber auch die Geschwindigkeit der Wasseraufnahme in die „Gymnoplasten" wird stark von der Temperatur beeinflußt. Die Effekte, welche durch das Verhältnis K/Ca hervorgerufen werden, lassen Schlüsse auf das Wirken elektroosmotischer Kräfte zu und stützen die Vorstellung, daß phosphathaltige Kolloide (Lecithin) maßgeblich am Aufbau der Plasmamembran beteiligt sind. Es muß aber bemerkt werden, daß das Arbeiten mit „Gymnoplasten" mit der gleichen Problematik behaftet ist, wie alle bisherigen Plasmolyseuntersuchungen: Ist das Plasmalemma der plasmolysierten Protoplasten der Grenzschicht unbehandelter Protoplasten vergleichbar oder hat sich durch den Vorgang der Plasmolyse eine neue Grenzschicht (mit veränderten Eigenschaften) gebildet?

Während für die Bestimmung des osmotischen Grundwerts zuverlässige Methoden und entsprechend viele Zahlenangaben vorliegen, bereitet seine Zerlegung in die Komponenten Turgor ($\equiv$ aktueller Druck) und Saugkraft ($\equiv$ potentielle Energie) noch immer methodische Schwierigkeiten, welche die Mehrzahl der Forscher von der Bearbeitung dieses wichtigen Gebietes abschrecken[1]. Daher ist die Bestimmung des Gewebeturgors nach einer ganz neuen Methode, der „Resonanzfrequenz-Methode" durch VIRGIN als wesentlicher Fortschritt zu begrüßen: Seine Methode beruht auf der Tatsache, daß feste Körper (auch pflanzliche Gewebe), welche zum Vibrieren gebracht werden, mit einer konstanten, für den Körper charakteristischen Frequenz (Resonanzfrequenz) schwingen. Bei Konstanz der Form des Körpers ändert sich die R.-Fr. je nach Änderung seiner Festigkeit (bei Pflanzengewebe seines Turgors). Sie läßt sich dadurch bestimmen, daß man diejenige vom Oscillator erzeugte Frequenz mißt, welche Resonanzphänomene hervorruft. Die Elastizität der pflanzlichen Zellmembranen bedingt, daß jede R.-Fr. einem ganz bestimmten Turgordruck entspricht, den man nach Aufstellung einer Eichkurve unmittelbar und mit großer Genauigkeit ablesen kann (Abb. 20). Die Methode ist inzwischen erprobt (FALK, HERTZ und VIRGIN) und theoretisch durchgearbeitet worden (NILSSON, HERTZ und FALK). Mit ihrer Hilfe läßt sich auch die Permeabilität für Wasser und gelöste Substanzen bestimmen, wenn man nach Lösungswechsel die R.-Fr.-Änderung bis zum Einstellen des neues osmotischen Gleichgewichtes verfolgt. Ferner hat sie sich bewährt bei der Messung von Permeabilitätsänderungen unter dem Einfluß des Plasmolytikums oder von Stoffwechselgiften.

---

[1] Im Handbuch der Protoplasmaforschung hat BLUM auf 102 Seiten „Osmotischen Wert, Saugkraft, Turgor" bearbeitet.

Auf einen Befund VIRGINs muß indessen hingewiesen werden: Er findet, daß im Wiederholungsversuch unter gleichen Bedingungen die Wasserpermeabilität etwas größer ist als bei der ersten Behandlung (bei weiterer Wiederholung ändert sie sich nicht mehr). Er führt dies auf eine Beeinflussung der äußeren Plasmagrenzschicht durch das Plasmolytikum zurück, obwohl er hypotonische Lösungen eines so indifferenten Stoffes wie Mannit verwendet. Man wird abwarten müssen, ob nicht vielleicht die Gewebevibrationen einen direkten Einfluß auf die Strukturelemente der Plasmagrenzschichten und damit auf deren Permeabilitätseigenschaften ausüben, vergleichbar etwa dem Schütteleffekt auf die Viscosität des Protoplasmas (STOCKER; STOCKER und ROSS).

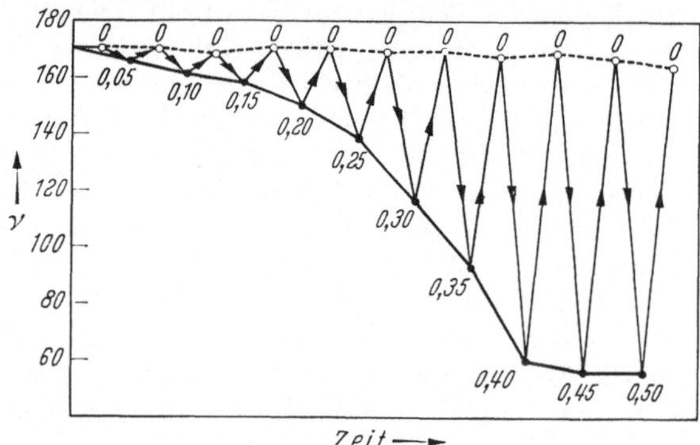

Abb. 20. Reversible Änderungen der Resonanz-Frequenz (Schwingungen/sec; Ordinate) von Kartoffelknollenparenchym-Prismen (1,5 × 1,5 × 20 mm) bei abwechselnder Überführung in destilliertes Wasser (0; gestrichelte Kurve) und Mannitlösungen steigender Konzentration (ausgezogene Kurve mit Angabe der Molarität). Nach FALK, HERTZ und VIRGIN.

Die physikochemischen Eigenschaften des Protoplasten werden zweifellos in sehr komplexer Weise vom genetischen System der Zelle gesteuert. Der osmotische Wert sinkt vielfach mit steigender Genomzahl (Beckersche Regel); so verhält es sich auch bei polyploiden Zuckerrüben (BEYSEL). In den Tages- und Jahresschwankungen des osmotischen Wertes sowie in seinen Änderungen bei verschiedener Bodenfeuchtigkeit lassen sich sortenspezifische Unterschiede erfassen (*Vitis vinifera*, ALLEWELDT und GEISLER). — Die Viscosität ändert sich aber (Zuckerrüben) in den verschiedenen Ploidiestufen nicht gleichsinnig und bei Variation der klimatischen Bedingungen auch quantitativ verschieden.

2. Bestimmung und physiologische Bedeutung des Wassergehalts.

Der aktuelle Wassergehalt von Pflanzengeweben wird gewöhnlich durch Differenzwägung frischer und heißgetrockneter Proben bestimmt. Dabei werden aber unter Umständen nicht unerhebliche Mengen gebundenen Wassers in Freiheit gesetzt, wodurch sich ein falsches Bild der Wasserbilanz ergeben kann. Um diesen Fehler zu vermeiden, wenden GREENE und MARVIN eine neue Methode an, welche als „Aquametrie" beschrieben ist (MITCHELL und SMITH). Dabei wird derjenige Wasseranteil des Gewebes bestimmt, welcher sich durch Methanol extrahieren läßt. Neue Erkenntnisse hat ihre Anwendung in der Botanik noch nicht gebracht, doch scheint uns das Verfahren eine wichtige Bereicherung unserer experimentellen Hilfsmittel zu sein:

Kleine Gewebeproben werden in vorher gewogene, verschließbare Reagenzgläser mit 10 cm³ absolutem Methanol gebracht; durch erneute Wägung wird das Frischgewicht bestimmt. Vier Stunden werden die Proben zur Wasserextraktion im Methanol belassen, dann werden 1—2 cm³ davon zur Wasserbestimmung entnommen. Dies geschieht durch Titration mit dem Karl-Fischer-Reagens, welches eine Mischlösung von Jod, schwefliger Säure, Pyridin und Methanol darstellt. Die Stoffe setzen sich bei Wassergegenwart im Sinne der Gleichungen

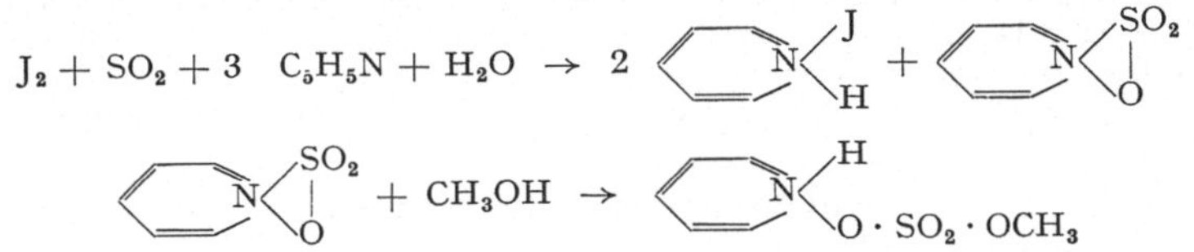

$$J_2 + SO_2 + 3\ C_5H_5N + H_2O\ \rightarrow\ 2\ \text{(Pyridin·HJ)} + \text{(Pyridin·SO}_2\text{·O)}$$

$$\text{(Pyridin·SO}_2\text{·O)} + CH_3OH\ \rightarrow\ \text{(Pyridin·H·O·SO}_2\text{·OCH}_3\text{)}$$

um. Die Ausgangslösung ist tiefbraun gefärbt, die Mischung der Reaktionsprodukte hat dagegen einen viel helleren (gelben) Farbton. Bei der Titration findet so lange Aufhellung statt, wie noch unverbrauchtes Wasser vorliegt. Die Empfindlichkeit der Methode (auch gegen ungewollte Feuchtigkeitseinflüsse!) ist groß. Auch die moderne Methode der Gaschromatographie dürfte sich wahrscheinlich mit Vorteil zur Bestimmung des alkoholextrahierbaren Wassers einsetzen lassen.

Großkraftwerke bedienen sich schon seit längerer Zeit zur Fernüberwachung der Schneehöhen der Fortschritte der Atomforschung: Im Einzugsbereich ihrer Stauseen werden an interessierenden Punkten Kobaltstrahler verlegt, die von ihnen ausgesandte Strahlung von einem darüber angebrachten Empfänger gemessen und radiotelegraphisch der Zentrale gemeldet; sobald sich zwischen Strahler und Empfänger eine Schneeschicht legt, wird die Strahlung entsprechend der Wasserhöhe gebremst. KLEMM hat nun diese Methode unseres Wissens erstmalig auch zur Kontrolle der Wassergehaltsschwankungen von Baumstämmen, besonders der Austrocknungsvorgänge nach der Fällung, eingesetzt. Näheres soll nach Erscheinen der Arbeit im nächsten Bericht mitgeteilt werden.

Auch das Interferenz-Mikroskop soll neben Massen- und sehr genauen Schnittdickenbestimmungen indirekt auch eine Überwachung des Wassergehalts in Geweben und seiner Schwankungen ermöglichen (HUXLEY, GREHN).

Was nun die physiologische Tragweite der Wassersättigung betrifft, so verursacht in Versuchen STREBEYKOs eine Herabsetzung des Bodenwassergehaltes von 50 auf 20% beim Hafer nur eine Verringerung des Blattwassergehaltes um 2—4%; trotzdem wird das Wachstum stark gehemmt. Bei Bäumen wird bei Wasserunterbilanz ebenfalls schlechteres Wachstum gefunden; dabei scheint das Dickenwachstum empfindlicher als das Längenwachstum zu reagieren. Darüber hinaus beobachtet man früheren Laubfall, Sonnenbestrahlungsschäden und Absterbeerscheinungen (KOZLOWSKI). — Auch die cuticuläre und stomatäre Transpiration wird vom Wasserdefizit beeinflußt; aber nicht dessen Größe allein ist maßgebend, sondern mehr noch der Grad des Defizitanstiegs (SLAVIK). Rund die Hälfte des Wassers der Nadeln von *Pinus cembra* liegt in einer Form vor, die auch bei längerer Kälteeinwirkung nicht gefrieren kann (geprüft bis —45° C). Vielleicht ist die Zähigkeit, mit der die Zirbelnadeln diesen Wasseranteil festhalten, Mitursache für ihre hohe Frostresistenz (TRANQUILLINI und HOLZER). Wird das Austrocknen von pflanzlichem Material bei gleichmäßig ansteigender Temperatur kontinuierlich registriert, dann findet man bei einem bestimmten Temperaturgrad in den Kurven Knickstellen, von denen ab das Wasser plötzlich rascher abgegeben wird. Die Lage der kritischen Temperaturpunkte liegt bei jungen Blättern von *Tradescantia albiflora* höher (+45° C) als bei älteren (+30° C) (PAZOUREK und PRAT).

B. Wasser- und Stoffaufnahme.

1. Oberirdische Aufnahme.

Bei den Versuchen BIDDULPHs und CORYs mit radioaktiven Substanzen (s. u. Abschnitt F, 1) fällt auf, mit welcher Leichtigkeit nicht nur gelöste Stoffe sondern auch das (tritiumhaltige) Wasser durch die intakte Blattepidermis (Phaseolus) in das Blattinnere bis zu den Leitbahnen vorzudringen vermögen (vgl. Fortschr. Bot. **17**, 485 ff.; **18**, 227). Als Eintrittsweg durch die Cuticula müssen nach Versuchen FRANKEs mit Ascorbinsäure die Ektodesmen der Epidermisaußenwände zur Diskussion gestellt werden (vgl. Fortschr. Bot. **17**, 486 und SCHUMACHER sowie SCHNEPF).

2. Aufnahme durch die Wurzel.

Sowohl die Pfahlwurzel (die also nicht nur eine Haltefunktion ausübt) als auch die Seitenwurzeln der Weißtanne nehmen radioaktives Phosphat auf; es nimmt bei Darbietung über die Pfahlwurzel nicht immer den nächsten Weg in die Sproßachse, sondern reichert sich (nach Übertritt in das Phloem?) auch in den Wurzelmeristemen der Seitenwurzeln an (BARNER). Ferner nehmen Pflanzen nach vorangegangener Trockenheit das Phosphat bedeutend schneller und intensiver auf als im Zustand reichlicher Wasserversorgung. Dieser bekannten Abhängigkeit der Ionenaufnahme von der Sproßsaugung hat auch HYLMÖ wieder eine Arbeit gewidmet, in der er mit Nachdruck gegenüber BROUWER den Standpunkt vertritt, daß diejenige Komponente der Ionenaufnahme, welche durch die Transpiration beeinflußt wird, rein passiven Charakter hat (Fortschr. Bot. **15**, 276; **17**, 496; **18**, 228; **20**, 144).

Auch der Lichthaushalt entscheidet (wahrscheinlich über Regulierung der Spaltöffnungsweite) über den Grad der Phosphataufnahme (BARNER): ,,Lichttannen" reichern das P^{34} viel rascher und gleichmäßiger an als ,,Schattentannen": die gleiche Beobachtung macht auch SCHÖNNAMSGRUBER, der 2 jährige Pflanzen von 14 verschiedenen Holzarten mit markiertem Thomasphosphat düngt.

3. Wassergehalt und Saugkraft des Bodens.

Für die feldmäßige Bestimmung des Bodenwassergehaltes (Fortschr. Bot. **15**, 261 f.) sucht man durch Umkonstruktion bereits bewährter Meßkörper (NEUWIRTH: Modifikation des thermoelektrischen Meßkörpers nach DE VRIES; LINDER und LÖTSCHERT: Ersetzung des Gipses in der Gipsblockelektrode durch den zu untersuchenden Boden selbst, der von einem weitmaschigen Perlonnetz aufgenommen wird) Mängel der älteren Methoden (Trägheit bei Einstellung des Gleichgewichtes) auszuschalten.

C. Wasser- und Stoffabgabe.

1. Methodisches.

Seitdem man den Gaswechsel statt in Stichproben kontinuierlich zu registrieren trachtet, bereitet den Ökologen der dabei unvermeidliche Dauereinschluß der Versuchspflanzen in Cuvetten Sorge, weil er Wärme und Feuchtigkeit verändert und damit die natürlichen Werte fälscht. BOSIAN erreicht nun durch eine verhältnismäßig einfache Anordnung, daß Temperatur und Feuchtigkeit in der Cuvette über entsprechende

Fühler selbsttätig gleich wie in der Außenluft gehalten werden: Zum Zwecke der Feuchteregelung streicht die ein- und austretende Luft in zwei benachbarten Kammern über Hygrometer-Harfen; sobald die Werte durch Transpiration der eingeschlossenen Pflanzenteile differieren, öffnet sich ein Trockenweg über Silikagel, welcher die Cuvettenluft auf den Wert der Außenluft trocknet (Empfindlichkeit 5% rel. Feuchtigkeit); das lästige Beschlagen der Cuvetten mit Kondenswasser wird dadurch vollkommen vermieden. Über die Temperaturregelung war schon in Fortschr. Bot. 17, 491 berichtet worden. Die klimatisierte Cuvette wird von der Fa. Lufft, Stuttgart, in den Handel gebracht. BOSIAN stellt vergleichende Untersuchungen des Gaswechsels in klimatisierten und nicht klimatisierten Cuvetten in Aussicht, denen man wird entnehmen können, wie groß die Fehler unter verschiedenen Bedingungen ohne Klimatisierung sind; bei intensiver Strahlung dürfte sich ein Arbeiten ohne die neue Cuvette kaum mehr verantworten lassen.

Die zu Transpirationsbestimmungen viel benutzte „Momentanmethode" (Wägung abgeschnittener Blätter oder Sprosse sofort nach dem Abschneiden und nach einer bestimmten Expositionszeit) liefert ohne entsprechende Vorversuche nicht bei allen Pflanzen verläßliche Werte (EGER). Verschiedene Gräser beispielsweise zeigen nach dem Abschneiden Transpirationsanstiege oder -stürze, je nachdem die Transpirationsintensität vor dem Abschneiden gering oder groß war (vgl. Fortschr. Bot. 18, 231). Andere Pflanzen (z. B. *Malva verticillata, Nicotiana tabacum*) zeigen diese Schwankungen nicht. Beachtenswert ist auch, daß junge Maispflanzen anders auf das Abschneiden reagieren (wie obige Gräser) als im Stadium des Rispenschiebens (wie *Malva*).

HLUCHOVSKY und SRB empfehlen anstelle der Infiltrationsmethode nach MOLISCH zur Feststellung der Weite der Spaltöffnungen die Verwendung von mit Sudan III gefärbten Infiltrationsflüssigkeiten, die auch die Außenleisten der Spaltöffnungen gut sichtbar anfärben. Die Infiltrationsflüssigkeiten sollen auch durch die Cuticula in das Blattgewebe eindringen können. — Die von SIVADJIAN (Fortschr. Bot. 18, 231) eingeführte „Hygrophotographie" scheint uns nicht nur wegen ihrer Einfachheit sondern auch wegen ihrer Möglichkeit, von den exponierten Platten sehr klare photographische Abzüge herstellen und quantitative Aussagen über die abgegebenen Wassermengen machen zu können, eine erfolgversprechende Methode (1) (2) zu sein. SIVADJIAN und KERN verfolgten mit ihrer Hilfe die Transpirationsänderungen unter dem Einfluß von Welketoxinen.

2. Welketoxine.

Die verschiedenen Erreger der Welkekrankheiten (Fortschr. Bot. 15, 267; 18, 231) produzieren ganz verschiedenartige Giftstoffe (GÄUMANN und Mitarb.). Andererseits wird auch das von einer einzelnen Erregerart verursachte Krankheitsbild durch mehrere Komponenten bestimmt (bei *Fusarium lycopersicum* mindestens durch fünf). Nicht alle sind Welketoxine; einige bewirken Begleitsymptome, andere beeinflussen mehr indirekt die Welkeerscheinungen.

Reines Lycomarasmin (Dipeptid) schädigt die Wasserpermeabilität der Protoplasten nicht, dagegen sind Lycomarasmin-Schwermetall- (Fe; Cu) Komplexe hochwirksam. Die eigentlichen Permeabilitätsgifte sind dabei die Schwermetall-Ionen, welche in den Zellen wieder abgelöst werden und zu Überschwemmungsschäden führen. Die gleiche Lycomarasminmenge löst dementsprechend bei abgestufter Eisenernährung unterschiedliche Schadwirkungen aus.

Ein Welketoxin im engeren Sinne ist dagegen die Fusarinsäure (Pyridincarbonsäure), welche z. T. von Dehydrofusarinsäure begleitet ist. Ihre Wirkungen (Schwellenwert 10^{-9} — 10^{-8} molar) auf die Wasserpermeabilität sind mit steigender Konzentration nicht nur dem Ausmaß, sondern auch der Richtung nach verschieden. Bei niederen Konzentrationen übersteigert sie die Wasserpermeabilität; nach dem Maximum (10^{-7} — 10^{-6} molar) erfolgt eine zunehmende Abdichtung der Protoplasten, und etwa ab 10^{-4} molar sinkt bei manchen Objekten die Wasserpermeabilität weit unter den Kontrollwert (bei *Rhoeo discolor* bis auf etwa 44%); bei *Spirogyra* dagegen erfolgt in dieser dritten Phase eine erneute Erhöhung der Wasserpermeabilität.

Nach GÄUMANN und BACHMANN werden die qualitativ verschiedenen Effekte durch verschiedene Wirkungsgruppen der Fusarinsäuremolekeln gesteuert (Pyridinring verantwortlich für Permeabilitätserhöhung bei niederen Konzentrationen; n-Butylgruppe verantwortlich für die Wirkungen über etwa 10^{-4} molar). Unterschiedliche Ernährung mit N, P und K verändert nicht die Empfindlichkeit der Protoplasten für die Fusarinsäuremolekeln als Ganzes, sondern verschiebt die Reaktionslage gegenüber den beiden Wirkungsgruppen der Fusarinsäuremolekeln in unterschiedlicher Weise. Von besonderem Interesse ist dabei die völlige Auslöschung der „Empfindlichkeit für den Pyridinring" bei N- und P-Unterernährung.

3. Ökologisches.

Zu BURGERs 70. Geburtstag brachte sein Amtsnachfolger in der Direktion der Schweizerischen Anstalt für das Forstliche Versuchswesen KURTH eine 265 S. starke Festschrift heraus, in der Wasserwirtschaftler aus aller Welt über Wasserhaushaltfragen berichten, u. a. WAGENHOFF u. WEDEL über die Unterschiede in Wasserhaushalt und Bodenabtrag zwischen bewaldeten und kahlgeschlagenen Flächen im Harz. Bekanntlich verbraucht der Wald mehr Wasser, doch ergaben die fünfjährigen Erhebungen (1948—1953) im Harz geringere Unterschiede (Verdunstung 46 gegen 43% des Niederschlags) als die nun schon über 50 Jahre laufenden des Sperbel- und Rappengrabens in der Schweiz (Verdunstung 56 gegen 46%), wo der Boden im beweideten Rappengraben durch Viehtritt verdichtet ist. CASPARIS wertet die lange Schweizer Reihe u. a. auf den Einfluß der Jahresniederschläge aus mit dem einleuchtenden Ergebnis, daß höhere Jahresniederschläge (auswertbarer Schwankungsbereich 1000—2200 mm) die Verdunstung verhältnismäßig wenig steigern (im bewaldeten Sperbelgraben von 625 auf 973 mm) und vorzugsweise dem Abfluß zugute kommen (1227 gegen 375 mm, d. s. 56 gegen 37,5%). Ein Historiker (MEYER) weist darauf hin, daß schon Platon die ausgleichende Wirkung des Waldes auf die Wasserführung und die Gefahren der Entwaldung der Mittelmeerländer kannte: „Einst, als es noch Wälder auf den Bergen Attikas gab, nahm eine reichliche Erdschicht das Wasser auf und bewahrte es, so daß die eingesogene Menge sich ganz allmählich von den Höhen aus verteilte und Quellen speiste; aber nun ist die fette und weiche Erde herausgeschwemmt und allein das magere Gerippe des Landes noch vorhanden ... gleichsam nur das Knochengerüst eines durch Krankheit angegriffenen Leibes."

D. Anatomie der Leitbahnen.

Die Ontogenie der Leitbahnen hat wieder zwei überaus gründliche und durch zahlreiche Bilder belegte Untersuchungen erfahren (GUSTIN u. DE SLOOVER, JACOBS u. MORROW): Bei so verschiedenen Objekten wie *Coleus, Ligustrum, Anagallis* und *Taxus* verbleibt bei der „Parenchymatisation" von Mark und Rinde ein „Restmeristem", das „Procambium", als geschlossener Zylindermantel. Er unterscheidet sich vom Urmeristem der Vegetationsspitze durch stärkere Färbbarkeit und Überwiegen von axialen Teilungen. In diesem Procambium differenziert sich in Übereinstimmung mit der früheren Darstellung von ESAU (Fortschr. Bot. **12**, 207/208) das Phloem (zunächst als Protophloem) ausschließlich apikal, während das Xylem etwas später in Anlehnung an das bereits vorhandene Phloem zuerst in den Knoten kenntlich wird und sich von hier "nodifugal bidirectionell" nach oben und unten entwickelt, wobei mindestens in der Wandverdickung einzelne Zellen sogar vorübergehend übersprungen werden können („diffuse Differenzierung"). Diese Xylementwicklung läßt sich dank dem Aufleuchten der Wände im Polarisationsmikroskop bereits am aufgehellten Vegetationspunkt studieren, während für das Studium von Procambium und Phloem Schnittserien unerläßlich sind. Entwicklungsgeschichtlich bemerkenswert ist, daß die procambialen Blattspuren bereits erkennbar werden, ehe sich die zugehörigen Blattprimordien vorwölben.

Die weitere Entwicklung der Gefäßbahnen untersucht BRAUN besonders im Hinblick auf die Anschlußvorgänge beim Pfropfen. Er lenkt die Aufmerksamkeit auf die vielfältige radiale und tangentiale Vernetzung der Gefäße, die er in der Gattung *Populus* eingehend studiert: Weder die einzelnen Gefäße noch Gefäßgruppen und -nester bleiben auf Schnittserien an ihren Plätzen; sie pendeln vielmehr hin und her und verschmelzen bald auf dieser, bald auf jener Seite mit Nachbarelementen; je höher die Markstrahlen, desto geringer die Vernetzung, aber auch desto geringer die Pfropfwilligkeit (aus diesem Grunde sind Pappel und Esche gute, Eiche und Buche schlechte Pfropfer). Neben dieser tangentialen Vernetzung gibt es auch eine radiale, die sogar über die Jahrringgrenzen hinwegführt: die letzten Spätholzgefäße verlaufen streckenweise unmittelbar an der Jahrringgrenze und stellen die Verbindung mit anschließenden Frühholzgefäßen des neuen Jahrrings her.

Trotz dieser schönen Untersuchungen bleiben manche Pfropfvorgänge nach wie vor rätselhaft: Eine eingehende Verfolgung der Verwachsungsvorgänge beim Pfropfen zeigt speziell für das „seitliche Einspritzen" (erste der zitierten Mitteilungen BRAUNs), daß eine leitende Phloem- und erst recht Xylemverbindung erst nach etwa einem Vierteljahr zustande kommt. Darüber wie die inzwischen austreibenden Reiser in der Zwischenzeit versorgt werden, wird eine physiologische Mitteilung in Aussicht gestellt, der man mit Spannung entgegensieht.

Über ähnliche Vernetzungen des Siebröhrensystems berichtet RESCH, dessen hier (Fortschr. Bot. **19**, 214f.) bereits referierte Habilitationsschrift nun in drei Teilen im Druck erschienen ist.

FREY-WYSSLINGs meisterhafte Monographie der pflanzlichen Zellwand enthält neben vielem anderen Interessanten (Kapitel Lignin S. 167—177) u. a. einen Abschnitt über Callose (S. 146—150) mit neuesten Ergebnissen seiner Schule: Wie bereits berichtet (Fortschr. Bot. **20**, 149f.), hatte KESSLER aus dem winterlichen Bast der Rebe die Callusplatten der Siebröhren auf Tangentialschnitten „angereichert" und schließlich die Callose durch Schweizers Reagens, welches die Cellulose, nicht aber die Callose löst, isoliert, so daß 140 mg ziemlich reiner Callose zur physikalischen und chemischen Untersuchung zur Verfügung standen (noch einfacher, wenn auch nicht ganz so rein erhält man die Callose aus Homogenisaten). Obwohl wie Cellulose aus Glucoseeinheiten aufgebaut, besitzt das Callosemolekül keine einfach gestreckte Kette, sondern ist durch β-1-3-Glucosidbindungen in wahrscheinlich flachen Windungen verschraubt und daher optisch isotrop (Einzelheiten bei KESSLER).

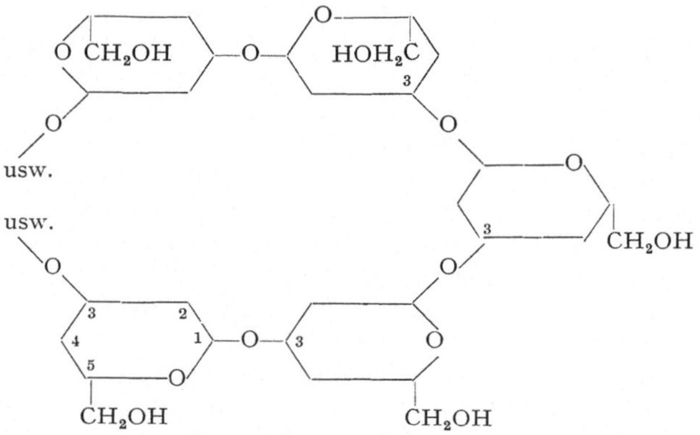

Abb. 21. Formelbild der Callose als hochpolymere, flachschraubige β-1-3-Glucosidbindung von Glucoseresten. Nach FREY-WYSSLING.

Auch die schönen neuen elektronenmikroskopischen Aufnahmen von der allmählichen „Räumung" der Siebporen von Primärfibrillen (FREY-WYSSLING u. MÜLLER) seien hervorgehoben: Der Plasmapfropf schützt das Siebfeld gegen die Bildung einer Sekundärwand; gegenüber den Geleitzellen macht sich aber diese Hemmung nur einseitig bemerkbar, ähnlich wie bei der einseitigen Hoftüpfelung zwischen Tracheiden und Parenchym (vgl. dazu auch SCHUMACHER u. KOLLMANN).

Bei den Hoftüpfel-Schließhäuten der Coniferen finden die Elektronenmikroskopiker immer wieder die beiden auf den ersten Blick schwer vereinbaren Bilder, die seinerzeit zu einer Kontroverse zwischen FREY-WYSSLING und LIESE geführt hatten (vgl. Fortschr. Bot. **17**, 501; **18**, 233): anfangs ein Netz radialer und tangentialer Mikrofibrillen, später (d. h. in höherem Zellalter) gebündelte radiale Aufhängefäden, während die Tangentialverbindungen weitgehend verschwunden sind. An der

Realität beider Zustände ist kein Zweifel mehr möglich. Jaymes und Mitarb. (zuletzt Hunger) begründen nun die einleuchtende Hypothese, daß der erste (noch reversible) und erst recht der bleibende Torusverschluß die Zerrung und „Verbänderung" der Aufhängefäden bewirkt. Sie stützen ihre Ansicht nicht nur durch zahlreiche elektronenoptische Aufnahmen, welche die Zunahme des zweiten Zustandes mit dem Alter und jedem Austrocknen belegen (Feuchtabdrücke frischen Holzes geben am häufigsten den ersten Zustand), sondern besonders eindrucksvoll durch Stereoaufnahmen, welche zeigen, daß der Torus beim zweiten Zustand meist der Ausmündungsöffnung aufliegt, wobei die verbänderten Aufhängefibrillen entweder der inneren Wölbung des Hofs aufliegen oder auf dem kürzesten Weg zum Torus gespannt, auf jeden Fall gegenüber der Ausgangslage gezerrt erscheinen. Daß durch die bei vielen Nadelhölzern, besonders den Kiefern nachweisbare Warzenstruktur der Tertiärlamelle ein völliges Verkleben der Schließhaut mit der Margo erschwert und reversible Hoftüpfelverschlüsse begünstigt werden, wird an solchen Stereobildern besonders anschaulich.

Esau und Cheadle geben für 160 Arten aus 129 Gattungen und 60 Familien der Dicotylen eine Übersicht über Maschenweite der Siebplatten und Siebfelder. Sie bestätigen auf breiter Basis die Feststellungen des ersten Ref. (1939), daß die Maschenweite von den leiterförmigen zu den einfachen Siebplatten gesetzmäßig zunimmt, während die der Siebfelder auf den Längswänden praktisch gleichbleibt (durchschnittlich 0,5, maximal 1,3 μ; der Eindruck des Ref., daß die Längssiebfelder mit der besseren Wegsamkeit der Querplatten sogar rückgebildet werden, hat sich nicht bestätigt). Wo wie bei *Drimys*, *Austrobaileya*, verschiedenen Rosaceen u. a. Unterschiede in der Porenweite der Längs- und Querwände fehlen (beide meist unter 1 μ), spricht man definitionsgemäß nicht mehr von Siebröhren, sondern von Siebzellen, welche demnach ähnlich wie die Tracheiden nicht auf Gymnospermen beschränkt bleiben, sondern auch noch im Formenkreis der Polycarpicae vorkommen. Die vom Ref. bei *Fraxinus excelsior* entdeckte maximale Maschenweite von 15 μ wird vorläufig noch von keinem anderen bekannten Objekt übertroffen, wohl aber von *Ailanthus altissima* (*Simarubaceae*) und *Tetracera sp.* (*Dilleniaceae*) erreicht. Der Siebröhrenquerschnitt ist aber nicht bei den Siebröhren mit einfachen weitmaschigen Platten, sondern bei denen mit leiterförmigen engmaschigen am größten.

E. Wasser- und Stoffleitung im Xylem.

Radioaktives CO_2 wird von den Wurzeln aufgenommen und kann nach Verfrachtung im Transpirationsstrom der Photosynthese nutzbar gemacht werden (Fortschr. Bot. **17**, 497). Thimann und Stolwijk (zit. nach Mangelsdorf) finden, daß die Kohlensäure nicht als solche in den Sproß wandert, sondern vorher hauptsächlich in Äpfelsäure eingebaut wird. Jedoch halten sie die der Pflanze auf diese Weise nutzbaren CO_2-Mengen für sehr bescheiden und glauben — im Gegensatz zu russischen Autoren, — daß eine CO_2-Bodendüngung wenig Erfolg verspricht.

Verschiedene dikotyle und monokotyle Pflanzen unterscheiden sich übrigens erheblich in ihrer Empfindlichkeit (Wurzelwachstum) gegenüber den verschiedenen CO_2-Mengen (Schädigungsgrenze etwa 1% bzw. 7%).

SCHIMITSCHEK verwendet thermoelektrische Geschwindigkeitsmessungen zur Klärung eines Problems der praktischen Forstbotanik. Die in relativ nebelreichen Gebieten Amerikas beheimatete Sitkafichte läßt sich schwer in Gebieten einbürgern, in denen Wind, Temperatur und geringere Luftfeuchtigkeit eine große physikalische Verdunstung bedingen (z. B. Schleswig-Holstein). Die Sitkafichte ist gegenüber den einheimischen Fichtenarten durch eine übergroße Transpiration (gemessen als Saftstromgeschwindigkeit) benachteiligt.

Verhinderung der Transpiration hemmt bei verschiedenen Landpflanzen (Birne, Sonnenblume) stark das Wachstum, obwohl keine Mineralsalzmangelsymptome festzustellen sind (WINNEBERGER). Der Schlußfolgerung aber, daß die Transpiration auch die Energiequelle für den Transport der organischen Nährstoffe sei, wird man sich nicht ohne weiteres anschließen können. Daß sich keine gröberen Mangelsymptome finden, schließt nicht aus, daß für ein optimales Wachstum eben doch größere Mineralsalzmengen (die ein ausreichender Transpirationsstrom liefern würde) nötig sind. Im Hinblick auf die Befunde von PRISTUPA und KURSAVOV (s. u.) wäre auch zu überlegen, ob sich nicht eine Hemmung des Abtransportes reichlich in der Wurzel gebildeter organischer Säuren ungünstig auf Entwicklung und Aufnahmefunktion des Wurzelsystems auswirkt.

F. Assimilat- und Stoffleitung im Phloem.

1. Phloemleitung.

Im Berichtsjahr steht von den drei Phasen des Ferntransportes (Fortschr. Bot. **18**, 235) die Wanderung der Stoffe in den Siebröhren im Vordergrund. BIDDULPH und CORY bieten dem Blatt von *Phaseolus* gleichzeitig drei ganz verschiedene radioaktiv markierte Substanzen, und zwar $C^{14}O_2$ (welches assimiliert wird), NaH_2PO_4 und THO (tritiumhaltiges Wasser). Es geht dabei vor allem um die Frage, ob sich aus dem Vergleich des Wanderungsverhaltens Rückschlüsse auf den Transportmechanismus ziehen lassen. Die Wanderungsgeschwindigkeiten sind für C^{14} 107 cm/h und für THO und P^{32} 87 cm/h, obwohl P^{32} die Leitbahnen eher erreicht als C^{14}. Auffällig ist, daß sich für das THO keine gleichmäßigen Konzentrationsgradienten im Sproß finden lassen; dabei muß aber berücksichtigt werden, daß das Sättigungsdefizit der Blattzellen die Weiterleitung des durch die Epidermis aufgenommenen Wassers erheblich beeinflussen kann. Der Befund scheint auf den ersten Blick für eine unabhängige Bewegung der Substanzen voneinander zu sprechen. Andererseits beweist aber die Leitung des tritiumhaltigen Wassers in den Siebröhren auf diesem Wege erstmalig, daß eine Lösungsströmung am Stofftransport maßgeblich beteiligt ist. Jedoch kann die Bewegung des Lösungsmittels nicht der einzige Faktor für die Verteilung der gelösten Stoffe sein. Hält man am Grundkonzept der Massenströmung fest, wie es die Autoren tun, dann muß man folgern, daß die Leitbahn bzw. die mit den Siebröhren eine stoffwechselphysiologische Einheit bildenden Geleitzellen sich nicht völlig passiv gegenüber den durchströmenden Stoffen verhalten, sei es daß Adsorptions- oder auch Stoffwechselvorgänge eine Konzentrationsverschiebung der wandernden Stoffe verursachen (vgl. dazu Fortschr. Bot. **20**, 152 über 2,4-D-Umwandlung während des Transportes in den Siebröhren). Zum Verständnis der unterschiedlichen Wandergeschwindigkeit genügt sogar bereits die plausible Annahme, daß die nachgewiesene Semipermeabilität des plasmatischen Wandbelags der Siebröhren Wasser und Phosphor leichter aus der Bahn entweichen lassen als Zucker (s. u.). Einen Hinweis, daß das transportierte Phosphat unterwegs an Umsetzungen beteiligt ist, gibt die Tatsache, daß neben anorganischem Phosphat auch Zuckerphosphate papierchromatographisch nachweisbar sind, die interessanterweise nicht mit C^{14} markiert sind; die Zucker können also nicht unmittelbar aus der Wanderbahn stammen. Da der chromatographierte Extrakt auch das umgebende Gewebe umfaßt, ist es wahrscheinlich, daß die Zuckerphosphate außerhalb der Leitbahnen gebildet werden und auch lokalisiert sind.

Auf die Prozesse, welche die Entnahme der Assimilate aus den Siebröhren im Wurzelsystem steuern, wirft eine Arbeit von Pristupa und Kursanov einiges Licht. In 22 Tage alten Kürbispflanzen treten 18—50% der radioaktiven Assimilate nach Verlassen des behandelten Blattes in das Wurzelsystem ein. Sie werden dort rasch und zwar größtenteils in organische Säuren und Aminosäuren umgewandelt. Dieser Vorgang hat einen deutlich regulierenden Einfluß auf den Assimilatstrom: Mineral- (besonders N-)Ernährung beschleunigt den chemischen Umbau und damit die Entnahme aus der Leitbahn; dies hat eine verstärkte Assimilatwanderung in den Siebröhren zur Folge. N-Mangel im Medium stoppt dagegen den Assimilattransport stark. — Ein Teil dieser umgewandelten Assimilate wandert über das Xylem wieder in die oberirdischen Organe: dadurch kommt es zu einer Art Kreislauf organischer Substanzen in der Pflanze.

Der aus angeschnittenen Baumsiebröhren austretende Saft weist nach einiger Zeit eine geringere Konzentration auf. Zimmermann sieht den Hauptgrund darin, daß die Siebplatten ein ziemlich dichtes Filter darstellen und eine gewisse Siebwirkung gegenüber größeren Molekeln ausüben, wodurch das Wasser im Verhältnis rascher vorwärts kommt.

Über die autoradiographische Methode zum Studium des Stofftransportes haben Yamaguchi und Crafts eine gute Einführung gegeben.

2. Stoffaustausch mit dem Xylem.

Wir haben bereits früher (Fortschr. Bot. **19**, 215) auf wechselseitige Austauschvorgänge zwischen Phloem und Xylem hingewiesen, über deren Bedingungen und mögliche Bedeutung für das Transportgeschehen in den Siebröhren wir noch nichts wissen. Durch verschieden starke Neigung zum passiven Austritt aus der Leitbahn kann sich ebenfalls das Mengenverhältnis transportierter Testsubstanzen verschieben, wie aus dem Wanderungsverhalten verschiedener Herbizide hervorgeht [Fortschr. Bot. **20**, 152; Crafts und Mitarb. (1) (2); Leonard]. Unsere Erfahrungen über einen derartigen Leitbahnwechsel werden dadurch erweitert, daß außer gelösten Substanzen auch das Lösungsmittel Wasser in beträchtlichem Umfang aus den Siebröhren in das Xylem überwechseln kann (BIDDULPH und CORY). In den oben beschriebenen Experimenten verlieren die Siebröhren etwa 24% P^{32} und C^{14} und 31% THO (s. auch unten SWANSON und EL-SHISHINY). Die unterschiedlichen Konzentrationsgradienten, die sich dadurch in den Siebröhren einstellen, sind also kein Indizium für das Bestehen einer diffusionsartigen Ausbreitung der Wanderstoffe.

3. Der Chemismus der natürlichen Wanderstoffe.

Daß Rohrzucker die Haupt- und wohl vorwiegend die einzige Wanderform der Kohlenhydrate darstellt (Fortschr. Bot. **17**, 502; **20**, 151), wird an weiteren Beispielen bestätigt: ZIEGLER und MITTLER analysieren die Siebröhrensäfte von *Heracleum mantegazzianum* und *Picea abies*, indem sie die Leitbahnen mit Hilfe der Rüssel phloemsaugender Blattläuse punktieren (Fortschr. **17**, 504; **19**, 217; **20**, 152). Hervorzuheben ist dabei die Tatsache, daß auch aus dem Phloem eines Nadelbaumes ein Safterguß möglich ist; er beweist die prinzipielle Wegsamkeit der Poren in den Siebfeldern der Siebzellen für eine Massenströmung. Die Bedeutung dieser Methode (KENNEDY und MITTLER; MITTLER) für die weitere Siebröhrenforschung kann nicht hoch genug eingeschätzt werden.

Sie ist gleichermaßen für die Entomologen wichtig zur Klärung der Abhängigkeit der Entwicklung der pflanzensaugenden Insekten von der Ernährung und für den gesamten Komplex der Honigtauforschung (KLOFT; DUSPIVA; MITTLER).

SWANSON und EL-SHISHINY finden nach $C^{14}O_2$-Fütterung in Rinde und Xylem von *Vitis labruscana* vorwiegend Rohrzucker, daneben aber auch nachweisbare Mengen von Glucose und Fruktose im Verhältnis 1:1, welche sie als sekundäre Hydrolyseprodukte des eigentlichen Wanderzuckers Rohrzucker ansprechen. Auch BIDDULPH und CORY weisen bei *Phaseolus* neben vorwiegend Rohrzucker geringe Mengen markierte Glucose und Fructose nach. In beiden Fällen entstammte der analysierte Saft nicht ausschließlich den Siebröhren.

Ca gilt im allgemeinen als phloemimmobil. Siebröhrensaft (*Arenga saccharifera*) enthält nur Spuren davon (10 mg/l; TAMM). Demgegenüber teilt LAUSCH Befunde mit, nach denen bei Mangelzuständen auch Ca aus Keimblättern abtransportiert werden kann (bei *Phaseolus vulgaris* bis zu 9% des in den Kotyledonen vorhandenen Ca). Auch in den Laubblättern verschiedener dikotyler Pflanzen kann eine gewisse Abnahme des Ca-Gehaltes in den frühen Abendstunden oder im Laufe der Nacht mehrfach statistisch gesichert werden.

Bor-Zuckerverbindungen können für den Kohlenhydrattransport keine Rolle spielen, da die Bormenge im Siebröhrensaft viel zu gering ist (Fortschr. Bot. **18**, 235). Dies wird durch Untersuchungen mit Bor-Mangelpflanzen bekräftigt (ODHNOFF), in denen der Abtransport des Rohrzuckers weitergeht, wodurch es zu einem erheblichen Anstieg des Zuckerspiegels in den Wurzeln kommt.

ENSGRABER (vgl. auch KRÜPE und ENSGRABER) stellt wegen der starken Affinität der Phythämagglutinine zu verschiedenen Kohlenhydraten die Arbeitshypothese zur Diskussion, daß möglicherweise auch in den Siebröhren die Zucker mittels eines Koppelungs- und Abhängemechanismus an Plasmaproteine (evtl. vom Phytagglutinintyp) transportiert werden. Das Vehikel wäre aber in diesem Falle die Protoplasmaströmung, deren Geschwindigkeit nach unseren heutigen Kenntnissen dafür wohl nicht ausreicht.

4. Sonderfragen.

Die Ausscheidung des „Bestäubungstropfens" von *Taxus baccata* ist keine aktive Sekretion (wie beim Nektar), sondern entsteht durch Freigabe des Inhaltes der aufgelösten Zellen des Nucellusscheitels (ZIEGLER).

Vis findet mit Hilfe histochemischer Bestimmungen Unterschiede in der Phosphatase-Ausstattung zwischen verschiedenen Nektarien. Wieweit hierdurch Unterschiede im Sekretionsmechanismus charakterisiert sind, müssen allerdings eingehendere Untersuchungen klären.

Literatur.

ALLEWELDT, G., u. G. GEISLER: Vitis 1, 181—196 (1958).

BARNER, J.: Organographische, ökologische und physiologische Komponenten, die die Wurzelaufnahme radioaktiven Phosphates von Forstpflanzen bestimmen (Ergebnisse von Untersuchungen an der Weißtanne Abies alba), Forschungsergebnisse zur Förderung der Forstlichen Erzeugung Teil II, 1958, Landwirtschaftsverlag Hiltrup bei Münster/Westfalen. — BEYSEL, D.: Ber. dtsch. bot. Ges. 70, 109—120 (1957). — BIDDULPH, O., and R. CORY: Plant Physiol. 33, 608—619 (1958). — BLUM, G.: Osmotischer Wert, Saugkraft, Turgor. In: Protoplasmatologia, Handbuch der Protoplasmaforschung. Herausgeg. von L. V. HEILBRUNN und F. WEBER. Berlin-Göttingen-Heidelberg 1959. — BOSIAN, G.: Ber. dtsch. bot. Ges. 71, (26)—(27) (1958); 72, Generalversammlungsheft (1959). — BRAUN, H. J.: Z. Bot. 46, 309—338 (1958); 47, 145—166 und 421—434 (1959).

CASPARIS, E.: Mitt. schweiz. Anst. forstl. Versuchswesen 35, 179—224 (1959). — CRAFTS, A. S., H. B. CURRIER and H. R. DREVER: Hilgardia 27, 723—757 (1958). — CRAFTS, A. S., and S. YAMAGUCHI: Hilgardia 27, 421—454 (1958).

DUSPIVA, F.: Z. Bienenforsch. 4, 3 (1958).

EGER, G.: Flora (Jena) 145, 374—420 (1958). — ENSGRABER, A.: Ber. dtsch. bot. Ges. 71, 349—361 (1958). — ESAU, K., and V. I. CHEADLE: Proc. nat. Acad. Sci. (Wash.) 45, 156—162 (1959).

FALK, ST., C. H. HERTZ and H. I. VIRGIN: Physiol. Plantarum (Copenh.) 11, 802—817 (1958). — FRANKE, W.: Ber. dtsch. bot. Ges. 70, 297—304 (1957). — FREY-WYSSLING, A.: Die pflanzliche Zellwand. Berlin-Göttingen-Heidelberg: Springer 1958. — FREY-WYSSLING, A., u. H. R. MÜLLER: J. Ultrastructure Res. 1, 38—48 (1957).

GÄUMANN, E.: Phytopath. Z. 29, 1—44 (1957). — C. R. Acad. Sci. (Paris) 244, 1429—1431 (1957). — GÄUMANN, E., u. E. BACHMANN: (1) Phytopath. Z. 29, 265—276 (1957). — (2) Phytopath. Z. 31, 1—12 (1957). — GÄUMANN, E., E. BACHMANN u. R. HÜTTER: Phytopath. Z. 30, 87—105 (1957). — GREENE, M. T., and J. W. MARVIN: Plant Physiol. 33, 169—173 u. 173—176 (1958). — GREHN, J.: Leitz-Mitt. 1, 35—41 (1959). — GUSTIN, R., et J. DE SLOOVER: Cellule 57, 95 (1955).

HLUCHOVSKY, B., u. V. SRB: Biologia (tschech.) 7, 376—380 (1958). — HUNGER, K. E. G.: Dis. T. H. Darmstadt 1959. — HUXLEY, A. F.: Naturwissenschaften 44, 189—196 (1957). — HYLMÖ, B.: Physiol. Plantarum (Copenh.) 11, 382—400 (1958).

JACOBS, W. P., and I. B. MORROW: Amer. J. Bot. 44, 823—842 (1957). — JAYME, GEORG, u. G. HUNGER: (1) Zellstoff u. Papier 6, 341—348 (1957). — (2) Mikroskopie 13, 24—38 (1958).

KALYANASUNDARAM, R., u. R. BRAUN: Phytopath. Z. 33, 321—340 (1958). — KENNEDY, J. S., and T. E. MITTLER: Nature (Lond.) 171, 528 (1953). — KESSLER, G.: Ber. schweiz. bot. Ges. 68, 5—43 (1958). — KLEMM, W.: Flora 147, 465—470 (1959). — KLOFT, W.: Z. Bienenforsch. 4, 3 (1958). — KOZLOWSKI, TH. T.: J. Forestry 56, 498—502 (1958). — KRÜPE, M., u. A. ENSGRABER: Planta 50, 371—378 (1958). — KURTH, A.: Mitt. schweiz. Anst. forstl. Versuchswesen 35, 1—265 (1959).

LAUSCH, E.: Flora (Jena) 145, 542—588 (1958). — LEONARD, O. A.: Hilgardia 28, 115—160 (1958). — LEVITT, J., G. W. SCARTH and D. R. GIBBS: Protoplasma 26, 237 (1933). — LINDER, R., u. W. LÖTSCHERT: Z. Pflanzenernähr. 82, 33—37 (1958).

MANGELSDORF, P. C.: Report of the President of Havard College and Reports of Departments 1956/57. — MEYER, K. A.: Mitt. schweiz. Anst. forstl. Versuchswesen 35, 159—178 (1959). — MITCHELL, J. jr., and D. M. SMITH: Aquametry. Interscience Publ. Inc. New York-London 1948. — MITTLER, T. E.: J. exp. Biol. 35, 74—84 (1958).

NEUWIRTH, G.: Wiss. Z. Univ. Halle, math.-nat. VII, 1, 101—124 (1958). — NILSSON, S. B., C. H. HERTZ and ST. FALK: Physiol. Plantarum (Copenh.) 11, 818—837 (1958).

ODHNOFF, C.: Physiol. Plantarum (Copenh.) 10, 984—1000 (1957).

PAZOUREK, J., u. S. PRAT: Acta Univ. Carol. Praha 3, Biol. 1—57 (1954). — PIRSON, A., u. G. SCHÄFER: Protoplasma 48, 215—220 (1957). — PRISTUPA, N. A., and A. L. KURSANOV: Translation of Plant Physiology 4, 395—401 (1957) [Fiziologia Rasteny 4, 417—424 (1957)].

RESCH, A.: Planta 52, 121—143, 467—489 u. 490—515 (1958/59).

SCHIMITSCHEK, E.: Folgen der Einbringung fremder Holzarten im Nordwestdeutschen (besonders küstennahen) Raum. Bericht über die Tagung des Nordwestdeutschen Forstvereins in Oldenburg am 28. u. 29. 8. 1957. Verlag Schrader. — SCHNEPF, E.: Planta 52, 644—708 (1959). — SCHÖNNAMSGRUBER, H.: Phosphorsäure 18, 24—41 (1958). — SCHUMACHER, W : Ber. dtsch. bot. Ges. 70, 335—342 (1957). — SCHUMACHER, W., u. R. KOLLMANN: Ber. dtsch. bot. Ges. 72, 176—179 (1959). — SIVADJIAN, M. J.: (1) C. R. Acad. Sci. (Paris) 246, 1900—1902 (1958).— (2) Phyton (Argent.) 10, 123—128 (1958). — SIVADJIAN, M. J., u. H. KERN: Phytopath. Z. 33, 241—247 (1958). — SLAVIK, B.: Physiol. Plantarum (Copenh.) 11, 524—536 (1958). — SLOOVER, J. DE: Cellule 59, 53—202 (1958). — STOCKER, O.: Handbuch der Pflanzenphysiologie, Bd. III, 696—741, 1956. — STOCKER, O., u. H. ROSS: Naturwissenschaften 43, 283—284 (1956). — STREBEYKO, P.: Studies in Plant Physiology, Praha 229—239 (1958). — SWANSON, C. A., and E. D. H. EL-SHISHINY: Plant Physiol. 33, 33—37 (1958).

TAMM, P. M. L.: Symposium "Insect and Foodplant". Wageningen 1957. — THIMANN, K. V., and J. A. J. STOLWIJK: J. Plant Physiol. (im Druck); ref. nach MANGELSDORF. — TRANQUILLINI, W., u. K. HOLZER: Ber. dtsch. bot. Ges. 71, 143—156 (1958).

VIRGIN, H. I.: Physiol. Plantarum (Copenh.) 8, 954—962 (1955). — VIS, J. H.: Acta bot. neerl. 7, 124—130 (1958). — VREUGDENHIL, D.: Acta bot. neerl. 6, 472 bis 542 (1947). — VRIES, D. A. DE: Soil Science 73, (1952).

WAGENHOFF, A., u. K. VON WEDEL: Mitt. schweiz. Anst. forstl. Versuchswesen 35, 127—138 (1959). — WINNEBERGER, J. H.: Physiol. Plantarum (Copenh.) 11, 56—61 (1958).

YAMAGUCHI, S., and A. S. CRAFTS: Hilgardia 28, 161—191 (1958).

ZIEGLER, H.: Planta 52, 587—599 (1959). — ZIEGLER, H., u. T. E. MITTLER: Z. Naturforsch. 14 b, 278—281 (1959). — ZIMMERMANN, M. H.: Plant Physiol. 33, Suppl. XXXV (1958).

13. Mineralstoffwechsel.

Von Hans Burström, Lund (Schweden).

Während des Berichtsjahres ist der 1200 S. starke 4. Band, ,,Die mineralische Ernährung der Pflanze'', des Ruhlandschen Handbuches der Pflanzenphysiologie erschienen.

A. Mechanismus der Ionenaufnahme.

Die Literatur auf diesem Gebiet behandelt insbesondere die Natur und die Bedeutung der spezifischen Träger oder Bindungsorte der Ionen bei der Salzaufnahme. Mehrere Arbeiten beschäftigen sich auch mit den Anfangs- und Endstadien der Ionenaufnahme: die nicht-metabolische Anfangsphase und die aktive Speicherung. Die spezifischen Träger werden aber auch im Zusammenhang mit den beiden anderen Teilproblemen erörtert. Man kann die Fragestellung folgendermaßen formulieren. Inwieweit besteht die nicht-metabolische Aufnahme auch in einer Bindung der Ionen an gewisse Träger, und inwieweit beruht die aktive Speicherung auf der Natur der Träger und ihrem Umsatz? Daß zwischen der nicht-metabolischen, passiven Aufnahme und der aktiven Speicherung die Bindung an Träger eingeschaltet ist, wird fast allgemein angenommen.

Im folgenden werden zuerst einige Arbeiten erörtert, die die Salzaufnahme von allgemeinen Gesichtspunkten aus behandeln, und danach die einzelnen Schritte des Verlaufs.

1. Allgemeine Gesichtspunkte.

Mit Mohrrübenscheiben haben Middleton und Russel den Antagonismus der Alkali- und Erdalkalikationen gegenüber der Aufnahme von Rb und Sr untersucht. Mit steigender Valenz und Molgewicht nimmt auch die antagonistische Wirkung zu. Im Anschluß hieran erörtern die Verfasser ganz allgemein den Zustand der Ionen in der Zelle; sie liegen frei oder gebunden, adsorbiert austauschbar usw. vor.

Die Aufnahme von P durch Wurzeln von Mais, Baumwolle- und Erbsenpflanzen geht laut Canning und Kramer am schnellsten etwa 1—2 und 50 mm hinter der Wurzelspitze vor sich. Wenigstens in Mais und Erbse werden die Salze im Zusammenhang mit der Wasseraufnahme aufwärts vorwiegend in den ältesten Teilen transportiert. — Die Co-Aufnahme durch Blätter von sieben Pflanzenarten ist von Gustafson untersucht worden. Nur in zwei Fällen war die Aufnahme durch die Unterseite der Blätter stärker als durch die Oberseite, obwohl sämtliche hypostomatisch waren; es wurde somit wiederum bestätigt, daß die Stomata für die Salzaufnahme seitens Blätter ohne Belang sind. Die ebensogut bekannte poläre Ionenwanderung durch submerse Blätter von

Wasserpflanzen ist von LOWENHAUPT (1) an *Potamogeton crispus* näher
untersucht worden. Die Versuche wurden so angestellt, daß Blätter
zwischen zwei voneinander getrennten Lösungen gehalten werden
konnten. Es konnte gezeigt werden, daß Ca im Licht in der Lösung
an der Oberfläche gespeichert wurde, und zwar unabhängig von räum-
licher Orientierung und Richtung der Exposition. Alsdann (2) wurde
gezeigt, daß die Richtung vom O_2-Gradienten abhängig ist; gleichgültig
ob die ab- oder adaxiale Seite gelüftet wird, wandert Ca zur höheren
O_2-Spannung. Ferner wurde dargetan, daß die Aufnahme bei Absinken
des p_H-Wertes aufhört und durch Zusatz von K_2CO_3 wieder in Gang
gebracht wird. Es ist kontrovers und experimentell nicht leicht zu entscheiden, ob dies auf der H- oder Kohlensäurekonzentration beruht, eine
Frage, die auch in zwei anderen Arbeiten erörtert wird. JACOBSON,
OVERSTREET und Mitarb. behandeln die Aufnahme von K und Rb durch
Gerstenwurzeln im Zusammenhang mit dem p_H und der Temperatur.
HURD studiert die K-Aufnahme seitens Rübenscheiben. Er fand, daß
die K-Aufnahme bis zu p_H 8,5 (— 9) ansteigt, was darauf beruhen soll,
daß HCO_3 aufgenommen wird, sowie daß K passiv zur Erhaltung der
Elektronentralität mitgeschleppt wird. Die Belege dafür sind, daß die
K-Aufnahme aus $KHCO_3$ größer ist als aus KCl, auch wenn jenes auf
p_H 6,2 angesäuert wird. Es soll dann die HCO_3-Konzentration immer
hoch bleiben. Diese Erklärung ist überraschend und nicht ganz überzeugend, da die HCO_3-Konzentration natürlich plötzlich auf etwa ein
Prozent absinkt. Dagegen wurde mit C^{14} gezeigt, daß C und K gleich
schnell aufgenommen werden, sowie daß C in Malat eingebaut wird.
Es ist schon längst bekannt, daß der Malatgehalt durch dem Kationen-
überschuß in den Geweben und nicht durch die Bruttoaufnahme bedingt
wird; dies steht jedoch keineswegs mit HURDS Ergebnissen im Widerspruch. Es ist aber nicht leicht verständlich, wie es der Pflanze möglich
ist, von außen her zugeführte HCO_3 von Atmungs-CO_2 zu trennen. Diese
wird ununterbrochen produziert und sowohl im Innern wie in der Außen-
lösung je nach der H-Ionenkonzentration dissoziert. Eine Bestätigung
dieser interessanten Ergebnisse ist erwünscht.

In bezug auf den Salztransport in der Pflanze teilen BUKOVAC und
WITTWER mit, daß K, Na und Rb, die von Blättern schnell aufgeuommen
werden, auch schnell weiter transportiert werden, Ca, Mg und Sr dagegen
sehr langsam, während P, S und Cl nebst den Schwermetallen sich
intermediär verhalten (vgl. dazu LAUSCH nebst SINGLE). Daß Cl ziemlich
beweglich ist, haben WOOLLEY und Mitarb. mit Tomaten und *Beta* dargetan. MES hat die Ausscheidung von KNO_3 durch Blätter und Stämme
der Gräser *Hyparrhena* und *Themeda* beschrieben. Über die Einwirkung
niederer Temperaturen auf die Aufnahme und der Transport von P und
Ca in der Pflanze berichten ZHURBITZKY und SHTRAUSBERG.

2. Die nicht metabolische Anfangsphase.

Im Zentrum des Interesses steht der freie Raum (A. F. S), seine
Größe, Natur und in einigen Arbeiten sein Dasein.

ARISZ, der mit *Vallisneria*-Blättern arbeitet, findet entscheidende Belege für die Symplasttheorie darin, daß KCN nur die Aufnahme der Ionen hemmt, aber nicht deren Transport oder die aktive Speicherung in der Vacuole von schon in den Blättern vorhandenen Salzen. Mit dieser Fassung dürfte die Symplasttheorie eine freie Beweglichkeit der Salze außerhalb der aktiven Mechanismen, d. h. in einem freien Raum, ausschließen. An sich ist aber ein Symplasttransport mit einer Beweglichkeit auch in einem freien Raum wohl vereinbar, und früher ist gezeigt worden (Fortschr. Bot. **20**, 156), daß eine Salzaufnahme in einem freien Raum auch bei *Vallisneria* vorkommt, obwohl dieser klein ist. Die methodischen Schwierigkeiten bei der Bestimmung der Größe des freien Raums gehen auch aus den Arbeiten von HELDER (1, 2) mit intakten Gerstenpflanzen hervor. Unter den eingehaltenen Versuchsbedingungen ist die Rb-Aufnahme so groß, daß auch ein freier Raum von 25% des Gesamtvolumens analytisch nicht nachweisbar ist. Eine reversible Aufnahme wurde jedoch durch Austausch von Rb gegen Rb* nachgewiesen, aber keine Abgabe in aqua dest. Es dürfte dies auf der starken Adsorption des Rb beruhen, ein Umstand, der die Bestimmung des A. F. S. mit Kationen überhaupt erschwert (vgl. unten). Eigentümlicherweise wurde von HELDER ein Austausch nur gegen Rb_2SO_4 nicht aber gegen Nitrat oder Chlorid erhalten.

Die Natur des für die passive Aufnahme zugänglichen Raumes ist experimentell besonders von HYLMÖ untersucht worden. Auf Grund der Ergebnisse von BROUWER, durch eigene Versuche bestätigt, hat er berechnet, daß laut dem Erbe-Prinzip für die Strömung in einem Kolloid der Salzstrom in der Wurzel in Capillaren von einer Weite von 20—30 mμ sowie in größeren Räumen vor sich geht. Es entspricht dies den interfibrillären Zwischenräumen in der Zellwand. Die Verdünnung der Salzlösung bei seiner Passage wird dadurch erklärt, daß Wasser auch in feineren Capillaren sowie durch das Plasma fließen kann. Diese Erklärung ist rein hypothetisch; es muß hervorgehoben werden, daß der Salzstrom laut MES in den Zellwänden fließt, daß aber besonders die Epidermis Wasser leichter als Salze durchläßt. Auf Grund von HYLMÖs Ergebnissen wurde angenommen (BURSTRÖM), daß der freie Raum in osmotisch wirksamen, hypotonischen Lösungen mit verminderter Turgorspannung der Zellwände vergrößert sein muß. Tatsächlich wurde eine schnellere Aufnahme und Abgabe von Zuckern erhalten, und es wurde vorläufig angedeutet, daß ein unter dynamischen Bedingungen bestimmter Wert des freien Raums eigentlich ein Maß für die relative Durchlässigkeit der Zellwände für den gelösten Stoff sein könnte. Damit wurde auch verständlich, daß mit einem Pflanzenmaterial verschiedene Werte des A. F. S. für verschiedene Stoffe erhalten worden sind, auch wenn eine Bindung der Stoffe ausgeschlossen war. — Die gesamte, nicht-metabolische Phosphataufnahme durch Gerstenwurzeln ist von JACOBSON, HANNAPEL und MOORE bestimmt worden. Sie finden den freien Raum in abgeschnittenen Wurzeln größer als in intakten, was mit früheren Erfahrungen im Widerspruch steht (KYLIN und HYLMÖ, Fortschr. Bot. **20**, 156). JACOBSON und Mitarb. erklären dies dadurch, daß die Endodermis in intakten Pflanzen für Phosphat undurchlässig ist. Durch Abschneiden der Wurzeln sollte der Permeationswiderstand verschwinden, aber es werden keine Belege für diese erstaunliche Erklärung beigebracht. Die Verfasser meinen, daß Phosphat aus den Wurzeln nicht transportiert wird und auch nicht metabolisiert, weshalb sie die passive Aufnahme einfach der von den Wurzeln zurückgehaltenen Menge gleichsetzen. — Ref. hat früher hervorgehoben, daß die experimentellen Fortschritte über die Ionenaufnahme mit dem Theoretisieren nicht gleichen Schritt halten. Es ist dies vermutlich eine Erklärung für die Verwirrung in der Auffassung des freien Raums.

In einigen Arbeiten stützen sich die Verfasser auf die Begriffsbildung von BRIGGS und ROBERTSON von 1957. Sie unterscheiden zwischen einem „wasserfreien Raum" (WFS) und einem „Donnanfreien Raum" (DFS) unter der Annahme, daß alle Ionen an die geladenen, kolloidalen Oberflächen zum Donnangleichgewicht gebunden werden, und daneben in einem anderen Raum frei diffundieren können. Da die Oberflächen vorwiegend negativ geladen sind, macht sich der Donnaneffekt fast nur für die Kationen geltend, spielt aber für sie eine dominierende Rolle. Daß adsorptive Bindung, Donnangleichgewichte anstrebend, vorkommen muß, ist physikalisch-chemisch selbstverständlich und bildet seit Jahrzehnten eine der Unterlagen der meisten Theorien über die Salzaufnahme. Das Einschließen dieser Bindung im A. F. S. verdunkelt das eigentlich Neue in diesem Begriff, und zwar die freie Salzbewegung in einem cytologisch zu definierenden Raum, oder was BRIGGS und ROBERTSON jetzt WFS nennen. Die einzige Ursache für diese komplizierte Betrachtungsweise findet Ref. in dem Umstand, daß diese und andere Verfasser zur Bestimmung des freien Raums Kationen verwenden und deshalb die Adsorption von dem frei beweglichen Anteil schwerlich trennen können.

Dieser Gesichtspunkt ist von BRIGGS, HOPE und PITMAN auf die Aufnahme von Rb und J durch Rübenscheiben angelegt worden. Mit J wurde ein freier Raum von etwa 15—20% des Volumens erhalten, mit Rb dagegen infolge Adsorption ein so hoher Wert, daß wenn die Bindung nur auf der Zelloberfläche vor sich gehen würde, jedem Kation eine Oberfläche von nur ein $Å^2$ zur Verfügung stände. Infolgedessen müßte auch Cytoplasma am freien Raum teilnehmen. Dies ist natürlich möglich, auch wenn der freie Raum hauptsächlich aus capillaren Räumen in der Zellwand besteht. Andererseits sehen die Verf. von der Möglichkeit ab, daß Ionen auch an Proteine in der Zellwand gebunden werden können. Die Schätzung der zur Verfügung stehenden kolloidalen Oberfläche scheint etwas vereinfacht zu sein. Andere Berechnungen des freien Raums sind von BERGQUIST (1) mit *Hormosira* durch Bestimmung der Aufnahme von Cl, I, S und P ausgeführt worden. Bei pH 6 beträgt er 28—35%, steigt bei Zusatz von KCN $10^{-4}\,M$ auf 30—48% und sinkt bei pH 8 bis auf 24—31%. Es ist wohl zweifelhaft, ob diese hohen und wechselnden Werte nicht auch eine Bindung irgendeiner Art enthalten. BERGQUIST (2) konnte in *Hormosira* K und Na analytisch in einen frei beweglichen, einen cytoplasmatischen und einen gebundenen Teil fraktionieren. Verschiedene Hemmstoffe wie KCN und 2,4-DNP erhöhten den Na-Gehalt beträchtlich, während das freie K fast unbeeinflußt blieb. Hieraus schließt er, daß Na passiv aufgenommen und aktiv ausgeschieden wird. Eine ähnliche Stellung nehmen MACROBBIE und DAINTY ein. Sie haben ebenfalls bei einer Meeresalge, *Rhodymenia palmata*, den Austausch von K und Na verfolgt: Sie finden für beide Ionen einen freien Anteil, etwa 24% freien Raum entsprechend, und einen schwer austauschbaren, vermutlich vacuolengebundenen Anteil. Licht erhöht den K-Austausch bis auf das Achtfache, was vielleicht auf der Bildung eines Trägers beruhen kann. Für Na nehmen sie gleichfalls eine aktive Abnahme an.

MACGILLAVRY and TENDELOO haben die Membranpotentiale in Weizenwurzeln, ältere Ergebnisse bestätigend, bestimmt. Sie schließen hieraus, daß eine Diffusion in einem freien Raum vorkommt und daß die Potentiale nicht an der morphologischen Oberfläche gelegen sind. Hieraus folgt, daß ein Ionenaustausch an den Obenflächen einen Anteil der passiven Aufnahme im freien Raum ausmachen muß. Alle diese Überlegungen über die wohlbekannte adsorptive Bindung der Ionen haben tatsächlich wenig zur Klärung der cytologischen Bedeutung des freien Raums beigetragen. Es leuchtet ein, daß sich diese besser mit Hilfe wenig metabolisierter Anionen oder Molekeln studieren läßt.

MICHAEL und MARSCHNER (1) haben die P-Abgabe von Weizenwurzeln untersucht. Gegen Wasser stellt sich ein Gleichgewicht schnell ein (wenig Abgabe), gegen eine Phosphatlösung langsamer bis zu einem scheinbaren Gleichgewicht, mit reinem Austausch von P* gegen P. Gerade dieser Austausch wird in anderen Untersuchungen als ein Maß für den A. F. S. betrachtet. KCN und DNP hemmen die Abgabe, woraus die Verff. schließen, daß der abgegebene P teils dem A. F. S., teils der Phosphorylierung an der Oberfläche entstammt. — RUSSELL and SHORROCKS haben bestätigt, daß der Aufwärtstransport in den Pflanzen bei hohen Salzkonzentrationen durch die Transpiration beeinflußt wird, aber nicht bei niedrigem Gehalt. Der Schluß, daß Ionen nicht passiv mit dem Transpirationsstrom aufgenommen werden können, ist aber verfrüht, da die aktive Speicherung bei niedrigem Gehalt dominiert.

3. Die Trägertheorie.

Die Annahme der mehr oder weniger spezifischen Träger, an die die Ionen bei der Aufnahme gebunden werden, ist vermutlich der wichtigste Fortschritt der letzten Jahre auf diesem Gebiet. Die Literatur ist aber recht undurchsichtig und hat während des Berichtsjahres kaum an Klarheit gewonnen. Die Ursache ist, daß „Träger", die eigentlich chemische Substanzen sein sollten, in diesem Zusammenhang noch kaum mehr als einen Begriff darstellen. Die Trägertheorie ist ausschließlich auf Deduktionen gegründet, und die Isolierung einer Trägersubstanz ist in keinem Fall gelungen; tatsächlich findet man im Schrifttum auch wenige Andeutungen in dieser Richtung. LUNDEGARDH (1, 3) nimmt in seinen letzten Schriften tatsächlich eine vom Metabolismus unabhängige Anfangsphase der Aufnahme an; diese wird in Wurzeln durch CN gehemmt, was dadurch erklärt wird, daß die Stabilisierung der Träger vom Cytochromsystem abhängig ist. — Man bekommt eher den Eindruck, daß nach einem fahrbaren Weg zur experimentellen Fassung des Begriffes gesucht wird. In Ermangelung dessen wird recht viel theoretisiert, bisweilen vielleicht mehr als berechtigt erscheint.

Die Träger der Alkalimetalle sind in mehreren Arbeiten erörtert worden. In *Vallisneria* kann Na gegen K ausgetauscht werden (KAWAHARA und MASUDA); es ist übrigens umstritten, ob K und Na an dieselben Träger gebunden sind (Fortschr. Bot. **20**, 157). Eine interessante Beobachtung ist, daß IES den Austausch hemmt; in plasmolysierten Blättern wird er aber erhöht. Es wird dies auf eine nicht näher angegebene Weise durch Plasmaänderungen erklärt. Ebenso schwer zu deuten sind Ergebnisse von HELDER (1) über die Einwirkung anderer Ionen auf die Rb-Aufnahme in Gerste. K verhält sich so, als ob es mit Rb an denselben Träger gebunden würde, aber die Wirkung von Ca ist komplizierter. Eine Vorbehandlung mit Ca und Nitrat vermindert die Rb-Bindung, ist aber Ca gleichzeitig mit Rb anwesend, so wird seine Bindung erhöht [auch HELDER (2)]. CONWAY und DUGGAR meinen, daß sämtliche Alkali- und Erdalkalikationen an einen Träger gebunden werden. Unter der Annahme, daß die Bindung lediglich als eine Reaktion erster Ordnung behandelt werden kann, haben sie kinetische Berechnungen ausgeführt. Die berechneten Affinitäten zwischen Metall und Träger verhalten sich für K, Rb, Cs, Na, Li und Mg wie 100:42:7:3,8:0,5 bzw. 0,5. Dagegen sind die maximalen Aufnahmegeschwindigkeiten, die nur bei niedrigen Konzentrationen erreicht werden, für alle Metalle dieselben. Die mathematische Behandlung der Ionenaufnahme gibt wahrscheinlich über den Verlauf des Prozesses Auskunft, wobei jedoch im Auge behalten werden muß, daß sie auf gewisse, ganz bestimmte Voraussetzungen über die Kinetik gegründet ist, die noch unbewiesen sind. Einige Autoren sind in der theoretischen Behandlung des Problems recht weit gegangen. FRIED und NOGGLE haben die K, Na und Rb-Aufnahme abgeschnittener Gerstenwurzeln bestimmt. Sie haben zwischen Konzentration und Aufnahme eine hyperbolische Abhängigkeit gefunden. Unter der Annahme, daß es sich um Reaktionen erster Ordnung handelt, wird dieser in zwei Gerade aufgelöst; diese entsprechen zwei verschiedenen Bindungspunkten für niedrige bzw. hohe Konzentrationen. In jenem wirkt H+ kompetitiv. Alsdann werden aus den Kurven die Dissoziationskonstanten der Metall-Trägerbindungen berechnet. Falls diese Deduktionen richtig sind, sind die Ergebnisse von großer Bedeutung; die Berechnungen sind aber wegen der groben Approximationen nicht sehr überzeugend. Es mag richtig sein, daß die Aufnahme bei niedrigen Konzentrationen anders verläuft als bei hohen, die Identifizierung zweier Bindungsorte ist indessen hypothetisch. In einer kurzen Arbeit teilen BÖSZÖRMENYI und CSEH mit, daß in Weizen J die Cl-Aufnahme hemmt, Cl dagegen die J-Aufnahme erhöht. Die doppelt reziproke, graphische Wiedergabe des Materials ergibt keine Geraden, sondern gekrümmte oder geknickte Kurven. Dies wird so ausgewertet, daß zwei Träger der Ionen vorhanden sind; eine vorsichtigere Deutung wäre, daß die gesamte Aufnahme eines Ions nicht lediglich als eine Reaktion erster Ordnung behandelt werden kann.

Russel und Squire stützen die mehrmals ausgesprochene Ansicht, daß Ca und Sr an denselben Träger gebunden werden, auf Versuche über den Antagonismus zwischen den Ionen. Lowenhaupt (2) hat den oben erwähnten Transport des Calciums gegen das Konzentrationsgefälle des Sauerstoffs dadurch erklärt, daß der Träger an der Seite mit der höchsten O_2-Spannung oxydiert wird und die Ionen dadurch freigemacht werden.

Phosphat nimmt insofern eine Sonderstellung ein, als es durch Phosphorylierung schneller als andere Anionen in dem Stoffwechsel eingeschaltet wird. Michael und Marschner (1, 2) haben mit Weizen gezeigt, daß P* reversibel gegen P und As, aber nicht gegen Chlorid oder Nitrat ausgetauscht wird, was auf verschiedene nicht-metabolische Bindungsorte der beiden Stoffgruppen hindeutet. Lundegardh (3) hat auch mit diesem Material keine Aufnahme durch Phosphorylierung nachweisen können. In Hefe dagegen haben Goodman und Rothstein eine Aufnahme durch Phosphorylierung und geringe Austauschfähigkeit gefunden. K erhöht die P-Aufnahme spezifisch. Verschiedene Erklärungsmöglichkeiten werden erörtert. Rothstein hat ferner dargetan, daß P die Mg- und Mn-Aufnahme spezifisch fördert; sie wird durch Stoffwechselinhibitoren gehemmt und damit erklärt, daß ein Träger für diese Ionen gebildet wird.

In diesem Zusammenhang verdient erwähnt zu werden, daß Bennett an Tiermaterial eine passive Ionenaufnahme durch „Membranbewegung" (membrane flow) beschrieben hat. Stoffe werden durch Einschnürungen der Plasmamembrane in Bläschen eingeschlossen, in diesem Zustand in der Zelle verlagert und alsdann nach Zerstörung der Membranteilchen freigemacht: Es ähnelt dies wenigstens oberflächlich einem Transport mittels „Träger" und Zerstörung desselben. Andererseits erscheint zweifelhaft, ob solche Membranwucherungen in nicht-amöboiden Protoplasten vorkommen. Die Erscheinung verdient jedenfalls beachtet zu werden.

4. Die aktive Ionenspeicherung.

Wie oben erwähnt, schließt sich Lowenberg (2) der Ansicht an, daß die aktive Speicherung in den Vacuolen auf den Zerfall der Träger beruht. Die meisten Arbeiten behandeln dagegen die Art der Übertragung der Energie auf das speichernde System. Die Ansicht, daß diese mittels des Cytochromsystems direkt nur mit dem Anionentransport verbunden ist, findet wenig Stütze in den neusten Untersuchungen, die ganz allgemein mit einer Zufuhr von Atmungsenergie sowohl zu der Kationen- wie zu der Anionenspeicherung rechnen. Lundegardh (3) hat aber wiederum ein fast konstantes Verhältnis zwischen Cl und PO_4-Aufnahme einerseits, Salzatmung andererseits nachgewiesen und hebt hervor, daß der Mechanismus einer metabolischen Kationenaufnahme noch unaufgeklärt verbleibt.

Conway und Beary haben gefunden, daß die Mg-Aufnahme in Hefe im Gegensatz zu der von Kalium sehr sauerstoffempfindlich ist. Sie sind daher der Ansicht, daß K auf einen Acceptor übertragen wird, der von ATP abhängig ist, während Mg mit dem Cytochromsystem verbunden sein soll. In einer wichtigen Arbeit haben HONDA und Mitarb. zuerst nachgewiesen, daß die Respiration der Mitochondrien aus Rübenwurzeln durch Neutralsalze stimuliert wird, am meisten zwar durch einwertige Ionen, aber im allgemeinen ungefähr proportional der Ionenstärke. Es ist dies eine unspezifische Wirkung. Die Oxydation von DPNH hat ferner ein Optimum in 0,01 M-Lösungen um bei höheren Konzentrationen abzunehmen, während die Oxydation von Cytochrom c ihr Optimum in 0,15 M Salzlösungen aufweist. Für das gesamte Respirationssystem, durch Neutralsalze aktiviert, kann daher nicht das Cytochromsystem, wohl aber die DPNH-Oxydation begrenzend wirken. Die Verfasser können demgemäß die Anionenatmungstheorie nicht stützen, sondern neigen zur Annahme, daß die Salze bei der aktiven Speicherung die DPNH-Oxydation aktivieren. — Wurzeln von *Eichhornia* geben laut MINSHALL unter Bedingungen mit angeblich niedriger O_2-Spannung Salze aus den Vacuolen ab, wahrscheinlich durch Unterdrückung der aktiven Zurückhaltung der Salze.

ARISZ rechnet, wie erwähnt, in *Vallisneria*-Blättern nur mit einer aktiven Aufnahme. Eine wichtige Beobachtung ist, daß Azid die Salzspeicherung nur hemmt, wenn die absorbierenden und speichernden Teile durch Gewebebrücken verbunden sind, die Leitungsgewebe enthalten, aber nicht, wenn sie rein parenchymatisch sind. Daraus wird geschlossen, daß Azid nur die Exkretion der Salze an die Gefäße hemmt. KCN, Arsenat und Uranyl hemmen dagegen nur die Aufnahme, nicht aber den Transport oder die Speicherung der Salze. ARISZ meint, daß die Aufnahme in einer nicht näher bekannten Weise mit Energiephosphat verbunden ist und daß drei verschiedene aktive Mechanismen vorhanden sind. Einer ist im Plasmalemma gelegen und für die Gesamtaufnahme verantwortlich, ein zweiter im Tonoplasten bewirkt die Speicherung in der Vacuole und der dritte die Exkretion aus Zellen ins Xylem hinein. SOL hat in einer großen Arbeit mit demselben Material den Einfluß verschiedener Vorbehandlungen auf die Cl-Aufnahme studiert. Belichtung erhöht die Aufnahme vermutlich durch die Bildung einer für die Aufnahme erforderlichen Substanz. Die Lichtwirkung ist von der Gegenwart von Zucker unabhängig. CO_2 erhöht die Aufnahme im Licht, anscheinend über die Photosynthese. Vorbehandlung mit Zucker setzt dagegen die Cl-Aufnahme herab, angeblich durch die osmotisch bedingte Hydratation (Einzelheiten der Arbeit bleiben unklar). Während der Aufnahmeperiode kann aber Zucker z. T. Licht ersetzen. Es muß geschlossen werden, daß die Lichtwirkung nicht nur auf der Photosynthese beruht. — Leider ist es noch nicht möglich, das große Tatsachenmaterial von *Vallisneria* mit dem mit anderen Objekten erhaltenen auszugleichen. Es sei aber hervorgehoben, daß LUNDEGÅRDH (1—3) durch die Annahme einer restlos metabolisch bedingten Aufnahme eine Stellung eingenommen hat, die sich wenigstens experimentell, obwohl nicht den Deutungen nach, der von ARISZ anschließt.

B. Chelatbildung.

In diesem Abschnitt werden nur solche Arbeiten erörtert, die die Chelatbildung als allgemeines Prinzip oder die Komplexbindung mehrerer Elemente behandeln, während Schriften über die Funktion einzelner Elemente in Chelatform im nächsten Abschnitt zu finden sind.

Laut HEATH und CLARK (Fortschr. Bot. **19,** 228) liegt zwischen chelatisierenden Stoffen und Auxinen eine unzweideutige Ähnlichkeit in ihrer Wirkung auf das Wachstum vor. Es führte dies zu der Annahme, daß die Wuchsstoffwirkung auf der Chelatisierung von Schwermetallen beruhe. Diese Ansicht ist zwar bezweifelt worden; jedenfalls haben COHEN und Mitarb. gezeigt, daß IES Komplexe mit Cu und Fe, nicht aber mit Ca und Mg bildet. Diese Beobachtung ist von größter Bedeutung, auch wenn sie keineswegs so gedeutet werden kann, daß das Wachstum einfach durch Bindung von Cu oder Fe geregelt wird. Die Spezifität der Auxinwirkung kann kaum auf diese Weise erklärt werden, und eine besondere Beteiligung dieser Metalle am Wachstum ist übrigens unbekannt. RECALDIN und HEATH haben bestätigt, daß IES Cu chelatisiert, nicht aber Fe, das den Abbau der IES beschleunigt. Die herbizide Giftwirkung des 3-Amino-1,2,4-triazols wird durch Cu, Ni und Co aufgehoben, nicht aber durch Fe, das ebenfalls mit dem Triazol einen Komplex bildet. Herbizide Auxine wie 2,4-D hemmen die Respiration in *Azotobacter vinelandii* laut JOHNSON und COLMER. Dieser wird durch Mg im molaren Verhältnis Metall:Auxin von 1:1 bis 2:1 entgegenwirkt. Falls dies allgemein bestätigt werden könnte, so würde dies bedeuten, daß Auxine verschiedener Art als Chelatbildner wirksam sind, und die sehr schwankenden morphologisch-physiologischen Wirkungen könnten durch Komplexbindung mit verschiedenen Metallen zwanglos erklärt werden. Diese noch spärlichen aber außerordentlich wichtigen Ergebnisse mit Auxinen scheinen die Bedeutung der Metalle in der Pflanze in das Zentrum der Wachstumsphysiologie zu stellen.

Eine andere prinzipiell wichtige Chelatwirkung ist von FISCHER und Mitarb. untersucht worden. α-Amylase wird durch die Bildung von Ca-Komplexen — vermutlich mit Peptiden — stabilisiert. FREDRICK hat gezeigt, daß Phosphorylase aus *Oscillatoria* durch Metalle aktiviert und durch die chelatisierende Kojisäure nebst ihren Derivaten gehemmt wird. — Der langsame Transport von Ca und Fe in Blättern beruht laut KESSLER und MOSCICKI auf ihrer Bindung als Chelate. Sie werden durch Trijodbenzoesäure aus der Bindung freigemacht. Wenn diese Deutung richtig ist, so sollten sie an der Säure gebunden wandern, was das Chelatprinzip nicht ganz unerwartet mit der im Abschnitt A 3 behandelten Träger-Theorie in Zusammenhang bringt. — In niedrigen Konzentrationen — 2,5—10 μmol/l — soll laut MAJUNDER und DUNN EDTA das Wachstum von Maiswurzeln beschleunigen. Eine Entgiftung ist dabei denkbar, weil sonst EDTA in derselben Konzentration hemmend wirkt (Fortschr. Bot. **20,** 161).

GÄUMANN und Mitarb. (1, 2) haben bestätigt, daß das Welketoxin Lycomarasmin durch Chelatisierung des Fe und seinen Transport in der Pflanze wirkt (vgl. KESSLER und MOSCICKI).

C. Bedeutung und Funktion der Elemente.

Nason (1) hat in einer konzentrierten Darstellung die Funktion der Metalle, insbesondere die der Schwermetalle zusammengefaßt. Außer den wohlbekannten Wirkungen wie z. B. als Elektronenüberträger, wird die Rolle von Mg und Mn als Chelatbildner mit Pyrophosphaten (ADP, ATP usw.) hervorgehoben; die Wirkung von Mn, Zn und Mg ist ihrer Natur nach nicht näher bekannt, aber es wird angenommen, daß sie das Substrat an Protein binden.

1. Alkalimetalle. In Versuchen mit *Chlorella* haben Latzko und Mechsner dargetan, daß die Lichtphosphorylierung bei der Photosynthese durch K induziert wird, was die spezifische Rolle des K bei der Photosynthese erklären kann. Die Wirkung von K kann zu 80% durch Rb ersetzt werden. Die Bedeutung des Kaliums beim Stickstoffumsatz wird in zwei Arbeiten beleuchtet. Sircar und Datta haben den Einfluß von K auf das Wachstum, Wassergehalt und insbesondere N-Stoffwechsel in Reispflanzen untersucht. Sie bestätigen, daß K für die Proteinbildung notwendig ist, ein Mangel an K führt zu Speicherung von NH_4, in Hefe dagegen bewirkt ein K-Mangel einen erhöhten Gehalt an allen Aminosäuren, jedoch nicht an Glutaminsäure, was mit der bekannten Bildung von Putrescin bei K-Mangel zusammenhängt. Es wurde schon oben erwähnt, daß Goodman und Rothstein eine spezifische Wirkung von K auf die Phosphataufnahme gefunden haben (vgl. Abschnitt A 3). In den fortlaufenden Arbeiten über Na (Lehr und Wybenga) ist mit *Hordeum* eine positive Wirkung nur bei niedrigem K-Gehalt erhalten worden. Es ist noch unentschieden, ob Na an sich eine Wirkung ausübt.

2. Erdalkalien. Große Rassenunterschiede im Mg-Gehalt bei Mais beruhen laut Foy und Barber eher auf einer Festlegung in der Pflanze als auf Unterschieden in der Aufnahme durch die Wurzeln.

Mehrere Arbeiten behandeln die Wirkung des Calciums. Daß Ca auch für niedere Pflanzen unentbehrlich ist, wird bestätigt. Laut Norris und Jensen fordern fünf *Azotobacter*-Arten Ca sowohl autotroph wie auf NH_4-Azetat gezüchtet; die einzige gefundene Ausnahme bildete *A. agile*. Desgleichen ist laut Tolba und Salama Ca für *Fusarium oxysporum* erforderlich. Ca hat keinen Einfluß auf die Aufnahme von Nitrat, wohl aber auf seine Assimilation. Die Bedeutung des Ca für die Salzaufnahme ist durch eine Wirkung auf den Gehalt an Mitochondrien erklärt worden. Anscheinend anderer Art ist die von Helder untersuchte Wirkung auf die Rb-Aufnahme. Die Aufnahme durch Gerstenwurzeln steigt, wenn Ca gleichzeitig mit Rb dargeboten wird, sinkt aber nach einer Vorbehandlung mit Ca (1). Alsdann (2) wurde gezeigt, daß Rb an eine Rb-freie Lösung nur abgegeben wird, wenn Rb in Abwesenheit von Ca aufgenommen worden ist, was eher auf ein stärkeres Zurückhalten nach Ca-Behandlung hindeutet. Über ähnliche Ergebnisse berichtet Gardos mit Erythrocyten. Atmungsgifte veranlassen eine K-Abgabe, ebenso Behandlung mit EDTA, was auf Komplexbindung mit Ca beruht. Ca erhöht auf eine nicht näher bekannte Weise das Zurückhalten des Calciums unabhängig von der an die Glykolyse geknüpften aktiven Salzspeicherung. Fischer und Mitarb. meinen, daß Ca die Struktur des Peptidanteils der α-Amylase stabilisiert.

Lausch hat die Zurückwanderung des Ca aus Blättern von Keimpflanzen und Bäumen untersucht; er meint, daß Ca beweglicher ist als gewöhnlich angenommen wurde (vgl. Bukovac und Wittwer). Bradshaw und Mitarb. haben sechs gegen Ca verschieden tolerante Gräser (Extreme: *Lolium perenne* und *Nardus stricta*) bei wechselnder Ca-Zufuhr kultiviert und im Großen gefunden, daß die physiologische Reaktionsweise mit den ökologischen Ansprüchen in Einklang steht. Das Ca-Optimum ist für *Nardus* am niedrigsten und für *Lolium* am höchsten.

3. Phosphor und Schwefel. Heyningen und Pirie haben die säurelöslichen Phosphate aus *Lens*-Pflanzen fraktioniert; der Nachweis von Phosphorylcholinen und Phosphorylethanolaminen soll hervorgehoben werden. Wenzel hat die Wirkung abgestufter P-Gaben zu Hafer, Soja und Lupine untersucht; die Gehalte an Phosphatiden und Nucleoproteiden bleiben konstant, während die an Phytin und anorganischem P in den Pflanzen schwanken. — In einer ausführlichen Arbeit hat Gračanin die Schwefelmangelerscheinungen in verschiedenen Pflanzen verglichen. Bei Gräsern bewirkt S-Mangel ein starkes Wurzelwachstum und langsam einsetzende Chlorose der Blätter, bei Leguminosen und Cruciferen dagegen Mangelerscheinungen nur an den Blättern aber nicht an den Wurzeln. Die Unterschiede dürften mit allgemeinen Verschiedenheiten in der Konstitution im Zusammenhang stehen. Diese treten sowohl im Mineralstoffbedarf wie in den Wachstumserscheinungen zutage; ihre Ursache ist aber noch unbekannt.

4. Valenzwechselnde Elemente. Die Literatur über diese Stoffe ist merkbar zurückgegangen; z. Z. werden vermutlich sowohl die Funktion der Elemente wie die Art ihres Vorkommens als einigermaßen bekannt betrachtet und bieten daher keine Probleme von unmittelbarem Interesse. In bezug auf das Eisen ist schon erwähnt worden, daß Gäumann und Mitarb. (1, 2) seine Bedeutung bei infektiöser Welkekrankheit bestätigt haben. — In Blättern verschiedener Obstbäume hat Kessler einen Zusammenhang zwischen den Gehalten an DNS, löslichem Fe und Chlorophyll dargetan. Kalkchlorose — die allgemein mit Mangel an aktiven Fe erklärt wird — wird auf eine Störung des DNS-Stoffwechsels zurückgeführt. Je weniger lösliches Fe die Arten enthalten (Olive, Pflaume, Pfirsich, *Citrus*), um so größer ist ihre Empfindlichkeit gegen Kalkchlorose. — Brown, Holmes und Tiffin haben genetische Rassenunterschiede in der Fe-Aufnahme bei Soja beschrieben.

Der bedeutendste Beitrag zur Kenntnis der Wirkung des Kupfers ist der Nachweis von Cohen, von Recaldin und Heath bestätigt, daß IES Cu aber nicht Fe komplex binden kann. In Weizen bewirkt laut Brown, Tiffin und Holmes Cu-Mangel eine Abnahme der Turgescenz, niedrigen Chlorophyllgehalt, Absterben der Blätter von der Spitze basalwärts und geringeres Internodienwachstum. Der Gehalt an Ascorbinsäureoxydase sinkt natürlich, während der an organischen Säuren steigt. Bolle-Jones berichtet ausführlich über den Einfluß von Cu auf *Hevea*: Wachstum, Mangelerscheinungen, Mineralstoff- und Gummigehalt. Es soll besonders erwähnt werden, daß Cu eine Erhöhung der Fe-Aufnahme und Speicherung von Gummi in den Wurzeln bedingt.

Über Mangan liegt ein wichtiges Ergebnis vor. Laut Eyster, Brown, Tanner und Hood ist in *Chlorella* und anderen Algen sowie in *Lemna* das Mn-Bedürfnis bei autotropher Ernährung tausendmal höher als bei heterotropher; Mn ist für die Hillreaktion erforderlich und spielt somit eine besondere Rolle bei der Photosynthese. Mit $10^{-7}\,M$ Mn hört das Wachstum unter autotrophen Bedingungen auf. Die Erholung der Photosynthese, des Wachstums und der Hillreaktion verlaufen eindeutig parallel.

SINGLE (1, 2) hat die Beweglichkeit des Mn in Weizen untersucht. Der Transport in Phloem ist langsamer als der von anderen Elementen; der unbewegliche Anteil ist zu 80% wasserlöslich und zu 15—20% methanollöslich; er ist keine anorganische Fällung. NASON (2) hat Vorkommen und Funktion von Molybdän und Vanadium zusammengefaßt. Eine spezifisch große Speicherung von Kobalt und Nickel haben YAMAGATA und MURAKAMI in *Clethra barbinervis* entdeckt. Benachbarte Bäume, wie *Quercus*, und *Castanea* enthielten 2—5 mg/kg Co in der Asche, und 20—40 mg Ni, *Clethra* aber 660 mg Co und 140 mg/kg Ni. Der Fe-Gehalt betrug 550 mg/kg gegen 600—800 mg/kg in den anderen Arten.

5. Andere notwendige Elemente. MCILLRATH und SKOK haben Bor-Mangel in *Chlorella* nachgewiesen; sie machen auch methodische Angaben über die Bedeutung der Qualität der Glasgefäße. Ein Optimum wurde bei 0,5 mg/l Bor erhalten. Die Beweglichkeit des Chlors in der Pflanze haben WOOLLEY und Mitarb. studiert. SKOK und MCILLRATH haben B in homogenen, zentrifugierten Zellenfraktionen aus *Helianthus* und *Phaseolus* bestimmt und eine Abnahme bei B-Mangel nur in der dialysierbaren Fraktion gefunden. Laut ROGALEW setzt Cl im Vergleich mit SO_4 die Transpiration stark herab. — Bemerkenswerte Ergebnisse über die als Nährstoff allerdings zweifelhafte Kieselsäure sind von VOLK und Mitarb. mitgeteilt worden. Eine Infektion von Reis mit *Piricularia oryzae* nimmt bei erhöhtem Si-Gehalt ab. Die Verfasser meinen, daß an die Zellwände gebundenes Si die Kohlenhydrate gegen Hydrolyse widerstandsfähig macht; Stickstoff vermindert die Bildung des an Si gebundenen Kohlenhydrats. LANNING und Mitarb. haben kristallographisch das Vorkommen von Si in mehreren Pflanzen untersucht und verschiedene Zustandsformen beschrieben. LEHR, WYBENGA und ROSANOW behaupten, daß Jod einen fördernden Einfluß auf die Tomate hat; die Ausschläge sind allerdings unbedeutend.

D. Ökologische Probleme.

Auch die neue Literatur über die Ökologie der Mineralnährstoffe ist bemerkenswert mager, und nur wenige Arbeiten enthalten Neuheiten.

In Gefäßversuchen mit verschiedenen Ca-Phosphaten zu *Lolium* und Sudangras haben LEHR und BROWN gefunden, daß die Wurzeln zahlreiche, lange bandförmige, an die Salzkristalle angeklebte Wurzelhaare entwickeln, die eine Scheide ringsum die Wurzeln bilden. Sie meinen daher, daß unter natürlichen Verhältnisse eine Kontaktaufnahme eine große Rolle spielt. MELIN und Mitarb. haben wiederum die Bedeutung der Mycorrhiza für die Salzaufnahme durch *Pinus*-Keimlinge hervorgehoben. In Reinkultur werden große Mengen Na^{22} durch den Pilz aufgenommen und an die Wurzel abgegeben. SIMONIS und WERK haben die Verteilung von Ca und K zwischen Preßsaft und Plasma in *Vicia faba* bei guter und schlechter Wasserversorgung studiert. MALMER berichtet über die Gehalte an Na, K, Mg, Ca, Mn, Fe, N und P von typischen

Moorbödenarten in Südschweden sowie über die austauschbaren bzw. löslichen Mengen derselben Elemente im Boden. Für K und P befindet sich ein wesentlicher Teil der zugänglichen Mengen in der Vegetation. YOUNG und LANGILLE haben die Gehalte an K, Ca, Si, As, Co, Cu, F, S, Mn, Mo, Ni, Pb und Zn in Meeresalgen von der Kanadischen Atlantküste untersucht und Vergleiche mit den Gehalten des Wassers angestellt.

Die alte Frage nach der ökologischen Bedeutung des Boden-p_H-Werts wird aufs neue von OLSEN beleuchtet. *Deschampsia flexuosa* (acidophil) nebst *Cannabis sativa* und *Sinapis alba* (basophil) wachsen unter künstlichen Bedingungen, mit Fe als Versenat zugegeben, gleich gut über den ganzen p_H-Bereich von 4—8. Die ökologische p_H-Wirkung wird restlos durch die Schwermetallaufnahme erklärt. Vergiftung durch Fe-Sulphat bei p_H 4 wird von Ca durch Abnahme der Fe-Aufnahme aufgehoben.

Die Aufnahme von radioaktivem Abfall lenkt erhöhte Aufmerksamkeit auf sich. Dies vor allem infolge der besonders von Genetikern behaupteten aber von gewissen Kreisen der Physiker verneinten Gefahr biologischer Beschädigungen besonders durch die γ-Strahlung. MIDDLE-TON hat unter Laborbedingungen verschiedene Kulturpflanzen mit Sr^{89} und Cs^{137} gespritzt und die Aufnahme und den Transport der Elemente in verschiedenen Entwicklungsstadien verfolgt. Bezüglich Einzelheiten muß auf das Original verwiesen werden. WILLIAMS und SWANSON haben gezeigt, daß *Chlorella* und *Euglena* schnell Cs^{137} aufnahmen, was K entgegenwirkt. GRAHAM hat die Aufnahme und Verteilung von Sr^{90} und Co^{137} im Boden und in der Vegetation auf frei gelegtem Seeboden mit frischem, alluvialem Material und Neusiedlung von *Polygonum* bei Oak Ridge, Tennessee verfolgt. An sich sagen Analyseergebnisse dieser Art über die biologische Gefahr einer Speicherung der schädlichen Elemente nichts aus. Ein Zusammenbringen von Analysen besonders aus Gegenden mit reichlichem Abfall ist aber unbedingt notwendig, weil es ohne weiteres einleuchtet, daß die größte Gefahr eben in einer primären Speicherung in der Vegetation und alsdann im tierischen Organismus liegt. Besonders sei die Untersuchung von GORHAM über die Radioaktivität verschiedener Pflanzen aus N. England hervorgehoben. Die Aktivität sinkt mit steigendem Aschengehalt, weil der Abfall eine um so größere Rolle spielt, je nährstoffärmer der Boden ist. Durch einen Vergleich mit Herbarmaterial wurde festgestellt, daß die Aktivität aus solchen Böden in 10 Jahren bis auf das 50fache gestiegen ist. Ob dies von Bedeutung ist, kann vorläufig nicht beurteilt werden. In diesem Zusammenhang soll erwähnt werden, daß KLECHKOVSKY und GULIAKIN die Verteilung im Boden und die Aufnahme durch die Pflanze von Sr, Cs, Ru und Zn verglichen haben.

Die folgenden Arbeiten sind von diagnostischem Interesse. Eine Auseinandersetzung gewisser methodischer Unterlagen des Mitscherlichschen Verfahrens hat SCHÄFER durchgeführt. COALDRAKE und HAYDACK liefern aus Queensland Beispiele mangelnder Übereinstimmung zwischen Gesamtphosphorgehalt in Boden und Vegetation. GAGNON und Mitarb. haben verschiedene Sträucher und Kräuter aus Waldböden in Canada nebst dem Humus auf Kationen und P analysiert. Deutliche Artunterschiede liegen vor, aber keine Unterschiede zwischen Standorten trotz wechselnder Produktivität. Diese folgt dem Nährstoffgehalt der Böden; die Verhältnisse dürften nährstoffarme Böden kennzeichnen.

Literatur.

ALTEN, F., u. O. WERK: Z. Naturforsch. 13 b, 315—322 (1958). — ARISZ, W. H.: Acta bot. neerl. 7, 1—32 (1958).

BENNETT, H. S.: J. biophys. biochem. Cytol. 2, 99—103 (1956). — BERGQUIST, P. L.: (1) Nature (Lond.) 181, 1270 (1958). — (2) Physiol. Plant. 11, 760 bis 770 (1958). — BÖSZÖRMÉNYI, Z., and E. CSEH: Nature (Lond.) 182, 1811—1812 (1958). — BOLLE-JONES, E. W.: Plant and Soil 9, 160—178 (1957). — BRADSHAW, A. D., R. W. LODGE, D. JOVETT and M. J. CHADWICK: J. Ecol. 46, 749—757 (1958). — BRIGGS, G. E., A. B. HOPE and M. G. PITMAN: J. exp. Bot. 9, 128—141 (1958). — BRIGGS, G. E., and R. N. ROBERTSON: Ann. Rev. Plant Physiol. 8, 11—30 (1957). — BROWN, J. C., R. S. HOLMES and L. O. TIFFIN: Soil Science 86, 75—82 (1958). — BROWN, J. C., L. O. TIFFIN and R. S. HOLMES: Plant Physiol. 33, 38—42 (1958). — BUKOVAC, M. S., and S. H. WITTWER: Plant Physiol. 32, 428—435 (1957). — BURSTRÖM, H.: Physiol. Plant. 11, 771—781 (1958).

CANNING, R. E., and P. J. KRAMER: Amer. J. Bot. 45, 378—382 (1958). — COALDRAKE, J. E., and K. P. HAYDOCK: Ecology 39, 1—5 (1958). — COHEN, D., B.-Z. GINZBURG and C. HEITNER-WIRGUIN: Nature (Lond.) 181, 686—687 (1958). — CONWAY, E. J., and M. E. BEARY: Biochem. J. 69, 275—280 (1958). — CONWAY, E. J., and F. DUGGAN: Biochem. J. 69, 265—274 (1958).

EYSTER, C., T. E. BROWN, HA. TANNER and S. L. HOOD: Plant Physiol. 33, 235—241 (1958).

FISCHER, E. H., W. B. SUMERWELL, J. JUNGE u. E. ASTEIN: IV. Intern. Biochem. Congr. Wien, Symp. VIII, No. 3, 1—13 (1958). — FOY, C. D., and S. A. BARBER: Soil Sci. Soc. Amer. Proc. 22, 57—62. — FREDRICK, J. F.: Physiol. Plant. 11, 493—502 (1958). — FRIED, M., and J. C. NOGGLE: Plant Physiol. 33, 139—144 (1958).

GÄUMANN, E., u. E. BACHMANN: Phytopath. Z. 29, 265—276 (1957). — GÄUMANN, E., E. BACHMANN u. R. HÜTTER: Phytopath. Z. 30, 87—105 (1958). — GAGNON, D., A. LAFOND and L. P. AMIOT: Canad. J. Bot. 36, 209—220 (1958). — GÁRDOS, G.: Biochim. biophys. Acta 30, 653—654 (1958). — GOODMAN, J., and A. ROTHSTEIN: J. gen. Physiol. 40, 915—923 (1957). — GORHAM: E.: Nature (Lond.) 181, 1523—1524 (1958). — GRAČANIN, M.: Ann. Fac. Philos. Univ. Skopje 9, 73—95 (1956). — GRAHAM, E. R.: Soil Science 86, 91—97 (1958). — GUSTAFSON, F. G.: Plant Physiol. 32, 141—142 (1957).

HELDER, R. J.: (1) Kon. Ned. Akad. Wet. Proc. C 60, 603—623 (1957). — (2) Acta bot. neerl. 7, 235—249 (1958). — HEYNINGEN, R. VAN, and A. PIRIE: Biochem. J. 68, 18—28 (1958). — HONDA, S. I., R. N. ROBERTSON and J. M. GREGORY: Aust. J. Biol. Sci. 11, 1—15 (1958). — HURD, R. G.: J. exp. Bot. 9, 159—174 (1958). — HYLMÖ, B.: Physiol. Plant. 11, 382—400 (1958).

JACOBSON, L., R. J. HANNAPEL and D. P. MOORE: Plant Physiol. 33, 278—282 (1958). — JACOBSON, L., R. OVERSTREET, R. M. CARLSON and J. A. CHASTAIN: Plant Physiol. 32, 658—662 (1957). — JOHNSON, E. J., and A. R. COLMER: Plant Physiol. 33, 99—101 (1958).

KAWAHARA, A., and Y. MASUDA: J. Inst. Polytechn. Osaka. D 8, 89—97 (1958). — KESSLER, B.: Nature (Lond.) 179, 1015—1016 (1957). — KESSLER, B., and Z. W. MOSCICKI: Plant Physiol. 33, 70—72 (1958). — KLECHKOVSKY, V. M., and I. V. GULIAKIN: Radioisotopes in Sci. Res. 4, 150—172 (1958).

LANNING, F. C., B. W. X. PONNAIYA and C. F. CRUMPTON: Plant Physiol. 33, 339—343 (1958). — LATZKO, E., u. K. MECHSNER: Naturwissenschaften 45, 247 bis 248 (1958). — LAUSCH, E.: Flora 145, 542—588 (1958). — LEHR, J. R., and W. E. BROWN: Soil Sci. Soc. Amer. Proc. 22, 29—32 (1958). — LEHR, J. J., and J. M. WYBENGA: Plant and Soil 9, 237—253 (1958). — LEHR, J. J., J. M. WYBENGA and M. ROSANOW: Plant Physiol. 33, 421—427 (1958). — LOWENHAUPT, B. J.: (1) J. cell. comp. Physiol. 51, 199—208 (1958). — (2) J. cell. comp. Physiol. 51, 209—220 (1958). — LUNDEGÅRDH, H.: Physiol. Plant. 11, 332—346 (1958). — (2) Physiol. Plant. 11, 564—571 (1958). — (3) Physiol. Plant. 11, 584—598 (1958).

MACGILLAVRY, D., and H. J. C. TENDELOO: Chem. Weekbl. 53, 141—148 (1958). — MACROBBIE, E. A. C., and J. DAINTY: Physiol. Plant. 11, 782—801 (1958). — MALMER, N.: Bot. Notiser (Lund) 111, 274—288 (1958). — MCILRATH,

W. J., and J. Skok: Bot. Gaz. 119, 231—233 (1958). — Melin, E., H. Nilsson and E. Hacskaylo: Bot. Gaz. 119, 243—246. — Mendret, Y.: Bull. Soc. franç. Physiol. végét. 3, 131 (1958). — Mes, M. G.: South Afr. J. Sci. 53, 411—415 (1957). — Michael, G., and H. Marschner: (1) Z. Pflanz.-Ernähr. Düng. Bodenk. 80, 1—18 (1958). — (2) Z. Bot. 46, 37—52 (1958). — Middleton, L. J.: Nature (Lond.) 181, 1300—1303 (1958). — Middleton, L. J., and R. S. Russel: J. exp. Bot. 9, 115—127 (1958). — Minshall, W. H.: Canad. J. Bot. 36, 325—335 (1958).

Nason, A.: (1) Soil Sci. 85, 63—77 (1958). — (2) Trace Elements p. 269—296, New York 1958. — Norris, J. R., and H. L. Jensen: Nature (Lond.) 180, 1493 bis 1494 (1957).

Olsen, C.: Physiol. Plant. 11, 889—905 (1958).

Recaldin, D. A., and O. V. S. Heath: Nature (Lond.) 182, 539—540 (1958). — Rogalew, I. E.: Physiol. Rastenii 5, 494—500 (1958). — Rothstein, A.: Radioisotopes in Sci. Res. 4, 1—11 (1958). — Russel, R. S., and V. M. Shorrocks: Radioisotopes in Scient. Res. 4, 286—303 (1958). — Russel, R. S., and H. M. Squire: J. exp. Bot. 9, 262—276 (1958).

Schäfer, P.: Plant and Soil 9, 143—159 (1957). — Simonis, W., u. O. Werk: Flora 146, 493—511 (1958). — Single, W. V.: Ann. Bot. 22, 479—488 (1958). — Single, W. V., u. I. F. Bird: Ann. Bot. 22, 489—502 (1958). Sircar, S. M., and S. C. Datta: Indian J. Agric. Sci. 27, 1—24 (1957). — Skok, J., and W. J. McIlrath: Plant Physiol. 33, 428—431 (1958). — Sol, H. H.: Acta bot. neerl. 7, 131—173 (1958).

Tolba, M. K., and A. M. Salama: Proc. Iraqui Scient. Soc. 1, 37—48 (1957).

Volk, R. J., R. P. Kahn and R. L. Weintraub: Phytopathology 48, 179—184 (1958).

Wenzel, W.: Z. Pflanz.-Ernähr. Düng. Bodenk. 79, 247—260 (1957). — Williams, L. G., and H. D. Swanson: Science 127, 177—178 (1958). — Woolley, J. T., T. C. Broyer and G. V. Johnson: Plant Physiol. 33, 1—7 (1958).

Yamagata, N., and Y. Murakami: Nature (Lond.) 181, 1808—1809 (1958). — Young, E. G., and W. M. Langille: Canad. J. Bot. 36, 301—310 (1958).

Zhurbitzky, Z. I., and D. V. Shtrausberg: Radioisotopes in Sci. Res. 4, 270—285 (1958).

14. Stoffwechsel organischer Verbindungen I (Photosynthese).

Teilbericht über die Jahre 1957 und 1958.

Von André Pirson, Göttingen.

Mit 3 Abbildungen.

Vorbemerkung.

In dem weiten Gebiet der Photosyntheseforschung hat es auch in der Berichtszeit nicht an einzelnen, z. T. imponierenden Vorstößen in unbekanntes Neuland gefehlt. Die Gesamtlage ist aber zumindest gleichermaßen bestimmt durch gewisse Haltepunkte, die vorerst noch nicht überwunden sind. Diese ergeben sich in gesunder Entwicklung an den Stellen, wo das rasche Fortschreiten einzelner Teams durch Eingreifen neuer Arbeitsgruppen in methodischer und theoretischer Beziehung einer kritischen Beurteilung unterworfen wird. Soweit hier Kontroversen entstehen, sind sie im Interesse der Forschung nur zu begrüßen. Wie hier stets betont wurde, trägt eine sachliche und ins kleinste Detail gehende Auseinandersetzung ebenso zu einem echten Fortschritt bei, wie weitere neuartige und überraschende Befunde. Es gehört daher zu einem Bericht über den Forschungsstand, daß die kennzeichnenden Fragen solcher Diskussionen angeführt werden, auch wenn diese für sich allein betrachtet oft als Probleme inferiorer Art erscheinen mögen. Eine gewisse Ausführlichkeit mußte daher in Kauf genommen werden; dafür wurde endgültig auf jeden Versuch verzichtet, die Vollständigkeit in den Literaturangaben zu wahren. Um nicht gar zu oberflächlich zu werden, hat sich Ref. in diesem Jahre auf die rein *biochemische* Seite der Photosynthese beschränkt. Die Photochemie der Photosynthese in vivo und in vitro und die Beiträge der Strukturforschung sollen ebenso wie eine Reihe von Fragen der Photosynthesephysiologie erst im kommenden Jahre behandelt werden.

I. Der Weg des Kohlenstoffs.

Wie schon oft im Laufe der Photosyntheseforschung haben sich auch hier die Verhältnisse als weniger übersichtlich erwiesen, als es nach Publikation der ersten eindrucksvollen Versuchsreihen erschien. Bezeichnenderweise gehen besonders in diesem Bereich die bestehenden Unstimmigkeiten z. T. auf scheinbar geringfügige methodische Details zurück, welche dem Fernerstehenden naturgemäß nicht ins Auge springen; dadurch wird die kritische Beurteilung der oft in rascher Folge anfallenden Befunde und deren Deutung zur ausschließlichen Angelegenheit der Spezialisten. Mit Recht sind Lehrbuchautoren mit der Übernahme neuester Angaben gerade auf diesem Gebiet meist zurückhaltend gewesen.

An der Existenz eines Kohlenstoffcyclus, in den durch Aldolase- und Transketolase-Reaktionen entstandene Kohlenhydrate verschiedener Kettenlänge einbezogen sind (vgl. Fortschr. Bot. **17**, S. 562 und die zusammenfassende Darstellung von BASSHAM ü. CALVIN), besteht an sich kein Zweifel. Es ist jetzt sogar der noch fehlende Nachweis des geforderten C_4-Zuckers (Erythrose-4-phosphat) mit einiger Sicherheit nachgeholt worden [MOSES u. CALVIN (3)]. Ferner ist vor dem Ribulose-5-phosphat noch das Xylulose-5-phosphat anzunehmen (BASSHAM u. CALVIN). Unsicherer sind wir jedoch bei der Beurteilung der bisherigen Vorstellungen vom primären CO_2-Einbau und — damit z. T. im Zusammenhang — vom Reduktionsvorgang, der offensichtlich in einem Schritt vom Carboxylniveau zur Stufe des Kohlenhydrats führt. Präziser formuliert lassen sich die folgenden Fragen stellen:

1. Worin besteht die alte Rubensche Reaktion: $RH + CO_2 = RCOOH$? Wird sie durch die von CALVIN u. Mitarb. (Fortschr. Bot. **19**, S. 249) angegebene „Carboxydismutase"-Reaktion $C_5 + C_1 = 2 C_3$ eindeutig und ausreichend gekennzeichnet? Wie hat man sich bei der letzteren Reaktion die CO_2-Bindung und die Spaltung der intermediären C_6-Verbindung vorzustellen?

2. Sind die Phosphoglycerinsäure (PGS) und damit auch ihr Reduktionsprodukt Triosephosphat echte Photosynthesezwischenprodukte, d. h. integrierende Partner des Kohlenstoffcyclus?

Die erste Fragengruppe ist vor allem mit der intensiven Suche nach einer labilen Anlagerungsverbindung von CO_2 an Ribulosediphosphat (RDP) angegangen worden. Als ein recht wahrscheinliches Carboxylierungsprodukt kommt hier eine diphosphorylierte β-Ketosäure in Betracht, die etwa in der Reaktion:

$$
\begin{array}{ccc}
\text{H} & & \text{H} \\
| & & | \\
\text{H---C---O---\textcircled{P}} & & \text{H---C---O---\textcircled{P}} \\
| & & | \\
\text{C---OH} & & \text{HOOC---C---OH} \\
\| & & | \\
\text{C---OH} \quad + CO_2 \rightarrow & & \text{C=O} \\
| & & | \\
\text{H---C---OH} & & \text{H---C---OH} \\
| & & | \\
\text{H---C---O---\textcircled{P}} & & \text{H---C---O---\textcircled{P}} \\
| & & | \\
\text{H} & & \text{H}
\end{array}
$$

entstanden sein könnte (RDP enolisiert geschrieben). Diese Ketosäure (= 2-Carboxy-3-keto-pentit) würde formal (hydrolytisch) glatt 2 Moleküle der 3-Phosphoglycerinsäure liefern können.

METZNER u. Mitarb. (1) haben im Laboratorium von CALVIN den Anfall des noch unbekannten instabilen CO_2-Anlagerungsprodukts im Licht zunächst wesentlich verbessert, indem sie an Stelle von heißen Abtötungs- bzw. Lösungsmitteln kaltes Aceton (—30°) verwendeten. Eine Stabilisierung des Produktes wurde zudem offenbar bei Gegenwart von Hydroxylamin erreicht und die auf diese Weise erhaltene Verbindung einer Reduktion mit Kaliumborhydrid unterworfen [METZNER u. Mitarb.

(2, 3)]. Es resultierte eine Substanz, die — dephosphoryliert — der Hamamelonsäure zumindest nahesteht; diese Säure (ein Oxydationsprodukt der in der *Hamamelis*-Rinde erstmalig gefundenen verzweigten Hamamelose) ist von Kandler (2) vorübergehend auch als unmittelbares Zwischenprodukt der Photosynthese diskutiert worden (s. unten, S. 265).

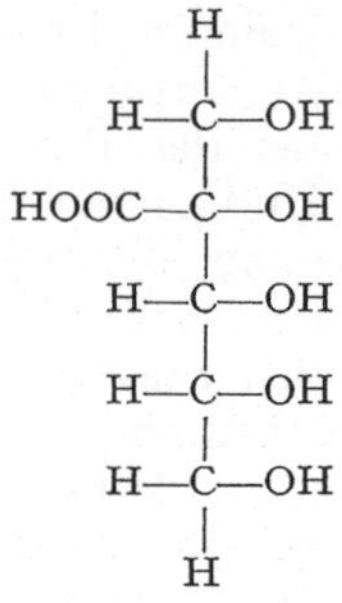

$$
\begin{array}{c}
H \\
| \\
H\!-\!C\!-\!OH \\
| \\
HOOC\!-\!C\!-\!OH \\
| \\
H\!-\!C\!-\!OH \\
| \\
H\!-\!C\!-\!OH \\
| \\
H\!-\!C\!-\!OH \\
| \\
H
\end{array}
$$

Hamamelonsäure

Die auffällige, stabilisierende Wirkung des Hydroxylamins bedarf noch der Klärung. Bassham, Kirk u. Calvin haben die NH_2OH-Wirkung für ungeeignet zur Erfassung des gesuchten Primärprodukts erklärt; Moses u. Calvin (1) glauben ihrerseits ohne besondere Hilfsmaßnahmen die erwartete β-Ketosäure gefaßt zu haben, daneben ein gut isolierbares γ-Homologon (2-Carboxy-4-ketopentit), das allerdings zur Spaltung in PGS nicht geeignet wäre. Dieses letztere Produkt wurde Chloroplasten angeboten (in intakte Chlorellen dringt es wie viele ähnliche Verbindungen nicht ein), jedoch im Licht keine dem Calvin-Cyclus entsprechende Weiterverarbeitung beobachtet [Moses u. Calvin (2)].

Das Problem der instabilen CO_2-Fixierung, über das Metzner eine in die Details gehende Übersicht gegeben hat, wird dadurch kompliziert, daß möglicherweise der CO_2-Bindung an das Kohlenhydrat des Calvin-Cyclus noch ein weiterer Fixationsschritt vorgelagert ist. Eine solche erste Eingangsreaktion für das Kohlendioxyd hat man zunächst zu Pterinen in Beziehung bringen wollen, die nach van Baalen u. Mitarb. in Blaualgen und nach Fuller u. Mitarb. (1) in grünen Zellen überhaupt weit verbreitet schienen; Fuller u. Mitarb. (2) haben ihre diesbezüglichen Angaben freilich bald widerrufen, da die betreffenden Verbindungen sich als Artefakte der Papierchromatographie erwiesen haben. Mag hierzu auch noch nicht das letzte Wort gesprochen sein, so wird man jedenfalls festhalten müssen, daß die Formylgruppenübertragung durch Verbindungen des Folsäuretyps, die das Interesse gerade auf die Pterine gelenkt hat, ihrem chemischen Mechanismus nach einer primären CO_2-Bindung kaum entspricht. — Vejlby (1, 2) hat aus dem Induktionsverlauf der Photosynthese von *Polytrichum attenuatum*, in dem sich erneut der ehemals viel umstrittene CO_2-Ausstoß findet, ebenfalls auf eine labile CO_2-Bindung geschlossen, die sich vielleicht in zwei Teilprozesse auflösen läßt.

In diesem Zusammenhang sei auch kurz auf die durch Fluorid austreibbare Kohlensäure eingegangen, welche von WARBURG u. KRIPPAHL (1) seinerzeit als „funktionelle Kohlensäure" bezeichnet worden ist. Die ursprünglich angenommene direkte und stöchiometrische Beziehung dieser Kohlensäure zum Chlorophyll hat der experimentellen Prüfung nicht standgehalten, ist aber dennoch sogleich als lehrbuchreif angesehen worden (NETTER, S. 505). Tatsächlich ist diese Kohlensäurebindung stark abhängig von den physiologischen Bedingungen (BISHOP u. GAFFRON); unter anderem ist der beschriebene Fluorideffekt in vollem Maße nur in Anaerobiose nachweisbar [WARBURG u. KRIPPAHL (3)]. Die Bearbeiter stimmen wenigstens z. Z. darin überein, daß die fluoridempfindliche CO_2-Bindung, die nach WARBURG u. KRIPPAHL (2) auf der Carboxylierung von γ-Aminobuttersäure zu Glutaminsäure beruht (dazu evtl. noch eine weitere Addition von CO_2 zu Carbaminoglutaminsäure), nicht die Eingangsreaktion für das Kohlendioxyd bei der Photosynthese darstellt. Anderseits ist doch auffällig, daß der Glutaminsäure-Spiegel in *Chlorella* unter verschiedenen Bedingungen mit der photosynthetischen Leistungsfähigkeit parallel läuft [WARBURG u. KRIPPAHL (3)]. KATING hat darauf hingewiesen, daß Glutaminsäure in Grünalgen nicht nur durch Carboxylierung, sondern auch durch Transaminierung von γ-Aminobuttersäure auf α-Keto-glutarsäure zugänglich ist. Sicherlich ist die Beziehung der Glutaminsäure zur Photosynthese ein höchst wichtiges Problem, besonders im Hinblick darauf, daß Photosynthese und Stickstoff-Stoffwechsel unter Umständen aufs engste miteinander verknüpft sind, so vor allem in wachsenden grünen Zellen.

Die Zweifel an der Rolle der *Phosphoglycerinsäure* im Kohlenstoffcyclus gingen zunächst aus von den Beobachtungen über den Markierungsverlauf der einzelnen C-Atome der Hexosen nach Darbietung von $C^{14}O_2$ im Licht [GIBBS u. KANDLER; KANDLER u. GIBBS, KANDLER (2)]. Die Bedenken [vgl. KANDLER (1)] basieren aber zugleich auf anderen Überlegungen; im folgenden sind diese Gesichtspunkte zusammen mit einigen kritischen Gegenbemerkungen kurz erläutert:

a) Die Markierung der Hexosen in den ersten Photosynthese-Minuten erfolgt nicht, wie ursprünglich angenommen, innerhalb des Moleküls symmetrisch ($C^3 = C^4$, $C^2 = C^5$, $C^1 = C^6$); vielmehr ist C^4 stärker radioaktiv als C^3 und das Verhältnis der Aktivität von C^1/C^3 ist deutlich niedriger als dasjenige von C^6/C^4. Dies scheint auf den ersten Blick eindeutig gegen die Einbeziehung der Aldolase-Reaktion $C_3 + C_3 = C_6$ und damit zugleich gegen die PGS als primären C_3-Körper der Photosynthese zu sprechen (Abb. 22). KANDLER (2) hat daher angenommen, daß die CO_2-Bindung an Ribulosediphosphat nicht von einer Spaltung $C_6 = 2\,C_3$ gefolgt sei, vielmehr die Reduktion auf dem C_6-Niveau erfolge, etwa über eine Verbindung vom Typ der Hamamelonsäure. Der experimentelle Nachweis der Hamamelonsäure in Gegenwart von viel KCN im Licht war jedoch von vornherein zweideutig, da die Verbindung als Artefakt auch auf dem Weg über eine Cyanhydrinsynthese entstanden sein konnte, was denn auch unmittelbar nachgewiesen wurde (RABIN u. Mitarb.). Zudem ist ja ein Übergang von einer verzweigten C_6-Kette zum Ring der Hexosen nicht gerade einleuchtend. KANDLER (1) beschränkt sich daher neuerdings unter Beibehaltung des Hauptgesichtspunktes auf die Annahme einer hypothetischen Polyhydroxysäure als Zwischenprodukt. Die so oft nachgewiesene PGS soll jedenfalls in einer Seitenreaktion entstehen und (über Phospho-enol-brenztraubensäure) zum Citronensäurecyclus oder auch zur Aminosäurebildung führen. Ähnlich argumentiert MORTIMER, der an verschiedenen Blättern, ebenfalls in Gegenwart von Blausäure, im Markierungsexperiment ein Fehlen

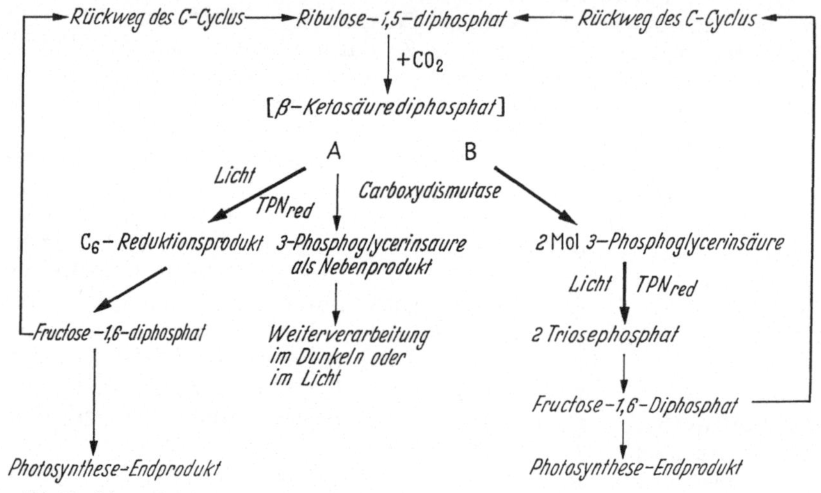

Abb. 22. Schematische Darstellung der diskutierten Alternativen (*A* und *B*) des Kohlenstoff-Cyclus.

der PGS feststellte, dafür aber eine fortlaufende photosynthetische Hexosenproduktion. Sofern die Blausäure die zur PGS führende Reaktion streng spezifisch stillegt und die Hexosenbildung den PGS-Schwund quantitativ weit übersteigt, sollte diesem Befund erhebliches Gewicht bei der Kritik der Calvinschen Vorstellungen zukommen.

Nimmt man mit BASSHAM u. CALVIN an, daß Gleichgewichtsreaktionen zwischen markierten und nichtmarkierten C-Bausteinen, insbesondere zwischen Glycerinaldehydphosphat und Dioxyacetonphosphat gegenüber anderen Reaktionen des markierten Kohlenstoffs langsam verlaufen, so erscheint in zeitlich beschränktem Ausmaß eine unsymmetrische Markierung möglich, weil dann die Aldolasereaktion $C_3 + C_3 = C_6$ z. T. aus einer Reserve von unmarkierten C_3-Körpern gespeist werden könnte. Dieser "pool" an unmarkierten C_3 könnte *zunächst* auch durch eine rückläufige Reaktion im Kohlenhydratcyclus aus dem noch unmarkierten C_5-Zucker (Ribulose-5-Phosphat) vermehrt werden. GIBBS und KANDLER (2) haben allerdings die Asymmetrie im Photosyntheseprodukt C_6 langfristig erhalten können, wenn sie beim Markierungsexperiment inaktive Glucose zufütterten; es ist fraglich, ob auch hier eine fortlaufende Einschleusung nicht markierten Materials im Spiele sein kann.

b) Aus dem zeitlichen Verlauf des C^{14}-Einbaus in die Produkte des photosynthetischen Zwischenstoffwechsels ergibt sich bei Extrapolation auf den Belichtungsbeginn, daß anfangs nicht 100% der Radioaktivität in der PGS vorliegen, wie dies bei einem primären Produkt zu fordern wäre. Der Anteil der markierten Zucker erscheint demgegenüber schon frühzeitig relativ zu hoch. BASSHAM u. Mitarb. (2) haben zur Erklärung angenommen, daß bei der üblichen Abtötung mit Alkohol die CO_2-Fixierung schneller gestoppt wird als die Weiterverarbeitung der noch vorliegenden PGS. Anderseits fand KANDLER (4), daß eine subletale Alkoholvergiftung gerade im umgekehrten Sinne PGS anhäuft; er vermutet daher, daß die Weiterverarbeitung des hypothetischen C_6-Zwischenprodukts (β-Ketosäure) zu Zucker durch den Alkohol blockiert wird und infolgedessen auf einem weniger empfindlichen Nebenwege PGS außerhalb des Cyclus angehäuft wird. LEFRANÇOIS u. OUELLET haben bei Partialvergiftung der Photosynthese mit Methanol eine entsprechende Anhäufung von verschiedenen Nebenprodukten (u. a. Aminosäuren) gefunden; auch sie denken daher — ohne das PGS-Problem direkt anzuschneiden — an eine Abdrängung der Photosynthese auf einen Seitenweg, der normalerweise nur in geringem Maße begangen wird. Für die PGS als unmittelbares Photosynthese-Zwischenprodukt sprechen sich andererseits SIMONIS u. WEICHART aus und zwar auf Grund der Beobachtung, daß Jodessigsäurezusatz zu einer Anhäufung von PGS in belichteten *Helodea*blättchen führt. Die Annahme, daß hier eine Vergiftung der Reduktion von PGS zu Triosephosphat maßgeblich ist, setzt freilich voraus, daß nicht auch der hypothetische Reduktionsvorgang auf C_6-Niveau auf das gleiche Gift reagiert. Wäre letzteres der Fall, dann könnte eben wiederum ein Seitenweg zur PGS verstärkt in Aktion treten.

c) Der bei der Photosynthese beobachtbare Umsatz an energiereichem Phosphat erscheint zu gering, um den Energiebedarf der Photosynthese zu befriedigen, sofern diese eben über PGS verläuft. Dies Argument verliert an Gewicht, wenn man die hohen Lichtphosphorylierungsraten berücksichtigt, welche neuerdings [ARNON u. Mitarb. (1, 2); JAGENDORF u. AVRON (2)] bei isolierten Chloroplasten beobachtet worden sind. An Zellen mit kompletter Photosynthese läßt sich demgegenüber nur der Teil des Phosphats fassen, der nicht im Photosyntheseprozeß verwertet worden ist.

d) Die Umsatzgeschwindigkeit der isolierten Carboxydismutase ($C_5 + C = 2\,C_3$) ist im Fermenttest gering und paßt in der Größenordnung nicht zu dem photosynthetischen CO_2-Umsatz. Dies Argument ist für sich allein nicht überzeugend, weil die Reaktionsbedingungen in vitro wesentlich von denjenigen in der lebenden Zelle abweichen können, die enzymologischen Daten also nicht in jeder Beziehung verbindlich sind.

Insgesamt muß festgestellt werden, daß die über die PGS geführte Diskussion noch zu keinem eindeutigen Resultat geführt hat. Doch sei hierzu abschließend bemerkt, daß kürzlich ein neuer — für den experimentell Unbeteiligten vielleicht überraschender — Gesichtspunkt von der Calvin-Schule beigebracht worden ist. Während bisher die meisten Markierungsexperimente mit Chlorellen nicht unter biologischen Bedingungen durchgeführt worden waren (Suspension in dest. Wasser, vorheriger anaerober CO_2-Entzug), ergab sich jetzt [HOLM-HANSEN u. Mitarb. (1, 2)] in kompletteren stickstoffhaltigen Suspensionsmedien, als in einem mehr physiologischen Milieu, nicht nur ein beträchtlicher Anstieg der $C^{14}O_2$-Fixierung, sondern vor allem eine starke qualitative Veränderung in den Fixationsprodukten. Der Anteil der markierten Aminosäuren ist jetzt so groß, daß man den Eindruck hat, der gesamte Photosyntheseverlauf sei auf einen anderen Weg verschoben und in den Dienst des N-Stoffwechsels gestellt. Wieweit dieser Befund die Rolle des bisherigen Calvin-Cyclus in ein anderes Licht rücken wird, müssen künftige kritische Untersuchungen zeigen. Jedenfalls ist es vom biologischen Standpunkt aus recht einleuchtend, daß in grünen Zellen unter Wachstumsbedingungen die Lichtenergie eine andere Verwertung findet als in Zellen, die genötigt sind, alles anfallende Primärassimilat unverarbeitet zu deponieren.

II. Photosynthetische Reaktionen mit isoliertem Plastidenmaterial.

Wie in erster Linie von ARNON und seinen Mitarbeitern im Laufe der letzten Jahre ermittelt worden war, sollen Chloroplasten und Chloroplastenfragmente je nach Versuchsansatz und Reaktionsbedingungen im Licht drei Vorgänge betreiben, die optisch durch ein gleiches Wirkungsspektrum (JAGENDORF u. Mitarb.) gekennzeichnet sind:

1. CO_2-Reduktion und Sauerstoffentwicklung mit einem Gaswechselquotienten von 1, d. h. dem Erscheinungsbild nach eine komplette Photosynthese, wenigstens im qualitativen Sinne.

2. Photophosphorylierung ohne Gaswechsel.

3. Hill-Reaktionen, d. h. Sauerstoffentwicklung in Gegenwart von Oxydationsmitteln (Hill-Reagentien).

Von diesen drei Reaktionen dürfte die „komplette Photosynthese" am wenigsten den Erwartungen und Erfahrungen der letzten Forschungsjahrzehnte entsprechen. Tatsächlich sind die quantitativen Ausbeuten vorerst noch recht gering; erst wenn sich dieselben erhöhen lassen, wird man den Einwand sicher ausschließen können, daß die CO_2-Verarbeitung nur eine durch die Belichtung vielleicht mäßig stimulierte Dunkelsynthese, etwa im Sinne von RACKER, darstellt. Interessanter noch und im kausalanalytischen Sinne aufschlußreicher erscheint vorerst die Photophosphorylierung, die daher z. Z. auch einen besonderen Brennpunkt der Photosyntheseforschung bildet. Ihre Erforschung liefert zugleich neue Gesichtspunkte zum Verständnis der Hill-Reaktionen.

Vorweg sei jedoch betont, daß alle Erfahrungen an isolierten Chloroplasten mit einer gewissen Zurückhaltung beurteilt werden müssen und der Ergänzung und Bestätigung durch die Erkenntnisse bedürfen, welche die intakte Zelle geliefert hat und noch liefern muß. Diese Feststellung soll natürlich den Wert der wichtigen und höchst anregenden Beobachtungen, die z. T. eben nur an den Plastiden selbst gemacht werden konnten, nicht herabsetzen.

1. CO₂-Reduktion

Die CO_2-Reduktion ist nicht unbedingt an das Vorliegen völlig intakter Chloroplasten gebunden, sondern auch zu erzielen, wenn grüne Plastidenfragmente und farblose Chloroplastenextrakte kombiniert werden. TREBST, TSUJIMOTO u. ARNON haben angenommen, daß mit der mechanischen Fraktionierung eine Trennung der Strukturelemente Grana und Stroma erfolgt und daß die O_2-Entwicklung, die Phosphorylierung im Licht, sowie die Bildung des photosynthetischen Reduktors (TPN_{red}) in den ersteren, die CO_2-Reduktion dagegen in dem letzteren lokalisiert ist. So bemerkenswert es sein mag, daß die Biochemie bereits derart enge Beziehungen zwischen den Partialstrukturen eines Organells und deren Spezialfunktionen in Betracht ziehen kann, so mutet man doch wohl der Präparierkunst reichlich viel zu, wenn man von ihr eine exakte Separation der Grana- und der Stromaanteile erwartet. Bis zur völligen Klärung dieser höchst interessanten Fragen wird noch ein beträchtlicher Experimentalaufwand erforderlich sein, bei dem die Strukturforschung selbst maßgeblich beteiligt sein müßte. Es sei in diesem Zusammenhang daran erinnert, wie oft von morphologisch weniger versierter Seite von „Granasuspensionen" gesprochen worden ist (und noch wird), ohne daß dabei eine genaue optische Kontrolle stattgefunden hatte. — Auf die Möglichkeiten einer präparativen Synthese des Photosynthesevorgangs wird weiter unten nochmals eingegangen (S. 272).

Die Produkte der CO_2-Reduktion isolierter Plastiden im Licht entsprechen offenbar im wesentlichen den normalen Photosyntheseprodukten. Stärkebildung wurde im zellfreien Material verschiedentlich nachgewiesen [ALLEN u. Mitarb. (2); IRMAK, THOMAS u. Mitarb. für *Spirogyra*-Plastidenfragmente]. GIBBS u. CYNKIN haben eine solche Stärkebildung mit $C^{14}O_2$ genauer untersucht und festgestellt, daß die Markierungsfolge der C-Atome annähernd übereinstimmt mit derjenigen, die im kurzfristigen Experiment in Monosacchariden vorliegt [GIBBS u. KANDLER]; selbst nach 30 min Belichtung war die Symmetrie noch nicht hergestellt, was ernstlich gegen die Kombination von markierten und unmarkierten Komponenten bei der Aldolasereaktion spricht (vgl. S. 265). Es sei an dieser Stelle erwähnt, daß über eine Photosynthese isolierter Chloroplasten (mit Stärkebildung) schon 1949 von UEDA in vorläufiger Form berichtet worden ist. Bereits dieser Autor sprach von „Autonomie" der Chloroplasten, was dem von ARNON geprägten Begriff "biochemical unit" etwa entspricht.

An dieser Stelle sei bereits auf die Beobachtung von WARBURG u. KRIPPAHL (5) verwiesen, daß CO_2 Hill-Reaktionen zu beschleunigen vermag (vgl. S. 276).

2. Photosynthetische Phosphorylierung.

Der Nachweis der Bildung energiereicher Phosphate durch belichtetes Chloroplastenmaterial ist weiterhin gesichert worden; vor allem haben sich sehr hohe Ausbeuten ergeben, wenn alle erforderlichen Cofaktoren zugegen waren und die photosynthetische CO_2-Verwertung ausgeschlossen wurde. Die quantitativen Daten ergeben beträchtlich höhere Werte [400 μmol $\sim$ P pro mg Chlorophyll in 1 Std. nach ARNON u. Mitarb. (2), 900 μmol $\sim$ P nach JAGENDORF u. AVRON (1)], als sie bisher an intakten Blättern gefunden wurden und jedenfalls vielfach größere Ausbeuten, als es die bisherigen Bearbeiter für möglich gehalten hatten. Wenn auch genauere Kalkulationen zur Energetik der Photosynthese bisher noch nicht vorliegen und wohl auch noch verfrüht wären, so tritt die Bildung und Verwertung von ATP im Photosynthesemechanismus wieder mehr

in den Vordergrund, als es etwa nach den letzten Überlegungen von
KANDLER (4) zu erwarten gewesen wäre, der seinerseits die Funktion
des ATP [entgegen anfänglichen sehr weitgehenden Spekulationen
(KANDLER 1950)] erheblich einzuschränken geneigt war. Neben dem
hohen Ausmaß der Phosphatbindung ist es besonders die erneut bestätigte (KRALL, AVRON u. JAGENDORF) *Unabhängigkeit* der photosynthetischen Phosphorylierung *vom Sauerstoff*, die wegen ihrer bedeutenden Konsequenzen methodischer und grundsätzlicher Art besondere
Beachtung verdient.

Sie stellt eine Verbindung her zwischen der Photosynthese grüner Pflanzen
und der Photosynthese der Photobakterien, die bekanntlich anaerob verläuft.
Nach ARNON (pers. Mitteilung) kann tatsächlich die photosynthetische Phosphorylierung als das Bindeglied beider Photosynthesetypen aufgefaßt werden. Die Konsequenzen, die sich aus dieser Deutung ergeben, sollen erst erörtert werden, wenn die
einschlägigen Veröffentlichungen vorliegen. Bis dahin sollen auch die Arbeiten zurückgestellt werden, die sich mit der intensiven Phosphorylierung belichteter Extrakte
von Purpurbakterien befassen (NEWTON u. NEWTON, NEWTON u. KAMEN, GELLER).

Bis vor wenigen Jahren galt es sozusagen als ausgemacht, daß die
photosynthetische Aktivität grüner Zellen an ihrem Gaswechsel meßbar
sei; oft beschränkte man sich auf die Messung eines Gases im Vertrauen
auf den unveränderlichen Gaswechselquotienten von (—) 1; kritische
Bearbeiter bestimmten beide Gase oder zogen im Hinblick auf die Hill-
Reaktionen die O_2-Abgabe als weniger variabel gegenüber der CO_2-
Aufnahme vor. Hier scheint nun eine grundsätzliche Änderung der Einstellung erforderlich. Auch bei fehlendem Gaswechsel muß mit einer
„anaeroben" photosynthetischen Energielieferung und -verwertung über
energiereiche Phosphatbindungen gerechnet werden und auch im Falle
nachweisbaren Gasumsatzes ist es denkbar, daß nebenher noch Energie
in Form von ATP anfällt. Streng genommen müßten also bei einer
kompletten Photosynthesemessung O_2-Entwicklung, CO_2-Verbrauch *und*
ATP-Bildung nebeneinander verfolgt werden. Andererseits wird man —
abgesehen von der schon gemachten Einschränkung, daß die so überaus
starken Photophosphorylierungen bisher nur mit Plastidenmaterial und
nicht in vivo beobachtet sind — keinesfalls annehmen dürfen, daß in
jedem Fall behinderten Gaswechsels (z. B. bei CO_2-Mangel) ein mehr oder
weniger großer Anteil der nicht verwerteten Energie in Form von ATP
(oder anderen denkbaren Energiereservoirs) automatisch abgefangen
wird. Die grundsätzliche Möglichkeit einer Ableitung der vom Licht
eingebrachten Energie in v e r s c h i e d e n e Kanäle ist aber von größtem
biologischen Interesse. Sie zeigt uns, daß der Photosyntheseapparat
nicht als der starre Produzent von Kohlenhydrat (oder gegebenenfalls
auch als gefährliche Quelle photooxydativer Destruktionen) die Zelle
chemisch beherrscht, sondern daß sich die Zelle ihrerseits auch diesen
Mechanismus zu unterwerfen vermag. Der Biologe konnte diese Entwicklung voraussehen; sie ist jetzt von der chemischen Seite her in Gang
gebracht, und Chemie und Biologie werden im Laufe der kommenden
Jahre gemeinsam und in kritischer Sorgfalt zu erarbeiten haben, wie
groß nun tatsächlich die biochemische und energetische Reichweite des
Photosyntheseapparates in vivo ist. Dabei werden natürlich auch die

strukturellen Gegebenheiten zu berücksichtigen sein: im Chloroplasten selbst können nur die Prozesse ablaufen, für die dort die enzymatischen Grundlagen gegeben sind; aber es erhebt sich weiterhin die Frage, wieweit in vivo der Chloroplast die autonome biochemische Einheit darstellt, als der er uns im isolierten Zustand entgegentritt. Mit anderen Worten: Können die energiereichen Phosphate der photosynthetischen Phosphorylierung an anderen Stellen der Zelle eingesetzt werden und sind etwa energieverbrauchende Vorgänge mit Hilfe des photosynthetischen Reduktors („XH" bzw. TPN_{red}) nicht auf die Plastiden beschränkt? Eine Antwort hierauf ist heute noch nicht möglich. Der biochemisch gerichtete Photosyntheseforscher mag allerdings einer lichtphysiologischen Ausweitung der Problematik vorerst dadurch entgehen, daß er sich auf eine möglichst engbegrenzte Definition des Begriffs „Photosyntheseprodukt" zurückzieht und hierbei die „Photosynthese" geradezu definitionsgemäß auf den Chloroplasten lokalisiert.

Der anaerobe Charakter der photosynthetischen Phosphorylierung schließt natürlich die Möglichkeit aus, daß hier das ATP genau nach dem Modus der oxydativen Phosphorylierung gebildet wird. Dagegen spricht auch, daß die oxydative Phosphorylierung durch Mitochondrien (auf N-Basis) wesentlich weniger leistungsfähig ist als die photosynthetische ATP-Bildung [ALLEN u. Mitarb. (2), vgl. auch OHMURA; MARRÈ u. SERVETTAZ]. Immerhin wäre die ATP-Bildung mit der letzteren noch vergleichbar, wenn die ohne Gaswechsel verlaufende Rückreaktion der Photolyseprodukte, die bisher als ausschließlicher Energielieferant der Photophosphorylierung angesehen worden ist, von dem gleichen Fermentsystem gesteuert würde wie die aerobe Atmung. Es kann aber nach den Erfahrungen von ARNON und ausführlichen Angaben von JAMES u. DAS mit ziemlicher Wahrscheinlichkeit damit gerechnet werden, daß die Fermentgarnitur der Chloroplasten eigenständig ist und nicht alle Enzyme der aeroben Atmung mitumfaßt, die Chloroplasten also (wie wohl auch die Zellkerne) außer Stande sind, aerob zu atmen. Auch dieser sehr wichtige Befund setzt allerdings höchste präparative Exaktheit voraus, in diesem Fall die Vermeidung einer Elution bestimmter Enzyme oder deren Komponenten aus dem Plastidenmaterial.

Das Fehlen der aeroben Atmung in den (zur Photosynthese befähigten) isolierten Chloroplasten hat u. a. natürlich auch die Konsequenz, daß der aerobe Atmungsgaswechsel nicht zum integrierenden Bestandteil des Photosynthesemechanismus gerechnet werden kann, wie dies auf der anderen Seite von WARBURG u. Mitarb. mit Entschiedenheit vertreten wird (vgl. Fortschr. Bot. 14, 325f.). Neuerdings haben WARBURG u. KRIPPAHL (5) diesen Gedanken betont wieder aufgenommen und nachzuweisen versucht, daß Photosynthese und Atmung die gleiche Sauerstoffabhängigkeit besitzen; es handelt sich bei den betreffenden Messungen jedoch um einen Vergleich von Dunkelatmung und Photosynthese*überschuß* im Licht, wodurch die Schlüsse unsicher werden. Beachtenswert an diesen neuen Versuchsdaten ist aber die Feststellung, daß die Photosynthese bei Sauerstoffentzug überhaupt wieder beginnt. Dies entspricht alten Befunden anderer Autoren, die bisher von WARBURG strikt abgelehnt worden sind.

Die Bildung energiereichen Phosphats im Zuge der Rückreaktion primärer Photoprodukte, wie sie im Reaktionsschema des letzten Berichts (Fortschr. Bot. **19**, 248) dargestellt ist, nennen ARNON u.

Mitarb. (1) „cyclische Phosphorylierung" und geben sie durch die Gleichung:

$$n\,ADP + n \cdot P \xrightarrow[\text{Chloroplasten}]{\text{Licht}} n\,ATP \qquad (1)$$

wieder.

Zu dieser Art von Phosphorylierung kommt nun bei belichtetem Plastidenmaterial noch ein weiterer Reaktionstyp, bei dem neben ATP in stöchiometrischem Verhältnis reduziertes Triphospho-Pyridinnucleotid (TPN) entsteht:

$$2\,TPN + 2\,ADP + 2\,P + 4\,H_2O \xrightarrow[\substack{\text{Chloroplasten} \\ + \text{ Chloroplasten-} \\ \text{extrakt}}]{\text{Licht}} 2\,(TPNH + H^+) + \\ + 2\,ATP + O_2 + 2\,H_2O \qquad (2)$$

Die Komponentenmischung für diesen wichtigen Reaktionsverlauf ist nach ARNON u. Mitarb. (2): Chloroplastenfragmente, farbloser (wäßriger) Chloroplastenextrakt, $MgCl_2$, ADP, K_2HPO_4, NaCl in festgelegtem Verhältnis, dazu TPN in reaktionsbegrenzender Menge ($p_H = 8,3$). Der Chloroplastenextrakt enthält alle eluierbaren Cofaktoren einschließlich eines noch unbekannten Faktors, der die Reduktion des TPN vermittelt (TPN-Reduktase; vgl. SAN PIETRO u. LANG; MARRÈ u. SERVETTAZ). Die bisherigen Erfahrungen sprechen dafür, daß reduziertes TPN (nicht DPN) auch in vivo das erste faßbare photosynthetische Reduktionsprodukt und damit den zentralen Reduktor im Photosyntheseapparat darstellt. Es erscheint daher gerechtfertigt, wenn ARNON u. Mitarb. die äquimolare Kombination von TPN_{red} + ATP mit "assimilatory power" (A. P.)[1] bezeichnen, womit zugleich angedeutet ist, daß für deren Einsatz nicht nur der H-Acceptor des Kohlenstoffcyclus (PGS, β-Ketosäure? s. S. 266), sondern evtl. auch andere Energie- und Protonenempfänger in Betracht kommen könnten, um damit zum „Assimilat" zu werden.

Was nun den normalen Verbraucher der A. P. betrifft, so scheint es bereits gelungen zu sein, ihn mit Erfolg in seiner natürlichen Vorstufe, dem Kohlendioxyd, einem nach Gleichung (2) phosphorylierenden System der isolierten Chloroplasten anzubieten. Nicht nur im Licht wird CO_2 verarbeitet (1), sondern auch im Dunkeln kann CO_2 reduziert werden, wenn zuvor im Licht von dem Plastidensystem die A. P. hergestellt war (2); und schließlich gelang es sogar (3), mit einer von außen zugeführten A. P. (nicht photogener Herkunft) den Plastidenansatz zur Dunkelreduktion von CO_2 zu veranlassen (TREBST, TSUJIMOTO u. ARNON). Diese Befunde erinnern an die später bestrittenen Angaben von VOGLER (Fortschr. Bot. **12**, 267) für die Chemosynthese, wonach es damals gelungen sein sollte, die bei Anorgoxydation des *Thiobacillus thiooxidans* angefallenen energiereichen Phosphate nachträglich zur CO_2-Verarbeitung zu benutzen. Nach Darbietung von $C^{14}O_2$ sind die Radiogramme der auf den genannten Wegen (1—3) im Licht und im Dunkeln erhaltenen Assimilatgemische qualitativ identisch und zeigen neben Mono- und Diphosphaten von Zuckern die beiden Triosephosphate

---

[1] Ref. zieht den Originalausdruck einer Übersetzung vor, weil „Assimilationskraft" oder „Assimilationspotential" ihn für unser Sprachempfinden nicht genügend präzise wiedergeben würden.

(jedoch keine Aminosäuren). Diese Angaben, welche vielleicht eine präparative Resynthese bzw. Komplettierung des zuvor degradierten Photosyntheseapparats erkennen lassen und schließlich vom Licht überhaupt abstrahieren, werden zweifellos eine lebhafte Diskussion auslösen. Ihrem weiteren Ausbau und der auch hier natürlich unentbehrlichen Kontrolle in anderen Laboratorien wird man mit großem Interesse entgegensehen.

Unabhängig von der Frage, inwiefern die beiden beschriebenen Typen der photosynthetischen Phosphorylierung selbständige Reaktionssysteme bilden, ist natürlich von Interesse, ob in vivo mit einer Konkurrenz oder einem Zusammenwirken der Phosphorylierungsmodi zu rechnen ist, bzw. ob die Zelle hier je nach den physiologischen Bedingungen regulierend eingreifen kann. Solange die Versorgung des $(TPNH + H^+)$ mit Protonenacceptoren gesichert ist, sollte die cyclische Phosphorylierung eingeschränkt sein; kommt aber die „A. P." aus Gründen verschiedenster Art nicht oder unvollständig zum Zuge, so läge eine stärkere Betonung der cyclischen Phosphorylierung jedenfalls im Interesse des Energiehaushalts der belichteten Zelle, vorausgesetzt, daß das photosynthetisch gebildete ATP eine andere Verwendung finden kann. Eine Anreicherung von Polyphosphaten unter solchen Umständen ist in Algen (nicht in höheren Pflanzen) bekanntlich mehrfach beobachtet worden. Ob letztere auf die Dauer nicht nur als Phosphatspeicher, sondern auch als Energiereserve in Betracht kommen, ist umstritten. Nachdem HOFFMANN-OSTENHOF u. Mitarb. ihre diesbezügliche Hypothese (vgl. Fortschr. Bot. **17**, 560) eingeschränkt haben, ist andererseits von KORNBERG gezeigt worden, daß Polyphosphate im Fermentansatz ihre Phosphatbindung auf ADP übertragen und damit ATP zurückbilden können. Damit erscheint eine energetische Funktion der Polyphosphate wieder diskutabel, wenn auch kaum mit hohen Energieumsätzen und Leistungen gerechnet werden darf (vgl. PIRSON u. KUHL).

Unklar sind vorerst auch die stöchiometrischen und damit die energetischen Beziehungen zwischen der Produktion von "assimilatory power" und der photosynthetischen CO_2-Reduktion. Wahrscheinlich reicht die Energie in den nach Gleichung (2) gebildeten Energiefängern $(TPNH+H^+)$ und ATP nicht aus, um die Kohlensäure bzw. ihr Einlagerungsprodukt (PGS, β-Ketosäure?) zu reduzieren, so daß ein Zuschuß aus der cyclischen Phosphorylierung erforderlich ist. Kennt man einmal mit Sicherheit den H-Acceptor des Kohlenstoffcyclus und sollte man außerdem gar durch präparative Resynthese des Photosynthesemechanismus mit Plastidenmaterial und Cofaktoren die photosynthetische Leistung der lebenden Zelle quantitativ zu erreichen, so wird sich eine genaue Energiebilanz aufstellen lassen [vgl. ALLEN u. Mitarb. (2)]. Das Problem der photochemischen Ausbeute (vgl. zuletzt EMERSON), dessen Erörterung z. Z. von den meisten Autoren mit gutem Grund zurückgestellt wird, mag dann von dieser Richtung her einer Neubearbeitung zugänglich werden.

Die Bedeutung der *Cofaktoren* der photosynthetischen Phosphorylierung und damit auch eines Teils der Gesamtphotosynthese bildet noch ein in vieler Hinsicht ungeklärtes und widerspruchsvolles Forschungsproblem. Die hier auftretenden Schwierigkeiten sind schon lange von der Untersuchung der Hill-Reaktionen her bekannt. Der Nachweis einer Beteiligung der Aktivatoren der Lichtreaktionen in Plastidenansätzen gibt zwar Anhaltspunkte für deren generelle Notwendigkeit. Dazu muß aber noch bewiesen werden, daß die betreffenden Komponenten auch dem intakten Plastiden angehören. Zudem ist erwünscht, daß die Tests in vitro durch optische Veränderungen des photosynthetisch reagierenden Materials in vivo ergänzt werden. Dieser Weg ist für Pyridinnucleotide und Cytochrome schon beschritten worden (vgl. Fortschr. Bot. **19**, 243), jedoch für sich allein auch nicht eindeutig, weil die entsprechenden spektralen Änderungen unter Umständen nur Begleiterscheinungen der Photosynthese darstellen.

Nach Entdeckung der photosynthetischen Phosphorylierung lag es zunächst nahe, sämtliche bekannten Cofaktoren in einer fortlaufenden Kette von Elektronenüberträgern der Rückreaktion der Photolyseprodukte einzuordnen, ähnlich der Reaktionskette der oxydativen

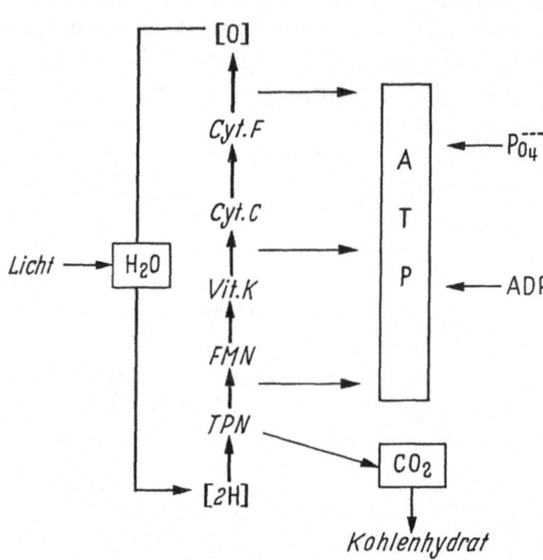

Abb. 23. Lineare Kette der Cofaktoren der photosynthetischen Phosphorylierung nach MARRÈ u. Mitarb. (2).

Phosphorylierung. Das nebenstehende Schema (Abb. 23) [MARRÈ u. Mitarb. (2)] bringt diese Auffassung zum Ausdruck; es unterscheidet sich von der ursprünglich von ARNON benutzten Formulierung (vgl. Fortschr. Bot. **19**, 248) durch die Einbeziehung des TPN als primären Elektronenacceptor in die Rückreaktion selbst. MARRÈ u. SERVETTAZ begründen dies mit dem TPN-Bedarf der Photophosphorylierung der Plastiden, der ihrer Meinung nach eine Doppelfunktion des TPN_{red} als Elektronendonator der CO_2-Reduktion und der Rückreaktion aufzeigt. Andererseits wird mit diesem Schema nicht recht erklärt, warum die mit O_2-Produktion verbundene Entstehung „A. P." (Gleichung 2) zugunsten einer intensiven cyclischen Phosphorylierung (Gleichung 1) zurücktritt, sobald Flavin-Mononucleotid (FMN) oder Vitamin K_3 (Menadion) zum Versuchsansatz gegeben werden [ARNON u. Mitarb. (2)]. Dieser Befund dürfte derzeit die stärkste Stütze für einen *getrennten* Verlauf der beiden Phosphorylierungswege sein. — Ausführliche Untersuchungen über die Cofaktoren der Photophosphorylierung liegen auch von JAGENDORF u. Mitarb. und von WESSELS vor, die in mancher Hinsicht die Vorstellungen von ARNON stützen. Sie heben u. a. auch die Notwendigkeit der *Ascorbinsäure* für die Lichtphosphorylierung hervor. Ob dieselbe, deren Funktion bei der Photosynthese schon so oft erfolglos erörtert wurde, direkt in eine Redoxkette der Photosynthese eingeschaltet ist, erscheint weiterhin zweifelhaft. Füchtbauer u. Simonis kommen zu dem Schluß, daß die Ascorbinsäure Hemmfaktoren der photosynthetischen Phosphorylierung eliminiert, wobei ihre Notwendigkeit vom physiologischen Zustand des Pflanzenmaterials abhängen dürfte. So läßt es sich vielleicht erklären, daß auch von einem Fehlen des Ascorbateffekts berichtet worden ist (Wessels). Marrè u. Mitarb. (1—3) nehmen demgegenüber neuerdings an, daß die Ascorbinsäure als Elektronenüberträger direkt mitwirkt (zwischen TPN und Cytochromen), jedoch nur mit einer ersten Oxydationsstufe (Ascorbinsäure ⇋ „Monodehydroascorbinsäure"); enzymologische Stützen für diese Reaktionsweise werden beigebracht (Arrigoni u. Mitarb.). — Jagendorf u. Avron (2) haben als „Cofaktoren" der photosynthetischen Phosphorylierung auch zellfremde Substanzen gefunden, besonders das stark aktivierende Phenazinmethosulfat; sie werfen selbst die Frage auf, ob damit die Echtheit der anderen Cofaktoren (bezüglich der Reaktionen in vivo) nicht ernstlich in Frage gestellt sei. Im Vertrauen auf die Spezifität von Giftwirkungen haben sie andererseits durch Anwendung verschiedener Gifte Anhaltspunkte für die Lokalisation der Cofaktoren in der Photosynthese zu erhalten gesucht. Auffallend ist die Hemmwirkung von Ca^{++}-Ionen auf die Photophosphorylierung; sie wird als Antagonismus gegen die Mg^{++}-Ionen gedeutet, deren Zusatz schon nach den ersten Erfahrungen von Arnon u. Mitarb. für die volle Aktivität der Plastiden erforderlich ist. Auch die Kaliumionen sind wahrscheinlich bei der photosynthetischen Phosphorylierung beteiligt. Latzko u. Mechsner fanden an K-verarmten Chlorellen im kurzfristigen Experiment nur nach K-(oder Rb-) Zufuhr eine stärkere Aufnahme von Phosphat in organische Bindung. Sie bringen die bekannte direkte Wirkung des Kaliums auf die Photosynthese mit dieser Phosphatbindung in Zusammenhang; die bisher vorgelegten Befunde sind jedoch nicht ganz eindeutig.

3. Hill-Reaktionen.

Man war bisher vielfach geneigt, die Sauerstoffentwicklung von Chloroplastenmaterial im Licht, die mit den verschiedenen H-Acceptoren beobachtet werden kann, als streng homologe Varianten des Grundtyps „der" Hill-Reaktion:

$$A + H_2O \rightarrow AH_2 + {}^1\!/_2\,O_2$$

anzusehen. An Vermutungen, daß die Dinge nicht so einfach liegen, hat es zwar nicht gefehlt; doch hat sich erst jetzt bei dem Versuch, Hill-Reaktionen und photosynthetische Phosphorylierung vergleichend zu betrachten, ergeben, daß je nach Wahl des H- bzw. Elektronenacceptors verschiedene Mechanismen vorliegen. Ob sich diese Verschiedenheiten durch eine neue generelle Konzeption auf einen Nenner bringen lassen, wird erst die künftige Forschung lehren.

Wird Kaliumferricyanid als H-Acceptor verwendet, so erweist sich die O_2-Entwicklung im Licht als stark abhängig von der Anwesenheit der für eine Phosphorylierungsreaktion unentbehrlichen Komponenten

ADP, anorganisches Phosphat und Mg^{++}-Ionen (ARNON, WHATLEY u. ALLEN). Man erreicht im Grenzfall eine mit der Sauerstoffentwicklung verbundene ATP-Synthese, die stöchiometrisch der Erzeugung von "assimilatory power" mit TPN als (natürlichem) H-Acceptor entspricht (Gleichung 2, S. 272), mit dem Unterschied natürlich, daß die Reaktionsprodukte eben keine „A. P." darstellen:

$$2\ ADP + 2\ P + 4\ [Fe\ (CN)_6]^{----} + 4\ H_2O \rightarrow 2\ ATP + O_2$$
$$+ 4\ [Fe(CN)_6]^{----} + 2\ H_2O + 4\ H^+$$

Der Befund erinnert an eine ähnliche Beziehung zwischen der Geschwindigkeit des Elektronentransports und der ATP-Produktion bei der oxydativen Phosphorylierung durch Mitochondrien. AVRON u. Mitarb. haben dies bestätigt, zugleich aber gefunden, daß man eine kräftige Stimulation der Hill-Reaktion mit Ferricyanid auch ohne die phosphorylierenden Agentien durch Verdünnen der Ansätze mit NaCl-Lösung erhält. Die Hill-Reaktion mit dem bekanntlich sehr wirksamen H-Acceptor Trichlorindophenol ist auch ohne die Bindung an die Lichtphosphorylierung maximal (dasselbe gilt wohl auch für den Acceptor p-Chinon).

Wie sich diese Befunde auch deuten lassen werden, man wird mehr als bisher verlangen müssen, daß bei Anwendung der Hill-Reaktion jeweils Reaktionsbedingungen und Reaktionserfolg genau niedergelegt werden. Denn man hat offenbar von Fall zu Fall recht verschiedene biochemische Bruchstücke der Photosynthese in der Hand, sofern es sich nicht sogar um Artefakte handelt, die von dem natürlichen Photosyntheseprozeß erheblich abweichen. — Auf eine eingehende Diskussion von etwaiger Verschiedenheit zwischen Photosynthese und Hill-Reaktion, die LUMRY u. Mitarb. bringen, kann hier nur hingewiesen werden.

LYNCH und FRENCH haben berichtet, daß isolierte Chloroplasten nach Gefriertrocknung und Petrolätherextraktion ihre Fähigkeit zur Hill-Reaktion einbüßen, sie aber nach Zugabe des extrahierten Materials wieder erlangen können. Sie haben zunächst an eine Wirkung der Carotinoide gedacht. Danach hat BISHOP gezeigt, daß offenbar Verbindungen der Vitamin K-Gruppe für Aktivitätsverlust und Reaktivierung verantwortlich gemacht werden müssen (vgl. zuletzt MILNER u. Mitarb.). Es ist fraglich, ob das Vitamin K hier als Aktivator der Hill-Reaktion selbst oder einer begleitenden Phosphorylierung wirkt.

Den Erfahrungen und Deutungen anderer Autoren diametral entgegengesetzt ist eine Interpretation, die neuerdings von WARBURG u. KRIPPAHL (5) den Hill-Reaktionen insgesamt gegeben wird. Sie gehen von der bemerkenswerten Tatsache aus, daß die O_2-Entwicklung im Licht durch frische *Chlorella* („Südzellen") mit Chinon nur in Gegenwart von CO_2 erfolgt und auch an Plastidenfragmenten und getrockneten Chlorellazellen eine (wesentlich geringer) fördernde Wirkung von Kohlensäure auf diese Hill-Reaktion nachgewiesen werden kann. Der Kohlensäureeffekt beweist nach WARBURG, daß CO_2 ein Zwischenprodukt der Hill-Reaktionen darstellt, was früher schon im Fall des Hill-Reagens Ferricyanid begründet worden ist [WARBURG u. KRIPPAHL (1), vgl. Fortschr. Bot. **19**, 246/47]. Die radikale Annahme WARBURGs geht nun dahin, daß in allen Hill-Reaktionen das zugesetzte Reagens nicht die Kohlensäure als H-Acceptor ersetzt, sondern vielmehr den Sauerstoff. Es soll unter anaeroben Ausgangsbedingungen eine Atmung induzieren (z. B. „Chinonatmung"), deren Reaktionsprodukt CO_2 im Photosyntheseapparat durch Photolyse nach der Gleichung $CO_2 = C + O_2$ (also nicht Photolyse des Wassers!) gespalten wird. Über das Substrat der induzierten Atmung, ihre etwaigen enzymologischen Voraussetzungen und über die Natur des „Photolyseprodukts" C kann z. Z. nichts bzw. nur Unbestimmtes ausgesagt werden. WARBURG u. KRIPPAHL bringen ihre Ansichten mit den früheren (umstrittenen) Vorstellungen von einer Kopplung der Atmung und der Photosynthese (vgl. Fortschr. Bot. **14**, 325 f.) in Zusammenhang und betrachten ihre Beobachtungen an den Hill-Reaktionen (bzw. deren Auslegung) als eine unabhängige Bestätigung derselben. Es ist anzunehmen, daß von anderer Seite versucht werden wird, für das interessante Grundphänomen der CO_2-Beeinflussung von Hill-Reaktionen zunächst eine Erklärung zu finden, die mit dem bisher erarbeiteten Wissensstande besser in Einklang zu bringen ist; insbesondere liegt eine Prüfung der Befunde mit markiertem CO_2 nahe.

III. Der Weg des Sauerstoffs.

Gegenüber der Fülle von Publikationen, deren Ergebnisse uns trotz mancher offener Fragen ein immerhin recht differenziertes Bild von der „reduzierenden Seite" des Photosyntheseapparats vermitteln, machen sich die Bemühungen um einen Einblick in die „oxydierende Seite", d. h. des Weges des Sauerstoffs, recht bescheiden aus. Dies liegt natürlich vor allem daran, daß sich in diesem Bereich kein „Zwischenstoffwechsel" abspielt, der mit biochemischen Methoden (z. B. mit Hilfe radioaktiver Isotopen) untersucht werden könnte. Es bleibt vorläufig bei den vagen Symbolen „Y (OH)", „Z (OH)" u. dgl. für vermutete Stationen auf dem Wege vom primären Photolyseprodukt zum freigesetzten O_2, und schon der oft verwendete Ausdruck „Photoperoxyd" für Sauerstoffvorstufen geht eigentlich über unsere wirklichen Kenntnisse hinaus. Auf diesem schwierigen Gebiet hat sich bisher nur die vergleichende Physiologie der Photosynthesetypen bewährt, d. h. die Paralleluntersuchung der Photosynthese mit und ohne Sauerstoffentwicklung; letztere liegt bekanntlich bei der Photoreduktion der H_2-adaptierten Grünalgen und bei der anaeroben Photosynthese der Photobakterien mit H_2 oder H-Donatoren vor.

KESSLER hat seine bereits im vorigen Bericht (Fortschr. Bot. **19**, 283) erwähnten Untersuchungen über die Rolle des *Mangans* im Bereich photosynthetischer O_2-Entwicklung in extenso veröffentlicht. Das Ergebnis wird durch das nebenstehende Schema (Abb. 24) verdeutlicht; es macht verständlich, warum die Photoreduktion im Unterschied zur Photosynthese unempfindlich gegen Manganmangel ist. Daß Mangan nicht die endgültige O_2-Entbindung katalysiert, sondern eine weiter zurückliegende Reaktion, wird daraus geschlossen, daß sein Fehlen die Deadaptation der Photoreduktion (Rückkehr zur Normalphotosynthese) verhindert; diese wird nämlich durch freien Sauerstoff weniger leicht herbeigeführt als durch eine seiner Vorstufen. KESSLER hat die Spezifität der Manganwirkung auch durch den Vergleich von Photoreduktion und Photosynthese bei anderen Mangelzuständen (P- und Fe-Mangel) gesichert. Phosphatmangel wirkt danach auf die CO_2-Reduktion, Fe-Mangel besonders auf das Hydrogenasesystem. KESSLER u. Mitarb. haben ferner die Wirkung von Manganmangel und ähnlich wirkenden Giften auf Fluorescenz und Nachleuchten des Chlorophylls in *Ankistrodesmus* bei Photosynthese und Photoreduktion untersucht; auch diese Befunde lassen sich im Sinne einer Wirkung des Mangans auf eine Reaktion im

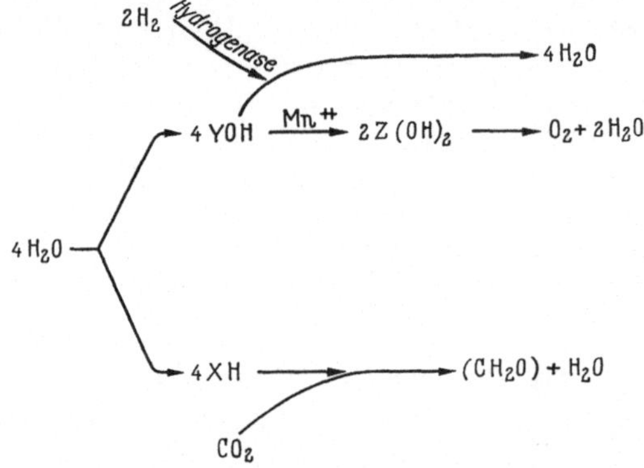

Abb. 24. Beziehungen von photosynthetischer O_2-Entwicklung und Photoreduktion, mit Berücksichtigung der Manganwirkung (nach KESSLER).

Sauerstoffwege deuten und gegenüber anderen Befunden bei Vergleichsversuchen im Phosphatmangel absetzen. Purpurbakterien mit organischen H-Donatoren haben bei ihrer (der Photoreduktion ähnelnden) anaeroben Photosynthese einen Manganbedarf, der um ein Vielfaches niedriger liegt als derjenige von Algen mit normalem Photosyntheseablauf (unveröff. Befunde von WIESSNER im Laboratorium des Ref.). Daß aber auch in diesem Fall Mangan — in ganz geringer Menge — notwendig ist, paßt mit Erfahrungen zusammen, wonach auch im Dunkelstoffwechsel der Algen Spuren von Mangan gebraucht werden [EYSTER u. Mitarb. (1, 2), BROWN u. Mitarb.]. Die Frage der Manganwirkung bei der Photosynthese und bei anderen Stoffwechselprozessen ist an anderer Stelle ausführlich dargelegt worden (PIRSON), so daß hier darauf verwiesen werden kann.

WARBURG u. Mitarb. (6) haben in *Chlorella* eine labile Oxygenase (Oxydase) gefunden, die mit beträchtlichem Umsatz Sauerstoff auf Carotinoide überträgt. Dieser Vorgang verläuft im Dunkeln wesentlich stärker als im Licht. Daraus wird geschlossen, daß das O_2 aufnehmende Carotinoid im Licht O_2 abspaltet. Nach dieser Annahme wären also Carotinoide in die O_2-Entwicklung eingeschaltet, ein Gedanke, der in ähnlicher Form früher schon von anderer Seite geäußert worden ist (vgl. CALVIN u. DOROUGH, Fortschr. Bot. **14**, 316). Vorstellungen dieser Art werden schon deshalb Anklang finden, weil bisher trotz mancher Hypothesen vergeblich nach einer biochemisch wirklich überzeugenden

Deutung für die stete Anwesenheit von Carotinoiden im Photosynthese-apparat gesucht wurde. Die Aufgabe eines Schutzes vor Photooxydation, für Purpurbakterien eindrucksvoll nachgewiesen (Fortschr. Bot. **19, 238**), mag auch in der grünen Pflanze in Betracht kommen, dürfte aber zumindest dort die Bedeutung der Carotinoide nicht ausreichend kenn-zeichnen.

Literatur.

ALLEN, M. B., D. I. ARNON, J. B. CAPINDALE, F. R. WHATLEY and L. H. DURHAM: (1) J. Amer. chem. Soc. 77, 4149—4155 (1955). — ALLEN, M. B., F. R. WHATLEY and D. I. ARNON: (2) Biochim. biophys. Acta 27, 16—23 (1958). — ANDERSON, I. C., and R. C. FULLER: Arch. Biochem. Biophys. 76, 168—179 (1958). — ARNON, D. I.: Ann. Rev. Plant Physiol. 7, 325—354 (1956). — ARNON, D. I., F. R. WHATLEY and M. B. ALLEN: (1) Nature (Lond.) 180, 182—185 (1957). — (2) Science 127, 1026—1034 (1958). — ARRIGONI, O., G. ROSSI ed E. MARRÈ: Acad. Naz. Lincei Ser. VIII, 23, 287—295 (1957). — AVRON, M., D. W. KROGMANN and A. T. JAGENDORF: Biochim. biophys. Acta 30, 144—153 (1958).

BAALEN, C. VAN, H. S. FORREST and J. MYERS: Proc. nat. Acad. Sci. (Wash.) 43, 701—704 (1957). — BASSHAM, J. A., A. A. BENSON, L. D. KAY, A. Z. HARRIS, A. T. WILSON and M. CALVIN: J. Amer. chem. Soc. 76, 1760 (1954). — BASSHAM, J. A., and M. CALVIN: The path of carbon in photosynthesis. Englewood Cliffs, N. J.: Prentice Hall Inc. 1957. 104 S. — BASSHAM, J. A., M. KIRK and M. CALVIN: Proc. nat. Acad. Sci. (Wash.) 44, 491—493 (1958). — BISHOP, N. I.: Proc. nat. Acad. Sci. (Wash.) 44, 501—504 (1958). — BISHOP, N. I., and H. GAFFRON: Biochim. biophys. Acta 28, 35—44 (1958). — BROWN, T. E., H. C. EYSTER and H. A. TANNER: Trace Elements. p. 135—155- New York 1958.

EMERSON, R.: Ann. Rev. Plant Physiol. 9, 1—24 (1958). — EYSTER, H. C., T. E. BROWN and H. A. TANNER: Trace Elements. p. 157—174. New York 1958. — EYSTER, C., T. E. BROWN, H. A. TANNER and S. L. HOOD: Plant Physiol. 33, 235—241 (1958).

FÜCHTBAUER, W., u. W. SIMONIS: Naturwissenschaften 45, 519 (1958). — FULLER, R. C., I. C. ANDERSON and H. A. NATHAN: (1) Proc. nat. Acad. Sci. (Wash.) 44, 239—244 (1958). — (2) Proc. nat. Acad. Sci. (Wash.) 44, 518—519 (1958).

GELLER, D. M.: Ph. D. Thesis. Cambridge, Mass: Harvard Univ. 1957. — GIBBS, M., and M. A. CYNKIN: Nature (Lond.) 182, 1241—1242 (1958). — GIBBS, M., and O. KANDLER: (1) Proc. nat. Acad. Sci. (Wash.) 43, 446—451 (1957).

HOFFMANN-OSTENHOF, O., A. KLIMA, J. KENEDY u. K. KECK: Mh. Chem. 86, 604—615 (1955). — HOLM-HANSEN, O., K. NISHIDA, V. MOSES and M. CALVIN: (1) UCRL-8363 Univ. of California 1958. — (2) J. exp. Bot. 28, 109—124 (1959). IRMAK, L. R.: Rev. Fac. Sci. Univ. Istanbul, Sér. B 20, 237—343 (1955).

JAGENDORF, A., and M. AVRON: (1) J. biol. Chem. 231, 277—290 (1958). — (2) Arch. Biochem. Biophys. 80, 246—257 (1959). — JAGENDORF, A. T., S. B. HENDRICKS, M. AVRON and M. B. EVANS: Plant Physiol. 33, 72—73 (1958). — JAMES, W. O., and V. S. R. DAS: New Phytologist 56, 325—343 (1957).

KANDLER, O.: (1) Z. Naturforsch. 12 b, 271—280 (1957). — (2) Naturwissen-schaften 44, 562—563 (1957). — (3) Arch. Biochem. Biophys. 73, 38—42 (1958). — (4) Z. Naturforsch. 13 b, 219—221 (1958). — KANDLER, O., and M. GIBBS: Plant Physiol. 31, 411 (1956). — KATING, H.: Planta 51, 635—644 (1958). — KESSLER, E.: Planta 49, 435—454 (1957). — KESSLER, E., W. ARTHUR and J. E. BRUGGER: Arch. Biochem. Biophys. 71, 326—335 (1957). —KORNBERG, A.: Biochim. biophys. Acta 26, 294—300 (1957). — KRALL, A. R., M. AVRON u. A. T. JAGENDORF: Biochim. biophys. Acta 2, 431—432 (1957).

LATZKO, E., u. K. MECHSNER: Naturwissenschaften 45, 247—248 (1958). — LEFRANÇOIS, M., et C. OUELLET: Canad. J. Bot. 36, 457—466 (1958). — LUMRY, R., R. E. WAYRYNEN and J. D. SPIKES: Arch. Biochem. Biophys. 67, 453—465 (1957). — LYNCH, V. H., and C. S. FRENCH: Arch. Biochem. Biophys. 70, 382 bis 391 (1957).

MARRÈ, E., e O. ARRIGONI: (1) Nuovo G. Bot. Ital. **65**, 356—358 (1958). — (2) Biochim. biophys. Acta **30**, 453—457 (1958). — MARRÈ, E., and O. SERVETTAZ: Arch. Biochem. Biophys. **75**, 309—323 (1958). — MARRÈ, E., O. ARRIGONI e G. ROSSI: (1) Nuovo G. Bot. Ital. **65**, 358—361 (1958). — MARRÈ, E., O. SERVETTAZ and G. FORTI: (2) Rep. II. Congrès Internat. Photobiologie. Turin (1957). — MASSINI, P.: Acta bot. neerl. **6**, 434—444 (1957). — METZNER, H.: Biol. Zbl. **77**, 513—557 (1958). — METZNER, H., B. METZNER and M. CALVIN: (1) Proc. nat. Acad. Sci. (Wash.) **44**, 205—211 (1958). — (2) Arch. Biochem. Biophys. **74**, 1—6 (1958). — METZNER, H., H. SIMON, B. METZNER and M. CALVIN: (3) Proc. nat. Acad. Sci. (Wash.) **43**, 892—895 (1957). — MILNER, M., C. S. FRENCH and H. W. MILNER: Plant Physiol. **33**, 367—372 (1958). — MORTIMER, D. C.: Naturwissenschaften **45**, 116—117 (1958). — MOSES, V., and M. CALVIN: (1) Proc. nat. Acad. Sci. (Wash.) **44**, 260—277 (1958). — (2) UCRL-8371 (1958, 1—9). Biochim. biophys. Acta (im Druck). — (3) Arch. Biochem. Biophys. **78**, 598—600 (1958).

NETTER, H.: Theoretische Biochemie. Berlin-Göttingen-Heidelberg 1959. — NEWTON, J. W., and M. D. KAMEN: Biochim. biophys. Acta **25**, 462 (1957). — NEWTON, J. W., and G. A. NEWTON: Arch. Biochem. Biophys. **71**, 250—265 (1957).

OHMURA, T.: J. Biochem. (Tokyo) **45**, 319—331 (1958).

PIRSON, A.: Trace Elements. p. 81—98. New York 1958. — PIRSON, A., u. A. KUHL: Arch. Mikrobiol. **30**, 211—225 (1958).

RABIN, B. R., D. F. SHAW, N. G. PON, J. M. ANDERSON and M. CALVIN: J. Amer. chem. Soc. **80**, 2528—2532 (1958). — RACKER, E.: Nature (Lond.) **175**, 249—251 (1954.

SAN PIETRO, A., and H. M. LANG: J. biol. Chem. **231**, 211—229 (1958). — SIMONIS, W., u. G. WEICHART: Z. Naturforsch. **13 b**, 694—696 (1958).

THOMAS, J. B., A. J. M. HAANS and A. A. VAN DER LEUN: Biochim. biophys. Acta **25**, 453—462 (1957). — TREBST, A. V., H. Y. TSUJIMOTO and D. I. ARNON: Nature (Lond.) **182**, 351—355 (1958).

UEDA, R.: Bot. Mag. (Tokyo) **62**, 731—732 (1949).

VEJLBY, K.: (1) Physiol. Plantarum (Copenh.) **11**, 158—169 (1958). — (2) Physiol. Plantarum (Copenh.) **11**, 866—877 (1958).

WALKER, D. A., and R. HILL: Biochem. J. **69**, Proc. 57 (1958). — WARBURG, O., u. G. KRIPPAHL: (1) Z. Naturforsch. **10 b**, 301—304 (1955). — (2) Z. Naturforsch. **11 b**, 52—54 (1956). — (3) Z. Naturforsch. **11 b**, 718—727 (1956). — (4) Z. Naturforsch. **13 b**, 63—65 (1958). — (5) Z. Naturforsch. **13 b**, 66—68 (1958). — (6) Z. Naturforsch. **13 b**, 509—514 (1958). — WARBURG, O., G. KRIPPAHL, H.-S. GEWITZ u. W. VÖLKER: Z. Naturforsch. **13 b**, 437—439 (1958). — WESSELS, J. C. S.: Biochim. biophys. Acta **25**, 97—100 (1957).

15. Stoffwechsel organischer Verbindungen II.

Von K. MOTHES, Halle a. d. Saale, und H. REZNIK, Heidelberg.

Der Beitrag folgt in Band XXII.

16. N-Stoffwechsel.

a) Anorganischer N-Stoffwechsel.

Von Erich Kessler, Marburg a. d. Lahn.

Im Berichtsjahr ist der von Mothes redigierte Band 8 des Handbuches der Pflanzenphysiologie erschienen, der dem N-Stoffwechsel gewidmet ist. Ref. versucht, bei dem in den „Fortschritten der Botanik" bisher nicht zusammenhängend besprochenen Stoffwechsel anorganischer N-Verbindungen den Anschluß an die betreffenden Artikel des Handbuches herzustellen, so daß in diesem Beitrag auch wichtigere Arbeiten aus den Jahren 1955—1957 berücksichtigt werden. Es sei in diesem Zusammenhang auch noch auf den 1956 erschienenen wertvollen Symposiums-Band "Inorganic Nitrogen Metabolism", herausgegeben von McElroy u. Glass, hingewiesen.

1. N_2-Bindung.

Einen ausführlichen Bericht über **symbiontische N_2-Bindung** (Literatur bis 1955) geben Allen u. Allen. — Im Verlauf der letzten Jahre hat es sich gezeigt, daß das Vorkommen von stickstoffbindenden Wurzelknöllchen-Symbiosen nicht nur auf Leguminosen und Erlen beschränkt ist. Vor allem den sorgfältigen massenspektrometrischen Untersuchungen mit N_2^{15} von Bond und Mitarbeitern ist es zu verdanken, daß heute bei 8 Gattungen (6 Familien) von Nichtleguminosen N_2-Bindung nachgewiesen ist [Bond (1955, 1957); Bond u. Gardner; Bond, MacConnell u. McCallum; Gardner; Gardner u. Bond; Harris u. Morrison; Stevenson] (Tab. 1). Außerdem wurden Wurzelknöllchen auch bei einigen Vertretern der Zygophyllaceen und Rubiaceen beobachtet; jedoch liegen hier noch keine verläßlichen Untersuchungen über N_2-Bindung vor. Ähnlich ist die Situation auch bei den Blattsymbiosen einiger Rubiaceen. Über Natur und systematische Stellung der Symbionten ist, abgesehen von den Bakterien der Gattung *Rhizobium* bei den Leguminosen, noch nichts Sicheres bekannt. Es muß auch betont werden, daß die Zugehörigkeit des häufig als *Actinomyces alni* Peklo bezeichneten Bewohners der Rhizothamnien der Erle (vgl. Käppel u. Wartenberg) zu den Actinomyceten noch durchaus umstritten ist (vgl. Allen

Tabelle 1. *Wurzelknöllchen-Symbiosen mit N_2-Bindung.*

Gattung	Familie
(viele Gattungen)	*Leguminosae*
Alnus	*Betulaceae*
Myrica	*Myricaceae*
Casuarina	*Casuarinaceae*
Elaeagnus	*Elaeagnaceae*
Hippophaë	*Elaeagnaceae*
Shepherdia	*Elaeagnaceae*
Ceanothus	*Rhamnaceae*
Coriaria	*Coriariaceae*

u. ALLEN; POMMER; TAUBERT). Im allgemeinen scheinen die Symbionten familienspezifisch zu sein; jedenfalls gelingt es, *Shepherdia* und *Elaeagnus* mit macerierten Knöllchen von *Hippophaë* zu infizieren (GARDNER u. BOND; GARDNER), während z. B. *Myrica* und *Alnus* nur mit den eigenen Symbionten erfolgreich beimpft werden können.

Einer eingehenden Analyse des Mechanismus der symbiontischen N_2-Bindung stand bisher die außerordentliche Empfindlichkeit des stickstoffbindenden Systems entgegen. Man war daher im Falle der Leguminosen weitgehend auf das Arbeiten mit intakten knöllchen-tragenden Pflanzen angewiesen, während selbst ganze isolierte Knöllchen nur eine sehr geringe und kurzlebige (1—2 Std.) N_2-Bindung aufweisen. Es ist deshalb methodisch wichtig, daß bei *Alnus* und *Hippophaë* eine stärkere und länger (bis über 24 Std.) anhaltende N_2-Bindung in isolierten Wurzelknöllchen gefunden wurde; allerdings wird auch hier nur ein Bruchteil der in situ assimilierten N_2-Menge gebunden [BOND (1955, 1957)]. Im Falle der Leguminosen konnte die Stärke der N_2-Bindung, nicht aber ihre Lebensdauer, in isolierten Knöllchen durch Zusatz von Zuckern (vor allem Saccharose) gesteigert werden (BURRIS; BACH, MAGEE u. BURRIS). LEAF, GARDNER u. BOND analysierten Wurzel-knöllchen der Erle auf lösliche N-Verbindungen. Während Citrullin mengenmäßig dominierte, wurde der höchste N^{15}-Gehalt in der Glutamin-säure gefunden, gefolgt von Citrullin und Asparaginsäure. Überraschend war die relativ geringe Markierung von NH_3; Arginin enthielt kaum N^{15}.

Auf eine positive Korrelation von N_2-Bindung, Nitratreduktase-Aktivität und Hämoglobingehalt in Knöllchen der Sojabohne weisen CHENIAE u. EVANS hin. Wichtig ist die Tatsache, daß nunmehr auch in den Wurzelknöllchen der Leguminosen ein Hydrogenase-System nach-gewiesen werden konnte (HOCH, LITTLE u. BURRIS); die Fähigkeit zur Entwicklung von H_2 geht bemerkenswerterweise verloren, wenn das Hämoglobin der Knöllchen abgebaut wird. Die spektrophotometrische Untersuchung von Extrakten aus Soja-Knöllchen zeigte, daß in An-wesenheit von N_2 eine Oxydation des Hämoglobins stattfindet, während H_2 im umgekehrten Sinne wirkt (HAMILTON, SHUG u. WILSON). Eine Funktion des Hämoglobins als Redoxkatalysator bei der N_2-Bindung erscheint demnach als möglich.

Unsere Kenntnisse über die **N_2-Bindung freilebender Organismen** bis zum Jahre 1956 faßt WILSON zusammen (vgl. auch den Bericht von NASON u. TAKAHASHI). — Nach Einführung der gegenüber dem Kjeldahl-Verfahren wesentlich empfindlicheren und zuverlässigeren massen-spektrometrischen Methode konnte in den letzten Jahren mit Hilfe von N_2^{15} bei einer erheblichen Anzahl von Mikroorganismen N_2-Bindung nach-gewiesen werden (Tab. 2). Zwar handelt es sich dabei nach wie vor aus-schließlich um Vertreter der Bakterien, Actinomyceten, Hefepilze und Blaualgen; jedoch sind alle Stoffwechseltypen vertreten, nämlich hetero-trophe und autotrophe, anaerobe und aerobe Organismen. Bei einem von PENGRA u. WILSON untersuchten Stamm von *Aerobacter aerogenes* wird das N_2-bindende Enzymsystem Nitrogenase adaptiv in Gegenwart von N_2 gebildet; H_2 hemmt die N_2-Bindung kompetitiv, O_2 hemmt sie

Tabelle 2. *Freilebende N₂-bindende Organismen.*

	heterotroph	photo-autotroph
anaerob	*Clostridium* *Aerobacter* *Methanobacterium* *Bacillus polymyxa*	*Rhodospirillum* *Rhodopseudomonas* *Rhodomicrobium* *Chromatium* *Chlorobium*
aerob	*Azotobacter* *Beijerinckia* *Achromobacter* *Pseudomonas* *Nocardia* *Rhodotorula* *Pullularia*	*Anabaena* *Anabaenopsis* *Aulosira* *Cylindrospermum* *Nostoc* *Calothrix* *Tolypothrix* *Mastigocladus*

spezifisch. JENSEN (1956) fand demgegenüber bei zwei anderen Stämmen der gleichen Art keinen Einfluß des Sauerstoffs auf die N_2-Bindung. Ein Stamm von *Bacillus polymyxa* verfügt über Hydrogenase und ein gegen O_2 empfindliches N_2-bindendes System (HINO u. WILSON).

Auch in der mit *Azotobacter* verwandten Gattung *Beijerinckia* kommt N_2-Bindung vor (RUINEN; TCHAN). 6 *Pseudomonas*-Stämme binden N_2 unter aeroben, 5 davon auch unter anaeroben Bedingungen (PROCTOR u. WILSON); über einen aeroben N_2-bindenden *Pseudomonas* berichten VOETS u. DEBACKER. Auch bei *Achromobacter* (9 Stämme) überwiegt die aerobe gegenüber gelegentlich vorkommender anaerober N_2-Bindung [PROCTOR u. WILSON; JENSEN (1958)]. Sowohl bei *Pseudomonas* als auch bei *Achromobacter* ist Hydrogenase vorhanden und die Nitrogenase adaptiv (PROCTOR u. WILSON). Für den Streptomyceten *Nocardia* und die Hefe *Pullularia* weisen METCALFE u. BROWN bzw. BROWN u. METCALFE N_2-Bindung nach. Außer den in Tab. 2 angeführten Stickstoffbindern besteht noch bei einigen weiteren Mikroorganismen Verdacht auf N_2-Bindung. Bei den Flechten *Collema*, *Leptogium* und *Peltigera* sowie dem Lebermoos *Blasia pusilla* ist die mit N_2^{15} nachgewiesene Stickstoffbindung auf die Anwesenheit der symbiontischen Blaualge *Nostoc* zurückzuführen (BOND u. SCOTT; SCOTT).

Was den biochemischen Mechanismus der N_2-Bindung anbelangt, so ist selbst die fundamentale Frage, ob der erste Reaktionsschritt reduktiver oder oxydativer Natur ist, nach wie vor ungelöst. Möglicherweise kommen beide Wege in anaeroben bzw. aeroben Organismen vor. Jedoch wenden sich neuerdings SARIS u. VIRTANEN (1957a, b) gegen die Annahme eines oxydativen Reaktionsschrittes und vertreten die Ansicht, daß bei *Azotobacter* wie bei *Clostridium* der Primärprozeß eine Reduktion ist; denn Hydroxylamin (in organischer Bindung) tritt bei *Azotobacter* nicht nur bei der N_2-Bindung, sondern ebenfalls bei Gabe von Ammonsalz als einziger N-Quelle auf. Zu der gleichen Folgerung kommen auch ALLISON u. BURRIS auf Grund des Fehlens oxydierter N-Verbindungen bei der Assimilation von N_2^{15} durch *Azotobacter*. Kinetische Untersuchungen dieser Autoren ergaben, daß der frisch gebundene N^{15} besonders schnell in NH_3 und Amide gelangt. Da der markierte Stickstoff auch bald im Kulturmedium auftritt, nehmen ALLISON u. BURRIS an, daß sich die N_2-Bindung in unmittelbarer Nähe der Zelloberfläche abspielt.

Wird N_2-bindender *Azotobacter* mit $N^{15}H_3$ versetzt, so wird der Ammon-Stickstoff sofort von den Zellen verwertet, und bereits innerhalb von 1 min erscheint der N^{15} in organischen Verbindungen (BURMA u. BURRIS). An einer Reduktion des elementaren Stickstoffs bis zum Ammoniak bestehen jetzt kaum mehr Zweifel (vgl. auch BURRIS); welche Zwischenprodukte jedoch dabei auftreten, ist noch völlig ungeklärt. Für die schon mehrfach vermutete Rolle des Hydrazins spricht der Befund von BACH, daß organische Derivate dieser Verbindung bei der Assimilation von N_2^{15} durch *Azotobacter* einen höheren Isotopengehalt aufweisen als Ammoniak und Glutaminsäure. Auch hinsichtlich der viel diskutierten Beteiligung der Hydrogenase an der N_2-Bindung ist man bisher nicht über mehr oder weniger hypothetische Vorstellungen hinausgekommen (vgl. GEST, JUDIS u. PECK; SHUG, HAMILTON u. WILSON). Spektrophotometrische Untersuchungen führten HAMILTON, SHUG u. WILSON zu der Annahme, daß zunächst eine Reduktion von Flavinen und Cytochromen durch Wasserstoff stattfindet, der sich eine Oxydation durch den elementaren Stickstoff anschließt. Bemerkenswert ist der Befund von HIAI u. Mitarb., daß — im Gegensatz zu älteren Angaben — auch die anaerobe N_2-Bindung durch H_2 kompetitiv gehemmt wird. Ein scheinbarer Gegensatz zwischen aeroben und anaeroben Stickstoffbindern ist damit beseitigt.

Untersuchungen über die Wirkung von Giften auf die N_2-Bindung von *Azotobacter* ergaben, daß Azid spezifisch und reversibel hemmt, während der Effekt von Cyanat schwach und irreversibel ist [RAKESTRAW u. ROBERTS (1957a, b)]. Auch Orthophosphit wirkt stark hemmend (BULEN u. FREAR). Wolframat verdrängt das für die N_2-Bindung notwendige Molybdat und führt so zu einer kompetitiven Hemmung (KEELER u. VARNER; TAKAHASHI u. NASON); diese kann durch Zusatz von Molybdän, nicht aber durch Vanadium, aufgehoben werden (KEELER u. VARNER). Enthält die Nährlösung zu wenig Calcium (10^{-5} bis 10^{-6} M), so wächst *Azotobacter* nur mit NH_3, nicht aber mit N_2 als Stickstoffquelle. Der Ca-Bedarf der N_2-Bindung kann jedoch durch Zusatz von Acetat, Äthanol oder Malat + Saccharose erheblich vermindert werden (ESPOSITO u. WILSON). Bei *Clostridium pasteurianum* und *Nostoc muscorum* ist der Bedarf an Eisen und Biotin für die N_2-Bindung größer als für die Assimilation von Ammonsalz (CARNAHAN u. CASTLE).

Von großer Bedeutung für das Verständnis der N_2-Bindung in photoautotrophen Organismen (vgl. das Sammelreferat von FOGG) ist die von

Tabelle 3. *Wirkung von N_2 auf die Sauerstoffentwicklung im Licht durch Anabaena cylindrica* (nach FOGG u. THAN-TUN).

	O_2-Entwicklung (mg/h/100 ml Suspension)
— CO_2 + Ar	0,064
— CO_2 + N_2	0,960
+ CO_2 + Ar	0,928
+ CO_2 + N_2	2,184

FOGG u. THAN-TUN beschriebene lichtabhängige Reduktion von N_2 durch die Blaualge *Anabaena cylindrica*. Im Bereich der Lichtsättigung der Photosynthese fanden diese Autoren eine zusätzliche O_2-Produktion, wenn N_2 als Stickstoffquelle gegeben wurde. Eindeutiger noch ist der Nachweis einer mit Sauerstoffentwicklung verbundenen N_2-Bindung in Abwesenheit von CO_2, bei ausgeschalteter Photosynthese. Im Zuge der CO_2-Assimilation und bei der N_2-Bindung gebildeter Sauerstoff verhalten sich additiv (Tab. 3). Damit ist erwiesen, daß — zumindest bei stickstoffbindenden Blaualgen — der bei der Wasserspaltung entstehende „Photowasserstoff" zur Reduktion von N_2 verwendet werden kann. Diese Reaktion entspricht der Gleichung

$$N_2 + 3\,H_2O \xrightarrow{\text{Licht}} 2\,NH_3 + 1^1/_2\,O_2.$$

2. Nitratreduktion.

Entsprechend der von KLUYVER und VERHOEVEN geschaffenen Terminologie (vgl. VERHOEVEN) unterscheidet man zweckmäßigerweise zwischen *assimilatorischer Nitratreduktion*, bei welcher der zu NH_3 reduzierte Stickstoff des Nitrats in organische Bindung übergeführt wird, und der hauptsächlich bei fakultativ anaeroben Bakterien vorkommenden *dissimilatorischen Nitratreduktion* oder *Nitrat-Respiration*, einem anaeroben Atmungsvorgang, bei dem Nitrat als H-Acceptor anstelle von Sauerstoff dient und die Reduktionsprodukte, Nitrit, Ammoniak, N_2O und N_2, ausgeschieden werden. Beide Arten von Nitratreduktion unterscheiden sich in ihrer physiologischen Bedeutung und in ihrem biochemischen Mechanismus.

Im Verlauf der letzten sieben Jahre konnte der Mechanismus der **assimilatorischen Nitratreduktion** weitgehend aufgeklärt werden. Da der Ref. kürzlich einen ausführlichen Bericht über die Nitratreduktion grüner Pflanzen gegeben hat [KESSLER (1959)], sei hier nur kurz das Wesentlichste gebracht und im übrigen auch auf die beträchtliche Anzahl von zusammenfassenden Darstellungen über die verschiedenen Aspekte dieses Problems hingewiesen [NASON; NASON u. TAKAHASHI; NICHOLAS (1957a, b, c); SPENCER; EVANS; FRANK (1958b); EGAMI].

Die assimilatorische Nitratreduktion verläuft in 4 Reaktionsschritten, bei denen jeweils 2 H bzw. 2 Elektronen übertragen werden:

$$HNO_3 \rightarrow HNO_2 \rightarrow (HNO)_2 \rightarrow NH_2OH \rightarrow NH_3\,.$$

Der schwache Punkt dieser Reihe ist nach wie vor das Hyponitrit. Zwar wurde in Extrakten von *Neurospora* eine spezifische Hyponitritreduktase nachgewiesen [MEDINA u. NICHOLAS (1957a, b)]; aber mit einer Ausnahme [*Escherichia coli*: McNALL u. ATKINSON (1957)] hat es sich bisher als unmöglich erwiesen, diese recht instabile Substanz als N-Quelle für höhere und niedere Pflanzen zu verwenden. FREAR u. BURRELL wiesen zwar nach, daß N^{15} aus markiertem Hyponitrit durch Blätter der Sojabohne im Licht in Aminosäuren eingebaut wird; da jedoch der größte Teil des Hyponitrit-Stickstoffs in Form von Nitrit und Nitrat in den Blättern wiedergefunden wurde, konnte nicht entschieden werden, ob eine direkte Reduktion stattgefunden hatte oder eine Oxydation mit anschließender Reduktion des dabei gebildeten Nitrits und Nitrats.

Durch die Untersuchungen von NICHOLAS, NASON und EVANS konnten die bei der Nitratreduktion mitwirkenden Enzyme Nitrat-, Nitrit-, Hyponitrit- und Hydroxylaminreduktase als Metalloflavoproteide erkannt werden. Die beteiligten Metalle sind Molybdän (Nitrat), Eisen und Kupfer (Nitrit und Hyponitrit) und Mangan (Hydroxylamin), mit Flavin-Adenin-Dinucleotid (FAD) oder Flavin-Mononucleotid (FMN) als Flavinkomponente verbunden. Als H-Donatoren dienen reduzierte Pyridinnucleotide (DPNH und TPNH) nach der Gleichung

$$HNO_3 + 4\ TPNH + 4\ H^+ \rightarrow NH_3 + 4\ TPN^+ + 3\ H_2O.$$

Der Elektronentransport bei der Reduktion von Nitrat zu Nitrit verläuft vom Pyridinnucleotid über Flavin und Molybdän zum Nitrat. Dabei findet ein Wertigkeitswechsel des Molybdäns zwischen Mo^V und Mo^{VI} statt. Die starke und spezifische Empfindlichkeit der Reduktion von *Nitrit* durch Grünalgen [KESSLER (1955)] sowie der Enzyme Nitrit- und Hyponitritreduktase von *Neurospora* [MEDINA u. NICHOLAS (1957 a, b)] gegen Dinitrophenol deutet auf eine Beteiligung energiereicher Phosphate an diesen beiden Reaktionsschritten hin.

Eine einfache und sehr wirksame Reinigung der Nitratreduktase aus Weizenblättern gelang ANACKER u. STOY mit Hilfe der Proteinchromatographie an Calciumphosphat-Säulen nach TISELIUS. Wie die N_2-Bindung wird auch die Nitratreduktion von *Azotobacter* durch Wolframat kompetitiv gehemmt infolge einer Verdrängung des Molybdats (KEELER u. VARNER; TAKAHASHI u. NASON). Untersuchungen von KINSKY u. McELROY ergaben, daß gereinigte Nitratreduktase von *Neurospora* eine starke TPNH-Cytochrom c-Reduktaseaktivität besitzt. Diese Erscheinung wird durch die Annahme erklärt, daß das Enzympräparat drei eng miteinander vergesellschaftete Komponenten enthält, eine TPNH-Flavinreduktase, eine Flavin H_2-Nitratreduktase und eine Cytochrom c-Reduktase, die bei Anwesenheit von Nitrat gemeinsam adaptiv gebildet werden und bei der Reinigung gleichmäßig an Aktivität zunehmen. Die Reduktion von Flavin stellt offenbar den ersten, geschwindigkeitsbegrenzenden Reaktionsschritt bei der Reduktion von Nitrat und von Cytochrom c dar. MEDINA u. DE HEREDIA fanden in einem Stamm von *Escherichia coli* eine Nitratreduktase, bei der anscheinend Vitamin K anstelle von Flavin als Elektronenüberträger fungiert.

Die Nitratreduktase der Mikroorganismen ist meistens ein adaptives Enzym. Bei einem Mycobacterium wird ihre Bildung durch Nitrat oder Nitrit induziert (DETURK u. BERNHEIM). Eigentümlich ist das Verhalten einiger von WICKERHAM untersuchter Hefepilze der Gattung *Debaryomyces*, die nur Nitrit, nicht jedoch Nitrat, zu reduzieren vermögen. Nachdem es zunächst den Anschein gehabt hatte, als ob die Nitratreduktase der höheren Pflanzen im allgemeinen ein konstitutives Enzym wäre, mehren sich jetzt die Fälle, in denen über die adaptive Natur dieses Enzyms auch bei höheren Pflanzen berichtet wird (TANG u. WU für Reis; RIJVEN für Weizen und *Capsella bursa-pastoris*; HEWITT u. AFRIDI für Blumenkohl, Senf und Sonnenblume). Angesichts der Tatsache, daß die Fähigkeit zur adaptiven Enzymbildung bisher auf die

Mikroorganismen beschränkt zu sein schien, kommt diesen Befunden eine erhebliche allgemeine Bedeutung zu.

Die für die Reduktion des Nitrats bis zur Ammonstufe erforderlichen Cofaktoren, reduzierte Pyridinnucleotide und möglicherweise auch ATP, müssen durch andere Stoffwechselprozesse geliefert werden. Der Energiebedarf dieser Reaktion, von FRANK (1958a) durch einen Vergleich des Glucoseverbrauchs von *Ustilago zeae* bei Ammon- und Nitraternährung bestimmt, beträgt etwa 130 kcal je Mol Nitrat. Im Dunkeln ist die Nitratreduktion gewöhnlich streng an die aerobe Atmung gekoppelt und wird durch anaerobe Bedingungen unterbunden; diese Tatsache wird erneut durch Untersuchungen von EGAMI u. Mitarb. an Keimpflanzen der Leguminose *Vigna sesquipedalis* bestätigt. Bakterien, die durch den Besitz von Hydrogenase zur Aktivierung elementaren Wasserstoffs befähigt sind, können jedoch auch in Anaerobiose Nitrat, Nitrit und Hydroxylamin mit H_2 als H-Donator reduzieren [vgl. McNALL u. ATKINSON (1956, 1957); SENEZ u. PICHINOTY (1958a, b)]. Entsprechende Reaktionen wurden nunmehr auch bei Grünalgen aufgefunden [KESSLER (1957a); DAMASCHKE u. LÜBKE]. Die hier besonders schnell verlaufende Reduktion von Nitrit entspricht bei *Ankistrodesmus* und *Scenedesmus* der Gleichung

$$HNO_2 + 3\,H_2 \rightarrow NH_3 + 2\,H_2O\,.$$

Nitrat wird von diesen Algen nur mit etwa 10% der Geschwindigkeit von Nitrit reduziert.

Die Wirkung von Licht auf die Nitratreduktion grüner Pflanzen ist nach neueren Untersuchungen recht komplexer Natur und beruht offenbar auf einer photochemischen Produktion von H-Donatoren, energiereichem Phosphat und C-Verbindungen. Während Grünalgen im allgemeinen nicht in der Lage sind, im Licht unter reiner N_2-Atmosphäre, d. h. bei ausgeschalteter Photosynthese und Atmung, Nitrat zu reduzieren, fand KESSLER (1957b) unter diesen Bedingungen bei *Ankistrodesmus* eine intensive *Nitrit*reduktion nach der Gleichung

$$HNO_2 + H_2O \xrightarrow{\ Licht\ } NH_3 + 1^1/_2\,O_2.$$

Im Gegensatz zu dieser Reaktion, die sich auch durch einen sehr geringen Temperaturkoeffizienten auszeichnet, ist die Reduktion von Nitrat auf das Vorhandensein von CO_2 bzw. Photosynthese angewiesen. Versuche von BONGERS (1956, 1958), der bei *Scenedesmus* auch bei Abwesenheit von CO_2 im Licht eine starke Reduktion von Nitrat fand, wurden demgegenüber in Gegenwart von Sauerstoff und bei 30° C ausgeführt, d. h. unter Bedingungen, die eine besonders intensive atmungsabhängige Nitratreduktion ermöglichen. Im Schwachlicht war die Geschwindigkeit der Sauerstoffentwicklung unabhängig davon, ob CO_2, Nitrat oder Nitrit reduziert wurde [BONGERS (1958)].

Weniger umfassend sind unsere Kenntnisse auf dem Gebiet der **dissimilatorischen Nitratreduktion** [vgl. H. ENGEL (1958a); NASON u. TAKAHASHI; DELWICHE (1956b); VERHOEVEN; EGAMI]. Dieser der aeroben Atmung offenbar vollkommen homologe Prozeß, bei Auftreten gasförmiger Endprodukte auch als *Denitrifikation* bezeichnet, ermöglicht vielen fakultativ anaeroben Bakterien ein Wachstum auch unter anaeroben Bedingungen (*„echte dissimilatorische Nitratreduktion"*). Sehr oft dient jedoch das Nitrat einfach als unspezifischer H-Acceptor im Stoffwechsel und wird dabei zu Nitrit oder auch bis zum Ammoniak reduziert, ohne daß der betreffende Organismus daraus einen erkennbaren Nutzen zieht (*„beiläufige dissimilatorische Nitratreduktion"*; vgl. VERHOEVEN). Als H-Donatoren können in beiden Fällen organische Substanzen oder — bei Vorhandensein von Hydrogenase — molekularer Wasserstoff dienen, gelegentlich auch Schwefelwasserstoff, Schwefel oder Thiosulfat. Während die echte Nitratatmung bisher nur bei Bakterien nachgewiesen ist, scheint die beiläufige dissimilatorische Nitratreduktion auch bei Algen [KESSLER (1957a)] und höheren Pflanzen (EGAMI u. Mitarb.) vorzukommen.

In denjenigen Fällen von dissimilatorischer Nitratreduktion, in denen Ammoniak als Endprodukt gebildet und ausgeschieden wird, rechnet man mit dem Auftreten der gleichen Zwischenprodukte wie bei der Nitratassimilation (vgl. TANIGUCHI, SATO u. EGAMI; TANIGUCHI u. Mitarb.). Weitgehend ungeklärt ist demgegenüber die Reaktionsfolge bei der Bildung gasförmiger N-Verbindungen. Seit langem weiß man, daß bei der Denitrifikation neben oder anstelle von freiem N_2 häufig Distickstoffoxyd (N_2O) in mehr oder weniger großen Mengen auftritt. YAMADA u. VIRTANEN fanden sogar einen Stamm von *Micrococcus*, der Nitrit oder Nitrat zu N_2O reduziert, das nahezu frei von N_2 ist. Während manche Autoren annehmen, daß das N_2O das letzte Zwischenprodukt auf dem Weg vom Nitrat bzw. Nitrit zum N_2 darstellt (vgl. z. B. VERHOEVEN), rechnen IWASAKI u. MORI (vgl. auch NAJJAR u. CHUNG) mit zwei verschiedenen Reaktionswegen, die von Nitrit und Hydroxylamin ausgehend entweder direkt zum N_2 oder zum N_2O führen. Darüber hinaus wurde neuerdings in mehreren Fällen das Auftreten von Stickstoffoxyd (NO) bei der Denitrifikation intakter Zellen (IWASAKI, MATSUBAYASHI u. MORI) und zellfreier Extrakte [CHUNG u. NAJJAR (1956a, b); NAJJAR u. CHUNG] beobachtet. Ob es sich dabei um ein normales Zwischenprodukt oder um das Ergebnis einer unphysiologischen Nebenreaktion handelt, ist noch nicht sicher entschieden; für die erste Annahme spricht jedoch der Nachweis eines NO zu N_2 reduzierenden Enzyms in Extrakten von *Pseudomonas stutzeri* durch CHUNG u. NAJJAR (1956b) (vgl. auch NAJJAR u. CHUNG).

Aus enzymologischen, spektrophotometrischen und hemmungsanalytischen Untersuchungen geht hervor, daß an der dissimilatorischen Nitratreduktion Cytochrome beteiligt sind (vgl. SATO; TANIGUCHI, SATO u. EGAMI; TANIGUCHI u. Mitarb.; VERHOEVEN). Sie dienen offenbar als Elektronenüberträger bei der Reduktion von Nitrat und Nitrit (LASCELLES; MILHAUD, AUBERT u. MILLET; NAJJAR u. CHUNG; PICHINOTY u. SENEZ; SADANA u. McELROY; VERHOEVEN u. TAKEDA), Hydroxylamin [ISHIMOTO, YAGI u. SHIRAKI; KONO, TANIGUCHI u. EGAMI; SENEZ u. PICHINOTY (1958b)] und Stickstoffoxyd [CHUNG u. NAJJAR (1956b); NAJJAR u. CHUNG] Enzymologische Untersuchungen an zellfreien Extrakten von *Pseudomonas stutzeri* zeigten außerdem, daß auch bei der dissimilatorischen Nitratreduktion Pyridinnucleotide und Metalloflavoproteide eine Rolle spielen. Die Nitrit- und NO-reduzierenden Enzyme konnten durch Eisen und Kupfer aktiviert werden [CHUNG u. NAJJAR (1956a, b)]. Das Nitrat zu Nitrit reduzierende Enzym von *Achromobacter fischeri* wird durch Fe-, nicht jedoch durch Mo-Mangel gehemmt (SADANA u. McELROY). Allgemein wird mit einem Elektronentransport gerechnet, der etwa in folgender Weise verlaufen soll:

$$\text{TPNH (DPNH)} \rightarrow \text{FAD (FMN)} \rightarrow \text{Cytochrom} \begin{array}{l} \xrightarrow{\text{Oxydase}} O_2 \\ \\ \xrightarrow{\text{Nitratreduktase}} NO_3^- \end{array}$$

Aus dieser Darstellung geht auch die Übereinstimmung mit der aeroben Atmung klar hervor, die noch dadurch besonders unterstrichen wird, daß TAKAHASHI, TANIGUCHI u. EGAMI eine Kopplung der Nitrat-Atmung mit Phosphorylierungen wahrscheinlich machen konnten. Die Konkurrenz von O_2 und Nitrat bzw. Nitrit um den Substrat-Wasserstoff hat zur Folge, daß die dissimilatorische Nitratreduktion durch Sauerstoff mehr oder weniger stark gehemmt wird [KEFAUVER u. ALLISON; SKERMAN u. MACRAE (1957a, b); SKERMAN, CAREY u. MACRAE]. — Manche Bakterien, wie z. B. *Escherichia coli*, besitzen offenbar sowohl die Enzymsysteme der assimilatorischen wie die der dissimilatorischen Nitratreduktion (TANIGUCHI, SATO u. EGAMI; SATO; NICHOLAS u. NASON).

3. Nitrifikation.

Die wichtigsten Ergebnisse auf diesem Gebiet bis zum Jahre 1956 wurden von H. ENGEL (1958b) sowie von DELWICHE (1956a) zusammenfassend dargestellt. — Einer eingehenden Untersuchung der praktisch wie theoretisch gleichermaßen wichtigen Nitrifikation standen bisher einige entscheidende Schwierigkeiten im Wege. Die nitrifizierenden Bakterien konnten im allgemeinen nur in Nährmedien kultiviert werden, die große Mengen unlöslicher Bestandteile (Carbonate) enthielten. Da sie sehr langsam wuchsen und obendrein meist zäh an der Oberfläche der festen anorganischen Substanzen hafteten, war es nahezu unmöglich, die für biochemische Arbeiten notwendigen Mengen reinen Zellmaterials zu erhalten. Es ist deshalb von großer methodischer Bedeutung, daß es nunmehr M. S. ENGEL u. ALEXANDER (1958a, b) gelungen ist, schnelles Wachstum von *Nitrosomonas* in einer Nährlösung zu erzielen, die völlig frei von ungelösten Bestandteilen ist. Zur Neutralisation der bei der Nitrifikation entstehenden Säure dient K_2CO_3 statt des bisher meist verwendeten $CaCO_3$. Über ein ähnliches Nährmedium, das auch eine relativ einfache Gewinnung von Reinkulturen nach dem Verdünnungsverfahren ermöglicht, berichten LEWIS u. PRAMER. M. S. ENGEL u. ALEXANDER (1958b) fanden, in Übereinstimmung mit älteren Untersuchungen, daß Hydroxylamin von NH_3-oxydierenden Zellen schnell und unverzüglich oxydiert wird nach der Gleichung

$$NH_2OH + O_2 \rightarrow HNO_2 + H_2O ,$$

wie das bei einem Zwischenprodukt zu erwarten ist. Voraussetzung ist dabei nur, daß das Hydroxylamin in geringer Konzentration geboten wird. Das NH_2OH-oxydierende Enzymsystem der Bakterien erwies sich als stabiler (z. B. in alternden Zellen) als das für die Reaktion $NH_3 \rightarrow NH_2OH$ verantwortliche Enzym. Entgegen früheren Angaben verträgt *Nitrosomonas* auch hohe Ammon- und Nitritkonzentrationen im Nährmedium ohne jede Schädigung. Calcium ist höchstens in geringsten Spuren für die Nitrifikation notwendig. — Auch zellfreie Autolysate von *Nitrosomonas europaea* können Ammoniak und Hydroxylamin zu Nitrit oxydieren (IMSHENETSKY u. RUBAN).

Ammonsalz in höherer Konzentration stört die Oxydation von Nitrit durch *Nitrobacter*, besonders im alkalischen p_H-Bereich, während größere Nitritkonzentrationen unschädlich sind (STOJANOVIC u. ALEXANDER). Durch Cyanat wird diese Reaktion gehemmt. Chlorat als solches hat keinen Einfluß; es wird jedoch zu Chlorit reduziert, welches giftig wirkt, vermutlich durch Zerstörung von Cytochromen, die offenbar für die Oxydation von Nitrit notwendig sind (LEES u. SIMPSON; vgl. auch BUTT u. LEES). ZAVARZIN fand eine Beschleunigung der Nitrifikation durch Zusatz von Molybdat zu Kulturen von *Nitrobacter*. Da dieser Effekt durch Riboflavin verstärkt wird, hält dieser Autor auch eine Mitwirkung von Metalloflavoproteiden für möglich. — Mit Homogenaten von *Nitrobacter agile* erhielten ALEEM u. ALEXANDER eine intensive Oxydation von Nitrit zu Nitrat mit entsprechendem O_2-Verbrauch. Die Reaktion ist an eine Partikelfraktion gebunden und erfordert die Anwesenheit von Eisen, ein weiterer Hinweis auf die Beteiligung von Cytochromen an der Nitrifikation.

Dem noch ganz ungeklärten Problem der Kopplung von Oxydation und CO_2-Reduktion bei der Chemosynthese widmet REMER eine sorgfältige Untersuchung. Bei *Nitrobacter winogradskyi* findet auch in Abwesenheit von CO_2 eine unverminderte Oxydation von Nitrit zu Nitrat statt. Wird im Anschluß daran $C^{14}O_2$ geboten, so kommt es zu keinem Einbau von C^{14} in die Zellen. Eine Speicherung von Energie und H-Donatoren für spätere CO_2-Reduktion ist also bei *Nitrobacter* ebensowenig möglich wie bei *Hydrogenomonas* und *Thiobacillus*.

Literatur.

ALEEM, M. I. H., and M. ALEXANDER: J. Bact. 76, 510—514 (1958). — ALLEN, E. K., and O. N. ALLEN: Handbuch der Pflanzenphysiologie. Bd. 8, S. 48—118, 1958. — ALLISON, R. M., and R. H. BURRIS: J. biol. Chem. 224, 351—364 (1957). — ANACKER, W. F., u. V. STOY: Biochem. Z. 330, 141—159 (1958).

BACH, M. K.: Biochim. biophys. Acta 26, 104—113 (1957). — BACH, M. K., W. E. MAGEE and R. H. BURRIS: Plant Physiol. 33, 118—124 (1958). — BOND, G.: J. exp. Bot. 6, 303—311 (1955). — BOND, G.: Ann. Bot. 21, 513—521 (1957). — BOND, G., and I. C. GARDNER: Nature (Lond.) 179, 680—681 (1957). — BOND, G., J. T. MacCONNELL and A. H. McCALLUM: Ann. Bot. 20, 501—512 (1956). — BOND, G., and G. D. SCOTT: Ann. Bot. 19, 67—77 (1955). — BONGERS, L. H. J.: Mededel. Landbouwhogeschool Wageningen 56, 1—52 (1956). — BONGERS, L. H. J.: Neth. J. agric. Sci. 6, 79—88 (1958). — BROWN, M. E., and G. METCALFE: Nature (Lond.) 180, 282 (1957). — BULEN, W. A., and D. S. FREAR: Arch. Biochem. 66,

502—503 (1957). — Burma, D. P., and R. H. Burris: J. biol. Chem. **225**, 287—295 (1957). — Burris, R. H.: Inorganic Nitrogen Metabolism, p. 316—343, Baltimore 1956. — Butt, W. D., and H. Lees: Nature (Lond.) **182**, 732—733 (1958).

Carnahan, J. E., and J. E. Castle: J. Bact. **75**, 121—124 (1958). — Cheniae, G. M., and H. J. Evans: Biochim. biophys. Acta **26**, 654—655 (1957). — Chung, C. W., and V. A. Najjar: J. biol. Chem. **218**, 617—625 (1956a). — Chung, C. W., and V. A. Najjar: J. biol. Chem. **218**, 627—632 (1956b).

Damaschke, K., u. M. Lübke: Z. Naturforsch. **13 b**, 134—135 (1958). — Delwiche, C. C.: Inorganic Nitrogen Metabolism, p. 218—232, Baltimore 1956a. — Delwiche, C. C.: Inorganic Nitrogen Metabolism, p. 233—256, Baltimore 1956b. — DeTurk, W. E., and F. Bernheim: J. Bact. **75**, 691—696 (1958).

Egami, F.: Svensk kem. Tidskr. **69**, 562—569 (1957). — Egami, F., K. Ohmachi, K. Iida and S. Taniguchi: Biochimija **22**, 122—134 (1957). — Engel, H.: Handbuch der Pflanzenphysiologie. Bd. 8, S. 1083—1106, 1958a. — Engel, H.: Handbuch der Pflanzenphysiologie. Bd. 8, S. 1107—1127, 1958b. — Engel, M. S., and M. Alexander: Nature (Lond.) **181**, 136 (1958a). — Engel, M. S., and M. Alexander: J. Bact. **76**, 217—222 (1958b). — Esposito, R. G., and P. W. Wilson: Proc. nat. Acad. Sci. (Wash.) **44**, 472—476 (1958). — Evans, H. J.: Soil Sci. **81**, 199—208 u. 243—258 (1956).

Fogg, G. E.: Ann. Rev. Plant Physiol. **7**, 51—70 (1956). — Fogg, G. E., and Than-Tun: Biochim. biophys. Acta **30**, 209—210 (1958). — Frank, H.: Z. Naturforsch. **13 b**, 168—171 (1958a). — Frank, H.: Naturwissenschaften **45**, 200—203 (1958b). — Frear, D. S., and R. C. Burrell: Plant Physiol. **33**, 105—109 (1958).

Gardner, I. C.: Nature (Lond.) **181**, 717—718 (1958). — Gardner, I. C., and G. Bond: Canad. J. Bot. **35**, 305—314 (1957). — Gest, H., J. Judis and H. D. Peck: Inorganic Nitrogen Metabolism, p. 298—315, Baltimore 1956.

Hamilton, P. B., A. L. Shug and P. W. Wilson: Proc. nat. Acad. Sci. (Wash.) **43**, 297—304 (1957). — Harris, G. P., and T. M. Morrison: Nature (Lond.) **182**, 1812 (1958). — Hewitt, E. J., and M. M. R. K. Afridi: Nature (Lond.) **183**, 57—58 (1959). — Hiai, S., T. Mori, S. Hino and T. Mori: J. Biochem. (Tokyo) **44**, 839—847 (1957). — Hino, S., and P. W. Wilson: J. Bact. **75**, 403 bis 408 (1958). — Hoch, G. E., H. N. Little and R. H. Burris: Nature (Lond.) **179**, 430—431 (1957).

Imshenetsky, A. A., and E. L. Ruban: Fol. biol. (Praha) **3**, 141—148 (1957). — Ishimoto, M., T. Yagi and M. Shiraki: J. Biochem. (Tokyo) **44**, 707—714 (1957). — Iwasaki, H., R. Matsubayashi and T. Mori: J. Biochem. (Tokyo) **43**, 295—305 (1956). — Iwasaki, H., and T. Mori: J. Biochem. (Tokyo) **45**, 133—140 (1958).

Jensen, V.: Physiol. Plantarum **9**, 130—136 (1956). — Jensen, V.: Arch. Mikrobiol. **29**, 348—353 (1958).

Käppel, M., u. H. Wartenberg: Arch. Mikrobiol. **30**, 46—63 (1958). — Keeler, R. F., and J. E. Varner: Arch. Biochem. **70**, 585—590 (1957). — Kefauver, M., and F. E. Allison: J. Bact. **73**, 8—14 (1957). — Kessler, E.: Planta **45**, 94—105 (1955). — Kessler, E.: Arch. Mikrobiol. **27**, 166—181 (1957a). — Kessler, E.: Planta **49**, 505—523 (1957b). — Kessler, E.: Erg. Biol. **21**, 1—22 (1959). — Kinsky, S. C., and W. D. McElroy: Arch. Biochem. **73**, 466—483 (1958). — Kono, M., S. Taniguchi and F. Egami: J. Biochem. (Tokyo) **44**, 615 bis 618 (1957).

Lascelles, J.: J. gen. Microbiol. **15**, 404—416 (1956). — Leaf, G., I. C. Gardner and G. Bond: J. exp. Bot. **9**, 320—331 (1958). — Lees, H., and J. R. Simpson: Biochem. J. **65**, 297—305 (1957). — Lewis, R. F., and D. Pramer: J. Bact. **76**, 524—528 (1958).

McNall, E. G., and D. E. Atkinson: J. Bact. **72**, 226—229 (1956). — McNall, E. G., and D. E. Atkinson: J. Bact. **74**, 60—66 (1957). — Medina, A., and C. F. de Heredia: Biochim. biophys. Acta **28**, 452—453 (1958). — Medina, A., and D. J. D. Nicholas: Nature (Lond.) **179**, 533—534 (1957a). — Medina, A., and D. J. D. Nicholas: Biochim. biophys. Acta **25**, 138—141 (1957b). — Metcalfe, G., and M. E. Brown: J. gen. Microbiol. **17**, 567—572 (1957). — Milhaud, G., J. P. Aubert, et J. Millet: C. R. Acad. Sci. (Paris) **246**, 1766—1769 (1958).

NAJJAR, V. A., and C. W. CHUNG: Inorganic Nitrogen Metabolism, p. 260—279, Baltimore 1956. — NASON, A.: Inorganic Nitrogen Metabolism, p. 109—136, Baltimore 1956. — NASON, A., and H. TAKAHASHI: Ann. Rev. Microbiol. **12**, 203 bis 246 (1958). — NICHOLAS, D. J. D.: Nature (Lond.) **179**, 800—804 (1957a). — NICHOLAS, D. J. D.: Ann. Bot. **21**, 587—598 (1957b). — NICHOLAS, D. J. D.: J. Sci. Food Agric. **8**, s15—s25 (1957c). — NICHOLAS, D. J. D., and A. NASON: J. Bact. **69**, 580—583 (1955).

PENGRA, R. M., and P. W. WILSON: J. Bact. **75**, 21—25 (1958). — PICHINOTY, F., et J. C. SENEZ: C. R. Acad. Sci. (Paris) **247**, 361—364 (1958). — POMMER, E. H.: Flora (Jena) **143**, 603—634 (1956). — PROCTOR, M. H., and P. W. WILSON: Nature (Lond.) **182**, 891 (1958).

RAKESTRAW, J. A., and E. R. ROBERTS: Biochim. biophys. Acta **24**, 388—396 (1957a). — RAKESTRAW, J. A., and E. R. ROBERTS: Biochim. biophys. Acta **24**, 555—563 (1957b). — REMER, E.: Arch. Mikrobiol. **27**, 125—145 (1957). — RIJVEN, A. H. G. C.: Aust. J. biol. Sci. **11**, 142—154 (1958). — RUINEN, J.: Nature (Lond.) **177**, 220—221 (1956).

SADANA, J. C., and W. D. McELROY: Arch. Biochem. **67**, 16—34 (1957). — SARIS, N. E., and A. I. VIRTANEN: Acta chem. scand. **11**, 1438—1440 (1957a). — SARIS, N. E., and A. I. VIRTANEN: Acta chem. scand. **11**, 1440—1442 (1957b). — SATO, R.: Inorganic Nitrogen Metabolism, p. 163—175, Baltimore 1956. — SCOTT, G. D.: New Phytol. **55**, 111—116 (1956). — SENEZ, J. C., et F. PICHINOTY: Biochim. biophys. Acta **27**, 569—580 (1958a). — SENEZ, J. C., et F. PICHINOTY: Biochim. biophys. Acta **28**, 355—369 (1958b). — SHUG, A. L., P. B. HAMILTON and P. W. WILSON: Inorganic Nitrogen Metabolism, p. 344—360, Baltimore 1956. — SKERMAN, V. B. D., B. J. CAREY and I. C. MacRAE: Canad. J. Microbiol. **4**, 243—256 (1958). — SKERMAN, V. B. D., and I. C. MacRAE: Canad. J. Microbiol. **3**, 215—230 (1957a). — SKERMAN, V. B. D., and I. C. MacRAE: Canad. J. Microbiol. **3**, 505—530 (1957b). — SPENCER, D.: Handbuch der Pflanzenphysiologie **8**, 201—211 (1958). — STEVENSON, G.: Nature (Lond.) **182**, 1523—1524 (1958). — STOJANOVIC, B. J., and M. ALEXANDER: Soil Sci. **86**, 208—215 (1958).

TAKAHASHI, H., and A. NASON: Biochim. biophys. Acta **23**, 433—435 (1957). — TAKAHASHI, H., S. TANIGUCHI and F. EGAMI: J. Biochem. (Tokyo) **43**, 223—233 (1956). — TANG, P. S., and H. Y. WU: Nature (Lond.) **179**, 1355—1356 (1957). — TANIGUCHI, S., A. ASANO, K. IIDA, M. KONO, K. OHMACHI and F. EGAMI: Proc. Int. Symp. Enzyme Chem., Tokyo and Kyoto, p. 238—245 (1958). — TANIGUCHI, S., R. SATO and F. EGAMI: Inorganic Nitrogen Metabolism, p. 87—108, Baltimore 1956. — TAUBERT, H.: Planta **48**, 135—156 (1956). — TCHAN, Y. T.: Proc. Linnean Soc. N. S. Wales **82**, 314—316 (1958).

VERHOEVEN, W.: Inorganic Nitrogen Metabolism, p. 61—86, Baltimore 1956. — VERHOEVEN, W., and Y. TAKEDA: Inorganic Nitrogen Metabolism, p. 159—162, Baltimore 1956. — VOETS, J. P., and J. DEBACKER: Naturwissenschaften **43**, 40—41 (1956).

WICKERHAM, L. J.: J. Bact. **74**, 832—833 (1957). — WILSON, P. W.: Handbuch der Pflanzenphysiologie **8**, 9—47 (1958).

YAMADA, T., and A. I. VIRTANEN: Acta chem. scand. **10**, 20—25 (1956). ZAVARZIN, G. A.: Dokl. Akad. Nauk S.S.S.R. **113**, 1361—1362 (1957).

b) Organischer N-Stoffwechsel*.

Von ERICH KESSLER, Marburg a. d. Lahn.

Der Beitrag erscheint ab Band XXII.

---

* Anmerkung des Herausgebers: Es war beabsichtigt, von diesem Band ab Berichte über den gesamten N-Stoffwechsel zu bringen. Leider ließ sich das nicht verwirklichen. Wir hoffen aber, künftig außer dem Abschnitt über den anorganischen N-Stoffwechsel auch einen über den organischen bringen zu können.

17. Viren und Phagen.

a) Viren.

Der Beitrag folgt im Band XXII.

b) Bakteriophagen.

Von W. WEIDEL, Tübingen.

Nachdem seit nunmehr schon geraumer Zeit die wesentlichsten Effekte zutage gefördert scheinen, die die Wechselwirkungen zwischen Phagen und Bakterienzellen begleiten, das ganze Gebiet also gewissermaßen seinen phänomenologischen Rahmen gefunden hat, müssen weitere Untersuchungen darauf abzielen, Detailfragen insbesondere im Hinblick auf die beteiligten Mechanismen zu klären. Es ist daher derzeit kaum möglich, ein abgerundetes Bild vom jetzigen Stande der Entwicklung zu geben. Trotzdem dürfen hier auch Details alles Interesse beanspruchen, weil sie stets aufs engste mit den biochemischen und biophysikalischen Grundlagen aller Lebenserscheinungen verknüpft und daher verallgemeinerungsfähig sind. Wenn sie sich eines Tages lückenlos zusammenfügen lassen, wird man weit mehr gewonnen haben als nur das vollständige Bild eines etwas abseitigen Tummelplatzes auch noch zur Biologie zählender Objekte.

Die strukturellen Eigentümlichkeiten von Phagenteilchen und ihre Zerlegbarkeit in chemisch, d. h. auch biosynthetisch selbständige Komponenten erfahren in mehreren Arbeitskreisen weitere, intensive Bearbeitung. Es handelt sich dabei vorwiegend um verschiedene Proteine, und man hofft, sie nach Aufklärung ihrer Struktur mit bestimmten, ebenfalls noch unbekannten Nucleotidsequenzen der Teilchen-DNS korrelieren zu können (STREISINGER), der einzigen Phagenkomponente, über deren Funktion, wenn auch nicht Funktionsweise, man sich grundsätzlich wohl im klaren ist.

Die verschiedenen Teilchenproteine sind also nicht nur als potentielle Hilfsmittel zur Entschlüsselung des „Nucleinsäurecodes" (GOLOMB, WELCH u. DELBRÜCK) interessant, sondern auch deshalb, weil es bisher noch nicht gelang, ihnen eindeutig alle jene Partialfunktionen zuzuordnen, die beim Infektionsvorgang ins Spiel kommen müssen. Bekanntlich erschöpft sich schon in dieser Frühphase der Phagenvermehrung die Rolle, die sie oder zumindest der größte Teil von ihnen zu spielen haben.

So verfügt man denn beim meistbearbeiteten Phagentyp T 2 und seinen nächsten Verwandten über eine Liste der in Betracht kommenden Funktionen — z. B. spezifische Adsorption, enzymatische Auflockerung der Zellwand zwecks Schaffung eines Durchlasses für die Teilchen-DNS, Hilfsmittel für die sichere Benutzung dieses Durchlasses und zur Austreibung der DNS aus der Kopfmembran hinüber in die Zelle — und auch über eine entsprechende Liste isolierbarer, morphologisch wohlcharakterisierter Teilchenkomponenten von Proteincharakter — z. B. Kopfmembran, proximales Schwanzstück (offenbar kontraktionsfähig), Schwanzstift mit Endverdickung und Schwanzfasern (BRENNER), kann jedoch beide Listen bisher nicht zur Deckung bringen.

Zur zweiten Liste kommen noch erst jüngst aufgefundene Phagenbestandteile hinzu, die wahrscheinlich mit der DNS des Teilchens eng assoziiert sind und morphologisch nicht direkt in Erscheinung treten. HERSHEY entdeckte in T 2 zwei trichloressigsäurelösliche, ninhydrinpositive Komponenten, deren eine bald darauf von AMES, DUBIN u. ROSENTHAL als Gemisch von Putrescin und Spermidin erkannt wurde, das auch die DNS von T 4 begleitet. Die gleichen Autoren fanden, daß ein *Salmonella*-Phage stattdessen hauptsächlich Spermin enthält. Die ermittelten Mengen dieser aliphatischen Polyamine, die auch in Bakterien und in Kernfraktionen z. B. von Leberzellen mit Nucleinsäure assoziiert vorkommen, würden ausreichen, um etwa ein Drittel bis die Hälfte der DNS-Ladung in jedem Phagenteilchen zu neutralisieren. Vielleicht kann nur hierdurch die dichte Packung der DNS im Phagenkopf erreicht werden.

Die zweite, von HERSHEY entdeckte Komponente stellt ein hauptsächlich aus Asparaginsäure, Glutaminsäure und Lysin zusammengesetztes Polypeptid dar, dessen Funktion unbekannt ist. Doch ist sicher, daß weder dieses Polypeptid noch die Polyamine genetische Funktionen ausüben. HERSHEY kommt nach seinen Analysen zu dem Schluß, daß, wenn das T 2-,,Chromosom'' überhaupt Bestandteile enthält, die etwas anderes sind als DNS, diese nicht mehr als etwa 1% vom Gesamtgewicht der letzteren ausmachen können.

Diese sehr strikt getroffene Feststellung ist aber vorläufig nicht leicht in Einklang zu bringen mit Beobachtungen von LEVINE, BARLOW und VUNAKIS, die in T 2 ein basisches Protein zunächst serologisch nachwiesen und später isolierten, das nur beim osmotischen Schock zum Vorschein kommt, also vermutlich wiederum mit der Teilchen-DNS assoziiert ist, und 5% vom gesamten Teilchenprotein ausmacht. Ein entsprechendes Protein wurde auch in T 4 gefunden, und es ist interessant, daß beide Proteine keine serologische Kreuzreaktion geben, während die Hüllenproteine von T 2 und T 4 dies tun. Das neue, ,,interne'' Protein könnte also Träger besonderer Spezifitäten sein. Es wird angeblich bei der Infektion zusammen mit der DNS in die Zelle injiziert, und bereits drei Minuten danach, also bevor überhaupt neue DNS gemacht wird, soll eine Nettosynthese dieses Proteins nachweisbar sein. Man wird auf weitere Untersuchungen in dieser Richtung gespannt sein dürfen.

Der Vollständigkeit halber sei schließlich noch erwähnt, daß KOZLOFF in T 2 Adenosintriphosphat nachweisen konnte, das vielleicht bei der Kontraktion des proximalen Schwanzstücks eine Rolle spielt, wie sie nach Adsorption dieses Phagen an die Wirtszellwand beobachtet wird, und die auch sonst leicht auslösbar ist.

Die DNS der „geradzahligen" Phagen T 2, T 4 und T 6 ist bekanntlich durch ihren Gehalt an Oxymethylcytosin ausgezeichnet, das hier anstelle des Cytosins normaler DNS tritt. Hiermit in Zusammenhang steht eine weitere Besonderheit der abartigen Phagen-DNS, die im vorhergehenden Bericht zwar schon Erwähnung fand, aber eine etwas eingehendere Besprechung verdient. Das Oxymethylcytosin ist über seine 5-Oxygruppe mit Glucose glucosidisch verknüpft, und zwar in T 2-DNS zu etwa 80%, in T 4-DNS zu 100%, während in T 6-DNS teils nichtglucosidiertes, teils mit zwei Molekülen Glucose verbundenes Oxymethylcytosin vorkommt (JESAITIS; SINSHEIMER; LOEB u. COHEN). Einige genetische Absonderlichkeiten, die bei Mischinfektionen von *E. coli* B mit T 2 und T 4 beobachtet werden, sind wahrscheinlich durch diese eigenartigen Strukturverhältnisse ihrer DNS bedingt (STREISINGER u. WEIGLE). Es treten hier nämlich mit T 2 eingeführte Loci in der Nachkommenschaft nur vergleichsweise selten wieder auf. Dafür haben aber alle aus der Kreuzung hervorgehenden T 2-Teilchen jetzt dieselbe Eigenschaft wie T 4, bei erneuter Kreuzung mit T 2-Wildtyp dessen Markierungsloci daran zu hindern, sich mit normaler Häufigkeit durchzusetzen, wobei wiederum allen Nachkommen diese Fähigkeit zur partiellen Ausschließung aufgeprägt wird, die auch bei zahlreichen Rückkreuzungen mit T 2-Wildtyp stets vollständig erhalten bleibt bzw. übertragen wird. Hinzu treten noch zwei weitere, vom T 4-Stammvater überkommene und in gleicher Weise vererbliche Eigenschaften: alle T 2-Teilchen mit der Fähigkeit zur partiellen Unterdrückung von T 2-Wildtyp scheinen, wie T 4, eine DNS mit zu 100% glucosidiertem Oxymethylcytosin zu haben, und sie geben auf bestimmten Indicatorstämmen, auf denen T 2-Wildtyp kaum Plaques liefert, ebensoviele wie auf *E. coli* B. Auch diese Eigenschaft teilen sie mit T 4. Eine genauere Analyse dieses seltsamen Vererbungsmodus im Verein mit biochemischen Untersuchungen über die Art der Verteilung von Oxymethylcytosin in verschiedenen Fraktionen von T 2-DNS (BROWN und MARTIN) verspricht tieferen Aufschluß darüber, welche Bedingungen dazu führen, daß ein bestimmter DNS-Typ sich gegenüber anderen, in der gleichen (Wirts-)Zelle vorhandenen reproduktiv durchsetzt — ein fundamentales Problem nicht nur der gesamten Virologie, sondern vielleicht auch der Krebsforschung.

Über besondere Komponenten, denen besondere Funktionen zugeschrieben werden müssen, ist bei anderen Phagentypen als T 2 und seinen engeren Verwandten noch immer sehr wenig bekannt. Oft sind bei ihnen die Ansatzmöglichkeiten für detailliertere Untersuchungen sehr viel ungünstiger. So ist es z. B. bei T 5 noch nicht gelungen, den „Schwanz" morphologisch irgendwie zu differenzieren. Er scheint bei weitem kein so komplizierter Apparat zu sein wie das entsprechende Organ der „geradzahligen" Phagen. Trotzdem ließ sich auf indirektem (serologischem) Wege das Vorhandensein gewisser feinstruktureller Differenziertheiten nachweisen (LANNI). Diese Untersuchungen laufen, kurz gesagt, darauf hinaus, daß die Anheftungsregion des Wildtyp-T 5-Teilchens aus mindestens zwei räumlich getrennten Arealen bestehen muß, die verschiedene antigene Struktur haben. In einer bestimmten T 5-Mutante geht eins der beiden Areale verloren, was eine Verengerung ihres Wirtsbereichs im Vergleich zu Wildtyp bewirkt. Benutzt man diese Mutante zur Absorption eines Serums gegen T 5-Wildtyp, so erhält man ein Serum, das nunmehr T 5-Wildtyp in Phänokopien der Mutante verwandelt: der Wirtsbereich dieser Phänokopien ist in gleicher Weise eingeschränkt wie der der Mutante.

Versuche, Bakterien unter Umgehung aller proteinbedingten Infektionsmechanismen direkt mit reiner Phagen-DNS zu infizieren, sind immer wieder negativ verlaufen. Ihnen war erst jüngst ein gewisser Erfolg beschieden, nachdem man gelernt hatte, die Zellwand der Wirtszelle mit Lysozym anzugreifen und durch Eliminierung bestimmter Bestandteile strukturell stark zu verändern (ZINDER u. ARNDT). Bringt man solche Zellen mit inkompletter Wand, fälschlich „Protoplasten" genannt (vgl. hierzu WEIDEL u. PRIMOSIGH), mit Lösungen desintegrierter T 2-Teilchen zusammen, wie sie durch osmotischen Schock (SPIZZIZEN) oder durch Behandlung mit Harnstoff (FRAZER et al.) erhalten werden können und die auf normalen Bakterien keine Plaques mehr bilden, so kommt es zur Produktion normaler T 2-Teilchen. Auf diese Weise können sogar Zelltypen, die im Normalzustand von infektiösem T 2 gar nicht angreifbar sind, zur Synthese dieses Phagen veranlaßt werden. Allerdings ist die Ausbeute meist sehr klein, und das verwendete infektiöse Agens ist keineswegs reine T 2-DNS, sondern enthält auch noch das gesamte T 2-Protein. Von allem Protein befreite T 2-DNS erweist sich auch in diesem System als unwirksam. Die Experimente legen die Vermutung nahe, daß die infektiöse Einheit noch Protein enthalten muß — sei es als das DNS-Paket noch umschließende Hülle, sei es als integraler, wenn auch mengenmäßig nicht sehr ins Gewicht fallender Bestandteil des T 2-„Chromosoms".

Obwohl es noch nicht gelang, mit gereinigter Phagennucleinsäure die Produktion kompletter Phagenteilchen auszulösen, so scheint es doch keineswegs aussichtslos, mit weiteren Versuchen in dieser Richtung schrittweise dem erstrebten Ziel näherzukommen. BROWN u. BROWN berichten über allem Anschein nach erfolgreich verlaufene Versuche, ein subcelluläres System zusammenzustellen, das auf Zugabe einer bestimmten Fraktion von T 2-DNS, die offenbar wiederum nicht völlig proteinfrei sein darf, serologisch meßbare Mengen von spezifischem Phagenprotein synthetisiert. Das System besteht aus geplatzten Hüllen von *Coli*-„Protoplasten", einem *Coli*-Extrakt mit hohem Gehalt an aminosäure-aktivierenden Enzymen, einem entsprechenden Extrakt aus Rattenleber, einem Extrakt aus Azotobacter vinelandii, der Ribonucleosidphosphorylase beisteuert, und schließlich Pyruvatkinase zwecks

Energie-(ATP-)erzeugung. Als Substrate für diese Enzyme wurden alle 20 Aminosäuren, die in Proteinen gewöhnlich vorkommen, alle vier Ribonucleosiddiphosphate, Phosphoenolpyruvat und ATP zugefügt. Daß es einfacher nicht geht, wird niemanden wundern, der mit den Ergebnissen der Biochemie aus den letzten Jahren vertraut ist.

Seit man Möglichkeiten fand, die Biosynthese spezifischen Phagenproteins von der typischer Phagen-DNS direkt in infizierten Zellen zu dissoziieren, d. h. beide unabhängig voneinander ablaufen zu lassen (vgl. Fortschr. Bot. **19**), interessiert natürlich besonders die Frage, ob die z. B. unter Chloramphenicol in der T 2-infizierten Zelle angehäufte, oxymethylcytosin-haltige DNS auch schon volle genetische Spezifität besitzt, also wirklich nur noch mit entsprechenden Proteinhüllen versehen werden muß, um komplette, vermehrungsfähige T 2-Teilchen zu liefern. Andernfalls wäre eine echte Dissoziation der beiden Hauptprozesse der Virussynthese nicht erreicht und die „Chloramphenicol-DNS" ziemlich uninteressant. Da der direkte Weg — Isolierung der angehäuften DNS und Prüfung auf Infektiosität —, wie eben besprochen, noch ungangbar ist, bleiben leider wiederum nur methodische Umwege, einer eindeutigen Antwort näher zukommen. So konnte TOMIZAWA zeigen, daß T 2-infizierte Colizellen, die unter Chloramphenicol präsumptive T 2-DNS angehäuft haben, nach Bestrahlung mit UV (und anschließender Beseitigung des Antibioticums, um die Proteinsynthese wieder in Gang zu bringen) einen gewissen Prozentsatz vermehrungsunfähiger, im übrigen aber kompletter T 2-Teilchen entlassen. Die intracellulär angehäufte, nackte DNS ist also ebenso wie DNS in fertigen Phagenteilchen durch UV inaktivierbar, und sie wird auch in UV-geschädigtem Zustand vom Reifungsmechanismus noch in normale Hüllen verpackt. Die Anzahl der produzierten, inaktiven T 2-Teilchen ist proportional zur Menge DNS, die im Augenblick der Bestrahlung akkumuliert war, woraus u. a. hervorgeht, daß die UV-Läsionen weder kopiert noch repariert werden und daß die Chloramphenicol-DNS vor ihrem Einbau in Hüllen kaum noch einmal gründlich umgebaut werden dürfte. Mit anderen Worten: sie besitzt bereits genetische Spezifität. Dieser Schluß erfährt eine weitere Stütze durch den Nachweis, daß die Art der UV-Läsionen in direkt mit UV-bestrahlten, normalen T 2-Teilchen dieselbe ist wie in Teilchen, die auf die eben geschilderte Weise DNS mitbekamen, die bereits vor ihrer Umhüllung UV-Treffer erhielt.

Obwohl diese Ergebnisse recht klar erscheinen, stieß TOMIZAWA bei seinen sehr eingehenden und vielseitigen Experimenten doch auf ein merkwürdiges Paradoxon. Zum besseren Verständnis muß zuvor bemerkt werden, daß Zellen, die unter Chloramphenicol T 2-DNS angehäuft haben, natürlich auch nach dessen Beseitigung fortfahren, bis zur Lyse T 2-DNS zu synthetisieren. Dies gibt die Möglichkeit, bestrahlte und unbestrahlte DNS nicht nur funktionell, sondern auch noch „materiell" zu unterscheiden, und zwar durch differentielle Markierung mit P^{32}. Selektiv bestrahlt werden kann selbstverständlich immer nur die unter Chloramphenicol akkumulierte, nicht die später nachsynthetisierte DNS. Mit P^{32} markieren aber kann man willkürlich die eine oder die andere.

Wenn es nun also stimmt, daß von der bestrahlten Zelle entlassene inaktive T 2-Teilchen deshalb inaktiv sind, weil in sie DNS mit UV-Treffern eingebaut wurde, müßte in ihnen auch mit P^{32} als bestrahlt kenntlich gemachte DNS-Materie stark angereichert enthalten sein. Dies ist aber keineswegs der Fall. Phosphor aus bestrahlter DNS findet sich ebenso in aktiven wie in inaktiven T 2-Teilchen, und dasselbe gilt für Phosphor aus unbestrahlter DNS.

Unter Berücksichtigung der zuvor gezogenen Schlüsse bleibt vorläufig nichts anderes übrig als anzunehmen, daß T 2-Teilchen stets zwei Arten von DNS enthalten. Die eine Art ist UV-unempfindlich, die andere ist empfindlich. Sie werden nebeneinander synthetisiert, sind aber doch voneinander trennbar, denn bei TOMIZAWAs Experimenten tritt offensichtlich bereits vor oder spätestens während der Verpackung eine Mischung zwischen bestrahlter und unbestrahlter (bzw. früh oder spät synthetisierter) DNS ein, und jedes Phagenteilchen kann aus dieser Mischung sowohl ein Stück bestrahlter als auch ein Stück unbestrahlter DNS erhalten. Gehört das bestrahlte Stück zum UV-empfindlichen Typ und enthält es einen Treffer, dann (und nur dann) ist das Teilchen vermehrungsunfähig. Transferexperimente mit T 2-Teilchen, die ein Stück markierter, aber nicht bestrahlter DNS enthalten, und mit solchen, die ein Stück markierter, bestrahlter DNS enthalten, machen es sehr wahrscheinlich, daß die beiden Arten von DNS bei ihrer Vermischung im selben Phagenkopf ihre Identität behalten und in einem anschließenden Vermehrungscyclus wieder auseinandersortiert werden. Experimente von LEVINTHAL sowie STENT et al. (vgl. Fortschr. Bot. **19**), die nach Methodik und Fragestellung ganz anders geartet waren, erbrachten ebenfalls deutliche Hinweise auf das Vorhandensein zweier unterscheidbarer Arten von DNS im T 2-Teilchen, die an Cellulose-Histon-Säulen anscheinend sogar separierbar sind (BROWN et al.). Die angestrebte Aufklärung der Reproduktionsmechanismen wird durch diese unerwarteten Befunde wahrlich nicht erleichtert.

Daß unter Chloramphenicol keine abnormale T 2-DNS akkumuliert wird, geht endlich auch noch daraus hervor, daß die Bildung genetischer Rekombinanten keineswegs unterdrückt wird. Sie entstehen vielmehr mit ganz normaler Häufigkeit und sind offenbar schon in der Chloramphenicol-DNS enthalten (HERSHEY, BURGI und STREISINGER).

KELLENBERGER, RYTER u. SÉCHAUD haben Fixationsmethoden entwickelt, die es gestatten, intracellulär angehäufte Phagen-DNS elektronenmikroskopisch so abzubilden, daß Artefakte mit ziemlicher Sicherheit endlich ausgeschlossen sind. Danach stellt sich der pool von Phagen-DNS (mit oder ohne Chloramphenicol) ebenso dar wie das Nucleoid uninfizierter Bakterien, nämlich als ein kontrastarmes Netzwerk feinster Fäden von 30—60 Å Durchmesser. Reife Phagenteilchen erscheinen nach entsprechender Zeit mitten in diesem Netzwerk als wesentlich kontrastreichere, typisch hexagonale Gebilde. Wie es zur Verdichtung der DNS des Reticulums überall dort kommt, wo ein Phagenkopf gebildet wird, wäre interessant zu wissen. KELLENBERGER stellt hierzu einige Überlegungen an.

Ein Weg, Nucleotidsequenzen in Nucleinsäurefäden mit chemischen Methoden direkt zu bestimmen, ist noch immer nicht gefunden worden. Dafür ermöglicht aber die Methode von BENZER (vgl. Fortschr. Bot. **19**), die in ihrer theoretischen und praktischen Bedeutung für die gesamte Genetik gar nicht genug hervorgehoben werden kann, bei rein genetischen Experimenten mit Phagen ein Auflösungsvermögen zu erreichen, das direkt bis zur natürlichen Grenze der Unterteilbarkeit der Erbsubstanz hinabreicht, d. h. bis zum einzelnen Nucleotid und seinen unmittelbaren Nachbarn. Mit dieser Technik gelang BENZER und FREESE der Nachweis, daß unter spontan auftretenden T 4-Mutanten vom Typ r II gehäuft solche vorkommen, die eine Änderung ihrer genetischen Struktur in einem ganz bestimmten von zahlreichen möglichen Mikrobereichen erfahren haben, deren Änderung immer zum selben Phänotyp führt, da sie alle im gleichen „Cistron" liegen. Auch mit 5-Bromuracil — oder anderen Mutagenen (BENZER, persönl. Mitt.) — induzierte r II-Mutanten zeigten diesen Effekt, aber die Häufungsstellen ("hot spots") sind jedesmal an anderen Punkten lokalisiert. Offensichtlich hat also die jeweilige lokale, mikromolekulare Konfiguration innerhalb des DNS-Fadens einen entscheidenden Einfluß darauf, ob an dieser Stelle unter den gegebenen Bedingungen bevorzugt mutative Änderungen auftreten können oder nicht. Ohne das hohe Auflösungsvermögen der angewandten genetischen Technik hätte man von solchen spezifischen Effekten nichts bemerkt, sondern wie gewöhnlich nur eine allgemeine Erhöhung der Häufigkeit eines grob phänotypisch definierten Mutantentyps, der auch spontan auftritt, unter dem Einfluß der verwendeten Mutagene konstatieren können. Es eröffnet sich hier also ein Weg, DNS-Feinstrukturanalyse mit rein genetischen Mitteln zu betreiben und vielleicht sogar bestimmte Nucleotide oder kleinere Sequenzen von solchen im DNS-Molekül exakt zu lokalisieren, wenn, wie z. B. im Falle des Bromuracils, der unmittelbare Effekt des verwendeten Mutagens bekannt ist. 5-Bromuracil wird einfach anstelle von Thymin in das DNS-Molekül eingebaut und macht so offenbar den DNS-Code über ziemlich ausgedehnte Bereiche hinweg „unleserlich".

Wenn man will, kann man dieser neuesten Entwicklungsstufe der Phagengenetik deren klassische Form gegenüberstellen, die bekanntlich reine Populationsgenetik ist und von VISKONTI und DELBRÜCK ihre mathematische Grundlage erhielt. Diese erwies sich jedoch als zu eng wegen der expliziten Annahme von Paarungen (im wörtlichen Sinne) zwischen vegetativen Elternteilchen (DNS-Fäden), wobei Rekombinanten durch Bruch und kreuzweise Wiedervereinigung erzeugt werden sollten.

Beide Voraussetzungen können mittlerweile als experimentell widerlegt gelten. BRESCH und STARLINGER haben daher die Mathematik der Phagenpopulationsgenetik unter Weglassen der erwähnten Restriktionen neu bearbeitet und ihr allgemeingültige Form verliehen (s. a. BRESCH). Dies hat freilich zur Folge, daß nun alle möglichen Modelle des Replikations- und Rekombinationsmechanismus gleichberechtigt zugelassen sind, ohne daß die generalisierte Theorie unter ihnen zu unterscheiden vermöchte. Ursprünglich hatte man gehofft, durch populationsgenetische

Analysen auf dem Umweg über eine Klärung des Rekombinationsmechanismus auch den zweifellos aufs engste mit ihm verknüpften Reproduktionsmechanismus für genetisch spezifische DNS erfassen zu können. Jetzt zeigt sich, daß dies nur auf anderen Wegen möglich sein wird, z. B., wie man hofft, durch weitere genetische Bearbeitung der Phagenheterozygoten (EDGAR; TRAUTNER) und durch Aufklärung des merkwürdigen Phänomens der negativen Interferenz, die bei sehr nahe benachbarten Loci unwahrscheinlich hohe Grade erreichen kann (CHASE u. DOERMANN). Negative Interferenz wurde nicht nur bei Kreuzungen zwischen Phagen, sondern auch bei echten, sogar höheren, Organismen beobachtet, scheint also ein genetischer Effekt von prinzipieller Bedeutung zu sein.

Ganz neuartige Aspekte und eine wesentliche Erweiterung ihrer allgemeinbiologischen Bedeutung gewinnt die Phagengenetik durch ihre immer enger werdende Verschmelzung mit der Bakteriengenetik. Lysogenese und Transduktion sind die Schlüsselphänomene. Es hat sich mittlerweile herausgestellt, daß auch Prophagen als solche transduziert werden können (JACOB; LENNOX), d. h. sich selbst in dieser Beziehung wie ein integraler Bestandteil des Bakteriengenoms verhalten. Phagenteilchen, die Elemente des Genoms ihrer Wirtszelle mitführen, sind aber oft, wenn nicht stets, in bezug auf ihr eigenes Genom defekt (ARBER) oder enthalten womöglich überhaupt nichts davon (STARLINGER; ADAMS u. LURIA).

„Temperiert" hießen bisher solche Phagen, die ihre Wirtszelle zu lysogenisieren vermögen. Dieser Begriff erfuhr jedoch eine starke und sehr aufschlußreiche Relativierung durch den Befund, daß zwei Phagentypen, deren jeder für die Wirtszelle virulent ist, in Mischinfektion so kooperieren können, daß die Zelle nicht lysiert, sondern lysogenisiert wird. Sie und ihre Nachkommen enthalten dann einen der beiden virulenten Phagen oder sogar beide als Prophagen (LEVINE; KAISER). Offenbar erfordert eine erfolgreiche Lysogenisierung grundsätzlich mehrere einleitende Schritte, deren jeder von einem besonderen Cistron im Genom des infizierenden Phagenteilchens dirigiert wird. Ist auch nur eines dieser Cistrons durch Mutation außer Funktion gesetzt, kann keine Lysogenisierung der Zelle, sondern nur noch vegetative Vermehrung des betreffenden Phagentyps erfolgen — es sei denn, das benötigte Cistron wird durch ein weiteres, die Zelle gleichzeitig infizierendes Phagenteilchen beigesteuert, das dafür ruhig seinerseits ebenfalls ein defektes Cistron haben darf, wenn es nur nicht dasselbe ist wie beim Partner. Die Situation entspricht also ganz der, die BENZER (vgl. Fortschr. Bot. **19**) bei den T 4 r II-Mutanten und *E. coli* K 12 (λ) vorfand und die ihn zur Prägung der überaus klärend wirkenden Begriffe Cistron, Muton und Recon veranlaßte.

Ein weiterer, neuartiger genetischer Terminus wurde in entsprechender Absicht von JACOB u. WOLLMAN vorgeschlagen und wird sich vielleicht als brauchbar erweisen. Sie nennen *Episom* alle akzessorischen genetischen Elemente, die, wie z. B. temperierte Phagen, einer Zelle gewisse erbliche Eigenschaften verleihen können und die in der Zelle in zwei sich gegenseitig ausschließenden Zuständen zu existieren pflegen:

entweder an deren Genom in strenger oder variabler Lokalisation fixiert oder aber gänzlich unabhängig, wobei es dann zu ihrer ungehemmten Vermehrung kommen kann. Weitere Beispiele sind die genetischen Determinanten für die Synthese von Colicinen (ALFÖLDI, JACOB, WOLL-MAN u. MAZE) und der Sexualfaktor F bei *E. coli* (WOLLMAN u. JACOB), und es ist nicht ausgeschlossen, daß auch viele Fälle scheinbar cytoplasmatischer Vererbung bei höheren Organismen auf die Gegenwart „episomaler" Elemente zurückzuführen sind, die sich mit den üblichen genetischen Methoden oft nicht lokalisieren lassen.

Damit sind die meisten, dem Referenten wesentlich erscheinenden Punkte, die die Entwicklungslinie der Phagenforschung in den letzten beiden Jahren bestimmten, wenigstens kurz berührt. Angaben über zusammenfassende Referate, die bestimmte Teilgebiete ausführlicher behandeln, finden sich bei WEIDEL.

Literatur.

ADAMS, J. N., and S. E. LURIA: Proc. nat. Acad. Sci. (Wash.) **44**, 590—594 (1958). — ALFÖLDI, L., F. JACOB, E. L. WOLLMAN et R. MAZE: C. R. Acad. Sci. (Paris) **246**, 3531—3533 (1958). — AMES, B. N., D. T. DUBIN and S. M. ROSENTHAL: Science **127**, 814—815 (1958). — ARBER, W.: Arch. Sci. (Soc. de Physique et d'Histoire Naturelle de Genève) **11**, 259—338 (1958).

BENZER, S., and E. FREESE: Proc. nat. Acad. Sci. (Wash.) **44**, 112—119 (1958). — BRENNER, S.: 4. Int. Kongr. f. Elektronenmikroskopie, Berlin 1958 (Vorträge im Druck). — BRESCH, C.: Arch. Mikrobiol. **31**, 3—10 (1958). — BRESCH, C., u. P. STARLINGER: Z. Vererbungslehre **89**, 459—468 (1958). — BROWN, G. L., and A. V. BROWN: Symp. Soc. exp. Biol. **12**, 6—30 (1958). — BROWN, G. L., and A. V. MARTIN: Nature (Lond.) **176**, 971—972 (1956).

CHASE, M., and A. H. DOERMANN: Genetics **43**, 332—353 (1957).

EDGAR, R. S.: Genetics **43**, 235—248 (1958).

FRASER, D., H. R. MAHLER, A. L. SHUG and CH. A. THOMAS jr.: Proc. nat. Acad. Sci. (Wash.) **43**, 939—947 (1957).

GOLOMB, S. W., L. R. WELCH and M. DELBRÜCK: Biol. Medd. Dan. Vid. Selsk. **23**, no. 9 (1958).

HERSHEY, A. D.: Virology **4**, 237—264 (1957). — HERSHEY, A. D., E. BURGI and G. STREISINGER: Virology **6**, 287—288 (1958).

JACOB, F.: Virology **1**, 207—220 (1955). — JACOB, F., et E. L. WOLLMAN: C. R. Acad. Sci. (Paris) **247**, 154—156 (1958). — JESAITIS, M. A.: J. exp. Med. **106**, 233—246 (1957).

KAISER, A. D.: Virology **3**, 42—61 (1957). — KELLENBERGER, E.: 9. Symp. Soc. Gen. Microbiol. (A. ISAACS and B. W. LACEY ed.) Cambridge: University Press 1959. — KELLENBERGER, E., A. RYTER and J. SÉCHAUD: J. biophys. biochem. Cytol. **4**, 671—678 (1958). — KOZLOFF, L.: IV. Int. Kongr. f. Biochemie. Wien 1958 (Vorträge im Druck).

LANNI, F.: Science **128**, 839—840 (1958). — LENNOX, E. S.: Virology **1**, 190 bis 206 (1955). — LEVINE, L., J. L. BARLOW and H. V. VUNAKIS: Virology **6**, 702—717 (1958). — LEVINE, M.: Genetics **40**, 582 (1955). — LEVINE, M.: Virology **3**, 22—41 (1957). — LOEB, M. R., and S. S. COHEN: J. biol. Chem. **234**, 364—369 (1959).

SINSHEIMER, R. L.: Proc. nat. Acad. Sci. (Wash.) **42**, 502—504 (1956). — SPIZZIZEN, J.: Proc. nat. Acad. Sci. (Wash.) **43**, 694—701 (1957). — STARLINGER, P.: Z. Naturforsch. **13** b, 489—493 (1958). — STREISINGER, G.: Virology **2**, 377 bis 387 (1956). — STREISINGER, G., and J. WEIGLE: Proc. nat. Acad. Sci. (Wash.) **42**, 504—510 (1956).

TOMIZAWA, J.: Virology **6**, 55—80 (1958). — TRAUTNER, TH. A.: Z. Vererbungslehre **89**, 264—271 (1958).

WEIDEL, W.: Ann. Rev. Microbiol. **12**, 27—48 (1958). — WEIDEL, W., u. J. PRIMOSIGH: Z. Naturforsch. **12** b, 421—427 (1957). — WOLLMAN, E. L., et F. JACOB: C. R. Acad. Sci. (Paris) **247**, 536—539 (1958).

ZINDER, N. D., and W. F. ARNDT: Proc. nat. Acad. Sci. (Wash.) **42**, 586 (1956).

D. Physiologie der Organbildung.

18. Vererbung.

a) Genetik der Mikroorganismen.

Von Reinhard W. Kaplan, Frankfurt/Main.

Der Beitrag folgt in Band XXII.

b) Genetik der Samenpflanzen.

Von Cornelia Harte, Köln.

A. Allgemeine Fragen.

In den Nachrufen für zwei Genetiker, die in den letzten Jahren verstorben sind, sind neben den Lebensdaten dieser Forscher auch manche Anhaltspunkte für den Einfluß, den sie auf die Entwicklung der Genetik gehabt haben, zu finden. Zu nennen sind: Bradley Moore Davis [Cleland (1, 2, 3)] und Lewis John Stadler [Rhoades (1, 2)].

Eine Übersicht über neue Forschungen in bestimmten Instituten und die Fortschritte, die dort im letzten Jahre erzielt wurden, geben die Jahresberichte (John Innes Horticultural Institution, 49. Jahresbericht; National Institute of Genetics Japan, Jahresbericht Nr. 8). Im Wheat Information Service werden in kurzen Mitteilungen die Ergebnisse der genetischen Forschung am Weizen dargelegt, wobei hier besondere Untersuchungen zur Mutationsauslösung und Genwirkung zu nennen sind.

Die Frage der Herstellung vegetativer Bastarde wird wiederum erfolglos angegangen. Eine vegetative Annäherung durch Pfropfung, die angeblich die Kreuzungsfähigkeit der Partner erhöhen soll, wurde zwischen *Lycopersicon esculentum* und *L. hirsutum*, bzw. *L. peruvianum*, nicht festgestellt [Günther (2)]. Die F_1 und F_2 von *Solanum nigrum-Lycopersicon*-Chimären zeigt keine Übertragung von Genen zwischen diesen Arten. In den Chimären erfolgt also keine vegetative Hybridisierung [Günther (1)].

B. Qualitative Merkmale.

1. Genanalysen.

a) Morphologische Merkmale. Ein Teil der genetischen Forschung beschäftigt sich mit dem Nachweis der erblichen Grundlagen von Unterschieden der Merkmalsausprägung und der Zuordnung dieser Gene zu bekannten Koppelungsgruppen. Zunächst seien einige Arbeiten erwähnt, die sich mit einer veränderten Ausbildung der Sproßachse und des Verzweigungssystems befassen.

Die im Sortiment in Gatersleben vorhandenen morphologischen Gerstenmutanten werden ausführlich beschrieben und in das morphologische System als „Linien" gleichwertig mit den „Sorten" eingeordnet (SCHOLZ u. LEHMANN). Bei der Baumwolle zeigt sich an den Nachkommen einer Kreuzung zwischen *Gossypium herbaceum* und *G. anomalum*, daß der sympodiale Wuchs durch ein recessives Gen (dominant = monopodial) bestimmt ist und durch weitere Gene modifiziert werden kann (BHAT u. PATEL). Die Dreiwirteligkeit von *Epilobium trigonum* ist monogen bedingt und in Artkreuzungen dominant über die Zweiwirteligkeit anderer Arten. Das Merkmal ist sehr umweltlabil und kann durch Ernährungseinflüsse stark variiert werden (BRAUN).

Die Dornenlosigkeit bestimmter Brombeersorten (Merton thornless) ist durch ein einziges recessives Gen mit tetrasomer Spaltung bedingt (SCOTT, DARROW u. INK).

Bei *Pisum* wird eine neue monogene Mutante, *inflorescentia conversa (inc)* beschrieben und in ihrer morphologischen Ausbildung untersucht. Die Koppelungsuntersuchungen deuten auf eine Lokalisation im Chromosom II. Das Sproßwachstum ist normal. Es entstehen anstelle der Inflorescenz normale Seitensprosse, die an den äußersten Enden einige Blüten tragen. Das Gen wirkt pleiotrop. Die Blättchen sind alle tütenförmig verbildet und die Stipeln stark asymmetrisch [LAMPRECHT (6)]. Eine weitere Mutante, die monogen die Stammverzweigung beeinflußt (*fruticosa*), wirkt ebenfalls pleiotrop auf eine Anzahl quantitativer Merkmale ein, die morphologisch nicht direkt mit der Stammverzweigung zusammenhängen, wie Pflanzenhöhe, Internodienzahl bis zur 1. Inflorescenz, Hülsenlänge usw. [LAMPRECHT (8)]. Die Form *aphyllus* bei *Phaseolus vulgaris* trat als Mutante sowohl spontan wie nach Röntgenbestrahlung auf. Die völlig sterilen Recessiven sind dadurch charakterisiert, daß sie nach den Primärblättern keine normalen Blätter mehr ausbilden, sondern sich aus den Achselknospen der Kotyledonen und sehr kleiner einfacher Blätter stark verzweigen und viele abnorme Inflorescenzen bilden. Bei den Nachkommen von mehrfach heterozygoten Bastarden konnte keine Koppelung von *aphyllus* mit den Testloci Lo, Y, P und V gefunden werden [LAMPRECHT (5)].

Daß auch bei tetraploiden Formen monogene Erbgänge vorkommen können, wurde von SHARMAN an Kreuzungen von durum-Weizen gezeigt.

Zum erstenmal liegen Beobachtungen vor über die Vererbung anatomischer Merkmale. Beim Mais wurde ein Allel *wi* nachgewiesen, das eine unternormale Ausbildung der Wasserleitungsbahnen bedingt. Hierdurch tritt trotz guter Wasserversorgung der Pflanze eine Störung im Wasserhaushalt auf, die zu chronischen Welkeerscheinungen führt. Trotzdem sind die Aufnahme und der Transport von P und Ca in der Pflanze normal (POSTLETHWAIT u. NELSON). Bei Pappeln ergab die Untersuchung holzanatomischer Merkmale bei Artbastarden, daß die Weite der Frühjahrstracheen genetisch durch ein Majorgen bedingt ist, für das die Balsampappeln (Sec. *Tacamahaca*) dominant sind gegenüber den Schwarzpappeln (Sec. *Aigeiros*) (MEYER-UHLENRIED). Die Weichstengeligkeit von *Sorghum* ist monogen recessiv gegenüber der Ausbildung steifer Stengel (COLEMAN u. STOKES).

Die Ausbildung der Blattorgane wird mehrfach bearbeitet. Die Blattform in der Gattung *Lactuca* ist bestimmt durch eine Serie von drei Allelen (eichenblättrig, gelappt und nicht gelappt), wie an einem umfangreichen Kreuzungsmaterial von *L. sativa, seriolla* und *altaica* nachgewiesen werden konnte. Die Spaltungszahlen sind häufig stark von der Erwartung bei monogener Spaltung abweichend. Da sich Ausfälle nach der Zygotenbildung durch selektives Absterben einzelner Genotypen ausschließen ließen, muß hierfür eine genotypisch bedingte

Störung bei der Gametenbildung oder der Befruchtung verantwortlich sein. Es ist dabei wahrscheinlich, daß Gene an anderen Loci bestimmen, in welchem Verhältnis die Allele des U-Locus bei der Befruchtung funktionieren (LINDQUIST).

Gekräuselte Blättchen können bei *Pisum* durch drei Gene hervorgerufen werden [LAMPRECHT (3)]. Für das Merkmal *obscuratum* bei *Pisum* (Ausbreitung der violetten Farbe auf der Samenschale) konnte die genetische Grundlage endlich geklärt werden. Es ist nur ein Gen dafür verantwortlich, das aber sehr starke Manifestationsschwankungen unter verschiedenen Umwelteinflüssen aufweist [LAMPRECHT(4)].

Über die Genetik der Formbildung im Bereich der Blüte liegen eine Reihe von Untersuchungen vor. Bei mehreren Arten von Cruciferen (*Brassica napus, Rhaphanus sativus* und *Matthiola bicornis*) wurden Pflanzen mit gespaltenen Petalen beobachtet. Bei *Brassica napus* und *Rhaphanus sativus* wurde die Vererbung dieses Merkmals näher untersucht. Es zeigt sich, daß ein dominantes Gen mit wechselnder Penetranz in Homo- und Heterozygoten die Anomalie verursacht. Die Penetranz wird genetisch durch zusätzliche Gene bedingt, denn es kommen Familien mit hoher und niedriger Rate der Abweichungen vor. Außerdem besteht innerhalb jeder Familie eine deutliche Beziehung zwischen der Rate der abweichenden Blüten an den einzelnen Pflanzen und dem Prozentsatz der Pflanzen, die überhaupt Abweichungen zeigen. Es ist zu vermuten, daß das Hauptgen und die Modifikatoren auf die Produktion eines Stoffes einwirken, der für die Differenzierung der Blütenblätter verantwortlich ist (PALMER). Ein morphologisches Merkmal beim Sprossen-Broccoli, die Persistenz der Sepalen, wird monogen-recessiv bestimmt, wobei dieser locus *Ps* mit *S* gekoppelt ist. Die Heterozygoten sind stark variabel, was auf modifizierende Gene oder Umweltfaktoren zurückzuführen ist [SAMPSON (1)]. Für *Vicia faba* wird eine Komplexmutante beschrieben, bei der sowohl Blätter wie Blüten beeinflußt sind. In der F_2 nach Kreuzung mit der Normalform treten keine Pflanzen auf, bei denen nur die Blätter oder nur die Blüten den neuen Phänotyp zeigen. Dies deutet auf ein Gen mit pleiotroper Wirksamkeit (GOTTSCHALK). Es ist nicht nötig, hier einen komplizierten Wirkungsmechanismus des Gens zu postulieren, wenn man annimmt, daß die Mutation ganz allgemein die Ausbildung von Blattorganen, zu denen auch die Blütenblätter gehören, verändert.

LAMPRECHT (7) gibt eine zusammenfassende Übersicht über eine sehr große Anzahl von Genen bei Leguminosen (*Pisum, Phaseolus, Vicia*), die eine Störung der Fortpflanzung auf verschiedene Weise bewirken durch Reduktion ganzer Pflanzenteile, durch Umwandlung von Blüten und Inflorescenzen und durch Mutation der vom Verfasser sog. interspezifischen Gene. Die Beobachtungen an diesen Mutanten werden so gedeutet, daß ein vegetativ-florales Gensystem besteht, das für eine normale Ausbildung der Pflanzen verantwortlich ist. Durch eine Mutation eines dieser Gene, die die Umwandlung vegetativer Teile in funktionstaugliche florale bewirken, zu einem artfremden Allel wird das Zusammenwirken gestört, was zur Sterilität führt. Diese Mutationen der interspezifischen Gene sollen zunächst die für die Reproduktion der Gene erforderlichen Stoffe, die Progene, betreffen, durch die erst sekundär das neue Allel auftritt. Dieser Deutung der Befunde durch den Verfasser werden nicht alle zustimmen können, was aber den Wert der Zusammenstellung für die Beschreibung der morphologischen Wirkung vieler Gene nicht beeinträchtigt.

b) Physiologische Merkmale. Die Genetik physiologischer Merkmale wurde wie früher vorwiegend an Farbstoffen und einigen anderen Inhaltsstoffen bearbeitet. Bei *Petunia* wurden 14 Gene für die Ausbildung der Blütenfarben und der Pollenfärbung ermittelt. Für einige der Pollenfarbgene wurden Dominanz- und Koppelungsverhältnisse bestimmt. Unter den 14 Genen gibt es solche, die auf die Farbstoffklassen einwirken, andere, die die Ausbildung von Farbstoffgruppen innerhalb der Pigmentklassen beeinflussen, und schließlich Gene für die Entstehung einzelner Pigmente (MOSIG). Das Fehlen des Anthocyans auf Petalen und vegetativen Teilen bei *Hibiscus cannabinus* ist recessiv gegenüber Anthocyanbildung (JOYNER u. PATE). Trotz der Selbststerilität der Kirsche (*Prunus avium*) gelang es an einer großen Kreuzungsserie, die genetischen Grundlagen der Färbung von Fruchtfleisch und Schale zu klären. Die Farbe des Fruchtfleisches (Gelb-weiß : Rot) wird durch ein Gen bedingt mit Dominanz von Rot, während die Färbung der Fruchtschale durch ein Majorgen und ein modifizierendes Minorgen bedingt ist. Durch das Fehlen der Dominanz kommt hier jedem Genotyp ein Phänotyp zu, so daß durch die Vielzahl der Phänotypen zunächst eine quantitative Vererbung vorgetäuscht wurde (FOGLE).

Die Bildung eines wachsartigen Überzugs an den vegetativen Teilen von *Ricinus communis* wird durch ein Paar komplementärer Gene bedingt, wobei zur Bildung der Bereifung mindestens 1 dominantes Allel der beiden Gene vorhanden sein muß (ZIMMERMANN). Bei *Lupinus albus* wurde eine größere Anzahl von alkaloidarmen Stämmen untersucht. Es konnten vier Gene isoliert werden, die jeweils recessiv Alkaloidarmut bedingen. Das Vorhandensein von drei weiteren Faktoren ist wahrscheinlich (TROLL).

Die Cumarinbildung bei *Melilotus* wird durch zwei Gene bedingt. Bei Anwesenheit von C wird Cumarin gebildet, das zusammen mit B als freies Cumarin, mit b als gebundenes Cumarin auftritt. B wird nur in C-Pflanzen wirksam (GOPLEN, GREENSHIELDS und BAENZIGER). Obwohl an der monogenen Grundlage der Cumarinbildung (C/c) nicht gezweifelt werden kann, finden sich oft Heterozygote, in deren Nachkommenschaft gestörte Spaltungszahlen, insbesondere ein Defizit an Recessiven, auftreten. Hierbei ist jedoch bemerkenswert, daß der Faktor c aus Artkreuzungen mit *M. alba* stammt. Parallel zum Recessivenausfall für c findet sich in denselben Nachkommenschaften auch für andere Gene ein Defizit bestimmter Genotypen, wobei immer das Allel, das ursprünglich aus *M. alba* stammt, benachteiligt ist. Als Erklärung wird angenommen, daß sich über mehrere Rückkreuzungs- und Selbstungsgenerationen hin die Unverträglichkeit einzelner Gene in Artbastarden erhalten kann und Ursache für eine Gameten- oder Zygotenselektion ist, die zu gestörten Spaltungszahlen führt (BAENZIGER u. GREENSHIELDS).

c) Resistenz. Mit der Untersuchung der genetischen Grundlagen der Krankheitsresistenz befaßt sich sowohl wegen der theoretischen interessanten Ergebnisse wie wegen der praktischen Bedeutung wieder eine größere Anzahl von Arbeiten. Hier haben vor allem die Untersuchungen am Weizen auf Grund einer völlig neuen Methodik wichtige Einsichten in den genetischen Mechanismus der Resistenz gebracht. Durch die Verwendung von monosomen Linien des Chinese-Weizens von SEARS konnte für den kanadischen Weizen *Redman* ein vollständiges Monosomensortiment hergestellt werden, das für die genetische Analyse verschiedener Merkmale herangezogen werden kann. In bezug auf die Altersresistenz von *Redman* gegen Schwarzrost zeigt sich, daß die Chromosomen III, VIII und XIII komplementäre Gene für die Resistenz enthalten. In zwei weiteren Chromosomen sind ebenfalls komplementär wirkende Gene für die Hemmung der Grannenbildung enthalten (CAMPBELL u. McGINNIS). Die Analyse des Zusammenwirkens von Wirt, Parasit und Umwelt bei der Entstehung der Resistenz gegen Schwarzrostinfektion durch verschiedene Rassen dieses Pilzes wurde mit Hilfe der nullisomen Linien für die resistente Sorte *Red Egyptian* durchgeführt. Die drei Resistenzgene dieser Sorte sind in den Chromosomen VI, XIII und XX lokalisiert. Es wird immer nur eines dieser Gene gleichzeitig wirksam und ist dann für die Resistenzreaktion verantwortlich. Nur in wenigen Parasit-Umwelt-Kombinationen wirken zwei Gene direkt zusammen bei der Entstehung der Resistenz (LOEGERING u. GEIS). Die gleiche Methode der Chromosomensubstitution mit Hilfe der monosomen Linien zeigt für den Winterweizen *Thatcher*, daß dessen Gene für Anfälligkeit gegen Blattrost in 4 Chromosomen lokalisiert sind. Die Wirkung der Gene in den Chromosomen XXI und IX ist relativ unabhängig von der Umwelt (Prüfung in verschiedenen Jahren), während die Anfälligkeitsallele in den Chromosomen X und XII eine starke Wechselwirkung zwischen Gen und Umwelt erkennen lassen (UNRAU, KUSPIRA u. PETERSON).

Unter mehreren 1000 Gerstensorten fanden sich 75, die gegen die Netzfleckenkrankheit (hervorgerufen durch *Pyrenophora pteres*) resistent sind. Die Kreuzung mit anfälligen Sorten ergab, daß die Resistenz genetisch bedingt ist und auf der Grundlage von 3 Genen, von denen 2 eng gekoppelt sind, interpretiert werden kann (MODE u. SCHALLER). In Mutationsversuchen wurden bei Wintergerste weitere Mutanten gefunden, die eine Resistenz gegen Mehltau bedingen (NOWER u. BANDLOW).

Auch für Solanaceen und Leguminosen liegen einige Befunde vor. Die Resistenz von Solanum stoloniferum und den Bastarden mit S. tuberosum gegen Infektion von Virus y ist bedingt durch ein einziges Gen in 3 Allelen (resistent > hypersensitiv > anfällig). Innerhalb der 3 Phänotypen, die durch die Dominanzverhältnisse dieser 3 Allele möglich sind, wird die Reaktion durch polygene Systeme beeinflußt. Hierdurch kann aber keine Änderung des Reaktionstypus hervorgebracht werden (Ross). Bei Tomaten ist die Resistenz gegen Wurzelgallennematoden der Gattung *Meloidogyne* durch einen unvollständig dominanten Faktor bedingt (BARHAM u. WINSTEAD). Bei *Nicotiana tabacum* fanden sich 2 Stämme, die gegen das Tabakmosaikvirus resistent waren. Die genetische Analyse zeigt, daß in 2 Loci recessive, komplementär wirkende Allele die Resistenz hervorrufen (CAMERON). Bei Erbsen ist die Anfälligkeit gegen *Ascochyta pisi* in Kreuzungen zwischen einem resistenten Stamm Ottawa A 100 und der anfälligen Sorte Thomas Laxton durch 2 Gene bedingt, wobei nur die doppelt recessiven anfällig sind (LYALL u. WALLEN). In anderem Material muß jedoch noch ein weiteres Resistenzgen vorhanden sein, während die anfälligen Genotypen durch ein dominantes Allel eines 3. Gens überempfindlich werden und die dreifach recessiven extrem resistent sind (PETERSEN, RUDORF). Die Resistenz von *Phaseolus vulgaris* gegen Virusinfektionen ist durch das Zusammenwirken von 2 Genen bedingt; die doppelt Recessiven sind resistent.

d) Selbststerilität. Neue genetische Befunde über die gametophytische Selbstinkompatibilität liegen nur in geringem Umfang vor. Auch bei *Trifolium resupinatum* konnte die für andere *Trifolium*arten nachgewiesene gametophytische Selbststerilität bestätigt werden (BUTTENSCHÖN). Bei tetraploidem *Trifolium hybridum* ist, wie bei anderen Kleearten, die Selbststerilität teilweise aufgehoben, was darauf zurückgeführt wird, daß 2 verschiedenartige Allele im Pollen unter Umständen ihre Wirkung gegenseitig aufheben (BREWBAKER). Auch bei *Trifolium pratense* verschwindet durch Polyploidisierung die Selbststerilität weitgehend. Die Selbstfertilität der tetraploiden Pflanzen ist allerdings nur nach künstlicher Bestäubung feststellbar und zeigt eine erhebliche Variabilität (LACZYNSKA-HULEWICZOWA).

Der sporophytische Typ der Selbststerilität wurde an mehreren Objekten bearbeitet. Beim Roggen ist bereits früher das Bestehen eines digenen, gametophytisch wirkenden Inkompatibilitätssystems nachgewiesen. In erneuten Untersuchungen mit Inzuchtklonen konnte gezeigt werden, daß eine Übereinstimmung zwischen Griffel und Pollen in einem der beiden Loci keine Hemmung der Pollenschläuche zustande bringt gegenüber Pollenschläuchen, die in den Allelen beider Loci vom Griffel abweichen. Darüber hinaus ließ sich durch Untersuchung der vegetativen Entwicklung zeigen, daß eine Homozygotie in einem der beiden Loci keine Benachteiligung der betreffenden Genotypen zustande bringt. Die S-Allele haben demnach keine Wirkung auf die vegetative Entwicklung [LUNDQUIST (1)]. Es kommt eine Pseudo-Kompatibilität nach Selbstung vor, deren Ausmaß genetisch bedingt ist durch modifizierende Gene, die nicht mit dem S-Loci identisch sind. Am Z-Locus können außerdem Mutationen zu einem Selbstfertilitätsallel vorkommen, die nur die Pollenreaktion verändern, die Griffelreaktion aber unbeeinflußt lassen. Diese Beobachtung deutet auf eine komplexe Struktur des Z-Locus, wie sie auch für das S-Gen bei anderen selbststerilen Arten festgestellt wurde. Wahrscheinlich können ähnliche Selbstfertilitätsmutanten auch am S-Locus beim Roggen auftreten. Bei tetraploiden Pflanzen bleibt die Selbstinkompatibilität erhalten, im Gegensatz zu anderen selbststerilen Arten. Diese Beobachtung, verbunden mit dem häufigen Auftreten polyploider selbststeriler Arten unter den Gramineen, deutet darauf hin, daß ein grundsätzlicher Unterschied zwischen den monogenen und den digenen Systemen der Selbstinkompatibilität besteht [LUNDQUIST (2)].

In der Gattung *Lesquerella (Cruciferae)* ist ein System sporophytisch bestimmter Selbstinkompatibilität vorhanden. Wie in anderen Fällen wirken die Allele im Griffel unabhängig voneinander, während die Pollenreaktion durch Dominanz einzelner Allele gekennzeichnet ist [SAMPSON (2)]. Bei *Theobroma cacao* kommt eine digene, sporophytisch bedingte Selbststerilität vor. Der Reaktionsmechanismus unterscheidet sich wesentlich von den anderen bisher bekannten Selbstinkompatibilitäts-Erscheinungen. Durch histologische Untersuchung der Embryosäcke wurde festgestellt, daß das Pollenschlauchwachstum normal vor sich geht und daß auch die Befruchtung zustande kommt, aber die Verschmelzung der Gameten ist bei Selbstung z. T. gestört (COPE). An beiden beteiligten Loci sind auch unwirksame Allele bekannt, die homozygot selbstfertile Pflanzen ergeben.

Beim sporophytisch bedingten Typ der Selbstinkompatibilität wurde bisher angenommen, daß die Genwirkung vor der Meiosis liegt, so daß alle Gonen einer Tetrade dieselben Genwirkstoffe erhalten. Es ist aber auch eine andere Deutung möglich, nämlich eine sehr frühzeitige, sofort nach der zweiten meiotischen Kernteilung und noch vor der Zellteilung einsetzende Genaktivität. Dann erhalten ebenfalls alle 4 Zellen dieselben Wirkstoffe und reagieren daher einheitlich (PANDEY).

Besonderes Interesse fand die Frage nach der Evolution der verschiedenen genetischen Systeme der Selbstinkompatibilität. Das Verhalten der Selbstinkompatibilitätsgene in Kreuzungen zwischen selbstfertilen und selbststerilen Arten wurde von LEWIS u. CROWE untersucht. Allgemein läßt sich feststellen, daß sowohl bei gametophytischer als auch bei sporophytischer Selbststerilität die Pollenschläuche selbstfertiler Arten von den Griffeln der selbststerilen gehemmt werden, während umgekehrt ein Wachstum bis in den Fruchtknoten möglich ist. Es gibt einige Ausnahmen, aber diese beziehen sich alle auf Arten, die erst in phylogenetisch junger Zeit ihre Selbstfertilität aus einer ursprünglich selbststerilen Form entwickelt haben. Diese Entwicklung muß in zwei Mutationsschritten verlaufen sein, zuerst von SI (selbstinkompatibel) zu Sc (selbstkompatible Zwischenformen), dann weiter zu SC (echte selbstkompatible Arten). Dieser letzte Entwicklungsschritt ist wahrscheinlich in zwei getrennten Mutationsschritten vollzogen. Der Vergleich mit vielen anderen Befunden führt dabei zu interessanten Einblicken in die wahrscheinliche Entwicklungstendenz; und auch die Entstehung so komplizierter Mechanismen wie die konstante Heterozygotie vieler *Oenothera*-Arten findet eine einleuchtende Erklärung, wenn man annimmt, daß der erste Mutationsschritt bei der Differenzierung der Komplexe den S-Locus betraf und die Einbeziehung des S-Chromosoms in die Translokationsvorgänge zur ersten bleibenden Heterozygotie geführt hat. Diese letzteren Ansichten stimmen überein mit dem von STEINER durch Untersuchung der Selbststerilität in der Gattung *Oenothera* (Gruppe *biennis*-1) abgeleiteten. Diese von CLELAND und Mitarbeitern bereits früher gegebene Interpretation der Evolution in der Gattung *Oenothera* setzt voraus, daß einige der Ursprungsformen Selbststerilitätsallele enthalten haben, die z. T. heute noch in den komplexheterozygoten Arten wirksam sind. Die Nachprüfung ergab, daß in den α-Komplexen der *biennis*-1-Gruppe noch Allele für Selbstunverträglichkeit vorkommen, die für die Funktionslosigkeit der Pollen mit diesem Komplex verantwortlich sind, während die β-Komplexe inaktive Allele im S-Locus enthalten (STEINER; STEINER u. SCHULTZ).

In umfangreichen Untersuchungen wird die Klärung der Heterostylie bei Primula weitergeführt. Dabei wird gleichzeitig eine Übersicht über Wandlungen des Heterostylieproblems gegeben, verbunden mit einer Diskussion über die evolutionistische Bedeutung der homostylen Wildformen. Auch die bereits früher geäußerten Ansichten über den Feinbau des Heterostyliegens werden erneut im Zusammenhang mit den Befunden anderer Autoren dargestellt. Für die Heterostylie der Primeln wurde bereits seit langem von ERNST angenommen, daß diese durch zwei Mutationen aus selbststerilen, homomorphen Arten hervorgegangen sind. Durch weitere Mutationsschritte können wieder sekundär monomorphe Arten entstehen. In Bastardnachkommenschaften treten in geringer Häufigkeit Abweicher auf, die durch Mutation oder Austausch im komplexen Heterostyliegen erklärt werden können [ERNST (1, 2)]. Eine Untersuchung des Kreuzungsverhaltens der homostylen Pflanzen von *Primula vulgaris* ergab eindeutig, daß die Stellungsverhältnisse von Griffel und Anthere sich im Laufe der Entwicklung einer Blüte verändern und mit dem späten Zeitpunkt der Öffnung der Anthere dadurch auch hier die Möglichkeit einer Selbstbestäubung, die an sich gegeben wäre, vermindert wird und auch bei den homostylen Pflanzen Kreuzungen mit anderen Typen der gleichen Population stattfinden. Diese Beobachtung ist wichtig für die Dynamik der *Primula*-Populationen (BODMER).

e) Geschlechtsvererbung. Für den Vererbungsmodus der Monöcie-Diöcie ergaben sich bei einer Reihe von Objekten neue Befunde. Die F_1 der Artkreuzung *Carica monoica* × *cauliflora* ergibt eine Spaltung in monöcische und männliche Pflanzen. Danach läßt sich in den untersuchten Arten die Geschlechtsausprägung erklären durch 3 Allele eines Locus: M (♂) > m' (monöcisch) > m (♀). Die männlichen Pflanzen der diöcischen Art *C. cauliflora* sind dabei heterogametisch (SAWANT). Bei *Salvia nemorosa* ließ sich nachweisen, daß die Diöcie durch im Kern lokalisierte Gene gesteuert wird, wobei die ♀ heterozygot Ff, die Zwitter ff sind. Die Verschiebung zur Zwittrigkeit innerhalb der Population wird verhindert durch einen oder mehrere mit f gekoppelte Letalfaktoren und durch Pollensterilitätsgene, die die Fertilität der Zwitter herabsetzen (LINNERT). Für die Vererbung der Monöcie beim Hanf (*Cannabis sativa*) gibt KÖHLER eine neue Interpretation. Die Monöcisten sind ♀, die durch Wirkung von 2 additiv wirkenden Genen, die als schwache ♂-Realisatoren aufzufassen sind, umgewandelt werden. Beim Spinat ließ sich nachweisen, daß bei diöcischen Linien das Geschlecht durch einen XY-Mechanismus bedingt ist, der bei den Monöcisten ausgeschaltet wird. In der Geschlechtsdetermination kommt dem Y-Chromosom die größte Bedeutung zu. Pflanzen mit Y sind ♂, ohne Y ♀. Unter der Wirkung modifizierender Gene kommen jedoch ♀ vom Typ XY vor, denen YY — ♂ gegenüberstehen, so daß zusätzlich auch eine sekundäre Diöcie mit ♀ Heterogametie möglich ist. Die Geschlechtstypen der Monöcisten werden durch die geschlechtsentscheidenden Gene in den Autosomen und ihre Wechselwirkung mit den Genen in den Geschlechtschromosomen bestimmt (DRESSLER).

In Zwiebeln, Herkunft Türkei, (*Allium cepa*) wurden pollensterile Pflanzen festgestellt. Die Kreuzungsanalyse ergab, daß es sich um dasselbe Sterilitätsgen handelt, das bisher aus amerikanischen Zuchtsorten bekannt ist. Es besteht die gleiche Abhängigkeit der Wirkung vom Plasma, und der geprüfte türkische Stamm enthält die beiden verschiedenen Plasmone, die für die Realisation (S) und Nicht-Realisation (N) der durch *ms* bedingten Pollensterilität verantwortlich sind (DAVIS). Sowohl an deutschen wie an holländischen Zuchtsorten von *Allium cepa* konnten männlich-sterile Pflanzen gefunden werden, für die derselbe Vererbungs-mechanismus gegeben ist wie bei den schon früher untersuchten amerikanischen Sorten, nämlich ein recessives Sterilitätsallel, das mit einem besonderen Plasma zusammenwirkt (KUKABE, BANGA u. PETIET). Ein vergleichbarer Fall, bei dem Pollensterilität durch die kombinierte Wirkung bestimmter Gene und eines besonderen Plasmons entsteht, wurde bei *Capsicum* gefunden (A. PETERSON).

Für weitere Objekte liegen nur Einzelbeobachtungen vor. Die Analyse von teilweise apomiktischen *Potentilla*-Bastarden zeigt, daß die Fortpflanzungsweise wesentlich durch die Wirkung spezifischer Gene bedingt wird (MÜNTZING). Die Semisterilität der F_1 aus Kreuzungen zwischen verschiedenen Reissorten ist genetisch bedingt, meist durch Zusammenwirken mehrerer Loci (OKA).

2. Genwirkung.

Zur Genphysiologie sind zunächst zwei Arbeiten zu nennen, in denen Arbeitshypothesen zur Diskussion gestellt werden, die versuchen, im bisher noch unklaren Bereich der primären Genwirkung Anhaltspunkte für experimentelle Forschung zu finden und vor allem den Zusammenhang zwischen den Genen im Kern und der Wirkung über das Plasma zu klären. In einem Vortrag über Natur und Funktion der Gene wird von CATCHESIDE die Hypothese vorgetragen, daß die Gene ihre Wirksamkeit über Plasmide ausüben, die vom Kern in das Cytoplasma abgegeben werden und sich dort zu Wirkungsgruppen vereinigen können. In einer Zusammenfassung der bisherigen Kenntnisse über mutable Loci und das Auftreten transponierbarer extragenischer Einheiten untersucht BRINK (5) die Möglichkeiten, die sich aus diesen verlagerbaren Genbestandteilen für die Erklärung der Genwirkung ergeben.

An mehreren Objekten wurde untersucht, inwieweit sich Störungen der Morphogenese, insbesondere Zwergwuchs, durch Zufuhr von Wuchsstoffen beheben lassen, um daraus Rückschlüsse auf die Art des Funktionsausfalls der mutierten Allele zu ziehen. Bei Gerste wurden bisher 70 verschiedene *erectoides*-Mutanten bekannt, die auf mindesten 22 Loci verteilt sind. Morphologisch ist allen gegenüber der Normalform der niedrigere Wuchs und die geringere Länge der Internodien in der Rachis gemeinsam. Es muß also in den Pflanzen ein sehr komplexes System wirksam sein, das für die Internodienstreckung verantwortlich ist und durch die Mutationen an sehr verschiedenen Stellen gestört werden kann. Über den biochemischen Hintergrund dieser Störung wurde bisher nichts bekannt. Bei 6 *erectoides*-Mutanten der Sorte *Bonus* wurde versucht, ob durch Verwendung von Gibberellinsäure eine Normalisierung des Wachstums zu erreichen ist, wie dies früher beim Mais gelang. Alle Mutanten reagierten mit einer Verlängerung der Internodien in der Ähre, aber im übrigen war die Beeinflussung des Wachstums sehr verschiedenartig. Die einzelnen Loci müssen also sehr unterschiedlich wirken, wobei ein Defekt infolge Mutation nur bei einigen und nur zum Teil durch Gibberellinsäure ausgeglichen werden kann (STOY u. HAGBERG). Die Behandlung von *compactoid*-Weizen mit Gibberellinsäure zeigte keinen Einfluß (WRIGHT).

Bei *Pisum* sind eine ganze Reihe von Mutanten bekannt, die Zwerg- oder Riesenwuchs erzeugen. Einige davon lassen sich zu Serien multipler Allele anordnen. Bereits früher wurde festgestellt, daß sich einige davon durch den Gehalt an Wuchsstoffen und Katalase von der Normalform unterscheiden. Da andererseits einige Metalle, die an Enzyme gebunden werden, wachstumsfördernd wirken, wird die allgemeine Hypothese aufgestellt, daß die das Wachstum beeinflussenden Gene über das System der wuchsstoffhemmenden Enzyme wirken [v. ROSEN (2)]. Bei 2 Zwergmutanten von *Pisum* wurde versucht, durch Gibberellinsäure eine Normalisierung zu erzielen. Die homozygoten Mutanten sn und le reagieren stärker auf die Anwendung als die Normalform. Es ist wahrscheinlich, daß beide Gene in den Gibberellinsäurestoffwechsel eingreifen (BARBER, JACKSON, MURFET u. SPRENT).

Von einem ähnlichen Ansatzpunkt aus wurde *Arabidopsis* untersucht. Die Analyse von 11 letalen Mutanten zeigt, daß bei 5 davon durch Veränderung des Kulturmediums das Wachstum normalisiert werden kann. Die Embryonalentwicklung ist hier normal, weil die fehlenden Stoffe von der Mutterpflanze her geliefert werden. In anderen Fällen dagegen prägt sich die Mutation bereits am Embryo aus oder äußert sich nach der Keimung in einer Störung der Chloroplastenentwicklung und Chlorophyllbildung. Hier muß die Störung der Genfunktion von der Art sein, daß die Synthese hochmolekularer, nicht-diffundierender Stoffe gestört ist und so nicht durch Zufuhr von außen kompensiert werden kann (LANGRIDGE).

Bei *Allium cepa* wurde die Entwicklungsgeschichte der Antheren von männlich sterilen Pflanzen untersucht. Im Gegensatz zu den Verhältnissen bei anderen Pflanzen, die auf eine Fehlfunktion des Tapetums bei Pollensterilität deuteten, bleibt hier dieses Gewebe in der Anthere länger erhalten als bei den normalen. Es muß demnach angenommen werden, daß nach Beendigung der Meiosis eine wichtige Funktion des Tapetums ausfällt, die sowohl für die Weiterentwicklung der Pollen als auch für die Ausbildung der Faserschicht notwendig ist (KOKABE).

Bei der Baumwolle ließ sich ein interessanter Fall eines Zusammenwirkens verschiedener Gene analysieren. *rl* (roundleaf) ist recessiv, *fg* (frego bract) ist ebenfalls recessiv, wenn das Allel $+^{rl}$ vorhanden ist. Dagegen zeigt sich intermediäre Ausprägung, wenn Heterozygotie in *fg* mit Homozygotie in *rl* zusammentrifft. Die Wirkung der Allele des Locus *fg* wird demnach von *rl* beeinflußt [C. F. LEWIS (1)].

Besonderes Interesse fanden, wie immer, die genetisch gesteuerten Synthesegänge von Inhaltsstoffen unter verschiedenen Gesichtspunkten. In bezug auf Plastidenfarbstoffe liegen 3 Untersuchungen vor. Bei *Helianthus* wurde eine *albino*-Mutante gefunden, die völlig farbstofflos ist. Diese zeigt zugleich ein Fehlen der Samenruhe. Bei andern Mutanten, die noch Xanthophyll ausbilden, ist jedoch die Ruhepause erhalten, so daß die Veränderung der Samenruhe wohl sekundär durch das Fehlen der Carotinoide bedingt ist und nicht eine primäre Genwirkung darstellt (WALLACE u. HABERMANN). Die Untersuchung der Pigmente bei der braunen Normalform von *Neottia nidus avis* und einer weißen Abart zeigt, daß *Neottia* als eine Verlustmutante zu deuten ist, die die Fähigkeit zur Synthese von Chlorophyll b verloren hat und Chlorophyll a nur in einer maskierten Form besitzt. Die weiße Mutante hat jede Fähigkeit zur Farbstoffbildung verloren (REZNIK). Die Untersuchung von 2 Blattfarbmutanten von *Antirrhinum* zeigt, daß beide eine Labilität des Chlorophyllgehalts in Abhängigkeit von der Belichtung haben, aber in verschiedener Weise. Bei Verminderung der Lichtmenge reagiert *meline* mit einer Störung, *nitens* dagegen mit Vermehrung der Chlorophyllbildung, so daß die erstere Mutante in Schattenkultur, die letztere dagegen bei Freilandkultur letal wirkt [BERGFELD (2)].

Bei *Melilotus albus* wurde eine Reihe von bitterstoffarmen Mutanten gefunden, bei denen die Synthese des Cumarins an verschiedenen Stellen unterbrochen ist (SCHEIBE u. HÜLSMANN). Aus Bastardnachkommen aus *Melilotus albus* × *dentatus* konnten ebenfalls cumarinarme Pflanzen selektioniert werden. Wahrscheinlich liegt hier eine Allelenserie vor, in der die einzelnen Allele eine schrittweise Verminderung des Cumaringehalts bewirken (RUDORF u. SCHWARZE).

Für die Genphysiologie des Kohlenhydratstoffwechsels beim Mais liegt ein interessanter Befund vor. Beim normalen Mais besitzt die Stärke einen hohen Anteil an Amylopektin und wenig Amylose. Die Mutanten (Zuckermais), bei denen der Amyloseanteil erhöht ist, haben einen geringen Stärkegehalt. Bisher wurde angenommen, daß diese beiden Eigenschaften auf Grund der veränderten Kohlenhydratsynthese bei den Zuckermaissorten parallel beeinflußt werden. Es ließen sich jetzt an 2 Loci recessive Allele auffinden (ha$_1$ und ha$_2$), die bei Zuckermais die Stärkebildung vermehren, aber den hohen Amyloseanteil unverändert lassen (ZUBER, GROGAN, DEUTHERAGE, HUBBARD, SCHULZE u. McMASTERS).

Die Untersuchung der Blütenfarbstoffe ergab mehrere Parallelen zwischen verschiedenen Objekten. Eine Analyse der genetischen Grundlagen der Blütenfärbung bei *Impatiens balsamina* (DAVIS, TAYLOR u. ASH) zeigt, daß die Analyse der blassen Farbtönungen den Schlüssel zum Verständnis der komplizierten genetischen Zusammenhänge liefert. Es wirken mit: ein Grundgen W (weiß)/w (cremefarben), das den Hintergrund für die übrigen Farben liefert. Die beiden Gene H/h und L/l und die P-Serie mit 4 Allelen wirkt auf Menge und Art der gebildeten Anthocyane ein. Ein Modifikator Sc/sc wirkt nur in bestimmten Genotypen und bleibt in anderen unwirksam, auch wenn die Pflanze homozygot recessiv ist. Die chemische Analyse der Farbstoffe in den verschiedenen Genotypen (ALSTON u. HAGEN) weist eine auffallende Ähnlichkeit des Wirkungssystems dieser Gene mit dem von *Primula* auf. Vor allem durch die Einbeziehung der Leucoanthocyanine in die Untersuchung konnten weitere Zusammenhänge der Synthese der verschiedenen Farbstoffe und die wahrscheinlichen Angriffspunkte der einzelnen Gene aufgedeckt werden. Eine neue Untersuchung der Blütenfarbstoffe bei *Primulaceae*, insbesondere bei *Primula sinensis*, zeigt, daß die Anzahl der beteiligten Farbstoffe sowohl bei den Anthocyanen wie bei den Flavonoiden größer ist, als bisher angenommen wurde. Für einige konnte die genaue Formel gefunden werden, für andere mußten Korrekturen an den bisher angenommenen Formeln vorgenommen werden. Es ließ sich insbesondere nachweisen, daß in allen Genotypen keine Galaktoside, sondern ausschließlich Glucoside auftreten. Die Flavonoide stimmen in der Anordnung der Hydroxylgruppen überein, was eine Stütze für die Hypothese bedeutet, daß beide Farbstoffgruppen aus einer gemeinsamen Vorstufe entstehen und ihr Synthesegang erst sehr spät getrennt wird. Das Farbstoffmuster von vegetativen Teilen und Blüten unterscheidet sich bei einigen Genotypen, so daß angenommen werden muß, daß die Wirkung der in die Farbstoffsynthese eingreifenden Gene nicht in allen Geweben dieselbe ist [HARBORNE u. SHERRATT; SHERRATT (2); HARBORNE]. In einer mit modernen biochemischen Methoden durchgeführten Untersuchung der Blütenfarbstoffe bei *Antirrhinum* gelang es, bisher vorhandene Widersprüche aufzulösen und ein allgemeines Schema über die Entwicklung der Blütenfarbstoffe abzuleiten, soweit es die Aglycone betrifft. Das sehr komplizierte Muster der Glucoside konnte bisher noch nicht genetisch geklärt werden, so daß nur bekannt ist, daß bei *Antirrhinum* die Anthocyane nur in einer Glucosidform vorliegen, während die Flavonoide in mehreren Verbindungen gleichzeitig auftreten können [SHERRATT (1)].

C. Quantitative Merkmale.

1. Statistische Methoden.

Bei den Untersuchungen über quantitative Merkmale sind zunächst diejenigen zu nennen, die sich mit der Ausarbeitung der notwendigen statistischen Methoden befassen. Es werden zur Zeit dabei vorwiegend zwei Probleme bearbeitet: die Trennung der genetischen und der umweltbedingten Varianz, und die Zerlegung der ersteren in ihre Komponenten. Mit den Methoden zur Abschätzung des Anteils der genetischen Varianz an der Gesamtvariabilität quantitativer Merkmale befassen sich mehrere Autoren. Die Grundlage liefert die Methode der diallelen Kreuzungen, für die die theoretischen Grundlagen und die Analysengänge von HAYMAN (1) dargestellt werden. Anhand einiger Beispiele aus der Literatur wird zugleich die praktische Durchführung der Berechnungen gezeigt. Die Trennung der Epistasie (nicht-allele Wechselwirkungen) von der additiven und durch Dominanz bedingten genetischen Variabilität ist Gegenstand einer eigenen Untersuchung [HAYMAN (2)]. Die Bedeutung der diallelen Kreuzungen für die praktische Pflanzenzucht und die Vorteile und Grenzen ihrer Anwendung werden von GILBERT besprochen. Auch hier wird eine Reihe von Literaturbeispielen erneut nach den zuerst abgeleiteten Formeln durchgerechnet. Der Sonderfall der Bestimmung der genetischen Varianz bei Selbstbestäubern und bei Annahme von Koppelung zwischen den beteiligten Genen wurde ebenfalls untersucht (GATES, COMSTOCK u. ROBINSON). Besondere Schwierigkeiten entstehen bei der Analyse von Populationen in Abhängigkeit von ihrer Struktur und der Art der Probenentnahme. Die Methoden, die hier zur unverzerrten Schätzung der genetischen Varianzkomponenten führen können, werden von GRIFFING anhand einiger Modelle abgeleitet. In vielen Fällen liegt ein Zusammenwirken von genetischer Grundlage und Umwelt bei der Ausbildung quantitativer Merkmale vor. Die theoretischen Voraussetzungen für die Trennung dieser beiden Komponenten und die Durchführung der Berechnungen werden zunächst anhand eines einfachen Beispiels (2 Allele, 2 verschiedene Umweltbedingungen) dargelegt und dann verallgemeinert (MATHER u. JONES; JONES u. MATHER). Eine Ausweitung der bisher für die Untersuchung quantitativer Merkmale ausgearbeiteten Methode auf haploide Organismen wird von ROBSON gegeben.

In einem Modellversuch an verschiedenen Wachstumsmutanten von *Antirrhinum majus* wurde mit Hilfe eines diallelen Kreuzungsschemas versucht, die Kombinationseignung näher zu erfassen, nicht nur im Hinblick auf die erreichte Endgröße, sondern unter Berücksichtigung aller Wachstumsstadien. Hierbei zeigt sich, daß für jedes durchlaufene Wachstumsstadium andere Beziehungen gelten und daß bei Untersuchungen dieser Art die Wachstumsfunktion zugrundegelegt werden muß (STERN).

2. Genanalysen.

Bei einer Reihe von verschiedenen Objekten wurde die genetische Grundlage quantitativer Merkmale näher bestimmt. Mit Hilfe der Monosomen des Chinese-Spring-Weizens wurden die Chromosomen von 3 Spendersorten des Weizens auf Gene für verschiedene quantitative

Merkmale hin untersucht. In allen Fällen wurden auf mehreren Chromosomen Gene gefunden, die auf das Merkmal einwirken, so daß überall eine polygene Basis angenommen werden muß. Die Effekte der Gene auf den einzelnen Chromosomen sind zwar manchmal relativ gering, aber nicht immer gleich. Es wird eine besondere Methode angegeben, durch die in den Substitutionslinien eine Schätzung der Anzahl der Gene für ein bestimmtes Merkmal auf einem einzelnen Chromosom durchgeführt werden kann [KUSPIRA u. UNRAU (1, 2)].

Bei *Trifolium subterraneum* ist die Samenruhe bei hoher Temperatur entscheidend durch die genetische Konstitution des Embryos bestimmt. Auf Grund von diallelen Kreuzungen zwischen verschiedenen Herkünften ließ sich eine polygene Grundlage wahrscheinlich machen mit nur geringer Dominanzwirkung. Die Umweltvarianz ist sehr gering (MORLEY). Am gleichen Material wurde die Vererbung der Blühreaktion untersucht. Die Blütenbildung erfolgt nur nach Vernalisation und im Langtag, aber es bestehen deutliche Sortenunterschiede. Die Schätzung der Minimalzahl der Gene, in denen sich die Elternrassen unterscheiden, ergab für 3 Kreuzungen 3, 5 und 9 Faktoren. Diese Zahlen sind zunächst nur Näherungswerte. Sie zeigen aber die polygene Grundlage des untersuchten Merkmals. Es liegt keine Heterosis vor, und die Umweltvarianz ist relativ gering (DAVERN, PEAK u. MORLEY). Bei *Medicago sativa* ergibt die Prüfung der Winterruhe an Sorten und ihren Bastarden (Versuchsplan mit diallelen Kreuzungen), daß alle Genotypen einheitlich auf Differenzen der Tageslänge reagieren, aber sich in ihrer Reaktion auf tiefe Temperaturen unterscheiden. Die genetische Grundlage dieser Unterschiede zeigt deutlich nichtallele Wechselwirkungen an, so daß wahrscheinlich zwei verschiedene Gensysteme beteiligt sind (MORLEY, DADAY u. PEAK). Eine Kreuzung zweier Rassen der Lima-Bohne mit nachfolgender Inzucht läßt vermuten, daß die Größe der Samen durch mehrere komplementär wirkende epistatische Gene bedingt wird (RYDER).

Die Frühreife bei Gerste ergibt nach Kreuzung eine kontinuierliche Variabilität, die zunächst ein polygenes System vermuten läßt. Die genaue Analyse zeigt jedoch (vor allem durch Klassifizierung der F_2 mit Hilfe der F_3) zwei additiv wirkende Genpaare (JOHNSON u. PAUL). In Kreuzungen zwischen verschiedenen Maisrassen zeigt das Merkmal „loses Perikarp" eine quantitative Vererbung. Entwicklungsgeschichtlich ist das Merkmal bereits am 4. Tage nach der Befruchtung an der Ablösung des Perikarps von den darunterliegenden Gewebeschichten zu erkennen (LEBEDEFF).

Von WRIGHT wurde früher angenommen, daß sich bei vorwiegend asexuell vermehrten Arten mit nur gelegentlicher geschlechtlicher Fortpflanzung nach Kreuzung eine sehr große genetische Varianz finden müßte. Es sei zu erwarten, daß dabei der größte Teil dieser Varianz auf Epistasiewirkung beruhe. Untersuchungen an 5 quantitativen Merkmalen bei Erdbeeren, bei denen der geforderte Vermehrungsmodus gegeben ist, führten zur Bestätigung dieser theoretischen Annahme (COMSTOCK, KELLEHER u. MORROW).

3. Heterosis.

Die Untersuchung der Heterosis führt immer mehr in das Gebiet der quantitativen Merkmale hinein, so daß bereits weitgehend dieselben Untersuchungsmethoden wie dort angewandt werden. Das Ziel ist dabei, die Wirkung der beteiligten polygenen Systeme zu zerlegen in die additive Wirkung, Dominanz, Superdominanz und Epistasie, d. h. Wechselwirkungen zwischen verschiedenen Loci.

Eine Methode zur Analyse der "constant parent regression" zur Untersuchung der Heterosis wird von BURDICK gegeben. Die Modelle sind unterschiedlich, je nachdem, ob Dominanz oder Epistasie zugrundegelegt wird. Die Anwendung der Berechnungen auf Tomaten ergab, daß für die Pflanzengröße Epistasie, für frühe Blüte Dominanz als Ursache der Heterosis vorliegt. Erneute Berechnungen, für die verbesserte statistische Methoden angegeben werden, an bereits früher bearbeitetem Material von *Nicotiana* zeigen, daß hier die Heterosis eine sehr komplexe Erscheinung ist. Sie beruht auf dem Zusammenwirken von additiver Genwirkung, Dominanz und der Wechselwirkung zwischen den Allelen verschiedener Loci. Das Auftreten der Heterosis in einer bestimmten Kreuzung läßt daher nicht ohne weiteres Rückschlüsse auf die Art der vorliegenden Wirkung oder Wechselwirkung der beteiligten Gene zu. Es besteht allerdings eine Beziehung zwischen der Heterosis und dem Nachweis von nicht-allelen Wechselwirkungen. Wenn Heterosis ausschließlich aus anderer Ursache auftritt, ist sie deutlich geringer (JINKS u. JONES).

Untersuchungen an Kreuzungen von nahe verwandten Maissorten ergaben aus dem Vergleich der Elternformen mit F_1, F_2 und Rückkreuzungen, daß hier in bezug auf den Ertrag insgesamt und verschiedene Komponenten des Faktors Ertrag keine Epistasiewirkung als Ursache für die Heterosis angenommen werden muß (POLLAK, ROBINSON u. COMSTOCK). Bei *Arabidopsis* findet sich nach Kreuzung verschiedener frühblühender Rassen eindeutig Heterosis in bezug auf die vegetative Entwicklung, verbunden mit einem späteren Blühbeginn. Die gründliche Analyse zeigt, daß ein Hauptfaktor für späte Blühzeit in seiner Wirkung durch modifizierende Gene verändert wird, wodurch die Transgression der F_1 entsteht. Die Heterosis beruht hier also sicher nicht auf Superdominanz. Die beiden Elternformen sind auf Grund verschiedener homozygoter Genkombinationen frühblühend, die Verbindung der dominanten Allele bewirkt späte Blüte (DIERKS).

In anderen Fällen beschränkt sich die Untersuchung auf die Feststellung des Vorkommens von Heterosis und den Ansatz, die Erscheinungsformen näher zu beschreiben. In Kreuzungen zwischen alkaloidarmen Sorten von *Lupinus albus* wurde ausgeprägte Heterosis festgestellt. Da diese sowohl bei alkaloidarmen als auch bei bitteren Bastarden auftritt, steht ihre Ausprägung in keinem Zusammenhang mit der Alkaloidbildung (TROLL). Bastarde zwischen *Bryophyllum crenatum* und *daigremontianum* zeigen gegenüber den Eltern verstärktes Wachstum. Die Zerlegung in einzelne Komponenten ließ erkennen, daß jede von mehreren Genen beeinflußt wird. Eine genaue Klärung der Heterosis setzt also voraus, daß zunächst diese Komponenten des Wachstums erfaßt werden und ihre genetische Grundlage im Einzelfall geklärt wird, bevor über den Mechanismus der Heterosis etwas ausgesagt werden kann (SCHWANITZ). Die photoperiodische Reaktion beim Reis zeigt bei der Kreuzung zwischen tagneutralen und Wintervarietäten intermediäres Verhalten, für andere Eigenschaften, wie Wuchshöhe, Verzweigung und Ertrag, ist dagegen eine deutliche Heterosis festzustellen (SEN u. MITRA). Die Größenunterschiede zwischen 2 Sorten von *Cucurbita pepo* sind hauptsächlich von der Wachstumsdauer der Organe abhängig. Die Bastarde zeigen 'Heterosis in bezug auf die Bildungsrate neuer Organe (MALTZAHN). Durch Inzucht konnte bei Roggen für einige Merkmale eine Steigerung, für andere eine Abnahme über mehrere Generationen hin beobachtet werden (SYBENGA).

D. Koppelung und crossing-over.

Zu diesem Punkt liegen nur wenige Untersuchungen vor, wenn man von der Festsetzung der Koppelungsgruppe bei neu gefundenen Genen absieht, aber es werden zwei sehr interessante Fragen angeschnitten. Für die Untersuchung des crossing-over innerhalb von Genloci ergaben sich bisher bei höheren Organismen Schwierigkeiten daraus, daß diese

Vorgänge nur sehr selten zu erwarten sind und daher das Material nicht leicht in genügendem Umfang beschafft werden kann. Eine Möglichkeit ergibt sich jedoch durch die Untersuchung von Pollenmerkmalen. Beim Mais wurden mehrere Mutanten des *waxy*-Locus gekreuzt und in der F_1 der Pollen mit dem Jod-Test auf Körner mit normaler Stärkebildung untersucht. Da die Häufigkeit der Rückmutation für alle verwendeten *wx*-Stämme sehr gering ist, muß, wenn in den Bastarden eine Erhöhung des Anteils der normalen Körner auftritt, diese auf eine Rekombination innerhalb des *wx*-Locus zurückgeführt werden (NELSON).

Eine Nachuntersuchung aller bisher veröffentlichten Daten über Dreipunkt-crossing-over bei Mais mit Hilfe der Kosambi-Koeffizienten bestätigt die Annahme, daß hier keine Interferenz über das Zentromer vorliegt. Die statistische Analyse ist (auch nach Ansicht des Autors) relativ roh, da sehr heterogene Daten zusammen verarbeitet werden mußten, so daß kleinere Abweichungen von der Erwartung nicht entdeckt werden können. Vor allem eine Heterogenität im Material entzieht sich so der Beobachtung [PARSONS (1)].

Es wurde schon früher vermutet, daß die ursprünglichen Koppelungsgruppen III und VII der Gerste miteinander zu verbinden seien. Eine Untersuchung der Rekombination in einer Kreuzung, die doppelt heterozygot war für 2 Gene, die je einer dieser bisherigen Koppelungsgruppen zugehören, (A_c^2/α_c^2 aus III und Y_c/y_c aus VII) ergab eine Koppelung beider Loci mit 28% crossing-over und damit den Beweis dafür, daß beide bisher getrennten Koppelungsgruppen auf einem Chromosom lokalisiert sind. Der Vergleich mit anderen Daten zeigt aber, daß diese Gruppe so lang ist, daß durch ein sehr hohes crossing-over eine freie Spaltung zwischen den Genen an den Enden der Gruppe vorgetäuscht wird (HAUS).

E. Mutationsforschung.

1. Mutationsauslösung.

a) Allgemeine Fragen. Neben der Bearbeitung theoretischer Fragen liegen in der Mutationsforschung für den Berichtszeitraum Arbeiten vor, die sich mit der mutationsauslösenden Wirkung verschiedener Einflüsse befassen. Daneben steht eine Reihe von Untersuchungen, die der praktischen Anwendung, insbesondere der Mutationszüchtung gewidmet sind. Soweit es sich dabei nur um eine Beschreibung und Spaltungsanalyse beobachteter Mutanten handelt, wurden diese bereits unter Genanalysen besprochen.

Zunächst seien einige Arbeiten genannt, die sich nicht direkt auf Pflanzen beziehen, sondern allgemeine Fragen der Mutationsauslösung behandeln und für die Deutung der Ergebnisse wichtig sind. Diese beziehen sich auf den Nachweis langlebiger magnetischer Zentren in bestrahlten biologischen Medien (ZIMMER, EHRENBERG u. EHRENBERG; EHRENBERG, EHRENBERG u. ZIMMER) und auf das Problem der Dosismessung und der relativen biologischen Wirksamkeit verschiedener Strahlen (ZIMMER). Eine ganz andere Frage ist die Bestimmung der Mutationshäufigkeit in Versuchen, bei denen nach Samenbestrahlung mit dem Auftreten von Chimären und außerdem mit einer nicht zu vernachlässigenden Sterilität der X_1 gerechnet werden muß. Da bei Chimären mit zunehmender Sterilität die Wahrscheinlichkeit des Herausspaltens der Mutanten geringer wird, werden bei höherer Bestrahlungsdosis relativ mehr Mutationen der Beobachtung entgehen, als bei niederen Dosen. Die ·geschätzte Mutationsfrequenz wird also zu niedrig ausfallen. Es wird ein neues Bezugssystem vorgeschlagen, das diese Verzerrung des Materials vermeidet und auf dem Verhältnis der Mutanten zu der Anzahl der X_2-Pflanzen basiert, statt wie bisher auf dem Verhältnis der spaltenden X_2-Nachkommenschaften zu der Gesamtzahl der X_2-Nachkommenschaften [GAUL (1, 2)].

b) Mutationsauslösung durch Chemikalien. Bei *Antirrhinum* wurde eine Reihe von Stoffen, die aus früheren Versuchen als mutagen bekannt sind, auf die Auslösung von sichtbaren Mutationen hin getestet. Codein, $AlCl_3$ und Thymonucleinsäure ergaben eine gesicherte Erhöhung der Mutationsrate. Die Wirkung hängt von dem Entwicklungszustand der Zellen ab, die von der Behandlung betroffen werden. Pollenmutterzellen kurz vor und während der Meiosis sind besonders empfindlich [BERGFELD (1)]. An Gerste wurde eine Reihe von Stoffen auf ihre Mutagenität geprüft. Es zeigt sich, daß Sterilität, die meist auf Chromosomenmutation zurückgeht, und Punktmutationen nicht durch den gleichen Mechanismus beeinflußt werden (EHRENBERG, GUSTAFSSON u. LUNDQUIST). Bei einem Vergleich der Wirkung von Äthylenoxyd und Diepoxybutan wurde die Abhängigkeit der Mutationsrate von der Konzentration untersucht. Der Kurvenverlauf ist bei beiden Stoffen in bezug auf Mutagenität und Letalität verschieden. Bei Äthylenoxyd wird die höhere Mutationsrate erzielt. Die Typen der auftretenden Mutanten und ihre relative Häufigkeit sind dieselben wie bei Röntgenbestrahlung (EHRENBERG u. GUSTAFSSON).

Ergänzend wird über die mutationsauslösende Wirkung von Äthylenimin berichtet, das sowohl bei Einwirkung auf gequollene wie auf trockene Samen Mutationen hervorruft (EHRENBERG, LUNDQUIST u. STRÖM). Die mutagene Wirkung von Metallionen (als Nitrate) wurde an *Pisum* geprüft. Nach verschiedenartiger Behandlung von Samen, jungen Pflanzen und Knospen wurden in den folgenden Generationen in einem relativ hohen Prozentsatz Mutanten gefunden. Die Wirkung der Metallionen soll mit ihrer Fähigkeit, Chelate zu bilden, zusammenhängen [v. ROSEN (1)].

c) Strahlenwirkung und Mutantentypen. Bei der Untersuchung der mutagenen Strahlung liegt z. Z. das Hauptgewicht auf der Frage, ob die einzelnen Mutantentypen immer in der gleichen relativen Häufigkeit auftreten, unabhängig von dem auslösenden Einfluß. Auch die Mutationsrate einzelner Loci und sonstige genetische Faktoren werden beachtet.

Die Wirkung chronischer Bestrahlung wurde an somatischen Mutationen von *Antirrhinum* geprüft. Pflanzen, die für die Blütenfarbgene niv, eos und pal heterozygot waren, wurden im Knospenstadium bestrahlt und dann anschließend an den Blüten die Farbflecken, die durch Mutation des Normalallels dieser Loci entstanden sind, ausgezählt. Die errechnete Mutationsrate beträgt für alle 3 Loci $19 \cdot 10^{-6}$. 30 r ist die Verdoppelungsdosis der spontanen Rate. Interessant ist die Beobachtung, daß noch Monate nach einer Dauerbestrahlung neue Blüten mit Farbflecken gebildet werden. Dies wird so gedeutet, daß dominante Mutator-Gene entstanden sind, durch die wiederum eine erhöhte Mutabilität der untersuchten Loci verursacht wurde (CUANY, SPARROW u. POND).

Mit der Frage einer unterschiedlichen Wirkung verschiedener mutagener Einflüsse befaßt sich auch NUFFER, der die Wirkung von UV- und Röntgenstrahlen beim Mais vergleicht. Es wurden Mutationen an einer sehr kleinen Chromosomenstrecke untersucht, dem A^b-Locus mit seinen Komponenten α und β und dem sehr eng damit gekoppelten Locus sh_1. Nach UV-Bestrahlung wurde beobachtet, daß β verändert wurde, ohne daß α und sh_1 betroffen waren, wobei die Natur dieser Veränderung unklar blieb, während die durch Röntgenstrahlen hervorgerufenen Mutationen immer größere Chromosomenstrecken betrafen. Die Untersuchung einer großen Anzahl von *erectoides*-Mutanten der Gerste, die nach verschiedenartiger Behandlung entstanden sind, zeigte, daß diese auf eine Anzahl von Loci verteilt sind, die eine unterschiedliche Mutabilität haben. Es sind Anhaltspunkte dafür vorhanden, daß diese ebenfalls von dem auslösenden Mittel abhängt und bei Bestrahlung mit Röntgenstrahlen, γ-Strahlen, schnellen Neutronen und Thermalneutronen die einzelnen Loci mit unterschiedlicher Rate mutieren. Außerdem bestehen wahrscheinlich Sortenunterschiede in der Mutabilität der Loci (HAGBERG, GUSTAFSSON u. EHRENBERG).

Bei *Phaseolus* und *Pisum* wurde ebenfalls die Empfindlichkeit verschiedener Linien gegen Röntgenbestrahlung vergleichend geprüft. Die genotypische Konstitution hat einen sehr großen Einfluß. Bei Bestrahlungen lufttrockner Samen einer Linie vom Primitivtyp mit sehr vielen dominanten Genen erwies sich diese als besonders resistent, während durch Recessivität in bestimmten Loci eine besondere Empfindlichkeit zustandekommt (LAMPRECHT (2, 9)]. Für eine Untersuchung der genetischen Grundlagen der Strahlenempfindlichkeit bei *Pisum* wurden verschiedene Sorten, die die Loci R/r und Le/le in verschiedenen Kombinationen enthalten, mit Röntgenstrahlen und schnellen Neutronen behandelt. Außerdem wurden Wassergehalt und Keimungstemperatur variiert. Es zeigte sich, daß Sorten mit r/r besonders empfindlich sind, während solche mit R/Le viel resistenter sind. Unter diesen Sorten bestehen jedoch noch bedeutende Unterschiede, so daß noch weitere Loci bei der Bestimmung der Strahlenempfindlichkeit mitwirken müssen. Bei der Behandlung mit schnellen Neutronen finden sich keine Unterschiede, die auf einen Einfluß äußerer Bedingungen oder der genetischen Konstitution bei der Bestimmung der Mutationsrate zurückgeführt werden könnten. Die genauere Untersuchung, vor allem der Vergleich der Letalität der einzelnen Rassen, zeigt, daß die Unterschiede zwischen den Sorten nicht als Differenzen einer allgemeinen Strahlenempfindlichkeit gedeutet werden können, sondern auf Unterschiede in der Regenerationsfähigkeit nach Röntgenbestrahlung zurückgehen (GELIN, EHRENBERG u. BLIXT).

In einer weiteren Untersuchung über die Grundlagen einer Mutationszüchtung bei Erbsen wird zunächst die Mutationsrate, die Mutantentypen und das Mutantenspektrum zweier Sorten, der besonders empfindlichen Witham Wonder und der resistenten 702 untersucht. Nach Samenbestrahlung entstehen zunächst Chimären, in deren Nachkommenschaft die Mutantentypen untersucht werden können. Es entstehen Hinweise darauf, daß diese Typen in beiden Sorten mit unterschiedlicher Häufigkeit auftreten, wenn auch das Zahlenmaterial für einen solchen Vergleich sehr gering ist. Der Vergleich der Mutationsrate nach Behandlung mit Äthylen-Oxyd zeigt diesen Stoff als sehr wirksames Mutagen (BLIXT, EHRENBERG u. GELIN).

d) Mutationen in polygenen Systemen. Zu diesem bisher noch nicht bearbeiteten Thema werden die ersten Untersuchungen vorgelegt. Der

Versuch zur Erzeugung günstiger Mutationen scheint am ehesten bei quantitativen Merkmalen zu gelingen, wie durch eine Untersuchung über die Beeinflussung der Frühblüte und der Pflanzengröße bei Tomaten gezeigt wird (MERTENS u. BURDICK). Nach Bestrahlung einer reinen Linie der japanischen Reissorte *Kissin* wurde zunächst über 4 Generationen unter Elimination der extremen morphologischen Abweicher ohne weitere Selektion gezüchtet und dann die Variabilität in der X_5 mit derjenigen der Elternsorte verglichen (Rispenschieben und Halmlänge). Die Variabilität dieser Merkmale war deutlich vergrößert und zwar sowohl zur positiven wie zur negativen Richtung hin, was zu der Deutung führt, daß unter dem Einfluß der Bestrahlung Mutationen an Polygenen aufgetreten sind (OKA, HAYASHI u. SHIOJIRI).

e) Mutationszüchtung. Einige weitere Untersuchungen befassen sich mit der Auslösung von Mutationen bei Kulturpflanzen im Hinblick auf ihre Verwendung zur Züchtung. Eine Übersicht über die Bedeutung der Mutationszüchtung, die angewandten Methoden, besondere Probleme und den Stand der Forschung in den einzelnen Ländern gibt BROCK. Einige Fragen der Mutationszüchtung und ihrer Anwendung zur Besserung von bestimmten Eigenschaften von Kulturpflanzen werden von v. WETTSTEIN diskutiert. Eine Beschreibung einer großen Anzahl von Mutanten von Gerste (*Hordeum*) zeigt die große Mannigfaltigkeit und ihre sehr unterschiedliche Leistung. Fast alle haben eine pleiotrope Wirksamkeit. Durch Kombinationszüchtung erlauben sie es, in relativ kurzer Zeit mehrere Zuchtziele gleichzeitig zu erreichen, so daß die bisher aufgefundenen Mutanten neben der theoretischen Bedeutung für Fragen der Mutationsauslösung und Genwirkung auch praktischen Wert gewinnen [SCHOLZ (1)]. Für Gerste wird über Ergebnisse der Mutationszüchtung in bezug auf Rohproteingehalt [SCHOLZ (2)] und Mehltauresistenz (NOVER u. BANDLOW) berichtet. Einige kurze Mitteilungen über Mutationsauslösung beim Weizen lassen die vielfältigen Möglichkeiten, die hier noch gegeben sind, erkennen (YAMASHITA u. OKUDA; MATSUMURA; MATSUMURA, FUJII u. KONDO). Für *Lycopersicon esculentum* wird ebenfalls eine Reihe von Mutanten beschrieben (STUBBE). Auch bei *Lupinum digitatus* traten nach Röntgenbestrahlung verschiedenartige Mutanten auf (GLADSTONES). Bei *Melilotus albus* wurden sowohl mit Röntgenstrahlen (MICKE) als auch mit Chemikalien (SCHEIBE u. HÜLSMANN) Mutationen erzielt. Neben verschiedenen Mutanten wurden bitterstoffarme Formen gefunden. Eine Beziehung zwischen der Art der ausgelösten Mutationen und dem auslösenden Agens wurde in keinem Falle festgestellt. Für *Pisum* wurde eine Übersicht über die bisher erzielten Röntgenmutanten gegeben [LAMPRECHT (1)]. Die ersten Ergebnisse der italienischen Mutationsversuche mit Kulturpflanzen legen D'AMATO, AVANZI, MOSCHINI u. SCARASCIA vor.

2. Labile Gene.

Das Problem der mutablen Loci nimmt innerhalb der Mutationsforschung eine besondere Stellung ein. Zu dieser Frage liegen im Berichtszeitraum eine größere Anzahl von Arbeiten an verschiedenen Objekten vor. Allen gemeinsam ist, daß die Pflanzen keinen einheitlichen Phänotyp aufweisen und daß die Allele häufig zum Ausgangsallel oder zu einem anderen mutieren.

In mehreren Arbeiten werden die Untersuchungen über das *cruciata*-Merkmal bei *Oenothera* fortgesetzt [RENNER (1, 2, 3, 4)]. Im Bastard zwischen *Oe. biennis cruciat* und *Oe. Hookeri, franciscana* oder *purpurata* beruht die wechselnde Ausprägung des Merkmals in der F_1 nicht auf Konversion, sondern auf Dominanzwechsel. Die Verbindung mit einer anderen homozygoten Form, der *Oe. blandina*, zeigt jedoch ein Verhalten, das nur als Konversion gedeutet werden kann. Das gleiche gilt für die Verbindungen mit *Oe. atrovirens*. Die Lokalisation von *cr* im Chromosom 5—6 dürfte nach den weiteren Befunden gesichert sein. Es wurde eine Beeinflussung des Verhaltens von *cr* durch den Locus *Co/co* gefunden. Bei Homozygotie in *Co* (kleine Blüte) ist der Übergang von *cr* zu *Cr* häufiger. Ein durch Konversion aus *cr* entstandenes *Cr* ist nicht völlig mit dem Normalallel identisch, denn es ist viel labiler und geht leichter in *cr*-Zustand über. Trotz der vielen Untersuchungen über den *cr*-Faktor ist der Mechanismus des Übergangs zwischen den Allelen noch nicht geklärt. Eine Zusammenfassung der bisherigen Befunde und einen Vergleich zwischen den Auffassungen von RENNER (Konversion) und OEHLKERS (Labilität der Gene) versucht GOLDSCHMIDT, indem er neuere Befunde an anderen Objekten heranzieht und prüft, inwieweit die dort gegebenen Erklärungen auf das *Oenothera*-Material übertragen werden können. Die Konversion, soweit sie in der Keimbahn vor sich geht, könnte auch durch ungleiches crossing-over in Duplikationen zustandekommen, wobei wiederum die gesamte genetische Konstitution einen Einfluß haben könnte. Insbesondere ist die Wirkung von Genen in Betracht zu ziehen, die den Faktoren *Dt* und *Ac* beim Mais vergleichbar sind. Durch die Besonderheiten des *Oenothera*-Materials ist es schwierig, eine dieser Hypothesen nachzuprüfen, jedoch ist gezeigt, daß es durchaus im Bereich der Möglichkeiten liegt, auch für das Verhalten des *cr*-Faktors eine ausreichende Erklärung zu finden.

Bei *Lycopersicon* wird ein Fall beschrieben, der als somatische Konversion gedeutet werden kann. Die Mutante *sulfurea* (gelbe Cotyledonen) ist recessiv gegenüber grün. Die Heterozygoten bleiben z. T. rein grün während der ganzen Entwicklung und spalten dann normal auf nach grün : gelb = 3 : 1. Ein Teil der Heterozygoten entwickelt sich zu gescheckten Pflanzen, die in der Nachkommenschaft einen starken Überschuß an *sulfurea*-Pflanzen hervorbringen. Das Normalallel ist homozygot völlig stabil. Nur in den Heterozygoten zeigt es diese Labilität. Im Sinne von WINKLER, der unter Konversion eine durch Heterozygotie ausgelöste Mutation in Richtung auf das andere Allel verstand, ist dieser Vorgang als somatische Konversion zu bezeichnen. Es bestehen mehrere Allele von *sulfurea*, die sich unterscheiden im Phänotyp der Homozygoten (*sulf^{para}*-Allele wirken homozygot letal, die *sulf^{vag}*-Allele semiletal). Durch Pfropfung auf normalgrüne Pflanzen können alle Typen am Leben erhalten und zur Fortpflanzung gebracht werden. Weiter unterscheiden sich die Allele in ihrer Eignung, die Konversion des Normalallels in den Heterozygoten zu veranlassen (HAGEMANN). Dieser Befund wird sehr eingehend diskutiert im Zusammenhang mit anderen Beobachtungen, die in den letzten Jahren als Konversion gedeutet wurden.

Besonders häufig sind die mutablen Gene beim Mais Gegenstand der Untersuchungen. Für das Allel *pg* (pale green) ist bekannt, daß es somatisch zu grün zurückmutiert. Diese Mutationsrate nimmt mit steigender Temperatur zu. Der Unterschied dieser Steigerung bei verschieden alten Blättern läßt vermuten, daß der Vorgang der Rück-

mutation zu der Zellteilungshäufigkeit in Beziehung steht (P. A. PETER-
SON). Die Wirkungsweise des Modifikators Mp wurde weiter untersucht.
Das Allel „geschecktes Perikarp" P^{vv} ist ein mutables Allel, P^{rr}, P^{ww}
und P^{wr} sind stabile Allele derselben Serie. P^{vv} besteht aus einem P^{rr}
mit angefügtem Mp. Die Rückmutation besteht in der Ablösung von
Mp und seiner Verlagerung an eine beliebige andere Stelle des Genoms.
Durch Untersuchung der verschiedenen Kombinationen von P-Allelen
mit und ohne transponierte Mp im übrigen Genom konnte festgestellt
werden, daß die Häufigkeit der Rückmutation $P^{vv} \rightarrow P^{rr}$ von der
Anwesenheit von Mp beeinflußt wird, und zwar erfolgt dieser Schritt
um so seltener, je mehr Mp-Einheiten im Genom vorhanden sind,
unabhängig von ihrer Lokalisation (WOOD u. BRINK). Die transponierten
Mp sind nicht alle einheitlich, vielmehr lassen sich zwei Zustände unterscheiden, die eine unterschiedliche Wirkung auf die Mutabilität von
P^{vv} haben (KEDHARNATH u. BRINK). Für ein neu aufgetretenes Allel
P^{ww}_{m-l} konnte nachgewiesen werden, daß dieses, ebenso wie P^{vv}, eine
Kombination von P^{rr} und Mp darstellt, nur ist hier der Bindungs-
zustand zwischen beiden Bestandteilen verändert [BRINK (1)].

Auf andere Merkmale als auf die Scheckung des Perikarps hat Mp keinen
Einfluß, vor allem ist das Wachstum der Pollenschläuche und der Pflanzen nicht
von Mp abhängig. Die Erhaltung in der Art muß daher auf einer Wechselwirkung
mit anderen Elementen des Genoms beruhen, wobei Mp als normaler Bestandteil
des Maisgenoms anzusehen ist (BRINK u. WOOD).

Ein weiterer Locus mit mutablen Allelen, R, zeigt keine derartigen
Beziehungen zu einem extragenischen Bestandteil. Es wurden zunächst
2 neue mutable Allele gefunden: $R^{r:mb}$ (BRINK u. WEYERS) und R^{st}.
In heterozygoten $R^r R^{st}$ wird das Allel R^r labil und mutiert zu R', das
nur heterozygot erhalten wird. Sobald Homozygotie für R' vorliegt,
mutieren beide Allele zu R^r zurück. Hierbei ist sicher kein außer-
karyotischer, also plasmatischer Faktor beteiligt [BRINK (2, 3)]. Für eine
Reihe von Allelen des R-Locus, die regelmäßig infolge Labilität entstehen,
wurde außerdem nachgewiesen, daß sie nicht nur die Aleuronfärbung,
sondern auch die Ausfärbung anderer Pflanzenteile beeinflussen (BRINK
u. MIKULA). Das Entscheidende an dieser Paramutation ist, daß die
Mutabilität von R^r nur in den Heterozygoten entsteht, also von R^{st}
oder R^{mb} her beeinflußt wird und immer abläuft, sobald diese Kombination vorliegt. Die Paramutation geht aber nicht in Richtung auf das
auslösende Allel, wie bei einer Konversion, sondern in Richtung auf
bestimmte neue Allele. Sie ist spezifisch, denn die verschiedenen auslösenden Allele bewirken die Entstehung von besonderen neuen Allelen
des R^r, die deutlich zu unterscheiden sind. In Heterozygoten R^r/R^{sc}
kann eine Paramutation von R^r vor sich gehen, während das R^{sc} selbst
stabil bleibt und auch in Kombination mit R^{st} stabil ist [BRINK (4)].

Die Blütenscheckung in Nachkommenschaften von *Nicotiana*-Bastarden (*Nicotiana langsdorfii* × *sanderae*) wird auf ein mutables Gen v zurückgeführt, das sowohl
somatisch wie generativ zu zwei verschiedenen Allelen mutieren kann und hierdurch die Variabilität der Blütenzeichnungen und Störungen in den Spaltungs-
verhältnissen der Nachkommenschaft hervorruft. Der Vorgang der somatischen
Mutation ist umweltabhängig (SMITH u. SAND; SAND). Bei *Pisum* wurden 2

Mutanten nachgewiesen, die somatisch im Laufe der Entwicklung zu normal zurückmutieren. Die Heterozygoten sind phänotypisch normal, während die recessiven Homozygoten sich im Laufe der Ontogenie normalisieren und in der Nachkommenschaft zurückmutierte Normale abspalten [Lamprecht (2)].

Ein somatisches Mosaik muß nicht immer durch ein unstabiles Gen verursacht werden, wie wiederum an einer Reihe verschiedener Fälle gezeigt wurde. Das Allel *ml* (mottled leaf) der Baumwolle (*Gossypium*) bedingt eine Scheckung der Blätter, die Ähnlichkeit mit einem echten Mosaik hat, aber die genetische Prüfung zeigt, daß diese homozygoten Pflanzen genetisch stabil sind und eine einheitliche gefleckte Nachkommenschaft ergeben [C. F. Lewis (2)]. In einem anderen Falle wurde an Material von *Nicotiana tabacum* nach Kreuzung verschiedener Sorten eine variable Blütenscheckung beobachtet, die jedoch auf die Wirkung komplementärer Gene zurückzuführen ist. Nur die doppelt-recessiven Pflanzen vp_1vp_1/vp_2vp_2 zeigen die Scheckung. Der unterschiedliche Scheckungsgrad verschiedener Individuen beruht wahrscheinlich auf der Wirkung modifizierender Gene, während Differenzen innerhalb der Pflanze modifikatorisch bedingt sind (Prakken u. v. d. Veen).

Zwei weitere Beobachtungen zeigen langfristige phänotypische Veränderungen, die ebenfalls nicht im Zusammenhang mit genetischer Labilität zu deuten sind. Bei *Arabidopsis thaliana* entstand durch Röntgenbestrahlung ein pleiotroper Chlorophyllfaktor. Die Entwicklungsstörung nahm von der F_2 bis zur F_1 ab, danach blieb die Ausprägung konstant. Auf Grund weiterer Beobachtungen in Rückkreuzungsgenerationen ergibt sich, daß hier nicht eine Instabilität des Gens vorliegt, sondern daß die Veränderungen in dem physiologischen Prozeß bei der Entfaltung des Gens liegen (Röbbelen). Bei *Fragaria* wurde eine Abweichung gefunden, die jahrelang (seit 1923) nur vegetativ zu erhalten war. Die Pflanzen zeigten Mißbildungen der Blätter, die im Laufe der Vegetationsperiode sich normalisierten. Erst 1939 traten die ersten mißbildeten Blüten auf, die in den folgenden Jahren immer stärker normalisiert wurden. Aber erst nach 1950 folgten ihnen fertile Blüten. Eine Selektion nach vegetativen Merkmalen sowohl in Richtung auf extrem abweichend wie normal ergab keine Veränderungen. Erst die Kreuzungen mit den normalisierten Blüten brachten den Beweis, daß es sich um eine monofaktoriell bedingte, phänotypisch stark variable, Anomalie handelt (Schiemann).

F. Populationsgenetik.

1. Statistische Methoden.

In der Populationsgenetik lassen sich die vorliegenden Untersuchungen in 2 Gruppen einteilen, die als theoretische und praktische Bearbeitungen dieses Gebietes angesehen werden können. Zu den ersteren, die mit statistischen Methoden Formeln aufstellen, aus denen sich Voraussagen über das Verhalten einer Population unter definierten Bedingungen ergeben, gehört eine Reihe von Arbeiten. Das schwierige Problem der Veränderung der Genhäufigkeit bei überlappenden Generationen wird von Moran bearbeitet. Parsons (2) gibt einen neuen Beitrag zu der Frage, wie die Population sich verändert, wenn die Heterozygoten einen Selektionsvorteil aufweisen und welchen Einfluß dies auf die Selektion anderer Loci hat, die mit einem infolge dieser Bevorzugung ständig heterozygoten Locus gekoppelt sind. Die Veränderungen des Anpassungsgrades einer Population unter Selektionsdruck bearbeitet Kimura unter Berücksichtigung von Dominanz, Epistasiewirkungen und Koppelung und unter Einbeziehung der Komplikationen, die durch Abweichungen von der Forderung der Panmixie entstehen. Die Frage der Schätzung des Verhältnisses von Fremdbestäubung zu Selbstung, d. h. der Abweichung von der Panmixie bei der Zygotenbildung, wurde ebenfalls bearbeitet (NEI u. SYAKUDO).

2. Untersuchung von Einzelfällen.

Aus der Gruppe der praktischen Populationsgenetik ist eine Untersuchung an iranischem Primitivroggen zu nennen. Es wird eine große Anzahl von Herkünften verglichen und der Versuch zur Schätzung der Genfrequenz unternommen. Es ergibt sich daraus die Möglichkeit, Großpopulationen aufzustellen und ihre Variabilität im Zusammenhang mit Selektion, Isolation und Bastardierung zu erklären. Hierbei wurde die polyphyletische Abstammung des Kulturroggens bestätigt (KRANZ).

Nachdem früher festgestellt war, daß bei *Trifolium repens* der Bitterstoffgehalt durch das Verhältnis von Lotaustralin und Linamarase bestimmt wird und das Vorkommen oder Fehlen dieser Stoffe durch je ein Gen gesteuert wird, wurde jetzt die Genhäufigkeit für die Loci *Ac/ac* und *Li/li* in verschiedenen Populationen des ganzen Verbreitungsgebietes der Art bestimmt. In den einzelnen Gebieten fanden sich Schwankungen in der Häufigkeit der dominanten Allele von 0—100%, die über die einzelnen Fundorte meist unregelmäßig verteilt sind. Nur in Nordamerika und Japan nimmt die Häufigkeit von *Ac* nach Norden hin ab, wobei sich deutlich die Beziehungen zu den mittleren Jahrestemperaturen zeigen. Es ist hier eine intraspezifische Differenzierung zu erkennen, die in einigen Gebieten zu einem Gleichgewichtszustand geführt hat, während in anderen noch evolutionistische Verschiebungen der Genhäufigkeit vor sich gehen (DADAY).

In Beständen von *Oenothera biennis* finden sich immer wieder Pflanzen der Varietät *sulfurea*, einzeln oder in größeren Gruppen. Sie können entstehen durch crossing-over aus normaler heterozygoter $s/+^s$ *biennis* oder als Nachkommen bereits früher aufgetretener *s*-Pflanzen. Das gleiche gilt für die Varietät *sulfurea* der *Oenothera suaveolens*. Über die Häufigkeit dieses crossing-over, durch das *s* zwischen den Komplexen ausgetauscht wird, läßt sich aber keine Aussage nur auf Grund dieser populationsstatistischen Aufnahmen machen (KAPPUS).

G. Evolutionsforschung.

1. Artbastarde.

a) Analyse natürlicher Bastardschwärme. Diese Untersuchungen haben zum Ziel, die Frage der Entstehung von Varietäten durch Bastardierung und der Introgression von Genen anderer Arten zu klären. Die Analyse einer Anzahl von Artkreuzungen verschiedener nordamerikanischer *Elymus*arten führt zu dem Schluß, daß einige häufiger beobachtete Varietäten von *E. virginicus* wahrscheinlich auf Introgression aus *E. canadensis* zurückzuführen sind, während die natürliche Bastardierung mit anderen Arten als Variationsursache nicht wahrscheinlich ist (CHURCH). Für den Vergleich einer Reihe von künstlich und natürlich vorkommenden Bastarden der Gattung *Elymus* und *Hordeum* ließ sich nachweisen, daß die schon länger bekannte Form

Elymordeum montanense aus einer Kreuzung von *Elymus virginicus* und *Hordeum jubatum* hervorgegangen sein muß (BOWDEN).

Zwischen den Arten *Pinus attenuata* und *P. radiata* ist eine Introgression von Genen aus der ersteren Art in die letztere über Bastarde, die an gemeinsamen Standorten entstehen können, möglich. In Neuseeland kann dies zu einer Verbreitung von *P. radiata* unter ökologischen Bedingungen führen, denen die Art bisher nicht angepaßt war (BANNISTER).

Eine in ähnlicher Weise mit der Hybrid-Index-Methode von ANDERSON durchgeführte Untersuchung an *Pinus*, wobei als Eltern *P. peuce* u. *strobus* in Frage kamen, zeigte ebenfalls die Bastardnatur der untersuchten Bäume auf (FOWLER u. HEIMBURGER). Die Analyse eines Bastardschwarmes von *Quercus alba x montana* zeigt, daß die Elternarten in einer stabilen, nicht gestörten Umgebung vorkommen, während der Bastardschwarm sich auf einem benachbarten, aber wiederholt durch Waldbrände und Abholzen gestörten und neu besiedelten Gebiet angesiedelt hat. Es wird daraus geschlossen, daß der Bastardierung für die Evolution innerhalb der Gattung *Quercus* vor allem dort, wo es sich um die Neubesiedlung häufig gestörter Biotope handelt, eine wesentliche Bedeutung zukommen wird (SILLIMAN u. LASNER).

Mit Hilfe einer ähnlichen Methode von Indexzahlen wurde auch eine Population aus *Agrostis tenuis* und *stolonifera* untersucht. Beide kommen im Beobachtungsgebiet an ökologisch verschiedenen Stellen vor, aber mit einem breiten Übergangsgürtel, in dem neben einer vorherrschenden Art zahlreiche intermediäre Typen auftreten, die als Bastarde und ihre Nachkommen identifiziert werden konnten (BRADSHAW).

In Beständen von *Primula veris* und *Pr. vulgaris*, die in England häufig nebeneinander vorkommen, treten außer den reinen Arten nur selten Bastarde auf. Die Variabilität dieser Pflanzen ist größer als die der künstlichen Bastarde, so daß unter ihnen wohl einige F_2 und Rückkreuzungsnachkommen sind. Eine Intergression von Genen einer Art in die andere konnte jedoch nicht festgestellt werden (CLIFFORD). Eine Untersuchung des Bestäubungsmodus von *Trifolium subterraneum* zeigt, daß neben vorwiegender Selbstbestäubung doch Fremdbestäubung in einem geringen Ausmaß vorkommt. Dies genügt aber, um auf diese Weise Bastardschwärme hervorgehen zu lassen, die für die Evolution der Art von Bedeutung sein könnten (FRANKEL u. WILLIAMS).

b) Künstliche Artbastarde. Mit Hilfe der künstlich hergestellten Artbastarde wird versucht, die Verwandtschaft der Arten und den Mechanismus der Artbildung aufzuklären. Nach Bastardierung zwischen einem mit 7 Genen markierten Stamm von *Lycopersicon esculentum* und *L. chilense* ergaben Rückkreuzungen der F_1 mit dem recessiven Elter, daß für 4 Gene eine normale Spaltung festzustellen ist, während die Manifestation anderer Merkmale (Anthocyanbildung, Färbung von Fruchtfleisch und Fruchtwand) durch Supressorgene aus *L. chilense* gehemmt wird (SOOST u. LESLEY).

An Nachkommen von Artkreuzungen zwischen *Acacia mollissima* und *decurrens* wurde festgestellt, daß alle Merkmale, durch die sich beide Arten unterscheiden, polygen bedingt sind. Für die Form und Ausgestaltung des Fiederblattes insbesondere ließ sich feststellen, daß die Gene für Einzelmerkmale miteinander gekoppelt sein müssen, weil in der F_2 die Elternkombinationen bevorzugt auftreten. Vereinzelt werden aber Neukombinationen beobachtet. Als einziges Merkmal mit einer einfachen genetischen Grundlage wurde die Reifezeit der Samen festgestellt. Die Frühreife (4 Monate) von *Acacia decurrens* ist durch 2 dominante Allele bedingt, die Spätreife (14 Monate) von *A. mollissima* durch die recessiven Allele (MOFFETT u. NIXON). Da die in der F_2 nach mehreren Jahren zur Beobachtung kommenden Pflanzen durch die starke Letalität in den ersten Entwicklungsstadien nur eine

Auslese aus den zunächst entstandenen Zygotentypen darstellen, muß die beobachtete Bevorzugung der elternähnlichen Eigenschaftskombinationen nicht unbedingt auf Koppelung beruhen, sondern kann auch durch Elimination der übrigen, unbalancierten Kombinationen erklärt werden.

Die Untersuchung einer großen Zahl von Artkreuzungen bei *Streptocarpus* im Zusammenhang mit einer Untersuchung der Verbreitungsgebiete der einzelnen Arten ergab weitere Hinweise auf die Verwandtschaftsverhältnisse und die Evolution in der Gattung. Insbesondere die Untersuchung der Gensysteme für bestimmte Eigenschaften war hierfür wichtig (LAWRENCE).

Eine genetische Analyse der Bastarde zwischen einer großen Anzahl von Standortformen der Sammelart *Streptanthus glandulosus (Cruciferae)*, die in vielen isolierten Populationen nur auf Serpentinböden in Californien vorkommt, zeigte, daß eine erhebliche genetische Isolation zwischen den einzelnen Herkünften besteht, die mit morphologischen Unterschieden parallel geht, so daß 3 Arten unterschieden werden können, die jede in verschiedene Gruppen zu unterteilen sind (KRUCKEBERG).

Für die Gattung *Cucurbita* werden ebenfalls zwei neue Artkreuzungen beschrieben: *C. moschata x foetidissima* und *C. mixta x pepo*. Aus der letzteren konnte eine F_2 herangezogen werden, deren Aufspaltung beschrieben wird (GREBENŠČIKOV). Die Kreuzung der Arten *Chrysanthemum boreale* und *pacificum* gelingt normal nicht, weil zwar eine Befruchtung zustandekommt, aber die Embryonen eingehen. Mit Hilfe der Embryokultur gelang es, aus *boreale* 4 n x *pacificum* lebensfähige Bastarde zu gewinnen (KANEKO). Beim Artbastard *Arabidopsis suecica x thaliana* dominieren sowohl morphologische Merkmale als auch das Blühalter des ersteren Elters (LAIBACH).

2. Allgemeine Evolutionsfragen.

Auf Grund von Beobachtungen an Compositen und anderen Gruppen lassen sich allgemeine Regeln der Evolution finden, so der Übergang von Fremdbestäubung zu Selbstbestäubung und damit Veränderung der genetischen Variabilität innerhalb der Art und der Population und Ausbildung von asexueller Fortpflanzung, wobei fast alle Entwicklungsschritte polyphyletisch ablaufen. Eine Zusammenfassung findet sich bei STEBBINS (1, 2) in 2 Sammelreferaten. Die Evolutionsvorgänge in der Gattung *Oenothera* werden auf Grund genetischer und cytologischer Daten von zwei Seiten her dargestellt [GATES; CLELAND (1)]. Während GATES mehr von den Methoden der klassischen Taxonomie ausgeht, benutzt CLELAND die Methoden der Genom-Analyse an Bastarden, um Arten, Gruppen und Evolutionslinien aufzustellen. Beide Wege sind grundsätzlich verschieden, und es entstehen auch manche Unterschiede in der Beurteilung der Evolutionsmechanismen und der dabei wirksamen Faktoren, sowie in der Abgrenzung der durch die genetischen Veränderungen entstandenen Arten. Gerade in dieser Gegenüberstellung wird aber deutlich, wieviel die Methoden der genetischen Forschung für die Untersuchung der Evolutionsvorgänge und einer Neuorientierung der Taxonomie bereits geleistet haben.

Für den Formenkreis *Galium graecum — Galium canum* läßt sich nachweisen, daß in der Evolution dieser Gruppe sowohl Mutationen wie

Hybridisierung mit nachfolgender Differenzierung der Bastardschwärme beteiligt sind [EHRENDORFER (2)]. In der verwandten Sektion *Jubo-Galium* lassen sich phylogenetische Reihen der Merkmalsausprägung aufstellen und die vermutlichen Entwicklungsrichtungen innerhalb dieser Gruppe aufzeigen [EHRENDORFER (3)]. In einer Zusammenfassung werden von EHRENDORFER (1) die Tendenzen der Evolution und Differenzierung des Fortpflanzungssystems der Angiospermen dargestellt.

Besonderes Interesse beansprucht die Evolution der Kulturpflanzen, weil hier häufig eine Nachprüfung der Hypothesen mit anderen Methoden möglich ist. Durch eine Kombination von prähistorischen Funden aus Mittelamerika mit genetischen Untersuchungen, Kreuzungsergebnissen zwischen Maisrassen, die unterschiedliche Primitivmerkmale zeigen (Popcorn und Podcorn), gelang es, die Abstammung des Kulturmaises weiter zu verfolgen. Es besteht kein Zweifel mehr darüber, daß bereits die Urformen echter Mais gewesen sind und nicht *Tripsacum* oder *Teosinte*. Diese beiden Formen haben aber bei der späteren Entwicklung durch Bastardierung eine Rolle gespielt, ebenso wie zahlreiche Genmutationen, wobei sich die wichtigsten Entwicklungsschritte rekonstruieren lassen (MANGELSDORF).

Eine Kreuzungsanalyse an Bastarden zwischen verschiedenen Sorten, Mutanten und Primitivformen der Gerste, ermöglichte es, Genformeln für die Ausbildung der Zeiligkeit der Ähre bei den untersuchten Formen aufzustellen und weitere Informationen über die Phylogenie innerhalb der Gattung zu erhalten. Vor allem ließ sich zeigen, daß nicht alle Veränderungen der Zeiligkeit auf Mutationen innerhalb der *V*-Serie zurückzuführen sind, sondern daß weitere Loci an der Ausbildung dieses Merkmals beteiligt sind. Durch Vergleich der Genformeln für 5 Loci konnte der polyphyletische Ursprung der abessinischen *labile*-Gersten nachgewiesen werden, während die tibetanischen *Intermedium*-Gersten monophyletisch entstanden sind (BREITENFELD).

Früher wurde von BERTSCH behauptet, daß *Triticum compactum* als amphidiploide Form aus der Kreuzung *Tr. monococcum x Tr. dicoccum* hervorgegangen sei. Die Synthese dieses Bastards *Tr. dimococcum* zeigt deutlich, daß hier wichtige morphologische Eigenschaften der hexaploiden Weizen fehlen. Dies gilt vor allem für Merkmale, die auf *Aegilops squarrosa* hinweisen und deren Auftreten bei den 6 n-Weizen vorläufig nur durch Entstehung aus einer *Aegilops*-Kreuzung erklärt werden kann. Damit ist erwiesen, daß der Saatweizen und insbesondere *Tr. compactum* nicht auf dem von BERTSCH postulierten Wege entstanden sein kann, sondern daß die von anderen Autoren angenommene Herkunft richtig ist (SCHIEMANN u. STAUDT).

Eine Untersuchung von Wildformen und Kulturrassen von *Gossypium hirsutum* und anderen Baumwollarten und der Vergleich von Merkmalen, die für Kultur- und Wildformen charakteristisch bzw. notwendig sind, ermöglicht es, die Entwicklungstendenzen innerhalb der Gattung aufzuzeigen und die Reihenfolge der einzelnen Ereignisse, die zur Entstehung der diploiden Kulturformen führten, festzulegen. Für eine genaue Aufklärung der weiteren Evolutionsschritte ist vor allem eine Synthese von amphidiploiden Formen nötig (STEPHENS).

H. Anwendung der Genetik auf allgemeine Züchtungsprobleme.

Die Anwendung genetischer Erkenntnisse in der Pflanzenzüchtung wird von verschiedenen Gesichtspunkten aus bearbeitet. FRANKEL gibt einen allgemeinen Überblick über die theoretischen Grundlagen, von einer Beschreibung der Ursache der Variabilität über die Dynamik der Entstehung von Unterschieden zu den Hilfsmitteln der Untersuchung, wie biometrische, physiologische und biochemische

Analyse und den theoretischen Möglichkeiten der verschiedenen Züchtungs-
methoden. Mit der praktischen Seite und den Erfolgen einer Züchtung auf
genetischer Grundlage befaßt sich R. F. PETERSON in einem Bericht über die
Fortschritte der kanadischen Weizenzüchtung. Weiterhin wurden die genetischen
Grundlagen der Monogermrüben bearbeitet als Grundlage für Züchtungsarbeit
(SAVITZKY) und eine Zusammenfassung über die bisher bekannten genetischen
Grundlagen einer Züchtung von Arzneipflanzen gegeben (SCHICK u. REIMANN-
PHILIPP).

Literatur.

ALSTON, R. E., and C. W. HAGEN: Genetics **43**, 35—47 (1958). — D'AMATO,
F., S. AVANZI, E. MOSCHINI e G. T. SCARASCIA: Estratto dagli Atti del Congresso
Scientifico — Sezione Nucleare — V Rassegna int. Elettr. Nucleare 1958.
BAENZIGER, H., and J. E. R. GREENSHIELDS: Canad. J. Bot. **36**, 411—420
(1958). — BANNISTER, M. H.: Trans. roy. Soc. N. Z. **85**, 217—225 (1958). —
BARBER, H. N., W. D. JACKSON, I. C. MURFET and J. I. SPRENT: Nature (Lond.)
182, 1321—1322 (1958). — BARHAM, W. S., and N. N. WINSTEAD: Proc. Amer.
Soc. horticult. Sci. **69**, 372—377 (1957). — BERGFELD, R.: (1) Z. Vererbungslehre
89, 131—142 (1958). — (2) Z. Vererbungslehre **89**, 143—160 (1958). — BHAT,
N. R., and C. T. PATEL: J. Indian bot. Soc. **36**, 523—534 (1957). — BLIXT, S.,
L. EHRENBERG u. O. GELIN: Agric. Hort. genet. **16**, 238—250 (1958). — BODMER,
W. F.: Heredity (London) **12**, 363—370 (1958). — BOWDEN, W. M.: Canad. J.
Bot. **36**, 101—123 (1958). — BRADSHAW, A. D.: New Phytologist **57**, 66—84 (1958).
— BRAUN, M.: Planta (Berl.) **50**, 144—176 (1957). — BREITENFELD, C.: Z. Pflanzenzücht. **38**, 275—312 (1957). — BREWBAKER, J. L.: Hereditas (Lund) **44**, 547—553
(1958). — BRINK, R. A.: (1) Genetics **43**, 435—447 (1958). — (2) Science **127**,
1182—1183 (1958). — (3) Genetics **41**, 872—889 (1956). — (4) Cold Spr. Harb.
Symp. quant. Biol. **23**, 379—391 (1958). — (5) J. cell. comp. Physiol. **52**, Suppl. 1,
169—196 (1958). — BRINK, R. A., u. B. MIKULA: Z. Vererbungslehre **89**, 94—102
(1958). — BRINK, R. A., and W. H. WEYERS: Proc. nat. Acad. Sci. **43**, 1053—1060
(1957). — BRINK, R. A., and D. R. WOOD: Amer. J. Bot. **45**, 38—44 (1958). —
BROCK, R. D.: J. Aust. Inst. Agricult. Sci. **23**, 39—50 (1957). — BURDICK, A. B.:
Cytologia, Suppl. Bd. **1956**, 506—510 (1957). — BUTTENSCHÖN, H.: Z. Pflanzen-
zücht. **40**, 225—261 (1958).
CAMERON, D. R.: Amer. J. Bot. **45**, 564—566 (1958). — CAMPBELL, A. B., and
R. C. McGINNIS: Canad. J. Plant Sci. **38**, 184—187 (1958). — CATCHESIDE, D. G.:
C. R. Lab. Carlsberg, Sér. physiol. **26**, 31—39 (1956). — CHURCH, G. L.: Amer.
J. Bot. **45**, 410—417 (1958). — CLELAND, R. E.: (1) Planta (Berl.) **51**, 378—398
(1958). — (2) Genetics **43**, 1—2 (1958). — (3) Year Book Amer. Philosophical Soc.
1957, 113—117. — CLIFFORD, H. T.: New Phytologist **57**, 1—10 (1958). — COLEMAN,
O. H., and I. E. STOKES: Agronomy J. **50**, 120—121 (1958). — COMSTOCK, R. E.,
T. KELLEHER and E. B. MORROW: Genetics **43**, 634—646 (1958). — COPE, F. W.:
Nature (Lond.) **181**, 279 (1958). — CUANY, R. L., A. H. SPARROW u. V. POND:
Z. Vererbungslehre **89**, 7—13 (1958).
DADAY, H.: Heredity (London) **12**, 169—181 (1958). — DAVERN, C. I., J. W.
PEAK and F. H. W. MORLEY: Aust. J. Agricult. Res. **8**, 121—134 (1957). — DAVIS,
E. W.: J. Hered. **49**, 31—32 (1958). — DAVIS, E. W., L. A. TAYLOR and R. P.
ASH: Genetics **43**, 16—34 (1958). — DIERKS, W. (Z. Pflanzenzücht. **40**, 67—102
(1958). — DRESSLER, O.: Z. Pflanzenzücht. **40**, 385—424 (1958).
ERNST, A.: (1) Arch. Klaus-Stift. Vererbungsforsch. **32**, 15—217 (1957). —
(2) Z. Vererbungslehre **88**, 517—599 (1957). — EHRENBERG, A., L. EHRENBERG
u. K. G. ZIMMER: Acta chem. scand. **11**, 199—201 (1957). — EHRENBERG, L., u.
A. GUSTAFSSON: Hereditas (Lund) **43**, 595—602 (1957). — EHRENBERG, L., A.
GUSTAFSSON u. U. LUNDQVIST: Acta chem. scand. **10**, 492—494 (1956). — EHREN-
BERG, L., U. LUNDQVIST u. G. STRÖM: Hereditas (Lund) **44**, 330—336 (1958). —
EHRENDORFER, F.: (1) Almanach der Stadt Wien, 1958. — (2) Öst. bot. Z. **105**,
229—279 (1958). — (3) Öst. bot. Z. **105**, 212—228 (1958).
FOGLE, H. W.: J. Hered. **49**, 294—298 (1958). — FOWLER, D. P., u. C. HEIM-
BURGER: Silvae genet. (Frankfurt a. M.) **7**, 81—86 (1957). — FRANKEL, O. H.:

J. Aust. Inst. Agricult. Sci. **24**, 112—123 (1958). — FRANKEL, O. H., and J. D. WILLIAMS: J. Aust. Inst. Agricult. Sci. **24**, 162—163 (1958).

GATES, C. E., R. E. COMSTOCK and H. F. ROBINSON: Genetics **42**, 749—763 (1957). — GATES, R. R.: Den Haag: Dr. W. JUNK 1958. — GAUL, H.: (1) Z. Naturforsch. **12**b, 557—559 (1957). — (2) Z. Pflanzenzücht. **38**, 63—76 (1957). — GELIN, O., L. EHRENBERG u. S. BLIXT: Agric. Hort. genet. **16**, 78—102 (1958). — GILBERT, N. E. G.: Heredity **12**, 477—492 (1958). — GLADSTONES, J. S.: Aust. J. Agricult. Res. **9**, 473—482 (1958). — GOLDSCHMIDT, R. B.: Amer. Naturalist **92**, 93—104 (1958). — GOPLEN, B. P., J. E. R. GREENSHIELDS and H. BAENZIGER: Canad. J. Bot. **35**, 583—593 (1957). — GOTTSCHALK, W.: Angew. Bot. **32**, 147—152 (1958). — GREBENŠČIKOV, I.: Züchter **28**, 233—237 (1958). — GRIFFING, B.: Austr. J. biol. Sci. **11**, 219—245 (1958). — GÜNTHER, E.: (1) Flora (Jena) **144**, 497—517 (1957). — (2) Z. Pflanzenzücht. **39**, 325—338 (1958).

HAGBERG, A., A. GUSTAFSSON u. L. EHRENBERG: Hereditas (Lund) **44**, 523 bis 530 (1958). — HAGEMANN, R.: Z. Vererbungslehre **89**, 587—613 (1958). — HARBORNE, J. B.: Nature (Lond.) **181**, 26—27 (1958). — HARBORNE, J. B., and H. S. A. SHERRATT: Nature (Lond.) **181**, 25—26 (1958). — HAUS, T. E.: J. Hered. **49**, 179—180 (1958). — HAYMAN, B. I.: (1) Genetics **43**, 63—85 (1958). — (2) Heredity (Lond.) **12**, 371—390 (1958).

JINKS, J. L., and R. M. JONES: Genetics **43**, 223—234 (1958). — John Innes Horticultural Institution, 49. Annual Report 1958. — JOHNSON, L. P. V., and G. I PAUL: Canad. J. Plant Sci. **38**, 219—233 (1958). — JONES, R. M., and K. MATHER: Biometrics **14**, 489—498 (1958). — JOYNER, J. F., and J. B. PATE: J. Hered. **49**, 152—184 (1958).

KANEKO, K.: Jap. J. Genet. **32**, 300—305 (1957). — KAPPUS, A.: Z. Vererbungslehre **89**, 647—650 (1958). — KEDHARNATH, S., and R. A. BRINK: Genetics **43**, 695—704 (1958). — KIMURA, M.: Heredity **12**, 145—167 (1958). — KOBABE, G.: Z. Pflanzenzücht. **40**, 353—384 (1958). — KÖHLER, D.: Z. Vererbungslehre **89**, 437—447 (1958). — KRANZ, A. R.: Z. Pflanzenzücht. **38**, 101—146 (1957). — KRUCKEBERG, A. R.: Evolution (Lancaster, Pa.) **11**, 185—211 (1957). — KUKABE, O. BANGA u. J. PETIET: Euphytica **7**, 21—30 (1958). — KUSPIRA, J., and J. UNRAU: (1) Canad. J. Plant Sci. **38**, 199—205 (1958). — KUSPIRA, J., and J. UNRAU: (2) Canad. J. Plant Sci. **37**, 300—326 (1957).

LACZYNSKA-HULEWICZOWA, T.: Roczn. Nauk. Roln. Ser. A **79**, 151—160 (1958). — LAIBACH, F.: Planta (Berl.) **51**, 148—166 (1958). — LAMPRECHT, H.: (1) Agric. Hort. genet. **15**, 142—154 (1957). — (2) Agric. Hort. genet. **15**, 169—193 (1957). — (3) Agric. Hort. genet. **16**, 1—8 (1958). — (4) Agric. Hort. genet. **16**, 49—53 (1958). — (5) Agric. Hort. genet. **16**, 103—111 (1958). — (6) Agric. Hort. genet. **16**, 112—129 (1958). — (7) Agric. Hort. genet. **16**, 145—195 (1958). — (8) Agric. Hort. genet. **16**, 130—144 (1958). — (9) Agric. Hort. genet. **16**, 196—208 (1958). — LANGRIDGE, J.: Aust. J. biol. Sci. **11**, 58—68 (1958). — LAWRENCE, W. J.: Heredity **12**, 333—356 (1958). — LEBEDEFF, G. A.: J. Hered. **49**, 129—132 (1958). — LEWIS, C. F.: (1) J. Hered. **48**, 169—171 (1957). — (2) J. Hered. **49**, 267—271 (1958). — LEWIS, D., and L. K. CROWE: Heredity **12**, 233—256 (1958). — LINDQUIST, K.: Hereditas (Lund) **44**, 347—377 (1958). — LINNERT, G.: Z. Vererbungslehre **89**, 36—51 (1958). — LOEGERING, W. Q., and J. R. GEIS: Phytopathology **47**, 740—741 (1957). — LUNDQUIST, A.: (1) Hereditas (Lund) **44**, 174 bis 188 (1958). — (2) Hereditas (Lund) **44**, 193—256 (1958). — LYALL, L. H., and V. R. WALLEN: Canad. J. Plant Sci. **38**, 215—218 (1958).

MALTZAHN, K. E. v.: Canad. J. Bot. **35**, 809—830 (1957). — MANGELSDORF, P. C.: Science **128**, 1313—1320 (1958). — MATHER, K., and R. M. JONES: Biometrics **14**, 343—359 (1958). — MATSUMURA, S.: Wheat Information Service **7**, 5—6 (1958). — MATSUMURA, S., and T. FUJII: Wheat Information Service **7**, 8—9 (1958). — MATSUMURA, S., T. FUJII and S. KONDÔ: Wheat Information Service **7**, 9—10 (1958). — MERTENS, T. R., and A. B. BURDICK: Amer. J. Bot. **44**, 391—394 (1957). — MEYER-UHLENRIED: Züchter **28**, 209—216 (1958). — MICKE, A.: Z. Pflanzenzücht. **39**, 419—437 (1958). — MODE, C. J., and C. W. SCHALLER: Agronomy J. **50**, 15—18 (1958). — MOFFETT, A. A., and K. NIXON: Heredity **12**, 199—212 (1958). — MORAN, P. A. P.: Proc. roy. Soc. Ser. B **149**, 102—112 (1958). — MORLEY, F. H. W.: Aust. J. biol. Sci. **11**, 261—274 (1958). — MORLEY, F. H. W.,

H. Daday and J. W. Peak: Aust. J. Agricult. Res. **8**, 635—651 (1957). — Mosig, G.: Z. Vererbungslehre **89**, 471—472 (1958). — Müntzing, A.: Hereditas (Lund) **44**, 145—160 (1958).
National Institute of Genetics, No. 8, Annual Report 1957. — Nei, M., u. K. Syakado: Jap. J. Genet. **33**, 46—51 (1958). — Nelson, O. E.: Amer. Naturalist **91**, 331—332 (1957). — Nover, I., u. G. Bandlow: Züchter **28**, 184—189 (1958). — Nuffer, M. G.: Genetics **42**, 273—282 (1957).
Oka, H. I.: J. Genet. **55**, 397—409 (1957). — Oka, H. J., J. Hayashi and I. Shiojiri: J. Hered. **49**, 11—14 (1958).
Pal, B. P., S. M. Sikka, M. S. Swaminathan and A. T. Natarajan: Wheat Information Service **7**, 11—15 (1958). — Palmer, T. P.: Heredity **12**, 417—428 (1958). — Pandey, K. K.: Nature (Lond.) **181**, 1220—1221 (1958). — Parsons, P. A.: (1) Heredity **11**, 411—421 (1957). — (2) Genetica **29**, 222—237 (1958). — Petersen, H. J.: Z. Pflanzenzücht. **39**, 187—224 (1958). — Peterson, A.: Amer. Naturalist **92**, 111—119 (1958). — Peterson, P. A.: J. Hered. **49**, 121—124 (1958). — Peterson, R. F.: Empire J. exp. Agricult. **26**, 104—122 (1958). — Pollak, E., H. F. Robinson and R. E. Comstock: Amer. Naturalist **91**, 387—391 (1957). — Postlethwait, S. N., and O. E. Nelson: Amer. J. Bot. **44**, 628—633 (1957). — Prakken, R., en J. H. van der Veen: Genen en Phaenen **3**, 29—43 (1958).
Renner, O.: (1) Planta (Berl.) **48**, 343—392 (1957). — (2) Z. Vererbungslehre **89**, 14—35 (1958). — (3) Z. Vererbungslehre **89**, 377—396 (1958). — (4) Flora (Jena) **145**, 339—373 (1958). — Reznik, H.: Planta (Berl.) **51**, 694—704 (1958). — Rhoades, M. M.: (1) Genetics **41**, 1—3 (1956). — (2) Biographical Memoirs **30**, 329—347 (1957). — Robson, D. S.: Cornell University 1958. — Röbbelen, G.: Z. Naturforsch. **13** b, 14—16 (1958). — Rosen, G. v.: (1) Hereditas (Lund) **43**, 644—664 (1957). — (2) Hereditas (Lund) **44**, 123—144 (1958). — Ross, H.: Proc. 3. Conference Potato Virus Deseases, Lisse-Wageningen, 204—211 (1957). — Rudorf, W.: Phytopathol. Z. **31**, 371—380 (1958). — Rudorf, W., u. P. Schwarze: Z. Pflanzenzücht. **39**, 245—274 (1958). — Ryder, E. J.: Agronomy J. **50**, 298—301 (1958).
Sampson, D. R.: (1) Canad. J. Plant Sci. **38**, 8—11 (1958). — (2) Canad. J. Bot. **36**, 39—56 (1958). — Sand, S. A.: Genetics **42**, 685—703 (1957). — Savitsky, V. F.: Z. Pflanzenzücht. **40**, 1—36 (1958). — Sawant, A. C.: Proc. Amer. Soc. horticult. Sci. **71**, 330—333 (1958). — Scheibe, A., u. G. Hülsmann: Z. Pflanzenzücht. **39**, 299—324 (1958). — Schick, E. R., u. R. Reimann-Philipp: Züchter **27**, 300—332 (1957). — Schiemann, E.: Planta (Berl.) **52**, 77—95 (1958). — Schiemann, E., u. G. Staudt: Züchter **28**, 166—184 (1958). — Scholz, F.: (1) Z. Pflanzenzücht. **38**, 181—220 u. 225—274 (1957). — (2) Züchter **28**, 289—296 (1958). — Scholz, F., u. C. O. Lehmann: Kulturpflanze **6**, 123—166 (1958). — Schwanitz, F.: Züchter **28**, 3—14 (1958). — Scott, D. H., G. M. Darrow and D. P. Ink: Proc. Amer. Soc. horticult. Sci. **69**, 268—277 (1957). — Sen, P. K., and G. N. Mitra: Nature (Lond.) **182**, 119—120 (1958). — Sharman, B. C.: Nature (Lond.) **181**, 929 (1958). — Sherratt, H. S. A.: J. Genetics **56**, 28—36 (1958). — Sherratt, H. S. A.: Nature (Lond.) **181**, 26 (1958). — Sillimann, F. E., and R. S. Leisner: Amer. J. Bot. **45**, 730—736 (1958). — Smith, H. H., and S. A. Sand: Genetics **42**, 560—582 (1957). — Soost, R. K., and J. W. Lesley: J. Hered. **48**, 285—289 (1957). — Stebbins, G. L.: (1) Amer. Naturalist **91**, 337—354 (1957). — (2) Evolution (Lancaster, Pa.) **12** (1958). — Steiner, E.: Amer. J. Bot. **44**, 582—585 (1957). — Steiner, E., and M. S. Schultz: Science **127**, 516—517 (1958). — Stephens, S. G.: Techn. Bull. **131**, 1—32 (1958). — Stern, K.: Silvae genet. (Frankfurt a. M.) **7**, 41—80 (1958). — Stoy, V., u. A. Habgerg: Hereditas (Lund) **44**, 516—522 (1958). — Stubbe, H.: Kulturpflanze **6**, 89—115 (1958). — Sybenga, J.: Z. Vererbungslehre **89**, 338—354 (1958).
Troll, H. J.: Z. Pflanzenzücht. **39**, 35—46 (1958).
Unrau, J., J. Kuspira and R. F. Peterson: Canad. J. Plant Sci. **38**, 268—269 (1958).
Wallace, R. H., and H. M. Habermann: Plant Physiol. **33**, 252—254 (1958). — Wettstein, D. v.: Hereditas (Lund) **43**, 298—302 (1957). — Wheat Information Service No. 7 (1958). Kyoto, Japan. — Wood, D. R., and R. A. Brink: Proc.

nat. Acad. Sci. (Wash.) **42**, 514—519 (1956). — WRIGHT, G. M.: Wheat Information Service **7**, 12—13 (1958).

YAMASHITA, K., and M. OKUDA: Wheat Information Service **7**, 3—4 (1958).

ZIMMER, K. G.: Hereditas (Lund) **43**, 201—210 (1957). — ZIMMER, K. G., L. EHRENBERG u. A. EHRENBERG: Strahlenther. **103**, 3—15 (1957). — ZIMMER-MANN, L. H.: J. Hered. **48**, 242—243 (1957). — ZUBER, M. S., C. O. GROGAN, W. L. DEATHERAGE, J. E. HUBBARD, W. E. SCHULZE and M. M. MCMASTERS: Agronomy J. **50**, 9—12 (1958).

19. Cytogenetik.

Von JOSEPH STRAUB, Köln.

Der Beitrag folgt in Band XXII.

20. Wachstum.

Von JAKOB REINERT, Tübingen.

Der Beitrag folgt in Band XXII.

21a. Entwicklungsphysiologie.

Von ANTON LANG, Pasadena (Californien).

Dieser Beitrag folgt in Band XXII.

21b. Physiologie der Fortpflanzung und Sexualität.

Von Hansferdinand Linskens, Nijmegen (Holland).

Allgemeines.

Die Weitergabe von genetischen Informationen von einem Individuum auf ein anderes ist kein Monopol der sexuellen Fortpflanzung [Pontecorvo (2)]. Wenn man die sexuelle Fortpflanzung definiert als den regelmäßigen Wechsel von Karyogamie und Meiose in einem Lebenscyclus und die damit verbundene Möglichkeit der Rekombination, dann ist die Entdeckung neuer „genischer Systeme" für die große Zahl der asexuellen Mikroorganismen das bedeutendste wissenschaftliche Ereignis der letzten Jahre. Der „Tanz der Gene" (Muller), ihre Pool-Bildung und die „Speicherung" von recessiven Mutanten der Heterozygoten können also auch durch andere Mechanismen sichergestellt werden [Lederberg (2)]: durch Transformation (Hotchkiss), durch Transduktion mit Hilfe von Bakteriophagen (Zinder und Lederberg), durch quasi-sexuelle Fortpflanzung [Lederberg (1)], durch Lysogenie (Lwoff, Jacob und Wollman), durch parasexuelle Cyclen [Pontecorvo (1)]. Alle diese „neuen" Systeme haben mit einer echten sexuellen Fortpflanzung gemeinsam, daß sie erbliche Determinanten verschiedener cellulärer Herkunft in einer Zelle zusammenkommen lassen, — mit anderen Worten: sie sichern die genetische Rekombination. Die Formen der sexuellen und parasexuellen Rekombination lassen sich in folgender Weise zusammenstellen:

		Art der Zygoten-Bildung	
		Transfer des ganzen Genoms (holozygotisch)	Transfer eines Teiles des Genoms (merozygotisch)
Art der Rekombination, Reduktion und Trennung	koordiniert (z.B. meiotisch)	sexueller Cyclus (höhere Organismen, *Ascomyceten*)	Transduktion (*Escherichia coli*) Transformation (*Pneumococcus*)
	unkoordiniert (z.B. mitotisch)	parasexueller Cyclus (*Aspergillus, Penicillium, Fusarium*)	Lysogenie (*Escherichia coli*)

Theorien. Aus einer Übersicht der für die Gestaltung der Pflanzen grundlegenden Gene sowie der Wirkung interspezifischer Gene formuliert Lamprecht erneut sein vegetativ-floreales Gensystem. Die Gene, die für die Umwandlung vegetativer Teile in funktionstaugliche florale verantwortlich sind, werden unwirksam, sobald ein interspezifisches Gen für den vegetativen Teil zu einem artfremden

Allel mutiert. Wenn ein interspezifisches Gen für den floralen Teil zu einem artfremden Allel mutiert, entstehen ausschließlich in diesem Teil zu Sterilität führende Umbildungen. Diese Mutationen sollen nicht die Gene als solche treffen, sondern die für ihre Synthese (Reproduktion) erforderlichen Stoffe, die „Progene". Das Auftreten des neuen Genallels ist also nur die Folge der „Progen-Mutation". Die eigenwillige Hypothese dürfte nicht allgemein anerkannt werden.

Eine Theorie der Differenzierung auf Grund inäqualer Chromosomen- und Karyotypen-Verteilung legt das Ehepaar SHARMA vor. MATHER und JINK machen darauf aufmerksam, daß die somatische Entwicklung und Differenzierung in charakteristischer Weise von plasmatischen Veränderungen abhängen, während diese Stadien Zeiten der Kernstabilität sind. Kernänderungen sollen daher nicht Primärursache der Entwicklung und Differenzierung sein, sondern Sekundäreffekte. Dieses sich hinsichtlich seiner Potenzen stets mehr einengende Cytoplasma wird durch sexuelle Reproduktion verjüngt, gereinigt, standardisiert und erhält so seine volle Differenzierungskapazität wieder.

Physiologie der Meiose.

Die Induktion der Meiose in einem sich mitotisch teilenden Gewebe ist ein Grundproblem biologischer Forschung. Für die Kausalanalyse des Induktionsprozesses sind die Antheren höherer Pflanzen besonders geeignete Objekte. In der Berichtszeit hat sich das Interesse wiederum auf die Nucleinsäureverschiebungen sowie auf Veränderungen der Sulfhydryl-Konzentration gerichtet. Cytologisch läßt sich feststellen (STEFFEN und LANDMANN), daß sich vor der Meiose und vor der Tetradenbildung die Zahl der plasmatischen Organelle (Chondriosomen, Spärosomen, Proplastiden) in den Pollenmutterzellen erhöht, nicht aber in den Tapetumzellen. Nach Tracerexperimenten von TAYLOR verläuft die Synthese der DNS während der prämeiotischen Interphase, in den Kernen der Tapetumzellen erfolgt sie in 2 Etappen jeweils vor einer Mitose. Demgegenüber hört die Synthese der RNS in den Kernen und dem Cytoplasma während der Chromosomenpaarung im Zygotän und in den letzten Teilungsstadien sowie den Zeiten der DNS-Synthese auf oder läßt zumindest stark nach. Zwischen den Synthesestadien und den cytologischen Zuständen bestehen also allgemeine Zusammenhänge (MOSES und TAYLOR). Für einen Transfer von DNS-Bausteinen aus dem degenerierenden Tapetum zu den sich schnell teilenden Gonotokonten sprechen Analysen [LINSKENS (1)], die damit ältere cytologische Befunde von COOPER zu untermauern scheinen. Auch die Befunde von FOSTER und STERN, daß die Menge der löslichen Desoxyriboside jeweils kurz vor der DNS-Synthese in den Antheren um das etwa 25fache ansteigt, sind hier zu erwähnen. Ob damit genetische Konsequenzen zu verbinden sind, ist nicht untersucht. Jedenfalls ist der Chromosomenstoffwechsel zeitens der Meiose verschieden gegenüber den mitotischen Stadien (SHARMA und SARKAR).

Die allgemeine Auffassung, daß lösliche Thiol-Verbindungen mit der Zellteilung in Zusammenhang stehen, scheint sich auf den Teilungsprozeß spezialisieren zu lassen [STERN (1)]. Der Meiose geht eine Vermehrung der löslichen SH-Gruppen voraus. Während der Teilung, etwa ab Diakinese, tritt ein starker Abfall der Konzentration der löslichen Sulfhydrylgruppen, verbunden mit einem Anstieg der löslichen Disulfide, auf. Möglicherweise besteht ein Zusammenhang zwischen Sulfhydryl-Konzentration und Chromosomenkondensation [STERN (2)]. Eine getrennte Analyse der Schwefelverbindungen für Tapetumbrei und Gonotokonten, die einige Aufklärung für den Kausalzusammenhang verspricht, steht noch aus.

Das Einsetzen der Meiose im Ovar wird nicht erst durch eine erfolgreiche Bestäubung bewirkt. Wohl aber ist die Pollination oder ersatzweise eine Behandlung mit Naphthylessigsäure für einen raschen Ablauf der Meiose wichtig [HESLOP-HARRISON (2)]. Im Gegensatz zu früheren Untersuchern findet VASIL, daß in exstirpierten Antheren bei Zugabe von Cocosnuß-Milch (25%) oder Kinetin (0,01%) ein hoher Prozentsatz der Pollenmutterzellen eine normale Meiose bis zum Tetradenstadium durchläuft. In der frühen Prophase kann in den Chromomeren der homologen Chromosomen eine Anhäufung von Zink (positive Dithizon-Färbung), besonders im Pachytän, nachgewiesen werden (MIZUNO). Möglicherweise liegen hier Zusammenhänge mit dem Bewegungs- und Paarungsverhalten der Chromosomen vor [FUJII (1, 2)]. Durch starke Magnetfelder sind Kern- und Chromosomen-Anomalien in den Pollenmutterzellen zu erzeugen (CELESTRE).

Gamone.

Die Untersuchung der befruchtungsbedingenden Hormone brachte weitere interessante Aufklärungen. So konnte MACHLIS (1—3) bei Artbastarden von *Allomyces microgynus* × *A. arbuscula* anstelle der hermaphroditen Eltern eingeschlechtliche Rassen erzielen, bei denen während der Entwicklung des weiblichen Gametophyten ein stoffliches Prinzip produziert und in das umgebende Milieu ausgeschieden wird, das die männlichen Gameten anlockt. Die relativ hitze- und lichtstabile Substanz wurde Sirenin genannt. Der neutrale, niedermolekulare Stoff ließ sich in größeren Mengen gewinnen, konzentrieren und reinigen. Die weitere Analyse ergab eine Molekülgröße von etwa 400 und eine empirische Formel von $C_{21}H_{36}O_7N$ sowie die Anwesenheit von Keton-, Aldehyd-, Methoxy-Gruppen und eines Lakton-Ringes.

Bei der Isolierung der *Mucorineen*-Sexualstoffe konnten PLEMPEL und BRAUNITZER weitere Fortschritte machen. Die Gewinnung im präparativen Maßstab und Anreicherung auf das 10000fache beim (+)-Gamon, auf das 4500fache beim (—)-Gamon lassen eine Aussalz-chromatographie auf Papier zu.

Für die kreisende Bewegung der Spermien von *Melosira moniliformis* (zentrische Diatomee) deutet VON STOSCH eine Taxis an, der chemische Reize zugrunde liegen. Die anlockenden Stoffe von möglicherweise konstitutioneller Verwandtschaft mit den Gamonen exosmieren aus dem Plasmarestkörper.

Die Untersuchung der Sexualreaktion der *Flagellaten* wird von TRAINOR (1) auf *Chlamydomonas chlamydogama* ausgedehnt. Diese Species benötigt zur Zygosporen-Bildung Licht; 12stündiger Licht-Dunkelwechsel bei 22° C ist einer Dauerbeleuchtung überlegen. Von großer Bedeutung ist der Stickstoffspiegel: steigt die Konzentration über 0,011% Ammoniumnitrat, so hört die Zygosporenbildung auf, das Optimum liegt bei 0,003%. Für eine maximale Zygosporenbildung ist eine starke Beleuchtung (100—600 lm/$9,29 \times 10^2$ cm^2) notwendig; bei 60 ft.c findet jedoch noch Gruppenbildung statt. In Übereinstimmung mit BERNSTEIN und JAHN wird daher angenommen, daß bei *Chl. chlamydogama* die Sexualisierung eine 2-Schritt-Reaktion ist; durch reduzierte Photosynthese wird die Gruppenbildung aktiviert, durch verstärkte Photosyntheseaktivität wird die Paarung und Gametenverschmelzung stimuliert. Die Befunde sind also durchaus auf der Grundlage einer partiellen oder vollständigen Zerstörung licht- und temperaturabhängiger Substanzen im Anschluß an Befunde von FÖRSTER und WIESE (s. Fortschr. Bot. **20**, 267 f.) bei *Chl. eugametos* und *Chl. reinhardti* zu erklären.

Bei einer vergleichenden Untersuchung des Sexualverhaltens von 4 *Chlamydomonas*-Arten ergab sich [TRAINOR (2)], daß bei 3 Species (*Chl. chlamydogama, Chl. eugametos, Chl. reinhardti*) die Sexualisierung durch das Niveau des Ammoniumnitrates im Medium bestimmt wird. Für die Stärke der Zygosporenbildung ist bei *Chl. chlamydogama* und *Chl. eugametos* die Beleuchtungs-Periodizität von Bedeutung. *Chl. eugametos* und *Chl. moewusii*, die interfertil sind, verhalten sich hinsichtlich der Verschmelzungsreaktion physiologisch verschieden. Das „*Chlamydomonas*-Problem" wird, wie ersichtlich, durch Species-Spezifität noch weiterhin kompliziert.

Chemotaxis der Zoosporen.

FISCHER und WERNER (1, 2) setzten ihre Untersuchungen über den Chemotropismus bei den *Saprolegniaceen* fort und erweiterten sie auf die Schwärmsporen. Auch hier ist ein im Wasser diffusibles stoffliches Prinzip für die Anlockung und die Enzystierung nachzuweisen. Positiv chemotaktisch wirken vor allem die Alkalichloride in der Folge der lyotropen Reihe, sowie $CaCl_2$ und $MgCl_2$. Von dialysierbaren Verunreinigungen befreite Protein-Lösungen erwiesen sich als unwirksam. Wohl aber kann durch Gemische von Aminosäuren schon in sehr schwachen Konzentrationen die Wirkung von Alkali- und Erdalkalisalzen stark gesteigert werden. Für die der Enzystierung vorangehenden Vorgänge des Unbeweglichwerdens erwiesen sich hingegen allein organische Stoffe als wirksam. Eine fast schockartige Fixierung unter reversibler Lähmung des Geißelschlages ließ sich mit Nicotinsäureamid in 10^{-7} molarer Lösung erzielen. Da ebenfalls durch Codehydrase I die fixierende Wirkung erzielt werden kann, wird angenommen, daß diese Stoffe auf dem Wege über die Blockierung energieliefernder Prozesse, vor allem der Glykolyse, wirken.

Geschlechtsbestimmung bei Blütenpflanzen.

Der Mechanismus der Geschlechtsbestimmung bei diözischen Blütenpflanzen wird von WESTERGAARD zusammenfassend behandelt. Es sind Typen zu unterscheiden, die sich auf verschiedenen Stufen des Evolutionsprozesses von der Monöcie bzw. dem Hermaphroditismus zur Diöcie befinden. Der primitivste 1. Typ wird durch *Ecballium, Mercurialis* und *Thalictrum* repräsentiert. Bei diesem ist Diöcie nicht stabilisiert; die Geschlechtsausbildung läßt sich daher durch äußere Bedingungen modifizieren. Bisexuelle Pflanzen können modifikatorisch erzeugt

werden. Der 2. Typ (*Carica, Melandrium*) ist hinsichtlich der Geschlechtsausbildung weniger modifikabel; das homogametische Geschlecht ist
stabiler als das heterogametische. Bisexuelle Formen können eher durch
Mutation als durch Modifikation entstehen. Beim 3. Typus (*Rumex
acetosa, Humulus japonicus*) erfolgt die Geschlechtsbestimmung durch
die Balance zwischen X-Chromosom und Autosomen. Die Geschlechtsausbildung ist kaum modifizierbar. Bisexuelle Pflanzen entstehen durch
Mutation.

Die Evolution von Monöcie zur Diöcie kann durch ein einziges
genetisches Ereignis vollzogen worden sein. Die Phänogenese der
Geschlechtsorgane des Sporophyten der Blütenpflanzen kann dadurch
bestimmt werden, daß das Gleichgewicht der Realisator-Gene das hormonale Verhältnis Auxin/Antiauxin steuert. Je größer dieses Auxin/
Antiauxin-Verhältnis in den Blättern ist, um so niedriger ist der Entwicklungszustand der Blütenteile [RESENDE (3)]. Vielleicht spielt auch
nur der einfache Auxinspiegel bei der hormonalen Kontrolle der Geschlechtsausbildung die entscheidende Rolle (BAKER).

Die Realisierung einer vollständigen, normalen Inflorescenz kann als
eine Aufeinanderfolge von bestimmten Reaktionsschritten angesehen werden, deren jeder die Voraussetzung für den nächstfolgenden ist. Lediglich
das Initialstadium ist genotypisch oder phänotypisch determiniert. Es
gelang RESENDE (2), blütenlose Inflorescenzen bei *Aloe* herzustellen, an
denen eine Untersuchung der fundamentalen physiologischen Unterschiede zwischen einem vegetativen und einem Blüten-Vegetationspunkt
möglich werden kann.

Eine Beziehung zwischen der sexuellen Differenzierung und
der Pigmentausstattung (Anthocyane) besteht nicht (HARTSHORNE).
Hingegen bestehen charakteristische physiologische Verschiedenheiten
zwischen den männlichen und weiblichen Pflanzen von *Carica papaya:*
männliche Pflanzen zeichnen sich durch hohen Kohlenhydrat-, Phosphor-,
Chlorophyll a- und b-Gehalt, weibliche Pflanzen durch relativ höheren
Gesamtstickstoff-, Kali-, Carotin- und Xanthophyll-Gehalt aus. Es
besteht offensichtlich ein geschlechtsverschieden starker Nährstrom von
den Blättern zu den Blüten (CHOUDHRI, GARG u. BORAH).

Beeinflussung der Geschlechtsausprägung durch Außenfaktoren.

Die Temperatur übt auf die Geschlechtsausbildung von *Streptocarpus*-Bastarden einen entscheidenden Einfluß aus: hohe Temperaturen
(um 20° C) fördern die weibliche Ausprägung, tiefe Temperaturen
(10—15° C) führen zur Vermännlichung der Blüten. Bei der Rückkreuzung zeigen die Kältepflanzen einen reziproken Ausschlag nach der
weiblichen Seite. OEHLKERS, von dem diese interessanten Befunde
stammen, deutet sie durch eine positive Selektion von Plasmoneinheiten,
die sich auf die Geschlechtsrealisation beziehen. KNAPP (2) kann in
Phytotron-Untersuchungen nachweisen, daß sich die Eigenschaften von
Blüten und Inflorescenzen durch die Temperatur in artspezifischer Weise
beeinflussen lassen.

Auf Grund von Temperaturversuchen mit diploiden und hexaploiden Rassen von *Mercurialis annua* kommt THOMAS (1, 2) zu folgender Hypothese des Geschlechtsbestimmungsmechanismus: Für die Ausbildung weiblicher Blüten ist ein morphogenetischer Faktor notwendig. Solange die Konzentration desselben hoch genug ist, werden weibliche Blüten gebildet, unterhalb einer bestimmten Schwellenkonzentration erfolgt nur noch Ausbildung männlicher Blüten. In männlichen Pflanzen muß daher ein Gen auf dem Y-Chromosom ständig die Produktion oder Wirksamkeit dieses Faktors hemmen, so daß ausschließlich männliche Blüten gebildet werden. 2 n weibliche Pflanzen produzieren zahlreiche weibliche Blüten; erst gegen Ende der Vegetationsperiode, wenn die Konzentration des weiblichbestimmenden Faktors abgesunken ist, werden auch einige männliche Blüten entstehen können. Monöcische Pflanzen hingegen produzieren nur soviel von dem hypothetischen morphogenetischen weiblich-bestimmenden Faktor, daß er ausreicht für die Bildung einer weiblichen Blüte je Blattachsel. Die übrigen Blüten bleiben daher männlich.

Bei *Solanum nigrum* wird durch Applikation von Trijodbenzoesäure auf den Blättern in Abhängigkeit von Konzentration und Entwicklungszustand der Blütenanlagen eine zunehmende Reduktion der Antheren bis zum völligen Schwund des Androeceums beobachtet (KIERMAYER). Auf die Geschlechtsausprägung des diöcischen *Hanf* hat TIBA keinen Einfluß, wohl wird die Gesamtblütenzahl bei männlichen und weiblichen Pflanzen gleichermaßen erhöht. Die Pollenbildung und -fertilität bleibt bei Verwachsungen, die unter TIBA-Einwirkung an männlichen Blüten entstanden, jedoch normal. Es handelt sich daher wohl um eine lokale Störung des polaren Auxintransportes [HESLOP-HARRISON u. HESLOP-HARRISON (1)]. Der Effekt ist vergleichbar der Kohlenoxydwirkung bei *Mercurialis* [HESLOP-HARRISON (2)]. Man muß an die Möglichkeit denken, daß die Wirkung des CO in einer Hemmung der IES-Oxydase besteht, die eine Erhöhung des genuinen Wuchsstoffspiegels zur Folge hat.

Die Tageslänge hat bei *Cannabis* Einfluß auf die Geschlechtsverteilung: im Kurztag erfolgt eine starke Verschiebung in männlicher Richtung (LACZYNSKA-HULEWICZOWA). Ähnliche Beobachtungen machten HESLOP-HARRISON u. HESLOP-HARRISON (3, 4) bei *Silene pendula:* Im Langtag wird nicht nur das Androeceum unterdrückt, sondern auch die Größe der Corolle vermindert und das Gynoeceum stark vergrößert. Solche Effekte lassen sich auch durch Wuchsstoffbehandlung erzielen. Die Verfasser sehen darin eine Stütze ihrer These, daß der Einfluß der Tageslänge auf die Geschlechtsausprägung über den nativen Auxinstoffwechsel geht. Die Höhe des Auxinspiegels während der Differenzierung der Blütenprimordien ist entscheidend für das Geschlecht der sich differenzierenden Blüten [HESLOP-HARRISON (1)].

Durch Behandlung mit gonadotropem Placenta-Hormon soll sich bei *Urtica* neben einer Wachstumsbeschleunigung eine Beeinflussung des Geschlechtes nach der weiblichen Seite ergeben haben (PREDA u. GHISA). — Da der Einfluß von 2,4-D auf die Blüten sehr stark von dem Entwicklungs- und Wachstumszustand im Moment der Applikation abhängt, ist eine Anwendung in der Kreuzungstechnik (chemische Kastration) nicht anzuraten (SCHUSTER).

Übertragung des Blühimpulses.

Eine wichtige Arbeit von HAUPT zur Frage der Übertragbarkeit des Blühimpulses bringt neue Aspekte für die Alternative zwischen der „Blüh-Hormon-" und der „Blüh-Hemmungs"-Hypothese. Dabei muß die

Alternative so präzisiert werden: ob von einem bestimmten Zeitpunkt an eine stoffliche Fernwirkung vom Blatt auf den Vegetationspunkt ausgeht, die vorher nicht vorhanden war, — oder: ob umgekehrt eine solche stoffliche Fernwirkung von einem bestimmten Zeitpunkt an abnimmt bzw. ausbleibt. Die von HAUPT vorgelegten Ergebnisse, vor allem von Doppelpfropfungen, lassen sich ohne Annahme einer fördernden Fernwirkung kaum erklären. Sie stimmen daher auch mit den Pfropfexperimenten von ZEEVAART (1, 4, 5), HABERMANN u. WALLACE sowie LINCOLN, RAVEN u. HAMNER überein. Außerdem kommt aber durch das Zwischenschalten von nicht blühreifen Pfropfreisern mit Blättern oder Kotyledonen (HAUPT, ZEEVAART (3)] eine gewisse Hemmwirkung zustande. Diese ist aber auch durch die Annahme zu erklären, daß der den Blühimpuls transportierende Assimilationsstrom im Phloem [ZEEVAART (3)] infolge der Pfropfung nicht mehr ungestört den Vegetationspunkt erreicht. Solche Verschiebungen von Wasser und von Substanzen innerhalb einer Inflorescenz von Blüte zu Blüte lassen die zeitliche Abfolge des Blühvorganges auf Grund des Transfers von spezifischen Stoffen durchaus erklären (ULRICH und PAULIN). So schlägt HAUPT eine Kombination beider Hypothesen vor, „indem der Übergang zur Blütenbildung als Funktion eines komplizierten Zusammenspieles fördernder und hemmender Fernwirkungen aufgefaßt wird". Die Induktion selber ist aber ein irreversibles Phänomen [ZEEVAART (1)].

Die Akkumulation des Blühimpulses scheint in einem quantitativen Verhältnis zum Umfang der vegetativen Entwicklung zu stehen (HABERMAN und WALLACE). In diesem Sinne lassen sich allerdings die Ergebnisse von NASR-WAREING bei *Ribes nigrum* nicht deuten: Blüteninduktion ist unabhängig vom Streckungswachstum.

Die mineralische Ernährung übt lediglich einen indirekten Einfluß aus, der über die Stoffproduktion im allgemeinen und die Auxinproduktion im besonderen gehen kann (EL HINNAWAY).

Auch die Stärke der Blüh-Reaktion ist von der Anwesenheit von Knospen abhängig (LINCOLN, RAVEN und HAMNER). Die Natur der den Blühimpulsen zugrunde liegenden stofflichen Prinzipien scheint über die Familien hinaus gleich oder ähnlich zu sein [ZEEVAART (3, 4, 5)], wenngleich die Existenz mehrerer Blühmechanismen angenommen werden muß (WELLENSIEK). Es ließen sich mit Samenextrakten von *Phaseolus vulgaris* (BÜNSOW, PENNER und HARDER) und mit Giberellinen (BÜNSOW und HARDER) in Kurztag-Exemplaren von *Bryophyllum evenatum* Blütenbildungen hervorrufen. Aus der Tatsache, daß bei *Sedum ellarcombianum* der Übergang von Kurztag- zum Langtag-Habitus vor dem Erscheinen der Blütenknospen erfolgt und der Grad der Succulenz der Unterlagenblätter auf das Pfropfreis keinen Einfluß hat, schließt ZEEVAART (4, 5), daß Langtag-Habitus und Blütenbildung durch das gleiche stoffliche Prinzip bewirkt werden. Dies würde mithin gegen die HARDERschen „Metaplasin"-Vorstellungen sprechen. Giberellin selber dürfte kaum die Blühreaktion alleine auslösen können. Es bleibt die Möglichkeit, daß es an der Produktion des blüteninduzierenden Prinzips von mehrjährigen Langtagpflanzen beteiligt ist.

Daß außer spezifischen Stoffen das allgemeine physiologische Gleichgewicht [z. B. C/N-Quotient, Wuchsstoff/Hemmstoff-Verhältnis (MAHESHWARI; HESS), unspezifische Wirkungen wie Wasserdruck (FERLING)] für die Blütenbildung eine Rolle spielt, wird immer wieder gezeigt [RESENDE (1), LIBBERT]. Auch besteht ein Zusammenhang zwischen Steroid-Stoffwechsel und Induktion der reproduktiven Phase (SANDER), dessen Kausalnexus jedoch noch unklar ist.

Abwerfen von Blütenorganen.

Eine Zusammenfassung der Arbeiten bis 1955 gaben ADDICOT und LYNCH. Sowohl für die Hauptstreckungsphase während der Fruchtentwicklung, als auch für den Abwerf-Mechanismus von Blütenteilen und Früchten sind Wuchsstoffe verantwortlich (LUCKWILL). Doch scheinen diese verschiedenen Typen anzugehören. Die sich entwickelnden, befruchteten Samenanlagen haben auf jüngere Blüten der gleichen Inflorescenz einen Abwurf-induzierenden Effekt (VAN STEVENINCK). Blütenfall kann durch Applikation von Saccharose-Lösungen (6—8%ig) und Borsäure (0,1%ig) verhindert werden (AARTS). Auch die positive Wirkung von Wuchsstoffspritzungen wird wiederholt beschrieben (z. B. GANGOLLY u. PANDALAI).

In Wechselwirkung mit Auxin scheinen Aminosäuren den Abfall unbefruchteter Ovarien bei *Tabak* zu fördern (YAGER u. MUIR). Möglicherweise spielen die Methylgruppen bei der Sprengung der Calcium-Brücken in der Pektinlamelle der Trennschicht eine Rolle. In den letzten Stadien des Abblühens der *Rosen*-Petalen nimmt die Cytochromoxydase nach Überschreiten eines Atmungsmaximums teil. In der Endphase ist ein Pasteur-Effekt nachweisbar (SIEGELMAN, CHOW u. BIALE).

Physiologie des männlichen Gametophyten der Blütenpflanzen.

Auf diesen Gebieten dürften die wichtigsten Fortschritte in den Ergebnissen von STANLEY, YOUNG und GRAHAM aufzuzeigen sein. Sie fanden bei Tracerexperimenten, daß in vitro keimender Pollen von *Pinus ponderosa* Kohlendioxyd zu assimilieren vermag. Bereits nach wenigen Minuten kann das markierte Kohlenstoffatom wiedergefunden werden im Serin, in Asparagin und Glutamin sowie in zahlreichen organischen Säuren. Pollenschläuche absorbieren also während des Durchwachsens aus dem weiblichen Gewebe nicht nur Wasser und aktivieren Enzyme (STANLEY), sondern sind auch in der Lage, Substanzen aus dem Leitgewebe des anderen Geschlechtspartners zu absorbieren [LINSKENS und ESSER (1)] sowie Protein-Einheiten der Enzyme zu synthetisieren. Reduktion und Einbau des CO_2 sind an die Oxydation der Kohlenhydrate energetisch gekoppelt. Es ist möglich, daß neben dem Reservestoff des Pollens auch das weibliche Gewebe für die Substratlieferung eine Rolle spielt. Hinsichtlich des enzymatischen Mechanismus findet eine Adaption sowie eine Änderung im Laufe des Wachstumsprozesses statt: zunächst wird Glucose nach dem Embden-Meyerhof-Schema veratmet, nach etwa 15 h geht der Pollen über zu einer aeroben Atmung via Hexose-Monophosphat (STANLEY).

Pollenkeimversuche bieten weiterhin einigen Einblick in das mögliche physiologische Verhalten in vivo. Durch Kinetin wird das Längenwachstum der Schläuche gefördert und die Akkumulation von Stärke in den Schläuchen erhöht [KONAR (3)]. Auch der positive Boreffekt im Keimmedium wird wieder bestätigt (VASIL; LAJOS u. VAROCZY). Neben der Beeinflussung der Beweglichkeit der Reservestoffe und der Aktivitätserhöhung des ATP kann ein direkter physikochemischer Effekt nicht ausgeschlossen werden. Außer der Interpretation, daß Bor für den Vorgang der Kohlenhydratkondensation in den Zellwänden (SPURR) und die Translokation von Zuckern (CHKOLNIK, MAKAROVA, STEKLOVA u. EVSTAFLEVA) von Bedeutung ist, muß wohl die Tatsache, daß dieses Element als Komplexbildner eine Rolle spielen kann (SKOK), stärker berücksichtigt werden.

Daß die Lebensfähigkeit des Pollens von Lagerungstemperatur und Wassergehalt abhängt, wird für weitere Arten bestätigt (GOROVEC). Radioaktive Verbindungen im Medium können hemmend wirken (bereits bei 0,5 μC im 100 ml) (PLUMLER). Erst bei längerer Einwirkung von X-Virus tritt bei *Nicotiana* partielle Pollensterilität auf. Die Aktivitätssteigerung von Amylase und Invertase bei der Keimung ist jedoch bei den infizierten Pollen verringert. Alter Pollen kann durch verzögerte Quellung zur Keimung gebracht werden (SCHADE). Bei den für Kreuzungen und Bestäubungsversuche üblichen Kastrationen ist Vorsicht geboten: die Entfernung der Antheren kann zur Unterentwicklung und Reduktion der Corolle führen (ZANONI), wobei sich unter Umständen die Möglichkeit zur Fremdbefruchtung erhöht (MARIAKHINA).

Für eine normale Entwicklung der Pollen ist auf der Pflanze Licht, an abgeschnittenen Sprossen künstliche Saccharose-Zufuhr notwendig (FUKASAWA, MITO u. FUJIWARA). Bei *Solanum tuberosum* will man von haploiden Pflanzen fertilen Pollen gefunden haben (PELOQUIN u. HOUGAS). Über die erfolgreiche Gewebebildung aus Pollenschläuchen von *Gingko* berichtet TULECKE weitere Einzelheiten: aus der vegetativen Zelle, seltener aus der generativen, der Stiel- und Prothalliumzelle entstehen auf Cocosmilch-Medium unter Zusatz von wäßrigen Pollenextrakten undifferenzierte Gewebemassen. Es handelt sich dabei um den ersten Fall vegetativen Wachstums aus dem männlichen Gametophyten einer Samenpflanze. — Gigaspollen und vermehrte Keimsporenzahl braucht nicht unbedingt Ausdruck von Polyploidie (FUNKE) zu sein. Beide Größen können unabhängig voneinander auch durch Genmutation verändert werden (WEILING).

Die Grund-Architektur der Pollenwand wird bereits sehr früh festgelegt, während die Intine später aufgebaut wird. Abortierte Pollen sind hinsichtlich der Exine normal, es kann ihnen die Intine fehlen (EHRLICH). Der Exinecharakter wird durch die Temperatur wenig beeinflußt. Das Pollenvolumen läßt sich durch niedrige und hohe Nachttemperatur verringern; der größte Durchmesser bei *Tomaten* wird bei 17° C erzielt (KURTZ u. LIVERMAN). In zahlreichen Pollensorten kann Folsäure nachgewiesen werden (NIELSEN u. HOLMSTRÖM). Der Pollenkitt von *Galanthus nivalis* besteht aus fettem Öl, in dem ein oder mehrere Carotinoide gelöst sind; er ist in das lakunöse System der Exine aus der Antherenflüssigkeit eingelagert worden (PANKOW).

Physiologie des weiblichen Gametophyten der Blütenpflanzen.

Der weitere Ausbau der in vitro-Kultur von Fruchtknoten und befruchteten Eizellen gab der Untersuchung des weiblichen Gametophyten neuen Anstoß (P. MAHESHWARI). Wesentlich ist die ausreichende

Vitaminversorgung durch das Agarmedium (MAHESHWARI und LAL); bei Zusatz von Kinetin können reife, z. T. keimfähige Samen erzielt werden (N. MAHESHWARI). Eine interessante Untersuchung der Stickstoff-verbindungen im weiblichen Gametophyten von *Pinus roxburghii* hat KONAR (1, 2) vorgenommen; es besteht eine strenge Korrelation hin-sichtlich des quantitativen und qualitativen Aminosäuren-Gehaltes zwischen dem Gametophyten und dem Embryo. Das Verschwinden der Aminosäuren kann mit der Synthese von Reservestoffen in Verbindung gebracht werden. Der Präembryo enthält Saccharose, Glucose und Fructose; mit dem Einsetzen der Embryoentwicklung verschwinden Glucose und Fructose zugunsten von Trisacchariden, Stärke und Reserve-fetten. Gleichzeitig nimmt die Zahl der freien Aminosäuren progressiv ab, lediglich Asparagin bleibt unverändert nachweisbar [KONAR (2)].

Bei *Capsella* setzt das Breitenwachstum zu der typischen Dreiecksform der Frucht erst nach erfolgter Pollination ein. Das Längenwachstum der Samenanlage folgt zunächst einer konkaven Kurve, um später steil anzusteigen. Hier liegen offensichtlich Beziehungen zum Befruchtungsvorgang vor (HENRY). Die Tem-peratur ist nicht nur ein kritischer Faktor für die Blüteninduktion, sondern auch für die anschließende Entwicklung der Samenanlage (SEMENIUK).

Narbenphysiologie. Die Narben zahlreicher *Leguminosen* (*Lotus*-Arten) besitzen im Knospenstadium eine geschlossene Membran, die bei der Reife reißt und die Ausscheidung von Fett-Verbindungen ermöglicht, in denen die Pollenkörner haften bleiben [BURBAR (1)]. Der Narbenschleim besteht offensichtlich nicht nur aus wäßrigen Lösungen. Bei *Petunia* ließ sich nachweisen, daß die Pollen nach Einsinken in den Narbentropfen erst bei Erreichen der Papillenoberfläche zu quellen beginnen [LINSKENS und ESSER (2)]. Der Narbenschleim zeigt Isotropie (FREYTAG). Die Narbenschleimproduktion ist stark temperatur- und lichtabhängig [LINSKENS und ESSER (2)]. Bei den *Gramineen*-Narben läßt sich als Folge des Kontaktes mit Pollenkörnern eine Änderung der Färbbarkeit nach-weisen, an die sich eine schnelle Plasmacoagulation anschließt. Diese Narbenreaktion ist unabhängig von dem Bestäubungspartner (KATO und WATANABE). — Die Narbenlänge wird von einem polygenen System gesteuert (LAWRENCE).

Befruchtungsphysiologie der Blütenpflanzen.

Über die Befruchtung der *Phanerogamen* hat zusammenfassend mono-graphisch VAZART berichtet, wobei neuere physiologische Gesichtspunkte allerdings fehlen. Die Verwendung von radioaktiven Isotopen brachte neue Impulse für die Untersuchung des Befruchtungsprozesses, die z. T. seit 1953 von einer ukrainischen Arbeitsgruppe unter Leitung von POLYAKOW ausgingen. Es scheint sich zu bestätigen, daß der größte Teil des organischen Materials aus den Pollenschläuchen in das Ovar entleert wird und nach einer Kette von Umbauten schließlich Teil des organischen Materials der Samen wird. Die Placenta scheint dabei die Rolle einer Art Reservoir zu spielen, durch welches das Material, das durch zusätzliche Pollenschläuche, die nicht zur Kernverschmelzung gelangten, gespeichert und weiter verteilt wird (POLYAKOW, DMITRIEVA u. ZDRILKO).

Immer wieder wird von polyspermer Befruchtung berichtet (z. B. PODDUBNAJA-ARNOL'DI, MEDWEDEWA u. EIDUSS). In sauberen Versuchen konnte jedoch bei Bestäubung mit Pollengemischen das gleichzeitige Vorhandensein von Merkmalen der beiden an der Bestäubung beteiligten Väter in der Nachkommenschaft in keinem Fall ermittelt werden (ZACHOW). Das Wachstum der Samenanlagen scheint jedenfalls durch die zusätzlichen Pollenschläuche gefördert zu werden (PODDUBNAJA-ARNOL'DI, VERKERK). Für eine erfolgreiche Befruchtung ist offensichtlich eine „richtige" mengenmäßige Verteilung der plasmatischen Organelle von wesentlicher Bedeutung (RICHTER-LANDMANN).

Die Keimung der Pollen auf der Narbe hängt von dem Alter der Blüte ab (AJZENSHATAT u. SHIPILOVA), bei *Avena* kann sie bereits wenige Minuten nach Kontakt mit der Narbenoberfläche erfolgen (BROWN u. SHANDS). Die Samenanlagen aus jungen Blütenknospen haben einen stark hemmenden Effekt auf die Pollenkeimung. Die Hemmwirkung hängt vom Befruchtungszustand ab; bei unbefruchteten Samenanlagen fehlt die Keimhemmung. Der hemmende Faktor wirkt nicht nur auf arteigene Pollen und ist im Bereich der Samenschale lokalisiert. Nachdem schon einige physikalisch-chemische Eigenschaften des hemmenden Faktors bestimmt sind (Inaktivierung zwischen 264 und 273 mμ; hohe Thermostabilität) und die papierchromatographische Trennung ebenfalls gelang, darf man mit Spannung der Identifizierung entgegensehen (SCHWARZENBACH).

Während des Eindringens in den Griffel ernähren sich die Pollenschläuche zumindest teilweise aus dem Leitgewebe [LINSKENS und ESSER (1)]. Der Aufschluß der dort vorhandenen Metaboliten scheint durch Pollengemische erleichtert zu werden, auch wenn der fremde Pollen nicht bis zur Samenanlage vorzudringen vermag (SHCHEDRINA).

Physiologie der Inkompatibilität der Blütenpflanzen.

Auf die saubere begriffliche Unterscheidung zwischen Sterilität und Inkompatibilität weist BURBAR (2) hin. Dies erscheint um so wichtiger, als beide Phänomene durch verschiedene genetische Mechanismen gesteuert werden und gleichzeitig und nebeneinander anwesend sein können (z. B. bei *Lotus corniculatus*).

Die Röntgenbestrahlung von Pollentetraden führt bei sporophytischer Determination der Selbstinkompatibilität zu Fertilität. Man muß daher annehmen, daß zu dieser Zeit die Wirkung der S-Allele noch nicht manifest wurde. PANDEY nimmt an, daß die S-Allele ihre Wirkung nach der Meiose noch im gemeinsamen Plasma entfalten. Bei gametophytischer Determination sollte dann die Wirkung erst nach Trennung der Pollentetrade in die Pollenkörner erfolgen. Das hemmende Prinzip müßte mithin bei sporophytischer Determination in die Pollenwand eingebaut werden, bei gametophytischer Determination hingegen im Plasma niedergelegt sein. In diesen Zusammenhang passen Beobachtungen von COPE bei *Theobroma cacao*, bei der 2 voneinander unabhängig wirkende Gene P und S angenommen werden: P ist für die Produktion eines v o r der Meiose wirkenden „*incompatibility precursors*" verantwortlich, während S mit verschiedenen Allelen erst n a c h der Meiose zur Auswirkung kommt.

Der Ort der Inkompatibilitätsreaktion kann verschieden sein: inkompatible Pollenschläuche können während ihres Wachstums durch den Griffel bis zur Sistierung gehemmt werden (HOUSE u. NELSON); es kann aber auch erst während der Entwicklung des Embryos infolge Störung zwischen Embryo- und Gametophyten-Gewebe zum Abort kommen (ORR-ERWING).

Bei *Petunia* ließ sich zeigen, daß am Zustandekommen von Protein-Kohlenhydrat-Komplexen, die nur nach Kontakt der Pollenschläuche mit dem Leitgewebe des Griffels entstehen, beide Geschlechter beteiligt sind [LINSKENS (2)]. Die Komplexe, vorläufig als „Abwehr-Körper" bezeichnet, werden kurzfristig hinsichtlich ihrer Aminosäure-Bausteine aus dem Griffelgewebe versorgt [LINSKENS (3)]. Die Inkompatibilitätsreaktion führt zu einer Abwandlung der auch bei kompatibler Befruchtung stattfindenden Stoffwechselbeziehung der beiden Geschlechter [LINSKENS (3, 4)]. Ob man bei den bisherigen Befunden bereits mit Recht von einer Antigen-Antikörper-Reaktion sprechen kann, hat MORITZ kritisch diskutiert. Vor allem auf Grund der relativ kurzen „Inkubationszeit" für das Hemmstoffsystem wäre am ehesten der Begriff der „Isoantikörper" zutreffend. Über welchen Mechanismus die so postulierten hemmenden Reaktionsprodukte letztlich das Wachstum der Selbstungspollenschläuche hemmen, läßt sich noch nicht sagen. Die beobachteten „Abwehrkörper" brauchen ja nicht unbedingt direkt auf das Schlauchwachstum hemmend zu wirken. Möglicherweise handelt es sich dabei um ein Reaktionsprodukt nach Art einer Antiferment-Fermentbindung.

Ungeschlechtliche Fortpflanzung.

Kennzeichnend ist für die Tendenz, bei entwicklungsphysiologischen Untersuchungen ein definiertes Milieu zu besitzen, daß in steigendem Maße für die Klärung asexueller Fortpflanzungsmechanismen Gewebekulturen benützt werden.

Das Phänomen, daß das Optimum der vegetativen Entwicklung in extremen Temperaturbereichen liegt, dürfte weit verbreitet sein [KNAPP (3)].

Sporogenese der Bakterien. Die Alternative, ob für die Sporulation der Bakterien in erster Linie der Verbrauch einer oder mehrerer Komponenten verantwortlich ist (*Erschöpfungstheorie*) oder die Anwesenheit einer oder mehrerer Komponenten im Medium während des vegetativen Wachstums notwendig ist (*Sporulationsstoff*), scheint sich aufzulösen: Schon bei *Chaetomium* war gefunden worden (BUSTON u. RICKARD), daß die Sporenbildung durch Stoffwechselprodukte des Eigenwachstums gesteigert wird. Für *Clostridium* konnten LUND, JANSSEN und ANDERSON zeigen, daß während des vegetativen Wachstums ein Faktor in das Medium abgegeben wird, der zur Sporulation benötigt wird. Die wirksame Konzentration wird jedoch erst dann im Medium erreicht, wenn dieses bereits hinsichtlich der Nährstoffe erschöpft ist. Wenn jedoch das erschöpfte Medium nach Zugabe von Baustoffen erneut beimpft wird, so ist die Sporulation stark gefördert. Wachstum und Sporogenese beruhen also auf verschiedenen Mechanismen. Durch Zugabe von Thiamin kann zwar die Sporulation in den vegetativen Zellen stark stimuliert werden, die Sporen gelangen allerdings nicht zur Reife.

Zoosporenbildung der Algen. Die Art der Reproduktion, ob sexuell oder vegetativ, soll nach LEAGUE u. GREULACH vom Ernährungszustand abhängen. Demgegenüber findet HUSTEDE in einer sorgfältigen Untersuchung, daß bei *Stigeoclonium* und *Vaucheria* die Zoosporenbildung durch einen in das Medium diffundierenden Sporulationshemmstoff, besonders bei hoher Lichtintensität, unterdrückt wird. Die Sporulation kann durch Tryptophanabkömmlinge, wie IES, β-Indolproprionsäure, Tryptamin, Tryptophol und β-Indolyl-Glyoxylsäure gefördert werden, während Tryptophan selber die Hemmwirkung des genuinen Sporulationshemmstoffes zu kompensieren vermag (HUSTEDE). Die Ausbildung von Aplanosporen erfolgt bei *Cladophora* auch bei Übertragen von Akineten aus Meerwasser in Nährlösung. Der Prozeß der Zoosporenbildung scheint unter dem Einfluß hoher Salzkonzentration nicht durchgeführt werden zu können. Man kann daraus folgern, daß die Bildung des Lokomotionsapparates, die unmittelbar an die Isolation der Energiden folgt, durch vorzeitige Membranbildung aber nicht zum Abschluß gebracht werden kann (LÜCK).

Sporulation. Bei *Penicillium griseofulvum* kann Sporulation bereits in sehr frühen Stadien nur unter aeroben Kulturbedingungen und auf Glucose-Nitrat-Medium induziert werden, jedoch nicht bevor die Assimilation von externem Stickstoff eingesetzt hat. Die induzierenden Faktoren lassen sich in 3 Gruppen einteilen: 1. solche, die wohl primär einen physikalischen Effekt haben (zeitweilige Austrocknung, hohe Initialkonzentration von Glucose); 2. die Stickstoff-Zufuhr. Im allgemeinen wird durch N-Mangel Sporenbildung induziert, doch scheinen hier komplexere Verhältnisse vorzuliegen, die noch nicht ganz durchsichtig sind; 3. spezifisch wirkende Stoffe, wie Calcium, Kupfer, ein Rohzuckerfaktor (MORTON, ENGLAND und TOWLER). Supraoptimale Temperatur für das vegetative Wachstum wirkt ebenfalls induzierend (W. H. MULLER). Oberflächenaktive Substanzen können die Endosporulation fördern (CONVERSE). Licht wirkt stark sporenbildend, wobei die Anwesenheit von Sauerstoff notwendig ist (GUTTLER). Bei *Fusarium* wirkt vor allem auch UV-Bestrahlung fördernd auf die Makrosporen- und Sklerotien-Bildung (CARLILE). Bei *Schizosaccharomyces* geht der Endosporenbildung wahrscheinlich eine Meiose voraus, die als Stimulus für die Sporenbildung wirkt (ROYAN). Während der Sporulation von *Saccharomyces cerevisiae* wird die Kernmembran nicht aufgelöst (HASHIMOTO, CONTI u. NAYLOR). Bei der Sporenbildung von *Aspergillus* werden säurelösliche Polyphosphate als Reservestoffe eingelagert (KULAEV u. BELOZERSKY).

Agamospermie. Mit der Parthenokarpie beschäftigen sich immer wieder Untersuchungen, die zwar einen gewissen Zusammenhang mit der Selbststerilität erkennen lassen (MANZO) und die Bedeutung der Langlebigkeit der Eizellen für das Fruchtwachstum aufzeigen können (GORTER u. VISSER), aber ein tieferes Eindringen in die physiologischen Mechanismen noch vermissen lassen.

Der Fortpflanzungsmodus bei Hybriden, ob sexuell oder apomiktisch, wird nicht allein durch das Verhältnis der Genome der Eltern, sondern häufig auch wesentlich durch die Wirkung spezifischer Gene bestimmt (Müntzing). Für die Parthenogenese mögen auch quantitative Verschiedenheiten plasmatischer Faktoren eine Rolle spielen (Davies).

Brutkörper. Ausführlich wurde von Borris und Schmidt die Physiologie der Brutknöllchen bei *Ranunculus ficaria* untersucht. Bei *Drimiopsis* ergibt sich eine deutliche jahreszeitliche Abhängigkeit für die Brutzwiebelbildung an der intakten Pflanze: das Maximum liegt im Frühjahr. Durch IES und Gewebepreßsaft konnte keine Förderung erzielt werden. Eine Wirkung der Schwerkraft und der Lichtrichtung auf den Ort der Brutzwiebelbildung ließ sich nicht ermitteln (Lenski). Für die Entstehung der Brutknospen von *Bryophyllum* findet Resende (4) eine vollkommene Korrelation mit dem terminalen Vegetationspunkt. Die Brutknospen zeigen damit ein ähnliches Verhalten wie axiale Verzweigungen. Durch Dekapitation kann die vom Vegetationspunkt ausgeübte Entwicklungshemmung auf die Brutknospen-Primordien aufgehoben werden. Während die *Bryophyllum*-Arten in bezug auf die geschlechtliche Fortpflanzung (Entstehung von Blütenprimordien) Langkurztag-Pflanzen sind, sind sie für die ungeschlechtliche Fortpflanzung (vegetative Vermehrung durch Brutknospen) Langtag-Pflanzen. Beide Befunde deuten darauf hin, daß die Entwicklung der Brutknospen von dem im Blatt und aus dem Vegetationspunkt abfließenden Auxin/Antiauxin-Spiegel abhängig ist. Auf künstlichem Nährboden entstanden in Kulturen von *Citrus*-Nucellargewebe Pseudobulbillen (Ranga Swamy).

Vegetative Vermehrung. Die Untersuchung der Physiologie der Sproßknollenbildung erfreut sich steigenden Interesses. Auch unter sterilen Bedingungen lassen sich an den Spitzen der Lateralknospen von Sproßsegmenten der Kartoffel Knollen induzieren; die Zahl ist der Zuckerkonzentration im Medium proportional (Okazawa). Die Mobilisierung der Reservestoffe erfolgt durch hydrolytische Spaltung mittels Amylase (Tagawa u. Okazawa). Das knollenbildende Stimulans wird in den Vegetationspunkten gebildet, seine Synthese erfolgt nur unter Kurztagbedingungen, der Transport hauptsächlich basipetal (Chapman). Sekundär-Knollen lassen sich durch Blattapplikation von Giberellinsäure erzeugen (Lippert, Rappaport u. Timm). Es scheint eine Nachwirkung auf die Blütenbildung zu bestehen (Rappaport, Lippert u. Timm). Bei *Topinambur* entwickeln sich in einem sterilen Cocosmilch-Medium mit Casein-Hydrolysat aus den Achselknospen Knollen, deren Bildung durch tiefe Temperaturen und niedrige Lichtintensität gefördert wird, während die Tageslänge keine Wirkung zu haben scheint (Marsden-Ray).

Vegetativ vermehrte Bäume behalten noch lange Zeit das physiologische Verhalten der Mutterbäume bei (Herrmann).

Vegetative Hybridisierung und Annäherung.

Seit Jahren wird von russischen Forschern die Herstellung von Pfropf-Hybriden in Parallelität gesetzt mit einer geschlechtlichen Bastardierung (Zusammenstellung bei Glustschenko). Die „plastischen" Substanzen der Pfropfkomponente sollen auf die Unterlage übergehen und Nachwirkungen in den folgenden Samen-Generationen haben [PICHENOT (1, 2)]. Außerdem wird die Überwindung von Kreuzungshindernissen bei generativer Art-Bastardierung durch „physiologische Annäherung" berichtet (RZEGOCINSKA, TEH-MING u. YU-SENG) und die Umwandlung eines dominanten Merkmals in ein recessives und umgekehrt veröffentlicht (SHINOTO). Dem stehen jedoch sehr zahlreiche negative Ergebnisse von repräsentativen Genetikern gegenüber (Zusammenstellung bei WASSIN, LEPIN u. EFROIMSON); besonders erwähnt seien die sehr umfangreichen Versuche von STUBBE (1,2), ZACHARIAS, ZHEBRAK, BÖHME und BRIX, die keinerlei Beweise für eine vegetative Übertragung von Genen auffinden konnten. Auch für eine „vegetative Annäherung" finden sich keine eindeutigen Resultate (ROTHACKER, ZACHARIAS, GROSS). Es bleibt zu beachten: 1. Fast alle sog. positiven Resultate wurden an *Solanceen* gewonnen, 2. die in geringer Anzahl auftretenden Abweicher erwiesen sich entweder als modifikativ bedingt oder als neue Mutanten, die meist heterozygot gepfropft waren und im Nachbau spalteten, 3. bei vielen sog. positiven Resultaten wurde mit heterozygotem Ausgangsmaterial gearbeitet und homoplastische Pfropfungen als Kontrolle vergessen, 4. eine wechselseitige stoffwechselphysiologische Beeinflussung ist durchaus denkbar und zu erwarten, hat aber nichts mit einer erblichen Übertragung von Merkmalen der Unterlage auf das Reis zu tun. Nachwirkungen der Temperaturbedingungen, unter denen Elternpflanzen aufwuchsen, auf die folgende Generation sind langsam abklingende modifikatorische Effekte [KNAPP (1)]. Es ist bedauerlich, daß der Fragenkomplex so stark unter ideologischen Aspekten behandelt wird und die Erfolge vegetativer Hybridisierung als Beweis für die Vererbung erworbener Eigenschaften angesehen werden.

Literatur.

AARTS, J. F. T.: Proc. kon. ned. Akad. Wet. Ser. C 61, 325—333 (1958). — AJZENSHTAT, J. A. S., u. I. I. SHIPILOVA: Dokl. Akad. selskokh. Nauk. Lenina SSSR 22, 29—32 (1957).

BAKER, H. G.: Nature (Lond.) 180, 614—615 (1957). — BERNSTEIN, E., and T. L. JAHN: J. Protozool. 2, 81—85 (1955). — BÖHME, H.: (1) Z. Pflanzenzücht. 33, 367—418 (1954). — (2) Z. Pflanzenzücht. 38, 37—50 (1957). — BORRISS, H., u. S. SCHMIDT: Flora (Jena) 145, 313—325 (1957). — BRIX, K.: Z. Pflanzenzücht. 31, 261 (1952). — BROWN, C. M., and H. L. SHANDS: Agronomy J. 49, 286—288 (1957). — BÜNSOW, R., J. PENNER u. R. HARDER: Naturwissenschaften 45, 46—47 (1958). — BÜNSOW, R., u. R. HARDER: Naturwissenschaften 43, 479 (1956). — BURBAR, J. S.: (1) Canad. J. Bot. 36, 65—72 (1958). — (2) Nature (Lond.) 183, 411—412 (1959). — BUSTON, H. W., and B. RICKARD: J. gen. Microbiol. 15, 194 bis 197 (1956).

CARLILE, M. J.: J. gen. Microbiol. 14, 643—654 (1956). — CELESTRE, M. R.: Ann. sperim. Agraria (Roma) N. S. 12, 1335—1349 (1958). — CHAPMAN, H. W.: Physiol. Plantarum (Copenh.) 11, 215—224 (1958). — CHKOLNIK, M. J., N. A. MAKAROVA, M. M. STEKLOVA et L. N. EVSTAFIEVA: Rév. gén. Bot. 64, 642—653 (1957). — CHOUDHRI, R. S., O. K. GARG and P. C. BORAH: Phyton (Buenos Aires) 9, 137—141 (1957). — CONVERSE, J. L.: J. Bact. 74, 106—107 (1957). — COOPER, D. C.: Amer. Naturalist 86, 219—229 (1952). — COPE, F. W.: Nature (Lond.) 181, 279 (1958).

DAVIES, D. R.: Heredity 12, 493—498 (1958).

EHRLICH, H. G.: Exp. Cell. Res. 15, 463—474 (1958).

FERLING, E.: Planta 49, 235—270 (1957). — FIKASAWA, H., K. MITO and M. FUJIWARA: Bot. Mag. (Tokyo) 70, 251—257 (1957). — FISCHER, F. G., u. G. WERNER: (1) Z. physiol. Chem. 310, 65—91 (1958). — (2) Z. physiol. Chem. 310, 92—96 (1958). — FOSTER, T. S., and H. STERN: Science 128, 653—654 (1958). — FREITAG, K.: Z. Bot. 47, 113—120 (1959). — FUJII, T.: (1) J. Fac. Sci., Univ. Tokyo (Japan) Sect. IV, 7, 313—325 (1955). — (2) J. Fac. Sci., Univ. Tokyo (Japan) Sect. IV, 7, 327—334 (1955). — FUNKE, C.: Z. Pflanzenzücht. 36, 165 bis 196 (1956).

GANGOLLY, S. R., and K. M. PANDALAI: Nature (Lond.) 181, 855 (1958). — GLUSTSCHENKO, I. J.: Agrobiol. 5, 106—118 (1957); deutsch. in Sowjetwiss., Naturwiss. Beitr. 1958, H. 3, 279—293. — GOROVEC, A. M.: Dokl. Vses Ordena Lenina Akad. Sel'skochoz Nauk. Lenina 23, 11—15 (1958). — GORTER, C. J., and T. VISSER: J. horticult. Sci. 33, 217—227 (1958). — GROSS, H.: Züchter 29, 6—20 (1959). — GUTTER, Y.: Bull. Res. Counc. Israel 5 D, 273—286 (1957).

HABERMANN, H. M., and R. H. WALLACE: Amer. J. Bot. 45, 479—482 (1958). — HARTSHORNE, J. N.: Nature (Lond.) 182, 1382—1383 (1958). — HASHIMOTO, T., S. F. CONTI and H. B. NAYLOR: Nature (Lond.) 182, 454 (1958). — HAUPT, W.: Z. Bot. 46, 242—256 (1958). — HENRY, A.: Bull. Soc. bot. France 104, 484—489 (1957). — HERRMANN, S.: Naturwissenschaften 45, 195 (1958). — HESLOP-HARRISON, J.: (1) Physiol. Plantarum (Copenh.) 9, 588—597 (1956). — (2) Bot. Not. (Lund) 110, 28—48 (1957). — HESLOP-HARRISON, J., and Y. HESLOP-HARRISON: (1) Proc. roy. Soc. Edinburgh, Sect. B, 66, 409—423 (1957). — (2) New Phytolog. 56, 352—355 (1957). — (3) Nature (Lond.) 181, 100—102 (1958). — (4) Portugal. Acta biol., Ser. A 5, 79—94 (1958). — HESS, D.: Planta 50, 504—525 (1958). — EL HINNAWY, E. I.: Med. Landbouwhogeschool Wageningen 56, 1—51 (1956). — HOTCHKISS, R. D.: (1) J. cell. comp. Physiol. (Suppl.) 45, 1—22 (1955). — (2) in The Chemical Basis of Heredity, Baltimore 1957, 131—132. — HOUSE, L. R., and O. E. NELSON jr.: J. Hered. 49, 18—21 (1958). — HUSTEDE, H.: Biol. Zbl. 76, 555—595 (1957).

JACOB, F., and E. L. WOLLMAN: In The Chemical Basis of Heredity, Baltimore 1957, 468—499.

KATO, K., and K. WATANABE: Bot. Mag. (Tokyo) 70, 96—101 (1958). — KIERMAYER, O.: Planta 52, 393—404 (1958). — KNAPP, R.: (1) Naturwissenschaften 43, 115 (1956). — (2) Naturwissenschaften 44, 383 (1957). — (3) Naturwissenschaften 44, 642—643 (1957). — KONAR, R. N.: (1) Phytomorphology (India) 8, 168—173 (1958). — (2) Phytomorphology (India) 8, 174—176 (1958). — (3) Curr. Sci. 27, 216—217 (1958). — KULAEV, I. S., u. A. N. BELOZERSKY: Biochimija 22, 587—596 (1957). — KURTZ, E. B. jr., and J. L. LIVERMAN: Bull. Torrey bot. Club 85, 136—138 (1958).

LACZYNSKA-HULEWICZOWA, T.: Acta Soc. bot. Poloniae 26, 515—549 (1957). — LAJOS, D., es E. VÁROCZY: Növénytermelés (Budapest) 6, 309—330 (1957). — LAMPRECHT, H.: Agri Hort. Genet. (Landskrona) 16, 145—195 (1958). — LAWRENCE, W. J. C.: Heredity 12, 333—356 (1958). — LEAGUE, E. A., and V. A. GREULACH: Bot. Gaz. 117, 45 (1955). — LEDERBERG, J.: (1) J. cell. comp. Physiol. 45, (Suppl. 2) 75—107 (1955). — (2) Bact. Rev. 21, 133—139 (1957). — LENSKI, I.: Planta 50, 579—621 (1958). — LIBBERT, E.: Naturwissenschaften 42, 610—611 (1955). — LINCOLN, R. G., K. A. RAVEN and K. C. HAMMER: Bot. Gaz. 119, 179 bis 185 (1958). — LINSKENS, H. F.: (1) Acta bot. neerl. 7, 61—68 (1958). — (2) Abstr. IV. Intern. Congr. Biochem. (Wien) 15, 189—190 (1958). — (3) Ber. dtsch. bot. Ges. 71, 3—10 (1958). — (4) Ber. dtsch. bot. Ges. 72, 84—92 (1959). — LINSKENS, H. F., u. KL. ESSER: (1) Proc. kon. ned. Akad. Wet. Ser. C 62, 150—154 (1959). — (2) unveröffenlt. — LIPPERT, L. F., L. RAPPAPORT and H. TIMM: Plant Physiol. 33, 132—133 (1958). — LUCKWILL, L. C.: Symp. Soc. exp. Biol. 11, 63—85 (1957). — LÜCK, H. B.: Bull. Inst. océanogr. (Monaco) 53, Nr. 1105 (1957). — LUND, A. J., F. W. JANSSEN and L. E. ANDERSON: J. Bact. 74, 577—583 (1957). — LWOFF, A.: Bact. Rev. 17, 269—337 (1953).

MACHLIS, L.: (1) Nature (Lond.) 181, 1790 (1958). — (2) Physiol. Plantarum (Copenh.) 11, 181—192 (1958). — (3) Physiol. Plantarum (Copenh.) 11, 845—854 (1958). — MAHESHWARI, N.: Science 127, 324 (1958). — MAHESHWARI, N., and M. LAL: Nature (Lond.) 181, 631—632 (1958). — MAHESHWARI, P.: Ind. J. Genet. Plant Breeding 17, 386—397 (1957). — MANZO, P.: Riv. Ortoflorofrutticoltura ital. (Firenze) 81, 3—8 (1956). — MARIAKHINA, I. J.: Dokl. Akad. Nauk. SSSR 111, 480—481 (1957). — MARSDEN, RAY M. P. F.: Nature (Lond.) 181, 1480—1482 (1958). — MATHER, K., and J. JINKS: Nature (Lond.) 182, 1188—1190 (1958). — MEDWEDEWA, G. B., u. L. C. EIDUSS: Dokl. Akad. Nauk. SSSR 118, 1037—1039 (1958). — MIZUNO, T.: J. Fac. Sci., Univ. Tokyo (Japan), Sect. IV, 8, 211—217 (1958). — MORITZ, O.: In Handbuch der Pflanzenphysiologie 8, S. 356—414, 1958.

— MORTON, A. G., D. J. F. ENGLAND and D. E. TOWLER: Trans. brit. mycol. Soc. **41**, 39—51 (1958). — MOSES, M. J., and J. H. TAYLOR: J. Histochem. Cytochem. **3**, 388—389 (1955). — MÜNTZING, A.: Hereditas (Lund) **44**, 145—160 (1958). — MULLER, H. J.: In Genetics, Medicine and Man, Cornell Univ. Press **1947**, 35—65. — MULLER, W. H.: Bot. Gaz. **117**, 336—343 (1956).

NASR, T., and P. F. WAREING: Nature (Lond.) **182**, 269 (1958). — NIELSEN, N., and B. HOLMSTRÖM: Acta chem. scand. **11**, 101—104 (1957).

OEHLKERS, F.: Z. indukt. Abstamm.- u. Vererb.-Lehre **87**, 722—734 (1956). — OKAZAWA, Y.: Proc. Crop. Sci. Soc. (Japan) **23**, 247—248 (1955). — ORR-ERWING, A. L.: Silvae genet. (Frankfurt/M.) **6**, 179—185 (1957).

PANDEY, K. K.: Nature (Lond.) **181**, 1220—1221 (1958). — PANKOW, H.: Flora (Jena) **146**, 240—253 (1958). — PELOQUIN, S. J., and R. W. HOUGAS: Science **128**, 1340—1341 (1958). — PICHENOT, M.: (1) C. R. Acad. Sci. (Paris) **243**, 2137—2139 (1956). — (2) C. R. Acad. Sci. (Paris) **244**, 1669—1671 (1957). — PLEMPEL, M., u. G. BRAUNITZER: Z. Naturforsch. **13 b**, 302—305 (1958). — PLUMIER, W.: Bull. Inst. agr. stat. rech. Gembloux **24**, 71—77 (1956). — PODDUBNAJA-ARNL'DI, V. A.: Bot. Ž. **43**, 178—193 (1958).— POLYAKOV, I. M., A. N. DMITRIEVA and A. F. ZDIRILKO: Radioisotopes in Sci. Res. **4**, 323—339 (1958). — PONTECORVO, G.: (1) Ann. Rev. Microbiol. **10**, 393—400 (1956). — (2) Trends in genetic analysis, Columbia Biol. Series **17**, New York 1958. — PREDA, V., et A. GHISA: Comun. Acak. Repul. Romine **7**, 663—668 (1957).

RANGA SWAMY, N. S.: Experientia (Basel) **14**, 111 (1958). — RAPPAPORT, L., L. F. LIPPERT and H. TIMM: Amer. Popato J. **34**, 254—260 (1957). — RESENDE, F.: (1) Bol. Soc. Portug., Cienc. Nat. **4**, 243—245 (1954). — (2) Bol. Soc. Portug., Cienc. Nat. Sér. 2, **6**, 227—236 (1956). — (3) Simp. intern. Fotoperiodismo (Parma) **1957**, 25—45 — (4) Ber. dtsch. bot. Ges. **72**, 3—10 (1959). — RICHTER-LANDMANN, W.: Naturwissenschaften **45**, 554—555 (1958). — ROTHACKER, D.: Züchter **27**, 232—238 (1957). — ROYAN, S.: Proc. Ind. Acad. Sci., Sect. B **44**, 311—315 (1956). — RZEGOCINSKA, L.: Bull. Acad. Sci. polon., Ser. Biol. **5**, 183—186 (1957).

SANDER, H.: Planta **52**, 447—466 (1958). — SCHADE, C.: Phytopathol. Z. **30**, 225—236 (1957). — SHCHEDRINA, R. N.: Zh. obs. Biol. SSSR **19**, 240—245 (1958). — SCHUSTER, W.: Züchter **26**, 78—83 (1956). — SCHWARZENBACH, F. H.: Vjschr. naturforsch. Ges. Zürich **102**, 317—331 (1957). — SEMENIUK, P.: J. Hered. **49**, 161—166 (1958). — SHARMA, A. K., and S. K. SARKAR: Proc. Indian Acad. Sci., Sect. B **45**, 288—293 (1957). — SHARMA, A. K., and A. SHARMA-MOOKERJEA: Genetica iberica (Madrid) **9**, 143—162 (1957). — SHINOTO, Y.: Kagaku (Japan) **25**, Nr. 12 (1955). — SIEGELMAN, H. E., C. T. CHOW and J. B. BIALE: Plant Physiol. **33**, 403—409 (1958). — SKOK, J.: Plant Physiol. **32**, 308—312 (1957). — SPURR, A. R.: Amer. J. Bot. **44**, 637—650 (1957). — STANLEY, R. G.: In Physiol. of Forest Trees (ed. K. V. THIMANN) **1958**, 583—599. — STANLEY, R. G., L. C. T. YOUNG and J. S. D. GRAHAM: Nature (Lond.) **182**, 1462—1463 (1958). — STEFFEN, K., u. W. LANDMANN: Planta **51**, 30—48 (1958). — STERN, H.: (1) Science **124**, 1292—1293 (1956). — (2) J. biophys. biochem. Cytol. **4**, 157—161 (1958). — STEVENINCK, R. F. M. VAN: J. exp. Bot. **8**, 373—381 (1957). — STOSCH, H. A. VON: Arch. Mikrobiol. **31**, 274—282 (1958). — STUBBE, H.: (1) Kulturpflanze **3**, 185—236 (1954). — (2) Kulturpflanze **4**, 315—324 (1955).

TAGAWA, T., and Y. OKAZAWA: Proc. Crop. Sci. Soc. (Japan) **23**, 249—250 (1955). — TAYLOR, J. H.: Amer. J. Bot. **45**, 123—131 (1958). — TEH-MING, TSU and CHAO YU-SENG: Sci. sinica **6**, 889—903 (1957). — THOMAS, R. G.: (1) Nature (Lond.) **178**, 552 (1956). — (2) Ann. Bot. Ns. **22**, 55—72 (1958). — TRAINOR, F. R.: (1) Amer. J. Bot. **45**, 621—626 (1958). — (2) Amer. J. Bot. **46**, 65—70 (1959). — TULECKE, W.: Amer. J. Bot. **44**, 602—608 (1957).

ULRICH, R., et A. PAULIN: Rév. gén. Bot. **64**, 93—107 (1957).

VASIL, I. K.: (1) Phytomorphology (India) **7**, 138—149 (1957). — (2) Proc. Delhi Univ. Sem. mod. Develop. Plant Physiol. **1957**, 123—126 (1958). — VAZART, B.: Differenciation des cellules sexuelles et fécondation chez les phanerogames, in: Protoplasmatologia **7**, 3a (1958). — VERKERK, K.: Netherl. J. agric. Sci. **5**, 36—54 (1957).

WASSIN, B. N., T. K. LEPIN u. W. P. EFROIMSON: Bull. Ges. Naturforsch. Moskau, Abt. Biol. Nr. 4 (1956). — WEILING, F.: Flora (Jena) 146, 340—353 (1958). — WEISS, P.: Int. Rev. Cytol. 7, 391—423 (1958). — WELLENSIEK, S. J.: Ateneo parmense (Parma) 29, (Suppl. 4) 3—8 (1958). — WESTERGAARD, M.: Adv. Genet. 9, 217—281 (1958).

YAGER, R. E., and R. M. MUIR: Science 127, 82—83 (1958).

ZACHARIAS, M.: Kulturpflanze 5, 240—252 (1957). — ZACHOW, F.: Züchter 28, 241—252 (1958). — ZANONI, G.: Atti dell' Accad. Ligure di Sci. e Lett. (Genova) 13, 1—18 (1957). — ZEEVAART, J. A. D.: (1) Proc. kon. ned. Akad. Wet. Ser. C 60, 324—331 (1957). — (2) Proc. kon. ned. Akad. Wet. Ser. C 60, 332—337 (1957). — (3) Proc. kon. ned. Akad. Wet. Ser. C. 60, 523—530 (1957). — (4) Proc. kon. ned. Akad. Wet. Ser. C. 60, 630—639 (1957). — (5) Med. Landbouwhogeschool Wageningen 58, 1—88 (1958). — ZHEBRAK, A. R.: Dokl. Akad. Nauk (SSR) 106, 1099—1102 (1956). — ZINDER, N. D., and J. LEDERBERG: J. Bact. 64, 697—699 (1952).

22. Bewegungen.

Von Wolfgang Haupt, Tübingen.

Mit 3 Abbildungen.

Über Bewegungen, die durch mechanische und elektrische Einflüsse sowie durch Strahlung (insbesondere Licht) ausgelöst oder gerichtet werden, kann auf den eben erschienenen Teilband 1 des Bandes 17 im Handbuch der Pflanzenphysiologie verwiesen werden. Die entsprechenden Abschnitte können hier relativ kurz gefaßt oder teilweise für den nächsten Bericht zurückgehalten werden.

I. Freie Ortsbewegung.

Mit den taktischen Reaktionen von *Rhodospirillum rubrum* in Abhängigkeit von verschiedenen Faktoren befaßt sich Clayton (1958). Hierbei ergeben sich interessante Gesetzmäßigkeiten, die der Autor so deutet, daß grundsätzlich jede Bedingung, die den Aufbau energiereicher Verbindungen (EV) ermöglicht, positive Taxis hervorruft (genauer: das plötzliche Fehlen einer solchen Bedingung löst die phobische Umkehr aus). Für die Phototaxis ist dies ohne weiteres verständlich; in Gegenwart von Sauerstoff unterbleibt die Phototaxis, da nun allein durch Atmungsvorgänge schon ein maximaler Aufbau von EV möglich ist. Entsprechend wird positive Aerotaxis nur in so schwachem Licht gefunden, daß die Photosynthese noch nicht gesättigt ist. Atmungsgifte hemmen die Aerotaxis, Photosynthesegifte die Phototaxis; Substrate zum Aufbau der EV verstärken beide Reaktionen, ADP und ATP unterdrücken sie (da nun Licht oder O_2 nicht mehr begrenzender Faktor für EV ist). Auf reduzierende Substanzen reagieren die Rhodospirillen positiv chemotaktisch, auf oxydierende dagegen negativ. Auch Gifte und insbesondere SH-Inhibitoren wirken als negative Chemotaktika.

Eine einfache Berechnung zeigt, daß die durch Photosynthese gewonnene Energie in der gleichen Größenordnung liegt wie der für die phototaktische Bewegungsumkehr (bei entsprechender Intensität) erforderliche Energieaufwand, so daß die Annahme eines Verstärkungssystems (Reizenergie $\rightarrow$ Reaktionsenergie) nicht notwendig ist. Trotzdem lehnt Clayton die einfache Hypothese von Links ab (vgl. Fortschr. Bot. **20**, 283), nach der es auf eine Unterbrechung der Energielieferung direkt am lokomotorischen Apparat ankommt; vielmehr dürfte es sich um eine Erregung des für die Geißelbewegung verantwortlichen Koordinationszentrums handeln nach Art der Nervenerregung. Bei direkter Einwirkung auf die Geißeln wäre es nämlich schwer erklärbar, warum stets die Geißelbüschel der beiden entgegengesetzten Zellpole exakt synchron umschalten. Außerdem findet ja unmittelbar nach dem Umschalten die Geißelbewegung (noch in den energetisch „ungünstigen" Bedingungen!) wieder ganz normal statt, so daß hier also noch kein Mangel an Energielieferung für den lokomotorischen Apparat vorliegen kann.

Aber auch bei der von CLAYTON modifizierten Form der Hypothese bleibt die Schwierigkeit bestehen, daß die Erregung bereits zustande kommen soll, wenn die für den Aufbau von EV notwendigen Bedingungen nur für Sekundenbruchteile unterschritten werden.

Zur Phototaxis des Standardobjektes *Euglena* liefern WOLKEN und SHIN einen neuen Beitrag. Zunächst wird für die Photokinese ein Aktionsspektrum aufgestellt mit maximaler Wirkung bei 465 und 630 mμ und dazwischen liegendem Minimum. Außerdem fördert polarisiertes Licht die Beweglichkeit stärker (sofern die Euglenen in der Polarisationsebene schwimmen) als unpolarisiertes. Das Aktionsspektrum der positiven Phototaxis stimmt im kurzwelligen Bereich im wesentlichen überein mit dem früher von BÜNNING und SCHNEIDERHÖHN ermittelten (vgl. Fortschr. Bot. **18**, 352), die relative Höhe der Maxima ist jedoch stark abhängig davon, ob die Euglenen im Licht oder im Dunkeln vorkultiviert wurden. Im polarisierten Licht sind die Wirkungsmaxima etwas verschoben. Das bemerkenswerteste Ergebnis der Autoren ist der erneute Anstieg der Aktionsspektren oberhalb 600 mμ, in einem Bereich also, der bisher (jedenfalls bei *Euglena*) unwidersprochen als phototaktisch unwirksam galt.

Nach der Versuchsanordnung zu schließen, wurde die positiv phobische Phototaxis untersucht, doch kann die Beteiligung einer topischen Komponente nicht ausgeschlossen werden (vgl. HALLDAL, Physiol. Plantarum **11**, 118, 1958).

Die bei der Gametenkopulation von *Allomyces* chemotaktisch wirksame Substanz konnte isoliert und weitgehend gereinigt werden (MACHLIS), die genaue chemische Analyse steht noch aus. Auf den vom Verf. ausgearbeiteten Biotest sei hier hingewiesen.

Das auf H$_2$S positiv chemotaktisch reagierende Schwefelbacterium *Thiovulum majus* besitzt keine Geißel, der Bewegungsmodus ist unbekannt (FAURÉ-FREMIET und ROUILLER). Elektronenmikroskopisch wurde bei diesem Objekt am Hinterende (jedoch im Zellinnern) eine Plasmadifferenzierung analysiert, die keine Parallele unter den bis jetzt bekannten Organellen anderer Organismen hat. Da dieser „Antapikalkörper" aus zahlreichen parallel gelagerten Fibrillen besteht, erscheint es möglich, daß in ihm das gesuchte Bewegungsorganell gefunden ist.

II. Phototropismus.

1. Höhere Pflanzen. Zwei Probleme werden vordringlich untersucht: Die Frage nach der Photoreceptor-Substanz und das Zustandekommen der Differenzen im Auxingehalt auf Licht- und Schattenseite.

Die Untersuchungen der letzten Jahre führten mehr und mehr zu der Vorstellung, daß in der *Avena*koleoptile der eigentliche Photoreceptor ein Flavin (etwa Riboflavin) ist, während die Carotinoide als Schattenspender dienen, die für einen genügend starken Lichtabfall sorgen. Auf diese Weise konnte die Ähnlichkeit des Aktionsspektrums oberhalb 400 mμ mit dem Absorptionsspektrum verschiedener

Carotinoide einigermaßen erklärt werden (vgl. Fortschr. Bot. **18**, 347 ff.). Der entscheidende Bereich *unterhalb* 400 mμ, in dem die Absorption von Carotinoiden schnell nahezu null wird, während Flavine ein neues Absorptionsmaximum erreichen, konnte jedoch bisher noch nicht geprüft werden.

Eine sehr exakte Untersuchung von SHROPSHIRE und WITHROW füllt nun diese Lücke für die erste positive Krümmung aus und bringt gleichzeitig interessante neue Gesichtspunkte in die Diskussion. Abb. 25 zeigt das von den Autoren ermittelte Aktionsspektrum, und zwar in der Form der Quantenwirksamkeit für konstante Reaktionen. Die Kurve für die Reaktion „Null" (Schwellenwert) konnte durch Extrapolation der

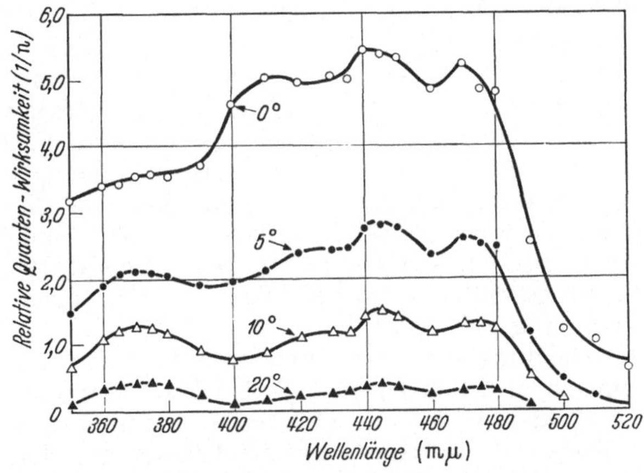

Abb. 25. Aktionsspektrum der ersten positiven phototropischen Krümmung der *Avena*-Koleoptile. Abszisse: Wellenlänge. Ordinate: Reziproker Wert der Anzahl Quanten, die zur Erreichung eines bestimmten Krümmungswinkels eingestrahlt werden muß. Dargestellt sind die Kurven für die Krümmungswinkel 0°, 5°, 10° und 20°. Nach SHROPSHIRE und WITHROW.

Dosis-Effekt-Kurven jeder Wellenlänge ermittelt werden und soll nach den theoretischen Überlegungen den reinen Photoreceptor-Anteil liefern, während alle anderen Kurven zugleich auch den Einfluß des Schattenspenders enthalten. Die auch jetzt noch vorhandene Dreigipfeligkeit oberhalb 400 mμ scheint auf Carotinoide zu deuten, die noch beträchtliche Wirksamkeit unterhalb 400 mμ könnte sekundär durch Energieübertragung von einem anderen Pigment erfolgen. Riboflavin fällt wegen der Dreigipfeligkeit aus, während ein unter diesem Gesichtspunkt in Frage kommendes Flavoproteid von den Autoren wegen des im Aktionsspektrum fehlenden Gipfels bei 370 mμ abgelehnt wird. Doch wäre dabei zu berücksichtigen, daß unterhalb 400 mμ bereits die Absorption der Zellwand zu Komplikationen führen kann und daß man eher von einem Fehlen des Minimums bei 400 mμ als von einem Fehlen des Maximums bei 370 mμ sprechen kann (vgl. Abb. 25).

Die lichtinduzierte Auxin-Querverschiebung wird erneut auf Grund von Versuchen an *Avena* mit radioaktiver IES verneint (REISENER). Der Autor, der im Bereich der ersten und zweiten positiven Krümmung arbeitete, führt auch Gründe dafür an, daß die geforderte Querverschiebung tatsächlich bei der angewendeten Methodik hätte meßbar sein müssen; trotzdem ist bei derartigen Versuchen Vorsicht geboten, solange wir über das Schicksal der zugeführten IES nicht bis in alle Einzelheiten informiert sind. REISENER stellt selbst fest, daß ein großer Teil der Aktivität festgelegt und unbeweglich wird.

Interessant sind auch die Versuche REISENERs über die IES-Photolyse im Vergleich zu den durch gleiche Bestrahlung hervorgerufenen Reaktionen. In keinem IES-Konzentrationsbereich war es möglich, durch Riboflavin *in vitro* eine meßbare Auxin-Inaktivierung zu katalysieren, wenn die Bestrahlung im Energiebereich der zweiten positiven Krümmung erfolgte; erst Energien, die die dritte positive Krümmung auslösen, führen zur Photolyse von IES. Diese dürfte daher nach der Auffassung REISENERs für die erste und zweite positive Krümmung ihre Bedeutung wohl völlig verloren haben. Zugleich wird damit aber auch die auf den ersten Blick bestechende Hypothese von MEYER hinfällig. Dieser Autor fand, daß einige Photolyseprodukte der IES den polaren Auxintransport hemmen, daß jedoch weitere Belichtung diese Substanzen wieder „unschädlich" machen kann, und will die negativen Krümmungen auf ein Wechselspiel dieser beiden Lichtwirkungen zurückführen. MEYER arbeitete jedoch fast nur im Bereich der dritten positiven Krümmung, die bei weiter steigender Energie nicht mehr von einer negativen Krümmung gefolgt wird.

Eine Unterscheidung von erster und zweiter positiver Krümmung scheint mit einigen Modifikationen auch bei Mais-Keimlingen möglich zu sein. Da in beiden Fällen die gleichen Auxindifferenzen zwischen Vorder- und Rückseite auftreten, nimmt BRIGGS an, daß die erste positive Krümmung als reine Spitzenreaktion allein auf diese Differenzen zurückgeführt werden kann, während die zweite eine Kombination dieser ersten mit einer auxinunabhängigen Basisreaktion ist.

2. Pilze. Unsere bisherigen Kenntnisse hat BANBURY in seiner Monographie zusammengestellt; insbesondere sei auf die Besprechung der Zusammenhänge zwischen Licht-Wachstumsreaktion (LWR) und Phototropismus bei *Phycomyces* verwiesen. Diese Beziehungen werden weiter aus einer Veröffentlichung von MAASS deutlich. Verf. analysierte das Wachstum unmittelbar nach der Sporangiumbildung. Während in der nach wenigen Stunden erreichten stationären Phase des Wachstums (Phase IVb) die LWR und auch der Phototropismus bekanntlich stets positiv[1] sind, konnte MAASS in einer kurzen Phase zu Beginn des Wachstums eine negative LWR nachweisen. Unter günstigen Bedingungen kann in diesem Entwicklungsstadium dann auch ein negativer Phototropismus gefunden werden, der nicht — wie vielleicht bei früheren Autoren — durch Thermotropismus vorgetäuscht wird. — Eine ursächliche Verknüpfung des Reaktionssinnes der LWR mit dem Auxinhaushalt gelang MAASS nicht.

Auf der anderen Seite weisen DELBRÜCK und REICHARDT (die ausschließlich im Bereich der stationären Phase des Wachstums arbeiten)

---

[1] Belichtung (oder Intensitätserhöhung) bewirkt vorübergehende Wachstumsbeschleunigung (positive LWR) bzw. Wachstumsverzögerung (negative LWR).

darauf hin, daß ein wesentlicher Punkt bisher übersehen wurde. Während für die LWR die ganze, etwa 3 mm lange Wachstumszone verantwortlich ist (wobei offenbar jedes longitudinale Element autonom reagieren kann), bleibt die phototropische Reaktion streng auf die Basis der Wachstumszone beschränkt, auf die Region also, an der die Umwandlung in nicht mehr wachsende Wand erfolgt. Nur so ist es möglich, daß das bekannte Spiralwachstum von *Phycomyces* nicht zu Komplikationen der phototropischen Krümmung führt. Auch sonst kann nach diesen Autoren die klassische Blaauwsche Theorie den Phototropismus nicht ganz erklären, sei es, daß die Absorptionsweg-Theorie von CASTLE oder die Brennstreifen-Theorie von BUDER als Grundlage gewählt wird. Die LWR liefert nämlich bei kurzzeitigen (vorübergehenden) Intensitätserhöhungen der Beleuchtung keinen Nettogewinn oder -verlust an Wachstum, während bei der phototropischen Krümmung notwendigerweise ein solcher auftreten muß. Bei konstanter Beleuchtung ist sowohl die Wachstumsgeschwindigkeit bei allseitiger als auch die phototropische Krümmungsgeschwindigkeit bei einseitiger Beleuchtung in weiten Grenzen unabhängig von der Intensität derselben (DELBRÜCK und REICHARDT, 1956; REICHARDT und VARJÚ, 1958). Es ist wahrscheinlich, daß die phototropische Krümmung in irgendeinem Zusammenhang mit dem Spiralwachstum steht; denn der infolge kurzzeitiger einseitiger Belichtung erreichte Endwinkel der Krümmung ist um so größer, je größer die (individuell schwankende) Drehgeschwindigkeit des Sporangiums ist und kann zusätzlich erhöht werden durch experimentelle Rotation des Systems in gegenläufigem Sinne (bzw. umgekehrt: erniedrigt durch gleichläufige Rotation) (REICHARDT und VARJÚ, 1959).

Eine plötzliche, bleibende Erhöhung der Intensität der phototropisch wirksamen einseitigen Beleuchtung während des Verlaufes der Krümmung bewirkt eine Unterbrechung derselben durch eine Phase negativer Reaktion (vgl. Abb. 26; der Krümmungswinkel selbst bleibt dabei allerdings immer noch positiv). Die positive Reaktion wird nach einer gewissen Zeitspanne (Δt) wieder wie vorher aufgenommen, diese Zeitspanne ist eine einfache Funktion der Intensitätserhöhung (REICHARDT und VARJÚ, 1958). Die von den Autoren als Inversionsphase bezeichnete Reaktion läßt sich mathematisch vorausberechnen, wie überhaupt LWR und Phototropismus von *Phycomyces* in der Hand von DELBRÜCK und REICHARDT sowie REICHARDT und VARJÚ ein ideales Objekt für die Anwendung kybernetischer Methoden auf lebende Systeme zu werden versprechen.

3. **Polarotropismus.** Mit diesem Ausdruck belegt JAFFE (1958) seine Beobachtung, daß Fucaceen-Zygoten in einseitig einstrahlendem, linear polarisiertem Licht bevorzugt in Richtung der Polarisationsebene auskeimen. Die Bezeichnung „Tropismus" für diese entwicklungsphysiologische Reaktion erhält seine eigentliche Berechtigung durch die Befunde von BÜNNING und ETZOLD an keimenden Sporen von Pilzen, Moosen und Farnen. Die Keimschläuche, Chloronemen oder Rhizoide einiger der untersuchten Arten wachsen entweder parallel oder senkrecht zur Polarisationsebene des Lichtes und können mindestens in bestimmten

Fällen durch Drehung der Polarisationsebene zu tropistischen Krümmungen veranlaßt werden. Es hat den Anschein, als ob negativ phototropisch reagierende Organe parallel, positiv reagierende dagegen senkrecht zur Schwingungsrichtung wachsen.

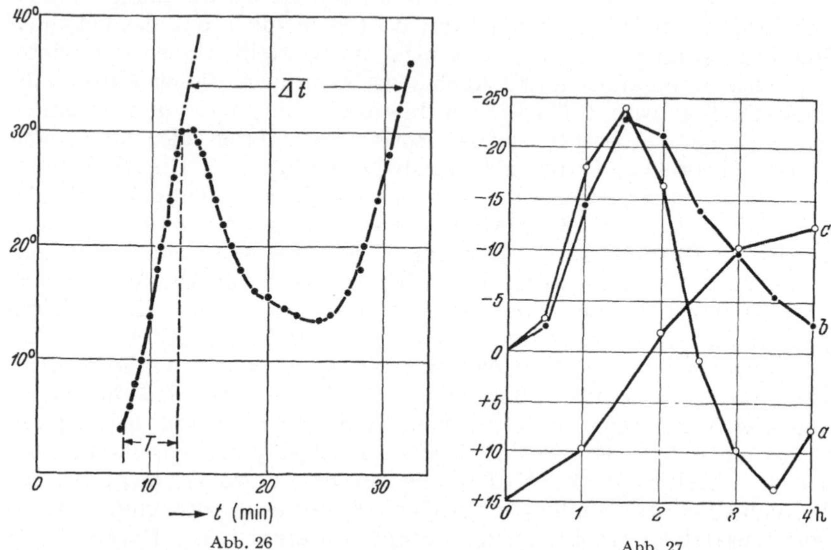

Abb. 26
Abb. 27

Abb. 26. Verlauf der positiven phototropischen Krümmung des *Phycomyces*-Sporangienträgers bei konstant einseitiger Belichtung. Abszisse: Zeit nach Beginn der einseitigen Beleuchtung (bzw. nach Abschalten der gleichstarken antagonistischen Beleuchtung); Ordinate: Momentaner Krümmungswinkel. Zu Beginn des Kurvenverlaufes ($t = 7,5$min) wurde die Intensität der einseitigen Beleuchtung bleibend erhöht; t gibt die Latenzzeit der dadurch hervorgerufenen negativen Krümmung an, $\varDelta t$ die zeitliche Verschiebung der positiven Krümmungskurve infolge der Intensitätserhöhung. Nach REICHARDT und VARJÚ (1958).

Abb. 27. Krümmungsverlauf geotropisch gereizter *Helianthus*-Hypokotyle. Abszisse: Zeit nach Beendigung der Reizung (*a, b*) bzw. nach Wiederherstellung der Reaktionsfähigkeit durch Wuchsstoffzufuhr (*c*). Ordinate: Krümmungswinkel (negativ = Aufwärts-, positiv = Abwärtskrümmung). *a*: Normaler Krümmungsverlauf intakter Keimlinge in Vertikallage nach 10minütiger Reizung. *b*: Wie *a*, aber nach der Reizung an der horizontalen Klinostatenachse rotiert. *c*: Dekapitierte Keimlinge 14 Std. gereizt, dann durch IES-Zufuhr wieder reaktionsfähig gemacht. Nach BRAUNER und HAGER, kombiniert.

III. Geotropismus.

Auf die Untersuchungen von BRAUNER und HAGER über die Primärwirkung des Schwerereizes wurde bereits im vorigen Bericht kurz hingewiesen. Inzwischen ist die ausführliche Mitteilung der Autoren erschienen (1958). Wenn einerseits festgestellt wird, daß auch dekapitierte (= auxinfreie) *Helianthus*-Keimlinge den Schwerereiz aufnehmen können, jedoch erst bei erneuter Zufuhr von Auxin die Krümmungsreaktion durchführen, so finden sich doch andererseits charakteristische Unterschiede im Bewegungsverlauf, wie ein Vergleich der Kurven in Abb. 27 zeigt. Die typische zweiphasige Kurve (*a*) tritt bei intakten Keimlingen auf, das Maximum liegt stets etwa eineinhalb Stunden nach Reaktionsbeginn, unabhängig von der Reizstärke, der Temperatur während der Reizung und der Zeit zwischen Reiz und Reaktion, wenn die Reaktion durch Kältebehandlung vorübergehend unmöglich gemacht wird. Werden die Pflanzen nach der Reizung nicht wieder senkrecht gestellt, sondern auf

der waagerechten Klinostatenachse rotiert, so tritt das Maximum zur
gleichen Zeit auf, jedoch fehlt die sonst bei der Rückkrümmung auftretende Überkrümmung, die damit als Folge einer geotropischen Gegen-
induktion während der Krümmung gedeutet werden kann (Kurve *b*).
Die Rückkrümmung selbst, die auf dem Klinostaten ebenso wie in
Vertikallage zustande kommt, ist jedoch nicht eine geotropische Gegenreaktion auf die Krümmungslage und wird offenbar durch innere Faktoren bedingt, wie das AUDUS und BROWNBRIDGE auch an Wurzeln
gezeigt hatten (vgl. Fortschr. Bot. **20**, 291). Im Einklang mit diesen
Autoren deutet auch die fehlende Rückkrümmung dekapitierter, durch
Auxin reaktionsfähig gemachter Hypokotyle darauf hin, daß für die
Rückkrümmung Auxin nicht der begrenzende Faktor sein kann (Kurve *c*
in Abb. 27). Solche Pflanzen erreichen ihr Krümmungsmaximum abweichend von den oben geschilderten Verhältnissen erst nach etwa 4 Std.
Allerdings ist dabei zu berücksichtigen, daß BRAUNER und HAGER bei
diesen Versuchen sehr viel länger reizen mußten als bei intakten Keimlingen.

Bemerkenswert ist die Tatsache, daß das Reaktionsvermögen dekapitierter Keimlinge nicht nur durch IES, sondern auch durch die synthetischen Wuchsstoffe Naphthylessigsäure und 2,4-D (nicht jedoch
durch Indolylacetonitril) wiederhergestellt werden kann. Bei gleicher
Molarität wirken diese Wuchsstoffe verschieden stark, und zwar in der
gleichen Reihenfolge wie bei einseitiger Wuchsstoffzufuhr Krümmungen
ausgelöst werden können oder wie das Längenwachstum gefördert wird.

Die Methode, Induktion und Reaktion durch Verwendung niederer
Temperatur zeitlich voneinander zu trennen, erlaubt auch gewisse Aussagen über die Kinetik der Geopolarisierung und anschließenden Depolarisierung. Die Querpolarisierung des Hypokotyls in Horizontallage
erfolgt erheblich schneller als die Depolarisierung in Vertikallage; entsprechendes gilt, wenn die zeitliche Trennung von Induktion und Reaktion durch Dekapitation und spätere Wiederzufuhr von Auxin erfolgt.
Der zu etwa 3,75 berechnete Q_{10} des Polarisierungsvorganges liegt
wesentlich höher als der Q_{10} des Längenwachstums mit etwa 1,75, so
daß Stoffwechselvorgänge als begrenzende Faktoren in jenem Falle eine
wesentlich größere Rolle spielen dürften als in diesem.

Weitere interessante Ergebnisse lieferten Versuche mit aufeinander-
folgenden antagonistischen Reizungen von je einigen Stunden Dauer,
von denen die Reaktion wieder durch Anwendung niederer Temperatur
getrennt wurde. Die Pflanzen reagieren zunächst auf den ersten, anschließend auf den zweiten Reiz. Eine beliebige Variation des Verhältnisses der Expositionszeiten zueinander führt niemals zu einer
Kompensation beider Reize, sondern nur zu einem Überwiegen der einen
oder anderen Reaktionsrichtung. Werden dagegen dekapitierte Hypokotyle antagonistisch gereizt und anschließend durch Auxin reaktionsfähig gemacht, so tritt stets nur eine Reaktionsrichtung in Erscheinung,
und zwar im Sinne der ersten Induktion, wenn die beiden (gleich lang
gewählten) Induktionen kürzer als je 5 Std. waren, im Sinne der zweiten
dagegen, wenn sie länger dauerten. Zwei fünfstündige Induktionen

23*

kompensieren sich in diesem Falle völlig. Die Reaktionskette zwischen geotropischer Reizung und dem Sichtbarwerden der Krümmung ist offenbar viel komplizierter als die klassischen Theorien des Geotropismus annahmen, und die Erzeugung eines Quergradienten in der Auxinverteilung (oder Auxinwirksamkeit) ist nicht der Primäreffekt, sondern steht ganz am Ende der Reaktionskette. Die Autoren rechnen mit der Verlagerung eines für die Auxinwirkung notwendigen Co-Faktors, über dessen genauere Funktionen jedoch zunächst nur Vermutungen angestellt werden können. Interessant ist dabei,daß zeitlich nacheinander erfolgende (aber dann noch konservierte) Verlagerungen dieses Co-Faktors auch zeitlich nacheinander wirksam werden können, wie die Versuche mit antagonistischer Reizung zeigen. Offensichtlich wird also nicht ohne weiteres in der entgegengesetzten Lage der alte Zustand wieder hergestellt, wie ja auch aus den früher besprochenen Klinostaten-Versuchen LARSENs hervorgeht (Fortschr. Bot. **18**, 357).

Hier ist nun weiter zu erwähnen, daß erneut eine Geowachstumsreaktion von BARA (1957) an verschiedenen Objekten eindeutig nachgewiesen werden konnte. *Helianthus*-Hypokotyle und *Avena*-Koleoptilen beschleunigen an der waagerechten Klinostatenachse ihr Wachstum erheblich gegenüber normaler Vertikallage, sowohl im intakten als auch im dekapitierten Zustand; Wurzeln von *Lens* dagegen verlangsamen das Wachstum. Beides erklärt der Autor mit gesteigerter Auxinsynthese im gereizten Organ auf der jeweils unteren Flanke. Für den Geotropismus wäre damit eine lokale *Steigerung* der Auxinkonzentration (oder der Auxinwirksamkeit! Ref.) charakteristisch im Gegensatz zum Phototropismus, der nach der gewöhnlich vertretenen Auffassung durch lokale *Erniedrigung* des Auxinspiegels zustande kommt. Eine Bestätigung hierfür sieht BARA in seinem Befund, daß die Wiederherstellung der tropistischen Empfindlichkeit dekapitierter *Helianthus*-Hypokotyle und *Avena*-Koleoptilen für den Phototropismus etwa die 100—1000fache Auxinkonzentration erfordert wie für den Geotropismus, ohne daß jedoch in beiden Fällen die volle Reaktionsfähigkeit der intakten Keimlinge erreicht werden könnte.

In gleiche Richtung weisen die Untersuchungen MAEDAs an der Scheidenbasis der Weizenblätter. Der bekanntlich durch verstärktes Unterseitenwachstum zustandekommende Geotropismus kann sowohl durch Auxin als auch durch Antiauxin unterdrückt werden infolge einer Nivellierung des Wachstums: Auxine induzieren auf der Oberseite das gleiche geförderte Wachstum, Antiauxine dagegen verhindern die Wachstumsförderung der Unterseite.

Mit dem Auxineinfluß auf den Geotropismus in Abhängigkeit vom p_H-Wert befaßt sich ANKER, und zwar an dekapitierten *Avena*-Koleoptilen. Dies erfolgt im Hinblick darauf, daß die Aufnahme von IES im undissoziierten Zustand, also im sauren Bereich erleichtert ist. Entsprechend ist ein p_H-Einfluß beim Nitril der IES nicht feststellbar, während Wachstum und Geotropismus in IES-Lösungen vom p_H abhängen. In suboptimalen IES-Konzentrationen wird das Wachstum durch p_H-Erniedrigung $(7{,}8 \rightarrow 4{,}1)$ gefördert, während in supraopimalen

Konzentrationen keine solche Wirkung vorliegt. Entsprechend ist die für optimale geotropische Reaktion erforderliche Auxinkonzentration durch die p_H-Erniedrigung um den Faktor 3 kleiner. ANKER deutet seine Ergebnisse als weiteren Beweis für seine früher dargelegte Auffassung (vgl. Fortschr. Bot. **20**, 294), daß das Auxinoptimum für den Geotropismus in dem Konzentrationsbereich liegen muß, in dem das Wachstum am stärksten auf eine Änderung der Auxinkonzentration anspricht (der also unteroptimal für das Wachstum ist). Dies muß naturgemäß auch für andere Faktoren gelten, die das Wachstum beeinflussen, und so kann es nicht wundernehmen, wenn SCHRANK unterschiedliche Wirkung gewisser Ionen auf Wachstum und Geotropismus angibt, und auch die Mitteilung von BOTTELIER und ROOSHEROE, daß Äthernarkose die geotropische Krümmung stärker als das Wachstum beeinflußt, könnte wohl auf dieser Basis erklärt werden; die von den Autoren vorgeschlagene Deutung schließt dagegen wieder die Querverschiebung des Auxins ein: Äther hemmt nicht nur das Wachstum (die Reaktion auf Auxin), sondern zusätzlich die Auxinquerverschiebung.

Beim augenblicklichen Stande der Geotropismusforschung ist diese Querverschiebung von Auxin recht problematisch geworden. Nach den negativen Ergebnissen von REISENER (Fortschr. Bot. **20**, 293) haben CHING und FANG nochmals Versuche mit radioaktiver IES an verschiedenen Pflanzen durchgeführt; auch sie konnten in keinem Falle eine ungleiche Verteilung der Aktivität feststellen, die sich irgendwie mit dem Geotropismus hätte in Verbindung bringen lassen. Allerdings konnten papierchromatographisch nur wenige Prozent der wiedergefundenen Aktivität als freie IES identifiziert werden.

Einen interessanten Fall komplizierter geotropischer Reaktionen beschreibt ROTH (1958b) von *Bulbine semibarbata*. Sobald die Blütenknospe kurz vor dem Aufblühen durch Epinastie des Blütenstiels aus der Vertikalen in geotropische Reizlage gebracht wird, führen Griffel und Staubfäden geotropische Krümmungen aus, und zwar an der Basis negative und gleichzeitig mehr apikal positive Krümmungen. Bei den drei längeren Staubfäden führt das Überwiegen der negativen Basisreaktion zu einem Aufkrümmen, bei den drei kürzeren und dem Griffel dagegen ist die positive Reaktion der apikalen Region stärker und führt zu einer Abwärtskrümmung. Überlagert werden die Bewegungen noch von Hypo- und Epinastie an der Basal- und Apikalregion, was zu einem Zusammenneigen der längeren und Auseinanderspreizen der kürzeren Staubblätter führt.

LAMPRECHT (1958) erwähnt eine durch Röntgenbestrahlung entstandene Mutante von *Pisum*, deren Wurzel negativ geotrop wächst.

IV. Seismonastie.

Bei seismonastischen Bewegungen ist die Restitutionsphase von der Atmung abhängig, nicht dagegen die Reizaufnahme und die Reaktion. Diese bisher aus O_2-Mangelversuchen erschlossenen Gesetzmäßigkeiten konnten nun v. GUTTENBERG und REIFF an den Narbenbewegungen von *Mimulus* durch reversible Vergiftung mit HCN bestätigen. Verf. halten es für wahrscheinlich, daß im wesentlichen die für die Restitution notwendige Erhöhung der Wasserpermeabilität infolge der Vergiftung unterbleibt.

V. Blattbewegungen.

PALMER und ASPREY führen ein neues Objekt in die Untersuchungen der tagesperiodischen Bewegungen ein: *Samanea saman*. Folgende Reaktionen lassen sich nachweisen: Steuerung der Bewegungen allein durch die endogene Rhythmik bei konstanten Außenbedingungen; Regulierung durch einen von der endogenen Rhythmik abweichenden Licht-Dunkelwechsel, und nastische Reaktionen auf kurzfristige Verdunkelung oder Wiederbelichtung in bestimmten Phasen der Rhythmik. Die Bewegungsmechanik ist in allen Fällen die gleiche: Antagonistische Erhöhung oder Erniedrigung des Turgors der oberen und unteren Gelenkhälfte, so daß die Bewegungen mit nur geringfügigen quantitativen Abweichungen in gleicher Weise an intakten Gelenken sowie an isolierten oberen oder unteren Gelenkhälften beobachtet werden können. Jeder Faktor also, der den Turgor in der oberen Hälfte erhöht, erniedrigt unabhängig davon (also nicht nur über eine Veränderung der Gewebespannung) den Turgor in der unteren Hälfte und umgekehrt.

Dieser Befund ist einmal bedeutsam im Hinblick auf frühere Ergebnisse an anderen Objekten, nach denen diese Gesetzmäßigkeiten zwar für die endogen tagesrhythmischen Bewegungen gelten, nicht aber für die exogen nastischen (vgl. hierzu z. B. BÜNNING, 1959, S. 602ff.). Zum anderen aber ist diese Einheitlichkeit bedeutsam in Anbetracht der Untersuchungen von LÖRCHER, nach denen bei *Phaseolus* die verschiedenen Lichtwirkungen verschiedene Aktionsspektren haben: Die Auslösung der rhythmischen Bewegung durch einmaligen Übergang von Dauerdunkel zu Dauerlicht ist nur durch Hellrot und Blau möglich, durch rhythmischen Licht-Dunkelwechsel jedoch im gesamten sichtbaren Spektralbereich; die Regulierung einer bereits vorhandenen Bewegung durch einen von der endogenen Rhythmik abweichenden Licht-Dunkelwechsel kommt nur durch Hellrot und Dunkelrot zustande, und überdies verändert hellrotes und dunkelrotes Dauerlicht die Periodenlänge der endogen rhythmischen Nachschwingungen (und zwar in gegensätzlicher Richtung: Hellrot verzögert, Dunkelrot beschleunigt gegenüber Dunkelheit).

Das einmalige Öffnen und Schließen der Blüten von *Bulbine semibarbata* ist ein tagesrhythmischer Vorgang (ROTH, 1958a).

VI. Spaltöffnungsbewegungen.

Verschiedene Autoren beschäftigen sich mit dem mittäglichen Spaltenschluß; von den Lichtbedingungen her gesehen wäre um diese Zeit gerade mit extremer Öffnung zu rechnen. HEATH und ORCHARD (1957) sowie HEATH und MEIDNER (1957) zeigen an *Allium cepa*, daß es sich dabei um einen Temperatureffekt handelt. Doch ist damit der Spaltenschluß nicht direkt als „thermoaktiv" aufzufassen, sondern infolge der erhöhten Temperatur wird die CO_2-Spannung im Gewebe über den Grenzwert erhöht, der bei den herrschenden Beleuchtungen noch geöffnete Spalten zuläßt (erhöhte CO_2-Konzentration bedingt bekanntlich Spaltenschluß). Wird für reichliche Durchlüftung des Gewebes mit CO_2-freier Luft gesorgt, so bleiben die Spalten auch bei erhöhter Temperatur geöffnet; im Gegenteil scheint sogar Temperatursteigerung in diesem Falle noch die Öffnungsweite zu erhöhen, abgesehen von dem Temperatureinfluß auf die Öffnungsgeschwindigkeit, für die ein Q_{10} von 2,35 angegeben wird.

Auch der mittägliche Spaltenschluß der Ölpalme, der nur in der Trockenzeit beobachtet werden kann (REES), läßt sich zwanglos als Temperatureffekt deuten, da bei reichlicher Wasserversorgung die Temperatur in den Blättern infolge Transpiration genügend herabgesetzt wird. Diese Wirkung soll ebenfalls über den CO_2-Gehalt gehen (HEATH und MEIDNER, 1958).

Zur Wirkung der CO_2-Konzentration auf die Öffnungsweite liefert auch MOURAVIEFF (1957) einen Beitrag. Isolierte Schließzellen von *Allium ursinum* öffnen sich in CO_2-freier Atmosphäre (und zwar sowohl im Licht wie im Dunkeln), aber nur wenn sie in Kontakt mit lebendem Mesophyllgewebe sind. Wird dieses zuvor abgetötet, so bleiben die Stomata geschlossen und die sonst beobachtete Erhöhung des osmotischen Wertes bleibt ebenfalls aus. Verf. schließt daraus, daß für die Erhöhung des osmotischen Wertes der Schließzellen in Abwesenheit von CO_2 in erster Linie die Aufnahme osmoaktiver Substanzen aus dem angrenzenden Mesophyllgewebe verantwortlich gemacht werden muß.

Allium wurde für die Versuche deshalb gewählt, weil hier die Komplikation durch CO_2-gehemmte Stärkehydrolyse fortfällt; die Spuren von Stärke, die der Autor in den Schließzellen trotzdem fand, können keinesfalls für eine Reaktion verantwortlich gemacht werden, die ähnlich stark wie in normal stärkeführenden Schließzellen anderer Pflanzen auftritt.

Spaltenschluß kann außer durch CO_2 auch durch verschiedene ätherische Öle ausgelöst werden (HAFEZ).

VII. Chorismen und verwandte Erscheinungen.

Bei dem Phragmobasidiomyceten *Sporobolomyces* gelang es D. MÜLLER (1954), den Vorgang des Sporenabschusses zu filmen. Der Autor macht es wahrscheinlich, daß der stets beim Abschuß auftretende Tropfen ursächlich mit dem Abschußmechanismus verknüpft ist; der Tropfen wird mit einer gewissen Kraft, deren Herkunft noch ungeklärt ist, abgeschossen und nimmt hierbei gewöhnlich die Spore mit. Reicht die Kraft hierzu nicht aus, so bleibt der Tropfen an der Spore hängen. In seltenen Fällen konnte MÜLLER sogar beobachten (und abbilden), daß der Tropfen die Spore verfehlte und somit eine Abtrennung der Spore von der Basidie unterblieb.

Bei *Sordaria* werden die Sporen aus den Asci tagesrhythmisch abgeschossen mit einem Maximum kurz nach Beginn der Beleuchtung (INGOLD und DRING, INGOLD). Es handelt sich um einen rein exogenen Rhythmus, der Kurvenabfall in der zweiten Hälfte der Lichtphase ist darauf zurückzuführen, daß alle reifen Asci entleert sind und somit nun das Reifwerden der Asci zum begrenzenden Faktor wird, während in der Dunkelphase sich ein Vorrat reifer Asci ansammelt. Wirksam sind im wesentlichen Wellenlängen unterhalb 500 mμ.

Unsere Kenntnisse über den Schleudermechanismus der Früchte von *Dorstenia* werden durch Einzelheiten erweitert, die SCHLEUSS mitteilt. Der einzelne Steinkern wird gezielt abgeschossen, was durch eine gleitschienenartige Einrichtung ermöglicht wird. Daß trotzdem die aus einer (± scheibenförmigen) Inflorescenz stammenden Früchte in Schußrichtung und -weite über einen recht erheblichen Bereich streuen, ist auf die verschiedene Orientierung zurückzuführen, die sie in der Inflorescenz innehaben.

Die Sporenverbreitung eines zu den Splachnaceen gehörenden Laubmooses aus China (dessen Gattungs- und Artzugehörigkeit noch nicht endgültig geklärt ist) wird durch einen bisher unbekannten hygroskopischen Mechanismus unterstützt. Der Sporensack sitzt im Innern des Sporogons auf einem Stiel; dieser zieht sich beim Austrocknen in der Längsrichtung viel weniger zusammen als die Sporogonwand, wodurch der Sporensack gewissermaßen wie durch Stempeldruck aus der Sporogonöffnung mehr und mehr herausgepreßt wird (RIETH, 1957).

Literatur.

ANKER, L.: Acta bot. néerl. **7**, 69—76 (1958).

BANBURY, G. H.: Handbuch der Pflanzenphysiologie 17, 1, S. 530—578, 1959. — BARA, M.: Rev. Fac. Sci. Univ. Istanb. **22**, 209—238 (1957). — BOTTELIER, H. P., and J. ROOSHEROE: Proc. kon. ned. Akad. Wet. **61**, 284—287 (1958). — BRAUNER, L., u. A. HAGER: Planta **51**, 115—147 (1958). — BRIGGS, W. R.: Plant. Physiol. **33**, 22 (1958). — BÜNNING, E.: Handbuch der Pflanzenphysiologie 17, 1, S. 579 bis 656, 1959. — BÜNNING, E., u. H. ETZOLD: Ber. dtsch. bot. Ges. **71**, 304—306 (1958).

CHING, T. M., u. S. C. FANG: Physiol. Plantarum (Copenh.) **11**, 722—727 (1958). — CLAYTON, R.: Arch. Mikrobiol. **29**, 189—212 (1958).

DELBRÜCK, M., and W. REICHARDT: Cell. Mech. i. Diff. a. Growth. Princeton 1956.

FAURÉ-FREMIET, E., et CH. ROUILLER: Exp. Cell. Res. **14**, 29—46 (1958).

GUTTENBERG, H. v., u. B. REIFF: Planta **50**, 498—503 (1958).

HAFEZ, M. G. A.: Plant Physiol. **33**, 177—181, 181—185 (1958). — HEATH, O. V. S., and H. MEIDNER: Nature (Lond.) **180**, 181—182 (1957). — HEATH, O. V. S., and H. MEIDNER: Nature (Lond.) **182**, 1524—1525 (1958). — HEATH, O. V. S., and B. ORCHARD: Nature (Lond.) **180**, 180—181 (1957).

INGOLD, C. T.: Ann. Bot. **22**, 129—135 (1958). — INGOLD, C. T., and V. J. DRING: Ann. Bot. **21**, 465—477 (1957).

JAFFE, L. F.: Exp. Cell. Res. **15**, 282—299 (1958).

LAMPRECHT, H.: Agri Hort. Genet. **16**, 145—195 (1958). — LÖRCHER, L.: Z. Bot. **46**, 209—241 (1958).

MAASS, W.: Arch. Mikrobiol. **30**, 73—90 (1958). — MACHLIS, L.: Physiol. Plantarum (Copenh.) **11**, 181—192, 845—854 (1958). — MAEDA, E.: J. exp. Bot. **9**, 343—349 (1958). — MEYER, J.: Z. Bot. **46**, 125—160 (1958). — MOURAVIEFF, J.: Botaniste **41**, 271—282 (1957). — MÜLLER, D.: Friesia (Kopenhagen) **5**, 65—74 (1954).

PALMER, J. H., and G. F. ASPREY: Planta **51**, 757—769, 770—785 (1958).

REES, A. R.: Nature (Lond.) **182**, 735—736 (1958). — REICHARDT, W., u. D. VARJÚ: Z. physik. Chem. N. F. **15**, 297—320 (1958). — REICHARDT, W., u. D. VARJÚ: Z. Naturforsch. **14 b**, 210—211 (1959). — REISENER, H. J.: Z. Bot. **46**, 474—505 (1958). — RIETH, A.: Flora **144**, 647—654 (1957). — ROTH, J.: Phyton (Horn, N.-Ö.) **7**, 261—274 (1958a). — ROTH, J.: Z. Bot. **46**, 292—308 (1958b).

SCHLEUSS, G.: Planta **52**, 276—319 (1958). — SCHRANK, A. R.: Plant Physiol. **33**, 33 (1958). — SHROPSHIRE, W., and R. B. WITHROW: Plant Physiol. **33**, 360 bis 365 (1958).

WOLKEN, J. J., u. E. SHIN: J. Protozool. **5**, 39—46 (1958).

E. Ausgewählte Kapitel der angewandten Botanik.

23a. Allgemeine Pflanzenpathologie.

Von ROLAND ROHRINGER, Göttingen.

Die Fortschritte der allgemeinen Pflanzenpathologie, auch nur im Umfang der „Infektionslehre" [GÄUMANN (1)], können im engsten Raum nicht dargestellt werden. Der dargelegte Bericht konzentriert sich daher auf das z. Z. besonders aktuelle Gebiet der pathologischen Physiologie der Mykosen. Auch auf diesem Gebiet konnte nur eine subjektive Auswahl der dem Referenten wesentlich erscheinenden Ergebnisse vorgenommen werden. Die Darstellung schließt an GÄUMANN (1) an und umfaßt daher die Fortschritte der Jahre 1952—1958, wobei wichtige Arbeiten aus dem Jahre 1959 z. T. mit berücksichtigt wurden. Leider konnte ein großer Teil der russischen Literatur aus Sprachschwierigkeiten nicht erfaßt werden.

Übersichtsreferate. Als bedeutungsvoll und für die künftige Entwicklung besonders fruchtbar erwiesen sich die beiden Sammelreferate von ALLEN (1, 2) sowie das viel diskutierte Übersichtsreferat von LEWIS über die Gleichgewichtshypothese des Parasitismus. Zusammenfassungen über biochemische Aspekte geben KIRALY u. FARKAS (6), WALKER u. STAHMANN, KERN (2), FARKAS, FARKAS u. KIRALY (2), DIMOND u. WAGGONER (1), RUBIN, CHETVERIKOVA u. ARZICHOWSKAJA, RUBIN u. ARZICHOWSKAJA, SEMPIO (1) und SUCHORUKOW. Weitere zusammenfassende Darstellungen geben, über das Grundgebiet: YARWOOD (3), WHITE und der in Buchform erschienene Bericht über das 5. Symposium der Gesellschaft für Allgemeine Mikrobiologie von HOWIE u. O'HEA; über histologische Untersuchungen: CHRISTENSEN u. DEVAY und EIDE; über den Einfluß von Umweltfaktoren: HART, SHUKLA und REINMUTH. HORSFALL u. DIMOND berichten über den Einfluß von Metaboliten auf Parasiten im Gewebe, DEVAY über symbiontische und nichtsymbiontische Beziehungen zwischen Pilzen.

Allgemeines. Die Forschungen der vergangenen Jahre haben immer deutlicher gezeigt, daß Axeniefaktoren [GÄUMANN (1)] nicht die ihnen ursprünglich von vielen Autoren zuerkannte Bedeutung für pflanzliche Resistenzprobleme zukommt. In den meisten Fällen läßt sich Krankheitsresistenz nicht auf bereits in der gesunden Pflanze vorgebildete Schutzstoffe zurückführen. Präinfektionell vorhandene stoffliche Unterschiede in resistent bzw. anfällig reagierenden Wirtsgeweben (FILIPPOW u. ANDREJEW) können für die Reaktion des Wirtsgewebes nur gegenüber physiologisch wenig spezialisierten Parasiten bedeutungsvoll sein. Kompliziertere Wechselbeziehungen zwischen Wirtsvarietäten und Erregerrassen (wie z. B. bei Rostkrankheiten) lassen sich auf Grund theoretischer Erwägungen nur schwer auf präinfektionell vorhandene, den Symbioseverlauf bestimmende Substanzen zurückführen. Die meisten Untersuchungen der letzten Jahre über die verschiedensten Wirt-Parasit-Komplexe erbrachten Hinweise für das Vorhandensein von Abwehr-Reaktionen [GÄUMANN (1)] des infizierten Wirtsgewebes. Als solche können unterschieden werden: a) Reaktionen, die zur Bildung definierter Abwehrstoffe führen, und b) wechselseitige und dynamische Beeinflussung des Grundstoffwechsels, welche das Gleichgewicht zwischen Wirt und Parasit zur dissymbiontischen Seite hin verschiebt.

Als pilzwidriger, im gesunden Wirtsgewebe vorgebildeter Resistenzfaktor hemmt ein thermostabiles, selbst in großer Verdünnung wirksames Toxin aus Haferpflanzen das Wachstum schwach virulenter Stämme von *Ophiobolus graminis*, während pathogene Stämme nicht beeinflußt werden [TURNER (1, 2)]. FREUDENBERG u. HARTMANN identifizierten ein Pentaoxyflavon aus *Robinia pseudoacatia* als Resistenzfaktor gegen holzzerstörende Pilze. Gegen Erreger von Winterfäulen an Getreide und Klee erwiesen sich Inhaltsstoffe resistenter Wirtspflanzen [z. B. 6-Methoxy-2 (3)-benzoxazolinon] als antibiotisch wirksam (VIRTANEN; VIRTANEN, HIETALA u. WAHLROOS). Der Siliciumgehalt von Reispflanzen beeinflußt deren Resistenz gegen *Piricularia oryzae* (VOLK, KAHN u. WEINTRAUB). TOLBA u. SALEH wiesen auf einen Zusammenhang hin zwischen der Wasserstoffionenkonzentration von Tomatengewebe und Anfälligkeit gegenüber Fusarien.

Zusammenfassende Darstellungen über pflanzliche Abwehrreaktionen geben BLOCH und vor allem GÄUMANN (2, 3). Die durch *Rhizoctonia repens* induzierte Abwehrreaktion bei Orchideenknollen (GÄUMANN, BRAUN u. BAZZIGHER) wird durch „Orchinol", einem von der Pflanze unter dem Einfluß der Infektion gebildeten Abwehrstoff ($C_{16}H_{16}O_3$), hervorgerufen (BOLLER, CORRODI, GÄUMANN, HARDEGGER, KERN u. WINTERHALTER-WILD). Die von MÜLLER (1) untersuchten „Phytoalexine", welche durch Infektion von *Phaseolus vulgaris* mit *Sclerotinia fructicola* und *Phytophthora infestans* entstehen, verhindern als unspezifische Abwehrstoffe bei der hypersensitiven Reaktion des infizierten Wirtsgewebes die weitere Entwicklung der Pathogene im Wirt [MÜLLER (2)]; ihre chemischen und physikalischen Eigenschaften deuten auf niedrigmolekulare Verbindungen. Das wirksame Prinzip wird offenbar nicht nur in den befallenen, sondern auch in den benachbarten Zellen gebildet [MÜLLER (3)] und von nichtparasitierten Geweben gespeichert. Ihre Bildung wird vermutlich durch Stoffwechselprodukte der Parasiten ausgelöst, aber aktiv im Stoffwechsel des Wirtes vollzogen (JEROME u. MÜLLER). „Resistenz" wäre in diesem Falle die Fähigkeit des Wirtsgewebes, unter dem Einfluß der Infektion „Phytoalexin" zu bilden. Über ähnliche Abwehrreaktionen von Kartoffelgewebe gegenüber nichtkongenialen Pathogenen berichtet KuČ (1); der noch nicht identifizierte unspezifische Faktor hemmt eine Reihe pathogener Pilze. HIRAI vermutet, daß die hypersensitive Reaktion von Weizen auf *Typhula incornata* mit der oxydativen Phosphorylierung, dem Eiweiß- und NS-Stoffwechsel der Wirtspflanze gekoppelt ist und stützt sich auf elektronenoptische Untersuchungen (HIRAI, CHIAKI u. KOSABURO), die eine

Beteiligung plasmatischer Strukturen an Abwehrreaktionen resistenter Gewebe wahrscheinlich machen. Die bisher untersuchten Beispiele pflanzlicher Abwehrreaktionen zeigen, daß ihnen als stoffliche Grundlage niedrigmolekulare und wenig spezifische Substanzen von im Pflanzenkörper örtlich begrenzter Wirkung gemeinsam sind. Bei diesen antibiotisch wirksamen Reaktionsprodukten des Wirt-Parasit-Komplexes handelt es sich daher gewiß nicht um Immunkörper im Sinne der Humanmedizin; die gelegentlich gebrauchten Bezeichnungen wie „Immunreaktion", „Immunkörper" usw. [z. B. MÜLLER (2), YARWOOD (2)] sollten als irreführend vermieden werden.

Dieser Überblick zeigt, daß eine isolierte Betrachtung der stoffwechselphysiologischen Leistungen von Erreger oder Wirt in den seltensten Fällen zu einer vollständigen oder auch nur teilweisen Klärung parasitärer Prozesse führt. Im Folgenden soll daher das Hauptgewicht auf symbiontische Wechselbeziehungen gelegt werden. Für eine solche Darstellung wurden die wichtigsten der relativ gut durchgearbeiteten Wirt-Parasit-Komplexe ausgewählt.

Obligate Parasiten (Uredineen, Erysiphaceen, Peronosporaceen u. ä.).

1. Physiologie und Biochemie des Wirt-Parasit-Komplexes.

Über die stofflichen Grundlagen des Beginns der Auseinandersetzung zwischen Erreger und Wirt liegen inzwischen auch bei den obligaten Parasiten Anhaltspunkte vor. Freilich läßt sich auch hier, wie bei allen anderen Wechselbeziehungen mit obligaten Parasiten, noch nicht in allen Fällen entscheiden, welche der im Krankheitsverlauf beobachteten Veränderungen auf den Stoffumsatz des Parasiten zurückgehen und welche unter Beteiligung der Wirtspflanze zustande kommen.

GRECHUSHNIKOW führt die von *Synchytrium endobioticum* im Kartoffelgewebe ausgelösten Veränderungen auf ein toxisches Prinzip des Pilzes zurück. Eine aus keimenden Uredosporen von *Puccinia graminis tritici* isolierte labile Fraktion induziert im Blattgewebe Chlorosen und Nekrosen (SWAEBLY; NATOUR u. HART). Ob es sich hierbei um das langgesuchte Rost-„Vivotoxin" handelt, kann auf Grund der bisherigen Ergebnisse noch nicht entschieden werden. OLIEN konnte jedoch wahrscheinlich machen, daß die Blattnekrosen auf infizierten, resistenten Weizenblättern durch eine einzelne, elektrisch negativ geladene Substanz hervorgerufen werden. Auch Trimethylamin, das unter anderem auch von *Puccinia graminis* gebildet wird, wird als reaktionsauslösender Wirkstoff in Betracht gezogen (GARAY).

Die zuerst von SEMPIO (2, 3) und später von SHAW u. HAWKINS diskutierte „Zwei-Phasen-Theorie" stützt sich auf Untersuchungen der Atmung, Photosynthese, Glykolyse, Transpiration und auf Aktivitätsbestimmungen der Indolessigsäure (IES)-Oxydase. Diese Stoffwechselfunktionen durchlaufen während der Auseinandersetzung zwischen Wirt und Parasit 2 Phasen, die bei resistenter und anfälliger Reaktion des Wirtsgewebes unterschiedlich sind. Eine Klärung dieser Verhältnisse ist außerordentlich erschwert, da die Untersuchungen des

Wirt-Parasit-Komplexes zu verschiedensten Zeitpunkten nach der Infektion, unter verschiedenen Umweltbedingungen (vgl. FUCHS u. SIEBERT) und mit unterschiedlichen Erregerrassen und Wirts-Varietäten vorgenommen wurden.

Eine der ersten infektionsbedingten Reaktionen ist eine charakteristische Änderung der Atmung [vgl. ALLEN (1)]: in hypersensitiv reagierenden Geweben steigt die O_2-Aufnahme rapide an und fällt nach dem Absterben der infizierten Gewebe zu normalen Werten zurück. In anfällig reagierenden Geweben geht der Atmungsanstieg weitgehend der Entwicklung des Parasiten parallel [MILLERD u. SCOTT (1); SAMBORSKI u. SHAW (1)]. Eine die Atmung des Wirtsgewebes entkoppelnde Substanz, deren Anwesenheit bereits früher von ALLEN (1) postuliert wurde, konnte in Untersuchungen an mehltauinfizierter Gerste nachgewiesen werden [MILLERD u. SCOTT (1)]. Sie ist nur in infizierten Geweben enthalten und konnte teilweise gereinigt werden [MILLERD u. SCOTT (2)]. Ob es sich hierbei um ein „Toxin" des Erregers handelt oder um ein Stoffwechselprodukt, welches vom Wirtsgewebe unter dem Einfluß der Infektion gebildet wird, wird z. Z. noch diskutiert. Biochemische Analysen von POZSAR u. KIRALY stützen die Theorie, daß die durch Rostinfektion verursachte Atmungssteigerung der durch DNP hervorgerufenen ähnlich ist. DNP stimuliert die Aktivität der ATP-ase und vermehrt das Angebot von P-Acceptoren (ADP). Ähnliches könnten energieverbrauchende synthetische Prozesse in infiziertem Gewebe herbeiführen (DALY u. SAYRE) . Zahlreiche neuere Arbeiten deuten aber darauf hin, daß der Atmungsstoffwechsel infizierter Gewebe von dem gesunder qualitativ verschieden ist. Der Pasteur-Effekt im Gewebe ist nach der Infektion vermindert [FARKAS u. KIRALY (1); DALY, SAYRE u. PAZUR]. Tracer- und Hemmstoffversuche brachten den Beweis, daß der Tricarbonsäurecyclus (TCC) an der Atmung gesunden Gewebes wesentlich beteiligt ist, daß jedoch die parasitogen gesteigerte Atmung z. T. andere Stoffwechselwege, wie z. B. den Pentosecyclus, beschreitet [DALY, SAYRE u. PAZUR; SHAW u. SAMBORSKI (1); DALY u. SAYRE; HEITEFUSS (1); KIRALY u. FARKAS (1)]. Untersuchungen über den Mechanismus der Endoxydation führten zu dem Ergebnis, daß der Elektronentransport in gesunden Weizenblättern von Fe-haltigen Endoxydasen, wahrscheinlich dem Cytochromsystem, übernommen wird, während die Endoxydation in rostinfiziertem Gewebe durch ein Cu-haltiges Enzym, die Ascorbinsäure-Oxydase, katalysiert wird [KIRALY u. FARKAS (2, 3)]. Diese Untersuchungen wurden zu einem relativ späten Zeitpunkt der Krankheitsentwicklung durchgeführt. Sie bedürfen weiterer Klärung („2-Phasen-Theorie"!), zumal einschlägige Untersuchungen über das Substrat Ascorbinsäure und über mögliche Schwankungen der Konzentration während des Krankheitsverlaufes bisher zu keinen einheitlichen Ergebnissen führten (PILGRIM u. FUTRELL). Inwieweit die von KIRALY u. FARKAS (4) gefundene Aktivitätsminderung der Glykolsäureoxydase in anfällig reagierenden, rostinfizierten Weizenblättern mit den bisherigen Untersuchungen über den Atmungsstoffwechsel zusammenhängt, läßt sich vorläufig nicht absehen. Die genannten Autoren vermuten, daß die prosthetische Gruppe dieses Fermentes, das Riboflavin-phosphat, vom Erreger benötigt und damit dem Glykolsäureoxydase-system des Wirtes entzogen wird. Die Aktivitätsminderung der Apfel-säuredehydrogenase in peronosporainfizierten Kohlblättern [HEITEFUSS (1)] ist in ihren Ursachen noch ungeklärt.

Der seit langem bekannte Zusammenhang zwischen Photosynthese-aktivität des Wirtsgewebes und Symbioseverlauf ist noch wenig unter-sucht. Auch konnte eine befriedigende Deutung der Befunde von SEMPIO (2, 3), die auf charakteristische Schwankungen der Photosyntheseakti-vität befallenen Gewebes hinweisen, noch nicht gegeben werden. Im Gegensatz zu den früheren Ergebnissen von POHJAKALLIO mit einigen Rostpilzen, vermutet CUTTER auf Grund seiner Untersuchungen mit *Puccinia sorghi* an *Zea Mays*, daß durch die Photosynthese ein für den Erreger wichtiger Nahrungsstoff gebildet wird, der nicht durch Glucose ersetzt werden kann. Nach SAYED, BOOTHROYD u. EVERETT und WU ist jedoch Wachstum und Sporulation des Rostes vom Chlorophyllgehalt des Wirtsgewebes unabhängig. Durch Tracer-Versuche ließ sich eine Parallele nachweisen zwischen dem „Grünen-Insel"-Phänomen und der CO_2-Assimilation infizierten Gewebes; letztere ist nahe den Infektions-stellen vermindert, steigt jedoch an der Peripherie derselben an [SHAW u. SAMBORSKI (2)]. Die Untersuchungen von DOMSCH (1) über die photo-periodische Behandlung mehltauinfizierter Gerste zeigen, daß der Tages-längenreiz Einfluß nimmt auf die Krankheitsentwicklung.

Kohlenhydrate und ihre Umwandlungsprodukte sind für die Er-nährung obligater Parasiten von großer Wichtigkeit. Gute Versorgung fördert die Rostentwicklung [vgl. GÄUMANN (1); HASSEBRAUK u. KAUL (1, 2)]; diese bedingt aber auch eine Erhöhung des Zuckerspiegels (FORSYTH u. SAMBORSKI; JAIN u. PELLETIER; FUCHS u. BAUERMEISTER; vgl. auch LEWIS; ROSEN u. BAILEY). Organische Säuren sind in befallenen Geweben angereichert [STAPLES (1); HEITEFUSS (1)].

Die früher angenommene einfache Beziehung zwischen Eiweiß-gehalt der Wirtspflanze und Rostentwicklung (vgl. GASSNER u. HASSE-BRAUK) wird von HASSEBRAUK (2) zurückgenommen. Auch neuere Unter-suchungen führten aber bisher zu keinem einheitlichen Ergebnis. BAR-RETT u. McLAUGHLIN fanden mit Hilfe elektrophoretischer Methoden nach Braunrostinfektion in anfälligen Pflanzen eine qualitativ unter-schiedene Proteinfraktion; da die Aufarbeitung erst sehr spät nach der Infektion und nach reichlicher Fruktifikation des Pilzes erfolgte, liegt die Vermutung nahe, daß es sich hierbei um rosteigene Proteine handelte, zumal bei resistent reagierenden Geweben diese Fraktion fehlt. ROHRIN-GER fand keine Unterschiede in der Aminosäurezusammensetzung von Eiweiß aus gesunden und schwarzrostkranken Weizenblättern. TANI u. NAITO ermittelten nach Infektion von Birnenblättern mit *Gymno-sporangium haraeanum* einen Abfall der heißwasserunlöslichen N-Frak-tion. Relativ einheitliche Ergebnisse erzielte die Untersuchung der löslichen Aminosäuren: fortschreitender Entwicklung des Rostes geht eine Anreicherung löslicher Aminoverbindungen parallel [SHAW u. SAM-BORSKI (2); ROHRINGER; SAMBORSKI, FORSYTH u. PERSON], wobei auch hier offenbleiben muß, inwieweit Inhaltsstoffe des Erregers das Ergebnis beeinflussen. Die mögliche ernährungsphysiologische Bedeutung löslicher Aminoverbindungen für die Entwicklung obligater Parasiten wurde im Zusammenhang mit dem „Brechen" der Resistenz näher untersucht: durch Behandlung „resistenter" Pflanzen mit DDT (BROMFIELD u. EMGE), Maleinsäurehydrazid [SAMBORSKI u. SHAW (2, 3)], durch Abschneiden der infizierten Blätter oder durch Hitzebehandlung der Blattbasis ("searing") wird die Resistenz unter gleichzeitigem Anstieg der Fraktion löslicher Aminoverbindungen gebrochen (vgl. vor allem FORSYTH u. SAMBORSKI). Nach Maleinsäurehydrazidbehandlung fällt die starke Anreicherung von Glutamin auf, das nicht nur als Sporeninhaltsstoff, sondern auch zu einem frühen Zeitpunkt im parasitierten Gewebe nachgewiesen wurde (ROHRINGER). Weizenblätter, deren Resistenz durch Abschneiden und Einstellen in Wasser gebrochen wird, zeigen wiederum resistente Reaktion, wenn der Lösung Benzimidazol in geringer Konzentration zugefügt wird (SAMBORSKI, FORSYTH u. PERSON). Zusätzliche Glucosegaben heben die induzierte resistente Reaktion auf, Erhöhung des Benzimidazol-Zusatzes stellt sie wieder her. Abschneiden der Blätter oder Glucosezusatz zu den Lösungen erhöht den Gehalt an löslichen N-Verbindungen (Brechen der Resistenz!); während Behandlung mit Benzimidazol im Überschuß ihn bei gleichzeitiger Resynthese des Proteins absenkt (Wiederherstellung der resistenten Reaktion!). Es scheint aber keine einfache Beziehung zwischen Aminosäurespiegel und „anfälliger" Reaktion zu bestehen, denn Infiltration von Ketoreagentien, wie z. B. Thiosemicarbazid, unterbindet die Entwicklung des Rostes im Gewebe, obwohl der Gehalt an löslichen Aminosäuren dort außerordentlich steigt (FUCHS u. BAUERMEISTER); eine direkte Wirkung der Ketoreagentien auf den Rost konnte nicht festgestellt werden. Ähnliches wurde bereits vorher an peronosporabefallenen Kohlblättern festgestellt [HEITEFUSS (1)]. KIRALY u. FARKAS (5) fanden einen Aktivitätsabfall der Glutaminsäuredecarboxylase in rostbefallenem Weizen. Die Bedeutung dieses Enzyms für das Zusammenspiel zwischen Erreger und Wirt läßt sich z. Z. noch nicht absehen.

Die Bedeutung von Phosphor-Verbindungen für das Symbioseverhältnis wurde mit Hilfe der Tracer-Methode eindeutig sichergestellt [SHAW, BROWN u. RUDD JONES; YARWOOD u. JACOBSON (2); SHAW u. SAMBORSKI (2); BALDACCI, BETTO, FOA u. VOLPI; BETTO, FOA u. VOLPI]: P^{32} wird nahe den Infektionsstellen selektiv angereichert; wie durch Ausschalten des Erregers festgestellt wurde (Schwefelung, Hitzebehandlung, Entfernung der befallenen Epidermis bei von Mehltau befallenen Blättern), erfolgt diese Anreicherung nicht im Parasiten, sondern in dem von der Infektion beeinflußten Wirtsgewebe, und zwar aktiv, da Fermentgifte und Anaerobiose eine solche Anreicherung unterbinden. Der Gehalt kranker Gewebe an anorganischem P steigt im Verlaufe der Erkrankung an [TURIAN (1); POZSAR u. KIRALY), während die Konzentration der organischen, insbesondere der säurelabilen P-Verbindungen z. T. sehr stark abfällt (POZSAR u. KIRALY). Über die Bedeutung der Dephosphorylierung für die parasitogen gesteigerte Atmung vgl. S. 364.

Die Rolle des Parasiten bei der Auslösung dieses Phänomens ist noch ebenso ungeklärt wie die mögliche Bedeutung des organischen P für seine Ernährung. Auffällig ist die hohe Aktivität saurer Phosphatase im Bereich von Mehltauhaustorien (ATKINSON u. SHAW). CUTTER weist auf Zusammenhänge hin zwischen KH- und NS-Stoffwechsel und den aus histologischen Untersuchungen bekannten Beziehungen zwischen den Haustorien und den Wirtskernen. Er deutet den Antagonismus zwischen Rost und Virusinfektionen [YARWOOD (1); WILSON (1)] als Hinweis auf die Bedeutung der Nucleoproteide für die Rostsymbiose. Ähnliches kann man für Mehltau aus der kurzen Mitteilung von FARKAS entnehmen, daß Blattinfiltration von Trypaflavin, einem Inhibitor der NS-Synthese, die Entwicklung des Erregers hemmt. Über solche und andere mögliche Querverbindungen kann z. Z. nur theoretisiert werden.

Der Wuchsstoffhaushalt ist in Gewebehypertrophien und Wachstumsstörungen durch obligate Parasiten gestört. Kulturen von *Gymnosporangium juniperi-virginianae*, welche von CUTTER erhalten wurden, erzeugen große Mengen von IES über Tryptamin und Indolacetaldehyd als Zwischenprodukte [WOLF (2)]. Befallene Gewebe enthalten mehr IES als gesunde: *Exobasidium camelliae* auf *Camellia* [HIRATA (1, 2)]; *Uromyces pisi* auf *Euphorbia cyparissias* [PILET (1, 2)]. Der infektionsbedingte Anstieg geht nicht auf Neuproduktion von Wuchsstoffen, sondern auf eine Aktivitätsminderung der IES-Oxydase in befallenen Pflanzen zurück [PILET (3)]; hierbei scheint ein Hemmstoff („antienzymatische Aktivität") des Erregers wirksam zu sein. Die Phosphatase im Milchsaft von *Euphorbia verrucosa* wird durch IES aktiviert; durch *Uromyces scutellatus* befallene Pflanzen enthalten mehr anorganisches P als gesunde [TURIAN (1)]. Ob diese Wechselbeziehungen zwischen P- und Wuchsstoffhaushalt im Krankheitsgeschehen ursächlich miteinander verknüpft sind, kann noch nicht mit Sicherheit gesagt werden. Bei der Blattvergrößerung von *Carthamus* durch *Puccinia carthami* wird die Wirkung der vermehrten IES als allgemeine Stoffwechselanregung und indirekte Förderung des Pilzes gedeutet (DALY u. INMAN).

Auch bei infektiösen Prozessen, die ohne sichtbare Hypertrophie des Wirtsgewebes verlaufen, spielt IES eine Rolle. Ihre Konzentration ist in rost- bzw. mehltaubefallenen Pflanzen erhöht [HAWKINS; SHAW u. SAMBORSKI (2)]; charakteristische Schwankungen lassen sich mit Aktivitätsschwankungen der IES-Oxydase korrelieren (SHAW u. HAWKINS); der Wuchsstoffhaushalt infizierter Pflanzen verschiedenen Resistenzgrades zeigt Unterschiede. Die „Resistenz" schwachresistenter Wirte kann durch IES-Behandlung verstärkt werden [SAMBORSKI u. SHAW (2)]. Eine interessante Wechselbeziehung ergibt sich zu der Brechung der Resistenz durch ionisierende Strahlung (SCHWINGHAMER) und der Beeinflussung des Wuchsstoffhaushaltes rostkranker Pflanzen durch UV-Bestrahlung [PILET (2)]; SAMBORSKI u. SHAW (2) werfen die Frage nach einem ursächlichen Zusammenhang auf. Über die physiologische Bedeutung der IES für den Wirt-Parasit-Komplex liegen z. Z. nur Vermutungen vor. HAWKINS vermutet einen Zusammenhang zwischen der

Steigerung der Ascorbinsäureoxydaseaktivität durch IES (NEWCOMB) und dem infektionsbedingten Anstieg der Aktivität dieses Enzyms [KIRALY u. FARKAS (3)]. 2,4-D hemmt sowohl die Keimung der Uredosporen als auch die Entwicklung des Pilzes im Gewebe (PETURSON; IBRAHIM; v. WITSCH u. KASPERLIK).

Die Katalaseaktivität rostbefallener Gewebe steigt erheblich an [RASHEVSKAJA u. NILOVA; LETOURNEAU (1); TURIAN (2)]. Die infektionsbedingten Aktivitätsschwankungen verlaufen in verschieden resistenten Geweben unterschiedlich [LETOURNEAU (2)]; der starke Aktivitätsanstieg in anfällig reagierenden Geweben während der Sporulation beruht auf hohem Katalasegehalt der Sporen.

2. Keimungsphysiologie und Stoffwechsel der Erreger, Kulturversuche, Therapie.

Die gegenseitige Keimungshemmung von Rost- bzw. Mehltausporen scheint auf verschiedene Ursachen zurückzugehen. ALLEN (3) wies zuerst die Bildung eines flüchtigen Hemmstoffes in keimenden Uredosporen bei O_2-Zutritt nach. Die Keimhemmung wird durch DNP, Methylnaphthochinon oder Coumarin aufgehoben. Die Bildung des Hemmstoffes, der in den Atmungsstoffwechsel eingreift, wird durch DNP gehemmt (FARKAS u. LEDINGHAM). Ob YARWOOD (2) den gleichen flüchtigen Hemmstoff fand oder ob er identisch ist mit Trimethyläthylen, das FORSYTH (1) als natürlichen Keimhemmstoff ansieht, ist unseres Wissens noch nicht geklärt; außer Zweifel steht die Existenz ein oder mehrerer flüchtiger Keimungshemmstoffe. VAN SUMERE, VAN SUMERE-DE-PRETER, VINING u. LEDINGHAM berichten über die keimhemmende Wirkung der in Sporen enthaltenen nichtflüchtigen Ferula- und β-Hydroxybenzoesäure, WILSON (2) über Hemmung durch Asparagin- und Glutaminsäure, die von Rostsporen in reichlicher Menge ausgeschieden werden; letztere wird durch Coumarin oder DNP z. T. aufgehoben. Da WILSON jedoch in ungepufferten Medien, bei einem für die Keimung suboptimalen p$_H$ arbeitet, bedarf der Befund der Bestätigung. Die stoffliche Ursache der Schutzwirkung eines Primärinfekts auf Folgeinfektion mit Rost [YARWOOD (2, 4); JOHNSTON u. HUFFMAN] ist noch ebenso ungeklärt wie die mögliche Beteiligung von Trimethylamin an solchen Effekten (GARAY). Eine aus Gerstenblättern isolierte phenolische Substanz hemmt die Entwicklung von *Erysiphe graminis* (SCOTT, MILLERD u. WHITE). Über die chemische Natur des von DOMSCH (2) in keimenden Mehltausporen aufgefundenen Hemmstoffs liegen keine Angaben vor.

Neben der selbstinduzierten Keimungshemmung von Uredosporen wird eine keimfördernde Wirkung beschrieben [YARWOOD (5)]. Extrakte keimender Uredosporen enthalten eine keimfördernde hitzestabile Substanz (SWAEBLY). Pelargonaldehyd ist als die auf Uredosporen keimfördernd wirkende Substanz erkannt worden [ALLEN (4); FRENCH, MASSEY u. WEINTRAUB; FRENCH u. WEINTRAUB]. Dieser stimuliert Keimung, Appressorien- und Vesikelbildung und Ausbildung von Infektionshyphen; er entsteht wahrscheinlich durch Autoxydation des in Sporen enthaltenen Fettes. Über die stimulierende Wirkung nichtflüchtiger sekundärer Substanzen berichten VAN SUMERE et al. (s. o.) (IES, Coumarine, Polyphenolderivate, vgl. unten). Als möglichen Wirkungsmechanismus für diese Förderung diskutieren die Autoren den Einfluß dieser Phenolderivate auf den Wuchsstoffhaushalt der Sporen. Ob das Gewebe der Wirtspflanze einen stofflichen Einfluß auf die Keimung von Uredosporen ausübt, ist noch nicht geklärt. Die Mitteilung von HIRATA u. TOGASHI, wonach die den Schließzellen benachbarten Hilfszellen durch Mehltau bevorzugt befallen werden, macht solche Wechselbeziehungen wahrscheinlich (Chemotaxis?). In die gleiche Richtung deutet der Hinweis von WEINTRAUB, MILLER u. SCHANTZ über die fördernde Wirkung des in Pflanzen vorkommenden Sapogenins auf die Keimung der Uredosporen.

Viele Inhaltsstoffe von Rostsporen wurden in den letzten Jahren untersucht: carotinoide Pigmente (SMITS u. MITCHELL; IRVINE, GOLUBCHUK u. ANDERSON; DICKINSON), Zucker und Aminosäuren (BROYLES; ROHRINGER; PRENTICE u. CUENDET), organische Säuren [STAPLES (2)], Vitamine (FILLIPPOW u. ANDREJEW; YARWOOD, HALL u. NELSON), Eiweiß, Fett, Chitin und Polysaccharide (SHU u. TANNER), Coumarine und Polyphenole (VAN SUMERE, VAN SUMERE-DE-PRETER, VINNING u. LEDINGHAM), Hemicellulase, Cellulase und Pektinase (VAN SUMERE, VAN SUMERE-DE-PRETER u. LEDINGHAM). Der Stoffwechsel ruhender bzw. keimender Uredosporen konnte z. T. aufgeklärt werden. SHU u. LEDINGHAM wiesen das volle Enzymbesteck für die Direktoxydation der Glucose in ruhenden Sporen nach, STAPLES (2) machte die Beteiligung des TCC am Stoffwechsel wahrscheinlich. C^{14} wird im Dunkeln von Uredosporen assimiliert und die markierten Inhaltsstoffe durch Transaminierungsprozesse umgewandelt (STAPLES u. WEINSTEIN). Eine Anzahl im Keimmedium gebotener Zucker und Aminosäuren können veratmet werden (SHU, NEISH u. LEDINGHAM), jedoch dient endogenes Fett als hauptsächlichstes Atmungssubstrat (SHU u. TANNER). Die zuletzt genannten Autoren und STEWART machten die Beteiligung des Cytochromsystems am Atmungsstoffwechsel der Rostsporen wahrscheinlich. DICKINSON wies mit Nachdruck auf tiefgreifende Veränderungen im Stoffwechsel bei Abschluß der ectophytischen Phase hin, welche offenbar durch Permeabilitätsänderungen hervorgerufen werden. Aus Untersuchungen ruhender oder keimender Sporen sollte daher keinesfalls direkt auf den Stoffwechsel der Parasiten in der Wirtspflanze geschlossen werden (vgl. auch COCHRANE).

Die Entwicklung einiger obligater Parasiten gelang auf isoliertem Gewebe ihrer Wirte. Aus Gewebekulturen infizierter *Juniperus*gallen [vgl. auch HOTSON (1)] wuchs Mycel von *Gymnosporangium juniperivirginianae* in einigen Fällen in das Kulturmedium hinein, konnte durch Subkulturen und unabhängig vom Wirtsgewebe weiter kultiviert werden und bildete dort atypisch geformte Uredosporen (HOTSON u. CUTTER). CUTTER berichtet über die erfolgreiche Rückinfizierung des Wechselwirtes. Zahlreiche Versuche, diese Ergebnisse zu reproduzieren, sind bisher fehlgeschlagen (CONSTABEL; TUREL u. LEDINGHAM). Bei den 4

Fällen saprophytischen Wachstums (aus insgesamt Tausenden von Ansätzen) könnte es sich um besonders angepaßte Mutationen handeln (CUTTER). Die Versuche bedürfen weiterer Nachprüfung, da Kultur auf relativ einfach zusammengesetzten Nährböden den bisherigen Anschauungen über Ernährungsansprüche obligater Parasiten widerspricht. *Melampsora lini* läßt sich auf Gewebe von Flachsblättern kultivieren (TUREL u. LEDINGHAM); je nach Variation des Nährmediums kommt es zu Mycelwachstum oder Uredosporenbildung auf dem Callusgewebe der Wirtspflanze. Ein saprophytisches Wachstum des Pilzes wurde jedoch ebensowenig beobachtet wie bei den Experimenten von BAUCH u. SIMON, welche *Puccinia tatarica* auf Gewebekulturen von *Mulgedium tataricum* zu Wachstum und Ausbildung von Teleutolagern bringen konnten. HEIM u. GRIES kultivierten *Erysiphe cichoracearum* auf Sonnenblumen-Tumorgewebe. Einen wesentlichen Fortschritt erzielten v. GUTTENBERG u. SCHMOLLER, die *Peronospora brassicae* durch Passagen über Möhrengewebekulturen zu saprophytischem Wachstum und Fruktifikation auf Bierwürzephosphatagar anregen konnten; auf synthetischen Medien gelang die Weiterkultur nicht.

Versuche, Rostpilze aus Uredosporen auf totem Substrat zu ziehen, führten zu begrenztem vegetativem Wachstum (Appressorien, Vesikel, Infektionshyphen) und wurden durch Variation der Außenbedingungen erreicht (SHARP, STALEY, SCHMITT u. KINGSOLVER; EMGE; vgl. auch ROWELL, OLIEN u. WILCOXSON) oder durch Zusätze zum Nährmedium erzielt, wobei sich als Verfestigungsmittel Kieselgel besonders bewährte (FUCHS u. GAERTNER). Als förderlich für solche Kulturen erwies sich der Zusatz von Eigelb (FUCHS u. GAERTNER; vgl. YARWOOD u. COHN für *Erysiphe graminis*), Biotin (CUTTER), Pyridoxal bei Gegenwart relativ hoher Fe-Mengen (FUCHS u. GAERTNER). Die Vesikelbildung wird durch Cystein gefördert (FUCHS u. GAERTNER). Der aus der rostverhindernden Wirkung der Sulfonamide [HASSEBRAUK (1)] erschlossene Bedarf der Rostpilze an p-Aminobenzoesäure wurde bestätigt; Folsäure wird als der eigentlich benötigte Wirkstoff angesehen [HOTSON (2, 3); CROWDY, ELIAS u. RUDD JONES]. Die Aufrechterhaltung anaerober Verhältnisse und reduzierendes Milieu (O_2-Abschluß, Ascorbinsäure, Cystein) wirken förderlich bei Kulturversuchen mit *Podosphaera leucotricha* [SIEBS (2)]. Freilich wird man vorerst nur mit Zurückhaltung von Kulturerfolgen auf die Bedeutung einzelner Nähr- und Wirkstoffe auf das Wirt-Parasit-Verhältnis schließen dürfen.

Eine therapeutische Unterbindung der Rostentwicklung ist durch Sulfonamide [HASSEBRAUK (1)] möglich, neuerdings auch durch Anwendung organischer Ni-Verbindungen (WANG, ISAAC u. WAYGOOD; KEIL, FROHLICH u. VAN HOOK; KEIL, FROHLICH u. GLASSICK; PETURSON, FORSYTH u. LYON). Ähnliches wies FORSYTH (2) für Fe-Verbindungen nach, die, von den Wurzeln der intakten Wirtspflanze aufgenommen, auf den Parasiten direkt wirken sollen. Jedoch bleibt unsicher, ob die erwähnten Metalle eine spezifische Wirkung auf den Pilz ausüben oder ob bevorzugte Anreicherung [vgl. YARWOOD u. JACOBSEN (1); SHAW u. SAMBORSKI (2)] dieser Substanzen im Infektionsbereich eine fungitoxische Konzentration hervorruft.

Phytophthora infestans.

Als vorgebildeter Resistenzfaktor wird hoher Chlorogensäuregehalt in resistenten Kartoffelblättern genannt (VALLE; VIRTANEN, HIETALA u. WAHLROOS); eine solche einfache Beziehung ist auf Grund der Erfahrungen an Knollengewebe unwahrscheinlich. Wie bei den Getreiderosten, so muß auch hier eine Beteiligung von Axeniefaktoren für die Krankheitsentwicklung in Zweifel gezogen werden, da die physiologische Spezialisierung der Erreger auf ein kompliziertes Zusammenspiel zwischen Erreger und Wirt hindeutet. Dies schließt nicht aus, daß Befall mit *Phytophthora* an bestimmte ernährungs-physiologische Voraussetzungen für den Erreger im Wirtsgewebe gebunden ist. So weist GRÜMMER auf einen Zusammenhang hin zwischen Phytophthorabefall der Kartoffel und der Lage des Proteinstoffwechsels in den Wirtsgeweben.

Die entscheidende Rolle der Abwehrreaktionen ist durch zahlreiche Arbeiten weiter aufgehellt worden. Die Resistenz von Kartoffelknollen kann außer durch Alkoholnarkose (BEHR; TOMIYAMA, SASAI, TAKASE u. TAKAKUWA) durch Infiltration von Substraten und einigen Fermentinhibitoren (KÖTTER; CHRISTIANSEN-WENIGER), vor allem auch durch präinfektionelle Hitzebehandlung [TOMIYAMA (6)] gebrochen werden. Die infektionsbedingte Anregung der Plasmaströmung [TOMIYAMA (1, 3)] und der hypersensitive Zelltod wird durch DNP-Vorbehandlung verzögert [TOMIYAMA (4)]. Eine befallene Wirtszelle „resistenten" Gewebes zeigt nur im Verband mit mindestens 10 Nachbarzellen hypersensitive Reaktion (TOMIYAMA, TAKAKUWA u. TAKASE), wobei sich Dicke der Zellage, infektionsbedingte Polyphenolsynthese und „Resistenzgrad" der Gewebeschnitte von einander abhängig erweisen. Eine Beteiligung der vom Pilz selbst unberührten, aber dem Infektionsherd benachbarten Zellen ergibt sich auch aus der hypersensitiven Reaktion und „Phytoalexin"-Produktion von *Phaseolus*-Gewebe nach Infektion mit *Phytophthora infestans* [MÜLLER (2, 3); JEROME u. MÜLLER]. Ob die als Infektionsfolge gebildeten Polyphenole, auf welche die japanischen Forscher hinweisen, identisch sind mit dem von MÜLLER und Mitarbeitern untersuchten „Phytoalexinen" und/oder mit Scopolin/Scopoletin, die nach Infektion resistent reagierenden Gewebes auftreten (KÖTTER), ist noch nicht untersucht. Daß der entscheidende Unterschied zwischen „resistenter" und „anfälliger" Reaktion des Wirtsgewebes gegenüber *Phytophthora* primär nicht qualitativer Natur ist, sondern von der Geschwindigkeit der im Gewebe ablaufenden Reaktionen abhängt, bleibt weiterhin wahrscheinlich [MÜLLER (4); KÖTTER]; die ersten Stunden der Auseinandersetzung zwischen Erreger und Wirt scheinen noch nicht ausschlaggebend für den Ausgang der parasitären Symbiose zu sein [TOMIYAMA (5); vgl. auch FUCHS (2)].

In den Diskussionen zur Resistenz gegen *Phytophthora* spielt der Umsatz von (Poly-)Phenolkörpern, neuerdings besonders der Chlorogensäure, eine große Rolle. Die postinfektionelle Anreicherung von Polyphenolen im Blatt (RUBIN u. ARZICHOWSKAJA) und Knollen [TOMIYAMA (2); TOMIYAMA, TAKASE, SAKAI u. TAKAKUWA (1, 2); KÖTTER; SOKOLOWA, SAWELJEWA u. RUBIN] wird immer wieder bestätigt und im

Zusammenhang mit dem O_2-Umsatz interpretiert. Die gesteigerte Aktivität der Phenoloxydasen und die hierdurch bedingte Anreicherung fungistatischer Oxydationsprodukte ist als Resistenzmechanismus bedeutungsvoll (RUBIN u. ARZICHOWSKAJA). Dies wird unterstrichen durch Versuche zur Brechung der Resistenz mittels Hemmung dieser Fermentsysteme (CHRISTIANSEN-WENIGER), durch Analyse der O_2-Aufnahme durch Fermentinhibitoren [FUCHS (2)] und vor allem durch die gleichlaufende Resistenzerhöhung (MÜLLER, MACKAY u. FRIEND) und Phenoloxydaseaktivierung durch Streptomycin (VÖRÖS, KIRALY u. FARKAS). In resistenten Geweben ist die Phenoloxydase in besonderem Maße an der pathologisch gesteigerten Atmung beteiligt; letztere wird in ihrer örtlichen und zeitlichen Verteilung [TOMIYAMA (2)] wie in ihrer Beeinflußbarkeit durch Hemmstoffe [FUCHS (2)] eingehend analysiert, ist aber noch nicht in ihren Einzelheiten zu deuten. Der Zusammenhang zwischen Peroxydaseaktivität und Resistenzgrad des Kartoffellaubes (GRECHUSHNIKOV) besteht nicht allgemein (KAMERMANN).

In resistentem Knollengewebe erfolgt Anhäufung von Aminosäureamiden (KÖTTER) und gesteigerte Proteinsynthese [TOMIYAMA et al. (1. 2), s. o.], während GRÜMMER alle proteinabbaufördernden Stoffwechselreaktionen des Kartoffellaubes als befallsfördernd ansieht. Die Betrachtungen über die Genese der Phenolkörper in erkrankten Geweben beschränken sich auf Analogieschlüsse und Hypothesen [KÖTTER; FUCHS (1); SOKOLOWA et al.; s. o.). In diese lassen sich die „Phytoalexine" noch nicht einordnen, da ihre chemische Struktur unbekannt ist.

Eine grundsätzliche Schwierigkeit bei der Auswertung und Deutung biochemischer Untersuchungen besteht darin, daß im Experiment mit großen Schnittflächen der Kartoffelknolle gearbeitet wird, so daß traumatogene und parasitogene Veränderungen in viel stärkerer Konkurrenz stehen als im natürlichen Infektionsverlauf. Sicherlich werden sekundäre Pflanzenstoffe im resistent reagierenden Knollengewebe nicht nur in höherer Menge, sondern auch in größerer Zahl angereichert als im anfälligen, wobei anscheinend Gruppen nahe verwandter Stoffe entstehen. Über die Art der überwiegend angereicherten Substanzen liegen widersprechende Angaben vor: einerseits wurde Scopolin bzw. Scopoletin (KÖTTER), andererseits Kaffeesäure (SOKOLOWA et al.; s. o.) gefunden, wobei im ersten Fall eine Vermehrung der Kaffeesäure ausschließlich ausgeschlossen wird, im zweiten ein Übersehen des Scopoletins nicht anzunehmen ist. Die Frage nach genotypisch verschiedener Steuerung der postinfektionellen sekundären Synthesen bleibt offen. Übereinstimmend wurde dagegen eine Vermehrung der Chlorogensäure gegenüber frischem Knollenparenchym festgestellt; ihre Bedeutung für das Resistenzverhalten wird allerdings verschieden beurteilt: da ihre Menge nach Infektion geringer ist als nach Wundperidermbildung, vermutet FUCHS (1) eine Hemmung oder Ablenkung der Synthese, wobei im resistenten Gewebe die oben angeführten Stoffe entstehen. SOKOLOWA et al. (s. o.) fanden einen erheblichen Anstieg der Chlorogensäurekonzentration in der anfälligen, eine Verminderung in der resistenten Sorte und sind der Meinung, daß unter dem Einfluß der Infektion eine Verlagerung der

Chlorogensäure zum Infektionsherd hin erfolgt, dort in anfälligem Gewebe angereichert, in resistentem dagegen sofort gespalten wird. Die damit in resistenten Geweben neu auftretende Kaffeesäure soll als Substrat der Polyphenolase dienen; allerdings ist Chlorogensäure das bessere, d. h. wirkungsvollere Substrat für Phenoloxydase als Kaffeesäure [vgl. URITANI, AKAZAWA u. URITANI (2)].

Der in früheren Versuchen auf künstlichen Nährböden beobachtete Virulenzverlust kann durch Kultur auf Limabohnen-Agar oder Erbsen (THURSTON) vermieden werden, aber auch auf Kieselgelplatten, wenn einem Kartoffeldekokt-Nährboden (vgl. FEUSTEL-SCHÖNBRUNN) hinreichende Mengen von Fe- und Ca-Salzen zugefügt werden [GAERTNER (1, 2)]. Das Wachstum wird durch Fe und Mo, auch durch Cu, die Sporenbildung durch Mn und Zn gefördert [SAKAI (4); LOPATECKI u. NEWTON]. Pathogene Rassen, aber auch Linien innerhalb dieser Rassen, unterscheiden sich beachtlich im Bedarf und in der Ausnutzung organischer C-Quellen [SAKAI (2); HODGSON; FRENCH; HENNIGER], anorganischer und organischer N-Verbindungen [FRENCH; SAKAI (2); HODGSON; NEWTON (1, 2)] sowie Wirkstoffen [SAKAI (3); HODGSON; FRENCH]. Die Verwertbarkeit des Asparagins durch bestimmte Rassen ist von der Gegenwart reduzierender Stoffe (Ascorbinsäure, Na-Thioglycolat) abhängig (HODGSON). Säuren des TKZ wirken je nach dem Nährboden und der Rasse fördernd oder hemmend [HENNIGER; vgl. auch FRENCH; SAKAI (1)]. Über die wahrscheinlich vorhandenen Zusammenhänge ernährungsphysiologischer Ansprüche mit dem rassenspezifischen Infektionsverhalten kann aber bisher noch nichts Konkretes ausgesagt werden.

Streptomyces scabies.

Wie bei der Resistenz der Kartoffelknolle gegen *Phytophthora* (s. o.), gegen *Verticillium* (LEE u. LETOURNEAU) und andere Mikroorganismen [KUČ (2); KUČ, HENZE, ULSTRUP u. QUACKENBUSH], spielt auch bei resistenzphysiologischen Erörterungen über Kartoffelschorf die Chlorogensäure eine große Rolle. SCHAAL, JOHNSON u. SIMONDS wiesen auf einen Zusammenhang hin zwischen der Schorfresistenz und der Chlorogensäurekonzentration unterhalb der Epidermis von Kartoffelknollen; die Schalen resistenter Knollen enthalten mehr Chlorogensäure als die anfälliger (JOHNSON u. GUSTAFSSON), wobei der örtlichen Konzentration der Säure nahe den Eintrittspforten des Pilzes besondere Bedeutung zugestanden wird. EMILSSON kommt zu ähnlichen Schlußfolgerungen, konnte jedoch keinen direkten Zusammenhang zwischen Chlorogensäurekonzentration und Schorfresistenz feststellen; die Konzentration dieser Säure ist, im Gegensatz zur Resistenz der Knollen gegen Schorf, in Abhängigkeit vom Anbaugebiet der Kartoffel und Umweltfaktoren erheblichen Schwankungen unterworfen. Ohne Berücksichtigung dieser Kritik berichten JOHNSON u. SCHAAL erneut über eine Korrelation zwischen Schorfresistenz und dem Gehalt des Kartoffelperiderms an Chlorogensäure und der o-Dihydroxyphenol-Fraktion. Die mutmaßliche Bedeutung dieser Substanzen wird in ähnlicher Weise erörtert (JOHNSON u. GUSTAFSSON) wie bei *Phytophthora* bereits ausgeführt und auf die

Empfindlichkeit von *Streptomyces* gegen Oxydationsprodukte der Chlorogen- und Kaffeesäure hingewiesen (SCHAAL u. JOHNSON).

Venturia-Schorf.

Phenolkörper werden auch im Zusammenhang mit Resistenz gegen *Venturia* erörtert. Arbutin und Gerbstoffe scheiden als Resistenzvermittler gegen *Venturia pirina* aus, da sie vom Pilz gut vertragen werden [SIEBS (1)]; dieser ist jedoch sehr empfindlich gegen Hydrochinon, welches in resistenten Birnenblättern in höherer Konzentration vorzukommen scheint als in anfälligen; da Hydrochinon das Aglucon des Arbutins ist, wird Abhängigkeit der Resistenz vom Arbutinstoffwechsel in Zusammenhang mit unterschiedlicher Glykosidaseaktivität und verschieden gesteuerter KH-Speicherung des Wirtes diskutiert. Phenolkörper scheinen auch für die Resistenz gegen *V. inaequalis* Bedeutung zu haben [KIRKHAM (1, 2, 3)]; Extrakte aus resistenten Wirten erhöhen die Resistenz, wenn sie zur Infektionszeit in anfällige Wirte injiziert werden [KIRKHAM (1)]. In Kulturversuchen wird *V. inaequalis* und *V. pirina* durch Chlorogensäure und Isochlorogensäure im Wachstum gehemmt [KIRKHAM (3)]. Chlorogensäure ist jedoch, im Gegensatz zur Zimtsäure, für eine Therapie ungeeignet (KIRKHAM u. FLOOD). Injektion von Harnstoff [KIRKHAM (1, 3)] bricht die Resistenz. Dies deutet auf eine Beziehung hin zwischen der Pathogenität und den ernährungsphysiologischen Ansprüchen des Parasiten, welche sich auch aus Kulturversuchen ergeben [PELLETIER u. KEITT; FOTHERGILL u. ASHCROFT (1, 2); KEITT u. BOONE].

Ceratostomella fimbriata.

Der infektionsbedingte Anstieg der O_2-Aufnahme des Wirtsgewebes bei der Schwarzfäule der Süßkartoffel [URITANI u. TAKITA; URITANI, AKAZAWA u. FUNAHASHI; URITANI, AKAZAWA u. URITANI; AKAZAWA u. URITANI (1, 2, 3)] wird z. T. hervorgerufen durch Ipomeamaron, ein Sesquiterpen von der Summenformel $C_{16}H_{22}O_3$, welches postinfektionell im Wirtsgewebe gebildet wird und in reiner Form isoliert werden konnte (SUZUKI u. URITANI). Analog DNP entkoppelt es die Atmung von der oxydativen Phosphorylierung. Der Stoffwechsel des Parasiten selbst wird von Ipomeamaron in anderer Weise beeinflußt (Atmungshemmung, Hemmung der Sporenkeimung, des Mycelwachstums und der Proteinsynthese). Der Anstieg der O_2-Aufnahme im Wirtsgewebe beruht darüber hinaus auf energieverbrauchenden, synthetischen Prozessen (Synthese von Protein und organischen Phosphaten) in gesunden, dem infizierten Gewebe benachbarten Zellen [AKAZAWA u. URITANI (3); SHICHI u. URITANI; AKAZAWA, UNEMURA u. URITANI]. Die hierdurch hervorgerufene Anreicherung von Phosphatacceptoren (ADP) trägt zur Intensivierung des Atmungsstoffwechsels im befallenen Wirtsgewebe bei. Durch die Infektion wird gleichzeitig die Synthese von phenolischen Substanzen, wie Chlorogensäure und Kaffeesäure, verstärkt [URITANI (1, 2); URITANI u. MIYANO]. Diese beeinträchtigen *Ceratostomella fimbriata* jedoch nicht ohne die infektionsbedingte Steigerung der Polyphenoloxydaseaktivität

[URITANI (2); URITANI, AKAZAWA u. FUNAHASHI]. Die melaninartigen Oxydationsprodukte hemmen, zusammen mit neugebildetem Lignin, mechanisch die weitere Ausbreitung des Pilzes (URITANI u. MURAMATSU) und inaktivieren die respiratorischen Enzyme des Parasiten [URITANI u. AKAZAWA; AKAZAWA u. URITANI (1)]. Ebenfalls postinfektionell gebildete Coumarinderivate (Umbelliferon, Scopoletin) hemmen den Pilz unmittelbar und tragen möglicherweise zur Resistenz des Wirtsgewebes bei (URITANI u. HOSHIYA). Die durch Oxydation von Polyphenolen entstehenden chinoiden Verbindungen werden durch Ascorbinsäure reduziert, deren Konzentration nahe den befallenen Geweben höher ist als in uninfizierten Kontrollen (URITANI u. IECHIKA). Im Rahmen der pathologisch gesteigerten Atmung wird die Endoxydation im Wirt vom Polyphenoloxydase- und Cytochromoxydase-System (URITANI u. AKAZAWA), im Pilz von Cytochromoxydase und Laccase [AKAZAWA u. URITANI (1)] gesteuert. Unter dem Einfluß von *Ceratostomella fimbriata* wird die proteolytische Aktivität des Wirtsgewebes vermindert (SHICHI u. URITANI) und die Bildung von qualitativ neuartigem Eiweiß angeregt [AKAZAWA u. URITANI (2); AKAZAWA, UMEMURA u. URITANI].

Welkekrankheiten.

Als Ursachen, oder Teilursachen, pathologischer Welken wurden in den vergangenen Jahren vor allem Welketoxine und pektolytische Enzyme der Erreger diskutiert. Ausführliche Darlegungen mit besonderer Betonung der jeweiligen Standpunkte geben Übersichtsreferate [Toxine: GÄUMANN (4—9); KERN (2); pektolytische Enzyme: DIMOND u. WAGGONER (1); DIMOND; WALKER u. STAHMANN]. Hier sei nur, auf Grund wichtiger neuerer Arbeiten, ein Überblick über die verschiedenen Ansichten gegeben.

Tomatenwelke. Bei der Tomatenwelke liegen viel verwickeltere Zusammenhänge vor, als ursprünglich angenommen. Dem Pilz stehen mehrere Angriffsmechanismen zur Verfügung. Die gegenseitige Beeinflussung von Wirt und Parasit läßt sich trotz zahlreicher neuer Erkenntnisse nur unvollkommen übersehen. Sicherlich sind sowohl die von *Fusarium oxysporum f. lycopersici* ausgeschiedenen pektolytischen Enzyme als auch die Welketoxine an der Ausprägung des Symptombildes beteiligt.

Die als Vivotoxin nachgewiesene Fusarinsäure (KERN u. KLUEPFEL) schädigt als spezifisches Osmosegift die Permeabilität der Wirtsprotoplasten (GÄUMANN, NAEF-ROTH, REUSSER u. AMMANN), wie durch Plasmolyseversuche (vgl. BACHMANN; GÄUMANN u. LOEFFLER) und durch Bestimmung von Blattausscheidungen (LINSKENS) gezeigt wurde. Daß Fusarinsäure auch die nichtosmotische Wasseraufnahme stört, zeigen die Fermentgiftversuche von BACHMANN. KERN, SANWAL, FLÜCK u. KLUEPFEL zeigten durch Tracer-Versuche, daß das Toxin je nach dem Dissoziationsgrad (pH!) in unterschiedlicher Menge von den Wirtsgeweben aufgenommen wird und daß eine Parallele besteht zwischen Toxinspeicherung, Symptomausprägung und Wasserstoffionenkonzentration der gebotenen Toxinlösung. Lage und Ausdehnung der Blattnekrosen deckt sich mit den Bezirken erhöhter Transpiration (SIVADJIAN u. KERN). TAMARI u. KAJI (1) berichten über die Hemmung von Katalase und Peroxydase in fusarinsäurebehandelten Reispflanzen. Da dieser Effekt durch Zugabe von Schwermetallspuren aufgehoben wird, wird die Toxinwirkung als Anlagerung des Fusarinsäuremoleküls an das Porphyrineisen der Katalase gedeutet. ZÄHNER berichtet über einen Zusammenhang zwischen Ernährung und Toxinempfindlichkeit von Tomatenpflanzen. Bei der Biosynthese von Fusarinsäure scheinen Alanin und Citrullin von Bedeutung zu sein [FLÜCK u. RICHLE; SANWAL (1)]. Markierte Fusarinsäure wird im Wirt zum größten Teil chemisch verändert [SANWAL (1)]; Natur und mögliche Wirkungsweise der Umwandlungsprodukte sind noch größtenteils unbekannt.

Die Struktur des zweiten Welketoxins von *F. oxysporum f. lycopersici*, Lycomarasmin, konnte noch nicht endgültig aufgeklärt werden [GÄUMANN u. NAEF-ROTH (1)]. Als kräftiger Chelatbildner soll es auf dem Wege in die oberen Teile der Wirtspflanze das im Wirt verfügbare Fe binden und in Fe-unterernährten Pflanzen Mangelschäden hervorrufen (GÄUMANN, BACHMANN u. HÜTTER); bei normaler Fe-Versorgung tritt der „Vehikeleffekt" hervor: größere Mengen des Metalls werden mit dem Transpirationsstrom in die Blätter befördert, wo der Chelatkomplex, wahrscheinlich infolge seiner Photolabilität, zerfällt [GÄUMANN u. NAEF-ROTH (2)] und Fe-Überschwemmungsschäden hervorruft (GÄUMANN u. BACHMANN; GÄUMANN, NAEF-ROTH u. KERN). Die Bedeutung des Lycomarasmins *in vivo* wurde von DIMOND u. WAGGONER (2) auf Grund von Kalkulationen zur Bildungs- und Zerfallsgeschwindigkeit des Toxins in Frage gestellt. Dieser Berechnung der Bildungsgeschwindigkeit des Lycomarasmins in der Wirtspflanze liegt ein Mißverständnis zugrunde [GÄUMANN (6, 7)]. SCHEFFER u. WALKER (1) weisen darauf hin, daß Lycomarasminbehandlung nicht den charakteristischen Symptomkomplex erzeugt, während GÄUMANN und Mitarbeiter sich mit der Reproduktion von Teilsymptomen begnügen und die Beteiligung weiterer Faktoren offenlassen.

LUDWIG (1) wies als erster auf die Gefäßverstopfung bei Fusariumbefall hin, welche durch Hemmung der Farbstoffaufnahme eindeutig sichergestellt wurde [SCHEFFER u. WALKER (1)]. Die Transpirationsminderung ist nicht hervorgerufen durch das Mycel des Pilzes in den Gefäßen [WAGGONER u. DIMOND (1)], sondern zumindest z. T. durch hyaline Ablagerungen [LUDWIG (1)] von Pektinsubstanzen (PIERSON, GOTHOSKAR, WALKER u. STAHMANN). In Kulturfiltraten [WINSTEAD u. WALKER; WAGGONER u. DIMOND (3); GOTHOSKAR, SCHEFFER, WALKER u. STAHMANN] und im Gefäßsaft welkekranker Pflanzen [WAGGONER u. DIMOND (2)] wurden pektolytische Enzyme nachgewiesen [Polygalacturonase (PG), Pektindepolymerase (DP), Pektinmethylesterase (PME)]. PG konnte auch in Kulturfiltraten von *Verticillium albo-atrum* nachgewiesen werden (SCHEFFER, GOTHOSKAR, PIERSON u. COLLINS). Letztere ist ein adaptives Enzym, während PME von Welkeerregern auch auf pektinfreien Nährmedien gebildet wird [WAGGONER u. DIMOND (3)].

Vasinfuscarin, ein von GÄUMANN und Mitarbeitern [vgl. GÄUMANN (7)] nachgewiesenes, hitzelabiles „Toxin" des Erregers, ist wahrscheinlich identisch mit pektolytischen Enzymen (GOTHOSKAR, SCHEFFER, WALKER u. STAHMANN). Es wird angenommen (PIERSON et al.; s. o.), daß die Enzyme des Parasiten Pektinbruchstücke aus den Mittellamellen des Xylems herauslösen und diese durch Gelbildung die Gefäße verstopfen. Die Resistenzsteigerung durch erhöhte Ca-Gaben wird von EDGINGTON u. WALKER darauf zurückgeführt, daß Ca-reichere „Pektate" durch PG offenbar schwerer gespalten werden. GROSSMANN berichtet über die Hemmung pektolytischer Enzyme durch Gerbstoffe. Die Bedeutung von Gerbstoffen für die Resistenz der Tomate gegen die Fusariumwelke ist noch nicht untersucht.

Melaninartige Verbindungen bedingen die bei Tomatenwelke auftretenden Gefäßverbräunungen; ihre Bildung wird auf Spaltung von Phenolglykosiden durch die β-Glykosidase des Pilzes und Oxydation der phenolischen Spaltprodukte zurückgeführt [DAVIS, WAGGONER u. DIMOND; DAVIS u. DIMOND (2); WAGGONER u. DIMOND (4)]. Über die infektionsbedingte Aktivitätssteigerung der Polyphenoloxydase berichten MENON u. SCHACHINGER und SANWAL (2). Daß die durch glykolytische Spaltung entstehenden Phenolkörper Welke auslösen [vgl. DAVIS u. DIMOND (2)], konnte von MENON u. SCHACHINGER nicht bestätigt werden.

Der Grundstoffwechsel der Tomate wird durch die Infektion beeinflußt. Nach NAEF-ROTH u. REUSSER wirkt Fusarinsäure, besonders bei niedrigem pH, atmungshemmend. Dies könnte zurückgehen auf die Hemmung der Cytochromoxydase, die PAQUIN u. WAYGOOD bei relativ hoher Toxinkonzentration an Mitochondrien beobachteten und die durch Zusatz von Cytochrom c aufgehoben wird; als Ursache der Hemmung wird der Verlust von Cytochrom c aus den Mitochondrien unter Toxineinfluß diskutiert. Die Infektion selbst bewirkt jedoch einen Atmungsanstieg (COLLINS u. SCHEFFER), wobei die bekannten welkeauslösenden Faktoren ausgeschlossen und der beobachtete Effekt hypothetischen „respiratorischen Toxinen" zugeschrieben wird. Markiertes Infektionsmaterial pathogener Stämme bewirkt eine andere Verteilung der Radioaktivität in den Fraktionen der Wirtspflanze als das nicht pathogener Stämme [SANWAL (1)]; die in der infizierten Pflanze gefundenen markierten Substanzen werden als „Ausscheidungen" des Pilzes interpretiert. Dies bedarf einer Nachprüfung, da Fraktionierung und radiochemische Untersuchung erst 15 Tage nach Infektion mit markiertem Erreger durchgeführt wurden und da die ursprünglichen Ausscheidungen des Pilzes zwischenzeitlich im Wirt sicherlich z. T. zu anderen Verbindungen umgesetzt werden. Desgleichen erwiesen sich infektionsbedingte biochemische Veränderungen (Aminosäuren, Zucker, organische Säuren, Phenole) nur zum geringen Teil spezifisch für infektiöse Welke (ROHRINGER, STAHMANN u. WALKER), da sie in ähnlicher Weise auch bei Wasserentzug gefunden werden; die Konzentration einer Substanz, wahrscheinlich eines organischen Phosphates, war durch die Infektion spezifisch vermindert und wurde durch Behandlung der Pflanzen mit

Fusarinsäure in ähnlicher Weise beeinflußt; ihr unterschiedliches Verhalten in verschieden resistenten Pflanzen deutet auf eine Beziehung zwischen Fusarinsäurewirkung und Physiologie der Resistenz. Daß die resistente Reaktion eng verknüpft ist mit einer labilen Substanz, die im Stoffwechsel durch energieverbrauchende Prozesse ständig neu gebildet wird, diskutierten bereits GOTHOSKAR, SCHEFFER, STAHMANN u. WALKER, da DNP, Thioharnstoff, NaF und Na-Diäthyldithiocarbamat resistenzbrechend wirken. Die Widerstandsfähigkeit der Pflanze gegen Fusariumwelke kann darüberhinaus gebrochen werden durch Äthanol [SCHEFFER u. WALKER (2)] und wird beeinflußt durch Besprühen der Pflanzen mit Harnstoff und anorganischen Salzen (BLOOM u. WALKER). Der Tomatingehalt der Tomate spielt wahrscheinlich keine Rolle in der Auseinandersetzung mit *F. oxysporum f. lycopersici* [KERN (1)]. Die resistenzbrechende Wirkung ionisierender Strahlung [WAGGONER u. DIMOND (5, 6)] wird im Zusammenhang mit dem Wuchsstoffhaushalt der Wirtspflanze gedeutet und auf die resistenzerhöhende Wirkung von IES [WAGGONER u. DIMOND (6)] und anderer Wuchsstoffe [DAVIS u. DIMOND (1)] hingewiesen.

Andere Welkekrankheiten. Das Vorhandensein von Welketoxinen wurde nachgewiesen in Kulturfiltraten von: *F. vasinfectum*, dem Erreger der Baumwollwelke [GÄUMANN, NAEF-ROTH u. KOBEL (1, 2)] und von *F. oxysporum f. conglutinans* [HEITEFUSS (2)]. Infizierte Baumwollpflanzen zeigen den für die toxigene Welke typischen Permeabilitätsverlust (SADASIVAN u. SARASWATHI-DEVI). Die chemische Natur der von WINSTEAD u. WALKER gefundenen niedrigmolekularen, thermostabilen Substanzen aus Kulturen von *F. oxysporum f. conglutinans* und *F. vasinfectum* ist noch nicht geklärt. Während pektolytische Enzyme bei der durch *F. oxysporum f. conglutinans* hervorgerufenen Erkrankung des Kohls [HEITEFUSS (2)] und bei der durch *Verticillium dahliae* verursachten Baumwollwelke (KAMAL u. WOOD) keine Rolle zu spielen scheinen, wurde deren Mitwirkung bei der Fusariumwelke der Baumwolle sichergestellt [LAKSHMINARAYANAN (1, 2, 3)]. WHITE u. WOLF berichten über toxische Stoffwechselprodukte von *Endoconidiophora fagacearum* und über deren mögliche Bedeutung für die Eichenwelke. Charakteristische Veränderungen von Pflanzeninhaltsstoffen wurden festgestellt nach Infektion von Tabak mit *F. oxysporum f. nicotinae* (WOLF u. WOLF) und nach Infektion von *Chrysanthemum* mit *Verticillium spp.* (ROSS). Maleinsäurehydrazid, Thioharnstoff und DNP brechen die Resistenz von Flachs gegen *F. oxysporum f. lini* (NAIR).

Weitere Krankheitsprozesse.

Die Wirkung von Toxinen wurde ferner untersucht an Erkrankungen, die durch *Helminthosporium spp.*, *Piricularia oryzae* und *Gibberella spp.* hervorgerufen werden. Ein von *H. sativum* in Kultur gebildetes Toxin steigert die Anfälligkeit der Wirtspflanzen und ruft in ihnen viele Symptome des natürlichen Krankheitsbildes hervor [LUDWIG (2)], ähnlich wie das von *H. victoriae* produzierte „Victorin", welches das gleiche „Wirtsspektrum" besitzt wie der Parasit selbst (WHEELER u. LUKE) und dessen wirksamer Bestandteil wahrscheinlich ein Polypeptid ist (PRINGLE u. BRAUN). Letzteres bewirkt in „anfällig" reagierenden Geweben einen Atmungsanstieg und eine Aktivitätssteigerung der Ascorbinsäureoxydase (KRUPKA), wobei der Ascorbinsäuregehalt gleichsinnig absinkt; der toxigene Atmungsanstieg kann durch NaF verhindert werden; Jodacetat hemmt die Glykolyse sowohl in „anfällig" wie auch in „resistent" reagierenden Geweben: eine Beteiligung des Pentosecyclus an resistenzphysiologisch wichtigen Reaktionen wird daher nicht vermutet. Befall von Weizen durch *H. sativum* erhöht den Gesamt-N-Gehalt und die Menge freier und gebundener Aminosäuren in den Wurzeln des Wirtes (HRUSHOVETZ) und kann in seinem Verlauf durch 2,4-D beeinflußt werden (YU-TIEN u. CHRISTENSEN).

Picolinsäure und das in seiner Struktur noch nicht aufgeklärte „Piricularin" sind Vivotoxine von *P. oryzae* [TAMARI u. KAJI (2)]. Piricularin wirkt in einer Verdünnung des Kulturfiltrates von $1:4 \times 10^5$ atmungshemmend, während eine solche von $1:10^6$ die Atmung stimuliert [TAMARI u. KAJI (3)]; noch niedrigere Konzentrationen erhöhen den Polyphenolgehalt des Wirtsgewebes, woraus eine tragende Rolle des Polyphenolsystems in befallenen Wirtsgeweben abgeleitet wird; der Einfluß atmungshemmender Toxinkonzentrationen konnte durch Chlorogensäure, nicht jedoch durch Cystein, aufgehoben werden. Die Sporenkeimung des Parasiten wird durch in der Pflanze vorhandene Saponine angeregt (WEINTRAUB, MILLER u. SCHANTZ) und der Erreger benötigt, je nach Art der vorhandenen C-Quelle, ein oder beide Bruchstücke des Thiaminmoleküls zur Biosynthese dieses Vitamins (SURYANARAYANAN).

Die von *Gibberella spp.* in künstlicher Kultur gebildeten Gibberelline (KITAMURA u. Mitarb.) zeigen in ihrer Wirkung auf Reispflanzen eine Verlängerung der Blätter und einen Abfall der Zucker- und Stärkekonzentration (HAYASHI, TAKIJIMA u. MURAKAMI); Hemicellulose und Cellulose sind angereichert. Dieser Effekt wird durch Tryptophan gefördert und durch L-Oxyprolin, DL-Methionin, DL-Prolin und Nicotinamid unterdrückt (HAYASHI u. MURAKAMI). Kulturfiltrate von *G. fujikuroi* enthalten Fusarinsäure, Vasinfuscarin und Dehydrofusarinsäure (STOLL), deren pathologischer Effekt durch die Gibberelline überlagert wird (vgl. STOVE u. YAMAKI; STODOLA).

Stoffwechselphysiologische Untersuchungen, auf die hier aus Platzmangel nur kurz eingegangen werden kann, wurden ferner durchgeführt an Erkrankungen, welche durch Brandpilze, und an solchen, die durch *Cochliobolus miyabeanus* hervorgerufen werden. Kulturen von *Ustilago zeae* bilden IES, wenn das Medium Tryptophan enthält [WOLF (1)]; *U. nigra*, welcher auf den von ihm befallenen Wirtsgeweben keine Gewebehypertrophien hervorruft, konnte nicht zur Bildung des Wuchsstoffes angeregt werden. Aktiv wachsendes Tumorgewebe, das durch Befall von Mais durch *U. zeae* entsteht, enthält mehr Fructose und weniger Glutamin als gesundes Wirtsgewebe, wobei noch unklar ist, ob diese Unterschiede zurückgehen auf die Stoffwechselaktivität des Parasiten oder eine infektionsbedingte Umsteuerung des Wirtsstoffwechsels (DEVAY u. ROWELL).

C. miyabeanus, dessen Pathogenität durch Congo-Rot und Chrysoidin vermindert wird (AKAI u. YASUMORI), verursacht einen Anstieg von Atmung und Assimilation in anfälligen Reispflanzen (AKAI u. TANAKA) und einen bedeutenden Aktivitätsanstieg der Katalase in infizierten Geweben vor Erscheinen der Blattnekrosen (AKAI u. UEYAMA). Gute Entwicklung des Parasiten auf anfälligen Pflanzen wird in Beziehung gebracht zu dem hohen Gehalt dieser Gewebe an bestimmten Aminosäuren, welche für die Ernährung des Parasiten wichtig sind (AKAI, SHISHIYAMA u. EGAWA). Die resistenzerhöhende Wirkung von 2-Methyl-1, 4-naphthochinon (Vitamin K$_3$) ist in ihren Ursachen noch ungeklärt (AKAI, YASUMORI, OKU u. TABUCHI).

Literatur.

AKAI, S., J. SHISHIYAMA and H. EGAWA: Forsch. Pflanzenkr. (Kyoto) **6**, 7—10 (1956). — AKAI, S., and H. TANAKA: Forsch. Pflanzenkr. (Kyoto) **5**, 95—104 (1955). — AKAI, S., and A. UEYAMA: Forsch. Pflanzenkr. (Kyoto) **5**, 87—94 (1955). — AKAI, S., and H. YASUMORI: Ann. phytopath. Soc. Japan **19**, 11—14 (1954). — AKAI, S., H. YASUMORI, H. OKU and T. TABUCHI: Forsch. Pflanzenkr. (Kyoto) **5**, 105—112 (1955). — AKAZAWA, T., Y. UMEMURA and I. URITANI: Bull agr. chem. Soc. Japan **21**, 192 (1957). — AKAZAWA, T., and I. URITANI: (1) J. agr. chem. Soc. Japan **28**, 205—212 (1954). — (2) J. agr. chem. Soc. Japan **29**, 377—381, 381—386 (1955). — (3) Nature (Lond.) **176**, 1071—1072 (1955). — ALLEN, P. J.: (1) Phytopathology **43**, 221—229 (1953). — (2) Ann. Rev. Plant Physiol. **5**, 225—248 (1954). — (3) Phytopathology **45**, 259—266 (1955). — (4) Plant Physiol. **32**, 385—389 (1957). — ATKINSON, T. G., and M. SHAW: Nature (Lond.) **175**, 993—994 (1955).

BACHMANN, E.: Phytopath. Z. **27**, 255—288 (1956). — BALDACCI, E., E. BETTO, R. FOA e A. VOLPI: Ric. Sci. **27**, 2674—2676 (1957). — BARRETT, R. E., and J. H. McLAUGHLIN: J. agr. Food Chem. **2**, 1026—1029 (1954). — BAUCH, R., u. U. SIMON: Ber. dtsch. bot. Ges. **70**, 145—156 (1957). — BEHR, L.: Phytopath. Z. **15**, 407—446 (1957). — BETTO, E., R. FOA e A. VOLPI: Phytopath. Z. **32**, 283—292 (1958). — BLOCH, R.: Phytopathology **43**, 351—354 (1953). — BLOOM, J. R., and J. C. WALKER: Phytopathology **45**, 443—444 (1955). — BOLLER, A., H. CORRODI, E. GÄUMANN, E. HARDEGGER, H. KERN u. N. WINTERHALTER-WILD: Helv. chim. Acta **40**, 1062—1066 (1957). — BROMFIELD, K. R., and R. G. EMGE: Plant Dis. Rep. **42**, 354—359 (1958). — BROYLES, J. W.: Phytopathology **42**, 3 (1952).

CHRISTENSEN, J. J., and J. E. DEVAY: Ann. Rev. Plant Physiol. **6**, 367—392 (1955). — CHRISTIANSEN-WENIGER, E.: Phytopath. Z. **25**, 153—180 (1955). — COCHRANE, V. W.: Phytopathology **47**, 6 (1957). — COLLINS, R. P., and R. P. SCHEFFER: Phytopathology **48**, 349—355 (1958). — CONSTABEL, F.: Biol. Zbl. **76**, 385—413 (1957). — CROWDY, S. H., R. S. ELIAS and D. RUDD JONES: Ann. appl. Biol. **46**, 149—158 (1958). — CUTTER, V. M.: Trans. N. Y. Acad. Sci., Ser. II **14**, 103—108 (1951).

DALY, J. M., and R. E. INMAN: Phytopathology **48**, 91—97 (1958). — DALY, J. M., and R. M. SAYRE: Phytopathology **47**, 163—168 (1957). — DALY, J. M., R. M. SAYRE and J. H. PAZUR: Plant Physiol. **32**, 44—48 (1957). — DAVIS, D., and A. E. DIMOND: (1) Phytopathology **43**, 137—140 (1953). — (2) Phytopathology **44**, 485 (1954). — DAVIS, D., P. E. WAGGONER and A. E. DIMOND: Nature (Lond.) **172**, 959 (1953). — DEVAY, J. E.: Ann. Rev. Microbiol. **10**, 115 (1956). — DEVAY, J. E., and J. B. ROWELL: Phytopathology **44**, 486 (1954). — DICKINSON, S.: Ann. Bot. N. S. **19**, 161—171 (1955). — DIMOND, A. E.: Ann. Rev. Plant Physiol. **6**, 329—350 (1955). — DIMOND, A. E., and P. E. WAGGONER: (1) Phytopathology **43**, 229—235 (1953). — (2) Phytopathology **43**, 319—321 (1953). — DOMSCH, K. H.: (1) Arch. Mikrobiol. **19**, 287—318 (1953). — (2) Arch. Mikrobiol. **20**, 163—175 (1954).

EDGINGTON, L. V., and J. C. WALKER: Phytopathology **48**, 324 (1958). — EIDE, C. J.: Ann. Rev. Microbiol. **9**, 297—318 (1955). — EMGE, R. G.: Phytopathology **48**, 649—652 (1958). — EMILSSON, B.: Acta agr. scand. **3**, 328—333 (1953).

FARKAS, G. L.: Acta Biol. Acad. Sci. Hung. 7, 315—323 (1957). — FARKAS, G. L., and Z. KIRALY: (1) Physiol. Plant. 8, 877—887 (1955). — (2) Phytopath. Z. 31, 251—272 (1958). — FARKAS, G. L., and G. A. LEDINGHAM: Phytopathology 48, 392 (1958). — FEUSTEL-SCHÖNBRUNN, R.: Zbl. Bakt. II. Abt. 108, 513—530 (1955). — FILIPPOW, W. W., and L. N. ANDREJEW: Ber. Akad. Wiss. UdSSR 116, 879—881 (1957). — FLÜCK, V., u. K. H. RICHLE: Phytopath. Z. 24, 455—461 (1955). — FORSYTH, F. R.: (1) Canad. J. Bot. 33, 363—373 (1955). — (2) Nature (Lond.) 179, 217—218 (1957). — FORSYTH, F. R., and D. J. SAMBORSKI: Canad. J. Bot. 36, 717—723 (1958). — FOTHERGILL, P. G., and R. ASHCROFT: (1) J. gen. Microbiol. 12, 387—395 (1955). — (2) J. gen. Microbiol. 13, 399—407 (1955). — FRENCH, A. M.: Phytopathology 43, 513—516 (1953). — FRENCH, C. R., L. M. MASSEY and R. L. WEINTRAUB: Plant Physiol. 32, 389—393 (1957). — FRENCH, R. C., and R. L. WEINTRAUB: Arch. Biochem. 72, 235—237 (1957). — FREUDENBERG, K., u. L. HARTMANN: Naturwissenschaften 40, 413 (1953). — FUCHS, W. H.: (1) Angew. Bot. 30, 141—146 (1956). — (2) Angew. Bot. 32, 221—227 (1958). — FUCHS, W. H., u. R. BAUERMEISTER: Naturwissenschaften 45, 343—344 (1958). — FUCHS, W. H., u. A. GAERTNER: Arch. Mikrobiol. 28, 303—309 (1958). — FUCHS, W. H., u. R. SIEBERT: Naturwissenschaften 46, 115—116 (1959).

GAERTNER, A.: (1) Zbl. Bakt. II. Abt. 111, 121—122 (1958). — (2) Arch. Mikrobiol. 32, 261—269 (1959). — GÄUMANN, E.: (1) „Pflanzliche Infektionslehre". Basel: Birkhäuser 1951. — (2) Zbl. Bakt. I. Abt. Ref. 158, 205—217 (1952). — (3) Experientia (Basel) 12, 411—418 (1956). — (4) Experientia (Basel) 7, 441—447 (1951). — (5) Endeavour 13, 199—206 (1954). — (6) Phytopath. Z. 29, 1—44 (1957). — (7) Phytopathology 47, 342—357 (1957). — (8) Phytopath. Z. 32, 359 bis 398 (1958). — (9) Phytopathology 48, 670—686 (1958). — GÄUMANN, E., u. E. BACHMANN: Phytopath. Z. 29, 265—276 (1957). — GÄUMANN, E., E. BACHMANN u. R. HÜTTER: Phytopath. Z. 30, 87—105 (1957). — GÄUMANN, E., R. BRAUN u. G. BAZZIGHER: Phytopath. Z. 17, 36—62 (1950). — GÄUMANN, E., u. W. LOEFFLER: Phytopath. Z. 28, 319—328 (1957). — GÄUMANN, E., u. ST. NAEF-ROTH: (1) Phytopath. Z. 34, 426—431 (1959). — (2) Phytopath. Z. 25, 418—444 (1956). — GÄUMANN, E., ST. NAEF-ROTH, P. REUSSER u. A. AMMANN: Phytopath. Z. 19, 160—220 (1952). — GÄUMANN, E., ST. NAEF-ROTH u. H. KERN: Phytopath. Z. 24, 373—406 (1955). — GÄUMANN, E., ST. NAEF-ROTH u. H. KOBEL: (1) C. R. Acad. Sci. (Paris) 234, 276—278 (1952). — (2) C. R. Acad. Sci. (Paris) 234, 173—174 (1952). — GARAY, A. S.: Naturwissenschaften 42, 393 (1955). — GASSNER, G., u. K. HASSEBRAUK: Phytopath. Z. 11, 47 (1938). — GOTHOSKAR, S. S., R. P. SCHEFFER, M. A. STAHMANN and J. C. WALKER: Phytopathology 45, 303—307 (1955). — GOTHOSKAR, S. S., R. P. SCHEFFER, J. C. WALKER and M. A. STAHMANN: Phytopathology 45, 381—387 (1955). — GRECHUSHNIKOV, A. I.: Trans. Timirjazev Inst. Plant Physiol. 6, 97—108 (1949). — GROSSMANN, F.: Naturwissenschaften 45, 113—114 (1958). — GRÜMMER, G.: Phytopath. Z. 24, 1—42 (1955). — GUTTENBERG, H. V., u. H. SCHMOLLER: Arch. Mikrobiol. 30, 268—279 (1958).

HART, H.: Ann. Rev. Microbiol. 3, 289—316 (1949). — HASSEBRAUK, K.: (1) Phytopath. Z. 19, 56 (1952). — (2) Wiss. Z. Martin-Luther-Univ. Halle-Wittenberg, Math.-Nat. VIII/1, 49—54 (1958). — HASSEBRAUK, K., u. R. KAUL: (1) Naturwissenschaften 43, 40 (1956). — (2) Phytopath. Z. 29, 305—326 (1957). — HAWKINS, A. R.: M. A. THESIS, Univ. Saskatchewan, Saskatoon, Sask. (1956). — HAYASHI, T., and Y. MURAKAMI: J. agr. chem. Soc. Japan 27, 675—680 (1953). — HAYASHI, T., Y. TAKIJIMA and Y. MURAKAMI: J. agr. chem. Soc. Japan 27, 672—675 (1953). — HEIM, J. M., and G. A. GRIES: Phytopathology 43, 343—344 (1953). — HEITEFUSS, R.: (1) Diss. Göttingen 1957. — (2) Paper presented at Ann. Meeting Midwest Section of Am. Soc. Plant Physiologists, Madison, Wisc. 1958. — HENNIGER, H.: Phytopath. Z. 34, 285—306 (1959). — HIRAI, T.: Forsch. Pflanzenkr. (Kyoto) 5, 139—157 (1956). — HIRAI, T., M. CHIAKI and O. KOSABURO: Forsch. Pflanzenkr. (Kyoto) 6, 49—59 (1956). — HIRATA, S.: (1) Ann. phytopath. Soc. Japan 19, 33—38 (1954). — (2) Ann. phytopath. Soc. Japan 21, 185—190 (1956). — HIRATA, S., and K. TOGASHI: Ann. phytopath. Soc. Japan 22, 4—5 (1957). — HODGSON, W. A.: Canad. J. Plant-Sci. 38, 145 (1958). — HORSFALL, J. G., and A. E. DIMOND: Z. Pflanzenkr. Pflanzenschutz 64, 415—421 (1957). — HOTSON, H. H.: (1) Phytopathology 43, 360—363 (1953). — (2) Diss. Abstr. 12, 246 (1952)

— (3) Phytopathology 42, 11 (1952). — HOTSON, H. H., and V. M. CUTTER: Proc. nat. Acad. Sci. (Wash.) 37, 400—403 (1951). — HOWIE, J. W., and A. J. O'HEA: Mechanisms of Microbial Pathogenicity. Cambridge Univ. Press 1955. — HRUSHOVETZ, S. B.: Canad. J. Bot. 32, 571—575 (1954).

IBRAHIM, J. A.: Phytopathology 41, 951—953 (1951). — IRVINE, G. N., M. GOLUBCHUK and J. A. ANDERSON: Canad. J. agr. Sci. 34, 234—239 (1954).

JAIN, A. C., and R. L. PELLETIER: Nature (Lond.) 182, 882—883 (1958). — JEROME, S. M. R., and K. O. MÜLLER: Aust. J. biol. Sci. 2, 301—314 (1958). — JOHNSON, G., and N. GUSTAFSSON: Science 115, 627 (1952). — JOHNSON, G., and L. A. SCHAAL: Phytopathology 47, 253—255 (1957). — JOHNSTON, G. O., and M. D. HUFFMAN: Phytopathology 48, 69—70 (1958).

KAMAL, M., and R. K. S. WOOD: Nature (Lond.) 175, 264—265 (1955). — KAMMERMANN, N.: Medd. Växtskyddsanst. (Stockh.) 58, 32 (1951). — KEIL, H. L., H. P. FROHLICH and C. E. GLASSICK: Phytopathology 48, 690—695 (1958). — KEIL, H. L., H. P. FROHLICH and J. O. VAN HOOK: Phytopathology 48, 652—655 (1958). — KEITT, G. W., and D. M. BOONE: Phytopathology 44, 362—370 (1954). — KERN, H.: (1) Phytopath. Z. 19, 351—382 (1952). — (2) Ann. Rev. Microbiol. 10, 351—368 (1956). — KERN, H., u. D. KLUEPFEL: Experientia (Basel) 12, 181 bis 182 (1956). — KERN, H., B. D. SANWAL, V. FLÜCK u. D. KLUEPFEL: Phytopath. Z. 30, 31—38 (1957). — KIRALY, Z., u. G. L. FARKAS: (1) Naturwissenschaften 42, 213—214 (1955). — (2) Agrokemia es Talajtan 5, 233—240 (1956). — (3) Arch. Biochem. Biophys. 66, 474—485 (1957). — (4) Phytopathology 47, 277—278 (1957). — (5) Naturwissenschaften 44, 353 (1957). — (6) Phytopath. Z. 34, 341—364 (1959). — KIRKHAM, D. S.: (1) Nature (Lond.) 173, 690—691 (1954). — (2) J. gen. Microbiol. 17, 120—134 (1957). — (3) J. gen. Microbiol. 17, 491—504 (1957). — KIRKHAM, D. S., and A. E. FLOOD: Nature (Lond.) 178, 422—423 (1956). — KITAMURA, H., A. KAWARADA, Y. SETA, N. TAKAHASHI, T. OTSUKI and Y. SUMIKI: J. agr. chem. Soc. Japan 27, 545—549 (1953). — KÖTTER, C.: Diss. Göttingen 1957. — KRUPKA, L. R.: Phytopathology 48, 394 (1958). — KUČ, J.: (1) Science 122, 1186—1187 (1955). — (2) Phytopathology 47, 676—680 (1957). — KUČ, J., R. E. HENZE, A. J. ULSTRUP and F. W. QUACKENBUSH: J. Amer. chem. Soc. 78, 3123—3125 (1956).

LAKSHMINARAYANAN, K.: (1) Physiol. Plant. 10, 877—881 (1957). — (2) Proc. Indian Acad. Sci. 47 B, 78—86 (1958). — (3) Naturwissenschaften 44, 93 (1957). — LEE, S., and D. LETOURNEAU: Phytopathology 48, 268—274 (1958). — LETOURNEAU, D.: (1) Diss. Abstr. 15, 322—323 (1955). — (2) Bot. Gaz. 117, 153—155 (1956). — LEWIS, R. W.: Amer. Naturalist 87, 273—281 (1953). — LINSKENS, H. F.: Phytopath. Z. 23, 89—106 (1955). — LOPATECKI, L. E., and W. NEWTON: Canad. J. Bot. 34, 751 (1958). — LUDWIG, R. A.: (1) McGill Univ., Macdonald College, Techn. Bull. No. 20 (1952). — (2) Canad. J. Bot. 35, 291—303 (1957).

MENON, R., u. L. SCHACHINGER: Ber. dtsch. bot. Ges. 70, 11—20 (1957). — MILLERD, A., and K. SCOTT: (1) Aust. J. biol. Sci. 9, 37—44 (1956). — (2) Aust. J. Sci. 18, 63—64 (1955). — MÜLLER, K. O.: (1) Phytopath. Z. 27, 237—254 (1956). — (2) Aust. J. biol. Sci. 2, 275—300 (1958). — (3) Nature (Lond.) 182, 167—168 (1958). — (4) J. nat. Inst. agr. Bot. 6, 346—360 (1953). — MÜLLER, K. O., J. H. E. MACKAY and J. N. FRIEND: Nature (Lond.) 174, 878—879 (1954).

NAEF-ROTH, ST., u. P. REUSSER: Phytopath. Z. 22, 281—287 (1954). — NAIR, P. N.: Phytopathology 48, 288—289 (1958). — NATOUR, R. M., and H. HART: Phytopathology 47, 25 (1957). — NEWCOMB, E. H.: Proc. Soc. exp. Biol. (N. Y.) 76, 504—509 (1951). — NEWTON, W.: (1) Canad. J. Bot. 34, 759 (1956). — (2) Canad. J. Bot. 35, 445 (1957).

OLIEN, C. R.: Phytopathology 47, 26 (1957).

PAQUIN, R., and E. R. WAYGOOD: Canad. J. Bot. 35, 207—218 (1957). — PELLETIER, R. L., and G. W. KEITT: Amer. J. Bot. 41, 362—371 (1954). — PETURSON, B.: Phytopathology 41, 1039 (1951). — PETURSON, B., F. R. FORSYTH and C. B. LYON: Phytopathology 48, 652—657 (1958). — PIERSON, C. F., S. S. GOTHOSKAR, J. C. WALKER and M. A. STAHMANN: Phytopathology 45, 524—527 (1955). — PILET, P. E.: (1) Ber. schweiz. bot. Ges. 62, 269—274 (1954). — (2) Experientia (Basel) 9, 300—303 (1953). — (3) Phytopath. Z. 31, 162—179 (1957). — PILGRIM, A. J., and M. C. FUTRELL: Phytopathology 47, 193—196 (1957). — POHJAKALLIO,

O.: Acta agr. Fenn. **25**, 1—94 (1932). — Pozsar, B. I., and Z. Kiraly: Nature (Lond.) **182**, 1686—1687 (1958). — Prentice, N., and L. S. Cuendet: Nature (Lond.) **174**, 1151 (1954). — Pringle, R. B., and A. C. Braun: Phytopathology **47**, 369—371 (1957).

Rashevskaja, V. F., and V. P. Nilova: Bull. Acad. Sci. USSR **4**, 63—67 (1952). — Reinmuth, E.: Wiss. Z. Univ. Rostock **5**, 363—369 (1955/56). — Rohringer, R.: Phytopath. Z. **29**, 45—64 (1957). — Rohringer, R., M. A. Stahmann and J. C. Walker: Agr. Food Chem. **6**, 838—843 (1958). — Rosen, H. R., and L. F. Bailey: Phytopathology **47**, 29 (1957). — Ross, J. P.: Phytopathology **47**, 29 (1957). — Rowell, J. B., C. R. Olien and R. D. Wilcoxson: Phytopathology **48**, 371—377 (1958). — Rubin, B. A., u. E. V. Arzichowskaja: „Biochemische Charakteristik der Widerstandsfähigkeit der Pflanzen gegenüber Mikroorganismen". Berlin: Akademie-Verlag 1953. — Rubin, B. A., E. P. Chetverikova and E. V. Arzichowskaja: Zhur. Obshch. Biol. **16**, 106—118 (1955).

Sadasivan, T. S., and L. Saraswathi-Devi: Current Science **26**, 74—75 (1957). — Sakai, R.: (1) Res. Bull. Hokkaido agr. exp. Sta. **68**, 63—66 (1955). — (2) Ann. phytopath. Soc. Japan **19**, 141—145 (1955). — (3) Res. Bull. Hokkaido agr. exp. Sta. **73**, 88—93 (1957). — (4) Res. Bull. Hokkaido agr. exp. Sta. **71**, 51—55 (1956). — Samborski, D. J., F. R. Forsyth and C. Person: Canad. J. Bot. **36**, 591—601 (1958). — Samborski, D. J., and M. Shaw: (1) Canad. J. Bot. **34**, 601—619 (1956). — (2) Canad. J. Bot. **35**, 449—455 (1957). — (3) Canad. J. Bot. **35**, 457—461 (1957). — Sanwal, B. D.: (1) Phytopath. Z. **25**, 333—384 (1956). — (2) Proc. Indian Acad. Sci. B. **44**, 257—270 (1957). — Sayed, G. S., C. W. Boothroyd and H. L. Everett: Phytopathology **45**, 186 (1955). — Schaal, L. A., and G. Johnson: Phytopathology **45**, 626—628 (1955). — Schaal, L. A.. G. Johnson and A. O. Simonds: Amer. Potato J. **30**, 257—262 (1953). — Scheffer, R. P., S. S. Gothoskar, C. F. Pierson and R. P. Collins: Phytopathology **46**, 83—87 (1956). — Scheffer, R. P., and J. C. Walker: (1) Phytopathology **43**, 116—125 (1953). — (2) Phytopathology **44**, 94—101 (1954). — Schwinghamer, E. A.: Science **125**, 23—24 (1957). — Scott, K., A. Millerd and N. H. White: Aust. J. Sci. **19**, 207—208 (1957). — Sempio, C.: (1) Phytopath. Z. **17**, 287 (1950). — (2) Int. Bull. Plant Protect. **20**, 49—65 (1946). — (3) Phytopathology **40**, 799—819 (1950). — Sharp, E. L., J. M. Staley, C. G. Schmitt and C. H. Kingsolver: Phytopathology **47**, 31 (1957). — Shaw, M., S. A. Brown and D. Rudd Jones: Nature (Lond.) **173**, 768 (1954). — Shaw, M., and A. R. Hawkins: Canad. J. Bot. **36**, 1—16 (1958). — Shaw, M., and D. J. Samborski: (1) Canad. J. Bot. **35**, 389 bis 407 (1957). — (2) Canad. J. Bot. **34**, 389—405 (1956). — Shichi, H., and I. Uritani: Bull. agr. chem. Soc. Japan **20**, 211—214 (1956). — Shu, P., and G. A. Ledingham: Canad. J. Microbiol. **2**, 489—495 (1956). — Shu, P., A. C. Neish and G. A. Ledingham: Canad. J. Microbiol. **2**, 559—563 (1956). — Shu, P., and K. G. Tanner: Canad. J. Bot. **32**, 16—23 (1954). — Shukla, T. N.: J. Indian bot. Soc. **33**, 73—77 (1954). — Siebs, E.: (1) Phytopath. Z. **23**, 37—48 (1955). — (2) Phytopath. Z. **34**, 86—102 (1958). — Sivadjian, J., u. H. Kern: Phytopath. Z. **33**, 241—247 (1958). — Smits, B. L., and H. L. Mitchell: Science **113**, 296—297 (1951). — Sokolowa, W. E., O. N. Saweljewa u. B. A. Rubin: Ber. Akad. Wiss. UdSSR **123**, 335—338 (1958). — Staples, R. C.: (1) Contrib. Boyce Thompson Inst. **19**, 1—18 (1957). — (2) Contrib. Boyce Thompson Inst. **19**, 19—31 (1957). — Staples, R. C., and L. H. Weinstein: Phytopathology **48**, 264 (1958). — Stewart, D. M.: Phytopathology **46**, 234—235 (1956). — Stodola, F. H.: Source book of Gibberelline 1828—1957; Peoria, Ill. 1958. — Stoll, C.: Phytopath. Z. **22**, 233—274 (1954). — Stove, B. B., and T. Yamaki: Ann. Rev. Plant Physiol. **8**, 181—216 (1957). — Suchorukow, K. T.: Beiträge zur Physiologie der pflanzlichen Resistenz. Berlin: Akademie-Verlag 1958. — Suryanarayanan, S.: Phytopath. Z. **33**, 341—348 (1958). — Suzuki, N., and I. Uritani: Ann. phytopath. Soc. Japan **16**, 54—56 (1952). — Swaebly, M. A.: Diss. Abstr. **16**, 843—844 (1956).

Tamari, K., and J. Kaji: (1) J. agr. chem. Soc. Japan **27**, 144 u. ff. (1953). — (2) J. agr. chem. Soc. Japan **28**, 254—258 (1954). — (3) J. agr. chem. Soc. Japan **29**, 185—190 (1955). — Tani, T., and N. Naito: Tech. Bull. Kagawa agr. College **7**, 141—143 (1956). — Thurston, H. D.: Phytopathology **47**, 186 (1957). — Tolba, M. K., and A. M. Saleh: Nature (Lond.) **173**, 87 (1954). — Tomiyama, K.: (1)

Res. Bull. Hokkaido agr. exp. Sta. **67**, 28—38 (1954). — (2) Ann. phytopath. Soc. Japan **19**, 149—154 (1955). — (3) Ann. phytopath. Soc. Japan **21**, 54—62 (1956). — (4) Ann. phytopath. Soc. Japan **22**, 75—78 (1957). — (5) Ann. phytopath. Soc. Japan **22**, 129—133 (1957). — (6) Ann. phytopath. Soc. Japan **22**, 237—242 (1957). — Tomiyama, K., R. Sakai, N. Takase and M. Takakuwa: Ann. phytopath. Soc. Japan **21**, 153—158 (1957). — Tomiyama, K., M. Takakuwa and N. Takase: Phytopath. Z. **31**, 237—250 (1958). — Tomiyama, K., N. Takase, R. Sakai and M. Takakuwa: (1) Res. Bull. Hokkaido agr. exp. Sta. **71**, 32—50 (1956). — (2) Ann. phytopath. Soc. Japan **20**, 59—64 (1955). — Turel, F. L. M., and G. A. Ledingham: Canad. J. Microbiol. **3**, 813—819 (1957). — Turian, G.: (1) Phytopath. Z. **28**, 275—280 (1957). — (2) C. R. Acad. Sci. (Paris) **244**, 3167—3169 (1957). — Turner, E. M.: (1) J. exp. Bot. **4**, 264—271 (1953). — (2) Ann. appl. Biol. **44**, 200 (1956).

Uritani, I.: (1) J. agr. chem. Soc. Japan **27**, 57—62, 165—168 (1953). — (2) J. agr. chem. Soc. Japan **27**, 781—785 (1953). — Uritani, I., and T. Akazawa: J. agr. chem. Soc. Japan **27**, 789—795 (1953). — Uritani, I., T. Akazawa and S. Funahashi: Symposium Enzyme Chem. (Japan) **10**, 174—182 (1954). — Uritani, I., T. Akazawa and M. Uritani: (1) Nature (Lond.) **174**, 1060 (1954). — (2) J. agr. chem. Soc. Japan **29**, 344—349 (1955). — Uritani, I., and I. Hoshiya: J. agr. chem. Soc. Japan **27**, 161—164 (1953). — Uritani, I., and K. Iechika: J. agr. chem. Soc. Japan **27**, 688—692 (1953). — Uritani, I., and M. Miyano: Nature (Lond.) **175**, 812 (1955). — Uritani, I., and K. Muramatsu: J. agr. chem. Soc. Japan **27**, 24—29, 29—33 (1953). — Uritani, I., and S. Takita: J. agr. chem. Soc. Japan **27**, 168—174 (1953).

Valle, E.: Acta chem. scand. **11**, 395—397 (1957). — Van Sumere, C. F., C. van Sumere-de-Preter and G. A. Ledingham: Canad. J. Microbiol. **3**, 761 bis 770 (1957). — Van Sumere, C. F., C. van Sumere-de-Preter, L. C. Vining and G. A. Ledingham: Canad. J. Microbiol. **3**, 847—862 (1957). — Virtanen, A. I.: Giorn. Microbiol. **2**, 15—32, 42—49 (1956). — Virtanen, A. I., P. K. Hietala and Ö. Wahlroos: Arch. Biochem. **69**, 486—500 (1957). — Vörös, J., Z. Kiraly and G. L. Farkas: Science **126**, 1178 (1957). — Volk, R. J., R. P. Kahn and R. L. Weintraub: Phytopathology **48**, 179—184 (1958).

Waggoner, P. E., and A. E. Dimond: (1) Amer. J. Bot. **41**, 637—640 (1954). — (2) Phytopathology **44**, 509 (1954). — (3) Phytopathology **45**, 79—87 (1955). — (4) Phytopathology **46**, 495—497 (1956). — (5) Phytopathology **46**, 125—127 (1956). — (6) Phytopathology **47**, 125—130 (1957). — Walker, J. C., and M. A. Stahmann: Ann. Rev. Plant Physiol. **6**, 351—366 (1955). — Wang, D., P. K. Isaac and E. R. Waygood: Nature (Lond.) **182**, 268—269 (1958). — Weintraub, R. L., W. E. Miller and E. J. Schantz: Phytopathology **47**, 36 (1957). — Wheeler, H. E., and H. H. Luke: Phytopathology **44**, 334 (1954). — White, N. H.: J. Aust. Inst. agr. Sci. **23**, 129—137 (1957). — White, I. G., and F. T. Wolf: Phytopathology **44**, 334 (1954). — Wilson, E. M.: (1) Phytopathology **48**, 228—231 (1958). — (2) Phytopathology **48**, 595—560 (1958). — Winstead, N. N., and J. C. Walker: Phytopathology **44**, 159—166 (1954). — Witsch, H. v., u. K. Kasperlik: Naturwissenschaften **40**, 294 (1953). — Wolf, F. T.: (1) Proc. natl. Acad. Sci. (Wash.) **38**, 106—111 (1952). — (2) Phytopath. Z. **26**, 219—223 (1956). — Wolf, F. A., and Wolf, F. T.: Phytopathology **45**, 506—508 (1955). — Wu, Y. S.: Phytopathology **42**, 177—178 (1952).

Yarwood, C. E.: (1) Science **114**, 127 (1951). — (2) Proc. nat. Acad. Sci. (Wash.) **40**, 374—377 (1954). — (3) Ann. Rev. Plant Physiol. **7**, 115—142 (1956). — (4) Phytopathology **46**, 540—544 (1956). — (5) Mycologia **48**, 20—24 (1956). — Yarwood, C. E., and M. Cohn: Science **110**, 477—478 (1949). — Yarwood, C. E., A. Hall and M. Nelson: Phytopathology **42**, 481 (1952). — Yarwood, C. E., and L. Jacobsen: (1) Nature (Lond.) **165**, 973 (1950). — (2) Phytopathology **45**, 43—48 (1955). — Yu-Tien, H., and J. J. Christensen: Phytopathology **41**, 1011—1020 (1951).

Zähner, H.: Phytopath. Z. **23**, 49—88 (1955).

23 b. Virosen.

Von Erich Köhler, Braunschweig.

Allgemeiner Teil.

Seit etwa 5 Jahren am elektrostatischen Elektronenmikroskop ausgeführte Arbeiten eines in Braunschweig (Biologische Bundesanstalt) tätigen Arbeitskreises haben zu der sicheren Erkenntnis geführt, daß die im Saft verimpfbaren „langen" Viren unterschiedliche, statistisch zu ermittelnde Längen von konstanter Durchschnittsgröße („Normallänge") aufweisen [u. a. Brandes u. Paul (1957), Burghardt u. Brandes (1957), Bode u. Brandes (1958)]. Diese Erkenntnis ist praktisch wertvoll für die Virusdiagnose und theoretisch für die Virussystematik. Unter anderem ergab sich auch, daß nach ihren sonstigen Merkmalen differente und bisher als nicht eigentlich verwandt angesehene „Virusarten" sich in ihren Dimensionen nicht, jedenfalls nicht merklich, zu unterscheiden brauchen.

Nachdem in den letzten Jahren in der Erforschung des gröberen Aufbaus des Tabakmosaikvirus (TMV) aus Protein und Nucleinsäure entscheidende Fortschritte gemacht werden konnten, bemüht man sich nunmehr, einen noch genaueren Einblick in die Feinstruktur dieses Modellvirus zu bekommen und die Beziehungen zwischen Struktur und biologischer Wirkung klarzulegen. Wir können nur einige von vielen Arbeiten zitieren, die sich mit solchen Aufgaben befassen[1].

Die auffälligste biologische Wirkung des Virus ist seine Infektiosität, auch biologische Aktivität oder Aktivität schlechtweg genannt. An welche Eigenschaften ist sie gebunden? Hier war die Erkenntnis [Schramm u. Gierer (1956)] von entscheidender Bedeutung, daß die Nucleinsäure des TMV als solche — es handelt sich um Ribosenucleinsäure (RNA) — infektiös ist. Schuster u. Schramm unterwarfen die gereinigte RNA der Desaminierung mit salpetriger Säure und stellten fest, daß wenn dadurch auch nur an einem von 3300 Nucleotiden eine Veränderung bewirkt wird, diese genügt, um die Infektiosität aufzuheben. Da die unversehrte RNA des TMV annähernd 6000 Nucleotide enthält, so muß man folgern, daß mindestens die Hälfte aller Nucleotide für die Erhaltung der Infektiosität notwendig ist.

Daß durch die gleiche Behandlung auch Mutationen mit abweichenden pathogenen Eigenschaften entstehen können, haben Mundry u. Gierer (auch Gierer u. Mundry) dargetan. Dadurch wurde die bis

---

[1] Über die engen Beziehungen zwischen den Ribosenucleinsäuren von Cytoplasma und Virus vgl. A. Gierer (1958).

dahin vorherrschende Auffassung umgestoßen, daß Mutationen nur während der Virusreproduktion, also nur in der Pflanze, nicht aber in vitro, möglich seien. Offenbar werden durch die Behandlung mit salpetriger Säure einzelne Purinbasen der Nucleotide verändert; es kann Adenin in Hypoxanthin und Cytosin in Uracil umgewandelt werden. Schon die Ersetzung einer einzelnen NH_2-Gruppe durch eine OH-Gruppe in vitro kann den genetischen Charakter des RNA-Moleküls verändern.

Die Richtigkeit von früheren Befunden, daß Viruspartikeln unterhalb des Normallängen-Bereichs nicht infektiös sind, haben MUNDRY am Vergilbungsvirus der Rübe und BRAKKE u. STAPLES am Virus des Weizen-Streakmosaiks nunmehr einwandfrei bestätigt. Offenbar sind Partikelbruchstücke, auch wenn sie schon in der Zelle entstanden sind, nicht befähigt, sich zu regenerieren. Die Vollpartikel erweist sich im biologischen Sinne als Individuum.

Die Partikeln des Yellow-Mosaikvirus der Kohlrübe (*Brassica*) sind klein und kugelig. Von ihnen kommen zwei äußerlich nicht unterscheidbare „Formen" vor, von denen die eine infektiös ist, die andere nicht. Die erstere enthält in ihrem Innern Nucleinsäure (RNA), die andere nicht; bei der letzteren ist nur der Proteinmantel vorhanden. MATTHEWS fand nun, daß die beiden Partikeln im Saft von kranken Pflanzen stets in demselben Mengenverhältnis 2:1 vorkommen, und zwar unter den verschiedensten Wachstumsbedingungen. Die Erfahrungen von MATTHEWS machen es wahrscheinlich, daß bei der Vermehrung dieses Virus immer ein bestimmter Teil der neu gebildeten Partikeln RNA-frei bleibt. Man könnte sich dies nach MATTHEWS so vorstellen, daß bei jedem Vermehrungsschritt drei Partikeln entstehen, von denen immer eine keine RNA mitbekommt. Die Entstehung der nicht kompletten Partikeln läßt sich jedenfalls nicht auf eine bei der Virusvermehrung eintretende Überbeanspruchung der Wirtszellen-RNA zurückführen.

Andere Untersuchungen zielen darauf ab, durch den Vergleich von Virusstämmen und -mutanten mit physikochemischen Verfahren einen Einblick in den Zusammenhang zwischen Virusstruktur und pathogener Wirkung zu gewinnen. So hat AACH (1957, 1958) 6 Varianten von 2 Abstammungsreihen des TMV auf ihren Gehalt an Aminosäuren untersucht. Schon zwischen den beiden Ausgangsstämmen ließen sich Unterschiede, und zwar im Anteil von 8 Aminosäuren feststellen. Auch zwischen nahverwandten Varianten waren geringe Unterschiede in der Proteinzusammensetzung nachzuweisen, z. T. unterscheiden sie sich wahrscheinlich nur in einem Aminosäurepaar. Zu ganz entsprechenden Ergebnissen gelangte an seinem Material RAMACHANDRAN.

Daß durch Mischinfektion verwandter Virusstämme die Entstehung neuer Varianten im Wirt angeregt wird, berichten nun auch WATSON für das Kartoffel-Y- und SUKHOV für das TM-Virus, nachdem BEST früher schon am Tomaten-spotted wilt-Virus diesbezügliche Beobachtungen gemacht und die Vorstellung zu begründen versucht hatte, daß diese Wechselwirkung auf einem Austausch von Merkmalsdeterminanten beruht.

BAWDEN berichtet jetzt in einer ausführlicheren Mitteilung über seinen Nachweis der reversiblen Eigenschaftsänderung beim TMV nach der Passage durch Leguminosenwirte.

Mehrere Arbeiten befassen sich wieder mit dem Verhalten des Virus im direkt beimpften Blatt. WELKIE u. POUND untersuchten den Einfluß der Temperatur auf die Ankunftszeit des Gurkenmosaikvirus im Mesophyll von *Vigna sinensis*-Blättern, die durch Einreiben der Oberseite geimpft waren. Der Übertritt aus der Epidermis ins Mesophyll wird durch niedrige Temperaturen verzögert, durch höhere beschleunigt. Nach ihrer Fig. 3 sind für das Angehen der Infektion im Mesophyll folgende Zeitintervalle anzunehmen.

Temperatur °C	a) Die ersten Infektionen gehen frühestens an nach Std.	b) alle zu erwartenden Infektionen sind angegangen nach Std.
16	10	17
20	6	10
24	4	8—9
28	3	7

GOODCHILD, COHEN u. WILDMAN untersuchten an Saftauszügen die Zunahme des TMV im beimpften Blatt mit drei verschiedenen Methoden, nämlich 1. Verimpfung auf Testblätter mit Zählung der Infektionsherde, 2. elektronenmikroskopische Zählung der Partikeln von normaler Länge und 3. Messung der Virusmenge im Elektrophorese-Verfahren. Es ergab sich vom 3. bis 30. Tag p. i. eine recht befriedigende Übereinstimmung zwischen den drei Verfahren, woraus zu schließen ist, daß die vom 8. Tage ab beobachtete scharfe Verlangsamung der Infektiositätszunahme nicht auf eine Inaktivierung von Virus zurückzuführen ist; die spezifische Virusaktivität bleibt vielmehr konstant.

KÖHLER (1958b) analysierte weiterhin die Veränderungen im Virusgehalt des direkt infizierten Blattes. Die Infektiositätskurve der Preßsäfte beginnt bekanntlich mit einem Abstieg, der durch die Inaktivierung des bei der Einreibimpfung in die Blattoberfläche gelangten, nicht abwaschbaren Virus verursacht ist. Dieser — im übrigen stark temperaturabhängige — Vorgang ist bei Wirten und Nichtwirten offenbar derselbe. Nach Ablauf der Eklipse, deren Dauer bei 5 verschiedenen Wirt-Viruskombinationen auf 20—26 Std. bestimmt wurde, beginnt der durch eine Exponentialkurve charakterisierbare Anstieg. Abweichungen von der Exponentialkurve, die auf eine aktive Gegenwirkung des Wirtes schließen lassen, wurden bei resistenten Wirten (TMV auf *Nicotiana glutinosa* und *Phaseolus vulgaris*) festgestellt.

KASSANIS, TINSLEY u. QUAK fanden, daß das TMV im Tabak-Callusgewebe eine Strecke von etwa 6 μ/Std. zurücklegt, und dies obwohl keine Plasmodesmen gefunden werden konnten. Dieser Wert kommt den für die Ausbreitung in Blattparenchymen gefundenen Werten sehr nahe [7—8 μ beim TMV nach UPPAL (1943); 8—12 μ beim X-Virus nach

KÖHLER (1947); 15 μ (teilweise) nach ZECH (1952) beim TMV]. In einer neueren Arbeit erhielt KÖHLER (1958a) für die Ausbreitung des X-Virus im Parenchym des Tabakblatts folgende Werte: Im Bereich der Seitenadern 1. Ordnung, abwärts: zwischen 42 und 83 μ/Std.; aufwärts: zwischen 31 und 41 μ/Std.; intercostal: weniger als 31 μ/Std.

BENDA u. NAYLOR (1957, 1958) setzten ihre Untersuchungen über das sog. Recovery-Phänomen bei der Tabak-Ringspot-Krankheit fort. Sie kamen zu dem Ergebnis, daß nur solche Blätter wachsender infizierter Pflanzen Recovery (d. h. sekundäre Symptomlosigkeit trotz Anwesenheit von Virus in ihnen) ausbilden, die seit ihrer Entstehung unter dem direkten Einfluß des Virus standen. Setzt man nämlich ältere Pflanzen, die Recovery zeigen, hohen Temperaturen (mindestens 35° C während 10 Tagen) aus und bringt sie dann unter normale Bedingungen zurück, so bilden sie zunächst wieder Blätter mit den gewöhnlichen Ringspot-Symptomen aus, und später tritt dann wieder Recovery ein. Das Wiederauftreten der Symptome ist offensichtlich die Folge davon, daß durch die Behandlung eine partielle Inaktivierung des Virus herbeigeführt wurde, so daß sich der neue Zuwachs zunächst im wesentlichen ohne Beeinflussung durch das Virus entwickeln kann. Durch wiederholte Behandlung kann man den Cyclus Symptombildung — Recovery an derselben Pflanze dreimal hintereinander abrollen lassen. Setzt man die Hitzebehandlung lange genug fort, so erscheinen am Zuwachs keine Symptome mehr; die Blätter sind durch Einreiben wieder infizierbar und entwickeln Primärsymptome wie bei an und für sich virusfreien Pflanzen. Offenbar führt die verlängerte Behandlung zu einer weitgehenden Inaktivierung des Virus.

Spezieller Teil.

Aus Raumgründen kann aus der kaum noch übersehbaren Literatur nur weniges herausgegriffen werden, wobei von Krankheitsbeschreibungen gänzlich abgesehen werden muß. Wir beschränken uns in diesem Bericht auf die Kartoffel (*Solanum tuberosum*), wobei wir einige aktuelle Probleme in den Vordergrund stellen.

Die Hybriden aus bestimmten Kreuzungen von Wild- mit Kulturkartoffeln lassen sich nach ihrem Verhalten gegen einzelne Mosaikviren in drei Typen einteilen: anfällige, resistente und extrem resistente („immune"). Beim anfälligen Typ vermehrt sich das eingeimpfte Virus schnell und ungehemmt, beim resistenten Typ kommt es nach einer anfänglichen Virusvermehrung zu einer mit Nekrosenbildung und Virusinaktivierung verknüpften Überempfindlichkeitsreaktion. Beim extrem resistenten Typ schließlich bleibt eine sichtbare Reaktion aus, auch läßt sich Virus schon bald nach der Impfung und später weder im Infektionsversuch noch durch serologische Prüfung im Saft nachweisen.

Die Frage nach der Natur der Immunität bzw. extremen Resistenz wurde sowohl von der physiologischen wie von der genetischen Seite her in Angriff genommen. Die Angabe von HUTTON u. WARK (1952), daß bei den X-Virus-immunen Kreuzungsnachkommen des bekannten

X-immunen USDA-Sämlings 41956 eine vorübergehende, schwache, mit dem Einzelherdverfahren nachweisbare Virusvermehrung stattfinde, konnte durch KÖHLER (1957) nicht bestätigt werden. Aber auch die von diesem Autor zunächst gemachte Annahme, daß die Immunität auf einer besonders raschen Inaktivierung des Virus unmittelbar nach seiner Verimpfung auf das Blatt beruhe, konnte von ihm nicht aufrechterhalten werden [KÖHLER (1958c)]. COCKERHAM (1958) kommt auf Grund von Kreuzungsergebnissen zwischen dem X-immunen *Solanum acaule* und Kultursorten zu dem Ergebnis — und damit bestätigt er ein früheres Ergebnis von HUTTON u. WARK (1952) an einem anderen Formenkreis-, daß die X-Immunität von der Resistenz nur graduell verschieden ist. Das Resistenzverhalten beruht auf einem Einzelgen, das in 3 Allelomorphen vorkommt, für welche er die folgenden Symbole verwendet: X^i = resistent-immun; X^n = resistent-nekrotisch; X = anfällig. Die Dominanzreihe ist absteigend: $\rightarrow X^i \rightarrow X^n \rightarrow X$. Danach wäre zu erwarten, daß die „Immunität" gleichfalls auf einer Virusinaktivierung infolge von Überempfindlichkeit beruht. Dies müßte sich durch eine, wenn auch noch so schwache primäre Reaktion bemerkbar machen. Derartiges wurde bis jetzt nicht nachgewiesen, wohl aber wird vom Auftreten sekundärer Reaktionen berichtet. So hat COCKERHAM an seinem immunen Material in seltenen Fällen leichte nekrotische Reaktionen beobachtet, und nach einer kurzen Mitteilung von BENSON u. HOOKER erhielten diese Autoren durch Seitenpfropfung Ergebnisse, die darauf schließen lassen, daß das dem immunen Pfropfpartner eingeimpfte Virus sogar verhältnismäßig häufig in den anfälligen Partner übertrat. Die vorliegenden Erfahrungen scheinen also die Deutung zuzulassen, daß die besagte Immunität nicht als Indifferenzverhalten zu werten ist, sondern auf einer Gegenreaktion des Wirtes beruht.

Bei seinen Untersuchungen über den Erbgang der extremen Y-Resistenz von *Solanum stoloniferum* nach Kreuzung mit Kulturkartoffeln stellt H. Ross fest, daß das Verhalten auch hier durch ein Einzelgen bestimmt wird, von dem 3 Allelomorphe existieren: Ry für extreme Resistenz, ryn für Überempfindlichkeit und ry für Anfälligkeit (Dominanzfolge absteigend). Vermutlich durch Polygene von *Solanum tuberosum* kann Ry in *stoloniferum/tuberosum*-Hybriden zwar zu nekrotischer Reaktion konvertiert werden, jedoch augenscheinlich nie zu Anfälligkeit.

Ob die extreme Y-Resistenz physiologisch der oben besprochenen X-Resistenz gleichwertig ist, erscheint fraglich, da nach Ross an den Sprossen extrem resistenter Wirte, wenn sie auf anfällige virustragende gepfropft werden, nekrotische Flecke in großer Zahl entstehen, was im Falle der X-Immunität nicht beobachtet wird. Bei der extremen Y-Resistenz kann demnach an dem Vorliegen eines extremen Grades von Intoleranz nicht wohl gezweifelt werden.

Das Auftreten eines neuen Virus, das zum Formenkreis des Y-Virus gehört und das im Kartoffel- und Tabakbau erst seit wenigen Jahren beobachtet wird, führt zu empfindlichen Umstellungen in der Landwirtschaft. Dieses „neue Y" kommt bereits in verschiedenen Varianten vor und zeichnet sich durch eine besonders hohe Infektiosität aus. Die Pfirsichblattlaus erwies sich unter noch anderen Arten als ein besonders wirksamer Vektor [Völk (1957)]. Glücklicherweise lassen sich die Schäden im Kartoffelbau durch den Anbau resistenter Sorten weitgehend eindämmen, wie aus einer Mitteilung von Bode, Scheibe u. Borchardt hervorgeht, worin die wichtigsten deutschen Sorten nach ihrem Resistenzverhalten charakterisiert sind. Leider befinden sich unter den anfälligen Sorten gerade solche, die beim Anbau seit Jahren ein besonders großes Areal einnahmen.

Bartels (1958a) prüfte 5 Viren, die als Angehörige des Y-Virus angesehen werden, auf ihre gegenseitige serologische Verwandtschaft. Keines von ihnen erwies sich mit einem der übrigen serologisch identisch. Die Antigenstruktur einiger nekrotisierender Viren, darunter auch Varianten des „neuen Y", ließ nur einen niedrigen Verwandtschaftsgrad zum alten „Normal-Y" erkennen. Für die früher schon als wahrscheinlich angenommene Verwandtschaft des A-Virus zum Y wurden neue Belege erbracht. So fand Cockerham in Kreuzungsversuchen, daß ein gleiches Einzelgen für das Resistenzverhalten gegen beide Viren bestimmend ist, und R. Bartels (1958b) teilte mit, daß sich die bestehende Verwandtschaft auch serologisch, wenn auch nur schwach, nachweisen läßt.

Über das vorwiegend an Tomate, Kartoffel und anderen Species aus 6 Familien auftretende, aus dem Südosten Europas vordringende Stolbur-Virus liegen zahlreiche Abhandlungen vor (u. a. Blattny; Klinkowski; Valenta). Über einen in der Tschechoslowakei veranstalteten Stolbur-Kongreß ist ein ausführlicher mehrsprachiger Bericht erschienen. Das wirtschaftlich sehr wichtige Virus ist auch theoretisch wegen seiner ausgeprägten und vielseitigen teratologischen Effekte auf die Wirtspflanze interessant. Seine Übertragung wird in der Tschechoslowakei nach Valenta vorzugsweise, wenn nicht ausschließlich, durch eine Zwergzikade, *Hyalestes obsoletus*, besorgt. Die Viruspartikeln seien sphärisch mit einem Durchmesser von 65 mμ (Blattny).

Nach D. Lihnells Untersuchungen ist die sog. Pfropfenbildung (sprain, kringerigheid) bei den Kartoffelknollen als Folge der Infektion mit einem dem Rattelvirus nahestehenden, im Boden ausdauernden, Virus erwiesen. Damit wird eine schon vor vielen Jahren von Quanjer ausgesprochene Vermutung bestätigt. Bekanntlich werden die „Propfen" durch nekrotische Zonen gebildet, die das Knollenfleisch kugelig durchsetzen und deren konzentrische Mittelpunkte in der Schale liegen. Sie stellen das primäre Symptom der Krankheit vor, das dadurch zustande kommt, daß das Virus vom Boden aus in die Knollenoberfläche eindringt. Das sekundäre Knollensymptom, das dann entsteht, wenn das Virus aus dem Stolon der kranken Mutterpflanze in die Knolle gelangt, äußert sich durch eine diffuse Nekrotisierung („Eisenfleckigkeit") des Knollenfleisches.

Harrison (1958a) bestätigte den Befund von Heinze (1955) und von Day (1955), daß das Blattrollvirus der Kartoffel im Blut seines Vektors, der Blattlaus *Myzus persicae*, enthalten ist und daß, was besonders überrascht, Tiere, denen man Blut von blattrollinfizierten

Individuen injiziert, dadurch gleichfalls infektiös werden, d. h. die Krankheit auf gesunde Pflanzen übertragen können. Dies ist um so erstaunlicher, als eine Übertragung der Krankheit mit dem Saft kranker Pflanzen noch nie gelungen ist. HARRISONs sonstige Ergebnisse lassen übrigens darauf schließen, daß sich das Virus im Vektorinsekt nicht vermehrt. In weiteren Versuchen fand HARRISON (1957b), daß die einzelne Pfirsichblattlaus für den starken Stamm des Blattrollvirus infektiös werden kann und ihn überträgt, auch wenn sie vorher schon den schwachen Stamm übertragen hatte. Mit dem schwachen Stamm vorinfizierte *Physalis floridana* ließ sich mit dem starken Stamm nicht zusätzlich infizieren. Von mischinfizierten Pflanzen übertragen Einzelläuse in der Regel nur einen der beiden Stämme, gelegentlich auch beide.

Weitere wertvolle Einzelheiten über Kartoffelkrankheiten findet man hauptsächlich in dem Bericht über die dritte Kartoffelvirus-Konferenz Lisse-Wageningen 1957.

Literatur.

a) Sammelberichte, Übersichten.

HEINZE, K.: Das pflanzliche Virus im Überträger und seine Einbringung in die Pflanze. Z. angew. Zool. 44, 187—227 (1957).

KLINKOWSKI, M. (Herausgeber): Pflanzliche Virologie, Bd. I u. II, Berlin 1958. — KLINKOWSKI, M., u. G. KREUTZBERG: Vorkommen und Verbreitung von Gramineenvirosen in Europa. Phytopath. Z. 32, 1—24 (1958).

Proceedings of the third conference on potato virus diseases Lisse-Wageningen 24. bis 28. Juni 1957. Wageningen 1958.

SMITH, K. M.: Transmission of plant viruses by arthropods. Ann. Rev. Entomol. 3, 469—482 (1958). — *Stolburvirus*-Konferenz 17. bis 18. Sept. 1956. Bratislava (Preßburg), 224 S., 1958. — *Symposium* on latency and masking in viral and rickettsial infections. Minneapolis, Minn. 202 S. 1958.

Züchtung der Knollen- und Wurzelfruchtarten in: Handbuch der Pflanzenzüchtung, Bd. 3. Berlin 1958.

b) Originalmitteilungen.

AACH, H. G.: Z. Naturforsch. 12 b, 615—622 (1957); 13 b, 425—433 (1958).

BARTELS, R.: Proc. 3. Potato Virus Conference Lisse-Wageningen 1957, 13—19 (1958a); p. 203 (1958b). — BAWDEN, F. C.: J. gen. Microbiol. 18, 751—766 (1958). — BENDA, G. T. A., and A. W. NAYLOR: Amer. J. Bot. 44, 443—448 (1957); 45, 33—37 (1958). — BENSON, A. P., and W. J. HOOKER: Amer. Potato J. 35, 421 (1958). Abstr. — BEST, R. J., and H. P. C. GALLUS: Enzymologia 17, 207—221 (1955). — BLATTNY, C.: Proc. 3. Potato Virus Conf. Lisse-Wageningen 1957, 255 bis 263 (1958). — BODE, O., u. J. BRANDES: Phytopath. Z. 34, 103—106 (1958). — BODE, O., K. SCHEIBE u. G. BORCHARDT: Kartoffelbau 8 (Nr. 11) (1958). — BRAKKE, M. K., and R. STAPLES: Virology 6, 27—42 (1958). — BRANDES, J., u. H. L. PAUL: Arch. Mikrobiol. 26, 358—368 (1957). — BURGHARDT, H., u. J. BRANDES: Naturwissenschaften 44, 266—267 (1957).

COCKERHAM, G.: Proc. 3. Potato Virus Conf. Lisse-Wageningen 1957, 199—203 (1958).

GIERER, A.: Z. Naturforsch. 13 b, 788—792 (1958). — GIERER, A., u. K. W. MUNDRY: Nature (Lond.) 182, 1457—1458 (1958). — GIERER, A., u. G. SCHRAMM: Z. Naturforsch. 11 b, 138—142 (1956). — GOODCHILD, D. J., M. COHEN and S. G. WILDMAN: Virology 5, 561—566 (1958).

HARRISON, B. D.: Virology 6, 265—277 (1958a); 6, 278—286 (1958b). — HEINZE, K.: Phytopath. Z. 25, 103—108 (1955). — HUTTON, E. M., and D. C. WARK: Aust. J. Sci. Res. Ser. B. 5, 237—243 (1952).

KASSANIS, B., T. W. TINSLEY and F. QUAK: Ann. appl. Biol. **46**, 11—19 (1958). — KLINKOWSKI, M.: Proc. 3. Potato Virus Conf. Lisse-Wageningen 1957, 264—277 (1958). — KÖHLER, E.: Z. Naturforsch. **2 b**, 29—34 (1947). — KÖHLER, E.: Züchter **27**, 177—179 (1957). — KÖHLER, E.: Zbl. Bakt. II. Abt. **111**, 191—196 (1958a). — KÖHLER, E.: Arch. Mikrobiol. **29**, 394—405 (1958b). — KÖHLER, E.: Proc. 3. Potato Virus Conf. Lisse-Wageningen 1957, 189—198 (1958c).

LIHNELL, D.: Proc. 3. Potato Virus Conf. Lisse-Wageningen 1957, 184—188 (1958).

MATTHEWS, R. E. F.: Virology **5**, 192—205 (1958). — MUNDRY, K.-W.: Z. Naturforsch. **13 b**, 19—27 (1958). — MUNDRY, K. W., u. A. GIERER: Z. Vererbungslehre **89**, 614—630 (1958).

RAMACHANDRAN, L. K.: Virology **5**, 244—255 (1958). — ROSS, H.: Proc. 3. Potato Virus Conf. Lisse-Wageningen 1957, 104—211 (1958).

SCHUSTER, H., u. G. SCHRAMM: Z. Naturforsch. **13 b**, 697—704 (1958). — SUKHOV, K. S.: Ref. in Biol. Abstr. **32**, 879 (1958).

UPPAL, B. N.: Indian J. agr. Sci. **4**, 865—873 (1934).

VÖLK, J.: Dtsch. Tabakbau **37**, 124—126 (1957).

WATSON, M. A.: Rothamsted Stat. Rep. **1957**, 109 (1958). — WELKIE, G. W., and G. S. POUND: Virology **5**, 362—370 (1958).

ZECH, H.: Planta **40**, 461—514 (1952).

23 c. Bakteriosen.

Von Carl Stapp, Braunschweig.

Mit 1 Abbildung.

Zur Orientierung über den bisherigen Stand unserer Kenntnisse von pflanzen-pathogenen Bakterien und ihren Wirkungen auf die entsprechenden Wirtspflanzen sei auf die eingehende und zusammenfassende Darstellung des Verf. im Handbuch der Pflanzenkrankheiten 6. Aufl. Bd. 2, zweite Lieferung 1956 hingewiesen, ferner auf das Buch von W. J. Dowson "Plant diseases due to bacteria" 1957 und das zur Klassifizierung wichtige von Breed, Murray und Smith "Bergey's Manual of determinative Bacteriology" 7. Aufl. 1957 sowie auf das des Verf. „Pflanzen-pathogene Bakterien" von 1958. Die im letzteren angeführte Literatur, die sich allerdings nur auf Bakterien beschränkt, deren Arten im mitteleuropäischen Raum als Krankheitserreger auftreten, kann hier — wegen des so stark begrenzten Umfanges — nicht nochmals berücksichtigt werden.

Neue als pflanzenpathogen beschriebene Bakterienarten oder -varie-täten. Wiederum wurden in Indien drei verschiedene Blattflecken-krankheitserreger als neu diagnostiziert, und zwar *Xanthomonas duran-thae* an *Datura repens*, *Xanth. lantanae* an *Lantana camara* var. *aculeata* von Srinivasan und Patel sowie *Xanth. penniseti* an *Pennisetum typhoides* von Sowmini Rajagopalan und Rangaswami. Eine Blatt-streifenkrankheit an Reis im Gebiet von Kwangtung, China, wird auf Befall mit *Xanth. oryzicola* n. sp. zurückgeführt, während eine ähnliche Krankheit dort an *Leersia hexandra* von *Xanth. leersiae* n. sp. bewirkt werde (Fang, Ren, Chen, Chu, Faan und Wu). An Jute (*Corchorus olitorius*) wurde im Sudan von Sabet eine Blattflecken-, Stengel- und Kapselbakteriose beobachtet, deren Erreger mit *Xanth. nakatae* nahe verwandt sein soll, weshalb er als *Xanth. nakatae* var. *olitorii* bezeichnet wurde. In Queensland ist eine bisher unbekannte Krankheit an *Phaseolus vulgaris* aufgetreten, dort *pod twist* genannt; als Errger soll *Pseudomonas flectans* n. sp. in Frage kommen (Hinweis bei Dowson). Aus Jugoslawien wird von Šutič und Tešič über das erstmalige Auftreten einer wiederum neuen Ulmenbakteriose berichtet, die besonders in nassen Jahren Flecke auf Blättern und Trieben verursacht; der Erreger erhielt den Namen *Pseud. ulmi*. Desgleichen hat Šutič aus „weißen Augenflecken" von Tomaten in Jugoslawien einen Erreger isoliert, den er *Pseud. gardneri* benennt. Eine Varietät hiervon, *Pseud. gardneri* var. *capsici*, züchtete er aus Paprika. In Italien wurden von Ribaldi aus den Wurzeln welke-kranker Luzernepflanzen bewässerter Felder zwei Bakterienarten isoliert, die primär für die Welke verantwortlich gemacht werden; es sind *Flavo-bacterium vasculorum* und *Aerobacter luteum*. Dem gleichzeitigen Befall mit Fusarien soll nur sekundäre Bedeutung zukommen (?). In Nord- und Nordostfrankreich soll als Erreger des nässenden Pappelkrebses nach RIDÉ nicht *Pseud. syringae* var. *populea*, sondern *Aplanobacter populi* n. sp. anzusehen sein, der sich bei der Infektion jedoch in gleicher Weise von der Jahreszeit abhängig verhält wie der erstere. In Kalifornien ist als neuer Erreger eines Rindenkrebses des Walnußbaumes von WILSON, STARR und BERGER *Erwinia nigrifluens* beschrieben worden, während BITANCOURT für das zeitig einsetzende Vertrocknen der Zweige von Kaffee in Brasilien neben *Colletotrichum coffeanum* noch *Pseud. garcae* n. sp. verantwortlich macht.

Naßfäule verursachende Bakterien. In virulenten *Erwinia* spp.[1] wurden nach SMITH (a) an pektolytischen Fermenten γ-Pektinglucosidase und Pektinmethylesterase produziert. In Kulturfiltraten dieser Erreger konnten von ihm (b) chromatographisch Galakturonsäure und Oligo-uronide nachgewiesen werden. Die Frage, ob neben den pektolytischen Enzymen etwa noch ein diffusibles Welketoxin bei *Erw. phytophthora* aufträte, war nicht positiv zu beantworten (MEYER von GREGORY und WARTENBERG). Das Vorkommen von gegen den gleichen Erreger bakteriostatisch wirkenden Substanzen in der Kartoffelknolle wird vermutet (JORDANA). Alle in Schottland aus naßfaulen Tomaten isolierten Bakterien (*Erw. phytophthora* und *Pseudomonas* spp.) verflüssigten ein 2%iges Pektatgel. Unter 400 daraufhin geprüften *Pseudomonas* spp. differenter Herkunft fanden sich nur 5% mit derartigen Fäuleeigenschaften (PATON). Von 65 getesteten chinesischen Kohlarten in Kanagawa sollen 4 gegen die Naßfäuleerreger resistent, dagegen 12 hochanfällig gewesen sein (SHIMIZU, KANAZAWA und KOBAYASHI). In tätigen Böden der Umgebung Pekings sollen die Kohlfäulebakterien, *Erw. aroideae*, nach der Frostperiode im Frühjahre nicht mehr nachweisbar sein, wohl aber in unzersetzten Ernterückständen überwintern können (CHIU, YUEN und WU); unter den dortigen Bedingungen soll sich *Erw. aroideae*, dem Boden künstlich zugesetzt, bei 35° C nur 11 Tage, bei 10° C 21 und bei 20° C sogar nur 7 Tage darin lebensfähig halten können (CHIU, DIH und YUEN). Mit zellfreien Filtraten von *Pseud. marginalis* ließen sich an bestimmten Salatsorten innerhalb von 17 Std. die gleichen Fäulesymptome hervorrufen wie mit dem Erreger selbst, sofern bei der Infiltration der Druck anfänglich reduziert und dem Filtrat 100 p.p.m. Oxytetracyclin zugesetzt wurden (CEPONIS und FRIEDMAN). Die Schleimkrankheit der Kartoffel bzw. deren Erreger, *Pseud. solanacearum*, ist im südlichen Peloponnes und in der Umgebung Athens als solche erstmalig dort sicher identifiziert worden [ZACHOS (a)]. Ernste Verluste durch die gleiche Krankheit sind auch aus Belgisch-Kongo gemeldet (VEREMANZ). Für die Übertragung der Mokokrankheit der Bananen, Erreger ebenfalls *Pseud. solanacearum*, in Costa Rica werden hauptsächlich verseuchte Erde sowie beim Beschneiden infizierte Messer verantwortlich gemacht (SEQUEIRA). Kulturfiltrate stark viru-

---

[1] Hinsichtlich der Eingruppierung von Arten und Varietäten der zum Genus *Erwinia* gehörenden Naßfäuleerreger herrscht im internationalen Schrifttum noch immer keine Übereinstimmung (STAPP).

lenter Stämme von *Pseud. solanacearum* enthielten Pektinmethyl-esterase, Polygalakturonase sowie ein celluloselösendes Enzym und ver-mochten abgeschnittene Tomaten- und Tabaksprosse zum Welken zu bringen. Da dasselbe mit den gereinigten Enzymen gelang, wurde geschlossen, daß bei der Pathogenese die pekto- und cellulolytischen Fermente dafür wesentlich verantwortlich sind, obwohl vorher auf Zusammenhänge zwischen Schleimbildung, Pathogenität des Erregers sowie dem Mechanismus der Welke aufmerksam gemacht worden war [HUSAIN und KELMAN (a, b)].

Blatt-, Stengel- und Fruchtflecke bzw. Nekrosen verursachende Bak-terien. Um der Einschleppung der Stewartschen Krankheit des Maises (*Xanth. stewarti*) durch verseuchtes Saatgut aus den USA in die UdSSR vorzubeugen, wird der Import der Maishybride Golden Cross Bantam empfohlen, da diese gegen Frühinfektionen resistent sei (VORONKEVICH). Während die Zuckerrohrsorte Trojan in Australien als gefährlicher Über-träger von *Xanth. albilineans* angesehen wird, weil sie den Erreger lange Zeit ohne erkennbare äußere Symptome beherbergen kann, werden die Sorten Q 50 und Pindar als resistent bezeichnet (EGAN). Die Zuckerrohr-sorte Q 67 erwies sich in New Queensland wesentlich anfälliger gegen *Pseud. rubrilineans* als Badila, besonders wenn das Auspflanzen im Frühjahre erfolgte (EGAN und HUGHES). In Thailand wurde erstmalig der Befall von Reis durch *Xanth. oryzae* festgestellt (JALAVICHARANA). *Pseud. syringae*-Infektionen an Birnen werden erstmalig von Frankreich berichtet (RIDÉ und ŠUTIČ). An Steinfrüchten breiten sie sich im west-lichen Australien immer mehr aus und scheinen sich am schädlichsten im Raum des Karragullen-Pickering Brook auszuwirken (GOSS). Vom ersten Auftreten der gleichen Krankheit an Aprikosen in der Ukraine wird von VASSIL'KOVA berichtet. Die von BORTELS (a, b) aufgeworfenen Fragen über mögliche Ursachen der Inaktivierung von *Pseud. tabaci* unter dem Einfluß der „Wetterstrahlung" lassen sich noch immer nicht befriedigend beantworten.

Letztes Ergebnis: „Bei zyklonalen Wetterentwicklungen (fallender Luftdruck) während der Zubereitung des für die Anzucht der Bakterien verwendeten Nähr-bodens und bei antizyklonalen Wetterentwicklungen (steigender Luftdruck) wäh-rend und nach der Bakterienvermehrung waren die Krankheitssymptome verstärkt. Sie wurden dagegen abgeschwächt oder traten überhaupt nicht in Erscheinung bei antizyklonalen Wetterentwicklungen während der Nährbodenherstellung und bei zyklonalen während und nach der Bakterienvermehrung".

Biochemische, bestimmte Aminosäuren benötigende Mutanten von *Pseud. tabaci* wurden auf ihr pathogenes Verhalten gegen 20 Varietäten von *Nicotiana tabacum* und 10 andere *Nicotiana*-Arten geprüft. Keine Species oder Varietät erwies sich allen Mutanten gegenüber anfällig. Resistent gegen alle waren *N. longiflora, N. repanda, N. rustica brasilia* und die *N. tabacum*-Sorten Burley 21, Bd 6—62 und Bd 248 C—2 D (GARBER und HEGGESTAD).

Bei Versuchen an Tomaten mit *Xanth. vesicatoria* erwies sich als bester Infektionszeitpunkt der des Hervorbrechens des 6. Blattes. Die Anfälligkeit war um so größer, je länger die Pflanzen vorher bei 100% relativer Feuchtigkeit gehalten wurden (DAVIS und HALMOS). Der in

Ungarn an Tomaten auftretende Fleckenerreger wurde dort erstmalig als *Xanth. vesicatoria* identifiziert. Er differierte von aus *Capsicum annuum* reingezüchteten Stämmen; so lysierte der für letztere spezifische Phag Stämme aus Tomaten nicht [KLEMENT (a)].

In den Niederlanden, Westdeutschland, Schweiz, England und Schweden wurden die Erbsenfelder auf Befall durch *Pseud. pisi* untersucht. Nur in der Umgebung Zürichs trat die Bakteriose auf und auch hier nur schwach (HAGEDORN). In Ungarn soll von den Bohnenbakteriosen die Welke, verursacht durch *Corynebact. flaccumfaciens*, am häufigsten vorkommen [KLEMENT (b)], die in Deutschland bisher niemals sicher nachgewiesen werden konnte. Im Cauca Valley Kolumbiens werden als wichtigste Erreger von Bohnenkrankheiten *Pseud. phaseolicola* und *Xanth. phaseoli* angesehen (BONILLA). Gegen *Pseud. phaseolicola* sollen sich in Polen die Bohnensorten Norida und Allerfrüheste Weiße als immun erwiesen haben (GABRYL).

Aus 1420 Blattflecken an Sellerie wurden in Florida in 86,5% der Fälle *Pseud. apii (Pseud. jaggeri ?)* und in 44,5% *Cercospora apii* isoliert, wobei sich der Pilz nahezu immer in Gesellschaft mit dem Bacterium fand (COX und VAN NOSTRAN).

93 Species aus 40 Pflanzenfamilien wurden auf Anfälligkeit für *Xanth. pelargonii* untersucht. Befallen wurden nur Vertreter der Geraniaceen; die optimale Infektionstemperatur lag bei 37° C (KIVILAAN und SCHEFFER). Die Anfälligkeit der *Citrus*-Arten gegen *Pseud. citri* in Korrelation zur Dichte und Größe der Stomata oder anderer Poren der verschiedenen Organe fällt in nachstehender Reihenfolge ab: *Citrus sinensis, C. aurantium, C. limonia* und *Poncirus trifoliata* (TANG). Von BIRD wird für die Resistenz der Baumwollpflanzen gegen *Xanth. malvacearum* das Groß-Gen B 7 verantwortlich gemacht und als Maßstab des jeweiligen Resistenzgrades die Zahl der Tage von der Infektion bis zum Auftreten der ersten Symptome angesehen. Die physiologische Resistenz soll aber nach BLACKMON auch durch den Aminosäuren-Gehalt der Baumwollblätter, -stengel und -kapseln mitbedingt sein. Daß die Widerstandsfähigkeit der Baumwollkapseln nicht auf einen physikalischen, sondern einen im äußeren Kapselgewebe enthaltenen antagonistischen Faktor zurückzuführen sei, wird von LOGAN geschlossen. Ob und welche Bedeutung einem häufig aus Krankheitsherden von Birnen und Äpfeln neben dem Erreger *Erw. amylovora* in Ohio isolierten gelben, nichtpathogenen Bacterium zukommt, das in Kulturmedien eine antibiotische Wirkung auf den Erreger ausübt, bleibt noch abzuwarten (FARABEE und LOCKWOOD). An Weiß- und chinesischem Kohl kann *Pseud. maculicola* gelegentlich in USA schwere Schäden verursachen, obgleich sich die Krankheitsherde nur auf die äußeren Zellschichten der Blätter beschränken (FRIEDMAN, RINGEL und JAFFE). Über eine samenübertragbare, durch *Xanth. cucurbitae* verursachte Krankheit von Cucurbitaceen wird erstmalig aus Washington berichtet (McLEAN). Ebenso für England erstmalig wurde der Erreger der „eckigen Blattflecken"-Krankheit der Gurken, *Pseud. lachrymans*, dort reingezüchtet und mit

amerikanischen und dänischen Stämmen verglichen, wobei sich keine signifikanten Unterschiede ergaben (LELLIOTT).

Gefäßkrankheiten verursachende Bakterien[1]. Zu den typischen Vertretern der Tracheobakteriosen verursachenden Mikroben zählen die pflanzenpathogenen *Corynebacterium*-Arten. So wird berichtet, daß der Erreger der Ringfäule der Kartoffel, *Corynebact. sepedonicum,* der in Deutschland nicht mehr vorkommt, sich in Teilen von Quebec und Ontario, Kanada, immer noch weiter ausbreitet (SHOEMAKER und CREELMAN). In der Umgebung von Alma Ata (UdSSR) ist der Erreger auch festgestellt worden; er soll dort in unsterilisierter Erde nur wenige Tage virulent bleiben, in sterilisierter 2—3 Monate; die Kartoffelsorte Lorh habe sich am widerstandsfähigsten gegen den Befall im Freiland gezeigt (ORUINBAEV).

Die als „drohende Gefahr für den westdeutschen Futterbau" voreilig ausgesprochene Vermutung des Auftretens der bakteriellen Luzernewelke (*Corynebact. insidiosum*) in Hessen (TOSTMANN) hat sich bisher nicht bestätigen lassen[2], auch nicht in anderen Teilen Deutschlands, wohl aber erstmalig für Italien in Bologna (RIBALDI und PANELLA). Gegen *C. insidiosum* resistente Luzernesorten mit anfälligen geprüft, ergaben weder im Habitus noch anatomisch Abweichungen (SETH und DEXTER). Klon 83, selektiert aus Luzernesämlingen von Du Puits, erwies sich gegenüber zwei verschiedenen Stämmen des Erregers unterschiedlich anfällig (FULKERSON). Die von manchen Stämmen des *C. insidiosum* produzierte wasserlösliche blaue Substanz wurde näher analysiert und als wahrscheinlich identisch angesehen mit Indigoidin, einem Pigment, das früher schon in *Pseud. indigofera* gefunden wurde (STARR).

Tumoren oder Tuberkeln erzeugende Bakterien. Da bakterienfreie Tumorzellen nicht nur aus Sekundärtumoren, sondern später auch aus Primärtumoren mancher Pflanzenarten isoliert werden konnten, die selbst nach 10jähriger Beobachtungsdauer in Gewebekultur keine Tendenz, weniger autonom zu wachsen, erkennen ließen, so müssen wir in ihnen permanent alterierte Zellen sehen, die keinerlei Kontrollmechanismus der Wirtspflanze mehr unterliegen. Damit entfällt — was BRAUN noch einmal klar herausstellt — auch der früher ins Feld geführte und als prinzipiell angesehene Unterschied zwischen *crown-galls* einerseits und malignen tierischen Tumoren andererseits.

Es ist deshalb verständlich, daß unter allen pflanzenpathogenen Bakterien den geschwulstbildenden, insonderheit *Agrobact. tumefaciens*, dem Erreger der Wurzelhalsgallen (*crown-galls*), nicht nur seitens der Bakteriologen, sondern auch der Botaniker, Physiologen, Pathologen und Biochemiker großes Interesse entgegengebracht wird. Von berufenster Seite (BRAUN und STONIER) liegt nunmehr eine sehr beachtenswerte Veröffentlichung in „Protoplasmatologia" vor betr. unseres Wissens über die Morphologie und Physiologie von Pflanzentumoren. Es sei auf diese verwiesen, denn darauf einzugehen, verbietet der Platzmangel.

---

[1] Bakterielle Gefäßkrankheiten, sog. Tracheobakteriosen, sind in ihren äußeren Symptomen vorwiegend durch das Auftreten von Welkeerscheinungen charakterisiert, doch können ähnliche Welken auch nach Befall durch Naß- oder Schleimfäuieerreger, wie *Erw. phytophthora, Pseud. solanacearum* u. a. beobachtet werden.

[2] Schriftliche Mitteilung von Prof. Dr. BRANDENBURG, Gießen, vom 23. 1. 1959.

Obwohl es derzeit möglich ist, unter genau definierten Versuchsbedingungen und unter Verwendung bestimmter Normalzelltypen als Testobjekte Wuchsformen zu produzieren, die morphologisch, histologisch und cytologisch mit den *crown-galls* weitgehend übereinstimmen, stellen diese künstlich stimulierten Normalzellen, im Gegensatz zu den echten Tumorzellen, ihr Wachstum prompt wieder ein, sobald die äußerlich zugeführten Stimuli entfernt werden[1]. Daraus schließt BRAUN wohl mit Recht, daß die beobachteten Zellabnormitäten eher das Resultat als die Ursache des tumorösen Stadiums sein werden. Zum Beweis, wie im Substrat gebotene Stimulantien auf die Zellen wirken, sei auf Abb. 28

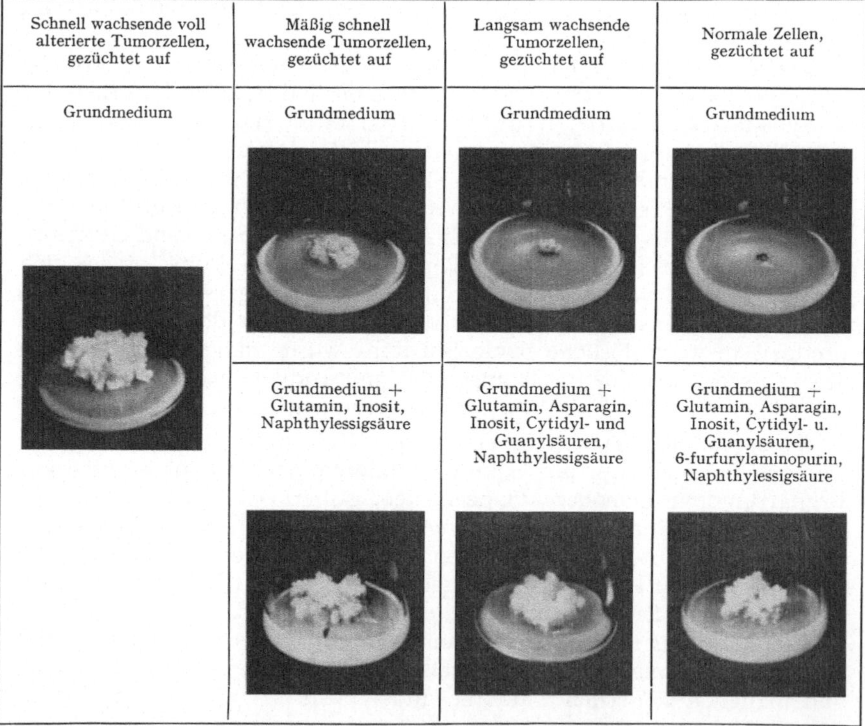

Abb. 28. Relative Wachstumsrate dreier Klone von *crown-gall*-Tumorgewebe, das verschiedene Grade von neoplastischer Änderung zeigt, gezüchtet auf WHITEs Grundmedium. Links (zur Kontrolle) voll alterierte, rasch wachsende Tumorzellen. Obere Reihe, links: Mäßig schnell wachsende Tumorzellen; Mitte: Sehr langsam wachsende Tumorzellen; rechts: Normale Zellen desselben Typs, von dem die Tumorzellen abstammen. Während die 3 Klone der Tumorzellen, also einschließlich der „Kontrolle", kontinuierlich, wenn auch mit recht unterschiedlicher Zunahme auf dem Grundmedium wachsen, tritt bei den Normalzellen auf dem gleichen Substrat keine Vermehrung ein. In der unteren Reihe wird gezeigt, welche in der Zahl ansteigenden minimalen Ergänzungsstoffe jeweils für die 3 Gewebetypen notwendig sind, um eine den voll alterierten Tumorzellen vergleichbare Wuchsrate zu erreichen. Nach A. C. BRAUN und T. STONIER 1958

---

[1] Übrigens hält HILDEBRANDT es, ausgehend von der Tatsache, daß man nicht weiß, ob jede Zelle eines Gewebestückchens von normalem und auch Tumorgewebe mit den jeweils gleichen Eigenschaften ausgestattet ist, für zweckmäßig, nur von je einer Einzelzelle auszugehen und an Klonen, die *in vitro* gezogen werden, die Wirkung einzelner Substanzen oder deren Gemisch auf diese Klone zu prüfen.

verwiesen. Die Umwandlung von Normal- in Tumorzellen schließt demnach die progressive Aktivierung von Enzymsystemen ein, die, einmal in Tätigkeit, ein permanenter Teil der Stoffwechselvorgänge der alterierten Zellen werden.

KLEIN, der schon früher ein Schema aufgestellt hatte, nach dem die Überführung einer Normal- in die primäre Krebszelle in 4 Phasen (*pre-induction-*, *induction-*, *promotion-* und *completion-phase*) verliefe, sieht neuerdings, auf Grund seiner quantitativen Versuche mit Phloemgewebe von Möhrenwurzeln, die gleiche Transformierungsperiode nur als 3phasig an, wobei für die erste, die *conditioning-phase*, 16—20 Std., für die zweite, die *induction-phase*, 60—70 Std. und für die dritte, die *promotion-phase*, 28—30 Std. benötigt werden.

In Fortsetzung ihrer früheren Versuche zur zellfreien Tumorerzeugung verwendeten BENDER und BRUCKER *Datura-* und Tomatenpflanzen, die dekapitiert, noch stärker verwundet, mit *A. tumefaciens* beimpft und mit einem Membran- oder Ultrazellafilter überdeckt wurden. Die Filterfläche wurde seitlich an die frische Wunde einer zweiten Pflanze angelegt, vier Tage bei 27° C und 90% Feuchtigkeit in engem Kontakt mit dieser belassen. An den letzteren entstanden Tumoren, die zu mehr als 75% bakterienfrei und transplantierbar gewesen seien. Die Frage, ob das tumorinduzierende Prinzip (= TIP) sich als eine Desoxyribonucleinsäure erweisen würde, wie KLEIN und KNUPP annehmen, ist noch offen; es scheint aber die Vermutung von MANIGAULT und STOLL zutreffender, daß nicht diese Nucleinsäure des Erregers mit dem TIP identisch ist, sondern daß vielleicht eine wichtige Proteinfraktion des „Wundsaftes" der Wirtspflanze durch die Säure modifiziert werde und diese neu entstehende Substanz erst das TIP darstelle. Sie schließen das aus Versuchen — ebenfalls mit *Datura*pflanzen —, denen sie ein Gemisch von homogenisiertem „Wundsaft" und einer Lösung nach besonderem Verfahren gereinigter nativer Nucleinsäure, aus *Agrobact. tumefaciens*-Zellen gewonnen, infiltrierten. Nach 50 Tagen hatten sich an allen so „beimpften" Pflanzen Tumoren von 5—20 mm ∅ entwickelt. Die Kontrolltumoren, durch Infektion mit *Agrobact. tumefaciens* direkt erzeugt, waren 10—30 mm groß, dagegen war die sterile Nucleinsäurefraktion allein unwirksam. Diese Ergebnisse dürften uns wahrscheinlich ein wesentliches Stück näher an die Lösung des Problems der Tumorentstehung heranbringen.

Weil an Tomatenpflanzen nach Behandlung mit einem Gemisch von Antiserum + Bakteriensuspension keine Geschwülste entstanden, will SZABADI darin einen Beitrag zur Theorie des Vorhandenseins immunologischer Abwehrfähigkeit auch bei Pflanzen sehen. Eine solche Folgerung zu ziehen, dürfte jedoch erst berechtigt sein, wenn feststeht, daß das Serum die Infektionsfähigkeit des Erregers nicht beeinträchtigt. Tumorgewebe von *Scorzonera hispanica*, auf Knopscher Nährlösung gezüchtet, war gegen zugesetzte Indolessigsäure unempfindlich, wurde jedoch nach zweimonatiger Kultur auf dem gleichen Substrat, aber mit KCl-Zusatz, wuchsstoffempfindlich (PARIS und DUHAMET). Der von *Agrobact. tume-faciens* in bestimmten Kulturmedien sehr reichlich ausgeschiedene

Schleim enthielt, im Gegensatz zu allen anderen untersuchten Bakterienschleimen, von Zuckern nur Glucose (CLAUS, WITTMANN und RIPPEL-BALDES).

Hinsichtlich des Zellkernproblems bei den Sternbildnern wird von KNÖSEL und GÜNTHER ein der Mitose analoger Vorgang als wahrscheinlich angenommen; zunächst finde eine Differenzierung in 3 Granula statt, die sich nach Vergrößerung durch Zweiteilung verdoppeln und von denen dann jeweils wieder 3 zu Tochterkernen verschmelzen sollen.

Der Erreger der Oliventuberkulose, *Pseud. savastanoi*, trat in Griechenland besonders stark in Form von Flecken auf den Früchten auf. Der aus diesen isolierte Parasit unterschied sich von dem aus Tuberkeln gezüchteten durch Mangel an Stärkehydrolysations- und Nitratreduktionsvermögen [ZACHOS (b, c)].

Literatur.

BENDER, E., u. W. BRUCKER: Z. Bot. 46, 121—124 (1958). — BIRD, L. S.: Phytopathology 48, 341—342 (1958). — BITANCOURT, A. A.: Biológico 24, 19—22 (1958). — BLACKMON, C. W.: Phytopathology 48, 342 (1958). — BONILLA, H. A.: Acta agron. Palmira 8, 1—75 (1958). — BORTELS, H.: (a) Zbl. Bakt. II. Abt. 111, 218—226 (1958). — (b) Phytopath. Z. 33, 401—425 (1958). — BRAUN, A. C.: Proc. nat. Acad. Sci. (Wash.) 44, 344—349 (1958). — BRAUN, A. C., and T. STONIER: Protoplasmatologia 5a. 93 pp. Wien: Springer 1958. — BREED, R. S., E. G. D. MURRAY and N. S. SMITH: Bergey's Manual of determinative Bacteriology. 7*th* edit. 1094 pp. Baltimore: Williams and Wilkins Co. 1957.

CEPONIS, M. J., and B. A. FRIEDMAN: Phytopathology 48, 261 (1958). — CHIU, W. F., Y. P. DIH and C. S. YUEN: Acta phytopath. Sinica 4, 16—24 (1958). — CHIU, W. F., C. S. YUEN and C. A. WU: Acta phytopath. Sinica 4, 8—15 (1958). — CLAUS, D., H. WITTMANN u. A. RIPPEL-BALDES: Arch. Mikrobiol. 29, 169—178 (1958). — COX, R. S., and F. E. VAN NOSTRAN: In Ann. Rep. agric. exp. Stations, Florida, for the year ending June 30, 1957. 397 pp. (1958).

DAVIS, D., and S. HALMOS: Plant Dis. Rep. 42, 110—111 (1958). — DOWSON, W. J.: Plant diseases due to bacteria. 2*nd* edit. 231 pp. Cambridge: University Press 1957. — DOWSON, W. J.: Commonwealth Phytopath. News 4, 33—35, 46 (1958).

EGAN, B. T.: Cane Gr. quart. Bull. 21, 129—130 (1958). — EGAN, B. T., and C. G. HUGHES: Cane Gr. quart. Bull. 22, 35—36 (1958).

FANG, C. T., H. C. REN, T. Y. CHEN, Y. K. CHU, H. C. FAAN and S. C. WU: Acta phytopath. Sinica 3, 99—124 (1957). — FARABEE, G. J., and J. L. LOCKWOOD: Phytopathology 48, 209—211 (1958). — FRIEDMAN, B. A., S. M. RINGEL and M. J. JAFFE: Phytopathology 48, 261 (1958). — FULKERSON, J. F.: Phytopathology 48, 461 (1958).

GABRYL, J.: Hodowla rośl. Aklim. Nasien. 2, 262—283 (1958). — GARBER, E. D., and H. E. HEGGESTAD: Phytopathology 48, 535—537 (1958). — GOSS, O. M.: J. agric. W. Aust. 7, 73—78 (1958).

HAGEDORN, D. J.: T. Plantenziekt. 64, 263—268 (1958). — HILDEBRANDT, A. C.: Proc. nat. Acad. Sci. (Wash.) 44, 354—363 (1958). — HUSAIN, A., and A. KELMAN: (a) Phytopathology 48, 155—165 (1958). — (b) Phytopathology 48, 377—386 (1958).

JALAVICHARANA, K.: F. A. O. Pl. Prot. Bull. 6, 123—126 (1958). — JORDANA, R. V.: J. gen. Microbiol. 18, XVI—XVII (1958).

KIVILAAN, A., and R. P. SCHEFFER: Phytopathology 48, 185—191 (1958). — KLEIN, R. M.: Proc. nat. Acad. Sci. (Wash.) 44, 350—354 (1958). — KLEIN, R. M., and J. L. KNUPP: Proc. nat. Acad. Sci. (Wash.) 43, 199—203 (1957). — KLEMENT, Z.: (a) Növénytermelés 7, 73—78 (1958). — (b) Növénytermelés 7, 351—370 (1958). — KNÖSEL, D., u. INGEBORG GÜNTHER: Zbl. Bakt. II. Abt. 111, 162—168 (1958).

LELLIOTT, R. A.: Plant Path. **7**, 132 (1958). — LOGAN, C.: Ann. appl. Biol. **46**, 230—242 (1958).

MANIGAULT, P., and CH. STOLL: Experientia (Basel) **14**, 409—410 (1958). — McLEAN, D. M.: Plant Dis. Rep. **42**, 425—426 (1958). — MEYER VON GREGORY, RUTH, u. H. WARTENBERG: Phytopath. Z. **32**, 257—282 (1958).

ORUINBAEV, S.: Trud. Inst. Mikrobiol. Virol. Akad. Wiss. Kazakh S. S. R. **2**, 42—50 (1958).

PARIS, DENISE, et L. DUHAMET: C. R. Acad. Sci. (Paris) **246**, 2023—2025 (1958). — PATON, A. M.: Nature (Lond.) **181**, 61—62 (1958).

RIBALDI, M.: Phytopath. Z. **31**, 337—366 (1958). — RIBALDI, M., and A. PANELLA: Euphytica **7**, 179—182 (1958). — RIDÉ, M.: C. R. Acad. Sci. (Paris) **246**, 2795—2798 (1958). — RIDÉ, M., et D. ŠUTIĆ: C. R. Acad. Agric. France , **44**, 384—387 (1958).

SABET, K. A.: Ann. appl. Biol. **45**, 516—520 (1957). — SEQUEIRA, L.: Phytopathology **48**, 64—69 (1958). — SETH, J., and S. T. DEXTER: Agron. J. **50**, 141—144 (1958). — SHIMIZU, S., K. KANAZAWA and T. KOBAYASHI: Bull. nat. Inst. agric. Sci., Kanagawa, Ser. E. **6**, 75—108 (1958). — SHOEMAKER, R. A., and D. W. CREELMAN: 37th Annual Rep. Canad. Plant Dis. Survey, 1957. 132 pp. (1958). — SMITH, W. K.: (a) J. gen. Microbiol. **18**, 33—41 (1958). — (b) J. gen. Microbiol. **18**, 42—47 (1958). — SOWMINI RAJAGOPALAN, C. K., and G. RANGASWAMI: Curr. Sci. **27**, 30—31 (1958). — SRINIVASAN, M. C., and M. K. PATEL: Curr. Sci. **26**, 90—91 (1957). — STAPP, C.: Bakterielle Krankheiten, in Handbuch der Pflanzenkrankheiten. 6. Aufl. Bd. 2, 2. Lieferung. 567 S. Berlin u. Hamburg: P. Parey 1956; Pflanzenpathogene Bakterien. 259 S. Berlin u. Hamburg: P. Parey 1958. — STARR, M. P.: Arch. Mikrobiol. **30**, 325—334 (1958). — ŠUTIĆ, D.: Posebna izdanja 66 pp. Beograd 1957. — ŠUTIĆ, D., et Ž. TEŠIĆ: Plant Protect. Beograd **45**, 13—25 (1958). — SZABADI, L.: Naturwissenschaften **45**, 169 (1958).

TANG, C. Y.: Acta phytopath. Sinica **4**, 56—70 (1958). — TOSTMANN, R.: Dtsch. Landwirtsch. Presse **79**, 494 (1956).

VASSIL'KOVA, A. K.: Plant Protect. Moskau 1958, 39—40 (1958). — VEREMANZ, J.: Inform. Inst. Étud. agron. Congo belge Bull. **7**, 1—29 (1958). — VORONKEVICH, I. V.: Nature (Moskau) **5**, 84—86 (1958).

WILSON, E. E., M. P. STARR and J. A. BERGER: Phytopathology **47**, 669—673 (1957).

ZACHOS, D. G.: (a) Ann. Inst. phytopath. Benaki, N. S. **1**, 115—117 (1957). — (b) Ann. Inst. phytopath. Benaki, N. S. **1**, 118—119 (1957). — (c) Ann. Inst. phytopath. Benaki, N. S. **1**, 159—170 (1958).

23d. Mykosen.

α) Mykosen, verursacht durch Archimyceten und Phycomyceten.

Von Johannes Ullrich, Braunschweig.

Mit 1 Abbildung.

I. Archimyceten.

Olpidiaceae. *Olpidium.* Wie Osterwalder, Schütz u. Vogel feststellen konnten, waren Wurzeln von Erikapflanzen (*Erica gracilis*), die das Krankheitsbild des Erikawurzelsterbens aufwiesen, von einem Pilz der Gattung *Olpidium* befallen. Osterwalder vermutete, daß der Erreger mit *Olpidium brassicae* identisch ist, zumal er auch gegenüber jungen Kohlpflanzen pathogen war. Stalder u. Schütz fanden in den kranken Erikawurzeln außer diesem Pilz häufig auch einen Vertreter der Gattung *Rhizophidium.* In ihren Versuchen wurden beide Erreger durch Stickstoffgaben gefördert. Diese sind jedoch zur Anzucht der Pflanzen erforderlich. Die Autoren vertreten die Auffassung, daß der Befall durch beide Pilze nicht die alleinige Ursache für das Wurzelsterben sei, vielmehr handele es sich hierbei in erster Linie um eine Kulturkrankheit.

Nennenswerte Fortschritte sind in der Erforschung der Aderchlorose (big vein) des Kopfsalates zu verzeichnen. Diese Krankheit ist seit 1934 bekannt, sie wurde schließlich in den meisten Salatanbau betreibenden Ländern beobachtet. Über ein neues Auftreten und schwere Schäden in Neu-Mexiko berichtete zuletzt Leyendecker. Fry (1) versuchte 1952 die Ursachen der Aderchlorose zu klären. Er konnte auf Bohnenblättern mit Wurzelpreßsaft kranker Salatpflanzen Lokalläsionen erhalten, der Saft der so infizierten Bohnen wiederum rief Läsionen auf *Nicotiana*-Arten hervor. Fry nahm daher an, daß es sich bei dem Erreger um ein Virus aus der Tabaknekrosisgruppe handelte. Nach den Untersuchungen von Yarwood waren damit die kausalen Zusammenhänge keineswegs geklärt, denn die Aderchlorose ist in Californien weit verbreitet, ohne daß jedoch Tabaknekrosis-Viren im Boden vorhanden zu sein scheinen. Unabhängig voneinander konnten nunmehr Fry (2) sowie Grogan und Mitarbeiter nachweisen, daß die Wurzeln kranker Pflanzen stets mit *Olpidium brassicae* infiziert waren. Mit reinen Tabaknekrosis-Isolaten konnten hingegen an Salatpflanzen keine Aderchlorose-Symptome hervorgerufen werden. Weiterhin konnten auch keine Symptome mit Suspensionen des pathogenen Agens erzielt werden, wenn dieses durch einen Filter geschickt wurde, welcher *Olpidium-*

Zoosporen zurückhielt, jedoch das Virus passieren ließ. In Übereinstimmung damit steht die Beobachtung von Tomlinson u. Smith, daß Nekrosisvirus sowohl von symptomlosen Salatpflanzen, als auch von solchen, die das Bild der Aderchlorose aufweisen, isoliert werden kann. Mit diesen Untersuchungen dürfte der lange ungeklärte und umstrittene Komplex des „big vein" beim Kopfsalat nunmehr weitgehend aufgehellt worden sein.

Synchytriaceae. *Synchytrium.* Der Erreger des Kartoffelkrebses, *Synchytrium endobioticum* (Schilb.) Perc., ist neuerdings wieder in stärkerem Maße in das Blickfeld der Phytopathologen gerückt. Der Kartoffelkrebs ist vorwiegend eine Krankheit humider Gebiete, während er in trockenen und wärmeren, subariden Gegenden kaum Fuß fassen kann. Er wurde vor 70 Jahren erstmalig in Hornany (Slowakei) entdeckt, verschwand aber dort nach wenigen Jahren wieder. Bojňansky (1) deutet heute dieses Verschwinden mit den klimatischen Verhältnissen in diesem Gebiet. Bei der Auswertung des Krebsvorkommens in verschiedenen europäischen Ländern zeigte sich, daß diese Krankheit an Gebiete mit einem Jahresmittel des Niederschlages von über 700 mm, einer Jahresmitteltemperatur unter 8°C, in feuchten Küstengebieten und 10°C und einem Julitemperaturmittel im Binnenlande unter 18°C, in Küstengebieten unter 20—22°C, gebunden ist [Bojňansky (2)]. Zu gleichen Ergebnissen ist Wenzl bei entsprechenden Untersuchungen in Österreich gekommen. Auch in der Ukraine ließen sich nach Pidopličko Hinweise auf die von Bojnansky ermittelten ökologischen Bedingungen für das Krebsauftreten finden. Völlig neu sind diese Untersuchungen an sich nicht, denn schon im Jahre 1929 hatte Hintikka das europäische Krebsauftreten einer gleichen Analyse mit ähnlichen Ergebnissen unterzogen. Ein interessanter Versuch zu diesem Fragenkomplex ist von Demečko in der Slowakei angestellt worden. Stark infizierte Erde wurde in die subariden, slowakischen Gebiete verbracht und dort damit künstliche Herdflächen angelegt. Beim Anbau einer anfälligen Kartoffelsorte ging jedoch der Befall im Laufe von vier Jahren sehr stark zurück oder blieb schließlich sogar ganz aus.

In letzter Zeit häufen sich die Anhalte dafür, daß die Vertreter der Archimyceten genauso der physiologischen Spezialisierung unterliegen, wie die Erreger aus anderen Pilzgruppen. Eine eingehende Übersicht über die physiologische Spezialisierung von *S. endobioticum* hat Ullrich (1) gegeben. Neben dem hierin aufgeführten Auftreten neuer Rassen in Mittel- und Westdeutschland, der UdSSR und Italien wäre neuerdings noch Jugoslawien (Janežič) zu nennen; dort soll ebenfalls eine neue Rasse festgestellt worden sein. Außerhalb Europas ist eine physiologische Spezialisierung in Neufundland (Conners) beobachtet worden, über die älteren Angaben aus Indien (Ganguly u. Paul) ist genaueres nicht bekannt geworden. Die mitteldeutschen Rassen wurden von Hey und die westdeutschen Rassen von Ullrich (2) näher analysiert. Danach dürften bisher in Deutschland 7 verschiedene Rassen von *S. endobioticum* auftreten. Beide Autoren weisen jedoch darauf hin, daß die Analyse der Krebsrassen noch nicht abgeschlossen ist.

Plasmodiophoraceae. *Plasmodiophora.* Ähnlich wie bei *S. endobioticum* hat sich die Erforschung der physiologischen Spezialisierung beim Erreger der Kohlhernie, *Plasmodiophora brassicae* Woron. entwickelt. Bereits HONIG hatte im Jahre 1931 eine unterschiedliche Pathogenität zweier deutscher Erregerherkünfte gegenüber verschiedenen Cruciferen nachgewiesen. In Holland konnten neuerdings SCHEIJGROND u. VOS eine unterschiedliche Pathogenität verschiedener Erregerherkünfte beobachten. KOLE u. PHILIPSEN wiesen nach, daß Wasserrüben durch Erregerisolate von Wasserrüben stark, durch Isolate von Kohl nur schwach befallen wurden, während Blumenkohlpflanzen gegenüber beiden Erregerherkünften stark anfällig waren. MACFARLANE (1) unterschied in England drei verschiedene Rassen und konnte zeigen, daß die Zoosporen dieser drei Rassen bei allen getesteten Wirtspflanzen in gleicher Weise eindrangen, die Reaktion des Wirtes war jedoch verschieden ausgeprägt oder blieb völlig aus. In Kanada unterscheidet AYERS heute sechs physiologische Rassen. Seinem Testsortiment gehören verschiedene Kohlrüben- und Kohlsorten, *Sisymbrium altissimum* und *Brassica campestris* an.

MACFARLANE (2) entwickelte eine neue Infektionsmethode für *P. brassicae*, bei der Aufschwemmungen ruhender Sporen in einer modifizierten Hoagland-Lösung verwendet werden. CETAS erzielte mit V. P. M., das 31% Natriummethyldithiocarbamat enthält, gute Bekämpfungserfolge. Eine monographische Bearbeitung der Kohlhernie liegt von COLHOUN vor.

II. Phycomyceten.

Peronosporaceae. *Sclerophthora.* Eine interessante pathologisch-anatomische Studie über *Sclerophthora (Sclerospora) macrospora* (Sacc.) Thirum., Shaw et Naras. hat WHITEHEAD vorgelegt. Er wies nach, daß die bei *Sorghum vulgare* auftretenden vergrünten Inflorescenzen, die morphologisch den entsprechenden Verbildungen bei Mais, Weizen, Hafer, Gerste und *Digitaria sanguinalis* (L.) Scop. gleichen, wie bei diesen auf Befall durch *S. macrospora* zurückzuführen sind (s. Abb. 29). Das durch die systemische Infektion entstehende Symptombild kommt durch Zellhypertrophien und -hyperplasien zustande. Die histologischen Veränderungen, die eingehend beschrieben wurden, sind bei allen Wirten gleich.

Phytophthora. WATERHOUSE (1) hat die Diagnosen der *Phytophthora*-Arten, soweit sie bis 1956 beschrieben waren, zusammengestellt. An neuen Arten wurden seither bekannt: *P. ilicis,* Erreger einer beachtenswerten Blatt- und Zweigkrankheit von *Ilex aquifolium* L. in den USA, die bisher *Boydia insculpta* Grove oder *Phomopsis crustosa* (Sacc.) Bomm. et Rouss. zugeschrieben wurde (BUDDENHAGEN u. YOUNG). In mehreren Staaten der USA sowie in Kanada tritt seit 1955 eine Wurzel- und Stengelfäule der Sojabohne auf. Bisher wurde *P. cactorum* (Leb. et Cohn) Schroet. als Erreger angesehen. Der Pilz ist jedoch von *P. cactorum* morphologisch und in seinem Wirtskreis verschieden. Er bildet paragyne Antheridien. Als Name wurde *P. sojae* vorgeschlagen

(KAUFMANN u. GERDEMAN). Bisher unbekannte bzw. unbestimmte Arten wurden aus kranken *Piper-nigrum*-Pflanzen in Sarawak (NW-Borneo) von HOLLIDAY u. MOWAT und aus Wurzeln kranker Nelkenbäume (*Eugenia caryophyllata*) in Sumatra von HUBERT isoliert.

Abb. 29. Durch Befall mit *Sclerophthora macrospora* vergrünte Inflorescenz von Sorghum vulgare. (Original WHITEHEAD.)

Die *Phytophthora*-Arten variieren in der Neigung zur Oosporenbildung stark. Sie sind nach WATERHOUSE (2) hermaphroditisch, bei mehreren Arten besteht jedoch eine mehr oder weniger ausgeprägte

Tendenz zur Heterothallie. Bei *P. infestans* galt bisher die Oosporen-bildung als große Seltenheit. Neuerdings wurden jedoch drei mexikanische Isolate aufgefunden, die mit 105 Isolaten aus Mexiko, USA, Kanada, Westeuropa und Südafrika gepaart, reichlich Oosporen bildeten (SMOOT u. Mitarb.). Bei weiteren Untersuchungen zeigte sich, daß die in den Jahren 1952—1956 in Mexiko gesammelten 95 Isolate etwa im Verhältnis 1 : 1 den beiden Kompatibilitätsgruppen angehörten. Oosporen wurden auf künstlichem Nährboden sowie auf der Wirtspflanze gebildet. Sie wurden schließlich auch im Freien, und zwar im Toluca-Tal in Mexiko, bei der Kartoffelsorte Kathadin aufgefunden (GALLEGLY u. GALINDO). Die Keimung der Oosporen wurde von GOUGH u. Mitarb. untersucht. Bisher ist die gleichzeitige Existenz beider Kompatibilitäts-gruppen nur für Mexiko erwiesen. Alle 16 nach dem internationalen System identifizierten Rassen treten hier auf. Zwischen den Rassen und den Kompatibilitätstypen bestehen jedoch keine Korrelationen (NIEDER-HAUSER, GRAHAM u. ROMERO). Das Toluca-Tal bildet durch das breite Rassenspektrum und durch die für die Ausbreitung des Erregers überaus günstigen, klimatischen Bedingungen, eine ideale Lage für die Auslese resistenter Kartoffeltypen. NIEDERHAUSER und CERVANTES hatten von 1953—1956 dort allein über 20000 amerikanische und europäische Kartoffelklone geprüft, von denen etwa 150 gute Feldresistenz auf-wiesen. Diese Auslesezüchtung ist besonders für die Entwicklung feld-resistenter Typen sehr wichtig, da sich infolge der rapiden Spezialisierung des Erregers die Überempfindlichkeitsresistenz als wirkungslos erwies.

TOXOPEUS hat bei 268 Kartoffelsorten die Korrelation zwischen Feldresistenz von Laub und Knolle und der Reifezeit untersucht. Danach ist es kaum möglich, innerhalb der ssp. *tuberosum* von *Solanum tuberosum* Frühreife mit *Phytophthora*-Resistenz zu koppeln. Ähnlich verhält es sich im übrigen, worauf BOJNANSKY (2) hingewiesen hat, mit der Krebs- und Stolburresistenz. Hier bleibt zu hoffen, daß Ein-kreuzungen von Wild- und Kulturrassen der Kartoffel aus Südamerika und Mexiko erfolgreich sind.

Seit mehreren Jahren ist bei *P. infestans* eine Verschiebung des Rassenspektrums festzustellen. Ganz allgemein ist die Rasse 0 zugunsten der Rasse 4 zurückgedrängt worden. Das gilt z. B. für Deutschland (FRANDSEN, SCHICK u. Mitarb.), Holland (MASTENBROK u. DE BRUIN), Irland (DOLING) und Kanada (HOWATT). Eine allgemeine Betrachtung hier-zu liegt von BLACK vor. SCHICK u. Mitarb. versuchten nachzuweisen, daß die Rasse 4 schon seit über 25 Jahren in den Feldpopulationen der alten und neuen Welt auftritt.

Ein Sammelreferat über die Biologie und Epidemiologie von *P. infestans* liegt von ULLRICH (3) vor, der sich außerdem in einer speziellen Studie mit der Bedeutung der Regen- und Taubenetzung für die Aus-breitung des Erregers im Felde befaßte [ULLRICH (4)]. Die wichtigste Arbeit über die Überwinterung des Pilzes stammt von VAN DER ZAAG. Danach überwintert *P. infestans* in der kranken Knolle und gelangt beim Auspflanzen wieder auf das Feld. Die aus den infizierten Knollen hervorgehenden kranken Sprosse sind recht kurzlebig. Da sie schnell von den gesunden Trieben überwachsen werden, entgehen sie auch leicht der Beobachtung. Sie sind schließlich bei normaler Pflanzung sehr selten. Im holländischen Frühkartoffelgebiet rechnet man mit einem Primärherd auf 80 ha. Daneben gelten Kartoffelabfallhaufen als mindestens ebenso wichtige Infektionsquellen. In Neuseeland spielen nach DRIVER wilde Solanumarten (*S. aviculare*, *S. laciniatum*) für die Überwinterung eine Rolle.

In den Tabakanbaugebieten im Südosten der USA können wegen der starken Verbreitung von *P. parasitica* Dast. var. *nicotianae* Tuck. nur resistente Tabaksorten angebaut werden. Seit 1951 werden jedoch auch diese in steigendem Maße befallen. APPLE fand, daß im Zusammenhang mit dem Anbau der resistenten Sorten infolge entsprechender Selektion auch in großer Zahl hochpathogene Rassen des Erregers auftraten. Er unterscheidet nach Prüfung von 225 Isolaten zwei große Rassengruppen. Eine tritt in den Gebieten auf, in denen „burley"-Typen angebaut werden, die andere hingegen in den „flue cured"-Gebieten.

Die durch *P. cinnamomi* Rands. hervorgerufene Wurzelfäule des Avocadobaumes (*Persea* spp.) gewinnt in Südamerika an Bedeutung. Sie tritt neuerdings auch in Chile [ZENTMYER (1)] und Bolivien (ALANDIA u. BELL) auf. In Queensland konnte eine dem amerikanischen "avocado decline" ähnliche Krankheit nunmehr eindeutig auf Befall durch *P. cinnamomi* zurückgeführt werden (SIMMONDS). Nach Angaben von TEAKLE ist der Schaden beträchtlich. Auch in Kalifornien ist diese Krankheit zu einem ernsthaften Problem geworden. Nach künstlicher Infektion der var. Mexicola in Wasserkultur traten bei Untersuchungen von BINGHAM u. Mitarb. die ersten Wurzelläsionen bereits nach 4 bis 5 Tagen auf. An den oberirdischen Teilen der Pflanzen konnten in Topfversuchen mit infizierter Erde erst nach 4—5 Wochen Symptome beobachtet werden. Der Erreger war auch gegen höhere Salzkonzentrationen recht tolerant, so daß eine Bekämpfung durch Düngung keinen Erfolg verspricht. Nach BOYCE ist jedoch Vapam ein wirksames Bodenfungizid. Infizierte Avocado-Samen können nach DURBIN u. Mitarb. durch Heißwasserbehandlung ohne Keimschädigung entseucht werden. Mehrere kleinfrüchtige *Persea*-Arten sind gegenüber *P. cinnamomi* resistent, jedoch bei Pfropfung mit Avocado-Handelssorten unverträglich. Eine relative Resistenz weist der kalifornische *P. americana*-Typ „Duke" auf [ZENTMYER (2)].

KLOTZ, DE WOLFE und WONG (1) untersuchten die Rolle der Bodenorganismen bei der Zerstörung der *Citrus*-Faserwurzeln und beschrieben die Bodenverhältnisse, die den Pilzbefall begünstigen. Als Erreger kommen in erster Linie *P. citrophthora* (Smith et Smith) Leonian und *P. parasitica* Dast. in Betracht. Samen aus infizierten Früchten spielen als Infektionsquelle eine Rolle, da der Pilz in der Testa enthalten ist. Nach einer Verseuchung der Saatbeete in den Baumschulen werden die Erreger mit dem Erdballen beim Verpflanzen der Jungbäume weiter verschleppt. Die Autoren empfehlen eine Heißwasserbehandlung der

Samen, um die Pilze abzutöten. Die gleichen Autoren (2) zeigten, daß die *Citrus*-Wurzelfäule durch übermäßige Wasserversorgung und Stickstoffdüngung gefördert wird. Geeignete Kulturmethoden können vorbeugend wirken. Sorten von *Poncirus trifoliata* (L.) Raf. erwiesen sich als resistent. Über umfangreiche Versuche zur Bodendesinfektion, die in Californien durchgeführt wurden, berichtete BAINES. Befriedigende Erfolge wurden mit 300—400 lb Vapam/acre erzielt, es bleibt abzuwarten, wie lange der Erfolg andauert.

Literatur.

ALANDIA, S., and F. H. BELL: FAO Plant. Prot. Bull. **5**, 172—173 (1957). — APPLE, J. L.: Phytopathology **47**, 733—740 (1957). — AYERS, G. W.: Canad. J. Bot. **35**, 923—932 (1957).

BAINES, R. C.: Calif. Citrogr. **42**, 192, 202, 204, 206—209 (1957). — BINGHAM, F. T., G. A. ZENTMYER and J. P. MARTIN: Phytopathology **48**, 144—148 (1958). — BLACK, W.: Rep. Scot. Pl. Breed. Stat. **1957**, 43—49 (1957). — BOJŇANSKY, V.: (1) Nachrichtenbl. dtsch. Pflanzenschutzd. (Berlin) **11**, 109—114 (1957). — (2) Smolenice Lect. 1958. — BOYCE, A. M.: Calif. Citrogr. **43**, 20—21 (1957). — BUDDENHAGEN, I. W., and R. A. YOUNG: Phytopathology **47**, 95—101 (1957).

CETAS, R. G.: Plant. Dis. Rep. **42**, 324—328 (1958). — COLHOUN, J.: Phytopath. Pap. No. 3 Comm. Myc. Inst. 108 S., 1958. — CONNERS, I. L.: Rep. Canad. Pl. Dis. Surv. **34**, 86 (1955).

DEMEČKO, J.: Smolenice Lect. 1958. — DOLING, D. A.: Ann. appl. Biol. **45**, 299—303 (1957). — DURBIN, R. D., E. F. FROLICH and G. A. ZENTMYER: Plant. Dis. Rep. **41**, 678—680 (1957).

FRANDSEN, N. O.: Phytopath. Z. **26**, 124—130 (1956). — FRY, P. R.: (1) N. Z. J. Sci. Techn. Sect. A, **34**, 224—225 (1952). — (2) N. Z. J. Agric. Res. **1**, 301—304 (1958).

GALLEGLY, M. E., and J. GALINDO: Phytopathology **48**, 274—277 (1958). — GANGULY, A., and D. K. PAUL: Sci. Cult. **18**, 605—606 (1953). — GOUGH, F. J., J. J. SMOOT, H. A. LAMEY and J. J. EICHENMULLER: Phytographology **47**, 13 (1957). — GROGAN, R. G., F. W. ZINK, W. B. HEWITT and K. A. KIMBLE: Phytopathology **48**, 292—297 (1958).

HEY, A.: Z. Pflanzenkr. **64**, 452—457 (1957). — HOLLIDAY, P., and W. P. MOWAT: Nature (Lond.) **179**, 543—544 (1957). — HOWATT, J. L.: Amer. Potato J. **34**, 185—192 (1957). — HUBERT, F. P.: Plant. Dis. Rep. **41**, 55—63 (1957).

JANEŽIČ, F.: Smolenice Lect. 1958.

KAUFMANN, M. J., and J. W. GERDEMANN: Phytopathology **48**, 201—208 (1958). — KLOTZ, L. J., I. A. DEWOLFE and P. WONG: (1) Phytopathology **48**, 616—622 (1958). — (2) Calif. Citrogr. **42**, 258 (1957). — KOLE, A. P., en P. J. J. PHILIPSEN: T. Pl. ziekt. **62**, 261—265 (1956).

LEYENDECKER, P. J.: Plant. Dis. Rep. **42**, 989 (1958).

MACFARLANE, I.: (1) Ann. appl. Biol. **43**, 297—306 (1955). — (2) J. gen. Microbiol. **18**, 720—732 (1958). — MASTENBROEK, C., en T. DE BRUIN: T. Pl. ziekt. **61**, 88—92 (1955).

NIEDERHAUSER, J. S., and J. CERVANTES: Phytopathology **46**, 22 (1956). — NIEDERHAUSER, J. S., K. GRAHAM and S. ROMERO: Amer. Potato J. **35**, 723 (1958).

OSTERWALDER, A.: Z. Pflanzenkr. **64**, 328—331 (1957). — OSTERWALDER, A., F. SCHÜTZ u. W. VOGEL: Schweiz. Gärtnerz. **58** (1955).

PIDOPLIČKO, N. M.: Smolenice Lect. 1958.

SCHEIJGROND, W., en H. VOS: Euphytica **3**, 125—139 (1954). — SCHICK, R., E. SCHICK u. M. HAUSSDÖRFER: Phytopath. Z. **31**, 225—236 (1958). — SIMMONDS, J. H.: Rep. Dep. Agric. Qd. **1955—56**, 65—66 (1956). — SMOOT, J. J., F. J. GOUGH, H. A. LAMEY, J. J. EICHENMULLER and M. E. GALLEGLY: Phytopathology **48**, 165—171 (1958). — STALDER, L., u. F. SCHÜTZ: Phytopath. Z. **30**, 117—148 (1957).

TEAKLE, D. S.: Qd. Agric. J. **83**, 701—704 (1957). — TOMLINSON, J. A., and B. R. SMITH: Plant. Path. **7**, 19—22 (1958). — TOXOPEUS, H. J.: Euphytica **7**, 123—130 (1958).

ULLRICH, J.: (1) FAO Plant. Prot. Bull. **5**, 181—187 (1957). — (2) Phytopath. Z. **31**, 273—278 (1958). — (3) Nachrichtenbl. dtsch. Pflanzenschutzd. (Braunschweig) **9**, 129—138 (1957). — (4) Angew. Bot. **32**, 125—146 (1958).

WATERHOUSE, G. M.: (1) Misc. Publ. No. **12**. Comm. Myc. Inst. 1956, 120 S. — (2) Proc. 7th int. Bot. Congr. Stockh. **1950**, 413—414 (1953). — WENZL, H.: Pflanzenschutzber. **21**, 1—11 (1958). — WHITEHEAD, M. D.: Phytopathology **48**, 485—493 (1958).

YARWOOD, C. E.: Plant. Dis. Rep. **38**, 263 (1954).

ZENTMYER, G. A.: (1) Agric. téc. Santiago **16**, 43—46 (1956). — (2) Phytopathology **48**, 399 (1958).

β) Mykosen, verursacht durch Ascomyceten und Fungi imperfecti.

Von EMIL MÜLLER, Zürich.

Aus der Fülle der phytopathologischen Literatur sollen hier einige Problemkreise herausgegriffen und anhand der für pflanzenpathogenen Ascomyceten und Imperfekten spezifischen Reaktionen dargestellt werden. Die Berichterstattung erstreckt sich deshalb jeweils über einige Jahre.

I. Systematik.

In zusammenfassenden Darstellungen werden die Krankheiten häufig nach ihren Erregern geordnet, z. B. VIENNOT-BOURGIN, SPRAGUE, SAMPSON u. WESTERN und ROGER. Die Fortschritte in der Betrachtung der Ascomycetensystematik (vgl. Abschnitt über Pilzsystematik) bedingen einen schon länger dauernden und längst nicht abgeschlossenen Umbau im System und damit verbunden häufig Umbenennungen von Pilzen. Auch die hier betrachteten Erreger von Pflanzenkrankheiten werden davon erfaßt. Dies bringt denn auch häufig Unklarheiten und Verwechslungen mit sich, und die Übersicht wird in manchen Gruppen wichtiger Krankheitserreger gestört.

Weitere Unklarheiten ergeben sich aus der unglücklichen aber unumgänglichen Aufteilung der hier betrachteten Erreger auf zwei voneinander unabhängige Systeme: in ein mehr oder weniger natürliches für die Ascomyceten und in ein künstliches für deren asexuelle Fruktifikationsstadien (Fungi imperfecti). Da die genauen Zusammenhänge zwischen den verschiedenen Stadien leider oft noch unbekannt sind, einer größeren Zahl von imperfekten Formen bestimmt auch überhaupt Sexualstadien fehlen, kann auf dieses Nebeneinander nicht verzichtet werden. Immerhin werden Jahr für Jahr eine Anzahl derartiger Zusammenhänge durch experimentellen Nachweis abgeklärt.

Wo Zusammenhänge zwischen sexuellen und asexuellen Stadien gesichert sind, wird hier, den Nomenklaturregeln folgend, der Name der Hauptfruchtform verwendet, zum besseren Verständnis aber der gebräuchliche Name der Nebenfruchtform in Klammern beigefügt, z. B. *Venturia inaequalis* (Cooke) Wint. [*Fusicladium dendriticum* (Wallr.) Fuck.].

Die Erkenntnisse über Zusammenhänge zwischen Ascomyceten und imperfekten Formen können zu neuen Betrachtungen über die natürliche Gruppierung derartiger Parasiten führen. So vermag nun LUTTRELL die große Formgattung *Helminthosporium*, deren Arten meist auf Gramineen parasitieren, auf Grund ihrer Hauptfruchtformen in verschiedene natürliche Gruppen von sich morphologisch nahestehenden Arten zu unterteilen. Die sehr komplexen Probleme, welche sich bei der Beurteilung von melanconialen Imperfekten vom Typus *Gloeosporium-Colletotrichum* ergeben, konnten nicht zuletzt dank der zu derartigen Pilzen gehörenden Hauptfruchtformen einer Lösung entgegengebracht werden [v. ARX (3)].

II. Spezialisierung und Wirtskreise.

Die Ergebnisse aus Untersuchungen über die Wirtsspezifität pilzlicher Erreger lassen sich grob in zwei Gruppen ordnen. Ein Teil der Arbeiten berichtet über eine strenge Spezialisierung auf Wirtspflanzenarten oder sogar — mit biologischen Rassen des Erregers — auf einzelne Sorten von Kulturpflanzen. Ein anderer Teil stellt eine mehr oder weniger weitreichende Polyphagie fest. In einigen Fällen figurieren dieselben Erregerpilze das eine Mal in der ersten, das andere Mal in der zweiten Gruppe, was auf komplexe Verhältnisse schließen läßt.

Bei der Interpretation derartiger Differenzen in den Ergebnissen verschiedener Autoren müssen allerdings auch methodische Schwierigkeiten bei der Durchführung von Infektionsversuchen berücksichtigt werden. BLUMER (2) macht für die Erysiphaceen auf einige, die Ergebnisse beeinflussende äußere Faktoren aufmerksam. Es wäre hier auch auf eine größere Zahl von Arbeiten zu verweisen, in denen über den Einfluß äußerer Faktoren auf das Zustandekommen von Infektionen berichtet wird (zusammengestellt bei GÄUMANN). Beispiele sind Temperatur (SUMMERS u. PATE für *Colletotrichum hibisci* Poll.) und Dichte der für die Infektionen verwendeten Sporensuspensionen [KUHFUSS bei *Colletotrichum lini* (Westerd.) Tochinai].

Ein weiteres Problem stellt die Stabilität von festgestellten Biotypen dar. Für *Erysiphe graminis* DC. hat PARMENTIER (1, 2, 3) nachgewiesen, daß reine Linien (Klone), die unter kontrollierten Verhältnissen während längerer Zeit gehalten wurden, sich in ihren parasitischen Eigenschaften nicht ändern. Erreger, welche in Laboratoriumskulturen gehalten werden, verhalten sich aber oft anders. Einige Beispiele für Erreger, die in Reinkultur eine deutliche Virulenzabnahme zeigten gibt ZOGG, z. B. *Hendersonia aberrans* Petr. *Griphosphaeria nivalis* (Schaffnit) Müller et v. Arx [*Fusarium nivale* (Fr.) Ces.]., *Ophiobolus herpotrichus* (Fr.) Sacc. und *Septoria tritici* Rob.

Ganz besonders komplex sind die Spezialisierungsverhältnisse bei *Glomerella cingulata* (Stonem.) Sp. et v. Schr. mit ihren zahlreichen meist als Imperfekten (*Gloeosporium* und *Colletotrichum*) beschriebenen Substratformen. Eine strenge Spezialisierung und teilweise auch Aufspaltung in biologische Rassen haben z. B. MELÉNDEZ, YERKES u. ORITZ, BUISHAND, HUBBELING bei *Colletotrichum lindemuthianum* (Sacc. et Magn.) Bri. et Cav. (Erreger einer Krankheit auf *Phaseolus*), PATE u. SUMMERS bei *Colletotrichum hibisci* Poll. (auf *Hibiscus*), SCHWINGHAMER bei *Colletotrichum lini* (Westerd.) Tochinai (auf Linum) und GOODE, GOODE u. WINSTEAD bei *Glomerella lagenaria* Wat. et Tamma [*Colletotrichum lagenarium* (Pass.) Ell. et Halst. = *Colletotrichum orbiculare* (Berk. et Mont.) v. Arx] (auf Cucurbitaceen) festgestellt. In anderen Arbeiten wird auf eine weitreichende Polyphagie aufmerksam gemacht, so von PETERSEN, MESSIAEN, GALLUCCI-RANGONE, MATTHEWS, womit die Auffassung älterer Autoren, zusammengestellt z. B. bei v. ARX u. MÜLLER, bestätigt wird.

Glomerella cingulata gehört zu den in bezug auf ihre Sexualverhältnisse best untersuchten Pilzen. Die Art kann sich sowohl homothallisch wie heterothallisch verhalten, (OLIVE, WHEELER) und es gibt Pilzstämme, welche ihre Sexualität überhaupt verloren haben. Es können sich deshalb unter bestimmten Verhältnissen einzelne Typen (z. B. *Colletotrichum lindemuthianum*) in ihren Eigenschaften, z. B. in ihrer Wirtswahl konstant erhalten; anderseits findet durch Sexualvorgänge eine ständige Genmischung statt. Überdies ist *Glomerella cingulata* relativ stark mutationsbereit (vgl. Fortschr. Bot. **15**, 392).

Bei Formen von *Glomerella cingulata* ohne Sexualstadien läßt sich ein Teil der Differenzen in den Resultaten verschiedener Autoren auf Grund der Untersuchungen von v. ARX (1, 2) erklären. Es gelang ihm, Einsporisolierungen von einer Form auf *Oncidium excavatum* auf die Gartenbohne zu übertragen, wobei diese in gleicher Weise erkrankte wie nach einer Infektion mit der eigentlichen Bohnen-pathogenen Form *Colletotrichum lindemuthianum*. Durch fortgesetzte Passage auf Bohnen änderten sich diese Stämme. Der Autor konnte so in einigen Fällen Typen züchten, welche sich gleich verhielten wie *Colletotrichum lindemuthianum*. Er suchte die Erklärung für dieses Phänomen in einer Auslösung von Mutationen durch Passage auf ungewohnten Wirtspflanzen.

Etwas anders liegen die Verhältnisse bei *Venturia inaequalis* (Cooke) Wint. und wahrscheinlich auch *Venturia pirina* Aderh. [STANTON (1, 2)]. Ältere Arbeiten (WIESMANN, PALMITER, RUDOLFF, KÜTHE) berichteten über die Existenz einer Vielzahl biologischer Formen, welche sich sowohl in ihren morphologischen Eigenschaften (in Reinkultur) wie auch im Grad ihrer Virulenz und in ihrem Wirtsspektrum (Apfelsorten) unterscheiden ließen. Auf Grund der Arbeit von SCHMIDT, können derartige Isolierungen aber nicht mit biologischen Rassen identifiziert werden, da die Eigenschaften der einzelnen Formen jedes Jahr bei den Sexualvorgängen durcheinandergemischt werden (*Venturia inaequalis* ist heterothallisch, KEITT u. PALMITER). Immerhin ist nun doch gefunden worden, daß *Venturia inaequalis* auf ihre Wirtspflanzen*arten* spezialisiert ist (MENON, SHAY, DAYTON u. HOUGH) und daß auch innerhalb der fa. spec. *mali* Menon mehr oder weniger geographisch getrennte Rassen existieren [SHAY u. WILLIAMS (1, 2)].

Ähnliche Schwierigkeiten wie bei *Glomerella cingulata* und *Venturia inaequalis* bestehen bei *Didymella pinodes* (Berk. et Blox.) Petr. (*Asochyta pisi* Lib.). BAUMANN und CORBAZ stellten Polyphagie mindestens innerhalb der Leguminosen fest, während BREWER und WALLEN u. SKOLKO auf eine starke Spezialisierung hinwiesen. Gleichartig scheint es bei *Rhynchosporium secalis* (Oudem.) Davis, dem imperfekten Erreger einer Blattfleckenkrankheit von Gramineen zu sein. BARTELS und VIENNOT-BOURGIN fanden keine, CALDWELL, OWEN und MÜLLER eine recht strenge Spezialisierung, welche nach SARASOLA u. CAMPI, HOUSTON u. ASHWORTH, REED, SCHEIN (1, 2) bis auf eine Aufspaltung in biologische Rassen verfolgt werden kann. Nach den Untersuchungen von VAN DEN ENDE muß *Verticillium albo-atrum* Reinke et Berth. grundsätzlich als polyphag betrachtet werden. Daneben treten aber wie bei *Glomerella cingulata* sich morphologisch nicht unterscheidende Stämme auf, welche auf ihre Wirtspflanzen spezialisiert sind.

Eine strenge Spezialisierung ist vor allem bei den obligaten Parasiten zu erwarten. Für *Erysiphe graminis* DC. ist dies auch schon von zahlreichen Autoren nachgewiesen worden, in den letzten Jahren haben sich z. B. Hiura u. Heta, Moseman, Nover damit befaßt. *Erysiphe graminis* spaltet sich demnach zunächst in einige auf Wirtspflanzenarten spezialisierte formae speciales (z. B. *tritici, hordei*) und innerhalb dieser in eine größere Zahl biologischer Rassen. Nun hat aber Hardison nachgewiesen, daß eine Durchbrechung der strengen Spezialisierung möglich ist. Jeder der von ihm untersuchten Biotypen von *Erysiphe graminis* f. sp. *tritici* mit einem spezifischen Spektrum an anfälligen Weizensorten vermochte noch auf Arten aus andern Gramineengattungen Infektionen hervorzurufen. Ähnlich verhält sich *Leveillula taurina* (Lév.) Arn. Nour vermochte mit demselben Ausgangsmaterial jeweils *Gossypium, Euphorbia* sowie *Faba* zu infizieren, während Zwirn und Kamas u. Patel eine strenge Spezialisierung auf einzelne Wirtspflanzenarten gefunden haben. Noch weniger spezialisiert sind *Erysiphe polyphaga* Hammerl. und Erysiphe *cichoracearum* DC. [Hammerlund, Blumer (1, 2, 3); Schmitt (1, 2)]. Diese vermögen auf zahlreichen Wirtspflanzen aus verschiedenen Familien zu parasitieren.

Bei den fakultativ biotrophen Erregern ist z. B. *Pseudopeziza medicaginis* (Lib.) Sacc. relativ stark spezialisiert (Schmiedeknecht). *Helminthosporium victoriae* Meehan et Murphy vermag einige Gramineen zu befallen (z. B. *Phleum*); vor allem handelt es sich aber um einen gefährlichen Schädling der Kronenrost-resistenten Hafersorte „Victoria" und ihrer Abkömmlinge (Meehan u. Murphy), wobei sich auch hier eine Aufspaltung in biologische Rassen feststellen ließ (Tveit). In ähnlicher Weise wie *Erysiphe graminis* durchbricht aber auch dieser Pilz seinen angestammten Wirtskreis und vermag z. B. auf der Gartenbohne eine Krankheit der Schoten hervorzurufen (Winstead u. Hebert).

In anderen Fällen ist der Wirtskreis auf die Arten einer Gattung beschränkt, z. B. *Cylindrosporium padi* (Lib.) Karst. [Blumer (4)] auf *Prunus*arten, *Septoria tritici* Rob. auf Arten der Gattung *Triticum* (Hilu, Hilu u. Bever). Bei *Leptosphaeria nodorum* E. Müller (*Septoria nodorum* Berk.) umfaßt der Wirtskreis Arten aus einer Reihe von Gattungen einer Familie (Gramineen) (Hopp). Als Beispiel für einen polyphagen Parasiten — neben der schon genannten *Glomerella cingulata* — soll *Cercospora beticola* Sacc. erwähnt werden, welche neben dem Hauptwirt *Beta vulgaris* noch eine ganze Reihe von Ackerunkräutern zu befallen vermag (Frandsen).

Bei vielen Perthophyten ist das Verhalten gegenüber verschiedenen Wirten unübersichtlich. Kern hat eine Anzahl von Einsporisolierungen von *Leucostoma*-Arten von *Prunus* und *Populus* geprüft und dabei gefunden, daß unter Umständen Stämme aus morphologisch übereinstimmenden Pilzen größere Differenzen im Wirtsspektrum aufweisen können als ausgewählte Stämme aus verschiedenen *Leucostoma*arten. Ähnliche Ergebnisse beschreibt auch WATERMAN für *Valsa Kunzei* (Fi.) Fr., einem Krebserreger an Coniferen.

III. Infektion und Besiedlung.

Den von außen an die Pflanzen gelangenden Pilzen stehen zum Eindringen verschiedene Möglichkeiten offen: direkt durch die Cuticula, durch natürliche Öffnungen (Stomata, Lenticellen), durch Wunden oder durch vorher abgetötetes Gewebe. Obligat oder fakultativ biotrophe Erreger benützen meist die beiden ersten Wege, Perthophyten meist die beiden letzten (GÄUMANN). Selten steht aber einem Pilz nur eine Möglichkeit offen. So dringt *Helminthosporium victoriae* Meeh. et Murphy bei anfälligen Hafersorten in etwa 90% der Fälle durch die Cuticula, in etwa 10% der Fälle durch die Stomata ein (PADDOCK). Umgekehrt ist *Septoria Passerinii* Sacc. bei der Infektion von Gerstenblättern mehrheitlich auf die Stomata angewiesen und vermag nur ausnahmsweise direkt einzudringen (GREEN u. DICKSON). Ausschließlich die Stomata benützt nach ZALASKY *Septoria glycines* Hemmi auf Soyabohne.

Bei vielen pathogenen Pilzen keimen die Sporen zunächst auf der Wirtsoberfläche mit einem Keimschlauch aus. Darnach werden Appressorien gebildet, d. h. Hyphenverdickungen, welche sich dicht an die Epidermis heften und von denen die eindringenden Hyphen ausgehen. Für *Sclerotinia sclerotiorum* (Lib.) de By. ist PURDY den Faktoren nachgegangen, welche die Bildung von Appressorien stimulieren. In erster Linie erwähnt er den mechanischen Reiz, indem sich in Reinkultur Appressorien nur bei Berührung mit dem Glas bildeten. Darüber hinaus konnte er auch einen Ernährungseinfluß feststellen, da Appressorien nur bei Anwesenheit von Zucker in der verwendeten Nährlösung nachweisbar waren.

Die Bildung von Appressorien ist aber nicht obligatorisch für den Infektionserfolg. PADDOCK stellte für *Helminthosporium victoriae* auch eine Anzahl Fälle fest, da Keimschläuche ohne vorherige Appressorienbildung in die Pflanze einzudringen vermochten.

Appressorien werden vorzugsweise dort gebildet, wo zwei Epidermiszellen zusammenstoßen, so bei *Helminthosporium victoriae* (PADDOCK) und bei *Glomerella lagenaria* Wat. et Tamma (YASMUORI). Die aus den Appressorien herauswachsenden primären Hyphen folgen dann zunächst der Mittellamelle, um erst später von der Seite in eine anstoßende Epidermiszelle einzudringen. Es konnte auch eine gewisse Bevorzugung der Stoma-Nebenzellen beobachtet werden, so wiederum bei *Helminthosporium victoriae* (PADDOCK) und bei *Erysiphe graminis* DC. [HIRATA (2), HIRATA u. TOGASHI]. Auf Gerstenblättern werden sehr oft die ersten Haustorien in die Stoma-Nebenzellen eingesenkt und erst nach und nach dann auch die übrigen Epidermiszellen mit Haustorien beschickt.

Einen Spezialfall des Infektionsweges hat JUNG untersucht. Er stellte fest, daß Narbe und Griffel den Pilzen normalerweise verschlossen bleiben, und zwar auch bei spezialisierten Erregern wie *Sclerotinia laxa* Aderh. et Ruhl. (*Monilia cinerea* Bon.) auf Prunusarten. In keinem Fall konnte er ein Eindringen der Keimhyphen von mehr als vier Millimetern in Richtung Fruchtknoten beobachten. Damit scheint die Ansicht älterer Autoren, wonach Narbe und Griffel einer der leichtesten Eindringungswege für Pilze sei und auch nicht spezialisierten Pilzen (z. B. Fäulniserregern an Früchten) stets offen ständen, überholt. Als Ursache für die festgestellte Hemmung konnte der Autor einen Hemmstoff von unbekanntem Chemismus nachweisen. Für *Primula obconica* stellten JUNG u. STOLL fest, daß die Hemmwirkung bei noch geschlossener Blüte am größten ist und dann nach und nach abnimmt.

Der Mechanismus des Eindringens ist bei GÄUMANN ausführlich beschrieben. Darnach besteht für den direkt eindringenden Pilz die Aufgabe, zunächst mechanisch die Cuticula und dann — meist — enzymatisch die Epidermiswand zu durchbohren. Bei einer ganzen Anzahl von Erregern ist denn auch die Bildung von Cellulose spaltenden Fermenten nachgewiesen worden, so von *Fusarium lycopersici* Sacc., *Botryosphaeria*- und *Glomerella*formen [HUSEIN u. DIMOND (1, 2)], von *Verticillium albo-atrum* Rke. et Berth. (TALBOYS) und von *Cochliobolus Miyabeanus* (Ito et Kurib.) Drechsl. (*Helminthosporium oryzae* Breda) (AKAI). Ebenso sind Pektin spaltende Fermente bekannt bei *Sclerotinia sclerotiorum* (Lib.) de By. (ECHANDI u. WALKER) und bei *Ceratocystis fagacearum* (Bretz) Hunt. (FERGUS u. WHARTON).

Eine besondere Beachtung finden die Vorgänge, welche sich beim Eindringen pilzlicher Erreger in resistente Pflanzen abspielen. Auf beiden zu seinen Versuchen herangezogenen, gegen *Helminthosporium victoriae* Meeh. et Murphy resistenten Hafersorten („Clinton" und „Cornellian") beobachtete PADDOCK an einem Teil der keimenden Hyphen ein Herausfließen des Plasmas. Von den normalen Keimhyphen wurden weniger und meist nur schlecht entwickelte Appressorien gebildet als auf der zum Vergleich herangezogenen anfälligen Hafersorte. Während bei der Sorte „Clinton" noch etwa die Hälfte der ausgebildeten Appressorien in die Pflanze eindringende Primärhyphen zu bilden vermochten, war dies bei „Cornellian" nur noch ausnahmsweise möglich. In allen Fällen wurden aber die eingedrungenen Pilzhyphen nach einiger Zeit abortiert. Bei „Clinton" nahm auch der relative Anteil der durch die Stomata eindringenden Keime gegenüber der anfälligen Sorte zu.
Die Epidermiszellen von „Cornellian" reagierten auch, ohne daß eindringende Hyphen nachzuweisen waren. In etwa drei Viertel der festgestellten Reaktionen induzierten die Appressorien eine reversible fibröse Struktur oder eine Verdichtung des darunter liegenden Plasmas; in etwa einem Viertel der Fälle ließ sich eine dunkle Verfärbung der unter den Appressorien anschließenden Wandpartien beobachten. Demnach zeigte sich in diesem Falle eine Beeinflussung der auf der Oberfläche

keimenden Sporen durch den Wirt und eine Beeinflussung des Wirtes durch die keimenden Sporen, bevor ein direkter Kontakt durch eingedrungene Hyphen hergestellt war.

Auch bei *Glomerella tucumanensis* (Speg.) v. Arx et Müller [*Colletotrichum graminicola* (Ces.) Wils.] fand ZWILLENBERG bei der Infektion von Mais, Weizen, *Dactylis* und Wicke, daß unter den Appressorien zapfenförmige Verdickngen der Epidermiswand entstanden, und zwar bevor irgendwelche Keimhyphen eindrangen und ungeachtet, ob solche überhaupt einzudringen vermochten. Während nämlich bei Mais die Infektion leicht erfolgte, konnte ein Eindringen bei den anderen Pflanzen nur ausnahmsweise oder gar nie beobachtet werden. Sofern wirklich Keimhyphen eindrangen, mußten sie zunächst die Verdickungen durchstoßen. Die Autorin bestätigte damit Beobachtungen, welche schon von älteren Autoren wie YOUNG und FELLOWS gemacht worden waren.

Erysiphe graminis DC. zeigt nach WHITE und BAKER bei der Keimung auf anfälligen und resistenten Gerstensorten ebenfalls keine Unterschiede. Hingegen variierten die Zahl der pro Wirtszelle ausgebildeten Haustorien je nach dem Grad der Resistenz. Während bei anfälligen Sorten nach 7 Tagen pro Wirtszelle 20—30 Haustorien gebildet wurden, waren es bei resistenten Sorten 5—12 und bei hochresistenten Sorten sogar nur 1—2. Nach HIRATA (1) bildet sich bei resistenten Sorten rund um die eindringenden Haustorien eine callusähnliche Plasmastruktur und die Haustorien werden abgetötet. Doch vermögen immer wieder neue einzudringen, so daß nebeneinander tote und lebende Haustorien beobachtet werden können.

Mit Hilfe des Elektronenmikroskopes versuchten HIRAI, MATSUI und ONO bei *Piricularia oryzae* Cav. den Einfluß eindringender Pilze auf die Elemente der Wirtszellen abzuklären; sie konnten charakteristische Unterschiede bei resistenten und anfälligen Sorten feststellen.

Bei der Besiedlung der Wirtspflanzen lassen sich zwei Möglichkeiten unterscheiden: Ektoparasiten, welche oberflächlich ihre Hauptentwicklung durchlaufen und Endoparasiten, deren Entwicklung hauptsächlich im Innern der Wirtspflanzen vor sich geht (GÄUMANN). Die Art der Besiedlung oberflächlich wachsender Blattparasiten von vorwiegend tropischen Gewächsen hat HANSFORD (1, 2) untersucht und zahlreiche Möglichkeiten, die den Pilzen offen stehen, beschrieben.

Bei den Endoparasiten sind in letzter Zeit besonders einige *Helminthosporium*arten und verwandte Pilze näher untersucht worden. So vergleichen JENNINGS und ULLSTRUP das Verhalten der drei auf Mais vorkommenden Arten *Helminthosporium turcicum* Pass., *Helminthosporium carbonum* Ullstr. und *Cochliobolus heterostrophus* (Drechsl.) Drechsl. (*Helminthosporium maydis* Nis. et Miyake). *Cochliobolus heterostrophus* und *Helminthosporium carbonum* besiedeln vorzugsweise das Assimilationsgewebe, *Helminthosporium turcicum* das Xylem, während *Helminthosporium victoriae* (PADDOCK) und *Helminthosporium leucostylum* Drechsl. (SMITH u. PUTTERILL) das Assimilationsgewebe und das

Phloem vorziehen und das Xylem meiden. Es scheint demnach, daß *Helminthosporium*arten häufig histotroph sind (vgl. GÄUMANN mit dem Beispiel *Helminthosporium gramineum* Rbh.).

Ebenfalls histotroph ist *Verticillium albo-atrum* Reinke et Berth. Dieser Erreger besiedelt das Xylem von vielen verschiedenen Wirten und verursacht eine Welkekrankheit. VAN DEN ENDE hat sich eingehend mit diesem Pilz auseinandergesetzt und gefunden, daß er durch die Cuticula vom Boden her in die Epidermis der Wurzelhaare dringt, die Epidermiszellen direkt passiert oder intercellulär nach innen dringt und dann das Xylem der ganzen Pflanze besiedelt. Die Ausbreitung geht aber sprunghaft vor sich und die Hauptentwicklung erfolgt auch nicht notwendigerweise in der Nähe der Infektionsstelle. Der Autor hat nachgewiesen, daß die Ausbreitung z. T. durch Hyphen erfolgt, welche das Xylem durchwachsen, zum anderen Teil aber durch Konidien, die im Xylem gebildet werden und mit dem Saftstrom verfrachtet werden. Daß tatsächlich ein Transport von Konidien erfolgen kann, konnte er mit Hilfe injizierter Konidien feststellen. Konidien ließen sich bei *Impatiens balsamina* nach einer halben Stunde 10—18 cm, bei *Fraxinus excelsior* nach 24 Std. 145 cm oberhalb der Injektionsstelle nachweisen.

Literatur.

AKAI, S.: Forsch. Pflanzenkr. Kyoto **4**, 64—70 (1951). — ARX, J. A. v.: (1) T. Pl.ziekten **63**, 171—188 (1957). — (2) Phytopath. Z. **29**, 413—468 (1957). — (3) Verh. Kon. Ned. Akad. Wet. afd. Natuurk. **51**, (3), 1—153 (1957). — ARX, J. A. v., u. E. MÜLLER: Beitr. Krypt.fl. Schweiz **11**, (1), 1—434 (1954).

BARTELS, F.: Forsch. Geb. Pflanzenkr. u. Imm.Pfl.r. **5**, 73—114 (1928). — BAUMANN, G.: Kühn Arch. **67**, 305—383 (1953). — BLUMER, S.: (1) Phytopath. Z. **18**, 101—110 (1952). — (2) Ber. schweiz. bot. Ges. **62**, 384—401 (1952). — (3) Pfl.schutzkongr. Berlin, 161—168 (1955). — (4) Phytopath. Z. **33**, 263—290 (1958). — BREWER, D.: Proc. Canad. phytopath. Soc. **20**, 14 (1953) (Abstr.). — BUISHAND, T.: Medel. Proefst. Groenteteelt **1**, 1—48 (1955).

CALDWELL, R. M.: J. Agr. Res. **55**, 175—188 (1937). — CORBAZ, R.: Phytopath. Z. **28**, 375—414 (1957).

ECHANDI, E., u. J. C. WALKER: Phytopathology **47**, 303—306 (1957). — VAN DEN ENDE, G.: Acta bot. neerl. **7**, 665—740 (1958).

FELLOWS, H.: J. Agr. Res. **37**, 647—661 (1928). — FERGUS, C., u. D. C. WHARTON: Phytopathology **47**, 635—640 (1957). — FRANDSEN, N. O.: Arch. Mikrobiol. **22**, 145—174 (1955).

GALLUCCI-RANGONE, M. M.: Sper. Agr. n.s. **79**—90 (1955). — GÄUMANN, E.: Pflanzliche Infektionslehre, 2. Aufl. 681 S. Basel. — GOODE, M. J.: Plant Dis. Rep. **40**, 741 (1956). — GOODE, M. J., u. N. N. WINSTEAD: Phytopathology **47**, 13 (1957) (Abstr.). — GREEN, G. J., and J. G. DICKSON: Phytopathology **47**, 73—79 (1957).

HAMMERLUND, C.: Bot. Notiser (Lund) **1945**, 101—108 (1945). — HANSFORD, C. G.: (1) Mycol. Papers **15** (Kew), 1—240 (1946). — (2) Bothalia **4**, 811—820 (1948). — HARDISON, J. R.: Phytopathology **34**, 1—20 (1944). — HILU, H. M.: Univ. Illinois, Diss. Abstr. **16**, 1550 (1956). — HILU, H. M., and W. M. BEVER: Phytopathology **47**, 474—480 (1957). — HIRAI, T., C. MATSUI u. K. ONO: Forsch. Pflanzenkr. Kyoto **6**, 49—59 (1956). — HIRATA, K.: (1) Ann. phytopath. Soc. Japan **19**, 104—108 (1955). — (2) Ann. phytopath. Soc. Japan **21**, 23—28 (1956). — HIRATA, K., and K. TOGASHI: Ann. phytopath. Soc. Japan **22**, 230—235 (1958). — HIURA, M., u. H. HETA: Ber. Ohara Inst. **10**, 135—152 (1955). — HOPP, H.: Phytopath. Z. **29**, 395—412 (1957). — HOUSTON, B. R., and L. J. ASHWORTH jr.: Phytopathology **47**, 525 (1957) (Abstr.). — HUBBELING, N.: T.Pl.ziekten **62**,

23—24 (1956). — HUSEIN, A., and H. E. DIMOND: (1) Phytopathology **48**, 263 (1958) (Abstr.). — (2) Zit. bei A. HUSEIN and S. RICH: Phytopathology **48**, 316 bis 320 (1958).

JENNINGS, P. R., and A. J. ULLSTRUP: Phytopathology **47**, 707—714 (1957). — JUNG, J.: Phytopath. Z. **27**, 405—426 (1956). — JUNG, J., u. C. STOLL: Phytopath. Z. **31**, 180—184 (1957).

KAMAT, M. N., and M. K. PATEL: Indian Phytopath. **1**, 153—158 (1948). — KEITT, G. W., and D. H. PALMITER: Science **85**, 498 (1937). — KERN, H.: Phytopath. Z. **30**, 149—180 (1957). — KÜTHE, K.: Gartenbauwiss. **9**, 405—420 (1935). — KUHFUSS, K. H.: Phytopath. Z. **26**, 313—322 (1956).

LUTTRELL, E. S.: Phytopathology **48**, 281—287 (1958).

MATTHEWS, D. J.: Aust. J. Sci. **18**, 32—33 (1955). — MEEHAN, F., and H. C. MURPHY: Science **104**, 412—414 (1946). — MELÉNDEZ DE LA GARZA, M. DE LOS ANG: (Mexico) Sec. Agr. y Ganad. Ofic. Estud. especiales Fol. Tér. **9**, 1—29 (1951). — MENON, R.: Phytopath. Z. **27**, 117—146 (1956). — MESSIAEN, C. M.: Ann. Epiphyt. **6**, 285—299 (1955). — MOSEMAN, J. G.: Phytopathology **46**, 318—322 (1956). — MÜLLER, E.: Landw. Jb. Schweiz **67**, 739—743 (1953).

NOUR, M. A.: Trans. Brit. Mycol. Soc. **41**, 17—38 (1958). — NOVER, I.: Phytopath. Z. **31**, 85—107 (1958).

OLIVE, L. S.: Trans. N. Y. Acad. Sci. **13**, 238—242 (1951). — OWEN, H.: Trans. Brit. Myc. Soc. **41**, 99—108 (1958).

PADDOCK, W. C.: Mem. Cornell agric. exp. St. **315**, 1—63 (1953). — PALMITER, D. H.: Phytopathology **24**, 22—47 (1934). — PARMENTIER, G.: (1) Parasitica **10**, 117—119 (1954). — (2) Parasitica **12**, 117—174 (1956). — (3) Parasitica **13**, 50—63 (1957). — PATE, J. B., and T. E. SUMMERS: Plant Dis. Rep. **39**, 776—778 (1955). — PETERSEN, D. H.: Plant Dis. Rep. **39**, 576—577 (1955). — PURDY, L. H.: Phytopathology **48**, 605—609 (1958).

REED, H. E.: Tenn. Univ. Agr. exp. St. Bull. **268**, 1—43 (1957). — ROGER, L.: Phytopathologie des Pays Chauds 2, Encycl. mycol. **18**, 1127 S. (1953). — RUDOLFF, C. F.: Gartenbauwiss. **9**, 105—119 (1934).

SAMPSON, K., and J. H. WESTERN: Dis. British grasses and herbage Legumes, 118 S. Cambridge 1954. — SARASOLA, J. A., y M. D. CAMPI: Rev. invest. agr. (Buenos Aires) **1**, 243—260 (1947). — SCHEIN, R.: (1) Phytopathology **47**, 246 (1957) (Abstr.). — (2) Phytopathology **48**, 477—480 (1958). — SCHMIEDEKNECHT, M.: Phytopath. Z. **32**, 433—450 (1958). — SCHMIDT, M.: Gartenbauwiss. **15**, 118 bis 139 (1940). — SCHMITT, J. A.: (1) Plant Dis. Rep. **38**, 563 (1954). — (2) Mycologia **47**, 688—701 (1955). — SCHWINGHAMER, E. A.: Phytopathology **46**, 300—304 (1956). — SHAY, J. R., D. F. DAYTON and L. F. HOUGH: Proc. Amer. Soc. hort. Sci. **62**, 348—356 (1953). — SHAY, J. R., and E. B. WILLIAMS: (1) Phytopathology **43**, 483—484 (1953) (Abstr.). — (2) Phytopathology **46**, 190—193 (1956). — SMITH, N. J. G., and K. M. PUTTERILL: S. Afric. J. Sci. **30**, 198—205 (1933). — SPRAGUE, R.: Diseases of Cereals and Grasses in North America, 538 S. New York 1950. — STANTON, W. R.: (1) Trans. Brit. Myc. Soc. **36**, 90—103 (1953). — (2) Ann. appl. Biol. **40**, 184—191 (1953). — SUMMERS, T. E., and J. B. PATE: Plant. Dis. Rep. **39**, 650—651 (1955).

TALBOYS, P. W.: Trans. Brit. Myc. Soc. **41**, 249—260 (1958). — TVEIT, M. T.: Acta agric. scand. **4**, 63—66 (1954).

VIENNOT-BOURGIN, G.: Les champignons parasites des plantes cultivées. 1, 2, 1851 S. (1949).

WALLEN, V. R., and A. J. SKOLKO: Proc. Canad. phytopath. Soc. **22**, 18 (1954). — WATERMAN, A. M.: Phytopathology **45**, 686—692 (1955). — WHEELER, H. E.: Phytopathology **44**, 342—345 (1954). — WHITE, N. H., and E. P. BAKER: Phytopathology **44**, 657—662 (1954). — WIESMANN, R.: Landw. Jb. Schweiz **35**, 109 bis 156 (1931). — WINSTEAD, N. N., and T. T. HEBERT: Phytopathology **46**, 229—231 (1956).

YASMUORI, H.: Ann. phytopath. Soc. Japan **22**, 119—122 (1958). — YERKES, W. D., and M. T. ORITZ: Phytopathology **46**, 564—567 (1956). — YOUNG, P. A.: Bot. Gaz. **81**, 258—279 (1926).

ZALASKY, H.: Proc. Canad. phytopath. Soc. **22**, 19 (1954), (Abstr.). — ZOGG, H.: Phytopath. Z. **28**, 423—426 (1957). — ZWILLENBERG, H. H. L.: Phytopath. Z. **34**, 417—425 (1959). — ZWIRN, H. E.: Palest. J. Bot. **3**, 52—53 (1943).

γ) Mykosen, verursacht durch Basidiomyceten.

Von Kurt Hassebrauk, Braunschweig.

Hymenomycetes.

Exobasidium vaccinii hat eine sehr lange Inkubationszeit. Bei künstlichen Infektionen beobachtete Lockhart Symptome nicht an den infizierten Blättern, sondern erst nach langer Zeit an den Folgeblättern. Die ersten Anzeichen einer Erkrankung sind bei Trieben, die von einem befallenen Haupttrieb ausgehen, erst nach drei Monaten, bei aus einem erkrankten Rhizom hervorgehenden Trieben erst nach sieben Monaten festzustellen.

Uredinales.

Hiratsuka hat eine Revision seiner 1936 erschienenen Monographie der *Pucciniastreae* herausgegeben, in der 110 Species angeführt sind. — Jørstad und Nannfeldt haben einen Nachtrag zu ihrer 1953 veröffentlichten Enumeratio der skandinavischen Rostpilze verfaßt, der neben einigen neu hinzugekommenen Arten auch mehrere nomenklatorische Änderungen bringt. — In einem Beitrage zur Flora der parasitischen Pilze Irans führt Viennot-Bourgin vor allem Rostpilze, darunter mehrere neue Arten, an. Am bemerkenswertesten ist unter diesen *Uromyces iranensis* auf *Hordeum vulgare*, der eine der ernstesten Erkrankungen der Gerste in Iran hervorruft. Das Vorkommen dieses einzigartigen Rostes lenkt den Blick auf die gleichfalls auf Iran, Israel und Cypern beschränkte und bisher nicht näher erforschte *Puccinia tritici-duri*. — Greene und Cummins verdanken wir eine Synopsis der auf *Stipa* und *Nasella* parasitierenden Uredineen.

Buckleya distichophylla wurde in Nordamerika als Uredowirt eines Cronartiums auf *Pinus virginiana* festgestellt. Der Rost wurde von Hepting *Cronartium appalachianum* genannt. Ein Peridermium von *Pinus jeffreyi* aus dem Inyo-Nationalpark in Kalifornien ließ sich nicht auf *Castilleja miniata* übertragen; Wagener vermutet, daß es sich um eine autöcische Evolutionsform des heteröcischen *Cronartium coleosporioides* f. *filamentosum* handelt.

Die recht häufige Beobachtung, daß *Berberis* vor allem die Roggenform, seltener die Weizenform von *Puccinia graminis* beherbergt, konnte auch in Tasmanien gemacht werden [Watson und Luig (1)]. Green und Johnson bestätigten ihre frühere Feststellung, daß *Berberis vulgaris* gegen die Rasse 15 B von *P. graminis tritici* resistent ist. Dieser Befund ist um so überraschender, als alles dafür spricht, daß diese Rasse ursprünglich einmal auf der Berberitze entstanden ist. Offenbar stellt die heute in Amerika verbreitete Rasse 15 B eine Mutante oder ein Gemisch von mutierten Biotypen dar, die ihre Virulenz für *B. vulgaris* verloren haben. — Levine und Hildreth konnten in Nordamerika bemerkens-

27*

werterweise zum erstenmal das natürliche Vorkommen von Äcidien der *P. triticina* (heute: *P. recondita* var. *tritici*) auf *Thalictrum dioicum* mit Sicherheit nachweisen. — Von *Rhamnus cathartica* wurde in Kanada neben den Vars. *secalis* und *festucae* vornehmlich die Var. *avenae* der *P. coronata* isoliert (GREEN, PETURSON und SAMBORSKI). Auch in Israel sind die dort vorkommenden *Rhamnus palaestina* und *R. alaternus* wichtige Wirte für den Haferkronenrost (WAHL). Epidemiologisch spielt in Israel dann noch *Avena sterilis* eine bedeutsame Rolle als Nebenwirt für wichtige Haferkronen- und -schwarzrostrassen.

BAXTER erzielte im Gewächshause Äcidien von *Puccinia phragmitis* auf Buchweizen.

Wedelia erwies sich als Nebenwirt für *P. helianthi* in Peru (ROJAS).

Die bekannte große Bedeutung der Passage des Wechselwirtes für die Entstehung neuer Biotypen konnte wiederum von WILCOXSON und PAHARIA bewiesen werden. Nach Selbstung der Rasse 111 von *P. graminis tritici* auf der Berberitze erhielten sie 15 verschiedene Rassen, von denen acht bisher unbekannt zu sein schienen. Daneben spielen Mutationen und wohl noch häufiger somatische Hybridisierung der Dikaryonten eine wichtige Rolle für die Spezialisierung der Rostpilze. In den letzten Jahren sind zahlreiche Untersuchungen, in erster Linie mit *P. graminis*, durchgeführt worden, in denen Gemische verschiedener Rassen verimpft wurden. Wiederholt traten in diesen Versuchen neue Rassen auf. Besonders hervorzuheben sind die Beobachtungen von WATSON sowie VAKILI und CALDWELL, die mit Gemischen verschiedenfarbiger und somit bereits visuell unterscheidbarer Rassen von *P. graminis* und *P. triticina* arbeiteten und neben anfälligen auch hoch resistente Wirtssorten verwendeten. Sie erhielten nicht nur eine Anzahl neuer Rassen, die sich bisher in allen Folgegenerationen als konstant zeigten, sondern beobachteten auch einen synergistischen Effekt, indem ursprünglich nicht aggressive Rassen in der Mischung mit einer anderen Rasse nunmehr auf normalerweise für sie hoch resistenten Sorten fruktifizieren konnten. Die außerordentliche Tragweite dieser Feststellung liegt auf der Hand. Der Prozeß dieser Rassenneubildung in Dikaryontengemischen wird sich experimentell wohl nie restlos klären lassen. WATSON und LUIG (2) vermuten, daß es sich nicht allein um Kernübertritte handelt, sondern daß es zu Kernfusionen, gefolgt von Rekombinationen und Segregationen kommt. VAKILI und CALDWELL konnten aber aus einer Mischkultur von zwei Braunrostrassen nicht weniger als 33 neue Rassen isolieren, d. h. viel mehr, als aus einer Rekombination der beiden Elternrassen zu erwarten wären. — Am Rande ist auf die von den gleichen Autoren verzeichnete Feststellung hinzuweisen, daß manche Uredolager Sporen der von ihnen verwendeten beiden verschiedenfarbigen Rassen gleichzeitig enthielten. Diese an sich bekannte Möglichkeit der Bildung von Misch-Soris zeigt wiederum, daß reine Linien von Rostpilzen zuverlässig nur aus Einspor-, nicht aber aus Einzelpustelkulturen hervorgehen können.

Welche Bedingungen unter natürlichen Verhältnissen die mutative Entstehung neuer Rassen begünstigen, ist bis heute nicht bekannt.

Bei *P. graminis* sind Uredosporen und Uredomycel gegenüber verschiedenen als mutagen bekannten Methoden äußerst resistent (SANTIAGO). Dagegen zeigt *Melampsora lini* eine gewisse Bereitwilligkeit, infolge Röntgenbestrahlung zu mutieren (FLOR). Möglicherweise bestehen hier gewisse Zusammenhänge mit der Bestrahlungsempfindlichkeit des Leinrostes, die ungleich größer ist als die des Schwarz- und Kronenrostes (SCHWINGHAMER).

Untersuchungen über die physiologische Spezialisierung der wichtigsten Getreiderostarten, die Voraussetzung für die Resistenzzüchtung, haben im allgemeinen mehr lokale Bedeutung. MASSENOT legte eine Zusammenstellung aller bisher in Europa und dem Mittelmeergebiet identifizierten Weizenschwarzrostrassen vor, die wegen der daraus zu ersehenden großräumigen epidemiologischen Zusammenhänge sehr aufschlußreich ist. Allgemeineres Interesse dürfen die alljährlich in Nordamerika erscheinenden Untersuchungsberichte über die physiologische Spezialisierung der Getreideroste beanspruchen, die auch im Berichtsjahre wieder eine Fülle von wichtigen Beobachtungen über die Epidemiologie und über Sortenfragen enthalten (GREEN, PETURSON und SAMBORSKI; STEWART, COTTER und ROBERTS). Immer wieder werden dann in der neueren Zeit Beweise dafür geliefert, daß in einem Rassenspektrum neu auftretende Rassen durch resistente Sorten selektiert werden. GRIFFITHS diskutiert auf Grund seiner entsprechenden an Haferkronenrost gewonnenen Erfahrungen die wichtige Frage, ob nicht die Züchtung auf mäßige Resistenz weniger gefahrvoll sei als die Züchtung auf hohe Resistenz. Auch die Eigenschaft der Toleranz wird aus demselben Grunde in Zukunft stärker als bisher bei der Züchtung zu berücksichtigen sein. CALDWELL, SCHAFER, COMPTON und PATTERSON, die früher bereits einmal ein überzeugendes Beispiel für Toleranz gegenüber *Puccinia triticina* (Sorte Fulhard) gefunden haben, konnten nunmehr auch über eine gegenüber *P. coronata* hoch tolerante Sorte (Benton) berichten.

Unter den wichtigeren epidemiologischen Erscheinungen der jüngsten Zeit ist das plötzliche Auftreten von *Puccinia glumarum* (heute: *P. striiformis*) in den Great Plains der USA hervorzuheben, in denen bisher Gelbrost unbekannt war (PADY, JOHNSTON und ROGERSON; FUTRELL; YOUNG und BROWDER). Ob die in fast allen Weizenbaugebieten der Erde in den letzten Jahren zu beobachtende Zunahme des gefährlichen Gelbrostes von Dauer ist, muß die Zukunft lehren; nur Australien blieb bisher von dieser Getreiderostart verschont [WATSON und LUIG (3)]. — Auf eine schon etwas weiter zurückliegende Veröffentlichung von WOOD und LIPSCOMB über die Ausbreitung des „amerikanischen Maisrostes", *Puccinia polysora*, der von 1949 an den afrikanischen Kontinent eroberte und von hier aus weiter im Vordringen nach Osten ist, sei wegen ihres besonderen Wertes hingewiesen. In Afrika scheint die wirtschaftliche Bedeutung dieser Rostart nach der ersten starken Durchseuchung stellenweise etwas zurückzugehen, eine Beobachtung, die mit den bei anderen Parasiten gewonnenen Erfahrungen durchaus im Einklang steht. — CAMMACK unterscheidet mehrere morphologisch differenzierte Formen der *P. polysora* in der Welt.

Einige Untersuchungen bestätigten wieder die zuweilen sehr starke Temperaturabhängigkeit des Resistenzverhaltens, die nach der Infektion mit *P. graminis* manche Weizensorten erkennen lassen (BROMFIELD; EMGE und BROMFIELD). Im Einklang mit früheren ähnlichen Befunden von SEMPIO sowie HASSEBRAUK fanden ROWELL, OLIEN und WILCOXSON sowie SHARP, SCHMITT, STALEY und KINGSOLVER, daß auch bei *P. graminis* der Infektionsvorgang in Phasen zerfällt, die eine unterschiedliche Abhängigkeit von der Temperatur und der Belichtung aufweisen.

Nach ROMIGs Feststellungen sollen manche Weizensorten in bestimmten Entwicklungsstadien auf den Halmen und Blattscheiden eine funktionelle Resistenz gegen *P. triticina* aufweisen. Über eine eigentümliche und zunächst ganz unerklärliche Resistenzerscheinung berichten JOHNSTON und HUFFMAN; sie konnten die Sorte Cheyenne nicht mit einer für sie normalerweise aggressiven Rasse von *P. triticina* infizieren, wenn die Blätter einige Tage vorher mit einer nichtkongenialen Rostart (*P. coronata*) beimpft waren. — Um Rassen von *P. graminis tritici* identifizieren zu können, die auf resistenten Wirten nur Chlorosen hervorrufen, transplantierten SHARP und EMGE mit Erfolg Gewebeschnitte auf einen generell anfälligen Wirt, in den der Rost dann hineinwächst und fruktifiziert. Bei immunen Sorten kamen sie nur zum Ziele, wenn sie die Epidermis transplantierten. Auf Wirten mit diesem Resistenztypus dringt also der Rost nicht über die Epidermis hinaus vor. — Die relativ starke mechanische Schädigung, die viele durum-Weizen, vor allem die Sorte Nugget, unter Schwarzrostbefall erleiden, beruht nach WILCOXSON auf dem Besitz eines besonders intercellularreichen Sklerenchyms.

SCHUSTER beschreibt einen, hin und wieder bereits bekannt gewordenen Fall von interner Sporenbildung eines Rostpilzes bei *P. carthami*.

Uredosporen haben einen Mechanismus für CO_2-Bindung, möglicherweise mittels des PEP-Carboxylasesystems (STAPLES und WEINSTEIN). Die Entstehung des bekannten Keimhemmungseffekts bei in dichter Menge gelagerten Uredosporen geht mit einer Abnahme des O_2-Verbrauchs einher; Substanzen, die die Hemmung aufheben (Cumarin, 2,4-DNP, Menadion, Äthanolextrakte ungereinigter Baumwolle), beseitigen gleichzeitig die Störung der O_2-Aufnahme (FARKAS und LEDINGHAM; ATKINSON und ALLEN). Als Hemmsubstanz für die Keimung wirken wahrscheinlich Glutamin- und Asparaginsäure, die in Uredosporen vieler Rostpilze und auch im Gewebe von rostinfizierten Bohnenblättern rings um die Uredolager nachzuweisen sind; sie verhindern im Wirtsgewebe offenbar Sekundärinfektionen (WILSON). FRENCH und WEINTRAUB identifizierten in Uredosporen Pelargonaldehyd, das stimulierend auf die Keimung wirkt und gleicherweise die Differenzierung der Keimschläuche in Strukturen induziert, wie sie während der ersten Infektionsphasen gebildet werden. Im übrigen spielen für die Bildung von Appressorien, substomatären Blasen usw. in Abwesenheit der Wirtspflanze Licht und Temperatur eine entscheidende Rolle, wie EMGE bei *P. graminis tritici* nachwies. FUCHS und GAERTNER stellten eine Förderung der Vesikelbildung auch nach Zugabe von Eisenverbindungen, denaturiertem

Hühnereigelb, Cystein, Leucin und Glutathion fest. Die an sich wohl bekannte Fusion von Uredosporenkeimschläuchen auf synthetischen Medien, ein Vorgang, der im Hinblick auf die oben erwähnten somatischen Hybridisierungen besonderes Interesse verdient, läßt sich fördern, wenn der osmotische Druck des Substrats durch Zusatz von Kohlenhydraten oder Kochsalz erhöht wird. In den sich bildenden Fusionskörpern wiesen WILCOXSON, TUITE und TUCKER bei *P. graminis tritici* 2—4 Kerne nach. Die gleichen Autoren sowie HERMANSEN konnten die Bildung von Fusionskörpern auch zwischen verschiedenen Varietäten ein und derselben Rostart beobachten.

Nachdem HOTSON und CUTTER 1951 ihre aufsehenerregenden Befunde erfolgreicher Kulturen von *Gymnosporangium juniperi-virginianae* auf synthetischen Medien veröffentlicht hatten, schien Hoffnung zu bestehen, auf dem von ihnen erprobten Wege über die Gewebekultur das Problem des obligaten Parasitismus angehen zu können. Die Ergebnisse haben sich aber bis heute nicht reproduzieren lassen. Auch neuere Versuche mit der gleichen Rostherkunft wie anderen Rostarten blieben erfolglos (BAUCH und SIMON; CONSTABEL; TUREL und LEDINGHAM).

Im Kampf gegen die Rostpilze wird auch in Zukunft die Züchtung resistenter Sorten die vordringlichste Aufgabe bleiben. Da wir aber inzwischen zu der bitteren Erkenntnis gekommen sind, daß wir auf diesem Wege immer nur vorübergehende Erfolge erzielen können, weil die Resistenz jeder neuen Sorte nach mehr oder weniger langer Zeit infolge der Entstehung neuer für sie aggressiver Rassen zusammenbricht, haben die Bemühungen nicht nachgelassen, geeignete Fungicide für die direkte Bekämpfung der Rostpilze zu finden. Unter den neueren organischen Fungiciden hat sich die besonders gute Wirkung von Zinkäthylen-bis-dithiocarbamaten bei *Tranzschelia pruni-spinosae* (JAFAR), *P. asparagi* (LINN und LUBANI), *P. graminis* und *P. triticina* (FORSYTH und PETURSON; HASKETT und JOHNSTON) wiederum bestätigt. Die therapeutisch gut wirksamen Sulfamate und Sulfanilate bewirken Keimschäden. *Gymnosporangium juniperi-virginianae* ließ sich auf Apfelbäumen prophylaktisch mit Dodecylguanidin bekämpfen (HAMILTON und SZKOLNIK). Nachdem SEMPIO bereits 1936 auf die rostunterdrückende Wirkung von Nickelsalzen hingewiesen hatte, sind in Nordamerika neuerdings wieder Fungicide auf der Basis von anorganischen Nickelsalzen und von Nickelaminkomplexen entwickelt und prophylaktisch wie therapeutisch mit Erfolg gegen Getreideroste erprobt worden (WANG, ISAAC und WAYGOOD; KEIL, FROHLICH und VAN HOOK; PETURSON, FORSYTH und LYON; KEIL, FROHLICH und GLASSICK). Erstrebenswertestes Ziel bleibt naturgemäß die Auffindung systemischer Fungicide. Hier liegen wieder neue Erfahrungen mit Sulfonamiden sowie Antibioticis vor (CROWDY, ELIAS und JONES; HACKER; WALLEN; HASKETT und JOHNSTON). Actidion bewährte sich auch zur Vernichtung des Mycels von *Cronartium ribicola* rings um partiell ausgeschnittene Krebse (MOSS) sowie neben flüchtigen Quecksilberverbindungen (THOMAS) zur Beizung von rostbehafteten Samen von *Carthamus tinctorius* (WILSON und ARK).

Ustilaginales.

Guyot, Malençon und Massenot haben einen weiteren Beitrag zur Brandpilzflora des westlichen Mittelmeerbeckens geliefert.

Eine sehr schöne Arbeit verdanken wir Frauke Hansen, die die Entwicklung des Mycels von gewöhnlichem Steinbrand, Zwerg- und Roggensteinbrand vom Infektionsbeginn bis zur Sporenbildung in den Ähren anatomisch untersucht hat. In unverletzte Keimlinge dringen alle drei Brandarten zunächst intracellulär ein, entwickeln sich dann aber intercellulär weiter. Zwerg- und Roggensteinbrand gelangen in der Regel nicht über die Coleoptile hinaus, während gewöhnlicher Steinbrand nach 50 Tagen zu etwa 30% den Vegetationskegel besiedelt hat. In verletzten Keimlingen ist dagegen nach 30 Tagen das Mycel aller drei Arten im Vegetationskegel nachzuweisen. Zwerg- und Roggensteinbrand können nur bei tieferer Temperatur (+3°) Infektionsmycel bilden. Der gewöhnliche Steinbrand kann dagegen bei niedrigen wie höheren Temperaturen Infektionsmycel entwickeln. Zwergsteinbrand kann auch in verletzte Keimlinge resistenter Sorten und Arten eindringen, vermag sich aber dann nicht weiter auszubreiten. Die Sporen werden bei Vollbrandbutten am Rande der Fruchtknotenwand, zwischen den Integumenten sowie am Nucellus ausgebildet; von hier aus wird die Samenschale zerstört. Bei Partialbefall ist Mycel nur in der Fruchtwand festzustellen, eine Befruchtung ist erfolgt, Embryo und Endosperm mit der umgebenden Samenschale sind entwickelt. — Die bekannte starke Abhängigkeit der Sporenkeimung bei *Tilletia controversa* von niedriger Temperatur, Licht und angemessener Feuchtigkeit ist erneut von Baylis bestätigt worden. Dewey und Tyler konnten die Keimung weder mit 2,4-D, Indol-3-Essigsäure, anorganischen Säuren und Laugen, Carborundbehandlung oder Wechseltemperaturen verbessern. Einen verstärkten Zwergbrandbefall erzielten Tyler und Jensen, wenn sie die Saat während des Winters mit Stroh oder Schnee bedeckten.

Meiners studierte die Biologie der im NW der USA weit verbreiteten und streng auf *Bromus tectorum* spezialisierten *Tilletia bromi-tectorum*, die keine Symptome auf ihrer Wirtspflanze hervorruft. Auch dieser Brand hat ein sehr tiefes Temperaturoptimum von 5°.

Die Entwicklung von *Ustilago tritici* haben Batts und Jeater (1) anatomisch untersucht. Sie stellten fest (2), daß bei den meisten feldresistenten Weizensorten der Embryo wie bei anfälligen Sorten befallen wird. Der Brand dringt aber nicht weiter vor. — Popp hat ein für große Versuchsreihen brauchbares Verfahren entwickelt, um die Embryonen vom Weizenkorn zu trennen und färberisch auf Vorhandensein von Flugbrandmycel zu testen.

Hille führte eingehende vergleichende Untersuchungen an Ährchen von *Arrhenatherum elatius* und *Avena* spp. durch, die an *Ustilago perennans* bzw. *U. avenae* erkrankt waren. *U. perennans* bildet seine Sori vornehmlich in den angeschwollenen Blüten- und Ährchenachsen aus, während *U. avenae* seine Sporenlager vor allem in den blattartigen Blütenteilen bildet. Die Sori von *U. perennans* bleiben bis zum Austrocknen der Ährchen von der Epidermis der Achsen bedeckt, die

Sporen von *U. avenae* liegen dagegen schon sehr früh frei. Auf Grund dieser symptomatischen Unterschiede und anderer kritischer Untersuchungen und Erwägungen lehnt HILLE die von FISCHER und HOLTON vorgenommene Vereinigung der *U. perennans* mit *U. avenae* ab.

An einem sehr großen Material prüfte CHEREWICK die physiologische Spezialisierung verschiedener *Ustilago*-Arten. Eine Brandkultur stellt meist ein Gemisch heterozygoter Linien dar. Da die Variabilität je nach Species verschieden stark ausgeprägt ist, sind die Aussichten, durch wiederholte Passagen über einen bestimmten Wirt konstante Linie zu selektieren, auch sehr ungleich. Meist war auch noch nach 10 Generationen Variabilität zu beobachten.

MATSUSHIMA und KLUG fanden zwei haploide Stämme von *Ustilago maydis*, die sich in der Fähigkeit, l-Sorbose als CH-Quelle zu verwerten, unterschieden. Bei einer solopathogenen Linie des gleichen Brandes konnte MATSUSHIMA in einer Schüttelkultur nach Zugabe von $CuSO_4$ zu dem Glutaminsäure-Glucose-Medium chlamydosporenähnliche Gebilde herbeiführen.

Die Bemühungen, in der Bekämpfung des Gersten- und Weizenflugbrandes von den alten Heißwasserbeizen abzukommen, wurden von verschiedenen Autoren fortgesetzt. Die nur unwesentlich variierenden Methoden der Kaltwasser- (besser wohl: Lauwasser-)behandlung oder der anaeroben Benetzung führen heute schon zu recht befriedigenden Ergebnissen. Mehrfach bewährten sich schwache Zusätze von Kochsalz, Chloranil, Ceresan oder Natriumhypochlorit (RUSSELL und CHINN; ZEMANEK und BARTOS; WEIBEL). NIEMANN (1, 2) berichtet über seine bemerkenswerten Untersuchungen zur Kausalität der durch diese Verfahren herbeigeführten Wirkungen. Die Wirkung auf den Flugbrand beruht vorwiegend auf der anaeroben Atmung des Korns, während die zu beobachtenden Triebkraftschäden vor allem mikrobiellen Zersetzungsprozessen zuzuschreiben sind. — BEDI (1, 2) hatte in Indien wieder gute Erfolge gegen Weizen- und Gerstenflugbrand mit der Solarmethode.

Vernalisierung bis zu 35 Tagen bei 0,5—1° erwies sich bei Gerste ohne Wirkung auf den Flugbrandbefall (MOSEMAN und REID).

Gegen Haferflug- und Gerstenhartbrand bewährten sich zahlreiche Beizmittel, am besten solche vom Typus der Alkyl-Hg-Verbindungen (ZEMANEK; PURDY).

CHEREWICK und ROBINSON beobachteten eine eigenartige Fäule bei brandigen Getreideähren und -rispen, die bei feuchtem Sommerwetter durch gleichzeitiges Auftreten von *Fusarium poae* und der Milbe *Siteroptes graminum* hervorgerufen wurde. Die Milben fraßen am Pilz und dienten gleichzeitig als Vektoren.

Literatur.

ATKINSON, T. G., and P. J. ALLEN: Plant Physiol., Lancaster **33**, IX (1958). — BATTS, C. C. V., and A. JEATER: (1) Ann. appl. Biol. **46**, 23—29 (1958). — (2) Trans. brit. mycol. Soc. **41**, 115—125 (1958). — BAUCH, R., u. U. SIMON: Ber. dtsch. bot. Ges. **70**, 145—156 (1957). — BAXTER, J. W.: Plant Dis. Rep. **42**, 989 (1958). — BAYLIS, R. J.: Canad. J. Bot. **36**, 17—32 (1958). — BEDI, K. S.:

(1) Phytopathology **10**, 133—137 (1958). — (2) Phytopathology **10**, 138—141 (1958). — BROMFIELD, K. R.: Diss. Abstr. **18**, 20 (1958).

CALDWELL, R. M., J. F. SCHAFER, L. E. COMPTON and F. L. PATTERSON: Science **128**, 714—715 (1958). — CAMMACK, R. H.: Trans. brit. mycol. Soc. **41**, 89—94 (1958). — CHEREWICK, W. J.: Canad. J. Plant Sci. **38**, 481—489 (1958). — CHEREWICK, W. J., and A. G. ROBINSON: Phytopathology **48**, 232—234 (1958). — CONSTABEL, F.: Biol. Zbl. **76**, 385—413 (1957). — CROWDY, S. H., R. S. ELIAS and D. R. JONES: Ann. appl. Biol. **46**, 149—158 (1958).

DEWEY, W. G., and L. J. TYLER: Phytopathology **48**, 579—580 (1958).

EMGE, R. G.: Phytopathology **48**, 649—652 (1958). — EMGE, R. G., and K. R. BROMFIELD: Plant Dis. Rep. **42**, 360—362 (1958).

FARKAS, G. L., and G. A. LEDINGHAM: Phytopathology **48**, 392 (1958). — FLOR, H. H.: Phytopathology **48**, 297—301 (1958). — FORSYTH, F. R., and B. PETURSON: Canad. J. Plant Sci. **38**, 173—180 (1958). — FRENCH, R. C., and R. L. WEINTRAUB: Arch. Biochem. **72**, 235—237 (1957). — FUCHS, W. H., u. A. GAERTNER: Arch. Mikrobiol. **28**, 303—309 (1958). — FUTRELL, M. C.: Plant Dis. Rep. **41**, 955—957 (1957).

GREEN, G. J., and T. JOHNSON: Canad. J. Bot. **36**, 351—355 (1958). — GREEN, G. J., B. PETURSON and D. J. SAMBORSKI: Canad. Dept. Agr., Plant Path. Sect. Rep. 13 (1958). — GREENE, H. C., and G. B. CUMMINS: Mycologia, Lancaster **50**, 6—36 (1958). — GRIFFITHS, D. J.: Trans. brit. mycol. Soc. **41**, 373—384 (1958). — GUYOT, L., G. MALENÇON et H. MASSENOT: Rev. Path. vég., Ent. agric. France **37**, 187—196 (1958).

HACKER, R. G., and J. R. VAUGHN: Plant Dis. Rep. **42**, 609—613 (1958). — HAMILTON, J. M., and M. SZKOLNIK: Phytopathology **48**, 262 (1958). — HANSEN, F.: Phytopath. Z. **34**, 169—208 (1958). — HASKETT, W. C., and C. O. JOHNSTON: Plant Dis. Rep. **42**, 5—14 (1958). — HEPTING, G. H.: Mycologia, Lancaster **49**, 896—899 (1958). — HERMANSEN, J. E.: Friesia, Kopenhagen **6**, 30—32 (1957/58). — HILLE, M.: Phytopath. Z. **32**, 293—324 (1958). — HIRATSUKA, N.: Revision of taxonomy of the pucciniastreae. Tokyo 1958.

JAFAR, H.: N. Z. J. Agric. Res. **1**, 642—651 u. 660—664 (1958). — JØRSTAD, I., and J. A. NANNFELDT: Bot. Notiser (Lund) **111**, 306—318 (1958). — JOHNSTON, C. O., and M. D. HUFFMAN: Phytopathology **48**, 69—70 (1958).

KEIL, H. L., H. P. FROHLICH and J. O. VAN HOOK: Phytopathology **48**, 652 bis 655 (1958). — KEIL, H. L., H. P. FROHLICH and C. E. GLASSICK: Phytopathology **48**, 690—695 (1958).

LEVINE, M. N., and R. C. HILDRETH: Phytopathology **47**, 110—111 (1957). — LINN, M. B., and K. R. LUBANI: Plant Dis. Rep. **42**, 669—672 (1958). — LOCKHART, C. L.: Plant Dis. Rep. **42**, 764—767 (1958).

MASSENOT, M.: Robigo No. 5, 2—3 (1958). — MATSUSHIMA, T.: J. Jap. Bot. **32**, 363—366 (1958). — MATSUSHIMA, T., and R. J. KLUG: Amer. J. Bot. **45**, 165—168 (1958). — MEINERS, J. P.: Phytopathology **48**, 211—216 (1958). — MOSEMAN, J. G., and D. A. REID: Plant Dis. Rep. **42**, 744—746 (1958). — MOSS, V. D.: Plant Dis. Rep. **42**, 703—706 (1958).

NIEMANN, (1) E.: Nachrbl. dtsch. Pflanzenschutzd., Braunschweig **10**, 26—30 (1958). — (2) Nachr.bl. dtsch. Pflanzenschutzd., Braunschweig **10**, 145—151 (1958).

PADY, S. M., C. O. JOHNSTON and C. T. ROGERSON: Plant Dis. Rep. **41**, 959 bis 961 (1957). — PETURSON, B., F. R. FORSYTH and C. B. LYON: Phytopathology **48**, 655—657 (1958). — POPP, W.: Phytopathology **48**, 641—643 (1958). — PURDY, L. H.: Plant Dis. Rep. **42**, 233—237 (1958).

ROJAS, E. M.: FAO Plant Prot. Bull. **6**, 57—58 (1958). — ROMIG, R. W.: Diss. Abstr. **18**, 38—39 (1958). — ROWELL, J. B., C. R. OLIEN and R. D. WILCOXSON: Phytopathology **48**, 371—377 (1958). — RUSSELL, R. C., and S. F. H. CHINN: Plant Dis. Rep. **42**, 618—621 (1958).

SANTIAGO, J. C.: Melhoramento **10**, 47—66 (1957). — SCHUSTER, M. L.: Phytopathology **48**, 178 (1958). — SCHWINGHAMER, E. A.: Radiation Res. **8**, 329—343 (1958). — SHARP, E. L., and R. G. EMGE: Phytopathology **48**, 696—697 (1958). — SHARP, E. L., C. G. SCHMITT, J. M. STALEY and C. H. KINGSOLVER: Phytopathology **48**, 469—474 (1958). — STAPLES, R. C., and L H. WEINSTEIN: Phytopathology

48, 264 (1958). — STEWART, D. M., R. U. COTTER and B. J. ROBERTS: Plant Dis. Rep. 42, 881—887 (1958).

THOMAS, C. A.: Phytopathology 48, 398 (1958). — TUREL, F. L. M., and G. A. LEDINGHAM: Canad. J. Microbiol. 3, 813—819 (1957). — TYLER, L. J., and N. F. JENSEN: Phytopathology 48, 565—571 (1958).

VAKILI, N. G., and R. M. CALDWELL: Phytopathology 47, 536 (1957). — VIENNOT-BOURGIN, G.: Ann. Epiphyties, Paris 9, 97—210 (1958).

WAGENER, W. W.: Plant Dis. Rep. 42, 888—892 (1958). — WAHL, I.: Bull. Res. Counc. Israel, Sect. D Bot. 6, 145—166 (1958). — WALLEN, V. R.: Plant Dis. Rep. 42, 363—366 (1958). — WANG, D., P. K. ISAAC and E. R. WAYGOOD: Nature (Lond.) 182, 268—269 (1958). — WATSON, I. A.: Phytopathology 47, 510—511 (1957). — WATSON, I. A., and N. H. LUIG: (1) Proc. Linnean Soc. N. S. Wales 83, 181—186 (1958). — (2) Proc. Linnean Soc. N. S. Wales 83, 190—195 (1958). — (3) Robigo No. 6, 19—24 (1958). — WEIBEL, D. E.: Plant Dis. Rep. 42, 737 bis 743 (1958). — WILCOXSON, R. D.: Phytopathology 48, 518—519 (1958). — WILCOXSON, R. D., and K. D. PAHARIA: Phytopathology 48, 644—645 (1958). — WILCOXSON, R. D., J. F. TUITE and S. TUCKER: Phytopathology 48, 358—361 (1958). — WILSON, E. M.: Phytopathology 48, 595—600 (1958). — WILSON, E. M., and P. A. ARK: Phytopathology 48, 640 (1958). — WOOD, J. I., and B. R. LIPSCOMB: Plant Dis., Epidem., Identif. Sect. Agric. Res. Serv. U.S. Dept. Agric., Spec. Publ. No. 9, 1956.

YOUNG, H. C., and L. E. BROWDER: Plant Dis. Rep. 41, 958—959 (1957).

ZEMANEK, J.: Rostlinna Vyr. 4, 429—442 (1958). — ZEMANEK, J., u. P. BARTON: J. agric. Sci. Moskau 3, 128—133 (1958).

23e. Nichtparasitäre Pflanzenkrankheiten.

Der Beitrag erscheint ab Band XXII.

23f. Pflanzenschutz.

Von Hermann Fischer, Kiel.

Fungicide.

Zur Überprüfung der innertherapeutischen Wirkung setzte Grossmann in Gefäßversuchen organische Fungicide den Nährlösungen zu.
Mittel aus der Dimethyldithiocarbamat-Gruppe wirkten bei nachfolgender Infektion gegen *Phytophthora infestans*, nicht gegen *Alternaria
solani*. Da Saftauszüge keine fungitoxische Wirkung zeigten, wird ebenso
wie bei einigen Chlornitrobenzolen Beeinflussung des Wirtsstoffwechsels
vermutet.

Die Bekämpfung phytopathogener Bodenpilze hat in den letzten
Jahren erhebliche Fortschritte gemacht. Man unterscheidet bei den zur
Verfügung stehenden Mitteln radikal wirkende und kultural einsetzbare
(Domsch) bzw. "eradicants" und "protectants" (Kendrick u. Zentmyer). Durch die Anwendung subtoxischer Aufwandmengen und die
Restitution eines für die Kulturpflanzen günstigen Gleichgewichts-
zustandes innerhalb der Bodenflora sollen nach Domsch die Bekämpfungsmaßnahmen auch vom Standpunkt der Bodenhygiene gutgeheißen
werden können. Die Wirkungsdauer von Bodenentseuchungsmitteln und
pflanzenverträglichen Bodenfungiciden erstreckt sich in der Regel nur
über einige Tage (fungitoxischer Schwellenwert). Nach dieser Zeit
können allerdings nicht-fungitoxische Konzentrationen unter ungünstigen Verhältnissen das Wachstum der Kulturpflanzen noch beeinträchtigen. Bei Versuchen von Cram u. Vaartaja blieben nach der Anwendung
von Bodenfungiciden (z. B. Captan) Bakterien unbeeinflußt oder wurden
sogar gefördert, gewisse Saprophyten (*Fusarium-* und *Penicillium*arten)
zeigten hohe Fungicid-Toleranz.

Saatgutbeizung.

Nach den guten Erfolgen der quecksilberfreien Beizmittel bei Rüben-
und Gemüsesaatgut wird auch die klassische Quecksilberbeizung zu
Getreide einer Prüfung unterzogen. De Tempe stellt fest, daß die übliche
Beizung von Weizen- und Gerstensaat mit organischen Quecksilber-
präparaten zur Bekämpfung von *Fusarium*arten bzw. *Helminthosporium
sativum* ungenügend ist, z. T. phytotoxische Schäden hervorruft; TMTD
sei günstiger. Nach Melnikov sind die fungiciden Eigenschaften der
aromatischen Quecksilberverbindungen schwächer als die der aliphatischen Reihe. In dieser nähme die fungicide Aktivität mit der Vergrößerung des mit dem Quecksilber verbundenen Kohlenwasserstoff-

radikals ab. Der mit dem Quecksilber verbundene Säurerest beeinflusse die fungicide Aktivität nicht wesentlich. Trotz offensichtlicher Mängel der Warmwasserbeizung zur Bekämpfung des Weizen- und Gerstenflugbrandes kann sie nach NIEMANN z. Z. noch nicht durch einfachere Methoden ersetzt werden. Untersucht wurde die Lagerung schwach befeuchteten oder vorgequollenen Saatgutes unter anaeroben Bedingungen. Der Flugbranderreger wird dabei vorwiegend durch die anaerobe Atmung des Korns beeinflußt, auftretende Triebkraftschäden werden mikrobiellen Zersetzungsprodukten zugeschrieben. Beide Faktoren lassen sich durch Sauerstoffentzug und Wahl des Temperaturbereichs beeinflussen. Nach PICHLER hängt die bei dem anaeroben Benetzungsverfahren erforderliche Behandlungsdauer (h) von der Temperatur (t) nach der Gleichung $t = k \cdot \log h + c$ ab. Nach ZEMANEK u. BARTOŠ läßt sich die Wirkung durch Vorquellen des Saatgutes in Chloranillösung vor der anaeroben Exposition verbessern, auch BÖNING u. WAGNER schlagen Verfahren zur Flugbrandbekämpfung mit chemischen Verbindungen vor. VAN ASSCHE hat erfolgreich künstlich infizierte Weizensaat mit den Antibiotica Humulon, Lupulon, Nystatin und Aktinomycin behandelt.

Virosen.

Nach KLINKOWSKI sind die meisten unserer Bekämpfungsmaßnahmen noch auf Infektionsverhütung sowie auf den Anbau resistenter Sorten gerichtet. „Der eigentlichen Therapie ist bisher nur ein kleiner Spielraum geboten."

Zur unmittelbaren Heilung virusinfizierter Pflanzen ist die Wärmetherapie z. Z. noch am wirkungsvollsten. Nachdem bereits früher bei Zuckerrohr und bei Nelken praktische Erfolge erzielt wurden, inaktivierten POSNETTE u. CROPLEY das Mottle-Virus an Erdbeeren durch Wärmebehandlung (37° C). Ebenso wie beim Crinkle-Virus schwankte die Behandlungsdauer je nach Sorte sehr beträchtlich (6—50 Tage). An Yellow edge erkrankte Pflanzen gesundeten nach 26 Tagen symptomlos und ohne Übertragungsmöglichkeit, erkrankten aber nach über einem Jahr erneut. Die Erholung der durch die Wärme nicht abgetöteten Viren wird auf "partial cross protection" durch avirulente, von hohen Temperaturen wenig beeinflußbare Stämme zurückgeführt. BRIERLEY erhielt durch Wärmebehandlung Hydrangeen, die für die Praxis ausreichend ring-spot-frei waren, wenn auch selbst durch mehrwöchige Behandlung nicht alle Viren in der Pflanze vernichtet wurden. Auf dem Gebiet der Chemo-Therapie wird angestrengt gearbeitet, leider lassen sich nur wenige Ansätze zu einer praktischen Anwendbarkeit erkennen; Substanzen, die die Virusentwicklung in den pflanzlichen Zellen beeinflussen, ziehen in ähnlicher Weise auch den Wirt in Mitleidenschaft. Wurden in früheren Jahren gewisse Erfolge mit Chinhydron, Harnstoff, Natriumthiosulfat, Malachitgrün, Guanazol (5-amino-7-hydroxy-l-v-triazolo-(D)pyrimidin) u. a. bekannt, bekämpften MITCHELL, SMALE u. PORTER Bohnenmosaik durch die ungesättigte Furfuryl-Gruppe (in Furfuryl-Ester des 2-Methyl-5-chloro-carbanilin und der Carbanilin-Säuren).

Wirksam waren auch Isopropylester des 2,4-Dinitro-5-chlorocarbanilin und der 2,4-Dinitro-carbanilinsäuren. Nach SUCHOV, COLOVEV u. NIKIFORVOA sollen Formaldehyd-Derivate das Wachstum des TMV unterdrücken. Nachdem man schon früher Hemmwirkungen pflanzlicher Substanzen (z. B. der Cocosnuß) auf die Vermehrung von Viren festgestellt hatte, fand RAGETLI eine solche von Nelkenpreßsaft auf 14 Virosen (u. a. TMV) an 20 Pflanzenarten. Da der Nelkensaft von mosaikkranken Pflanzen nach Entfernung der Viren ebenfalls hemmend wirkte, wird eine Wirtsreaktion vermutet. LUCAS u. WINSTEAD bekämpften Tabak-Mosaik-Viren durch Versprühen von Cytovirin, während MILLER u. VAUGHAN keinen Erfolg mit einer Reihe von Antibiotica zur Bekämpfung des Gelbbrand-Virus an Erdbeeren hatten. BRADLEY u. GANONG inaktivierten Kartoffel-Y-Virus an Tabak mit Trichothecin (aus dem Pilz *Trichothecium roseum* Link).

Antibiotica.

Der eben beschriebene Einsatz antibiotischer Substanzen gegen Viren bildet nach KÖHLER eine der wichtigsten Aufgaben der Antibiotica-Forschung. Gute Bekämpfungsergebnisse sind aber auch gegen pilzliche und bakterielle Pflanzenkrankheitserreger erzielt worden, wenn sich auch die 1955 auf dem Internationalen Kongreß über die Anwendung der Antibiotica in der Landwirtschaft ausgesprochene Erwartung nicht ganz erfüllt hat, daß diese bereits in naher Zukunft in ähnlich umfangreicher Weise wie in der Humanmedizin zur Bekämpfung von Pflanzenkrankheiten eingesetzt würden. Laborteste haben die Wirksamkeit vieler Antibiotica gezeigt, ohne daß sich bei der praktischen Anwendung eine Bestätigung gezeigt hätte. Nur wenige Ausnahmen, wie z. B. Streptomycin, haben sich durchsetzen können; daneben übt der Kostenfaktor auch heute noch eine Hemmwirkung aus.

KLOS bekämpfte *Xanthomonas pruni* an Pfirsich durch Blattspritzungen. *Xanthomonas juglandi* wurde von MILLER mit einem Agrimycin-Präparat bei ähnlichem Erfolg wie durch Kupferspritzungen bekämpft (letztere wirkten in Epidemie-Jahren anhaltender). BOYD u. PATON bürsteten in Schottland eine Streptomycin-Emulsion auf Pflaumenstämme gegen *Pseudomonas mors-prunorum*; auffällig ist die über 6 Monate anhaltende Wirkung. Die gleiche Krankheit an Kirschen wurde von CROSSE u. GARRETT mit Streptomycinsulfat durch Blattspritzung bekämpft; systemische Verbreitung des Präparates erschien diesen Versuchsanstellern unwahrscheinlich. Auch bei der Bekämpfung von *Plasmodiophora brassicae* mit Griseofulvin zeigte sich keine systemische Wirkung (RICH). Eine wirtschaftlich nicht gesicherte Bekämpfung von *Pseudomonas syringae* erzielten ALTMAN u. DAVIS mit einem nicht phytotoxischen Streptomycinnitrat, das auch gegen *Peronospora parasitica* wirkte. Spritzungen mit Streptomycinsulfat oder -nitrat kontrollierten nach SHAW u. LUCAS *Pseudomonas tabaci*. Gegen *Erwinia chrysanthemi* wurden von McFADDEN verschiedene Antibiotica eingesetzt.

Schon KÖHLER machte auf die Leichtigkeit aufmerksam, mit der manche Organismen den Antibiotica gegenüber resistent werden, und zwar schneller als gegenüber anderen antimikrobiellen Substanzen. Das fanden auch YAMANE u. KOMATAN hinsichtlich des Streptomycins bei *Bacterium solanacearum* Smith und *Bacillus phytophthorum* Appel: nach 6 Generationen hatten sich bereits resistente Stämme entwickelt. Durch Serienüberführung in steigende Konzentrationen erhielt HARRIS Stämme von *Pseudomonas mors-prunorum*, die gegenüber mehr als 4000 p.p.m. Streptomycin resistent waren.

Die für europäische Verhältnisse besonders interessierende Wirkung der Antibiotica gegen pilzliche Krankheitserreger wurde weiter untersucht. MULLER stellte fest, daß Sporen allgemein empfindlicher reagieren als Hyphen. Streptomycin zeigte Wirkung gegen *Peronospora schachtii* (CORNFORD); *Botrytis cinerea* wurde von WEBB mit Griseofulvin, von BECKER, GOODMAN u. GOLDBERG mit Actidion und Oligomycin bekämpft. Bei Versuchen gegen *Ascochyta piri* an Erbsensaatgut beobachtete DEKKER stark fungicide Wirkung von Rinocidin und Piramicin. Bei einem Vergleichsversuch gegen *Piricularia orzyae* wirkte von 9 Antibiotica nur Actidion besser als ein organisches Quecksilber-Präparat (TERNI u. KAGAWA). Interessante systemische Wirkung eines Actidion-Derivats beschreiben HAMILTON u. SZKOLNIK: Bodenbehandlung bewirkte Schutz gegen Blattinfektion durch *Coccomyces (Higginsia) hiemalis.* Über einzuhaltende Karenzzeiten zwischen Antibiotica-Anwendung und Ernte — besonders bei Gemüse — besteht noch keine Klarheit, WEBB fordert für Salat 4 Wochen. Hatte schon McNEW 1955 auf einen auffälligen Synergismus zwischen verschiedenen Antibiotica sowie zwischen Antibiotica und bestimmten Metallverbindungen hingewiesen, steigert nach BONDE u. JOHNSON Agrimycin die Wirkung fast aller Fungizide gegen *Phytophthora infestans.*

Mikroorganismen treten bei der Bekämpfung phytopathogener Pilze hinter den von ihnen produzierten Antibiotica zurück. Praktisch realisierbare Vorschläge sehen den Einsatz von in Baumwollölkuchen kultivierten und als Dünger verwendeten Actinomyceten-Stämmen vor. YIN, KENG, YANG u. CHEN beobachteten stimulierenden Einfluß auf Baumwolle sowie vermindertes Auftreten der Verticillium-Welke, KUBLANOWSKAJA u. DSHALILOWA erzielten bei Zuckermelonen sowohl höheren Ertrag als auch Bekämpfung einer durch *Fusarium oxysporum* hervorgerufenen Welke.

Physikalische Methoden.

Erfolglos verliefen bisher Versuche, Ultraschall zur Unterstützung der Saatgutbeizung (FISCHNICH u. HEILINGER) oder zur Bekämpfung des Flugbrandes und der Streifenkrankheit (JOHANNES) einzusetzen. „Niedrige Frequenzen und geringe Intensitäten lassen aber die Möglichkeit offen, durch mechanische Massage der Micellarstrukturen der Zellorganelle des Gerstenembryos wirksame Fungicide bis zum Endomycel des Flugbrandes einzutreiben."

Nach SIRRY schädigte ultraviolettes Licht (2150—3000 Å) das Wachstum verschiedener *Botrytis*-Arten, tötete sie aber nicht ab.

MUCHIN u. PANASSENKO untersuchten den Einfluß von Bestrahlungen mit Co^{60} auf mit *Phytophthora infestans* infizierte Kartoffelknollen. Bei

Bestrahlungen mit 10000 r verminderte sich das Wachstum des Pilzes, um nach 7 Tagen aufzuhören, bei 100000 r wurde der Pilz sofort bei der Bestrahlung abgetötet. Bestrahlte Knollen keimten allerdings nicht und erkrankten bei ungünstigen Lagerverhältnissen schwerer als nicht bestrahlte.

Literatur.

ALTMAN, J., and B. H. DAVIS: Plant Dis. Rep. **42**, 416—419 (1958). — ASSCHE, C. VAN: Meded. Landb. Hogesch. Gent **22**, 505 (1957).

BECKER, R. F., R. N. GOODMAN and H. S. GOLDBERG: Plant Dis. Rep. **42**, 1066—1068 (1958). — BÖNING, K., u. F. WAGNER: Angew. Bot. **31**, 197—209 (1957). — BONDE, R., and BARBARA JOHNSQN: Plant Dis. Rep. **42**, 330—333 (1958). — BOYD, A. E. W., and A. M. PATON: Plant Path. **7**, 88—91 (1958). — BRADLEY, R. H. E., and R. Y. GANONG: Virology **4**, 172—181 (1957). — BRIERLEY, P.: Plant Dis. Rep. **41**, 1005 (1957).

CORNFORD, C. E.: Rep. Rothamsted exp. Sta. for 1957 (1958). — CRAM, W. H., and O. VAARTAJA: Phytopathology **47**, 169—173 (1957). — CROSSE, J. E., and M. E. GARRETT CONSTANCE: Ann. appl. Biol. **46**, 310—320 (1958).

DEKKER, J.: T. Pl. Ziekt. **63**, 65—144 (1957). — DOMSCH, K. H.: Z. Pflanzenkr. **65**, 385—405, 651—657 (1958).

FISCHNICH, O., u. F. HEILINGER: Ber. Oberhess. Ges. Nat. u. Heilk. Gießen N. F. Naturwiss. Abt. **29**, 94—99 (1958).

GROSSMANN, F.: Z. Pflanzenkr. **64**, 718—728 (1957); **65**, 594—599 (1958).

HAMILTON, J. M., and M. SZKOLNIK: Abs. in Phytopathology **48**, 262 (1958). — HARRIS, R. V.: Rep. E. Malling Res. Sta. **1957**, 22—27, 161—163 (1958).

JOHANNES, H.: Nachr.bl. dtsch. Pflanzenschutzd., Braunschweig **11**, 33—42 (1959).

KENDRICK, J. B., and G. A. ZENTMYER: Adv. Pest Control Res. **1**, 219—275 (1957). — KLINKOWSKI, M.: Pflanzliche Virologie. Berlin: Akademie-Verlag 1958. — KLOS, E. J.: Quart. Bull. Mich. agric. exp. Sta. **40**, 653—658 (1958). — KÖHLER, HEDWIG: Einführung in die Methoden der pflanzlichen Antibiotikaforschung. Berlin: Akademie-Verlag 1956. — KUBLANOWSKAJA, G. M., u. W. M. DSHALI-LOWA: Ssad: Ogorod **2**, 41—42 (1958).

LUCAS, G. B., and N. N. WINSTEAD: Abs. in Phytopathology **48**, 344 (1958).

McFADDEN, L. A.: Diss. Abstr. **17**, 10—11 (1957). — McNEW: Nat. Acad. Sci. Nat. Res. Council (Publ. 397) Washington 1956. — MELNIKOV, N. N.: Über Pflanzenschutzmittel-Forschung in der UdSSR. Berlin: Akademie-Verlag 1959. — MILLER, P. W.: Plant Dis. Rep. **42**, 388 bis 389 (1958). — MILLER, P. W., and E. K. VAUGHAN: Plant Dis. Rep. **41**, 17 (1957). — MITCHELL, J. W., B. C. SMALE and F. M. PORTER: Phytopathology **48**, 517—518 (1958). — MUCHIN, E. N., u. N. P. PANASSENKO: Ber. Akad. Wiss. UdSSR **115**, 1209 (1957). — MULLER, W. H.: Amer. J. Bot. **45**, 183—190 (1958).

NIEMANN, E.: Nachr.bl. Dtsch. Pflanzenschutzd., Braunschweig **10**, 26—30, 145—151 (1958).

PICHLER, F.: Z. Pflanzenkr. **65**, 472—475 (1958). — POSNETTE, A. F., and R. CROPLEY: J. hort. Sci. **33**, 282—288 (1958).

RAGETLI, H. W. J.: T. Pl.Ziekt. **63**, 247—344 (1958). — RICH, S.: Plant Dis. Rep. **41**, 1033—1035 (1957).

SHAW, L., and G. P. LUCAS: Plant Dis. Rep. **41**, 939 (1957). — SIRRY, A. R.: Ann. Agric. Sci., Cairo **2**, 201—207 (1957). — SUCHOV, K. S., B. M. COLOVEV, G. S. NIKIFORVOA: Ber. Akad. Wiss. UdSSR **88**, 559 (1953).

TEMPE, J. DE: T. Pl.Ziekt. **64**, 150—162 (1958). — TERNI, M., and H. KAGAWA: Bull. Fac. Agric. Hirosaki Univ. **4**, 29—75 (1958).

WEBB, F. W.: Agriculture **64**, 493—497 (1958).

YAMANE, G., and M. KOMATAN: Sci. Rep. Kagoshima Univ. **6**, 99—112 (1957). — YIN, S. Y., D. C. KENG, K. Y. YANG and D. CHEN: Acta phytopath. sinica **3**, 55—61 (1957).

ZEMANEK, J., u. P. BARTOŠ: Sborn. čsl. akad. zeměděl. věd. Rostl. výr. **3** (30), 1—12 (1957).

24. Holzkrankheiten und Holzschutz.

Von HERBERT ZYCHA, Hann.-Münden.

1. Stamm- und Lagerfäulen.

Aus wirtschaftlichen Gründen interessiert der Anteil an faulem Holz namentlich dort, wo erstmalig geerntet werden soll. FOSTER u. Mitarb. haben in Brit. Columbien Bestände von Tsuga heterophylla (Raf.) Sarg. und Abies amabilis (Dougl.) Forbes untersucht, deren Holz vorwiegend von Echinodontium tinctorium Ell. et Ev. (Hydnaceae) und Fomes (= Trametes) pini (Polyporaceae) zerstört wird. Während bis zu einem Baumalter von 300 Jahren nur diejenigen Bäume erhebliche Pilzschäden aufweisen, welche äußerlich erkennbare Schäden durch Wunden, Astbruch usw. aufweisen, sind bei den untersuchten bis 600jährigen Stämmen praktisch alle weitgehend von Pilzen angegriffen. Die Beziehungen des Anteils an zerstörtem Holz zum Durchmesser und zum Alter der Bäume wurden zahlenmäßig erfaßt. In ähnlicher Weise wurden in Alberta [ETHERIDGE (1)] in der "Rocky Mountain Forest Reserve" Picea glauca (Moench) Voss, P. mariana (Mill.) B. S. P. und P. Engelmannii Parry untersucht. Wie solche Holzschäden nach einem Bodenfeuer im Wald sich in den Stämmen entwickeln, haben BASHAM (1) in Ontario und NORDIN in Brit. Columbien untersucht. Erhebliche Holzzerstörung an stehenden Populus tremuloides Michx stellte BASHAM (2) in Brit. Columbien fest. Sie wird vorwiegend durch Fomes igniarius var. populinus (Neu.) Campb., sowie durch Pholiota spectabilis Fr. und Armillaria mellea (Vahl. ex Fr.) Quél. hervorgerufen.

Ausgedehnte Untersuchungen über die Bedingungen für das Auftreten von Verblauung und Fäulnis an gelagertem Holz für die Cellulosefabrikation hat BJÖRKMAN (1) durchgeführt. Er hat nicht nur die Pilzarten, sondern vor allem die Feuchtigkeitsverhältnisse genau ermittelt. Es zeigte sich, daß für die Lagerung des Holzes keine allgemeinen Regeln gegeben werden können, da Jahreszeit und Luftfeuchtigkeit am Lagerort allein ausschlaggebend sind. Berindetes Holz hält an sich die Feuchtigkeit länger, ist aber stärker pilzgefährdet, wenn später die Trocknung langsam einsetzt. Entrindung erweist sich als empfehlenswert, wenn die Fällung und Aufarbeitung zu einem Zeitpunkt und an einem Ort erfolgen, an dem die Trocknung schnell einsetzt. Die häufigsten Pilze sind hier Stereum sanguinolentum und Pol. zonatus an Nadelholz, sowie Stereum hirsutum und St. purpureum an Laubholz, wobei man aus dem Auftreten von Fruchtkörpern auf die Lagerbedingungen zurückschließen kann. In einer weiteren Arbeit befaßt sich BJÖRKMAN (2) mit

geflößtem Kiefern- und Fichtenholz, da sich hier durch technische Veränderung der Flößwege und dadurch, daß jetzt jüngere Bäume mit
weniger widerstandsfähigem Holz und geringerer Schwimmfähigkeit
geflößt werden, neue Gesichtspunkte ergeben haben. Nicht entrindetes
Holz ist weniger fäulnisgefährdet als entrindetes, doch muß durch eine
Schutzbehandlung dafür gesorgt sein, daß keine Insekten in das Holz
eindringen und dadurch Wege für Bläue- und andere Pilze geschaffen
werden. Das Holz muß frühzeitig, spätestens Anfang Mai, ins Wasser
gebracht werden, wenn man Pilzschäden vermeiden will.

LINZON weist auf eigenartige wasserreiche Zonen im Kernholz der
Weymouthskiefer hin, die man für eine beginnende Fäulnis halten könnte,
die aber frei von Pilzbefall sind.

2. Holzzerstörung unter Wasser.

Den unter Wasser wachsenden holzzerstörenden Pilzen wurde erst
neuerdings etwas mehr Aufmerksamkeit gewidmet. KOHLMEYER (1, 2)
beschreibt mehrere Arten von Ascomycetes und Fungi imperfecti, welche
er im Mittelmeer und in Meerwasseraquarien gefunden hat (davon eine
spec. nov.). Die Pilze vermögen Cellulose abzubauen und das Erscheinungsbild der Zerstörung ähnelt dem der „Moderfäule" ("soft-rot"
nach FINDLAY-SAVORY), welche an nassem Holz im Boden oder in
Kühltürmen beobachtet und von Pilzen der gleichen Gruppen hervorgerufen wird, z. B. von Chaetomium globosum, welches nach SAVORY
u. PINION die Polysaccharid-Bestandteile der Zellwände abbaut. Interessant ist, daß BECKER u. KOHLMEYER eine solche Moderfäule auch an
kleinen Fischereifahrzeugen aus leichten Holzarten in Indien feststellten.
Ein Holzangriff durch derartige Pilze scheint im Meerwasser eine
wesentliche Voraussetzung zu sein für einen Befall durch holzzerstörende
Bohrkrebse (Limnoria) und andere Tiere (BECKER).

3. Holzzerstörung im Laborversuch.

ETHERIDGE (2) arbeitete eine Methode aus zur Bestimmung des
Feuchtigkeitsanspruches holzzerstörender Pilze. Danach werden Holzproben mit Propylenoxyd sterilisiert, in vorbereiteten Bohrungen mit
dem vorberechneten Wasserzusatz versehen und mit pilzbewachsenem
Holz infiziert. Nach dieser Methode prüfte ETHERIDGE (3) Holz von
Picea glauca mit mehreren Pilzen, wobei auch die Temperaturoptima
bestimmt wurden. Die im Stammfuß vorkommenden Pilze stellten
höhere Feuchtigkeitsansprüche als die, welche den Stamm weiter oben
zu befallen pflegen. ETHERIDGE (4) hat dann gefunden, daß der Gehalt
an Capillarwasser (berechnet in Prozent des maximal möglichen) im
Kernholz bei „herrschenden" Stämmen höher ist als bei unterdrückten
und unten im Stamm höher als oben. Entsprechend den im Versuch
gefundenen Optimalwerten ist auch in den Zonen niedrigen Wasser-
gehaltes in stehenden Bäumen der Pilzbefall nur gering.

GERSONDE (1) verglich Wachstum, Intensität der Holzzerstörung
und Giftempfindlichkeit verschiedener Stämme (Herkünfte) der Pilze

Coniophora cerebella Pers., Poria vaporaria Fr. und P. Vaillantii (D.C.)Fr. nach dem Kolleschalen-Verfahren (DIN 52176), wobei sich deutliche Unterschiede ergaben. Wenn auch die Empfindlichkeit gegenüber gewissen Typen von Holzschutzchemikalien bei jeder Pilzart im Grunde einheitlich ist, so lassen sich doch bei den 7 untersuchten Coniophora-Stämmen und den 4 Poria vaporaria-Stämmen individuelle Unterschiede erkennen. Vergleicht man die bei diesen Pilzen und die bei Merulius lacrymans oder Lentinus lepideus gefundenen Giftwerte [GERSONDE (2)], so lassen sich bemerkenswerte Unterschiede in der Empfindlichkeit gegenüber bestimmten Giften feststellen. Die Variationsbreite der Giftempfindlichkeit verschiedener Stämme der gleichen Pilzart ist im Hinblick auf die Prüfung der pilzwidrigen Eigenschaften von Holzschutzmitteln bedeutsam. Ähnliche Versuche, jedoch nach der amerikanischen "soil-block"-Methode und nach dem Kolleschalen-Verfahren wurden mit 25 Stämmen von Lentinus lepideus von SCHULZ durchgeführt, wobei sich ebenfalls erhebliche Unterschiede ergaben.

ZIEGLER u. LAU haben festgestellt, daß gewisse Meruliusarten im Gegensatz zu anderen holzzerstörenden Pilzen einen fluorescierenden Stoff enthalten, welcher im UV-Licht nachweisbar ist. Möglicherweise erweist sich diese Methode für diagnostische Zwecke als brauchbar.

Mit dem Einfluß der Holzzerstörung durch Pilze auf mechanische Eigenschaften des Holzes befaßten sich WAZNY, welcher die Veränderung von Druckfestigkeit, statischer Biegefestigkeit, Schlagbiegefestigkeit sowie Härte untersuchte, und BORUP u. RENNERFELT, welche die Veränderung des Ausziehwiderstandes von Nägeln aus gesundem und pilzbefallenem Kiefernsplintholz prüften.

4. Holzschutzmaßnahmen.

Als auffällig dauerhaft erwiesen sich gewisse Holzarten, deren Inhaltsstoffe SANDERMANN, DIETRICHS u. GOTTWALD erforschten. Sie stammten aus über 1000 Jahre alten Bauten Ägyptens und Südamerikas.

LIESE berichtet kurz über Versuche Reißen, Einlauf und Verstocken von Buchenholz zu verhindern. Für die Tränkung mit Schutzmitteln spielt die Wegsamkeit des Holzes eine große Rolle. HUBER u. MERZ glauben durch wechselnden Über- und Unterdruck den Tüpfelverschluß so beeinflussen zu können, daß sich auch Fichtenholz gut imprägnieren läßt. GÖHRE (1) teilt mit, daß bei bestimmter Holzfeuchte und Temperatur auch Kiefernkernholz sich mit Teeröl gut tränken läßt. Nasses Grubenholz läßt sich nach GÖHRE (2) gut mittels Trogtränkung im Heiß-Kalt-Verfahren imprägnieren. BROESE VAN GROENOU u. BELLMANN konnten feuchte Buchenschwellen nach einem variierten Kesseldruck-Verfahren zufriedenstellend mit Teeröl tränken. BAVENDAMM u. SIUTS prüften das in der Praxis verschiedentlich angewandte Verfahren der Imprägnierung von Bauholz durch eine Bohrlochdrucktränkung.

Wie schwierig eine Beurteilung von Holzschutzmitteln ist, zeigen die chemischen Untersuchungen über ölige Schutzmittel gegen Schäden durch Bläuepilze (SANDERMANN, CASTEN, KRASTING u. PIEPER). Für die

Bekämpfung des Hausschwammes (Merulius) spielen Schutzmittel eine Rolle, welche die im Mauerwerk verborgenen Mycelteile abzutöten vermögen. Über Untersuchungen auf diesem bisher nicht sehr beachteten Gebiet berichtet BURO. HOF prüfte die pilzwidrigen Eigenschaften von Holzschutzmitteln, welche im Gartenbau Verwendung finden.

5. Erfolgsprüfung bei Holzschutzmaßnahmen.

DUNCAN sammelte weitere Erfahrungen über die "soil-block"-Methode zur Prüfung der Wirksamkeit von Holzschutzmitteln. GERSONDE u. BECKER modernisierten ein früher angewandtes Verfahren zur Prüfung von Schutzmitteln. In einem modernen „Schwammkeller" wurden Fußbodendielen üblicher Ausmaße mit und ohne Schutzbehandlung dem Pilzangriff ausgesetzt. Es ergaben sich dabei wesentlich höhere Grenzwerte für die Pilzgiftigkeit als sie nach der Kolleschalen-Methode (DIN 52176) zu erwarten gewesen wären.

Zur Prüfung von Schutzmaßnahmen für im Freien verbautes Holz sind Freilandversuche nicht zu umgehen. RENNERFELT teilt Ergebnisse eines solchen 9 Jahre alten Versuches mit. BROESE VAN GROENOU beschreibt Freilandversuche mit Eisenbahnschwellen. Daß schon nach Ablauf von relativ wenigen Jahren wesentliche Erkenntnisse gewonnen werden können, zeigen die Ergebnisse von WÄLCHLI, welcher insbesondere sich bemühte die Lebensdauer von mit Kupfersulfat imprägnierten Stangen zu verlängern. Wie derartige Nachschutzmittel in das Holz von Masten eindringen und sich ausbreiten zeigen die umfangreichen Untersuchungen von BECKER, ZYCHA u. Mitarb.

Literatur.

BASHAM, J. T.: (1) Canad. Dept. Agric., Ottawa, Publ. 1022, 38 S. (1958). — (2) Canad. J. Bot. 36, 491—505 (1958). — BAVENDAMM, W., u. U. SIUTS: Holz Roh- u. Werkstoff 16, 430—435 (1958). — BECKER, G.: Holz Roh- u. Werkstoff 16, 204—215 (1958). — BECKER, G., u. J. KOHLMEYER: Arch. Fischereiwiss. 9, 29—40 (1958). — BECKER, G., H. ZYCHA u. Mitarb.: Mitt. Dtsch. Ges. Holzforsch. H. 42, 75 S. (1958). — BJÖRKMAN, E.: (1) Bull. roy. School For. Stockholm, Nr. 29, 128 S. (1958). — (2) Bull. roy. School For. Stockholm, Nr. 30, 62 S. (1958). — BORUP, L., u. E. RENNERFELT: Holz Roh- u. Werkstoff 16, 453—459 (1958). — BROESE VAN GROENOU, H.: Holzschwelle H. 25, 7 S. (1958). — BROESE VAN GROENOU, H., u. H. BELLMANN: Holz Roh- u. Werkstoff 16, 229—233 (1958). — BURO, A.: Berliner Bauwirtsch. 9, 164—170 (1958).

DUNCAN, CATH. G.: F. P. L. (Madison) Rep. 2114, 127 S. (1958).

ETHERIDGE, D. E.: (1) Forestry Chronicle 34, 116—131 (1958). — (2) Canad. J. Bot. 35, 615—618 (1957). — (3) Canad. J. Bot. 35, 935—944 (1957). — (4) Canad. J. Bot. 36, 187—206 (1958).

FOSTER, R. E., J. E. BROWNE and A. T. FOSTER: Canad. Dept. Agric. Ottawa, Publ. 1029, 37 S. (1958).

GERSONDE, M.: (1) Holzforsch. 12, 11—19, 73—83, 104—114 (1958). — (2) Holz Roh- u. Werkstoff 16, 221—226 (1958). — GERSONDE, M., u. G. BECKER: Holz Roh- u. Werkstoff 16, 346—357 (1958). — GÖHRE, K.: (1) Holz Roh- u. Werkstoff 16, 22—27 (1958). — (2) Arch. Forstwes. Berlin 7, 243—256 (1958).

HOF, T.: Meded. Direct. Tuinbouw 21, 17—26 (1958). — HUBER, B., u. W. MERZ: Planta 51, 660—672 (1958).

KOHLMEYER, J.: (1) Holz Roh- u. Werkstoff **16**, 215—220 (1958). — (2) Ber. dtsch. bot. Ges. **71**, 98—116 (1958).

LIESE, W.: Holz-Zbl. **84**, 91—92 (1958). — LINZON, S. N.: Forestry Chron. **34**, 48—49 (1958).

NORDIN, V. J.: Forestry Chronicle **34**, 257—265 (1958).

RENNERFELT, E.: Meddel. Stat. Skogsforskn. Inst. Stockholm **48**, Nr. 6, 1—37 (1958).

SANDERMANN, W., R. CASTEN, W. KRASTING u. J. PIEPER: Holzforsch. u. Holzverwertg. Wien **10**, 57—66 (1958). — SANDERMANN, W., H. H. DIETRICHS u. H. GOTTWALD: Holz Roh- u. Werkstoff **16**, 197—204 (1958). — SAVORY, J. G., u. L. C. PINION: Holzforschg. Berlin **12**, 99—103 (1958). — SCHULZ, G.: Holz Roh- u. Werkstoff **16**, 435—444 (1958).

WÄLCHLI, O.: Bull. schweiz. elektrotechn. Ver. **5**, 121—136 (1958). — WAZNY, J.: Holz Roh- u. Werkstoff **16**, 285—288 (1958).

ZIEGLER, H., u. G. LAU: Naturwissenschaften **45**, 45—46 (1958).

25. Antibiotica.

Von Hans Zähner, Zürich.

Einleitung.

Antibiotica sind von Mikroorganismen gebildete Stoffe, die andere Mikroorganismen am Wachstum hindern oder sie zerstören [Waksman (1)]. Diese Definition war in den letzten Jahren einigem Wandel unterworfen. Einmal wurde sie durch die antibiotisch wirkenden Substanzen aus höheren Pflanzen und Tieren auf der Seite der Antibiotica-Bildner erweitert, anderseits erfolgte auch eine Ausweitung des Begriffes auf der Wirkungsseite durch die keimungshemmenden Stoffe (Zusammenfassung bei Sumere u. Massart) und durch Substanzen, die auf Tumorzellen oder Viren wirken (Stock u. Mitarb.). Der Begriff Antibioticum ist daher neu zu definieren: Antibiotica sind Stoffe biologischen Ursprungs, die in geringen Konzentrationen biologische Vorgänge in negativem Sinne beeinflussen.

Die mannigfaltigen Probleme der Antibioticakunde können in dieser knappen Übersicht nicht voll ausgebreitet werden. Eine erste Unterteilung der mit dem Begriff Antibioticum verknüpften Probleme läßt sich von der klassischen Definition Waksmans her vornehmen:

a) mit der Antibiotica-Bildung zusammenhängende Probleme:

Systematik der Antibiotica-Produzenten, Bildungsbedingungen, Chemismus und Biogenese, Bedeutung im Stoffwechsel der Produzenten,

b) mit der Antibiotica-Wirkung zusammenhängende Probleme:

Spektrum und Spezifität der Wirkung, Testmethoden, Wirkungsmechanismen, Resistenz, Antibioticaanwendung [Chemotherapie (Bakterien, Viren, Tumoren), Konservierung, Tierernährung, Pflanzenschutz].

In den folgenden Abschnitten sollen anhand einiger Beispiele die Probleme aufgezeigt und die Wege skizziert werden, die zu ihrer Lösung eingeschlagen worden sind.

Zur Systematik der Antibiotica-Bildner.

In Barons "Handbook of Antibiotics" sind annähernd gleich viele Antibiotica von Pilzen aufgeführt wie von anderen Organismen. Die Verteilung der neugefundenen Antibiotica nach Produzenten hat sich in den letzten Jahren stark verschoben. Chain führt in seiner Aufstellung der seit 1955 beschriebenen Antibiotica 64 verschiedene Substanzen auf, die sich wie folgt verteilen: Actinomyceten 56, Pilze und Bakterien je 4. Dementsprechend gewannen die Actinomyceten — und unter ihnen speziell die Gattung Streptomyces Waksman et Henrici — an Interesse. Mehrere Forschergruppen haben sich in den letzten Jahren mit der Systematik der Gattung Streptomyces befaßt: WAKSMAN (2, 3, 4), WAKSMAN u. LECHEVALIER, BALDACCI u. Mitarb. (1—4), GAUSE, GAUSE u. Mitarb., BURKHOLDER u. Mitarb. (1, 2), CORBAZ u. Mitarb. (1,2), ETTLINGER u. Mitarb. (1, 2), HESSELTINE u. Mitarb., PRIDHAM u. Mitarb., BENEDICT u. Mitarb., FLAIG u. KUTZNER (1, 2).

Weder der Schlüssel von WAKSMAN und LECHEVALIER noch die Darstellung in BERGEYs "Manual of Determinative Bacteriology" durch WAKSMAN (2) erlauben eine befriedigende Bestimmung von Arten der Gattung Streptomyces. Das Fehlen authentischer Typuskulturen, eine uneinheitliche Nomenklatur, die unterschiedliche Bewertung einzelner Merkmale und die Verquickung patentrechtlicher Probleme mit Fragen der Systematik sind die hauptsächlichen Ursachen der bestehenden Unsicherheit. Zur Beschreibung von Streptomyces-Stämmen stehen heute die folgenden Merkmalsgruppen zur Verfügung:

1. *Form und Umriß der Sporen* (Elektronenmikroskopie). Eingeführt durch FLAIG u. Mitarb., FLAIG u. KUTZNER (1, 2), von BALDACCI u. Mitarb. (1) übernommen und durch ETTLINGER u. Mitarb. (1, 2) als zwingend für die Artdifferenzierung erkannt.

2. *Farbe des Luftmycels* [BALDACCI u. Mitarb. (2, 4), HESSELTINE u. Mitarb., FLAIG u. KUTZNER (1, 2), YAMAGUCHI u. SABURI, GAUSE, PRIDHAM u. Mitarb. (2), ETTLINGER u. Mitarb. (1, 2)].

3. *Morphologie des Luftmycels* [BURKHOLDER u. Mitarb. (2), HESSELTINE u. Mitarb., PRIDHAM u. Mitarb. (2), ETTLINGER u. Mitarb. (1,2)].

4. *Bildung eines melaninartigen Pigmentes* [vgl. WAKSMAN (3), ETTLINGER u. Mitarb. (1, 2)].

5. *Farbe des vegetativen Mycels* [BALDACCI u. Mitarb. (2, 4), GAUSE, FLAIG u. KUTZNER (1, 2)].

6. *Verwertung verschiedener Kohlenstoffquellen* [PRIDHAM u. GOTTLIEB (1), BENEDICT u. Mitarb., ZÄHNER u. ETTLINGER, MAYAMA (1)].

7. *Verwertung verschiedener Stickstoffquellen* [OKAMI (1), BURKHOLDER u. Mitarb. (2)].

8. *Antagonistische Fähigkeiten* [BURKHOLDER u. Mitarb. (2), BALDACCI].

9. H_2S-*Bildung auf Eisenpeptonagar* (TRESNER u. DANGER).

10. *Phagen-Empfindlichkeit* [BURKHOLDER u. Mitarb. (2), WELSCH u. Mitarb.].

11. *Serologische Diagnose* [HATA u. Mitarb. (2), OKAMI (2), MAYAMA (2)].

Welche dieser Merkmale als artbestimmend zu betrachten sind, war bisher dem Ermessen jedes einzelnen Bearbeiters überlassen. Diesen unhaltbaren Zustand, der die Zahl der beschriebenen Streptomyces-Arten auf einige Hundert anschwellen ließ, zu beenden, ist das Ziel des 1958 gegründeten "Subcommittee on Taxonomy of the Streptomycetes" des "International Committee on Bacteriologicae Nomenclature". Anläßlich eines Symposiums über Actinomyceten-Systematik am internationalen Kongreß für Mikrobiologie in Stockholm (1958) empfahl das

Subcommittee die folgenden **5** als wertvoll erkannten Merkmale für die Beschreibung von Streptomyces-Arten: Morphologie der Sporen, Morphologie des Luftmycels, Farbe des Luftmycels, Farbe des vegetativen Mycels, Bildung eines melaninartigen Pigmentes.

Ob dieser Empfehlung nachgelebt wird und ob sie die gewünschte Klarheit in die Systematik der Streptomyces-Arten bringen wird, werden spätere Arbeiten lehren.

Antibiotica-Biogenese.

Die erweiterten Kenntnisse der Antibiotica-Chemie erlauben eine vorläufige Gliederung dieser Naturstoffe nach biogenetischen Gesichtspunkten, wobei die Zuordnung vielfach noch auf Hypothesen beruht (ABRAHAM u. NEWTON). Als strukturelle Einheiten können auftreten:

a) Acetat (aus Platzgründen kann nur diese Gruppe besprochen werden).

b) Zucker und Zuckerderivate (z. B. Streptomycin, Kanamycin [CRON u. Mitarb. (1, 2)].

c) Aminosäuren:

einfache Glieder dieser Gruppe: z. B. Penicillin [ARNSTEIN u. GRANT, STEVENS u. DeLONG, BIRCH u. SMITH (5)], Cycloserin, Azaserin, Thiolutin;

makrocyclische Glieder: z. B. Actinomycine (BROCKMANN u. Mitarb., BROCKMANN u. MUXFELDT, JOHNSON), Echinomycin (KELLER u. Mitarb.), Etamycin [SHEEHAN u. Mitarb. (1—3)], Bacitracin (CRAIG u. Mitarb., KÖNIGSBERG u. CRAIG, ABRAHAM), Circulin [KOFFLER u. Mitarb. (1—3)], Gramicidin S (Synthese durch SCHWYZER u. SIEBER, SCHWYZER), Valinomycin (BROCKMANN u. GEEREN) usw.

Acetat als biogenetische Einheit von Antibiotica.

Durch stufenweise Kondensation von Acetat (bzw. Acetyl-Coenzym A) werden Poly-β-Ketosäuren gebildet, aus denen durch innere Kondensation aromatische Verbindungen mit Hydroxy-Gruppen in meta-Stellung entstehen. BIRCH diskutiert den Mechanismus dieser Reaktionen und wendet diese Hypothese auf eine große Zahl von Naturstoffen an [vgl. auch ETTLINGER u. Mitarb. (3)]. Bei den Antibiotica ist dieses Aufbauprinzip erst für Griseofulvin, einen von verschiedenen Penicillium-Arten gebildeten antifungischen Stoff, vollständig experimentell bewiesen. BIRCH u. Mitarb. (4) haben mit Hilfe markierter Essigsäure nachgewiesen, daß Griseofulvin (Formel I) aus Acetat über die Poly-β-Ketosäure (Formel II) aufgebaut wird.

Formel I (Griseofulvin)   Formel II

Die Methoxyl-Gruppen werden in einem späteren Stadium angefügt, wie die Versuche von HOCKENHULL u. FAULDS mit methylmarkiertem Cholin zeigten. Dasselbe gilt für das Chloratom.

Für die Tetracycline (Formel III) (7-Chlor-Derivat, Aureomycin, 5-hydroxy-Derivat, Terramycin) haben J. F. SNELL u. Mitarb. und MILLER u. Mitarb. den Nachweis erbracht, daß die Ringe D und C und teilweise auch der Ring B aus Acetat gebildet werden. Über die Herkunft des Ringes A gaben diese Versuche keine Auskunft.

Formel III (Tetracyclin)

Das von BIRCH dargelegte Aufbauprinzip läßt sich auch auf die Makrolide anwenden. Als Makrolide bezeichnet man eine Gruppe von basischen Antibiotica, die neben einem oder mehreren Zuckern einen makrocyclischen Lactonring enthalten (WOODWARD). Albomycetin (TA-KAHASHI), Amaromycin [HATA u. Mitarb. (4)], Angolamycin [CORBAZ u. Mitarb. (5)], Erythromycin (Struktur bei WILEY u. Mitarb., biologische Wirkung siehe HERELL und FORFAR u. MACCABE), Griseomycin (VAN DIJCK u. Mitarb., VANDERHAEGE u. Mitarb.), Leucomycin [HATA u. Mitarb. (1, 3, 5), SANO (1, 2), SANO u. Mitarb.], Magnamycin (WOOD-WARD), Methymycin [DONIN u. Mitarb., DJERASSI u. Mitarb. (1, 2)], Narbomycin [CORBAZ u. Mitarb. (3)], Neomethymycin [DJERASSI u. HALPERN (3, 4)], Oleandomycin [SOBIN u. Mitarb., ELS u. Mitarb. (1, 2)], Pikromycin [BROCKMANN, BROCKMANN u. OSTER, ANLIKER u. GUBLER (1, 2)], Spiramycin [PINNERT-SINDICO u. Mitarb., RAVINA u. Mitarb., PAUL u. TCHELITCHEFF (1—3), CORBAZ u. Mitarb. (4)], Tertiomycine [OSATO u. Mitarb. (1, 2)]. Nach der Hypothese von WOODWARD und BIRCH ist bei diesen Antibiotica die Kondensation der Poly-β-Ketosäure nach der Lactonbildung stehengeblieben, ohne daß eine weitere innere Kondensation stattfindet. — Am Beispiel der Makrolid-Biogenese ist noch ein weiteres Problem der Naturstoff-Biogenese aufzuzeigen — die Frage nach der Herkunft von C_3-Einheiten. Aus den Formeln für Magnamycin (IV) und für Erythromycin (V) (die biogenetischen Einheiten nach der Hypothese von WOODWARD sind durch gestrichelte Linien abgegrenzt) geht hervor, daß der Makrolid-Ring des Magnamycins mit Ausnahme der Methylgruppe am C 10 aus Acetateinheiten besteht, während der Makrolid-Ring des Erythromycins ausschließlich aus C_3-Einheiten zusammengesetzt ist. Die Ansichten gehen nun auseinander, ob z. B. die C_3-Einheiten des Erythromycins aus der Propionsäure stammen, die analog den Acetateinheiten zu einer langen

Kette zusammengefügt wurden, oder ob die Kette mit den C_3-Einheiten aus einer „Acetat-Kette" mit nachfolgender Methylierung entstanden ist. VARCEK u. Mitarb. kommen gestützt auf ihre Versuche mit markierter Essigsäure, Propionsäure, Brenztraubensäure, Bernsteinsäure und Isovaleriansäure zur Ansicht, daß die Biosynthese des Makrolid-Ringes des Erythromycins durch Kondensation von Propionsäure erfolgt. In der gleichen Richtung lassen sich die Versuche von MUSILEK u. SEVCIK (1—3) zur Hemmung der Erythromycin-Bildung durch Arsenit interpretieren. Während BIRCH, DJERASSI, DUTCHER und SMITH [nach Angaben von ABRAHAM u. NEWTON (1)] auf Grund noch unpublizierter Versuche annehmen, daß das Erythromycin aus Acetat mit nachfolgender Methylierung aufgebaut wird.

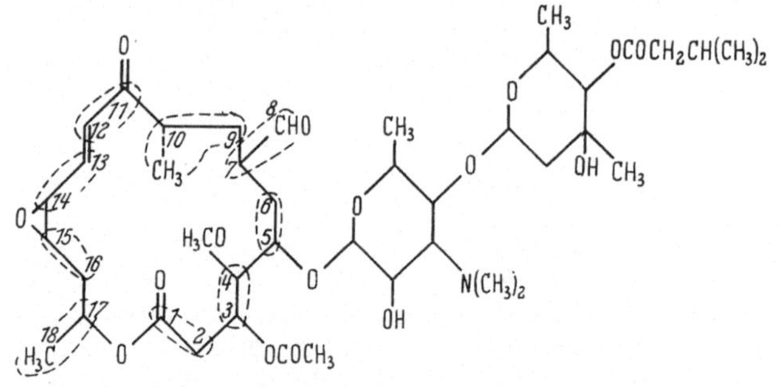

Formel IV (Magnamycin)

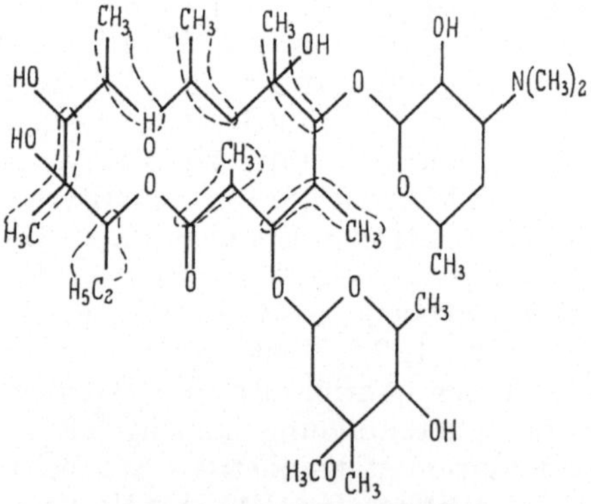

Formel V (Erythromycin)

Acetat bildet noch für eine weitere Gruppe von Antibiotica das Ausgangsmaterial, für die Polyacetylene (Übersichten bei ANCHEL, BU'LOCK, BOHLMANN u. MANNHARDT). BU'LOCK u. Mitarb. (1, 2) erbrachten mit markierter Essigsäure den Nachweis dafür am Beispiel der Nemotinsäure (Formel VI).

$$HC \equiv C \cdot C \equiv C \cdot CH = C = CH \cdot CHOH \cdot CH_2 \cdot CH_2 \cdot CO_2H$$

Formel VI (Nemotinsäure)

Über die Reaktionskette: Acetyl-Coenzym A-Acetacetyl-Coenzym A — β-Hydroxy-β-Methylglutarsäure — Mevalonsäure (LYNEN) ist das Acetat auch mit dem Aufbau der Mevalonsäure verknüpft. Mevalonsäure ist ein wichtiges Zwischenglied in der Biogenese der Terpene und Steroide. Daher sind noch weitere Antibiotica, für die Mevalonsäure als Baustein nachgewiesen ist (z. B. die Antibiotica der Sterol-Triterpengruppe (ABRAHAM) und das Mycophenol [BIRCH u. Mitarb. (1, 2, 3, 5)] in die Gruppe der mehr oder weniger direkt aus Acetat aufgebauten Antibiotica einzureihen.

Die Feststellung, daß so verschiedene Antibiotica wie die Tetracycline, Makrolide und Polyacetylene auf einem mindestens anfänglich gleichen Wege entstehen, dürfte auch für den nicht auf dieses Gebiet spezialisierte Botaniker von Interessen sein.

Über die Wirkungsweise von Antibiotica.

Seit Jahren bedienen wir uns einer steigenden Zahl von Antibiotica ohne allzuviel von ihren Wirkungsmechanismen zu verstehen [UMBREIT (2)]. Heute ist noch von keinem der chemotherapeutisch brauchbaren Antibiotica der Wirkungsmechanismus völlig geklärt [ETTLINGER (2)]. Eine Besprechung jedes einzelnen Antibioticums in bezug auf die Wirkungsweise ist nicht dringend, um so mehr, als zahlreiche neue Übersichten zu diesem Thema existieren [EAGLE u. SAZ, UMBREIT (1, 2), WYSS u. Mitarb., ETTLINGER (1, 2), HAHN]. Es soll hier vielmehr versucht werden, einen Überblick über die angewandten Methoden und die damit erzielten Ergebnisse zu geben.

Die Möglichkeiten, Auskunft über die Wirkungsweise oder eines Teiles derselben zu erhalten, sind zahlreich; sie können wie folgt gegliedert werden:

1. Der Eintritt des Antibioticums in die Zelle wird verfolgt, mit der Absicht, den Ort der Antibioticawirkung oder mindestens eine Antibioticabindende Komponente zu finden. Dieser Weg wurde im Falle des Penicillins (mit ^{35}S markiert) beschritten. Einen Überblick der beim Penicillin erzielten Ergebnisse gibt COOPER. Penicillin-empfindliche Bakterien besitzen eine bestimmte Menge einer spezifisch penicillinbindenden Komponente, die ihren Sitz wahrscheinlich in der unter der Bakterienzellwand sich befindenden, aber mit ihr verbundenen Lipoidschicht hat.

2. Stoffwechselreaktionen werden auf ihre Antibioticaempfindlichkeit geprüft. Dies kann einmal dadurch geschehen, daß die Reaktionen selbst kontrolliert werden, oder daß Stoffwechselprodukte gesucht werden, die unter Antibioticaeinfluß angereichert werden. Als Beispiel für die letzte Möglichkeit können die Arbeiten von PARK (1, 2), PARK u. STROMINGER und STROMINGER (1, 2) angeführt werden. Sie isolierten 3 verschiedene Uridin-5-Pyrophosphat-N-acetylaminozucker-haltige Verbindungen aus mit Penicillin-behandelten Zellen von Staphylococcus aureus. PARK u. STROMINGER schlagen für die dritte dieser Verbindungen die Formel VII vor.

STROMINGER (2) isolierte außerdem noch 2 nucleotid-freie N-acetylamino-zucker-haltige Verbindungen. Da nach E. E. SNELL u. Mitarb. ein wesentlicher Teil der Glutaminsäure in den Bakterienzellwänden in der D-Form vorliegt, und nach PARK u. STROMINGER anzunehmen ist, daß der Aminozucker der Zellwände gram-positiver Bakterien identisch ist mit demjenigen ihrer Peptide, ist die Hypothese annehmbar, daß das Penicillin mit der Zellwandsynthese interferiert.

```
          ┌──── O ────┐                                                      ┌──────── O ────────┐
        OH   OH                                                                 COCH₃
         |    |                           O⁻         O⁻                          |
   HC─ C ─ C ─ C ─ CH₂O ── P ── O ── P ── O ── C ─ C ─ C ─ C ─ C ─CH₂OH
        |    |    |                    ‖          ‖         |   |   |   |   |
        H    H    H                    O          O         H   H   O   H   H
    |                                                                   NH  H   OH
    N                                                               |
  O= C       CH                                           O = C ─ C ─ CH₃
    |        ‖                                                |   |
    N        CH                                               O   H
     ‖      |                                                 |
      C                                                     alanin
      |                                                       |
      OH                                                    D ─glu
                                                              |
                                                            L ─lysin
                                                              |
                                                            alanin
                                                              |
                                                            alanin
                                                                 COO⁻
```

Formel VII

3. Es werden Stoffe gesucht, die die Antibioticawirkung aufheben, ohne das Antibioticum selbst zu inaktivieren. Außer den nicht zu den Antibiotica zu zählenden Sulfonamiden, die durch p-Aminobenzoesäure in ihrer Wirkung aufgehoben werden, ist bisher für keines der chemotherapeutisch verwendeten Antibiotica eine derartige Verbindung gefunden worden.

4. Das Antibioticummolekül wird chemisch verändert, um herauszufinden, an welche Struktur die antibiotische Wirkung gebunden ist. In dieser Richtung ist am meisten das leicht synthetisierbare Chloramphenicol (Formel VIII) bearbeitet worden (Zusammenfassung der Ergebnisse bei HAHN; BÜCHI u. PERLIA). Chloramphenicol bewirkt in minimalen Konzentrationen eine vollständige Hemmung der Proteinsynthese [GALE u. FOLKES; WISSEMAN u. Mitarb. (1, 2); MAXWELL u. NICKEL]. Von den vier möglichen Stereoisomeren mit Chloramphenicolstruktur sind 2 Isomere [D (—) Erythro und L (+) Threo] völlig inaktiv (MAXWELL u. NICKEL), während die L (+) Erythro-Isomere des Chloramphenicols die Biosynthese von D-Glutamyl-Polypeptiden hemmt, ohne das Bakterienwachstum zu unterbinden (HAHN). Chloramphenicol selbst [D (—) Threo] unterbindet das Bakterienwachstum, ohne mit der Synthese von D-Glutamyl-Polypeptiden zu interferieren. — Als Voraussetzung einer brauchbaren antibakteriellen Wirkung sind bei den Chloramphenicol-Derivaten bekannt (BÜCHI u. PERLIA):

a) Nur die threo-Formen besitzen Wirksamkeit.

b) Der Dichloracetyl-Rest ist sehr spezifisch. Ohne weitgehenden Wirkungsverlust kann Chlor höchstens durch Brom ersetzt werden.

c) Die endständige, primäre Alkoholgruppe muß als solche frei vorhanden sein.

d) Am Benzolring muß ein zur Seitenkette para-ständiger Substituent vorhanden sein.

$$O_2N - \langle \text{C}_6\text{H}_4 \rangle - \underset{\underset{OH}{|}}{\overset{\overset{H}{|}}{C}} - \underset{\underset{H}{|}}{\overset{\overset{NHCOCHCl_2}{|}}{C}} - CH_2OH$$

Formel VIII (Chloramphenicol)

5. Antibiotica-empfindliche und -resistente Bakterienstämme werden in ihrem biochemischen Verhalten verglichen, in der Hoffnung aus den allfällig auffindbaren Unterschieden den Grund für die Antibiotica-empfindlichkeit zu erfahren. Die Versuche mit dieser Methode schlugen bisher meist fehl, nicht etwa weil keine Unterschiede zu finden sind, sondern weil einerseits Antibioticaresistenz durch Faktoren verursacht wird, die nichts mit der Wirkungsweise des betreffenden Antibioticums zu tun haben (Abbau des Antibioticums, Eindringungsresistenz usw.) und anderseits, weil in Antibiotica-resistenten Keimen zahlreiche Reaktionen anders verlaufen als in empfindlichen, ohne daß dies mit der Antibioticawirkung zusammenhängt. — Saz u. Mitarb. haben diese Methode erneut aufgegriffen und festgestellt, daß die Elektronenübertragung zellfreier Extrakte von Aureomycin-empfindlichen Escherichia coli-Stämmen im Phenol-Indophenol-System durch Aureomycin gehemmt wird. Während die Elektronenübertragung in gleichen Extrakten aus resistenten Keimen durch Aureomycin nicht gehemmt wird.

6. Der Einfluß von Antibiotica auf die Bakterienzelle wird optisch verfolgt (Phasenkontrast-, Fluorescenz- und Elektronenmikroskopie). Dabei ist besonders die Betrachtung von Bakterien unter dem Einfluß geringer Antibioticakonzentrationen aufschlußreich. Eine Zusammenfassung früherer Arbeiten findet sich bei Grieder u. Mitarb., neuere Arbeiten mit dieser Methode stammen von Liebermeister u. Kellenberger, Lederberg und Hahn. Wenn diese Methode auch keine direkten Schlüsse in bezug auf den Wirkungsmechanismus erlaubt, so bietet sie doch die Möglichkeit, die verschiedenen Antibiotica nach einem neuen Gesichtspunkt zu gruppieren oder eine mit Hilfe einer anderen Methode festgestellte Wirkung nachzuprüfen.

Keine der 6 skizzierten Möglichkeiten für sich allein erlaubt es, die Wirkungsweise eines Antibioticums einwandfrei abzuklären. Jede festgestellte Wirkung muß, wenn sie mit der primären Wirkung identisch sein soll, den folgenden kritischen Überlegungen standhalten:

a) Die Wirkung muß mit einer Antibioticakonzentration erreichbar sein, die nicht wesentlich höher liegt als die antibakteriell wirksame.

b) Die gehemmte Reaktion muß für das Wachstum der Zelle wichtig sein.

c) Die Hemmung muß sich einem Alles-oder-Nichts-Effekt nähern.

d) Die Hemmung muß mehr oder weniger spezifisch an die gleiche Struktur des Antibioticums gebunden sein wie die antibiotische Wirkung.

e) Die Wirkung muß mit allen anerkannt gleich wirkenden Vertretern der betreffenden Antibioticagruppe erzielbar sein.

Übersichtsreferate.

Für alle übrigen, aus Platzgründen hier nicht behandelten Probleme muß ich die Leser auf andere Übersichtsreferate verweisen:

Gesamtübersicht: BÜCHI u. PERLIA.

Antibiotica aus höheren Pflanzen (Kulturpflanzen): VIRTANEN (1, 2).

Antibioticachemie: ABRAHAM u. NEWTON (1, 2), BAER, BINKLEY, BRINK u. HARMANN, NEWTON u. ABRAHAM, STRONG, TAMELEN.

Antibiotica-Resistenz: DIMARCO.

Antibiotica-Kombinationen: JAWETZ, GALLEGO.

Antibiotica im Pflanzenschutz: ZAUMEYER.

Antibiotica in der Tierfütterung: BRÜGGEMANN.

Literatur.

ABRAHAM, E. P.: Ciba Lectures Microbiol Biochem. New York: J. Wiley & Sons. Nr. 2, 1957. — ABRAHAM, E. P., and G. G. F. NEWTON: (1) Preprint 5, Symposium V, IV. int. Congress of Biochemistry, Wien 1958. — (2) Ciba Found. Symposium on Amino Acids and Peptides with Antimetabolic Activity. London: J. & A. Churchill Ltd. 1958. — ANCHEL, M.: Trans. N. Y. Acad. Sci. 16, 337 (1954). — ANLIKER, R., u. K. GUBLER: (1) Helv. chim. Acta 40, 119—129 (1957). — (2) Helv. chim. Acta 40, 1768—1772 (1957). — ARNSTEIN, H. R. V., and P. T. GRANT: Bact. Rev. 20, 133—147 (1956).

BAER, H. H.: Fortschr. chem. Forsch. 3, 822 (1958). — BALDACCI, E.: G. Microbiol. 2, 50—62 (1956). — BALDACCI, E., P. BALDUZZI and A. M. AMICI: (1) Bull. Res. Counc. Israel 5 D, 263 (1957). — BALDACCI, E., G. F. COMASCHI, T. SCOTTI and C. SPALLA: (2) R. C. Ist. super. Sanita (Roma) 1953, 20—39. — BALDACCI, E., e A. GREIN: (3) G. Microbiol. 1, 28—34 (1955). — BALDACCI, E., C. SPALLA and A. GREIN: (4) Arch. Mikrobiol. 20, 347—357 (1954). — BARON, A. L.: Handbook of Antibiotics. New York: Reinhold Publ. Corp. 1950. — BENEDICT, R. G., T. G. PRIDHAM, L. A. LINDENFELSER, H. H. HALL and R. W. JACKSON: Appl. Microbiol. 3, 1—6 (1955). — BINKLEY, S. B.: Ann. Rev. Biochem. 24, 597 bis 626 (1955). — BIRCH, A. J.: Fortschr. Chem. org. Naturstoffe 14, 186—216 (1957). — BIRCH, A. J., R. J. ENGLISH, R. A. MASSY-WESTROPP and H. SMITH: (1) Proc. Chem. Soc. 1957, 233—234. — BIRCH, A. J., R. J. ENGLISH, R. A. MASSY-WESTROPP and H. SMITH: (2) J. Chem. Soc. 1958, 369—375. — BIRCH, A. J., R. J. ENGLISH, R. A. MASSY-WESTROPP, M. SLATOR and H. SMITH: (3) J. Chem. Soc. 1958, 365—368. — BIRCH, A. J., R. A. MASSY-WESTROPP, R. W. RICKARDS and H. SMITH: (4) J. Chem. Soc. 1958, 360—365. — BIRCH, A. J., and H. SMITH: (5) Ciba Found. Symposium on Amino Acids and Peptides with Antimetabolic Activity. London: J. & A. Churchill Ltd. 1958. — BOHLMANN, F., u. H. J. MANNHARDT: Fortschr. Chem. org. Naturstoffe 14, 1—70 (1957). — BRINK, N. G., and R. E. HARMAN: Quart. Rev. 12, 93—115 (1958). — BROCKMANN, H.: Angew. Chem. 69, 237 (1957). — BROCKMANN, H., G. BOHNENSACK, B. FRANCK, H. GRÖNE, H. MUXFELDT u. C. SÜLING: Angew. Chem. 68, 70—71 (1956). — BROCKMANN, H., u. H. GEEREN: Liebigs Ann. Chem. 603, 216—232 (1957). — BROCKMANN, H., u. H. MUXFELDT: Chem. Ber. 91, 1242—1265 (1958). — BROCKMANN, H., u. R. OSTER: Chem. Ber. 90, 605—617 (1957). — BRÜGGEMANN, J.: Preprint 6, Symposium V, IV. int. Congress of Biochemistry. Wien 1958. — BÜCHI, J., u. X. PERLIA: Antibiotica et Chemotherapia 5, 1—164 (1958). — BU'LOCK, J. D.: Quart. Rev. 10,

371—394 (1956). — Bu'Lock, J. D., and H. Gregory: (1) Biochem. J. 69, 35 p (1958). — Bu'Lock, J. D., H. Gregory and M. Hay: (2) Abstr. Communs. 10, IV. int. Congress of Biochemistry. Wien 1958. — Burkholder, P. R., S. H. Sun, L. E. Anderson and J. Ehrlich: (1) Bull. Torrey bot. Club 82, 108—117 (1955). — Burkholder, P. R., S. H. Sun, J. Ehrlich and L. E. Anderson: (2) Ann. N. Y. Acad. Sci. 60, 102—123 (1954).

Chain, E. B.: Ann. Rev. Biochem. 27, 167—222 (1958). — Cooper, P. D.: Bact. Rev. 20, 28—48 (1956). — Corbaz, R., L. Ettlinger, W. Keller-Schierlein u. H. Zähner: (1) Arch. Mikrobiol. 25, 325—332 (1957). — (2) Arch. Mikrobiol. 26, 192—208 (1957). — Corbaz, R., L· Ettlinger, E. Gäumann, W. Keller, F. Kradolfer, E. Kyburz, L. Neipp, V. Prelog, R. Reusser u. H. Zähner: (3) Helv. chim. Acta 38, 935—942 (1955). — Corbaz, R., L. Ettlinger, E. Gäumann, W. Keller-Schierlein, F. Kradolfer, E. Kyburz, L. Neipp, V. Prelog, A. Wettstein u. H. Zähner: (4) Helv. chim. Acta 39, 304—317 (1956). — Corbaz, R., L. Ettlinger, E. Gäumann, W. Keller-Schierlein, L. Neipp, V. Prelog, P. Reusser u. H. Zähner: (5) Helv. chim. Acta 38, 1202—1209 (1955). — Craig, L. C., W. Königsberg and R. J. Hill: Ciba Found. Symposium on amino acids and peptides with antimetabolic activity. London: J. & A. Churchill 1958. — Cron, M. J., D. L. Evans, F. M. Palermiti, D. F. Whitehead, I. R. Hooper, P. Chu and R. U. Lemineux: (1) J. Amer. chem. Soc. 80, 4741—4742 (1958). — Cron, M. J., O. B. Fardig, D. L. Johnson, D. F. Whitehead, I. R. Hooper and R. V. Lemineux: (2) J. Amer. chem. Soc. 80, 4115 (1958).

Dijck van, P. J., H. P. van de Voorde and B. de Somer: Antibiotics and Chemotherapy 3, 1243—1246 (1953). — DiMarco, A.: Preprint 9, Symposium V, IV. int. Congress of Biochemistry. Wien 1958. — Djerassi, C., A. Bowers and H. N. Khastgir: (1) Amer. chem. Soc. 78, 1729—1732 (1956). — Djerassi, C., A. Bowers, R. Hodges and B. Riniker: (2) J. Amer. chem. Soc. 78, 1733—1736 (1956). — Djerassi, C., and O. Halpern: (3) J. Amer. chem. Soc. 79, 3926—3928 (1957). — (4) Tetrahedron 3, 255—268 (1958). — Djerassi, C., and J. A. Zderic: (5) J. Amer. chem. Soc. 78, 6390—6395 (1956). — Donin, M. N., J. Pagano, D. D. Dutcher and C. M. McKee: Antibiotics Ann. 1953/54, 179—185.

Eagle, H., and A. K. Saz: Ann. Rev. Microbiol. 9, 173—226 (1955). — Els, H., W. D. Celmer and K. Murei: (1) J. Amer. chem. Soc. 80, 3777—3782 (1958). — Els, H., K. Murai and D. Celmer: (2) Abstr. of Papers, 130th Meeting Amer. chem. Soc. 1956, 15 N. — Ettlinger, L.: (1) Schweiz. med. Wschr. 85, 271 (1955). — (2) Antibiotica et Chemotherapia 4, 46—68 (1957). — Ettlinger, L., R. Corbaz u. R. Hütter: (1) Experientia (Basel) 14, 334 (1958). — (2) Arch. Mikrobiol. 31, 326—358 (1958). — Ettlinger, L., E. Gäumann, R. Hütter, W. Keller-Schierlein, F. Kradolfer, L. Neipp, V. Prelog, P. Reusser u. H. Zähner: (3) Chem. Ber. 92, 1867—1879 (1959).

Flaig, W., H. Beutelspacher, E. Küster and G. Segler-Holzweissig: Plant and Soil 4, 118—127 (1952). — Flaig, W., u. H. J. Kutzner: (1) Naturwissenschaften 41, 287 (1954). — (2) Aus dem Institut f. Biochemie d. Bodens d. Forschungsanstalt Braunschweig-Völkenrode 1958. — Forfar, J. O., u. Maccabe: Antibiotica et Chemotherapia 4, 115—157 (1957).

Gale, E. F., and I. P. Folkes: Biochem. J. 53, 493—498 (1953). — Gallego, A.: Preprint 3, Symposium V, IV. int. Congress of Biochemistry. Wien 1958. — Gause, G. F.: Problems of the classification of the antagonistic actinomyces species (russisch). Inst. Antib., Acad. Med. Sci. Moskow 1957. — Gause, G. F., T. P. Preobrashenskaja, E. S. Kudrina, N. O. Blinow, I. D. Rjabowa u. M. A. Sweschnikowa: Zur Klassifizierung der Actinomyceten. Jena: Gustav Fischer 1958. — Grieder, F., L. Neipp u. R. Meier: Schweiz. Z. allg. Path. Bakt. 17, 703—719 (1954).

Hahn, F. E.: Preprint 4, Symposium V, IV. int. Congress of Biochemistry. Wien 1958. — Hahn, F. E., J. E. Hayes, C. L. Wisseman, H. E. Hopps and J. E. Smadels: Antibiotics und Chemotherapy 6, 531—543 (1956). — Hata, T., F. Koga and H. Kanamori: (1) J. Antibiotics A 6, 109—113 (1953). — Hata, T., N. Ohki, Y. Yokoyama and F. Koga: (2) J. Antibiotics A 6, 102 (1953); B 6, 57—60 (1953). — Hata, T. Sano, Y., N. Ohki, Y. Yokoyama, A. Matsumae,

S. Ito: (3) J. Antibiotics A 6, 87—89 (1953). — Hata, T., Y. Sano, H. Tatsuta, R. Sugawara, A. Matsumae and K. Kanamori: (4) A 8, 9—14 (1955). — Hata, T., Y. Sano, Y. Yokoyama, S. Ito, S. Okazaki, K. Takano, H. Ito, Y. Owada, Y. Saito and M. Soekawa: (5) J. Antibiotics A 6, 163—171 (1953). — Herell, W. E.: Erythromycin, Medical Encyclopedia. New York 1955. — Hesseltine, C. W., R. G. Benedict and T. G. Pridham: Ann. N. Y. Acad. Sci. 60, 136—151 (1954). — Hockenhull, D. J. D., and W. F. Faulds: Chem. and Ind. 1955, 1390.

Jawetz, E.: Preprint 1, Symposium V, IV. int. Congress of Biochemistry. Wien 1958. — Johnson, A. W.: Ciba Found. Symposium on amino acids and peptides with antimetabolic activity. London: J. & A. Churchill 1958.

Keller-Schierlein, W., M. Lj. Mihailovic u. V. Prelog: Helv. chim. Acta 42, 305—322 (1959). — Koffler, H., and T. Kobayashi: (1) Abstr. Communs. IV. int. Congress of Biochemistry. S. 9. Wien 1958. — (2) Abstr. Communs. IV. int. Congress of Biochemistry. S. 10. Wien 1958. — Koffler, H., and P. A. Tetrault: (3) Abstr. Communs. VII. int. Congress of Microbiology. S. 136. Stockholm 1958. — Königsberg, W. H., and L. C. Craig: Abstr. Communs. IV. int. Congress of Biochemistry. S. 10. Wien 1958.

Lederberg, J.: Proc. nat. Acad. Sci. (Wash.) 42, 574—577 (1956). — Liebermeister, K., u. E. Kellenberger: Z. Naturforsch. 116, 200—206 (1956). — Lynen, F.: Vortrag in Zürich, 6. 1. 1959.

Maxwell, R. E., and V. S. Nickel: Antibiotics and Chemotherapy 4, 289—295 (1954). — Mayama, M.: (1) Ann. Rep. Shionogi Res. Lab. 7, 697—705 (1957). — (2) Ann. Rep. Shionogi Res. Lab. 7, 707—714 (1957). — Miller, P. A., J. R. D. McCormick and A. P. Doerschuk: Science 123, 1030—1031 (1956). — Musilek, I., and V. Sevcik: (1) Abstr. Communs. IV. int. Congress of Biochemistry. S. 125. Wien 1958. — (2) Naturwissenschaften 45, 86 (1958). — (3) Naturwissenschaften 45, 215 (1958).

Newton, G. G. F., and E. P. Abraham: J. Pharm. (Lond.) 10, 401 (1958). Okami, Y.: (1) Jap. J. med. Sci. 5, 1953 (1952). — (2) G. Microbiol. 2, 63—75 (1956). — Osato, T., K. Yagishita and H. Umezawa: (1) J. Antibiotics A 8, 161—163 (1955). — Osato, T., M. Ueda, S. Fukuyama, K. Yagishita, Y. Okami and H. Umezawa: (2) J. Antibiotics A 8, 105—109 (1955).

Park, J. T.: (1) J. biol. Chem. 194, 877—884 (1952). — (2) J. biol. Chem. 194, 885—895 (1952). — Park, J. T., and J. L. Strominger: Science 125, 99—101 (1957). — Paul, R., et S. Tchelitcheff: (1) Bull. Soc. chim. France 1957, 443 bis 447; 1957, 734—737; 1957, 1059—1064. — Pinnert-Sindico, S., L. Ninet, J. Preud'homme and C. Cosar: Antibiotics Ann. 1954/55, 724—727. — Pridham, T. G., and D. Gottlieb: (1) J. Bact. 56, 107—114 (1948.) — Pridham, T. G., C. W. Hesseltine and R. G. Benedict: (2) Appl. Microbiology 6, 52—79 (1958).

Ravina, A., M. Pestel, Ph. Eloy, G. Duchesney, R. Albony and M. Rey: Antibiotics Ann. 1955/56, 223—227.

Sano, Y.: (1) J. Antibiotics A 7, 93—97 (1954). — (2) J. Antibiotics A 9, 202 bis 206 (1956). — Sano, Y., T. Hoshi and T. Hata: J. Antibiotics A 7, 88—93 (1954). — Saz, A. K., and L. M. Martinez: J. biol. Chem. 233, 1020—1022 (1958). — Schwyzer, R.: Ciba Found. Symposium on amino acids and peptides with antimetabolic activity. London: J. & A. Churchill Ltd. 1958. — Schwyzer, R., u. P. Sieber: Helv. chim. Acta 40, 624—639 (1957). — Sheehan, J. C., H. G. Zachau and W. B. Lawson: (1) J. Amer. chem. Soc. 79, 3933—3934 (1957). — Sheehan, J. C., H. G. Zachau and W. B. Lawson: (2) Ciba Found. Symposium on amino acids and polypeptides with antimetabolic activity. London: J. & A. Churchill Ltd. 1958. — Sheehan, J. C., H. G. Zachau and W. B. Lawson: (3) J. Amer. chem. Soc. 80, 3349—3355 (1958). — Snell, E. E., N. S. Radin and M. Ikawa: J. biol. Chem. 217, 803—818 (1955). — Snell, J. F., R. L. Wagner and F. A. Hochstein: Proc. int. Conf. Peaceful uses of atomic energy 12, 431 (1955). — Sobin, B. A., A. English and R. W. D. Celmer: Antibiotics Ann. 1954/55, 827—830. — Stevens, C. M., and Ch. W. de Long: J. biol. Chem. 230, 991—999 (1958). — Stock, C. Ch., J. H. Burchenal, M. D. Eaton, J. Ehrlich and V. H. Haas: Antibiotics Ann. 1957/58, 1039—1056. — Strominger, J. L.: (1) J. biol. Chem. 224, 525—532 (1957). — (2) J. biol. Chem. 224, 509—523 (1957). — Strong, F. M.: E. R. Squibb lectures on chemistry of microbial products.

New York: J. Wiley & Sons, Inc. 1958. — SUMERE, CH. VAN, and L. MASSART: Preprint 8, Symposium V, int. Congress of Biochemistry. Wien 1958.

TAKAHASHI, B.: J. Antibiotics A 7, 149—154 (1954). — TAMELEN, E. E. VAN: Fortschr. Chem. org. Naturstoffe 16, 90 (1958). — TRESNER, H. D., and F. DANGER: J. Bact. 76, 239—244 (1958).

UMBREIT, W. W.: (1) Ann. Rev. Microbiol. 8, 167—180 (1954). — (2) G. Microbiol. 2, 398—405 (1956).

VANDERHAEGE, H., P. DeSOMER et P. VAN DYCK: C. R. du XXVII congr. int. Chim. industr. Brüssel 1954. — VARCEK, Z., J. MAIER, A. BABICKY, J. LIEBSTER, K. VERES, L. DOLEZILOVA: Abstr. Communs. IV. int. Congress of Biochemistry. S. 135. Wien 1958. — VIRTANEN, A. I.: (1) Angew. Chem. 70, 544—552 (1958). — (2) Schweiz. Z. Path. Bakt. 21, 970—993 (1958).

WAKSMAN, S. A.: (1) Science 110, 27—30 (1949). — (2) Bergey's manual of determinative bacteriology. VII, p. 694—829. Baltimore: Williams & Wilkins Comp. 1957. — (3) Bact. Rev. 21, 1—29 (1957). — (4) Preprint 2, Symposium V. IV int. Congress of Biochemistry. Wien 1958. — WAKSMAN, S. A., and H. A. LECHEVALIER: Actinomycetes and their Antibiotics. Baltimore 1953. — WELSCH, M. R. CORBAZ et L. ETTLINGER: Schweiz. Z. allg. Path. Bakt. 20, 454—458 (1957). — WILEY, P. F., K. GERZON, B. H. FLYNN, M. V. SIGAL, O. WEAVER, U. C. QUARCK, R. R. CHAUVETTE and R. MONAHAN: J. Amer. chem. Soc. 79, 6062—6070 (1957). — WISSEMAN, C. L., F. E. HAHN, H. E. HOPPS and J. E. SMADEL: (1) Fed. Proc. 12, 466 (1953). — WISSEMAN, C. L., J. E. SMADEL, F. E. HAHN and H. E. HOPPS: (2) J. Bact. 67, 662 (1954). — WOODWARD, R. B.: Angew. Chem. 69, 50—58 (1957). — WYSS, O., G. N. SMITH, G. L. HOBBY, E. L. OGINSKY and R. PRATT: Bact. Rev. 17, 17 (1953).

YAMAGUCHI, T., and Y. SABURI: J. gen. appl. Microbiol. 1, 201—235 (1955).

ZÄHNER, H., u. L. ETTLINGER: Arch. Mikrobiol. 26, 307—328 (1957). — ZAUMEYER, W. J.: Ann. Rev. Microbiol. 12, 415—440 (1958).

26. Hydrobiologie, Limnologie, Abwasser und Gewässerschutz.

Von Otto Jaag, Zürich.

Bei der erstmaligen Darstellung der Fortschritte auf diesem weitschichtigen Arbeitsgebiet kann es sich kaum um mehr handeln als um eine Standortsbestimmung, von der aus in den späteren Berichten die sich abzeichnenden Entwicklungen verfolgt werden sollen.

A) Hydrobiologie, Limnologie und Ozeanologie.
1. Gesamtdarstellungen.

G. E. Hutchinson setzt sich zum Ziel, in einem zweibändigen Werk "A Treatise on Limnology" über die chemisch-physikalischen und biologischen Vorgänge und ihre Wechselbeziehungen in Seen eine möglichst umfassende Übersicht zu geben. Der erste Band (1957) ist geographischen, physikalischen und chemischen Problemen gewidmet. Er gibt eine ziemlich vollständige Übersicht über die weit verstreute Literatur und verarbeitet die vorliegenden Untersuchungsergebnisse eines halben Jahrhunderts zu einer in ihrer Klarheit eindrucksvollen Synthese. Im zweiten Band sollen Limnologie, Ökologie, Seetypen und Seenentwicklung zur Behandlung kommen. Die „Allgemeine Hydrobiologie" (1958), eine Übersetzung des in russischer Sprache erschienenen Werkes von S. A. Sernow vermittelt einen willkommenen Einblick in die neuere Literatur, in der die in russischer Sprache veröffentlichten Arbeiten besonders berücksichtigt sind; von F. Gessners „Hydrobotanik" ist 1955 der erste, 1959 der zweite Band erschienen. In diesem wird die Abhängigkeit des Vorkommens der Wasserpflanzen von den chemischen Faktoren des Lebensraumes behandelt. Vom gleichen Autor ist die 2. Auflage (1957) von „Meer und Strand" herausgekommen.

Entsprechende Gesamtdarstellungen für den marinen Lebensraum liegen vor in E. Bruns „Ozeanologie", deren erster von vier vorgesehenen Bänden als Einführung bezeichnet wird, sodann H. B. Moore "Marine ecology" (1958) und Dietrich G./Kalle K. „Allgemeine Meereskunde" (1957). Über marines und Süßwasserplankton gibt C. C. Davis (1955) eine mit Bestimmungsschlüsseln versehene Übersicht. Zu erwähnen ist weiterhin R. E. Coker (1954), "Streams, lakes, ponds". In der Schriftenreihe A. Thienemanns, „Die Binnengewässer" (Band 22), behandeln A. Remane und C. Schlieper (1958) die Biologie des Brackwassers. Neuere biologisch-taxonomische Werke aus dem Gebiet der Hydrobiologie, Limnologie und Ozeanologie liegen vor von E. Frömming (1956) „Biologie der mitteleuropäischen Süßwasserschnecken", von K. Viets (1955) „Die Milben des Süßwassers und des Meeres", und von G. Huber-Pestalozzi (1955) „Euglenophyceen". Regional begrenzt sind H. Skujas (1956) „Taxonomische und biologische Studien über das Phytoplankton schwedischer Binnengewässer". In „Recherches sur les Chrysophycées" stellt P. Bourrelly die neueren Ergebnisse morphologischer, phylogenetischer und taxonomischer Forschungen zusammen, ebenso J. Komárek und H. Ettl (1958) in „Algologische Studien".

2. See und Fluß als Lebensraum.

a) Der Sauerstoffhaushalt. Für die *elektrometrische Sauerstoffbestimmung* hat Tödt (1958) ein praktisches Gerät geschaffen, das sich in einem weiten Anwendungsgebiet bewährt hat und bereits nach verschiedenen Seiten hin verbessert und weiter ausgebaut wurde. Elektrodenpaare aus Platin-Zink, Goldamalgam-Eisen u. a. stellen galvanische Elemente dar. Enthält ihr Elektrolyt, das zu untersuchende Wasser, Sauerstoff, so werden die zur Kathode wandernden Wasserstoffionen bzw. der primär entladene Wasserstoff durch den gelösten Sauerstoff oxydiert. Der dabei abfließende Depolarisationsstrom ist ein Maß für den vorhandenen gelösten Sauerstoff.

Ohle (1952, 1953) baute eine Gold- und Zinkelektrode in einen Tauchkörper aus Plexiglas ein, der mit einem langen Kabel versehen eine Tauchsonde, das sog. Sauerstofflot ergab. Dadurch war die Möglichkeit gegeben, rasche, orientierende Sauerstoffmessungen mit Direktablesung auszuführen. Nydegger (1957) zeigte die Brauchbarkeit dieses Gerätes in Untersuchungen an verschiedenen Schweizerseen. Durch Tödt und Petsch (1955) konnten mittels einer besonderen Formgebung die Strömungsverhältnisse an den Elektroden verbessert und damit die Konstanz der Ablesung erhöht werden. Von diesen Grundlagen ausgehend konstruierte Ambühl (1958) ein kombiniertes Sauerstofflot, den sog. Oxytester, das im selben Sondenkörper außer den für die Sauerstoffmessung notwendigen Elektroden noch einen Temperaturfühler und ein Platin-Elektrodenpaar zur Leitfähigkeitsmessung enthält. Diese Sonde, welche mit Kabel von beliebiger Länge versehen werden kann, erlaubt die sofortige Direktmessung von Sauerstoff, Temperatur und Leitfähigkeit in der Weise, daß die an sich stark temperaturbeeinflußte Sauerstoffmessung selbsttätig kompensiert wird. Es ist also nunmehr möglich, während der Arbeit auf dem See z. B. durch graphisches Auftragen der Meßwerte auf Grund eines kontinuierlichen Tiefenprofils über den momentanen Zustand des Sees Kenntnis zu erhalten und danach die Wahl der Probenahmestellen für die chemische Analyse zu richten.

Zwar erreicht dieses elektrochemische Verfahren nicht die hohe Genauigkeit der gebräuchlichen chemischen Bestimmung nach Winkler, ist dafür aber von störenden Stoffen im Wasser weitgehend unabhängig. Einzig Chlor, Schwefelwasserstoff und Säuren in höherer Konzentration vermögen die Anzeige zu beeinflussen. Durch diese Eigenschaften eignet sich die elektrochemische Sauerstoffmessung zur Überwachung von Fließgewässern, Belebtschlammanlagen usw., insbesondere nachdem HUSMANN und STRACKE (1957) eine Einrichtung geschaffen haben, welche die sich ständig verunreinigenden Elektroden dauernd sauber hält. Der Meßstrom wird registriert und kann zur Steuerung von Belebtschlammanlagen benützt werden.

Eine andere Ausführung, das sog. Biofluxgerät (TÖDT, 1958), dient zur Sauerstoffmessung in Biologie und Biochemie, namentlich bei Untersuchungen über Photosynthese, in der Gärungsbiologie und in der Abwasserforschung.

In der gesamten theoretischen und angewandten Limnologie von maßgeblicher Bedeutung ist die Kenntnis der *Sauerstoffsättigung* reinen Wassers, da sich auf die theoretischen Sättigungswerte sämtliche Berechnungen über den aktuellen Sättigungsgrad untersuchter Gewässer stützen. TRUESDALE, DOWNING und LOWDEN haben die bisher gebräuchlichen Sättigungswerte reinen Wassers experimentell nachgeprüft und dabei neue Werte erhalten, welche von den bisher gebräuchlichen Werten nach FOX um 2—3% abweichen. Diese neuen Unterlagen, welche auch vom praktischen Standpunkt aus richtiger zu sein scheinen, beziehen sich auf die Sauerstoffsättigung des Wassers für einen dem mittleren Ortsdruck entsprechenden Gesamtdruck bei wasserdampfgesättigter Atmosphäre, wobei SCHMASSMANN (1955, 1956) und MORTIMER (1956) empfehlen, der Berechnung eine von GAMESON und ROBERTSON mitgeteilte empirische Formel zugrunde zu legen. Die Sauerstoffsättigungswerte der schweizerisch-deutschen Rheinuntersuchung der *Regionalplanungsgruppe Nordwestschweiz* (1956) sowie der *Internationalen Kommission zum Schutze des Rheins gegen Verunreinigung* (Untersuchungsserie 2; 1957) wurden ebenfalls nach den neuen Werten berechnet. Die rasche Ablesung der Sättigungswerte wird durch eine von R. BURKARD (1955) herausgegebene Rechenscheibe, den sog. O_2-Kalkulator, bedeutend erleichtert. Diese Scheibe ersetzt die bisher allenfalls noch gebräuchlichen Nomogramme und hat sich in kürzester Zeit weiterum eingebürgert.

Der zeitliche Ablauf der Sauerstoffaufnahme durch fließendes und stehendes sauerstoffarmes Wasser ist von JAAG (1955) und JAAG u. AMBÜHL (1955) untersucht worden. Die Ergebnisse bestätigen den bekannten zeitlichen Verlauf, der einer Exponentialfunktion folgt, in welcher sich der aktuelle Sauerstoffgehalt dem theoretischen Sättigungswert asymptotisch nähert. Als Maß für die Geschwindigkeit der Sauerstoffaufnahme dient die Zeit, in welcher die halbe Sättigung erreicht ist. Diese Zeit beträgt in stehendem Wasser rund 60 Std., bei fließendem Wasser von 5 mm/sec 2 Std., bei 10 mm/sec 1 Std. und bei 20 mm/sec noch knapp eine halbe Stunde. Der Eintritt eines Gases in eine Flüssigkeit ist ein Oberflächenphänomen, dessen Geschwindigkeit von einer Materialkonstanten, dem sog. Durchtrittskoeffizienten, abhängt. Oberflächenaktive Stoffe wie Detergenzien, härtebeständige Waschmittel u. dgl. vermögen nach GAMESON, TRUESDALE und VARLEY (1956) die Eintrittsgeschwindigkeit zu verringern. Angesichts des steigenden Verbrauchs dieser Stoffe und ihrer zunehmenden Konzentration im Abwasser und in Vorflutern muß diese Eigenschaft als sehr unerwünscht, in gewissen Fällen sogar als bedrohlich bezeichnet werden.

Auch Ölschichten (JAAG, 1955) können den Eintritt des Sauerstoffs verlangsamen, und zwar ist ein Öl um so wirksamer, je größer sein Durchtrittskoeffizient ist. Ist er dagegen kleiner als derjenige von Wasser, wie beispielsweise beim Benzol, so wirkt ein solches Öl nicht hindernd auf die Sauerstoffdiffusion. Schwere Öle oder verschmutzte Leichtöle hemmen dagegen den Sauerstoffdurchtritt schon in dünnster Schicht. Diese Feststellungen gelten für stagnierendes und für fließendes Wasser.

b) Künstliche Belüftung von Seen und Fließgewässern. Nachdem sich gezeigt hat, daß sich der Sauerstoffhaushalt in zahlreichen eutrophierten Alpenrandseen, aber auch in vielen abwasserbelasteten Fließgewässern in neuerer Zeit zusehends verschlechterte und schwerwiegende Folgen nach sich zog für die Verwendung von Oberflächenwasser als Trinkwasser (Eisen- und Mangankalamitäten), stellte sich vielenorts die Aufgabe, Seen und Flüsse künstlich zu belüften. Eine erste Lösung zu diesem Problem haben MERCIER und GAY (1954) sowie MERCIER (1957, 1958) gebracht, als sie am Ufer des Lac de Bret (ob Lausanne) eine Belüftungskammer errichteten, in die das Seewasser eingeführt, unter hohem Druck versprüht und in belüftetem Zustande wieder dem See zugeführt wird. Die Eutrophie des in dieser Weise behandelten Sees wird dadurch freilich nicht behoben; das Wasser ist aber durch diese Maßnahme wieder brauchbar gemacht, indem das gelöste Ferrobicarbonat oxydiert und als Eisen-Oxydhydrat vor Eintritt in die Wasserfassung am Seegrunde abgesetzt wird.

Die Aufgabe der künstlichen Belüftung des Wassers stellt sich gebieterisch auch in abwasserbelasteten Flüssen, wie sie in den dichtbesiedelten und industriereichen Gebieten zahlreicher europäischer und außereuropäischer Länder vorhanden sind. GAMESON (1957) empfiehlt in solchen Fällen als einfachste Lösung das Stufenwehr, über welches das Wasser in verhältnismäßig dünner Schicht abfließt. Ist aber ein Flußlauf zur Energieausnützung in eine Reihe von Staustufen unterteilt, so müßte die Wehrbelüftung mit beträchtlichen Wasserverlusten erkauft werden. WAGNER (1955, 1956) benützt deshalb den unmittelbar hinter dem Turbinen-Laufrad herrschenden starken Überdruck, um durch ein Düsensystem Luft mit großer Geschwindigkeit anzusaugen und dadurch den Sauerstoffgehalt des Turbinenwassers zu erhöhen; das Verfahren arbeitet mit einem überraschend geringen Aufwand, weshalb bereits vorgesehen ist, die Einrichtung in Kraftwerks-Neubauten einzusetzen, selbst wenn für die Wasserbelüftung vorläufig noch kein Bedürfnis besteht.

c) Abhängigkeit der Fließwasserorganismen von der Strömungsgeschwindigkeit. Ein interessantes, noch wenig bearbeitetes Gebiet der Hydrobiologie ist die Kenntnis der Wirkung der Strömung auf die Lebewesen des Fließwassers. DITTMAR (1955) bestimmte die maximale Strömungsgeschwindigkeit, bei welcher sich verschiedene rheophile Tierarten gerade noch im Biotop zu halten vermögen, und erhielt Werte, die zwischen 3,00 m/sec (*Liponeura cinerascens*) und 0,48 m/sec (*Radix ovata*) liegen. Ein Versuch, das Strömungs-Optimum von *Ancylus fluviatilis* festzustellen, ergab, daß eine Geschwindigkeit von 0,1 m/sec die Schnecken zum Abwandern veranlaßt, während sie bei 0,2 m/sec (gemessen als mittlere Geschwindigkeit des freien Wassers) am Standort bleiben. Höhere Geschwindigkeiten lassen die Tiere indes wieder abwandern.

Diese orientierenden Versuche werden von SCOTT (1958) durch Untersuchungen an Trichopterenlarven ergänzt. Analog den Resultaten von DITTMAR (1955) an *Ancylus* sind auch hier je nach Art bestimmte Strömungsoptima festzustellen, um welche sich die Population im Sinne einer statistischen Verteilung schart. Ob die gefundene Verteilung freilich die direkte Reaktion der Tiere auf die Strömung selber darstellt, oder ob sie auf dem Umweg über die ebenfalls durch die Fließgeschwindigkeit beeinflußte Gestaltung des Substrates, des Nahrungsangebotes oder anderer Faktoren zustande kommt, dürfte wohl erst aus weiteren Arbeiten zu erfahren sein. Daß auch eine atmungsphysiologische Abhängigkeit der Fließwassertiere von der Strömung vorliegt, zeigen Respirationsmessungen von JAAG an *Ecdyonurus sp.* in unterschiedlich rasch fließendem Wasser (1955). Während bei hohem Sauerstoffgehalt nur ein geringer Einfluß der Geschwindigkeit auf die Intensität der Atmung der Larven festzustellen ist, wird diese bei niederem Sauerstoffgehalt des Wassers stark strömungsabhängig, indem alsdann die Strömung die Rolle des Sauerstoffzubringers, also den mechanischen Teil der Atmung übernimmt. Ähnlich zu interpretieren sind Messungen der minimalen, gerade noch ertragenen Sauerstoffkonzentration an einigen Fließwassertieren in Abhängigkeit von der Fließgeschwindigkeit des Wassers. Während die Larven von *Hydropsyche sp.* in stehendem Wasser schon bei 4 mg/l O_2 ersticken, vermögen sie bei einer Fließgeschwindigkeit von 4 cm/sec eine Konzentration von 0,7 mg/l O_2 noch zu ertragen. Bei *Ecdyonurus sp.*, einer Eintagsfliegenlarve, die sich ihr Atemwasser im Gegensatz zu *Hydropsyche* mit einem beweglichen Kiemenapparat selber beschaffen kann, liegen diese Werte bei 1,0 bzw. 0,5 mg/l O_2 und bei *Ephemerella ignita*, welche als ausgesprochener Schlamm- und Moosbewohner einen sehr wirkungsvollen Strudelapparat besitzt, bei 1,0 bzw. 1,1 mg/l O_2.

d) Typisierung von fließenden Oberflächengewässern. Wie sehr bisher das Schwergewicht der limnologischen Forschung auf den stehenden Gewässern, insbesondere auf den Seen lag, zeigt SCHEELEs Bearbeitung (1958) der ersten 50 Jahrgänge des Archivs für Hydrobiologie in eindrücklicher Weise. Er bediente sich dazu des Lochkartensystems, eines Auswertungsverfahrens, das in den letzten Jahren in vermehrtem Maße auch in der biologischen Wissenschaft Anwendung gefunden hat. Im Zeitraum von 1906—1955 sind in dieser hydrobiologischen Fachzeitschrift insgesamt 1385 Originalarbeiten erschienen, von denen nur 277 oder 20% das fließende Wasser behandeln.

Während für Seen als weitgehend in sich geschlossenen Systemen mit ausgesprochenem Stoffkreislauf und meß- oder schätzbarem Stoffwechsel eine Typisierung schon auf Grund der Thermik und des Sauerstoffhaushaltes verhältnismäßig leicht möglich war, wollte es zunächst nicht gelingen, unter den Fließgewässern bestimmte Stoffwechseltypen herauszuschälen. Der Grund dafür liegt hauptsächlich darin, daß Flüsse offene Systeme darstellen, in denen ein Stoffkreislauf durch die Strömung weitgehend verhindert wird, und deren Gesamtproduktion nur schwer erfaßbar ist. Diese Unterschiede zwischen Fluß und See wurden durch THIENEMANN (1953), ILLIES (1955) und SCHMITZ (1955) klar hervorgehoben.

SCHMASSMANN (1955) macht in Analogie zur Seentypisierung den Versuch, die Fließgewässer auf Grund des Sauerstoffhaushaltes zu klassieren. Er geht dabei vom täglichen Gang der aktuellen Sauerstoffkonzentration und der Sättigung aus und unterscheidet so im wesentlichen 4 Stoffhaushalttypen. Diese werden weitgehend durch das Maß ihrer Belastung mit Nährstoffen und oxydierbarer Substanz geprägt und können deshalb in einem Gerinne von Strecke zu Strecke häufig wechseln. Es wurden deshalb andere Faktoren gesucht, die den Fluß unabhängig von seiner Belastung charakterisieren.

SCHMITZ (1955) vergleicht die monatlichen Mittelwerte der Wassertemperatur mit denjenigen der Luft und stellt auf diese Weise fest, daß sich die schon von STEINMANN (1915) aufgestellten fünf fischereibiologischen Regionen mittels der Temperaturverhältnisse erfassen lassen. Quellregion, obere (oSR) und mittlere (mSR) Salmonidenregion sind danach sommerkalt, die Temperatur der unteren Salmonidenregion (uSR) nähert sich derjenigen der Luft und die Barbenregion (BR) ist sommerwarm. MÜLLER (1955) untersuchte diese Verhältnisse in lappländischen Fließgewässern und gibt für die einzelnen Regionen die Temperaturbereiche an. Für die uSR und die mSR (Forellenregion) unterscheidet DYK (1956) einen Berg- und einen Vorgebirgstypus, die recht verschiedene Temperaturen aufweisen. Das Beispiel der Forelle, die in der Bergregion stets in Bächen mit Temperaturen unter 10° C zu finden ist, während sie in der Ebene bis 26° C und Tagesamplituden bis zu 10° C gut erträgt, läßt darauf schließen, daß außer den Temperaturverhältnissen an der Gestaltung der Biocönose noch andere Faktoren maßgeblich beteiligt sein müssen. Es ist erstaunlich, wie wenig Gewicht in allen diesen Überlegungen der Strömungsgeschwindigkeit, dem Faktor, der die Eigenart des Baches und Flusses überhaupt ausmacht, im allgemeinen beigemessen wird.

Die physiographischen Verhältnisse sind nach ILLIES (1955) derart veränderlich und von der geographischen Lage des Gewässers abhängig, daß er in der Besiedlung die einzige Möglichkeit für eine Typisierung erblickt. Er zeigt jedoch am Beispiel der SR, daß verbreitungsgeschichtliche Momente mitberücksichtigt sein müssen. Dank den Arbeiten von ILLIES (1953, 1958) und SCHMITZ (1957) an der benthischen Insektenfauna der Fulda ist es gelungen, durch statistische Verarbeitung des Untersuchungsmaterials einzelne Biocönosen herauszuarbeiten, deren Verbreitung mit derjenigen der gebräuchlichen Fischregionen weitgehend zusammenfällt. In der BR werden dabei 2 Biocönose-Varianten, entsprechend 2 im Mosaik nebeneinander vorkommenden Substraten unterschieden, während die SR eine homogene Besiedlung, bzw. ein derart feines Raster der einzelnen Kleinbiotope aufweist, daß Sammelproben stets ein einheitliches Bild ergeben. DITTMAR (1955) unterscheidet indessen in 3 Gruppen 11 verschiedene Substrate mit eigenen charakteristischen Biocönosen, die er getrennt sammelt und verarbeitet. Auch andere Organismengruppen wie Wassermilben (SCHWÖRBEL 1955) und Diatomeen (SCHEELE, 1956) scheinen sich so wie die Insektenfauna für die Typisierung von Fließwasserzonen zu eignen.

e) **Das Selbstreinigungsvermögen der Fließgewässer.** Der planende Ingenieur verlangt vom Limnologen konkrete, wenn möglich in Zahlen ausgedrückte Angaben über die Größe der Selbstreinigungskraft eines Vorfluters, die ihm als Grundlage für die Dimensionierung von Kläranlagen dienen soll. Es werden daher immer wieder Versuche unternommen, allgemein gültige mathematische Formeln für die Errechnung dieser Größe zu geben, die zumeist auf den STREETER-PHELPS-Beziehungen zwischen Sauerstoffgehalt, BSB_5-Last und Fließdauer beruhen. CHURCHILL und BUCKINGHAM (1956) haben ein rechnerisches Verfahren ausgearbeitet, das mit Hilfe einer Korrelationsanalyse die Ermittlung des maximalen O_2-Schwundes unterhalb einer Abwassereinleitung gestattet. Da die Fließdauer durch die Ermittlung der Wasserführung miterfaßt wird und die Bestimmung der Abbaukonstanten sowie des Grenzwerts der Sauerstoffzehrung durch BSB_5-Messungen ersetzt wird, bietet das Verfahren gegenüber früheren Methoden eine gewisse Vereinfachung. MÜLLER (1956) kommt durch mathematische Umformung bekannter Beziehungen auf eine einfache Formel:

$$\text{Selbstreinigung in \%} = 100\,(1-10^{-kt}),$$

wobei t die Laufzeit des Wassers und k einen von der Fließgeschwindigkeit abhängigen Beiwert bedeuten. SCHULZ (1953) zeigt indessen, wie bei der Berechnung der Selbstreinigungskraft leicht Fehlschlüsse entstehen können und LIEBMANN (1954) sowie VON AMMON (1954), der die diesbezügliche Literatur bis 1954 zusammengetragen hat, verneinen eine allgemeine Gültigkeit mathematischer Gleichungen und erachten es als unmöglich, eine in der Praxis für alle Fälle gültige Beziehung aufzustellen, da die bei einem Gewässer vorgefundenen Verhältnisse nur in einfachst gelagerten Fällen auf andere übertragbar sind. An die jeweilige Fragestellung und die örtlichen Verhältnisse angepaßte chemisch-biologische Untersuchungen führen sicherer und schneller zur Erfassung der wirklichen Selbstreinigungsverhältnisse.

Ebenso schwierig wie die Bemühungen, das Selbstreinigungsvermögen zahlenmäßig zu erfassen, hält es, die Größe desselben einerseits in ruhendem oder träge fließendem Wasser, andererseits in der rasch strömenden Welle zu beurteilen, weshalb die Gegensätze in den Auffassungen über diese Frage auch in neueren Arbeiten zum Ausdruck kommen. SCHIEMENZ (1955) z. B. mißt Nebenarmen, Altwässern und ruhigen Buchten eines Flusses die größte selbstreinigende Wirkung zu, während die von MÜLLER (1953, 1956) angegebenen Beiwerte k für rasch fließende Gerinne rund 3mal größer sind als diejenigen für langsam fließendes Wasser; den ersteren wohnt also eine weit größere Selbstreinigungskraft inne.

f) Sedimentforschung. Angeregt durch die Produktionsforschung, die in neuerer Zeit als Spezialrichtung der Hydrobiologie intensiv betrieben wurde, zeichnet sich in der limnischen Bodenkunde die Tendenz ab, die Wechselbeziehungen zwischen Sedimentbildung, Bodenbesiedlung und Ökologie der tieferen Schichten des Pelagials stehender Gewässer kennenzulernen. Aus den dabei gewonnenen Erkenntnissen ergibt sich die Möglichkeit, auf Grund stratigraphischer Untersuchungen des Seegrundes Rückschlüsse auf frühere Zustände und die biologisch-chemische Entwicklung der untersuchten Gewässer zu ziehen.

In methodischer Hinsicht sind Fortschritte erzielt worden durch die Schaffung sog. Sedimentpfannen durch THOMAS (1950, 1955, 1958), der Sediment-Meßplatte mit hydraulischer Absaugvorrichtung durch KLEEREKOPER und den neuen Bodengreifer durch NYGAARD.

In Untersuchungen am Lago Maggiore zeigte DELLA CROCE (1955) eine qualitative und quantitative Abhängigkeit der Bodenbesiedlung durch Oligochaeten von der Korngröße des Sedimentes. In ähnlicher Richtung weisen die Befunde über die Verbreitung von Oligochaeten, Tendipediden, Pisidien und anderen Organismengruppen von LENZ (1955), sowie der Trichopteren und Dipteren von MORETTI. Über die Bodenbesiedlung des Ochridasees berichtet STANKOVIĆ (1955), und JÄRNEFELT (1955) verdanken wir eine kritische Betrachtung über die Anwendbarkeit der von LUNDBECK (1926) und WELCH (1952) aufgestellten Thesen über Zusammenhänge zwischen Trophiegrad, Seetiefe und Stratigraphie nordischer Seen. Mit dem Ionenaustausch humusreicher Sedimente hat sich OHLE (1955) befaßt, und VALLENTYNE [1955 (2)] gibt eine Erklärung für die roten Oxydationszonen in rezenten Ablagerungen.

War man über die anorganischen Bestandteile im chemischen Aufbau der Sedimente in großen Zügen orientiert, so erfuhren unsere Kenntnisse über die organischen Substanzen, insbesondere organischen Kohlenstoff, Pektine, Hemicellulosen, Cellulosen, Lignin, Humine und Humussäuren sowie organische Stickstoff- und Phosphorverbindungen durch die in neuester Zeit ausgeführten Arbeiten an kanadischen Seen von KLEEREKOPER (1957) eine wesentliche Bereicherung. VALLENTYNE gelang es außerdem, Jahrtausende zurück verschiedenste Aminosäuren und Zucker aus Sedimenten des Lower Linsley Pond Conn. und Lake Opinicon Ont. (1954, 1955), ferner Chlorophyll und Abbauprodukte desselben, sowie eine Reihe von Carotinoiden aus bis zu 20000 Jahre alten Sedimenten zu isolieren (1957) und damit wertvolle Beiträge zu dem von ABELSON (1954) umschriebenen Gebiete der Paläobiochemie zu liefern.

In neueren paläolimnologischen Arbeiten von VALLENTYNE und SWABEY (1955), DEEVEY [1955 (1, 2)], HUTCHINSON, PATRICK und DEEVEY (1956) sowie FREY (1955) werden auch Pollenkörner, Crustaceenschalen und -eier, Gehäuse von Insekten, Diatomeen und organische Verbindungen berücksichtigt, um die Entwicklungsgeschichte der betreffenden Gewässer bis in ihre Entstehung zurück verfolgen zu können.

Nach Prüfung von Zusammenhängen zwischen Planktonproduktion und Chemismus weitgehend mineralisierter, rezenter Sedimente und aufbauend auf den mikrostratigraphischen Untersuchungen von NIP-KOW hat ZÜLLIG den Versuch unternommen, auf Grund vorwiegend chemischer Bestimmungen an Bohrprofilen, die teils mit eigens hierfür konstruierten Bohrgeräten (1953, 1956) aus Schweizerseen entnommen worden waren, die trophische Entwicklungsgeschichte der betreffenden Gewässer auf Jahrhunderte und Jahrtausende zurück zu verfolgen. So konnte auf Grund eines 8 m langen Bohrprofils aus 140 m Seetiefe die biologische Entwicklung des Zürichsees in großen Zügen rekonstruiert werden. Nach den pollenanalytischen Studien von LÜDI (1957) reichte das Profil bis in die waldfreie Zeit des Spätglazials zurück, erstreckte sich also über eine Zeitspanne von über 12000 Jahren. Beim Versuch, die Ablagerungen nach den Zeitstufen von BLYTT-SERNANDER und FIRBAS zu gliedern, ergaben sich jedoch Schwierigkeiten. Insbesondere ist es ungewiß, ob die Abschnitte im Pollendiagramm des Bohrkernes mit der zeitlich festgelegten Periodeneinteilung der erwähnten Autoren immer in Übereinstimmung gebracht werden können. Auf die aus den Arbeiten NIPKOWS bekannte, jahreszeitlich schwarz-weiß geschichtete Sedimentserie der rezenten Schlammschichten folgen auf einer Länge von etwa 7 m in dem sonst grau bis weiß-gelb gefärbten, tonigen Material wiederholt intensiv schwarz gefärbte Schichten, über deren Entstehung die durch ZÜLLIG sehr umfangreich ausgeführte chemische und mikroskopische Prüfung Aufschluß gibt.

Mit den aus früheren Untersuchungen als spezifische Indicatoren erkannten Sedimentkomponenten Xanthophyll, freie und geformte Kieselsäure gelang es ZÜLLIG (1955, 1956) zu zeigen, daß im Falle des Zürichsees die ersten Anfänge einer nachweisbaren Planktonbesiedlung in der jüngeren Dryaszeit liegen, daß die Entfaltung des Planktons bis kurz vor der Jahrhundertwende sehr gering gewesen sein muß und erst seither um ein Vielfaches anstieg. Ferner konnte bewiesen werden, daß, im Gegensatz zu den jüngsten schwarzen, von Schwefeleisen durch-setzten Ablagerungen, die vor Jahrtausenden aufgetretenen Schwefel-eiseneinlagen auf den anaeroben Abbau bei Hochwasser eingeschwemm-ten Pflanzenmaterials zurückzuführen sind.

Inzwischen arbeitete ZÜLLIG (1958) eine papierchromatographische Methode aus, um Myxoxanthophyll, ein vermutlich wie Myxoxanthin für planktische Blaualgen spezifisches Pigment, auf einfache Weise im Sedimentmaterial zu bestimmen, wodurch sich die Möglichkeit ergibt, die Entfaltung planktischer Blaualgen in einzelnen Gewässern auf Grund stratigraphischer Sedimentuntersuchungen kennenzulernen.

Neuere Forschungsergebnisse aus den Gebieten der Ökologie ste-hender Gewässer, der Produktionsforschung, der Taxonomie und Bio-logie von Wasserorganismen sowie der biologisch-chemischen Beurteilung von Fließgewässern konnten auf dem beschränkten zur Verfügung stehenden Raum dieser erstmaligen Darstellung nicht behandelt werden. Sie sollen im nächsten Bericht Berücksichtigung finden.

B) Abwasserreinigung.

In sämtlichen Anlageteilen von Abwasserreinigungsanlagen wird im Interesse einer möglichst weitgehenden Tiefhaltung der Baukosten und einer ökonomischeren Betriebsführung um Verbesserungen des Wirkungsgrades und um eine Verminderung der erforderlichen Aufenthaltszeit des zu reinigenden städtischen oder industriellen Abwassers gerungen.

1. Die mechanische Klärung des Abwassers.

Über den Einfluß der Strömung, der Dichte-Unterschiede und der Abwassertemperatur auf den Absetzvorgang in Absetzbecken (mechanischer Teil einer Reinigungsanlage) berichtet KNOP (1952). Nach CAMP (1953) ist die durch die Turbulenz hervorgerufene Flockung bei flachen Becken größer als bei tiefen. FISCHERSTRÖM (1955) dagegen hält die Turbulenz für störend auf den Absetzvorgang. Die von CAMP (1946, 1953) verfochtene HAZENSCHE Theorie, wonach die Oberflächenbelastung für den Kläreffekt maßgebend sei, wird von BLOODGOOD und HOWLAND (1954) bestätigt. Dagegen konnte KNOP (1951) nur einen geringen Einfluß der Oberflächenbelastung auf den Abscheideeffekt nachweisen. KEHR (1954) trennt in hintereinander geschalteten Becken den Flockungs- und den Absetzvorgang in zwei Stufen. Nach FISCHERSTRÖM (1955) hängt der Kläreffekt eines Absetzbeckens von der Frowdeschen Zahl ab, eine Tatsache, die SCHMIDT-BREGAS (1958) in Versuchen an Modellbecken in Hamburg bestätigen konnte. Über Messungen der Durchflußzeit in Klärbecken mit radioaktiven Isotopen berichten HOUTERMANS (1951), MÜLLER-NEUHAUS (1956) und SEAMAN (1956). Vergleichsversuche mit Salz, Farbe und radioaktiven Isotopen als Leitstoffen zur Ermittlung der Durchflußzeiten haben AMBROSE, BAUMANN und FOWLER (1957) durchgeführt mit dem Ergebnis, daß die Salzmethode abgelehnt wird, da sie zusätzliche störende Dichteströmungen erzeugt. Farbe und Isotope hingegen liefern ähnliche Ergebnisse. INGERSOLL, McKEE und BROOKS (1955) empfehlen Einbauten in den Klärbecken zur Verbesserung des Kläreffektes. Ähnliche Vorschläge stammen von AMBERGER (1953) bzw. von BLOODGOOD und HOWLAND (1954).

Wichtig ist die Ausbildung der Beckenein- und -ausläufe. KNOP (1952) orientiert über Versuche von Böss mit verschiedenen Einlaufkonstruktionen, SCHMITZ-LENDERS (1953) über beobachtete Ausläufe in amerikanischen Kläranlagen. THÉROUX (1957) stellte in Los Angeles fest, daß der Abscheideeffekt innerhalb gewisser Grenzen von der Überlaufrate der Klärbecken unabhängig sei.

2. Neuere Methoden der Schlammfaulung.

Aus den Klärbecken gelangt der sog. Primärschlamm und aus den Nachklärbecken der sog. Sekundärschlamm in den Faulraum. Dort macht das eingefüllte Material eine anaerobe Gärung durch, wobei sich Klärgas, hauptsächlich Methan, bildet. Fortschritte sind auf dieser Stufe der Abwasserreinigung in der Schnellfaulung des Schlammes zu verzeichnen. Einen umfassenden Überblick über die Grundlagen dieses Prozesses liefert ROEDIGER (1956), und LEE (1955) berichtet über die Ergebnisse einschlägiger Versuche. Wird großer Gasanfall gewünscht, so ist nach TORPEY (1955) ein Faulraum-Volumen von 12 l je Einwohner erforderlich. SCHLENZ (1955) warnt freilich vor direkter Übertragung von solchen Versuchsresultaten auf die Praxis. PÖPEL (1954) gibt neue Berechnungsmethoden für die mathematische Erfassung der Schlammfaulung. In der New Yorker Kläranlage von Bowery-Bay/N. Y. wird der Faulrauminhalt innert einer Stunde umgewälzt. Dieser Betrieb ermöglicht nach O'LEARY (1955) eine Einsparung an Faulraumvolumen von 50%. Über den Schnellfaulungsprozeß in Wuppertal berichtet MÖHLE (1955).

Nach BLODGETT (1956) und FORREST (1957) kann die Ausfaulzeit mittels Durchleiten des Faulgases durch den Schlamm der Faulräume auf die Hälfte verkürzt werden. Über die Wirkung der Aufheizung des Faulraumes mittels einer Heizpumpe orientiert MINISH (1957); das dabei eingesparte Faulgas wird zur Trocknung des Schlammes verwendet. Über die Erfahrungen auf diesem technischen Gebiete in den USA berichtet IMHOFF (1954).

Mit der Schlammverarbeitung in England befaßt sich eine umfassende Studie des Ministry of Housing (1954), und ein Überblick über die deutschen Verhältnisse findet sich bei IMHOFF (1958).

Ergebnisse über die Eindickung von Schlämmen mittels Vibrationssieben und Zentrifugen geben BRADNEY und BRAGSTAD (1955) bekannt. SCHEPMAN (1955) behandelt die Vakuumfiltration und TORPEY (1954) die Eindickung mit speziellen Eindickern.

Gefrierverfahren zur besseren Eindickung des Schlammes werden von COACKLEY (1955) beschrieben, ein Verfahren mit Gefrieren und Auftauen erwähnen NEAGAN et al. (1955).

3. Biologische Abwasserreinigung.

Die anaeroben und aeroben Mischgärungen, welche von der Abwasserreinigungstechnik benützt werden, stellen außerordentlich komplexe mikrobiologische Systeme dar, und zwar sowohl hinsichtlich Substratzusammensetzung als auch bezüglich der beteiligten Gärungsbiocönosen. In verfahrenstechnischer Hinsicht sind bei den aeroben Reinigungsverfahren die verschiedenen Varianten des Belebtschlammsystems und der Tropfkörper zu unterscheiden; bei den anaeroben Methoden kommen die sog. Abwasserfaulung, sodann die anaeroben Gärungen der Schlammverarbeitung in Faulräumen in Frage.

a) Allgemeines und Übersichtsreferate. Auffallenderweise fehlen bis heute zusammenfassende Darstellungen gärungsbiologischer Art über die verschiedenen Abwasserreinigungsverfahren. Hingegen liegt eine Sammlung von Einzeldarstellungen verschiedener Autoren vor (Ind. Eng. Chem. 1956), in welcher in übersichtlicher Weise über die Probleme der Mikroben-Assoziationen in Mischpopulationen referiert wird und die Gesichtspunkte ihrer Adaptation an Einzelkomponenten eines Mischsubstrates sowie die allgemeinen Mechanismen der Oxydation und Fermentation organischer Substanzen im Hinblick auf die speziellen Verhältnisse bei der Abwasserreinigung diskutiert werden. Da Abwasseranlagen kontinuierlich laufende Gärungsanlagen darstellen, sind nach WUHRMANN (1958) sowohl soziologische Adaptationen der Mischflora und -Fauna als auch enzymatische Adaptationen der vorhandenen Organismen an das wechselnde Substrat für die gleichmäßige Leistung des Systems verantwortlich.

b) Die Zusammensetzung der Gärungsbiocönosen. Unsere Kenntnisse über die systematische Zugehörigkeit der in Abwasseranlagen dominierenden Mikroorganismen sind noch überaus lückenhaft. Von FELDMANN (1955, 1958) sind aus *Tropfkörpern* 36 Pilzarten isoliert und bestimmt worden, allerdings ohne nähere Angaben über ihre Häufigkeitsverteilung und Bedeutung für die Abbauleistung der Anlagen. PAINTER (1954) untersuchte die physiologischen Ansprüche von mehreren häufig vorkommenden Pilzarten (*Sepedonium* sp., *Fusarium aquaeductum, Geotrichum* sp., *Trichosporum cutaneum*) genauer und stellte u. a. fest, daß für *Sepedonium* ein enges pH-Optimum zwischen pH 7,0 und 8,5 besteht, während die übrigen genannten Arten im Bereiche zwischen pH 3 und 9 ohne weiteres gedeihen. Entsprechend den normalen Milieubedingungen im Abwasser ist zu erwarten, daß es sich bei allen in biologischen Reinigungskörpern dominierenden Organismen um solche handelt, die unter schwach alkalischen Bedingungen ein optimales Wachstum zeigen. In intermittierenden Sandfiltern, die prinzipiell ähnlich wie die Tropfkörper arbeiten, fand CALAWAY (1957) an dominanten Organismen: *Zoogloea ramigera*, aerobe Sporenbildner wie *B. cereus, Flavobact. aquatile, Alaligenes*-Typen, *Actinomyceten* wie *Nocardia* und *Streptomyces.* In einer physiologischen Studie über 9 Pilze aus Tropfkörpern stellte COOK (1957) interessanterweise fest, daß einige Arten auf Kohlenwasserstoffen (Motorenöl) höhere Myceltrockengewichte erreichten als beispielsweise auf Glucose. Trockengewichtsverhältnisse zwischen Motorenöl:Glucose unter streng vergleichbaren Bedingungen ergaben sich beispielsweise wie folgt: *Fusarium aquaeductum* 2,49; *Geotrichum candidum* 6,18; *Penicill. lilacinum* 7,58; *Margarinomyces heteromorphum* 3,96. PAGE (1956) isolierte ferner aus Tropfkörpern, in welchen Gaswasch-Abwasser behandelt wurde, einzelne Bakterienstämme, die spezifisch ein- und mehrwertige Phenole resp. Thiocyanat oxydierten. Eine nähere physiologische und systematische Beschreibung der Arten erfolgte leider nicht.

c) Die Lebensgemeinschaft des Belebtschlammes harrt nach wie vor einer quantitativen Bearbeitung. LEMBKE (1956) isolierte in neuerer Zeit einige Bakterienstämme aus einer Reinigungsanlage für Molkereiabwasser und charakterisierte sie in physiologischer Hinsicht, ohne aber näher auf ihre mengenmäßige Verteilung im Schlamm einzutreten. Im Anschluß an die älteren Arbeiten von WATTIE (1942) züchteten ferner McKINNEY et al. (1952, 1953, 1956) 72 verschiedene Bakterientypen aus Belebtschlamm, die sich speziell hinsichtlich ihrer Fähigkeit zur Flockenbildung auszeichneten. Einige Stämme wurden auf ihre systematische Zugehörigkeit geprüft; sie waren alle mit gemeinen Bodenbakterien identisch. Die einzige bisher veröffentlichte Arbeit über den zahlenmäßigen Anteil einzelner Gärungstypen am Bakterienbestand eines

Belebtschlammes stammt von ALLEN (1944). Der Gehalt der Belebt-
schlämme an Protozoen und Flagellaten sowie dessen Abhängigkeit von
der Abwasserqualität und den Betriebsbedingungen war schon mehrfach
Gegenstand eingehender Untersuchungen. SCHERB (1958) faßt die bisherigen systematischen Arbeiten zusammen und gibt ausgedehnte
Namenslisten der in Belebtschlämmen gefundenen Einzeller. Es ist
allerdings fraglich, ob verfahrenstechnisch dieser Organismengruppe eine
praktische Bedeutung zukommt; jedenfalls kann man PILLAI (1952, 1953)
kaum zustimmen, wenn er ihr einen Hauptanteil an der Reinigungs-
leistung einer Belebtschlammanlage zuschreibt.

Die Flora der anaeroben Gärungen in Abwasser- und Schlamm-
faulräumen ist bisher fast nicht untersucht worden, abgesehen von der
speziellen Gruppe der Methanbildner. Neuere zusammenfassende Übersichten (WIKÉN, 1957; BARKER, 1956) befassen sich in erster Linie mit
dem Mechanismus der Methanbildung.

Es ist nicht zu übersehen, daß unsere gegenwärtigen Kenntnisse
über die Zusammensetzung der Lebensgemeinschaften in Reinigungskörpern durchaus rudimentär sind und sich auf wenige große und leicht
zu identifizierende Organismen (hauptsächlich bei der Fauna) beschränken, während die gärungsbiologisch weitaus wichtigeren Bakterien weder
zahlenmäßig noch entsprechend ihrer physiologischen Leistung genauer
untersucht sind.

d) Kinetik der Mischgärungen bei der Abwasserreinigung. Mißt man
den Konzentrationsverlauf von Abwasser in Funktion der Behandlungs-
zeit in einer biologischen Reinigungsanlage mittels der üblichen sum-
marischen Parameter wie biochem. Sauerstoffbedarf, Oxydierbarkeit,
organ. Kohlenstoff oder Stickstoff usw., so resultiert eine exponentielle
„Abbaufunktion", die annähernd einer Reaktion 1. Ordnung entspricht.
Hieraus wurden weitgehende kinetische Berechnungen über die Elimination der Schmutzstoffe in einer Reinigungsanlage abgeleitet (vgl. beispielsweise ECKENFELDER und WESTON, 1956 u. a.), welche zu einer
Theorie für den Mechanismus des Reinigungsvorganges führen sollten.
Neuere Untersuchungen zeigen, daß diese Vorstellungen weitgehend
unrichtig sind. Wenn man eine einzelne Substanz aus einem Misch-
substrat in ihrem Konzentrationsverhalten während des Kontaktes mit
Belebtschlamm verfolgt, findet man eine mehr oder weniger lineare
Konzentrations-Zeitfunktion (WUHRMANN, 1958). Die scheinbaren Eli-
minationsfunktionen 1. Ordnung sind als Resultanten mehrerer annähernd
linear verlaufender Vorgänge zu betrachten. Die Geschwindigkeit der
Elimination reiner Substanzen ist eine Funktion ihrer Eignung als Gär-
substrat und verhält sich proportional zur Menge der vorhandenen
Organismenmasse (d. h. zur Schlammkonzentration) im Belüftungs-
becken einer Belebtschlammanlage. Neben den biochemischen Reaktionen bei der Elimination gelöster Stoffe aus Abwasser spielen physikalische Vorgänge, die zur Flockulation der Gärungsorganismen zu
sedimentierbaren größeren Partikeln führen, eine ausschlaggebende Rolle
bei der praktischen Durchführung vor allem des Belebtschlammverfah-
rens. Der Mechanismus dieser Flockulation ist noch gänzlich unbekannt.

Einige Ansätze zur Klärung des Problems finden sich in Arbeiten von McKinney (1956) sowie von Lackey und Smith (1956). Befriedigende Ergebnisse lieferten beide Arbeiten nicht, doch wäre ein eingehendes Studium dieser chemisch-physikalischen Frage von großer theoretischer und praktischer Bedeutung.

e) Sauerstoff- und Substratversorgung der Mikroorganismen-Aggregationen in Reinigungsanlagen. Sowohl bei den aeroben als auch bei den anaeroben Reinigungsverfahren bilden die Gärungsorganismen flockige Massen oder wachsen in Form von dicken Überzügen auf den Steinen der Tropfkörperfüllungen. Zoogloenartige Wuchsformen von Bakterien sind besonders häufig. Die Geschwindigkeit der Versorgung der Zellen im Innern solcher Aggregationen mit Substrat- oder Sauerstoffmolekeln ist der begrenzende Faktor für ihre physiologische Leistung. Die theoretische Grundlage für die Versorgung von Einzelbakterien im Innern von Zoogloen mit Sauerstoff ist von Wuhrmann (1957) angegeben worden; sie lehnt sich eng an die von Wanner (1945) veröffentlichte Berechnung für die Sauerstoffversorgung von Wurzeln an. Für kugelige Zellverbände ergibt sich nach Wuhrmann die Beziehung:

$$c_i = c_a - \frac{\alpha}{6D} (R^2 - r^2)$$

worin bedeuten: c_i = Sauerstoffkonzentration im Abstand r vom Flockenmittelpunkt, c_a = Sauerstoffkonzentration an der Flockenoberfläche, d. h. im Abstand R vom Flockenmittelpunkt. α = Sauerstoffverbrauch in der Flocke in mg $0/cm^3 \cdot s$, D = Diffusionskoeffizient von Sauerstoff im Flockenmaterial. Das gleiche Berechnungsverfahren läßt sich auch für die Versorgung von Zellen mit Gärsubstraten anwenden, soweit die Wanderungsgeschwindigkeit der entsprechenden Molekeln ausschließlich durch die Diffusion bestimmt ist.

Die Betriebskosten einer biologischen Reinigungsanlage sind in wesentlichem Umfange von den Aufwendungen für die Belüftung bestimmt. Der Theorie der Sauerstoffanreicherung in Gärlösungen und der rechnerischen Erfassung der Leistung von Belüftungseinrichtungen kommt deshalb große praktische Bedeutung zu. Eingehende Darstellungen, die in erster Linie auf die Gärungsindustrie ausgerichtet sind, finden sich in einer Sammlung von Aufsätzen in *Ind. Eng. Chem.* (**42**, 1950). Auf dem Gebiete der Abwasserreinigung hat sich Pasveer (1954) vor allem um die Theorie der Oberflächenbelüfter (sog. Bürstenbelüftung) bemüht. In praktischer Hinsicht regten seine Untersuchungen zu neuen Konstruktionen von sog. Belüftungsrotoren an, über die Muskat (1958) berichtet. Sowohl in der Gärungsindustrie als auch bei der Abwasserreinigung ist das Belüftungsmedium nicht reines Wasser, sondern ein kompliziertes Gemisch organischer Verbindungen, wobei vielfach auch oberflächenaktive Körper vorhanden sind (Schaumbekämpfungs- und Dispergierungsmittel in der Gärungsindustrie, synthetische Waschmittel, Fette, Öle usw. bei der Abwasserreinigung). Es zeigte sich, daß diese Stoffe einen merklich depressiven Einfluß auf die Geschwindigkeit des Sauerstoffüberganges aus der Gasphase (Luft) in die wäßrige Phase (Gärlösung, Abwasser) ausüben, wenn auch die Sauerstoffsättigungskonzentration des Mediums durch sie nicht wesentlich beeinflußt wird (LYNCH und SAWYER, 1954; DOWNING, MELBOURNE und BRUCE, 1957). Die unter gewissen Umständen sehr starke Abhängigkeit des Sauerstoffeintrags vom Chemismus des Abwassers erschwert die Berechnung von Belüftungsanlagen nicht wenig. Man muß deshalb gegenüber allen Berechnungsmethoden, die diese Tatsache nicht berücksichtigen, zu großer Vorsicht mahnen (vgl. beispielsweise die neueren Berechnungsmethoden von v. D. EMDE, 1957; PASVEER, 1958).

f) Verfahrenstechnik. Bei der Forschungsarbeit an aeroben und anaeroben Abwasserbehandlungsverfahren steht nach wie vor das Bestreben nach Erhöhung der spezifischen Leistung pro Einheit Bauvolumen im Vordergrund. Bei den Tropfkörpern ist die Entwicklungsmöglichkeit naturgemäß beschränkt, eine Erweiterung ihres Anwendungsbereiches bei der Behandlung industrieller Abwässer ist immerhin mit dem System der Wechseltropfkörper erreicht worden (TOMLINSON et al., 1953; RUMPF, 1953), wobei zwei Filterbeete hintereinander geschaltet werden und die Durchflußreihenfolge der Körper in kurzen Zeitintervallen (etwa 2 Wochen) gewechselt wird. Eine Vergrößerung der flächenmäßigen Leistung von Tropfkörpern läßt sich durch Erhöhung der Filterschicht erreichen. Eine eindeutige Beziehung zwischen Füllhöhe und Abbauleistung eines Filterbeetes ist allerdings nicht bekannt, doch bestätigen die Ergebnisse mit sog. Turmtropfkörpern (8 m Füllhöhe, SCHULZ, 1952) die vorstehende Hypothese.

Bei den Belebtschlammverfahren ist neben der allmählichen Einbürgerung der „hochbelasteten" Anlagen das Problem der wartungslosen und narrensicheren Kleinanlage ein wichtiges Studienobjekt. Der von PASVEER (1957) in Anlehnung an die alten HAYWORTH-Kanäle beschriebene „Schlängelgraben" stellt möglicherweise eine Lösung der Aufgabe dar. Im Prinzip handelt es sich dabei um eine extrem schwach belastete Belüftungsanlage (etwa 72 Std. theoretische Belüftungszeit, gegenüber 1—3 Std. bei üblichen Belebtschlammanlagen), in welcher gleichzeitig auch der primäre Schlamm oxydativ verarbeitet wird. Die niedrige Belastung ergibt automatisch einen sehr stabilen Betrieb, was zusammen mit der einfachen Konstruktion, die bei günstigen Untergrundverhältnissen ziemlich billig gestaltet werden kann, eine gute Annäherung an die Anforderungen von Kleinstanlagen ergibt. Erfahrungen liegen noch wenige vor (OFFHAUS, 1958; PASVEER, 1957), vor allem fehlen auch langfristige Betriebsbeobachtungen (Winterbetrieb!).

Die anaeroben Abwasser- und Schlammgärungsverfahren haben seit fast 30 Jahren keinerlei grundsätzliche Fortschritte mehr gemacht, indem insbesondere eine Entwicklung vom üblichen intermittierenden Beschickungsbetrieb zum Durchflußbetrieb nicht erfolgte (eine Ausnahme stellen nur die durchflossenen Abwasserfaulräume für häusliche Abwässer dar). Einen Impuls zur Leistungssteigerung der Faulverfahren mittels Angleichung an das Belebtschlammsystem ist durch JUNG (1949) und neuerdings durch eingehende Versuche von SCHROEPFER und ZIEMKE (1959) erfolgt. Es ist zu erwarten, daß mit dieser Verfahrenstechnik eine Vervielfachung der Gärungsleistung von Faulräumen, sei es für konzentrierte Abwässer oder für Schlämme, erreicht werden kann.

Literatur.

ABELSON, P. H.: Paleobiochemistry. Carnegie Inst. Washington Year Book 53, 97—101 (1954). — ALLEN, L. A.: J. Hyg. 43, 424 (1944). — AMBERGER, O.: Ges.-Ing. 74, 398 (1953). — AMBÜHL, H.: Schweiz. Z. Hydrol. 20, 2, 341 (1958). — AMBROSE, H., R. BAUMANN and E. B. FOWLER: Sew. Ind. Wastes 29, 24 (1957). — AMMON, F. VON: Münchner Beitr. 2, 51—110 (1954).

BARKER, H. A.: Ind. Eng. Chem. 48, 1438 (1956). — BLODGETT, J. H.: Sew. Ind. Wastes 28, 7, 926 (1956). — BLOODGOOD, D. E., and W. E. HOWLAND: Sew. Ind. Wastes 26, 861 (1954). — BOURRELLY, P.: Recherches sur les Chrysophycées. Rev. Algol., Mém. Hors-Série No. 1, 412 S. Paris 1957. — BRADNEY, L., and R. E. BRAGSTAD: Sew. Ind. Wastes 27, 4, 404 (1955). — BRUNS, E.: Ozeanologie. I, 420 S. Berlin 1958. — BURKARD, R.: Jb. v. Wasser 22, 272 (1955).

CALAWAY, W. T.: Sew. Ind. Wastes 29, 1 (1957). — CAMP, T. R.: (1) Trans. Amer. Soc. Civ. Engrs. Proc. Nr. 2285, 895 (1946). — (2) Sew. Ind. Wastes 25, 1 (1953). — CHURCHILL, M. A., and R. A. BUCKINGHAM: Sew. Ind. Wastes 28, 517—537 (1956). — COACKLEY, P.: Water San. Engr. 5, 7, 319 (1955). — COKER, R. E.: Streams, Lakes, Ponds. 327 S. Chapel Hill/USA 1954. — COOK, W. B.: Sew. Ind. Wastes 29, 11 (1957).

DAVIS, C. D.: The marine and fresh water plancton. Michigan State Univ. Press, 562 S. 1955. — DEEVEY, E. S. jr.: (1) Rec. Canterbury Museum 6, 4, 291—344 (1955). — (2) Verh. int. Ver. Limnol. 12, 654—659 (1955). — DELLA CROCE, N.: Mem. Ist. Ital. Idrobiol., Suppl. 8, 39—63 (1955). — DIETRICH, G., u. K. KALLE: Allgemeine Meereskunde. 492 S. Berlin 1957. — DITTMAR, H.: (1) Arch. Hydrobiol. Suppl. 22, 295—300 (1955). — (2) Arch. Hydrobiol. 50, 3/4 (1955). — DOWNING, A. L., K. V. MELBOURNE and A. M. BRUCE: J. appl. Microbiol. 7, 590 (1957). — DYK, V.: Arch. Hydrobiol. 52, 388—397 (1956).

ECKENFELDER, W. W., and R. F. WESTON: In Biological treatment of sewage and industrial wastes. Ney York: Reinhold Publ. Corp. 1956. — EMDE, W. V. D.: Diss. Techn. Hochschule Hannover 1957.

FELDMANN, A. E.: (1) Sew. Ind. Wastes 27, 11, 1243 (1955). — (2) Sew. Ind. Wastes 29, 538 (1958). — FISCHERSTRÖM, C.: Amer. Soc. Civ. Engrs. 81, Sep. No. 687 (1955). — FORREST, T. H.: Chem. Abstr. 51, 9049 (1957). — FREY, D. G.: Mem. Ist. Ital. Idrobiol., Suppl. 8, 141—165 (1955). — FRÖMMING, E.: Biologie der mitteleuropäischen Süßwasserschnecken. 313 S. Berlin 1956.

GAMESON, A. L. H.: J. Inst. Wat. Engrs. 11, 6, 477 (1957). GAMESON, A. L. H., and K. G. ROBERTSON: J. appl. Chem. 5, 502 (1955). — GAMESON, A. L. H., G. A. TRUESDALE and R. A. VARLEY: Wat. San. Eng. Juli/Aug. 1956. — GESSNER, F.: (1) Hydrobotanik. I, 517 S., Berlin 1955. — (2) Hydrobotanik. II, 500 S. Berlin 1959. — (3) Meer und Strand. 426 S. Berlin 1957.

HOUTERMANS, H.: Über die Verwendung radioaktiver Isotope als Indikatoren bei der Verfolgung von Wasserströmungen. Göttingen 1951. — HUBER-PESTALOZZI, G.: In A. THIENEMANN, Die Binnengewässer. Bd. 16, 4. Teil „Euglenophyceen", 606 S. Stuttgart 1955. — HUSMANN, W., u. G. STRACKE: Wasserwirtschaft 48, 1, 13 (1957). — HUTCHINSON, G. E.: A treatise on limnology. I, 1015 S. New York 1957. — HUTCHINSON, G. E., R. PATRICK and E. S. DEEVEY: Bull. geol. Soc. Amer. 67, 1491—1504 (1956).

ILLIES, J.: (1) Ber. Limn. Flusst. Freudenthal 5, 1—28 (1953). — (2) Arch. Hydrobiol. Suppl. 22, 337—346 (1955). — (3) Verh. int. Ver. Limnol. 13, 834—844 (1958). — IMHOFF, K.: (1) Gas- u. Wasserfach 1954, 521. — (2) Taschenbuch der Stadtentwässerung. 17. Aufl. 337 S. München 1958. — INGERSOLL, A., J. McKEE and N. BROOKS: Proc. Amer. Soc. Civ. Engrs. 81, Sep. Nr. 590 (1955). — *Internationale Kommission zum Schutze des Rheins gegen Verunreinigung*: Ber. Nr. 2 üb. physikal.-chem. Untersuchg. d. Rheinwassers. Basel 1957.

JAAG, O.: Ber. Abw.techn. Ver. **6** (1955). — JAAG, O., u. H. AMBÜHL: Verbandsber. 37/1 VSA (1955). — JÄRNEFELT, H.: Mem. Ist. Ital. Idrobiol., Suppl. **8**, 165—183 (1955). — JUNG, H.: Jb. v. Wasser **17**, 38 (1949).

KEHR, D.: (1) Bauamt u. Gemeindebau **27**, 171 (1954). — (2) Schweiz. Z. Hydrol. **19**, 1, 481—495 (1957). — KLEEREKOPER, H.: (1) Canad. J. Zool. **30**, 185—190 (1952). — (2) Une étude limnologique de la chimie des sédiments de fond des lacs de l'Ontario méridional Canada. Uitgeverij Excelsior, 'S-Gravenhage 1957. — KNOP, E.: (1) Ges.-Ing. **72**, 144 (1951). — (2) Ges.-Ing. **73**, 157 (1952). — KOMÁREK, J., u. H. ETTL: Algologische Studien. 358 S. Prag 1958.

LACKEY, J. B., and D. B. SMITH: In Biological treatment of sewage and industrial wastes. New York 1956. — LEE, D. B.: Water and Sew. Wks **102**, 2, 47 (1955). — LEMBKE, A.: Kieler Milchwirtsch. Forsch. Ber. **8**, 305 (1956). — LENZ, F.: Mem. Ist. Ital. Idrobiol., Suppl. **8**, 183—205 (1955). — LIEBMANN, H.: Münchner Beitr. **2**, 310—313 (1954). — LÜDI, W.: Schweiz. Z. Hydrol. **19**, 2, 523—564 (1957). — LUNDBECK, J.: (1) Z. Fischerei **24** (1926). — (2) Arch. Hydrobiol., Suppl. **10** (1936). — LYNCH, W. O., and C. N. SAWYER: Sew Ind. Wastes **26**, 1193 (1954).

McKINNEY, R. E.: In Biological treatment of sewage and industrial wastes. New York-1956. — McKINNEY, R. E., and M. P. HORWOOD: Sew. Ind. Wastes **24**, 117 (1952). — McKINNEY, R. E., and R. G. WEICHLIN: Appl. Microbiol. **1**, 259 (1953). — MERCIER, P.: (1) Schweiz. Z. Hydrol. **19**, 2, 611 (1957). — MERCIER, P., u. S. GAY: Schweiz. Z. Hydrol. **16**, 2, 249 (1954). — (2) Eau et Santé **6**, 4, 13 (1958). — MINISH, M. A.: Wastes Eng. **28**, 132 (1957). — *Ministry of housing and local government, London:* (1) H. M. Stationary Offices, London, Eng. 1954. — (2) Abs. Sew. Ind. Wastes **27**, 12, 1424 (1955). — MÖHLE, H.: Gas- u. Wasserfach **96**, 239 (1955). — MOORE, H. B.: Marine Ecology. 493 S. New York 1958. — MORETTI, G. P.: Mem. Ist. Ital. Idrobiol., Suppl. **8**, 205—221 (1955). — MORTIMER, C. H.: Mitt. int. Verh. Limnol. **6** (1956). — MÜLLER, K.: Arch. Hydrobiol. Suppl. **22** (1955). — MÜLLER, W.: (1) Ges.-Ing. **74**, 15—20 (1953). — (2) Gas- u. Wasserfach **97** (1956). — MÜLLER-NEUHAUS, G.: Straßen- u. Tiefbau H. 4 (1956). — MUSKAT, J.: In Tropfkörper und Belebungsbecken. 259 S. München 1958.

NYDEGGER, P.: Beitr. z. Geologie d. Schweiz — Hydrologie, Lief. 9 (1957). — NYGAARD, G.: Verh. int. Ver. Limnol. **13**, 144—155 (1958).

OFFHAUS, K.: In Tropfkörper und Belebungsbecken. München 1958. — OHLE, W.: (1) Jb. v. Wasser **19**, 99 (1952). — (2) Mitt. int. Ver. Limnol. **3** (1953). — (3) Mem. Ist. Ital. Idrobiol., Suppl. **8**, 221—247 (1955). — O'LEARY, W. A.: Eng. News Rec. **19**, 49 (1955).

PAGE, H. A.: Gas World **144**, 7 (1956). — PAINTER, H. A.: J. gen. Microbiol. **10**, 177 (1954). — PASVEER, A.: (1) Sew. Ind. Wastes **26**, 28, 149 (1954). — (2) Ingenieur **69**, 17 (1957). — (3) In Tropfkörper und Belebungsbecken. München 1958. — PILLAI, S. C.: (1) Indian med. Gaz. **87**, 411 (1952). — (2) Indian med. Gaz. **88**, 507 (1953). — PÖPEL, F.: GWF **95**, 580 (1954).

REAGAN, C. J., R. J. STEVENSON and G. S. CLEMENTS: (1) U. S. Pat. 2, 703, 782 (March 8, 1955). — (2) Chem. Abstr. **49**, 7613 (1955). — *Regionalplanungsgruppe Nordwestschweiz:* Die Verunreinigung des Rheins vom Bodensee bis Karlsruhe. Wasser- u. Energiewirtsch. 5 u. 10 (1957). — REMANE, A., u. C. SCHLIEPER: Die Biologie des Brackwassers. In A. THIENEMANN, Die Binnengewässer. 22, 348 S. Stuttgart 1958. — ROEDIGER, H.: Die anaerobe alkalische Schlammfaulung. Schriftenreihe GWF: Wasser — Abwasser Nr. 1. München 1956. — RUMPF, A.: Ges.-Ing. **74**, 281 (1953).

SCHEELE, M.: (1) Arch. Hydrobiol. **51**, 425—456 (1956). — (2) Fünfzig Jahre Archiv für Hydrobiologie. 175 S. Stuttgart 1958. — SCHEPMAN, B. A.: Pub. Wks. **86**, 12, 74 (1955). — SCHERB, K.: Diss. Universität München 1958. — SCHIEMENZ, F.: Desinfektion und Gesundh.-Wesen **47**, 113 (1955). — SCHLENZ, H. E.: Trans. 5th Conf. San. Eng., Univ. Cansas, Bull. Engr. and Arch. **34** (1955). — SCHMASSMANN, H.: (1) Arch. Hydrobiol. Suppl. **22**, (1955). — (2) Schweiz. Z. Hydrol. **18**, 1, 144 (1956). — SCHMIDT-BREGAS, F.: Veröff. Inst. Siedlungswasserwirtsch. Techn. Hochschule Hannover, H. 3 (1958). — SCHMITZ, W.: (1) Arch. Hydrobiol. Suppl. **22**, 510—523 (1955). — (2) Arch. Hydrobiol. **53**, 465—498 (1957). — SCHMITZ-LENDERS, F.: Ber. Abw.techn. Ver., H. 4, S. 182 (1953). — SCHROEPFER, G. J., and N. R. ZIEMKE: Sew. Ind. Wastes **31**, 164 (1959). — SCHULZ, G.: (1) Wasserwirtschaft — Wassertechn. **2**, 179 (1952). — (2) Wasserwirtschaft — Wassertechnik **3** (1953). — SCHWÖRBEL, J.: Arch. Hydrobiol. Suppl. **22** (1955). — SCOTT, D.: Arch. Hydrobiol. **54**, 3, 340 (1958). — SEAMAN, W.: Sew. Ind. Wastes **28**, 296 (1956). — SERNOW, S. A.: Allgemeine Hydrobiologie. 676 S. Berlin 1958. — SKUJA, H.: Taxonomische und biologische Studien über das Phytoplankton schwedischer Binnengewässer. 404 S. Uppsala 1956. — STANKOVIĆ, S.: Mem. Ist. Ital. Idrobiol., Suppl. **8**, 281—311 (1955).

THÉROUX, R. J.: Sew. Ind. Wastes **29**, 125 (1957). — THIENEMANN, A.: Gewässer u. Abwässer **1**, 13—30 (1953). — THOMAS, E. A.: (1) Schweiz. Z. Hydrol. **12**, 25—37 (1950). — (2) Mem. Ist. Ital. Idrobiol. Suppl. **8**, 357—465 (1955). — (3) Verh. int. Ver. Limnol. **13**, 191—195 (1958). — TÖDT, F., u. G. PETSCH: Ges.-Ing. **76**, 7/8, 104 (1955). — TÖDT, F.: Elektrochemische Sauerstoffmessungen, 212 S. Berlin 1958. — TOMLINSON, T. G., and H. HALL: Water and Sanit. Engin. H. 7, 86 (1953). — TORPEY, W. N.: (1) Proc. Amer. Soc. Civ. Engrs. **80**, Sep. Nr. 443 (1954). — (2) Sew. Ind. Wastes **27**, 2, 121 (1955).

VALLENTYNE, J. R.: (1) Biochemic. Limnol. Sci. **119**, Nr. 3096, 605—606 (1954). — (2) Canad. J. Bot. **33**, 304—313 (1955). — (3) Amer. J. Sci. **253**, 540—552 (1955). — (4) Arch. Biochem. Biophys. **70**, No. 1, 29—34, 1957. — VALLENTYNE, J. R., and Y. S. SWABEY: Amer. J. Sci. **253**, 313—340 (1955). — VIETS, K.: Die Milben des Süßwassers und des Meeres. I, 476 S. Jena 1955.

WAGNER, H.: (1) Voith-Forschung und Konstruktion Nr. 1 (1955). — (2) Bes. Mitt. dtsch. Gewässerkundl. Jb. Nr. 15 (1956). — WANNER, H.: Vjschr. naturforsch. Ges. Zürich **90**, 98 (1945). — WATTIE, E.: Publ. Hlth. Rep. **57**, 1519 (1942). — WELCH, P. S.: Limnology. New York 1952. — WIKÉN, T. O.: Schweiz. Z. Hydrol. **19**, 428 (1957). — WUHRMANN, K.: (1) Schweiz. Z. Path. Bakt. **20**, 567 (1957). — (2) Schweiz. Z. Hydrol. **20**, 256 (1958). — (3) Schweiz. Z. Hydrol. **20**, 284, 311 (1958).

ZÜLLIG, H.: (1) Schweiz. Z. Hydrol. **15**, 2, 275—285 (1953). — (2) Mem. Ist. Ital. Idrobiol., Suppl. **8**, 485—530 (1955). — (3) Schweiz. Z. Hydrol. **18**, 1, 5—143 1956). — (4) Schweiz. Z. Hydrol. **18**, 2, 208—214 (1956).

27. Pharmakognosie.

Von O. MORITZ, Kiel.

28. Angewandte Pflanzenphysiologie.

29. Angewandte Mikrobiologie.

Die Beiträge 27—29 erscheinen ab Band XXII.

Sachverzeichnis.

Die *kursiv* gedruckten Seitenzahlen weisen auf die Hauptbehandlung des betreffenden Stichwortes hin.